2026 이패스

임재기의
공조냉동
기계기사

필기 이론편

저자직강 동영상 강의 **이패스코리아**
www.epasskorea.com

✓ 개정사항 완벽대비
✓ SI단위 완벽반영
✓ 최신 기출문제 포함

CBT
완/벽/반/영

공조냉동기계기술사
임재기 저

합격 물결의 신화!

합격생이 추천하는 도서!

epasskorea

1983년부터 지금까지 42년간 쌓아온 공조냉동관련 현업의 경험과
2006년부터 시작한 공조냉동기계기사 강의와 도서집필의 모든 노하우를 기반으로

여러분만의 공조냉동기계기사 합격멘토가 되어드리겠습니다!!

임재기 공조냉동기계기술사

- 중앙대학교 기계공학과 학사
- 중앙대학교 기계공학과 석사

- 수원과학대학 기계과 겸임교수 역임
- 한국설비기술협회 CM 기술 전문위원 역임
- ㈜삼우씨엠건축사사무소 전무

- 공조냉동기계기사 취득
- 공조냉동기계기술사 취득

임재기의 공조냉동기계기사 동영상 강의 수강방법

Step 1 www.epasskorea.com 직접 접속하거나
인터넷포털에서 이패스코리아 검색 후 접속
Step 2 이패스코리아 공조냉동 선택
기술자격증 > 공조냉동
Step 3 왼쪽 상단 [수강신청] 메뉴 클릭 →
공조냉동기계기사 강의 중 수강하고자 하는 강의 선택하여 수강신청

이패스코리아
공조냉동기계기사만의 빵빵한 혜택

01 합격물결의 신화!!
수많은 합격생들이 추천하는 강의+도서

02 임재기쌤의
1:1 학습질의 응답 서비스

이패스코리아 공조냉동기계기사 **동영상강의 수강신청**

03 이해될때까지
수강기간 내 무제한 반복 수강

04 모바일 수강 가능
스마트폰 태블릿

이패스 국가기술자격 **국가 기술자격증 합격하기 국기합 네이버 카페**

2026 이패스
임재기의 공조냉동 기계기사
필기 이론편

공조냉동기계기술사
임재기 저

머리말

경제성장과 함께 공조·냉동분야에 대한 수요가 날로 늘어나고 있으며, 이제는 단순한 냉·난방에서 에너지 절약적 측면과 지구 온난화 방지를 비롯한 대체에너지, 신에너지를 이용한 냉·난방이 요구되는 시점에 이르렀습니다.

이에 공조·냉동분야의 실무경험과 공조·냉동 기사시험 수험생을 위한 강의 경험을 바탕으로 본서를 집필하게 되었습니다.

본서는 공조·냉동분야 기술자로서 꼭 알아야 할 기초적인 내용과 시험에 출제되었던 내용을 바탕으로 꾸며졌습니다.

약간의 공학적인 기본지식만 있으면 개념을 이해 할 수 있으며, 시간이 지나도 기억에 남을 수 있도록 그림과 사진을 함께 수록하였습니다.

본서는 필기시험 뿐만 아니라 실기시험을 대비한 공부에도 활용할 수 있도록 원리 및 기초 이론 식을 자세하게 수록하였습니다.

기출문제는 해설과 함께 수록하여 수험생들께 여러 가지 유형의 문제에 대한 실전 경험이 되도록 하였습니다.

독자에게 유익한 책이 되어야 한다는 마음으로 집필하였으나 표현의 오류내지는 보완해야 할 내용이 있으리라 생각되며 이런 점은 고쳐나가도록 하겠습니다.

아무쪼록 본서가 공조냉동기사와 산업기사 자격 취득의 꿈을 가지고 공부하시는 분들에게 유익한 길잡이가 되었으면 하는 바람입니다.

공부에 왕도는 없습니다. 다만 꾸준히 날마다 조금씩이라도 공부하는 것이 왕도입니다. 포기하지 않고 꾸준히 공부하시는 분들은 분명 꿈을 이루실 것입니다.

끝으로 이 책이 나오기 까지 많은 도움을 주시고 격려해 주신 분들과 이패스코리아 이재남 대표님을 비롯한 임직원 여러분께 감사를 드립니다.

저자 임재기

공조냉동기계기사 필기

출제경향 분석

● 자격시험안내

자격명	공조냉동기계기사 필기
시행처	한국산업인력공단
시험과목	1. 에너지관리 2. 공조냉동설계 3. 시운전 및 안전관리 4. 유지보수 공사관리
검정방법	객관식 4지 택일형, 과목당 20문항(과목당 30분)
합격기준	100점을 만점으로 하여 과목당 40점 이상, 전과목 평균 60점 이상
응시료	필기 : 19,400원

검정현황	연도	응시	합격	합격률(%)
	2024	9,918	4,347	43.8%
	2023	8,757	3,223	36.80%
	2022	6,022	2,051	34.1%
	2021	6,965	3,425	49.2%
	2020	5,640	2,707	48%

● 시험과목별 출제경향

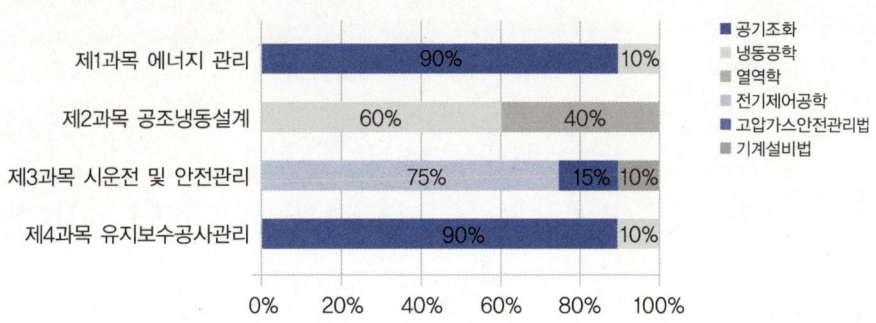

제1과목 에너지관리(20문제)
　　　　: 공기조화(18문제) / 냉동공학(2문제)

제2과목 공조냉동설계(20문제)
　　　　: 냉동공학(12문제) / 열역학(8문제)

제3과목 시운전 및 안전관리(20문제)
　　　　: 전기제어공학(15문제) / 고압가스 안전관리법(3문제) / 기계설비법(2문제)

제4과목 유지보수공사관리(20문제)
　　　　: 배관일반(18문제) / 공기조화(2문제)

INFORMATION

www.epasskorea.com

● 출제문제에 대한 분석

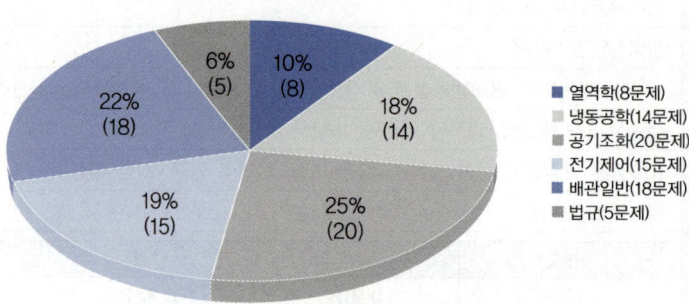

"공부에 왕도는 없습니다. 꾸준히 공부하는 것이 왕도입니다"

좀 더 자세한 내용 및 수험정보 등은 당사 홈페이지(www.epasskorea.com) 참조

공 조 냉 동 기 계 기 사 필 기

학습전략

2022년부터 적용되는 필기시험 출제기준의 특징은 과목명이 학문위주의 명칭에서 현장위주의 명칭으로 바뀌면서 5과목에서 4과목으로 바뀌는 것입니다.

5과목에서 4과목으로 바뀌면서 총100문제에서 80문제로 줄어들고, 시험시간도 2시간30분에서 2시간으로 줄어들었습니다.

과목명은 바뀌었지만 세부내용으로 들어가서 보면 기존의 과목은 모두 그대로 유지되고, TAB, 유지보수공사 관리, 시운전 및 안전관리 문제가 기존의 과목에 추가되어 출제되는 것으로 바뀐 것뿐입니다.

1. 공기조화는 에너지관리로 이름이 바뀌었고, TAB와 시운전이 포함된 정도입니다.

2. 열역학과 냉동공학은 통합되어 공조냉동설계로 과목명이 바뀌고, 열역학과 냉동 공학을 합하여 20문제가 출제되는 것으로 바뀌었습니다. 추가된 내용은 냉동설비의 시운전과 안전관리 정도입니다.

3. 전기제어공학은 시운전 및 안전관리 (내용은 전기+안전관리)로 과목명이 바뀌고, 기존의 전기제어공학에 안전관리와 냉동관련 법규가 약간 포함되는 정도입니다.

4. 배관일반은 유지보수공사관리로 과목명이 바뀌었고, 기존의 배관일반에 유지보수에 관한 내용이 조금 포함된 정도입니다.

정리하면, 기존의 과목은 그대로 유지되고, TAB, 유지보수공사, 운영관리, 안전관리가 기존의 과목에 포함되는 것으로 바뀌었습니다.

이론 공부 후에는 반드시 기출문제로 실전 경험을 해야 합니다.

공부에 왕도는 없습니다. 날마다 조금씩이라도 꾸준히 공부하는 것이 왕도입니다.

좀 더 자세한 내용 및 수험정보 등은 당사 홈페이지(www.epasskorea.com) 참조

3회독 플래너

www.epasskorea.com

단원			1회독	2회독	3회독
제1과목 에너지관리	제1편 공기조화	제1장 공기조화의 기초이론			
		제2장 공기의 상태			
		제3장 공기선도			
		제4장 공조장치내 상태변화			
		제5장 공기조화 방식			
		제6장 공조부하			
		제7장 공기조화기기			
		제8장 클린룸(CLEAN ROOM)			
		제9장 열원기기			
		제10장 덕트 및 부속설비			
		제11장 환기설비			
		제12장 T.A.B(시험.조정.평가)			
제2과목 공조냉동설계	제1편 기계열역학	제1장 기계열역학			
		제2장 순수물질의 성질			
		제3장 열역학 제0법칙 및 제1법칙			
		제4장 이상기체(완전가스)			
		제5장 열역학 제2법칙 및 제3법칙			
		제6장 증 기			
		제7장 증기동력 사이클			
		제8장 가스동력 사이클			
	제2편 냉동공학	제1장 냉동의 기초 및 원리			
		제2장 냉매선도와 냉동사이클			
		제3장 냉매(Refrigerant)			
		제4장 브라인 및 냉동기유			
		제5장 냉동장치 구성기기			
		제6장 냉동장치의 응용			
		제7장 흡수식 냉동기			
		제8장 신·재생에너지			
		제9장 에너지절약 및 효율개선			
		제10장 안전관리			

공조냉동기계기사 필기 — INFORMATION

단원			1회독	2회독	3회독
제3과목 시운전 및 안전관리	제1편 전기제어공학	제1장 전기기초 이론			
		제2장 정전기와 자기회로			
		제3장 교류			
		제4장 전기기기			
		제5장 시퀀스 제어			
		제6장 피드백 제어			
		제7장 자동제어기기			
	제2편 관련법규	제1장 고압가스 안전관리법			
		제2장 기계설비법			
제4과목 유지보수공사 관리	제1편 배관일반	제1장 배관재료			
		제2장 배관이음			
		제3장 밸브 및 배관 부속장치			
		제4장 보온재, 패킹, 가스켓, 도료			
		제5장 배관제도			
		제6장 난방배관			
		제7장 급수배관, 급탕배관, 통기설비			
		제8장 냉동배관, 가스배관, 압축공기배관			

학습전략

제1과목 에너지관리

제1편 공기조화 13
- 제1장   공기조화의 기초이론 14
- 제2장   공기의 상태 19
- 제3장   공기선도 25
- 제4장   공조장치내 상태변화 34
- 제5장   공기조화 방식 41
- 제6장   공조부하 56
- 제7장   공기조화기기 62
- 제8장   클린룸(CLEAN ROOM) 80
- 제9장   열원기기 85
- 제10장 덕트 및 부속설비 88
- 제11장 환기설비 96
- 제12장 T.A.B(시험.조정.평가) 100
- ● 출제예상문제 102

제2과목 공조냉동설계

제1편 기계열역학 115
- 제1장   기계열역학 116
- 제2장   순수물질의 성질 123
- 제3장   열역학 제0법칙 및 제1법칙 125
- 제4장   이상기체(완전가스) 129

제5장	열역학 제2법칙 및 제3법칙	137
제6장	증 기	144
제7장	증기동력 사이클	151
제8장	가스동력 사이클	159
● 출제예상문제		168

제2편 냉동공학

		179
제1장	냉동의 기초 및 원리	180
제2장	냉매선도와 냉동사이클	192
제3장	냉매(Refrigerant)	206
제4장	브라인 및 냉동기유	217
제5장	냉동장치 구성기기	220
제6장	냉동장치의 응용	264
제7장	흡수식 냉동기	275
제8장	신·재생에너지	281
제9장	에너지절약 및 효율개선	285
제10장	안전관리	287
● 출제예상문제		290

제3과목 시운전 및 안전관리

제1편 전기제어공학

		303
제1장	전기기초 이론	304
제2장	정전기와 자기회로	312
제3장	교 류	316

제4장	전기기기	330
제5장	시퀀스 제어	345
제6장	피드백 제어(Feed Back Control)	352
제7장	자동제어기기	359
● 출제예상문제		363

제2편　관련법규　　375

제1장	고압가스 안전관리법	376
제2장	기계설비법	384
● 출제예상문제		390

제4과목　유지보수공사관리

제1편　배관일반　　397

제1장	배관재료	398
제2장	배관이음	405
제3장	밸브 및 배관 부속장치	413
제4장	보온재, 패킹, 가스켓, 도료	421
제5장	배관제도	426
제6장	난방배관	430
제7장	급수배관, 급탕배관, 통기설비	446
제8장	냉동배관, 가스배관, 압축공기배관	455
● 출제예상문제		462

제 **1** 과목

에너지관리

제 1 편

공기조화

[제1장] 공기조화의 기초이론
[제2장] 공기의 상태
[제3장] 공기선도
[제4장] 공조장치내 상태변화
[제5장] 공기조화 방식
[제6장] 공조부하
[제7장] 공기조화기기
[제8장] 클린룸(CLEAN ROOM)
[제9장] 열원기기
[제10장] 덕트 및 부속설비
[제11장] 환기설비
[제12장] T.A.B(시험.조정.평가)

● 제1편 공기조화

제1장 공기조화의 기초이론

1 공기조화의 정의

공기조화란 실내의 온도, 습도, 기류, 먼지, 유독가스, 박테리아 등의 조건을 실내에 있는 사람이나 물품이 요구하는 상태로 유지하는 것을 말한다.

2 공기조화의 종류

(1) 보건용 공기조화(comfort air conditioning)
① **쾌적공조**라고도 하며 실내의 재실자에 대하여 쾌적한 환경을 만드는 것을 목적으로 한다.
② 주택, 사무실, 백화점 등 사람을 대상으로 하는 공기조화가 이에 속한다.

(2) 산업용 공기조화(industrial air conditioning)
① 산업현장이나 공장에서 생산되는 물품 또는 운전되는 기계에 대하여 적당한 환경을 조성하여 생산성을 향상시키는 것을 목적으로 한다.
② 공장, 창고, 실험실, 전산실, 측정실 등의 공기조화가 이에 속한다.

[보건용 공기조화의 기준]

구 분	기 준
공기 중의 먼지량	공기 $1m^3$당 0.15mg 이하
일산화탄소(CO)의 함유율	10ppm 이하(0.001% 이하)
이산화탄소(CO_2)의 함유율	1000ppm 이하(0.1% 이하)
상대습도	40% 이상 70% 이하
기류	0.5m/s 이하
온도	17℃ 이상 28℃ 이하 거실의 온도를 외기온도보다 낮게 하는 경우는 그 차이를 심하게 하지 말 것

3 유효온도와 수정 유효온도, 신 유효온도

(1) 유효온도(Effective Temperature, ET)

① 동일한 실내온도에서도 습도 및 기류속도에 따라서 느껴지는 온도감각은 다르다. 따라서 온도, 습도, 기류의 영향을 하나로 묶어 하나의 온도감각으로 나타낸 것이 유효온도이며 감각온도라고도 한다.

② 상대습도 100%, 기류속도 0m/s일 때의 온도이다.

③ Yaglou의 유효온도선도에서 유효온도를 읽을 수 있다.

(2) 수정 유효온도(Correct Effective Temperature, CET)

유효온도는 복사열의 영향이 고려되지 않았으므로 건구온도 대신 복사열의 영향이 고려된 글로브온도계의 온도로 대치시켜서 같은 방법으로 읽은 온도를 수정유효온도라 한다.

(3) 신 유효온도(New Effective Temperature, NET, ET*)

① 1972년 ASHRAE에서 신 유효온도선도인 ASHRAE의 쾌적선도를 발표하였다.

② 유효온도선(ET선)은 상대습도 100%점을 기점으로 하였으나 신 유효온도(ET*선)는 25℃, 상대습도 50%를 통과하는 점을 생리적 중립점으로 기준하였으며, 풍속은 0.15m/s로 하였다.

③ 신유효온도는 일상생활과 연관을 두고 있으며 유효온도 또는 수정유효온도와 구분하기 위하여 ET*로 표시한다.

(4) 작용온도(Operative Temperature, OT)

① 효과온도라고도 한다.

② 건구온도, 복사온도, 기류의 영향을 종합한 열쾌적 지표로 인체의 난방량을 좌우하는 지표이다.

③ 습도의 영향이 고려되어 있지 않다.

(5) 불쾌지수(Discomfort Index, DI)

① 불쾌지수는 공기의 온도와 습도만으로 쾌감의 정도를 나타내는 지표이다.

② 불쾌지수는 75 이상이면 덥다고 느끼고, 85 이상이면 매우 덥다고 느끼며 몹시 불쾌한 느낌을 받는다.

$$DI = 0.72(t+t') + 40.6$$

여기서 t : 건구온도 [℃]
t' : 습구온도 [℃]

4 clo와 met, 예상평균 온열감

(1) clo

① 입고 있는 의복의 단열성을 나타내는 값이다.

② 온도 21℃, 상대습도 50%, 기류속도 0.05m/s 이하의 실내에서 인체 표면으로부터 발열량이 1 met의 활동량과 평형되는 착의 상태에서 피부 표면으로부터 의복 표면까지의 열저항 값(=1 clo)

③ 1 clo는 겨울철 실내에서 두꺼운 신사복을 입고 안정한 상태(1 met)에서의 열저항 값이다.

④ clo가 클수록 인체의 열이 많이 보존되므로 인체의 열 손실량의 적어진다.

⑤ 1 clo = $0.155 m^2℃/W$ ($0.18 m^2 h℃/kcal$)

⑥ 겨울철 두꺼운 신사복 입고 안정한 상태 : 1.0 clo

⑦ 여름철 얇은 신사복 입고 안정한 상태 : 0.6 clo

(2) met(metabolism)

① 인간이 열적으로 쾌적한 상태에서 의자에 앉아 휴식을 취하고 있는 상태에서의 신진대사량(방열량)을 1 met로 한다.

② 1 met = $58.2 W/m^2$ ($50 kcal/m^2 h$)

③ 각종 met 값

활동 상태	대사량 [met]
의자에 앉아 휴식	1.0
침대에 누워 휴식	0.7
서 있는 상태	1.2
앉아서 워드작업	1.1
보행(3.2km/h)	2.0
농 구	5.0~7.6

(3) 예상평균 온열감(Predicted Mean Vote Index, PMV)

① 열환경의 6가지 인자(온도, 습도, 기류, 평균 복사온도, 활동량, 착의량)에 의한 영향을 종합하여 열쾌적을 평가하는 지표

② 실내의 열적환경은 공기의 온도만을 지표로 하는 것은 충분하지 않으므로, 거주지역의 적당한 몇 지점에서 실내온도, 기류속도, 착의상태, 작업강도 등의 복잡한 함수에 의한 열적환경 지표를 측정하여 평가하는 것

③ PMV는 열적으로 쾌적한 상태에서의 평균 피부온도와 방열량 등과의 관계를 사용해서 표현한 쾌적방정식에 의해 구할 수 있음

④ 쾌적한 상태가 기준으로 되어 있기 때문에 쾌적감에서 크게 떨어진 조건에 대해서는 적용할 수 없음

⑤ 인체 열조절 시스템의 생리적 반응을 1300명 이상의 사람들로부터 수집된 온열감 의사표시와 통계학적으로 연관시킨 지표로, 재실자의 심리적인 척도에 따른다.

⑥ PMV 값은 열적인 중립상태를 ±0으로 하고, −3(Cold)~+3(Hot)의 수치척도로 나타냄

```
  -3    -2     -1      0      +1      +2    +3
  춥다  서늘  조금서늘  쾌적  조금더움  더움  무더움
              |————— 쾌적상태 —————|
```

[PMV Scale]

⑦ PMV는 열적하중과 인체 발산열량의 함수임
(∴ 어떤 환경조건에 대한 인체 발열량의 불균형정도로 표현 가능)

⑧ P. O. Fanger에 의해 제안되었고 1984년 ISO-7730으로 국제 규격화 되었다.

5 유효 드래프트 온도와 공기확산 성능계수

(1) 유효 드래프트 온도(Effective Draft Temperature, EDT)

① 실내 임의 위치에서 거주자가 Draft를 느끼는지를 나타내는 척도

② 체감 온도와 비슷한 개념

③ ASHRAE에서는 다음의 식으로 정의되는 EDT를 제시한다.

$$EDT = (t - t_m) - 0.039 \times (200V - 30) \; [℃]$$

여기서, t : 실내의 어떤 위치(임의 위치)에서의 온도(℃)
t_m : 실내의 평균 온도(℃)
V : 실내 어떤 위치의 풍속(m/s)

④ 위 식에서 계산된 EDT가 −1.5~1.0의 범위 내에 있고, 실내 기류속도가 0.35m/s 이하일 때 거주자(성인)의 대부분은 쾌적하다고 봄

> **계산예** : 난방시 어느 실의 평균 온도가 24℃ 일 때 출입구쪽 어느 좌석의 온도가 23℃ 이고 풍속이 0.3m/s 이라면
>
> $EDT = (23 - 24) - 0.039 \times (200 \times 0.3 - 30) = -2.17$ ℃
>
> 즉, 주어진 풍속은 쾌적조건인 0.35m/s 이내이지만, EDT는 쾌적 조건인 −1.5~+1.0℃ 범위를 벗어나므로 불쾌한 상태가 됨

(2) 공기확산 성능계수(Air Diffusion Performance Index, ADPI)
① 실내의 각 위치에 대한 EDT를 구하고, 전체 위치에 대한 쾌적한 수치의 비율을 백분율로 나타낸 것
② ADPI가 높으면 실내의 공기분포가 균일하며 골고루 쾌적한 상태가 된다.
③ 공기용 취출구의 성능을 표시할 때 사용한다.
④ 취출구의 종류, 실의 열부하, 취출구의 위치(도달거리, 실의 크기) 등에 따라 다르다.

6 설계 온·습도 조건

(1) 냉, 난방장치의 용량계산을 위한 실내 온·습도 기준

[건물에너지절약 설계기준]

구분 도시명	냉방		난방	
	건구온도(℃)	습구온도(℃)	건구온도(℃)	상대습도(%)
서 울	31.2	25.5	−11.3	63
인 천	30.1	25.0	−10.4	58
수 원	31.2	25.5	−12.4	70
춘 천	31.6	25.2	−14.7	77
강 릉	31.6	25.1	−7.9	42
대 전	32.3	25.5	−10.3	71
청 주	32.5	25.8	−12.1	76
전 주	32.4	25.8	−8.7	72
서 산	31.1	25.8	−9.6	78
광 주	31.8	26.0	−6.6	70
대 구	33.3	25.8	−7.6	61
부 산	30.7	26.2	−5.3	46
진 주	31.6	26.3	−8.4	76
울 산	32.2	26.8	−7.0	70
포 항	32.5	26.0	−6.4	41
목 포	31.1	26.3	−4.7	75
제 주	30.9	26.3	0.1	70

• 제1편 공기조화

제2장 공기의 상태

1 공 기

(1) 건공기(dry air)

① 수분이 전혀 포함되어 있지 않은 공기를 건공기(건조공기)라 한다.

② 건공기의 밀도 $\rho = 1.2 \text{kg/m}^3$ (20℃일 때)

　　　비체적 $v = 0.83 \text{m}^3/\text{kg}$ (20℃일 때)

(2) 습공기(moist air)

① 수분이 포함되어 있는 공기를 습공기라 한다.

② 습공기의 조성

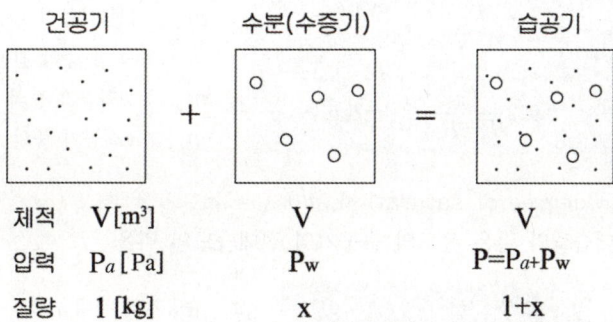

여기서 P_a : 건공기 분압(分壓) [Pa]
　　　P_w : 수증기 분압(分壓) [Pa]
　　　1 : 건공기 질량 [kg]
　　　x : 수증기 질량 [kg]

2 습 도

(1) 상대습도(relative humidity, ϕ)
① 공기가 수분을 더 이상 함유할 수 없는 상태를 포화공기라 하며
② 포화공기의 수증기 분압과, 같은 온도 습공기의 수증기 분압의 비율을 상대습도라 한다(상대습도의 정의).
③ 수증기 분압은 습공기 중에 포함되어 있는 수분의 양과 비례하므로 상대습도는 결국 포화공기 중의 수분의 양과, 같은 온도의 습공기 중의 수분의 양의 비율이 된다.

$$\phi = \frac{P_w}{P_{ws}} \times 100 = \frac{m_w}{m_{ws}} \times 100 = \frac{\rho_w}{\rho_{ws}} \times 100 \ [\%]$$

P_w : 습공기 중의 수증기분압
P_{ws} : 포화공기 중의 수증기분압

(2) 절대습도와 포화도
① 절대습도(absolute humidity, x)
 ㉠ 습공기 중의 건공기 질량과 수증기 질량의 비율
 ㉡ 절대습도 x는 습공기 중에 건공기가 1kg, 수분이 $x$kg 들어있음을 의미한다.

$$x = \frac{m_w}{m_a} = 0.622 \frac{P_w}{P - P_w} \ [\text{kg/kg'}]$$

$$x_s = \frac{m_{ws}}{m_{as}} = 0.622 \frac{P_{ws}}{P - P_{ws}} \ [\text{kg/kg'}]$$

m_w : 습공기 중의 수증기 질량 [kg]
m_a : 습공기 중의 건공기 질량 [kg']
m_{ws} : 포화공기 중의 수증기 질량 [kg]
m_{as} : 포화공기 중의 건공기 질량 [kg']

② 포화도(비교습도 degree of saturation, ψ)
포화공기의 절대습도와 같은 온도의 습공기의 절대습도의 비율

$$\psi = \frac{x}{x_s} \times 100 = \phi \frac{P - P_{ws}}{P - P_w} \times 100 \ [\%]$$

x : 습공기의 절대습도
x_s : 포화공기의 절대습도

※ 유도과정

습공기	포화공기
$P = P_a + P_w$ $m_1 = m_a + m_w$	$P = P_{as} + P_{ws}$ $m_2 = m_{as} + m_{ws}$
P=대기압	P=대기압

여기서 $P_w < P_{ws}$, $P_a > P_{as}$, $m_a > m_{as}$, $m_w < m_{ws}$

P_a, m_a : 습공기 중의 건공기분압, 건공기질량

P_w, m_w : 습공기 중의 수증기분압, 수증기질량

P_{as}, m_{as} : 포화공기 중의 건공기분압, 건공기질량

P_{ws}, m_{ws} : 포화공기 중의 수증기분압, 수증기질량

- 상태방정식 : $P_a V = m_a R_a T$ …… 습공기 중의 건공기 상태방정식

  $P_w V = m_w R_w T$ …… 습공기 중의 수증기 상태방정식

  $P_{as} V = m_{as} R_a T$ …… 포화공기 중의 건공기 상태방정식

  $P_{ws} V = m_{ws} R_w T$ …… 포화공기 중의 수증기 상태방정식

- 상대습도(ϕ) : 포화공기의 수증기분압과 습공기의 수증기분압의 비율

$$\phi = \frac{P_w}{P_{ws}} = \frac{m_w R_w T / V}{m_{ws} R_w T / V} = \frac{m_w}{m_{ws}} = \frac{\rho_w}{\rho_{ws}} \quad \left(\rho_w = \frac{m_w}{V},\ \rho_{ws} = \frac{m_{ws}}{V}\right)$$

- 절대습도(x) : 습공기 중의 건공기 질량과 수증기 질량의 비율

$$x = \frac{m_w}{m_a} = \frac{P_w V / R_w T}{P_a V / R_a T} = \frac{R_a}{R_w} \cdot \frac{P_w}{P_a} = \frac{287.2}{461.6} \cdot \frac{P_w}{P_a} = 0.622 \frac{P_w}{P_a} = 0.622 \frac{P_w}{P - P_w}$$

$$x_s = \frac{m_{ws}}{m_{as}} = \frac{P_{ws} V / R_w T}{P_{as} V / R_a T} = \frac{R_a}{R_w} \cdot \frac{P_{ws}}{P_{as}} = \frac{287.2}{461.6} \cdot \frac{P_{ws}}{P_{as}} = 0.622 \frac{P_{ws}}{P_{as}} = 0.622 \frac{P_{ws}}{P - P_{ws}}$$

여기서 R_a : 건공기 기체상수 [= 287.2 J/kg K]

  R_w : 수증기 기체상수 [= 461.6 J/kg K]

- 포화도(ψ) : 포화공기의 절대습도와 습공기의 절대습도의 비율

$$\psi = \frac{x}{x_s} = \frac{m_w / m_a}{m_{ws} / m_{as}} = \frac{m_w}{m_{ws}} \cdot \frac{m_{as}}{m_a} = \phi \cdot \frac{m_{as}}{m_a} = \phi \frac{P_{as} V / R_a T}{P_a V / R_a T}$$

$$= \phi \cdot \frac{P_{as}}{P_a} = \phi \cdot \frac{P - P_{ws}}{P - P_w}$$

3 온 도

(1) 건구온도(Dry bulb temperature, DB)
① 일반온도계로 측정한 온도
② 온도계의 감온부가 건조한 상태에서 측정한 온도 t[℃]

(2) 습구온도(Wet bulb temperature, WB)
① 온도계의 감온부를 젖게한 상태에서 측정한 온도 t'[℃]
② 감온부에서 물이 증발할 때 증발잠열을 흡수하므로 건구온도보다 낮은 온도를 나타낸다.

(3) 노점온도(Dew point temperature, DT)
① 습공기를 계속 냉각시키면 어느 온도에서 공기중에 포함되어 있던 수분이 응결되어 이슬방울(결로)로 변하는데 이때의 온도를 노점온도 t"[℃]라 한다.
② 노점에서는 건구온도＝습구온도＝노점온도, 상대습도＝100%

4 공기의 엔탈피

(1) 건공기의 엔탈피(h_a)
건공기 1kg에 대한 엔탈피

$$h_a = C_p \cdot t = 1.01 \times t \quad [\text{kJ/kg}]$$

여기서 C_p : 건공기의 정압비열 [= 1.01 kJ/kg·K]
　　　 t : 건구온도 [℃]

(2) 수증기의 엔탈피(h_w)
수증기의 엔탈피는 0℃ 포화액의 증발잠열과 증발된 수증기가 t℃까지 상승하는 데 필요한 열량의 합이다.

$$h_w = \gamma + C_w \cdot t = 2501 + 1.85t \quad [\text{kJ/kg}]$$

여기서 γ = 0℃ 포화액의 증발잠열 [= 2501kJ/kg]
　　　 C_w = 수증기의 정압비열 [= 1.85kJ/kg·K]

(3) 습공기의 엔탈피(h)

① 건공기 엔탈피와 수증기 엔탈피의 합이다.

② 절대습도가 x인 습공기의 엔탈피 h

$$\begin{aligned} h &= h_a + x \cdot h_w \\ &= C_p \cdot t + x(\gamma + C_w \cdot t) \\ &= 1.01t + x(2501 + 1.85t) \; [\text{kJ/kg}] \end{aligned}$$

여기서 h_a : 건공기 1kg의 엔탈피 [kJ/kg]
h_w : 수증기 1kg의 엔탈피 [kJ/kg]
x : 습공기의 절대습도 [kg/kg']

5 현열비(Sensible heat factor, SHF)

① 전열량($q_S + q_L$)에 대한 현열량(q_S)의 비율이다.
② 공조부하의 현열비를 알면 어떤 상태의 공기를 공급해야 하는지를 알 수 있다.

$$SHF = \frac{(\text{현열량})q_S}{(\text{전열량})q_T} = \frac{q_S}{q_S + q_L}$$

여기서 q_T : 전열량
q_S : 현열량
q_L : 잠열량

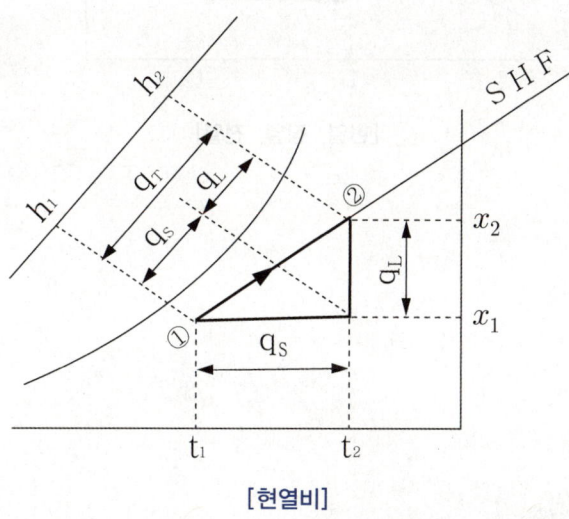

[현열비]

6. 열수분비(moisture ratio, U)

① 습공기에서 수분의 변화량에 대한 전열량의 변화량의 비율이며 **수분비**라고도 한다.
② 공기선도에서 가습으로 인한 상태변화를 나타내는 데 이용된다.

$$U = \frac{\text{전열량의 변화량[kJ]}}{\text{수분의 변화량[kg]}} = \frac{\text{엔탈피의 변화량}}{\text{절대습도의 변화량}}$$

$$= \frac{\Delta h}{\Delta x} = \frac{h_2 - h_1}{x_2 - x_1} = \frac{q_S + q_L}{L} = \frac{q_S + L \cdot h_L}{L}$$

$$= \frac{q_S}{L} + h_L \ [\text{kJ/kg}]$$

여기서 L : 수분의 변화량 [kg]
　　　　h_L : 수분의 엔탈피 [kJ/kg]
　　　　x : 습공기의 절대습도 [kg/kg]

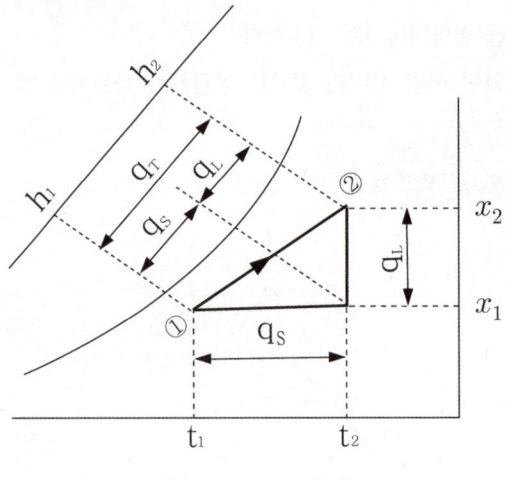

[현열, 잠열, 전열]

• 제1편 공기조화

제3장 공기선도

1 공기선도의 구성

습공기에 대한 각종 상태를 그래프로 나타낸 것으로서 습공기선도라고도 하며 두가지 값을 알면 다른 값들을 알 수 있다.

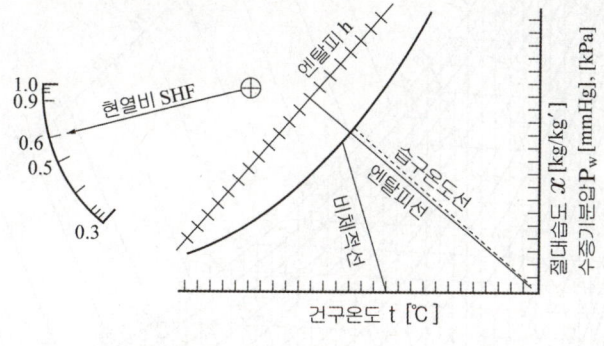

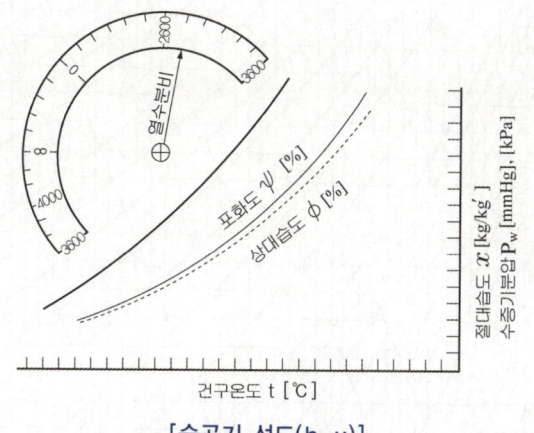

[습공기 선도(h-x)]

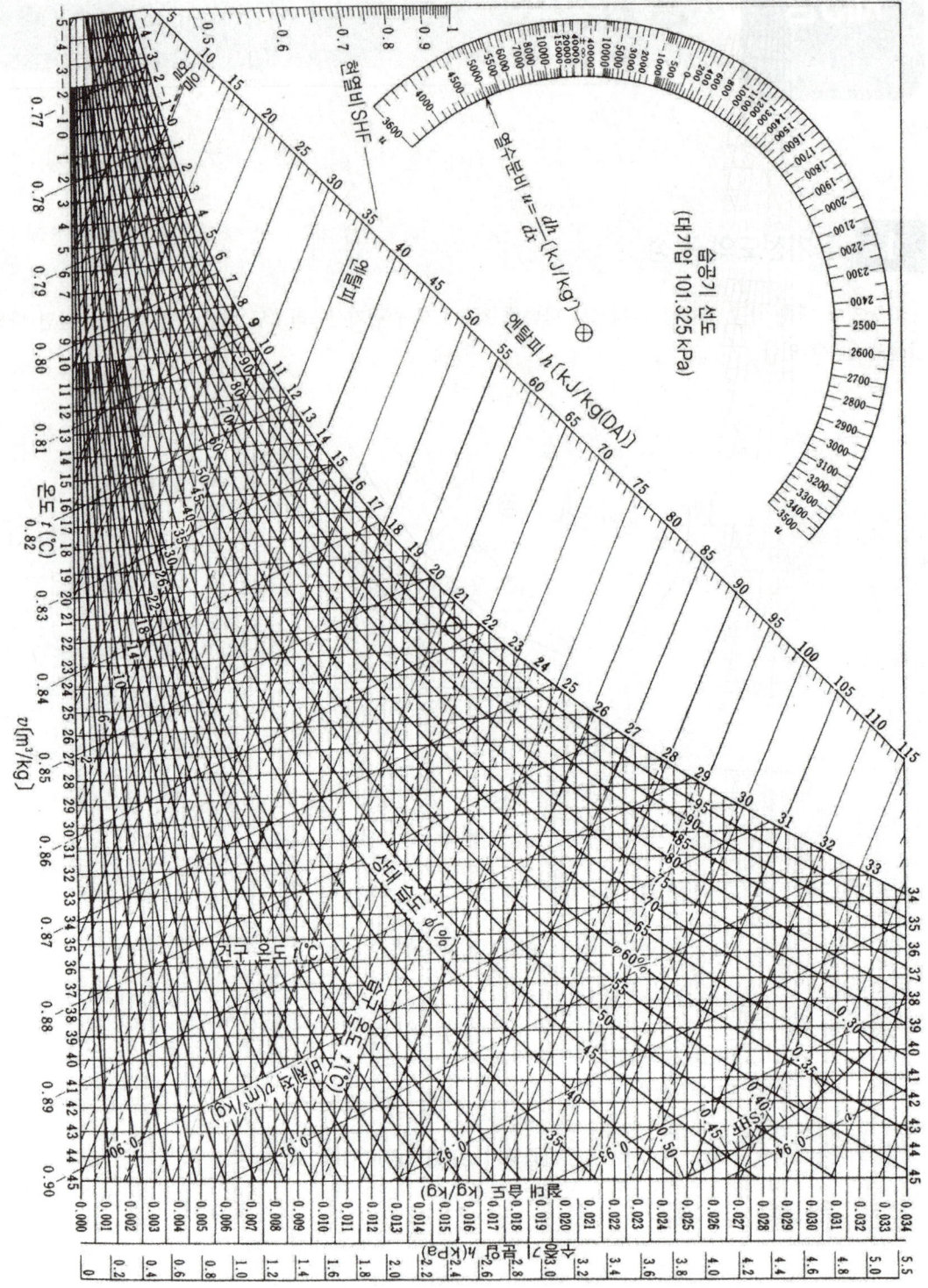

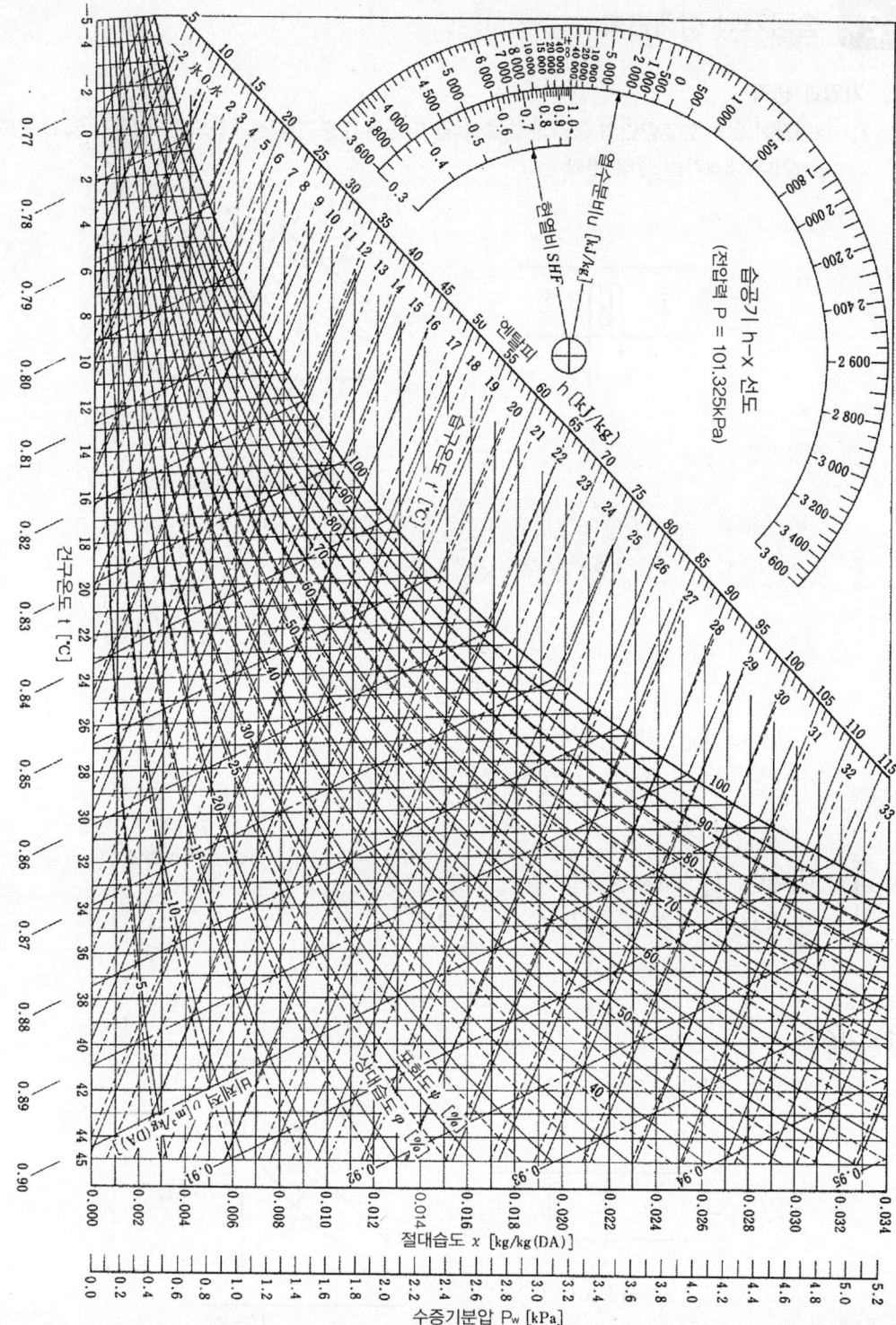

습공기 h-x 선도 (SI)

제3장 공기선도

2   습공기의 상태변화

(1) 가열과 냉각

① 잠열량이 없는 현열량만의 공급과 방출로 공기 중의 수증기량(절대습도)은 변하지 않고 온도만 상승하거나 내려가는 상태 변화

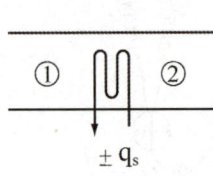

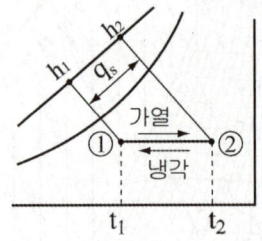

② 열량(현열량 q_S)

$$q_S = G(h_2 - h_1) \fallingdotseq GC_p(t_2 - t_1)$$
$$\quad = \rho Q(h_2 - h_1) \fallingdotseq \rho QC_p(t_2 - t_1) \quad [\text{kW}]$$

여기서 q_S : 현열량 [kW]
G : 공기량 [kg/s]
Q : 공기량 [m^3/s]
ρ : 공기밀도 [kg/m^3]
C_p : 공기정압비열 [kJ/kg K]

참고
$q_S = G(h_2 - h_1)$
$\quad = G[(h_{a2} + x_2 h_{w2}) - (h_{a1} + x_1 h_{w1})]$
$\quad = G[\{C_p t_2 + x_2(\gamma + C_w t_2)\} - \{C_p t_1 + x_1(\gamma + C_w t_1)\}]$

$x_1 = x_2$ 이므로

$\quad = G[C_p(t_2 - t_1) + x_{1=2} C_w(t_2 - t_1)]$

$C_p(t_2 - t_1) \gg x_{1=2} C_w(t_2 - t_1)$ 이므로

$\fallingdotseq GC_p(t_2 - t_1)$ 으로 쓸 수 있다.

여기서 h_a : 공기의 엔탈피
h_w : 수증기의 엔탈피
C_p : 공기의 정압비열
C_w : 수증기의 정압비열
γ : 0℃ 물의 증발잠열

(2) 가습

① 공기중에 수분의 증가량이 가습량이다.

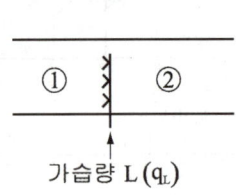

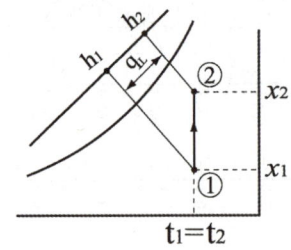

② 가습량(L)

$$L = G(x_2 - x_1) = \rho Q(x_2 - x_1) \quad [kg/s]$$

③ 가열량(잠열량 q_L)

$$q_L = G(h_2 - h_1) \fallingdotseq G\gamma(x_2 - x_1)$$
$$= \rho Q(h_2 - h_1) = \rho Q\gamma(x_2 - x_1) \quad [kW]$$

여기서 q_L : 잠열량 [kW]
x : 절대습도 [kg/kg']
γ : 0℃물의 증발잠열
　　 [= 2501 kJ/kg]

참고
$q_L = G(h_2 - h_1)$
$= G[(h_{a2} + x_2 h_{w2}) - (h_{a1} + x_1 h_{w1})]$
$= G[\{C_p t_2 + x_2(\gamma + C_w t_2)\} - \{C_p t_1 + x_1(\gamma + C_w t_1)\}]$

　　여기서 $t_1 = t_2$ 이므로

$= G[\gamma(x_2 - x_1) + C_w t_{1=2}(x_2 - x_1)]$

　　$\gamma(x_2 - x_1) \gg C_w t_{1=2}(x_2 - x_1)$ 이므로

$\fallingdotseq G\gamma(x_2 - x_1)$으로 쓸 수 있다.

여기서 h_a : 공기의 엔탈피
h_w : 수증기의 엔탈피
C_p : 공기의 정압비열
C_w : 수증기의 정압비열
γ : 0℃ 물의 증발잠열

(3) 가열 가습

① 가열기와 가습기가 조합된 변화

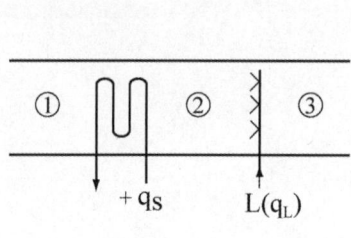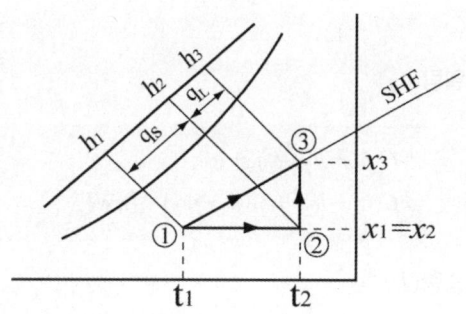

② 전열량(q_T)

$$q_T = q_S + q_L = G(h_2 - h_1) + G(h_3 - h_2)$$
$$= G(h_3 - h_1)$$
$$= \rho Q(h_3 - h_1) \quad [kW]$$

③ 가습량(L)

$$L = G(x_3 - x_2) = \rho Q(x_3 - x_2) \quad [\text{kg/s}]$$

④ 현열비(SHF)

$$SHF = \frac{q_S}{q_T} = \frac{q_S}{q_S + q_L} = \frac{h_2 - h_1}{h_3 - h_1}$$

여기서 q_T : 전열량 [kW]
q_S : 현열량 [kW]
q_L : 잠열량 [kW]
x : 절대습도 [kg/kg']

⑤ 열수분비(u)

$$u = \frac{\Delta h}{\Delta x} = \frac{h_3 - h_1}{x_3 - x_2} \quad [\text{kJ/kg}]$$

(4) 냉각 감습

① 냉각코일에 의해 공기가 냉각되고 결로에 의해 감습되는 변화

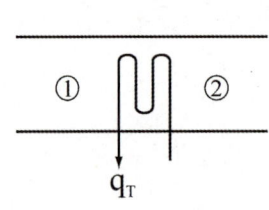
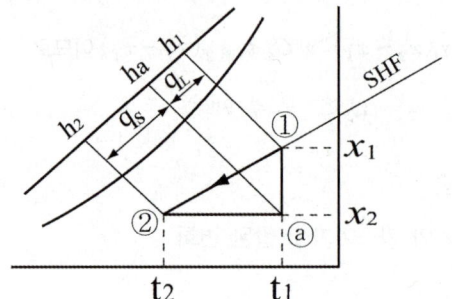

② 전열량(q_T)

$$q_T = G(h_1 - h_2) = q_S + q_L = G(h_a - h_2) + G(h_1 - h_a) \quad [\text{kW}]$$

③ 감습량(L)

$$L = G(x_1 - x_2) = \rho Q(x_1 - x_2) \quad [\text{kg/s}]$$

여기서 ρ : 공기 밀도 [= 1.2kg/m³]
G : 공기량 [kg/s]
Q : 공기량 [m³/s]

(5) 혼합

① 상태 ①의 공기와 상태 ②의 공기가 혼합되어 상태 ③의 공기가 된다.

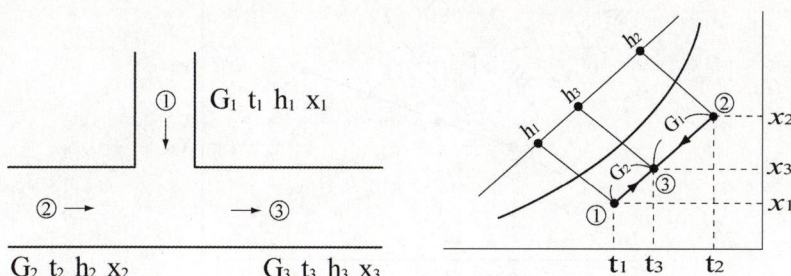

② 열평형 및 물질 평형식

$G_1 h_1 + G_2 h_2 = G_3 h_3$ ················ 전열량(엔탈피)

$G_1 C_p t_1 + G_2 C_p t_2 = G_3 C_p t_3$ ············ 현열량(온도)

$G_1 x_1 + G_2 x_2 = G_3 x_3$ ················ 수분량(절대습도)

$G_1 + G_2 = G_3$ ·························· 풍량(공기량)

$h_3 = \dfrac{G_1 h_1 + G_2 h_2}{G_3} = h_1 + \dfrac{G_2}{G_3}(h_2 - h_1)$

$t_3 = \dfrac{G_1 t_1 + G_2 t_2}{G_3} = t_1 + \dfrac{G_2}{G_3}(t_2 - t_1)$

$x_3 = \dfrac{G_1 x_1 + G_2 x_2}{G_3} = x_1 + \dfrac{G_2}{G_3}(x_2 - x_1)$

3 바이패스 팩터(BF)와 콘텍트 팩터(CF)

① 냉각코일을 통과하는 공기중에서 코일표면을 접촉하지 않고 통과한 공기의 비율을 바이패스 팩터(BF)라 하고

② 반대로 코일표면에 접촉하면서 통과한 공기의 비율을 콘텍트 팩터(CF)라 한다.

$BF = \dfrac{\text{바이패스한 공기량}}{\text{코일을 통과하는 전공기량}}$

$BF = \dfrac{t_2 - t_s}{t_1 - t_s} = \dfrac{h_2 - h_s}{h_1 - h_s} = \dfrac{x_2 - x_s}{x_1 - x_s}$

$CF = 1 - BF = 1 - \dfrac{t_2 - t_s}{t_1 - t_s} = \dfrac{t_1 - t_2}{t_1 - t_s} = \dfrac{h_1 - h_2}{h_1 - h_s} = \dfrac{x_1 - x_2}{x_1 - x_s}$

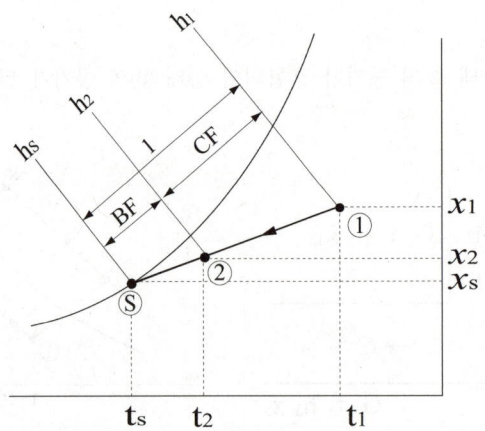

4 가습방법

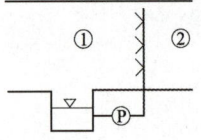

1) 순환수가습

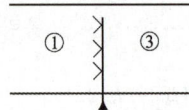

2) 온수가습

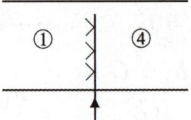

3) 증기가습

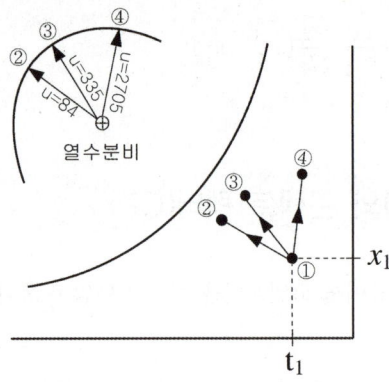

(1) 순환수가습

① 입구공기의 습구온도(t')와 같은 온도의 순환수를 분무하여 가습하면 공기의 상태변화는 습구온도가 일정한 선을 따라 변화한다. 이때의 변화를 **단열변화**(斷熱變化)라 한다.

② 엔탈피의 변화가 극히 작기 때문에 $h_1 ≒ h_2$로 취급한다.

열수분비 $u = \dfrac{\triangle h}{\triangle x}$

$= \dfrac{L \cdot C \cdot t'}{L} = C \cdot t'$ [kJ/kg]

예 순환수 온도가 20℃이면 $u = 83.8 \,\text{kJ/kg}$

* 참고 : 물의 비열 C = 4.19kJ/kg·K

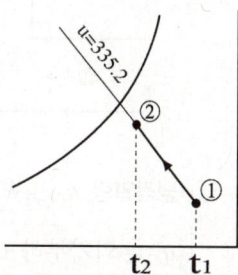

(2) 온수가습

열수분비 $u = \dfrac{\triangle h}{\triangle x} = C \cdot t$

예 온수 온도가 80℃이면 $u = 335.2 \,\text{kJ/kg}$

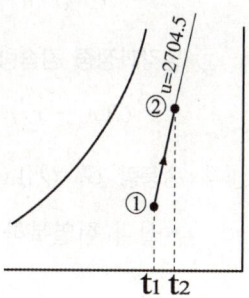

(3) 증기가습

열수분비는 증기의 엔탈피와 같다.

열수분비 $u = \dfrac{\triangle h}{\triangle x}$

$= \dfrac{\triangle x(2501 + 1.85t)}{\triangle x} = 2501 + 1.85t$

예 증기 온도가 110℃이면

열수분비 $u = 2501 + 1.85 \times 110 ≒ 2704.5 \,\text{kJ/kg}$

제3장 공기선도

제4장 공조장치내 상태변화

● 제1편 공기조화

1 혼합 · 냉각

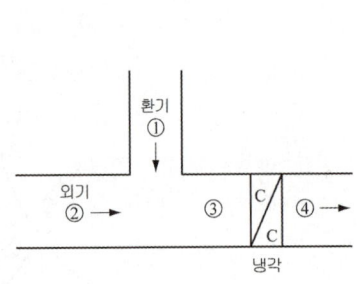 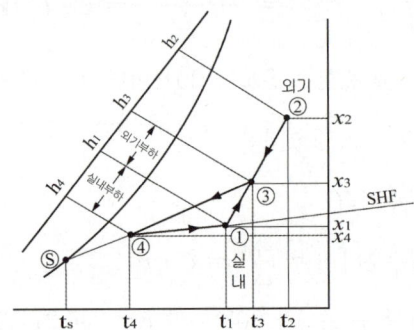

① 냉각열량 q_C [kW]

$$q_C = 외기부하 + 실내부하 = G(h_3 - h_1) + G(h_1 - h_4)$$
$$= G(h_3 - h_4) = \rho Q(h_3 - h_4)$$

② 냉각과정중 감습량 L [kg/s]

$$L = G(x_3 - x_4) = \rho Q(x_3 - x_4)$$

③ 송풍량 G, Q [kg/s, m³/s]

- 실내 현열부하 : $q_S = G C_p (t_1 - t_4)$ 에서

$$G = \frac{q_S}{C_p(t_1 - t_4)} \qquad Q = \frac{q_S}{\rho C_p(t_1 - t_4)}$$

- 실내 전열부하 : $q_T = G(h_1 - h_4)$ 에서

$$G = \frac{q_T}{(h_1 - h_4)} \qquad Q = \frac{q_T}{\rho (h_1 - h_4)}$$

④ 공조기 출구공기온도 $t_d (= t_4)$ [℃]

$t_d (= t_4)$는 $q_S = G C_p (t_1 - t_4)$ 에서 $\qquad t_d = t_1 - \dfrac{q_S}{G C_p}$

2 혼합·냉각·재열

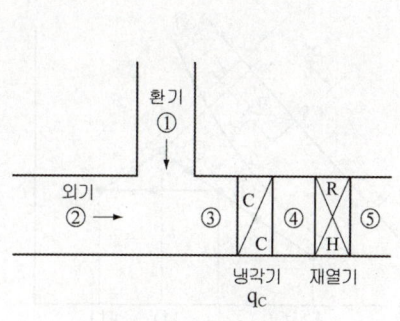
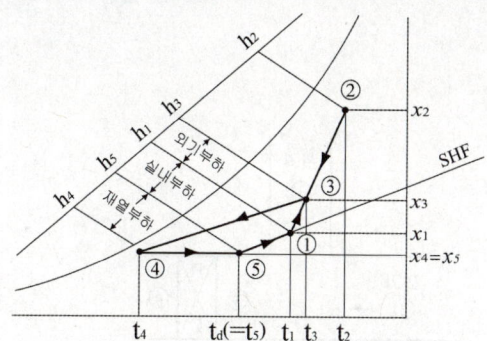

① 냉각기에서의 냉각열량 q_C [kW]

q_C = 외기부하 + 실내부하 + 재열부하
$= G(h_3 - h_1) + G(h_1 - h_5) + G(h_5 - h_4)$
$= G(h_3 - h_4)$
$= \rho Q(h_3 - h_4)$

② 냉각기에서의 감습량 L [kg/s]

$L = G(x_3 - x_4)$
$= \rho Q(x_3 - x_4)$

③ 송풍량 G, Q [kg/s, m³/s]

- 실내 현열부하 : $q_S = G C_p (t_1 - t_5)$ 에서

$$G = \frac{q_S}{C_p(t_1 - t_5)} \quad Q = \frac{q_S}{\rho C_p(t_1 - t_5)}$$

- 실내 전열부하 : $q_T = G(h_1 - h_5)$ 에서

$$G = \frac{q_T}{(h_1 - h_5)} \quad Q = \frac{q_T}{\rho(h_1 - h_5)}$$

④ 공조기 출구공기온도 $t_d (= t_5)$ [℃]

$t_d(=t_5)$는 $q_S = G C_p (t_1 - t_5)$ 에서

$$t_d = t_1 - \frac{q_S}{G C_p}$$

3 혼합·가열

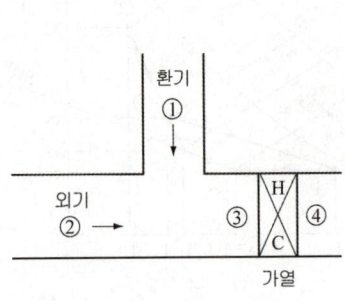
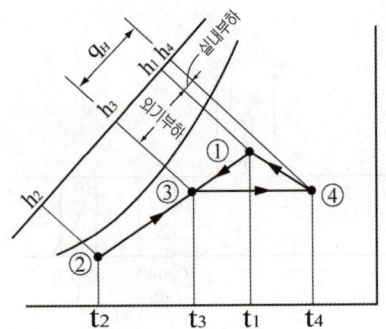

① 가열기의 가열량 q_H [kW]

q_H = 외기부하 + 실내부하
$= G(h_1 - h_3) + G(h_4 - h_1)$
$= G(h_4 - h_3)$
$= \rho Q(h_4 - h_3)$

또는

$q_H = G C_p (t_4 - t_3)$
$= \rho Q C_p (t_4 - t_3)$

② 송풍량 G, Q [kg/s, m³/s]

실내 현열부하 : $q_S = G C_p (t_4 - t_1)$ 에서

$$G = \frac{q_S}{C_p(t_4 - t_1)} \quad Q = \frac{q_S}{\rho C_p(t_4 - t_1)}$$

실내 전열부하 : $q_T = G(h_1 - h_4)$ 에서

$$G = \frac{q_T}{(h_4 - h_1)} \quad Q = \frac{q_T}{\rho(h_4 - h_1)}$$

③ 공조기 출구공기온도 $t_d (= t_4)$

$t_d (= t_4)$는 $q_S = G C_p (t_4 - t_1)$ 에서

$$t_d = t_1 + \frac{q_S}{G C_p}$$

4 혼합·가열·가습(온수)

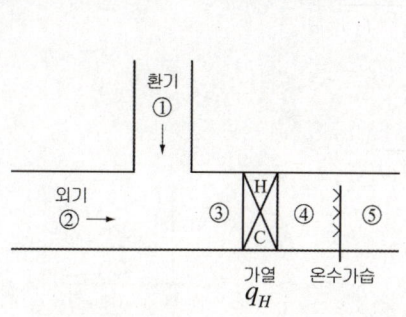
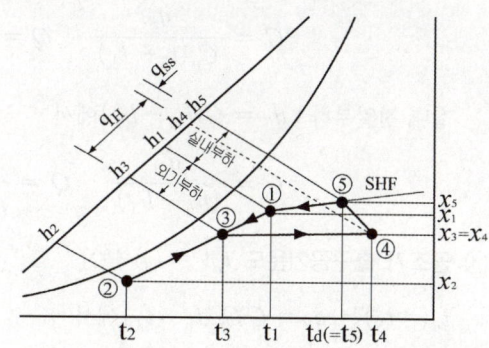

① 가열기의 가열량 q_H [kW]

q_H = 외기부하 + (실내부하 − 가습에 의한 가열량)
$= G(h_1 - h_3) + \{G(h_5 - h_1) - G(h_5 - h_4)\}$
$= G(h_4 - h_3) = \rho Q(h_4 - h_3)$

또는
$q_H = G C_p (t_4 - t_3)$
$= \rho Q C_p (t_4 - t_3)$

② 온수 가습에 의한 가열량 q_{SS} [kW]

$q_{SS} = G(h_5 - h_4)$
$= \rho Q(h_5 - h_4)$

③ 전열량 q_T [kW]

$q_T = q_H + q_{SS}$
$= G(h_4 - h_3) + G(h_5 - h_4)$
$= G(h_5 - h_3)$

④ 가습수량 L [kg/s]

$L = G(x_5 - x_4) = \rho Q(x_5 - x_4)$

⑤ 송풍량 G, Q [kg/s, m³/s]

실내 현열부하 : $q_S = GC_p(t_5 - t_1)$에서

$$G = \frac{q_S}{C_p(t_5 - t_1)} \quad Q = \frac{q_S}{\rho C_p(t_5 - t_1)}$$

실내 전열부하 : $q_T = G(h_5 - h_1)$에서

$$G = \frac{q_T}{(h_5 - h_1)} \quad Q = \frac{q_T}{\rho(h_5 - h_1)}$$

⑥ 공조기 출구공기온도 $t_d(=t_5)$ [℃]

$t_d(=t_5)$는 $q_S = GC_p(t_5 - t_1)$에서

$$t_d = t_1 + \frac{q_S}{GC_p}$$

5 기타 상태변화

(1) 혼합·가열·가습(증기)

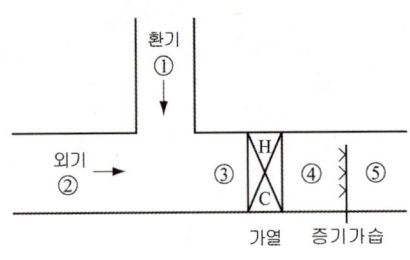
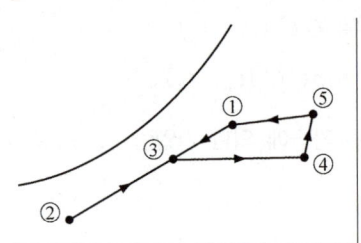

(2) 혼합·가습·가열

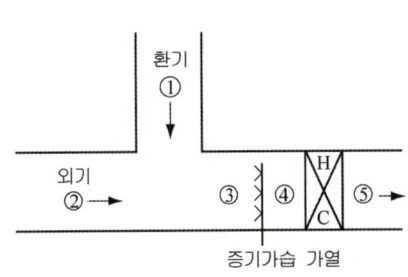
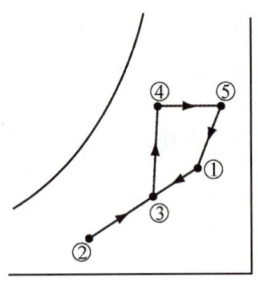

(3) 혼합·가열·가습·재열

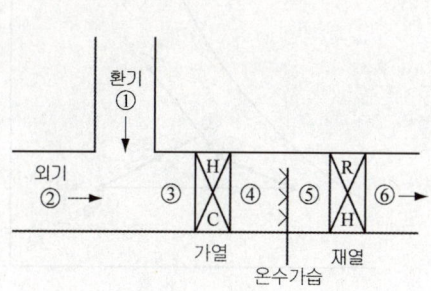 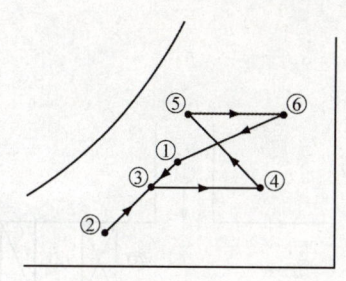

(4) 예열·혼합·가습·가열

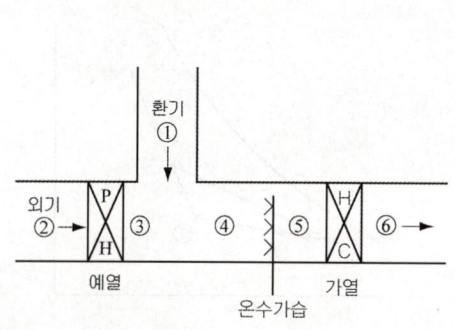 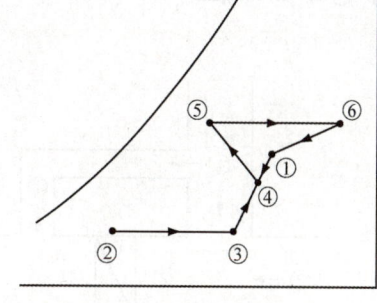

(5) 예냉·혼합·냉각

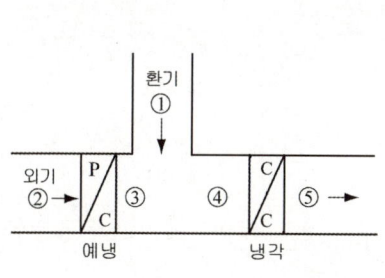 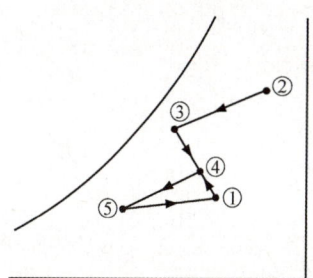

(6) 혼합·감습·냉각

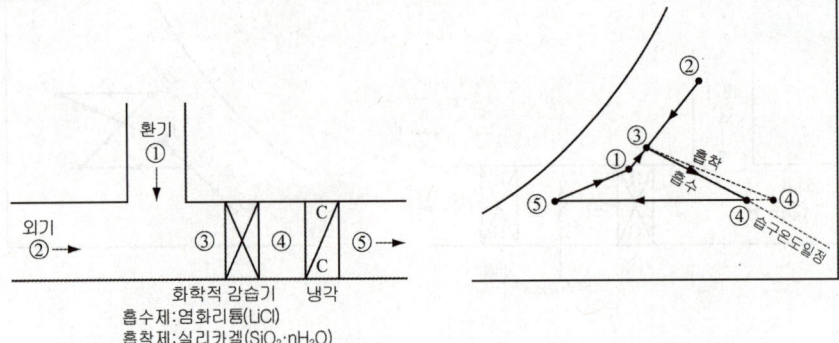

(7) 혼합·냉각·바이패스

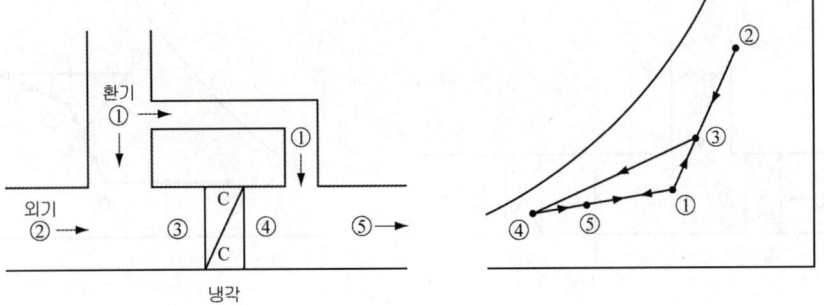

• 제1편 공기조화

제5장 공기조화 방식

1 공기조화 방식의 분류

① 열의 분배방법에 따라 중앙식과 개별식으로 분류되며
② 열을 운반하는 매체 종류에 따라 전공기방식, 수·공기방식, 전수방식이 있다.

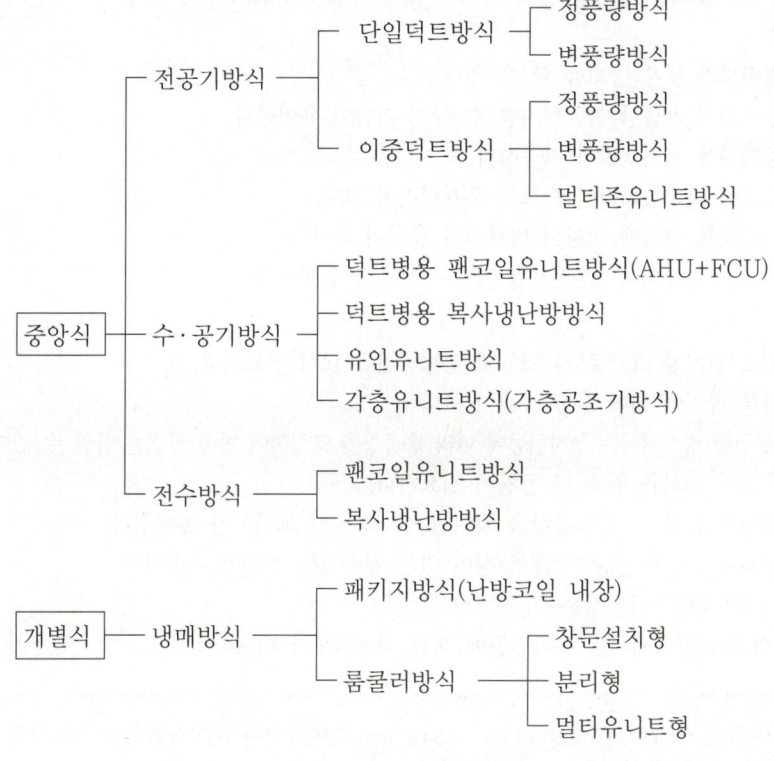

2 공기조화 방식

(1) 중앙식(central system)
- 중앙 기계실에서 조화된 공기 또는 냉, 온수를 각실로 공급하는 방식이다.
- 열매체의 종류에 따라 전공기방식, 수-공기방식, 전수방식이 있다.
- 규모가 큰 건물에 적합하다.
- 장치가 중앙기계실에 집중되어 있으므로 운전 및 유지보수가 용이하다.
- 덕트 또는 파이프가 통과하는 샤프트와 공간이 필요하다.

① 전공기 방식(all air system)
  온습도가 조절된 공기(냉, 온풍)만으로 냉, 난방하는 방식

  ㉠ 단일덕트 방식(single duct)
    공조기에서 조화된 공기를 단일 덕트를 통해 각실에 공급하는 방식
    ▶ 장점
      - 청정도가 높은 공조를 할 수 있다.
      - 공조기에 가습장치를 설치할 수 있어 가습이 용이하다.
      - 중간기에 외기냉방이 가능하다.
      - 실내에 장비설치가 없으므로 유효면적이 크다.
      - 이중덕트 방식에 비하여 덕트설치 공간이 작다.
      - 장치가 집중되어 있어 운전 및 유지보수가 용이하다.
    ▶ 단점
      - 덕트 크기가 크므로 샤프트 및 천장공간이 많이 필요하다.
      - 다른 방식에 비해 반송 동력이 크다.
        (변풍량 방식에서는 부하변동에 따라 송풍량을 조절하여 반송 동력을 줄일 수 있다.)
      - 공조기 설치를 위해 큰 공간이 필요하다.
      - 실내부하 감소 시 송풍량을 줄이면 실내공기의 오염도가 높아진다.
      - 부하특성이 다른 여러 개의 실이 있는 경우에는 적용이 곤란하다.
      - 부하변동에 대한 적응속도가 느리다.
        (변풍량 방식에서는 부하변동에 대한 적응속도가 빠르다.)

> - 정풍량방식(CAV, Constant Air Volume) : 부하가 변동되면 풍량은 일정하게 유지하면서 공기의 온도를 변화시켜 대응하는 방식
> - 변풍량방식(VAV, Variable Air Volume) : 부하가 변동되면 온도는 일정하게 유지하면서 풍량을 변화시켜 대응하는 방식

ⓛ **이중덕트 방식(double duct)**
  공조기에 냉각코일과 가열코일을 장착하여 냉풍과 온풍을 만들어 각각 별개의 덕트를 통해 각 실의 혼합상자에 보내져 냉, 난방 부하에 따라 혼합하여 실내에 취출하는 방식

  ▶ 장점
  - 부하특성이 다른 여러 개의 실에 적용할 수 있다.
  - 부하변동에 대한 적응속도가 빠르다.
  - 혼합상자를 사용하므로 개별제어가 가능하다.
  - 각실의 용도변경에도 쉽게 대응할 수 있다.
  - 실내부하 감소 시에도 취출 공기량이 부족하지 않다.
  - 중간기에 외기냉방이 가능하다.

  ▶ 단점
  - 덕트가 2개이므로 설치공간이 크고 설비비가 많이 든다.
  - 냉, 온풍의 혼합으로 인한 혼합손실이 있어 에너지 손실이 많다.
  - 혼합상자에서 소음 및 진동이 발생한다.

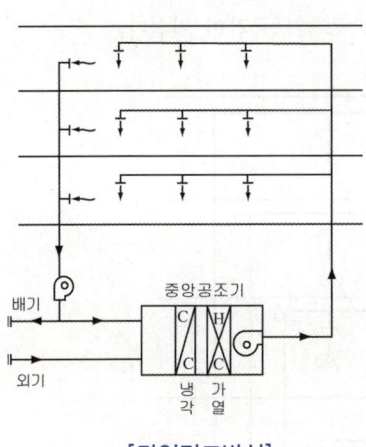

[단일덕트방식]

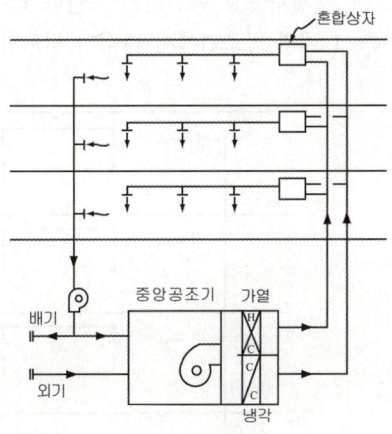

[2중덕트방식]

ⓒ 멀티존 유니트 방식(Multi Zone Unit)
  부하 특성이 다른 여러 개의 존을 공조할 때 한 대의 공조기에 가열코일과 냉각코일을 병렬로 설치하고 출구의 혼합댐퍼로 냉,온풍을 혼합하여 덕트를 통해 각실로 보내는 공조방식이며 2중덕트 방식으로 분류하는 경우도 있다. 비교적 작은 규모(바닥면적 2000m² 이하)의 공조면적을 여러 개의 작은 존으로 나누어 사용할 때 편리하다.
  ▶ 장점
    - 다수의 존(실)이 부하특성이 다를 때 적용한다.
    - 각존(실)에서 부하가 변동되면 즉시 냉, 온풍을 적정비율로 혼합하여 보내므로 대응 속도가 빠르다.
    - 각존(실)의 용도변경, 설계변경에 대응이 쉽다.
    - 각존(실)의 냉, 난방부하가 감소하여도 취출공기량의 부족현상을 방지할수 있다.
    - 이중 덕트 방식의 덕트공간을 천장 속에 확보할 수 없을 때 적합하다.
  ▶ 단점
    - 냉, 온풍의 혼합으로 인한 혼합손실과 소음이 발생한다.
    - 큰 용량으로 증설하기 곤란하다.
    - 1 대의 공조기에서 다수의 덕트가 나오므로 덕트공간이 커진다.

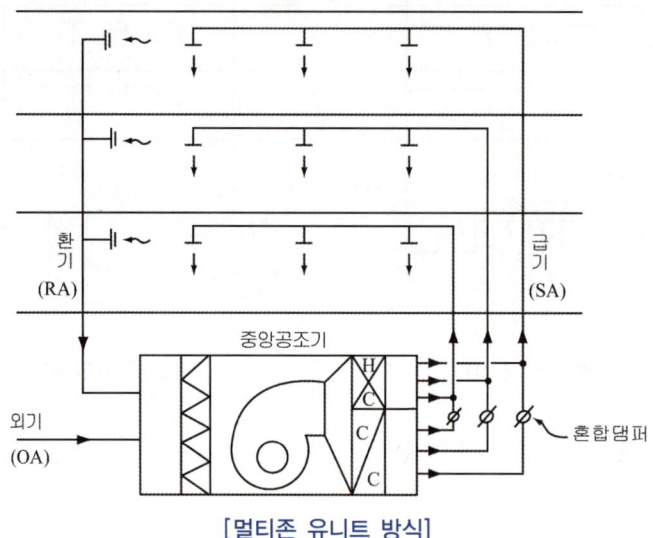

[멀티존 유니트 방식]

② 수-공기 방식(water-air system)
전공기방식과 전수방식의 장점을 따고 단점을 보완한 방식이다.
㉠ **덕트병용 팬코일유니트 방식**
외부존은 수배관에 의한 팬코일유니트로 냉난방하고 내부존은 공조덕트로 냉난방하는 방식이다. 즉, AHU + FCU 방식이다.
▶ 장점
- 내부존과 외부존을 구분하여 공조하는 방식에 적합하다.
- 전공기방식에 비하여 덕트공간, 공조실공간, 반송동력이 작다.
- 부하변동에 대한 적응속도가 빠르다.
- 각실별로 개별제어를 할 수 있다.
- 팬코일유니트를 창밑에 설치하면 콜드 드래프트를 줄일 수 있다.
▶ 단점
- 송풍량이 적어 전공기방식에 비해 실내 청정도가 떨어진다.
- 바닥설치형의 경우 실내 바닥 유효면적이 적어진다.
- 수배관에서 누수 및 동파의 위험이 있다.
- 유니트가 각실에 분산되어 있어 관리 및 유지보수가 어렵다.

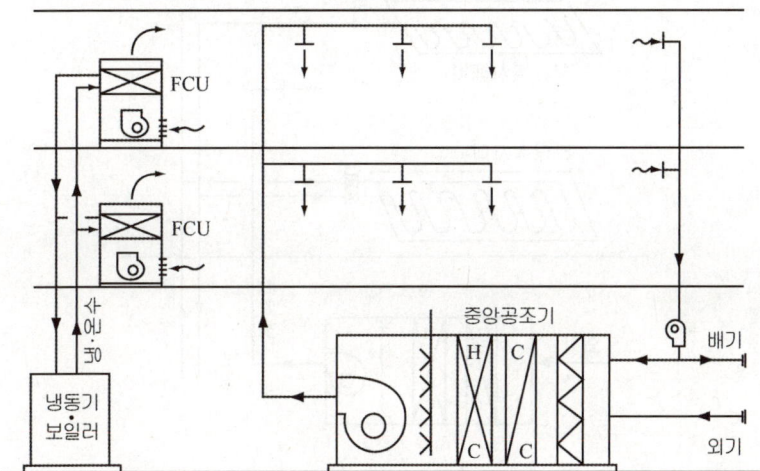

[덕트병용 팬코일유니트 방식]

ⓛ **덕트병용 복사 냉·난방 방식**

냉, 온수 패널의 복사, 대류작용과 외기처리용 공조기 병용으로 냉난방하는 방식으로 온수패널은 바닥에 설치하고 냉수패널은 천장에 설치한다.

▶ 장점
- 실내 현열부하의 70% 정도를 패널에서 감당하고 나머지 30%와 잠열부하를 공조기가 감당하게 되므로 덕트공간과 반송동력이 작다.
- 현열부하가 큰 경우에 효과적이다.
- 복사열을 이용하기 때문에 쾌감도가 높다.
- 실내에 기기를 설치하지 않으므로 유효면적이 넓다.
- 냉방 시에 조명부하나 일사에 의한 부하 처리가 쉽다.

▶ 단점
- 설비비가 고가이다.
- 냉방 시에는 패널에서 결로의 우려가 있다.
- 고장 시 보수가 어렵다.
- 실을 변경할 때 융통성이 없다.

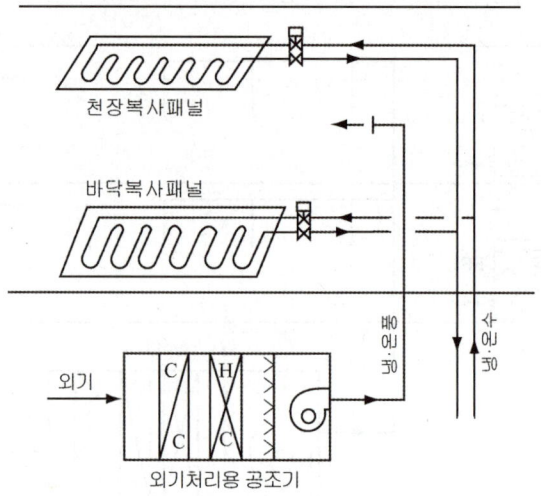

[덕트병용 복사 냉·난방 방식]

ⓒ **유인유니트 방식(IDU, Induction Unit System)**

조화된 1차공기를 노즐을 통해 고속으로 분출하면 주변의 실내공기가 유인되어 혼합 분출된다. 실내공기는 유인되면서 냉, 온수코일을 통과하게 된다.

▶ 장점
- 각 유니트마다 제어가 가능하다.
- 고속덕트를 사용하므로 덕트공간이 작아도 된다.

- 유인유니트에는 동력이 필요 없다. (유니트 내에 송풍기가 없다)
- 중앙공조기는 1차공기만 처리하므로 작아도 된다.
- 실내 부하변동에 따른 적응성이 좋다.
▶ 단점
- 각 유니트까지 수배관을 하므로 누수의 위험이 있다.
- 송풍량이 적어 외기냉방에 효과가 적다.
- 소음이 팬코일유니트보다 크다.

> 저속덕트 : 풍속이 15m/s 이하의 덕트 (보통 5~10m/s가 사용됨)
> 고속덕트 : 풍속이 15m/s 초과의 덕트 (보통 20~25m/s가 사용됨)
> 유인비 $k = \dfrac{합계공기량(1+2차)}{1차공기량}$ (보통 $k = 3~4$, 2중유인시 $k = 6~7$)

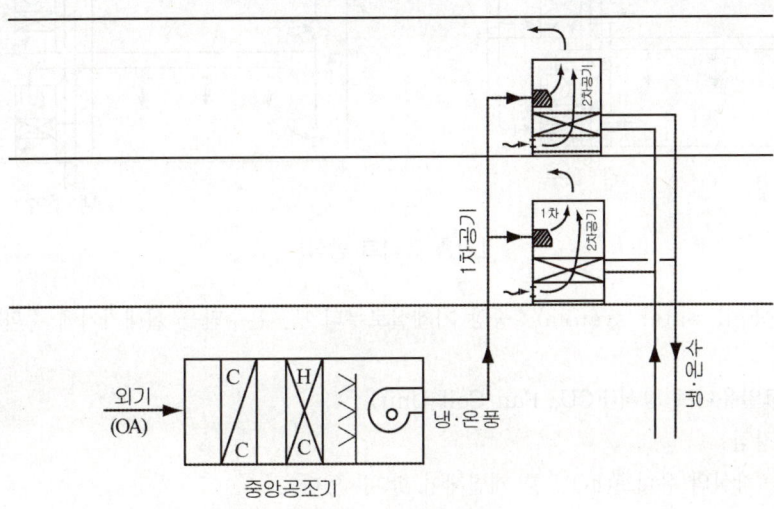

[유인 유니트 방식]

ㄹ) **각층 유니트 방식** : 각층마다 유니트(공조기)를 설치하여 공조하는 방식
  ▶ 장점
  - 외기용 공조기가 있는 경우는 습도제어가 가능하다.
  - 환기덕트가 필요 없거나 작아도 된다.
  - 외기 도입이 가능하다.
  - 부하변동에 따라 층별제어 또는 존별제어가 가능하다.
  - 1차공기용 중앙장치나 덕트가 작아도 된다.
  - 중앙기계실 면적과 덕트 스페이스가 작아도 된다.
  - 송풍동력이 적게 든다.

▶ 단점
- 각층에 공조기가 분산되어 있으므로 관리 및 유지보수가 어렵다.
- 각층마다 공조기 설치공간이 필요하다.
- 공조실이 가까이 있어 소음, 진동이 크다.
- 각층 공조기로 가는 물 배관에서 누수의 우려가 있다.

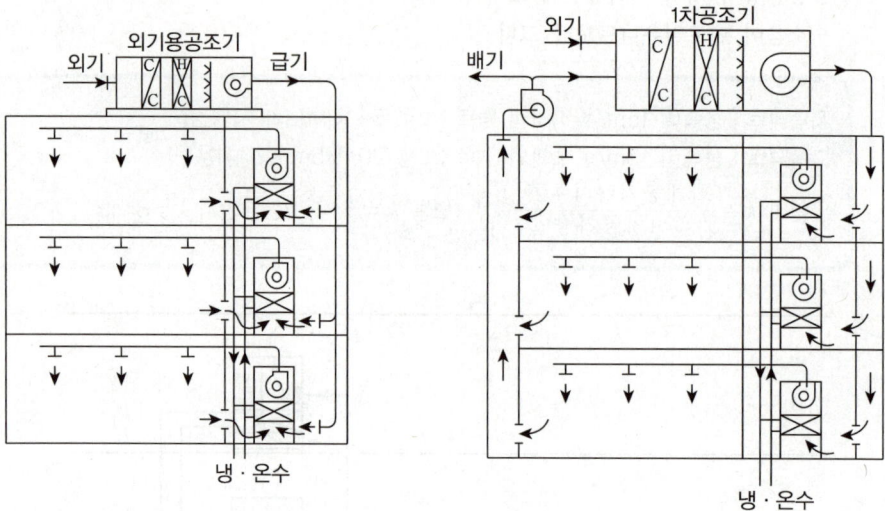

[각층 유니트 방식]

③ **전수방식**(all water system) : 중앙 기계실로부터 냉, 온수만을 실내기기에 순환시켜 공조하는 방식
  ㉠ 팬코일유니트 방식(FCU, Fan Coil Unit)
  ▶ 장점
   - 각실의 유니트(FCU)를 개별제어 할 수 있다.
   - 덕트 샤프트와 덕트설치를 위한 천장공간이 필요없다.
   - 공기방식에 비해 열매의 이송동력이 적게 든다.
   - 중앙공조기가 없으므로 중앙기계실 면적이 작아도 된다.
   - 창문 밑에 설치하면 콜드드래프트를 줄일 수 있다.
  ▶ 단점
   - 외기 도입량이 없거나 작아 실내공기의 오염도가 높다.
   - 수배관에서의 누수가 우려된다.
   - 습도조절이 곤란하다.
   - 외기냉방이 불가능하다.

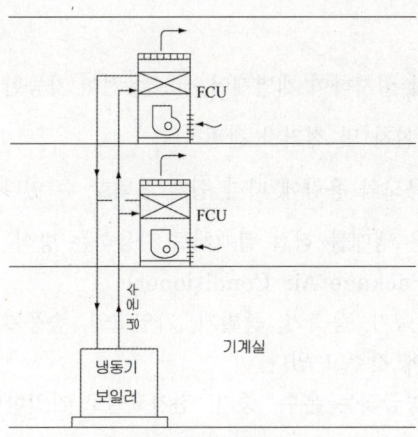

[팬코일유니트 방식]

ⓛ **복사 냉난방 방식** : 건물의 바닥, 천장, 벽 등에 냉, 온수관을 설치하여 냉, 난방하는 방식

▶ 장점
- 천장이 높은 경우에도 실의 온도구배를 줄일 수 있다.
- 복사열을 이용하기 때문에 쾌감도가 좋다.
- 실내 공간 활용도가 좋다.
- 현열부하가 큰 경우에 효과적이다.

▶ 단점
- 냉방 시 결로의 우려가 있다.
- 수배관으로 인한 누수의 우려가 있다.
- 고장발견이 곤란하며 보수가 어렵다.
- 습도조절이 불가능하다.
- 외기냉방이 불가능하다.

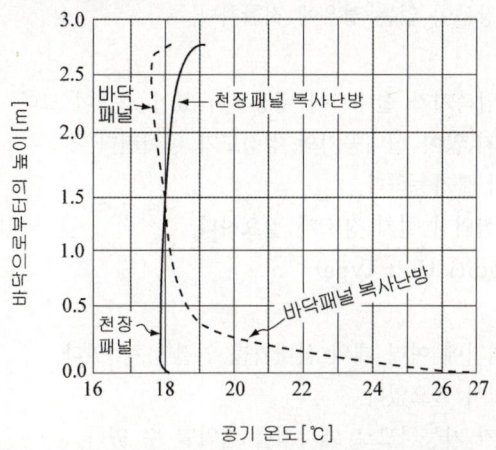

[복사난방의 수직온도 분포]

(2) 개별식

- 각 실에 공조유니트를 분산 설치하여 개별제어, 국소운전이 가능한 에너지 절약적인 공조방식이다.
- 중앙기계실이 필요 없고, 설치 및 철거가 간편하다.
- 제품이 규격화되어 있어 용도와 용량에 따라 쉽게 선택할 수 있다.

① 냉매방식 : 프레온과 같은 냉매를 직접 열매체로 사용하는 방식

㉠ 패케지 방식(PAC, Package Air Conditioner)
- 패케지유니트는 압축기, 응축기, 증발기, 가열코일, 송풍기, 필터, 가습기, 자동제어기기를 하나의 케이스 내에 갖추고 있다.
- 난방은 외부에서 공급되는 온수, 증기, 전기코일로 가열한다.

  ▶ 장점
  - 유니트별로 개별 운전이 가능하다.
  - 설치, 취급 및 작동이 간단하다.
  - 부하증가에 대하여 유니트 증설로 쉽게 대응할 수 있다.
  - 중앙기계실의 면적이 작아도 된다.

  ▶ 단점
  - 압축기가 실내기에 내장되어 있는 경우는 소음이 크다.
  - 외기냉방이 불가능하다.
  - 환기가 되지 않아 실내공기의 청정도가 떨어진다.

㉡ 룸쿨러 방식(Room Cooler) : 창문설치형, 분리형, 멀티유니트형이 있다.

  ▶ 장점
  - 창문형의 경우는 외벽쪽 창문에 설치할 수 있다.
  - 중앙기계실이 불필요하다.
  - 설치, 취급, 작동이 간단하다.
  - 분리형은 창문이 없는 경우에 적합하다.

  ▶ 단점
  - 창문형은 압축기가 실내기에 내장되어 있어 소음이 크다.
  - 환기가 되지 않아 실내공기의 청정도가 떨어진다.
  - 외기냉방이 불가능하다.
  - 분리형은 실외기 설치 장소가 필요하다.

㉢ 멀티유니트 형(Multi Unit type)

  ▶ 장점
  - 1대의 실외기에 여러 대의 실내기를 연결할 수 있다.
  - 중앙기계실이 필요없다.
  - 실별 제어가 가능하므로 에너지를 절약할 수 있다.

▶ 단점
- 압축기의 용량제어가 되지 않으면 에너지 손실이 많다.
- 냉매배관 설치에 전문기술이 필요하다.
- 환기 및 외기냉방이 불가능하다.

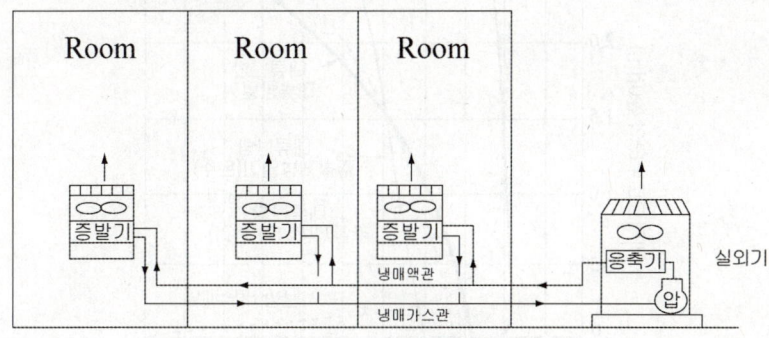

[멀티유니트형 룸쿨러]

(3) 저온공조 방식

① 공조기에서 공급하는 공기의 온도를 일반적인 공조방식보다 낮은 온도로 공급하는 방식
② 일반공조 방식의 급기온도 16℃(급기와 실내공기 온도차 10℃)
③ 저온공조 방식의 급기온도 3~11℃(급기와 실내공기 온도차 15~23℃)

▶ 장점
- 송풍기 및 덕트의 크기를 줄일 수 있고 반송동력을 절감할 수 있다.
- 취출공기의 온도를 낮추면 공기 속의 수분량도 줄어들게 되므로 잠열부하가 큰 건물에서 송풍량을 늘리지 않고서도 실내 온, 습도를 유지할 수 있다.
- 냉방부하가 큰 건물이나 잠열부하가 큰 백화점과 같은 건물에서 송풍량 및 덕트의 크기를 크게 늘리지 않고자 할 때 적합한 방식이다.
- 부하 증대 시에도 기존 덕트를 활용하여 개, 보수가 가능하다.

▶ 단점
- 취출구 및 덕트에서 공기 누설 시 결로가 발생한다.
- 최소 풍량 시 환기량이 부족할 수 있다.
- 1, 2차공기의 혼합이 불충분하면 콜드드래프트를 유발할 수 있다.

(4) 각종 난방 방식의 수직온도 분포

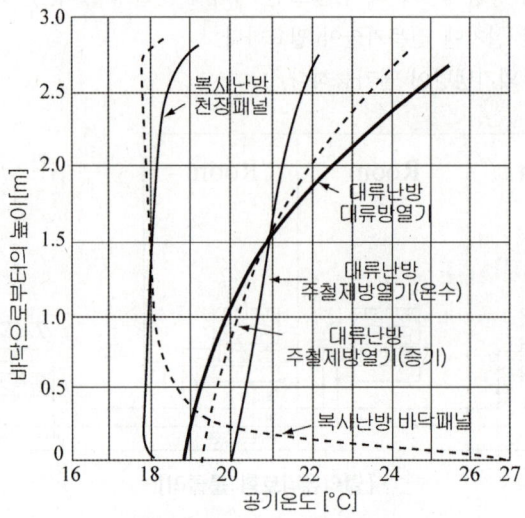

[각종 난방방식별 수직온도분포]

3 난방 방식

(1) 난방 방식

직접난방 방식과 간접난방 방식이 있다.

① **직접난방** : 방열기 등을 실내에 설치하여 실내공기를 직접 가열 난방하는 방식이다.
  ㉠ 대류난방 : 방열량의 70~75%를 대류에 의해 난방하는 방식으로 방열기, 대류방열기, 콘벡터, 휀콘벡터, 휀코일유니트, 스토브(난로) 등이 있다.
  ㉡ 복사난방 : 방열량의 50~70%를 복사에 의한 난방으로 열복사에 의해 인체를 따뜻하게 하는 것이며 실내의 벽, 바닥, 천정면에 방열체를 설치하여 난방하는 방식이다.

② **간접난방** : 기계실의 공조기에서 가열된 온풍을 실내로 보내어 난방하는 방식이다.

(2) 온수난방

① 온수난방은 보일러 등에서 생산된 온수를 배관을 통해 각실에 설치된 방열기로 보내어 난방하는 방식이다.

② 온수난방은 온수의 온도에 따라 100℃ 이상을 고온수, 100℃ 미만을 일반적인 온수 또는 저온수로 분류한다.

▶ 장점
  ㉠ 온수의 온도와 온수량의 조절이 용이하며 실내온도 조절이 쉽다.
  ㉡ 방열기 표면 온도가 높지 않아 난방의 쾌적성이 높다.

ⓒ 증기트랩과 같은 부속기기가 적어서 유지보수가 용이하다.
　　ⓔ 온수는 서서히 식기 때문에(장치내 보유수량이 많아 열용량이 크기 때문에) 보일러 고장 시에도 실내온도가 급격히 떨어지지 않는다.

▶ 단점
　　㉠ 열매체(온수)의 온도가 증기에 비해 낮아 배관 및 난방기기의 용량이 커지고, 온수순환펌프, 팽창탱크 등이 필요하므로 설비비가 높다.
　　㉡ 증기난방에 비해 장치내 보유수량이 많아 열용량이 크므로 예열시간이 길어 난방온도에 도달하는 시간이 많이 걸린다.

(3) 증기난방

① 증기가 가지고 있는 증발잠열을 방출하여 난방하는 방식이다.
② 방열기 설치 위치는 차가운 외기의 영향(cold draft)을 많이 받는 창가에 설치한다.
③ 응축수가 신속하게 배출되지 못하면 증기의 흐름을 방해하고 어느 이상이 되면 증기에 밀려가면서 곡관부 등에 부딪쳐 소음, 진동을 일으키는데 이것이 스팀햄머(steam hammer)이다.

▶ 장점
　　㉠ 온도가 높아 방열면적이 작아도 되며, 배관이 작아서 설비비가 싸다.
　　㉡ 장치내 보유수량이 적어 열용량이 작으므로 예열시간이 짧아 신속하게 난방할 수 있다.
　　㉢ 증기는 자체압력으로 이동하므로 순환동력(펌프)이 없어도 된다.

▶ 단점
　　㉠ 열매체(증기)의 온도가 높아 실내의 상하 온도차가 크다.
　　㉡ 방열량(증기의 온도, 유량) 제어가 어려워 실내온도 조절이 어렵다.
　　㉢ 방열기 표면온도가 높아 화상의 위험이 있다.
　　㉣ 스팀햄머가 발생할 수 있다.
　　㉤ 환수관 내부에서 부식발생이 쉽다.

(4) 복사난방

① 복사난방은 바닥, 벽, 천장 등을 가열하여 그 면에서 방사되는 복사열로 실내를 난방한다.
② 온수코일을 바닥 등에 매립하거나 전기 전열선을 매립하여 발열시키는 방식과 적외선 히터를 이용하여 난방하는 방식이 있다.
③ 패널 표면온도
　　㉠ 바닥패널 : 27~35℃
　　㉡ 벽 패널 : 40~60℃
　　㉢ 천장패널 : 50℃ 이하

▶ 장점
　　㉠ 실내 상하 온도분포가 균일하다. 복사열을 이용하므로 쾌감도가 좋다.

ⓒ 실내의 공기 온도가 낮아도 되므로 열손실이 적다.
ⓒ 바닥에 방열기 등을 설치하지 않으므로 바닥 이용도가 높다.
㉣ 적외선 복사난방의 경우 대규모 공장, 벽이 없는 개방공간 등의 난방에 유용하다.
▶ 단점
㉠ 구조체에 온수코일이나 전열선이 매립되는 경우는 시공이 어렵고 누수의 우려가 있으며, 보수가 어렵다.
ⓒ 온수코일패널의 경우 열용량이 크므로 예열시간이 길고 난방부하 변화에 신속한 대응이 어렵다.
ⓒ 설비비가 비싸다.

(5) 온풍난방

① 온풍기에서 가열된 공기를 실내에 공급하여 난방한다. 증기나 온수 등의 열매체가 실내에 들어오지 않기 때문에 **간접난방** 방식으로 분류한다.
② 설치법에 따라 온풍기를 실내에 설치하는 **직접식**과 별도의 실에 설치하고 덕트를 통해 실내로 온풍을 보내는 **덕트식**이 있다.

▶ 장점
 - 예열시간이 짧아 연료 소비량이 적다.
 - 실내 온습도의 조절이 비교적 용이하다.
 - 물을 사용하지 않으므로 동결위험이 없다.
▶ 단점
 - 온풍기가 실내에 설치되는 경우는 소음이 크다.
 - 취출되는 공기의 온도가 높아(60~70℃) 실내의 상하온도차가 크고 쾌감이 좋지 않다.

4 열원 방식

(1) 열원기기
열원기기라 함은 냉수 또는 온수를 만드는 냉동기, 보일러 등을 말한다.

(2) 열매공급에 의한 열원방식 분류

① **단열원 방식** : 공기조화기기에 열매체를 보낼 때 여름철에는 냉열매만을 보내고 겨울철에는 온열매만을 보내는 열원방식
② **복열원 방식** : 공기조화기기에 계절과 관계없이 냉열매와 온열매를 모두 보내어 필요에 따라 사용할 수 있는 열원방식

(3) 열원기기에 의한 분류
열원기기에 의한 분류는 4종류가 있다.

① **전동 냉동기 + 보일러 방식**
   ㉠ 가장 일반적인 방식이며 냉동기로는 스크류 냉동기, 터보 냉동기가 사용되며 보일러는 온수 보일러, 증기 보일러 모두 사용될 수 있다.
   ㉡ 장점은 냉·온 열원기기의 기술적인 완성도가 높고 고장이 적으며 취급이 쉬운 것과, 장래에 4관식으로 개선할 때 대응이 쉽다.

② **흡수식 냉동기 + 보일러 방식**
   ㉠ 흡수식 냉동기의 장점은 냉동기를 위한 수전설비를 작게 할 수 있고 소음과 진동이 작다.
   ㉡ 단점은 냉수 온도를 낮게 하면 효율이 나빠지고, 열용량이 크기 때문에 예열운전이 전동 냉동기에 비해 늦다.

③ **흡수식 냉온수기 방식**
   ㉠ 직화 흡수식 냉동기의 발생기를 일종의 노통연관 보일러처럼 이용하여 난방 시에는 온수를 관련기기에 공급하게 된다.
   ㉡ 냉온수기가 냉방 시에는 냉수를, 난방 시에는 온수를 공급하므로 별도의 보일러가 불필요하여 시스템이 단순하게 된다.
   ㉢ 수전설비가 축소된다.

④ **조합 냉동기 + 증기 보일러 방식**
   ㉠ 전동 냉동기와 흡수식 냉동기를 직렬 또는 병렬로 접속한 시스템을 조합 냉동기라 한다.
   ㉡ 흡수식 냉동기를 앞쪽(고온측)에 설치하여 성능계수를 향상시키는 것이 제일 목적이며, 그 밖에 수전설비의 축소를 목적으로 하는 방식이다.

● 제1편 공기조화

제6장 공조부하

1 냉방부하

(1) 냉방부하의 구분 및 발생요인

구 분	부하 발생 요인	현 열	잠 열
실내 부하	벽체로부터의 취득열량	○	
	유리창으로부터의 취득열량 – 일사에 의한 열량 – 관류에 의한 열량	○ ○	
	극간풍에 의한 취득열량	○	○
	인체 발생열량	○	○
	실내기구 발생열량	○	○
장치(기기) 부하	송풍기에 의한 발생열량	○	
	덕트로부터의 취득열량	○	
재열 부하	재열기에서의 가열량	○	
외기 부하	외기도입에 의한 취득열량	○	○

(2) 냉방부하와 기기용량

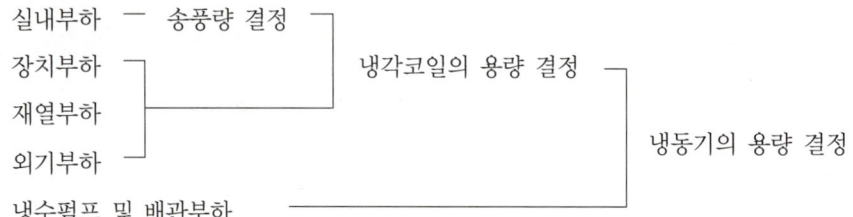

(3) 벽체로부터의 취득열량(q_w)

① 외기에 접하고 있는 벽체나 지붕으로부터의 취득열량

$$q_w = K \cdot A \cdot \triangle t_e$$

여기서 K : 벽체의 열관류율 [W/m²·K]
A : 벽체의 면적 [m²]
$\triangle t_e$: 상당 온도차 [℃]

② 상당온도차($\triangle t_e$)

태양의 일사에 의한 영향을 고려한 외기온도인 상당외기온도(t_e)와 실내온도와의 차를 상당온도차 (ETD, $\triangle t_e$)라고 한다.(또는 상당외기온도차, 실효온도차 라고도 한다.)

③ 보정 상당온도차($\triangle t_e{}'$)

기준(설계)외기온도 또는 실내온도 조건이 변경되면 상당온도차도 보정하여 적용해야 한다.

$$\triangle t_e{}' = \triangle t_e + (t_0{}' - t_0) - (t_i{}' - t_i)$$

여기서 $t_0{}'$, t_0 : 변경외기온도, 기준외기온도
$t_i{}'$, t_i : 변경실내온도, 기준실내온도

(4) 유리창으로부터의 취득열량(q_G)

$q_G = q_{GR} + q_{GT}$

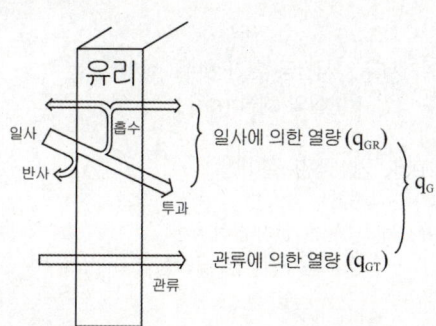

① 일사(복사)에 의한 열량(q_{GR})

$$q_{GR} = I_{GR} \cdot A_G \cdot k_S$$

여기서 I_{GR} : 유리창의 일사취득열량 [W/m²]
A_G : 유리창의 면적 [m²]
k_S : 차폐계수(밝은 색 Blind=0.53)

② 관류에 의한 열량(q_{GT})

$$q_{GT} = K \cdot A_G \cdot \triangle t$$

여기서 K : 유리창의 열관류율 [W/m²·K]
A_G : 유리창의 면적 [m²]
$\triangle t$: 실내·외 온도차 [℃]

또는 **관류**에 의한 열량 대신 **대류** 및 **전도**에 의한 취득열량(q_{GC})으로 계산하는 경우도 있다.

$$q_{GC} = I_{GC} \cdot A_G$$

여기서 I_{GC} : 단위면적당 대류 및 전도에 의한 취득 열량 [W/m²]

(5) 극간풍(틈새바람)에 의한 취득열량(q_I)

$$q_I = q_{IS} + q_{IL}$$
$$q_{IS} = G_I \cdot C_p \cdot \Delta t = \rho Q_I \cdot C_p \cdot \Delta t$$
$$q_{IL} = 2501 G_I \cdot \Delta x = 2501 \rho Q_I \cdot \Delta x$$

여기서 q_{IS} : 틈새바람 현열량 [kW]
　　　 q_{IL} : 틈새바람 잠열량 [kW]
　　　 G_I, Q_I : 틈새바람량 [kg/s, m³/s]
　　　 t_0, t_r : 실외, 실내온도 [℃]
　　　 x_0, x_r : 실외, 실내 절대습도 [kg/kg']
　　　 ρ : 공기 밀도 [=1.2kg/m³]
　　　 C_p : 건공기의 정압비열 [=1.01 kJ/kg·K]
　　　 2501 : 0℃ 물의 증발잠열 [kJ/kg]

극간풍량 구하는 방법

① 환기횟수법

$$Q_I = n \cdot V$$

　　여기서 n : 시간당 환기 횟수 [회/h]
　　　　　 V : 실의 체적 [m³]

② 창문의 틈새길이법(crack 법, 극간 길이법)

$$Q_I = l \cdot Q_i$$

　　여기서 l : 창문 틈새길이 [m]
　　　　　 Q_i : 틈새길이당 극간풍량 [m³/m·h]

③ 창 면적에 의한 방법

$$Q_I = A \cdot Q_i$$

　　여기서 A : 창이나 문의 총면적 [m²]
　　　　　 Q_i : 창이나 문의 면적당 극간풍량 [m³/m²·h]

④ 사용빈도수에 의한 방법
출입문의 사용빈도수에 따라 구하는 방법으로 실의 용도에 따라 사용인원 1인당 1시간에 침투되는 바람의 양을 나타낸 표에서 찾아 구한다.

---

(6) 인체 발생열량(q_H)

$$q_H = q_{HS} + q_{HL} \quad [W]$$
$$q_{HS} = n \cdot H_S$$
$$q_{HL} = n \cdot H_L$$

n : 인원수
q_{HS}, q_{HL} : 인체발생 현열량, 잠열량 [W]
H_S, H_L : 1인당 인체발생 현열량, 잠열량 [W/인]

(7) 실내기구 발생열량(q_E)

① 백열등의 발생열량

$$q_E = W \times f \quad [W]$$

W : 조명기구의 총출력 [W]
f : 조명기구의 점등율

② 형광등의 발생열량

$$q_E = 1.2 \times W \times f \quad [W]$$

1.2 : 형광등의 안정기 발열량(20%)

③ 전동기 및 기계의 발생열량

$$q_E = P \times f_e \times f_0 \times f_k \quad [W]$$

P : 전동기 정격출력 [kW]
f_e : 부하율(0.8~0.9)
f_0 : 전동기 가동율
f_k : 사용상태 계수
η : 전동기 효율

㉠ 전동기(모타)와 기계 모두 실내에 있을 때 : $f_k = \dfrac{1}{\eta}$

$$q_E = P \times f_e \times f_0 \times \frac{1}{\eta} \quad [kW]$$

㉡ 기계는 실내, 전동기는 실외에 있을 때 : $f_k = 1$

$$q_E = P \times f_e \times f_0 \times 1 \quad [kW]$$

㉢ 전동기는 실내, 기계는 실외에 있을 때 : $f_k = \left(\dfrac{1}{\eta} - 1\right)$

$$q_E = P \times f_e \times f_0 \times \frac{1}{\eta} - P \times f_e \times f_0 \times 1$$

$$= P \times f_e \times f_0 \times \left(\frac{1}{\eta} - 1\right) \quad [kW]$$

부하율(f_e) = $\dfrac{\text{기계에 소요되는 에너지}}{\text{전동기 정격출력(에너지)}}$ 전동기효율(η) = $\dfrac{\text{전동기 정격출력(에너지)}}{\text{공급되는 전기에너지}}$

(8) 장치(기기) 취득부하

① 송풍기에 의한 발생열량(q_B)

송풍기에 의해서 공기에 가해진 에너지는 공기의 온도를 상승시키는데 송풍기에 입력된 전기에너지의 일부가 공기온도 상승에 쓰이며 일반적인 경우 실내에서 취득한 현열량의 10% 정도가 된다.

② 덕트로부터의 취득열량(q_D)

덕트가 비 공조공간을 통과할 때 주위로부터 현열을 취득한다. 일반적으로 실내에서 취득한 현열량의 2%정도로 한다.

(9) 재열 부하(q_{RH})

재열기의 가열량만큼 더 냉각해야 하므로 냉방부하가 된다.

$$q_{RH} = G \cdot C_p \cdot \Delta t \quad [kW]$$
$$= \rho Q \cdot C_p \cdot \Delta t$$

G, Q : 송풍량 [kg/s, m³/s]
ρ : 공기 밀도 [= 1.2kg/m³]
C_p : 공기 정압비열 [= 1.01kJ/kg·K]

(10) 외기 부하(q_F)

실내의 오염된 공기를 일정량 버리고 신선한 외기를 도입하게 되는데 이 외기를 실내 온, 습도조건과 동일한 공기로 만드는 데 필요한 열량

$$q_F = q_{FS} + q_{FL} \quad [kW]$$
$$q_{FS} = G_F \cdot C_p \cdot \Delta t$$
$$= \rho Q_F \cdot C_p \cdot \Delta t$$
$$q_{FL} = 2501 G_F \cdot \Delta x$$
$$= 2501 \rho Q_F \cdot \Delta x$$

여기서 G_F, Q_F : 외기 도입량 [kg/s, m³/s]
x_0, x_r : 외기 및 실내 절대습도 [kg/kg']
t_o, t_r : 외기 및 실내온도 [℃]
2501 : 0℃ 물의 증발잠열 [kJ/kg]

2 난방부하

(1) 외벽체, 유리창, 지붕에서의 열손실

$$q_w = K \cdot A \cdot \Delta t \cdot k$$
$$= K \cdot A \cdot (t_r - t_0) \cdot k$$

K : 구조체의 열관류율 [W/m²·K]
A : 구조체의 면적 [m²]
t_r, t_0 : 실내, 외 공기온도[℃]
k : 방위계수(실내벽에는 방위계수를 고려하지 않는다)

계수 \ 방위	N, NW, W	SE, E, NE, SW	S
k	1.1	1.05	1.0

(2) 실내벽체, 창문, 천장, 바닥에서의 열손실

$$q_w = K \cdot A \cdot \triangle t$$

- 실내벽에서는 방위계수를 적용하지 않는다.
- 비 난방실 온도 $= \dfrac{t_r + t_o}{2}$
- 비 난방실과의 온도차 $\triangle t = t_r - \dfrac{t_r + t_o}{2}$

여기서 t_r : 실내온도[℃]
t_o : 외기온도[℃]

(3) 극간풍에 의한 열손실

$$q_I = q_{IS} + q_{IL}$$
$$q_{IS} = G_I \cdot C_p \cdot \triangle t$$
$$q_{IL} = 2501 G_I (x_r - x_0)$$

여기서 G_I : 극간풍량 [kg/s]
Δt : 실내, 외 공기 온도차 [℃]
x_r, x_o : 실내, 외 공기 절대습도 [kg/kg′]
2501 : 0℃ 물의 증발잠열 [kJ/kg]

(4) 외기에 의한 열손실

$$q_F = q_{FS} + q_{FL}$$
$$q_{FS} = G_F \cdot C_p \cdot \triangle t$$
$$q_{FL} = 2501 G_F (x_r - x_0)$$

여기서 G_F : 외기 도입량 [kg/s]
Δt : 실내, 외 공기 온도차 [℃]
x_r, x_o : 실내, 외 공기 절대습도 [kg/kg′]
2501 : 0℃ 물의 증발잠열 [kJ/kg]

(5) 덕트에서의 열손실

덕트에서의 손실과 여유 등을 합하여 일반적인 경우 실내취득 현열부하의 5% 정도가 된다.

• 제1편 공기조화

제7장 공기조화기기

1 공조기의 구성

(1) 구성의 보기

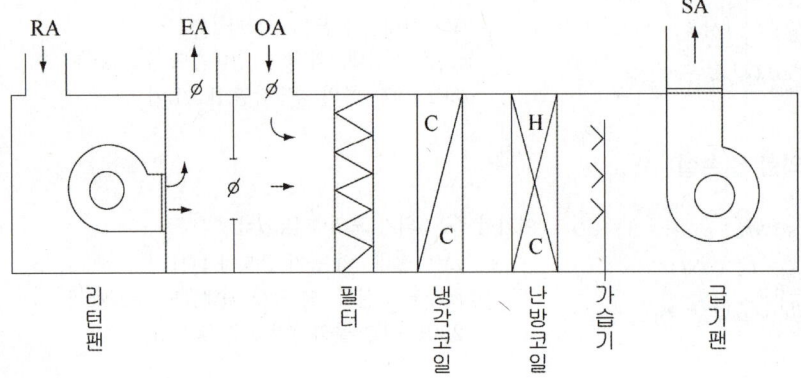

(2) 공조기 구성요소

① 송풍기(리턴팬, 급기팬)

② 공기여과기(Air Filter)

③ 냉각코일(Cooling Coil)

④ 난방코일(Heating Coil)

⑤ 공기가습기(Air Humidifier)

⑥ 공기예냉기(Pre-Cooler)

⑦ 공기예열기(Pre-Heater)

⑧ 공기재열기(Re-Heater)

2 송풍기

(1) 날개 형상에 따른 팬(fan)의 분류

① 원심형 : 다익형(sirocco), 익형(airfoil), 터보형, 리미트로드형, 방사형, 관류형
② 사류형
③ 축류형 : 프로펠러형, 튜브형, 베인형(가이드베인 부착)
④ 횡류형

구 분	원심송풍기				횡류송풍기	축류송풍기	
	다익송풍기 (시로코형)	리미트로드 송풍기	터보 송풍기	익형송풍기 (에어호일형)		프로펠러팬	튜브형
날개형상							
특성							
풍량 (m³/min)	10~3000	20~3200	60~3000	100~3000	3~20	20~500	500~5000
정압 (kPa)	0.1~1.25	0.1~1.5	1.25~2.5	1.25~2.5	0~0.08	0~0.1	0.05~0.15
정압 (mmAq)	10~125	10~150	125~250	125~250	0~8	0~10	5~15
효율(%)	45~60	50~65	70~80	70~80	40~50	40~50	50~60
비소음(dB)	40	45	40	35	30	50	50
특성상의 특징	저속회전으로 비교적 높은 압력을 얻는다.	설계값보다 풍량이 늘어도 동력은 늘지 않는다.	효율이 높다.	효율이 높다.	임펠러지름이 적은 것이 만들어진다.	압력상승은 적다.	프로펠러팬보다 큰 동압이 얻어진다.
용 도	일반공조 저속덕트용 급배기	저속덕트용(중규모 이상)소음대책이 요구되지 않는 경우	고속덕트용 특히 소음대책이 요구되지 않는 경우	고속덕트용 소음대책이 요구되는 경우	팬코일유닛 에어커튼	유니트쿨러 쿨링타워 공냉응축기 환풍기	급배기용 급속동결 실용

(2) 사용압력에 따른 구분

① 송풍기 : 0.1MPa(1.0kg/cm²) 미만
  ㉠ 팬(fan) : 0.01MPa(0.1kg/cm²) 미만
  ㉡ 블로어(Blower) : 0.01~0.1MPa(0.1~1.0kg/cm²) 미만
② 압축기 : 0.1MPa(1.0kg/cm²) 이상

(3) 원심형
    ① 다익형(Sirocco fan)
        ㉠ sirocco fan이라고도 한다.
        ㉡ 회전날개가 회전방향으로 굽어 있어 전곡형이며, 날개수가 많아 다익형이라 한다.
        ㉢ 회전수가 낮고, 대풍량, 저정압에 적당하며 저속덕트에 사용된다.
    ② 익형(Air foil fan)
        ㉠ 다익형과 터보형을 개량한 것으로 얇은 판을 접어서 유선형의 날개를 갖는다.
        ㉡ 고속회전이 가능하고 소음이 적으며 고정압(1kPa(100mmAq)이상)에 이용된다.
        ㉢ 소음대책이 요구되는 고속덕트용으로 이용된다.
    ③ 터보형(Turbo fan)
        ㉠ 날개 끝부분이 회전방향의 뒤로 굽어 있어 후곡형이라 한다.
        ㉡ 고속에도 비교적 정숙한 운전이 가능하며
        ㉢ 대풍량, 고정압인 경우에 이용된다.
    ④ 리미트로드형(Limit load fan)
        ㉠ 날개가 S자 형태로 구부려져 있으며
        ㉡ 풍량이 설계값 이상으로 증가하여도 축동력이 증가하지 않는다.
        ㉢ 저속덕트용으로 소음대책이 요구되지 않는 경우에 사용된다.
    ⑤ 방사형(放射形)
        ㉠ 날개형상이 평판으로 된 것과 전곡형으로 된 것이 있다.
        ㉡ 자기청소(Self cleaning) 특성이 있어 분진누적이 심한 공장 등에 적합하다.
        ㉢ 효율이나 소음면에서는 타 송풍기에 비해 좋지 않다.
    ⑥ 관류형(管流形, Tubular fan)
        ㉠ 회전날개는 후곡형이며
        ㉡ 원심력으로 빠져나간 기류가 관벽을 타고 축방향으로 나간다.
        ㉢ 정압이 낮고 풍량도 적은 지붕환기 fan으로 사용된다.

(4) 사류형(斜流形)
    ① 축류형과 비슷하나 축류형보다 날개의 편향이 크다.
    ② 국소통풍용으로 사용된다.

(5) 축류형(Axial fan)
    ① 공기를 축방향으로 송풍한다.
    ② 저정압, 대풍량 송풍에 적합하다.

(6) 횡류형(Cross flow fan)
① 팬코일유니트, 에어커튼에 이용된다.
② 날개의 폭이 넓어 폭이 넓은 기류를 얻을 수 있지만 풍량과 정압이 적다.
③ 관류(貫流)송풍기, Cross flow fan이라고도 한다.

(7) 송풍기의 규격
① 원심 송풍기의 크기
$$NO(\#) = \frac{\text{회전날개의 지름(mm)}}{150}$$

② 축류 송풍기의 크기
$$NO(\#) = \frac{\text{회전날개의 지름(mm)}}{100}$$

(8) 송풍기의 축동력(L_b)

$$L_b = \frac{P_T Q}{\eta_T} = \frac{P_S Q}{\eta_S} \ [kW]$$

여기서 P_T : 송풍기 전압 [kPa]
P_S : 송풍기 정압 [kPa]
Q : 송풍량 [m³/s]
η_T : 전압효율 $\left(= \dfrac{\text{전압 공기동력}}{\text{축동력}} \right)$
η_S : 정압효율 $\left(= \dfrac{\text{정압 공기동력}}{\text{축동력}} \right)$

송풍기 정압 = (전압 - 토출측동압)

즉, $P_S = P_T - \dfrac{v_2^2}{2} \rho$

(9) 송풍기의 법칙(상사법칙)
회전수가 변하거나 임펠러 지름이 변할 때

① 풍량
$$\frac{Q_2}{Q_1} = \left(\frac{N_2}{N_1}\right)\left(\frac{D_2}{D_1}\right)^3$$

여기서 N : 송풍기 회전수
D : 임펠러 지름

② 압력
$$\frac{P_2}{P_1} = \left(\frac{N_2}{N_1}\right)^2\left(\frac{D_2}{D_1}\right)^2$$

③ 동력
$$\frac{L_2}{L_1} = \left(\frac{N_2}{N_1}\right)^3\left(\frac{D_2}{D_1}\right)^5$$

(10) 송풍기 풍량제어 방법

① 토출 댐퍼에 의한 제어(가장 간단한 풍량제어법)

② 흡입 댐퍼에 의한 제어

③ 흡입 베인에 의한 제어

④ 가변피치에 의한 제어(축류송풍기의 날개 부착각도를 변경하여 제어)

⑤ 회전수에 의한 제어(inverter 제어, 극수변환, 가변풀리 이용)

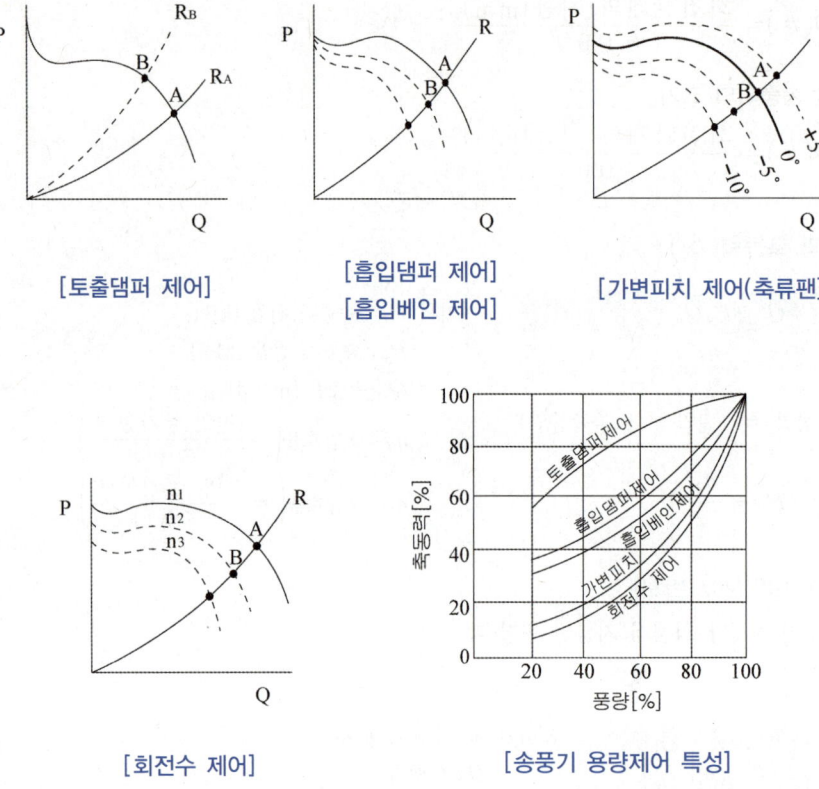

* 축동력의 감소는 회전수 제어가 가장 크고 토출댐퍼 제어가 가장 작다.

3 펌프(Pump)

(1) 펌프의 분류

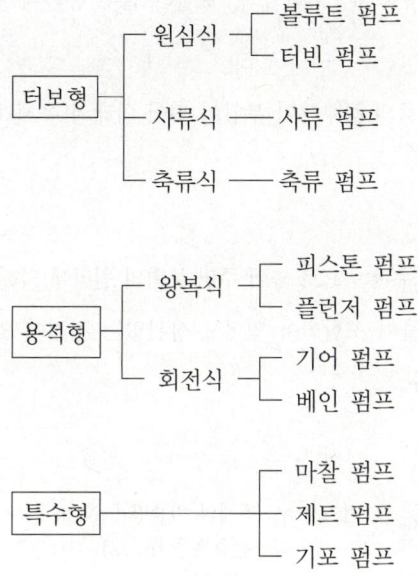

(2) 원심식펌프

① 안내깃이 있는 것을 터빈펌프, 안내깃이 없는 것을 볼류트펌프라 한다.

② 터빈펌프는 유량은 볼류트펌프보다 적으나 고양정에 사용된다.(20~200m)

③ 볼류트펌프는 냉각수 순환, 냉온수 순환, 급수용 등 저양정 대유량에 적합

(3) 축류펌프

① 저양정(10m 이하), 대유량에 적합한 펌프이다.

② 유체를 축방향에서 유입하여 축방향으로 유출한다.

(4) 왕복식펌프

유량은 적어도 되나 고양정이 필요한 경우에 적합한 펌프이다.

(5) 기어펌프, 베인펌프

왕복식 펌프와 같이 소유량, 고양정이 필요한 경우에 적합하다.

(6) 마찰펌프

① 재생펌프, 와류펌프, 웨스코펌프라고도 한다.

② 원판상의 회전차와 원통상의 케이싱으로 구성된다.

③ 소유량, 고양정의 목적하에서 석유, 화학약액, 보일러 급수 송출에 사용된다.

(7) 제트펌프(분사펌프)

유체를 고속으로 분사시키면 노즐의 목부분이 부압이 되어 아래의 유체가 흡인되어 분사유체와 혼합 송출된다.

(8) 기포펌프

① 압축공기를 공기관을 통해 양수관 속으로 넣어 주면 부력의 원리에 의해 공기와 함께 물이 송출된다.

② 구조가 간단하고 수중에 이물이 포함되어 있어도 상관없는 장점이 있다.

③ 폐수처리시설 등에 사용된다.

(9) 펌프의 축동력

$$L_b = \frac{\gamma H Q}{\eta} \quad [\text{kW}]$$

$$L_b = \frac{\gamma H Q \times 1.36}{\eta} \quad [\text{PS}]$$

여기서 γ : 액체의 비중량 [kN/m^3]
Q : 송출유량 [m^3/s]
H : 전양정 [m]

(10) 펌프의 상사법칙

원심펌프나 축류펌프에 적용하는 상사법칙은 원심 및 축류 송풍기의 상사법칙과 같다. 다만 압력 P 대신 γH를 사용한다.

유량 $\dfrac{Q_2}{Q_1} = \left(\dfrac{N_2}{N_1}\right)\left(\dfrac{D_2}{D_1}\right)^3$

양정 $\dfrac{H_2}{H_1} = \left(\dfrac{N_2}{N_1}\right)^2\left(\dfrac{D_2}{D_1}\right)^2$

동력 $\dfrac{L_2}{L_1} = \left(\dfrac{N_2}{N_1}\right)^3\left(\dfrac{D_2}{D_1}\right)^5$

(11) 비교회전도(비속도, 비교회전수)

$$n_s = N\frac{Q^{1/2}}{H^{3/4}} \quad [\text{rpm} \cdot \text{m}^3/\text{min} \cdot \text{m}]$$

여기서 N : 회전수 [rpm]
Q : 유량 [m³/min]
H : 양정 [m]

① 비속도는 임펠러의 형상을 나타내는 척도가 되고 비속도가 클수록 유량이 크고 양정이 작은 축류형이 된다.
② 펌프의 성능을 나타내거나 가장 적합한 회전수를 결정하는 데 이용된다.
③ 위 식의 Q, H는 일반적으로 성능곡선상 최고 효율점에 대한 값을 나타낸다.

[각종 펌프의 비속도와 특성]

명 칭	터빈	터빈·볼류트	볼류트	양흡입 볼류트	사류	사류	축류
회전차형상							
비속도 n	80~120	120~250	250~450	450~750	700~1000	800~1200	1200~2200
흐름에 의한 분류	반경류형	반경류형	혼류형	혼류형	사류형	사류형	축류형
전양정 [m]	30	20	12	10	8	5	3
유량 [m³/min]	8 이하	10 이하	10~100	10~300	8~200	8~400	8 이상

(12) 캐비테이션(cavitation)

① **공동현상**(空洞現想)이라고 하며 액체가 굴곡부 또는 곡부를 흐를 때 저압부분(空洞)이 생기고 여기서 증기(기포)가 발생하는 현상을 캐비테이션이라 한다.
② 발생된 기포는 펌프의 토출측 고압영역에 이르면 갑자기 파괴되어 물속으로 소멸한다. 기포가 파괴되면서 심한 충격이 일어나 **소음**과 **진동**을 일으키고 **침식**과 일으킨다.
③ 방지대책
  ㉠ 펌프의 흡입 양정을 작게 한다.
  ㉡ 펌프의 회전수를 낮춘다.
  ㉢ 양흡입 펌프를 사용한다.
  ㉣ 2대 이상의 펌프를 사용한다.
  ㉤ 흡입관 구경을 크게 하여 손실수두를 줄인다.

(13) 수격현상(water hammer)

① 유체가 관로 속을 흐를 때 밸브 등을 갑자기 닫으면 유체의 운동에너지가 압력에너지로 변하여 고압이 되고, 이 고압이 다시 상류측(A)으로 가고, 다시 하류측(B)로 돌아오는 현상을 반복하게 된다. 이 현상을 수격현상이라 한다.

② 이 현상은 유속이 빠를수록, 밸브를 닫는 시간이 짧을수록 심하다.

③ 방지대책
  ㉠ 급격한 밸브 폐쇄를 하지 말 것
  ㉡ 회전체의 관성모멘트를 크게 할 것 (펌프에 플라이휠을 부착한다)
  ㉢ 펌프의 양정, 유량의 급격한 변화를 주지 말 것
  ㉣ 압력흡수기(W.H.C) 또는 에어챔버(air chamber)를 배관에 설치한다.

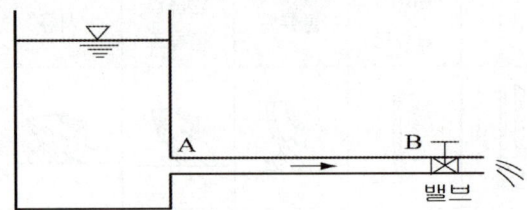

(14) 서징 현상(surging)

① 맥동현상이라고도 한다.

② 송출압력과 유량이 주기적으로 변동이 일어나는 현상을 서징 현상이라고 한다.

③ 발생원인은 아래 3가지 조건이 모두 갖추어졌을 때 일어난다.
  ㉠ 운전이 성능곡선의 산고상승부(A)에서 운전되고
  ㉡ 배관 중에 수조나 공기조가 있으며
  ㉢ 유량조절밸브가 수조나 공기조 뒤쪽에 있을 때

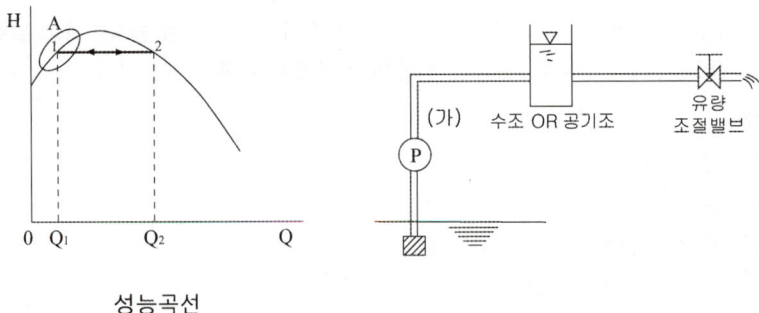

성능곡선

④ 서징 방지법
  ㉠ 성능곡선(H-Q곡선)이 오른쪽 하향구배만을 갖는 펌프를 사용한다.
  ㉡ 유량조절 밸브의 위치를 펌프 토출측 직후(가)에 위치시킨다.
  ㉢ 바이패스관을 사용하여 펌프의 운전점이 성능곡선 오른쪽 하향구배 범위에 오게 한다.
  ㉣ 배관 중에 수조 또는 공기조가 없게 한다.

4 공기 여과기(Air Filter)

(1) 공기여과기의 종류
  ① **충돌 점착식**(衝突粘着式)
    ㉠ 비교적 거친 여과재에 기름 또는 그리스 같은 점착물질이 입혀져 있어 오염공기가 통과할 때 여과재에 충돌 점착되어 제거되는 방식
    ㉡ 구성은 철망, 스크린, 섬유류 순으로 되어 있다.
  ② **건성 여과식**(dry filtration type)
    ㉠ 여과재의 작은 구멍이나 층을 통과시켜 여과시키는 형식
    ㉡ 여과재의 종류는 셀룰로스, 석면, 유리섬유, 특수처리지, 목면, 모펠트 등이 있다.
    ㉢ HEPA, ULPA 및 대부분 공조필터가 건성여과식이다.
  ③ **전기식 또는 정전식**(electrostatic type)
    ㉠ 전리부를 지나는 먼지에 양(+)전기를 띠게 하고 그 하부의 집진부에 극판을 설치하여 음(-)전기를 띠게 하여 먼지가 음극판에 달라붙게 하는 방식
    ㉡ 먼지제거 효율이 높고 미세먼지 및 세균도 제거되므로 병원, 정밀기계공장, 고급빌딩, 지하철 등에서 사용된다.
  ④ **활성탄 흡착식**
    공기를 활성탄 사이로 통과시켜 유해가스 및 냄새를 제거한다.

(2) 고성능 필터(HEPA : High Efficiency Particulate Air)
  ① 고성능 미립자 필터라고도 한다.
  ② $0.3\mu m$ 입자의 포집효율이 99.97%(DOP법)이다.
  ③ CLASS 10000~100 정도의 Clean Room에 사용된다.
  ④ 세균, SO_2, NO_3, 방사성 물질 제거에도 효과가 좋다.
  ⑤ 초기 정압손실 25.4mmAq, 최종 정압손실 50mmAq이다.

(3) 초고성능 필터(ULPA : Ultra Low Penetration Air)
① HEPA보다 포집효율이 높다.
② 0.1㎛입자의 포집효율이 99.9997%(DOP법)이다.
③ CLASS 100~10 이하에서 사용된다.
④ Super Clean Room의 최말단 필터로 사용된다.

(4) 필터의 여과효율

$$\eta_f = \frac{C_1 - C_2}{C_1} \times 100$$
$$= \left(1 - \frac{C_2}{C_1}\right) \times 100 \ [\%]$$

여기서 C_1 : 입구측 오염농도 [mg/m³]
C_2 : 출구측 오염농도 [mg/m³]

(5) 효율의 측정법
① **중량법**(AFI법 : Air Filter Institute)
  ㉠ 여과지에 집진된 먼지의 중량을 측정하여 효율을 계산한다.
  ㉡ 비교적 큰 입자(분진입경 1㎛ 이상)가 대상이다.
  ㉢ Pre-Filter의 효율 측정에 적용한다.

② **비색법**(NBS법 : National Bureau of Standard)
  ㉠ 필터 상류와 하류의 분진을 각각의 여과지로 채집하여 광전관으로 측정하여 효율을 계산한다.
  ㉡ 비교적 작은 입자(분진입경 1㎛ 이하)가 대상이다.
  ㉢ 중성능 Filter의 효율 측정에 적용한다.
  ㉣ 미국연방기준국(NBS)에서 개발되었기에 NBS법이라고 한다.

③ **계수법**(DOP법 : Di-Octyl Phthalate)
  ㉠ 광산란식 입자 계수기를 사용하여 필터의 상류와 하류의 미립자의 입경과 수량을 계측하여 농도를 측정하고 효율을 계산한다.
  ㉡ 측정 시 사용되는 시험분체가 di-octyl-phthalate(프탈산디옥틸)이므로 DOP 법이라 한다.
  ㉢ 고성능 Filter의 효율 측정에 적용한다.

5 공기 냉각 및 가열코일

(1) 코일 선정의 일반사항

① 냉수코일의 정면풍속은 2.0~3.0m/s(온수코일 2.0~3.5m/s) 정도이다.
   냉수코일에서 2.5m/s를 초과하면 코일에 붙은 결로수가 비산한다.
② 코일 내의 물의 유속은 1.0m/s 전후로 한다.
③ 유속이 커지면 마찰저항이 증가하므로 더블서킷으로 한다.
④ 대향류로 열교환하는 것이 평균온도차가 커서 전열효과가 좋다.
⑤ 코일 입출구 수온차는 5℃ 전후로 한다. 지역난방이나 초고층건물 등 배관길이가 긴 경우에는 펌프동력을 절감하기 위해 8~10℃로 하는 경우가 많다.
⑥ 냉온수 겸용 코일인 경우 냉수코일을 기준으로 선정한다.
⑦ 공기 냉각용으로는 4~8열이 많이 사용된다.

(2) 대수평균온도차(Logarithmic Mean Temperature Difference)

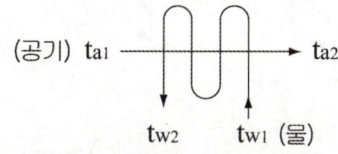
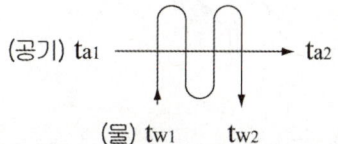

[대향류]　　　　　　　　　　　　　　[평행류]

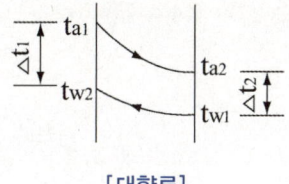

$$LMTD = \frac{\Delta t_1 - \Delta t_2}{\ln\left(\dfrac{\Delta t_1}{\Delta t_2}\right)} \ [℃]$$

여기서 t_{a1}, t_{a2} : 공기 입출구 온도 [℃]
　　　 t_{w1}, t_{w2} : 물의 입출구 온도 [℃]

(3) 코일의 열수(N)

① 코일의 전열량(q_T)

$$q_T = K \cdot F \cdot N \cdot \Delta t_m \cdot C_w \text{ [W]}$$

② 코일의 열수(N)

$$N = \frac{q_T}{K \cdot F \cdot \Delta t_m \cdot C_w} \text{ [열]}$$

여기서 K : 코일1열당, 정면면적 1m²당 열관류율 [W/m²·K·열]
F : 코일의 정면면적 [m²]
Δt_m : 대수평균온도차(LMTD) 또는 산술평균온도차
C_w : 습면 보정계수(1.0 이상)

③ 코일의 열수 및 단수

〈풀 서킷 : full circuit〉　　〈더블 서킷 : double circuit〉　　〈하프 서킷 : half circuit〉

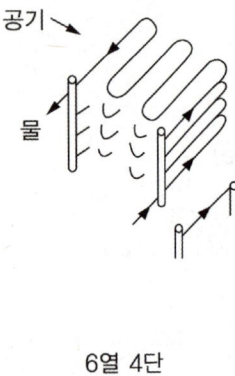　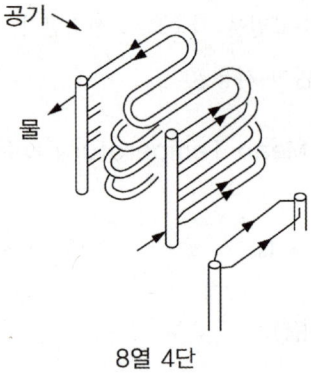　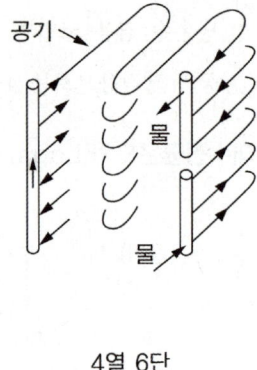

　　6열 4단　　　　　　　　　8열 4단　　　　　　　　　4열 6단

* 열수 : 공기의 흐름방향으로 배열된 배관의 개수

6 가습장치(humidifier)

(1) **수분무식 가습방식** : 원심식, 초음파식, 분무식
　공기 중에 물을 미립자화하여 분무시켜 가습한다.

(2) **증기발생식 가습방식** : 전열식, 전극식, 적외선식
　① 전열기, 전극판, 적외선 램프로 증기를 발생시켜 가습한다.
　② 무균의 청정실, 정밀한 습도제어가 요구되는 곳에 사용된다.

(3) **증기공급식 가습방식** : 과열증기식, 분무식
　① 중앙기계실에서 공급된 증기를 분출시켜 가습한다.
　② 수분무식에 비해 가습효율(거의 100%)이 높다.

(4) 기화식(증발식) 가습방식 : 회전식, 모세관식, 적하식, 에어와셔
① 가습재에 물을 적시는 방법에 따라 회전식, 모세관식, 적하식으로 구분하며 물이 증발(기화)하여 가습된다.
② 에어와셔는 스프레이 노즐로 다량의 물을 분무하여 공기와 접촉시켜 가습한다.
③ 높은 습도가 요구되는 경우에 사용된다.

7 에어와셔(Air Washer)

1955년 이전에는 냉각 감습용으로도 사용되었으나 최근에는 에어와셔가 가습용으로 일부 사용될 뿐이다. 풍속은 2~3m/s로 하고, 감습시에는 노즐경 3.0~4.5mm 압력 0.15~0.2MPa으로 분무수량을 크게 하며 가습 시에는 노즐경 3mm, 압력 0.2MPa로 미세한 물방울을 분무한다.

(1) 구성
① 루버(louver) : 공기 입구로서 공기 흐름을 균일하게 해준다.
② 분무노즐(spray nozzle) : 물을 미립자화하여 분무한다.
③ 플러딩 노즐(flooding nozzle) : 엘리미네이터에 부착된 먼지 등을 세정한다.
④ 엘리미네이터(eliminator) : 물방울이 공기에 섞여 나가지 못하도록 제거한다.
⑤ 수조(water tank) : 분무수를 저장한다.

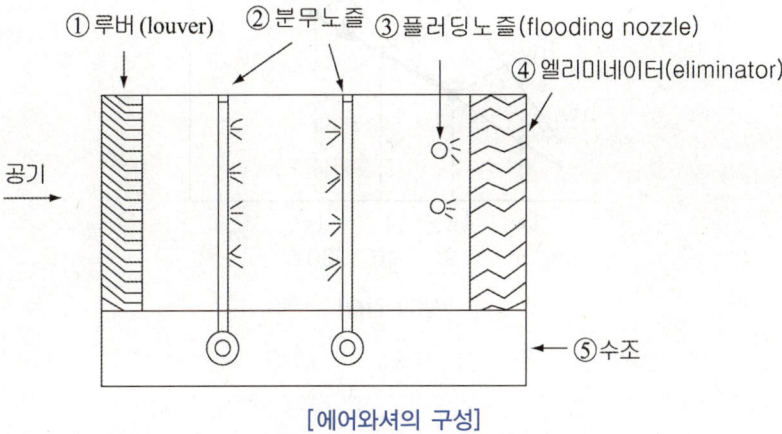

[에어와셔의 구성]

(2) 수공기비(水空氣比)

$$수공기비 = \frac{수량}{공기량} = \frac{L(kg/h)}{G(kg/h)}$$

L : 분무수량 (kg/h)
G : 통과 공기량 (kg/h)

일반적으로 수공기비는 0.8~1.2이고, 분무수량(L)은 가습량의 300~400배이다.

(3) 포화효율(η_S, CF)

와셔탱크의 물을 냉각도 가열도 하지 않고 순환시키는 경우 단열가습이 되며 그때의 콘택트팩터 (CF)를 포화효율(η_S)이라 한다.

$$\eta_S = \frac{t_1 - t_2}{t_1 - t_2'} = \frac{t_1 - t_2}{t_1 - t_1'}$$

여기서 t_1, t_2 : 에어와셔 입·출구공기의 건구온도 [℃]
t_2' : 에어와셔 입·출구공기의 습구온도 [℃]

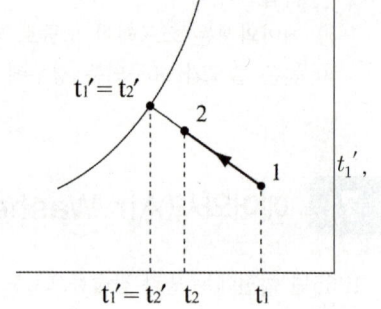

(4) 전열(伝熱)효율(X)

① 냉각 감습 시 (냉수분무 에어와셔)

$$X = \frac{h_1 - h_2}{h_1 - h_{w1}}$$

여기서 h_1, h_2 : 와셔 입·출구 공기엔탈피 [kJ/kg]
h_{w1}, h_{w2} : 와셔 입·출구 수온에 상당하는 포화공기의 엔탈피 [kJ/kg]
t_1, t_2 : 와셔 입·출구 공기 건구온도 [℃]
t_{w1}, t_{w2} : 와셔 입·출구 수온 [℃]

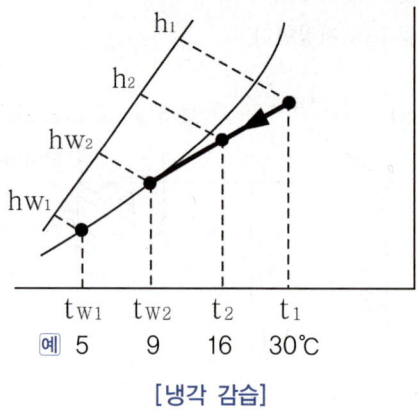

[냉각 감습]

② 가열 가습시 (온수분무 에어와셔)

$$X = \frac{h_2 - h_1}{h_{w1} - h_1}$$

여기서 h_1, h_2 : 와셔 입·출구 공기엔탈피 [kJ/kg]
h_{w1}, h_{w2} : 와셔 입·출구 수온에 상당하는
포화공기의 엔탈피 [kJ/kg]
t_1, t_2 : 와셔 입·출구 공기 건구온도 [℃]
t_{w1}, t_{w2} : 와셔 입·출구 수온 [℃]

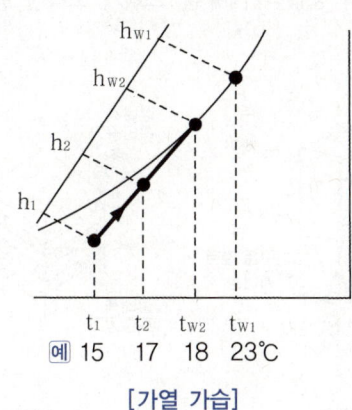

예 15 17 18 23℃
     t_1 t_2 t_{w2} t_{w1}

[가열 가습]

* 참고 : 소량의 물(가습량의 3~5배)을 분무하여 분무한 물의 20~30%를 증발시켜 가습하는 경우는 열수분비 u선을 따라 공기의 상태가 이동한다.

[에어와셔에서 상태변화 과정] t_1' = 습구온도 t_1'' = 노점온도

과정	상태변화	출구수온(t_{w2})조건	그림
① → A(순환수분무)	단열·가습	$t_{w2} = t_1'$	
① → B(냉수분무)	냉각·가습	$t_1'' < t_{w2} < t_1'$	
① → C(냉수분무)	냉각·감습	$t_{w2} < t_1''$	
① → D(온수분무)	냉각·가습	$t_{w2} > t_1'$	
① → E(온수분무)	가열·가습	$t_{w2} > t_1$	

① → Ⓐ 출구수온(t_{w2})이 입구공기의 습구온도(t_1')와 동일한 경우 (순환수분무) (냉각·가습)

① → Ⓑ 출구수온(t_{w2})이 입구공기의 노점온도(t_1'')보다 높고, 습구온도(t_1')보다 낮은 경우 (냉수분무) (냉각·가습)

① → Ⓒ 출구수온(t_{w2})이 입구공기의 노점온도(t_1'')보다 낮은 경우 (냉수분무) (냉각·감습)

① → Ⓓ 출구수온(t_{w2})이 입구공기의 습구온도(t_1')보다 높은 경우 (온수분무) (냉각·가습)

① → Ⓔ 출구수온(t_{w2})이 입구공기의 건구온도(t_1)보다 높은 경우 (온수분무) (가열·가습)

8 열교환기

(1) 전열교환기

- 현열과 잠열을 동시에 교환하는 열교환기를 전열교환기라 한다. 즉, 공기중의 열과 수분을 동시에 교환한다.
- 공기 대 공기의 열교환기이다.
- 일반 공조용의 열회수, 보일러 공급외기 예열, 쓰레기 소각장 등의 폐열회수용 등으로 사용된다.

① 전열교환기의 종류

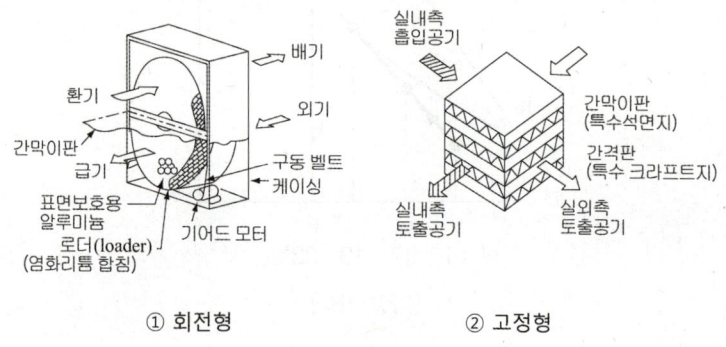

① 회전형　　　② 고정형

㉠ 회전형 : 현재 주로 사용되며, 배기의 오염물질이 실내로 들어오는 외기로 이행되는 단점이 있다.
㉡ 고정형 : 입출구 덕트연결이 어렵고, 설치공간을 많이 차지한다.

② 효율 및 회수열량

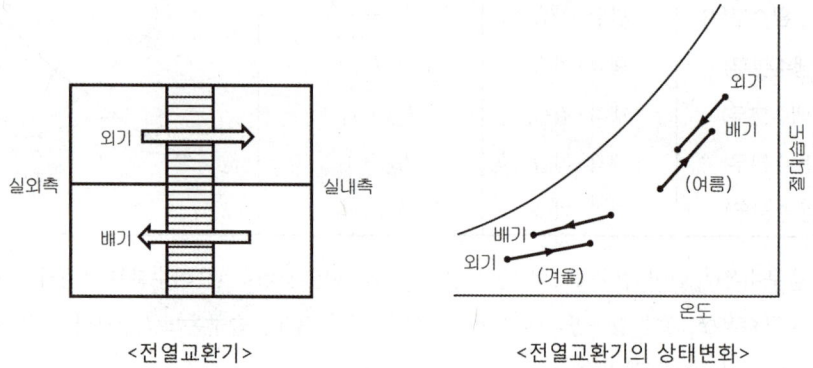

<전열교환기>　　　<전열교환기의 상태변화>

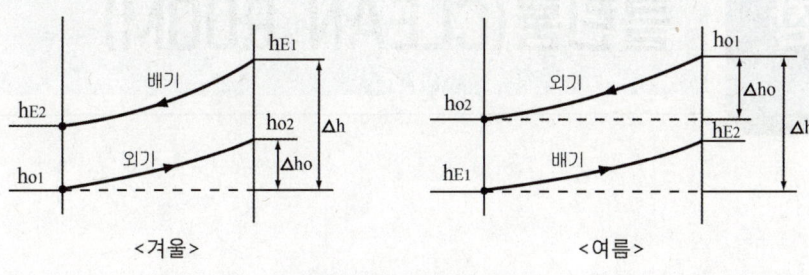

[전열교환기의 엔탈피 변화]

㉠ 효율

겨울 $\eta = \dfrac{\triangle h_O}{\triangle h} = \dfrac{h_{O2} - h_{O1}}{h_{E1} - h_{O1}}$

여름 $\eta = \dfrac{\triangle h_O}{\triangle h} = \dfrac{h_{O1} - h_{O2}}{h_{O1} - h_{E1}}$

㉡ 회수열량(외기의 열량 변화)

겨울 $q_H = G \cdot \triangle h_O = \rho Q(h_{O2} - h_{O1})$

여름 $q_C = G \cdot \triangle h_O = \rho Q(h_{O1} - h_{O2})$

(2) 현열교환기

① 열과 수분을 동시에 교환하는 것이 전열교환기이며, 열만을 교환하는 것을 현열교환기라 한다.

② 전열교환기는 두 유체 사이의 칸막이 벽이 투습성 재료로 도포되어 있으나 현열교환기의 칸막이 벽은 투습될 필요가 없다.

③ 현열교환기는 수분의 회수가 필요 없는 주방, 수영장이나 배기속에 오염물질이 전달될 우려가 있는 곳에서 열 회수용으로 이용된다.

※ 현열교환기 효율 및 회수열량 계산은 전열교환기식의 엔탈피 대신 온도를 대입하면 됨.(즉, 효율식에는 h 대신 t를, 회수열량식에는 h 대신 $C_p \cdot t$를 대입)

제8장 클린룸(CLEAN ROOM)

1 클린룸의 정의

CLEAN ROOM이라 함은 실내 공기중의 먼지, 미립자를 최소로 유지시키고, 실내의 압력, 습도, 온도, 기류의 분포와 속도 등을 일정 범위로 제어하기 위해 만들어진 특수한 공간을 CLEAN ROOM이라 한다.

2 클린룸의 종류

(1) 산업용 클린룸(Industrial Clean Room)

주로 미립자를 제어대상으로 하며 청정도 외에도 필요에 따라 온도, 습도, 압력, 진동 등의 환경조건도 요구되며 최근 반도체 제조, 우주항공, 전자, 정밀산업 등의 발전으로 인해 제품의 정밀화, 고품질화, 고신뢰성이 요구되고 있다. 전자공장, FILM공장, 또는 정밀기계공장 등에서는 실내 부유 미립자가 제조중인 제품에 부착되어 제품의 불량을 초래하고, 사용 목적에 적합한 제품의 생산에 저해요소가 되어 제품의 신뢰성과 생산원가에 막대한 영향을 미치므로 공장 전체 또는 중요한 작업이 이루어지는 부분에 대해서는 필요에 대응하는 청정한 상태가 유지되어야 하며 이러한 목적의 청정 공간을 INDUSTRIAL CLEAN ROOM이라 하며 대단히 높은 청정 상태가 요구되는 경우가 많다.

(2) 바이오 클린룸(Biological Clean Room)

세균, 곰팡이 등의 미생물에 의한 오염의 제어를 주목적으로 하고 살균을 병행하는 점이 산업용 크린룸과 다르며 제약(GMP), 병원의 무균 수술실, 동물실험실(GLP) 등에 사용된다. 바이오 클린룸(BCR)은 어떤 목적을 위하여 특정한 규격을 만족할 수 있도록 생물학적인 입자와 비생체적입자를 제어할 수 있는 동시에 실내의 온도, 습도 및 압력을 필요에 따라서 제어할 수 있는 방을 말하며 제약공장, 식품공장, 병원의 수술실 등은 무균에 가까운 상태가 요구된다. 대부분은 박테리아나 바이러스가 공기중의 부유 미립자에 부착해서 존재하므로 공기중의 미립자를 제거함으로써 세균류도 제거가 가능하며, 공기 중 세균을 제거하는 것으로는 자외선 또는 염화리튬 등의 약품을 사용하여 살균하는 것이 보통이었지만 근래에는 고성능 필터를 사용하여 공기를 정화함으로써 무균에 가까운 상태를 얻는 방법을 많이 사용한다.

3 클린룸의 규격

일반적으로 CLEAN ROOM의 기준은 미연방기준과 미항공우주국기준이 이용되고 있다. CLASS란 $1ft^3$의 공기체적 내에 입경 $0.5\mu m$($1\mu m=1/1,000mm$) 이상의 입자가 몇 개 있느냐를 나타낸다. 예를 들면 CLASS 1,000은 $1ft^3$의 공간 내에 $0.5\mu m$ 이상의 입자가 1,000개 이하인 것을 의미한다. 최근 VLSI(Very Large Scale Integration)제조와 같이 급속한 반도체 산업의 발전은 $0.1\mu m$ 이하의 입자제거가 요구되고 있다.

4 클린룸 방식(기류방식에 의한 분류)

- 층류(Laminar Flow)방식
  - 수직층류(Vertical Laminar Flow)
  - 수평층류(Horizontal Laminar Flow)
- 난류(Turbulent Flow)방식

(1) 수직층류방식(Vertical Laminar Flow)

천장면의 80% 이상을 HEPA FILTER로 설치하여 층류를 수직 토출시켜 바닥으로 순환하는 방법으로 청정도를 유지하는 방식이며, 실내공간에 발생한 부유미립자는 그 위치에서 하류로 흘러 내려가 주위에는 영향을 주지 않으므로 CLASS 1에서 CLASS 100의 청정도를 얻을 수 있다. 취출구의 풍속은 0.25~0.5m/s 정도이다.

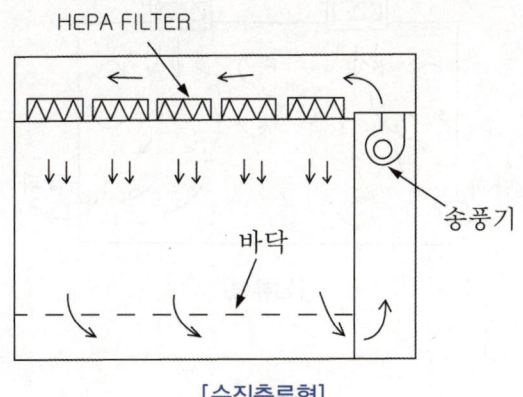

[수직층류형]

(2) 수평층류방식(Horizontal Laminar Flow)

벽면의 한쪽에 HEPA FILTER를 설치하여 층류를 형성하여 토출시키고 반대쪽의 벽면으로 환기시켜 순환하는 방법으로 청정도를 유지하는 방식이며, 상류측의 작업영향으로 하류측에서는 청정도가 저하된다. 취출구의 풍속은 0.45m/s 이상이다.

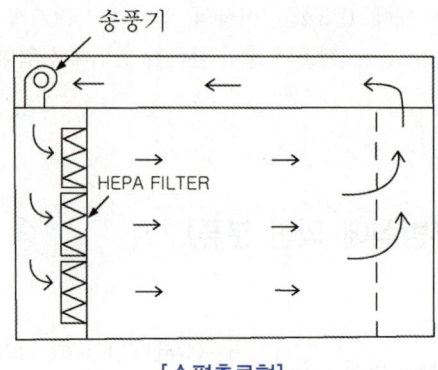

[수평층류형]

(3) 난류방식(Turbulent Flow)

천장의 일부에 HEAP FILTER를 설치하고 토출되는 공기를 가능한 한 바닥쪽의 벽면을 통하여 순환시키는 방법으로서 청정한 취출공기에 의해 실내 오염원을 회석시켜 청정도를 상승시키는 회석방법으로 청정도를 유지한다.

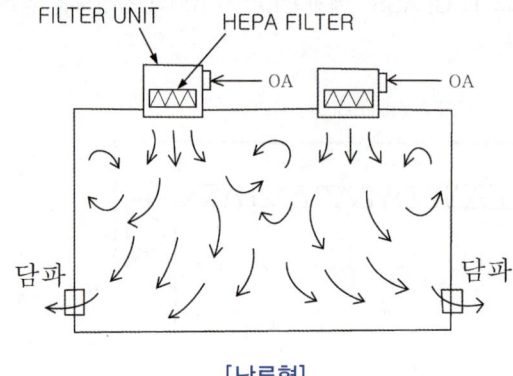

[난류형]

[기류방식과 특징]

항목/방식	수직 층류 방식 Vertical Laminar Flow Clean Room	수평 층류 방식 Horizontal Laminar Flow Celan Room	난류 방식 Turbulent Flow Clean Room	혼류 방식 Mixed Flow Clean Room	터널 방식 Tunnel Clean Room
청정도	Class 1~100	Class 100	Class 1000~100000	Class 1000~100000	Class 1~100
가동시 청정도	작업자로부터의 영향은 적다.	상류의 발진이 하류에 영향을 끼친다.	작업자로부터의 영향이 있다.	레이아웃에 따라 작업자로부터의 영향은 약간 있다.	작업자로부터의 영향이 가장 작다.
운전비	고	중	저	중	중
Lay-Out 변경	용이	곤란	용이	용이	곤란
확장성	곤란	곤란	다소곤란	곤란	라인마다 증설가능
정밀제어	실 전체 제어 때문에 실내에서의 불균형 약간 있음	상류의 발열이 하류에 영향을 끼친다.	불균형 있음	불균형 있음	작업자마다 고정 밀도 제어가능
방식	(그림)	(그림)	(그림)	(그림)	(그림)

* 참조 : 혼류방식 및 터널방식은 수직층류방식의 변형임

5 클린룸 장치

(1) HEPA FILTER BOX

HEPA FILTER를 내장한 BOX로 천장에 부착 설치하며 실내 공급 공기를 HEPA FILTER UNIT를 통해 공급하므로써 CLASS 1,000~100,000의 청정도를 유지시킬 수 있으며 CLEAN ROOM 유지의 기본 UNIT이다.

(2) FAN FILTER UNIT

FAN FILTER UNIT는 천장 설치형으로 FAN 및 FILTER가 내장된 CLEAN UNIT로서 CLASS 100~10,000까지의 청정도를 쉽게 얻을 수 있으며 현재 슈퍼 크린룸에 적용되고 있다.
건물의 형태에 구애받지 않고 비교적 용이하게 CLEAN ROOM을 구성할 수 있다.

(3) AIR SHOWER
AIR SHOWER는 사람이 CLEAN ROOM에 입실시 외부로부터의 오염 물질이 유입되는 것을 방지하기 위하여 인체에 부착된 분진이나 미생물류를 고속의 청정공기로 세정 제거하는 CLEAN UP 장치이다.

(4) PASS BOX
CLEAN ROOM과 실외사이에서 물품교환이 이루어져야 할 경우 벽체에 PASS BOX를 부착하여 물품을 교환함으로써 외부로부터 오염원 유입을 최소화하기 위한 장치이다.

(5) CLEAN BOOTH(클린부스)
HEPA FILTER가 상부에 내장되고 사방이 비닐 커튼 등으로 둘러싸인 구조물로 천장고정형과 이동형이 있다. 수직 층류형 클린룸으로 CLASS 100까지의 고 청정도를 제공할 수 있으며, BOOTH에는 약간의 양압이 유지되어 외부의 공기가 유입되지 않으므로 항상 고청정도를 유지할 수 있다.

(6) CLEAN BENCH(클린벤치)
CLEAN ROOM내에 더욱 청정한 국부작업 공간이 필요한 경우에 사용하는 작업대로서 청정공기의 기류 방향에 따라 수평층류형으로 분류된다. 수평기류형은 작업 TABLE의 먼지 및 오염입자의 발생을 신속히 제거할 수 있는 구조이다.

(7) RELIEF DAMPER
CLEAN ROOM내의 정압을 일정하게 유지하고 공기의 흐름 방향을 제어하며 실내외 또는 인접실과의 공기 차압을 제어하는 기기로 실외 오염 공기가 CLEAN ROOM을 오염시키는 것을 방지한다.

(8) HEPA FILTER(High Efficiency Particulate Air Filter)
① 고성능 미립자 필터로서 $0.3 \mu m$ 입자의 포집효율이 99.97%(DOP법)인 고성능필터
② 클린룸에 사용하여 CLASS 100~10,000 정도의 청정도를 얻을 수 있다.
③ 세균, SO_2, NO_3, 방사성 물질 제거에도 효과가 좋다.

(9) ULPA FILTER(Ultra Low Penetration Air Filter)
① HEPA 필터보다 포집율이 높으며 $0.1 \mu m$ 입자의 포집효율이 99.9997%(DOP법)인 고성능필터
② 클린룸에 사용하여 CLASS 10이하의 청정도를 얻을 수 있다.
③ SUPER CLEAN ROOM의 최종단 필터로 사용된다.

● 제1편 공기조화

제9장 열원기기

1 온열원기기

(1) 보일러의 종류

① 노통연관 보일러

② 수관 보일러

③ 관류 보일러

④ 주철제 보일러

(2) 보일러의 특징

① 노통연관 보일러
  ㉠ 구조 : 노통(연소실)과 연관(연기통로)으로 이루어져 있다.
  ㉡ 장점 : 효율이 좋다. 부하변동 적응성이 좋다. 수질관리가 용이하다.
  ㉢ 단점 : 예열시간이 길다. 크기가 크다.
  ㉣ 적용 : 중대형 건물의 난방 및 급탕용으로 사용된다.

② 수관 보일러
  ㉠ 구조 : 하부의 물 드럼과 상부의 기수(증기 + 물)드럼을 연결하는 다수의 수관을 연소실 주위에 배치한 구조
  ㉡ 장점 : 보일러 구조상 고압 및 대용량에 적합, 부하변동 추종성이 좋다. 예열시간이 짧다. 효율이 좋다
  ㉢ 단점 : 노통연관식보다 설치면적이 넓다. 초기투자비가 많이 든다. 급수처리가 까다롭다.
  ㉣ 적용 : 고압증기를 다량으로 사용하는 대형건물, 지역난방용으로 사용된다.

③ 관류 보일러
  ㉠ 구조 : 드럼이 없으며 보일러 하부로 들어간 물이 관을 통해 상부로 올라가는 동안 가열되어 증기가 된다.
  ㉡ 장점 : 보유수량이 적어 가열시간이 짧다. 부하변동 추종성이 좋다. 경량이고 설치면적이 적다.
  ㉢ 단점 : 급수처리(수질관리)가 까다롭고, 수명이 짧다.
  ㉣ 적용 : 중, 소형 건물의 난방 및 급탕용으로 사용된다.

④ 주철제 보일러
　㉠ 구조 : 주철로 된 여러 장의 섹션을 부하의 크기에 따라 조립하여 사용한다.
　㉡ 장점 : 반입이 쉽다. 주철이므로 내식성이 커 수명이 길다.
　㉢ 단점 : 재질이 약하여 고압으로 사용할 수 없다.
　㉣ 적용 : 소형 건물의 난방용으로 사용된다.

2 냉열원기기

(1) 냉동기의 종류

① 왕복동식

② 원심식(터보식)

③ 스크류식

④ 흡수식

(2) 냉동기의 특징

① 왕복동식 냉동기
　㉠ 구조 : 피스톤의 왕복운동에 의해 냉매가스를 흡입, 압축 배출하는 형식
　㉡ 장점 : 소형에서 중형까지 사용범위가 넓다.
　　　　　설비비가 적게 들고, 설치면적도 작다.
　㉢ 단점 : 고압기기에 속하므로 일정용량 이상인 경우 법정운전자가 필요하다.
　　　　　왕복운동에 의한 진동, 소음이 크다.
　㉣ 적용 : 개별 공조기기용 및 중, 소건물의 냉방용으로 사용된다.

② 원심식(터보) 냉동기
　㉠ 구조 : 임펠러의 원심력에 의해 냉매가스를 흡입, 압축 배출하는 형식
　㉡ 장점 : 수명이 길고, 초기투자비가 저렴하며, 유지보수가 쉽다.
　㉢ 단점 : 흡수식에 비해 소음 및 진동이 크다.
　　　　　출력이 30% 이하에서는 서징(surging)현상이 일어나 운전이 곤란하다.
　㉣ 적용 : 중, 대형 건물의 냉방용으로 사용된다.

③ 스크류식
　㉠ 구조 : 암, 수로터의 회전에 의해 냉매가스를 흡입, 압축 배출하는 형식
　㉡ 장점 : 구조가 간단하여 고장이 적다, 소음, 진동이 적다, 설치면적이 적다.
　㉢ 단점 : 설비비가 비싸다, 큰 용량의 유분리기 및 오일 냉각기가 필요하다.
　㉣ 적용 : 빙축열용, 산업용에 사용된다.

④ 흡수식
  ㉠ 구조 : 증발기, 흡수기, 발생기(재생기), 응축기 4개의 용기로 구성되어 있다. 냉방용 흡수식 냉동기는 물 + 리튬브로마이드(H_2O + LiBr)용액을 사용한다.
  ㉡ 장점 : 회전부분이 없으므로 소음, 진동이 적다. 수전설비가 작아도 된다.
  ㉢ 단점 : 설치면적 및 중량이 크다.
  ㉣ 적용 : 중, 대형 건물의 냉방용으로 사용된다.

● 제1편 공기조화

제10장 덕트 및 부속설비

1 덕 트

(1) 덕트의 분류

① 저속덕트
  풍속이 15m/s 이하의 덕트(보통 5~10m/s 이용)

② 고속덕트
  풍속이 15m/s 초과의 덕트(보통 20~25m/s 이용)

(2) 장방형 덕트(4각형덕트)의 원형덕트 환산

$$d = 1.3 \left[\frac{(a \cdot b)^5}{(a+b)^2} \right]^{\frac{1}{8}}$$

여기서 d : 원형덕트의 직경
  a : 4각덕트의 장변길이
  b : 4각덕트의 단변길이

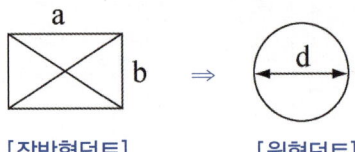

[장방형덕트]   [원형덕트]

(3) 4각형덕트 이외 덕트의 원형덕트 환산

$$de = \frac{4A}{P}$$

여기서 de : 덕트의 상당직경
  A : 덕트의 단면적
  P : 덕트의 둘레길이

(4) 덕트의 저항

① 직관부 마찰저항(마찰손실)

$$\Delta P_f = \lambda \frac{l}{d} \frac{v^2}{2} \rho$$

$$\Delta P_f = R \cdot l$$

② 국부 마찰저항(국부손실)

$$\Delta P_d = \zeta \frac{v^2}{2} \rho$$

$$\Delta P_d = R \cdot l'$$

ΔP_f : 직관부 마찰저항 [Pa=N/m²]
ΔP_d : 국부 마찰저항 [Pa=N/m²]
λ : 관마찰저항계수
ζ : 국부저항계수
R : 직관덕트 1m당 마찰손실 [Pa/m]
l : 덕트의 길이 [m]
l' : 국부의 직관상당길이 [m]
d : 덕트의 직경 [m]
ρ : 공기의 밀도 [= 1.2kg/m³]
v : 풍속 [m/s]

(5) 덕트의 치수 설계법

① 등속법(等速法)
  ㉠ 덕트 내의 풍속이 일정하게 유지되도록 덕트 치수를 정하는 방법
  ㉡ 풍속이 일정하므로 산업용 분말 등을 이송시키는 데 적당하다.
  ㉢ 각 구간마다 압력손실이 다르므로 송풍기의 용량을 구하려면 각 구간의 압력손실을 각각 구하여 전체적으로 합하여야 한다.

② 등마찰손실법(等摩擦損失法)
  ㉠ 등마찰저항법, 등압법, 정압법이라고도 한다.
  ㉡ 덕트 1m당 마찰손실 값을 전 구간에 동일하게 적용하여 덕트치수를 정하는 방법
  ㉢ 현재 가장 널리 이용되고 있는 방법이다.

③ 정압 재취득법(靜壓再取得法)
  ㉠ 급기덕트에서 각 취출구 직전의 정압이 같아지도록 덕트치수를 정하는 방법
  ㉡ 각 구간의 정압손실분 만큼 다음 구간에서 동압을 감소시키면 그만큼의 정압이 재취득되는 방법이다.
  ㉢ 고속덕트에 적합하지만 계산이 복잡하고 이점이 많지 않아 현재는 거의 이용되지 않는다.

④ 전압법(全壓法)
  ㉠ 급기덕트에서 각 취출구의 전압이 같아지도록 덕트치수를 정하는 방법
  ㉡ 전압법은 가장 합리적인 방법이지만 등마찰손실법에 비해 복잡하여 등마찰손실법으로 설계된 덕트를 검토하는 데 이용된다.

(6) 덕트 이음

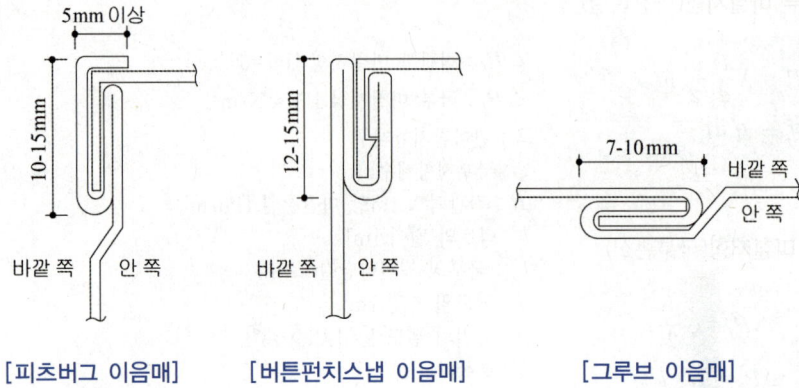

[피츠버그 이음매]   [버튼펀치스냅 이음매]   [그루브 이음매]

(7) 덕트의 축소, 확대

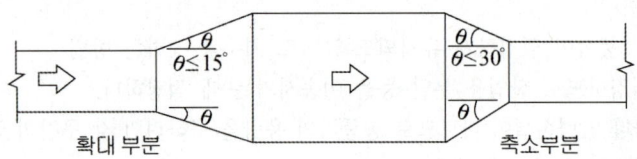

확대 부분   축소부분

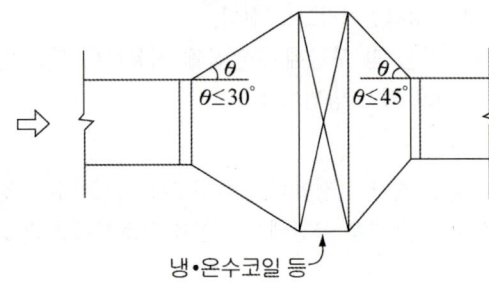

냉·온수코일 등

2 취출구

(1) 취출구의 종류

① 아네모스탯 형(annemostat type)
- 여러개의 콘(cone)으로 이루어져 있어 1차공기에 의한 2차공기의 유인 성능이 우수하다.
- 확산반경이 크고 도달거리는 짧기 때문에 천장 취출구로 많이 사용된다.
- 원형과 각형이 있으며, 복류형(輻流, Radial) 취출구이다.

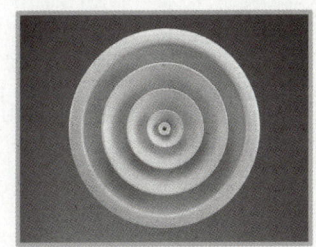 

[아네모스탯 형]

② 팬 형(pan type)
- 아네모스탯 형의 콘(cone) 대신 원판 모양의 팬(pan)을 붙인 것으로 유인비가 작고 소음발생이 적다.
- 팬의 위치를 위, 아래로 이동시켜서 기류의 확산범위를 조정한다.
- 난방 시에는 팬을 위로 올려 취출 기류를 축류형에 가깝게 하여 온풍이 천장 가까이에 머무는 것을 방지하고, 냉방 시에는 팬을 아래로 내려 취출 기류가 천장면을 따라 확산하므로 콜드드래프트를 방지할 수 있다.
- 원형과 각형이 있다.

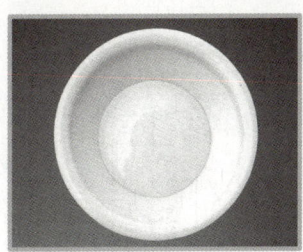 

[팬 형]

③ 라이트 트로퍼 형(light troffer type)
  • 중앙에 조명등이 있고 양쪽 측면에 취출구가 있는 형태로서 인테리어 디자인용으로 사용되고 있다.
  • 취출구 내에 있는 풍량조절 댐퍼로 풍량을 조절할 수 있으며, 축류형 취출구이다.

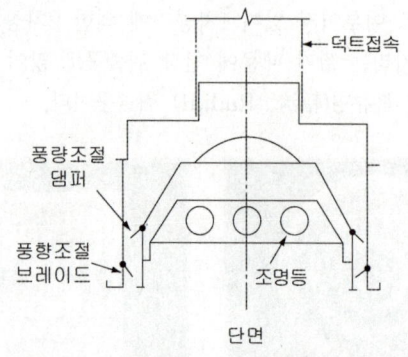

[라이트 트로퍼 (light troffer)형 취출구]

④ 라인 형(line type)
  • 라인형 취출구는 길이 방향으로 가늘고 긴 취출구가 있으며 T-라인형의 경우 취출구 내에는 베인이 있어서 취출기류의 방향을 바꿀 수 있으며, 댐퍼의 역할을 할 수도 있다. 축류형 취출구이다.

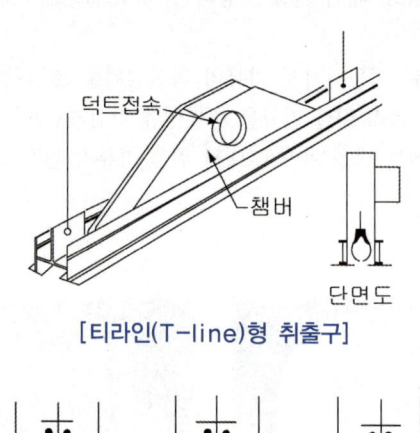

[티라인(T-line)형 취출구]

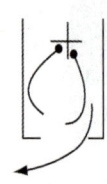   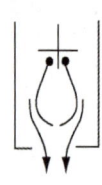 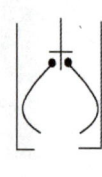

　(a)좌향기류　　(b)우향기류　　(c)좌향풍량조절　(d)수직기류　　(e)댐퍼작용

[티라인 디퓨저의 베인(vane)의 각도와 취출기류의 방향]

⑤ 노즐 형(nozzle type)
- 노즐형 취출구는 도달거리가 길고 소음이 적다.
- 소음이 적기 때문에 취출 풍속을 5m/s 이상으로도 사용되며 방송국 스튜디오, 음악감상실 등에 저속 취출을 하여 사용된다.
- 실내 공간이 넓은 경우에는 벽면에 부착하여 수평방향으로 취출하고, 천장이 높은 경우에는 천장에 설치하여 하향 취출하게 한다. 축류형 취출구이다.

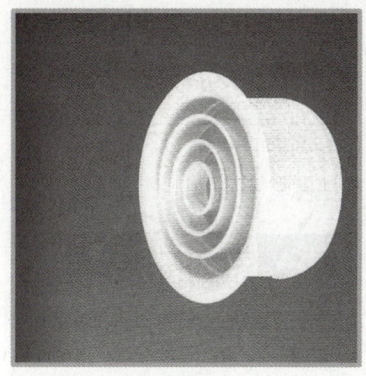

[노즐 형]

⑥ 펑커루버(punka louver)
- 펑커투버 취출구는 목을 움직여 기류의 방향을 바꿀 수 있고, 취출구에 달려 있는 댐퍼로 풍량을 조절할 수 있는 축류형 취출구이다.
- 주방, 공장, 미용실, 버스, 선박 등의 국소 냉방에 주로 사용된다.

 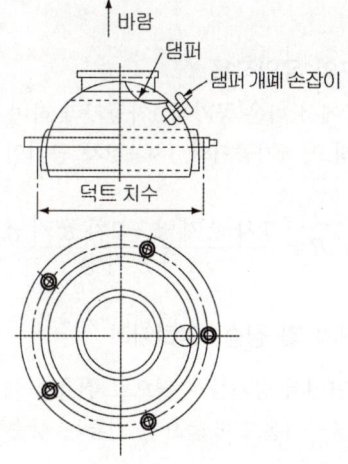

[펑커루버]

⑦ 베인격자 형(그릴, 레지스터)
- 각형의 프레임(flame)에 여러개의 베인을 수평 또는 수직으로 설치한 것으로 고정 베인형과 가동 베인형(유니버설형)이 있으며 가동 베인형은 베인을 움직여 기류의 취출 방향을 조절할 수 있다.
- 베인 뒷면에 셔터(댐퍼)를 설치하여 풍량을 조절할 수 있는 것을 레지스터라고 하고 셔터가 없는 것을 그릴이라 한다.

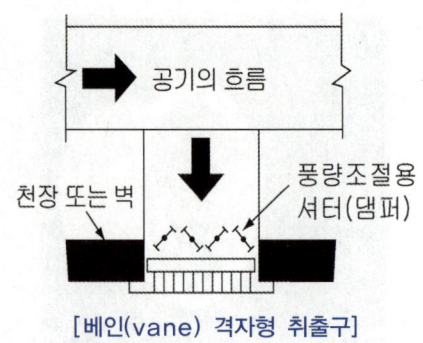

[베인(vane) 격자형 취출구]

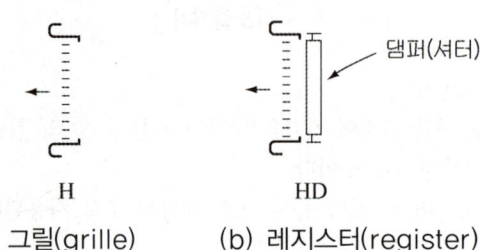

(a) 그릴(grille) (b) 레지스터(register)

(2) 취출구의 유인작용

취출구에서 나온 공기를 1차공기라 하며 실내에 있던 공기 중에서 취출공기와 혼합되는 공기를 2차공기라 하고, 1차공기와 1차 + 2차 공기인 전공기의 비를 유인비라 한다.

$$유인비 \ R = \frac{1차공기량 + 2차공기량}{1차공기량} = \frac{전공기량}{1차공기량}$$

(3) 도달거리 및 상승, 강하거리

① 벽면에서 공기를 수평으로 취출할 때 취출공기온도가 실내공기온도보다 낮으면 기류가 강하하고, 취출공기온도가 높으면 기류는 상승하게 된다.

② **최소도달거리**(Lmin) : 취출구로부터 기류의 중심속도가 0.5m/s가 되는 곳까지의 거리

③ **최대도달거리**(Lmax) : 취출구로부터 기류의 중심속도가 0.25m/s가 되는 곳까지의 거리

   ◐ 일반적으로 도달거리라 함은 최대도달거리(Lmax)를 의미한다.

④ 수평취출기류의 도달거리
  ㉠ 취출공기온도와 실내공기온도가 같을 때

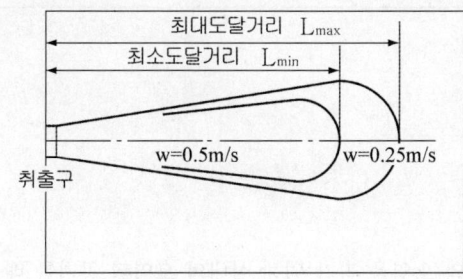

  ㉡ 취출공기온도가 실내공기온도보다 낮을 때

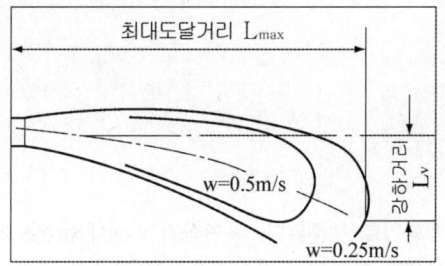

  ㉢ 취출공기온도가 실내공기온도보다 높을 때

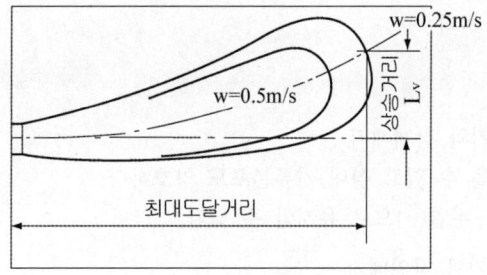

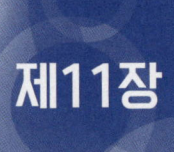

제11장 환기설비

1 개요

　일정공간(실내)에 있는 공기의 오염을 막기 위해 실내의 오염된 공기를 배출하고 실외의 신선한 공기를 공급하는 것으로서 사람을 대상으로 하는 환기(인간환기)와 제품 등 물질을 대상으로 하는 환기(물질환기)가 있다.

2 환기의 종류

(1) 자연환기와 기계환기

　환기방법은 자연환기와 기계환기로 구분된다. 자연환기는 실내외 온도차에 의한 공기의 부력이나 풍압에 의한 실내외 압력차를 이용한 환기이며 자연력을 이용하므로 동력은 필요하지 않으나 항상 일정한 환기량을 얻을 수 없다.
　기계환기 또는 강제환기는 송풍기를 이용하므로 에너지 소비가 많으나 용도와 목적에 따라 환기량 및 실내압을 조정할 수 있다.

(2) 환기의 종류

① **제1종 환기** : 강제급기와 강제배기
　정확한 환기량을 얻을 수 있고 실내 기류분포도 양호하다.
　실내를 양압(+) 또는 부압(-)으로 유지할 수 있다.

② **제2종 환기** : 강제급기와 자연배기
　그 실내의 공기가 주위로 확산되어도 나쁜 영향을 끼치지 않는 경우와 실내를 양압(+)으로 유지할 필요가 있을 때 사용된다(도장공장, 클린룸).

③ **제3종 환기** : 자연급기와 강제배기
　실내에서 발생한 오염물질이나 냄새 등이 주변의 다른 실로 가면 안되는 경우에 사용된다. 실내는 부압(-)이 된다(화장실, 쓰레기 처리실).

④ 제4종 환기 : 자연급기와 자연배기

자연력에 의한 환기이므로 급배기 동력은 필요하지 않으나 정확한 환기량을 얻을 수 없고, 환기성능도 양호하지 못하다.

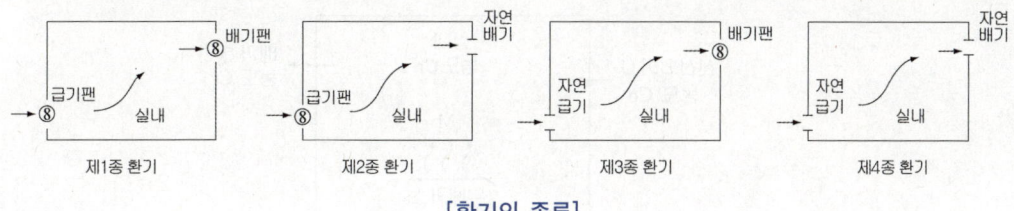

[환기의 종류]

3 환기방식의 종류

(1) 치환환기

① 더운 공기는 가볍기 때문에 위로 뜨는 현상을 이용한 방식으로 실내온도보다 저온인 신선한 외기를 실내에 공급하여 실내의 열과 오염공기를 부력에 의해 상부에 설치된 배기구로 배출시키는 방식

② 이 방식은 실내의 열부하 제거와 환기를 동시에 이룰 수 있다.

(2) 전반환기(전체환기, 희석환기)

대규모 주차장과 같이 실내의 모든 곳에 유해물질이 있는 경우 실내 전체를 환기해야 하며 신선외기를 급기하여 실내 전체공기를 희석시켜 배출하는 방법으로 대부분의 실내는 이 방법으로 환기한다.

(3) 국소환기

냄새, 열, 분진 등 환기 대상 물질이 한정된 장소에서 발생하고 그 물질이 주위로 확산되기 전에 외부로 배출하고자 할 때 국소환기 방법을 채택한다(주방후드, 실험실, 공장).

(4) 집중환기

집중환기는 유해 물질이 한 구역에 집중되어 있는 경우 그 구역만을 집중적으로 환기시키는 방법으로 외부에서 유입된 (투입된) 공기의 일부는 실내 공기로 혼입된다.

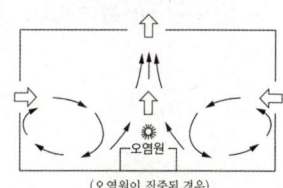

[집중환기 방식]

4 환기량

(1) 유해가스 제거 환기량

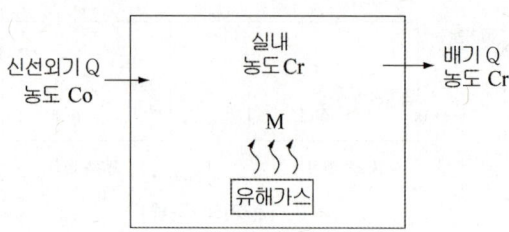

물질평형식 $M = Q(C_r - C_o)$ 로부터

$$Q = \frac{M}{C_r - C_o}$$

여기서 Q : 필요환기량 [m³/h]
M : 유해가스 발생량 [m³/h]
C_r : 실내허용 유해가스 농도 [m³/m³]
C_o : 외기의 유해가스 농도 [m³/m³]

(2) 실내 발열량 제거 환기량

열평형식 $q = \rho Q C_p (t_r - t_o)$ 로부터

$$Q = \frac{q}{\rho C_p (t_r - t_o)}$$

여기서 Q : 필요환기량 [m³/s]
q : 실내 발생열량 [kW]
ρ : 공기 밀도 [= 1.2 kg/m³]
C_p : 공기 정압비열 [= 1.01 kJ/kg·K]
t_r : 실내허용 공기온도 [℃]
t_o : 외기 공기온도 [℃]

(3) 실내 수증기 제거 환기량

물질 평형식 $L = \rho Q (x_r - x_o)$ 로 부터

$$Q = \frac{L}{\rho (x_r - x_o)}$$

여기서 Q : 필요환기량 [m³/h]
L : 수증기 발생량 [kg/h]
ρ : 공기 밀도 [= 1.2 kg/m³]
x_r : 실내허용 절대습도 [kg/kg']
x_o : 외기 절대습도 [kg/kg']

실 명	환기횟수[회/h]	환기량[$m^3/m^2 \cdot h$]
주방(대)	40~60	100~150
주방(소)	30~40	120~160
화장실(사무소)	5~10	15~30
화장실(극장)	10~15	30~45
탕비실	10~15	30~45
보일러실	급기 10~15	30~50
보일러실	배기 7~10	20~30
미용실	5~10	12~20
흡연실	12~15	25~30
배전실	15~20	30~45
욕 실	15~20	30~45
자동차차고	10~15	25~30
변압기실	10~15	30~50
발전기실	30~50	150~200
지하창고	5~10	15~30
세탁실	20~40	60~120

* 사무실 1인당 신선외기량 : 25~30m^3/인·h

제12장 T.A.B(시험.조정.평가)

1 T.A.B 개념

T.A.B란 Testing. Adjusting. Balancing의 약자로 공기조화설비의 에너지 반송 매체인 공기와 물의 조건이나 흐르는 양이 설계에 부합하는지를 시험(Testing)하고, 오차가 있으면 조정(Adjusting)하여, 최종적으로 설비계통을 평가(Balancing)하는 기술 분야이다. T.A.B를 통하여 공조설비의 성능확보, 기기의 수명연장, 에너지 절약, 소음 및 진동방지 등을 도모할 수 있고 공조설비의 효율적인 운전으로 쾌적한 실내 환경을 유지할 수 있다.

2 T.A.B 필요성

(1) 초기투자비 절감
공조장비 및 덕트와 배관이 설치되기 전에 T.A.B를 실시하여 장비용량의 적정성, 덕트와 배관 규격 및 계통의 적정성, 미비점, 누락사항 등을 검토하여 수정 보완함으로써 초기투자비를 절감할 수 있다.

(2) 에너지 절약
T.A.B를 통하여 적정용량의 장비 및 적정규격의 덕트와 배관을 설치 운영하므로서 필요 이상의 에너지 소모와 낭비를 방지하여 건물 내에서 사용되는 에너지를 절약할 수 있다.

(3) 쾌적한 환경 조성
설비용량이 적절하지 않게 설치된 경우에 소음이나 진동이 발생할 수 있기 때문에 T.A.B를 통하여 소음이나 진동요인을 제거하고 공급되는 에너지를 균등하게 분배시킴으로 쾌적한 환경을 조성할 수 있다.

(4) 설비의 효율적인 운전
T.A.B를 실시하면 각종 공조설비의 용량, 효율, 성능, 운전 및 유지관리 시 유의사항 등에 대한 종합적인 자료를 작성하게 되고 이를 토대로 운전하므로 공조설비의 효율적인 운전관리가 가능하게 되며, 따라서 설비 수명도 연장된다.

(5) 잦은 개보수 방지
설치된 공조설비에 대하여 T.A.B를 실시하여 설치 또는 운전상의 문제점을 해결함으로써 공조설비의 잦은 개보수를 방지할 수 있다.

3 T.A.B 수행 내용

(1) **시스템 검토** : 설계도서 검토를 통한 문제점 도출

(2) **현장 점검** : 현장 점검으로 시공상의 문제점 도출

(3) **공기 분배계통 성능 측정** : 공조설비 공기 분배계통 성능 측정

(4) **공기 분배계통 장치 풍량 조정** : VAV유닛 등 각종 장치의 풍량 조정

(5) **물 분배계통 성능 측정** : 공조설비 물 분배계통 성능 측정

(6) **물 분배계통 장치 유량 조정** : 정유량 밸브 등 각종 밸브의 유량 조정

(7) **소음 측정** : 실별 소음 측정

(8) **마무리 작업** : 자동제어 작동상태 점검 및 실별 온습도 측정

(9) **최종 보고서 작성**

제1편 출제예상문제

01 유효온도(Effective Temperature)의 3요소는?

① 밀도, 온도, 비열
② 온도, 기류, 밀도
③ 온도, 습도, 비열
④ 온도, 습도, 기류

해설 유효온도 : 온도, 습도, 기류의 영향을 하나의 온도감각으로 나타낸 것, 감각온도라고도 한다.

02 기후에 따른 불쾌감을 표시하는 불쾌지수는 무엇을 고려한 지수인가?

① 기온과 기류
② 기온과 노점
③ 기온과 복사열
④ 기온과 습도

해설 불쾌지수는 공기의 온도와 습도만으로 쾌감의 정도를 나타내는 지표이다.
$DI = 0.72(t + t') + 40.6$
여기서 t : 건구온도[℃] t' : 습구온도[℃]

03 공기 중의 수증기가 응축하기 시작할 때의 온도, 즉 공기가 포화상태로 될 때의 온도를 의미하는 것은?

① 노점온도
② 건구온도
③ 습구온도
④ 절대온도

해설 습공기를 계속 냉각시키면 어느 온도에서 공기 중에 포함되어 있던 수분이 응결되어 이슬방울(결로)로 변하는데 이 때의 온도를 노점온도라 한다.

04 절대습도에 관한 설명으로 옳지 않은 것은?

① 절대습도는 비습도라고도 한다.
② 절대습도는 수증기 분압의 함수이다.
③ 건공기 질량에 대한 수증기 질량의 비로 정의한다.
④ 공기 중의 수분 함량이 변해도 절대습도는 일정하게 유지한다.

해설 공기중의 수분함량이 변하면 절대습도도 변한다.

05 습공기에 대한 설명으로 틀린 것은?

① 노점온도는 수증기 분압 및 절대습도가 높을수록 높은 값을 가진다.
② 상대습도는 공기 중 수분량이 같으면 온도에 관계없이 동일하다.
③ 습공기의 습구온도는 항상 건구온도보다 낮은 온도를 나타낸다.
④ 건습구 온도계는 기류에 따라 습구온도가 변하므로 일정풍속을 가해야 한다.

해설 상대습도는 공기 중 수분량이 같아도 온도가 올라가면 낮아진다.

정답 01 ④ 02 ④ 03 ① 04 ④ 05 ②

06 습공기의 상태 변화에 관한 설명 중 틀린 것은?

① 습공기를 냉각하면 건구온도와 습구온도가 감소한다.
② 습공기를 냉각·가습하면 상대습도와 절대습도가 증가한다.
③ 습공기를 등온감습하면 노점온도와 비체적이 감소한다.
④ 습공기를 가열하면 습구온도와 상대습도가 증가한다.

해설 습공기를 가열하면 습구온도는 증가하나 상대습도는 감소한다.

07 습공기의 습도에 대한 설명으로 틀린 것은?

① 절대습도는 습공기 중에 포함된 수증기량을 나타낸다.
② 수증기분압은 절대습도에 반비례 관계가 있다.
③ 상대습도는 습공기의 수증기분압과 포화공기의 수증기분압과의 비로 나타낸다.
④ 비교습도는 습공기의 절대습도와 포화공기의 절대습도와의 비로 나타낸다.

해설 수증기분압은 절대습도에 비례 관계이다.

절대습도 $x = 0.622 \dfrac{P_w}{P_a} = 0.622 \times \dfrac{P_w}{P - P_w}$

P_w : 수증기분압
P_a : 건공기분압
P : 대기압

08 습공기의 상태변화를 나타내는 방법 중 하나인 열수분비의 정의로 옳은 것은?

① 절대습도 변화량에 대한 잠열량 변화량의 비율
② 절대습도 변화량에 대한 전열량 변화량의 비율
③ 상대습도 변화량에 대한 현열량 변화량의 비율
④ 상대습도 변화량에 대한 잠열량 변화량의 비율

해설 열수분비(moisture ratio, U)
① 습공기에서 수분의 변화량에 대한 전열량의 변화량의 비율이며 수분비라고도 한다.
② 공기선도에서 가습으로 인한 상태변화를 나타내는 데 이용된다.

$$U = \dfrac{\text{전열량의 변화량}[kJ]}{\text{수분의 변화량}[kg]}$$
$$= \dfrac{\text{엔탈피의 변화량}}{\text{절대습도의 변화량}}$$
$$= \dfrac{\Delta h}{\Delta x} = \dfrac{h_2 - h_1}{x_2 - x_1}$$
$$= \dfrac{q_S + q_L}{L} = \dfrac{q_S + L \cdot h_L}{L}$$
$$= \dfrac{q_S}{L} + h_L \ [kJ/kg]$$

여기서 L : 수분의 변화량 [kg]
h_L : 수분의 엔탈피 [kJ/kg]
x : 습공기의 절대습도 [kg/kg']

09 다음 선도에서 습공기를 상태 1에서 2로 변화시킬 때 현열비(SHF)의 표현으로 옳은 것은?

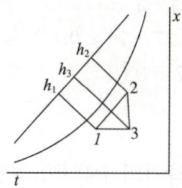

① $\dfrac{h_2 - h_3}{h_2 - h_1}$
② $\dfrac{h_3 - h_1}{h_2 - h_1}$
③ $\dfrac{h_3 - h_1}{h_2 - h_3}$
④ $\dfrac{h_2 - h_1}{h_2 - h_3}$

해설 $SHF = \dfrac{\text{현열}}{\text{전열}} = \dfrac{h_3 - h_1}{h_2 - h_1}$

06 ④ 07 ② 08 ② 09 ② **정답**

10 실온이 25℃, 상대습도 50%일 때, 냉방부하 중 실내 현열부하가 45000kcal/h, 실내 잠열부하가 22000kcal/h, 외기부하가 5800kcal/h이라면 현열비(SHF)는?

① 0.41　② 0.51
③ 0.67　④ 0.97

해설
$$SHF = \frac{현열}{전열} = \frac{현열}{현열+잠열}$$
$$= \frac{45000}{45000+22000} = 0.67$$

11 냉각코일의 장치노점온도(ADP)가 7℃이고, 여기를 통과하는 입구공기의 온도가 27℃라고 한다. 코일의 바이패스 펙터를 0.1이라고 할 때 출구공기의 온도는?

① 8.0℃　② 8.5℃
③ 9.0℃　④ 9.5℃

해설
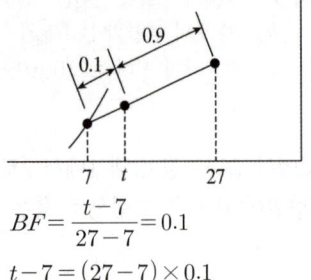
$$BF = \frac{t-7}{27-7} = 0.1$$
$$t-7 = (27-7) \times 0.1$$
$$t = 2+7 = 9℃$$

12 어떤 냉각기의 1열(列) 코일의 바이패스 펙터가 0.65 라면 4열(列)의 바이패스 펙터는 약 얼마가 되는가?

① 0.18　② 1.82
③ 2.83　④ 4.84

해설
1열의 By Pass 팩터 0.65이면
2열의 By Pass 팩터는 0.65×0.65이다
4열이면 0.65×0.65×0.65×0.65=0.18

13 다음 가습 방법 중 물분무식이 아닌 것은?

① 원심식
② 초음파식
③ 노즐분무식
④ 적외선식

해설
수분무식 : 원심식, 초음파식, 노즐분무식
증기발생식 : 적외선식, 전열식, 전극식

14 공기조화방식 중 중앙식의 수-공기방식에 해당하는 것은?

① 유인유닛 방식
② 패키지유닛 방식
③ 단일덕트 정풍량 방식
④ 이중덕트 정풍량 방식

해설
수-공기방식
1. 덕트병용 팬코일유닛 방식
2. 덕트병용 복사 냉·난방 방식
3. 유인유닛 방식
4. 각층유닛 방식

15 공기조화 방식 중에서 전공기 방식에 속하는 것은?

① 패키지유닛 방식
② 복사냉난방 방식
③ 유인유닛 방식
④ 저온공조 방식

해설
패키지유닛 방식 : 냉매 방식(개별식)
복사냉난방 방식 : 전수 방식
유인유닛 방식 : 수·공기 방식
저온공조 방식 : 전공기 방식

16 공기조화방식에 관한 설명 중 옳은 것은?

① 각층 유닛 방식은 층별 부하변동에 대응하기 쉬우나 부분운전은 어렵다.
② 유인유닛 방식은 외기 냉방의 효과가 크다.
③ 가변풍량 방식으로 할 경우 최소 풍량 시에 필요한 외기량을 확보하는 것이 중요하다.
④ 가변풍량 방식은 부하변동에 대하여 제어응답이 느리다.

해설 ① 각층유닛방식은 부분운전이 쉽다.
② 유인유닛방식은 송풍량이 적어 외기냉방 효과가 적다.
④ 가변풍량(VAV)방식은 부하변동에 대하여 제어응답이 빠르다.

17 덕트 정풍량 방식에 대한 설명으로 틀린 것은?

① 각 실의 실온을 개별적으로 제어할 수가 있다.
② 설비비가 다른 방식에 비해 적게 든다.
③ 기계실에 기기류가 집중 설치되므로 운전, 보수가 용이하고, 진동, 소음의 전달 염려가 적다.
④ 외기의 도입이 용이하며 환기팬 등을 이용하면 외기냉방이 가능하고 전열교환기의 설치도 가능하다.

해설 정풍량 방식은 각실의 온도를 개별적으로 제어할 수 없다.

18 가변풍량 방식에 대한 설명으로 틀린 것은?

① 부분부하 대응으로 송풍 동력이 커진다.
② 시운전 시 토출구의 풍량조정이 간단하다.
③ 부하변동에 대해 제어응답이 빠르므로 거주성이 향상된다.
④ 동시 부하율을 고려하여 설비용량을 적게 할 수 있다.

해설 ① 가변풍량 방식은 부분부하시 송풍량을 줄일 수 있어 부분부하 대응으로 송풍기 동력이 작아진다.

19 복사난방 방식의 특징에 대한 설명으로 틀린 것은?

① 실내에 방열기를 설치하지 않으므로 바닥이나 벽면을 유용하게 이용할 수 있다.
② 복사열에 의한 난방으로써 쾌감도가 크다.
③ 외기온도가 갑자기 변하여도 열용량이 크므로 방열량의 조정이 용이하다.
④ 실내의 온도 분포가 균일하며, 열이 방의 윗 쪽으로 빠지지 않으므로 경제적이다.

해설 온수코일패널 복사난방의 경우 외기온도가 갑자기 변하였을 때 열용량이 크므로 부하변화에 신속한 대응이 어렵다.(방열량의 조정이 어렵다.)

20 각층 유닛방식에 관한 설명으로 옳지 않은 것은?

① 외기용 공조기가 있는 경우에는 습도제어가 곤란하다.
② 장치가 세분화되므로 설비비가 많이 들고 기기를 관리하기가 불편하다.
③ 각층마다 부하 및 운전시간이 다른 경우 적합하다.
④ 송풍덕트가 짧게 된다.

해설 외기용 공조기에 가습기를 내장시켜서 실내 공기의 습도를 제어할 수 있다.

21 이중덕트방식에 설치하는 혼합상자의 구비조건으로 틀린 것은?

① 냉풍·온풍 덕트내에 정압변동에 의해 송풍량이 예민하게 변화할 것
② 혼합비율 변동에 따른 송풍량의 변동이 완만할 것
③ 냉풍·온풍 댐퍼의 공기누설이 적을 것
④ 자동제어 신뢰도가 높고 소음발생이 적을 것

해설 혼합상자는 냉풍·온풍 덕트내의 정압 변동에 의해 송풍량이 예민하게 변화하지 않아야 한다.

정답 16 ③ 17 ① 18 ① 19 ③ 20 ① 21 ①

22 다음 증기난방의 설명 중 옳은 것은?
① 예열시간이 짧다.
② 실내온도의 조절이 용이하다.
③ 방열기 표면의 온도가 낮아 쾌적한 느낌을 준다.
④ 실내에서 상하온도차가 작으며, 방열량의 제어가 다른 난방에 비해 쉽다.

해설
- 증기난방은 장치내 보유수량이 적어 예열시간이 짧다.
- 증기의 온도와 유량제어가 어려워 방열량의 제어가 어려우므로 실내온도 조절이 어렵다.

23 온수난방에 대한 설명으로 틀린 것은?
① 증기난방에 비하여 연료소비량이 적다.
② 난방부하에 따라 온도 조절을 용이하게 할 수 있다.
③ 축열 용량이 크므로 운전을 정지해도 금방 식지 않는다.
④ 예열시간이 짧아 예열부하가 작다.

해설
④ 온수난방은 열용량이 크므로 예열부하가 크다.
온수난방
- 장점
  ㉠ 온수의 온도와 온수량의 조절이 용이하며 실내온도 조절이 쉽다.
  ㉡ 방열기 표면 온도가 높지 않아 난방의 쾌적성이 높다.
  ㉢ 증기트랩과 같은 부속기기가 적어서 유지보수가 용이하다.
  ㉣ 온수는 서서히 식기 때문에(장치내 보유수량이 많아 열용량이 크기 때문에) 보일러 고장 시에도 실내온도가 급격히 떨어지지 않는다.
- 단점
  ㉠ 열매체(온수)의 온도가 증기에 비해 낮아 배관 및 난방기기의 용량이 커지고, 온수순환펌프, 팽창탱크 등이 필요하므로 설비비가 높다.
  ㉡ 증기난방에 비해 장치내 보유수량이 많아 열용량이 크므로 예열시간이 길어 난방온도에 도달하는 시간이 많이 걸린다.

24 온풍난방에 관한 설명으로 틀린 것은?
① 송풍 동력이 크며, 설계가 나쁘면 실내로 소음이 전달되기 쉽다.
② 실온과 함께 실내습도, 실내기류를 제어할 수 있다.
③ 실내 층고가 높을 경우에는 상하의 온도차가 크다.
④ 예열부하가 크므로 예열시간이 길다.

해설
④ 온풍난방은 예열부하가 작기 때문에 예열시간이 짧다.

25 난방설비에 관한 설명으로 옳은 것은?
① 증기난방은 실내 상·하 온도차가 적은 특징이 있다.
② 복사난방의 설비비는 온수나 증기난방에 비해 저렴하다.
③ 방열기의 트랩은 증기의 유량을 조절하는 역할을 한다.
④ 온풍난방은 신속한 난방 효과를 얻을 수 있는 특징이 있다.

해설
① 증기난방은 실내 상·하 온도차가 크다.
② 복사난방의 설비비는 온수나 증기난방에 비해 비싸다.
③ 방열기 트랩은 방열기에서 응축수와 증기를 분리시켜 응축수만 배출시키는 일종의 자동밸브이다.
④ 온풍난방은 온풍기에서 가열된 공기를 실내에 공급하므로 신속한 난방효과를 얻을 수 있다.

26 가습장치에 대한 설명으로 옳은 것은?
① 증기분무 방법은 제어의 응답성이 빠르다.
② 초음파 가습기는 다량의 가습에 적당하다.
③ 순환수 가습은 가열 및 가습효과가 있다.
④ 온수 가습은 가열·감습이 된다.

해설
① 증기분무 방법은 증기를 공기 중에 분무하기 때문에 가습효율이 100%이고, 제어의 응답성이 빠르다.
② 초음파 가습기는 소량의 가습에 적당하다.
③ 순환수 가습은 냉각 및 가습효과가 있다.
④ 온수 가습은 냉각·가습이 된다.

정답 22 ① 23 ④ 24 ④ 25 ④ 26 ①

27 증기난방 방식에 대한 설명으로 틀린 것은?
① 환수방식에 따라 중력환수식과 진공환수식, 기계환수식으로 구분한다.
② 배관방법에 따라 단관식과 복관식이 있다.
③ 예열시간이 길지만 열량 조절이 용이하다.
④ 운전 시 증기 해머로 인한 소음을 일으키기 쉽다.

해설
- 증기난방은 온수난방에 보다 장치내 보유수량이 적어 열용량이 작으므로 예열시간이 짧아 신속하게 난방할 수 있다
- 증기난방은 방열량(증기의 온도, 유량) 제어가 어려워 실내온도 조절이 어렵다.

28 다음 중 감습(제습)장치의 방식이 아닌 것은?
① 흡수식　　　　② 감압식
③ 냉각식　　　　④ 압축식

해설 감습방식 : 냉각식, 압축식, 흡수식, 흡착식

29 공기조화 설비에 관한 설명으로 틀린 것은?
① 이중덕트 방식은 개별 제어를 할 수 있는 이점이 있지만, 단일덕트 방식에 비해 설비비 및 운전비가 많아진다.
② 변풍량 방식은 부하의 증가에 대처하기 용이하며, 개별제어가 가능하다.
③ 유인유닛 방식은 개별제어가 용이하며, 고속덕트를 사용할 수 있어 덕트 스페이스를 작게 할 수 있다.
④ 각층 유닛방식은 중앙기계실 면적이 작게 차지하고, 공조기의 유지관리가 편하다.

해설 **각층 유닛방식은** 중앙기계실 면적과 덕트공간이 작은 장점이 있지만 공조기가 각 층에 분산되어 있어 유지 관리가 어렵다.

30 환기 방식에 관한 설명으로 옳은 것은?
① 제1종 환기는 자연급기와 자연배기방식이다.
② 제2종 환기는 기계설비에 의한 급기와 자연배기방식이다.
③ 제3종 환기는 기계설비에 의한 급기와 기계설비에 의한 배기방식이다.
④ 제4종 환기는 자연급기와 기계설비에 의한 배기방식이다.

해설

제1종 환기	기계설비 급기	기계설비 배기
제2종 환기	기계설비 급기	자연 배기
제3종 환기	자연 급기	기계설비 배기
제4종 환기	자연 급기	자연 배기

31 취출구 관련 용어에 대한 설명으로 틀린 것은?
① 장방형 취출구의 긴 변과 짧은 변의 비를 아스펙트비라 한다.
② 취출구에서 취출된 공기를 1차 공기라 하고, 취출공기에 의해 유인되는 실내공기를 2차 공기라 한다.
③ 취출구에서 취출된 공기가 진행해서 취출기류의 중심선상의 풍속이 1.5m/s로 되는 위치까지의 수평거리를 도달거리라 한다.
④ 수평으로 취출된 공기가 어떤 거리를 진행했을 때 기류의 중심선과 취출구의 중심과의 거리를 강하도라 한다.

해설 ③ 취출구에서 취출된 공기가 진행하여 취출기류의 중심선상의 풍속이 0.25m/s로 되는 위치까지의 수평거리를 도달거리라 한다.

32 에어와셔 내에 온수를 분무할 때 공기는 습공기 선도에서 어떠한 변화과정이 일어나는가?
① 가습·냉각　　② 과냉각
③ 건조·냉각　　④ 감습·과열

해설
냉수분무 : 감습·냉각
온수분무 : 가습·냉각
순환수분무 : 가습(단열가습)·냉각
소량의 냉, 온수분무 : 열수분비(u)선을 따라 냉각·가습

정답　27 ③　28 ②　29 ④　30 ②　31 ③　32 ①

33 공기세정기에서 순환수 분무에 대한 설명으로 틀린 것은? (단, 출구 수온은 입구 공기의 습구온도와 같다.)

① 단열변화 ② 증발냉각
③ 습구온도 일정 ④ 상대습도 일정

해설 순환수가습
① 입구공기의 습구온도(t')와 같은 온도의 순환수를 분무하여 가습하면 공기의 상태변화는 습구온도가 일정한 선을 따라 변화한다. 이때의 변화를 **단열변화**(斷熱變化)라 한다.
② 엔탈피의 변화가 극히 작기 때문에 $h_1 ≒ h_2$로 취급 한다.

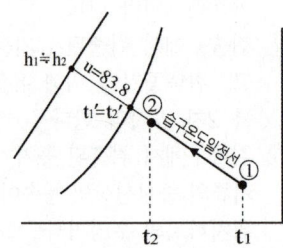

열수분비 $u = \dfrac{\Delta h}{\Delta x} = \dfrac{L \cdot C \cdot t'}{L}$
$= C \cdot t'$ [kJ/kg]

[예] 순환수 온도가 20℃이면
$u = 83.8$ kJ/kg

※ 순환수 분무하면 상대습도는 상승(증가)한다
※ 순환수 분무하면 건구온도가 t_1에서 t_2로 내려가므로 증발냉각 과정이다.
[참고] 물의 비열 $C = 4.19$ kJ/kg·K

34 공기의 감습장치에 관한 설명으로 옳지 않은 것은?

① 화학적 감습법은 흡착과 흡수 기능을 이용하는 방법이다.
② 압축식 감습법은 감습만을 목적으로 사용하는 경우 비경제적이다.
③ 흡착식 감습법은 실리카겔 등을 사용하며, 흡습제의 재생이 가능하다.
④ 흡수식 감습법은 활성알루미나를 이용하기 때문에 연속적이고 큰 용량의 것에는 적용하기 곤란하다.

해설 활성알루미나, 실리카겔, 합성제올라이트는 흡착식 제습장치의 흡착제이다.
흡수식 감습제 : 염화리튬, 트리에틸렌 글리콜

35 실내를 항상 급기용 송풍기를 이용하여 정압(+) 상태로 유지할 수 있어서 오염된 공기의 침입을 방지하고, 연소용 공기가 필요한 보일러실, 반도체 무균실, 소규모 변전실, 창고 등에 적용하기에 적합한 환기법은?

① 제1종 환기 ② 제2종 환기
③ 제3종 환기 ④ 제4종 환기

해설 ② 제2종 환기는 강제급기와 자연배기로 이루어지므로 실내를 양압(정압) 상태로 유지하여 오염된 공기의 침입을 막을 수 있다

제1종 환기 : 강제급기, 강제배기
제2종 환기 : 강제급기, 자연배기
제3종 환기 : 자연급기, 강제배기
제4종 환기 : 자연급기, 자연배기

36 냉수코일 설계 시 유의사항으로 옳은 것은?

① 대향류로 하고 대수평균 온도차를 되도록 크게 한다.
② 병행류로 하고 대수평균 온도차를 되도록 작게 한다.
③ 코일통과 풍속을 5m/s 이상으로 취하는 것이 경제적이다.
④ 일반적으로 냉수 입·출구 온도차는 10℃ 보다 크게 취하여 통과유량을 적게 하는 것이 좋다.

해설 ② 병행류로 하고 대수평균 온도차를 작게 하면 열전달 효과 및 열전달량이 작아진다.
③ 코일 통과 풍속은 물의 비산 등이 발생하지 않도록 2~3m/s로 한다.
④ 일반적으로 냉수 입·출구 온도차는 5℃ 전후로 한다.
※ 냉수코일 관내 유속은 1m/s 전후로 한다.

정답 33 ④ 34 ④ 35 ② 36 ①

37 덕트의 분기점에서 풍량을 조절하기 위하여 설치하는 댐퍼는?

① 방화 댐퍼
② 스플릿 댐퍼
③ 피봇 댐퍼
④ 터닝 베인

해설 덕트의 분기점에 설치하여 풍량을 조절하는 댐퍼는 스플릿(split)댐퍼이다.

38 다음 용어에 대한 설명으로 틀린 것은?

① 자유면적 : 취출구 혹은 흡입구 구멍면적의 합계
② 도달거리 : 기류의 중심속도가 0.25m/s에 이르렀을 때, 취출구에서의 수평거리
③ 유인비 : 전공기량에 대한 취출공기량(1차 공기)의 비
④ 강하도 : 수평으로 취출된 기류가 일정 거리만큼 진행한 뒤 기류중심선과 취출구 중심과의 수직거리

해설 취출구의 유인작용
취출구에서 나온 공기를 1차공기라 하며 실내에 있던 공기 중에서 취출공기와 혼합되는 공기를 2차공기라 하고, 1차공기와 1차 + 2차 공기인 전공기의 비를 유인비라 한다. (즉, 취출공기량에 대한 전공기량의 비이다)

유인비 $R = \dfrac{1차공기량 + 2차공기량}{1차공기량}$

$= \dfrac{전공기량}{취출공기량}$

39 원심 송풍기에 사용되는 풍량제어 방법으로 가장 거리가 먼 것은?

① 송풍기의 회전수 변화에 의한 방법
② 흡입구에 설치한 베인에 의한 방법
③ 바이패스에 의한 방법
④ 스크롤 댐퍼에 의한 방법

해설

[송풍기 용량제어 특성]

에너지 절감효과가 가장 좋은 방법은 풍량에 따른 축동력감소가 가장 큰 회전수제어이다.

40 극간풍의 방지방법으로 가장 적절하지 않은 것은?

① 회전문 설치
② 자동문 설치
③ 에어 커튼 설치
④ 충분한 간격의 이중문 설치

해설 자동문 설치는 극간풍 방지방법이 아니다.

41 다음 중 냉각탑에 관한 용어 및 특성 설명으로 틀린 것은?

① 어프로치(approach)는 냉각탑 출구수온과 입구공기 건구온도 차
② 레인지(range)는 냉각수의 입구와 출구의 온도차
③ 어프로치(approach)를 적게 할수록 설비비 증가
④ 레인지(range)는 공기조화에서 5~8℃ 정도로 설정

해설 어프로치 : 냉각탑출구수온 - 입구공기 습구온도

37 ② 38 ③ 39 ③ 40 ② 41 ① **정답**

42 다음중 에너지 절약에 가장 효과적인 공기조화 방식은? (단, 설비비는 고려하지 않는다.)
① 각층 유닛 방식
② 이중 덕트 방식
③ 멀티존 유닛 방식
④ 가변 풍량 방식

해설 부하에 필요한 풍량만 보낼 수 있어서 설비비를 고려하지 않으면 가장 효과적인 에너지 절약 공조 방식은 가변풍량(VAV) 방식이다.

43 덕트 설계 시 주의사항으로 틀린 것은?
① 덕트의 분기지점에 댐퍼를 설치하여 압력 평형을 유지시킨다.
② 압력손실이 적은 덕트를 이용하고 확대시와 축소 시에는 일정 각도 이내가 되도록 한다.
③ 종횡비(aspect ratio)는 가능한 크게 하여 덕트 내 저항을 최소화 한다.
④ 덕트 굴곡부의 곡률반경은 가능한 크게 하며, 곡률이 매우 작을 경우 가이드베인을 설치한다.

해설 ③ 종횡비는 가능한 작게하여 덕트 내 저항을 최소화 한다.

44 다음 열원방식 중에 하절기 피크전력의 평준화를 실현할 수 없는 것은?
① GHP 방식
② EHP 방식
③ 지역냉난방 방식
④ 축열방식

해설 EHP방식은 하절기에 전기를 사용하므로 피크전력 감소에 기여할 수 없다.

45 송풍기 회전날개의 크기가 일정할 때, 송풍기의 회전속도를 변화시킬 경우 상사법칙에 대한 설명으로 옳은 것은?
① 송풍기 풍량은 회전속도비에 비례하여 변화한다.
② 송풍기 압력은 회전속도비의 3제곱에 비례하여 변화한다.
③ 송풍기 동력은 회전속도비의 제곱에 비례하여 변화한다.
④ 송풍기 풍량, 압력, 동력은 모두 회전속도비의 제곱에 비례하여 변화한다.

해설 송풍기의 상사법칙

$$\frac{Q_2}{Q_1} = \left(\frac{N_2}{N_1}\right)\left(\frac{D_2}{D_1}\right)^3$$

$$\frac{P_2}{P_1} = \left(\frac{N_2}{N_1}\right)^2\left(\frac{D_2}{D_1}\right)^2$$

$$\frac{L_2}{L_1} = \left(\frac{N_2}{N_1}\right)^3\left(\frac{D_2}{D_1}\right)^5$$

46 대류 및 복사에 의한 열전달률에 의해 기온과 평균복사온도를 가중평균한 값으로 복사난방공간의 열환경을 평가하기 위한 지표를 나타내는 것은?
① 작용온도(operative temperature)
② 건구온도(dry-bulb temperature)
③ 카타냉각력(Kata cooling power)
④ 불쾌지수(discomfort index)

해설 작용온도 : 온도, 기류, 평균복사온도의 영향을 조합한 온도로서 복사난방공간의 열환경을 평가하는 지표로 사용된다.

47 다음 중 원심식 송풍기가 아닌 것은?

① 다익 송풍기
② 프로펠러 송풍기
③ 터보 송풍기
④ 익형 송풍기

해설 프로펠러 송풍기는 축류식 송풍기이다.

48 공기세정기의 구성품인 엘리미네이터의 주된 기능은?

① 미립화 된 물과 공기와의 접촉 촉진
② 균일한 공기 흐름 유도
③ 공기 내부의 먼지 제거
④ 공기 중의 물방울 제거

해설 엘리미네이터(eliminator)는 물방울이 공기에 섞여 나가지 못하도록 공기중의 물방울을 제거하는 장치이다.

49 공기조화기의 T.A.B 측정 절차 중 측정 요건으로 틀린 것은?

① 시스템의 검토 공정이 완료되고 시스템 검토 보고서가 완료되어야 한다.
② 설계도면 및 관련 자료를 검토한 내용을 토대로 하여 보고서 양식에 장비규격 등의 기준이 완료되어야 한다.
③ 댐퍼, 말단 유닛, 터미널의 개도는 완전 밀폐되어야 한다.
④ 제작사의 공기조화기 시운전이 완료되어야 한다.

해설 ③ TAB 측정 절차 중 측정요건으로 댐퍼, 말단 유닛, 터미널의 개도는 개방되어야 한다.

50 T.A.B 수행을 위한 계측기기의 측정위치로 가장 적절하지 않은 것은?

① 온도 측정 위치는 증발기 및 응축기의 입·출구에서 최대한 가까운 곳로 한다.
② 유량 측정 위치는 펌프의 출구에서 가장 가까운 곳으로 한다.
③ 압력 측정 위치는 입·출구에 설치된 압력계용 탭에서 한다.
④ 배기가스 온도 측정 위치는 연소기의 온도계 설치 위치 또는 시료 채취 출구를 이용한다.

해설
• 펌프 유량 측정은 배관의 직관부에서 상류측 및 하류측 길이가 충분히 확보된 지점에서 측정하여 측정오차를 줄여야 한다.
• 초음파 유량계 사용시에는 엘보등 방향전환이나 오류가 생기는 곳으로부터 최소한 배관직경의 15배 이상의 하류 쪽 및 5배 이상의 상류 쪽에 부착하여야 한다. 이것이 불가능할 경우 최대한 와류발생이 적은 위치에서 측정해야 한다.

정답 47 ② 48 ④ 49 ③ 50 ②

제 **2** 과목

공조냉동설계

제 **1** 편

기계열역학

[제 1 장] 기계열역학
[제 2 장] 순수물질의 성질
[제 3 장] 열역학 제0법칙 및 제1법칙
[제 4 장] 이상기체(완전가스)
[제 5 장] 열역학 제2법칙 및 제3법칙
[제 6 장] 증 기
[제 7 장] 증기동력 사이클
[제 8 장] 가스동력 사이클

● 제1편 기계열역학

기계열역학

1 열역학(熱力學)이란

　열역학은 어떤 물질에 대한 온도변화가 중요한 역할을 하는 자연계의 각 과정을 연구하는 학문이며 냉동공학, 기계공학의 기초를 이루는 중요한 학문이다. 그리고 추상적이며 매우 이해하기가 어려운 학문이기도 하다. 따라서 에너지나 힘과 같은 개념의 물리적 의미를 충분히 이해하는 것이 매우 중요하다.

2 열역학 계(系, System)

(1) 계(系, system)
　열역학에서 사용되는 계(系)란 연구대상이 되는 물질의 영역을 말하며, 계의 경계(boundary) 밖의 모든 것을 주위(surrounding)라고 한다.

(2) 열역학 계의 종류
　계의 종류에는 개방계, 밀폐계, 고립계가 있으며

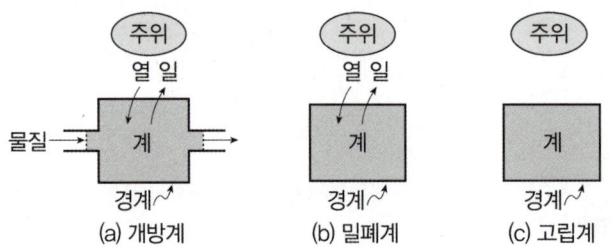

(a) 개방계　　(b) 밀폐계　　(c) 고립계

① **개방계** : 경계를 통하여 주의와 열과 일 및 물질의 이동이 있는 계

② **밀폐계** : 경계를 통하여 주의와 열과 일은 이동이 있으나 물질의 이동이 없는 계

③ **고립계** : 경계를 통하여 주의와 열과 일 및 물질 모두의 이동이 없는 계

(3) 계의 상태(狀態)와 성질(性質)

열역학 계의 상태는 상태량 또는 성질이라고 하는 측정이 가능한 량의 값으로 표현하게 되며 성질(상태량)을 예로 들면 온도, 압력, 체적 등을 들 수 있다. 성질에는 질량에 비례하는 용량성(종량적) 성질(상태량)과 질량에 무관한 강도성(강성적) 성질(상태량)이 있다.

① **용량성 성질** : 질량에 비례하는 성질로서 질량, 체적, 엔탈피, 엔트로피

② **강도성 성질** : 질량에 무관한 성질로서 온도, 습도, 압력, 밀도, 비체적, 비엔탈피, 비중량, 비엔트로피

(4) 상태변화와 과정(過程)

상태변화는 계 내의 동작유체가 한 상태에서 다른 상태로 옮겨지는 것이며 이때의 경로(path)를 과정(process)이라 한다.

① **가역과정** : 경로의 모든 점에서 역학적, 열적, 화학적으로 평형이 유지되며 방향을 바꾸어 원래의 상태로 돌아올 수 있는 과정

② **비가역과정** : 손실을 수반하는 과정으로서 방향을 바꾸어 원래의 상태로 돌릴 수 없는 과정

3 용어와 단위계

일반적으로 공학에서 사용되는 단위는 질량을 기본으로 한 절대단위계(물리단위)와 중량(힘)을 기본으로 하는 공학단위계(중력단위)가 있다. 또 국제적으로 사용되는 국제단위(SI단위)가 있으며 SI단위는 근본적으로 절대단위계와 동일하며 질량[kg], 길이[m], 시간[s]을 기본단위로 하고 있다.

공학(중력)단위계에서는 중량을 기본단위로 하고 있으며 이것에 절대단위계의 질량과 같은 kg을 사용하고 있기 때문에 매우 혼동하기 쉽다. 이 혼동을 피하기 위해 중량(힘)의 단위는 kgf의 기호를 사용하며 질량의 단위는 kgm 또는 kg을 써서 구별하기도 한다.

(1) 온도(temperature)

① **섭씨온도**(Celsius)
표준대기압(1atm)하에서 순수한 물의 어는 점을 0℃, 끓는점을 100℃로 정하여 그 사이를 100등분한 것을 1℃로 정한 온도

② **화씨온도**(Fahrenheit)
표준대기압(1atm)하에서 순수한 물의 어는 점을 32°F, 끓는점을 212°F로 정하여 그 사이를 180등분한 것을 1°F로 정한 온도

③ **섭씨와 화씨온도의 관계**

$$°F = \frac{9}{5} \times ℃ + 32$$

$$℃ = \frac{5}{9} \times (°F - 32)$$

④ 절대온도(absolute temperature)
−273.15℃가 기준이 되는 온도로서 단위는 K(Kelvin)을 사용한다.
화씨온도를 절대온도로 표시한 것은 랭킨온도(Rankin)라 한다.

K = ℃ + 273.15 ≒ ℃ + 273
°R = °F + 459.67 ≒ °F + 460

(2) 습도(humidity)

① 절대습도(absolute humidity)
습공기 중의 건공기 질량과 수증기 질량의 비

$$x = \frac{m_w}{m_a}[\text{kg/kg'}]$$

m_a = 습공기 중의 건공기 질량[kg(kg')]
m_w = 습공기 중의 수증기 질량[kg]

② 상대습도(relative humidity)
포화습공기의 수증기분압과, 같은 온도에서 습공기의 수증기분압의 비

$$\phi = \frac{P_w}{P_{ws}} \times 100[\%]$$

P_w : 어떤 온도에서 습공기의 수증기분압
P_{ws} : 같은 온도에서 포화습공기의 수증기분압

③ 비교습도(포화도, degree of saturation)
포화습공기의 절대습도와, 같은 온도의 습공기의 절대습도의 비

$$\psi = \frac{x}{x_s} \times 100[\%]$$

x : 어떤 온도에서 습공기의 절대습도[kg/kg']
x_s : 같은 온도에서 포화습공기의 절대습도[kg/kg']

(3) 열량(quantity of heat)

① 현열(감열 sensible heat)
상(相)변화를 하지 않고 온도만 변화하는 데 소요되는 열
② 잠열(latent heat)
온도는 변하지 않고 상(相)만 변화시키는 데 소요되는 열. 증발잠열, 융해잠열, 승화잠열
㉠ 물의 증발잠열 : 0℃일 때 2501kJ/kg, 597.3kcal/kg
　　　　　　　　100℃일 때 2257kJ/kg, 538.8kcal/kg
㉡ 얼음의 융해잠열 : 333.6kJ/kg, 79.68kcal/kg
③ 1kcal
표준대기압(1atm)하에서 순수한 물 1kg을 14.5℃에서 15.5℃까지 1℃ 올리는데 필요한 열량(15도 칼로리라고 한다)

④ 1Btu

표준대기압(1atm)하에서 순수한 물 1lb를 59.5℉에서 60.5℉까지 1℉ 올리는데 필요한 열량(60도 Btu라고 한다)

⑤ 1Chu

표준대기압(1atm)하에서 순수한 물 1lb를 14.5℃에서 15.5℃까지 1℃ 올리는데 필요한 열량

⑥ 1J(Joule)

1N·m의 일에 해당하는 에너지(1J = 1N·m, 1kJ = 1kN·m)

⑦ 단위관계

kcal	Btu	Chu	kJ
1	3.968	2.205	4.187
0.252	1	0.556	1.055
0.435	1.8	1	1.899
0.239	0.948	0.527	1

(4) 비열(specific heat)

어떤 물질 1kg을 1℃ 올리는 데 필요한 열량

① 비열의 단위

㉠ SI단위 : kJ/kg·K

㉡ 중력단위 : kcal/kgf·℃   Btu/lbf·℉   Chu/lbf·℃

㉢ 단위관계 : 1kcal/kgf·℃ = 4.187kJ/kg·K = 1Btu/lbf·℉ = 1Chu/lbf·℃

② 비열비

기체의 경우는 압력이 일정한 상태에서의 비열과 체적이 일정한 상태에서의 비열이 다르며, 정압비열과 정적비열의 비를 비열비라고 한다.

비열비 $k = \dfrac{C_p}{C_v}$ (공기의 비열비 k = 1.4)

정압비열 C_p : 압력이 일정한 상태에서 가열하는 경우의 비열

정적비열 C_v : 체적이 일정한 상태에서 가열하는 경우의 비열

(5) 밀도(density)

체적 1m³의 물질의 질량을 밀도(密度)라고 한다.

$$\text{밀도 } \rho = \frac{\text{질량}}{\text{체적}} \text{ [kg/m}^3\text{]}$$

물의 밀도 $\rho = 1000 \text{kg/m}^3$ [SI단위]
$\quad\quad\quad\quad = 102 \text{kgf} \cdot \text{s}^2/\text{m}^4$ [공학단위]

(6) 비중량(specific weight)

체적 1m³의 물질의 중량(무게)을 비중량(比重量)이라고 한다.

$$\text{비중량 } \gamma = \frac{\text{중량}}{\text{체적}} \text{ [N/m}^3\text{], [kgf/m}^3\text{]}$$

물의 비중량 $\gamma = 9,800 \text{N/m}^3$ [SI단위]
$\quad\quad\quad\quad = 1,000 \text{kgf/m}^3$ [중력단위]

(7) 비중(specific gravity)

물의 중량(4℃때의 무게)에 대한 어떤 물질의 중량(무게)비를 비중이라고 하며 단위는 없다.

$$\text{비중 } S = \frac{\text{어떤 물질의 무게}}{\text{물의 무게}} = \frac{\gamma}{\gamma_w} = \frac{\rho}{\rho_w}$$

하첨자 w : water(물)

(8) 비체적(specific volume)

물질 1kg이 차지하는 체적을 비체적(比體積)이라 한다.

$$\text{비체적 } v = \frac{\text{체적}}{\text{질량}} \text{ [m}^3/\text{kg]}$$

(9) 압력(pressure)

단위 면적(1m²)에 수직방향으로 작용하는 힘을 말한다.

① 표준대기압(atm : atmosphere)
  ㉠ 표준대기압은 지구중력 g = 9.80665m/s²이고, 온도 0℃에서 수은주가 760mmHg로 표시되는 압력을 말하며 이 압력을 1atm으로 표시한다.
  ㉡ 1atm = 760mmHg(0℃)
    $= 101325 \text{N/m}^2 = 101.325 \text{kPa} = 1.01325 \text{bar}$
    $= 1.0332 \text{kgf/cm}^2 = 10.332 \text{mAq}$(수두)

② 공학기압(at)
  ㉠ 공학기압은 사용의 편리성을 위해 $1kgf/cm^2$를 1기압이라 하고 1at로 표시한다.
  ㉡ $1at = 1kgf/cm^2 = 10mAq = 735.6mmHg$

(10) 절대압력과 계기압력
  ① 절대압력
    ㉠ 완전진공 상태를 기준(0)으로 측정한 압력이다.
    ㉡ 절대압력 = 대기압력 + 계기압력
  ② 계기압력
    대기압을 기준(0)으로 측정한 압력
  ③ 진공압력
    대기압을 기준(0)으로 진공정도를 나타내는 압력

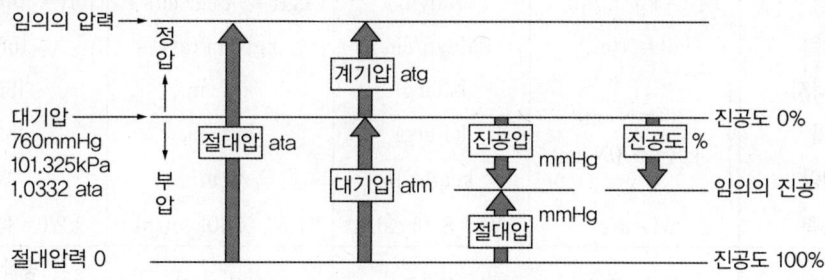

[절대압, 대기압, 계기압, 진공도 관계]

  ④ 압력단위변환
  $1Pa = 1N/m^2$
  $1kgf/m^2 = 9.8N/m^2 = 9.8Pa$
  $1kgf/cm^2 = 98,000N/m^2 = 98kN/m^2 = 98kPa$
  $1torr = 1mmHg$

(11) 동력(power)

  일의 능률을 나타내는 단위로서 단위시간 동안 행한 일량을 동력이라 한다.
  $1kW = 1kJ/s = 102kgf \cdot m/s = 860kcal/h$
  $1PS = 75kgf \cdot m/s = 632kcal/h$ (국제마력)
  $1HP = 76kgf \cdot m/s = 641kcal/h$ (영국마력)
  $1kW = 1.36PS$

(12) 공학 단위계 및 SI 단위계

[각종 단위계]

명칭	단위계			
	국제단위계 (SI)	절대단위계 MKS(CGS)	중력단위계(공학단위계)	
			MKS 계	피이트 파운드계
(기본단위)				
길이	m	m(cm)	m	ft
시간	s	s	s	s
질량 또는 중량	kg(질량)	kg(g)질량	kgf(중량)	lbf(중량)
온도	K	℃	℃	°F
(조립단위)				
힘	N(= kg·m/s²)	N(dyn)	kgf(= 9.8kg·m/s²)	lbf(= 4.448lb·ft/s²)
압력	Pa(= N/m²)	Pa(dyn/cm²)	kgf/cm²(at)	lbf/in²
에너지	J(= N·m) kJ(=1000N·m)	kJ(erg)	kgf·m	lbf·ft
일		kJ(erg)	kgf·m	lbf·ft
열량		kcal(cal)	kcal	Btu
동력	W(= J/s)	kW(= 860kcal/h)	kW(= 860kcal/h)	kW(= 3413Btu/h)
적용례	공학, 물리	물리계	공학·공업	공학·공업 (美·英系)

- 1 dyn = 1 g × 1 cm/s² = 1 g·cm/s²
- 1 N = 1 kg × 1 m/s² = 1 kg·m/s² = 10⁵ dyn

* 참고
  - 1960년 국제 도량형위원회 총회에서 국제 단위계(System International d'Unit)가 채택됨

● 제1편 기계열역학

제2장 순수물질의 성질

1 순수물질(pure substance)

순수물질은 화학조성이 균일하고 일정한 물질로서 고유한 성질을 가지고 있으며 녹는점, 어는점, 끓는점, 밀도 등이 일정한 물질을 말한다. 순수물질은 크게 한 종류의 원소로만 이루어진 **홑원소물질**과 여러 원소가 화학적 결합을 통해 하나의 새로운 물질이 된 **화합물**(유기화합물, 무기화합물)로 분류할 수 있다.
예를 들어 소금(NaCl)은 Na원소와 Cl원소의 화학적 결합으로 이루어져 있으며, 나트륨 성질이나 염소의 성질을 가지고 있지 않은 전혀 새로운 물질이므로 화합물로서 순수물질인 것이다. 순수물질이 아닌 것을 **혼합물**이라 하며 공기는 산소, 질소 알곤 등이 혼합된 혼합물이다.

- 순수물질
  - 홑원소 물질 : 산소(O_2), 수소(H_2), 질소(N_2), 구리(Cu), 나트륨(Na)
  - 유기 화합물 : 메탄(CH_4), 에탄(C_2H_6), 프로판(C_3H_8)
  - 무기 화합물 : 물(H_2O), 염화나트륨(NaCl), 탄산칼슘($CaCO_3$), 이산화탄소(CO_2)
- 혼합물
  - 공기($N_2 + O_2 + Ar$), 소금물($H_2O + NaCl$)

2 순수물질의 상 평형

다음 페이지의 선도에서 보면 승화곡선을 따라 고체상과 증기상이 평형상태로 있고, 융해곡선을 따라 고체상과 액체상이 평형상태로 있으며, 증발곡선을 따라 액체상과 기체상이 평형상태로 있다. 그리고 한점에서 3상 모두가 평형상태로 있을 수 있는데 이 점이 삼중점이다.
증발곡선은 임계점에서 끝나며 임계점 이상에서는 액체상에서 증기상으로의 뚜렷한 변화가 일어나지 않기 때문이다.

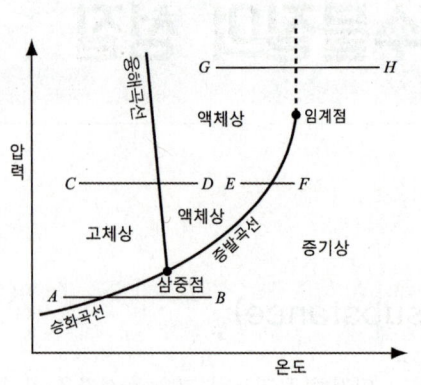

[순수물질의 압력 – 온도 선도]

즉, 임계점 이상에서의 변화 G–H는 액체상과 증기상의 뚜렷한 구분이 없다. 모든 순수물질은 일반적으로 위와 같은 거동을 한다. 그리고 삼중점 온도와 임계온도는 물질마다 다르다.

[물질의 임계점]

구 분	임계온도[℃]	임계압력[MPa]	임계체적[m³/kg]
물	374.14	22.09	0.003 115
이산화탄소	31.05	7.39	0.002 143
산소	−118.35	5.08	0.002 438
수소	−239.85	1.30	0.032 192

[물질의 삼중점]

구 분	온도[℃]	압력[kPa]
수소(정상)	−259	7.194
산소	−219	0.15
질소	−210	12.53
이산화탄소	−56.4	520.8
수은	−39	0.000 000 13
물	0.01	0.6113
아연	419	5.066
은	961	0.01
구리	1083	0.000 079

• 제1편 기계열역학

열역학 제0법칙 및 제1법칙

1 열역학 제0법칙 – 열평형(thermal equilibrium)

열역학 제0법칙은 열적평형 상태를 설명한 법칙이다. 온도가 서로 다른 물체를 접촉시키면 높은 온도를 지닌 물체의 온도는 내려가고(열방출), 낮은 온도의 물체는 온도가 올라가서(열흡수), 결국 두 물체 사이에는 온도차가 없어지며 같은 온도 즉, 열평형 상태가 된다.

"물체 1과 2가 열평형 상태이고, 2와 3이 열평형 상태이면 1과 3도 열평형 상태이다"라는 법칙이 열역학 0법칙(the zeroth law of thermodynamics) 또는 열평형 법칙이라 하며 온도계의 원리를 제시한 법칙이다.

2 열역학 제1법칙

열역학 제1법칙은 에너지 보존법칙이 성립함을 표시한 것이며 열과 일은 본질적으로 같은 에너지의 일종이며 서로 전환이 가능하다. 이들 사이에는 일정한 비례관계가 성립한다.

SI 단위계에서는 일과 열 모두 같은 단위 kJ로 표시되지만 공학(중력)단위계 에서는 일과 열의 단위를 다르게 표시하기 때문에 일정한 환산 계수가 필요하며 다음과 같다.

(1) 공학(중력) 단위계에서 열과 일의 관계

$$Q = A \cdot W \quad q = A \cdot w$$
$$W = \frac{1}{A} Q \quad w = \frac{1}{A} q$$

여기서 Q = 열량[kcal]
q = 단위질량당 열량[kcal/kg]
W = 일량[kgf·m]
w = 단위질량당 일량[kgf·m/kg]
A(일의 열당량) : $\frac{1}{427}$ kcal/kgf·m
J(열의 일당량) : 427 kgf·m/kcal
* 참고 : $J = \frac{1}{A}$

(2) 내부에너지 [U, u]

어떤계에 외부에서 일이나 열이 가해질때 그 계가 외부에 열을 방출하지 않고 일도 외부에 하지 않는다면 그 계에 가해진 에너지는 그계의 내부에 저장된다. 이렇게 내부에 저장된 에너지를 내부에너지라 한다. 내부에너지는 계의 총에너지에서 기계적 에너지(일)를 뺀 것을 말하며 기호는 U[kJ], u[kJ/kg]로 나타낸다.

(3) 엔탈피(enthalpy) [H, h]

엔탈피는 어떤 상태의 유체가 가지는 열에너지이며, 유체가 가지는 내부에너지와 체적을 차지하기 위한 유동일(flow work)의 합이다.

① 엔탈피

$$H = U + PV \quad [kJ]$$

H : 엔탈피[kJ]
h : 비엔탈피[kJ/kg]
PV : 유체가 일정 압력 P로 체적 V를 차지하기 위하여 유체를 밀어내는 데 행한 일

② 비엔탈피

$$h = u + Pv \quad [kJ/kg]$$

(4) 에너지식

① 비유동과정에 대한 일반에너지식(밀폐계, 준평형과정)

정지하고 있는 물체에 외부에서 열 δQ를 공급하면 일부는 내부에너지 dU로 축적되고 나머지는 외부에 δW만큼 일을 한다.

$$\delta Q = dU + \delta W$$
$$\delta q = du + \delta w$$

······ 제1법칙식 또는 일반 에너지식

$\delta W = PAdx = PdV$
따라서

$$\delta Q = dU + PdV$$
$$\delta q = du + Pdv$$

$H = U + PV$
$dH = dU + PdV + VdP$
$\quad = \delta Q + VdP$

$$\delta Q = dH - VdP$$
$$\delta q = dh - vdP$$

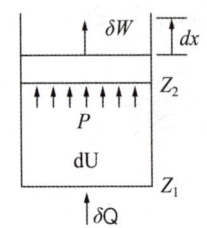

[피스톤의 열과 일의 관계]

② 정상유동에서의 일반에너지식(개방계)

정상유동 : 어떤 관로의 한점의 흐름의 상태가 시간에 관계없이 일정한 유동

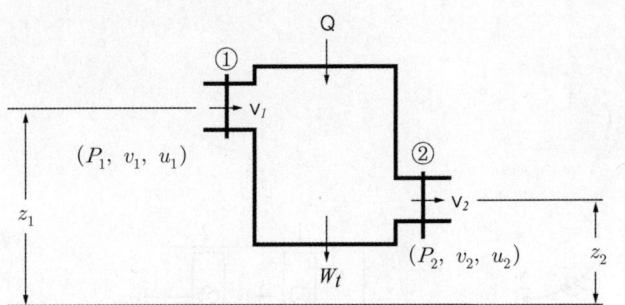

P : 압력
v : 체적(비체적)
v : 속도
u : 내부에너지
z : 위치(높이)
Q : 열량
W_t : 일량

단면 ①에 유입되는 에너지 $E_1 = mu_1 + mP_1v_1 + \dfrac{m\mathrm{v}_1^2}{2} + mgz_1$ ·················①

단면 ②에서 나가는 에너지 $E_2 = mu_2 + mP_2v_2 + \dfrac{m\mathrm{v}_2^2}{2} + mgz_2$ ·················②

단면 ①과 ② 사이에서 외부로부터 열 Q를 받고 외부에 W_t의 일을 했다고 하면 열역학 1법칙에 의해 계에 흘러들어간 총 에너지와 빠져나간 총 에너지는 같으므로

$E_1 + Q = E_2 + W_t$ ·················③

③ 식에 ①, ② 식을 대입 정리하면

$$m\left(u_1 + P_1v_1 + \dfrac{\mathrm{v}_1^2}{2} + gz_1\right) + Q = m\left(u_2 + P_2v_2 + \dfrac{\mathrm{v}_2^2}{2} + gz_2\right) + W_t$$

여기서 $u + Pv = h$ 이므로, 그리고 질량 $m = 1\text{kg}$ 에 대한 식으로 정리하면

$$h_1 + \dfrac{\mathrm{v}_1^2}{2} + gz_1 + q = h_2 + \dfrac{\mathrm{v}_2^2}{2} + gz_2 + \mathrm{w}_t \quad [\text{J/kg}]$$

여기서 h : 엔탈피[J/kg]
　　　v : 속도[m/s]
　　　z : 위치[m]
　　　q : 열량[J/kg]
　　　w_t : 일량[J/kg]
　　　g : 중력가속도[m/s²]

(5) P-V 선도와 일

① 절대일(밀폐계 일)

$$W_a = \int_1^2 PdV \ [kJ]$$

$$w_a = \int_1^2 Pdv \ [kJ/kg]$$

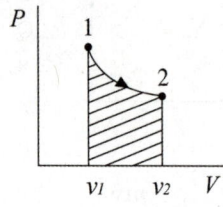
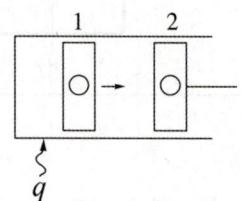

② 공업일(개방계 일)

$$W_t = -\int_1^2 VdP \ [kJ]$$

$$w_t = -\int_1^2 vdP \ [kJ/kg]$$

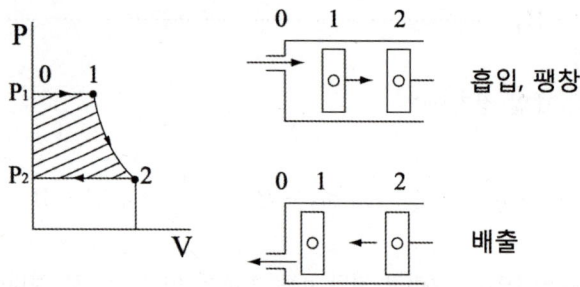

공업일은 작동유체의 출입에 대한 유동일도 고려한 것이며 유체가 연속하여 일을 하는 실용기관의 일이다.

● 제1편 기계열역학

제4장 이상기체(완전가스)

기체를 이상화하여 기체분자는 체적을 갖지 않으며 분자간에 인력도 작용하지 않는다고 가정한 가상적인 기체를 이상기체라 한다.

실제 가스인 공기, 산소, 수소, 질소 등의 가스는 압력이 아주 높거나 온도가 아주 낮지 않은 범위에서는 분자간의 인력도 작고 체적도 전체에 비해 무시할 수 있을 정도로 작기 때문에 이상기체로 취급해도 무방하다.

1 보일(Boyle)의 법칙

온도 T가 일정할 때 압력 P와 체적 V는 반비례한다.

$PV = C$ (일정)

$P_1 V_1 = P_2 V_2$

2 샤를(Charles)의 법칙

압력 P가 일정할 때 체적 V와 온도 T는 비례한다.

$\dfrac{V}{T} = C$ (일정)

$\dfrac{V_1}{T_1} = \dfrac{V_2}{T_2}$

3 이상기체의 상태방정식

$PV = mRT$

$Pv = RT$ (기체 1kg에 대한 식)

> **기체상수(R)**
>
> $R = \dfrac{R_u}{M} = \dfrac{8.3143}{M}$ [kJ/kg·K]
>
> 여기서 R_u : 일반기체상수(universal gas constant)
> $= 8.3143$[kJ/kmol·K]
> M : 기체의 분자량

4 이상기체의 비열(比熱)

(1) 정압비열 C_p : 압력이 일정한 상태($dP = 0$)에서의 비열

$C = \dfrac{\delta q}{dT}$, $\delta q = dh - vdP$에서 $dP = 0$이므로

$C_p = \dfrac{dh}{dT}$ [kJ/kg·K]

(2) 정적비열 C_v : 체적이 일정한 상태($dv = 0$)에서의 비열

$C = \dfrac{\delta q}{dT}$, $\delta q = du + Pdv$에서 $dv = 0$이므로

$C_v = \dfrac{du}{dT}$ [kJ/kg·K]

(3) 비열비 k

$\dfrac{C_p}{C_v} = k$

$C_p = k \cdot C_v$

$C_p - C_v = R$

$C_v = \dfrac{1}{k-1} \cdot R$

$C_p = \dfrac{k}{k-1} \cdot R$

5 이상기체의 상태변화

(1) 정압변화(등압변화)

압력을 일정하게 유지한 상태에서의 변화(즉, P = 일정, $dP = 0$)

① P.V.T의 관계

이상기체의 상태방정식 $Pv = RT$ 로부터

$dP = 0$

$\dfrac{v}{T} = C \quad (\dfrac{v_1}{T_1} = \dfrac{v_2}{T_2})$

② 일량(w)

절대일 $w_a = \int_1^2 Pdv = P(v_2 - v_1) = R(T_2 - T_1)$ [kJ/kg]

공업일 $w_t = -\int_1^2 vdP = 0 \quad (dP = 0$이므로)

③ 내부에너지(u)

$du = C_v dT$

$\Delta u = u_2 - u_1 = C_v(T_2 - T_1)$ [kJ/kg]

④ 엔탈피(h)

$dh = C_p dT$

$\Delta h = h_2 - h_1 = C_p(T_2 - T_1)$ [kJ/kg]

⑤ 가열량(q)

$\delta q = dh - vdP = dh \quad (dP = 0$이므로)

$q = h_2 - h_1 = C_p(T_2 - T_1)$ [kJ/kg]

※ 즉, 가열량은 엔탈피 변화량과 같다.

(2) 정적변화(등적변화)

체적이 일정하게 유지된 상태에서의 변화(즉, $v=$일정, $dv=0$)

① P.V.T의 관계

이상기체의 상태방정식 $Pv=RT$ 로부터

$dv=0$

$$\frac{P}{T} = C \quad (\frac{P_1}{T_1} = \frac{P_2}{T_2})$$

② 일량(w)

절대일 $w_a = \int_1^2 Pdv = 0 \quad (dv=0$이므로$)$

공업일 $w_t = -\int_1^2 vdP = v(P_1-P_2) = R(T_1-T_2)$ [kJ/kg]

③ 내부에너지(u)

$du = C_v dT$

$\Delta u = u_2 - u_1 = C_v(T_2 - T_1)$ [kJ/kg]

④ 엔탈피(h)

$dh = C_p dT$

$\Delta h = h_2 - h_1 = C_p(T_2 - T_1)$ [kJ/kg]

⑤ 가열량(q)

$\delta q = du + Pdv = du \quad (dv=0$ 이므로$)$

$q = u_2 - u_1 = C_v(T_2 - T_1)$ [kJ/kg]

※ 즉, 가열량은 내부에너지 변화량과 같다.

(3) 등온변화

온도가 일정하게 유지된 상태에서의 변화(즉, $T=$ 일정, $dT=0$)

① P.V.T의 관계

이상기체의 상태방정식 $Pv = RT$로부터

$dT = 0$

$Pv = C \quad (P_1 v_1 = P_2 v_2)$

② 일량(w)

절대일

$$w_a = \int_1^2 P dv = \int_1^2 \frac{RT}{v} dv = RT \ln \frac{v_2}{v_1} = P_1 v_1 \ln \frac{v_2}{v_1} = P_1 v_1 \ln \frac{P_1}{P_2} \quad [\text{kJ/kg}]$$

공업일

$$w_t = -\int_1^2 v dP = -RT \ln \frac{P_2}{P_1} = -P_1 v_1 \ln \frac{P_2}{P_1} = -P_1 v_1 \ln \frac{v_1}{v_2} = P_1 v_1 \ln \frac{v_2}{v_1} \quad [\text{kJ/kg}]$$

$w_a = w_t$

③ 내부에너지(u)

$du = C_v dT = 0 \quad (dT=0 \text{이므로}) \ [\text{kJ/kg}]$

④ 엔탈피(h)

$dh = C_p dT = 0 \quad (dT=0 \text{이므로}) \ [\text{kJ/kg}]$

⑤ 가열량(q)

$\delta q = du + P dv = P dv \quad (du = 0 \text{이므로}) [\text{kJ/kg}]$

$q = \int_1^2 P dv = w_a = w_t$

즉, 가열량 q는 모두 일(w)로 변한다.

(4) 단열변화(斷熱變化)

외부와의 열을 주고 받지 않는 상태에서의 변화 ($\delta q = 0$)

① P.V.T의 관계

$$\delta q = du + Pdv = C_v dT + Pdv = 0 \quad \cdots\cdots\cdots ①$$

$Pv = RT$를 미분하면 $Pdv + vdP = RdT$

$dT = \dfrac{Pdv + vdP}{R}$ 이 식을 ①식에 대입하면

$(C_v + R)Pdv + C_v vdP = 0$, $C_v + R = C_p$ 이므로

$C_p Pdv + C_v vdP = 0$ (양변을 $\div C_v Pv$ 하면)

$\dfrac{C_p}{C_v}\dfrac{dv}{v} + \dfrac{dP}{P} = 0$ (적분하면)

$k \ln v + \ln P = \ln C \quad \rightarrow \quad \ln(v^k \cdot P) = \ln C$

$$Pv^k = C \quad (P_1 v_1^k = P_2 v_2^k) \quad \cdots\cdots\cdots ②$$

이상기체의 상태방정식 $Pv = RT$를 ②식에 대입하면

$Tv^{k-1} = C \quad (T_1 v_1^{k-1} = T_2 v_2^{k-1})$

$TP^{\frac{1-k}{k}} = C \quad (T_1 P_1^{\frac{1-k}{k}} = T_2 P_2^{\frac{1-k}{k}})$

$\dfrac{T_2}{T_1} = \left(\dfrac{v_1}{v_2}\right)^{k-1} = \left(\dfrac{P_1}{P_2}\right)^{\frac{1-k}{k}} = \left(\dfrac{P_2}{P_1}\right)^{\frac{k-1}{k}}$

② 일량(w)

절대일 $w_a = \displaystyle\int_1^2 Pdv = \dfrac{1}{k-1}(P_1 v_1 - P_2 v_2) = \dfrac{1}{k-1}R(T_1 - T_2)$ [kJ/kg]

공업일 $w_t = -\displaystyle\int_1^2 vdP = \dfrac{k}{k-1}(P_1 v_1 - P_2 v_2) = \dfrac{k}{k-1}R(T_1 - T_2)$ [kJ/kg]

$w_t = k w_a$ (공업일 = $k \times$ 절대일)

③ 내부에너지(u)

$$du = C_v dT$$

$$\Delta u = u_2 - u_1 = C_v(T_2 - T_1) = \frac{1}{k-1}R(T_2 - T_1) = -w_a \text{ [kJ/kg]}$$

즉, 내부에너지의 변화량은 모두 절대일이 된다.

④ 엔탈피(h)

$$dh = C_p dT$$

$$\Delta h = h_2 - h_1 = C_p(T_2 - T_1) = \frac{k}{k-1}R(T_2 - T_1) = -w_t \text{ [kJ/kg]}$$

즉, 엔탈피의 변화량은 모두 공업일이 된다.

⑤ 가열량(q)

$\delta q = 0$ (단열변화는 열의 주고 받음이 없다)

(5) 폴리트로프 변화(polytropic)

실제가스의 변화 과정을 나타낸다(등온과 단열변화 사이의 변화이다).

① P.V.T의 관계 : 단열변화의 k 대신 폴리트로프 지수 n을 대입하면 된다.

$$Pv^n = C \quad (P_1 v_1^n = P_2 v_2^n)$$

$$Tv^{n-1} = C \quad (T_1 v_1^{n-1} = T_2 v_2^{n-1})$$

$$TP^{\frac{1-n}{n}} = C \quad \left(T_1 P_1^{\frac{1-n}{n}} = T_2 P_2^{\frac{1-n}{n}}\right)$$

$$\frac{T_2}{T_1} = \left(\frac{v_1}{v_2}\right)^{n-1} = \left(\frac{P_1}{P_2}\right)^{\frac{1-n}{n}} = \left(\frac{P_2}{P_1}\right)^{\frac{n-1}{n}}$$

② 일량(w)

절대일 $w_a = \int_1^2 Pdv = \frac{1}{n-1}(P_1 v_1 - P_2 v_2) = \frac{1}{n-1}R(T_1 - T_2)$ [kJ/kg]

공업일 $w_t = -\int_1^2 vdP = \frac{n}{n-1}(P_1 v_1 - P_2 v_2) = \frac{n}{n-1}R(T_1 - T_2)$ [kJ/kg]

$w_t = n w_a$ (공업일 = $n \times$ 절대일)

③ 내부에너지(u)

$du = C_v dT$ $\Delta u = u_2 - u_1 = C_v(T_2 - T_1)$ [kJ/kg]

④ 엔탈피(h)

$dh = C_p dT$

$\Delta h = h_2 - h_1 = C_p(T_2 - T_1)$ [kJ/kg]

⑤ 가열량(q)

$\delta q = du + Pdv$

$q = C_v(T_2 - T_1) + \dfrac{1}{n-1}R(T_1 - T_2) = \left(C_v - \dfrac{R}{n-1}\right)(T_2 - T_1)$

$= \left(C_v - \dfrac{C_p - C_v}{n-1}\right)(T_2 - T_1) = \left(\dfrac{(n-1)C_v - C_p + C_v}{n-1}\right)(T_2 - T_1)$

$= \left(\dfrac{nC_v - C_p}{n-1}\right)(T_2 - T_1) = \left(\dfrac{nC_v - kC_v}{n-1}\right)(T_2 - T_1)$

$= C_v\left(\dfrac{n-k}{n-1}\right)(T_2 - T_1)$

여기서 $C_v\left(\dfrac{n-k}{n-1}\right) = C_n$ 이라 놓으면

$q = C_n(T_2 - T_1)$ 이 된다.

폴리트로프 비열 $C_n = C_v \dfrac{n-k}{n-1}$ 폴리트로프 지수 $n = \dfrac{C_n - C_p}{C_n - C_v}$

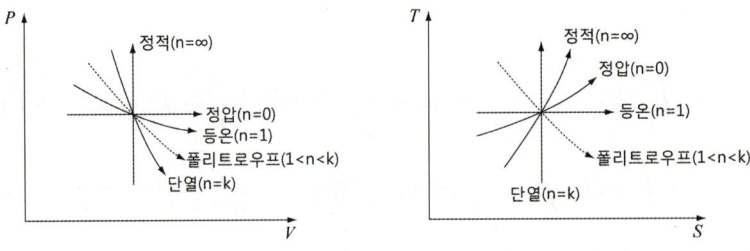

[n에 따른 변화곡선]

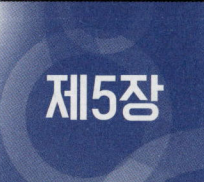

● 제1편 기계열역학

제5장 열역학 제2법칙 및 제3법칙

열역학 제1법칙은 열과 일의 **수량적 관계**를 표시한 것이고 제2법칙은 열과 일의 변환에 대한 **방향성**을 제시한 법칙이다. 즉, 일은 열로 쉽게 변환되지만 열은 일로 쉽게 변환되지 않으므로 열기관이 필요하다.

> **열역학 제2법칙의 다른 표현**
> - **Kelvin-Plank의 표현** : 자연계에 아무런 변화도 남기지 않고 어느 열원의 열을 계속해서 일로 바꿀 수 없다. 즉, 고온물체의 열을 계속해서 일로 바꾸려면 저온물체로 열을 버려야만 한다[효율이 100%인 열기관 (제2종 영구기관)은 제작이 불가능하다].
> - **Clausius의 표현** : 외부로부터 도움이 없으면 열은 스스로 저온물체에서 고온물체로 이동할 수 없다[성적계수(ε)가 무한정한 냉동기의 제작은 불가능하다].

1 열효율(Efficiency)

$$\eta = \frac{\text{행한 일}}{\text{공급열량}} = \frac{W}{Q_H} = \frac{Q_H - Q_L}{Q_H} = 1 - \frac{Q_L}{Q_H}$$

2 성적계수(Coefficient of performance)

(1) 냉동기

$$COP_R = \frac{\text{저열원에서 얻은 열량}}{\text{주어진 일}} = \frac{Q_L}{W} = \frac{Q_L}{Q_H - Q_L}$$

(2) 히트펌프

$$COP_H = \frac{\text{고열원에 주는 열량}}{\text{주어진 일}} = \frac{Q_H}{W} = \frac{Q_H}{Q_H - Q_L}$$

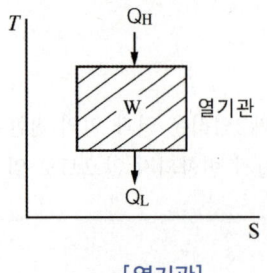

[열기관]　　　　　[냉동기, 히트펌프]

3 카르노 사이클(Carnot cycle)

- 가역 사이클로서 이상사이클이며 효율이 가장 좋은 사이클이다.
- 2개의 등온과정과 2개의 단열과정으로 이루어진다.

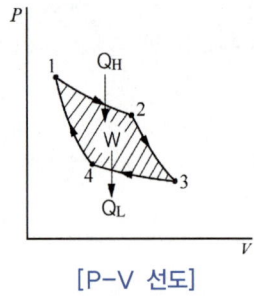 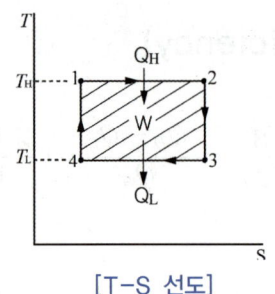

[P-V 선도]　　　　　[T-S 선도]

(1) 과정

　　1→2 : 등온팽창　　　2→3 : 단열팽창
　　3→4 : 등온압축　　　4→1 : 단열압축

(2) 카르노 사이클 효율

$$\eta_c = \frac{W}{Q_H} = \frac{Q_H - Q_L}{Q_H} = 1 - \frac{Q_L}{Q_H} = 1 - \frac{T_L}{T_H}$$

참고 $Q_H = T_H(S_2 - S_1)$
$Q_L = T_L(S_3 - S_4) = T_L(S_2 - S_1)$
$\dfrac{Q_L}{Q_H} = \dfrac{T_L(S_2 - S_1)}{T_H(S_2 - S_1)} = \dfrac{T_L}{T_H}$

4 클라우시우스의 폐적분(Clausius integral)

$$\oint \dfrac{\delta Q}{T} \leqq 0$$

가역과정(사이클) $\oint \dfrac{\delta Q}{T} = 0$ → $\dfrac{Q_H}{T_H} - \dfrac{Q_L}{T_L} = 0$

비가역과정(사이클) $\oint \dfrac{\delta Q}{T} < 0$ → $\dfrac{Q_H}{T_H} - \dfrac{Q_L}{T_L} < 0$

- 모든 가역 사이클에 대한 폐적분의 값은 항상 0이 된다.
- 비가역 사이클의 경우에는 마찰등에 의한 열손실로 방열량이 가역사이클의 방열량보다 크므로 폐적분 값은 항상 0보다 작다.
- 즉 어떤 사이클의 폐적분 값이 가역이면 0이고 비가역이면 0보다 작다.
  따라서, 이 식은 어떤 사이클이 가역인지 비가역인지의 판별식으로 활용된다.

참고 δQ의 부호 : 열을 받으면 (+), 열을 방출하면 (−)

5 엔트로피(entropy)

엔트로피는 에너지도 아니고 온도와 같이 감각으로도 알 수 없으며, 측정할 수도 없는 물리학상의 가상적인 상태량이다. 어느 물체에 열을 가하면 엔트로피는 증가하고 냉각시키면 감소하는 상상적인 양이다. 엔트로피의 정의식은 가열량 δQ를 가열할 때의 온도 T로 나눈 값이다.

(1) 엔트로피 정의식

$$dS = \frac{\delta Q}{T} \quad [\text{kJ/K}]$$

$$ds = \frac{\delta q}{T} \quad [\text{kJ/kg·K}]$$

$$\Delta s = s_2 - s_1 = \int_1^2 ds = \int_1^2 \frac{\delta q}{T} \quad [\text{kJ/kg·K}]$$

(2) 이상기체(완전가스)의 엔트로피식

〈일반식〉

$$\Delta s = s_2 - s_1 = C_v \ln \frac{T_2}{T_1} + R \ln \frac{v_2}{v_1}$$

$$= C_p \ln \frac{T_2}{T_1} - R \ln \frac{P_2}{P_1}$$

$$= C_v \ln \frac{P_2}{P_1} + C_p \ln \frac{v_2}{v_1} \quad [\text{kJ/kg·K}]$$

〈일반식 유도과정〉

① $\delta q = du + Pdv = C_v dT + Pdv$

$$ds = \frac{\delta q}{T} = C_v \frac{dT}{T} + \frac{Pdv}{T}$$

여기서 $Pv = RT \rightarrow \dfrac{P}{T} = \dfrac{R}{v}$ 이므로

$$ds = C_v \frac{dT}{T} + R \frac{dv}{v}$$

$$\therefore \Delta s = s_2 - s_1 = C_v \ln \frac{T_2}{T_1} + R \ln \frac{v_2}{v_1} \quad [\text{kJ/kg·K}]$$

② $\delta q = dh - vdP = C_p dT - vdP$

$$ds = \frac{\delta q}{T} = C_P \frac{dT}{T} - \frac{vdP}{T}$$

여기서 $Pv = RT \rightarrow \dfrac{v}{T} = \dfrac{R}{P}$ 이므로

$$ds = C_p \dfrac{dT}{T} - R\dfrac{dP}{P}$$

$$\therefore \Delta s = s_2 - s_1 = C_p \ln \dfrac{T_2}{T_1} - R \ln \dfrac{P_2}{P_1} \quad [\text{kJ/kg} \cdot \text{K}]$$

③ $ds = C_v \dfrac{dT}{T} + \dfrac{Pdv}{T}$

여기서 $Pv = RT \rightarrow T = \dfrac{Pv}{R}, \quad dT = \dfrac{Pdv + vdP}{R}$

위 ds 식에 T와 dT를 대입하여 정리하면

$$ds = C_v \dfrac{dP}{P} + C_p \dfrac{dv}{v}$$

$$\therefore \Delta s = s_2 - s_1 = C_v \ln \dfrac{P_2}{P_1} + C_p \ln \dfrac{v_2}{v_1} \quad [\text{kJ/kg} \cdot \text{K}]$$

(3) 각 과정에서의 엔트로피

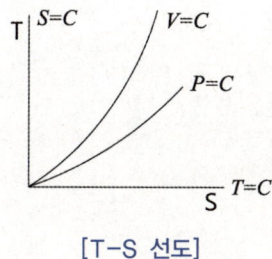

[T-S 선도]

① 정적변화과정($dv = 0$)

$$ds = C_v \dfrac{dT}{T} + \dfrac{Pdv}{T} \quad (v_1 = v_2, \ dv = 0)$$

$$= C_v \dfrac{dT}{T}$$

$$\Delta s = s_2 - s_1 = C_v \ln \dfrac{T_2}{T_1} = C_v \ln \dfrac{P_2}{P_1} \quad [\text{kJ/kg} \cdot \text{K}]$$

② 정압변화과정($dP = 0$)

$$ds = C_p \frac{dT}{T} - \frac{vdP}{T} \qquad (P_1 = P_2, \ dP = 0)$$

$$= C_p \frac{dT}{T}$$

$$\Delta s = s_2 - s_1 = C_p \ln \frac{T_2}{T_1} = C_p \ln \frac{v_2}{v_1} \quad [\text{kJ/kg} \cdot \text{K}]$$

③ 등온변화과정($dT = 0$)

일반식

$$\Delta s = s_2 - s_1 = C_v \ln \frac{T_2}{T_1} + R \ln \frac{v_2}{v_1} = C_p \ln \frac{T_2}{T_1} - R \ln \frac{P_2}{P_1} \quad \text{에서}$$

($T_1 = T_2, \ dT = 0$)

$$\Delta s = s_2 - s_1 = R \ln \frac{v_2}{v_1} = -R \ln \frac{P_2}{P_1} = R \ln \frac{P_1}{P_2} \quad [\text{kJ/kg} \cdot \text{K}]$$

④ 단열변화과정($\delta q = 0$)

$$ds = \frac{\delta q}{T}, \ \delta q = 0 \ \text{이므로}$$

$$\Delta s = s_2 - s_1 = 0$$

⑤ 폴리트로프 변화과정

$$ds = \frac{\delta q}{T}, \quad \delta q = C_n dT = C_v \frac{n-k}{n-1} dT$$

$$ds = C_n \frac{dT}{T} = C_v \frac{n-k}{n-1} \frac{dT}{T}$$

$$\Delta s = s_2 - s_1 = C_n \ln \frac{T_2}{T_1} = C_v \frac{n-k}{n-1} \ln \frac{T_2}{T_1} \quad [\text{kJ/kg} \cdot \text{K}]$$

6 열역학 제3법칙

- 네른스트(Nernset)는 어떤 방법으로도 물체의 온도를 절대영도(0K)까지 내릴 수 없다고 표현했다. 이것을 네른스트의 열정리라고 하며 열역학 제3법칙이다.
- 플랭크는 모든 완전한 결정체(구성요소가 완전히 규칙적인 배열을 한 결정체)의 온도가 절대영도(0K)에 접근함에 따라 엔트로피도 영(zero)에 접근한다고 표현했다.

  즉, 완전한 결정체의 엔트로피는 절대영도(0K)에서 0 (zero)이다.

또한 이 법칙에 의하면 열용량(정압비열)은 절대영도에서 0 (zero)이 되어야 한다.

어떤 물질의 임의의 온도 $T\,[\mathrm{K}]$에서의 엔트로피의 절대치 S_T는 0 [K]를 기준으로 하여 다음 식으로 구할 수 있다.

$$S_T = \int_0^T \frac{\delta Q}{T} = m \int_0^T \frac{C_p dT}{T}$$

● 제1편 기계열역학

제6장 증 기

1 증발과정

기체는 실용상으로 가스와 증기로 구별하지만 본질적으로 구분하는 것이 아니고 편의상 공업적으로 구분한다.

가스는 열에너지를 수수(授受)하여도 쉽게 액화되거나 증발하지 않는 상태의 기체를 말하고, 열에너지를 수수하면 쉽게 액화나 증발이 되는 기체를 증기라고 한다.

물이 증발한 기체상태를 수증기라 하며 앞으로는 특별히 구분치 않고 증기라 하면 수증기를 가리키는 것으로 한다.

일반적으로 가스는 완전가스(이상기체)로 취급하여도 무방하지만 증기는 완전가스와 같이 간단한 상태식 ($Pv = RT$)으로 나타낼 수 없으며 실험에 기초한 근사식이나 증기표를 이용하는 것이 통례이다.

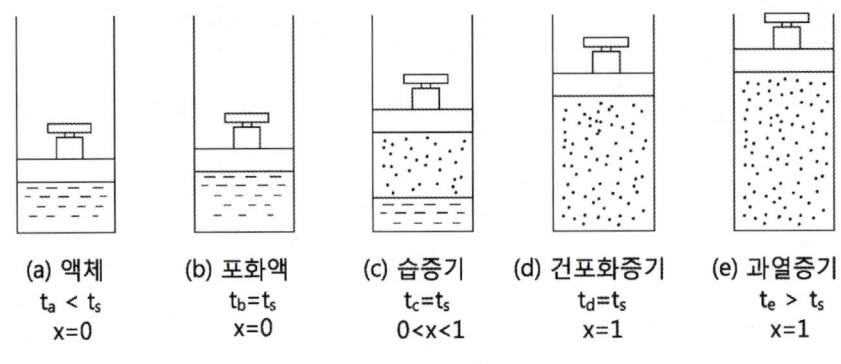

(a) 액체 (b) 포화액 (c) 습증기 (d) 건포화증기 (e) 과열증기
$t_a < t_s$ $t_b = t_s$ $t_c = t_s$ $t_d = t_s$ $t_e > t_s$
$x = 0$ $x = 0$ $0 < x < 1$ $x = 1$ $x = 1$

t_s = 포화온도 x = 건도

[증발 과정]

(1) 액체열

증발과정 그림에서 물을 처음 넣은 상태(a)에 외부로부터 열을 가하면 물의 온도가 상승되며 체적도 약간 증가하여 피스톤과 추를 위로 약간 밀어 올리므로 일을 한다. 그러나 물의 체적증가에 따른 일량은 매우 작으므로 가열량이 모두 물의 온도상승을 위한 내부에너지로 저장된다고 생각하여도 무방하다. 이때의 열, 즉 포화상태까지 가열하는 데 소요되는 열량을 액체열(liquid heat) 또는 현열(감열, sensible heat)이라고 한다.

(2) 포화액(포화수)

액체에 열을 가하면 온도가 상승하며 일정한 압력 하에서 어느 온도에 도달하면 액체의 온도 상승은 정지되고 증발이 시작된다. 이때 증발온도는 액체의 성질과 액체에 가해지는 압력에 따라 정해지며, 이 온도를 포화온도(saturated temperature)라 하고, 이때의 액체를 포화액(포화수)이라 한다.

(3) 포화증기

계속하여 열을 가열하면 가한 열은 액체의 증발에 소요되며, 증기의 양이 증가된다. 액체가 모두 증기로 증발할 때까지는 액체의 온도와 증기의 온도는 같은 온도로 일정하며 포화온도상태이다. 이때의 증기를 포화증기(saturated vapor)라 한다.

① 습포화증기

실린더 속에 액체와 증기가 공존하는 상태는 정확히 말하여 포화액과 포화상태의 증기가 공존하고 있는 것이다. 이와 같이 포화액과 포화증기의 혼합체를 습포화증기 또는 습증기(wet vapor)라 한다.

② 건도와 습도

지금 1kg의 습증기 속에 x kg이 증기라 하면 $(1-x)$kg은 액체이다. 이때 x를 건도(dryness) 또는 질(quality)이라 하고, $(1-x)$를 습도(wetness)라 한다. 예를 들어 1kg의 습증기 중에 0.9kg이 증기라고 하면 건도는 0.9 또는 90%, 습도는 0.1 또는 10%이다.

(4) 건포화증기

그림(d)와 같이 모든 액체가 증발이 끝나 액체 전부가 증기가 되는 순간이 존재하며 이 상태는 건도 100%인, 즉 $x=1$인 포화증기이므로 이를 건포화증기 또는 건증기라 한다. 포화수가 건포화증기로 되는 데 소요된 열량을 증발잠열 또는 증발열이라 한다.

(5) 과열증기

건포화증기에 열을 가하면 증기의 온도는 계속 상승하여 포화온도 이상의 온도가 되는데 이 때의 증기를 과열증기라 한다. 압력과 온도 여하에 따라 과열증기의 상태는 다르며 과열증기의 온도와 포화온도와의 차를 과열도라 한다(과열증기의 과열도가 증가함에 따라 증기는 완전가스의 성질에 가까워진다).

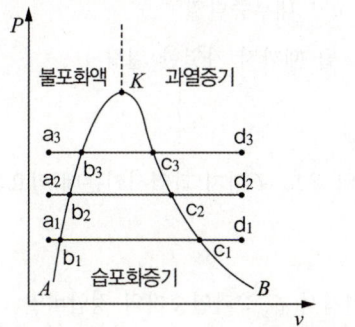 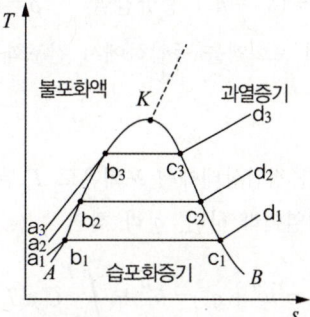

A~K~B : 포화한계선   A~K : 포화액선
K~B : 건포화증기선   K : 임계점(critical point)

[증기의 등압선 (P = C)]

2 증기의 열적 상태량

(1) 포화액

① 포화액 엔탈피 $h' \fallingdotseq u' \fallingdotseq q_L = \int_{273}^{T_S} C \cdot dT = C(T_S - 273)$

② 포화액 엔트로피 $s' = \int_{273}^{T_S} \frac{\delta q}{T} = \int_{273}^{T_S} C \frac{dT}{T} = C \ln \frac{T_S}{273}$

여기서 q_L : 주어진 압력하에서 0℃(273 K)물 1kg을 그 압력에 상당하는 포화온도 t_s℃(T_s K)까지 가열하는데 필요한 열량이며 액체열이라 한다.

(2) 습포화증기

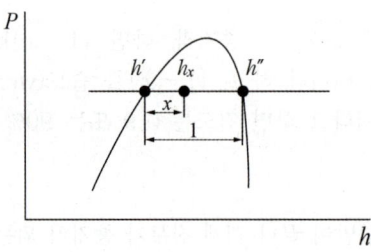

① 엔 탈 피 $h_x = (1-x)h' + xh'' = h' + x(h'' - h') = h' + x\gamma$

② 엔트로피 $s_x = (1-x)s' + xs'' = s' + x(s'' - s') = s' + x\dfrac{\gamma}{T_s}$

③ 내부에너지 $u_x = (1-x)u' + xu'' = u' + x(u'' - u') = u' + x\rho$

④ 비 체 적 $v_x = (1-x)v' + xv'' = v' + x(v'' - v') \fallingdotseq xv''$

여기서 $\gamma = (h'' - h')$ 증발잠열 $\rho = (u'' - u')$ 내부증발열

γ : 1kg의 포화액을 등압하에서 건포화증기가 될 때까지 가열한 열량

(3) 과열증기

건포화 증기를 정압상태에서 포화온도 T_s부터 임의 온도 T까지 과열시키는데 필요한 열량을 과열의 열 또는 과열열이라 하며, q_s라 하면

① 엔탈피 $h = h'' + q_s = h'' + \int_{T_s}^{T} C_p dT$ 여기서 C_p : 과열증기의 정압비열

② 엔트로피 $s = s'' + \int_{T_s}^{T} \frac{\delta q}{T} = s'' + \int_{T_s}^{T} C_p \frac{dT}{T}$

3 증기의 상태변화

(1) 정적변화($dv = 0$)

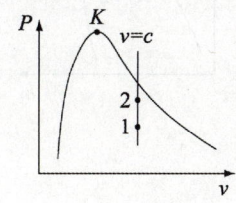 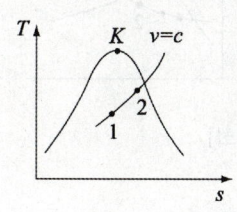 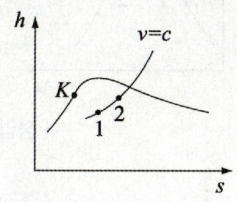 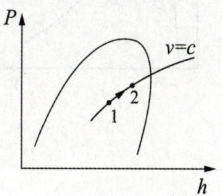

[정적 변화]

① 가열량(q)

$$\delta q = du + Pdv \quad (dv = 0 이므로)$$
$$= du$$

(또, $\delta q = dh - vdP$ 이므로)

$$\delta q = du = dh - vdP$$
$$q = u_2 - u_1 = (h_2 - h_1) - v(P_2 - P_1)$$

② 일량(w)

절대일 $w_a = \int_1^2 Pdv = 0 \quad (dv = 0 이므로)$

공업일 $w_t = -\int_1^2 vdP = -v(P_2 - P_1) = v(P_1 - P_2)$

③ 건도(x_2)

처음 상태 $v_1 = v_1' + x_1(v_1'' - v_1')$
끝의 상태 $v_2 = v_2' + x_2(v_2'' - v_2')$
정적변화 $v_1 = v_2$ 이므로

$$x_2 = x_1 \frac{v_1'' - v_1'}{v_2'' - v_2'} + \frac{v_1' - v_2'}{v_2'' - v_2'}$$

포화액의 비체적은 큰 변화가 없으므로 $v_1' = v_2'$로 보면

$$x_2 = x_1 \frac{v_1'' - v_1'}{v_2'' - v_2'}$$

(2) 정압변화($dP = 0$)

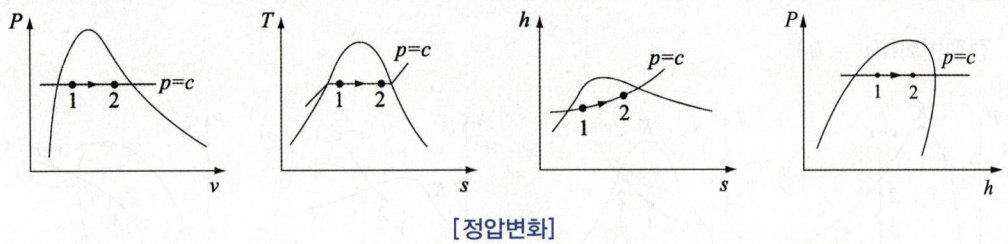

[정압변화]

① 가열량(q)

$\delta q = du + Pdv$ 에서,

$q = (u_2 - u_1) + P(v_2 - v_1)$

$\quad = (u_2 + Pv_2) - (u_1 + Pv_1)$

$\quad = h_2 - h_1$

$\quad = [h_2' + x_2(h_2'' - h_2')] - [h_1' + x_1(h_1'' - h_1')]$

여기서 $h_1' = h_2'$, $h_1'' = h_2''$이고 $(h'' - h') = \gamma$ 이므로

$\quad = (x_2 - x_1)\gamma$

$\therefore q = (u_2 - u_1) + P(v_2 - v_1) = h_2 - h_1 = (x_2 - x_1)\gamma$

② 일량(w)

절대일 $w_a = \int_1^2 Pdv = P(v_2 - v_1)$

공업일 $w_t = -\int_1^2 vdP = 0 \quad (dP = 0$ 이므로$)$

(3) 등온변화($dT = 0$)

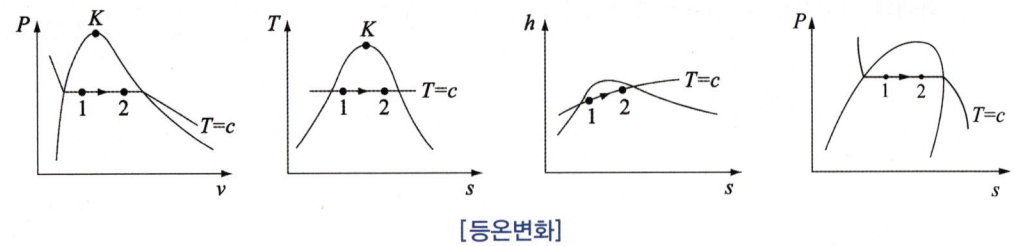

[등온변화]

① 가열량(q)

$$\delta q = du + Pdv$$

엔트로피 $ds = \dfrac{\delta q}{T}$ 이므로 $\delta q = Tds$

$$\delta q = du + Pdv = Tds$$

$$\therefore\ q = (u_2 - u_1) + \int_1^2 Pdv = T(s_2 - s_1)$$

※ 습포화 증기 구간에서는 $dP = 0$이므로 가열량 q는 정압변화 때와 같다.

② 일량(w)

절대일 $w_a = \int_1^2 Pdv = q - (u_2 - u_1)$

공업일 $w_t = -\int_1^2 vdP = q - (h_2 - h_1) = w_a + P_1 v_1 - P_2 v_2$

※ 습포화 증기 구간에서는 $dP = 0$이므로 $w_t = 0$이 된다.

(4) 단열변화($\delta q = 0,\ ds = 0$)

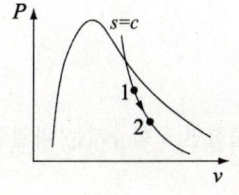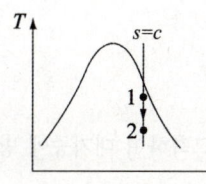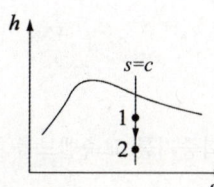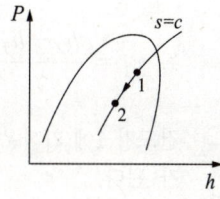

[단열변화]

① 가열량(q)

$q = 0$

② 일량(w)

절대일 $w_a = \int_1^2 Pdv \quad (\delta q = du + Pdv$에서 $\delta q = 0$이므로)

$\qquad = -\int_1^2 du = u_1 - u_2$

공업일 $w_t = -\int_1^2 vdP \quad (\delta q = dh - vdP$에서 $\delta q = 0$이므로)

$\qquad = -\int_1^2 dh = h_1 - h_2$

(5) 등엔탈피 변화(교축과정 $dh = 0$)

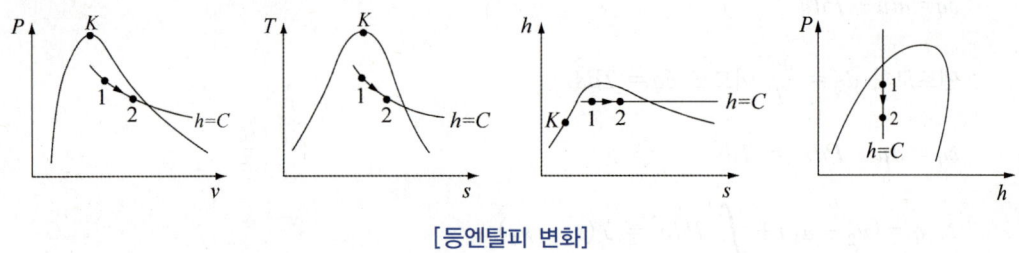

[등엔탈피 변화]

증기가 오리피스 등의 작은 단면을 통과할 때 외부에 대하여 일을 하지 않고 압력 강하만 일어나는 과정을 말하며 이때 엔탈피는 일정하다.

① 습포화 증기의 교축($h_1 = h_2$)

$$h_1 = h_1' + x_1\gamma_1 = h_2' + x_2\gamma_2$$

$$\therefore x_2 = \frac{h_1' - h_2'}{\gamma_2} + x_1\frac{\gamma_1}{\gamma_2}$$

② 포화증기의 건도가 1에 가까울 경우의 교축

$$h_2 = h_1 = h_1' + x_1\gamma_1$$

$$\therefore x_1 = \frac{h_2 - h_1'}{\gamma_1}$$

건도가 1에 가까운 포화증기를 교축밸브를 통해 교축하여 대기중에 방출하면 포화증기는 과열증기가 된다.
이 과열상태의 압력 및 온도를 측정하여 증기표에서 h_2를 알 수 있게 된다.

또 처음의 증기압력을 측정하여 이것으로 증기표에서 h_1'와 γ_1을 알 수 있으므로 $x_1 = \dfrac{h_2 - h_1'}{\gamma_1}$
식으로부터 쉽게 x_1을 구할 수 있다.

> **이상기체와 실제기체의 교축(줄, 톰슨효과)**
> 이상기체 : 엔탈피일정, 온도일정, 압력강하
> 실제기체 : 엔탈피일정, 온도강하, 압력강하

제7장 증기동력 사이클

1 랭킨 사이클(Rankine cycle)

　랭킨 사이클은 2개의 단열, 2개의 정압과정으로 이루어는 증기동력 이상 사이클이며, 급수 펌프로 가압된 고압의 물을 보일러로 공급, 보일러와 과열기에서 가열되면 과열 증기가 되어 노즐을 통해 터빈에서 분출되면서 일을 발생하게 된다. 일을 한 습증기는 복수기(condenser)에서 냉각응축되어 펌프에 의해 다시 보일러로 보내진다.

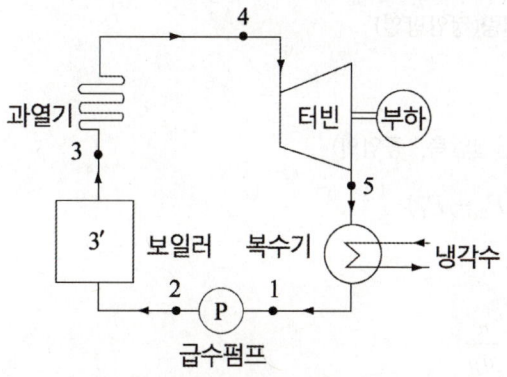

[랭킨 사이클의 계통도]

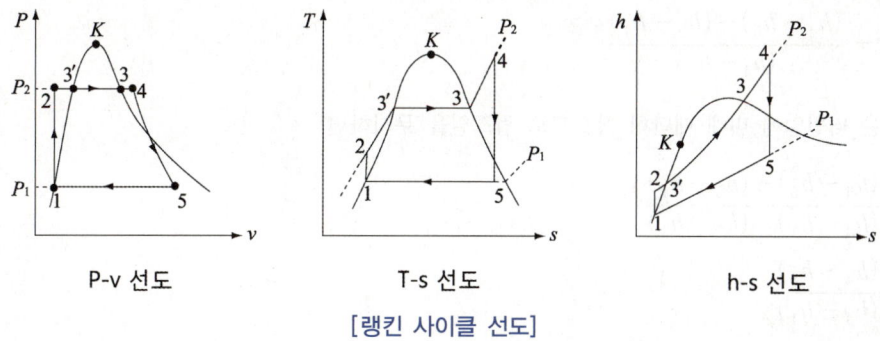

P-v 선도　　　T-s 선도　　　h-s 선도

[랭킨 사이클 선도]

(과정)
1 → 2 : 급수 펌프에서 단열압축 과정(정적압축 과정)
2 → 3 : 보일러에서 정압가열 과정(포화수 → 건포화증기)
3 → 4 : 과열기에서 정압가열 과정(건포화증기 → 과열증기)
4 → 5 : 터빈에서 단열팽창 과정(과열증기 → 습증기)
5 → 1 : 복수기에서 정압방열 과정(습증기 → 포화수)

① 보일러 및 과열기에서 가열된 열량(정압가열)

$$q_H = (h_3 - h_2) + (h_4 - h_3)$$
$$= h_4 - h_2$$

② 터빈에서 행한 일량(단열팽창, 공업일)

$$w_T = h_4 - h_5$$

③ 복수기에서 방출한 열량(정압방열)

$$q_L = h_5 - h_1$$

④ 급수펌프가 한 일량(단열압축, 공업일)

$$w_p = h_2 - h_1 = v_1(P_2 - P_1)$$

⑤ 사이클 열효율

$$\eta_R = \frac{유효일량}{공급열량} = \frac{w}{q_H}$$
$$= \frac{w_T - w_P}{q_H}$$
$$= \frac{(h_4 - h_5) - (h_2 - h_1)}{(h_4 - h_2)}$$

펌프일은 터빈일에 비해 대단히 작으므로 펌프일을 무시하면

$$\eta_R = \frac{(h_4 - h_5) - (h_2 - h_1)}{(h_4 - h_1) - (h_2 - h_1)}$$
$$= \frac{(h_4 - h_5)}{(h_4 - h_1)}$$

2 재열 사이클(Reheat cycle)

랭킨 사이클에 재열기를 설치하여 습증기에 의한 터빈부식 및 효율의 저하를 방지한 사이클

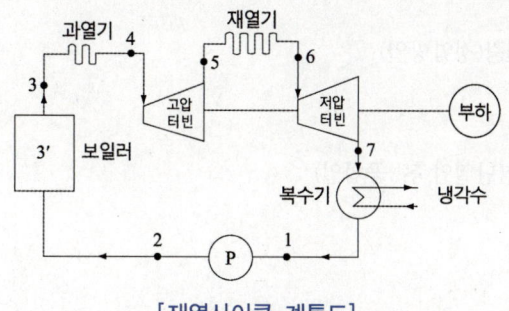

[재열사이클 계통도]

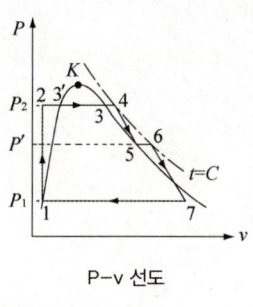
P-v 선도

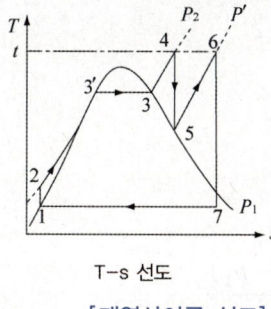
T-s 선도

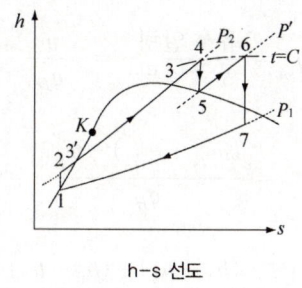
h-s 선도

[재열사이클 선도]

(과정)
1→2 : 급수 펌프에서 단열압축 과정(포화수 → 압축수)
2→3 : 보일러에서 정압가열 과정(압축수 → 건포화증기)
3→4 : 과열기에서 정압가열 과정(건포화증기 → 과열증기)
4→5 : 고압 터빈에서 단열팽창 과정(과열증기 → 건포화증기)
5→6 : 재열기에서 정압가열 과정(건포화증기 → 과열증기)
6→7 : 저압 터빈에서 단열팽창 과정(과열증기 → 습증기)
7→1 : 복수기에서 정압방열 과정(습증기 → 포화수)

① 보일러 및 과열기, 재열기에서 가열된 열량(정압가열)

$$q_H = (h_3 - h_2) + (h_4 - h_3) + (h_6 - h_5)$$
$$= (h_4 - h_2) + (h_6 - h_5)$$

② 터빈에서 행한 일량(단열팽창, 공업일)

- 고압터빈 $w_{T_1} = (h_4 - h_5)$
- 저압터빈 $w_{T_2} = (h_6 - h_7)$

③ 복수기에서 방출한 열량(정압방열)

$q_L = (h_7 - h_1)$

④ 급수펌프가 행한 일량(단열압축, 공업일)

$$w_p = (h_2 - h_1)$$
$$= v_1(P_2 - P_1)$$

⑤ 사이클 효율

$$\eta_{RH} = \frac{유효일량}{공급열량} = \frac{w}{q_H}$$

$$= \frac{(w_{T_1} + w_{T_2}) - w_p}{q_H}$$

$$= \frac{(h_4 - h_5) + (h_6 - h_7) - (h_2 - h_1)}{(h_4 - h_2) + (h_6 - h_5)}$$

급수펌프일이 터빈일에 비하여 대단히 작으므로 무시하면

$$\eta_{RH} = \frac{(h_4 - h_5) + (h_6 - h_7) - (h_2 - h_1)}{(h_4 - h_1) + (h_6 - h_5) - (h_2 - h_1)}$$

$$= \frac{(h_4 - h_5) + (h_6 - h_7)}{(h_4 - h_1) + (h_6 - h_5)}$$

3 재생 사이클(Regenerative cycle)

복수기에서 버려지는 열을 줄이고 터빈에서 팽창도중 일부의 증기를 뽑아서 급수를 예열시킴으로써 보일러 효율을 향상시킨 사이클

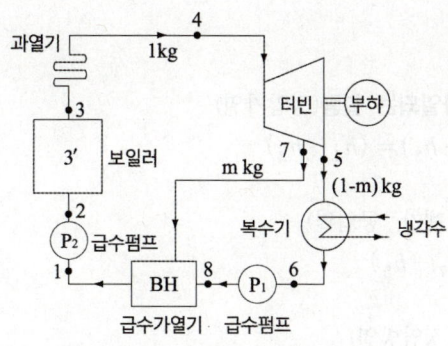

[개방형 1단 재생사이클의 계통도]

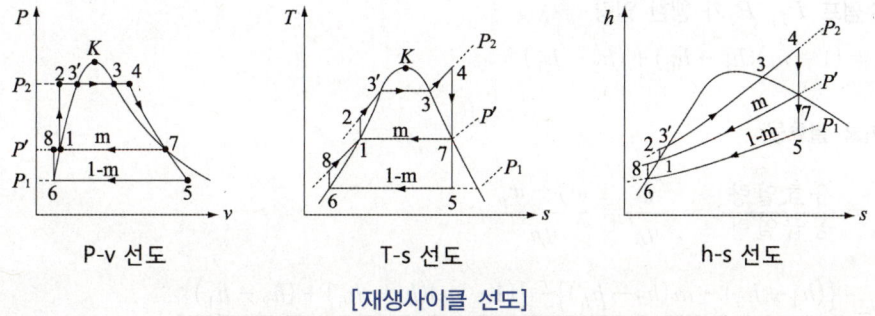

[재생사이클 선도]

(과정)

1→2 : 제2급수 펌프에서 단열압축 과정(포화수 → 압축수)

2→3 : 보일러에서 정압가열 과정(압축수 → 건포화증기)

3→4 : 과열기에서 정압가열 과정(건포화증기 → 과열증기)

4→7→5 : 터빈에서 단열팽창 과정(과열증기 → 습증기)

　　　　(팽창도중 mkg이 7점에서 추기되고 나머지(1-m)kg은 계속 5점까지 팽창한다)

5→6 : 복수기에서 증기 (1-m) kg이 정압하에서 방열 과정(습증기 → 포화수)

6→8 : 제1급수 펌프에서 단열압축 과정(포화수 → 압축수)

8→1 : 급수가열기에서 정압하에 (1 - m) + m이 되며 가열되는 과정(압축수 → 포화수)

7→1 : 급수가열기에서 추기량 m의 정압방열 과정(건포화증기 → 포화수)

① 추기량(m)

급수가열기에서 열평형식을 세우면

$m(h_7 - h_1) = (1-m)(h_1 - h_8)$ 에서

추기량 $m = \dfrac{h_1 - h_8}{h_7 - h_8}$

② 보일러 및 과열기에서 가열되는 열량(정압가열)

$q_H = (h_3 - h_2) + (h_4 - h_3) = (h_4 - h_2)$

③ 터빈에서 행한 일량(단열팽창, 공업일)

$w_T = (h_4 - h_5) - m(h_7 - h_5)$

④ 복수기에서 방출한 열량(정압방열)

$q_L = (1-m)(h_5 - h_6)$

⑤ 급수펌프 P_1, P_2가 행한 일량

$w_p = (1-m)(h_8 - h_6) + (h_2 - h_1)$

⑥ 사이클 열효율

$\eta_{RG} = \dfrac{\text{유효일량}}{\text{공급열량}} = \dfrac{w}{q_H} = \dfrac{w_T - w_p}{q_H}$

$= \dfrac{\{(h_4 - h_5) - m(h_7 - h_5)\} - \{(1-m)(h_8 - h_6) + (h_2 - h_1)\}}{(h_4 - h_2)}$

급수 펌프일을 무시하고 공급열량(q_H)을 $h_4 - h_1$으로 대입하면

$\eta_{RG} = \dfrac{(h_4 - h_5) - m(h_7 - h_5)}{(h_4 - h_1)}$

추기량 $m = \dfrac{h_1 - h_6}{h_7 - h_6}$

4 재열·재생사이클

재열사이클과 재생사이클을 조합한 사이클을 재열·재상사이클이라 한다. 재열사이클은 재열하여 증기온도를 높여 열효율을 좋게 할 뿐만 아니라 팽창 후의 건도를 올려 터빈날개의 부식을 방지하고 효율을 높이려는 것이며, 재생사이클은 배기가 지닌 열량을 될 수 있는 한 응축기에 버리지 않고 급수의 예열로 재생시켜 열효율을 높이는 것이다.

그러므로 부식방지와 열효율을 개선한 사이클이 재열·재생사이클이다.

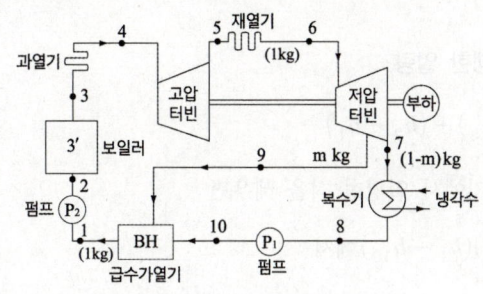

[재열·재생 사이클 계통도]

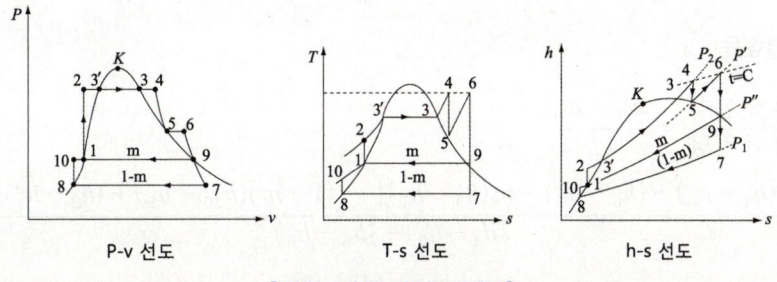

[재열·재생 사이클 선도]

(과정)

1→2 : 제2급수펌프로 단열압축 과정(포화수 → 압축수)
2→3 : 보일러에서 정압가열 과정(압축수 → 건포화증기)
3→4 : 과열기에서 정압가열 과정(건포화증기 → 과열증기)
4→5 : 고압터빈에서 단열팽창 과정(과열증기 → 건포화증기)
5→6 : 재열기에서 정압가열 과정(건포화증기 → 과열증기)
6→7 : 저압터빈에서 단열팽창 과정(과열증기 → 습증기)
7→8 : 복수기에서 증기(1-m) kg의 정압방열 과정(습증기 → 포화수)
8→10 : 제1급수펌프에서 단열압축 과정(포화수 → 압축수)
10→1 : 급수가열기에서 (1-m)이 정압가열되는 과정(압축수 → 포화수)
9→1 : 급수가열기에서 추기량 m kg의 정압방열 과정(건포화증기 → 포화수)

① 보일러, 과열기, 재열기에서 가열되는 열량(정압가열)

$$q_H = (h_3 - h_2) + (h_4 - h_3) + (h_6 - h_5) = (h_4 - h_2) + (h_6 - h_5)$$

② 터빈에서 행한 일량(단열팽창, 공업일)

$$w_T = (h_4 - h_5) + (h_6 - h_7) - m(h_9 - h_7)$$

③ 복수기에서 방출한 열량(정압방열)

$$q_L = (1-m)(h_7 - h_8)$$

④ 급수 펌프 P_1, P_2가 행한 일량

$$w_p = (1-m)(h_{10} - h_8) + (h_2 - h_1)$$

⑤ 추기량(m) : 급수 가열기에서 열평형 식을 세우면

$$m(h_9 - h_1) = (1-m)(h_1 - h_{10}) \text{에서}$$

추기량 $m = \dfrac{h_1 - h_{10}}{h_9 - h_{10}}$

⑥ 사이클 열효율

$$\eta_{GH} = \frac{\text{유효일량}}{\text{공급열량}} = \frac{w_T - w_p}{q_H}$$

$$= \frac{\{(h_4 - h_5) + (h_6 - h_7) - m(h_9 - h_7)\} - \{(1-m)(h_{10} - h_8) + (h_2 - h_1)\}}{(h_4 - h_2) + (h_6 - h_5)}$$

펌프일을 무시하고 공급열량(q_H)을 $(h_4 - h_1) + (h_6 - h_5)$로 대입하면

$$\eta_{GH} = \frac{(h_4 - h_5) + (h_6 - h_7) - m(h_9 - h_7)}{(h_4 - h_1) + (h_6 - h_5)}$$

추기량 $m = \dfrac{h_1 - h_8}{h_9 - h_8}$

● 제1편 기계열역학

제8장 가스동력 사이클

1 카르노 사이클(Carnot cycle)

이상기체로 작동하는 Carnot cycle은 2개의 등온과정과 2개의 단열과정으로 이루어진 효율이 가장 좋은 사이클로 열기관의 이상 사이클이며, 실제 제작은 불가능하다.

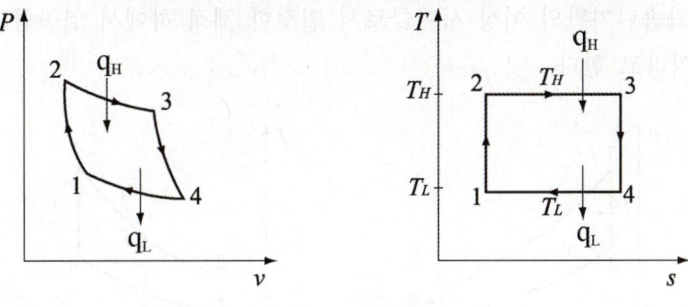

[카르노 사이클]

① 가열량 : $q_H = RT_H \cdot \ln\dfrac{v_3}{v_2}$

② 방열량 : $q_L = RT_L \cdot \ln\dfrac{v_4}{v_1}$

③ 열효율 : $\eta_c = 1 - \dfrac{q_L}{q_H} = 1 - \dfrac{T_L}{T_H}$

〈유도과정〉

1→2, 3→4 과정은 단열변화이므로

$Tv^{k-1} = C$ 에서

$\dfrac{T_1}{T_2} = \left(\dfrac{v_2}{v_1}\right)^{k-1} = \dfrac{T_L}{T_H}$

$\dfrac{T_4}{T_3} = \left(\dfrac{v_3}{v_4}\right)^{k-1} = \dfrac{T_L}{T_H}$

$$\frac{v_3}{v_4} = \frac{v_2}{v_1} \rightarrow \frac{v_3}{v_2} = \frac{v_4}{v_1}$$ 이식을 앞장의 q_H, q_L식에 대입하여 정리하면

$$\frac{q_L}{q_H} = \frac{T_L}{T_H}$$

$$\therefore \eta_c = 1 - \frac{q_L}{q_H} = 1 - \frac{T_L}{T_H}$$

2 오토 사이클(Otto cycle)

오토사이클은 가솔린기관의 이상 사이클로서 일정한 체적 하에서 열공급과 방출이 행해지므로 **정적 사이클**이라고 한다.

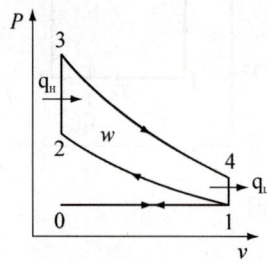

0→1: 흡입과정 1→2: 단열압축과정 2→3: 정적가열과정(폭발)
3→4: 단열팽창과정 4→1: 정적방열과정 1→0: 배기과정

[오토 사이클]

① **공급열량**(정적가열)

$$q_H = C_v(T_3 - T_2)$$

② **방출열량**(정적방열)

$$q_L = C_v(T_4 - T_1)$$

③ **일량**(공급열량 - 방출열량)

$$w = q_H - q_L = C_v[(T_3 - T_2) - (T_4 - T_1)]$$

④ 열효율

$$\eta_o = \frac{유효일량}{공급열량} = \frac{w}{q_H} = \frac{q_H - q_L}{q_H} = 1 - \frac{q_L}{q_H}$$

$$= 1 - \frac{(T_4 - T_1)}{(T_3 - T_2)} = 1 - \frac{T_4}{T_3} = 1 - \frac{T_1}{T_2}$$

여기서, 단열과정식 $\dfrac{T_4}{T_3} = \left(\dfrac{v_3}{v_4}\right)^{k-1}$, $\dfrac{T_1}{T_2} = \left(\dfrac{v_2}{v_1}\right)^{k-1}$, $\dfrac{v_3}{v_4} = \dfrac{v_2}{v_1}$ 이므로

$$\frac{T_4}{T_3} = \frac{T_1}{T_2} = \frac{T_4 - T_1}{T_3 - T_2} = \left(\frac{v_2}{v_1}\right)^{k-1}$$

$$\therefore \eta_o = 1 - \left(\frac{v_2}{v_1}\right)^{k-1} = 1 - \left(\frac{1}{\varepsilon}\right)^{k-1}$$

여기서, 압축비 $\varepsilon = \dfrac{v_1}{v_2}$

- 오토 사이클의 열효율은 압축비(ε)와 비열비(k)의 함수이다.
- 오토 사이클의 열효율은 압축비(ε)와 비열비(k)가 클수록 높아진다.

⑤ **평균 유효압력** : 1사이클 당의 압력변화의 평균치, 즉 1사이클 중에 이루어지는 일을 행정체적으로 나눈 값을 말한다.

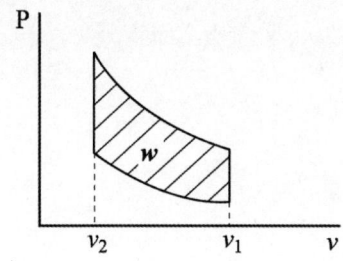
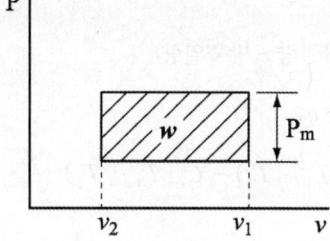

$$P_m = \frac{w}{v_1 - v_2} = \frac{\eta_o q_H}{v_1 - v_2} = \frac{\eta_o q_H}{v_1\left(1 - \dfrac{1}{\varepsilon}\right)} = \frac{P_1 q_H}{RT_1} \cdot \frac{\varepsilon}{\varepsilon - 1} \cdot \eta_o$$

$$= \frac{P_1 q_H}{RT_1} \cdot \frac{\varepsilon}{\varepsilon - 1} \left[1 - \left(\frac{1}{\varepsilon}\right)^{k-1}\right]$$

3 디젤 사이클(Diesel cycle)

디젤사이클은 압축착화기관 사이클로서 2개의 단열과정과 1개의 정압과정, 1개의 정적과정으로 이루어진 사이클이다. 정압하에서 가열이 이루어지므로 정압 사이클이라고도 하며, 저속 디젤기관의 기본사이클이다.

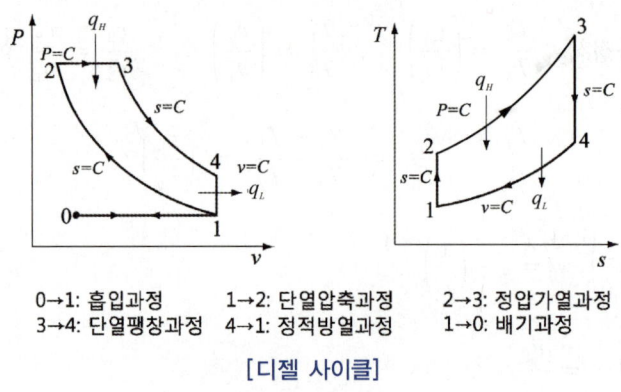

0→1: 흡입과정 1→2: 단열압축과정 2→3: 정압가열과정
3→4: 단열팽창과정 4→1: 정적방열과정 1→0: 배기과정

[디젤 사이클]

① 공급열량(정압가열)

$$q_H = C_p(T_3 - T_2)$$

② 방출열량(정적방열)

$$q_L = C_v(T_4 - T_1)$$

③ 일량(공급열량 - 방출열량)

$$w = q_H - q_L$$
$$= C_p(T_3 - T_2) - C_v(T_4 - T_1)$$

④ 열효율

$$\eta_d = \frac{유효일량}{공급열량} = \frac{w}{q_H} = \frac{q_H - q_L}{q_H} = 1 - \frac{q_L}{q_H}$$

$$= 1 - \frac{C_v(T_4 - T_1)}{C_p(T_3 - T_2)} = 1 - \frac{1}{k} \cdot \frac{(T_4 - T_1)}{(T_3 - T_2)}$$

$$= 1 - \left(\frac{1}{\varepsilon}\right)^{k-1} \cdot \frac{\sigma^k - 1}{k(\sigma - 1)}$$

여기서, 압축비 $\varepsilon = \dfrac{v_1}{v_2}$

체절비 $\sigma = \dfrac{v_3}{v_2}$ (단절비, 차단비, 절단비라고도 한다.)

비열비 $k = \dfrac{C_p}{C_v}$

- 디젤 사이클의 열효율은 압축비(ε)와 체절비(σ), 비열비(k)의 함수이다.
- 디젤 사이클의 열효율은 압축비(ε)가 클수록 높아지고 체절비(σ)가 클수록 감소한다.
- 디젤 기관에서는 압축비(ε)를 아무리 높여도 노킹 현상의 염려가 없으므로 가솔린 기관보다 더 높일수 있으나 실용상 13~20 정도에서 주로 사용한다.

⑤ **평균 유효압력**(mean effective pressure)

$$P_m = \dfrac{w}{v_1 - v_2} = \dfrac{\eta_d \cdot q_H}{v_1 - v_2} = \dfrac{\eta_d \cdot q_H}{v_1\left(1 - \dfrac{1}{\varepsilon}\right)} = \dfrac{1}{v_1} \cdot q_H \cdot \dfrac{\varepsilon}{\varepsilon - 1} \cdot \eta_d$$

$$= \dfrac{P_1}{RT_1} \cdot q_H \cdot \dfrac{\varepsilon}{\varepsilon - 1} \cdot \eta_d = \dfrac{P_1 q_H}{RT_1} \cdot \dfrac{\varepsilon}{\varepsilon - 1} \cdot \eta_d$$

4 사바테 사이클(Sabathe) – 복합 사이클

사바테 사이클은 2개의 단열과정, 2개의 정적과정, 1개의 정압과정으로 구성된 사이클로 **정적-정압(복합)사이클**로서, 2중 연소 사이클이라고도 하며, 고속 디젤기관의 기본 사이클이다.

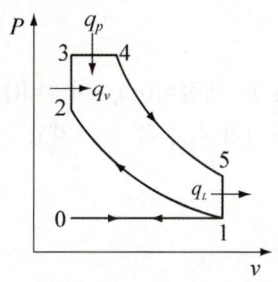 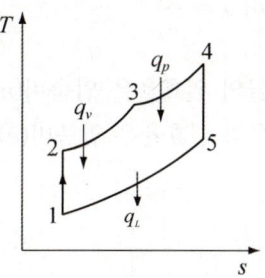

0 → 1: 흡입과정   1 → 2: 단열압축과정   2 → 3: 정적가열과정(폭발)
3 → 4: 정압가열과정 4 → 5: 단열팽창과정   5 → 1: 정적방열과정
1 → 0: 배기과정

[사바테 사이클]

① 공급열량(정적 + 정압가열)

$$q_H = q_v + q_p = C_v(T_3 - T_2) + C_p(T_4 - T_3)$$

② 방출열량(정적방열)

$$q_L = C_v(T_5 - T_1)$$

③ 일량(공급열량 − 방출열량)

$$w = q_H - q_L$$
$$= C_v(T_3 - T_2) + C_p(T_4 - T_3) - C_v(T_5 - T_1)$$

④ 열효율

$$\eta_s = \frac{\text{유효일량}}{\text{공급열량}} = \frac{w}{q_H} = \frac{q_H - q_L}{q_H} = 1 - \frac{q_L}{q_H}$$

$$= 1 - \frac{C_v(T_5 - T_1)}{C_v(T_3 - T_2) + C_p(T_4 - T_3)} = 1 - \frac{T_5 - T_1}{(T_3 - T_2) + k(T_4 - T_3)}$$

$$= 1 - \left(\frac{1}{\varepsilon}\right)^{k-1} \frac{\alpha\sigma^k - 1}{(\alpha - 1) + k\alpha(\sigma - 1)}$$

여기서, 체절비 $\sigma = \dfrac{v_4}{v_3}$

압력비 $\alpha = \dfrac{P_3}{P_2}$

압축비 $\varepsilon = \dfrac{v_1}{v_2}$

- 사바테 사이클의 열효율은 압축비(ε), 압력비(α), 체절비(σ), 비열비(k)의 함수이다.
- 사바테 사이클의 열효율은 압축비(ε)와 압력비(α)가 클수록 높아지고 체절비(σ)가 클수록 감소한다.

⑤ 평균 유효압력

$$P_m = \frac{w}{v_1 - v_2} = \frac{q_H - q_L}{v_1 - v_2} = \frac{\eta_s \cdot q_H}{v_1 - v_2}$$

$$= \frac{P_1 q_H}{RT_1} \cdot \frac{\varepsilon}{\varepsilon - 1} \cdot \eta_s$$

5 가스 터빈 사이클(Gas turbine cycle)

(1) 브레이턴 사이클(Brayton cycle)

브레이턴 사이클은 2개의 단열과정과 2개의 정압과정으로 이루어진 가스 터빈의 이상 사이클이다.

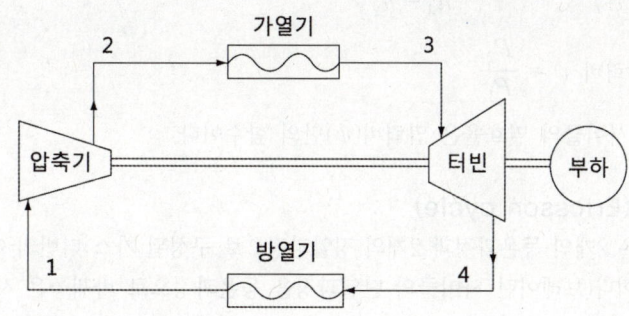

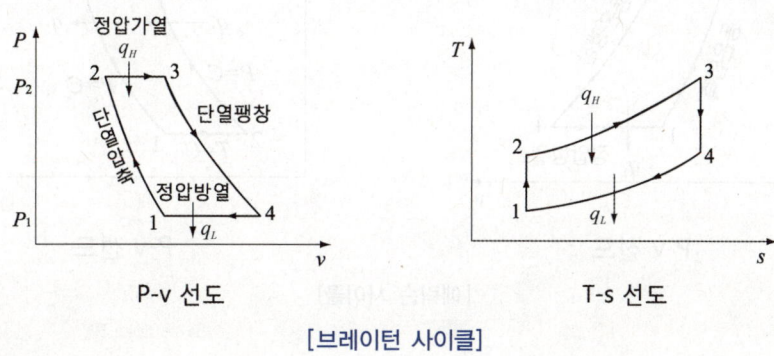

P-v 선도   T-s 선도

[브레이턴 사이클]

① 공급열량(정압가열)

$$q_H = C_p(T_3 - T_2) = h_3 - h_2$$

② 방출열량(정압방열)

$$q_L = C_p(T_4 - T_1) = h_4 - h_1$$

③ 일량(공급열량 – 방출열량)

$$w = q_H - q_L = C_p(T_3 - T_2) - C_p(T_4 - T_1)$$

제8장 가스동력 사이클

④ 열효율

$$\eta_B = \frac{\text{유효일량}}{\text{공급열량}} = \frac{q_H - q_L}{q_H} = 1 - \frac{q_L}{q_H} = 1 - \frac{T_4 - T_1}{T_3 - T_2} = 1 - \frac{T_4}{T_3} = 1 - \frac{T_1}{T_2}$$

$$= 1 - \left(\frac{1}{\psi}\right)^{\frac{k-1}{k}} = 1 - \frac{h_4 - h_1}{h_3 - h_2}$$

여기서, 압력비 $\psi = \dfrac{P_2}{P_1}$

• 브레이턴 사이클의 열효율은 압력비(ψ)만의 함수이다.

(2) 에릭슨 사이클(Ericsson cycle)

에릭슨 사이클은 2개의 등온과정과 2개의 정압과정으로 구성된 가스 터빈의 이상 사이클이며, 실현이 곤란한 사이클이다(브레이턴 사이클의 단열과정을 등온과정으로 바꿔놓은 사이클이다).

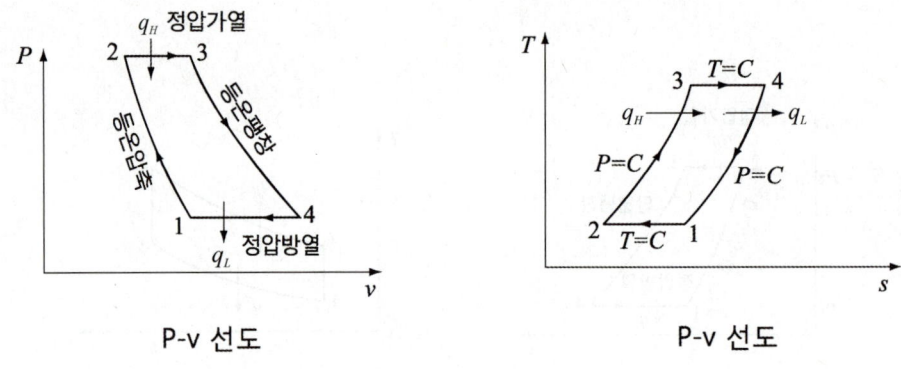

[에릭슨 사이클]

(3) 스털링 사이클(Stirling cycle)

스털링 사이클은 2개의 등온과정과 2개의 정적과정으로 구성되어 있으며 체적변화를 최소로 유지할 수 있다. 역 스털링 사이클은 헬륨(He)을 냉매로 하는 극저온용 가스 냉동기의 기본 사이클이 된다.

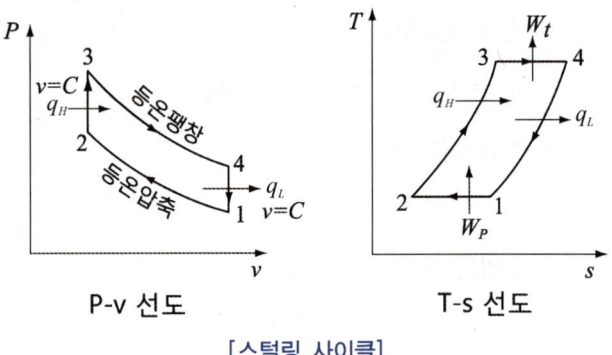

[스털링 사이클]

(4) 아트킨슨 사이클(Atkinson cycle)

가스터빈의 이상 사이클로서 정적 가스터빈 사이클이라고도 하며, 2개의 단열과정과 1개의 정적과정, 1개의 정압과정으로 이루어져 있다.

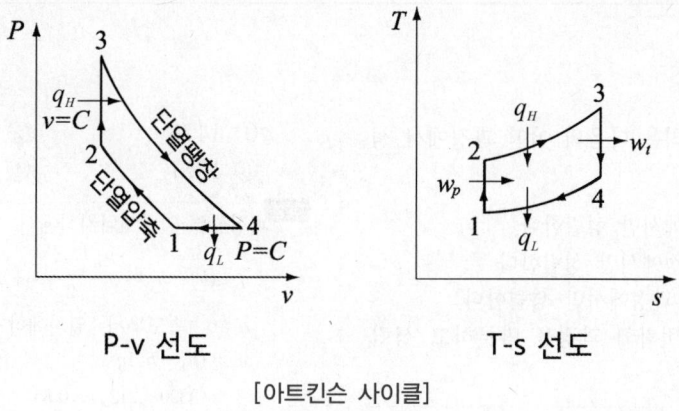

[아트킨슨 사이클]

(5) 르노아 사이클(Lenoir cycle)

르노아 사이클은 펄스 제트(pulse-jet) 추진 계통의 사이클과 비슷한 사이클로서 동작 물질의 압축과정 없이 정적하에서 가열된 후 기체가 팽창하며 일을 하고 정압하에서 방열한다. 1개의 단열과정과 1개의 정압과정, 1개의 정적과정으로 이루어진 사이클이다.

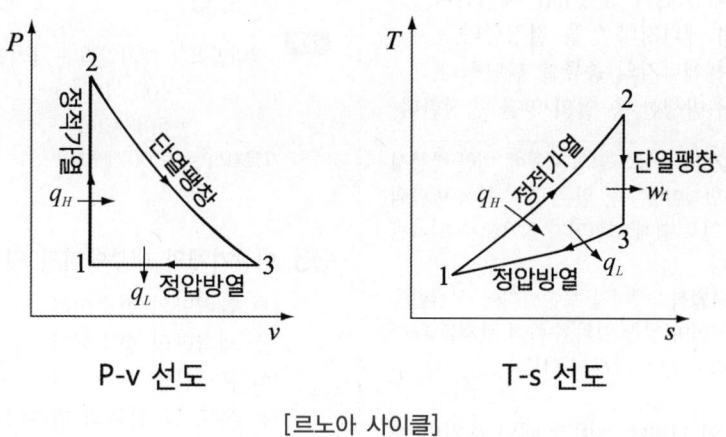

[르노아 사이클]

제1편 출제예상문제

01 열역학 제1법칙은 다음의 어떤 과정에서 성립하는가?

① 가역 과정에서만 성립한다.
② 비가역 과정에서만 성립한다.
③ 가역 등온 과정에서만 성립한다.
④ 가역이나 비가역 과정을 막론하고 성립한다.

해설 열역학 1법칙은 에너지의 수량적인 관계를 나타내는 에너지보존의 법칙이며, 가역이나 비가역 과정 모두 성립한다.

02 열역학 제 2법칙과 관계된 설명으로 가장 옳은 것은?

① 과정(상태변화)의 방향성을 제시한다.
② 열역학적 에너지의 양을 결정한다.
③ 열역학적 에너지의 종류를 판단한다.
④ 과정에서 발생한 총 일의 양을 결정한다.

해설
- 열역학 제 2법칙 : 열과 일의 변환에 대한 방향성을 제시한 법칙이다. 즉, 일은 열로 쉽게 변환되지만 열은 일로 쉽게 변환되지 않으므로 열기관이 필요하다.
- 열역학 제 1법칙 : 에너지 보존법칙이 성립함을 표현한 법칙이며 열과 일의 수량적 관계를 나타낸 법칙이다. $\delta Q = dU + \delta W$

03 효율이 85%인 터빈에 들어갈 때의 증기의 엔탈피가 3390kJ/kg이고, 가역 단열 과정에 의해 팽창할 경우에 출구에서의 엔탈피가 2135kJ/kg이 된다고 한다. 운동에너지의 변화를 무시할 경우 이 터빈의 실제 일은 약 몇 kJ/kg인가?

① 1476 ② 1255
③ 1067 ④ 906

해설 정상류 일반에너지식에서
$q = (h_2 - h_1) + \dfrac{V_2^2 - V_1^2}{2} + g(z_2 - z_1) + w_t$ 에서
$q=0$, 속도무시, 위치에너지 무시하면
$w_t = (h_1 - h_2)\eta$
$= (3390 - 2135) \times 0.85$
$= 1066.7 \, kJ/kg$

04 대기압이 100kPa일 때, 계기 압력이 5.23MPa인 증기의 절대 압력은 약 몇 MPa인가?

① 3.02 ② 4.12
③ 5.33 ④ 6.43

해설 절대압력 = 대기압력 + 계기압력
$= 100 \times 10^{-3} + 5.23$
$= 5.33 \, MPa$
($1MPa = 1000kPa$)

05 이상기체의 내부에너지 및 엔탈피는?

① 압력만의 함수이다.
② 체적만의 함수이다.
③ 온도만의 함수이다.
④ 온도 및 압력의 함수이다.

해설 $du = C_v dT$ (온도만의 함수)
$dh = C_p dT$ (온도만의 함수)

정답 01 ④ 02 ① 03 ③ 04 ③ 05 ③

06 어느 내연기관에서 피스톤의 흡기과정으로 실린더 속에 0.2kg의 기체가 들어 왔다. 이 것을 압축할 때 15kJ의 일이 필요하였고, 10kJ의 열을 방출하였다고 한다면, 이 기체 1kg당 내부에너지의 증가량은?

① 10kJ ② 25kJ
③ 35kJ ④ 50kJ

 $\delta q = du + \delta w$에서 $du = \delta q - \delta w$
$= \dfrac{-10 - (-15)}{0.2} = 25 \text{kJ/kg}$

07 실린더 내의 유체가 68kJ/kg의 일을 받고 주위에 36kJ/kg의 열을 방출하였다. 내부에너지의 변화는?

① 32kJ/kg 증가
② 32kJ/kg 감소
③ 104kJ/kg 증가
④ 104kJ/kg 감소

 $\delta q = du + \delta w$
일 : 받으면(−) 주면(+)
열 : 받으면(+) 주면(−)
$du = \delta q - \delta w$
　$= (-36) - (-68)$
　$= 32 \text{kJ/kg}$(증가)

08 밀폐된 실린더 내의 기체를 피스톤으로 압축하는 동안 300kJ의 열이 방출되었다. 압축일의 양이 400kJ이라면 내부에너지 증가는?

① 100kJ
② 300kJ
③ 400kJ
④ 700kJ

해설 $\delta Q = dU + \delta W$에서
$dU = \delta Q - \delta W$
　$= -300 - (-400) = 100 \text{kJ}$
열을 방출 : −
일을 받음(압축일) : −

09 완전히 단열된 실린더 안의 공기가 피스톤을 밀어 외부일을 하였다. 이 때 일의 양은? (단, 절대량을 기준으로 한다)

① 공기의 내부에너지 차
② 공기의 엔탈피 차
③ 공기의 엔트로피 차
④ 단열되었으므로 일의 수행은 없다.

 $\delta Q = dU + PdV = dU + \delta W$
단열상태이므로 $\delta Q = 0$
$\delta W = -dU$

10 경로 함수(path function)인 것은?

① 엔탈피
② 열
③ 압력
④ 엔트로피

 열과 일은 경로함수이다.
경로함수 : 상태가 변화할 때 그 변화량이 변화경로에 따라 달라지는 양(일, 열)
점함수(상태함수) : 상태가 변화할 때 그 변화량이 변화경로에 관계없이 변화 후의 상태(점)에만 의존하는 양(온도, 압력, 체적, 엔탈피, 엔트로피, 내부에너지)

11 밀폐계 안의 유체가 상태 1에서 상태 2로 가역 압축될 때, 하는 일을 나타내는 식은?(단, (P)는 압력, V는 체적, T는 온도이다.)

① $W = \displaystyle\int_1^2 PdV$

② $W = \displaystyle\int_1^2 V^2 dP$

③ $W = \displaystyle\int_1^2 VdT$

④ $W = -\displaystyle\int_1^2 TdP$

 밀폐계의 일은 절대일이며
$W = \displaystyle\int_1^2 PdV$로 나타낸다.

정답　06 ②　07 ①　08 ①　09 ①　10 ②　11 ①

12 다음 중 강성적(강도성, intensive) 상태량이 아닌 것은?

① 압력　　② 온도
③ 엔탈피　④ 비체적

해설
- 강성적(강도성) 상태량 : 물질의 량과 무관한 상태량이다. 온도, 습도, 압력, 밀도, 비체적, 비엔탈피, 비엔트로피, 비중
- 종량적(용량성) 상태량 : 물질의 량에 비례하는 상태량이다. 질량, 체적, 엔탈피, 엔트로피, 무게

13 실린더에 밀폐된 8kg의 공기가 그림과 같이 압력 P_1=800kPa, 체적 V_1=0.27m³에서 P_2 = 350kPa, V_2=0.80m³으로 직선 변화하였다. 이 과정에서 공기가 한 일은 약 몇 kJ인가?

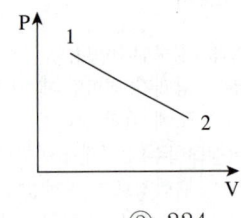

① 305　　② 334
③ 362　　④ 390

해설
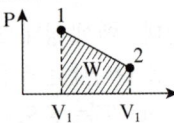

절대일 $W = \int_1^2 PdV = \frac{1}{2}(P_1+P_2)(V_2-V_1)$

$= \frac{1}{2}(800+350) \times (0.8-0.27) = 304.75\,kJ$

14 물 1kg이 압력 300kPa에서 증발할 때 증가한 체적이 0.8m³이었다면 이때의 외부일은? (단, 온도는 일정하다고 가정한다.)

① 140kJ　② 240kJ
③ 320kJ　④ 420kJ

해설
외부일 $W = \int_1^2 PdV$에서
$W = P(V_2 - V_1) = 300 \times 0.8 = 240\,kJ$

15 어떤 가솔린기관의 실린더 내경이 6.8cm, 행정이 8cm일 때, 평균 유효압력 1200kPa이다. 이 기관의 1행정당 출력(kJ)은?

① 0.04
② 0.14
③ 0.35
④ 0.44

해설
$\delta W = PdV$

$W = P \times \frac{\pi}{4}d^2 \cdot L$

$= 1200 \times \frac{\pi}{4} \times 0.068^2 \times 0.08 = 0.35\,kJ$

16 이상기체 프로판(C_3H_8, 분자량 M = 44)의 상태는 온도 20℃, 압력 300kPa이다. 이것을 52L(liter)의 내압용기에 넣을 경우 적당한 프로판의 질량은? (단, 일반기체상수는 8.314 kJ/kmol·K이다)

① 0.282kg
② 0.182kg
③ 0.414kg
④ 0.318kg

해설
$PV = mRT \quad R = \frac{R_u}{M}$

$m = \frac{PV}{RT} = \frac{MPV}{R_u T}$

$= \frac{44 \times 300 \times 52 \times 10^{-3}}{8.314 \times (20+273)}$

$= 0.282\,kg$

정답　12 ③　13 ①　14 ②　15 ③　16 ①

17 1kg의 이상기체가 압력 100kPa, 온도 20°C의 상태에서 압력 200kPa, 온도 100°C의 상태로 변화하였다면 체적은 어떻게 되는가? (단, 변화 전 체적을 V라고 한다.)

① 0.64V ② 1.57V
③ 3.64V ④ 4.57V

해설 $PV = mRT$에서

$mR = \dfrac{P_1 V_1}{T_1} = \dfrac{P_2 V_2}{T_2}$ 이므로

$V_2 = \dfrac{T_2}{T_1} \dfrac{P_1}{P_2} V_1$

$= \dfrac{(100+273) \times 100}{(20+273) \times 200} V_1$

$= 0.636 V_1$

18 공기 10kg이 압력 200kPa, 체적 5m³인 상태에서 압력 400kPa, 온도 300°C인 상태로 변한 경우 최종 체적(m³)은 얼마인가? (단, 공기의 기체상수는 0.287kJ/kg·K이다.)

① 10.7 ② 8.3
③ 6.8   ④ 4.1

해설 이상기체의 상태방정식 $P_2 V_2 = mRT_2$

$V_2 = \dfrac{mRT_2}{P_2}$

$= \dfrac{10 \times 0.287 \times (300+273)}{400}$

$= 4.1 m^3$

19 압력 100kPa, 온도 20°C인 일정량의 이상기체가 있다. 압력을 일정하게 유지하면서 부피가 처음 부피의 2배가 되었을 때 기체의 온도는 약 몇 °C가 되는가?

① 148 ② 256
③ 313 ④ 586

해설 $PV = mRT$ 에서 정압과정 이므로

$\dfrac{T_2}{T_1} = \dfrac{V_2}{V_1}$

$T_2 = \dfrac{V_2}{V_1} \times T_1 = 2 \times (20+273) = 586 K$

$= 313 °C$

20 공기 1kg을 1MPa, 250°C의 상태로부터 압력 0.2MPa까지 등온변화한 경우, 외부에 대하여 한 일량은 약 몇 kJ인가? (단, 공기의 기체상수는 0.287kJ/kg·K이다)

① 157 ② 242
③ 313 ④ 465

해설 등온변화 일량 $W = mRT \ln \dfrac{P_1}{P_2}$

$W = 1 \times 0.287 \times (250+273) \times \ln \dfrac{1}{0.2}$

$= 241.6 kJ$

21 처음의 압력이 500kPa이고, 체적이 2m³인 기체가 "PV = 일정"인 과정으로 압력이 100 kPa까지 팽창할 때 밀폐계가 하는 일(kJ)을 나타내는 식은?

① $1000 \ln \dfrac{2}{5}$ ② $1000 \ln \dfrac{5}{2}$
③ $1000 \ln 5$ ④ $1000 \ln \dfrac{1}{5}$

해설 PV = 일정 이면 등온과정이다.
밀폐계의 일이므로 절대일이다.
등온과정의 경우 절대일과 공업일이 같다.

$W_a = P_1 V_1 \ln \dfrac{P_1}{P_2}$

$= 500 \times 2 \times \ln \dfrac{500}{100}$

$= 1000 \ln 5 \, kJ$

정답 17 ① 18 ④ 19 ③ 20 ② 21 ③

22 이상기체에 대한 관계식 중 옳은 것은? (단, C_p, C_v는 정압 및 정적 비열, k는 비열비이고, R은 기체 상수이다.)

① $C_p = C_v - R$
② $C_v = \dfrac{k-1}{k} R$
③ $C_p = \dfrac{k}{k-1} R$
④ $R = \dfrac{C_p + C_v}{2}$

해설
① $C_p = C_v + R$
② $C_v = \dfrac{1}{k-1} R$
④ $R = C_p - C_v$

23 이상기체의 비열에 대한 설명으로 옳은 것은?
① 정적비열과 정압비열의 절대값의 차이가 엔탈피이다.
② 비열비는 기체의 종류에 관계없이 일정하다.
③ 정압비열은 정적비율보다 크다.
④ 일반적으로 압력은 비열보다 온도의 변화에 민감하다.

해설
$C_p - C_v = R$ (기체상수)
$\dfrac{C_p}{C_v} = K$ (기체마다 다르다)
$C_p > C_v$ (정압비열이 크다)

24 기체상수가 0.462kJ/(kg·K)인 수증기를 이상기체로 간주할 때 정압비열 (kJ/(kg·K)은 얼마인가? (단, 이 수증기의 비열비는 1.33이다.)
① 1.86 ② 1.54
③ 0.64 ④ 0.44

해설 정압비열
$C_P = \dfrac{k}{k-1} \cdot R$
$= \dfrac{1.33}{1.33-1} \times 0.462 = 1.862 \text{ kJ/kg·K}$

25 압력이 일정할 때 공기 5kg을 0℃에서 100℃까지 가열하는데 필요한 열량은 몇 kJ인가? 단, 비열 C_p(kJ/kg℃) = 1.01 + 0.000079t(℃)
① 102 ② 476
③ 490 ④ 507

해설
$\delta Q = m \int C_p dt$
$Q = 5 \times \int_0^{100} (1.01 + 0.000079t) dt$
$= 5 \times \left[1.01t + \dfrac{1}{2} \times 0.000079 t^2 \right]_0^{100}$
$= 5 \times \left[(1.01 \times 100 + \dfrac{1}{2} \times 0.000079 \times 100^2) - 0 \right]$
$= 5 \times [(101 + 0.395) - 0]$
$= 507 \text{ kJ}$

26 8℃의 이상기체를 가역단열 압축하여 그 체적을 1/5로 줄였을 때 기체의 온도는 몇 ℃인가?(단, k = 1.4이다.)
① 313℃ ② 295℃
③ 262℃ ④ 222℃

해설 단열변화 $T_1 V_1^{k-1} = T_2 V_2^{k-1}$ 에서
$T_2 = T_1 \times \left(\dfrac{V_1}{V_2} \right)^{k-1} = (8+273) \times 5^{1.4-1}$
$= 534.9 \text{K} = 262 \text{℃}$

정답 22 ③ 23 ③ 24 ① 25 ④ 26 ③

27 작동 유체가 상태 1부터 상태 2까지 가역 변화할 때의 엔트로피 변화로 옳은 것은?

① $S_2 - S_1 \geq -\int_1^2 \frac{\delta Q}{T}$

② $S_2 - S_1 > \int_1^2 \frac{\delta Q}{T}$

③ $S_2 - S_1 = \int_1^2 \frac{\delta Q}{T}$

④ $S_2 - S_1 < \int_1^2 \frac{\delta Q}{T}$

해설

가역변화 $S_2 - S_1 = \int_1^2 \frac{\delta Q}{T}$

비가역변화 $S_2 - S_1 > \int_1^2 \frac{\delta Q}{T}$

28 5kg의 산소가 정압 하에서 체적이 0.2m³에서 0.6m³로 증가했다. 산소를 이상기체로 보고 정압비열 Cp = 0.92kJ/kgK로 하여 엔트로피의 변화를 구하였을 때 그 값은 얼마인가?

① 1.857kJ/K ② 2.746kJ/K
③ 5.054kJ/K ④ 6.507kJ/K

해설

정압과정 엔트로피 $S_2 - S_1 = mC_p \ln \frac{T_2}{T_1}$

$= mC_p \ln \frac{V_2}{V_1}$

∴ $S_2 - S_1 = 5 \times 0.92 \times \ln \frac{0.6}{0.2}$

$= 5.054 \text{kJ/K}$

29 1kg의 공기가 100℃를 유지하면서 가역등온 팽창하여 외부에 500kJ의 일을 하였다. 이때 엔트로피의 변화량은 약 몇 kJ/K인가?

① 1.895 ② 1.665
③ 1.467 ④ 1.340

해설

$\Delta S = \frac{\Delta Q}{T} = \frac{500}{(100+273)} = 1.340 \text{kJ/K}$

30 다음 4가지 경우에서 ( ) 안의 물질이 보유한 엔트로피가 증가한 경우는?

> ⓐ 컵에 있는 (물)이 증발하였다.
> ⓑ 목욕탕의 (수증기)가 차가운 타일 벽에서 물로 응결되었다.
> ⓒ 실린더 안의 (공기)가 가역 단열적으로 팽창되었다.
> ⓓ 뜨거운 (커피)가 식어서 주위온도와 같게 되었다.

① ⓐ ② ⓑ
③ ⓒ ④ ⓓ

해설

어떤 물질이 열을 받으면 엔트로피가 증가하고 빼앗기면 엔트로피가 감소하며 단열과정에서는 $\delta Q = 0$이므로 엔트로피가 일정하다.

ⓐ 물이 열을 공급받아야 증발하므로 엔트로피 증가
ⓑ 수증기가 열을 빼앗겨야 응결되므로 엔트로피 감소
ⓒ 공기가 가역 단열 팽창이므로 엔트로피 일정
ⓓ 커피가 열을 빼앗겨 식었으므로 엔트로피 감소

31 액체 상태 물 2kg을 30℃에서 80℃로 가열하였다. 이 과정 동안 물의 엔트로피 변화량을 구하면? (단, 액체 상태 물의 비열은 4.184kJ/kgK로 일정하다)

① 0.6391kJ/K
② 1.278kJ/K
③ 4.100kJ/K
④ 8.208kJ/K

해설

액체의 가열, 냉각은 정적 및 정압 과정으로 볼 수 있으므로

$\Delta S = mC \ln \frac{T_2}{T_1}$

$= 2 \times 4.184 \ln \frac{(80+273)}{(30+273)} = 1.278 \text{kJ/K}$

27 ③ 28 ③ 29 ④ 30 ① 31 ② **정답**

32 습증기 상태에서 엔탈피 h를 구하는 식은? (단, h_f는 포화액의 엔탈피, h_g는 포화증기의 엔탈피, x는 건도이다.)

① $h = h_f + (xh_g - h_f)$
② $h = h_f + x(h_g - h_f)$
③ $h = h_g + (xh_f - h_g)$
④ $h = h_g + x(h_g - h_f)$

해설 습증기 엔탈피 = 포화액 엔탈피 + 포화증기 엔탈피
$h = (1-x)h_f + xh_g$
$= h_f + x(h_g - h_f)$

33 500℃와 20℃의 두 열원 사이에 설치되는 열기관이 가질 수 있는 최대의 이론 열효율은 약 몇 %인가?

① 4 ② 38
③ 62 ④ 96

해설
$\eta = \dfrac{T_H - T_L}{T_H} \times 100$
$= \dfrac{(500+273)-(20+273)}{(500+273)} \times 100 = 62\%$

34 압축비가 7.5이고 비열비 k = 1.4인 오토 사이클의 열효율은?

① 48.7%
② 51.2%
③ 55.3%
④ 57.6%

해설
$\eta_o = 1 - \left(\dfrac{1}{\varepsilon}\right)^{k-1}$
$= 1 - \left(\dfrac{1}{7.5}\right)^{1.4-1} = 0.553$

35 그림과 같은 Rankine 사이클의 열효율은 약 얼마인가? (단, h는 엔탈피, s는 엔트로피를 나타내며, h_1= 191.8kJ/kg, h_2=193.8kJ/kg, h_3=2799.5kJ/kg, h_4 = 2007.5kJ/kg이다.)

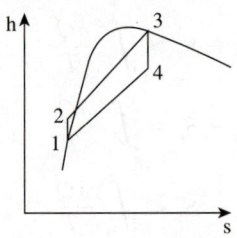

① 30.3% ② 36.7%
③ 42.9% ④ 48.1%

해설 랭킨사이클의 열효율
$\eta_R = \dfrac{h_3 - h_4}{h_3 - h_1}$
$= \dfrac{2799.5 - 2007.5}{2799.5 - 191.8}$
$= 0.3037$

36 최고온도 1300K와 최저온도 300K 사이에서 작용하는 공기표준 Brayton 사이클의 열효율은 약 얼마인가? (단, 압력비는 9, 공기의 비열비는 1.4이다.)

① 30% ② 36%
③ 42% ④ 47%

해설 2개의 단열, 2개의 정압과정으로 이루어진 가스터번 이상사이클이 브레이턴사이클이다.
$\eta_B = \dfrac{유효일량}{공급열량} = 1 - \left(\dfrac{1}{\varphi}\right)^{\frac{k-1}{k}}$
$= 1 - \left(\dfrac{1}{9}\right)^{\frac{1.4-1}{1.4}} = 0.466$ ∴ 47%

정답 32 ② 33 ③ 34 ③ 35 ① 36 ④

37 T-S선도에서 어느 가역 상태변화를 표시하는 곡선과 S축 사이의 면적은 무엇을 표시하는가?

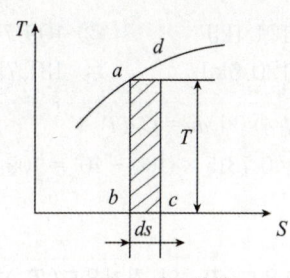

① 힘 ② 열량
③ 압력 ④ 비체적

해설 열량 $\delta q = Tds$

38 복사열을 방사하는 방사율과 면적이 같은 2개의 방열판이 있다. 각각의 온도가 A 방열판은 120℃, B 방열판은 80℃일 때 두 방열판의 복사 열전달량(Q_A/Q_B)의 비는?

① 1.08 ② 1.22
③ 1.54 ④ 2.42

해설 복사열전달량 $Q = \sigma AT^4$ 이므로

$$\frac{Q_A}{Q_B} = \left(\frac{T_A}{T_B}\right)^4 = \left(\frac{120+273}{80+273}\right)^4$$

$= 1.536$

39 그림과 같이 다수의 추를 올려놓은 피스톤이 장착된 실린더가 있는데, 실린더 내의 초기압력은 300kPa, 초기 체적은 0.05m³이다. 이 실린더에 열을 가하면서 적절히 추를 제거하여 폴리트로픽 지수가 1.3인 폴리트로픽 변화가 일어나도록 하여 최종적으로 실린더 내의 체적이 0.2m³이 되었다면 가스가 한 일은 약 몇 kJ인가?

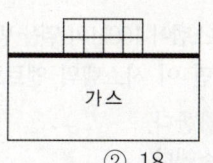

① 17 ② 18
③ 19 ④ 20

해설 $P_1 V_1^n = P_2 V_2^n$ 에서

$P_2 = 300 \times \left(\frac{0.05}{0.2}\right)^{1.3} = 49.48 \text{kPa}$

절대일 (폴리트로픽 과정)

$W_a = \frac{1}{n-1}(P_1 V_1 - P_2 V_2)$

$= \frac{1}{1.3-1}(300 \times 0.05 - 49.48 \times 0.2) = 17.0 \text{kJ}$

40 실제 기체가 이상기체의 상태방정식을 근사하게 만족시키는 경우는 어떤 조건인가?

① 압력과 온도가 모두 낮은 경우
② 압력이 높고 온도가 낮은 경우
③ 압력이 낮고 온도가 높은 경우
④ 압력과 온도 모두 높은 경우

해설 실제기체가 이상기체의 상태방정식을 근사하게 만족시키는 경우는 압력이 낮고, 온도가 높은 경우이다.

41 열병합발전시스템에 대한 설명으로 옳은 것은?

① 증기 동력 시스템에서 전기와 함께 공정용 또는 난방용스팀을 생산하는 시스템이다.
② 증기 동력 사이클 상부에 고온에서 작동하는 수은 동력 사이클을 결합한 시스템이다.
③ 가스 터빈에서 방출되는 폐열을 증기 동력 사이클의 열원으로 사용하는 시스템이다.
④ 한 단의 재열사이클과 여러 단의 재생사이클의 복합 시스템이다.

해설 열병합 발전시스템은 증기터빈, 가스터빈, 디젤엔진, 가스엔진으로 전기를 생산하고 그 배열을 회수하여 공정용 또는 난방용 열에너지를 얻는 시스템이다.

정답 37 ② 38 ③ 39 ① 40 ③ 41 ①

42 어떤 시스템이 100kJ의 열을 받고, 150kJ의 일을 하였다면 이 시스템의 엔트로피는?

① 증가한다.
② 감소했다.
③ 변하지 않았다.
④ 시스템의 온도에 따라 증가할 수도 있고 감소할 수도 있다.

해설 물체가 열을 받으면 엔트로피는 증가하고 열을 빼앗기면 엔트로피는 감소한다.

43 표준대기압 상태에서 물 1kg이 100℃로부터 전부 증기로 변하는데 필요한 열량이 0.652 kJ이다. 이 증발과정에서의 엔트로피 증가량 (J/K)은 얼마인가?

① 1.75　　② 2.75
③ 3.75　　④ 4.00

해설 엔트로피 증가량

$$\Delta S = \frac{\Delta Q}{T}$$
$$= \frac{0.652 \times 1000}{(100+273)}$$
$$= 1.749 \text{J/K}$$

44 증기를 가역 단열과정을 거쳐 팽창시키면 증기의 엔트로피는?

① 증가한다.
② 감소한다.
③ 변하지 않는다.
④ 경우에 따라 증가도 하고, 감소도 한다.

해설 엔트로피 $dS = \frac{\delta Q}{T}$에서 가역단열과정이면 $\delta Q = 0$이므로 엔트로피는 변하지 않는다 즉, $dS = 0$이다.

45 10℃에서 160℃까지 공기의 평균 정적비열은 0.7315kJ/(kg·K)이다. 이 온도 변화에서 공기 1kg의 내부에너지 변화는 약 몇 kJ인가?

① 101.1kJ　　② 109.7kJ
③ 120.6kJ　　④ 131.7kJ

해설 내부에너지 $du = C_v dT$
$u = 0.7315 \times (160-10) = 109.7 \text{kJ}$

46 최고온도(T_H)와 최저온도(T_L)가 모두 동일한 이상적인 가역사이클 중 효율이 다른 하나는? (단, 사이클 작동에 사용되는 가스(기체)는 모두 동일하다.)

① 카르노 사이클　　② 브레이튼 사이클
③ 스털링 사이클　　④ 에릭슨 사이클

해설 카르노 사이클, 스털링 사이클, 에릭슨 사이클의 효율은 온도만의 함수이고, 브레이튼 사이클의 효율은 압력비만의 함수이다.

47 공기 표준 브레이튼(Brayton) 사이클 기관에서 최고 압력이 500kPa, 최저압력은 100kPa이다. 비열비(k)가 1.4일 때, 이 사이클의 열효율(%)은?

① 3.9　　② 18.9
③ 36.9　　④ 26.9

해설 브레이튼 사이클 열효율

$$\eta_B = 1 - \left(\frac{1}{\psi}\right)^{\frac{k-1}{k}}$$

압력비 $\psi = \frac{P_2}{P_1}$

$$\eta_B = 1 - \left(\frac{1}{500/100}\right)^{\frac{1.4-1}{1.4}}$$
$$= 0.3686 = 36.86\%$$

정답: 42 ①　43 ①　44 ③　45 ②　46 ②　47 ③

48 과열증기를 냉각시켰더니 포화영역 안으로 들어와서 비체적이 0.2327m³/kg이 되었다. 이 때의 포화액과 포화증기의 비체적이 각각 1.079×10⁻³m³/kg, 0.5243m³/kg이라면 건도는 얼마인가?

① 0.964　　② 0.772
③ 0.653　　④ 0.443

해설 습포화증기의 비체적
$$v_x = v' + x(v'' - v')$$
건도 $x = \dfrac{v_x - v'}{v'' - v'}$
$= \dfrac{0.2327 - 1.079 \times 10^{-3}}{0.5243 - 1.079 \times 10^{-3}} = 0.443$

49 클라우지우스(Clausius) 부등식을 옳게 표현한 것은? (단, T는 절대온도, Q는 시스템으로 공급된 전체 열량을 표시한다.)

① $\oint \dfrac{\delta Q}{T} \geq 0$　　② $\oint \dfrac{\delta Q}{T} \leq 0$
③ $\oint T\delta Q \geq 0$　　④ $\oint T\delta Q \leq 0$

해설 클라우시우스의 폐적분
$$\oint \dfrac{\delta Q}{T} \leq 0$$
가역과정(사이클):
$$\oint \dfrac{\delta Q}{T} = 0 \rightarrow \dfrac{Q_H}{T_H} - \dfrac{Q_L}{T_L} = 0$$
비가역과정(사이클):
$$\oint \dfrac{\delta Q}{T} < 0 \rightarrow \dfrac{Q_H}{T_H} - \dfrac{Q_L}{T_L} < 0$$

- 모든 가역사이클에 대한 폐적분은 항상 0이 된다.
- 비가역사이클의 경우는 마찰등에 의한 열손실로 방열량(Q_L)이 가역사이클의 방열량보다 크므로 폐적분 값은 항상 0보다 작다.
- 즉, 어떤 사이클의 폐적분 값이 가역이면 0이고 비가역이면 0보다 작다. 따라서 이식은 어떤 사이클이 가역인지 비가역인지의 판별식으로 활용된다.

50 용기 안에 있는 유체의 초기 내부에너지는 700kJ이다. 냉각과정 동안 250kJ의 열을 잃고, 용기 내에 설치된 회전날개로 유체에 100kJ의 일을 한다. 최종상태의 유체의 내부에너지(kJ)는 얼마인가?

① 350　　② 450
③ 550　　④ 650

해설
$\delta Q = dU + \delta W$
$-250 = \Delta U + (-100)$
$\Delta U = -250 + 100 = -150$
$\Delta U = U_2 - U_1 = -150$
$U_2 = \Delta U + U_1 = -150 + 700 = 550$

51 외부에서 받은 열량이 모두 내부에너지 변화만을 가져오는 완전가스의 상태변화는?

① 정적변화　　② 정압변화
③ 등온변화　　④ 단열변화

해설 $\delta Q = dU + PdV$에서
$\delta Q = dU + 0$이 되려면 $PdV = 0$이므로 받은 열량 모두가 내부에너지 변화만을 가져오는 것은 정적변화이다.

52 어느 발명가가 바닷물로부터 매시간 1800kJ의 열량을 공급받아 0.5kW 출력의 열기관을 만들었다고 주장한다면, 이 사실은 열역학 제 몇 법칙에 위배되는가?

① 제0법칙　　② 제1법칙
③ 제2법칙　　④ 제3법칙

해설 매시간 1800kJ의 열량 즉, 1800kJ/h의 열량을 kW로 환산하면
1800kJ/h = 1800÷3600 = 0.5kJ/s = 0.5kW
따라서 공급받은 열량 전부를 출력으로 만들었다는 것은 열역학 제2법칙을 위반한 것임.

열역학 제2법칙: 열효율 100%인 열기관은 없다 (Kelvin의 표현).

48 ④　49 ②　50 ③　51 ①　52 ③

제 2 편

냉동공학

[제 1 장] 냉동의 기초 및 원리
[제 2 장] 냉매선도와 냉동사이클
[제 3 장] 냉매(Refrigerant)
[제 4 장] 브라인 및 냉동기유
[제 5 장] 냉동장치 구성기기
[제 6 장] 냉동장치의 응용
[제 7 장] 흡수식 냉동기
[제 8 장] 신·재생 에너지
[제 9 장] 에너지절약 및 효율개선
[제10장] 안전관리

● 제2편 냉동공학

냉동의 기초 및 원리

1 냉동의 정의

일정한 공간에 있는 물질로부터 열을 빼앗아 온도를 떨어뜨리거나 동결상태로 유지하는 조작을 냉동이라 한다. 유사한 용어로서 냉각, 냉장, 동결이 있는데 냉각이란 어떤 물질의 온도를 빙점 온도 이전까지 떨어뜨리는 것을 말하며, 냉장이란 식품 등을 동결되지 않을 정도의 저온에서 저장하는 것을 말하며, 동결이란 물질을 빙점 이하로 얼리는 것을 말한다.

2 냉동의 원리

냉동을 얻는 방법은 자연냉동법과 기계적냉동법이 있다.

(1) 자연냉동법

① 융해열을 이용한 냉동법
  ㉠ 얼음이 녹을 때 주위로부터 열을 빼앗는(흡수하는) 현상을 이용하는 냉동법
  ㉡ 0℃ 얼음 1kg이 녹을 때 333.6kJ(79.68kcal)의 열을 주위에서 흡수한다.

② 승화열을 이용한 냉동법
  ㉠ 고체가 기체로 승화할 때 주위로부터 열을 흡수하는 현상을 이용하는 냉동법
  ㉡ -78.5℃ 드라이아이스 1kg이 승화될 때 573.6kJ(137kcal)의 열을 주위에서 흡수한다.

③ 증발열을 이용한 냉동법
  ㉠ 물이 증발하면서 주위로부터 열을 흡수하는 현상을 이용하는 냉동법
  ㉡ 30℃ 물 1kg이 증발할 때 2429.2kJ(580.2kcal)의 열을 주위에서 흡수한다.
  ㉢ -196℃ 액화질소 1kg이 증발할 때 201kJ(48kcal)의 열을 주위에서 흡수한다.

④ 기한제를 사용하는 방법

얼음을 가늘게 깨뜨려서 그 속에 소금을 첨가해 주면 농도에 따라 -18℃~-20℃의 저온에서 녹는 빙점강하가 발생한다. 이와 같이 두 종류의 물질을 혼합하면 단독으로 사용할 때 보다 더 낮은 온도를 얻을수 있는 것이 있는데 이러한 혼합물을 기한제(起寒劑) 또는 혼합냉각제 라고 한다.

기한제	어는점
소금(NaCl) 22.4% + 얼음 77.6%	-21.3℃
염화칼슘($CaCl_2$) 29.9% + 얼음 70.1%	-55℃

(2) 기계적 냉동법

① 증기압축식 냉동법
　㉠ 냉매의 증발과 액화를 반복시킴으로 냉동목적을 달성하는 냉동법이며 냉매의 증발잠열을 이용하여 주위로부터 열을 빼앗는 방법
　㉡ 증발기, 압축기, 응축기, 팽창밸브의 4개 주요부로 구성된다.

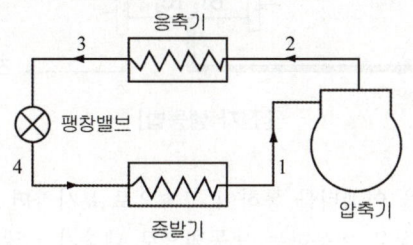

[증기압축 냉동장치]

② 흡수식 냉동법

흡수식 냉동기에서는 압축기를 이용하여 가스를 압축하는 대신 냉매가 흡수제에 용해, 분리되는 작용과 액체(냉매)가 낮은 온도로 증발하는 현상을 이용한다.

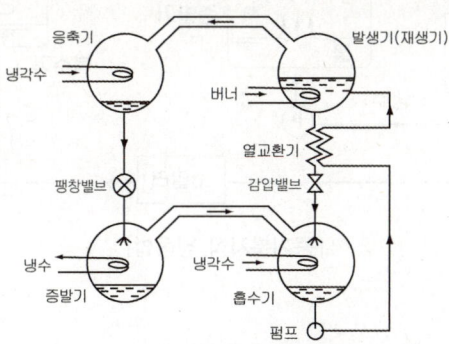

[흡수식 냉동장치]

③ 전자 냉동법(열전냉동법)
  ㉠ 서로 다른 금속을 연결하여 직류전류를 흐르게 하면 한쪽의 접점은 고온이 되고 다른 쪽의 접점은 저온이 되는 현상을 펠티어효과(peltier effect)라 하며, 이 원리를 이용하는 냉동법을 전자냉동법 또는 열전냉동법이라 한다.
  ㉡ 두 개의 반도체 소자로는 Bi + Bi_2Te_3 등이 사용된다.

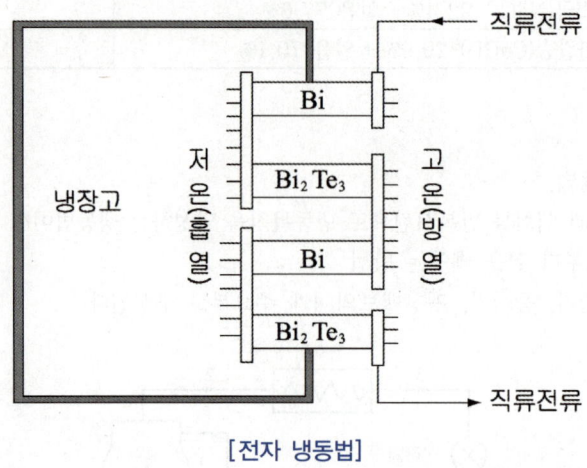

[전자 냉동법]

④ 증기분사 냉동법 : 스팀을 이젝터를 통하여 고속으로 분사하면 부압이 발생하여 압력이 저하되므로 물이 증발하는 현상을 이용하는 냉동법으로 폐증기가 많은 곳에서 사용된다.

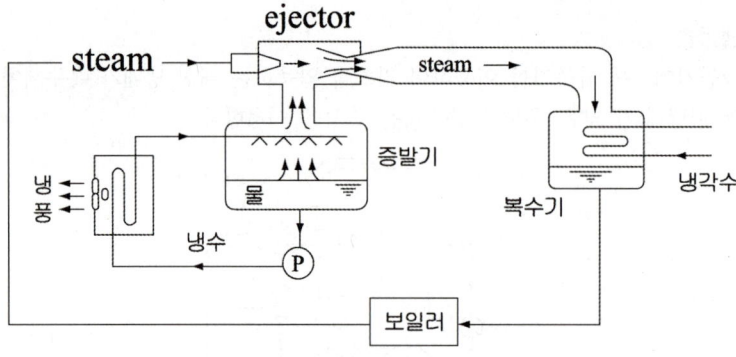

[증기분사식 냉동법]

⑤ 단열소자 냉동법

상자성염에 자장을 걸었다 소거하면 분자배열이 흩어지면서 주위로부터 열을 흡수하는 성질을 이용한 냉동법이며 1K의 극저온을 얻을 수 있다.

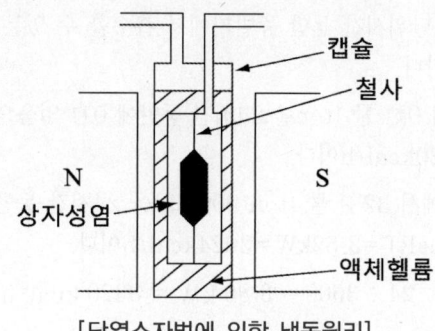

[단열소자법에 의한 냉동원리]

⑥ 공기압축 냉동법
  ㉠ 공기를 압축한 후 작은 구멍으로 팽창시키면 온도가 내려가는 줄-톰슨효과를 이용한 냉동법
  ㉡ 액체공기의 제조, 항공기의 냉방에 사용된다.

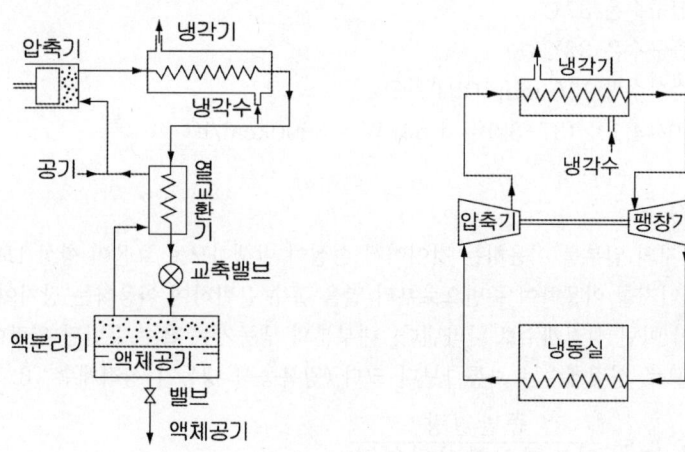

교축팽창에 의한 공기 액화장치   단열팽창에 의한 공기 냉각기

[공기압축 냉동법]

3   냉동 용어

(1) 냉동톤(RT, Refrigeration Ton)

① 냉동능력이란 냉동기가 단위시간 동안 증발기에서 흡수할 수 있는 열량이며 단위로 kW, kcal/h 및 냉동톤(RT)을 사용한다.

② 1RT = 표준대기압에서 0℃ 물 1ton을 24시간 동안에 0℃ 얼음으로 만드는 냉동능력이며 **1RT = 3.86kW = 3320kcal/h**이다.

③ 1usRT = 표준대기압에서 32℉ 물 1ton(2000lb)을 24시간 동안에 32℉ 얼음으로 만드는 냉동능력이며 **1usRT = 3.52kW = 3024kcal/h**이다.

④ $1\text{RT} = 1000 \times 333.6 \div 24 \div 3600 = 3.86\,\text{kW} = 3320\,\text{kcal/h}$

⑤ $1\text{usRT} = 2000 \times 144 \div 24 = 12000\,\text{Btu/h} = 3.52\,\text{kW} = 3024\,\text{kcal/h}$

(2) 냉각톤(CRT)

냉각탑의 용량을 나타내는 것으로 1CRT = 4.54kW = 3900kcal/h이다.

   조건 : 입구공기 습구온도 27℃(WB)
          냉각탑 입구수온 37℃
          냉각탑 출구수온 32℃
          냉각수 순환수량 13ℓ/min·CRT

   $1\text{CRT} = 13 \div 60 \times 4.19 \times (37-32) = 4.54\,\text{kW} = 3900\,\text{kcal/h}$

(3) 성적계수(COP, ε)

열기관은 받은 에너지의 일부를 이용하는 것이어서 손실이 발생하므로 효율이 항상 1보다 작지만, 냉동기는 공급받은 에너지를 이용하여 주변으로부터 열을 흡수 운반하여 이용하는 장치이므로 냉동기의 성능(능력)은 효율이 아닌 성적계수로 나타낸다. 대부분의 냉동기는 흡수 운반된 열량이 공급받은 에너지 보다 크게 되므로 성적계수는 보통 1보다 크다.(왕복동식 냉동기 성적계수 : 3~6)

① 냉동기 성적계수 $\varepsilon_r = \dfrac{증발열량}{압축기일의 상당열량}$

② 열펌프 성적계수 $\varepsilon_h = \dfrac{응축열량}{압축기일의 상당열량}$

③ $\varepsilon_h = 1 + \varepsilon_r$ (열펌프 성적계수는 냉동기 성적계수 보다 항상 1만큼 크다.)

(4) 냉동효과(q_e)

총 냉매 1kg당의 냉동능력을 냉동효과라 한다. (즉, 냉동효과 = 냉동능력 ÷ 총 냉매량)

4 전열과 단열

(1) 전열

열은 전도, 대류, 복사의 3가지 형태로 이동한다.

① **전도(Conduction)** : 고체나 유체에서 서로 접하고 있는 물질의 구성 분자 간에 정지상태에서 열이 이동하는 현상으로 전달열량은 프리에(Fourier)의 법칙에 의해 다음과 같이 나타낸다.

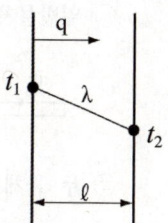

$$\delta q = -\lambda A \frac{dt}{dx}$$
$$q = -\lambda A \frac{(t_2 - t_1)}{\ell}$$
$$= \frac{\lambda}{\ell} A (t_1 - t_2)$$

여기서 λ : 열전도율 [W/m·K]
ℓ : 벽체 두께 [m]
A : 벽체 면적 [m²]
t_1, t_2 : 벽의 표면온도 [℃]

② **대류(Convection)** : 유체의 유동에 의해 유체와 고체표면 사이에 열이 이동하는 현상을 대류열전달이라 하며 전달열량은 뉴톤의 냉각법칙으로 다음과 같이 나타낸다.

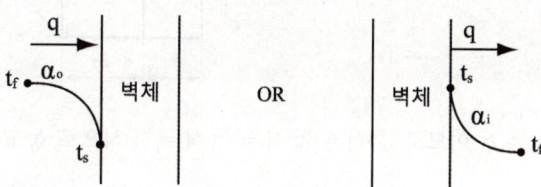

$$q = \alpha_o \cdot A(t_f - t_s)$$
또는
$$q = \alpha_i \cdot A(t_s - t_f)$$

여기서 α_o, α_i : 대류열전달계수 [W/m²·K]
A : 벽체 면적 [m²]
t_f : 유체의 온도 [℃]
t_S : 벽체 표면온도 [℃]

③ **복사(Radiation)** : 열이 이동할 때 중간 매개물을 거치지 않고 물체의 표면 온도로 인해 외부로 방출되는 전자기파 형태의 열전달로서 스테판 볼츠만(Stefan-Boltzmann)법칙에 의해 다음과 같이 나타낸다.

㉠ 흑체(Black Body)

$$q = \sigma A T_S^4$$

σ : 스테판 볼츠만 상수
    = 5.67×10^{-8}[W/m² K⁴]
A : 면적[m²]
ε : 복사율($0 < \varepsilon < 1$)
F_ε : 두 물체 간의 복사계수
F_G : 두 물체 간의 형태계수
T_S, T_1, T_2 : 물체 표면온도 [K]

㉡ 일반물체

$$q = \varepsilon \sigma A T_S^4$$

㉢ 두 물체간의 복사열 전달

$$q = F_\varepsilon \cdot F_G \cdot \sigma \cdot A(T_1^4 - T_2^4)$$

④ **총괄열전달(The overall heat transfer, 열관류)**

$q_1 = \alpha_i A(t_1 - t_2)$ ················ ①

$q_2 = \dfrac{\lambda_1}{\ell_1} A(t_2 - t_3)$ ············ ②

$q_3 = \dfrac{\lambda_2}{\ell_2} A(t_3 - t_4)$ ············ ③

$q_4 = \alpha_o A(t_4 - t_5)$ ················ ④

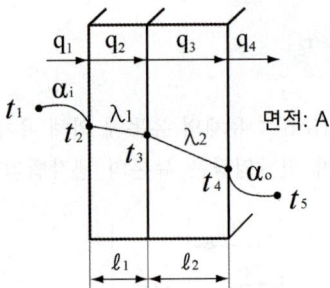

$q_1 = q_2 = q_3 = q_4 = q$ 이므로 ①식 = ②식 = ③식 = ④식으로 놓고 풀면

$$q = \frac{(t_1 - t_2)}{\dfrac{1}{\alpha_i A}} = \frac{(t_2 - t_3)}{\dfrac{\ell_1}{\lambda_1 A}} = \frac{(t_3 - t_4)}{\dfrac{\ell_2}{\lambda_2 A}} = \frac{(t_4 - t_5)}{\dfrac{1}{\alpha_o A}}$$

$$q = \frac{A(t_1 - t_5)}{\dfrac{1}{\alpha_i} + \dfrac{\ell_1}{\lambda_1} + \dfrac{\ell_2}{\lambda_2} + \dfrac{1}{\alpha_o}}$$ (총괄 열전달식)

$q = KA(t_1 - t_5)$ 형태로 나타내면 K의 값은

$$K = \cfrac{1}{\cfrac{1}{\alpha_i} + \cfrac{\ell_1}{\lambda_1} + \cfrac{\ell_2}{\lambda_2} + \cfrac{1}{\alpha_o}}$$

$$\frac{1}{K} = \frac{1}{\alpha_i} + \frac{\ell_1}{\lambda_1} + \frac{\ell_2}{\lambda_2} + \frac{1}{\alpha_o}$$

q : 열전달량 [W]
K : 총괄열전달계수(열관류율)[W/m$^2 \cdot$K]
α_i, α_o : 실내, 외 열전달율 [W/m$^2 \cdot$K]
λ_1, λ_2 : 벽체 열전도율 [W/m$\cdot$K]
ℓ_1, ℓ_2 : 벽체 두께 [m]
A : 벽체 면적 [m^2]

⑤ 원통의 총괄 열전달

(A)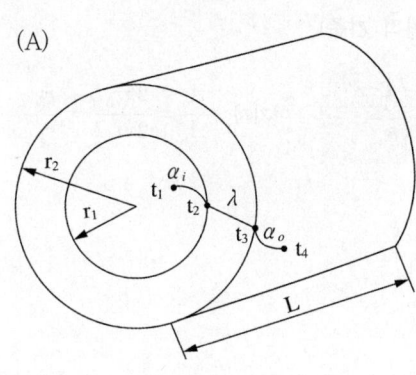

(B)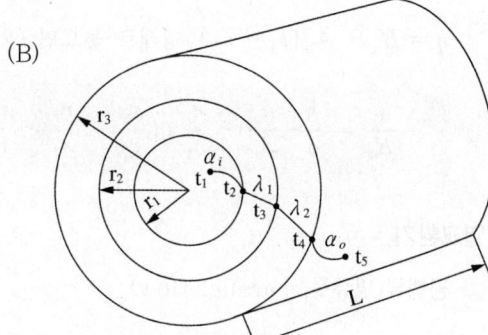

(A)의 경우

$$q = \cfrac{t_1 - t_4}{\cfrac{1}{\alpha_i A_i} + \cfrac{1}{\lambda 2\pi L}\ln\cfrac{r_2}{r_1} + \cfrac{1}{\alpha_o A_o}}$$

$A_i = 2\pi r_1 L$ (내표면적)
$A_o = 2\pi r_2 L$ (외표면적)

$q = K_i \cdot A_i(t_1 - t_4)$ 형태로 놓으면 (내표면적 기준)

$$K_i = \cfrac{1}{\cfrac{1}{\alpha_i} + \cfrac{r_1}{\lambda}\ln\cfrac{r_2}{r_1} + \cfrac{1}{\alpha_o}\cfrac{A_i}{A_o}}$$

여기서, $\dfrac{A_i}{A_o} = \dfrac{2\pi r_1 L}{2\pi r_2 L} = \dfrac{r_1}{r_2}$

$$\frac{1}{K_i} = \frac{1}{\alpha_i} + \frac{r_1}{\lambda}\ln\frac{r_2}{r_1} + \frac{1}{\alpha_o}\frac{A_i}{A_o}$$

$q = K_o \cdot A_o(t_1 - t_4)$ 형태로 놓으면 (외표면적 기준)

$$K_o = \cfrac{1}{\cfrac{1}{\alpha_i}\cfrac{A_o}{A_i} + \cfrac{r_2}{\lambda}\ln\cfrac{r_2}{r_1} + \cfrac{1}{\alpha_o}}$$

여기서, $\dfrac{A_o}{A_i} = \dfrac{2\pi r_2 L}{2\pi r_1 L} = \dfrac{r_2}{r_1}$

제1장 냉동의 기초 및 원리

$$\frac{1}{K_o} = \frac{1}{\alpha_i}\frac{A_o}{A_i} + \frac{r_2}{\lambda}\ln\frac{r_2}{r_1} + \frac{1}{\alpha_o}$$

(B)의 경우

$q = K_i \cdot A_i(t_1 - t_5)$ 형태로 놓으면 (내표면적 기준)

$$\frac{1}{K_i} = \frac{1}{\alpha_i} + \frac{r_1}{\lambda_1}\ln\frac{r_2}{r_1} + \frac{r_1}{\lambda_2}\ln\frac{r_3}{r_2} + \frac{1}{\alpha_o}\frac{A_i}{A_o}$$ 여기서, $\frac{A_i}{A_o} = \frac{2\pi r_1 L}{2\pi r_3 L} = \frac{r_1}{r_3}$

$q = K_o \cdot A_o(t_1 - t_5)$ 형태로 놓으면 (외표면적 기준)

$$\frac{1}{K_o} = \frac{1}{\alpha_i}\frac{A_o}{A_i} + \frac{r_3}{\lambda_1}\ln\frac{r_2}{r_1} + \frac{r_3}{\lambda_2}\ln\frac{r_3}{r_2} + \frac{1}{\alpha_o}$$ 여기서, $\frac{A_o}{A_i} = \frac{2\pi r_3 L}{2\pi r_1 L} = \frac{r_3}{r_1}$

(2) 열교환기

① 평행류(병류형, parallel flow)

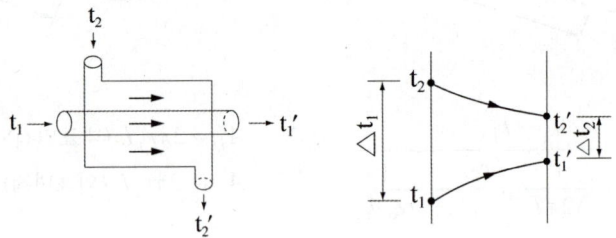

② 대항류(counter flow)

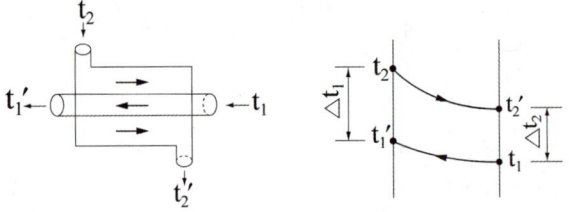

③ 대수평균 온도차(Logarithmic Mean Temperature Difference)

$$LMTD = \frac{\Delta t_1 - \Delta t_2}{\ln\left(\frac{\Delta t_1}{\Delta t_2}\right)}$$

(3) 단열(斷熱)

냉동창고에서는 열이 외부에서 침입하는 것을 막기 위해서 단열하고 겨울철 난방의 경우에는 내부의 온열이 외부로 나가는 것을 막기 위해 단열을 한다. 단열방식에는 외부단열방식과 내부단열 방식이 있다.

① 외부단열 방식
 구조 : 건물의 벽체 외부쪽에 단열재를 둘러싸는 방식
 특징 : 구조체가 단열재로 둘러 싸여 있어 온도변화가 적고, 구조체가 보호된다.
 적용 : 영업용 대형 냉장고

② 내부단열 방식
 구조 : 건물의 벽체 안쪽에 단열재를 시공하는 방식
 특징 : 사용조건이 서로 다른 냉장실을 필요로 하는 경우에 적합하다.
 적용 : 도매시장의 냉장고, 식품가공 공장의 저온실

③ 단열재의 성질
 ㉠ 열전도율이 작을 것(열이 잘 전달되지 않을 것)
 ㉡ 투습저항이 크고, 흡습성이 작을 것(수분이 잘 흡수되지 않을 것)
 ㉢ 팽창계수가 작아 수축 팽창으로 균열되지 않을 것(수축, 팽창이 잘 안될 것)
 ㉣ 불연성 또는 난연성일 것(불에 타지 않을 것)
 ㉤ 밀도가 작아 가벼울 것
 ㉥ 내구성 및 내약품성이 클 것
 ㉦ 시공성이 좋을 것
 ㉧ 가격이 저렴하고 구입이 쉬울 것

④ 단열재의 종류
 ㉠ 유리섬유(Glass wool)
 ㉡ 폴리스티렌폼(일명 스치로폼)
 ㉢ 폴리우레탄폼
 ㉣ 가교발포 폴리에틸렌(상품명 : 아티론)
 ㉤ 고무발포 보온재(EPDM, NBR)

⑤ 단열재 두께 결정
 • 표면에 결로가 생기지 않는 정도의 두께(노점기준 두께)
 • 경제성을 기준으로 결정하는 두께

㉠ **노점기준 두께** : 고온측 벽체에 결로가 발생하지 않는 최소 단열 두께

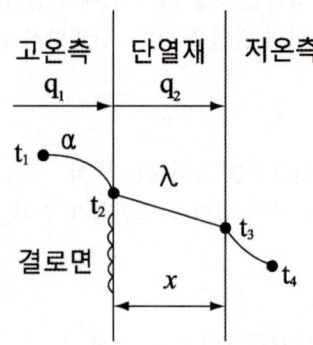

$$q_1 = \alpha A(t_1 - t_2)$$

$$q_2 = \frac{\lambda}{x} A(t_2 - t_3)$$

열전달량 $q_1 = q_2$ 이므로

$$\alpha A(t_1 - t_2) = \frac{\lambda}{x} A(t_2 - t_3)$$

$$x = \frac{\lambda}{\alpha} \frac{(t_2 - t_3)}{(t_1 - t_2)}$$

x : 단열재 두께 [m]
λ : 단열재 열전도율 [W/m·K]
α : 고온측 열전달율 [W/m²·K]
t_1 : 고온측 공기온도 [℃]
t_2 : 고온측 벽면온도 [℃](노점온도보다 높아야 한다.)
t_3 : 저온측 벽면온도 [℃](t_3를 모르는 경우 저온측 공기온도 t_4를 적용하면 단열재 두께가 두꺼워지므로 여유가 있음)

㉡ **경제성기준 두께** : 냉장고의 단열재 두께를 얇게 하면 공사비는 낮아지지만 침입열량이 증가하여 소요냉동능력이 커져서 냉동장치 설비비, 운전비가 높아진다. 따라서 아래 그림과 같은 관계가 있으므로 경제성이 좋은 조건을 검토하여 결정하면 된다.

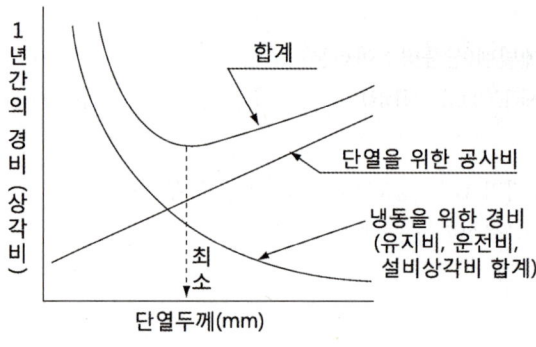

[경제적 단열두께 및 경비 비교]

⑥ 단열시공

내외부 온도차가 크면 공기중의 수증기 분압차도 커져 수증기가 단열재에 침입하여 단열재의 열전도 저항을 저하시킨다. 따라서 단열재의 고온측에 기밀방습재를 시공해야 한다.

단열재의 저온측 또는 내·외부에 방습재를 시공하면 고온측 방습재를 통과한 수증기가 단열재의 저온측에 점차 축적되고 결빙하게 되어 단열층을 파괴하게 된다. 따라서 저온측에 방습재를 시공하는 것은 피하는 것이 좋다.

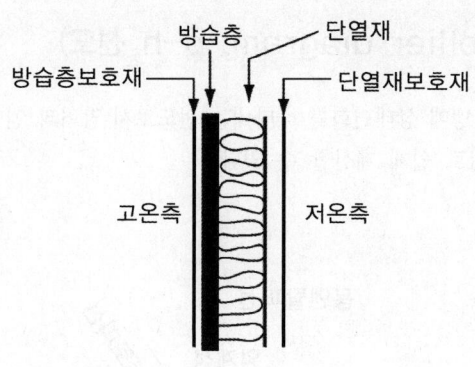

제2장 냉매선도와 냉동사이클

1 몰리엘 선도(Mollier diagram, p-h 선도)

몰리엘 선도는 냉동기 내의 냉매 상태변화를 나타내는 선도로서 압력과 엔탈피로 표시되며 압축기, 응축기, 증발기의 능력을 엔탈피차로 쉽게 계산할 수 있다.

(1) 몰리엘선도의 구성

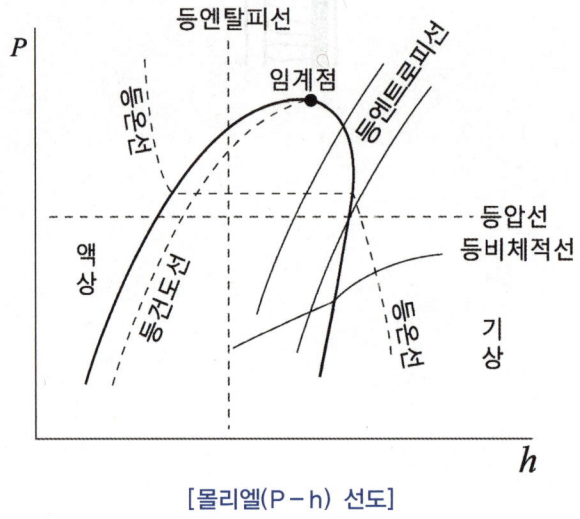

[몰리엘(P-h) 선도]

① 등압선(P = 일정)
 등압선은 수평선으로 표시되며 응축과 증발과정에 해당한다.
② 등엔탈피선(h = 일정)
 등엔탈피선은 수직선으로 표시되며 팽창과정에 해당한다.

③ 등온선(t = 일정)

등온선은 과냉각액 구간에서는 거의 수직선이며 습증기 구간에서는 등압선과 같이 수평선으로 표시되고 과열증기 구간에서 또다시 거의 수직경사선으로 표시된다.

④ 등엔트로피선(s = 일정)

등엔트로피선은 오른쪽으로 경사진 선으로 표시되며 압축과정에 해당한다.

⑤ 등비체적선(v = 일정)

등비체적선은 등엔트로피선보다 경사가 완만한 선으로 표시된다.

⑥ 등건도선(x = 일정)

습증기 구간에서 습증기의 증기 비율을 10등분하여 나타낸 선으로서 포화액선의 건도 $x = 0$이며 건포화증기선의 건도 $x = 1$이 된다.

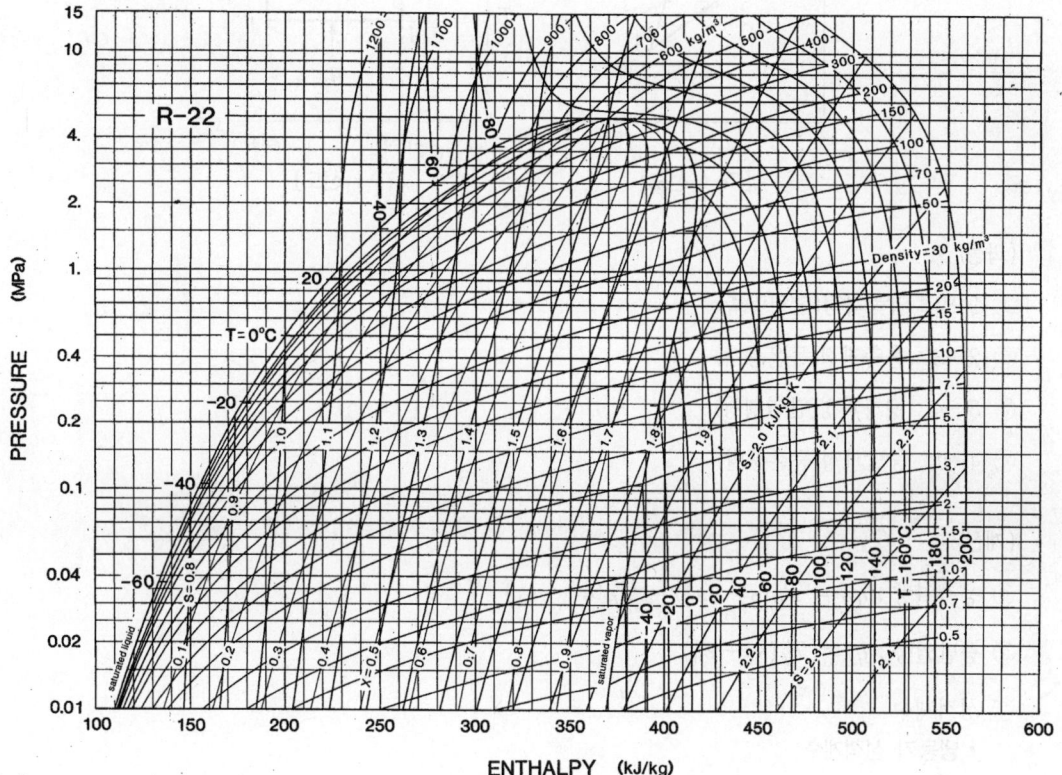

[R-22 몰리엘선도]

2 냉동 사이클

(1) 역 카르노 사이클
- 열기관의 이상 사이클이 카르노 사이클이므로 냉동기나 열펌프의 이상적인 사이클은 역 카르노 사이클이 된다.
- 등온과정 2개, 단열과정 2개로 구성되어 있는 가역사이클이다.

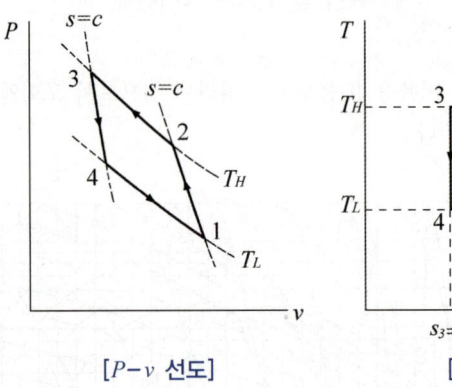
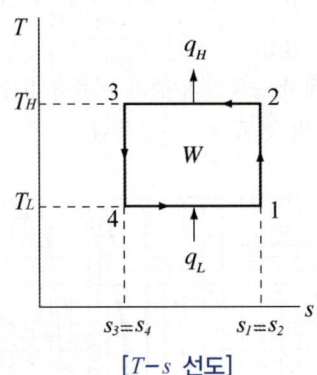

[P-v 선도]　　　　　[T-s 선도]

(과정)

① 1→2 : 압축과정(단열압축)

② 2→3 : 응축과정(등온응축)

③ 3→4 : 팽창과정(단열팽창)

④ 4→1 : 증발과정(등온증발)

(계산)

① 응축열량 : $q_H = T_H(s_2 - s_3) = T_H(s_1 - s_4)$

② 증발열량 : $q_L = T_L(s_1 - s_4)$

③ 성적계수
- 냉동기 성적계수

$$\varepsilon_r = \frac{q_L}{w} = \frac{q_L}{q_H - q_L} = \frac{T_L}{T_H - T_L}$$

- 히트펌프 성적계수

$$\varepsilon_h = \frac{q_H}{w} = \frac{q_H}{q_H - q_L} = \frac{T_H}{T_H - T_L}$$

• 냉동기와 히트펌프 성적계수 관계

$$\varepsilon_h = \frac{q_H}{w} = \frac{w + q_L}{w} = 1 + \frac{q_L}{w} = 1 + \varepsilon_r$$

즉, 히트펌프 성적계수가 냉동기 성적계수보다 항상 1만큼 더 크다.

(2) 증기압축 냉동 사이클

증기압축 냉동 기본 사이클은 압축, 응축, 증발, 팽창 4대 주요소로 구성된다.

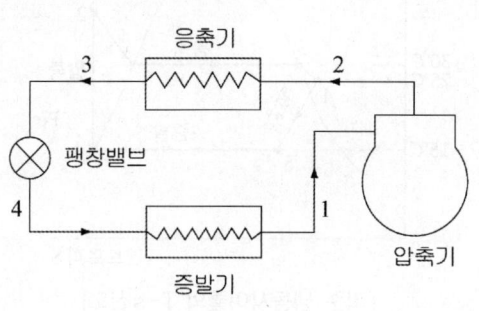

[증기압축냉동기]

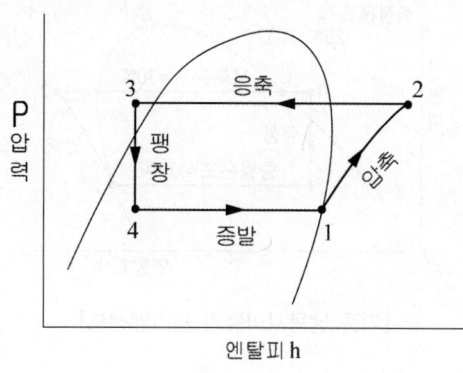

[구성 P-h선도]

(과정)

① 압축(1→2) : 단열과정(등엔트로피 과정)
저온 저압의 냉매증기를 압축기에서 흡입, 압축하여 고온 고압의 과열증기로 만들어 상온에서 액화되기 쉽게 하는 과정

② 응축(2→3) : 등압과정
압축기로부터 나온 고온고압의 냉매증기를 응축기에서 공기 또는 물로 액화시키는 과정

③ 팽창(3→4) : 교축과정(등엔탈피 과정)
응축기에서 액화된 고온고압의 냉매액을 팽창밸브에서 교축팽창(감압) 시켜 증발기에서 증발하기 쉬운 상태로 냉매 압력을 감압시키는 과정

④ 증발(4→1) : 등압과정
팽창밸브에서 감압된 저압의 냉매액이 증발기에서 증발하면서 주위로부터 열을 흡수하여 주위를 저온으로 만드는 과정

(3) 기준 냉동사이클(표준 냉동사이클)

냉동능력의 크기는 증발온도, 응축온도, 과냉각도, 과열도에 따라 달라진다. 따라서 기준이 되는 온도조건을 정하여 그 온도조건에서의 성능을 비교하도록 하고 있다. 이와 같이 기준이 되는 온도조건에서의 냉동사이클을 기준 냉동사이클 또는 표준 냉동사이클이라 한다.

기준 냉동사이클일 때 압축기가 발휘하는 냉동능력을 호칭냉동능력이라 하며 법규에서 법정냉동톤의 값을 결정하는 기준으로 쓰이고 있다.

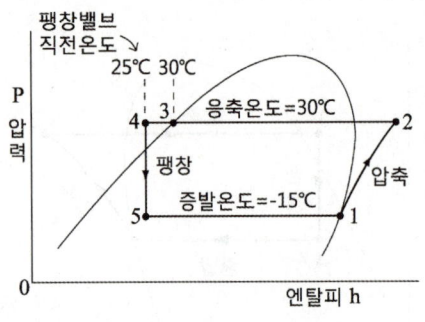
[기준 냉동사이클의 몰리엘선도]

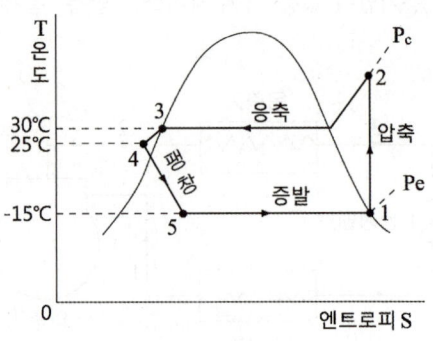
[기준 냉동사이클의 T-s선도]

① 증발온도 : -15℃

② 응축온도 : +30℃

③ 팽창밸브 직전온도 : +25℃

④ 과냉각도 : 5℃ (과냉각도 : 응축온도와 팽창밸브 직전 온도와의 차, 30 - 25 = 5)

⑤ 과 열 도 : 0℃ (과 열 도 : 증발온도와 압축기 흡입가스 온도와의 차, 여기서는 0)

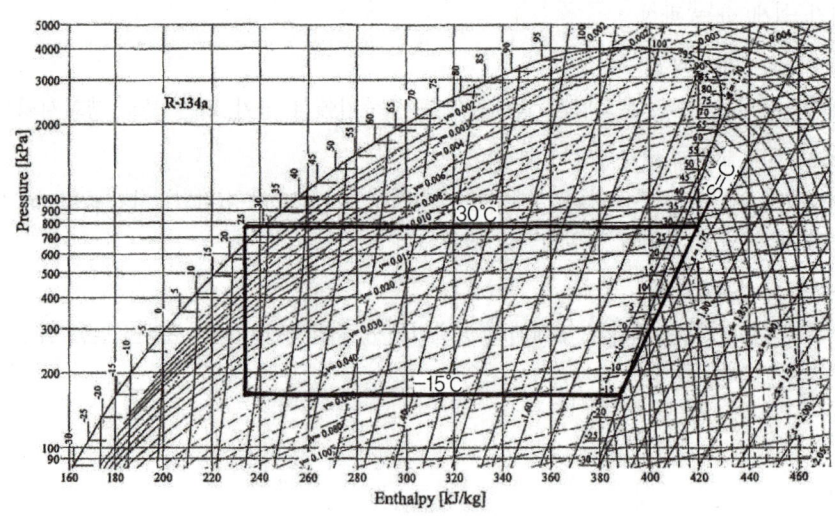
[실제 몰리엘 선도상에 나타낸 기준 냉동사이클]

(4) 1단 압축 냉동사이클

증발기에서 흡입된 냉매증기를 한번만 압축하는 냉동사이클을 1단압축 냉동사이클 또는 단순압축 냉동사이클이라 한다.

① 냉동사이클 선도

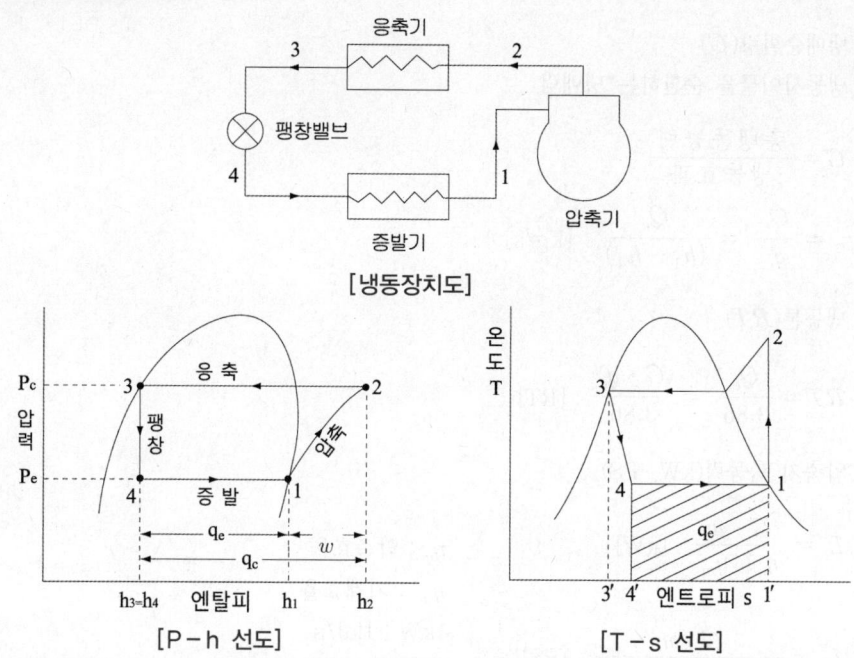

[냉동장치도]

[P-h 선도]   [T-s 선도]

② 냉동사이클의 계산

㉠ 냉동효과(냉동능력, q_e) : 냉매 1kg이 증발기에서 증발하며 흡수하는 열량

$q_e = h_1 - h_4$ [kJ/kg]

$= q_c - w$

$=$ 면적 $1' - 1 - 4 - 4' - 1'$ [T-s 선도]

㉡ 압축일량(w) : 냉매 1kg을 압축기에서 압축하는 데 소요되는 일의 열당량

$w = h_2 - h_1$ [kJ/kg]

$= q_c - q_e$

$=$ 면적 $1 - 2 - 3 - 3' - 4' - 4 - 1$ [T-s 선도]

㉢ 응축열량(q_c) : 냉매 1kg이 응축기에서 응축되며 방출하는 열량

$q_c = h_2 - h_3$ [kJ/kg]

$= w + q_e$

$=$ 면적 $1' - 1 - 2 - 3 - 3' - 4' - 1'$ [T-s 선도]

ⓔ 성적계수(COP, ε)
  압축일량과 냉동능력의 비율로 나타낸다.

$$\varepsilon = \frac{q_e}{w} = \frac{(h_1 - h_4)}{(h_2 - h_1)} = \frac{면적\,(1'-1-4-4'-1')}{면적\,(1-2-3-3'-4'-4-1)}$$

ⓜ 냉매순환량(G)
  냉동사이클을 순환하는 냉매량

$$G = \frac{총냉동능력}{냉동효과}$$

$$= \frac{Q_e}{q_e} = \frac{Q_e}{(h_1 - h_4)} \quad [\text{kg/s}]$$

ⓗ 냉동톤(RT)

$$RT = \frac{Q_e}{3.86} = \frac{G \cdot q_e}{3.86} \quad [\text{RT}]$$

ⓢ 압축기 축동력(kW, PS)

$$L_b = \frac{G \cdot w}{\eta_c \times \eta_m} \quad [\text{kW}]$$

$$L_b = \frac{G \cdot w}{\eta_c \times \eta_m \times 0.736} \quad [\text{PS}]$$

η_c : 압축효율
η_m : 기계효율
1kW : 1kJ/s
1PS : 0.736kJ/s

ⓞ 압축비(α)

$$\alpha = \frac{P_c}{P_e}$$

P_c : 응축압력
P_e : 증발압력

(5) 2단압축 냉동사이클

−30℃ 이하의 낮은 온도를 얻기 위해서는 압축기를 2대 사용하여 냉매증기를 2번 압축함으로써 체적효율의 감소를 방지하고, 압축기의 과열과 소비동력의 증가를 방지하여 성적계수를 향상시킨다.
또한 증발기로 들어가는 냉매의 건도를 개선할 목적으로 사용되는 사이클이 2단압축 2단팽창 사이클이다.

① 2단압축 1단팽창 사이클(중간 냉각이 불완전)

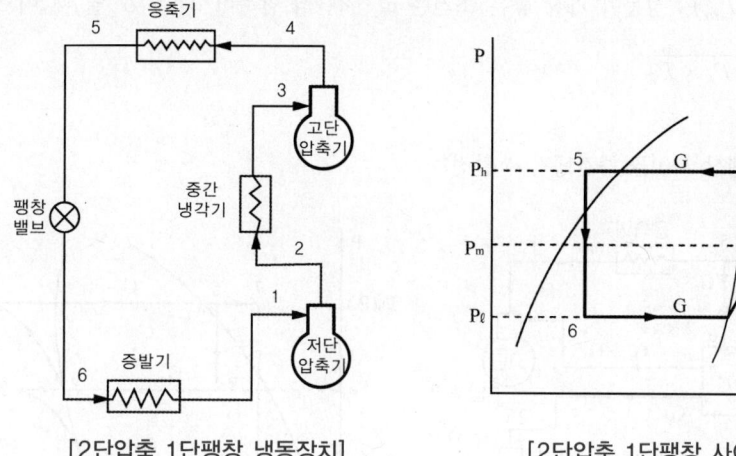

[2단압축 1단팽창 냉동장치]   [2단압축 1단팽창 사이클]

㉠ 냉동능력(Q_e)

$$Q_e = G(h_1 - h_6) \quad [\text{kW}]$$

㉡ 압축일량(W)

$$W = W_\ell + W_h = G(h_2 - h_1) + G(h_4 - h_3) \quad [\text{kW}]$$

㉢ 응축열량(Q_c)

$$Q_c = G(h_4 - h_5) \quad [\text{kW}]$$

㉣ 성적계수(COP, ε)

$$\varepsilon = \frac{Q_e}{W} = \frac{G(h_1 - h_6)}{G(h_2 - h_1) + G(h_4 - h_3)}$$

$$= \frac{h_1 - h_6}{(h_2 - h_1) + (h_4 - h_3)}$$

ⓐ 압축비(α)

- 저단 압축비 $\alpha_1 = \dfrac{P_m}{P_\ell}$

- 고단 압축비 $\alpha_2 = \dfrac{P_h}{P_m}$

ⓑ 중간압력(P_m) : 성능이 가장 좋은 조건은 고·저단의 압축비 $\alpha_1 = \alpha_2$일 때 이므로

$$P_m = \sqrt{P_\ell \times P_h}$$

② 2단압축 1단팽창 사이클(중간냉각이 완전)

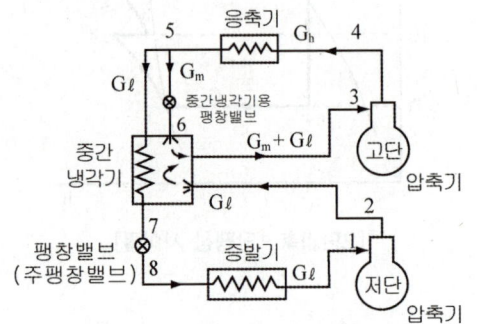 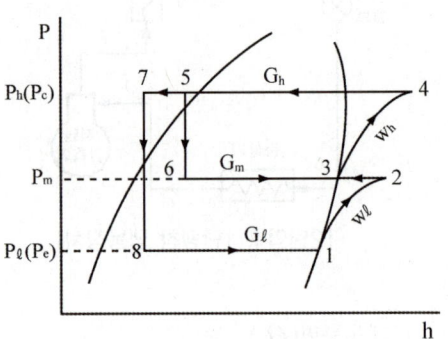

[2단압축 1단팽창 냉동장치]　　　[2단압축 1단팽창 사이클]

③ 2단압축 2단팽창 사이클(중간냉각이 완전)

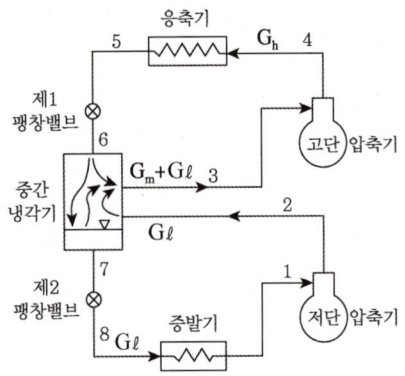 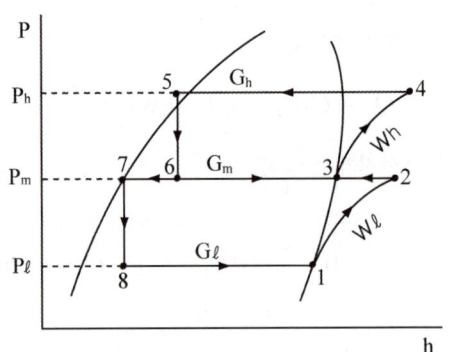

[2단압축 2단팽창 냉동장치]　　　[2단압축 2단팽창 사이클]

④ 2단압축 냉동사이클의 계산(중간냉각이 완전)

 * 중간 냉각이 완전한 2단압축 1단팽창과 2단압축 2단팽창 사이클의 계산식은 동일함

  ㉠ 냉동능력(Q_e)

   $Q_e = G_\ell(h_1 - h_8)$ [kW]

  ㉡ 압축일량(W)

   $W = W_\ell + W_h = G_\ell(h_2 - h_1) + G_h(h_4 - h_3)$ [kW]

  ㉢ 응축열량(Q_c)

   $Q_c = G_h(h_4 - h_5)$ [kW]

  ㉣ 성적계수(COP, ε)

   $$\varepsilon = \frac{Q_e}{W} = \frac{Q_e}{W_\ell + W_h} = \frac{G_\ell(h_1 - h_8)}{G_\ell(h_2 - h_1) + G_h(h_4 - h_3)}$$

   $$= \frac{h_1 - h_8}{(h_2 - h_1) + \dfrac{h_2 - h_7}{h_3 - h_6}(h_4 - h_3)}$$

   * 중간 냉각기에서 열평형식을 세워 정리하면

    $\dfrac{G_h}{G_\ell} = \dfrac{h_2 - h_7}{h_3 - h_6}$ 이 된다.

  ㉤ 압축비(α)

   • 저단 압축비 $\alpha_1 = \dfrac{P_m}{P_\ell}$

   • 고단 압축비 $\alpha_2 = \dfrac{P_h}{P_m}$

  ㉥ 중간압력(P_m) : 성능이 가장 좋은 조건은 고·저단의 압축비 $\alpha_1 = \alpha_2$일 때 이므로

   $P_m = \sqrt{P_\ell \times P_h}$

ⓢ 냉매순환량(G)

- 저단 압축기 냉매 순환량(G_ℓ)

$$G_\ell = \frac{Q_e}{h_1 - h_8} \quad [\text{kg/s}]$$

- 중간냉각기 냉매 순환량(G_m) : 중간냉각기에서 열평형식을 세워 정리하면

$$G_m = \frac{G_\ell[(h_2 - h_3) + (h_5 - h_7)]}{(h_3 - h_6)} \quad [\text{kg/s}]$$

- 고단 압축기 냉매 순환량(G_h)

$$G_h = G_\ell + G_m = G_\ell \frac{h_2 - h_7}{h_3 - h_6} \quad [\text{kg/s}]$$

* 냉매 순환량 계산공식 정리

$$G_h = G_\ell + G_m$$
$$\frac{G_h}{G_\ell} = \frac{h_2 - h_7}{h_3 - h_6}$$

(6) 2원 냉동사이클

왕복식 압축기의 경우 흡입압력이 어느 정도(약 $0.01\text{MPa}(0.1\text{kgf/cm}^2)$) 이하가 되면 체적효율이 아주 나빠지며, 압축기에 무리가 따르기 때문에 같은 냉매를 사용하는 왕복식 압축기의 2단압축등 다단압축 냉동장치로는 큰 저온을 얻을 수 없다. 이 결점을 없애기 위하여 다원냉동장치를 이용하여 필요한 저온을 얻는다.

다원냉동사이클에서 팽창탱크는 저온측 냉동기를 정지하였을 때 저온측 냉매의 증발로 저온측 증발기 내 압력이 높아져 증발기배관을 파괴하는 일이 발생하므로 이것을 방지하기 위해 저온측 증발기에 팽창탱크를 부착하여 일정압력 이상이 되면 일부의 냉매가스를 저장한다.

2원 냉동사이클은 -100℃ 정도의 아주 낮은 온도를 얻기 위해 냉동시스템을 저온용과 고온용으로 구성하고 고온냉동사이클의 증발기 증발열로 저온 냉동사이클의 응축기 응축열을 냉각하는 시스템이다.

고온측 냉매 : 필요 응축온도(예 30℃)에서 응축압력이 낮은 냉매 사용
저온측 냉매 : 필요 증발온도(예 -100℃)에서 증발압력이 높은 냉매 사용

사용냉매 : 고온측 냉매 R-12, R-22
저온측 냉매 R-13, R-14, R-503, 에탄, 에칠렌

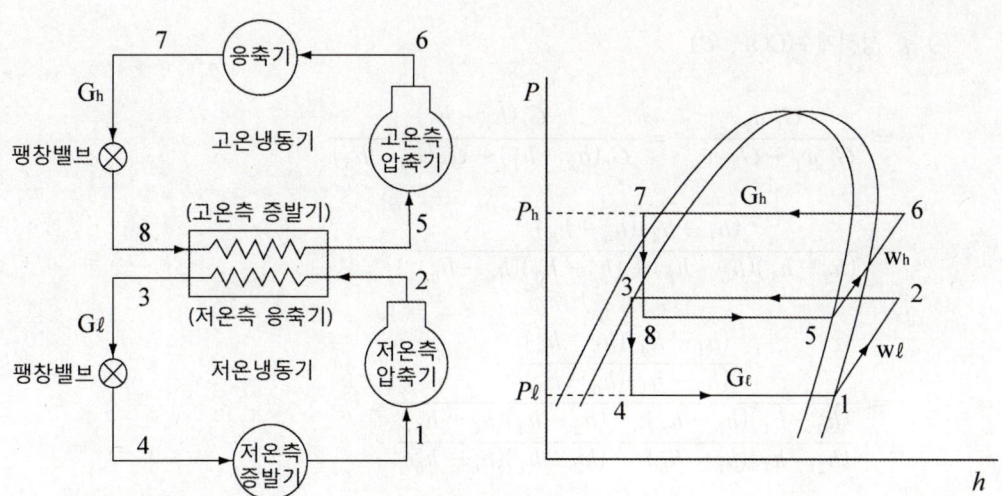

[2원냉동사이클]

① 냉동사이클의 계산
 ㉠ 냉동능력(저온냉동기 흡열량)

$$Q_e = G_\ell(h_1 - h_4)$$

 ㉡ 저온냉동기 방열량(=고온냉동기 흡열량)

$$Q_m = G_\ell(h_2 - h_3) = G_h(h_5 - h_8)$$

 ㉢ 고온냉동기 방열량(응축열량)

$$Q_c = G_h(h_6 - h_7)$$

 ㉣ 냉매순환량(고, 저온냉동기 냉매 순환량 비)

$$\frac{G_h}{G_\ell} = \frac{h_2 - h_3}{h_5 - h_8}$$

 ㉤ 고온냉동기 성적계수(COP_h, ε_h)

$$\varepsilon_h = \frac{q_m}{w_h} = \frac{h_5 - h_8}{h_6 - h_5}$$

 ㉥ 저온냉동기 성적계수(COP_ℓ, ε_ℓ)

$$\varepsilon_\ell = \frac{q_e}{w_\ell} = \frac{h_1 - h_4}{h_2 - h_1}$$

ⓢ 총 성적계수(COP, ε)

$$\varepsilon = \frac{G_\ell\, q_e}{G_\ell\, w_\ell + G_h\, w_h} = \frac{G_\ell(h_1 - h_4)}{G_\ell(h_2 - h_1) + G_h(h_6 - h_5)}$$

$$= \frac{(h_1 - h_4)(h_5 - h_8)}{(h_2 - h_1)(h_5 - h_8) + (h_2 - h_3)(h_6 - h_5)}$$

$$= \frac{\dfrac{(h_1 - h_4)(h_5 - h_8)}{(h_2 - h_1)(h_6 - h_5)}}{\dfrac{(h_2 - h_1)(h_5 - h_8)}{(h_2 - h_1)(h_6 - h_5)} + \dfrac{(h_2 - h_3)(h_6 - h_5)}{(h_2 - h_1)(h_6 - h_5)}}$$

$$= \frac{\varepsilon_\ell \cdot \varepsilon_h}{\varepsilon_h + \dfrac{(h_2 - h_3)}{(h_2 - h_1)}} \qquad h_3 = h_4 \text{이므로}$$

$$= \frac{\varepsilon_\ell \cdot \varepsilon_h}{\varepsilon_h + \dfrac{(h_1 - h_4) + (h_2 - h_1)}{(h_2 - h_1)}}$$

$$= \frac{\varepsilon_\ell \cdot \varepsilon_h}{\varepsilon_\ell + \varepsilon_h + 1}$$

(7) 조건의 변화에 따른 냉동능력

① 응축온도 일정하고 증발온도가 내려가면 : 응축온도는 일정하고 증발온도가 저하되면 압축기 토출 가스 온도가 상승하고 응축기의 배출열량도 증가하게 되며, 또한 증발온도가 너무 낮으면 압축기가 소손될 염려도 있다.

(능력변화)
㉠ 압축기 토출가스 온도 상승
㉡ 응축기 방출열량 증가
㉢ 압축일량 증가
㉣ 압축비(α) 증가
㉤ 흡입 냉매증기 비체적 증대
㉥ 압축기 체적효율 저하
㉦ 냉매 순환량 감소
㉧ 냉동능력(효과) 감소
㉨ 성적계수 감소

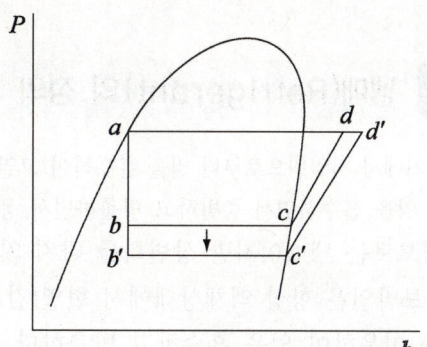

[증발온도 변화에 따른 냉동능력 변화]

② 증발온도 일정하고 응축온도가 올라가면 : 증발온도가 일정하고 응축온도가 상승하면 압축기의 토출가스 온도가 올라가고 압축비가 상승하여 압축기의 체적효율이 감소되며, 압축기 가스배출 체적이 감소한다.

(능력변화)
㉠ 압축기 토출가스 온도 상승
㉡ 압축일량 증가
㉢ 압축비(α) 증가
㉣ 압축기 체적효율 저하
㉤ 냉매 순환량 감소
㉥ 냉동능력(효과) 감소
㉦ 성적계수 감소

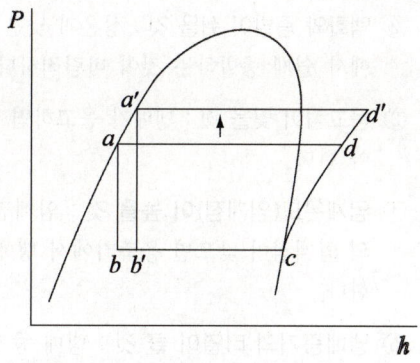

[응축온도 변화에 따른 냉동능력 변화]

제3장 냉매(Refrigerant)

1 냉매(Refrigerant)의 정의

냉동기에서 저열원으로부터 열을 흡수하여 고열원에 방출하는 동작유체를 총칭하여 냉매라 한다. 따라서 냉매는 열을 흡수하면서 증발하고 방출하면서 응축하는 상변화 과정을 갖는다.
총칭적으로는 냉매이지만 상변화를 하지 않고 열을 흡수, 운반, 방출하는 물질을 브라인이라 한다. 브라인은 항상 액체상태에서 현열(감열)을 이용하여 열을 흡수, 방출한다. 반면 냉매는 잠열을 이용하여 열을 흡수하고 방출한다.

2 냉매의 조건

(1) 물리적 조건

① **증발잠열이 클 것** : 증발잠열이 커야 단위질량당 많은 열을 흡수할 수 있다.
② **액화와 증발이 쉬울 것** : 상온과 낮은 압력에서 쉽게 액화하고, 저온과 대기압보다 약간 높은 압력에서 쉽게 증발하는 것이 바람직하다.
③ **응고점이 낮을 것** : 냉매가 응고하면 유동성을 상실하므로 응고점은 냉동기의 사용 온도보다 낮아야 한다.
④ **임계온도(임계점)이 높을 것** : 임계점 이상에서는 아무리 압력을 가해도 액화되지 않는다. 냉매의 임계점이 낮으면 응축기에서 냉매가스가 액화되지 않으므로 임계점은 상온 이상으로 높아야 한다.
⑤ **냉매증기의 비열이 클 것** : 냉매 증기의 비열이 작으면 압축기에 흡입되는 증기의 과열도가 커지며, 과열도가 커지면 온도가 상승하고, 비체적이 증가하므로 흡입되는 냉매의 질량은 감소한다.
⑥ **냉매액의 비열이 작을 것** : 냉매액이 팽창밸브에서 팽창하여 압력이 낮아지면 냉매의 일부가 증발하면서 나머지 냉매액에서 증발에 필요한 열을 빼앗아 증발한다. 이때 열을 빼앗기는 나머지 냉매액의 비열이 작을수록 냉매액의 온도를 많이 내릴 수 있게 된다.

⑦ 증기의 비체적이 작을 것 : 특히 왕복식 압축기에는 중요한 것이며 비체적이 작으면 냉동능력당 피스톤배출량이 작아도 된다. 따라서 부속 냉동장치도 작아진다.

⑧ 증기의 비열비가 작을 것 : 비열비가 작을 수록 냉매증기의 압축 후 온도가 낮아지며 비열비가 크면 압축 후 냉매증기 온도가 높아진다.

⑨ 전기저항이 클 것 : 밀폐형 압축기는 밀폐된 용기 속에 전동모터와 냉매가 함께 들어있으므로 누전의 위험을 줄이기 위해서는 전기저항이 커야 한다.

⑩ 열전도성이 좋을 것 : 열전도성이 좋으면 증발기, 응축기에서 전열작용이 용이해진다. 또한 표면장력이 작으면 증발기에서 냉매가 증발할 때 전열작용이 양호해진다.

⑪ 냉매액, 냉매증기 모두 점도가 작을 것 : 점도가 크면 배관에서 유동저항이 커지고 특히 밸브를 통과할 때 유동저항이 커지므로 압축기의 체적효율이 감소된다.

(2) 화학적 조건

① 화학적으로 안정되고 변질되지 않을 것 : 어떤 온도와 압력조건에서도 분해되는 일이 없고 성질이 변하지 않아야 한다.

② 인화성 폭발성이 없을 것 : 누설되었을 때 전기나 화기에 의해 인화되거나 폭발하지 않아야 한다.

③ 부식성이 없을 것 : 배관, 패킹 등의 재료를 부식시키지 않아야 한다.

④ 불활성일 것 : 윤활유, 수분 등 다른 물질과 화합하지 않아야 한다.

⑤ 윤활작용에 해가 없을 것 : 냉매가 윤활유에 많이 용해되면 윤활유의 점도가 감소되고, 왕복동 압축기에서는 오일포밍(oil foaming)현상을 일으킨다.

⑥ 인체에 무해하고 자극성이 없을 것 : 냉매 누설 시 인체에 자극을 주거나 유해해서는 안된다.

(3) 기타 조건

① 누설 시 자연환경과 보관물품에 손상을 입히지 않을 것

② 누설 시 쉽게 감지할 수 있을 것

③ 값이 싸고 쉽게 구입할 수 있을 것

④ 자동운전이 용이할 것

⑤ 악취가 나지 않을 것
(누설 시 악취가 없어야 하지만, 악취가 냉매 누설을 쉽게 발견하게도 한다.)

3 냉매의 일반적 특성

(1) 암모니아(R-717, NH3)

① 물에 잘 용해된다.
  ㉠ 상온에서 900배 용해되므로 흡수식 냉동기의 냉매로 사용된다.
  ㉡ 암모니아에 수분이 다량 혼입되면 윤활유에 유탁액(emulsion)현상을 일으킨다.
  ㉢ 냉매에 수분이 1% 용해되면 증발온도가 0.5℃씩 상승하여 기능을 저하시킨다.

② 윤활유에 용해되지 않는다. : 장치 내에 윤활유가 정체되면 냉동능력이 저하되므로 반드시 유분리기를 설치하여 윤활유가 증발기 등으로 넘어가지 않게 해야 한다.

③ 독성, 가연성, 폭발성이 있다.
  ㉠ 아황산가스 다음으로 독성이 크다.
  ㉡ 공기 중 $3.5g/m^3$ 이상 존재하면 인체에 치명적이다.
  ㉢ 식품 등과 접촉하면 품질을 저하시킨다.
  ㉣ 공기 중 13~27%(체적비)가 존재하면 폭발한다.

④ 비열비가 냉매 중 가장 크다(k = 1.31). : 토출가스 온도가 높아 압축기를 수냉식으로 냉각해야 한다.

⑤ 인조고무를 침식시킨다. : 패킹재료로 천연고무, 아스베스토스(석면)를 사용한다.

⑥ 오존파괴지수와 지구온난화지수가 0이다. : 오존층을 파괴하지 않고 온난화에도 영향을 주지 않는다.

⑦ 증발잠열이 냉매 중 가장 크고 전열이 양호하다 : 냉매 순환량이 적어도 된다.

⑧ 배관재료는 강관을 사용한다 : 암모니아 증기가 수분을 함유하면 아연, 주석, 동 및 동합금을 부식시키므로 배관재료는 강관을 사용한다.

⑨ 전기 절연도가 작다 : 밀폐식 압축기에는 부적당하다.

(2) 할로겐화탄화수소 냉매(프레온 냉매)

할로겐화 탄화수소 냉매란 할로겐원소인(Cl, F, Br, I)를 포함하는 냉매로서 일명 프레온(Freon)냉매라고 한다.

① 무색, 무취, 무독성이다.
  ㉠ 일반적으로 무독성이지만 불소(F)가 많고 염소(Cl)가 적을수록 독성이 적다.
  ㉡ 무색, 무취이므로 누설 시 헬라이드토치 또는 가스 누설검지기로 탐지한다.
  ㉢ 식품 등에 접촉하여도 손상을 입히지 않는다.
  ㉣ 800℃의 고열에 접촉하면 포스겐($COCl_2$)이란 맹독성 가스를 발생시킨다.

② 윤활유에 잘 용해된다.
  윤활유에 녹아있던 냉매가 증발하면서 오일 포밍(foaming) 현상을 일으키며, 오일이 피스톤 상부로 유입되면 오일 햄머링(hammering)이 생길 수 있다.

③ 연소되지 않고 폭발하지 않는다.
   일반적으로 불연성이지만 R-40은 8.1~17.2%의 범위에서 폭발한다.

④ 비열비가 작다.
   토출가스 온도가 낮아 압축기를 공랭식으로 냉각할 수 있다.

⑤ 전기 절연성이 양호하다.
   밀폐식 압축기에 사용할 수 있다.

⑥ 증발잠열이 작고, 전열이 좋지 않다.
   ㉠ 냉매 순환량이 많아지므로 배관경이 커진다.
   ㉡ 전열이 불량하므로 전열면적을 크게하기 위해 FIN을 부착한다.

⑦ 배관재료는 동관을 사용한다.
   ㉠ 수분이 있으면 가수분해(加水分解)하여 산이 생성되고 철강재를 부식시킨다.
      납, 마그네슘, 마그네슘합금(2% 이상)도 부식되므로 동으로 배관한다.
   ㉡ 강관으로 배관하는 경우 장치 내 수분을 완전히 제거해야 한다.

⑧ 물에 용해되지 않는다.
   장치 내에 수분이 존재하면 팽창밸브에서 결빙되어 냉매의 흐름을 막아 냉동 능력을 감소시킨다.
   따라서 수분제거를 위해 드라이어를 설치한다.

⑨ 천연고무를 침식한다.
   패킹재료로 인조고무, 테프론(합성수지)을 사용한다.

⑩ 오존층 파괴 물질이므로 규제대상이다.

(3) 공비혼합 냉매(共沸混合, Azeotrope)

공비혼합 냉매란 서로 다른 성분의 냉매를 어떤 일정한 비율로 혼합하면 마치 한 성분의 냉매인 것처럼 하나의 성질을 가진다. 즉, 일정한 비등점과, 액상, 기상 모두 그 조성이 같고 증발과 응축을 반복해도 동일 조성을 유지한다.

① R-500($CCl_2F_2 + C_2H_4F_2$)
   ㉠ 중량비로 R-12 73.8%와 R-152a 26.2%를 혼합한 공비혼합냉매이다.
   ㉡ 동일한 피스톤 배출량의 경우 R-12보다 냉동능력이 18% 정도 증가한다.
   ㉢ 전기가 60Hz에서 50Hz로 바뀌는 경우 R-12 대신 R-500을 사용하면 냉동능력이 거의 보상된다.

② R-502($C_2ClF_5 + CHClF_2$)
   ㉠ 중량비 R-115 51.2% 와 R-22 48.8%를 혼합한 공비혼합냉매이다.
   ㉡ 압축기 토출가스 온도를 R-22보다 약 20℃ 낮출 수 있어 1단 압축으로 저온을 얻을 수 있다.
   ㉢ 저온에서 냉동능력이 R-22보다 10% 정도 향상된다.

③ 기타 공비혼합냉매
- ㉠ R-501 냉매 : R12 + R22 (CCl_2F_2 + $CHClF_2$)
- ㉡ R-503 냉매 : R13 + R23 ($CClF_3$ + CHF_3)
- ㉢ R-504 냉매 : R115 + R32 (C_2ClF_5 + CH_2F_2)

(4) 비공비혼합 냉매(非共沸混合冷媒, Zeotrope)

서로 다른 냉매를 일정비율로 혼합하는 것은 공비혼합냉매와 같으나 한 성분의 냉매인 것처럼 하나의 성질을 갖지 않는 혼합냉매를 비공비혼합냉매라 하며, 혼합된 각 성분의 냉매가 비등점이 서로 다르다. 대표적인 냉매로 R-410A, R-407C가 있다.

4 신냉매(대체냉매)

(1) 개요

기존의 CFC계 냉매는 염소(Cl)를 함유하고 있어 오존층 파괴와 지구온난화 유발등 지구환경에 악영향을 일으키므로 기존냉매를 대체하는 물질이 요구되고 있다.

현재 대채냉매로 HCFC계 냉매, HFC계 냉매가 있으나 CFC계 냉매 보다는 지구환경에 덜 유해 하지만 완전히 무해한 냉매는 아니다. 따라서 천연냉매를 대체냉매로 사용하려는 연구가 활발히 진행되고 있으며, 또한 대체냉매로 혼합냉매가 사용되기도 한다.

(2) 신냉매의 종류

① R-134a(HFC-134a)
- R-12냉매의 대체냉매로 개발되었음
- 에탄계 냉매이며, 독성이 매우낮고, 비가연성 냉매이다.
- 오존층파괴지수가 0이다.
- 온난화지수가 R12보다는 매우 낮으나 기타 다른 대체냉매에 비해 약간 높다.
- 같은 압축기를 사용하였을 때 R-12 대비 약8%의 성능이 저하되며, R-22대비 약 30%의 성능이 저하된다.

② R-410A
- R-22냉매의 대체냉매로 개발되었으며, 비공비혼합냉매 이다.
- R32+R125를 질량비 50%+50%로 혼합한 냉매이다.
- R-22의 압력보다 1.6배가 높아 사용 및 취급에 주의를 요한다.
- R32 비등점(-51.8℃)과 R125 비등점(-48.5℃)은 거의 유사하기 때문에 비등점 차이가 큰 혼합냉매에 비해 냉매관리가 유리하다.
- 참고로 R-410B 냉매는 R32+R125를 질량비 45%+55%를 혼합한 냉매이다.

③ R-407C
- R-22냉매의 대체냉매로 개발되었으며, 비공비혼합냉매 이다.
- R32+R125+R134a를 질량비 23%+25%+52%로 혼합한 냉매이다.
- R134a 비등점(-26.18℃)이 R32 비등점(-51.8℃), R125 비등점(-48.5℃)보다 매우 높아 냉동장치 및 배관등에서 누설될 경우 장치내에 남아있는 냉매의 조성비율이 달라질 수 있으므로 냉매관리에 어려움이 있다.
- R32+R125+R134a 이 세가지 물질의 여러 혼합비율에 따라 혼합된 냉매는 모두 R-407로 명명되며 개발된 순서에 따라 R-407A, R-407B, R-407C로 표기된다.

④ R-123(HCFC-123)
- R-11 냉매의 대체냉매로 사용되고 있으나 R-123 역시 염소를 포함하고 있어 오존층을 파괴하므로 현재는 R-245fa로 대체되고 있다.
- 에탄계 냉매이며, R-11을 사용하는 저압터보냉동기 대체냉매로 사용된다.
- 비체적이 R-11보다 약 10% 크기 때문에 냉동능력이 10% 정도 저하된다.

⑤ R-245fa
- R-123의 대체 냉매이다.
- 이론적인 COP는 R-11, R-123보다 낮다.

5   천연냉매(자연냉매)

(1) 개요
프레온냉매가 오존층파괴, 지구온난화와 같은 지구환경에 악영향을 미치므로 자연계에 존재하는 물질을 냉매로 사용함으로서 환경파괴를 줄이게 된다.
지구상에 자연적으로 존재하는 물질이므로 자연냉매라 하며 지구에 추가적인 악영향을 미치지 않는 냉매이며, 대체냉매로 사용하려는 연구가 활발히 이루어지고 있다.

(2) 천연냉매의 종류
① 암모니아(NH_3, R-717)
- 오래전부터 사용되어온 냉매이다.
- 증발잠열이 가장 큰 냉매이다.
- 독성이 강하고, 가연성이다.

② 탄화수소계 냉매(탄소와 수소로만 구성된 냉매)
- 메탄(R-50), 에탄(R-170), 프로판(R-290), 부탄(R-600), 이소부탄(R-600a), 프로필렌(R-1270)등이 있다.
- 독성이 없고, 화학적으로 안정하다.
- 가연성이다.
- 오존층파괴지수가 0이다.
- 지구온난화지수가 매우 낮다(CO_2가 1일 때 프로판은 3, R-12는 7100이다.)
- 현재 유럽에서 가정용 냉장고에 사용되고 있다.

③ 이산화탄소(CO_2, R-744)
- 포화압력(-15℃에서 23.3kg/cm^2, 30℃에서 73.3kg/cm^2)이 매우 높아 냉동장치의 내압성이 커야한다.
- 가스의 비체적이 매우 작아 냉동장치를 소형으로 할 수 있다.
- 임계온도가 매우 낮아(31℃) 응축기에서 냉각수온도가 충분히 낮지 않으면 냉매 가스가 응축액화되지 않는다.
- 부식성이 없다.
- 연소 및 폭발성이 없다.

④ 물(H_2O, R-718)
- 필요한 사용온도(공조온도)영역에서 포화증기압이 매우 낮고 증기의 비체적이 매우 크므로 증기압축식 냉동기에는 사용할 수 없다.
- 영하(0℃ 이하)의 온도에서는 사용할 수 없다.
- 흡수식냉동기와 증기분사식냉동기의 냉매로 사용된다.

⑤ 공기(Air, R-729)
- 성적계수가 낮다.
- 소요동력이 크다.
- 항공기의 냉방, 공기액화장치 등 특수 목적에 사용된다.

⑥ 아황산가스(SO_2, R-764)
- 냄새와 독성이 냉매중 가장 크다.
- 소형 냉동기에 적합한 특성이 있어 자정용 냉장고에 사용되었으나 현재는 거의 사용되지 않는다.
- 아황산가스는 동 및 동합금을 부식시키지 않으나, 가스중에 수분이 50%를 초과하면 대부분의 금속을 침식시킨다.

6 냉매 명명법

(1) 프레온 냉매의 명명법

① 화학식 : $C_k H_l F_m Cl_n$

② 냉매번호 : R-XYZ
　여기서 R : 냉매(Refrigerant)
　　　　X = k-1 : 100단위 숫자 → 탄소 원자수 C - 1
　　　　Y = l+1 : 10단위 숫자 → 수소 원자수 H + 1
　　　　Z = m　 : 1단위 숫자 → 불소 원자수 F
* 다음처럼 원소기호로 직접 표현한 식을 기억하면 좋다.
　R-(C-1)(H + 1)(F)

③ 에탄(C_2H_6)계 냉매는 탄소(C)원자 수가 2개이므로 100단위 숫자가 1이 되어 3자리 숫자로 표시된다.
　예 C_2HF_5 → R-125 [R - (2 - 1) (1 + 1) (5) = R - 125]

④ 메탄(CH_4)계 냉매는 탄소(C)원자 수가 1개이므로 100단위 숫자가 0이 되어 2자리 숫자로 표시된다.
　예 $CHClF_2$ → R-22　[R - (1 - 1) (1 + 1) (2) = R - 022 → R - 22]
　(100단위가 0이 나오면 생략한다.)

⑤ 취소(Br)가 들어 있으면 우측에 취소의 영문자 B를 붙이고 그 우측에 원자수를 병기한다.
　예 $CBrF_3$ → R-13B1 [R - (1 - 1) (0 + 1) (3) B1 = R - 013B1 → R - 13B1]
　　$C_2Br_2F_4$ → R-114B2 [R - (2 - 1) (0 + 1) (4) B2 = R - 114B2]

⑥ 에탄(C_2H_6)계 할로겐화탄화수소 냉매의 경우는 이성체가 존재하므로 치환된 할로겐 원소의 안정도에 따라 냉매번호 우측에 a, b, c 등을 붙이며 a가 안정도가 높다.
　예 R-134a

(2) 무기화합물 냉매의 명명법

R-7○○으로 명명하며 뒷 ○○은 분자량을 적는다.
예 암모니아 NH_3의 분자량은 14 + 3 = 17이므로 R-717로 명명한다.

(3) 유기화합물 냉매의 명명법

① R-6○○으로 명명한다.

② 부탄계는 R-60○, 산소화합물은 R-61○, 유황화합물은 R-62○, 질소화합물은 R-63○으로 명명하되 개발된 순서대로 일련번호를 붙인다.

(4) 공비혼합물 냉매의 명명법
R-5○○으로 명명하며 개발된 순서대로 R-500, R-501 …… 등으로 명명한다.

(5) 비공비혼합물 냉매의 명명법
R-4○○으로 명명하며 두 냉매의 혼합비(조성비)에 따라 구분하기 위해 개발된 순서대로 번호 뒤에 대문자 A, B, C 등을 붙인다.

예 R-410A, R-407C

(6) 불포화 유기화합물 냉매의 명명법
R-1○○○으로 명명하며 100단위 이하는 프레온(할로카본) 냉매의 명명법에 따른다.

예 에틸렌(C_2H_4) → R-1150 [R-1 (2-1) (4+1) (0)]

(7) 환고리식 유기화합물 냉매의 명명법
R-C○○○과 같이 할로겐화탄화수소(프레온) 명명법 앞에 환고리(Cycle)를 의미하는 "C"자를 붙인다.

예 $C_4Cl_2F_6$ 냉매는 R-C316으로 명명한다.

(8) 할론(Halon)냉매 명명법
화합물 중 취소(Br)가 포함된 냉매를 할론냉매라 하며 R-○○○으로 명명하는 것과 함께 halon-○○○○으로도 명명한다.

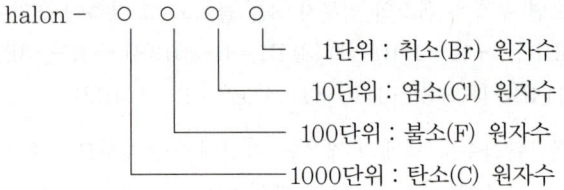

예 냉매 $CBrF_3$: R-13B1과 halon-1301로 명명할 수 있다.
　냉매 $C_2Br_2F_4$: R-114B2와 halon-2402로 명명할 수 있다.

(9) 국제적 냉매 명명법
환경파괴를 일으키는 원소를 포함하는지 여부를 쉽게 알 수 있도록 명명하는 것이 국제적으로 통용되고 있다.

① CFC(염소, 불소, 탄소)가 **포함된 냉매** : R-11 대신 CFC-11로 명명한다.

② HFC(수소, 불소, 탄소)가 **포함된 냉매** : R-125 대신 HFC-125로 명명한다.

③ HCFC(수소, 염소, 불소, 탄소)가 **포함된 냉매** : R-22 대신 HCFC-22로 명명한다.

[냉매 일람표]

냉매번호	화 학 명	화학식	분자량	비등점(℃)
	할로겐화탄화수소화합물			
10	Carbontetrachloride	CCl_4	153.8	76.78
11	Trichloromonofluoromethane	CCl_3F	137.37	23.78
12	Dichlorodifluoromethane	CCl_2F_2	120.92	-29.8
13	Monochlorotrifluoromethane	$CClF_3$	104.47	-81.5
13B1	Monobromotrifluoromethane	$CBrF_3$	148.93	-57.8
14	Carbontetrafluoride	CF_4	88.01	-128.0
20	Chloroform	$CHCl_3$	119.4	61.1
21	Dichloromonofluoromethane	$CHCl_2F$	102.92	8.92
22	Monochlorodifluoromethone	$CHClF_2$	86.48	-40.8
23	Trifluormethane	CHF_3	70.01	-82.2
30	Methylene Chloride	CH_2Cl_2	84.94	40.2
31	Monochloromonofluoromethane	CH_2ClF	68.5	8.9
32	Methylene Fluoride	CH_2F_2	52.0	-51.7
40	Methyl Chloride	CH_3Cl	50.49	-24.0
41	Methyl Fluoride	CH_3F	34.0	-78.3
110	Hexachloroethane	CCl_3CCl_3	236.8	185.0
111	Pentachloromonofluoroethane	CCl_3CCl_2F	220.3	137.2
112	Tetrachlorodifluoroethane	CCl_2FCCl_2F	203.8	92.8
112a	Tetrachlorodifluoroethane	CCl_3CClF_2	203.8	91.0
113	Trichlorotrifluoroethane	CCl_2FCClF_2	187.39	47.25
113a	Trichlorotrifluoroethane	CCl_3CF_3	187.4	45.7
114	Dichlorotetrafluoroethane	$CClF_2CClF_2$	170.93	3.55
114a	Dichlorotetrafluoroethane	CCl_2FCF_3	170.93	3.1
114B2	Dibromotetrafluoroethane	$CBrF_2CBrF_2$	259.9	47.26
115	Monochloropentafluoroethane	$CClF_2CF_3$	154.48	-38.7
116	Hexafluoroethane	CF_3CF_3	138.0	-78.2
120	Pentachloroethane	$CHCl_2CCl_3$	202.3	162.2
123	Dichlorotrifluoroethane	$CHCl_2CF_3$	153	28.7
124	Monochlorotetrafluoroethane	$CHClFCF_3$	136.5	-12.0
124a	Monochlorotertafluoroethane	CHF_2CClF_2	136.5	-10.0
125	Pentafluoroethane	CHF_2CF_3	120	-48.3
133a	Monochlorotrifluoroethane	CH_2ClCF_3	118.49	8.0
134a	Tetrafluoroethane	CH_2FCF_3	102.03	-26.5
140a	Trichloroethane	CH_3CCl_3	133.4	73.88
141b	Dichloromonofluoroethane	CH_3CCl_2F	116.95	32.0
142b	Monochlorodifluoroethane	CH_3CClF_2	100.5	-9.21
143a	Trifluoroethane	CH_3CF_3	84.04	-47.6
150a	Dichloroethane	CH_3CHCl_2	98.9	60
152a	Difluoroethane	CH_3CHF_2	66.05	-25.0
160	Ethyl Chloride	CH_3CH_2Cl	64.52	12.2
217	Monochloroheptafluoropropane	$CClF_2CF_2CF_3$	204.49	-2.0
218	Octafluoropropane	$CF_3CF_2CF_3$	188.03	-38.0

냉매번호	화 학 명	화 학 식	분자량	비등점(℃)
	환식(環式)유기화합물			
C316	Dichlorohexafluorocyclobutane	$C_4Cl_2F_6$	233	60
C317	Monochloroheptafluorocyclobutane	C_4ClF_7	216.5	25.0
C318	Octafluorocyclobutane	C_4F_8	200.04	-6.1
	공비혼합물			
500	R-12/R-152a 73.8/26.2wt.%	CCl_2F_2/CH_3CHF_2	99.29	-33.3
501	R-22/R-12 75/25 wt.%	$CHClF_2/CCl_2F_2$	93.1	-41.1
502	R-22/R-115 48.8/51.2wt.%	$CHClF_2/CClF_2CF_3$	111.64	-45.6
503	R-13/R-23 59.9/40.1wt.%	$CClF_3/CHF_3$	87.5	-88.7
504	R-32/R-115 48.2/51.8wt.%	$CH_2F_2/CClF_2CF_3$	79.2	-57.2
	탄화수소			
50	Methane	CH_4	16.0	-161.6
170	Ethane	CH_3CH_3	30.07	-88.63
290	Propane	$CH_3CH_2CH_3$	44.09	-42.6
600	Butane	$CH_3CH_2CH_2CH_3$	58.12	-0.38
600a	Isobutane	$CH(CH_3)_3$	58.12	-12.1
1150	Ethylene	$CH_2=CH_2$	28.05	-103.8
1270	Propylene	$CH_3CH=CH_2$	42.08	-47.6
	산소화합물			
610	Ethyl Ether	$C_2H_5OC_2H_5$	74.12	34.48
611	Methyl Formate	$HCOOCH_3$	60.03	31.8
	유황화합물			
620	Sulfur Hexafluoride	SF_6	126.0	64
	질소화합물			
630	Methyl Amine	CH_3NH_2	31.06	-6.7
631	Ethyl Amine	$C_2H_5NH_2$	45.08	16.5
	불포화유기화합물			
1112a	Dichlorodifluoroethylene	$CCl_2=CF_2$	133	19.4
1113	Monochlorotrifluoroethylene	$CClF=CF_2$	116.5	-27.89
1114	Tertrafluoroethylene	$CF_2=CF_2$	100	-76.1
1120	Trichloroethylene	$CHCl=CCl_2$	131.40	86.8
1130	Dichloroethylene	$CHCl=CHCl$	96.93	47.78
1132a	Vinylidene Fluoride	$CH_2=CF_2$	64.04	-83.9
1140	Vinyl Chloride	$CH_2=CHCl$	62.5	-13.9
1141	Vinyl Fluoride	$CH_2=CHF$	46	-72.2
1150	Ethylene	$CH_2=CH_2$	28.0	-103.8
1270	Propylene	$CH_3CH=CH_2$	42.1	-47.6
	무기화합물			
702	Hydrogen(수소)	H_2	2.016	-252.8
704	Helium(헬륨)	He	4.033	-268.9
717	Ammonia(암모니아)	NH_3	17.03	-33.35
718	Water(물)	H_2O	18.02	100.0
720	Neon(네온)	Ne	20.183	-246.1
728	Nitrogen(질소)	N_2	28.015	-198.8
729	Air(공기)	공기	28.96	-194.5
732	Oxygen(산소)	O_2	31.999	-182.9
740	Argon(아르곤)	Ar	39.944	-185.9
744	Carbon Dioxide(이산화탄소) 먼저 명명됨	CO_2 분자량 44	44.01	-78.52*
744A	Nitrous Oxide(산화질소)	N_2O 분자량 44	44.02	-88.3
764	Sulfur Dioxide(이산화유황)	SO_2	64.06	10.0

(*는 승화점)

● 제2편 냉동공학

제4장 브라인 및 냉동기유

1 브라인(Brine)

브라인의 원뜻은 소금물을 의미하며 증발과 응축의 상변화 없이 항상 액체상태를 유지하며 현열을 이용하여 열을 운반하는 냉매이며 2차 냉매라고 한다.

(1) 구비조건

① 비등점이 높고 응고점이 낮아 항상 액체상태를 유지할 것

② 비열과 열전달량이 크고 열전달 특성이 좋을 것

③ 점성(점도)이 작을 것

④ 부식성이 없을 것

⑤ 독성이 없을 것

⑥ 화학적으로 안정되고 다른 가스와 반응하여 변하지 않을 것

⑦ 가격이 싸고, 구입이 쉬우며, 취급이 용이할 것

(2) 무기질 브라인

- 무기질 염류의 수용액을 무기질(無機質) 브라인이라 한다.
- 유기질 브라인에 비해 부식성이 크다.
- 브라인의 농도가 짙으면 부식성이 작아진다.
- 브라인의 pH값이 7.5~8.2이면 부식성이 작다.

① 염화칼슘($CaCl_2$) 수용액

㉠ 공융농도(중량 29.9%)에서 동결온도 $-55℃$

㉡ 제빙용, 식품 등의 냉동, 냉장용으로 널리 사용됨

㉢ 부식성이 있으므로 방식제를 첨가하여 사용한다.

㉣ 식품에 접촉하면 떫은 맛이 나고 품질을 저하시킨다.

㉤ 부식방지 대책으로 $CaCl_2$ 브라인 1리터에 중크롬산소다($Na_2Cr_2O_7 \cdot 2H_2O$) 1.6g을 첨가하고, 중크롬산소다 100g마다 가성소다(NaOH) 27g을 첨가한다.

② 염화나트륨(NaCl) 수용액
　㉠ 공융농도(중량 23.1%)에서 동결온도 -21.2℃
　㉡ 식품의 냉동, 냉장용으로 많이 사용됨
　㉢ 무기질 브라인 중 부식성이 가장 강하다.
　㉣ 무해하기 때문에 식품의 침수동결에 많이 쓰인다.
　㉤ 부식방지 대책으로 NaCl 브라인 1리터에 중크롬산소다($Na_2Cr_2O_7 \cdot 2H_2O$) 3.2g을 첨가하고, 중크롬산소다 100g마다 가성소다(NaOH) 27g을 첨가한다.

③ 염화마그네슘($MgCl_2$) 수용액
　㉠ 공융농도(중량 20.6%)에서 동결온도 -33.6℃
　㉡ 부식성이 염화나트륨보다 낮고 염화칼슘보다 높다.
　㉢ 염화칼슘 대용으로 쓰였으나 요즘은 거의 사용하지 않는다.

(3) 유기질 브라인

유기질 브라인은 일반적으로 무기질 브라인보다 부식성이 적다.

① 에틸렌글리콜($C_2H_4(OH)_2$)
　㉠ 응고점 -12.6℃, 비등점 197.7℃, 인화점 116℃
　㉡ 다소 부식성이 있으나 첨가제를 가하여 부식성을 감소시킨다.
　㉢ 점성이 크고, 무색이며, 단맛이 나는 액체이다.
　㉣ 제상용 브라인으로 사용된다.
　㉤ 비중이 1.1로서 물보다 무겁다.

② 프로필렌글리콜($C_3H_6(OH)_2$)
　㉠ 응고점 -59.5℃, 비등점 188.2℃, 인화점 107℃
　㉡ 부식성이 작다.
　㉢ 독성이 없으므로 식품의 동결에 사용된다.
　㉣ 점성이 크고, 무색이며, 무독의 액체이다.
　㉤ 비중이 1.04로서 물보다 무겁다.

③ 에틸알콜(C_2H_5OH)
　㉠ 응고점 -114.15℃, 비등점 78.3℃, 인화점 13℃
　㉡ 인화점이 낮은 가연성이다.
　㉢ 부식성이 없다.
　㉣ -100℃까지 식품의 초저온 동결에 사용된다.
　㉤ 점성과 열전도율이 양호하다.
　㉥ 마취성이 있다.
　㉦ 비중이 0.8로서 물보다 가볍다.

④ 그밖에 메틸알콜, 글리세린 등이 있다.

- **유기물** : 탄소(C)를 함유한 화합물(생물체에서 얻을 수 있는 물질)
- **무기물** : 탄소(C)를 함유하지 않은 화합물(예 광물질)

예외 : 이산화탄소(CO_2), 일산화탄소(CO), 다이아몬드, 탄화칼슘(Calcium Car-bide, CaC_2), 탄산칼슘($CaCO_3$), 탄산나트륨(Na_2CO_3), 탄산마그네슘($MgCO_3$)는 탄소를 포함하지만 무기물이다.

2 냉동기유(윤활유)

(1) 윤활의 목적

① 마찰부 유막 형성

② 마찰부 열제거 및 냉각

③ 피스톤, 축봉장치에서 냉매 누설 방지

④ 패킹재 보호

⑤ 기계효율 증대 및 기계수명 연장

(2) 윤활유의 구비조건

① 응고점이 낮을 것(저온에서 응고되지 않을 것)

② 고온에서 열화되지 않을 것

③ 인화점이 높을 것

④ 점도가 적당할 것

⑤ 전기의 절연내력이 클 것

⑥ 장기간 사용하여도 변질되거나 열화되지 않을 것

⑦ 냉매와 화학적으로 안정할 것

⑧ 냉매에 잘 용해되지 않을 것

(3) 윤활유 급유방법

① **비말 급유법** : 크랭크 아암에 붙어있는 오일 스크래퍼나 커넥팅로드의 대단부에 붙어있는 오일디퍼(dipper)에 의해 크랭크 축이 회전할 때 크랭크케이스에 고여있는 윤활유를 비산시켜 급유하는 방법으로 소형냉동기에 사용된다.

② **강제 급유법** : 오일펌프에 의해 강제로 급유하는 방법이며 오일펌프는 기어펌프가 사용된다. 중·대형 냉동기에 사용된다.

● 제2편 냉동공학

제5장 냉동장치 구성기기

1 압축기(Compressor)

(1) 압축기의 종류
① 구조에 의한 분류
  ㉠ 개방형 : 압축기와 모터가 별개로 분리되어 있는 구조로서 V벨트 또는 직결로 구동하는 방식이 있다.
  ㉡ 밀폐형 : 압축기와 모터가 밀폐된 용기 속에 들어있는 구조
  ㉢ 반밀폐형 : 압축기와 모터가 하나의 용기 속에 들어 있으나 보수가 가능하도록 실린더 헤드가 볼트로 조립되어 있는 구조

② 압축방법에 의한 분류
  ㉠ 용적식
    • 왕복식 : 왕복운동을 하는 피스톤에 의해 냉매를 압축
    • 회전식 : 편심된 회전자(로터)의 회전에 의해 냉매를 압축
    • 스크류식 : 암, 수 스크류가 맞물려 돌면서 냉매를 압축
    • 스크롤식 : 선회스크롤이 고정스크롤에 대해 공전(公轉)운동하면서 냉매를 압축
  ㉡ 원심식
    • 터보 : 임펠러의 고속회전으로 냉매를 압축

③ 기타 방법에 의한 분류
  ㉠ 실리더 수에 의한 분류 : 단실린더, 다실린더 압축기
  ㉡ 실린더 배열에 의한 분류 : 입형, 횡형, V형, W형 압축기
  ㉢ 회전수에 의한 분류 : 고속, 중속, 저속 압축기
  ㉣ 압축 단수에 의한 분류 : 1단압축기, 다단압축기
  ㉤ 압축 형태에 의한 분류 : 단동식, 복동식 압축기

[압축기의 분류]

구 분			형 태	밀폐 구조	용량범위 (kW)	주된 용도	특징 등
용적식	왕복식	피스톤 크랭크식		개방	0.4~120	냉동, 히트펌프, 카에어콘	사용하기 쉽고 기종이 풍부, 값이 싸다. 대용량에 부적당
				반밀폐	0.75~45	냉동, 히트펌프	
				전밀폐	0.1~15	전기냉장고, 에어콘	
		피스톤 사판식		개방	0.75~2.2	카에어콘	카에어콘 전용
	로타리식	회전 피스톤식		개방	0.75~2.2	카에어콘	소용량, 고속화
				전밀폐	0.1~5.5	전기냉장고, 에어콘	
		로타리 베인식		개방	0.75~2.2	카에어콘	소용량, 고속화
				전밀폐	0.65~5.5	전기냉장고, 에어콘	
	스크롤식			개방	0.75~2.2	카에어콘	소용량, 고속화
				전밀폐	2.2~7.5	에어콘	
	스크류식	트윈로타		개방	6 전후	버스에어콘	원심식에 비해서 고압축비에 적당하기 때문에 히트펌프, 냉동에 많이 사용된다.
					20~1800	냉동, 공조, 히트펌프	
				밀폐	30~300	냉동, 공조, 히트펌프	
		싱글로타		개방	100~1100	냉동, 공조, 히트펌프	
				밀폐	20~90	냉동, 공조, 히트펌프, 에어콘	
원심식				개방	90~10000	냉동, 공조	대용량에 적합하다. 고압축비에 부적당하다.
				밀폐			

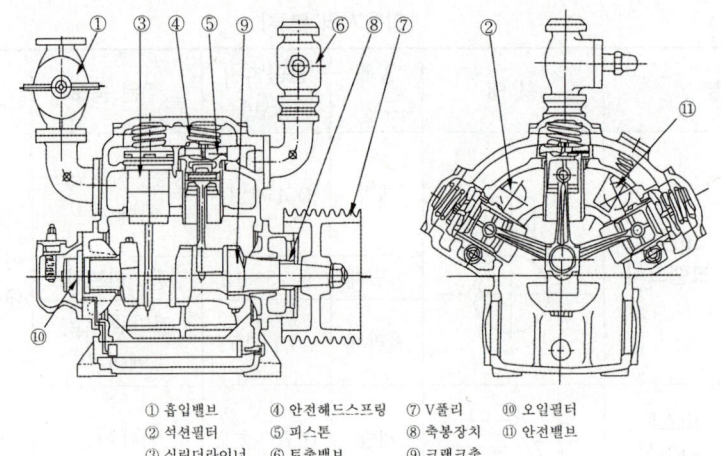

① 흡입밸브　④ 안전헤드스프링　⑦ V풀리　⑩ 오일필터
② 석션필터　⑤ 피스톤　⑧ 축봉장치　⑪ 안전밸브
③ 실린더라이너　⑥ 토출밸브　⑨ 크랭크축

[고속다기통 압축기(개방형)]

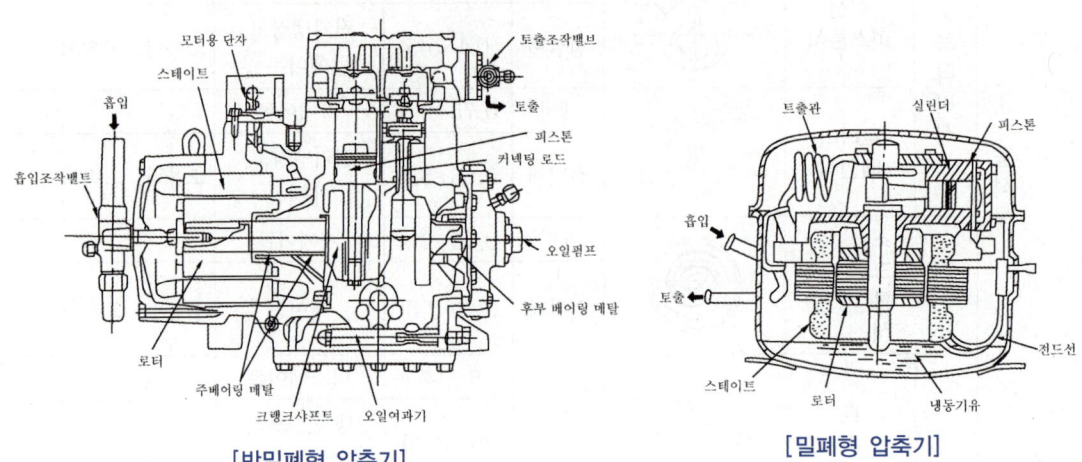

[반밀폐형 압축기]　　　[밀폐형 압축기]

[스크류 압축기]
더블 스크류　　싱글 스크류

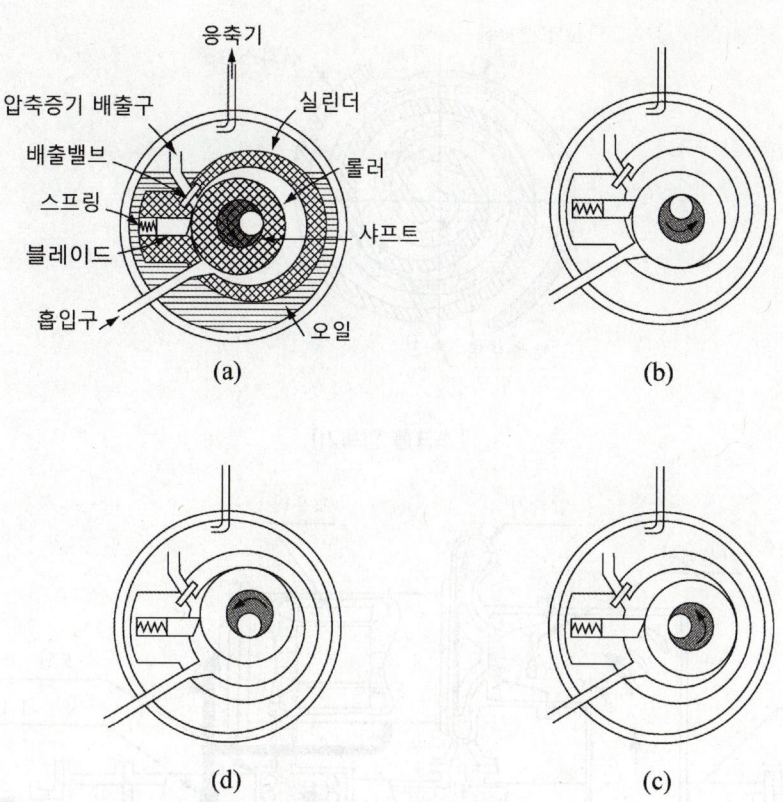

[회전 압축기(블레이드식)의 구조 및 원리]

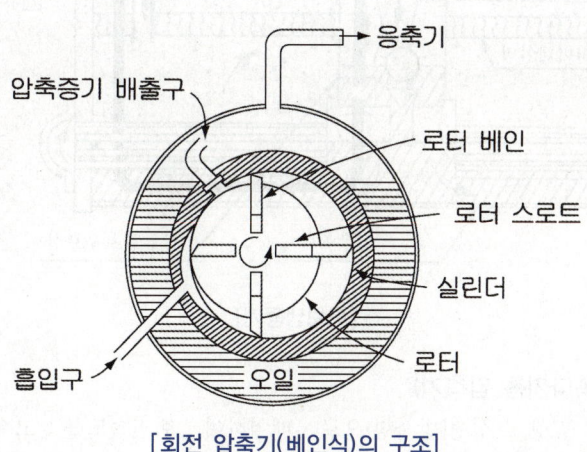

[회전 압축기(베인식)의 구조]

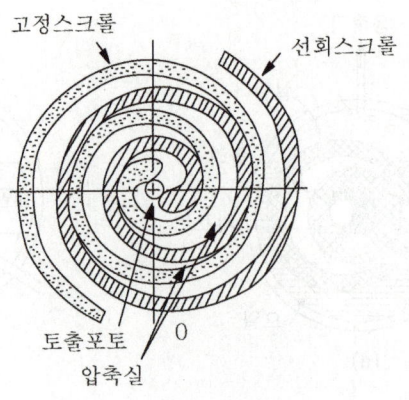

[스크롤 압축기]

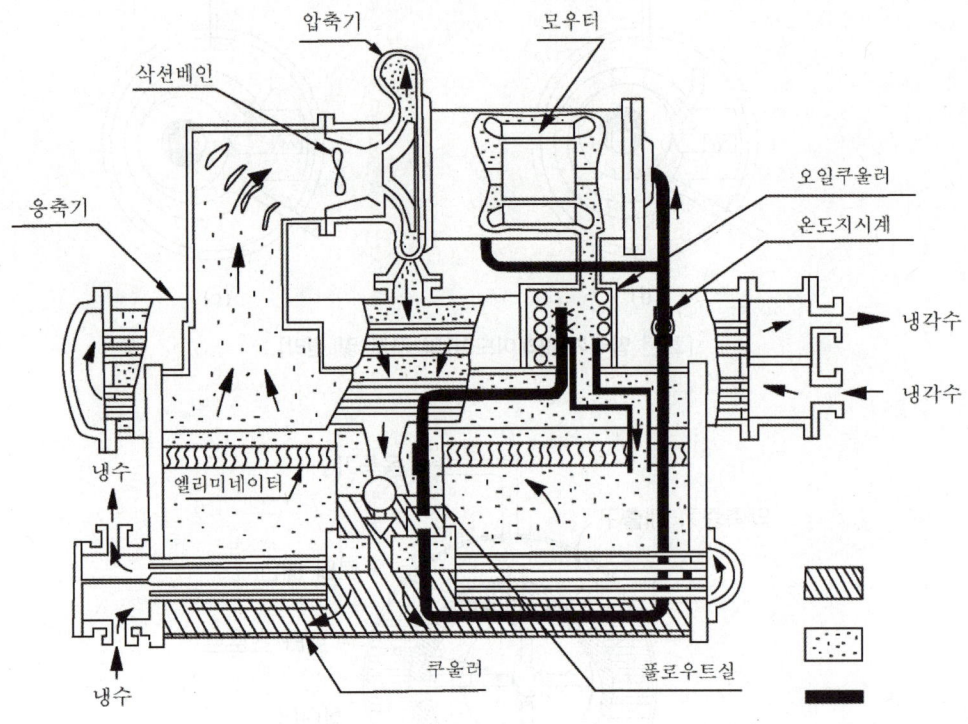

[터보냉동기]

(2) 왕복식 압축기(고속다기통 압축기)
- 실린더를 V형, W형, 성형(방사형)으로 배열하여 회전속도를 고속으로 한 압축기이다 (1000~1500rpm, 최대속도 3500rpm).
- 흡입 및 배출 밸브는 플레이트 밸브를 사용하며, 용량제어 장치를 가지고 있다.
- 고속 회전 시 안전을 위해 안전밸브와 고압차단 장치, 유압보호 장치를 가지고 있다.

① 장점
  ㉠ 고속회전이므로 냉동능력에 비해 소형, 경량으로 제작할 수 있어 설치면적이 작다.
  ㉡ 실린더 수가 많아 정적, 동적 평형이 양호하여 진동이 적어 운전이 정숙하다.
  ㉢ 언로더 기구에 의한 용량제어와 자동운전이 가능하여 경제적이다.
  ㉣ 플레이트 밸브를 사용하므로 밸브의 작동이 경쾌하다.

② 단점
  ㉠ 강제급유방식이므로 윤활작용은 양호하나 윤활유의 소모량이 많다.
  ㉡ 배출가스의 온도가 높고 윤활유의 온도가 높아 윤활유가 열화(劣化)되기 쉽다.
  ㉢ 탑 클리어런스(top clearance) 때문에 체적효율이 나쁘다.
  ㉣ 압축비 증가에 따라 체적효율이 감소되기 쉽다.
  ㉤ 액백(liquid back)에 약하고 정상운전으로의 복귀에 시간이 걸린다.

③ 왕복식 압축기의 용량(능력)제어 방법
  ㉠ 압축기 회전수 가감에 의한 방법
  ㉡ 클리어런스 포켓에 의한 방법
  ㉢ 언로더 장치에 의한 방법
  ㉣ 바이패스 방법

④ 왕복식 압축기의 피스톤 배출량

$$V = \frac{\pi}{4}D^2 \cdot L \cdot n \cdot z \cdot 60 \ [\text{m}^3/\text{h}]$$

여기서 D : 실린더 지름 [m]
     L : 피스톤 행정길이 [m]
     n : 압축기 회전수 [rpm]
     z : 실린더 수

(3) 회전식(rotary) 압축기

- 회전식 압축기란 왕복운동 대신 원통형 실린더 내부에 원통형 편심회전자가 회전하여 압축을 행한다.
- 격막이 1개인 것은 블레이드식 또는 회전피스톤식이라 하며,
- 격막이 2개 이상인 것은 베인식이라 한다.

① 장점
  ㉠ 소형으로 설치면적이 작다.
  ㉡ 윤활유 펌프 및 흡입밸브가 없다(토출 측에 역류방지용 체크밸브가 설치된다).
  ㉢ 배출가스의 온도가 낮다(오일에 의해 냉각된다).
  ㉣ 압축비에 비해 체적효율이 높다.
  ㉤ 액햄머(liquid hammer), 오일햄머(oil hammer)가 적다.
  ㉥ 진동이 없고 운전이 정숙하다.
  ㉦ 부품수가 적어 구조가 간단하다.

② 단점
　㉠ 오일 분리기(oil seperater)와 오일 냉각기가 크다.
　㉡ 전체의 폭과 높이는 짧으나 길이가 길다.
　㉢ 유압펌프를 사용하지 않으므로 윤활에 주의를 요한다.
　㉣ 분해조립 및 정비에 특수한 기술이 필요하다.

③ 압축기의 배출량

$$V = \frac{\pi}{4}(D^2 - d^2) \cdot t \cdot n \cdot 60 \quad [m^3/h]$$

여기서 D : 실린더 지름 [m]
　　　　d : 회전로터 지름 [m]
　　　　t : 실린더 높이 [m]
　　　　n : 압축기 회전수 [rpm]

(4) 스크롤(scroll) 압축기

- 평판 위에 2개의 나선형 판이 부착된 것으로 고정 스크롤을 따라 선회 스크롤이 선회하면서 공간이 점차 축소되면서 냉매를 압축한다.
- 가정용 냉장고, 차량 에어콘용 등 소형 왕복식 압축기의 대체용으로 쓰인다.

① 장점
　㉠ 토출가스의 압력변동이 적다.
　㉡ 소음 및 진동이 거의 없다.
　㉢ 액 압축에 일반적으로 강하다.
　㉣ 압축기 효율은 왕복식보다 10~15% 높다.
　㉤ 흡입밸브, 토출밸브가 없어 고속회전이 가능하다.
　㉥ 내구성이 크다.
　㉦ 수액기가 필요 없다.
　㉧ 압축하는 동안 가스 흐름이 지속적으로 균일한 흐름을 유지한다.

② 단점
　㉠ 나선형 판 사이에 누설이 있을 수 있다.
　㉡ 운전을 정지하면 고압가스가 역류하여 압축기를 역회전시킨다.
　　　따라서 고압가스 역류 방지용 체크밸브를 토출 측 또는 흡입 측에 설치해야 한다.
　㉢ 제작 시 압축비가 정해진다.
　　　따라서 압축비가 다른 용도에 대해서는 별도로 설계된 압축기를 사용해야 한다.

③ 압축기의 배출량

$$V = 60n \cdot p \cdot h \cdot Ror \cdot (2\varphi_{end} - 3\pi) \quad [m^3/h]$$

여기서 p : 스크롤의 피치 [m]
　　　　h : 스크롤의 높이 [m]
　　　　Ror : 선회 반경 [m]
　　　　φ_{end} : 스크롤이 끝나는 곳까지의 회전각 [rad]
　　　　n : 압축기 회전수 [rpm]

(5) 스크류(screw) 압축기
- 암나사와 수나사의 로터가 서로 맞물려 돌아가는 더블 스크류식과 1개의 스크류로터와 2개의 게이트 로터로 구성된 싱글 스크류식이 있다.
- 압축기 케이싱 밑부분에 용량제어용 슬라이드 밸브가 설치되어 총용량의 10~100%까지 용량제어가 가능하다.
- 대부분의 냉매에 적절하며 용량은 100~1000RT 정도의 냉동기에 주로 사용된다.

① 장점
  ㉠ 냉동능력에 비해 소형 경량이며 설치면적이 적다.
  ㉡ 왕복운동이 없고 회전운동을 하므로 진동이 적고 강고한 기초가 필요없다.
  ㉢ 10~100%의 무단 용량제어가 가능하다.
  ㉣ 액햄머(liquid hammer), 오일햄머(oil hammer)에 강하다.
  ㉤ 흡, 배기 밸브 및 피스톤이 없어 장기간 연속운전이 가능하다.
  ㉥ 부품수가 적어 압축기 수명이 길다.

② 단점
  ㉠ 냉동기 오일을 다량으로 분사하면서 운전하기 때문에 대용량의 유분리기 및 오일 냉각기가 필요하다.
  ㉡ 오일 펌프를 별도로 설치해야 한다.
  ㉢ 경부하 시에도 동력이 크다.
  ㉣ 고속회전이므로 소음이 비교적 크다.
  ㉤ 경부하(낮은 용량)로 장시간 운전하면 성적계수가 저하된다.
  ㉥ 운전 정지 시 압축기가 역회전하므로 체크밸브를 설치해야 한다.

(6) 원심식(turbo) 압축기
- 터보 압축기는 주로 대용량 공조시스템에 사용한다.
- 임펠러의 고속회전에 의한 원심력을 이용하여 냉매를 압축한다.
- 압축기, 응축기, 증발기가 한 유니트로 되어 있다.
- 공조용에는 주로 R-11이 사용되지만 대형(수천 냉동톤)에는 R-12, R-22가 사용되고, 공업용에는 암모니아나 프로판 등의 가스가 사용되는 경우도 있다.

① 장점
  ㉠ 1대로 대용량이 가능하다.
  ㉡ 진동이 적다.
  ㉢ 압축되는 냉매증기 속에 유적(기름방울)이 함유되지 않는다.
  ㉣ 응축기에서 냉매가 응축되지 않는 경우에도 이상고압이 되지 않는다.
  ㉤ 마찰 부분이 없어 고장이 적고 보수가 쉽다.

② 단점
  ㉠ 용량이 작은 경우에는 효율이 떨어지므로 비경제적이다.
  ㉡ 부하가 감소하면 서징(Surging)현상을 일으킨다.
  ㉢ 고속 회전하므로 소음이 크다.
  ㉣ 1단으로 압축비를 크게 할 수 없다.

(7) 왕복압축기 구성부품

① 안전헤드(safety head, 安全頭)
  ㉠ 압축기의 실린더 상부에 설치된 안전장치이며,
  ㉡ 스프링에 의해 실린더 윗면에 압착되어 있고,
  ㉢ 실린더의 압력이 정상 토출압력보다 0.2~0.3MPa(2~3kgf/cm^2) 이상 높아지면 토출밸브어셈블리가 밀어 올려져 압축기 파손을 방지한다.

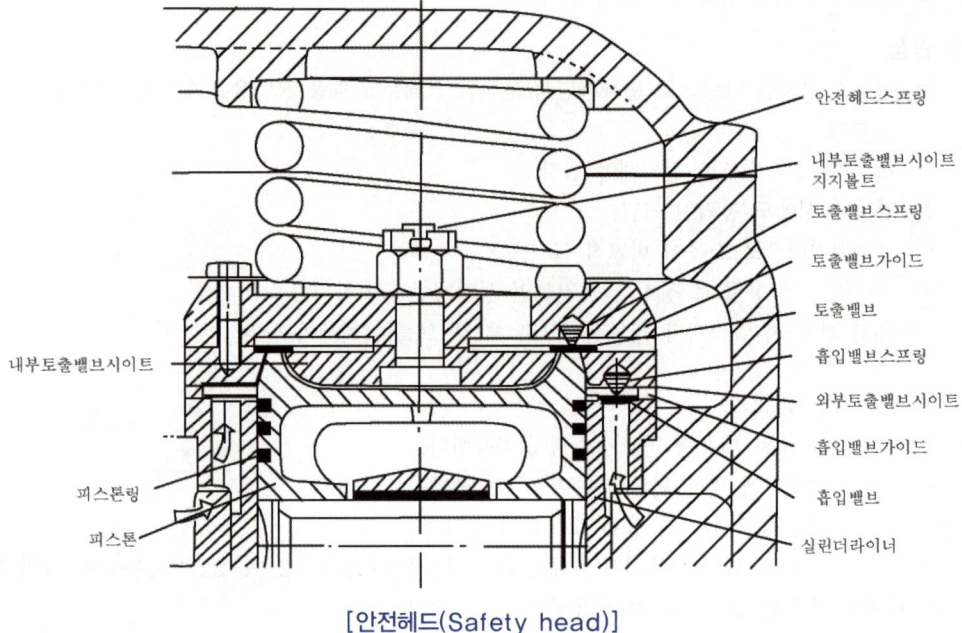

[안전헤드(Safety head)]

② 밸브 : 왕복식 압축기에서 밸브는 압축효율을 크게 좌우하며 소음의 원인이 되기도 한다. 밸브의 조건은 다음과 같다.

③ 밸브의 조건
  ㉠ 냉매증기 통과 시 저항이 적고, 닫혔을 때 누설이 없을 것
  ㉡ 밸브의 관성력이 적고 회전수에 따라 신속하게 개폐될 것(가벼워야 함).
  ㉢ 강인하고 마모가 적을 것

④ 포핏 밸브(poppet valve)

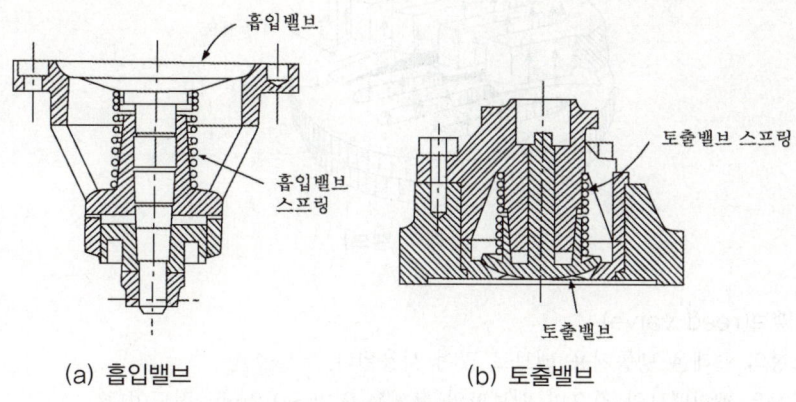

[포핏 밸브]

㉠ 구조가 간단하고 견고하며 파손이 적고 압축가스의 누설이 적다.
㉡ 무게가 무거워 밸브의 운동이 경쾌하지 못하여 고속압축기에는 적당하지 않다.
㉢ 관성에 의해 개폐되며 밸브의 양정은 약 3mm이다.

⑤ 플레이트 밸브(plate valve)
㉠ 밸브가 가볍고 운동이 경쾌하므로 고속압축기에 적합하다.
㉡ 밸브의 양정은 1~3mm이다.
㉢ 사용 중 고온에 의한 변형으로 누설이 있을 수 있다.

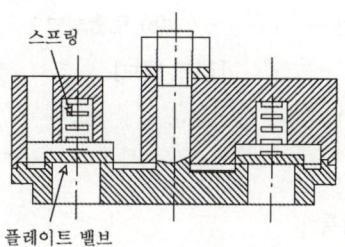

[플레이트 밸브]

⑥ 패더 밸브(feather valve)
㉠ 장방형의 강판으로 플레이트 밸브보다 더 얇은 밸브로서 그 자체가 스프링 역할까지 하므로 별도로 스프링이 필요 없다.
㉡ 냉매 통과 면적을 충분하게 할 수 있으므로 1000rpm 이상 고속압축기에 적합하다.
㉢ 압축비가 크게 되면 누설되는 단점이 있다.

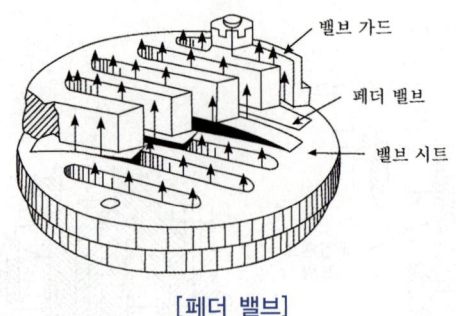

[페더 밸브]

⑦ 리드 밸브(reed valve)
  ㉠ 소형의 프레온 냉동기용 밸브로 많이 사용된다.
  ㉡ 재질은 패더밸브와 같으며 밸브판의 두께는 0.35~0.2mm 정도이다.
  ㉢ 밸브의 작동은 냉매의 압력으로 밸브판이 휘면서 그 사이로 냉매가 통과한다.

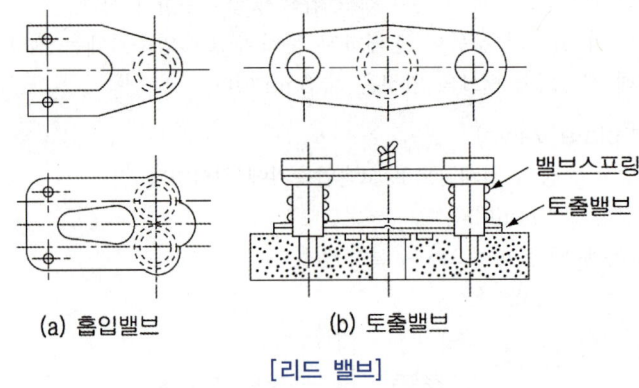

[리드 밸브]

(8) 압축기의 여러 효율
  ① 간극체적이 있는 경우의 압축

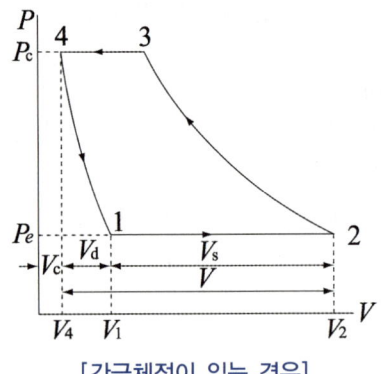

[간극체적이 있는 경우]

(변화과정)

4→1 : 실린더의 간극체적에 남아있던 고온, 고압의 잔류가스가 피스톤의 하향 운동 시 팽창되어 증발압력까지 낮아지는 과정이며 이때까지는 흡입밸브가 열리지 못한다.
1→2 : 피스톤이 계속 하향하면 흡입밸브가 열리고 이때부터 냉매를 흡입한다.
2→3 : 흡입한 냉매를 토출압력까지 압축하는 과정이다.
3→4 : 토출압력에 이르면 토출밸브가 열리고 냉매를 배출한다.
* 간극체적이 없다면 새로운 냉매의 흡입은 4점에서 부터 시작되지만 간극체적이 있는 경우에는 간극체적의 영향으로 냉매의 실제 흡입이 1점이 되어야 시작된다.

② 왕복식 압축기의 체적효율(η_v)

$$\eta_v = \frac{V_{act}}{V}$$

여기서 V_{act} : 실제로 흡입한 냉매가스체적 [m³/h]
V : 피스톤 배출체적 [m³/h]

㉠ 간극 체적효율(η_{vc})

$$\eta_{vc} = \frac{V_s}{V} = \frac{V_2 - V_1}{V_2 - V_4}$$

여기서 V_s : 간극체적 영향을 받은 실제흡입 냉매체적 [m³/h]
V : 피스톤 배출체적 [m³/h]

$$V_2 - V_1 = (V_2 - V_4) - (V_1 - V_4)$$

간극비 $\sigma = \frac{V_c}{V} = \frac{V_4}{V_2 - V_4}$

압축비 $\alpha = \frac{P_c}{P_e}$

4→1 과정은 폴리트로프 변화이므로 $P_e V_1^n = P_c V_4^n$이다.

$$\therefore \eta_{vc} = 1 - \sigma\left(\frac{V_1}{V_4} - 1\right) = 1 - \sigma\left[\left(\frac{P_c}{P_e}\right)^{\frac{1}{n}} - 1\right] = 1 - \sigma(\alpha^{\frac{1}{n}} - 1)$$

ⓒ 열 체적효율(η_{vt})

압축기를 계속 가동하면 흡입된 냉매가스는 실린더 벽으로부터 열을 받아 흡입직전보다 온도가 올라가고 압력은 밸브 등의 저항 때문에 내려간다. 따라서 흡입된 냉매가스의 비체적은 흡입직전보다 커지게 되어 체적효율을 떨어뜨리게 되는데 이처럼 온도와 압력의 영향으로 인한 체적효율을 열 체적효율이라 한다.

$$\eta_{vt} = \frac{v_i}{v_s} = \frac{T_i P_s}{T_s P_i}$$

여기서 v_i, T_i, P_i : 흡입되기 직전 냉매가스의 비체적, 온도, 압력
v_s, T_s, P_s : 실린더에 흡입된 냉매가스의 비체적, 온도, 압력

ⓒ 누설 체적효율($\eta_{v\ell}$)

피스톤, 밸브 등의 누설에 의한 체적효율로서 제작의 정밀도 및 냉동기의 사용년수등에 의해 값이 달라진다.

ⓔ 전 체적효율(η_v)

$$\eta_v = \frac{V_{act}}{V}$$

$$\eta_v = \eta_{vc} \cdot \eta_{vt} \cdot \eta_{v\ell}$$

냉매의 누설이 없다면($\eta_{v\ell} = 1$이므로)

$$\eta_v = \eta_{vc} \cdot \eta_{vt}$$

* 일반적으로 체적효율 $\eta_v = 0.7 \sim 0.8$ 정도이다.

③ **압축효율(η_c)**

이론적 압축과정은 가역 단열압축이지만 실제의 경우는 실린더벽 등으로부터 열을 받아서 엔트로피가 변화되므로 단열압축이 아니다. 따라서 압축기의 소요동력은 단열압축일 때보다 커지게 된다.

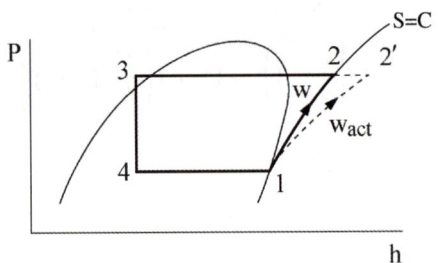

$$\eta_c = \frac{W}{W_{act}} = \frac{L}{L_{act}}$$

여기서 W, L : 가스의 단열압축 일량, 소요동력
W_{act}, L_{act} : 가스의 실제압축 일량, 소요동력

* 일반적으로 압축기의 압축효율 $\eta_c = 0.6 \sim 0.85$ 정도이다.

④ 기계효율(η_m)

압축기를 구동시키는 데 실제로 소요되는 동력은 순수하게 냉매가스를 압축하는 데 소요되는 동력에 베어링 등 기계적인 마찰에 소요되는 동력을 더해 주어야 한다.

$$\eta_m = \frac{L_{act}}{L_b}$$

여기서 L_{act} : 가스의 실제압축 소요동력
L_b : 압축기 모터의 소요동력(축동력)

⑤ 축동력(L_b)

$$L_b = \frac{L_{act}}{\eta_m} = \frac{L}{\eta_c \eta_m}$$

여기서 L : 가스의 단열압축 소요동력
L_{act} : 가스의 실제압축 소요동력
L_b : 압축기 모터의 소요동력(축동력)

2 응축기(Condenser)

응축기를 냉각매체의 종류에 따라 수냉식, 공냉식, 증발식으로 대별한다.

(1) 횡형 쉘 앤드 튜브 응축기(horizental shell & tube condenser)

① 구조

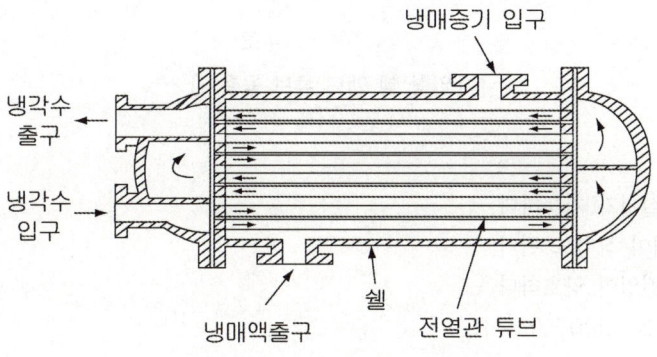

[횡형 쉘 앤드 튜브 응축기]

② 특징
  ㉠ 설치장소가 작아도 된다.
  ㉡ 전열이 양호하여 냉각수량이 입형에 비해 적어도 된다.
   • 열통과율 : 700~1000W/m²·K (유속 1.0~1.5m/s)
   • 냉각수량 : 12ℓ/min·RT
   • 전열면적 : 0.7~0.9m²/RT

ⓒ 프레온 및 암모니아용의 소용량에서부터 대용량까지 사용된다.
ⓔ 콘덴싱유니트의 조립에 적합하다.
ⓕ 일반적으로 응축기 하부를 수액기로 사용하기도 한다.
ⓗ 운전 중 냉각관 청소가 불가능하다.
ⓘ 입형에 비해 과부하에 견디지 못한다.

(2) 입형 쉘 앤드 튜브 응축기(vertical shell & tube condenser)

① 구조

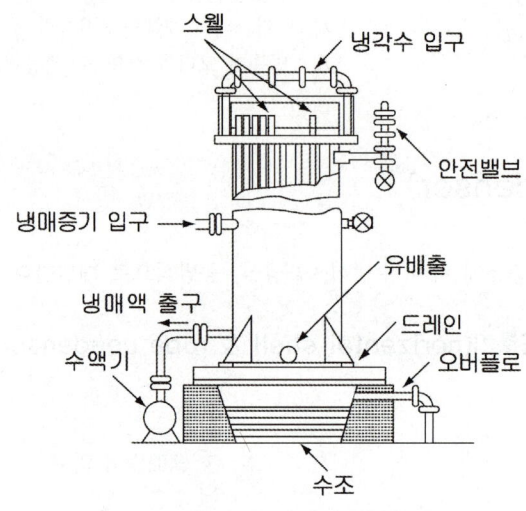

[입형 쉘 앤드 튜브 응축기]

② 특징
   ㉠ 옥외에 설치가 가능하다.
   ㉡ 설치면적이 작아도 된다.
   ㉢ 비교적 전열이 양호하다.
   • 열통과율 : 900W/m²·K
   • 냉각수량 : 20ℓ/min·RT
   • 전열면적 : 1.2m²/RT
   ㉣ 주로 대용량의 암모니아용으로 사용된다.
   ㉤ 운전 중 냉각관 청소가 가능하다.
   ㉥ 가격이 저렴하고 과부하에 잘 견딘다.
   ㉦ 냉각관이 부식되기 쉽다.

(3) 쉘 앤드 코일 응축기(shell & coil condenser)
① 구조

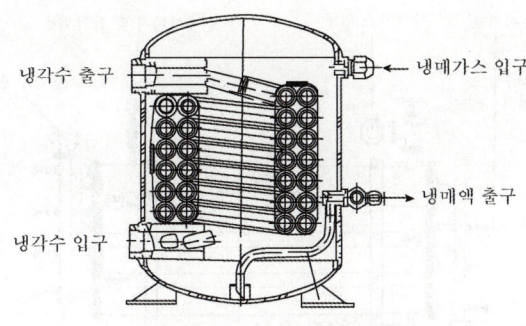

[쉘 앤드 코일 응축기]

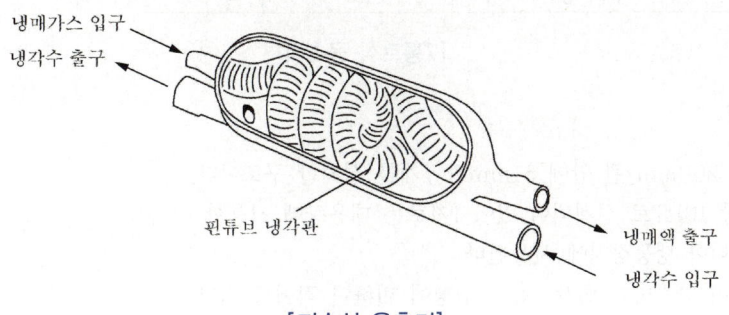

[지수식 응축기]

② 특징
㉠ 지수식(漬水式, submerged) 응축기라고도 한다.
㉡ 구조가 간단하고 고압에 견딘다.
㉢ 소용량의 냉동장치에 사용된다.
㉣ 점검 보수가 곤란하다.
㉤ 전열
- 쉘엔드 코일식
  - 열통과율 : 600~1000W/$m^2 \cdot$K
  - 냉각수량 : 12ℓ/min RT
  - 전열면적 : 0.8~1.0m^2/RT
- 지수식
  - 열통과율 : 250W/$m^2 \cdot$K
  - 전열면적 : 4m^2/RT

(4) 7통로식 응축기(seven tube condenser)

① 구조

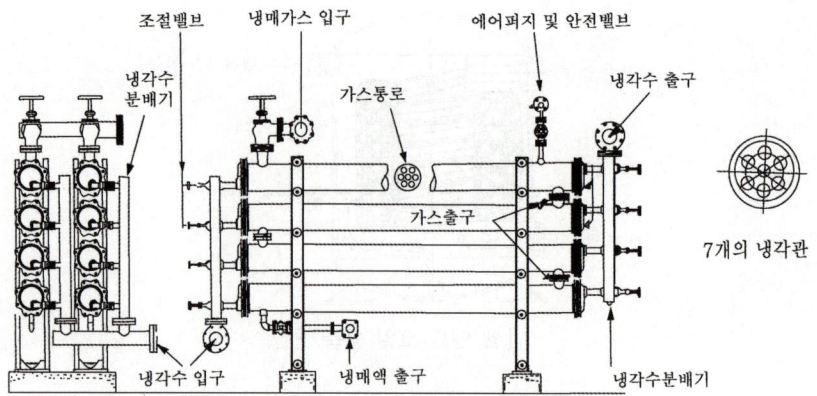

[7통로식 응축기]

② 특징
  ㉠ 내경 200mm 관 안에 51mm관 7개를 설치한 구조이다.
  ㉡ 1기당 10RT로 설계되어 있어 1기로는 대용량에 사용할 수 없다.
  ㉢ 암모니아 냉동장치에 사용된다.
  ㉣ 전열이 양호하여 냉각수량이 입형에 비하여 적어도 된다.
    • 열통과율 : 1200W/m²·K (유속 1.3m/s)
    • 냉각수량 : 12ℓ/min·RT
    • 전열면적 : 0.9m²/RT (유속 1.5m/s)
  ㉤ 공간이나 벽을 이용하여 상하로 설치할 수 있어 설치면적이 적어도 된다.
  ㉥ 구조가 복잡하고 냉각관의 청소가 곤란하다.

(5) 이중관식 응축기(double pipe condenser)

① 구조

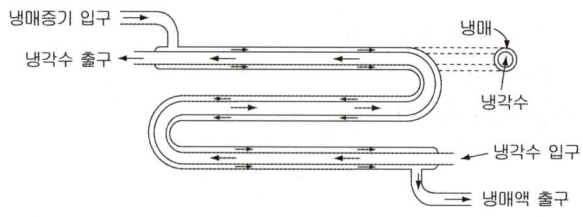

[이중관식 응축기]

② 특징
  ㉠ 암모니아, 프레온 소형냉동기에 사용한다.
  ㉡ CO_2 냉매에도 사용 가능하다.
  ㉢ 냉매증기와 냉각수가 대향류로 되어 냉각효과가 양호하다.
    • 열통과율 : 1000W/m² · K (유속 1.5m/s)
    • 냉각수량 : 12ℓ/min · RT
    • 전열면적 : 0.8~0.9m²/RT (유속 1~2m/s)
  ㉣ 냉각수량의 조절로 과냉각 냉매를 얻을 수 있다.
  ㉤ 한 대로는 대용량이 불가능하다.
  ㉥ 설치면적이 적어도 되므로 선박용에 사용된다.
  ㉦ 구조가 복잡하고 냉각관의 보수 점검이 어려워 부식발견이 곤란하고 냉각관 청소가 곤란하다.

(6) 대기식 응축기(atmospheric condenser)

① 구조

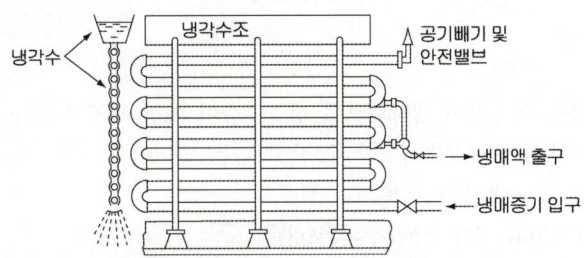

[암모니아용 대기식 응축기(블리더형)]

② 특징
  ㉠ 지름 50mm, 길이 2~6m의 수평관을 6~16단으로 연결한 구조이다.
  ㉡ 냉각관의 외면을 따라 수막처럼 물을 흐르게 하여 냉매를 냉각시킨다.
  ㉢ 냉각수의 일부는 증발하여 냉각작용을 돕기 때문에 수온이 다소 높아도 충분히 냉각작용을 한다.
  ㉣ 부식에 잘 견디므로 수질이 나쁜 곳이나 해수를 사용할 수도 있다.
  ㉤ 동절기에는 공랭식 응축기로 사용할 수 있는 이점이 있다.
  ㉥ 냉각관의 청소가 쉽다.
  ㉦ 구조가 복잡하고 설치 면적이 크며 가격이 비싸다.
  ㉧ 암모니아 냉동기에 사용된다.

(7) 증발식 응축기(evaporative condenser)

① 구조

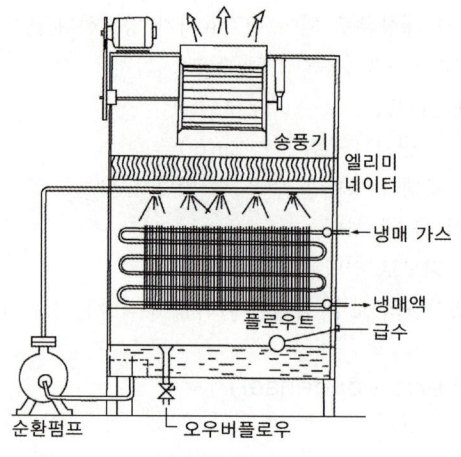

[증발식 응축기]

② 특징
  ㉠ 물의 증발작용을 이용하여 냉각하므로 냉각수량이 가장 적게 든다.
  ㉡ 전열효과는 공냉식보다 양호하지만 수냉식보다는 떨어진다.
  - 열통과율 : 250~300W/m^2·K
  - 순환수량 : 8ℓ/min·RT (냉각수 살포량)
  - 풍   량 : 500~600m^3/h·RT (풍속 2~3m/s)
  - 전열면적 : 1.3m^2/RT (프레온)   1.5m^2/RT (암모니아)
  ㉢ 외기의 습구온도가 낮을수록 냉각효과가 크다.
  ㉣ 겨울철에는 공냉식으로 사용할 수 있어 연간 운전성이 좋다.
  ㉤ 송풍기, 수조, 순환펌프를 내장하는 형태이므로 크기가 크다.
  ㉥ 암모니아, 프레온 냉동장치에 사용된다.
  ㉦ 냉매배관이 길어 압력손실(압력강하)이 크다.

(8) 공냉식 응축기(air cooling type condenser)
① 구조

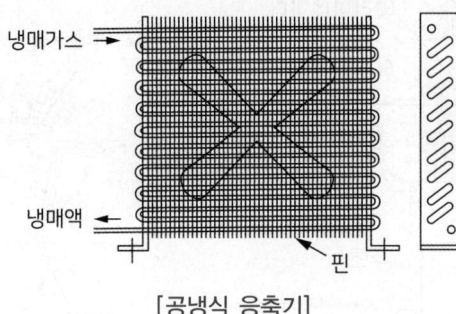

[공냉식 응축기]

② 특징
    ㉠ 고온의 냉매증기와 공기가 열교환하여 냉각된다.
        • 열통과율 : 25~30W/m^2·K (풍속 2~3m/s)
        • 전열면적 : 12~15m^2/RT (풍속 2.5m/s)
    ㉡ 공기순환방식에 따라 자연대류식과 강제대류식으로 분류된다.
    ㉢ 냉각수를 사용치 않으므로 냉각수 펌프, 배관, 배수시설이 불필요하다.
    ㉣ 응축온도는 외기온도보다 15~20℃ 정도 높다.
    ㉤ 통풍이 좋은 곳에만 설치하면 되므로 설치가 간단하다.
    ㉥ 소형 프레온 냉동장치에 사용된다.
    ㉦ 암모니아 냉동장치에는 응축온도가 높게 되어 토출가스 온도가 상승하므로 사용할 수 없다.

(9) 냉각탑(cooling tower)
① 종류(분류)
    ㉠ 공기와 냉각수의 접촉여부에 따른 분류
        • 개방형 : 냉각수가 공기와 직접 접촉에 의해 냉각됨
        • 밀폐형 : 냉각수가 공기와 접촉하지 않고 관 외부로 살포되는 물에 의해 냉각됨
    ㉡ 물과 공기의 흐름 방향에 따른 분류
        • 대향류형 : 물과 공기가 반대 방향으로 흐르므로 열교환 성능이 좋다.
        • 직교류형 : 열교환 특성은 다소 떨어지나 설치가 쉽고 여러 대를 나란히 설치할 수 있다.
    ㉢ 공기를 통풍시키는 방법에 따른 분류
        • 자연통풍식 : 냉각탑 내의 따뜻한 공기로 인한 굴뚝작용을 이용한 것이다.
        • 강제통풍식 : 송풍기로 강제 통풍시키는 방식이며 가장 널리 쓰이고 있다.

② 구조

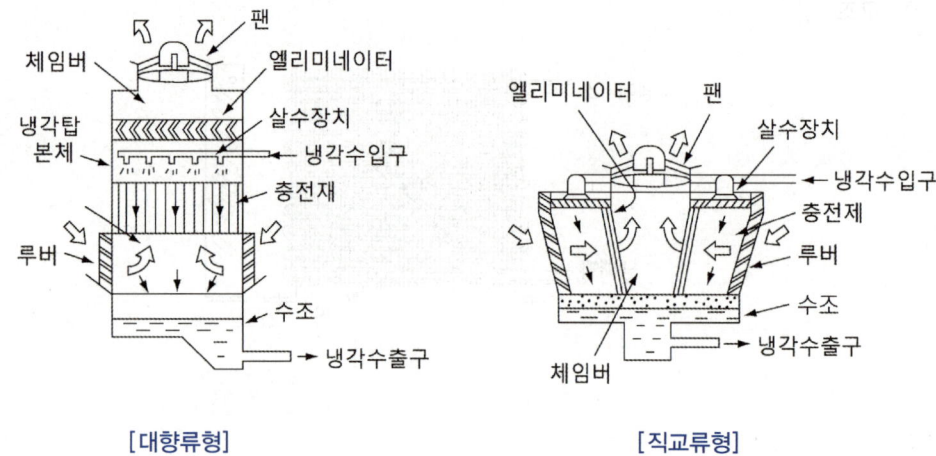

[대향류형]　　　　　　　　　　[직교류형]

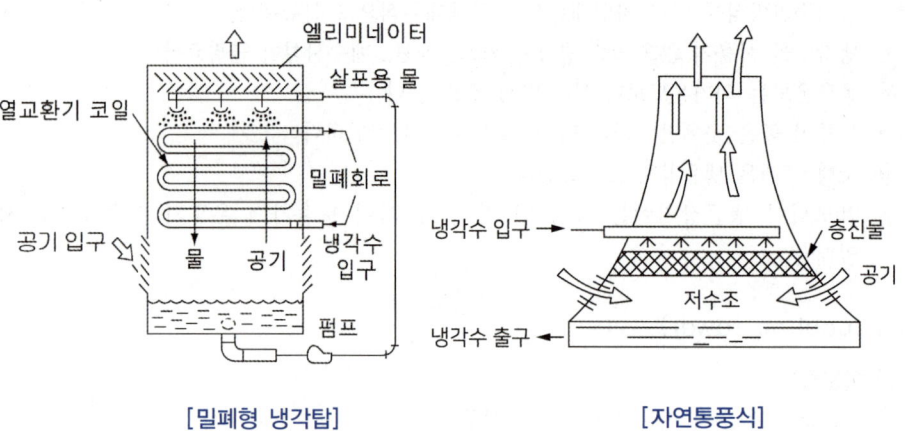

[밀폐형 냉각탑]　　　　　　　　[자연통풍식]

③ 기능과 냉각작용
　㉠ 수냉식 응축기에서 온도가 높아진 냉각수를 냉각탑에서 외부공기와 접촉시켜 냉각수를 냉각시켜 다시 응축기로 보내어 재사용하게 된다.
　㉡ 냉각수를 절감할 수 있다.
　㉢ 냉각작용은 주로 공기와 접촉한 물의 일부가 증발하면서 나머지 물에서 증발잠열을 얻어가기 때문에 나머지 물의 온도는 낮아진다.

④ 성능
  ㉠ 냉각톤(CRT)
    1냉각톤 = 4.54kW = 3,900kcal/h
    1냉각톤 = G·C·Δt
         = 13 ÷ 60 × 4.19 × (37 - 32) = 4.54kW = 3900kcal/h
      여기서, 순환량 G = 13ℓ/min·CRT
           물의 비열 C = 4.19kJ/kg·K
           입구수온 t_1 = 37℃
           출구수온 t_2 = 32℃
           쿨링 레인지 Δt = t_1 - t_2
           입구공기의 습구온도 t_a = 27℃(WB)

  ㉡ 쿨링레인지(cooling range) : Δt
    • 쿨링레인지 : 냉각탑 입구수온(t_1) - 출구수온(t_2)
      예 쿨링레인지 = 37℃ - 32℃ = 5℃
    • 조건이 동일하다면 쿨링레인지가 클수록 냉각능력이 커진다.

  ㉢ 쿨링어프로치(cooling approach) : Δt_A
    • 쿨링어프로치 : 냉각탑 출구수온(t_2) - 입구공기의 습구온도(t_a)
      예 쿨링어프로치 Δt_A = 32℃ - 27℃ = 5℃
    • 냉각능력은 냉각탑 입구공기의 습구온도(t_a)가 낮을수록 냉각효과가 좋아진다.
    • 냉각탑 입구공기의 습구온도(t_a)가 동일할 경우 쿨링어프로치가 작을수록 냉각탑 출구수온(t_2)이 낮아지기 때문에 냉각능력이 커진다.

3 증발기(evaporator)

(1) 증발기 내부의 냉매 상태에 따른 분류

① 건식 증발기(dry expansion type evaporator)

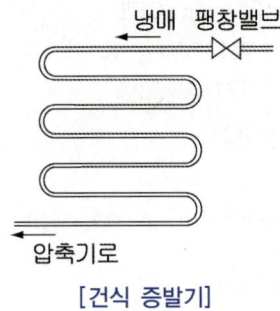
[건식 증발기]

㉠ 냉매를 증발기 상부에서 공급하여 하부로 가면서 증발하게 한 구조
㉡ 냉매 순환량이 적고 윤활유가 증발기 내에 고이는 양도 적다.
㉢ 프레온과 같이 윤활유를 잘 용해하며 비싼 냉매에 많이 사용된다.
㉣ 증발기 내의 대부분은 냉매증기가 차지하며 전열효과는 만액식에 비해 좋지 않다.

② 반만액식 증발기(semi-flooded type evaporator)

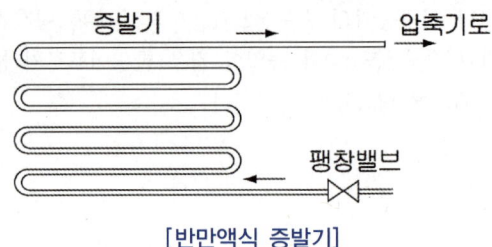
[반만액식 증발기]

㉠ 냉매를 증발기 하부에서 공급하여 상부로 가면서 증발하게 한 구조
㉡ 증발기 내에서 냉매의 상태는 건식과 만액식의 중간 상태가 된다.
㉢ 전열효과는 건식에 비해 양호하지만 만액식에는 미치지 못한다.

③ 만액식 증발기(flooded type evaporator)

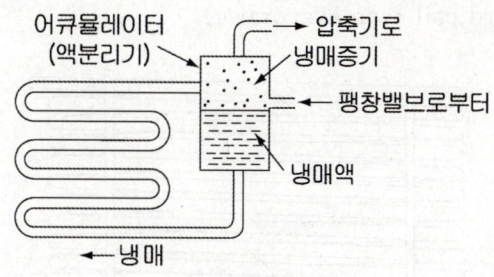

[만액식 증발기]

㉠ 냉매를 증발기 하부에서 공급하여 상부로 가면서 증발시키는 구조이다.
㉡ 증발기가 대부분 냉매로 채워져 있어 전열효과가 크다.
㉢ 액 냉매가 압축기로 흡입될 우려가 있으므로 액분리기를 설치해야 한다.
㉣ 증발기 내에 냉매량이 많고 오일이 고이는 경향이 있다.
㉤ 오일을 잘 용해하는 프레온 냉매는 증발기에 고인 오일을 압축기로 돌려보내는 장치가 필요하다.

④ 액 순환식 증발기(liquid pump type evaporator)

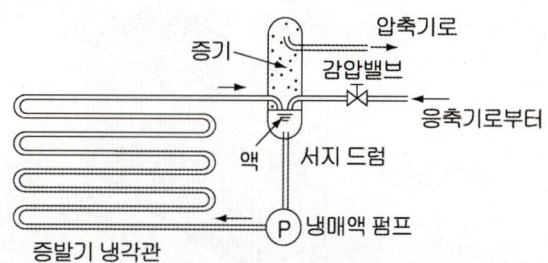

[액순환식 증발기]

㉠ 펌프를 사용하여 냉매를 증발기 하부에서 상부로 강제 순환시키는 방식
㉡ 냉매의 순환량은 증발량의 4~6배를 순환시킨다.
㉢ 증발기 내부가 거의 액 상태이고 냉매가 빠른 속도로 흐르므로 전열효과가 매우 좋다.
㉣ 냉매를 강제 순환시키므로 오일이 증발기에 고일 염려가 없다.

(2) 공기 냉각용 증발기

① 관 코일식 증발기(gird coil type evaporator)

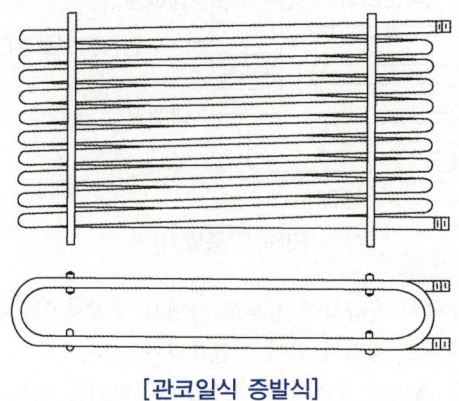

[관코일식 증발식]

㉠ 냉장고, 쇼케이스 등 냉장 공간의 천장 혹은 벽면에 장치하여 사용한다.
㉡ 나관을 사용하므로 서리가 끼더라도 전열효율의 저하 정도가 적다.

② 핀 코일식 증발기(fin coil type evaporator)

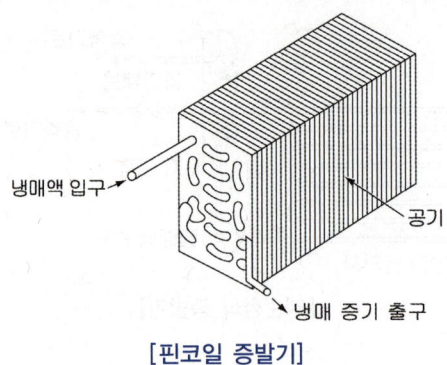

[핀코일 증발기]

㉠ 증발관 표면에 4각형 또는 원형 fin을 붙여 표면적을 크게 하여 전열량을 증가시킨 것으로 소형 쇼케이스나 냉장고에 사용된다.
㉡ 냉각관의 외표면 및 핀과 핀 사이에 생긴 서리를 제거하는 작업이 곤란하다.

③ 판형 증발기(plate type evaporator)

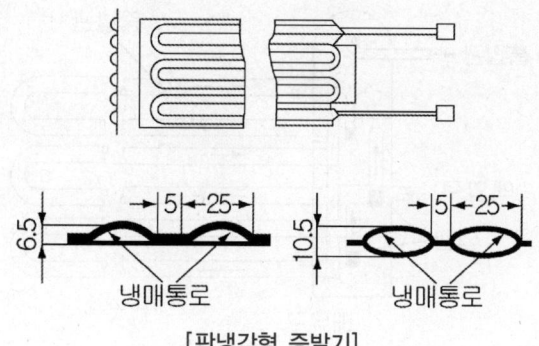

[판냉각형 증발기]

알루미늄이나 스텐레스 판 2매를 겹쳐 압접하고 사이에 냉매통로를 만든 구조로서 가정용 냉장고, 쇼케이스 등에 사용된다.

④ 캐스케이드형 증발기(cascade type evaporator)

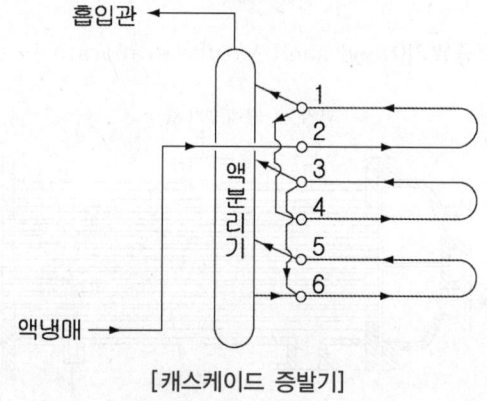

[캐스케이드 증발기]

㉠ 동결실의 동결선반에 사용되고 만액식의 구조이다.
㉡ 그림의 2, 4, 6의 액헤더로 냉매액이 공급되고 1, 3, 5의 증기헤더로 유출되어 액분리기에서 액과 증기가 분리된다.

⑤ 멀티피드 멀티석션 증발기(multi-feed multi-suction evaporator)

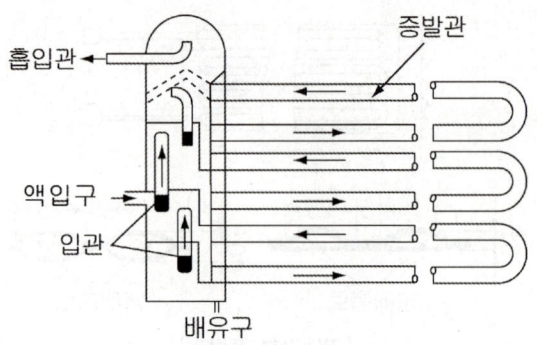

[멀티피드 멀티석션 증발기]

㉠ 케스케이드 형과 구조가 비슷하고 냉매공급 및 증기분리 방법도 유사하다.
㉡ 만액식의 암모니아용으로서 전열효과가 양호하고 동결선반용으로 이용된다.

(3) 액체 냉각용 증발기

① 만액식 쉘 앤드 튜브 증발기(flood shell & tube evaporator)

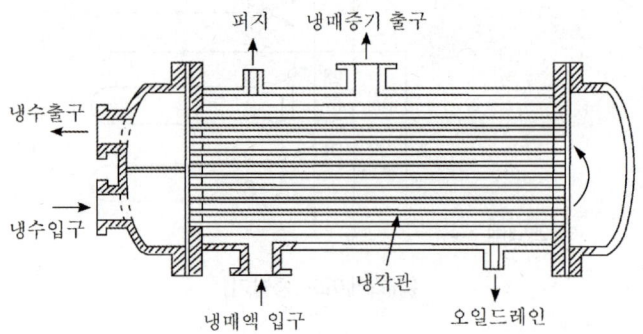

[만액식 쉘 앤드 튜브 증발기]

㉠ 원통내에 다수의 관이 설치되며 횡형 쉘 앤드 튜브 응축기와 비슷하다.
㉡ 관 내부로는 냉각할 브라인 또는 물이 흐르고 관 외부에는 냉매가 흐른다.
㉢ 브라인 또는 물이 동결되면 냉각관이 파열되는 수도 있다.
㉣ 전열효과는 양호하나 다량의 냉매가 필요하고 오일회수장치가 필요하다.

② 건식 쉘 앤드 튜브 증발기(dry shell & tube evaporator)

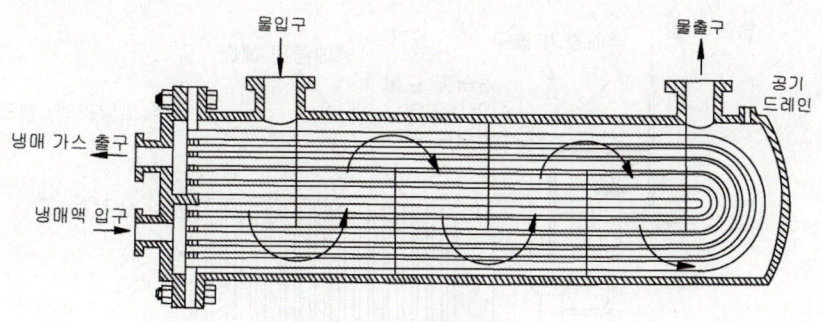

[건식 쉘 앤드 튜브 증발기]

㉠ 만액식과 반대로 관 내부로는 냉매가 흐르고 관 외측에 브라인 또는 물이 흐르므로 냉매의 양이 적어도 된다.
㉡ 관내로 흐르는 냉매의 속도가 빠르므로 오일을 압축기로 되돌려 보내기가 쉽다. 이것은 건식의 공통적인 장점이다.
㉢ 피냉각물(브라인, 물)이 일부 동결되더라도 관외에 있기 때문에 냉매관이 파열될 염려가 없다.

③ 쉘 앤드 코일 증발기(shell & coil evaporator)

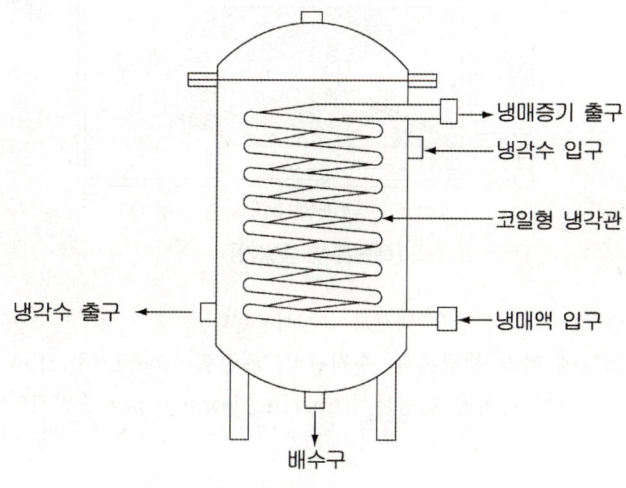

[쉘 앤드 코일 증발기]

㉠ 코일 안으로 냉매를 흐르게 하여 코일 외부의 브라인 또는 물을 냉각한다.
㉡ 소용량의 음료수 냉각기 등에 사용된다.

④ 탱크식 증발기

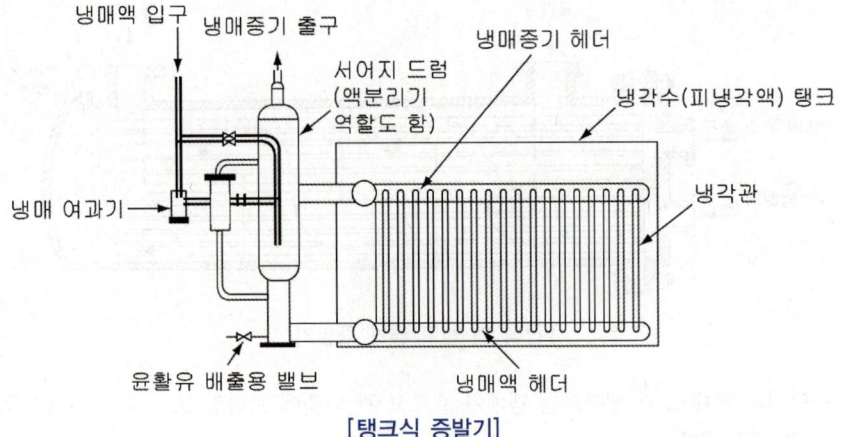

[탱크식 증발기]

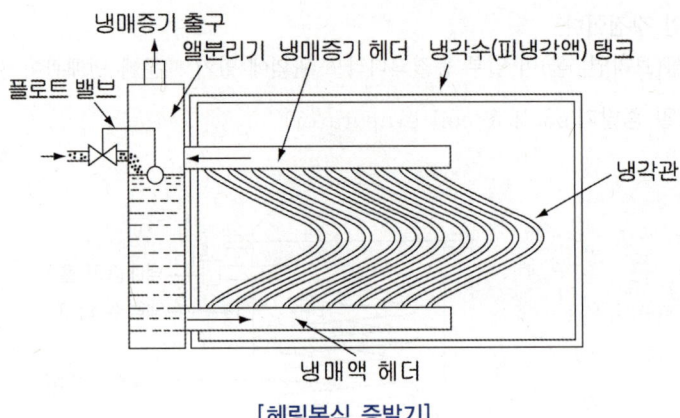

[헤링본식 증발기]

㉠ 제빙용 대형 브라인이나 물의 냉각장치에 사용된다.
㉡ 냉각관의 모양에 따라 헤링본식, 수직관식, 패럴랠식(parallel flow type)이 있다. 가장 대표적인 것은 암모니아용 헤링본식(herring bone type) 증발기이다.

⑤ 보데로 증발기(baudelot evaporator)

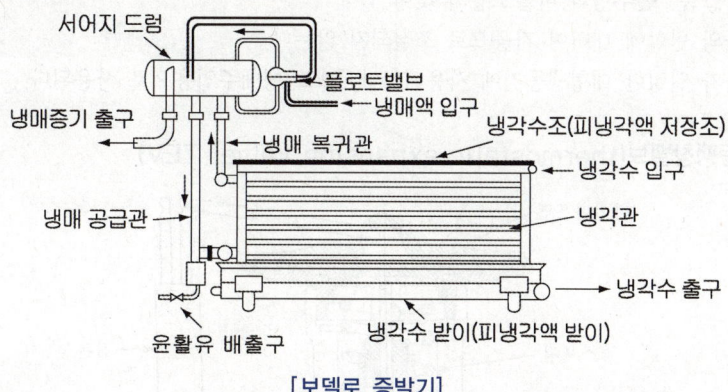

[보델로 증발기]

㉠ 대기식 응축기와 비슷한 구조와 원리를 가지며 수평 냉각관을 일렬로 수직하게 설치한 것으로 냉매는 냉각관 속을 흐르고, 냉각관 상부에 설치된 피냉각액 저장조로부터 물이나 우유를 흘러내리게 하면 피냉각물은 냉각관 외부를 타고 흐르면서 냉각된다.
㉡ 냉각관의 동파 위험이 없어 우유나 각종 기름류를 동결온도까지 냉각하는 데 사용된다.

4 팽창밸브(expansion valve)

(1) 역할 및 원리

① 감압장치인 팽창밸브는 응축기에서 나온 고압의 냉매액을 증발압력까지 압력을 감압하여 증발기로 보내며 냉매의 유량을 조절하는 장치이다.
② 노즐이나 오리피스와 같은 좁은 통로를 유체가 통과하면 압력과 온도는 내려가지만 엔탈피의 변화는 없는 교축현상이 발생한다.

(2) 수동식 팽창밸브(manual expansion valve)

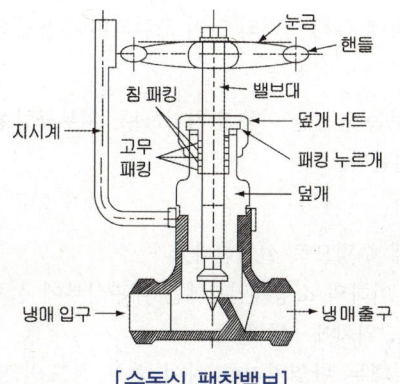

[수동식 팽창밸브]

① 수동으로 밸브의 핸들을 돌려 냉매량을 조절한다.
② 밸브의 헤드는 원추형과 바늘모양의 것이 있다.
③ 냉동부하의 변화에 대하여 자동으로 조절되지 않는다.
④ 냉동부하가 일정한 대형냉동기에 사용되거나, 보조 냉매주입용으로 사용된다.

(3) 온도식 자동팽창밸브(thermostatic expansion valve, TEV)

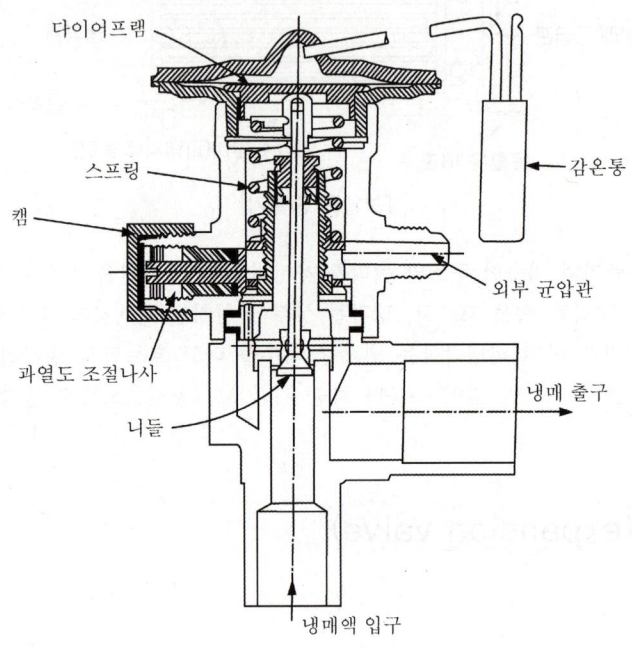

[온도식 자동팽창밸브]

① 현재 가장 많이 사용되는 팽창밸브이며 냉동부하가 증가하면 증발기 출구 냉매증기의 온도가 증가(과열도 증가)하므로 감온통 내부의 압력도 증가한다. 이 증가된 압력이 팽창밸브의 다이아프램을 아래로 밀어 밸브를 열게 되므로 냉매가 증발기내로 유입되어 부하증가에 대응하게 된다.
② 흡입증기의 과열도를 일정하게(약 5℃) 유지하도록 밸브의 개도를 자동으로 조절한다.
③ 감온부에 작용하는 압력차에 의해 냉매의 양이 조절되며 작용압력의 형태에 따라 내부균압형과 외부균압형으로 분류된다.
④ 내부균압형은 증발기 입구측 압력을 이용한 차압으로, 외부균압형은 증발기 출구측의 압력을 이용한 차압으로 유량을 조절한다.
⑤ 감온통 설치방법
  ㉠ 증발기 출구 관외부에 수평으로 설치한다.
  ㉡ 관지름이 20A(7"/8) 이하의 소형흡입관에는 배관상부에 설치하고 20A(7"/8) 초과하는 경우에는 배관하부에서 45°위치에 설치한다.
  ㉢ 외부의 영향을 받을 때는 단열처리를 하여 외부 온도의 영향을 차단해야 한다.

⑥ 감온통 내 가스 충전방식
  ㉠ 액 충전식(liquid charge)
    • 냉동장치와 같은 냉매가 들어 있으며 감온통 내에는 항상 액과 증기가 공존한다.
    • 가스충전식에 비해 과부하운전을 일으키기 쉽다.
  ㉡ 가스 충전식(gas charge)
    • 냉동장치와 같은 냉매가 들어 있으며 감온통은 밸브 본체보다 온도가 낮은 곳에 설치되어야 한다.
    • 최대 작동압력을 제한함으로써 압축기의 과부하를 방지하고, 시동 시에 액백(liquid back)을 방지할 수 있다.
  ㉢ 크로스 충전식(cross charge)
    • 감온통에 냉동장치에 사용되는 냉매와 다른 액 또는 가스를 충전한다.
    • 압축기 시동 시에 액백(liquid back)을 방지하고, 과부하를 방지한다.
    • 저온냉동장치에 적합한 방식이다.

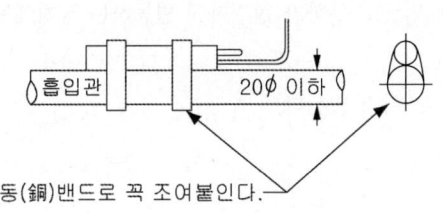　　　　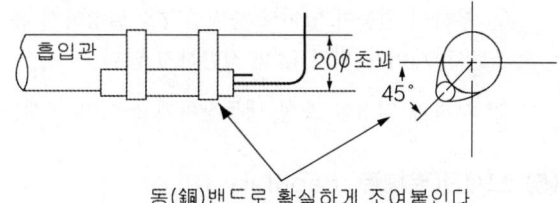

(a) 20mm 이하의 흡입관의 경우　　　(b) 20mm 초과하는 흡입관의 경우

[감온통 설치위치]

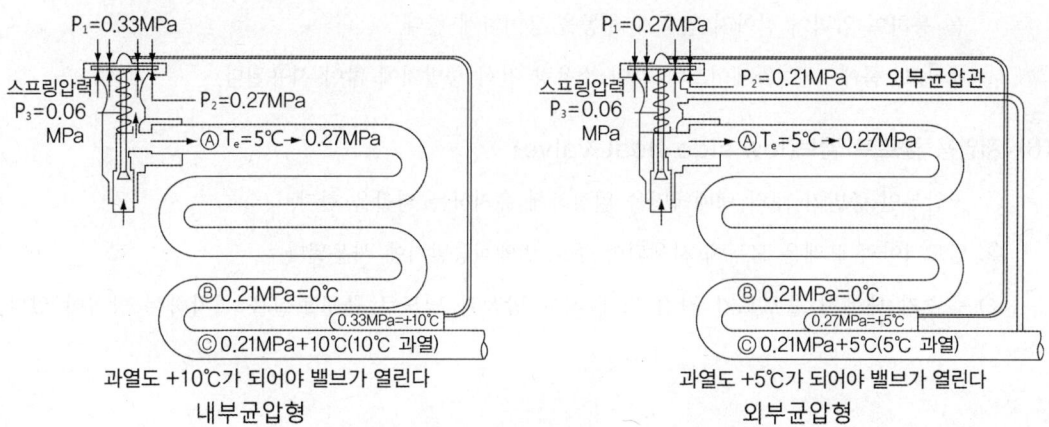

[내·외부 균압형 온도식팽창밸브의 작용(R-12)]

(4) 정압식 자동팽창밸브(constant pressure expansion valve)

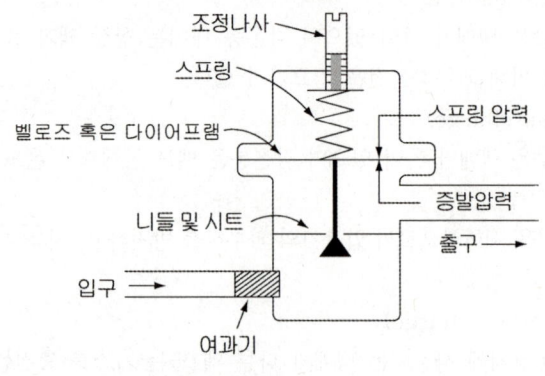

[정압식 팽창밸브의 구조]

① 벨로즈나 다이아프램의 상부에 스프링이 설치되고 하부에는 증발압력이 작용하게 되어 있다.
② 부하의 변동이 있어도 증발압력을 일정하게 유지하게 되므로 부하가 현저하게 변동하는 장치에는 유량제어가 되지 않아 적합하지 않다.
③ 부하가 일정한 소형 냉동장치에 쓰이며 현재는 별로 쓰이지 않는다.

(5) 모세관(毛細管, capillary tube)

① 길이 1m 내외, 내경 0.8~2.0mm의 가느다란 관으로서 배관저항을 이용하여 감압 및 교축을 한다.
② 유량조절 밸브가 없으므로 냉매 충전량이 정확해야 하고 과 충전되지 않아야 한다.
③ 모세관은 구조적으로 가장 간단하여 고장부분이 적고 압축기 정지 중에 고압부와 저압부가 모세관을 통하여 압력이 같아져 압축기 시동을 용이하게 한다.
④ 냉장고, 룸에어콘, 쇼케이스와 같이 소용량 건식 증발기에 많이 사용된다.

(6) 저압용 플로트 밸브(low side float valve)

① 저압부인 증발기 내의 냉매액면을 일정하게 유지하는 역할을 한다.
② 암모니아와 프레온 모두에 사용되며 주로 만액식증발기에 사용된다.
③ 증발기 내에서 플로트가 직접 뜨게 하는 방식과 별도로 플로트실을 설치하는 방식이 있다.

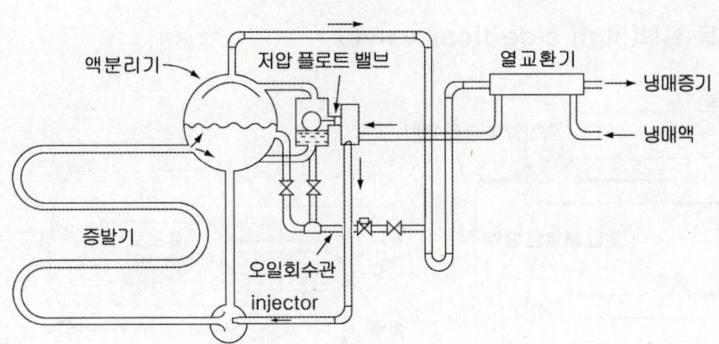

[저압용 플로트 밸브 설치]

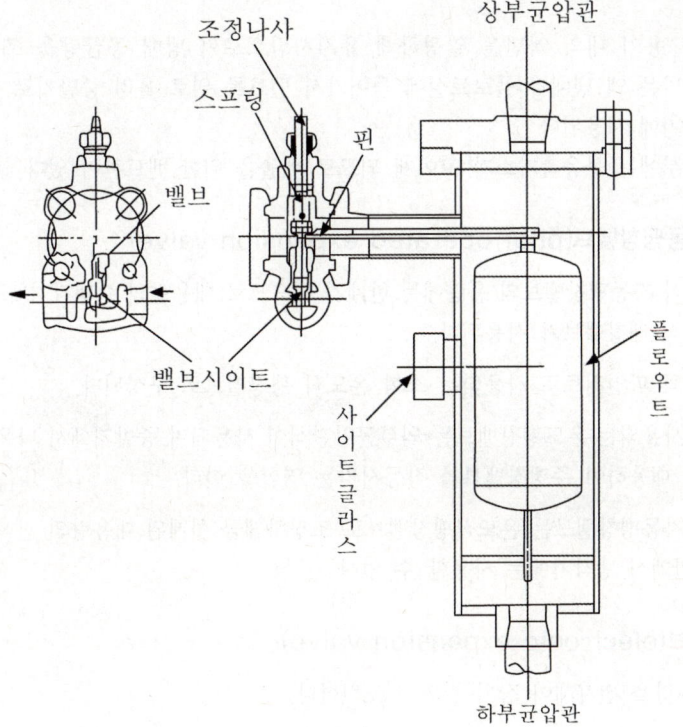

[저압용 플로트 밸브 구조]

(7) 고압용 플로트 밸브(high side float valve)

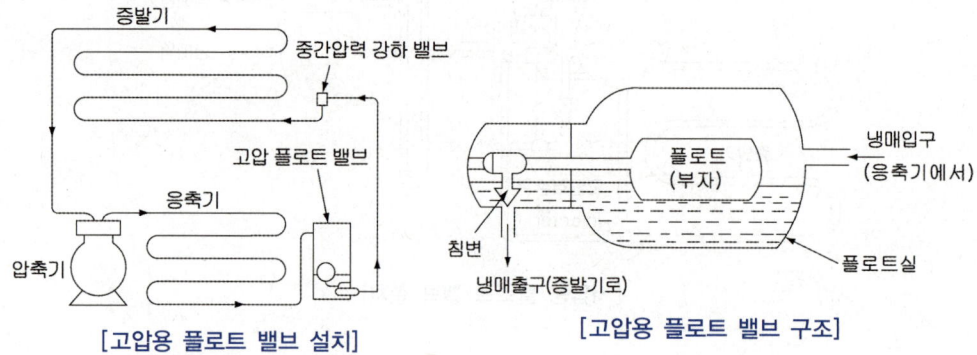

[고압용 플로트 밸브 설치]   [고압용 플로트 밸브 구조]

① 고압 플로트 용기 내의 액면을 일정하게 유지시킴으로써 냉매 공급량을 조절한다.
② 응축기에서 나온 액 냉매가 플로트실에 들어가서 밸브를 위로 올려 증발기로 공급된다.
③ 만액식 증발기에 사용된다.
④ 플로트실 상부에는 불응축가스가 고이게 되므로 배출을 위한 벤트관이 있다.

(8) 파일러트식 자동팽창밸브(pilot operated expansion valve)

① 보통의 온도식 자동팽창밸브의 용량에는 한계가 있으므로 대용량의 수냉각기나 대형냉동장치에서는 파일러트식 팽창밸브가 사용된다.
② 주 팽창밸브와 파일러트로 사용되는 소형 온도식 팽창밸브로 구성된다.
③ 파일러트로 사용되는 온도팽창밸브는 외부균압관식이 사용되며 증발기에서 나온 흡입가스의 과열도의 변화에 대응하여 주팽창밸브를 작동시키는 역할을 한다.
④ 파일러트식 자동팽창밸브는 온도식팽창밸브로 조정하게끔 설계된 대용량의 건식 냉각기에 사용되는 것이며 만액식 냉각기에는 사용할 수 없다.

(9) 전자식 팽창밸브(electronic expansion valve)

증발기의 냉매유량을 전자제어 장치에 의해 조절한다.

① 종류
　㉠ 아날로그형의 전기신호를 이용한 바이메탈 구동방식(열전식)
　㉡ 봉입왁스의 가열에 의한 부피팽창을 이용한 압력 구동방식(열동식)
　㉢ 디지털형의 전기신호를 이용한 펄스모터 구동방식(스텝핑 모터방식)
　㉣ 펄스신호에 의해 솔레노이드 밸브가 완전히 열리고 닫히는 방식(펄스폭 변조방식)
　㉤ 솔레노이드의 전류값에 의해 밸브가 비례적으로 열리고 닫히는 방식
② 원리 : 증발기 입구와 출구배관에 온도센서를 부착하여 온도를 검출하고 증발기 출구 냉매가스의 과열도를 측정하여 이 신호에 따라 밸브를 열고 닫아 증발기에 유입되는 냉매유량을 제어한다.

③ 장점
　㉠ 큰 부하변동에도 신속하게 대응하여 일정한 과열도를 유지하는 정밀제어를 할 수 있다.
　㉡ 온도식 자동팽창밸브에 비하여 냉매액을 정확하게 공급할 수 있다.
　㉢ 응축압력의 변화에 따른 영향을 받지 않는다.
　㉣ 응축기출구 냉매 과냉각의 변화를 보상할 수 있다.
　㉤ 시스템의 운전조건에 알맞게 증발기의 전열면적을 효과적으로 이용할 수 있다.
　㉥ 낮은 과열도를 유지할 수 있어 시스템의 효율을 높일 수 있다.

④ 단점
　㉠ 초기투자비가 온도식 팽창밸브보다 많이 든다.
　㉡ 내구성이 떨어진다.

5 장치부속기기

(1) 유분리기(oil separator)

① 기능과 역할
　㉠ 압축기에서 토출되는 냉매가스 중에 윤활유가 많이 섞여 있으면 압축기에 윤활유가 부족하게 되고, 압축기에서 나온 윤활유가 응축기와 증발기에 고이면 열교환을 저해하게 된다.
　㉡ 따라서 토출가스 배관 중에 유분리기를 설치하여 토출가스 중에 섞여 있는 윤활유를 분리시켜 일정한 레벨에 도달하면 압축기의 크랭크케이스 안으로 회수한다(프레온의 경우).
　㉢ 암모니아 냉동장치는 토출가스 온도가 높아 오일이 탄화되어 있을 때가 많아 유분리기에서 직접 압축기로 회수하는 일은 많지 않다.

② 설치위치 : 압축기와 응축기 사이에 설치한다.
　㉠ 프레온 냉동장치 : 압축기에 가까이 설치, 즉 압축기와 응축기 사이의 1/4 지점
　㉡ 암모니아 냉동장치 : 응축기에 가까이 설치, 즉 압축기와 응축기 사이의 3/4 지점

③ 유분리기를 설치하는 경우
　㉠ 암모니아 냉동장치
　　• 냉매와 윤활유가 잘 혼합되지 않으므로 반드시 설치하여야 한다.
　㉡ 프레온 냉동장치
　　• 만액식 증발기를 사용하는 경우에 설치한다(윤활유가 증발기에 고이기 때문에).
　　• 배관이 길어지는 경우에 설치한다(배관 내에 윤활유가 정체하기 때문에).
　　• 증발온도가 낮은 경우에 설치한다.(팽창밸브에서 동결, 증발기·응축기에서 전열을 방해하기 때문에)
　　• 다량의 오일이 토출가스에 섞여나가는 경우에 설치한다.

④ 구조와 종류 : 배플식, 철망식, 원심분리식 등이 있다.

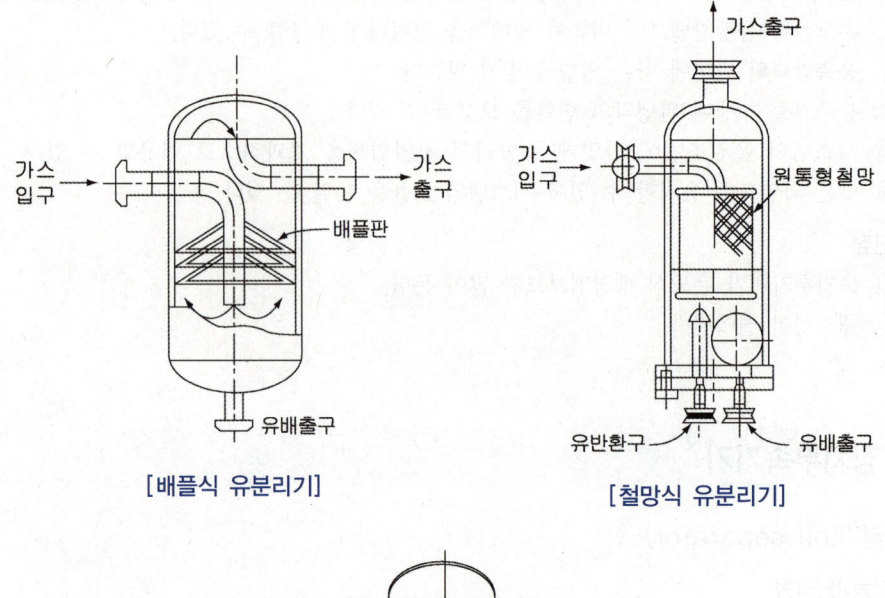

[배플식 유분리기]   [철망식 유분리기]

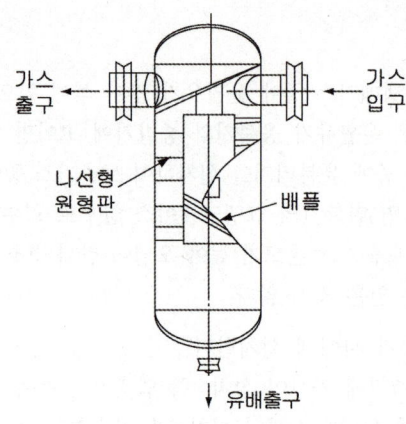

[원심분리식 유분리기]

(2) 액분리기(accumulator)

① 기능과 역할
　㉠ 흡입가스에 냉매액이 혼입되어 있으면 이것을 분리하여 증기만을 압축기에 흡입시켜 액압축을 방지하고 압축기를 보호하는 역할을 한다.
　㉡ 액분리기에서 분리된 액은 액회수장치에 의해 수액기로 돌려보내진다.
② 설치위치 : 증발기와 압축기 사이 흡입 배관 중에 설치한다.

③ 액 분리기를 설치하는 경우
  ㉠ 냉동부하의 변동이 심한 경우의 냉동장치에는 반드시 설치한다.
  ㉡ 제빙장치, 대형냉장고, 동결장치, 브라인쿨러 등에 설치한다.
④ **구조와 종류** : 구조와 작동원리는 유분리기와 비슷하며 냉매의 유동방향을 바꾸거나 유속을 1.0m/s 이하로 낮추면 냉매증기 속의 미세한 냉매액적이 방해판에 부착하거나 중력에 의해 분리된다.

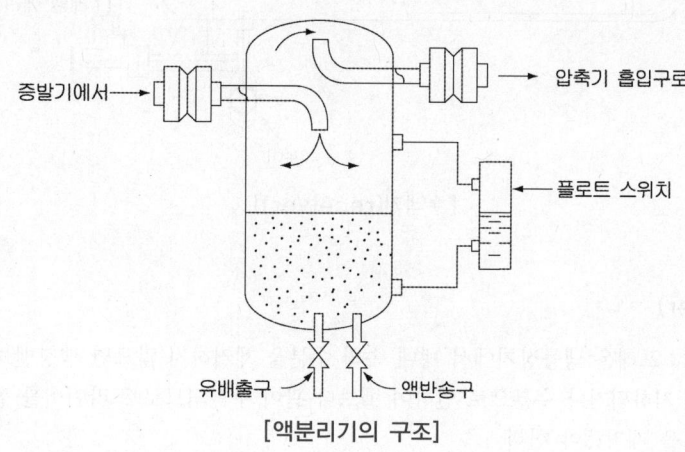

[액분리기의 구조]

(3) 수액기(receiver)

① 기능과 역할
  ㉠ 응축기에서 액화된 고압의 냉매액을 팽창밸브로 보내기 전에 일시적으로 저장하는 고압용기로 횡형 원통형이 많이 사용된다.
  ㉡ 냉동장치의 부하가 변하여도 냉매를 증발기에 원활하게 공급할 수 있는 양의 냉매를 저장할 수 있어야 한다.
  ㉢ 냉동장치를 수리하거나 장시간 정지시키는 경우 장치 내의 모든 냉매를 회수하여 저장할 수 있는 역할을 한다.
  ㉣ 소용량의 프레온 냉동장치에서는 수냉식 응축기를 수액기로 겸용하므로 수액기를 설치하지 않는 경우도 있다.

② 설치위치 및 균압관
  ㉠ 응축기 하부에, 응축기보다 온도가 높아지지 않는 위치에 설치해야 한다.
  ㉡ 냉매액이 쉽게 수액기로 흘러내리도록 응축기 상부와 수액기 상부를 연결하는 균압관을 설치한다.

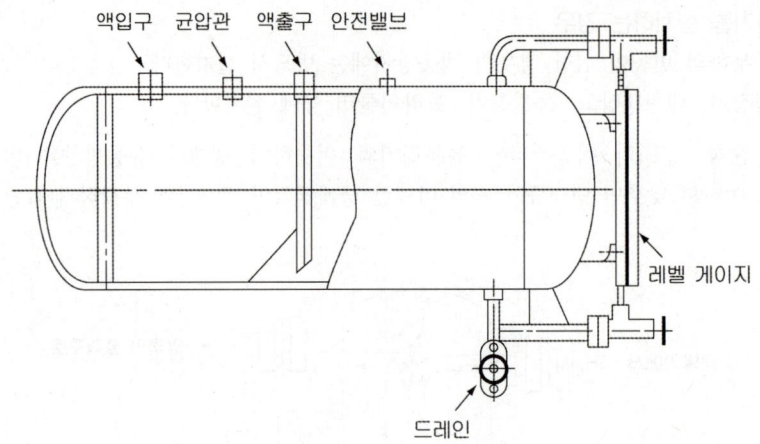

[수액기(receiver)]

(4) 드라이어(dryer)

① **기능과 역할** : 프레온 냉동장치에서 냉매 속의 수분을 제거하지 않으면 팽창밸브에서 수분이 결빙되어 기능이 저하되거나 수분으로 인하여 밸브나 관이 부식되므로 드라이어를 설치하여 냉매 속에 함유된 수분을 제거해야 한다.

② **실리카 겔**($SiO_2 \cdot nH_2O$, Silica gel)
 ㉠ 반투명한 유리 형상의 산화규소
 ㉡ 무색, 무미, 무취, 무독성, 비가연성이고 수분과 산을 흡착한다.
 ㉢ 150℃~200℃에서 1~2시간 가열하면 재생되며 반영구적으로 사용한다.

③ **활성알루미나**($Al_2O_3 \cdot nH_2O$, Activated alumina)
 ㉠ 백색의 산화알루미늄 분말을 작은 정제모양으로 만든 것
 ㉡ 무미, 무취, 무독성, 비가연성이며 수분과 산을 흡착한다.
 ㉢ 150℃~200℃에서 1~2시간 가열하면 재생되며 반영구적으로 사용한다.

④ **드라이얼라이트**($CaSO_4$, Dryerlite) : 황산칼슘의 무수물(無水物)로서 백색 분말이며 수분은 흡착하지만 산은 흡착하지 못한다.

⑤ **소바이드**
 ㉠ 각이 많고 가루로 되기 쉬운 실리카겔을 구(球)상으로 가공한 것으로 성질은 실리카겔과 같다.
 ㉡ 200℃에서 8시간 이상 가열하면 재생된다.

⑥ 몰레큘러 시이브(분자체, Molecular sieve)
  ㉠ 분자 크기의 입자를 분리할 수 있는 합성 제올라이트(zeolite)를 말하며, 미세하고 균일한 작은 구멍이 있어 이보다 작은 분자를 흡착한다.
  ㉡ 무미, 무취, 무독성, 비가연성이다.
  ㉢ 실리카겔보다 흡착력이 크고, 200~300℃에서 재생된다.

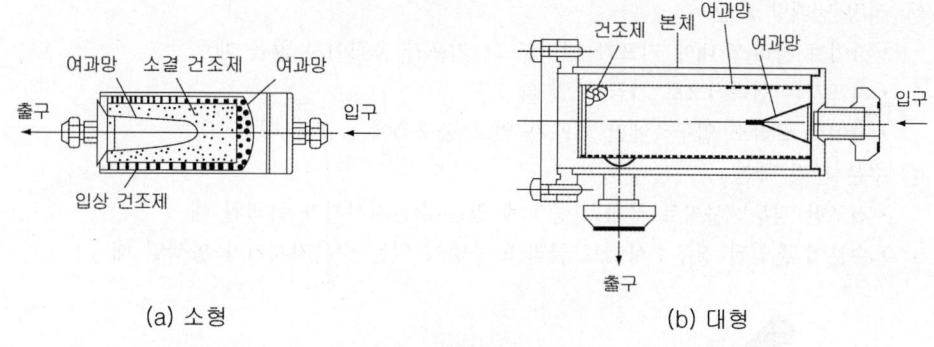

(a) 소형   (b) 대형

[건조기(dryer)]

(5) 가용전(fusible plug)

응축기 및 수액기에 장착하는 안전장치로 가용전은 플러그의 중공부(中空部)속에 낮은 온도에서 녹는 비쓰무스, 카드뮴, 납, 주석(Bi, Cd, Pb, Sn)의 합금을 넣은 것이며 용융온도는 75℃ 이하가 원칙이다. 고온의 토출가스 영향을 받지 않는 곳에 설치해야 하며, 응축기나 수액기 등 냉매액과 증기가 공존하는 곳에서는 냉매액에 접촉하는 부분에 설치해야 한다. 가용전의 구경은 최소 안전밸브 구경의 1/2 이상이어야 하며 암모니아 냉동장치에서는 가용합금이 침식되므로 사용하지 않는다.

(6) 파열판(rupture disk)

파열판은 터보냉동기, 흡수식냉동기에 사용되는 안전장치이며 작동압력(파열압력)은 내압시험압력의 0.8배(8/10)이하로 한다.

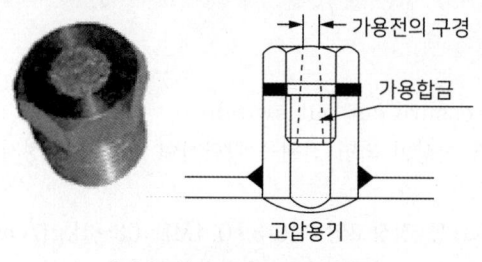

[가용전(fusible plug)]

[파열판(rupture disk)]

(7) 투시경(sight glass)

① 기능과 역할
  ㉠ 냉매의 충전량을 확인하여 과충전을 방지한다.
  ㉡ 장치 중에 수분의 혼입여부를 확인한다.

② 확인방법
  ㉠ 적정 냉매량 확인
    • 사이트 글라스 내에 기포가 있어도 그 기포가 움직이지 않을 때
    • 기포가 비연속적으로 가끔 보일 때
    • 사이트 글라스 입구측에만 기포가 있고 출구측에는 없을 때
  ㉡ 수분 혼입 확인
    • 건조한 경우 : 사이트 글라스 중앙에 있는 수분지시기가 녹색일 때
    • 수분이 혼입된 경우 : 사이트 글라스 중앙에 있는 수분지시기가 황색일 때

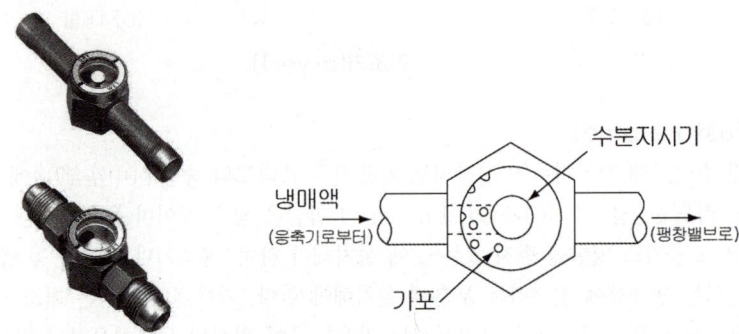

[투시경(사이트 글라스)]

6 제어기기

(1) 압력스위치

① **고압차단용 압력스위치**(HPS, high pressure cut out switch)
  ㉠ 냉동장치의 고압측 압력이 일정압력 이상이 되면 전원을 차단하여 압축기를 정지시키므로써 냉동장치의 파손을 방지한다.
  ㉡ 작동압력 : 누설시험압력 이하로서 보통 정상고압 + 0.3~0.4MPa(3~4kgf/cm^2)이다.
  ㉢ 설치위치 : 압축기 토출밸브 직후와 스톱밸브 사이에 설치한다.

② **저압차단용 압력스위치**(LPS, low pressure cut out switch)
  ㉠ 냉동장치의 저압측 압력이 일정압력 이하가 되면 전원을 차단하여 압축기를 정지시킨다.
  ㉡ 작동압력 : 저압측이 진공이 되지 않도록 보통 0.01MPa(0.1kgf/cm^2)로 setting한다.
  ㉢ 설치위치 : 압축기 흡입측 배관에 설치한다.

③ 고·저압 차단용 압력 스위치(dual pressure cut out switch)
　㉠ 고압차단용과 저압차단용 스위치를 하나의 케이스에 넣은 것으로 각각 독립적으로 존재하며
　㉡ 따라서 벨로우즈, 레버, 접점 조정나사 등이 각 2세트씩 있다.

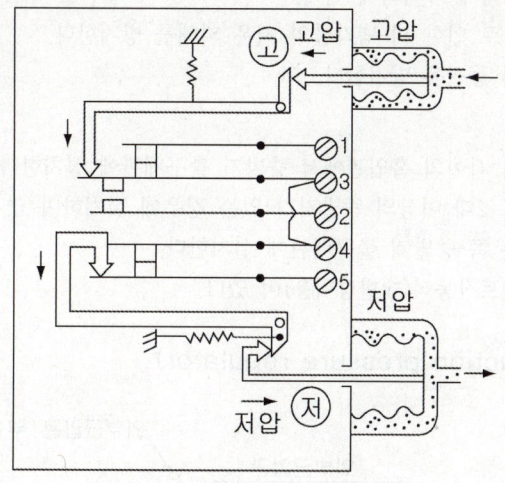

[고·저압 스위치의 작동원리]

④ 유압보호 압력스위치(oil protection switch)
　㉠ 윤활유 압력이 일정시간 동안(60~90초) 정상압력 이하로 떨어지면 전원을 차단하여 압축기를 정지시켜 베어링 부분의 손상을 방지한다.
　㉡ 작동압력 : 흡입압력 + 0.15~0.3MPa(1.5~3kgf/cm^2)로 setting한다.
　㉢ 벨로우즈 : 흡입압력 검출용과 윤활유압력 검출용이 따로 있어 2개이다.
　㉣ 타이머 : 차압의 이상이 발생된 후 일정시간(60~90초)이 지난 후 동작하게 한다.

(2) 증발압력 조정밸브(evaporator pressure regulator)

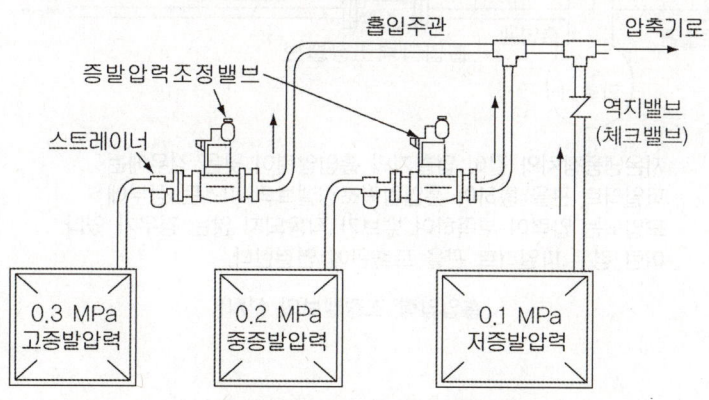

[증발압력 조정밸브의 설치]

제5장 냉동장치 구성기기 **261**

① 기능과 역할
　㉠ 증발기 내의 증발압력이 소정의 압력 이하로 떨어지는 것을 방지한다.
　㉡ 증발압력이 내려가려고 할 때 밸브를 조여서 저항을 증가시켜 압축기의 흡입압력은 내려가도 증발압력은 일정하게 유지하게 한다.
　㉢ 증발온도의 저하로 인한 피 냉각물의 저온 피해를 방지한다.
　㉣ 물이나 브라인의 동결을 방지한다.

② 설치위치 및 종류
　㉠ 증발기와 압축기 사이의 흡입관에서 증발기 출구배관에 설치한다.
　㉡ 증발온도가 다른 2대 이상의 증발기가 있는 경우에 설치하며
　㉢ 증발온도가 높은 쪽 증발기 출구배관에 설치한다.
　㉣ 직동식과 파일러트작동식(대형장치용)이 있다.

(3) 흡입압력 조정밸브(suction pressure regulator)

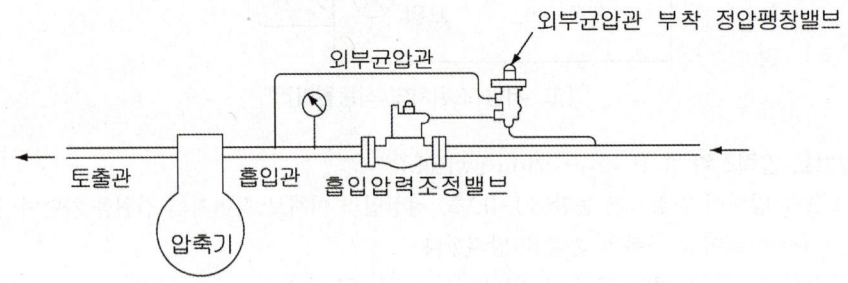

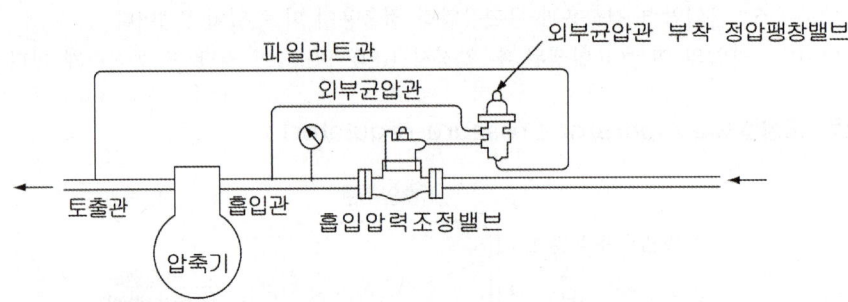

저온냉동장치와 같이 압축기의 흡입압력이 낮은 경우에는
파일러트 관을 통하여 흡입압력조정밸브의 피스턴 상부에
도입되는 압력이 부족하여 밸브가 작동되지 않는 경우가 있다.
이런 경우 파일러트 관을 토출관에 연결한다.

[흡입압력 조정밸브의 설치]

① 기능과 역할
　㉠ 압축기의 흡입압력이 소정압력 이상으로 올라가지 않도록 조절한다.
　㉡ 압축기가 높은 흡입압력으로 기동하지 않도록 압력을 조절하여 과부하를 방지한다.
　㉢ 흡입압력의 과도한 변동을 방지하여 압축기의 운전을 안정시킨다.
　㉣ 높은 흡입압력으로 장시간 운전되는 경우에 과부하를 방지한다.
　㉤ 증발기로부터의 냉매 액백(liquid back)을 방지한다.

② 설치위치 및 종류
　㉠ 증발기와 압축기 사이의 흡입관에서 압축기 입구배관에 설치한다.
　㉡ 직동식과 파일럿작동식(대형장치용)이 있다.

● 제2편 냉동공학

제6장 냉동장치의 응용

1 제빙장치

① 제빙장치는 각빙제빙장치와 자동제빙장치로 나눌 수 있다.
② 각빙은 주로 135kg의 괴빙(塊氷)으로 생산되며 수산용으로 많이 사용된다.
③ 135kg용 빙관으로 만든 얼음의 중량은 약 145kg이 되며 여분의 10kg은 얼음을 빙관으로부터 탈빙할 때 일어나는 용해와 운반할 때 용해, 절단할 때 손실 등을 감안한 것이며 제빙능력 계산 시에는 열손실에 포함시켜 계산한다.

(1) 자동제빙장치
자동제빙장치는 제빙에서 탈빙 및 쇄빙까지 전 공정이 하나의 유니트에서 이루어진다. 자동제빙장치의 종류는 다음과 같다.

① 플레이트 제빙장치 : 수직의 결빙판 사이에서 얼음 제조
② 후레이크아이스 제빙장치 : 드럼형 결빙판 표면에서 비늘조각 모양 얼음 제조
③ 튜브아이스 제빙장치 : 속이 빈 원통모양의 얼음 제조
④ 셸아이스 제빙장치 : 튜브아이스 제빙장치는 관 내부에서 결빙시키는 반면 셸아이스는 관외부에서 결빙시키는 방식
⑤ 래피드아이스 제빙장치 : 스위스의 래피드아이스 후리징 사가 설계한 제빙기로 얼음의 형상은 각빙이다.

(2) 각빙 제빙장치

① 제빙 및 저빙
㉠ 제빙조 내에 −9~−10℃ 정도의 브라인(염화칼슘용액)을 채운 후 그 속에 물이 채워진 결빙관(罐)을 넣고 교반기로 브라인을 순환시켜 결빙시킨다.
㉡ 결빙된 결빙관(罐)에서 얼음을 분리하기 위해 결빙관을 용빙조로 옮겨 용빙조에 담근후 탈빙기로 옮겨서 탈빙한다.
㉢ 탈빙된 얼음은 탈빙대를 거쳐서 저장실(저빙고)로 운반되어 저장된다.

ⓔ 저빙고의 온도는 각빙에서는 −5~−10℃ 이내로 한다. 너무 낮으면 얼음에 균열이 발생한다. 그러나 자동제빙기에서 제빙된 얼음은 형상이 얇기도 하여 얼음 조각이 서로 융착되지 않도록 과냉각도를 크게 하여 −10~−15℃로 저장한다.

(3) 제빙부하

① 제빙기가 1일(24시간) 동안 생산할 수 있는 얼음의 ton 수를 제빙능력이라 하며 ton/day(제빙톤)로 나타낸다.
㉠ 원료수를 얼음으로 만드는 데 필요한 부하(정미 열 부하)
㉡ 제빙조의 뚜껑, 방열벽으로부터의 침입열부하
㉢ 브라인 교반기의 동력 발생열 부하
㉣ 원료수 교반용 공기에 의한 부하
㉤ 안전율(필요한 경우 15~20% 적용)

> 제빙부하 = ㉠ + ㉡ + ㉢ + ㉣ + ㉤

② 25℃의 물 1ton을 24시간 동안 −9℃ 얼음으로 만드는 데 필요한 제빙능력을 계산해 보면 다음과 같다.

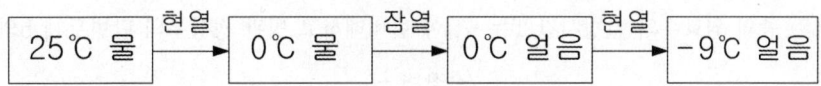

㉠ 25℃의 물 1톤(1000kg)을 0℃의 물로 냉각시키는 데 제거해야 할 열량

$q_1 = G \cdot C (t_2 - t_1)$ 여기서, 물의 비열 $C = 4.19\,\text{kJ/kg}\cdot\text{K}$
$= 1000 \times 4.19 \times (25 - 0) = 104750\,\text{kJ}$

㉡ 0℃의 물 1톤(1000kg)을 0℃의 얼음으로 만드는 데 제거해야 할 열량

$q_2 = G \cdot \gamma$ 여기서, 물의 응고잠열 $\gamma = 333.6\,\text{kJ/kg}$
$= 1000 \times 333.6 = 333600\,\text{kJ}$

㉢ 0℃의 얼음 1톤(1000kg)을 −9℃의 얼음으로 만드는 데 제거해야 할 열량

$q_3 = G \cdot C(t_2 - t_1)$ 여기서, 얼음의 비열 $C = 2.1\,\text{kJ/kg}\cdot\text{K}$
$= 1000 \times 2.1 \times (0 - (-9)) = 18900\,\text{kJ}$

㉣ 기타 열손실(정미 열 부하의 20%)
• 제빙조 뚜껑, 방열벽으로 부터의 침입열 부하
• 브라인 교반기 동력 발생열 부하
• 원료수교반용 공기에 의한 열 부하

ⓓ 시간당 제거해야 할 총열량 및 제빙톤

$$q = (q_1 + q_2 + q_3) \times 1.2 \div 24$$

$$= (104750 + 333600 + 18900) \times 1.2 \div 24$$

$$= 22863 \text{ kJ/h} = 1.65 \text{ RT} \quad (22863 \div 3600 \div 3.86 = 1.645 ≒ 1.65\text{RT})$$

∴ 25℃의 원수에 대한 1 제빙톤(ton/day) = 1.65RT가 된다.

[제빙에 필요한 냉동능력과 원수온도(얼음온도 -9℃)]

원수온도 ℃	냉동능력 RT	원수온도 ℃	냉동능력 RT
5	1.35	25	1.65
10	1.42	30	1.72
15	1.50	35	1.80
20	1.57	40	1.88

※ 9관 그리드를 채용하여 단시간 탈빙하면 안전율 15~20%를 더해 준다.

(4) 결빙시간

제빙관(罐) 중의 원료수의 결빙시간 T는 $-t_b$에 반비례하고 빙관 정상부의 단변두께 b의 2승에 비례한다.

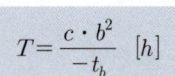
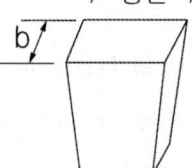

$$T = \frac{c \cdot b^2}{-t_b} \quad [h]$$

여기서 T : 결빙시간 [h]
  c : 결빙계수(0.53~0.6) [= 0.56]
  b : 얼음의 두께(빙관정상부 단변 두께) [cm]
  t_b : 브라인 온도 [℃]

2 동결장치

(1) 공기 동결장치

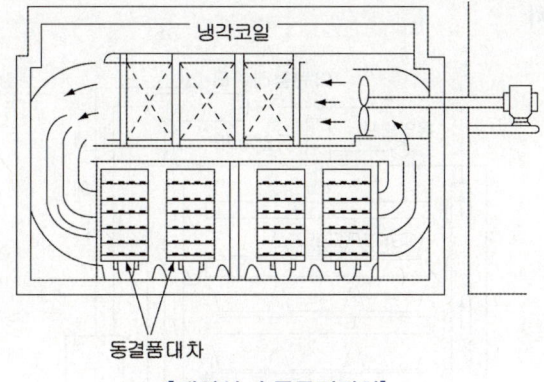

[대차식 송풍동결장치]

① 원리 : 송풍기로 저온의 공기를 식품 주위에 유동시켜 식품을 동결한다. 대차식과 컨베이어식 등이 있다.

② 장점 : 구조와 취급이 간단하며 한번에 대량을 동결시킬 수 있다. 피동결물의 형상과 규격에 제약을 받지 않는다.

③ 단점 : 공기온도를 낮게 하여도 동결속도가 느리다.

(2) 브라인 동결장치

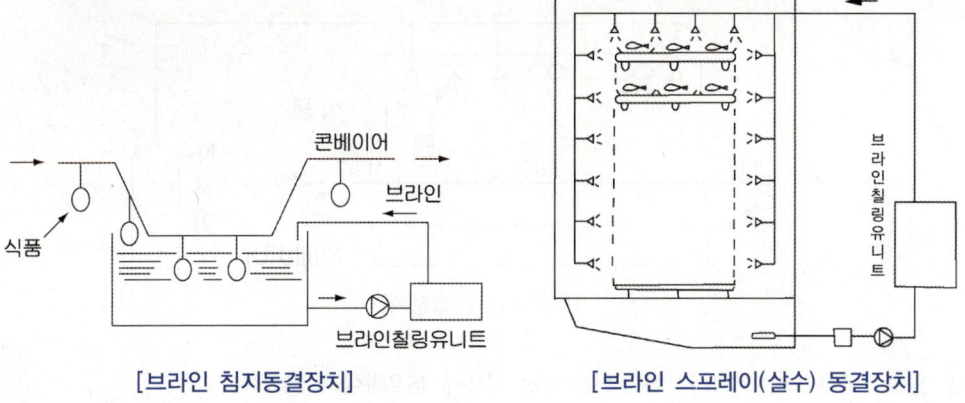

[브라인 침지동결장치]　　　　[브라인 스프레이(살수) 동결장치]

① 원리 : 저온의 브라인에 식품을 직접 침지시키거나, 식품에 브라인을 살수시켜 동결한다. 사용되는 브라인으로는 염화나트륨, 염화칼슘, 프로필렌글리콜, 에탄올 등이 있다.

② 장점 : 식품이 직접 브라인에 접촉하기 때문에 동결속도가 빠르다. 일시에 대량을 동결시킬 수 있다.

③ 단점 : 브라인이 식품에 침투하여 품질이나 상품가치를 떨어뜨릴 수 있다.

(3) 고체 냉각식 동결장치

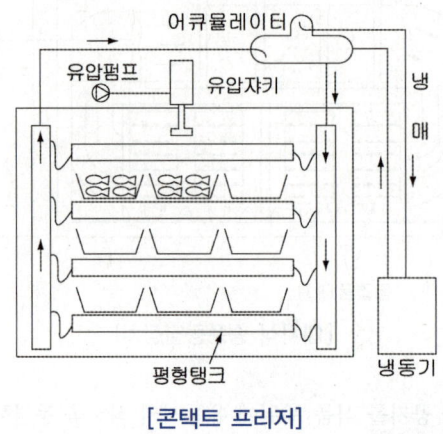

[콘택트 프리저]

① 원리 : 저온의 고체 금속판을 식품에 접촉시켜 동결하는 것으로 접촉동결장치(contact freezer)라 한다.

② 장점 : 동결속도가 빠르고, 소형으로 큰 동결생산 능력을 가지며 제품의 품질이 양호하다.

③ 단점 : 적용할 수 있는 식품의 형상과 치수에 제약이 있다.

(4) 액화가스 동결장치

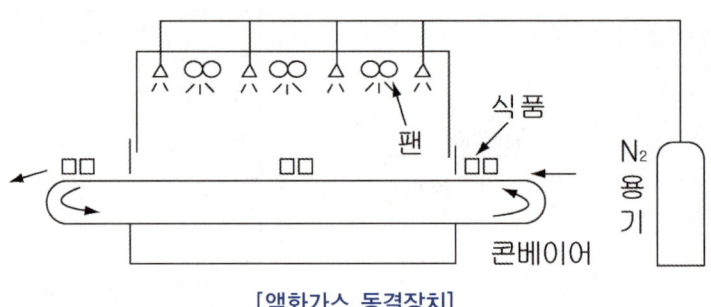

[액화가스 동결장치]

① 원리 : 액화질소, 액화이산화탄소를 직접 식품에 분무하여 동결한다.

② 장점 : 액화질소는 −196℃, 액화탄소는 −78.5℃에서 기화하므로 동결시간이 극히 짧다.

③ 단점 : 액화질소와 액화이산화탄소는 사용한 후 버리게 되므로 운전비가 많이 들어 고가의 냉동식품 등에 국한하여 사용된다.

3 히트펌프(열펌프, heat pump)

① 히트펌프는 열을 저온에서 고온으로 품어 올린다는 의미에서 붙여진 이름이며
② 냉동기는 증발기에서 흡수하는 냉열을 이용하는 것이지만 히트펌프는 응축기에서 방출하는 응축열을 이용하여 난방을 하는 것이다.
③ 냉방과 난방의 변환방식은 냉매회로 변환방식, 공기회로 변환방식, 물회로 변환방식 등이 있으며, 현재 국내에서 많이 사용되고 있는 대부분의 지열히트펌프 및 EHP의 경우 냉매회로 변환방식을 채택하고 있다.
④ 여름에는 냉방이 충분하여도 겨울철 외기온도가 떨어져 (-10℃ 이하)가 되면 난방이 불충분하게 되므로 보완대책이 필요하다.

(1) 장점
① 1대의 냉동장치로 냉, 난방을 할 수 있다.
② 설치가 간단하고 운전이 쉽다.
③ 냉동장치로 난방을 할 수 있어 설비비가 적게 든다.

(2) 단점
① 외기 냉방이 안된다.
② 외기온도가 낮으면(-10℃ 이하) 난방능력이 현저히 떨어진다.

(3) 성적계수

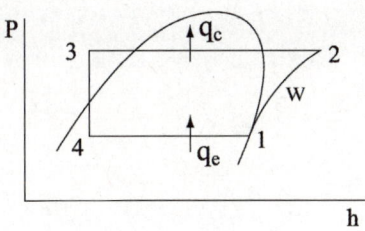

① 냉동기 성적계수 : $\varepsilon_R = \dfrac{q_e}{w}$

② 히트펌프 성적계수 : $\varepsilon_H = \dfrac{q_c}{w} = \dfrac{w + q_e}{w} = 1 + \varepsilon_R$

여기서 w = 압축열량
q_e = 증발열량
q_c = 응축열량

(4) 회로 변환방식

① **냉매회로 변환방식** : 냉매의 흐름을 냉방 시와 난방 시에 역(逆)으로 변환 작동시킨다. 즉, 냉방사이클에서 증발기로 사용된 열교환기가 난방사이클에서는 응축기로 사용되며 이 응축방열을 난방에 이용한다.

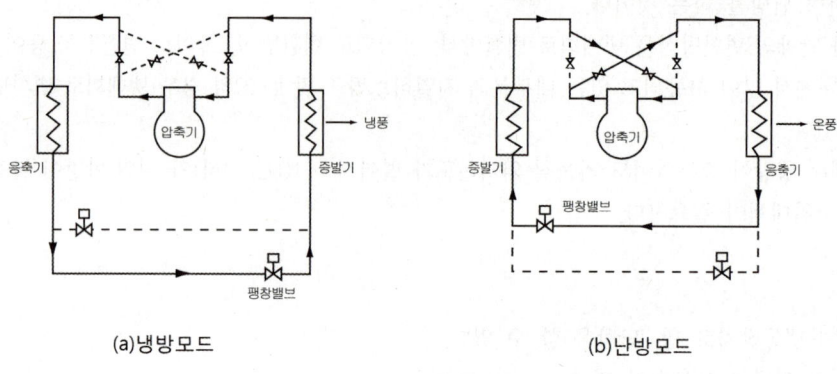

[냉매회로 변환방식]

② **공기회로 변환방식** : 냉매의 흐름은 냉방과 난방 시 변화되지 않고 일정하며, 공기회로(덕트)를 변환시키는 방식으로 열교환기인 증발기와 응축기에 연결된 공기덕트를 바꾸어 냉·난방에 이용하는 방식

③ **물회로 변환방식** : 공기회로 변환방식과 같이 냉매회로는 변환시키지 않고 증발기와 응축기로 보내지는 물배관을 바꾸어 냉, 난방에 이용하는 방식

4 축열장치

(1) 축열장치의 종류

① 수축열장치

② 빙축열장치

(2) 축열장치의 장·단점

① 장점

　㉠ 열원기기(냉동기, 보일러)의 용량을 감소시킬 수 있다.
　㉡ 저부하 연속 고효율 운전이 가능하다.
　㉢ 열원기기 용량 감소로 수전설비 축소가능(기본 전력요금 감소)
　㉣ 심야전기 이용으로 운전비 절감 및 전력부하 평준화에 기여한다.
　㉤ 열원기기 고장시에도 일정시간 동안 대응(냉, 난방)이 가능하다.
　㉥ 열(온열, 냉열) 공급의 신뢰성이 향상된다.
　㉦ 부하변동이 크거나 운전시간대가 다른 경우에도 안정적 열공급이 가능하다.

② 단점
  ㉠ 별도의 축열조를 설치해야 하므로 공간과 설비비가 추가 소요된다.
  ㉡ 축열조에서 열손실이 발생한다.
  ㉢ 축열을 위한 2차측 배관계통 설비가 필요하다.
  ㉣ 야간 운전을 위한 운전자가 필요하다.

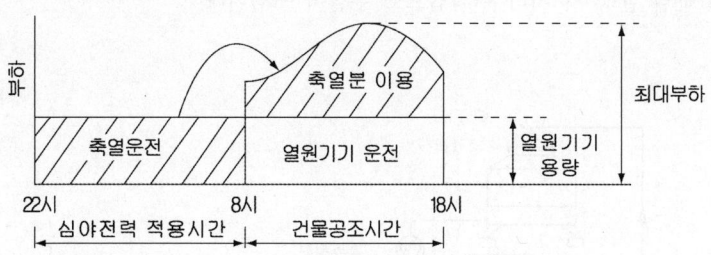

(3) 수축열 장치
  수축열장치는 물의 현열을 이용하여 열을 저장하는 것으로서 빙축열과 달리 온수축열도 가능하다.

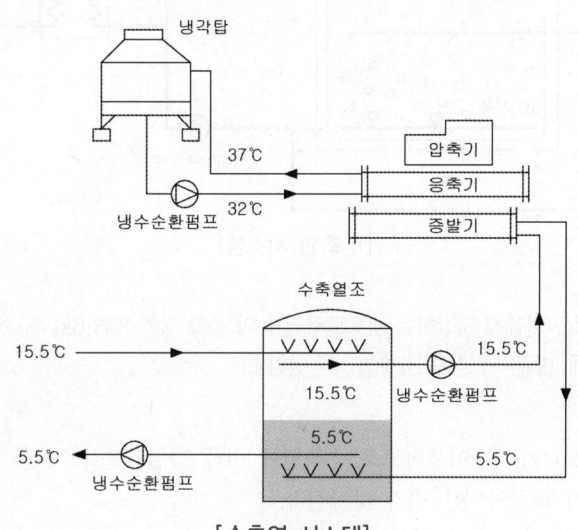

[수축열 시스템]

① 장점
  ㉠ 빙축열 방식보다 냉동기 증발온도가 높아 성적계수가 높다.
  ㉡ 냉수와 온수 축열이 가능하다.
  ㉢ 축열조의 설계와 시공이 쉽다.

② 단점
　㉠ 현열 축열이므로 빙축열에 비해 축열조가 커야 한다.
　㉡ 수조가 커지므로 열손실이 5~10%로 크다.
　㉢ 부하측 회로가 개방회로이며 배관이 부식되기 쉽고, 펌프양정이 크다.
　㉣ 수조의 방수공사, 단열공사가 필요하다.
　㉤ 수조의 균열 발생 시 지하수 침입으로 수질이 오염된다.

(4) 빙축열장치

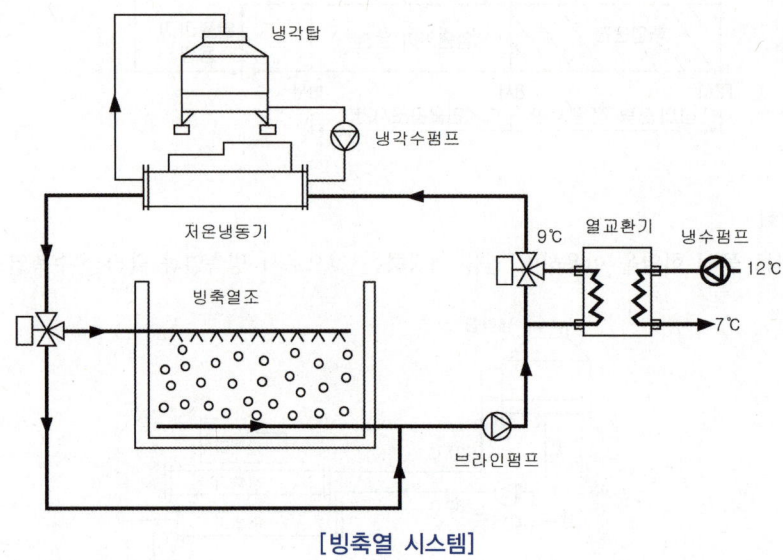

[빙축열 시스템]

① 빙축열장치는 냉열을 얼음에 저장하는 것으로서 얼음의 응고 잠열 333.6kJ/kg(79.68kcal/kg)을 이용하므로 작은 체적에 많은 냉열을 저장할 수 있다.

② 장점
　㉠ 잠열(약 334kJ/kg)을 이용하므로 수축열에 비해 축열조를 작게 할 수 있다.
　㉡ 축열조의 크기가 작아 설비비가 낮아진다.
　㉢ 열손실이 1~3%로 수축열 장치보다 작다.
　㉣ 부하측 회로를 폐회로로 할 수 있어 배관부식이 방지된다.

③ 단점
　㉠ 배관의 설계 및 시공이 복잡하다.
　㉡ 얼음을 만들기 위해 증발온도가 낮으므로 냉동기 성적계수가 떨어진다.
　㉢ 축열공간의 문제로 현열만을 이용하는 온수축열조로 사용하기 어렵다.

④ 빙축열 방식 분류
  ㉠ 매체 순환방식에 따른 분류
    • **직접팽창 방식** : 1차 순환냉매를 빙축열조 내에서 직접 팽창, 증발시켜 제방하는 방식
    • **브라인순환 방식** : 저온의 브라인을 빙축열조로 보내어 축열조 내의 물을 얼리는 방식
  ㉡ 제방방식에 따른 분류
    • **정적형**(static type) : 축열조 내에서 제빙과 해빙이 정적상태에서 이루어진다. 관외착빙형, 관내착빙형, 평판형, 캡슐형, 수직(수평)원통형 등이 있다.
    • **동적형**(dynamic type) : 제빙기에서 제빙된 얼음을 축열조로 이송하여 저장하는 방식. 빙박리형(harvest type), 유동식 빙생성형(slurry type) 등이 있다(빙생성형 : 과냉각아이스형, 리키드아이스형이 있다)
  ㉢ 냉동기 배치에 따른 분류
    • **냉동기 선단 방식**(Chiller Upstream) : 냉동기를 축열조의 상류측에 배치하는 방식으로 부하측의 열교환기를 통과한 유체(브라인)이 먼저 냉동기로 유입되므로 냉동기 입구에서 유체(브라인)의 온도가 높아 냉동기 성적계수(COP)가 높다. 반면 축열조에 유입되는 유체(브라인)온도가 낮아져 축열조에서 해빙효율(유체와 얼음의 사이의 열전달효율)이 떨어지므로 축열조 용량이 커지고 공사비도 증가한다.(냉동기 우선 방식이라고도 한다)

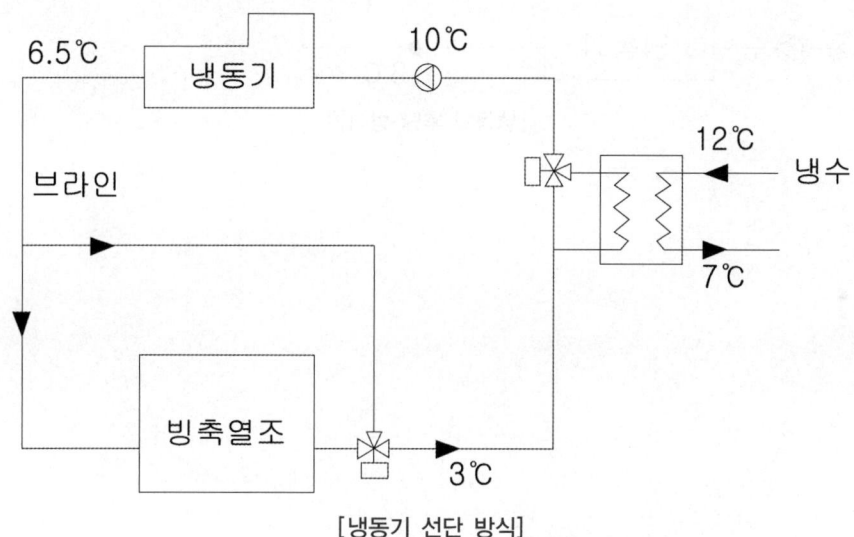

[냉동기 선단 방식]

- 냉동기 후단 방식(Chiller Downstream)
  냉동기를 축열조 하류측에 배치하는 방식으로 부하측의 열교환기를 통과하여 온도가 높아진 유체(브라인)가 먼저 빙축열조로 유입되므로 축열조에서 해빙효율이 높아져 축열조 용량이 줄어들지만, 냉동기 입구에서 유체(브라인)온도가 낮아 냉동기가 저온으로 운전되므로 냉동기 성적계수(COP)가 낮아져 냉동기 용량이 커지고 소비동력도 많이 든다.(축열조 우선 방식이라고도 한다)

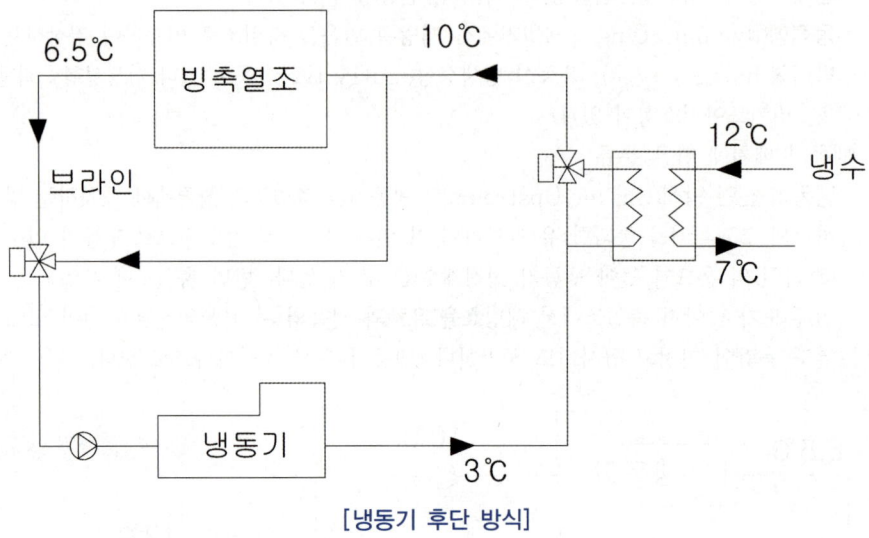

[냉동기 후단 방식]

● 제2편 냉동공학

제7장 흡수식 냉동기

1 원 리

① 물이 대기압하(760mmHg)에서는 100℃에서 증발하지만 6.5mmHg로 진공상태가 되면 5℃에서 증발한다. 물이 증발할 때 주위에서 증발열을 빼앗게 되어 주위를 냉각시키게 된다.
② 냉방에 사용되는 7℃의 냉수는 약 6.1mmHg 압력(4℃ 증발)으로 유지되는 증발기에서 만들어진다.

2 냉매와 흡수제

(1) 냉매
작동매체 중 증발과 응축을 반복하며 냉동작용을 하는 매체를 냉매라 하는데 상용화되어 있는 일반 흡수식 냉동기에서는 특수처리된 순수한 물(H_2O)을 냉매로 사용하고 있다.

(2) 흡수제
또한 흡수용제로는 리튬브로마이드가 주로 사용되고 있다. 리튬브로마이드 용액은 농도가 진하고 온도가 낮을수록 냉매증기(H_2O증기)를 잘 흡수한다.

(3) 흡수제의 구비조건
① 용액의 증기압이 낮을 것
② 농도 변화에 의한 증기압의 변화가 적을 것
③ 증발하지 않거나, 증발할 경우 증발온도가 냉매의 증발온도와 차이가 있을 것
④ 적은 열량으로 재생이 가능할 것
⑤ 점도가 높지 않을 것
⑥ 부식성이 없을 것

> **참고**
> • 용액 : 용매(물) + 용질(예 LiBr)
> • 용액의 증기압 : 용액 속에 있는 용매(물)의 증기압
> (용액의 증기압은 순수 용매(물)의 증기압보다 낮아진다 : 라울의 법칙)

[냉매와 흡수제]

냉 매	흡수제
물(H_2O)	리튬브로마이드(LiBr)
암모니아(NH_3)	물(H_2O)
물(H_2O)	염화리튬(LiCl)
물(H_2O)	황산(H_2SO_4)

3 압축식 냉동기와 비교

흡수식 냉동기에는 **흡수기, 재생기, 응축기, 증발기** 4개 용기로 구성되어 있다.

압축식 냉동기	흡수식 냉동기
압축기	흡수기 + 재생기(발생기)
응축기	응축기
증발기	증발기
팽창밸브	팽창밸브

4 흡수식 냉동기의 장·단점

(1) 장점

① 운전 시 소음, 진동이 적다(회전부가 없기 때문).
② 전력 수요량이 적어 수전설비가 작다.
③ 부하조절이 용이하다(비교적 낮은 부하까지 제어가능).
④ 부하가 규정용량을 초과해도 사고 발생이 없다.
⑤ 부분부하 효율이 우수하다.
⑥ 냉매누설 및 윤활유 관리가 불필요하다.
⑦ 고압가스법에 의한 법정 운전자가 필요없다(기기가 저압이므로).
⑧ 연료비가 적게 들어 운전비가 절감된다.

(2) 단점

① 설치면적 및 중량이 크다.
② 설비비가 비싸다.
③ 방열량이 많아 냉각탑, 냉각수펌프 등이 압축식에 비해 크다(약 2배).
④ 저온에서 결정(結晶)이 발생하므로 7℃ 이하의 냉수를 얻기 어렵다.

⑤ 예냉시간이 길다.
⑥ 진공유지가 어렵고, 진공도 저하 시 용량이 감소된다.
⑦ 압축식에 비해 열효율이 나쁘다(성적계수가 작다).
⑧ 여름에도 보일러 운전이 필요하다.

5 흡수식 냉동기 성적계수(COP)

$$COP = \frac{\text{증발기 냉각열량}}{(\text{고온})\text{재생기가열량} + \text{펌프일}} \fallingdotseq \frac{\text{증발기 냉각열량}}{(\text{고온})\text{재생기 가열량}}$$

1중 효용 성적계수 : 0.65~0.75
2중 효용 성적계수 : 1.0~1.3
3중 효용 성적계수 : 1.4~1.6

6 흡수식 냉동사이클

(1) 1중효용 흡수식 냉동사이클

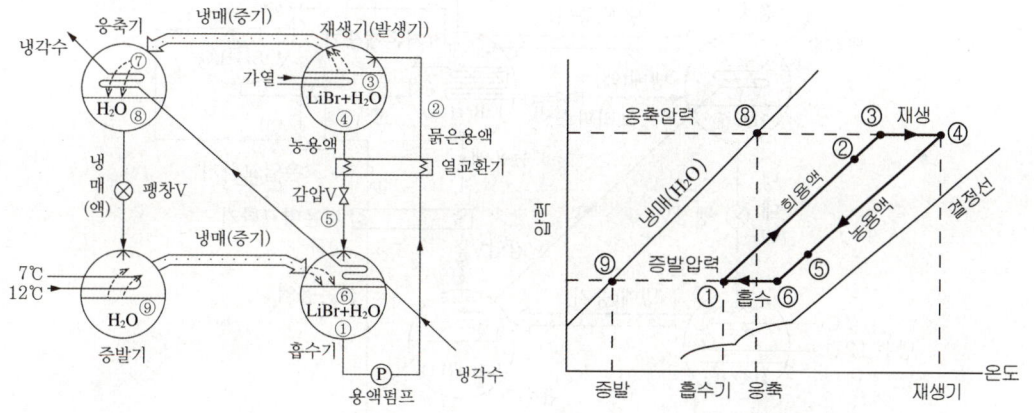

[1중효용 흡수식냉동기(H_2O + LiBr)]   [1중효용 흡수식냉동기 듀링선도(H_2O + LiBr)]

흡수식 냉동기는 **흡수기, 재생기(발생기), 응축기, 증발기**로 구성되며 진공상태에서는 냉매가 저온에서도 쉽게 증발하는 원리를 이용한 것이다.

〈과정〉

⑥→① 증발기로부터 들어온 냉매(물)증기를 흡수액이 흡수하여 용액의 농도가 묽어지는 과정(흡수기 : 농용액(농도 62%) → 묽은용액(농도 58%))

①→② 묽은 용액이 펌프를 통하여 재생기로 보내지면서 압력이 상승하고, 열교환하여 온도가 상승하는 과정

②→③ 재생기에서 비등점(끓는점)에 이르기까지 가열되는 과정

③→④ 묽은 용액 속에 녹아있던 냉매(물)가 증발하여 빠져나가므로 용액의 농도가 진해지는 과정(재생기 : 묽은용액(58%) → 농용액(62%))

④→⑤ 재생기에서 나온 농용액이 열교환하여 온도가 내려가고 감압밸브에 의해 압력이 내려가는 과정

⑤→⑥ 흡수기에서 냉각수에 의해 냉각되어 온도가 내려가는 과정

⑦→⑧ 재생기로부터 들어온 냉매(물)증기가 냉각수에 의해 응축되는 과정(응축기 : 냉매증기 → 냉매액)

⑧→⑨ 응축된 냉매(물)가 팽창밸브를 통하여 압력이 저하되어 증발기로 들어가는 과정(응축압력 P_c = 70~80mmHg, 증발압력 P_e = 6~7mmHg)

⑨→⑥ 증발기에서 냉매(물)가 증발하여 흡수기로 가는 과정

(2) 2중효용 흡수식 냉동사이클

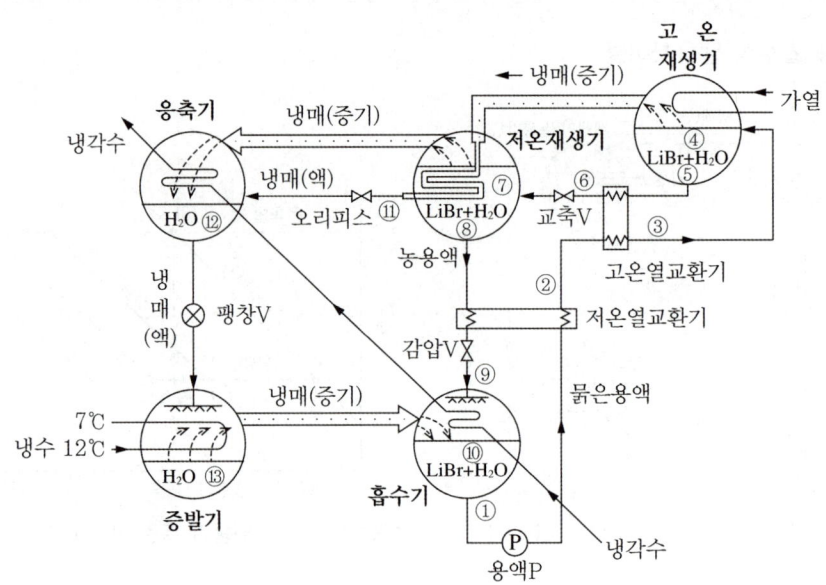

[2중효용 흡수식냉동기(H_2O + LiBr)]

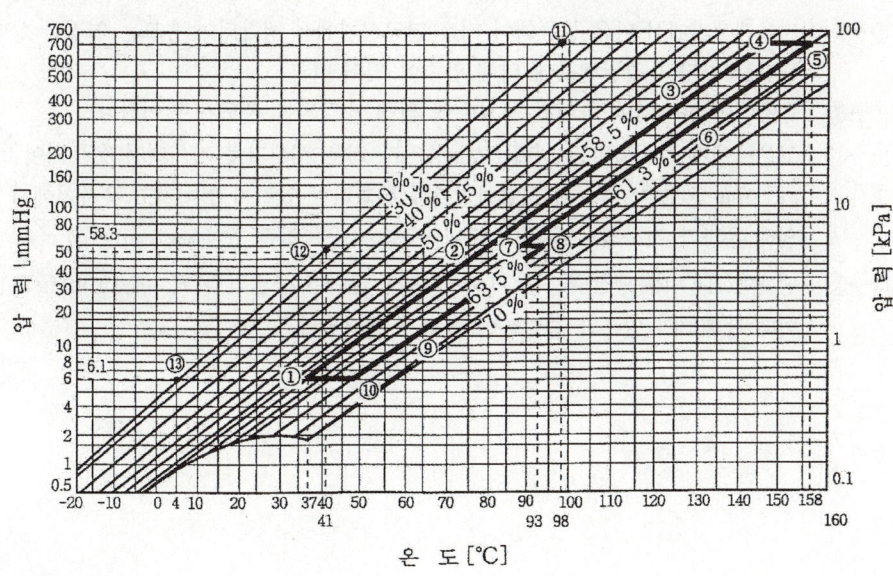

[2중효용 흡수냉동기 듀링선도(H_2O+LiBr)]

1중효용 사이클에서 냉각수로 버려지는 냉매증기 응축열을 저온재생기에서 다시 한번 이용하여 효율을 개선한 사이클이 2중효용 사이클이다.

〈과정〉

⑩→① : 흡수기에서 흡수과정을 나타낸다.
점 ⑩의 농도 63.5% 흡수액은 냉각수에 의해 37℃까지 냉각되면서 증발기로부터 온 냉매증기를 흡수하여 ①점의 농도 58.5%까지 농도가 묽어져 희용액이 된다. 이때 압력은 6.1mmHg(0.81kPa)이며 이 압력은 4℃ 물의 포화증기압에 해당한다. 그러므로 증발기에서는 4℃에서 냉매(물)가 증발한다.

①→② : 흡수기를 나온 묽은 용액(희용액)이 저온열교환기에서 열을 얻어 일정한 농도에서 온도가 상승한다.

②→③ : 고온열교환기에서 일정농도아래 온도가 상승한다.

③→④ : 고온재생기에 들어간 묽은용액이 포화온도 ④까지 가열된다.

④→⑤ : 포화온도 ④에서 더 가열되어 묽은용액 속에 있던 냉매(물)가 증발하여 빠져나가면 농도가 상승하여 ⑤의 농도 61.3%로 중간농도 용액이 된다.(고온재생기 압력 P_4= 707mmHg)

⑤→⑥ : 중간농도의 용액이 묽은 용액과 고온 열교환기에서 열교환하여 농도는 일정하고 온도는 저하된다.

⑥→⑦ : ⑥점의 농도 61.3%의 중간농도용액은 교축밸브를 지나면서 중간압력까지 낮아진다.

⑦→⑧ : 중간농도 용액에서 냉매(물)가 증발하여 빠져나가면서 용액은 농축되어 농도가 63.5%가 된다.

⑧→⑨ : 저온재생기에서 나온 농용액이 저온 열교환기에서 냉각되어 농도는 일정한 상태에서 온도가 저하되고 감압밸브에 의해 압력이 떨어진다.

⑨→⑩ : 농용액이 흡수기에 들어가 냉각수에 의해 냉각되어 온도가 떨어진다.

⑪→⑫ : 고온재생기에서 증발된 냉매(H_2O)증기가 저온 재생기를 거치면서 응축되어 ⑪점이 된다. 이때 온도는 98℃이고 오리피스를 통과하며 압력이 떨어지고 응축기에서 냉각수에 의해 온도가 저하되어 ⑫점이 된다.(응축기 응축압력 P_c = 58.3mmHg)

⑫→⑬ : 냉매액(H_2O)이 팽창밸브를 거쳐 ⑬까지 압력이 증발압력 P_e = 6.1mmHg로 떨어지며 이때 냉매액의 일부가 증발하여 온도가 저하된다.

● 제2편 냉동공학

제8장 신·재생에너지

1 신·재생에너지

"신에너지 및 재생에너지 개발, 이용, 보급촉진법"에 의하여 신에너지와 재생에너지로 분류되며, 기존의 화석연료를 변환시켜 이용하거나, 햇빛, 물, 지열, 강수, 생물 유기체 등을 포함하여 재생 가능한 에너지로 정의하며 11개 분야가 있다.

① **신에너지(3개분야)** : 연료전지, 석탄액화·가스화 및 중질잔사유가스화, 수소에너지

  * 참고. 중질잔사유 : 원유를 정제하고 남은 최종잔재물

② **재생에너지(8개분야)** : 태양광, 태양열, 바이오, 풍력, 수력, 해양, 폐기물, 지열

2 태양열 및 태양광이용 시스템

(1) 개요

태양광선의 파동성질과 광열학적성질을 이용하여 태양열의 흡수, 저장, 공급을 통하여 건물의 냉·난방, 온수공급(급탕)등에 이용한다.

(2) 이용분야별 분류

① 태양열 온수공급(급탕) 시스템

② 태양열 냉, 난방 시스템

③ 태양열 산업공정열 시스템

④ 태양광 발전 시스템

(3) 시스템 구성

① 집열부 : 집열판을 이용하여 태양열을 흡수 집열하는 부분

② 축열부 : 집열된 태양열을 축열조에 저장하여 필요한 시점에 이용하는 일종의 열 저장부분

③ 이용부 : 축열조에 저장된 열을 이용하는 부분이며, 저장된 열이 부족할 경우에는 보조 보일러 등의 열원으로부터 열을 보충하여 이용하는 부분

④ 제어장치 : 태양열의 집열, 축열, 이용(공급)등 시스템의 작동을 제어하는 부분

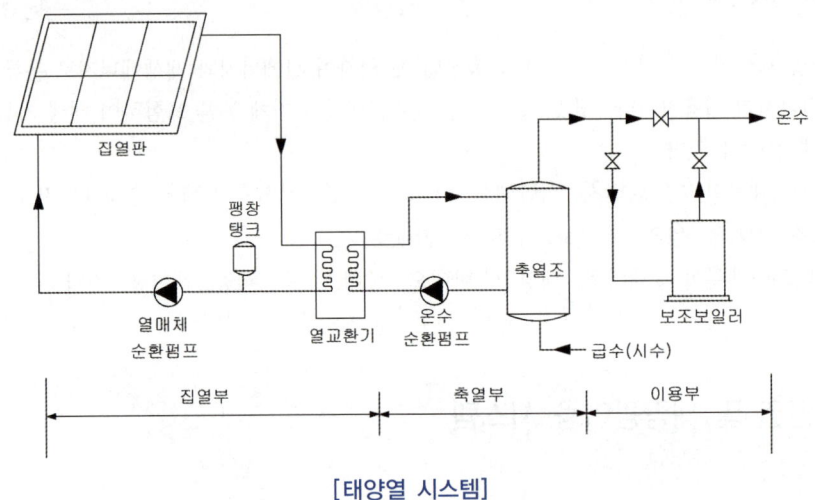

[태양열 시스템]

3 지열이용 시스템

(1) 개요

태양열의 약 47%가 지표면을 통해 땅속지하에 저장되며, 지표면에서 가까운 땅속(5~20m)의 온도는 년중 10~15℃로 안정된 온도를 형성하므로 지열은 공기보다 안정된 열원이다.

지열이용시스템은 지열원을 이용하여 냉난방하는 시스템으로서 공기열원 HEAT PUMP보다 효율이 높다. 그러나 지중열교환기(파이프)의 매설을 포함하여 시스템의 초기투자비가 많이 든다.

(2) 시스템 종류

① 밀폐형(폐회로) 시스템
- 지열 파이프가 폐회로로 구성되어 있으며 파이프안에는 지열회수(열교환)를 위한 열매체가 순환한다.
- 파이프 재질은 고밀도 폴리에틸렌관이 사용된다.
- 루프의 형태에 따라 수직형, 수평형이 있으며, 수직형은 지하 150~200m 깊이(보통 지하 200m), 수평형은 지하 1.2~1.8m 깊이에 묻힌다.

② 개방형(개방회로) 시스템
- 지하수(심정), 수원지, 호수, 강 등의 물을 직접 이용하는 시스템으로 지열 파이프가 개방회로로 구성되어 있으며, 지열(지하수)을 직접 이용하므로 열전달 효과가 높은 장점이 있으나 밀폐형에 비해 보수가 필요한 단점이 있다.
- 지하수 이용 시스템의 경우 지하 350~500m(보통 지하400m) 깊이에서 지하수를 뽑아 순환시킨다.

(3) 시스템 구성
① 밀폐형 시스템

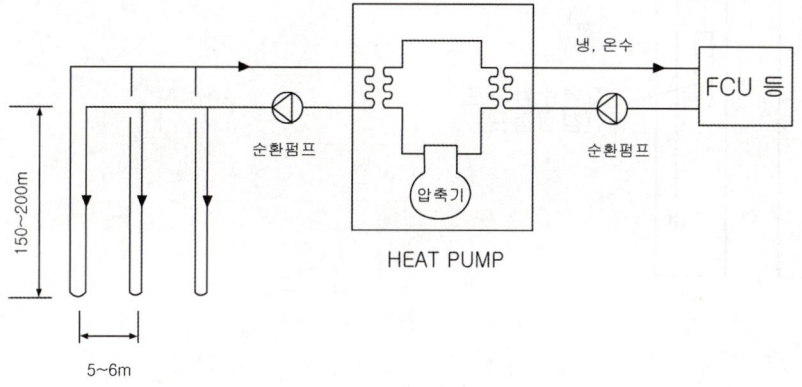

[수직밀폐형]

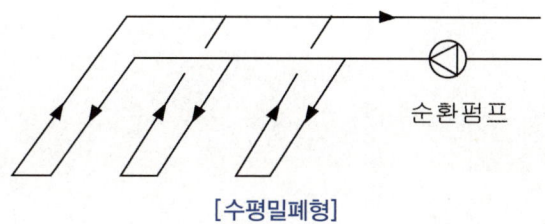

[수평밀폐형]

② 개방형 시스템

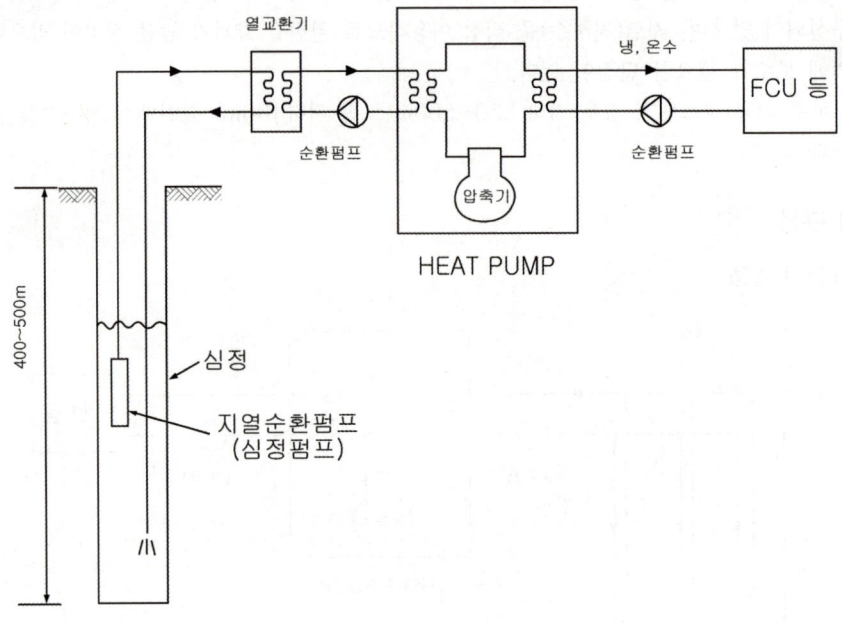

• 제2편 냉동공학

제9장 에너지절약 및 효율개선

1 개요

열교환기 등을 이용하여 버려지는 폐열을 회수하거나, 값싼 심야전력을 이용하여 냉, 난방, 급탕을 함으로서 전력 피크치를 줄일 수 있어 에너지이용 효율을 높일 수 있으며, 송풍기 및 펌프 등의 불필요한 가동을 줄임으로서 반송동력 에너지를 절약 할 수 있게 된다.

2 에너지절약 및 효율개선 시스템

(1) 보일러의 열회수장치

① **공기예열기** : 보일러의 연소용 공기를 예열하는 장치이며, 연도로 버려지는 연소가스의 폐열을 이용하여 200~250℃ 정도로 예열하는 장치이다. 연소용 공기의 온도가 높아지면 연료의 점화가 쉽고, 연소온도가 높아지기 때문에 연소효율이 좋아져 불완전 연소도 적고 그을음의 발생도 감소된다.

② **급수가열기** : 보일러에 급수되는 물을 증기 등으로 100~150℃ 정도로 가열하는 장치(교환기)이다. 터빈에서 이미 부분적으로 일을 한 증기를 중간에서 추출하여 급수를 가열함으로서 복수기를 작게 할 수 있고, 냉각수에 빼앗기는 열손실을 감소시킬 수 있어 발전소 효율이 향상된다. 또한 열응력 발생에 의한 보일러 수명단축을 예방할 수 있다.

③ **절탄기** : 이코노마이저(economizer)라고도 하며 보일러의 배기연소가스를 이용하여 보일러에 급수되는 물을 가열하는 장치이며, 배기되는 열을 회수하여 연료를 절감하는 장치이므로 절탄기라 한다. 절탄기를 설치하면 연료소비량이 감소되며, 증기 증발량이 증가하고, 보일러 몸체에 일어나는 열응력의 감소, 스케일의 감소 등의 장점이 있다.

(2) 심야전력을 이용한 축냉시스템

① **빙축열 시스템**
- 저가의 심야전력을 이용하여 야간에 얼음을 생산, 저장하여 주간에 냉방열원으로 이용하는 시스템이다.
- 피크부하 시에는 저장된 냉열과 냉동기를 가동함으로서 피크부하를 감당하게 된다. 따라서 냉동기의 용량을 작게 할 수 있고, 냉동기에 따른 수전용량도 작게 할 수 있어 전력 피크치를 줄일 수 있다.

② **수축열 시스템** : 심야전력을 이용하여 야간에 냉수를 생산, 저장하여 주간에 냉방열원으로 이용하는 시스템으로 냉수 저장 공간이 빙축열보다 커야 한다.

(3) 심야전력을 이용한 축열시스템
심야전력을 이용하여 온수를 축열조에 저장하여 주간에 이용하는 방식이며, 난방피크부하를 분산시킴으로 최대 피크치의 효율적인 관리를 할 수 있다.

(4) 태양열 이용 시스템
태양열을 이용하여 온수를 만들어 축열조에 저장하여 사용하는 시스템으로 급탕용 에너지사용량을 절약할 수 있다.

(5) 외기냉방 시스템
중간기에 외기의 엔탈피가 실내공기의 엔탈피보다 낮을 경우 실내부하에 따라 외기를 도입하여 냉방부하를 감소시킴으로 냉방용 에너지를 절감할 수 있다.

(6) 변풍량 공조방식
냉, 난방부하에 따라 공급공기량을 자동 조절함으로서 송풍동력에너지를 절감할 수 있다.

(7) 변유량 방식
난방순환펌프, 급수가압펌프에 인버터를 부착하여 가변속 제어방식을 채택함으로서 부하상태에 따라 최적운전이 유지되어 반송동력에너지를 절약할 수 있다.

(8) 폐열회수 시스템
① 실내공기 환기시 열회수가 가능한 폐열회수형 환기장치를 설치하여 에너지를 절약한다.
② 폐열회수형 환기장치는 전열교환기와 현열교환기가 있다.

(9) 지하주차장 환기팬 제어
일산화탄소(CO)의 농도에 의한 자동(ON-OFF)제어 방식을 채택하여 불필요한 송풍기 가동을 방지함으로서 송풍기가동에 따른 에너지를 절감할 수 있다.

(10) 급탕온도 조절
급탕용 저탕조의 온도를 55℃ 이하로 하고, 필요한 경우 부스터 히터(보조히터) 등으로 온도를 높여 사용함으로서 저탕조온도의 과대설계에 의한 열원용량증대, 열효율 감소를 방지할 수 있다.

● 제2편 냉동공학

안전관리

냉동장치의 안전관리는 경제적 운전과 안전운전이며 따라서 각종기기와 장치가 사용목적에 알맞은 기능을 발휘하도록 하여야 한다.

(1) 냉동기 운전 개시 순서

① 냉각수 펌프를 가동하여 응축기에 냉각수를 순환시킨다.

② 냉각탑을 가동한다.

③ 증발기의 송풍기를 가동한다.

④ 압축기를 가동하고 흡입측 밸브를 서서히 연다(토출밸브는 열려있는 상태).

⑤ 고, 저압력 및 유압 등을 확인한다.

(2) 냉동기 운전 정지 순서

① 팽창밸브 직전의 밸브를 닫는다.

② 냉매가 수액기에 회수되어 흡입압력이 운전압력보다 0.1~0.15MPa(1~1.5kgf/cm^2) 정도 내려갔을 때 압축기 흡입측 밸브를 닫고 압축기를 정지한다.

③ 압축기의 토출밸브를 닫는다.

④ 냉각수 펌프를 정지시킨다.

(3) 운전 휴지

냉동장치를 장기간 정지시키는 경우에는 배관 및 기기에 압력이 걸리지 않도록 계통 내를 펌프다운(pump down)한다.

① 저압측의 냉매를 전부 수액기에 회수하여 저장한다. 이때 저압측 압력은 대기압보다 약간 높은 0.01MPa(0.1kgf/cm^{2}g) 정도로 하여 최소한 공기가 흡입되지 않도록 한다.

② 밸브를 닫아둔다.

③ 겨울철 동파위험이 있는 경우는 냉각수를 완전히 배출하여 동파되지 않게 한다.

(4) 유압이 올라가지 않는 원인

① 크랭크 케이스 내에서 포밍(foaming)을 일으키고 있다.

② 저압이 너무 낮다.

③ 오일 여과기가 막혀 있다.

④ 오일 온도가 너무 높다.

⑤ 압축기의 축봉이 마모되었다.

(5) 고압(토출가스 압력)이 너무 높은 원인

① 응축기의 냉각수량이 부족하다.

② 공냉식의 경우 통풍량이 부족하다.

③ 응축기내에 불응축가스가 고여 있다.

④ 수액기 및 응축기 내에 냉매가 충만해 있다(과충전).

⑤ 응축기 냉각관이 물때로 더럽혀져 있다(열교환이 안된다).

(6) 저압(증발압력)이 너무 낮은 원인

① 팽창밸브가 너무 조여 있다(닫혀 있다).
② 여과기나 드라이어가 막혀 냉매가 흐르지 못한다.
③ 냉매가 부족하다.
④ 증발압력 조정밸브, 흡입압력 조정밸브의 조정이 불량 또는 오작동 되고 있다.
⑤ 고압액관 내에 플래시가스가 발생되고 있다.
⑥ 증발기의 풍량이 부족하다.

(7) 불응축가스의 퍼지

① 냉동장치에 불응축가스가 침입하면 고압이 상승한다. 따라서 불응축가스를 배출하기 위해 응축기 상부 및 수액기 상부에 불응축가스 퍼저(배출기)를 설치하여 자동 또는 수동으로 불응축가스를 배출시킨다.

② 불응축가스가 혼합된 냉매가스가 퍼지드럼에 들어가면 여기서 냉매는 응축되어 수액기로 다시 돌아오고 퍼지드럼 내가 불응축가스로 가득 차게 되면 불응축가스가 냉각관에 의해 온도가 내려간다. 이때 온도가 일정온도 이하로 내려가면 온도식 자동퍼지 밸브가 열려 불응축가스가 배출된다.

(8) 플래시 가스(Flash Gas) 발생 방지 대책

증발기 이외의 곳에서 증발한 냉매가스를 flash gas라 하며, 플래시 가스가 액관내에 존재하면 팽창밸브의 능력이 현저히 떨어진다. 따라서 플래시 가스를 최대한 방지해야 한다.

① 액관이나 밸브류의 규격을 충분히 크게하여 압력손실을 작게 한다.

② 여과기나 필터의 점검 및 청소를 하여 압력손실을 작게 한다.

③ 액-가스 열교환기를 이용하여 액냉매의 과냉각도를 크게 한다.

④ 액관이 가열되지 않도록 방열시공한다.

(9) 액백(Liquid Back)의 원인

① 증발기에서 부하가 급격히 감소하는 경우

② 팽창밸브의 고장으로 밸브개도가 증가되는 경우

③ 냉동기 정지시 압축기 흡입관내에 있던 냉매가스가 응축되어 고여 있다가 재가동시 압축기에 액이 흡입되는 경우

(10) 액백의 방지 대책

① 냉동부하 보다 과도한 능력의 압축기를 사용치 않는다.

② 냉매를 과잉 충전하지 않는다.

③ 증발기의 부하를 급격히 감소시키지 않는다.

④ 압축기 근처의 흡입관에 액이 고이는 구조를 없앤다.

⑤ 흡입관 관경이 작거나 가스속도가 너무 빠르지 않게 한다.

⑥ 액분리기를 설치한다.

⑦ 압축기 기동시에는 흡입밸브를 서서히 열어 냉매의 급격한 흡입을 피한다.

제2편 출제예상문제

공조냉동기계기사 필기

01 다음 중 자연냉동법이 아닌 것은?
① 융해열을 이용하는 방법
② 승화열을 이용하는 방법
③ 기한제를 이용하는 방법
④ 증기분사를 하여 냉동하는 방법

[해설] 자연냉동법
① 융해열을 이용하는 방법(얼음)
② 승화열을 이용하는 방법(드라이 아이스)
③ 증발열을 이용하는 방법(물)
④ 기한제를 사용하는 방법(얼음 + 소금)

기계식 냉동법
① 증기압축식 냉동법
② 흡수식 냉동법
③ 전자 냉동법(열전냉동법)
④ 증기분사 냉동법
⑤ 단열소자 냉동법
⑥ 공기압축 냉동법

02 다음 냉동장치에서 물의 증발열을 이용하지 않는 것은?
① 흡수식 냉동장치
② 흡착식 냉동장치
③ 증기분사식 냉동장치
④ 열전식 냉동장치

[해설] 열전식 냉동장치 : 전자 냉동법 이라고도 하며 서로 다른 두 금속을 연결하여 직류 전류를 흐르게 하면 한 쪽의 접점은 고온이 되고 다른 쪽 접점은 저온이 되는 현상을 펠티어효과라 하며 이 원리를 이용한 냉동법이 열전식 냉동법이다.

03 흡수식 냉동기의 특징에 대한 설명으로 틀린 것은?
① 부분 부하에 대한 대응성이 좋다.
② 압축식, 터보식 냉동기에 비해 소음과 진동이 적다.
③ 초기 운전 시 정격 성능을 발휘할 때까지의 도달 속도가 느리다.
④ 용량 제어 범위가 비교적 작아 큰 용량 장치가 요구되는 장소에 설치 시 보조 기기 설비가 요구된다.

[해설] ④ 용량 제어 범위가 넓어 폭넓은 용량제어가 가능하며, 비교적 낮은 부하까지 제어가능하다.

04 펠티에(Feltler) 효과를 이용하는 냉동방법에 대한 설명으로 옳지 않은 것은?
① 펠티에 효과를 냉동에 이용한 것이 전자 냉동 또는 열전기식 냉동법이다.
② 펠티에 효과를 냉동법으로 실용화에 어려운 점이 많았으나 반도체 기술이 발달하면서 실용화되었다.
③ 펠티에 효과가 적용된 냉동방법은 휴대용 냉장고, 가정용 특수냉장고, 물 냉각기, 핵 잠수함 내의 냉난방장치 등에 사용된다.
④ 이 냉동방법도 증기 압축식 냉동장치와 마찬가지로 압축기, 응축기, 증발기 등을 이용한 것이다.

[해설] 펠티에 효과를 이용한 열전냉동기는 직류전원을 이용하는 것으로 압축기, 응축기, 증발기가 없다.

정답 01 ④ 02 ④ 03 ④ 04 ④

05 흡수식 냉동기에서 냉매의 순환경로는?
① 흡수기 → 증발기 → 재생기 → 열교환기
② 증발기 → 흡수기 → 열교환기 → 재생기
③ 증발기 → 재생기 → 흡수기 → 열교환기
④ 증발기 → 열교환기 → 재생기 → 흡수기

해설

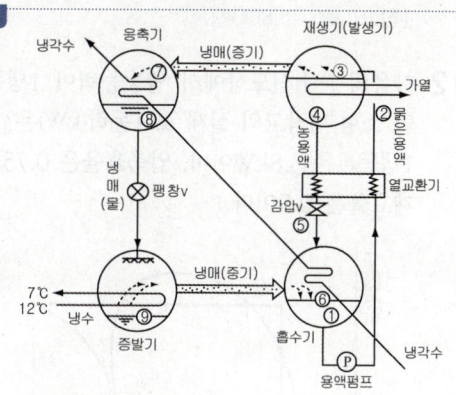

냉매(H_2O) 순환경로
증발기 → 흡수기 → 열교환기 → 재생기 → 응축기 → 증발기

06 그림은 냉동사이클을 압력-엔탈피선도에 나타낸 것이다. 이 그림에 대한 설명으로 옳은 것은?

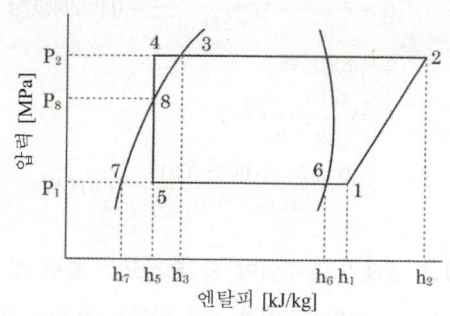

① 팽창밸브 출구의 냉매 건조도는 $[(h_5 - h_7)/(h_6 - h_7)]$로 계산한다.
② 증발기 출구에서의 냉매 과열도는 엔탈피 차 $(h_1 - h_6)$로 계산한다.
③ 응축기 출구에서의 냉매 과냉각도는 엔탈피 차 $(h_3 - h_5)$로 계산한다.
④ 냉매순환량은 [냉동능력/$(h_6 - h_5)$]로 계산한다.

해설
① 냉매 과열도는 온도차$(t_1 - t_6)$로 계산한다.
② 냉매 과냉각도는 온도차$(t_3 - t_4)$로 계산한다.
④ 냉매 순환량은 [냉동능력/$(h_1 - h_5)$]로 계산한다.

07 그림과 같은 냉동 사이클로 작동하는 압축기가 있다. 이 압축기의 체적효율이 0.65, 압축효율이 0.8, 기계효율이 0.9라고 한다면 실제 성적계수는?

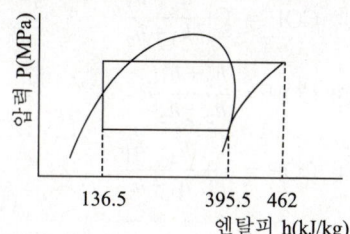

① 3.89   ② 2.81
③ 1.82   ④ 1.42

해설
실제성적계수
$$COP = \frac{395.5 - 136.5}{462 - 395.5} \times 0.8 \times 0.9$$
$$= 2.8$$

08 역카르노 사이클로 운전하는 이상적인 냉동 사이클에서 응축기 온도가 40℃, 증발기 온도가 -10℃이면 성능계수는?
① 4.26   ② 5.26
③ 3.56   ④ 6.56

해설
역카르노 사이클 냉동기 성적계수
$$COP_R = \frac{T_L}{T_H - T_L}$$
$$= \frac{(-10+273)}{(40+273)-(-10+273)}$$
$$= 5.26$$

05 ② 06 ① 07 ② 08 ②

09 그림과 같은 사이클을 난방용 히트펌프로 사용한다면 이론 성적계수를 구하는 식은 다음 중 어느 것인가?

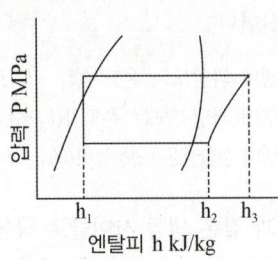

① $COP = \dfrac{h_2 - h_1}{h_3 - h_2}$

② $COP = 1 + \dfrac{h_3 - h_1}{h_3 + h_2}$

③ $COP = \dfrac{h_2 + h_1}{h_3 + h_2}$

④ $COP = 1 + \dfrac{h_2 - h_1}{h_3 - h_2}$

해설 난방용 히트 펌프는 냉동장치의 방열량을 이용한다. 따라서

$COP = \dfrac{(h_3 - h_1)}{(h_3 - h_2)} = \dfrac{(h_3 - h_2) + (h_2 - h_1)}{(h_3 - h_2)}$

$= 1 + \dfrac{h_2 - h_1}{h_3 - h_2}$ (= 1+냉동기성적계수)

10 냉동장치에서 냉매 1kg이 팽창밸브를 통과하여 5℃의 포화증기로 될 때까지 50kJ의 열을 흡수하였다. 같은 조건에서 냉동능력이 400kW라면 증발 냉매량(kg/s)은 얼마인가?

① 5 ② 6
③ 7 ④ 8

해설 냉동능력 $Q_e = G \times q_e$ 에서

$G = \dfrac{Q_e}{q_e} = \dfrac{400}{50} = 8 \text{kg/s}$

11 증기압축 냉동사이클에서 압축기의 압축일은 3.75kW이고, 응축기의 용량은 12.86kW이다. 이때 냉동사이클의 냉동능력(RT)은?

① 1.8 ② 2.36
③ 3.1 ④ 3.5

해설 $Q_e = Q_c - W = \dfrac{12.86 - 3.75}{3.86} = 2.36 RT$

[참고] 1RT = 3.86kW

12 다음의 P-h선도상에서 냉동능력이 1냉동톤인 소형 냉장고의 실제 소요동력(kW)은? (단, 1냉동톤은 3.8kW이며, 압축효율은 0.75, 기계효율은 0.9이다.)

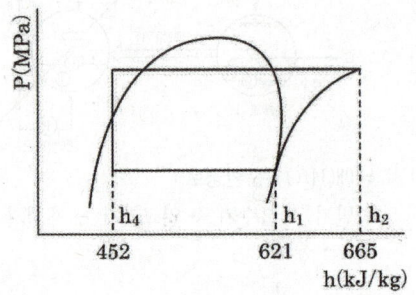

① 1.47 ② 1.81
③ 2.73 ④ 3.27

해설 1냉동톤의 냉매량

$G = \dfrac{Q_e}{h_1 - h_4} = \dfrac{1 \times 3.8}{621 - 452} = 0.0225 \text{kg/s}$

실제소요동력

$L = \dfrac{G(h_2 - h_1)}{\eta_c \cdot \eta_m}$

$= \dfrac{0.0225 \times (665 - 621)}{0.75 \times 0.9} = 1.47 \text{kW}$

13 냉매가 갖추어야 할 요건으로 틀린 것은?

① 증발온도에서 높은 잠열을 가져야 한다.
② 열전도율이 커야 한다.
③ 표면장력이 커야 한다.
④ 불활성이고 안전하며 비가연성이어야 한다.

해설 ③ 표면장력 및 점도가 작아야 한다.
표면장력 및 점도가 크면 배관에서 유동저항이 커진다.

09 ④ 10 ④ 11 ② 12 ① 13 ③ **정답**

14 냉매의 구비 조건에 대한 설명으로 틀린 것은?

① 동일한 냉동능력에 대하여 냉매가스의 용적이 적을 것
② 저온에 있어서도 대기압 이상의 압력에서 증발하고 비교적 저압에서 액화할 것
③ 점도가 크고 열전도율이 좋을 것
④ 증발열이 크며 액체의 비열이 작을 것

해설 ③ 점도가 작고 열전도율이 좋을 것
점도가 크면 배관에서 유동저항이 커지므로 압축기의 동력소모가 커진다.

15 냉매의 구비 조건으로 옳은 것은?

① 표면장력이 작을 것
② 임계온도가 낮을 것
③ 증발잠열이 작을 것
④ 비체적이 클 것

해설 ② 임계온도가 높을 것
③ 증발잠열이 클 것
④ 비체적이 작을 것

16 냉매에 관한 설명으로 옳은 것은?

① 암모니아 냉매가스가 누설된 경우 비중이 공기보다 무거워 바닥에 정체한다.
② 암모니아의 증발잠열은 프레온계 냉매보다 작다.
③ 암모니아는 프레온계 냉매에 비하여 동일 운전 압력조건에서는 토출가스 온도가 높다.
④ 프레온계 냉매는 화학적으로 안정한 냉매이므로 장치 내에 수분이 혼입되어도 운전상 지장이 없다.

해설 ① 암모니아 냉매가스는 비중이 공기보다 가볍다
② 암모니아의 증발잠열은 프레온계 냉매보다 크다. 증발잠열이 냉매 중 가장 크다.
④ 프레온계 냉매는 화학적으로 안정한 냉매이나 장치 내에 수분이 혼입되면 수분을 용해하지 않으므로 팽창밸브에서 결빙되어 냉매의 흐름을 막아 냉동능력을 감소시킨다.

17 브라인(2차 냉매)중 무기질 브라인이 아닌 것은?

① 염화마그네슘
② 에틸렌글리콜
③ 염화칼슘
④ 식염수

해설
- 무기질 브라인 : 염화마그네슘, 염화칼슘, 염화나트륨(식염수)
- 유기질 브라인 : 에틸렌글리콜, 프로필렌글리콜, 에틸알콜

18 염화칼슘 브라인에 대한 설명으로 옳은 것은?

① 염화칼슘 브라인은 식품에 대해 무해하므로 식품동결에 주로 사용된다.
② 염화칼슘 브라인은 염화나트륨 브라인보다 일반적으로 부식성이 크다.
③ 염화칼슘 브라인은 공기 중에 장시간 방치하여 두어도 금속에 대한 부식성은 없다.
④ 염화칼슘 브라인은 염화나트륨 브라인보다 동일조건에서 동결온도가 낮다.

해설
① 염화칼슘 브라인은 식품의 냉동용으로 쓰이지만 식품에 접촉하면 떫은맛이 나고 품질을 저하시킨다.
② 염화칼슘 브라인은 부식성이 있지만 염화나트륨 브라인 보다는 부식성이 크지 않다.(작다)
③ 염화칼슘 브라인은 공기 중에 장시간 방치하여 두면 금속에 대한 부식성이 있다.
④ 염화칼슘 브라인은 염화나트륨 브라인 보다 동결온도가 낮다.
염화칼슘 동결온도 : −55℃
염화나트륨 동결온도 : −21.2℃

정답 14 ③ 15 ① 16 ③ 17 ② 18 ④

19 다음 중 독성이 거의 없고 금속에 대한 부식성이 적어 식품냉동에 사용되는 유기질 브라인은?

① 프로필렌글리콜
② 식염수
③ 염화칼슘
④ 염화마그네슘

해설 프로필렌 글리콜($C_3H_6(OH)_2$)은 부식성이 적고 독성이 없으므로 식품의 동결에 사용되는 유기질 브라인이다.
유기질브라인 : 에틸렌글리콜, 프로필렌글리콜, 에틸알콜, 메틸알콜, 글리세린
무기질 브라인 : 염화칼슘, 염화나트륨, 염화마그네슘

20 냉동장치의 윤활 목적으로 틀린 것은?

① 마모 방지
② 부식 방지
③ 냉매 누설방지
④ 동력손실 증대

해설 ④ 윤활은 마찰을 감소시켜 마찰에 의한 동력손실을 감소시킨다.

21 냉동기유의 구비조건으로 틀린 것은?

① 점도가 적당할 것
② 응고점이 높고 인화점이 낮을 것
③ 유성이 좋고 유막을 잘 형성할 수 있을 것
④ 수분 등의 불순물을 포함하지 않을 것

해설 응고점이 높다는 것은 높은 온도에서 응고(결빙)된다는 것이므로 낮은 온도에서는 오히려 쉽게 응고되므로 구비조건으로 맞지 않고, 인화점이 낮다는 것은 낮은 온도에서 인화된다는 것이므로 냉동기유의 온도가 조금만 높아도 인화되므로 윤활유로 사용할 수 없게 된다.
따라서 응고점이 낮고 인화점이 높아야 한다.

22 냉동기유가 갖추어야 할 조건으로 틀린 것은?

① 응고점이 낮고, 인화점이 높아야 한다.
② 냉매와 잘 반응하지 않아야 한다.
③ 산화가 되기 쉬운 성질을 가져야 된다.
④ 수분, 산분을 포함하지 않아야 된다.

해설 ③ 산화되기 어려울 것

23 흡수식 냉동기에 사용하는 흡수제의 구비조건으로 틀린 것은?

① 농도 변화에 의한 증기압의 변화가 클 것
② 용액의 증기압이 낮을 것
③ 점도가 높지 않을 것
④ 부식성이 없을 것

해설 흡수제의 구비조건
① 용액의 증기압이 낮을 것
② 농도 변화에 의한 증기압의 변화가 작을 것
③ 증발하지 않거나, 증발할 경우 증발온도가 냉매의 증발온도와 차이가 있을 것
④ 적은 열량으로 재생이 가능할 것
⑤ 점도가 높지 않을 것
⑥ 부식성이 없을 것

24 흡수식 냉동기에 사용하는 "냉매-흡수제"가 아닌 것은?

① 물 – 리튬 브로마이드
② 물 – 염화리튬
③ 물 – 에틸렌글리콜
④ 암모니아 – 물

해설 냉매와 흡수제

냉 매	흡수제
물(H_2O)	리튬브로마이드(LiBr)
암모니아(NH_3)	물(H_2O)
물(H_2O)	염화리튬(LiCl)
물(H_2O)	황산(H_2SO_4)

정답 19 ① 20 ④ 21 ② 22 ③ 23 ① 24 ③

25 냉동장치 운전 중 팽창밸브의 열림이 작을 때, 발생하는 현상이 아닌 것은?

① 증발압력은 저하한다.
② 냉매순환량은 감소한다.
③ 액압축으로 압축기가 손상된다.
④ 체적효율은 저하한다.

해설 ③ 팽창밸브 열림이 작으면 냉매가 적게 흐르므로 증발기에서 모두 증발하고 압축기에 유입되는 냉매는 오히려 과열증기 상태가 된다.

26 증기 압축식 냉동사이클에서 증발온도를 일정하게 유지시키고, 응축온도를 상승시킬 때 나타나는 현상이 아닌 것은?

① 소요동력 증가
② 성적계수 감소
③ 토출가스 온도 상승
④ 플래시가스 발생량 감소

해설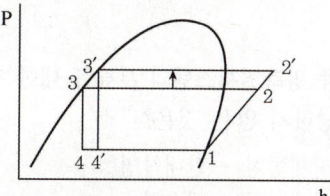

모든 것이 나빠진다.
① 소요동력 증가
② 성적계수 감소
③ 토출가스 온도 상승
④ 플래시가스 발생량 증가

27 과열과 과냉이 없는 증기 압축 냉동 사이클에서 응축온도가 일정할 때 증발온도가 높을수록 성능계수는?

① 증가한다.
② 감소한다.
③ 증가할 수도 있고, 감소할 수도 있다.
④ 증발온도는 성능계수와 관계없다.

해설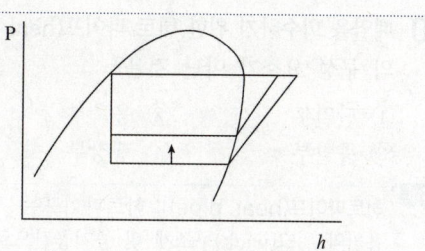

증발온도 높아지면 성능계수는 증가한다.

28 다음 중 터보압축기의 용량(능력)제어 방법이 아닌 것은?

① 회전속도에 의한 제어
② 흡입댐퍼에 의한 제어
③ 부스터에 의한 제어
④ 흡입 가이드베인에 의한 제어

해설 터보냉동기 용량제어법
• 회전속도 제어
• 흡입 가이드베인 제어
• 흡입 댐퍼 제어
• 바이패스 제어

29 프레온 냉매를 사용하는 냉동장치에 공기가 침입하면 어떤 현상이 일어나는가?

① 고압 압력이 높아지므로 냉매 순환량이 많아지고 냉동 능력도 증가한다.
② 냉동톤당 소요동력이 증가한다.
③ 고압 압력은 공기의 분압만큼 낮아진다.
④ 배출가스의 온도가 상승하므로 응축기의 열통과율이 높아지고 냉동능력도 증가한다.

해설 냉동장치에 공기가 침입하면 모든 것이 나빠진다.
① 고압이 높아지고, 냉동능력 감소한다.
② 냉동톤당 소요동력이 증가한다.
③ 고압 압력은 높아진다.(공기는 불응축 가스이므로)
④ 배출가스 온도 상승, 응축기 열통과율 낮아지고, 냉동능력 감소한다.

정답 25 ③ 26 ④ 27 ① 28 ③ 29 ②

30 폐열을 회수하기 위한 히트 파이프(heat pipe)의 구성 요소가 아닌 것은?

① 단열부　　② 응축부
③ 증발부　　④ 팽창부

해설 히트파이프(heat pipe) : 히트파이프는 밀봉된 용기와 위크(wick)구조체 및 증기공간으로 구성되며 **증발부, 단열부, 응축부**로 구분된다.
증발부는 용기 밖에 있는 열을 용기 안에 있는 작동유체에 전달하여 이것을 증발시키는 부분이며 응축부는 작동유체인 증기를 응축시켜 열을 용기 밖으로 방출시키는 부분이다.
단열부는 흡열원과 방열원이 떨어져 있는 경우 작동유체의 통로를 구성한다.
구조가 소형경량이며 표면의 온도분포가 균일하고 열응답성(온도상승)이 빠르며 작동유체에 따라 사용온도 범위가 달라진다.(제한된다)

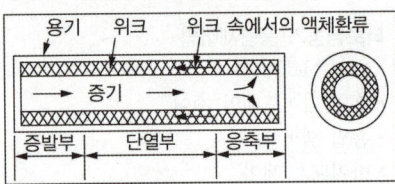

31 암모니아 냉매의 누설검지 방법으로 적절하지 않은 것은?

① 냄새로 알 수 있다.
② 리트머스 시험지를 사용한다.
③ 페놀프탈레인 시험지를 사용한다.
④ 할로겐 누설검지기를 사용한다.

해설 ④ 할로겐 누설검지기, 헬라이드 등(halide lamp)은 프레온 냉매 누설검지에 사용된다.

32 산업용 식품동결 방법은 열을 빼앗는 방식에 따라 분류가 가능하다. 다음 중 위의 분류방식에 따른 식품동결 방법이 아닌 것은?

① 진공동결　　② 분사동결
③ 접촉동결　　④ 담금동결

해설 식품동결 방법
• **분사동결** : 액화질소, 액화이산화탄소를 직접 식품에 분무하여 동결(액화가스 동결장치)
• **접촉동결** : 저온의 고체 금속판을 식품에 접속시켜 동결(고체 냉각식 동결장치)
• **담금동결** : 저온의 브라인에 식품을 직접 침지시켜 동결(브라인 침지 동결장치)

33 다음 중 흡수식 냉동기의 용량제어 방법으로 적당하지 않은 것은?

① 흡수기 공급 흡수제 조절
② 재생기 공급 용액량 조절
③ 재생기 공급 증기 조절
④ 응축수량 조절

해설 흡수식 냉동기 용량제어 방법
1. 재생기(발생기) 공급 용액량 조절 방법
2. 재생기(발생기) 공급 증기량(열량) 조절 방법
3. 응축수량 조절 방법

34 다음 중 빙축열시스템의 분류에 대한 조합으로 적당하지 않은 것은?

① 정적제빙형 – 관내착빙형
② 정적제빙형 – 캡슐형
③ 동적제빙형 – 관외착빙형
④ 동적제빙형 – 과냉각아이스형

해설 빙축열 시스템의 분류
• **정적형** : 축열조 내에서 제빙과 해빙이 이루어진다. 관외착빙형, 관내착빙형, 평판형, 캡슐형, 수직(수평)원통형 등이 있다.
• **동적형** : 제빙기에서 제빙된 얼음을 축열조로 이송하여 저장하는 방식이다. 빙박리형, 유동식 빙생성형(과냉각 아이스형, 리키드 아이스형)이 있다.

정답 30 ④　31 ④　32 ①　33 ①　34 ③

35 증기압축식 냉동기에 설치되는 가용전에 대한 설명으로 틀린 것은?

① 냉동설비의 화재 발생 시 가용합금이 용융되어 냉매를 대기로 유출시켜 냉동기 파손을 방지한다.
② 안전성을 높이기 위해 압축가스의 영향이 미치는 압축기 토출부에 설치한다.
③ 가용전의 구경은 최소 안전밸브 구경의 1/2 이상으로 한다.
④ 암모니아 냉동장치에서는 가용합금이 침식되므로 사용하지 않는다.

해설 응축기 및 수액기에 장착하는 안전장치로 가용전은 플러그의 중공부(中空部)속에 낮은 온도에서 녹는 비쓰무스, 카드뮴, 납, 주석(Bi, Cd, Pb, Sn)의 합금을 넣은 것이며 용융온도는 75℃ 이하가 원칙이다. **고온의 토출가스 영향을 받지 않는 곳에 설치해야 하며**, 응축기나 수액기 등 냉매액과 증기가 공존하는 곳에서는 냉매액에 접촉하는 부분에 설치해야 한다. **가용전의 구경은 최소 안전밸브 구경의 1/2 이상**이어야 하며 암모니아 냉동장치에서는 가용합금이 침식되므로 사용하지 않는다.

36 냉동장치 내 공기가 혼입되었을 때, 나타나는 현상으로 옳은 것은?

① 응축기에서 소리가 난다.
② 응축온도가 떨어진다.
③ 토출온도가 높다.
④ 증발압력이 낮아진다.

해설 냉동장치 내의 공기는 불응축가스이며 불응축가스가 냉매에 혼입되면 토출가스온도가 높아진다.

37 공비혼합물(azeotrope) 냉매의 특성에 관한 설명으로 틀린 것은?

① 서로 다른 할로카본 냉매들을 혼합하여 서로의 결점이 보완되는 냉매를 얻을 수 있다.
② 응축압력과 압축비를 줄일 수 있다.
③ 대표적인 냉매로 R407C와 R410A가 있다.
④ 각각의 냉매를 적당한 비율로 혼합하면 혼합물의 비등점이 일치할 수 있다.

해설 R407C와 R410A는 비공비 혼합냉매이다. 혼합된 각 성분의 냉매가 비등점이 서로 다르다.

38 냉각탑에 대한 설명으로 틀린 것은?

① 밀폐식은 개방식 냉각탑에 비해 냉각수가 외기에 의해 오염될 염려가 적다.
② 냉각탑의 성능은 입구공기의 습구온도에 영향을 받는다.
③ 쿨링 레인지는 냉각탑의 냉각수 입·출구 온도의 차이다.
④ 어프로치는 냉각탑의 냉각수 입구온도에서 냉각탑 입구 공기의 습구온도의 차이다.

해설 어프로치는 냉각탑의 냉각수 출구온도와 냉각탑 입구공기의 습구온도 차이다.

어프로치 = 냉각탑 출구수온 − 입구공기 습구온도

39 증발기에서의 착상이 냉동장치에 미치는 영향으로 가장 거리가 먼 것은?

① 냉장실 내 온도가 상승한다.
② 증발온도 및 증발압력이 저하한다.
③ 냉동능력당 전력소비량이 감소한다.
④ 냉동능력당 소요동력이 증대한다.

해설 증발기가 착상되면(증발기에 서리가 끼면)
① 냉장실내 온도 상승(전열 효과가 떨어지므로)
② 증발압력 저하, 증발온도 저하
③ 냉동능력당 전력소비량 증가
④ 냉동능력당 소요동력 증대

정답 35 ② 36 ③ 37 ③ 38 ④ 39 ③

40 다음 압축과 관련한 설명으로 옳은 것은?

> ㉠ 압축비는 체적효율에 영향을 미친다.
> ㉡ 압축기의 클리어런스(clearance)를 크게 할수록 체적효율은 크게 된다.
> ㉢ 체적효율이란 압축기가 실제로 흡입하는 냉매와 이론적으로 흡입하는 냉매 체적과의 비이다.
> ㉣ 압축비가 클수록 냉매 단위 중량당의 압축일량은 작게 된다.

① ㉠, ㉣ ② ㉠, ㉢
③ ㉡, ㉣ ④ ㉡, ㉢

해설
㉡ 압축기의 클리어런스를 크게 할수록 체적효율은 작아진다.
㉣ 압축비가 클수록 냉매 단위 중량당의 압축일량은 크게 된다.

41 냉동용 압축기를 냉동법의 원리에 의해 분류할 때, 저온에서 증발한 가스를 압축기로 압축하여 고온으로 이동시키는 냉동법을 무엇이라고 하는가?

① 화학식 냉동법 ② 기계식 냉동법
③ 흡착식 냉동법 ④ 전자식 냉동법

해설
- **화학식 냉동법** : 흡수식 냉동법으로 냉매를 흡수제에 흡수시키고 재생기에서 분리하는 과정을 통해 냉동하는 방법
- **흡착식 냉동법** : 냉매를 다공성 흡착제에 흡착시키고 재생기에서 분리시키는 과정을 통해 냉동하는 방법
- **전자식 냉동법** : 서로 다른 금속을 연결하여 직류전류를 흐르게 하면 한쪽 접점은 고온이 되고 다른 쪽 접점은 저온이 되는 펠티어효과를 이용한 냉동법

42 2단 압축 1단 팽창식과 2단 압축 2단 팽창식의 비교 설명으로 옳은 것은? (단, 동일운전 조건으로 가정한다.)

① 2단 팽창식의 경우에는 두 가지의 냉매를 사용한다.
② 2단 팽창식의 경우가 성적계수가 약간 높다.
③ 2단 팽창식은 중간냉각기를 필요로 하지 않는다.
④ 1단 팽창식의 팽창밸브는 1개가 좋다.

해설
① 2단 팽창식에서도 한 가지의 냉매를 사용한다.
③ 2단 팽창식도 중간냉각기가 필요하다.
④ 1단 팽창식의 경우도 팽창밸브가 2개이다.

43 응축압력의 이상 고압에 대한 원인으로 가장 거리가 먼 것은?

① 응축기의 냉각관 오염
② 불응축가스 혼입
③ 응축부하 증대
④ 냉매 부족

해설
응축압력의 이상 고압에 대한 원인
① 응축기의 냉각수량이 부족하다.
② 공냉식의 경우 통풍량이 부족하다.
③ 응축기내에 불응축가스가 고여 있다.
④ 수액기 및 응축기 내에 냉매가 충만해 있다(과충전).
⑤ 응축기 냉각관이 물때로 더럽혀져 있다(열교환이 안된다).

44 냉동장치의 냉매량이 부족할 때 일어나는 현상으로 옳은 것은?

① 흡입압력이 낮아진다.
② 토출압력이 높아진다.
③ 냉동능력이 증가한다.
④ 흡입압력이 높아진다.

해설
냉매량 부족하면
① 흡입압력 낮아진다.
② 토출가스 압력 낮아진다.
③ 냉동능력 감소한다.

정답 40 ② 41 ② 42 ② 43 ④ 44 ①

45 프레온 냉매의 경우 흡입배관에 이중 입상관을 설치하는 목적으로 가장 적합한 것은?

① 오일의 회수를 용이하게 하기 위하여
② 흡입가스의 과열을 방지하기 위하여
③ 냉매액의 흡입을 방지하기 위하여
④ 흡입관에서의 압력강하를 줄이기 위하여

해설 이중입상관 : 가는 관과 굵은 관을 함께 설치하는 이중입상관은 최소 부하시에는 오일이 굵은 관의 트랩에 고여 굵은 관을 막아, 가는 관으로만 냉매가스가 통과하므로 가스의 속도가 빨라 오일을 회수할 수 있게 되고 최대 부하시는 두 관 모두를 통해 가스가 통과해도 가스의 속도가 충분하므로 오일을 회수할 수 있게 된다.

46 제빙에 필요한 시간을 구하는 공식이 아래와 같다. 이 공식에서 a와 b가 의미하는 것은?

$$\tau = (0.53 \sim 0.6)\frac{a^2}{-b}$$

① a : 브라인온도   b : 결빙두께
② a : 결빙두께   b : 브라인유량
③ a : 결빙두께   b : 브라인온도
④ a : 브라인유량   b : 결빙두께

해설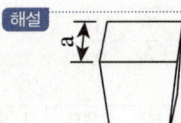
a : 결빙두께
b : 브라인온도

47 냉동장치의 운전 중 장치 내에 공기가 침입하였을 때 나타나는 현상으로 옳은 것은?

① 토출가스 압력이 낮게 된다.
② 모터의 암페어가 적게 된다.
③ 냉각 능력에는 변화가 없다
④ 토출가스 온도가 높게 된다.

해설 냉동장치 내에 공기가 침입하면 모든 것이 나빠진다.
① 토출가스 압력이 높아진다.
② 소요동력이 커지므로 모터의 암페어(전류)가 많게 된다.
③ 냉각능력이 감소한다.
④ 토출가스 온도가 높게된다

48 2단 압축 냉동기에서 냉매의 응축온도가 38℃일 때 수냉식 응축기의 냉각수 입·출구의 온도가 각각 30℃, 35℃이다. 이 때 냉매와 냉각수와의 대수평균온도차(℃)는?

① 2   ② 5
③ 8   ④ 10

해설 대수평균 온도차(LMTD)

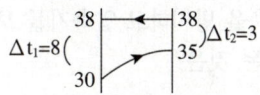

$$LMTD = \frac{\Delta t_1 - \Delta t_2}{\ln\frac{\Delta t_1}{\Delta t_2}}$$

$$= \frac{8-3}{\ln\frac{8}{3}} = 5℃$$

49 다음 중 열통과율이 가장 작은 응축기 형식은? (단, 동일 조건 기준으로 한다.)

① 7통로식 응축기
② 입형 셸 튜브식 응축기
③ 공랭식 응축기
④ 2중관식 응축기

해설 열통과율
① 7통로식 : 1200W/m²·K
② 입형 셸 튜브식 : 900W/m²·K
③ 공랭식 : 25~30W/m²·K
④ 2중관식 : 1000W/m²·K

정답 45 ① 46 ③ 47 ④ 48 ② 49 ③

50 고온가스 제상(hot gas defrost) 방식에 대한 설명으로 틀린 것은?

① 압축기의 고온·고압가스를 이용한다.
② 소형 냉동장치에 사용하면 언제라도 정상 운전을 할 수 있다.
③ 비교적 설비하기가 용이하다.
④ 제상 소요시간이 비교적 짧다.

해설 ② 고온가스(hot gas) 제상 방식을 소형 냉동장치에 사용하면 장치내 냉매충전량이 적어 제상 시 냉매가 증발기로 들어가면 장치내에 냉매가 부족하여 정상운전이 어렵다.
• hot gas 제상은 압축기에서 나온 고온 고압의 냉매가스를 직접 증발기에 보내어 증발기 표면에 붙어있는 서리를 녹여 제상하는 방식이므로 설비가 비교적 간단하고 제상시간이 짧다.

51 다음 중 액압축을 방지하고 압축기를 보호하는 역할을 하는 것은?

① 유분리기   ② 액분리기
③ 수액기   ④ 드라이어

해설 ① 유분리기 : 압축기에서 토출되는 냉매가스 중에 섞여있는 윤활유를 분리시키는 용기
② 액분리기 : 흡입가스에 냉매액이 혼입되어 있으면 이것을 분리하여 증기만 압축기에 흡입시켜 액 압축을 방지하고 압축기를 보호하는 역할을 한다.
③ 수액기 : 응축기에서 액화된 고압의 냉매액을 팽창밸브로 보내기 전에 일시적으로 저장하는 고압용기이다.
④ 드라이어 : 프레온 냉동장치에서 냉매속의 수분을 제거하여 팽창밸브에서 수분이 결빙되는 것을 방지하고 밸브나 관이 부식되는 것을 방지한다.

52 스크류 압축기의 운전 중 로터에 오일을 분사시켜주는 목적으로 가장 거리가 먼 것은?

① 높은 압축비를 허용하면서 토출온도 유지
② 압축효율 증대로 전력소비 증가
③ 로터의 마모를 줄여 장기간 성능 유지
④ 높은 압축비에서도 체적효율 유지

해설 ② 로터와 케이싱에 형성되는 유막에 의한 밀봉으로 압축효율은 증대되고 전력소비는 감소한다.

53 다음 그림과 같은 외벽의 열관류율 값은? (단, 표면 열전달률 $\alpha_o = 20\,\text{W/m}^2\cdot\text{K}$, 표면 열전달률 $\alpha_i = 7.5\,\text{W/m}^2\cdot\text{K}$이다)

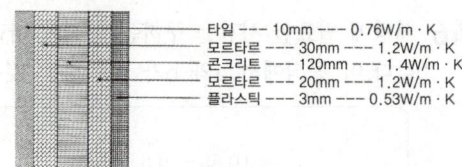
타일 --- 10mm --- 0.76W/m·K
모르타르 --- 30mm --- 1.2W/m·K
콘크리트 --- 120mm --- 1.4W/m·K
모르타르 --- 20mm --- 1.2W/m·K
플라스틱 --- 3mm --- 0.53W/m·K

① 약 $3.03\,\text{W/m}^2\cdot\text{K}$
② 약 $10.1\,\text{W/m}^2\cdot\text{K}$
③ 약 $12.5\,\text{W/m}^2\cdot\text{K}$
④ 약 $17.7\,\text{W/m}^2\cdot\text{K}$

해설
$$K = \cfrac{1}{\cfrac{1}{\alpha_0} + \cfrac{\ell_1}{\lambda_1} + \cfrac{\ell_2}{\lambda_2} + \cfrac{\ell_3}{\lambda_3} + \cfrac{\ell_4}{\lambda_4} + \cfrac{\ell_5}{\lambda_5} + \cfrac{1}{\alpha_i}}$$
$$= \cfrac{1}{\cfrac{1}{20} + \cfrac{0.01}{0.76} + \cfrac{0.03}{1.2} + \cfrac{0.12}{1.4} + \cfrac{0.02}{1.2} + \cfrac{0.003}{0.53} + \cfrac{1}{7.5}}$$
$$= 3.03\,\text{W/m}^2\cdot\text{K}$$

정답 50 ② 51 ② 52 ② 53 ①

제 3 과목

시운전 및 안전관리

제3과목

시운전 및 인판관리

제 1 편

전기제어공학

[제 1 장] 전기기초 이론
[제 2 장] 정전기와 자기회로
[제 3 장] 교 류
[제 4 장] 전기기기
[제 5 장] 시퀀스 제어
[제 6 장] 피드백 제어(Feed Back Control)
[제 7 장] 자동제어기기

• 제1편 전기제어공학

제1장 전기기초 이론

1 직류

(1) 전류(I)

1초 동안에 1쿨롱(C)의 전하량(전기량)이 흐를 때 1암페어(A)의 전류가 흐른다고 한다.

$$I = \frac{Q}{t} \text{ [A]}$$

여기서 I : 전류 [A]
Q : 전하량(전기량) [C]
t : 시간 [s]

(2) 전압(V)

1쿨롱(C)의 전하가 흘러 1주울(J)의 일(work)을 하였을 때의 전위차(전압)을 1볼트(V)라고 한다.

$$V = \frac{W}{Q} \text{ [V]}$$

여기서 V : 전압(전위차) [V]
W : 일량 [J]
Q : 전하량 [C]

(3) 저항(R)

① 전기의 흐름을 방해하는 성질을 저항이라 한다.
② 도체의 단면적이 작을수록, 길이가 길수록, 온도가 높을수록 저항은 커진다.

$$R = \rho \frac{L}{A} \text{ [Ω]}$$

여기서 ρ : 고유저항 [Ω·m]
L : 도체의 길이 [m]
A : 도체의 단면적 [m²]

(4) 옴의 법칙

전류는 전압에 비례하고 저항에 반비례한다.

전류 $I = \dfrac{V}{R}$

전압 $V = I \cdot R$

저항 $R = \dfrac{V}{I}$

(5) 저항의 직렬연결

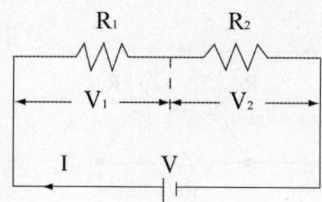

① 합성저항 : $R = R_1 + R_2$
② 전압 : $V = V_1 + V_2$
③ 전류 : $I = I_1 = I_2$ (전류는 각 저항에 동일하게 흐른다.)
④ 각 저항에 걸리는 전압(V_1, V_2)
   $V_1 = I \cdot R_1$
   $V_2 = I \cdot R_2$

(6) 저항의 병렬연결

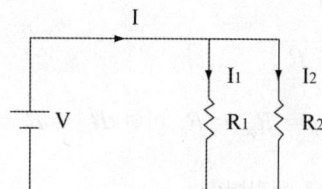

① 합성저항 : $\dfrac{1}{R} = \dfrac{1}{R_1} + \dfrac{1}{R_2}$

   합성저항 $R = \dfrac{R_1 R_2}{R_1 + R_2}$

② 전압 : $V = V_1 = V_2$ (전압은 각 저항에 동일하게 걸린다.)
③ 전류 : $I = I_1 + I_2$
④ 각 저항에 흐르는 전류(I_1, I_2)

   $I_1 = I \cdot \dfrac{R_2}{R_1 + R_2}$

   $I_2 = I \cdot \dfrac{R_1}{R_1 + R_2}$

(7) 저항의 △접속과 Y접속

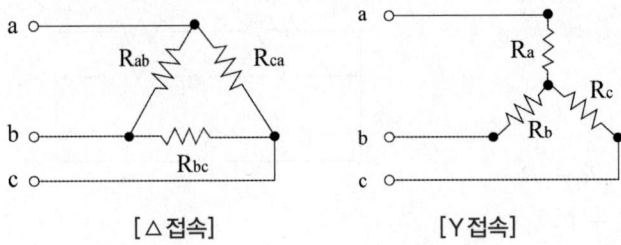

[△접속]   [Y접속]

① △접속을 Y접속으로 등가 변환

$$R_a = \frac{R_{ab}R_{ca}}{R_{ab}+R_{bc}+R_{ca}}$$

$$R_b = \frac{R_{ab}R_{bc}}{R_{ab}+R_{bc}+R_{ca}}$$

$$R_c = \frac{R_{bc}R_{ca}}{R_{ab}+R_{bc}+R_{ca}}$$

* 평형부하 즉, $R_{ab}=R_{bc}=R_{ca}$이면 $R_a=R_b=R_c=\frac{1}{3}R_{ab}\left(=\frac{1}{3}R_{bc}=\frac{1}{3}R_{ca}\right)$가 된다.

② Y접속을 △접속으로 등가변환

$$R_{ab} = \frac{R_aR_b+R_bR_c+R_cR_a}{R_c}$$

$$R_{bc} = \frac{R_aR_b+R_bR_c+R_cR_a}{R_a}$$

$$R_{ca} = \frac{R_aR_b+R_bR_c+R_cR_a}{R_b}$$

* 평형부하 즉, $R_a=R_b=R_c$이면 $R_{ab}=R_{bc}=R_{ca}=3R_a(=3R_b=3R_c)$가 된다.

2 키르히호프 법칙(Kirchhoff's law)

(1) 전류 평형의 법칙(키르히호프 제1법칙)
회로망의 한점에 흘러들어오는 전류의 총합과 흘러나가는 전류의 총합은 같다.

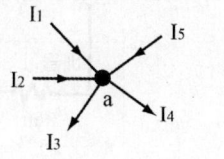
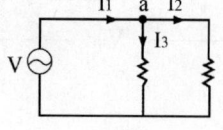

$$I_1 + I_2 + I_5 = I_3 + I_4 \qquad I_1 = I_2 + I_3$$

(2) 전압 평형의 법칙(키르히호프 제2법칙)
임의의 폐회로망에서 기전력의 합은 그 폐회로망 내의 각 소자에 의한 전압강하의 합과 같다.

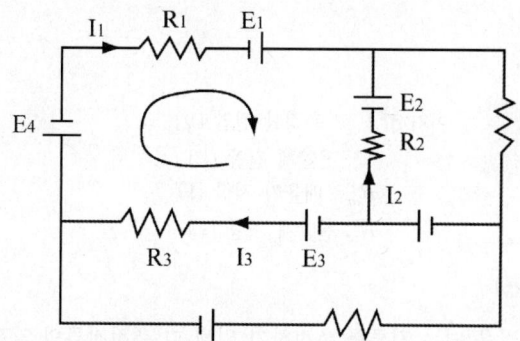

$$E_1 - E_2 + E_3 - E_4 = I_1R_1 - I_2R_2 + I_3R_3$$

기전력(E) 및 전류(I)는 설정된 방향과 같으면 (+), 다르면 (-)값을 갖는다.

3 배율기, 분류기, 휘트스톤 브리지

(1) 배율기(multiplier, 倍率器)

① 측정 대상 전압이 사용하고 있는 전압계의 측정범위를 벗어나 너무 큰 전압이라면 전압계만으로는 측정이 곤란하다. 따라서 전압계 외부에 직렬로 저항을 연결하여 측정범위를 넓히게 되는데 이 직렬저항을 "배율기"라 한다.

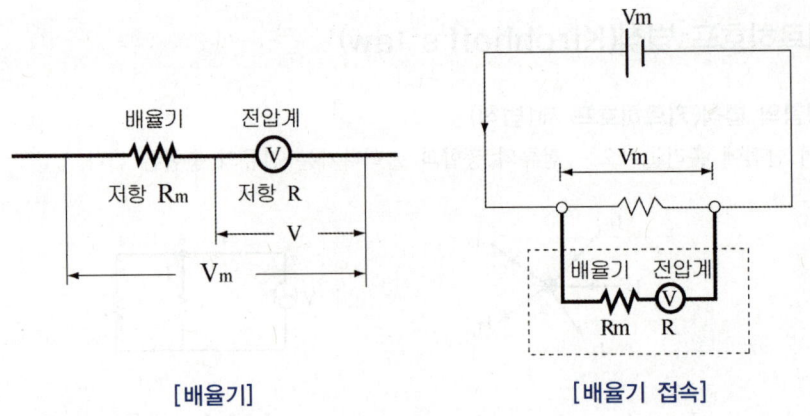

[배율기]   [배율기 접속]

② 배율기 저항(Rm)과 전압계 저항(R)이 직렬연결이므로 흐르는 전류(I)가 같다.

따라서 $I = \dfrac{전압}{저항}$ 이므로

$$\dfrac{V_m}{R_m + R} = \dfrac{V}{R}$$

$$\dfrac{V_m}{V} = 1 + \dfrac{R_m}{R}$$

여기서 V_m : 측정할 전압 [V]
V : 전압계 전압 [V]
R_m : 배율기 저항 [Ω]
R : 전압계 저항 [Ω]

(2) 분류기(shunt, 分流器)

① 전류계의 최대눈금 값을 넘는 전류를 측정하기 위해 피 측정전류의 일정비율만을 전류계에 흐르도록 하는 분로저항을 병렬로 연결하여 전류의 측정범위를 넓힌다. 이 병렬저항을 "분류기"라 한다.

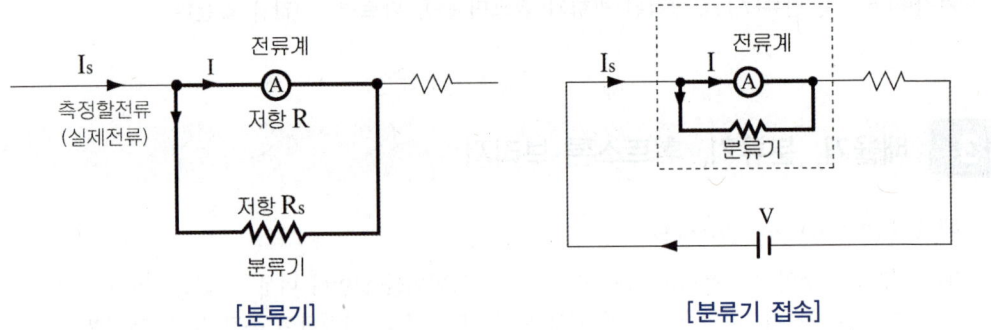

[분류기]   [분류기 접속]

② 분류기 저항(Rs)과 전류계 저항(R)이 병렬연결이므로 전류계와 분류기에 흐르는 전압은 같다. 따라서 $V = 전류 \times 저항(I \times R)$이므로

$$I_s \cdot \frac{R R_s}{R + R_s} = I \cdot R$$

$$\boxed{\frac{I_s}{I} = 1 + \frac{R}{R_s}}$$

여기서 I_s : 측정할 전류 [A]
I : 전류계 전류 [A]
R_s : 분류기 저항 [Ω]
R : 전류계 저항 [Ω]

(3) 휘트스톤 브리지(Wheatstone bridge)

① 평형이 되어 검류계(G)에 전류가 흐르지 않을 때 미지의 저항값을 구할 수 있다.

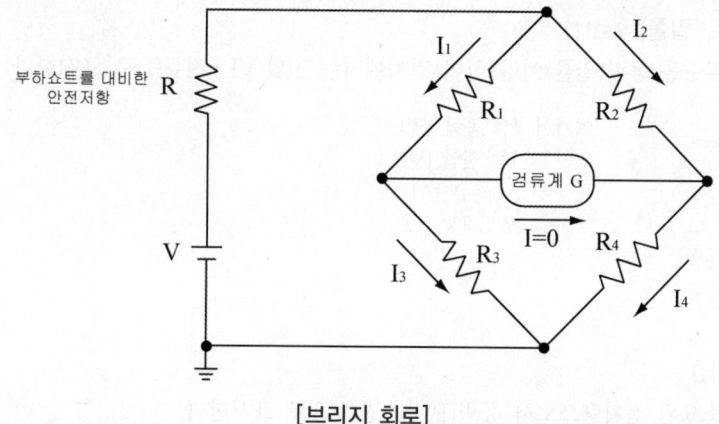

[브리지 회로]

② 병렬회로의 중앙을 가로지르는 브리지에 설치한 검류계(G)의 지침이 0을 가리킬 때, 브리지 회로가 평형을 이루었다고 말한다. 평형 조건은 마주 보는 저항끼리의 곱이 같아야 한다. 즉, $R_1 R_4 = R_2 R_3$ 이다.

만약, R_4가 미지의 저항이라면 다음 식과 같이 R_4를 구할 수 있다.

$$R_4 = \frac{R_2}{R_1} R_3$$

이때 R_2/R_1는 10의 배율을 나타내도록 하고, R_3을 가변 저항으로 하여 미지의 저항 R_4를 측정할 수 있도록 제작된 장비를 휘트스톤 브리지라 한다.

예제 위 그림의 브리지 회로에서 만일 R_1이 10[Ω], R_2가 1[kΩ]이고, R_3가 30[Ω]으로 조정되었을 때 검류계(G)의 지침이 0을 가리켰다면 R_4의 값은 얼마인가?

풀이 배율 $\dfrac{R_2}{R_1} = \dfrac{1000}{10} = 100$이고, R_3가 30[Ω]이므로 다음과 같이 구할 수 있다.

$$R_4 = \frac{R_2}{R_1} \cdot R_3 = 100 \times 30[\Omega] = 3000[\Omega] = 3.0[\text{k}\Omega]$$

4 동력, 전력량, 발열량

(1) 동력(power, 일률, watt)
단위시간당 일량을 동력(일률)이라 하며 전기에서는 전압(V)×전류(I)로 표시한다.

$$P = VI$$
$$= I^2 R$$
$$= \frac{V^2}{R} \quad [\text{W}]$$

여기서 P : 동력 [W]
V : 전압 [V]
I : 전류 [A]
R : 저항 [Ω]

(2) 전력량 [W·h]
전력량은 총소요된 전기량으로서 동력(P)×시간(t)으로 표시한다.

$$W = P \cdot t$$
$$= VI \cdot t$$
$$= I^2 R \cdot t$$
$$= \frac{V^2}{R} \cdot t \quad [\text{W} \cdot \text{h}]$$

여기서 W : 전력량 [W·h]
P : 동력 [W]
t : 시간 [h]

(3) 발열량

줄의 법칙(Jule's law)

① 도체에 전류가 흐르면 저항에 의해 열이 발생한다.

② 발생열량(발열량)

$$H = VI \cdot t_s$$
$$= I^2 R \cdot t_s$$
$$= \frac{V^2}{R} \cdot t_s \; [J]$$

여기서 H : 발열량 [J=W·s]
V : 전압 [V]
I : 전류 [A]
t_s : 시간 [s]

(4) 제백효과(Seeback effect) : 열전온도계에 이용

① 종류가 다른 두 종류의 금속을 접속하고 한쪽 접점과 다른쪽 접점의 온도를 다르게 할 때 전류가 발생하는 현상이다.

② 접점의 온도차에 따라 전류 발생량도 다르므로 전류의 발생 정도에 따라 온도를 측정할 수 있다.

(5) 펠티어효과(Peltier effect) : 전자냉동의 원리

① 제백효과의 반대효과로서 종류가 다른 두 종류의 금속을 접속하고 직류전류를 흘리면 한쪽 접점은 흡열(저온)하고 다른쪽 접점은 발열(고온)하는 현상이다.

② 전자냉동의 원리이다.

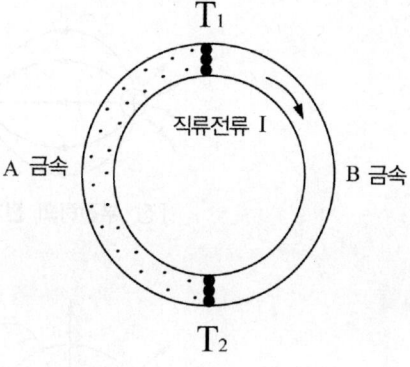

제1장 전기기초 이론 **311**

● 제1편 전기제어공학

제2장 정전기와 자기회로

1 정전기(Static electricity)

(1) 쿨롱의 법칙(Coulomb's law)

① 두 전하 사이에 작용하는 힘(정전력)은 두 전하의 전하량의 곱에 비례하고 거리의 제곱에 반비례한다.

② 정전력(F)

$$F = 9 \times 10^9 \frac{Q_1 Q_2}{r^2 \varepsilon_s} \ [\text{N}]$$

여기서 F : 정전력 [N]
Q_1, Q_2 : 전하량 [C]
r : 두 전하사이 거리 [m]
ε_s : 비유전율(진공 = 1, 종이 = 2.5)

(2) 전기력선

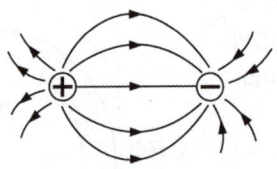

[정·부전하의 전기력선]

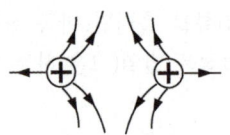

[같은 전하의 전기력선]

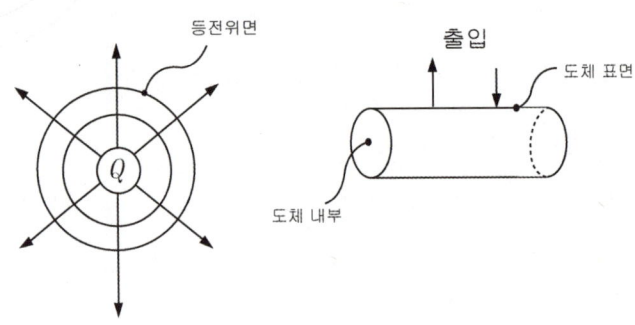

[등전위면에 직교]   [도체 표면에 수직으로 출입]

① 전기력선은 전계의 방향과 크기를 가상적인 선으로 나타낸 것
② 전기력선은 양전하의 표면에서 나와 음전하의 표면에서 끝난다.
③ 전기력선은 등전위면에 직교하고 서로 교차하거나 소멸되지 않는다.
④ 전기력선은 도체 표면에 수직으로 출입하고 도체 내부에는 존재하지 않는다.

⑤ 전기력선은 전위가 높은 곳에서 낮은 곳으로 이동한다.
⑥ 전기력선의 밀도는 전계의 세기가 커지면 커진다.
⑦ 전기력선의 방향은 전계의 방향과 같다.
⑧ 단위 전하에서 $1/\varepsilon_0$개의 전기력선이 출입한다.(ε_0 : 진공의 유전율 $8.854 \times 10^{-12} \text{F/m}$)

2 자기회로

(1) 쿨롱의 법칙(coulomb's law)

① 정전기와 같은 쿨롱의 법칙이 그대로 적용된다.
두 자극 사이에 작용하는 힘(자기력)은 두 자극의 자기량의 곱에 비례하고 거리의 제곱에 반비례한다.

자기력(자력) (F)

$$F = 6.33 \times 10^4 \frac{m_1 m_2}{r^2 \mu_s} \quad [\text{N}]$$

여기서 F : 자기력(자력) [N]
m_1, m_2 : 자기량 [Wb]
r : 거리 [m]
μ_s : 비투자율 (진공=1)

② 같은 종류의 자극간에는 밀어내는 힘이 작용하고, 다른 종류의 자극간에는 서로 잡아당기는 힘(F)이 작용한다.

(2) 자력선(자기력선)과 자속밀도

① 자력선의 성질

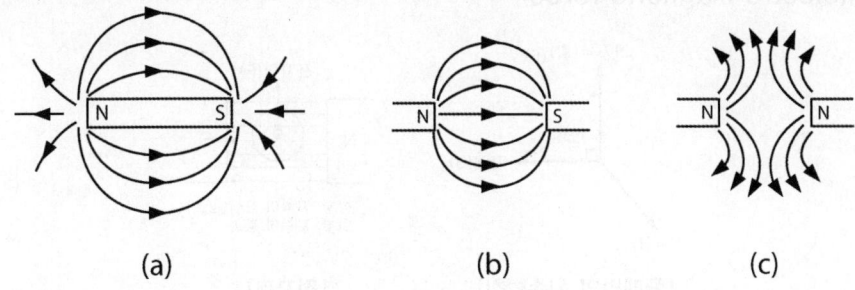

(a) (b) (c)

㉠ 자력선은 자석의 N극에서 시작하여 S극에서 끝난다.
㉡ 자력선의 접선방향이 자계의 방향이다.
㉢ 자력선의 밀도는 자장의 세기를 나타낸다.
㉣ 자력선은 서로 만나거나 교차하지 않는다.
㉤ 자력선이 존재하는 공간을 자계(磁界)또는 자장(磁場)이라 한다.

② 자속밀도
   ㉠ 자속은 자력선(자기력선)을 여러개 합친 것을 뜻한다.
   ㉡ 자속밀도는 자계의 세기를 나타내며 자력선의 밀도이기도 하다.
   ㉢ 자속밀도는 자속의 방향과 직각인 단면적 $1m^2$에 통과하는 자속의 수를 말한다.

   자속밀도(B)

   $$B = \frac{\phi}{S} \ [\text{Wb/m}^2, \text{T}]$$

   여기서 B : 자속밀도 [Wb/m^2, T] [테슬라]
   ϕ : 자속수 [Wb] [웨버]
   S : 면적 [m^2]

(3) 암페어의 오른나사 법칙(오른손 법칙)

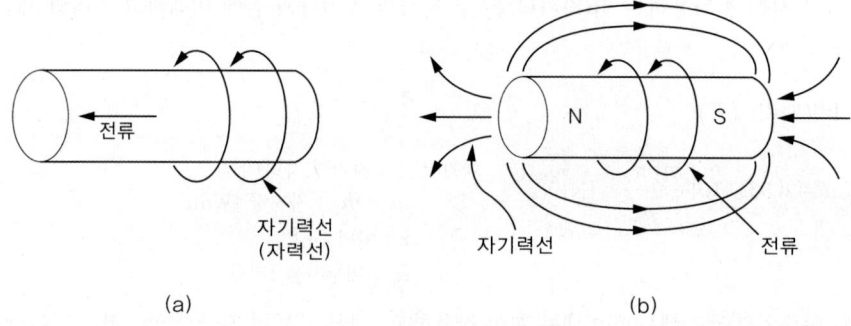

① 도선에 흐르는 전류가 나사의 진행방향으로 흐르면 자기력선(자계)은 나사의 회전방향으로 발생한다.(그림a)
② 전류가 나사의 회전방향으로 흐르면 자기력선(자계)은 나사의 진행방향으로 발생한다.(그림b)

(4) 전자력(electro magnetic force)

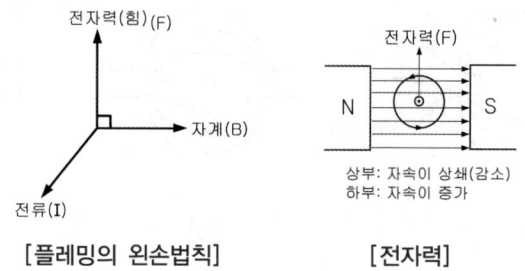

[플레밍의 왼손법칙]   [전자력]

① 자계 내에 있는 도체에 전류를 흘릴 때 작용하는 힘을 전자력(또는 전자기력)이라 한다.
② 이 전자력의 방향은 플레밍의 왼손법칙에 나타나듯이 자계의 방향과 전류의 방향에 따라 결정된다.

③ 직선도체에 작용하는 전자력(F)

  ㉠ 자기력선과 전류 사이의 각이 θ°일 때

  $$F = BI\ell \sin\theta \quad [N]$$

  ㉡ 자기력선과 전류 사이의 각이 직각($\theta = 90°$)일 때

  $$F = BI\ell \quad [N]$$

  여기서 F : 전자력 [N]
  B : 자속밀도 [Wb/m^2, T]
  I : 전류 [A]
  ℓ : 도체길이 [m]
  θ : 자기력선과 전류사이의 각 [°]

(5) 전자유도(電磁誘導)

① 자계에 의해 기전력을 일으키는 것을 전자유도라고 한다.
② 자계내에서 도체가 움직일 때 발생하는 기전력의 방향을 결정하는 법칙으로 플레밍의 오른손 법칙이 이용된다.
③ 전자유도 원리는 발전기 및 변압기에 응용되고 있다.
④ **페러데이 법칙** : 유도된 기전력의 크기는 코일의 감은 회수(권수)와 단위시간에 얼마나 많은 자속의 변화를 일으키느냐에 비례한다.
⑤ **렌쯔의 법칙** : 유도기전력의 방향은 자속의 변화를 방해하는 방향으로 발생한다.

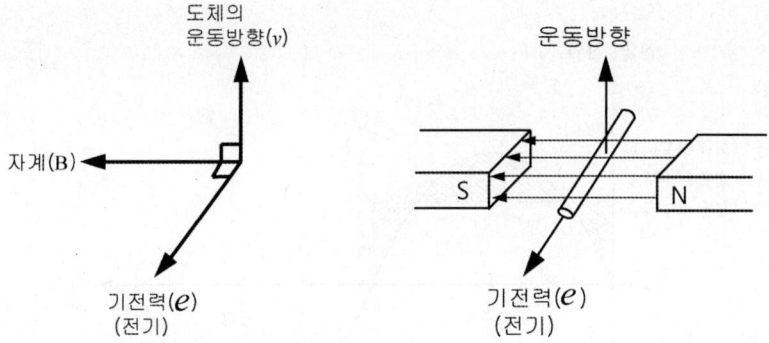

[플레밍의 오른손 법칙]

● 제1편 전기제어공학

제3장 교 류

1 정현파 교류

(1) 교류(Alternating Current, AC)
시간에 따라 전류의 크기와 방향이 주기적으로 변하는 전류를 말하며 전압도 시간에 따라 변화한다.

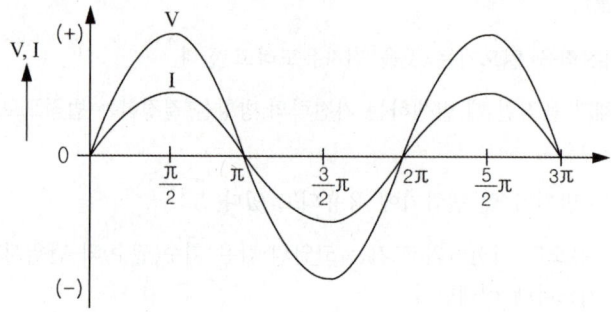

(2) 교류의 크기

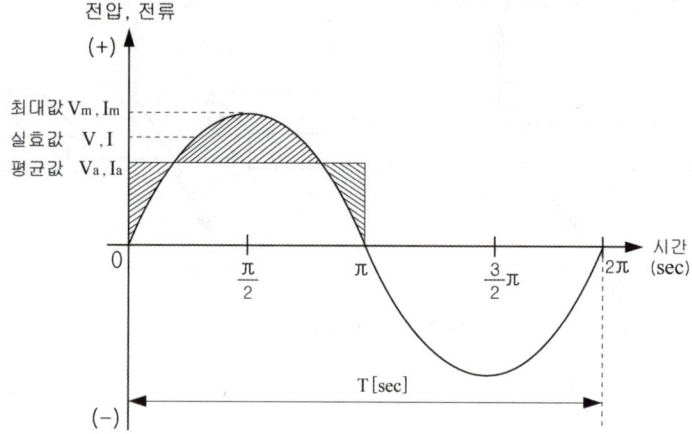

① 주기 및 주파수

㉠ 주기 $T = \dfrac{1}{f}$ [sec]

㉡ 주파수 $f = \dfrac{1}{T}$ [Hz]

㉢ 각속도 $\omega = \dfrac{2\pi}{T} = 2\pi f$ [rad/sec]

㉣ 회전수 $N = \dfrac{120f}{p}$ [rpm]   여기서, p : 극수

② 순시값, 최대값, 실효값, 평균값

㉠ 순시값(v, i) : 시간이 지남에 따라 어느 시각에서의 교류의 크기를 순시값이라 한다.
- 순시전압 $v = V_m \sin \omega t$ [V]
- 순시전류 $i = I_m \sin \omega t$ [A]

㉡ 최대값(V_m, I_m) : 순시값중에서 가장 큰 값인 V_m과 I_m을 뜻하며 $\dfrac{\pi}{2}$, $\dfrac{3}{2}\pi$일 때 나타난다.
- 최대전압 V_m [V]
- 최대전류 I_m [A]

㉢ 실효값(V, I)
교류를 가장 보편적으로 표현한 값이며, 직류가 하는 것과 동등한 일을 하는 교류값 이라고 할 수 있다.
- 실효값은 45°($\dfrac{\pi}{4}$)에서의 값이다.
- 실효전압 $V = \dfrac{1}{\sqrt{2}} V_m = 0.707 V_m$ [V]
- 실효전류 $I = \dfrac{1}{\sqrt{2}} I_m = 0.707 I_m$ [A]

㉣ 평균값(V_a, I_a)
$0 \sim \pi$ 까지 반파의 평균값으로 나타낸다.
- 평균전압 $V_a = \dfrac{2}{\pi} V_m = 0.637 V_m$ [V]
- 평균전류 $I_a = \dfrac{2}{\pi} I_m = 0.637 I_m$ [A]

㉤ 파고율(波高率)
교류파형의 최대값을 실효값으로 나눈 값으로 크래스트 팩터(crestfactor)라고도 한다.
- 파고율 $= \dfrac{\text{최대값}}{\text{실효값}} = \sqrt{2} = 1.414$

ⓑ 파형율(formfactor)

교류파형의 실효값을 평균값으로 나눈 값

- 파형율 $= \dfrac{\text{실효값}}{\text{평균값}} = \dfrac{\pi}{2\sqrt{2}} = 1.11$

ⓢ 왜형율(일그러짐율)(Total Harmonic Distortion, THD)

파형이 정현파에 비해 얼마나 일그러졌느냐의 정도를 나타냄

- 전 고조파의 실효값을 기본파의 실효값으로 나눈 값
- 왜형율 $= \dfrac{\text{전 고조파의 실효값}}{\text{기본파의 실효값}}$

[각 파형의 실효값, 평균값]

명칭	구형파	구형반파	정현파	정현반파	삼각파
최대값(Vm)	V_m	V_m	V_m	V_m	V_m
실효값(V)	V_m	$\dfrac{V_m}{\sqrt{2}}$	$\dfrac{V_m}{\sqrt{2}}$	$\dfrac{V_m}{2}$	$\dfrac{V_m}{\sqrt{3}}$
평균값(Va)	V_m	$\dfrac{V_m}{2}$	$\dfrac{2V_m}{\pi}$	$\dfrac{V_m}{\pi}$	$\dfrac{V_m}{2}$
파고율	1	$\sqrt{2}$	$\sqrt{2}$	2	$\sqrt{3}$
파형률	1	$\sqrt{2}$	$\dfrac{\pi}{2\sqrt{2}}$	$\dfrac{\pi}{2}$	$\dfrac{2}{\sqrt{3}}$

2 교류의 기본회로

(1) 단독회로

① R 회로(저항회로)

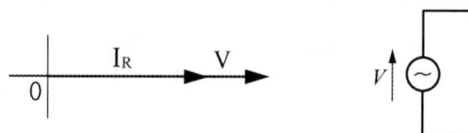

㉠ 전류와 전압은 위상이 같다(동상이다).
㉡ 전류

$$I_R = \dfrac{V}{R} \ [\text{A}]$$

② L 회로(인덕턴스회로, 유도성회로)

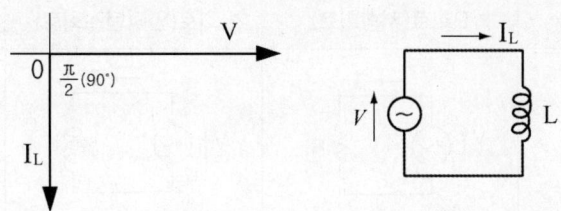

㉠ 전류가 전압보다 $\frac{\pi}{2}$(90°)만큼 위상이 뒤진다.

㉡ 전류

$$I_L = \frac{V}{X_L} = \frac{V}{\omega L} \ [A]$$

여기서 X_L : 유도성리액턴스 [Ω]
ω : 각속도 [rad/s]
L : 인덕턴스 [H]
f : 주파수 [Hz]

㉢ 유도성리액턴스

$$X_L = \omega L = 2\pi f L \ [\Omega]$$

③ C 회로(커패시턴스회로, 용량성회로)

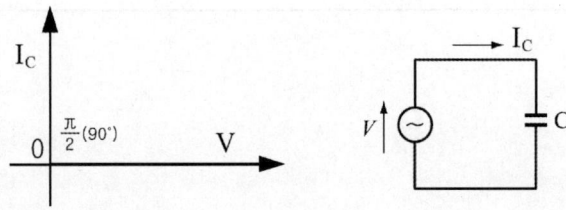

㉠ 전류가 전압보다 $\frac{\pi}{2}$(90°)만큼 위상이 앞선다.

㉡ 전류

$$I_C = \frac{V}{X_C} = \omega C V \ [A]$$

여기서 X_C : 용량성 리액턴스 [Ω]
C : 커패시턴스 [F]

㉢ 용량성 리액턴스

$$X_C = \frac{1}{\omega C} = \frac{1}{2\pi f C} \ [\Omega]$$

[R·L·C 교류회로 요약]

구 분	R회로(저항회로)	L회로(인덕턴스회로)	C회로(커패시턴스회로)
회로도			
전원전압		$v = \sqrt{2}\,V\sin\omega t$	
임피던스[Ω]	$Z = R$	$Z = X_L = 2\pi fL$	$Z = X_C = 1/(2\pi fC)$
전류의 계산식	$I_R = \dfrac{V}{Z} = \dfrac{V}{R}$	$I_L = \dfrac{V}{Z} = \dfrac{V}{X_L} = \dfrac{V}{2\pi fL}$	$I_C = \dfrac{V}{Z} = \dfrac{V}{X_C} = 2\pi fC$
전압, 전류파형 (전압기준)			
전압, 전류벡터			
위상(전압기준)	전류와 전압이 동상	전류가 뒤짐	전류가 앞섬

(2) 직렬회로

① R-L 직렬회로

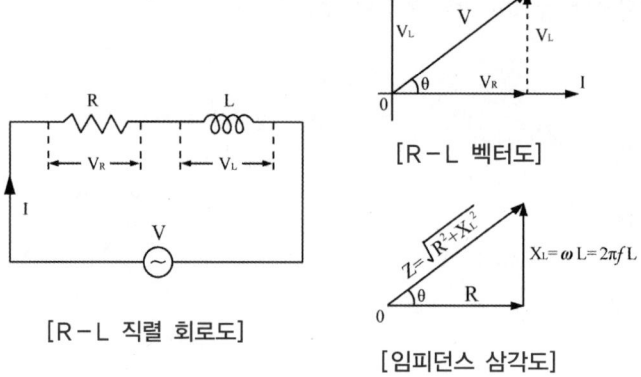

[R-L 직렬 회로도]

[R-L 벡터도]

[임피던스 삼각도]

〈전압〉

$V_R = I \cdot R$ 이며, 전류 I와 전압 V_R은 위상이 같다.

$V_L = I \cdot X_L$ 이며, 전류 I가 전압 V_L보다 위상이 $\dfrac{\pi}{2}$ 만큼 뒤진다.

$V = \sqrt{V_R^2 + V_L^2} = \sqrt{(IR)^2 + (IX_L)^2} = I\sqrt{R^2 + X_L^2} = I \cdot Z$

㉠ 이 회로에서 전류의 흐름을 방해하는 요소로서 직류회로의 저항과 같은 역할을 하는 요소인 임피던스(impedance) Z [Ω]와 전류 I값을 위 식으로부터 구하면 아래와 같이 된다.

$Z = \sqrt{R^2 + X_L^2} = \sqrt{R^2 + (\omega L)^2}$ [Ω]

$I = \dfrac{V}{Z} = \dfrac{V}{\sqrt{R^2 + X_L^2}}$ [A]

㉡ 이 회로에서 전류 I는 전압 V보다 θ만큼 위상이 뒤진다.

위상각 $\tan\theta = \dfrac{V_L}{V_R} = \dfrac{IX_L}{IR} = \dfrac{X_L}{R} = \dfrac{\omega L}{R}$

$\theta = \tan^{-1}\dfrac{X_L}{R} = \tan^{-1}\dfrac{\omega L}{R}$

㉢ 역률 $\cos\theta = \dfrac{R}{Z} = \dfrac{R}{\sqrt{R^2 + X_L^2}}$

㉣ 무효율 $\sin\theta = \dfrac{X_L}{Z} = \dfrac{X_L}{\sqrt{R^2 + X_L^2}}$

② R-C 직렬회로

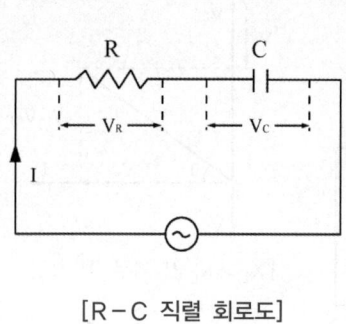

[R-C 직렬 회로도]

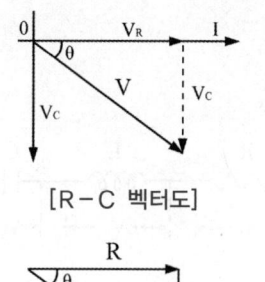

[R-C 벡터도]

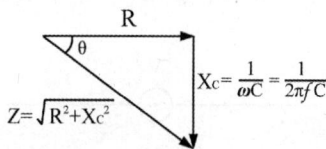

[임피던스 삼각도]

〈전압〉

$V_R = I \cdot R$ 이며, 전류 I와 전압 V_R은 위상이 같다.

$V_C = I \cdot X_C$ 이며, 전류 I가 전압 V_C보다 위상이 $\frac{\pi}{2}$ 만큼 앞선다.

$V = \sqrt{V_R^2 + V_C^2} = \sqrt{(IR)^2 + (IX_C)^2} = I\sqrt{R^2 + X_C^2} = I \cdot Z$

㉠ 이 회로에서 직류의 저항과 같은 역할을 하는 임피던스 Z와 전류 I를 구하면

$$Z = \sqrt{R^2 + X_C^2} = \sqrt{R^2 + \left(\frac{1}{\omega C}\right)^2} \quad [\Omega]$$

$$I = \frac{V}{Z} = \frac{V}{\sqrt{R^2 + X_C^2}} = \frac{V}{\sqrt{R^2 + \left(\frac{1}{\omega C}\right)^2}} \quad [A]$$

㉡ 이 회로에 흐르는 전류 I는 전압 V보다 θ만큼 위상이 앞선다.

위상각 $\tan\theta = \dfrac{V_C}{V_R} = \dfrac{IX_C}{IR} = \dfrac{X_C}{R} = \dfrac{1}{R\omega C}$

$\theta = \tan^{-1}\dfrac{X_C}{R} = \tan^{-1}\dfrac{1}{R\omega C}$

㉢ 역률 $\cos\theta = \dfrac{R}{Z} = \dfrac{R}{\sqrt{R^2 + X_C^2}}$

㉣ 무효율 $\sin\theta = \dfrac{X_C}{Z} = \dfrac{X_C}{\sqrt{R^2 + X_C^2}}$

③ R-L-C 직렬회로

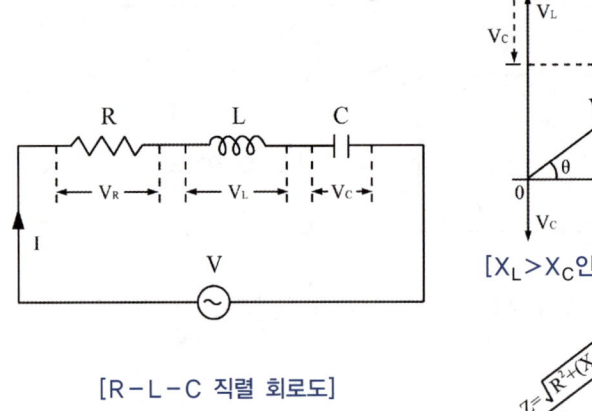

[R-L-C 직렬 회로도]

[$X_L > X_C$인 경우 벡터도]

[$X_L > X_C$인 경우 임피던스 삼각도]

〈전압〉

$V_R = I \cdot R$ 이며, 전류 I와 전압 V_R은 위상이 같다.

$V_L = I \cdot X_L$이며, 전류 I는 전압 V_L보다 위상이 $\frac{\pi}{2}$ 만큼 뒤진다.

$V_C = I \cdot X_C$이며, 전류 I는 전압 V_C보다 위상이 $\frac{\pi}{2}$ 만큼 앞선다.

$V = \sqrt{V_R^2 + (V_L - V_C)^2} = \sqrt{(IR)^2 + (IX_L - IX_C)^2} = I\sqrt{R^2 + (X_L - X_C)^2} = I \cdot Z$

㉠ 저항의 역할을 하는 임피던스 Z와 전류 I를 구하면

$$Z = \sqrt{R^2 + (X_L - X_C)^2} = \sqrt{R^2 + \left(\omega L - \frac{1}{\omega C}\right)^2} \quad [\Omega]$$

$$I = \frac{V}{Z} = \frac{V}{\sqrt{R^2 + (X_L - X_C)^2}} \quad [A]$$

㉡ 위상각 $\tan\theta = \frac{X_L - X_C}{R}$

$\theta = \tan^{-1} \frac{X_L - X_C}{R}$

㉢ 역률 $\cos\theta = \frac{R}{Z} = \frac{R}{\sqrt{R^2 + (X_L - X_C)^2}}$

㉣ 무효율 $\sin\theta = \frac{X_L - X_C}{Z}$

㉤ 이 회로의 위상관계는 X_L과 X_C의 크기에 따라서 위상각(θ)의 크기와 방향도 +, - 로 바뀌게 된다.

즉 $X_L > X_C$이면 : $V_L > V_C$(유도성회로), 전류 I가 전압 V보다 뒤진다.($\theta > 0$)

$X_L < X_C$이면 : $V_L < V_C$(용량성회로), 전류 I가 전압 V보다 앞선다.($\theta < 0$)

$X_L = X_C$이면 : $V_L = V_C$(직렬공진회로), 전류 I와 전압 V는 동상이다.($\theta = 0$)

㉥ 공진주파수 또는 고유진동수 (f)

공진조건 : $X_L = X_C$ (또는 $V_L = V_C$)이므로

$\omega L = \frac{1}{\omega C}$

$2\pi f L = \frac{1}{2\pi f C} \rightarrow f^2 = \frac{1}{(2\pi)^2 L C}$

$\therefore f = \frac{1}{2\pi \sqrt{L C}}$ [Hz]

(3) 병렬회로

① R-L 병렬회로

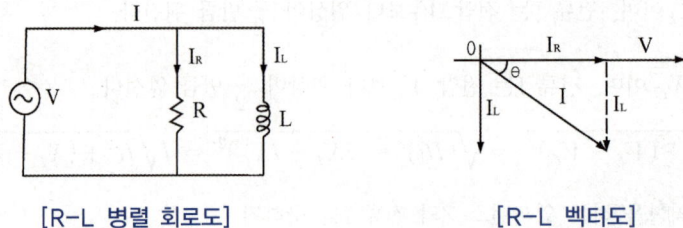

[R-L 병렬 회로도]　　　　　　[R-L 벡터도]

〈전류〉

$I_R = \dfrac{V}{R}$ 이며, 전류 I_R은 전압 V와 위상이 같다.

$I_L = \dfrac{V}{X_L}$ 이며, 전류 I_L은 전압 V보다 위상이 $\dfrac{\pi}{2}$ 만큼 뒤진다.

$I = \sqrt{I_R^2 + I_L^2} = \sqrt{\left(\dfrac{V}{R}\right)^2 + \left(\dfrac{V}{X_L}\right)^2} = V\sqrt{\left(\dfrac{1}{R}\right)^2 + \left(\dfrac{1}{X_L}\right)^2}$ [A]

㉠ 이 회로에서 직류의 저항과 같은 역할을 하는 임피던스 Z를 구하면

$Z = \dfrac{V}{I}$ 이므로

$Z = \dfrac{V}{V\sqrt{\left(\dfrac{1}{R}\right)^2 + \left(\dfrac{1}{X_L}\right)^2}} = \dfrac{1}{\sqrt{\left(\dfrac{1}{R}\right)^2 + \left(\dfrac{1}{X_L}\right)^2}} = \dfrac{RX_L}{\sqrt{R^2 + X_L^2}}$ [Ω]

㉡ 어드미턴스 Y (임피던스 Z의 역수)

$Y = \dfrac{1}{Z} = \sqrt{\left(\dfrac{1}{R}\right)^2 + \left(\dfrac{1}{X_L}\right)^2}$ [℧]　여기서 ℧ : 모(mho)

㉢ 이회로에서 전류 I는 전압 V보다 θ 만큼 위상이 뒤진다.

위상각 $\tan\theta = \dfrac{I_L}{I_R} = \dfrac{\dfrac{V}{X_L}}{\dfrac{V}{R}} = \dfrac{R}{X_L} = \dfrac{R}{\omega L}$

$\theta = \tan^{-1}\dfrac{R}{X_L} = \tan^{-1}\dfrac{R}{\omega L}$

㉣ 역률 $\cos\theta = \dfrac{I_R}{I} = \dfrac{\dfrac{V}{R}}{\dfrac{V}{Z}} = \dfrac{Z}{R} = \dfrac{X_L}{\sqrt{R^2 + X_L^2}}$

⑩ 무효율 $\sin\theta = \dfrac{I_L}{I} = \dfrac{\dfrac{V}{X_L}}{\dfrac{V}{Z}} = \dfrac{Z}{X_L} = \dfrac{R}{\sqrt{R^2+X_L^2}}$

② R-C 병렬회로

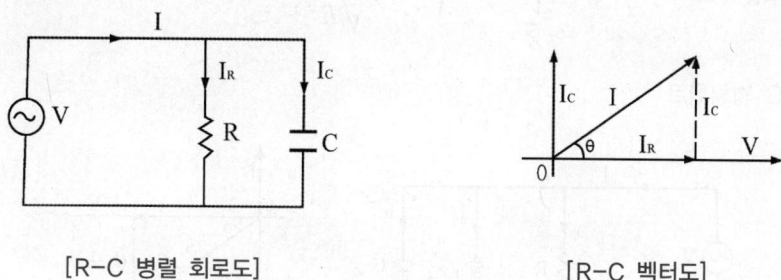

[R-C 병렬 회로도]　　　　　[R-C 벡터도]

〈전류〉

$I_R = \dfrac{V}{R}$ 이며, 전류 I_R은 전압 V와 위상이 같다.

$I_C = \dfrac{V}{X_C}$ 이며, 전류 I_C는 전압 V보다 위상이 $\dfrac{\pi}{2}$만큼 앞선다.

$I = \sqrt{I_R^2 + I_C^2} = \sqrt{\left(\dfrac{V}{R}\right)^2 + \left(\dfrac{V}{X_C}\right)^2} = V\sqrt{\left(\dfrac{1}{R}\right)^2 + \left(\dfrac{1}{X_C}\right)^2}$　[A]

㉠ 이 회로에서 직류의 저항과 같은 역할을 하는 임피던스 Z를 구하면

$Z = \dfrac{V}{I}$ 이므로

$Z = \dfrac{V}{V\sqrt{\left(\dfrac{1}{R}\right)^2 + \left(\dfrac{1}{X_C}\right)^2}} = \dfrac{1}{\sqrt{\left(\dfrac{1}{R}\right)^2 + \left(\dfrac{1}{X_C}\right)^2}} = \dfrac{RX_C}{\sqrt{R^2+X_C^2}}$　[Ω]

㉡ 어드미턴스 Y(임피던스 Z의 역수)

$Y = \dfrac{1}{Z} = \sqrt{\left(\dfrac{1}{R}\right)^2 + \left(\dfrac{1}{X_C}\right)^2}$　[℧]

㉢ 이회로에 흐르는 전류 I는 전압 V보다 θ만큼 위상이 앞선다.

위상각 $\tan\theta = \dfrac{I_C}{I_R} = \dfrac{\dfrac{V}{X_C}}{\dfrac{V}{R}} = \dfrac{R}{X_C} = \dfrac{R}{\dfrac{1}{\omega C}} = R\omega C$

$\theta = \tan^{-1}\dfrac{R}{X_C} = \tan^{-1}R\omega C$

㉣ 역률 $\cos\theta = \dfrac{I_R}{I} = \dfrac{\dfrac{V}{R}}{\dfrac{V}{Z}} = \dfrac{Z}{R} = \dfrac{X_C}{\sqrt{R^2+X_C^2}}$

㉤ 무효율 $\sin\theta = \dfrac{I_C}{I} = \dfrac{\dfrac{V}{X_C}}{\dfrac{V}{Z}} = \dfrac{Z}{X_C} = \dfrac{R}{\sqrt{R^2+X_C^2}}$

③ R-L-C 병렬회로

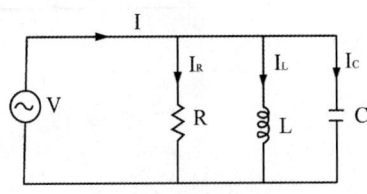
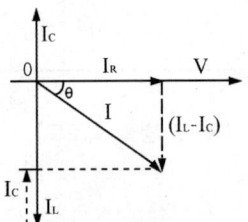

[R-L-C 병렬 회로도]　　　[$I_L > I_C$인 경우 벡터도]

〈전류〉

$I_R = \dfrac{V}{R}$ 이며, 전류 I_R은 전압 V와 위상이 같다.

$I_L = \dfrac{V}{X_L}$ 이며, 전류 I_L은 전압 V보다 위상이 $\dfrac{\pi}{2}$ 만큼 뒤진다.

$I_C = \dfrac{V}{X_C}$ 이며, 전류 I_C는 전압 V보다 위상이 $\dfrac{\pi}{2}$ 만큼 앞선다.

$I = \sqrt{I_R^2 + (I_L - I_C)^2} = \sqrt{\left(\dfrac{V}{R}\right)^2 + \left(\dfrac{V}{X_L} - \dfrac{V}{X_C}\right)^2}$

$= V\sqrt{\left(\dfrac{1}{R}\right)^2 + \left(\dfrac{1}{X_L} - \dfrac{1}{X_C}\right)^2}$ [A]

㉠ 저항의 역할을 하는 임피던스 Z를 구하면, 옴의 법칙에서

$Z = \dfrac{V}{I}$ 이므로

$Z = \dfrac{V}{V\sqrt{\left(\dfrac{1}{R}\right)^2 + \left(\dfrac{1}{X_L} - \dfrac{1}{X_C}\right)^2}} = \dfrac{1}{\sqrt{\left(\dfrac{1}{R}\right)^2 + \left(\dfrac{1}{X_L} - \dfrac{1}{X_C}\right)^2}}$ [Ω]

ⓒ 어드미턴스 $Y = \dfrac{1}{Z} = \sqrt{\left(\dfrac{1}{R}\right)^2 + \left(\dfrac{1}{X_L} - \dfrac{1}{X_C}\right)^2}$ [℧]

ⓒ 위상각 $\tan\theta = \dfrac{I_L - I_C}{I_R} = \dfrac{\dfrac{V}{X_L} - \dfrac{V}{X_C}}{\dfrac{V}{R}} = \dfrac{\dfrac{1}{X_L} - \dfrac{1}{X_C}}{\dfrac{1}{R}} = R\left(\dfrac{1}{X_L} - \dfrac{1}{X_C}\right)$

$\theta = \tan^{-1} R\left(\dfrac{1}{X_L} - \dfrac{1}{X_C}\right)$

ⓔ 역률 $\cos\theta = \dfrac{I_R}{I} = \dfrac{Z}{R} = \dfrac{1}{R\sqrt{\left(\dfrac{1}{R}\right)^2 + \left(\dfrac{1}{X_L} - \dfrac{1}{X_C}\right)^2}}$

ⓜ 무효율 $\sin\theta = \dfrac{I_L - I_c}{I} = Z\left(\dfrac{1}{X_L} - \dfrac{1}{X_C}\right)$

ⓑ 이 회로의 위상관계는 X_L과 X_C의 크기에 따라서 위상각(θ)의 크기와 방향이 +, -로 바뀌게 된다.

$X_L > X_C$이면 : $I_L < I_C$가 되어 용량성 회로이고 전류 I가 전압 V보다 앞선다.

$X_L < X_C$이면 : $I_L > I_C$가 되어 유도성 회로이고 전류 I가 전압 V보다 뒤진다.

$X_L = X_C$이면 : $I_L = I_C$가 되어 병렬 공진회로이고 전류 I와 전압 V는 위상이 같다. 이때 전류는 최소치가 흐른다.

ⓑ 공진주파수 f (직렬 공진 주파수와 같다.)

공진조건 : $X_L = X_C$ (또는 $I_L = I_C$)이므로

$\dfrac{V}{X_L} = \dfrac{V}{X_C} \rightarrow \dfrac{V}{\omega L} = V\omega C$

$\dfrac{1}{2\pi f L} = 2\pi f C \rightarrow f^2 = \dfrac{1}{(2\pi)^2 L C}$

$\therefore f = \dfrac{1}{2\pi\sqrt{LC}}$ [Hz]

3 교류의 전력과 역률

교류에서는 같은 전압(V)과 전류(I)라도 그 위상차 θ에 따라서 전력이 달라진다.

(1) **단상교류**

① 피상전력(Apparent Power)
  ㉠ $P_a = VI$ [VA]
  ㉡ 교류회로에서 전압과 전류의 곱 V·I는 겉보기 전력 즉, 피상전력이다.
  ㉢ 피상전력(P_a)은 교류 전기기기의 용량을 나타내는데 쓰인다.

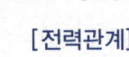
[전력관계]

② 유효전력(Effective Power)
  ㉠ $P = VI\cos\theta = P_a\cos\theta$ [W]
  ㉡ $\cos\theta$는 피상전력이 유효전력이 되는 비율이며 역률이라 한다.

③ 무효전력(Reactive Power)
  $P_r = VI\sin\theta = P_a\sin\theta$ [Var]

④ 역률($\cos\theta$), 무효율($\sin\theta$)
  ㉠ 역률 $\cos\theta = \dfrac{P}{P_a} = \dfrac{\text{유효전력}}{\text{피상전력}}$

  ㉡ 무효율 $\sin\theta = \dfrac{P_r}{P_a} = \dfrac{\text{무효전력}}{\text{피상전력}}$

  ㉢ 역률개선을 위해 진상콘덴서를 병렬로 연결한다.

(2) **3상 교류**

① 피상전력

  $P_a = 3V_pI_p = \sqrt{3}\,VI$ [VA]

② 유효전력

  $P = 3V_pI_p\cos\theta = \sqrt{3}\,VI\cos\theta$ [W]

③ 무효전력

  $P_r = 3V_pI_p\sin\theta = \sqrt{3}\,VI\sin\theta$ [Var]

V : 선간전압
V_p : 상전압
I : 선전류
I_p : 상전류

⟨Y결선⟩

Y결선에서는 각상의 전류가 각선에 그대로 흐르므로 상전류와 선전류가 같다.

$I = I_P$, $V = \sqrt{3}\, V_P$ (예 V=380V, V_P=220V)

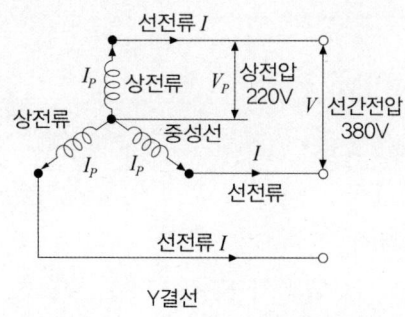

Y결선

⟨△결선⟩

△결선에서는 각상의 상전압과 선간전압이 크기와 방향이 같다.

$V = V_P$, $I = \sqrt{3}\, I_P$ (예 V=380V, V_P=380V)

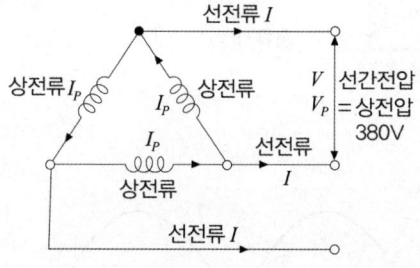

제4장 전기기기

1 직류 발전기

(1) 원리와 구조

① 원리

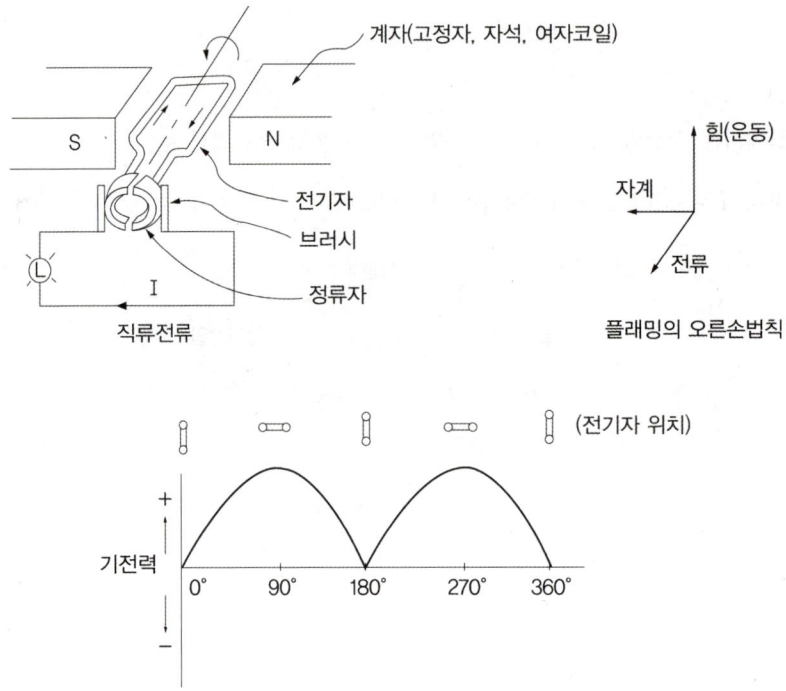

[직류발전기의 전압파형]

㉠ 전기자가 자속을 끊으면 도체인 전기자에는 플레밍의 오른손 법칙에 따라 기전력(전압)이 발생하여 전류가 흐른다.
㉡ 그림과 같이 2조각으로 된 정류자를 사용하면 코일이 회전하여 자리를 서로 바꾸어도 얻어지는 전류의 방향은 바뀌지 않고 일정한 직류가 된다.

② 구조
  ㉠ 전기자(armature) : 철심과 권선으로 되어있으며 자속을 끊어서 기전력을 발생하는 부분
  ㉡ 계자(field magnet) : N.S의 자극과 같이 자속을 만드는 부분
  ㉢ 정류자(commutator) : 교류를 직류로 변화시키는 부분
  ㉣ 브러시(brush) : 전기자와 외부 회로를 연결하는 부분

(2) 유도기전력 및 규약효율

① 유도기전력(E)

$$E = \frac{pZ}{60a}\phi N \ [V]$$

p : 극수 Z : 전기자 도체수
ϕ : 자속 [Wb] N : 회전수 [rpm]
a : 전기자 회로수

② 규약효율(Conventional efficiency)

$$\eta = \frac{출력}{출력+손실} \times 100 \ [\%]$$

(3) 전기자 반작용(armature reaction)

① 전기자 반작용이란 전기자 전류에 의한 자속이 계자자속에 영향을 미쳐서 공극의 자속분포를 변화시키는 현상이다(전기자에 전류가 흐르면 전기자에도 자속이 발생하고 이 자속이 계자자속을 방해하는 현상).

② 전기자 반작용의 영향
  〈발전기〉
  ㉠ 주 자속이 감소한다. → 유도기전력(전압)이 감소한다.
  ㉡ 자기적 중성축이 이동한다. → 회전방향과 같은 방향으로 이동한다.
  ㉢ 브러시 사이에 아크가 발생한다. → 정류가 불량하게 된다.

  〈전동기〉
  ㉠ 주자속이 감소한다. → 토크가 감소한다. 속도가 증가한다.
  ㉡ 자기적 중성축이 이동한다. → 회전방향과 반대 방향으로 이동한다.
  ㉢ 브러시 사이에 아크가 발생한다. → 정류가 불량하게 된다.

③ 전기자 반작용 방지법
  ㉠ 보상권선을 설치한다. → 대부분의 전기자 반작용을 상쇄시킨다.
  ㉡ 보극(소자극)을 설치한다. → 중성축 부근의 전기자 반작용을 상쇄시킨다.
  ㉢ 브러시 위치를 자기적 중성점 위치로 이동한다.

(4) 직류 발전기의 분류

직류 발전기 및 전동기(모터) 종류는 전자석을 만드는 방법 즉, 여자방식에 따라 분류한다.

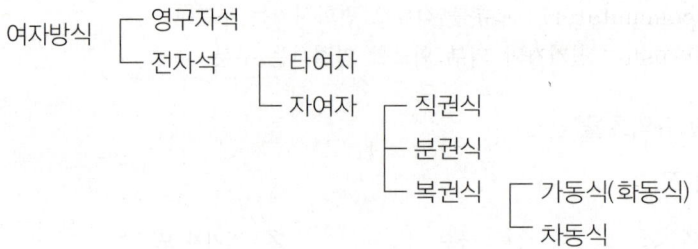

① **타여자 발전기**
   ㉠ 자속을 만드는 여자전류를 다른 직류전원에서 얻는 방식
   ㉡ 전압강하가 적다.
   ㉢ 전압을 세밀하고, 광범위하게 조정할 수 있다.
   ㉣ 대형 직류기 및 교류발전기의 여자기로 사용된다.

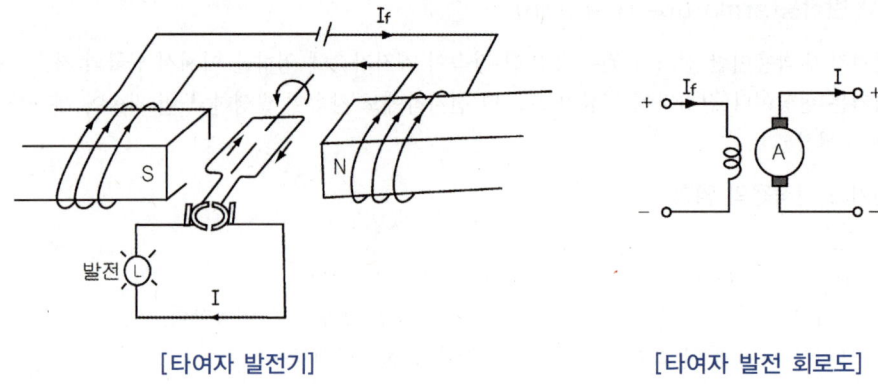

[타여자 발전기]   [타여자 발전 회로도]

② **자여자 발전기** : 자속을 만드는 여자전류를 자체의 유도기전력에서 얻는 방식

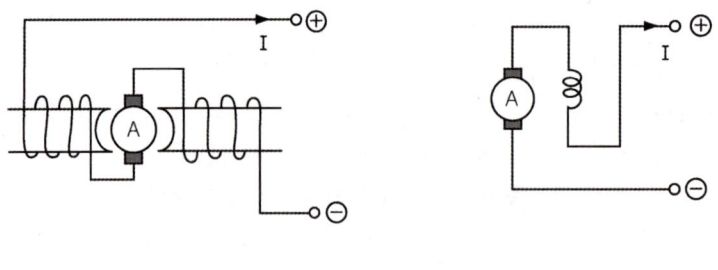

[직권 발전기]

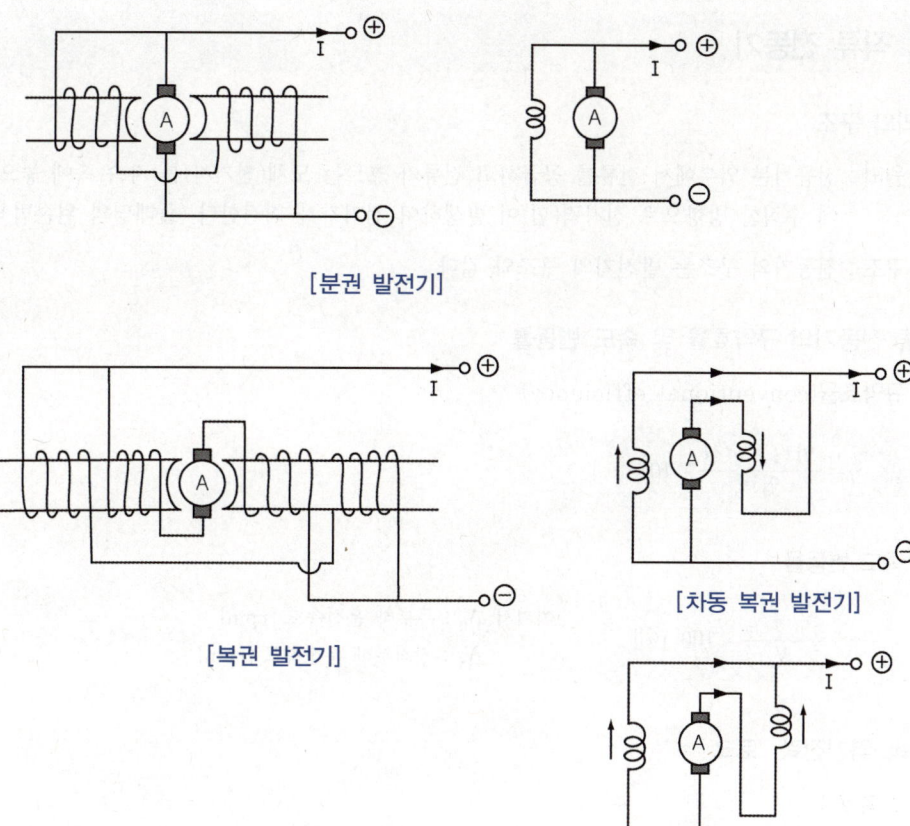

[분권 발전기]

[복권 발전기]

[차동 복권 발전기]

[가동 복권 발전기]

㉠ 직권 발전기
- 계자권선과 전기자권선이 **직렬**로 연결되는 방식이다.
- 부하 변화에 따라 단자전압의 변동이 심하다.

㉡ 분권 발전기
- 계자권선과 전기자권선이 **병렬**로 연결되는 방식이다.
- 전압 변동율이 작다.
- 어느 범위내에서 전압을 조정할 수 있다.
- 전기 화학용, 전기 충전용, 동기기 여자용으로 사용된다.

㉢ 가동(화동) 복권 발전기 : 직권 계자권선과 분권 계자권선이 **같은 방향**으로 여자되는 방식
㉣ 차동 복권 발전기 : 직권 계자권선과 복권 계자권선이 **반대 방향**으로 여자되는 방식

2 직류 전동기

(1) 원리와 구조

① 원리 : 전동기는 외부에서 전류를 공급하고 전류가 흐르는 도체(전기자)를 자속 속에 놓으면 자속에 수직한 방향으로 전자력(힘)이 발생하여 전기자가 회전한다.(플레밍의 왼손법칙)

② 구조 : 전동기의 구조는 발전기의 구조와 같다.

(2) 직류 전동기의 규약효율 및 속도 변동률

① 규약효율(conventional efficiency)

$$\eta = \frac{입력 - 손실}{입력} \times 100 \ [\%]$$

② 속도 변동율

$$\varepsilon = \frac{N_0 - N_n}{N_n} \times 100 \ [\%]$$

여기서 N_0 : 무부하 운전속도 [rpm]
N_n : 정격부하 운전속도 [rpm]

(3) 출력, 역기전력, 토크

① 출력(P)

$$P = V_c I_a \ [W]$$

② 역기전력(V_c)

$$V_c = V - I_a R_a \ [V]$$

③ 토크(T)

$$T = \frac{pZ\phi I_a}{2\pi a}$$
$$= \frac{P}{\omega} \ [N \cdot m]$$

여기서 V : 단자전압 [V]
V_c : 전기자 역기전력 [V]
I_a : 전기자 전류 [A]
R_a : 전기자 저항 [Ω]
p : 극수
Z : 전기자 전도체수
ϕ : 1극당의 자속 [Wb]
a : 전기자 병렬 회로수
ω : 각속도 [rad/sec]

(4) 직류 전동기의 종류와 특성

① 타여자 전동기
- 부하가 변하여도 전동기 속도의 감소가 매우 작은 정속도 전동기이다. 따라서 속도를 광범위하고 정밀하게 제어할 수 있다.
- 엘리베이터, 대형 압연기(roll machine)에 이용된다.

② 자여자 전동기
  ㉠ 분권 전동기
    - 타여자 전동기와 마찬가지로 속도 변동률이 적은 정속도 전동기이다.
      계자의 저항을 조정하므로 속도 변화를 광범위하게 제어할 수 있다.
    - 펌프, 공작기계에 적합하지만 거의 동일한 특성을 가진 3상 유도전동기가 있으므로 거의 사용되지 않고 있다.
  ㉡ 직권 전동기
    - 직권 전동기는 부하가 증가하면 속도가 급격히 감소하는 가변속도 전동기이다.
    - 전차나 크레인과 같이 부하의 변동이 심하고 기동 토크가 크게 요구되는 용도에 적합하다.
  ㉢ 복권 전동기
    - 이 전동기의 특성은 분권 계자권선과 직권 계자권선의 권선수 비율에 따라서 분권 전동기와 직권 전동기의 중간 특성을 임의로 얻을 수 있다.
    - 차동 복권 전동기는 시동 때 토크가 적어 사용된 실례가 적다.
    - 가동 복권 전동기는 엘리베이터, 왕복 펌프, 전단기 등 부하토크가 큰 경우에 사용된다.

(5) 직류전동기의 속도제어법
  ① 직류전동기 속도제어
    ㉠ 계자제어법
    ㉡ 저항제어법
    ㉢ 전압제어법
  ② 속도제어법
    ㉠ 계자제어법(field control)
      • 계자저항을 조정하여 계자전류를 변화시키면 자속이 변화되므로 전동기 속도가 변화된다.
      • 이 방법은 전기자 전류와는 거의 무관하므로 정출력 가변속도(constant power variable speed)제어 방식이다.

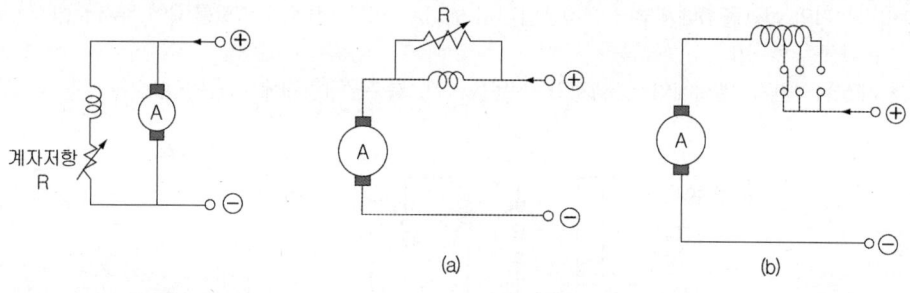

[분권전동기 계자제어]　　　[직권전동기 계자제어]

ⓛ 저항제어법
- 전기자 회로에 직렬 저항을 연결하여 이 저항을 가감 조정하여 전동기의 속도를 제어하는 방법이다.
- 이 방법은 큰 부하전류(I)가 저항(R)에 흐르기 때문에 이것에 의한 전력손실($P = I^2R$)이 크게 되어 전동기의 효율이 나빠지는 결점이 있다.
- 분권전동기나 타여자 전동기에서는 속도 변동률이 커지므로 특성이 나빠지고 속도제어 범위도 적어서 현재는 특수한 경우를 제외하고는 거의 사용되지 않는다.

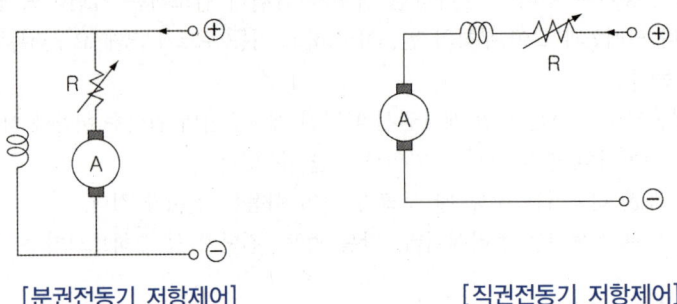

[분권전동기 저항제어]　　　　　[직권전동기 저항제어]

ⓒ 전압제어법
- 전압제어법은 전기자에 인가되는 단자전압(V)을 가감시켜 속도를 제어하는 방법이다.
- 제어범위가 광범위하고, 연속적으로 정밀한 속도 제어를 할 수 있다.
- 속도 응답이 빠른 제어법으로 고도의 제어성이 요구되는 분야에 넓게 이용된다.

■ 워드레오나드 방식(Ward-Leonard system)
- 전압제어법의 하나로서 가장 오래전부터 이용되고 있는 방법이다.
- 타여자 전동기(M)에 타여자발전기(G)를 연결하고, 발전기의 계자저항 R을 가감하여 발전기(G)전압을 가감시켜 전동기(M)의 속도를 변화시킨다.
- 발전기계자(F)의 극성을 반대로하면 전동기(M)의 회전방향도 반대로 된다.
- 발전기의 전압을 0에서부터 정격전압까지 변화시키므로 전동기 속도를 0에서부터 정격속도까지 변화시킬 수 있다.
- 제철용압연기, 엘리베이터, 제지기, 신문윤전기, 특수공작기계에 사용된다.

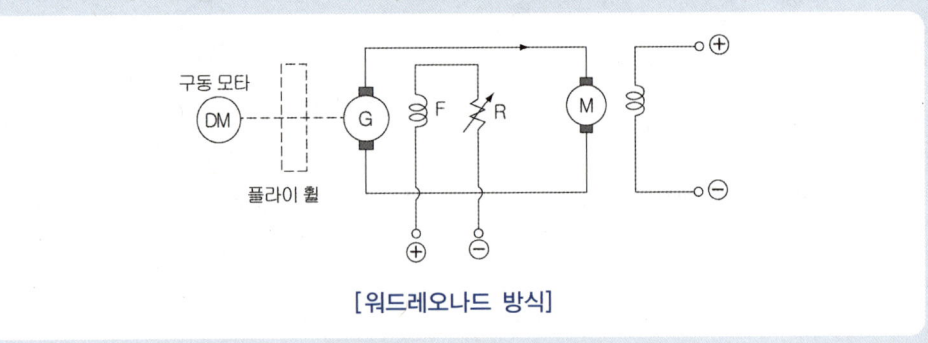

[워드레오나드 방식]

- 일그너방식
  - 일그너방식은 워드레오나드 방식에서 발전기의 전기자 구동용 모타로 직류전동기대신 3상 유도전동기를 사용하고, 발전기 축에 큰 플라이 휠(flywheel)을 부착한 방식이다.
  - 전동기(M)의 부하가 급격히 변화되어도 플라이 휠에 의해 3상 유도전동기에 공급되는 전력의 변동을 완화하여 안정된 운전을 행할 수 있다.
  - 부하변동이 심한 경우, 제철용 압연기, 대용량 제관기에 사용된다.

- 정지레오나드 방식
  - 타여자 발전기(G)대신 사이리스터나 트렌지스터 등의 정지형 반도체 소자를 이용하여 교류를 직류로 변환시킴과 동시에 직류전압을 변화시키는 방식이다. 엘리베이터등에 사용된다.

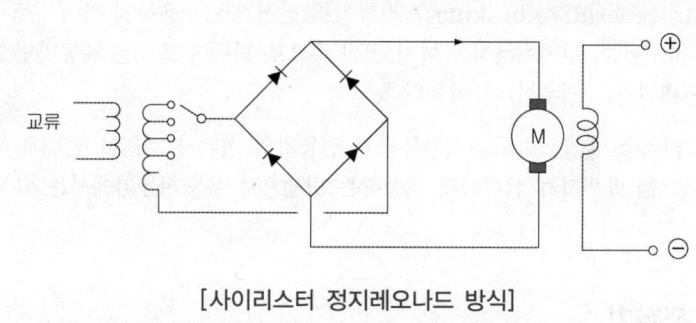

[사이리스터 정지레오나드 방식]

- 직병렬 제어
  - 2대의 동일한 전동기를 이용하는 경우 이 전동기를 직렬 또는 병렬로 연결하여 한 대의 전동기에 인가되는 단자 전압을 1 : 2로 변화시켜서 전동기의 회전속도를 2단 제어한다.
  - 전기 철도용으로 사용된다.

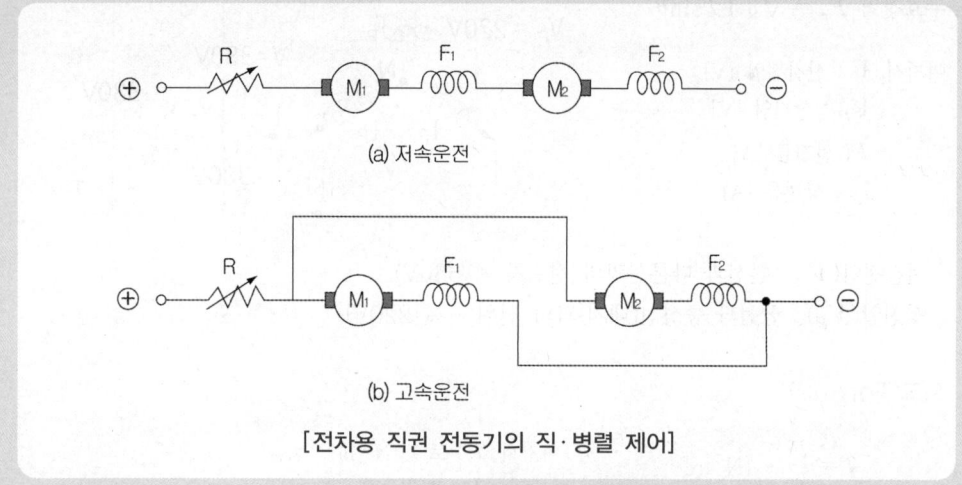

[전차용 직권 전동기의 직·병렬 제어]

(6) 전기 제동(직류전동기, 유도전동기)

- 전동기가 회전하고 있는 동안에 전원을 차단(off)하여도 관성 때문에 바로 정지하지 않고 계속 회전하게 되는데 전동기를 급히 정지시키려면 회전 부분의 운동에너지를 신속히 방출시키는 수단이 필요하다.
- 전기 제동에는 **발전제동**, **회생제동**, **역전제동(역상제동)**이 있다.

① **발전제동**(dynamic braking) : 가동중인 전동기를 발전기로 작용하게 하여 회전체의 운동에너지를 전기에너지(발전)로 변환시켜 발전된 전기에너지를 외부저항에서 열에너지로 방출하여 제동하는 방법

② **회생제동**(regenerative braking) : 전동기를 발전기로 작용하게 하여 운동에너지를 전기에너지(발전)로 바꾸어 이 전기에너지를 다시 전원 측으로 되돌려 보내는 제동방법으로 전기기관차가 내리막길을 내려가는 경우 등에 이용된다.

③ **역전제동**(plugging braking) : 가동중인 전동기의 전기자 전원을 반대로 연결하여 회전방향과 반대의 토크를 발생시켜 신속하게 제동하는 방법으로 유도전동기에서는 역상제동이라고도 한다.

3 유도 전동기

(1) 입력 전력

피상전력 $P_a = \sqrt{3}\, VI$

유효전력 $P = \sqrt{3}\, VI \cos\theta$

무효전력 $P_r = \sqrt{3}\, VI \sin\theta$

여기서 V : 선간전압 [V]
　　　V_P : 상전압 [V]
　　　I : 선전류 [A]
　　　I_P : 상전류 [A]

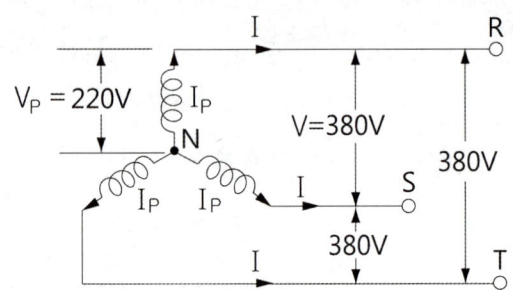

* 선간전압(V) : 한선과 다른선과의 전위차(예 380V)
　상전압(V_P) : 한선과 중성선(대지)과의 전위차(예 220V)

(2) 토크(Torque)

$$T = \frac{P}{\omega} \quad [\text{N} \cdot \text{m}]$$

여기서 T : 토크 [N·m]
　　　P : 출력 [W]
　　　ω : 각속도 [rad/s]

(3) 효율(Efficiency)

$$\eta = \frac{출력}{입력} = \frac{입력-손실}{입력} \times 100 \, [\%]$$
$$= \frac{P}{\sqrt{3}\, VI \cos\theta} \times 100 \, [\%]$$

여기서 P : 3상유도전동기 출력 [W]
V, I : 선간전압, 선전류
$\cos\theta$: 역률

(4) 동기속도 및 실제속도

① 동기속도(Ns)

$$N_S = \frac{120f}{p} \, [\text{rpm}]$$

여기서 p : 극수
f : 주파수 [Hz]
S : 슬립

② 실제속도(N)

$$N = (1-S)N_S = \frac{120f}{p}(1-S) \, [\text{rpm}]$$

(5) 슬립

$$S = \frac{N_S - N}{N_S} \times 100 \, [\%]$$

여기서 N_S : 동기(同期)속도 [rpm]
N : 실제속도 [rpm]

(6) 유도전동기의 종류

① **농형(籠形) 유도전동기** : 회전자에는 권선이 없고 구리 또는 알루미늄 바를 단락ring(단락환)에 용접한 것으로 회전자가 바구니 모양(농형)으로 된 유도전동기

② **권선형 유도전동기** : 회전자에 권선이 있는 것으로 회전자에 고정자가 만드는 자극과 같은 수의 자극이 되도록 회전자를 3상 Y결선을 한 구조

(7) 농형 유도전동기의 기동법

① **직입기동법** : 전전압 기동법이라고도 하며 5kW 이하의 소형에 사용된다.

② **Y-△기동법** : 기동전류를 1/3로 감소시켜 기동하는 방법으로 기동시 과전류가 흐르는 것을 방지하는 기동법이며 7.5kW~20kW 정도에 사용된다.

③ **기동보상법** : 전원과 전동기 사이에 기동보상기를 접속하여 기동하는 방식이며 기동전압으로 50%, 65%, 80%로 감압된 전압을 전동기에 보내어 기동하고 기동후에는 전전압을 보낸다. 20kW를 넘는 전동기에 사용된다.

④ 리액터기동법 : 전동기와 직렬로 리액터를 연결하여 기동후에는 리액터 연결을 차단시키는 방법으로 기동이 진행됨에 따라 전동기 단자 전압이 상승하여 토크가 증가한 다음에 리액터를 단락하기 때문에 전류의 돌입(突入)이 적고 원활한 기동을 할 수 있다.

(8) 권선형 유도전동기 기동법

① 2차 저항법 : 회전자에 권선이 있으므로 외부에서 조절할 수 있는 저항기를 회전자 권선에 연결해 기동시 저항을 조정하여 기동전류를 억제하고 속도가 커짐에 따라 저항을 원위치 시키는 방법으로 기동 정지를 자주 반복하는 경우와 관성모멘트가 큰 부하인 경우의 기동에 적합한 기동법이다.

> 참고 외부저항이 증가하면
> ㉠ 기동 전류 감소
> ㉡ 기동 속도 감소
> ㉢ 기동 토크 증가

(9) 유도전동기의 속도제어법

① 농형 유도전동기 속도제어
  ㉠ **주파수 변환법**
  ㉡ **극수 변환법**
  ㉢ **종속법** : 극수를 직렬 또는 병렬로 연결하여 속도를 제어하는 방법
  예 $p_1 = 2극,\ p_2 = 6극$
  – 직렬연결 : $p = p_1 + p_2$ 이므로 $p = 2 + 6 = 8극$
  – 병렬연결 : $p = \dfrac{p_1 + p_2}{2}$ 이므로 $p = \dfrac{2+6}{2} = 4극$

② 권선형 유도전동기 속도제어
  ㉠ **2차저항 제어법** : 비례추이의 원리를 이용하여 전동기 2차측에 접속한 외부 저항 값을 조정하여 슬립을 변화시킴으로 속도를 제어한다.
  ㉡ **2차 여자법** : 2차 여자법은 슬립주파수의 2차 여자전압을 제어하여 속도를 제어하는 **방법으로** 크레이머 방식과 셀비우스 방식이 있다.
  ㉢ **종속법** : 극수를 직렬 또는 병렬로 연결하여 속도를 제어하는 방법

4 변압기

(1) 변압기 기초이론

① 유도기전력 및 전류

$$E_2 = E_1 \frac{N_2}{N_1}$$

$$I_2 = I_1 \frac{N_1}{N_2}$$

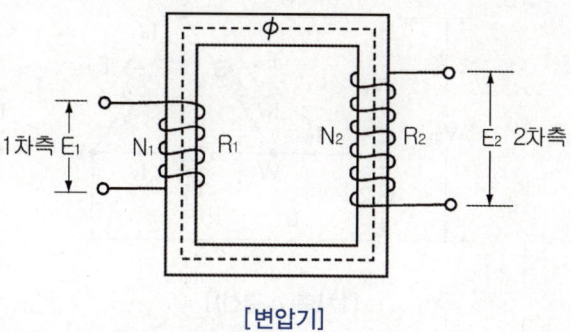

[변압기]

여기서 E_1, E_2 : 유도기전력 [V]
N_1, N_2 : 권수
I_1, I_2 : 전류 [A]
R_1, R_2 : 저항 [Ω]
ϕ : 자속 [Wb]

② 권선비(a)

$$a = \frac{N_1}{N_2} = \frac{E_1}{E_2} = \frac{I_2}{I_1} = \frac{\sqrt{Z_1}}{\sqrt{Z_2}}$$

※ 권선비를 변압비라고도 함, Z : 임피던스[Ω]

③ 변압기 효율

㉠ 규약효율

$$\eta = \frac{출력}{입력} = \frac{출력}{출력 + 손실} \times 100 \ [\%]$$

㉡ 전부하효율

$$\eta = \frac{V_2 I_2 \cos\theta_2}{V_2 I_2 \cos\theta_2 + P_i + P_c} \times 100 \ [\%]$$

여기서 V_2 : 2차 정격전압 [V]
I_2 : 2차 정격전류 [A]
$\cos\theta_2$: 2차 역률
P_i : 철손(鐵損) [W]
P_c : 동손(銅損) [W]

(2) 변압기 결선법

① △-△ 결선법
  ㉠ 그림과 같이 1차 및 2차 모두를 △로 결선한다.

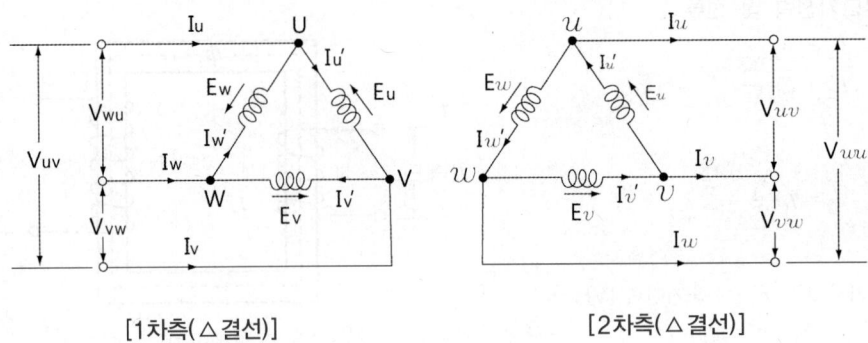

[1차측(△결선)]　　　　　　[2차측(△결선)]

  ㉡ 송전선로에는 고조파 전류가 흐르지 않기 때문에 고조파 전류에 의한 통신장해가 적다.
  ㉢ 중성점을 접지 할 수 없다.
  ㉣ 선간전압(V)과 상전압(V_p)이 같다.($V = V_p$)
  ㉤ 선전류는 상전류의 $\sqrt{3}$ 배이다.($I = \sqrt{3}\,I_p$)
  ㉥ 단상변압기 3대중 1대가 고장날 때에 고장난 것을 제거하고 나머지 2대를 V 결선하여 송전을 계속 할 수 있다.
  ㉦ 동일한 선간전압에 대해 Y결선보다 상전압이 높기 때문에 권수가 많아진다.

② Y-Y 결선
  ㉠ 1차 및 2차 모두를 Y로 결선한다.

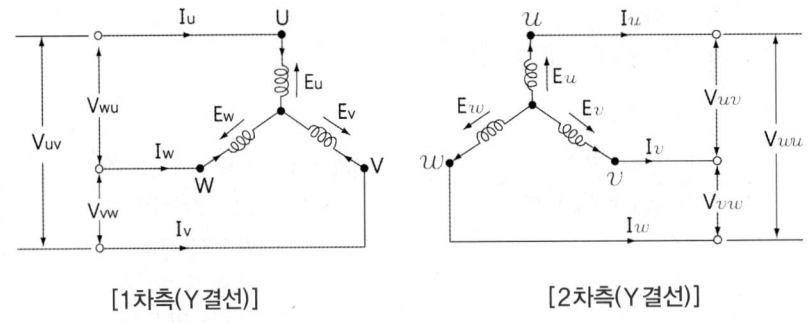

[1차측(Y결선)]　　　　　　[2차측(Y결선)]

  ㉡ 제3 고조파 전압이 발생하여 통신선로에 유도장해를 일으킨다. 따라서 이결선은 현재 거의 사용하지 않는다.
  ㉢ 중성점을 접지 할 수 있다.
  ㉣ 선전류와 상전류가 같다.($I = I_p$)
  ㉤ 선간전압은 상전압의 $\sqrt{3}$ 배이다.(V $= \sqrt{3}\,V_p$)

ⓗ V-V 결선으로 변경이 불가능하다.
ⓐ 전압이 낮고 전류가 많이 흐르는 선로에 적합하다.

③ △-Y, Y-△ 결선
(△-Y 결선)

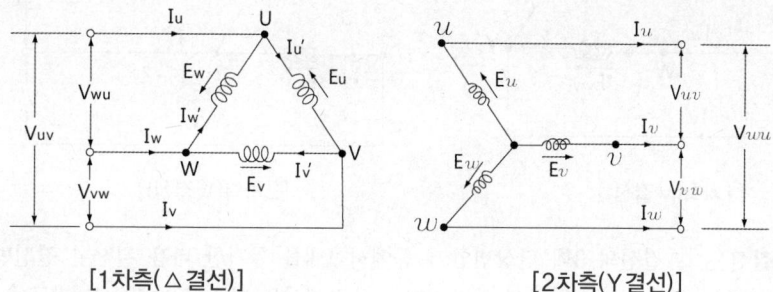

[1차측(△결선)] [2차측(Y결선)]

(Y-△ 결선)

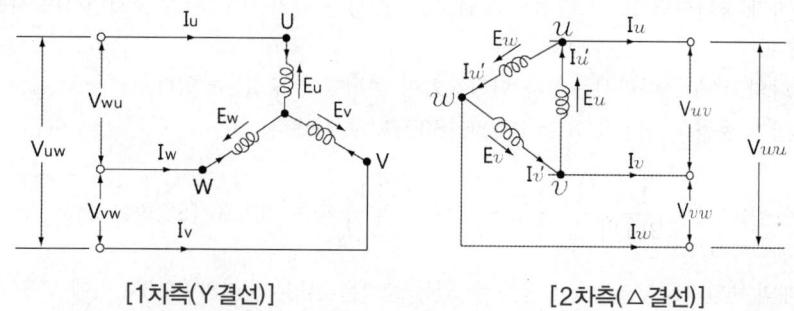

[1차측(Y결선)] [2차측(△결선)]

㉠ △-Y 결선은 발전소용 변압기와 같이 낮은 전압을 높은 전압으로 올리는 경우에 주로 사용된다.
㉡ Y-△ 결선은 수전단 변전소용 변압기와 같이 높은 전압을 낮은 전압으로 내리는 경우에 주로 사용된다.
㉢ Y 결선이 있어서 중성점을 접지 할 수 있다.
㉣ 1, 2차 결선중 한쪽은 △결선이므로 제3고조파에 의한 통신장해가 적다.
㉤ 1차 선간전압과 2차 선간전압 사이에 $\frac{\pi}{6}$ 의 위상차가 생긴다.

④ V-V 결선

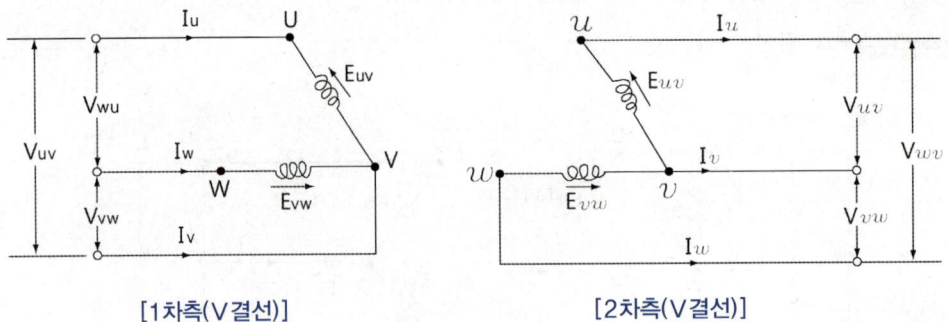

[1차측(V결선)]　　　　　　　　[2차측(V결선)]

㉠ V 결선은 △ 결선의 3대 단상변압기 중에서 1대를 철거한 다음 결선한 결선방법이다.
㉡ 주상변압기에서는 설치방법이 간단하며 소용량에서는 가격이 저렴하기 때문에 3상 부하에 널리 사용된다.
㉢ 부하가 증가하면 △-△결선으로 할 것을 예상하여 처음에 2대로 V결선하여 사용하는 경우도 있다.
㉣ 부하의 상태에 따라서는 2차 단자전압이 불평형이 생길 수 있다.
㉤ 변압기 용량의 이용율 $\alpha = 0.886\,[86.6\%]$로 나쁘다.

- 이용률 $\alpha = \dfrac{V\,결선의\,출력}{2대의\,정격\,용량} = \dfrac{\sqrt{3}\,V_p I_p}{2\,V_p I_p} = 0.866\,[86.6\%]$

2대의 변압기를 V결선해서 얻을 수 있는 출력은 2대분 출력의 86.6% 밖에 얻을 수 없다.

- 출력비 $\beta = \dfrac{V\,결선의\,출력}{\triangle\,결선의\,출력} = \dfrac{\sqrt{3}\,V_p I_p}{3\,V_p I_p} = 0.577\,[57.7\%]$

단상변압기 3대를 이용하여 V로 결선(2대의 변압기를 V결선)할 때의 출력은 △결선출력의 57.7% 밖에 얻을 수 없다.

⑤ 상수변환
㉠ 전력은 일반적으로 3상 교류전력이 공급되지만 부하의 종류에 따라서 2상 전원이 필요한 경우에는 상수를 변환해야 한다.
㉡ 단상교류 전기철도에서 부하의 불평형을 감소시키기 위해 2상으로 변환하여 공급한다.
㉢ 단상 변압기 2대를 사용하여 3상을 2상으로 변환시키는 방법
  • 스코트 결선(Scott Connection) : T결선이라고도 하며 대표적인 결선방법이다.
  • 메이어 결선(Meyer Connection)
  • 우드브리지 결선(Woodbrige Connection)

제1편 전기제어공학

제5장 시퀀스 제어

자동제어는 그 제어동작에 따라 피드백 제어(feedback control)와 시퀀스 제어(sequence control)로 크게 구분 된다.

1 시퀀스 제어(sequence control)의 개요

① 미리 정해놓은 순서에 따라서 또는 일정한 논리에 의해서 제어의 각 단계가 순차적으로 진행되며 제어동작이 출력과 관계없이 오차가 생길 수 있고 이 오차를 교정할 수 없는 단점이 있다.
② 자판기, 세탁기, 엘리베이터, 교통신호기, 자동조립기계 등 일상생활과 밀접한 전자기기들에 많이 사용된다.

2 시퀀스 제어의 종류

(1) 제어장치에 따른 분류

① 유접점제어
   릴레이 또는 마그네트 등의 접점을 이용한 제어

② 무접점제어
   트렌지스터, 다이오드 등의 반도체를 이용한 제어

③ PLC(Programable Logic Controller)
   논리연산, 수치연산, 데이터처리기능, 프로그램 제어기능을 조합한 제어

(2) 명령처리에 따른 분류

① 시간제어
   ㉠ 시간의 경과에 따라 공정의 각 단계를 순차적으로 제어하며 검출기를 사용하지 않는 제어방식
   ㉡ 세탁기, 교통신호기 등에 이용된다.

② 순서제어
   ㉠ 검출기를 사용하여 공정의 제어여부를 확인한 후 제어의 다음단계를 순차적으로 제어하는 방식
   ㉡ 공작기계, 자동조립기계 등에 이용된다.

③ 조건제어
   ㉠ 입력조건에 상응하는 여러조건 또는 위험방지를 고려하여 제어를 실행하는 제어방식
   ㉡ 엘리베이터, 불량품처리제어 등에 이용된다.

3 시퀀스 제어의 논리회로

(1) AND 회로(직렬회로)

① 2개의 입력신호가 모두 ON 될 때에만 출력신호가 나타나는 회로

② 논리기호

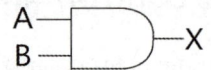

③ 논리식

   $X = A \cdot B$

④ 논리표

입력		출력
A	B	X
0	0	0
1	0	0
0	1	0
1	1	1

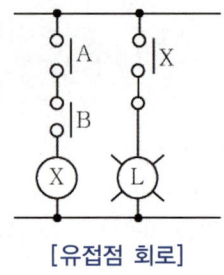

[유접점 회로]

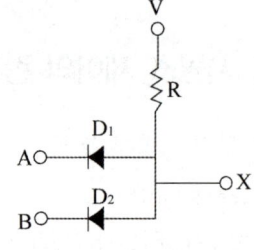

[무접점 회로]

A·B 모두에 전압이 걸려서 D_1, D_2 모두에 전류가 통하지 못하게 하여야 X에 전류를 보낼 수 있다.
A·B 중 어느 하나에 전압이 걸리지 않으면 전압이 걸리지 않은 쪽으로 전류가 흐르기 때문에 X쪽으로 전류가 흐르지 않는다.

(2) OR 회로(병렬회로)

① 2개의 입력신호 중 1개만 ON 되어도 출력신호가 나타나는 회로

② 논리기호

③ 논리식

X = A + B

④ 논리표

입력		출력
A	B	X
0	0	0
1	0	1
0	1	1
1	1	1

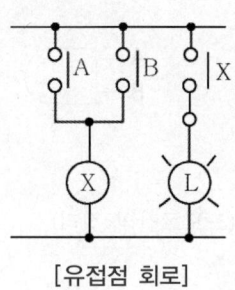

[유접점 회로]

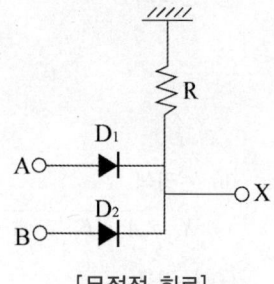

[무접점 회로]

A 또는 B에 전압이 걸려서 전류가 흐르면 X에 전류가 흐르게 된다.

(3) NOT 회로(부정회로)

① 출력신호가 입력신호와 반대로 작동되는 회로

② 논리기호

A ─▷○─ X

③ 논리식

X = $\overline{A}$

④ 논리표

입력	출력
A	X
0	1
1	0

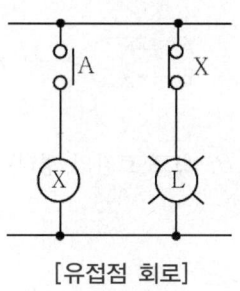

[유접점 회로]

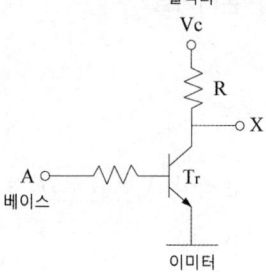

[무접점 회로]

Tr(트렌지스터) 베이스A에 전압이 걸리면 전류가 이미터 쪽으로 흘러 X에는 전류가 흐르지 않고 A에 전압이 걸리지 않아 전류가 흐르지 않으면 Vc 전압에 의한 전류가 X로 흐른다.

(4) NAND 회로(AND회로의 부정회로, AND의 NOT회로)

① 2개의 입력신호가 모두 ON될 경우에만 출력신호가 나타나지 않는 회로

② 논리기호

$$\begin{array}{c} A \\ B \end{array} \! \longrightarrow X$$

③ 논리식

$X = \overline{A \cdot B} = \overline{A} + \overline{B}$ (드모르간의 정리)

④ 논리표

입력		출력
A	B	X
0	0	1
1	0	1
0	1	1
1	1	0

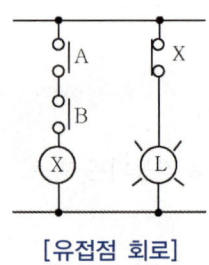

[유접점 회로]

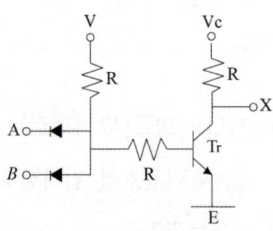

[무접점 회로]

A·B 둘 중 어느 한쪽 만이라도 전압이 걸리지 않으면 V전압에 의한 전류가 A·B쪽으로 흘러 Tr 쪽으로 흐르지 않아 Vc에 의한 전류는 X쪽으로 흐른다.

(5) NOR 회로(OR회로의 부정회로, OR의 NOT회로)

① 2개의 입력신호중 1개만 ON되어도 출력신호가 나타나지 않는 회로

② 논리기호

$$\begin{array}{c} A \\ B \end{array} \! \longrightarrow X$$

③ 논리식 $X = \overline{A + B} = \overline{A} \cdot \overline{B}$ (드모르간의 정리)

④ 논리표

입력		출력
A	B	X
0	0	1
1	0	0
0	1	0
1	1	0

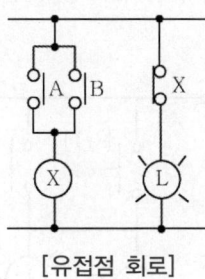

[유접점 회로]

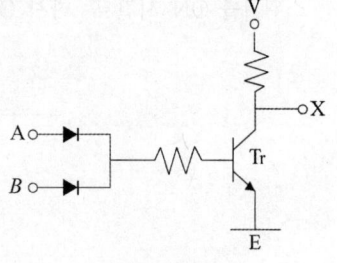

[무접점 회로]

A·B중 어느 하나에 전압이 걸려 Tr 쪽으로 전류가 흐르면 상부전압 V에 의한 전류는 E쪽으로 흘러 X쪽에는 전류가 흐르지 않는다.

(6) 배타적 OR 회로(Exclusive OR 회로)

① 입력신호가 서로 다를 경우에만 출력신호가 나타나는 회로

② 논리기호

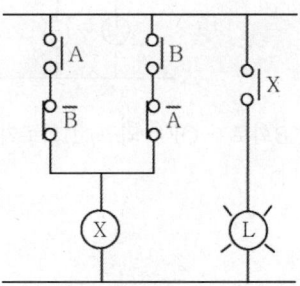

③ 논리식 $X = A \cdot \overline{B} + \overline{A} \cdot B = A \oplus B$

④ 논리표

입력		출력
A	B	X
0	0	0
1	0	1
0	1	1
1	1	0

[유접점 회로]

(7) 자기유지 회로
스위치를 ON 시킨 후 다시 OFF 시켜도 계속 작동되는 회로

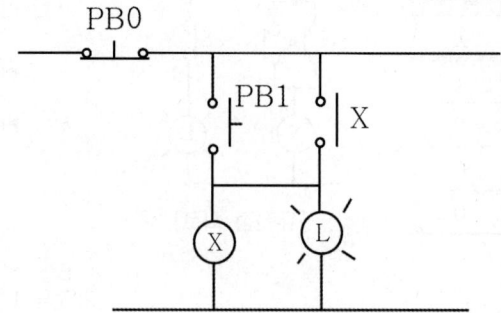

(8) 플리커 회로(flicker 회로)
입력신호를 단속신호로 변환하는 회로

(9) 인터록 회로
2대 이상의 기기가 서로 연관되어 동작하게 하는 회로

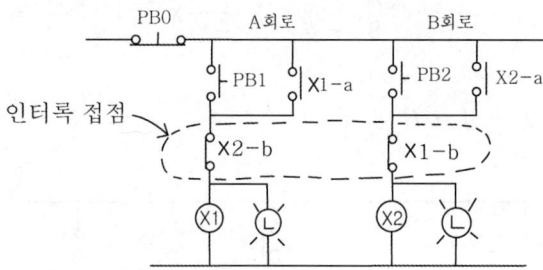

- A회로가 ON 되면 B회로가 OFF 되고, B회로가 ON 되면 A회로가 OFF 된다. 안전작업을 위한 회로 등에 이용된다.

(10) 불대수와 드모르간의 정리

영국의 조지불(George Boole)은 논리학을 수학적으로 해석하고자 논리대수의 이론을 고안하였다. 불대수는 디지털 회로의 설계나 해석에 널리 이용되고 있다.

[불대수 및 드모르간의 정리]

구 분	명칭	공식
불대수	공리	$1+A=1 \quad 0 \cdot A=0$
	항등 법칙	$0+A=A \quad 1 \cdot A=A$
	동일 법칙	$A+A=A \quad A \cdot A=A$
	보완 법칙	$A+\overline{A}=1 \quad A \cdot \overline{A}=0$
	복원 법칙	$\overline{\overline{A}}=A$
	교환 법칙	$A+B=B+A \quad A \cdot B=B \cdot A$
	결합 법칙	$A+(B+C)=(A+B)+C \quad A \cdot (B \cdot C)=(A \cdot B) \cdot C$
	분배 법칙	$A \cdot (B+C)=A \cdot B+A \cdot C \quad A+(B \cdot C)=(A+B) \cdot (A+C)$
	흡수 법칙	$A+A \cdot B=A+(A \cdot B)=A \quad A \cdot (A+B)=A$
드모르간의 정리		$\overline{A \cdot B} = \overline{A}+\overline{B}$
		$\overline{A+B} = \overline{A} \cdot \overline{B}$

※ 참고 : ○ 표시는 부정을 나타낸다.

제6장 피드백 제어(Feed Back Control)

1 피드백 제어(Feed Back Control)의 개요

피드백 제어는 정확한 제어를 위해 출력이 목표 값과 항상 일치하는가를 비교하여 일치하지 않을 때는 그 오차에 비례하는 동작신호가 제어계에 보내져서 편차를 수정하도록 하는 귀환경로를 가지는 제어

2 피드백 제어의 구성

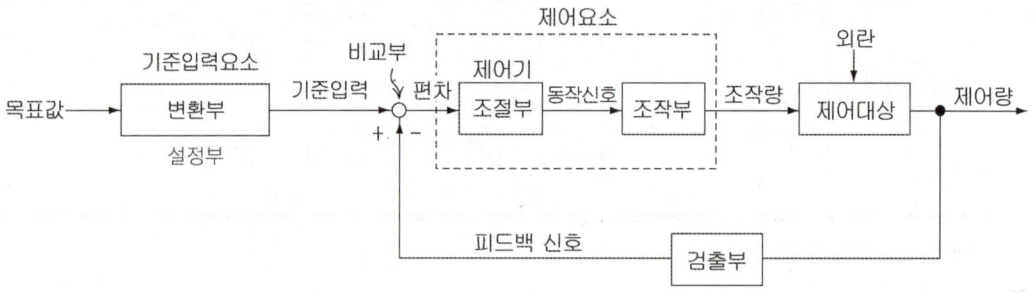

(1) **목표값(desired value)**
   제어되는 상태량으로서 제어량의 목표치를 설정한 값(예) 30℃, 900rpm, 200V, 100km/h)

(2) **변환부(transform element)**
   목표값을 검출부에서 피드백되는 신호와 같은 단위로 환산하는 기능을 하며 "**설정부**" 또는 "**기준입력요소**"라고도 한다. 즉, 목표값을 기준입력 신호로 바꾸는 역할을 한다.

(3) **기준입력(reference input)**
   목표값을 제어량과 비교하기 위해 변환부(설정부, 기준입력요소)에서 변환된 상태량

(4) **조절부(controller, 제어기)**
   사람의 두뇌에 해당하는 부분으로서 목표값과 제어량을 비교하여 그 오차를 입력으로 하여 조작량을 계산하여 조작부에 동작신호를 보낸다. "제어기"라고도 한다.

(5) 조작부
사람의 손과 발에 해당하는 부분으로서 조절부(제어기)에서 나온 동작신호를 받아 증폭하거나 펄스(pulse)등의 조작량으로 변환시켜 제어대상에 보낸다.

(6) 조작량
제어량을 지배하기 위해 조작부에서 제어대상에 가해지는 물리량이다.
(예) 연료공급(량), 전압(값), 저항(값), 급수(량)

(7) 제어대상(controlled system)
실제적으로 작업을 수행하는 부분으로서 기계, 시스템 등이다.
(예) 보일러, 냉동기, 전동기, 발전기

(8) 제어량(controlled variable)
제어해야하는 물리량이며 제어대상의 출력 값이다.
(예) 온도(값), 전압(값), 속도(값), 수위(값), 주파수(값)

(9) 검출부(피드백 요소)
사람의 감각기관에 해당하며 제어량을 검출하여 목표값과 비교되도록 피드백 신호를 만든다.

3 피드백 제어의 분류

(1) 목표값에 의한 분류
① **정치제어** : 목표값이 시간이 변하여도 변하지 않고 일정한 제어, 자동조정, 프로세스제어가 여기에 속한다.
② **추치제어** : 목표값이 시간에 따라서 변하는 제어
　㉠ **추종제어** : 목표값이 임의로 변화되는 경우의 제어
　　(예) 대공포의 포신제어, 미사일 추적장치, 추적레이더
　㉡ **프로그램제어** : 제어 목표값을 미리 정해진 프로그램에 의해 변화시키는 제어
　　(예) 열처리 노의 온도제어, 무인열차 운전, 엘리베이터, 자판기, 공작기계제어
　㉢ **비율제어** : 목표값이 다른 량과 일정한 비율관계로 변화되는 제어
　　(예) 보일러 자동 연소장치

(2) 제어량의 성질에 따른 분류
① **자동조정(Automatic regulation)** : 속도, 전압, 전류, 회전수, 주파수, 토크(힘)등과 같은 전기적, 기계적인 값을 일정한 목표치로 계속적으로 유지시키려는 목적의 제어로서 응답속도가 대단히 빨라야 하는 것이 특징이다.
　(예) 원동기의 속도조정, 발전기의 전압조정 등

② **프로세스제어(Process control)** : 화학공업, 반도체 산업분야 등과 같이 주로 프로세스 산업분야에서 행해지는 제어로서 화학반응을 진행함에 있어서 환경조건을 최적화하는 목적으로 행해지는 제어이며 환경조건으로서는 온도, 습도, 압력, 유량, 액면, 비중, 농도 등과 같은 변화량을 제어한다. 주로 외란의 억제를 주 목적으로 한다.

③ **서보기구(Servo mechanism)** : 서보기구는 물체의 **변위**(위치), **방향**, **자세**(각도) 등을 제어량으로 하여 목표치가 임의적으로 변화하는 것에 추종하도록 하는 제어계(장치)이다.
적용분야로는 공작기계의 궤적제어, 측정기의 위치제어, 미사일 추적장치, 추적용 레이더, 선박의 방향제어 등이다.

(3) 제어동작에 따른 분류

① **불연속 동작**
- 2위치 제어(ON, OFF 제어)
- 다위치 제어(3위치 이상 제어)
- 샘플값 제어(단속적으로 샘플링한 값을 입력값으로 하는 제어)

② **연속 동작**
- 비례 제어(P 제어)
- 비례적분 제어(PI 제어)
- 미분 제어(D 제어)
- 비례미분 제어(PD 제어)
- 적분 제어(I 제어)
- 비례적분미분 제어(PID 제어)
  ㉠ 2위치 제어(ON, OFF 제어) : 조작량은 0%와 100% 사이를 왕래하므로 변화가 너무 크다, 목표값에 대하여 제어량이 상·하를 반복(사이클링현상)하는 제어가 된다.

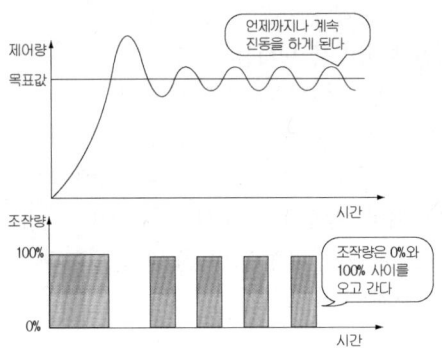

[ON·OFF 제어의 특성]

㉡ 비례(P) 제어(Proportional control) : 조작량이 비교부의 출력(편차)에 어느 비율로 비례하는 제어로서 잔류편차(정상오차)가 발생한다.

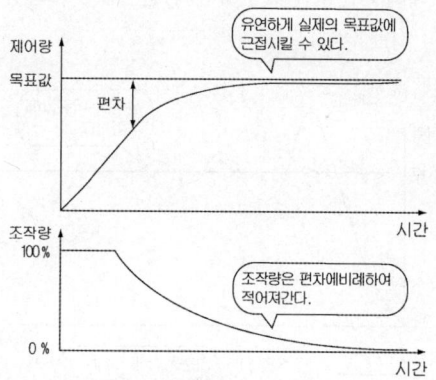

조작량을 목표값과 현재값의 차이에 비례한 크기로 하여 서서히 조절하여 목표값에 접근하면 목표값에 근접하게 된다. 그러나 조작량이 너무 작아지면서 더 이상 미세하게 제어할 수 없는 상태가 된다. 목표값에 아주 가까운 상태에서 안정한 상태가 되고 아무리 시간이 지나도 목표값과 완전히 일치하지 않는 상태가 되고 만다. 이 미소한 오차를 "잔류편차"라 한다.

㉢ 미분(D) 제어(Derivative control) : 제어편차가 검출될 때 편차가 변하는 속도에 비례하여 조작량을 가감하는 제어로 오차가 커지는 것을 미연에 방지하는 제어

㉣ 적분(I) 제어(Integral control) : 제어량에 편차가 발생하였을 때 편차량의 시간적분에 비례한 량으로 조작량을 변화시키는 제어

㉤ 비례적분(PI) 제어 : 잔류편차를 제거하여 정상특성을 개선하기 위한 복합제어
비례동작에 적분동작을 추가한 제어로서 비례제어에서 발생한 잔류편차를 없애기 위해서 미소한 잔류편차를 시간적으로 누적하여, 어떤 크기의 량이 된 곳(시점)에서 조작량을 증가시켜 잔류편차를 제거하는 동작의 제어이다.
적분시간을 짧게 하면 수정동작이 강하게 되어 잔류편차를 짧은 시간 내에 없앨 수 있지만 사이클링 (헌팅)이 발생하는 원인이 된다. 반대로 적분시간을 길게 하면 수정동작이 약해지므로 잔류편차를 없애는데 긴 시간이 걸린다.

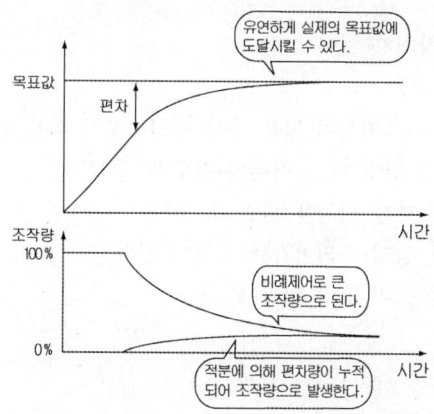

ⓑ 비례미분(PD) 제어 : 응답 속응성(응답속도)을 개선하여 제어계의 안정도를 높이기 위한 복합 제어
ⓢ 비례적분미분(PID) 제어 : 잔류편차(정상편차)를 제거하고 응답 속응성도 개선한 가장 안정된 제어방식

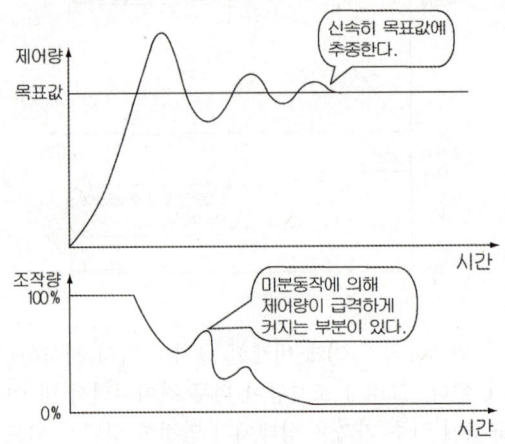

비례적분(PI)제어는 목표값에 도달할 수는 있으나 일정한 시간이 필요하게 된다. 시간이 길면 외란이 있을 때 응답성능이 나빠진다. 따라서 외란에 대하여 신속하게 반응하여 원래의 목표값에 빨리 도달하게 하는 미분동작을 추가 한 것이 PID제어이다.
외란에 의해 발생한 편차가 전회 편차와의 차가 큰 경우에는 조작량을 크게하여 신속하게 반응 하도록 한다.
이때 전회와의 편차에 대한 변화차를 보는 것이 "미분"에 해당한다.
PID제어는 처음에는 상당이 over drive 하게 동작하지만 신속히 목표값에 도달하도록 동작하는 제어이다.

4 피드백 제어의 특징

① 입력과 출력을 비교하는 장치가 있어야 한다.
② 정확성이 증가한다.
③ 감대폭(대역폭)이 증가한다.(대역폭이 넓을 수록 응답속도가 빠르다)
④ 제어계의 특성 변화에 대한 입력 대 출력비의 감도가 감소한다.
⑤ 제어계 외부조건의 변화에 대한 영향을 줄일 수 있다.
⑥ 발진을 일으키고 불안정한 상태로 되어가는 경향이 있다.
⑦ 시스템이 복잡하고 크기가 크며 값이 비싸다.

5 전달함수(Transfer function)

① 전달함수는 모든 초기값을 0으로 했을 때 출력신호의 라플라스 변환과 입력신호의 라플라스 변환의 비로 표시된다.
② 모든 초기값을 0으로 놓는 이유는 자동제어의 모든 변수는 정상상태로 부터의 편차량을 의미하기 때문이다.

```
입력 r(t) ──→ [전달함수 G(s)] ──→ 출력 c(t)
R(s)                              C(s)
```

③ 전달함수 $G(s) = \dfrac{C(s)}{R(s)}$ 여기서 $R(s) = r(t)$의 라플라스 변환
$C(s) = c(t)$의 라플라스 변환

(1) 블록선도의 전달함수

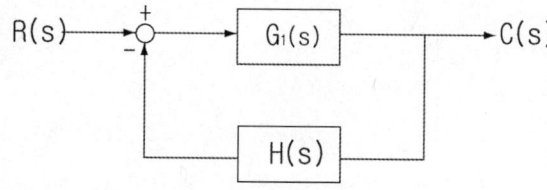

① 출력 $C(s) = R(s)\,G_1(s) - C(s)\,G_1(s)\,H(s)$

② 전달함수 $G(s) = \dfrac{C(s)}{R(s)} = \dfrac{G_1(s)}{1 + G_1(s)H(s)} = \dfrac{\text{전향경로의 합}}{1 - \text{피드백의 합}}$

(2) 신호 흐름선도의 전달함수

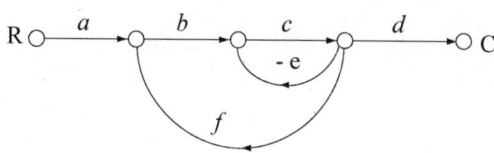

① 출력 $C = Rabcd - Cce + Cbcf$

② 전달함수 $G(s) = \dfrac{C}{R} = \dfrac{abcd}{1 + ce - bcf}$

(3) 특성방정식, 특성근
① 전달함수의 분모를 0으로 놓은 방정식을 특성방정식이라 하며, 특성방정식의 근을 특성근 또는 극점이라 한다.
② $G(s) = \dfrac{s(2s-4)}{(s+1)(s-3)}$ 라는 전달함수가 있다면

특성방정식 : $(s+1)(s-3) = 0$
특성근 또는 극점 : $(s+1)(s-3) = 0$의 근 $s = -1, 3$ 이다.

(4) 영점(Zero점)
① 전달함수의 분자를 0으로 놓고 구한 근을 영점(Zero점)이라 한다.
② $G(s) = \dfrac{s(2s-4)}{(s+1)(s-3)}$ 라는 전달함수가 있다면

영점 : $s(2s-4) = 0$의 근 $s = 0, 2$ 이다.

● 제1편 전기제어공학

제7장 자동제어기기

1 자동제어계의 기계적 요소

(1) 스프링
외력을 가하면 비례하여 변위가 생기고 그 반대로 변위를 주면 힘이 생기는 비례요소이다.

(2) 다이아프램
기체나 액체의 압력을 가하면 얇은 막이 그 압력에 따라 변위한다. 이와같이 압력변화를 위치변화로 변환하는 막상부분을 총칭하여 다이아프램이라 한다.

(3) 벨로즈
벨로즈(주름관)가 압력의 변화에 따라 신축하여 위치 변화를 일으킨다.

(4) 노즐 플래퍼
변위를 공기압력으로 변환시키는 요소이다. 노즐 간격(변위)이 좁아지면 노즐내의 공급압력이 상승한다.

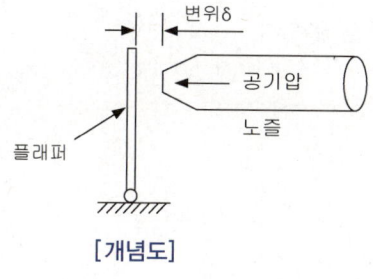
[개념도]

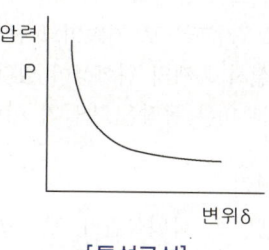
[특성곡선]

(5) 파이프
용량과 저항으로 구성되며 단순한 시간지연 요소이다.

(6) 파일럿밸브
변위를 유량으로 변화하는 기기로서 보통 피스톤과 연결사용된다.

(7) 분사관
분사관(jet pipe)은 변위를 압력차로 변환하는 요소이다.

2 자동제어계의 전기적 요소

(1) 회전증폭기
비교적 큰 직류전력을 증폭하기 위해 사용되는 직류발전기의 일종이다.

(2) 자기증폭기
철심을 가진 변압기 모양의 코일에 교류와 직류를 중첩하여 흘리면 교류임피던스는 중첩된 직류의 크기에 따라 변한다. 이 현상을 이용하여 전력을 증폭하는 장치를 자기증폭기라 한다.

(3) 사이리스터(SCR)
실리콘 제어정류소자(SCR)라 하며 어느 사이클동안 회로의 전원을 연결(ON)하고 또 적당한 사이클동안 회로의 전원을 OFF시키는 스위칭 소자이다.

(4) 차동변압기
전자기유도를 이용하여 직선변위를 전압으로 변환하는 검출기로서 위치 검출기로 사용된다.

3 조작기

(1) 유압식 조작기
- 조작실린더, 안내밸브

① 조작력이 크고 응답속도가 빠르다.
② 고압으로 작동되므로 저속이고 큰 출력을 얻을 수 있다.
③ 오일 누설시 화재의 위험성이 있다.
④ 비례 적분 미분 동작을 만들기 어렵다.

(2) 공기식 조작기
- 다이아프램밸브, 파워실린더, 밸브포지셔너

① 출력이 작으며 장거리에는 신호 전달이 늦다.
② 위험이 없으며 보수가 용이하다.
③ 비례 적분 미분(PID) 동작을 만들기 쉽다.

(3) 전기식 조작기
- 전자밸브, 전동밸브, 서보전동기

① 복잡한 신호를 취급하는데 용이하다.
② 적응성이 매우 넓고 특성의 변경이 쉽다.
③ 장거리 전송이 가능하고 신호 전달이 빠르다.
④ 보수하는데 기술이 필요하다.

(4) AC 서보전동기

① 그다지 큰 토크가 요구되지 않는 제어계에 사용된다.
② 기준 권선과 제어 권선의 두 권선이 있다.
③ 90° 위상차가 있는 2상 전압을 인가하여 회전자계를 만들어 회전시키는 유도 전동기 이다.
④ 기동, 정지, 역전동작을 자주 반복한다.
⑤ 속응성이 아주 높다(즉, 시정수가 작다.)
⑥ 정지하고 있는 동안에도 전류가 흘러 발열이 크므로 강제 냉각을 해야한다.
⑦ 회전속도는 극수와 주파수에 의해 결정된다.

(5) DC 서보전동기

① 기동토크가 AC 서보전동기 보다 매우 크다.
② 제어용의 전기적 동력으로 DC 서보전동기가 주로 사용된다.
③ 분권식, 직권식, 복권식이 있다.
④ 분권식의 속도제어는 분권 계자권선에 흐르는 전류를 가감하여 제어한다.
⑤ 직권식의 속도제어는 전기자에 흐르는 전류를 가감하여 제어한다.
⑥ 회전속도를 임의로 선정할 수 있다.

4 검출기의 종류

(1) 자동조정용 검출기

① 전압 검출기 : 전자관, 트랜지스터 증폭기, 자기 증폭기
② 속도 검출기 : 회전계발전기, 스피더

(2) 서보기구용 검출기

• 전위차계, 차동변압기, 싱크로, 마이크로신

(3) 공정제어용 검출기

① 압력검출 : 벨로즈, 다이아프램, 부르돈관, 전기저항 압력계
② 온도검출 : 저항온도계(측온저항체), 열전온도계(열전대), 압력식온도계(부르돈관), 바이메탈온도계, 방사온도계, 광온도계
③ 유량검출 : 차압식유량계(오리피스, 피토관, 벤츄리관, 노즐), 면적식유량계, 부피식유량계, 전자유량계
④ 액면검출 : 플로트식액면계, 차압식액면계
⑤ 습도검출 : 전기식 건·습구 습도계, 광전관식 노점습도계

(4) 저항온도계(측온저항체)

① 도체나 반도체에서 온도가 변하면 저항도 변하는 성질을 이용하여 온도를 측정한다.(온도 → 임피던스(저항))
② 일반적인 금속은 온도가 올라가면 저항도 커진다.
③ 금속 저항체로는 백금저항체, 니켈저항체, 구리저항체 등이 있다.
④ 반도체 저항체로는 서미스터(Thermistor)가 있다.
⑤ 넓은 온도 범위에서 안정된 검출이 가능하다.
⑥ 열전대보다 측정온도의 정밀도가 높다.

(5) 열전대(열전쌍)

① 서로 다른 금속을 접합하여 양 접점에 온도차를 주면 열기전력이 발생하며 이 기전력의 크기로 온도를 측정하게 된다.(온도 → 전압)
② 온도 변화에 매우 빨리 대응한다.
③ 측정온도의 0.2% 이상의 정밀도를 얻기 힘들다.

5 검출기의 변환 요소

① 압력 → 변위 : 벨로즈, 스프링, 다이아프램
② 변위 → 압력 : 노즐플래퍼, 스프링, 유압분사관
③ 변위 → 전압 : 차동변압기, 전위차계, 포텐쇼미터
④ 변위 → 임피던스 : 가변저항스프링, 가변저항기, 용량형변환기
⑤ 전압 → 변위 : 전자석, 전자코일
⑥ 온도 → 전압 : 열전대(열전쌍)
⑦ 온도 → 임피던스 : 측온저항체(열선, 서미스터)

제1편 출제예상문제

01 전압을 V, 전류를 I, 저항을 R, 그리고 도체의 비저항을 ρ 라 할 때 옴의 법칙을 나타낸 식은?

① $V = \dfrac{R}{I}$
② $V = \dfrac{I}{R}$
③ $V = IR$
④ $V = IR\rho$

해설 옴의 법칙 : 전류는 전압에 비례하고 저항에 반비례한다.
전류 $I = \dfrac{V}{R}$
전압 $V = IR$
저항 $R = \dfrac{V}{I}$

02 일정전압의 직류전원에 저항을 접속하고, 전류를 흘릴 때 이 전류값을 20% 감소시키기 위한 저항값은 처음 저항의 몇 배가 되는가? (단, 저항을 제외한 기타조건은 동일하다.)

① 0.65 ② 0.85
③ 0.91 ④ 1.25

해설 $R = \dfrac{V}{I}$ 이므로 $R_1 = \dfrac{V_1}{I_1}$
$R_2 = \dfrac{V_1}{0.8 I_1} = 1.25 R_1$

03 200V의 전원에 접속하여 1kW의 전력을 소비하는 부하를 100V의 전원에 접속하면 소비전력은 몇 [W]가 되겠는가?

① 100
② 150
③ 200
④ 250

해설 장치가 같다는 것은 저항이 같다는 것임
$P = IV = \dfrac{V^2}{R}$ 에서 저항을 먼저 구하면
$R = \dfrac{V^2}{P} = \dfrac{200^2}{1000} = 40\Omega$
$P_2 = \dfrac{100^2}{40} = \dfrac{10000}{40} = 250 W$

04 200V, 300W의 전열선의 길이를 1/3로 하여 200V의 전압을 인가하였다. 이때의 소비전력은 몇 W인가?

① 100 ② 300
③ 600 ④ 900

해설 전압 $V_1 = V_2 = V$
$P_1 = VI_1 = \dfrac{V^2}{R_1}$
$P_2 = VI_2 = \dfrac{V^2}{R_2} = \dfrac{V^2}{\frac{1}{3}R_1} = \dfrac{3V^2}{R_1}$
$= 3P_1 = 900$

정답 01 ③ 02 ④ 03 ④ 04 ④

05 100V용 전구 30W와 60W 두 개를 직렬로 연결하고 직류 100V 전원에 접속하였을 때 두 전구의 상태로 옳은 것은?

① 30W가 더 밝다.
② 60W가 더 밝다.
③ 두 전구가 모두 켜지지 않는다.
④ 두 전구의 밝기가 모두 같다.

해설
$P = VI = \dfrac{V^2}{R} \rightarrow R = \dfrac{V^2}{P}$

$R_1 = \dfrac{100^2}{30} = 333.3\,\Omega \quad R_2 = \dfrac{100^2}{60} = 166.7\,\Omega$

$R = R_1 + R_2 = 500\,\Omega \quad I = \dfrac{V}{R} = \dfrac{100}{500} = 0.2\,A$

직렬연결이므로 전류가 같다.
$P_1 = I^2 R_1 = 0.2^2 \times 333.3 = 13.3\,W$
$P_2 = I^2 R_2 = 0.2^2 \times 166.7 = 6.7\,W$
$P_1 > P_2$이므로 30W가 더 밝다.

직렬연결에서는 두 전구에 같은 전류가 흐르므로 저항이 클수록 더 밝다. (30W가 더 밝다)
병렬연결에서는 두 전구에 같은 전압이 걸리므로 저항이 작을수록 더 밝다. (60W가 더 밝다)

06 "도선에서 두 점 사이의 전류의 세기는 그 두 점 사이의 전위차에 비례하고 전기저항에 반비례한다." 이것은 무슨 법칙을 설명한 것인가?

① 렌츠의 법칙
② 옴의 법칙
③ 플레밍의 법칙
④ 전압분배의 법칙

해설
옴의 법칙 $I = \dfrac{V}{R}$

07 다음 설명이 나타내는 법칙은

> 회로 내의 임의의 한 폐회로에서 한 방향으로 전류가 일주하면서 취한 전압상승의 대수합은 각 회로 소자에서 발생한 전압강하의 대수합과 같다.

① 옴의 법칙
② 가우스의 법칙
③ 쿨롱의 법칙
④ 키르히호프의 법칙

해설
키르히호프 제1법칙 : 전류평형의 법칙으로 회로망의 한 점으로 흘러 들어가는 전류의 총 합과 흘러 나가는 전류의 총 합은 같다.
키르히호프 제2법칙 : 전압평형의 법칙으로 임의의 폐회로망에서 기전력의 합은 그 폐회로망 내의 각 소자에 의한 전압강하의 합과 같다.

08 $R_1 = 100\,\Omega$, $R_2 = 1000\,\Omega$, $R_3 = 800\,\Omega$일 때 전류계의 지시가 0이 되었다. 이때 저항 R_4는 몇 Ω인가?

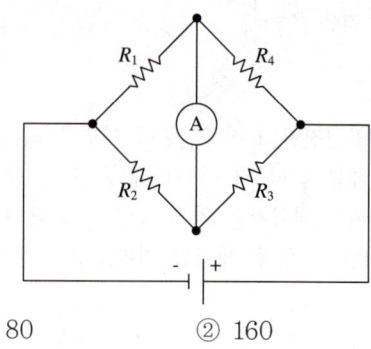

① 80
② 160
③ 240
④ 320

해설
휘트스톤브리지(전류계 Ⓐ의 지시가 0이므로)
$R_1 R_3 = R_2 R_4$에서
$R_4 = \dfrac{R_1 R_3}{R_2} = \dfrac{100 \times 800}{1000} = 80\,\Omega$

09 스위치 S의 개폐에 관계없이 전류 I가 항상 30A 라면 R_3와 R_4는 각각 몇 Ω 인가?

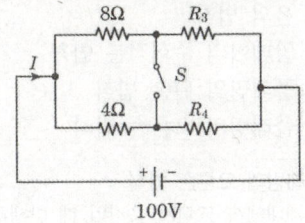

① $R_3 = 1$, $R_4 = 3$
② $R_3 = 2$, $R_4 = 1$
③ $R_3 = 3$, $R_4 = 2$
④ $R_3 = 4$, $R_4 = 4$

해설 스위치 S의 개폐에 관계없이 전류가 항상 일정하면 휘트스톤 브리지이다.

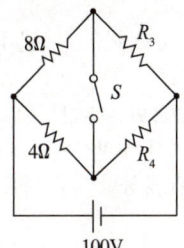

10 절연저항을 측정하는데 사용되는 계기는?
① 메거(Megger)
② 회로시험기
③ R-L-C 미터
④ 검류계

해설 메거(Megger)는 절연저항계 라고도 하며 전기 기기의 절연저항 및 옥내 전선의 절연저항을 측정할 때 사용된다.

11 전기기기 및 전로의 누전 여부를 알아보기 위해 사용되는 계측기는?
① 메거   ② 전압계
③ 전류계   ④ 검전기

해설 메거(절연저항계)로 전기기기 및 전로의 절연저항을 측정하여 그 측정회로에 흐르는 누설전류값을 알 수 있다.

12 미소한 전류나 전압의 유무를 검출하는데 사용되는 계기는?
① 검류계
② 전위차계
③ 회로시험계
④ 오실로스코프

해설 검류계(galvanometer, 檢流計)
매우 작은 전류, 전압, 전기량을 검출 또는 측정하는 계기이다.

13 전류의 측정 범위를 확대하기 위하여 사용되는 것은?
① 배율기
② 분류기
③ 저항기
④ 계기용변압기

해설 분류기 : 전류계의 최대눈금 값을 넘는 전류를 측정하기 위해, 즉 전류의 측정범위를 넓히기 위해 사용된다.
배율기 : 전압계의 측정범위를 벗어난 큰 전압을 측정하기 위해 사용된다.

14 배율기(multiplier)의 설명으로 틀린 것은?
① 전압계와 병렬로 접속한다.
② 전압계의 측정범위가 확대된다.
③ 저항에 생기는 전압강하 원리를 이용한다.
④ 배율기의 저항은 전압계 내부저항 보다 크다.

해설 배율기 : 전압계의 측정 범위를 넓히기 위해 전압계와 직렬로 연결하는 직렬저항이다.

정답 09 ② 10 ① 11 ① 12 ① 13 ② 14 ①

15 단상 교류전력을 측정하는 방법이 아닌 것은?
① 3전압계법   ② 3전류계법
③ 단상전력계법 ④ 2전력계법

해설
① 3전압계법 : 3개의 전압계와 1개의 저항을 써서 단상 교류전력을 측정하는 방법
② 3전류계법 : 3개의 전류계와 1개의 저항을 써서 단상 교류전력을 측정하는 방법
③ 단상전력계법 : 1전력계법으로 1개의 단상전력계로 단상 및 3상 교류전력을 측정하는 방법
④ 2전력계법 : 2개의 단상전력계를 이용하여 3상 교류전력을 측정하는 방법

16 저항체에 전류가 흐르면 줄열이 발생하는데 이때 전류 I와 전력 P의 관계는?
① $I = P$ ② $I = P^{0.5}$
③ $I = P^{1.5}$ ④ $I = P^2$

해설
저항체에 전류가 흐른다는 의미는 저항이 일정하다는 것을 의미하므로 저항이 일정할 때 전류와 전력의 관계를 구하면 된다.
$P = VI = I^2 R$
$I = \left(\dfrac{P}{R}\right)^{0.5}$ 즉 $I \propto P^{0.5}$ 이다.

17 평행한 두 도체에 같은 방향의 전류를 흘렸을 때 두 도체 사이에 작용하는 힘은?
① 흡인력
② 반발력
③ $\dfrac{I}{2\pi r}$ 의 힘
④ 힘이 작용하지 않는다.

해설
앙페어의 오른나사 법칙

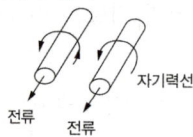

두 도체사이에 작용하는 자기력선의 방향이 서로 반대이므로 흡인력이 발생한다.

18 발전기에 적용되는 법칙으로 유도기전력의 방향을 알기 위해 사용되는 법칙은?
① 옴의 법칙
② 암페어의 주회적분 법칙
③ 플레밍의 왼손 법칙
④ 플레밍의 오른손 법칙

해설
플레밍의 오른손 법칙
자계내에서 도체가 움직일 때 발생하는 기전력의 방향을 결정하는 법칙으로 발전기에 적용된다.

19 정현파 교류의 실효값(V)과 최대값(V_m)의 관계식으로 옳은 것은?
① $V = \sqrt{2}\, V_m$ ② $V = \dfrac{1}{\sqrt{2}} V_m$
③ $V = \sqrt{3}\, V_m$ ④ $V = \dfrac{1}{\sqrt{3}} V_m$

해설
정현파 교류의 실효값
교류를 가장 보편적으로 표현한 값이며, 직류가 하는 것과 동등한 일을 하는 교류값이라고 할 수 있다.
- 실효값은 $45°(\dfrac{\pi}{4})$에서의 값이다.
- 실효전압 $V = \dfrac{1}{\sqrt{2}} V_m = 0.707 V_m [V]$
- 실효전류 $I = \dfrac{1}{\sqrt{2}} I_m = 0.707 I_m [A]$

20 어떤 교류전압의 실효값이 100V일 때 최대값은 약 몇 V가 되는가?
① 100 ② 141
③ 173 ④ 200

해설
실효전압 $V = \dfrac{1}{\sqrt{2}} V_m$ 에서
최대전압 $V_m = \sqrt{2}\, V$
$= \sqrt{2} \times 100 = 141.4 V$

정답 15 ④ 16 ② 17 ① 18 ④ 19 ② 20 ②

21 아래 R-L-C 직렬회로의 합성 임피던스(Ω)는?

—/\/\/\/—⟋⟋⟋⟋⟋—|⊢—
  4Ω   7Ω   4Ω

① 1   ② 5
③ 7   ④ 15

해설 합성 임피던스(Z)
$Z = \sqrt{R^2 + (X_L - X_C)^2}$
$= \sqrt{4^2 + (7-4)^2} = 5\Omega$

22 다음 회로에서 E=100V, R=4Ω, X_L=5Ω, X_C=2Ω 일 때 이 회로에 흐르는 전류(A)는?

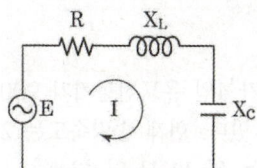

① 10   ② 15
③ 20   ④ 25

해설 임피던스(저항) $Z = \sqrt{R^2 + (X_L - X_C)^2}$
$Z = \sqrt{4^2 + (5-2)^2} = 5\Omega$
전류 $I = \dfrac{V}{Z} = \dfrac{100}{5} = 20A$

23 R, L, C가 서로 직렬로 연결되어 있는 회로에서 양단의 전압과 전류의 위상이 동상이 되는 조건은?

① $\omega = LC$ ② $\omega = L^2C$
③ $\omega = \dfrac{1}{LC}$ ④ $\omega = \dfrac{1}{\sqrt{LC}}$

해설 R L C 직렬회로의 전압과 전류가 동상이 되는 조건은 $X_L = X_C$이고
$X_L = \omega L$, $X_C = \dfrac{1}{\omega C}$ 이므로
$\omega L = \dfrac{1}{\omega C}$
$\omega^2 = \dfrac{1}{LC}$
$\therefore \omega = \dfrac{1}{\sqrt{LC}}$

24 $v = 141\sin\{377t - (\pi/6)\}$ 인 파형의 주파수(Hz)는 약 얼마인가?

① 50   ② 60
③ 100   ④ 377

해설 교류의 수시전압 $v = V_m \sin\omega t$ 이므로
각속도 $\omega = 377$ 이다.
$\omega = 2\pi f$ 에서
$f = \dfrac{\omega}{2\pi} = \dfrac{377}{2\pi} = 60 Hz$

25 역률 0.85, 선전류 50A, 유효전력 28kW인 평형 3상 Δ 부하의 전압(V)은 얼마인가?

① 300   ② 380
③ 476   ④ 660

해설 3상 교류 유효전력 $P = \sqrt{3} VI\cos\theta$
$V = \dfrac{P}{\sqrt{3} I\cos\theta}$
$= \dfrac{28 \times 10^3}{\sqrt{3} \times 50 \times 0.85} = 380.3V$

26 3상 유도전동기의 출력이 5kW, 전압 200V, 역률 80%, 효율이 90%일 때 유입되는 선전류(A)는?

① 14   ② 17
③ 20   ④ 25

해설 $P = \sqrt{3} VI\cos\theta \cdot \eta$
$I = \dfrac{P}{\sqrt{3} V\cos\theta \cdot \eta}$
$= \dfrac{5 \times 1000}{\sqrt{3} \times 200 \times 0.8 \times 0.9} = 20A$

정답 21 ② 22 ③ 23 ④ 24 ② 25 ② 26 ③

27 피상전력이 P_a(kVA)이고 무효전력이 P_r(kVar)인 경우 유효전력 P(kW)를 나타낸 것은?

① $P = \sqrt{P_a - P_r}$
② $P = \sqrt{P_a^2 - P_r^2}$
③ $P = \sqrt{P_a + P_r}$
④ $P = \sqrt{P_a^2 + P_r^2}$

해설

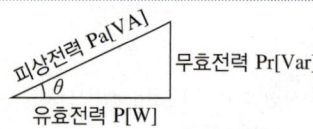

유효전력 $P = \sqrt{P_a^2 - P_r^2}$

28 역률이 80%이고, 유효전력이 80kW라면 피상전력은 몇 kVA인가?

① 100 ② 120
③ 160 ④ 200

해설

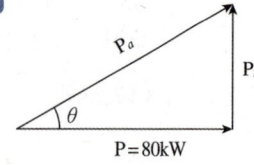

$P = P_a \cos\theta$ 에서
$P_a = \dfrac{P}{\cos\theta} = \dfrac{80}{0.8} = 100\,\mathrm{kVA}$

29 다음 중 kVA는 무엇의 단위인가?

① 유효전력
② 피상전력
③ 효율
④ 무효전력

해설
① 유효전력 P[kW]
② 피상전력 Pa[kVA]
③ 무효전력 Pr[kVar]

30 피상전력 100kVA, 유효전력 80kW인 부하가 있다. 무효전력은 몇 kVar인가?

① 20 ② 60
③ 80 ④ 100

해설

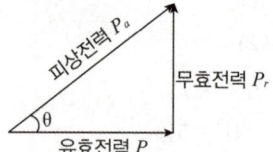

$P_a^2 = P^2 + P_r^2$ 에서
$P_r = \sqrt{P_a^2 - P^2}$
$= \sqrt{100^2 - 80^2} = 60\,\mathrm{kVar}$

31 극수가 4인 유도전동기가 900rpm으로 회전하고 있다. 현재 슬립속도는 20rpm일 때 주파수는 약 몇 Hz인가?

① 7.5 ② 28
③ 31 ④ 37

해설
$N_s = \dfrac{120 \times f}{p}$ 에서
$f = \dfrac{N_s \cdot P}{120} = \dfrac{(900 + 20) \times 4}{120}$
$= 30.66 \fallingdotseq 31\,\mathrm{Hz}$

32 3상 유도전동기의 주파수가 60Hz, 극수가 6극, 전부하 시 회전수가 1160rpm이라면 슬립은 약 얼마인가?

① 0.03 ② 0.24
③ 0.45 ④ 0.57

해설
동기속도
$N_s = \dfrac{120f}{p} = \dfrac{120 \times 60}{6} = 1200\,\mathrm{rpm}$
슬립
$S = \dfrac{N_s - N}{N_s} = \dfrac{1200 - 1160}{1200} = 0.03$

정답 27 ② 28 ① 29 ② 30 ② 31 ③ 32 ①

33 유도전동기에서 슬립이 "0"이란 의미와 같은 것은?

① 유도제동기의 역할을 한다.
② 유도전동기가 정지상태이다.
③ 유도전동기가 전부하 운전상태이다.
④ 유도전동기가 동기속도로 회전한다.

해설 실제속도 $N=(1-S)N_S$에서 $S=0$이므로 $N=N_S$가 된다.
즉, 유도전동기가 동기속도로 회전한다.

34 전동기를 전원에 접속한 상태에서 중력부하를 하강시킬 때 속도가 빨라지는 경우 전동기의 유기기전력이 전원전압보다 높아져서 발전기로 동작하고 발생전력을 전원으로 되돌려 줌과 동시에 속도를 감속하는 제동법은?

① 회생제동
② 역전제동
③ 발전제동
④ 유도제동

해설
① 회생제동(regenerative braking) : 전동기를 발전기로 작용하게 하여 운동에너지를 전기에너지(발전)로 바꾸어 이 전기에너지를 다시 전원 측으로 되돌려 보내는 제동방법으로 전기기관차가 내리막길을 내려가는 경우 등에 이용된다.
② 역전제동(plugging braking) : 가동중인 전동기의 전기자 전원을 반대로 연결하여 회전방향과 반대의 토크를 발생시켜 신속하게 제동하는 방법으로 유도전동기에서는 역상제동이라고도 한다.
③ 발전제동(dynamic braking) : 가동중인 전동기를 발전기로 작용하게 하여 회전체의 운동에너지를 전기에너지(발전)로 변환시켜 발전된 전기에너지를 외부저항에서 열에너지로 방출하여 제동하는 방법

35 농형 3상 유도전동기의 속도를 제어하는 방법으로 가장 옳은 것은?

① 부하를 조정하여 제어한다.
② 극수를 변환하여 제어한다.
③ 회전자 자속을 변환하여 제어한다.
④ 2차저항을 삽입하여 제어한다.

해설
농형3상 유동전동기 속도제어법
① 주파수변환법
② 극수변환법
③ 종속법(극수를 직렬 또는 병렬로 연결하여 속도를 제어하는 속도제어법)

권선형 유도전동기 속도제어법
① 2차저항제어법
② 2차여자법
③ 종속법

36 다음 중 직류 전동기의 속도 제어 방식으로 맞는 것은?

① 주파수 제어
② 극수 변환 제어
③ 슬립 제어
④ 계자 제어

해설
직류 전동기 속도제어 : 계자제어, 저항제어, 전압제어
교류 전동기 속도제어 : 주파수제어, 극수변환제어, 슬립제어

37 전동기의 회전방향을 알기 위한 법칙은?

① 렌츠의 법칙
② 암페어의 법칙
③ 플레밍의 왼손법칙
④ 플레밍의 오른손 법칙

해설 전동기의 회전방향을 알기 위한 법칙은 플레밍의 왼손법칙이며, 발전기의 전류방향을 알기위한 법칙은 플레밍의 오른손 법칙이다.

정답 33 ④ 34 ① 35 ② 36 ④ 37 ③

38 직류 전동기의 규약효율을 구하는 식은?

① $\dfrac{손실}{입력} \times 100\%$

② $\dfrac{입력 - 손실}{입력} \times 100\%$

③ $\dfrac{출력 - 손실}{출력 + 손실} \times 100\%$

④ $\dfrac{출력}{출력 - 손실} \times 100\%$

해설 직류 전동기의 규약효율
$$\eta = \dfrac{입력 - 손실}{입력}$$

39 변압기의 1차 및 2차의 전압, 권선수, 전류를 E_1, N_1, I_1 및 E_2, N_2, I_2라 할 때 성립하는 식으로 알맞은 것은?

① $\dfrac{E_2}{E_1} = \dfrac{N_1}{N_2} = \dfrac{I_2}{I_1}$

② $\dfrac{E_1}{E_2} = \dfrac{N_2}{N_1} = \dfrac{I_1}{I_2}$

③ $\dfrac{E_2}{E_1} = \dfrac{N_2}{N_1} = \dfrac{I_1}{I_2}$

④ $\dfrac{E_1}{E_2} = \dfrac{N_1}{N_2} = \dfrac{I_1}{I_2}$

해설 권선비(변압비) $\alpha = \dfrac{N_1}{N_2} = \dfrac{E_1}{E_2} = \dfrac{I_2}{I_1}$ 이므로
$$\dfrac{E_2}{E_1} = \dfrac{N_2}{N_1} = \dfrac{I_1}{I_2}$$
권선비는 전압비에 비례, 전류비에 반비례한다.

40 단상변압기 2대를 사용하여 3상 전압을 얻고자 하는 결선방법은?

① Y결선 ② V결선
③ △결선 ④ Y-△결선

해설 단상변압기 2대를 사용하여 3상 전압을 얻는 결선방식은 V결선이다. 변압기 이용률은 86.6%로 감소된다.

41 단상변압기 3대를 △결선하여 3상 전원을 공급하다가 1대의 고장으로 인하여 고장난 변압기를 제거하고 V 결선으로 바꾸어 전력을 공급할 경우 출력은 당초 전력의 약 몇 %까지 가능하겠는가?

① 46.7 ② 57.7
③ 66.7 ④ 86.7

해설 단상변압기 2대를 V결선하면 출력은 당초전력(△결선출력)의 57.7%까지 가능하다.

42 유도전동기의 회전력은 단자전압과 어떤 관계를 갖는가?

① 단자 전압에 반비례한다.
② 단자 전압에 비례한다.
③ 단자 전압의 $\dfrac{1}{2}$ 승에 비례한다.
④ 단자 전압의 2승에 비례한다.

해설 회전력(토크) $T = \dfrac{P}{\omega}$
$$P = VI = V \cdot \dfrac{V}{R} = \dfrac{V^2}{R}$$
따라서 회전력은 전압의 2승에 비례한다.

43 전동기 2차측에 기동저항기를 접속하고 비례추이를 이용하여 기동하는 전동기는?

① 단상 유도전동기
② 2상 유도전동기
③ 권선형 유도전동기
④ 2중 농형 유도전동기

해설 권선형 유도전동기의 기동법으로 2차 저항법이 사용되며 외부에서 조절할 수 있는 저항기를 회전자 권선에 연결해 기동시 저항을 조정하여 기동전류를 억제하고 속도가 증가함에 따라 저항을 원위치 시키는 방법으로 기동한다.

정답 38 ② 39 ③ 40 ② 41 ② 42 ④ 43 ③

44 워드레오나드 속도 제어방식이 속하는제어 방법은?

① 저항제어
② 계자제어
③ 전압제어
④ 직병렬제어

해설 **워드레오나드 속도제어법**은 직류전동기의 속도제어법이며 발전기의 전압을 가감시켜 전동기의 속도를 제어하는 **전압제어법**이다.

45 시퀀스 제어에 관한 설명으로 틀린 것은?

① 조합논리회로가 사용된다.
② 시간지연요소가 사용된다.
③ 제어용 계전기가 사용된다.
④ 폐회로 제어계로 사용된다.

해설 ④ 폐회로 제어계로 사용되는 제어는 피드백제어이며, 시퀀스제어는 개회로 제어계이다.

46 PLC 프로그래밍에서 여러 개의 입력 신호 중 하나 또는 그 이상의 신호가 ON되었을 때 출력이 나오는 회로는?

① OR 회로
② AND 회로
③ NOT 회로
④ 자기유지회로

해설 PLC 프로그래밍 제어는 시퀀스제어의 한 종류이며 입력 신호 중 어느 하나만 ON 되어도 출력이 나오는 회로는 입력신호가 A+B의 형태인 OR회로이다.

47 입력 신호가 모두 "1"일 때만 출력이 생성되는 논리회로는?

① AND 회로
② OR 회로
③ NOR 회로
④ NOT 회로

해설
① AND 회로 : 입력신호가 모두 동시에 ON(1) 되었을 때 출력이 나오는 회로
② OR 회로 : 입력신호 중 어느 하나라도 ON(1) 되었을 때 출력이 나오는 회로
③ NOR 회로 : OR회로의 NOT회로이며 입력신호 중 1개만 ON되어도 출력이 나타나지 않는 회로
④ NOT 회로 : 출력신호가 입력신호와 반대로 나타나는 회로. 입력이 ON이면 출력은 OFF되고, 입력이 OFF이면 출력은 ON되는 회로

48 그림과 같은 논리회로는?

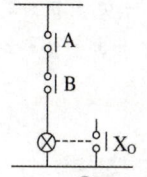

① OR 회로
② AND 회로
③ NOT 회로
④ NOR 회로

해설 A and B회로이다.

49 그림과 같은 유접점 논리회로를 간단히 하면?

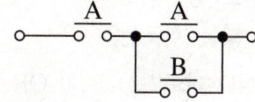

① $\overline{A}$
② A
③ $\overline{B}$
④ B

해설 논리회로 $A \cdot (A+B) = A$(흡수법칙)

정답 44 ③ 45 ④ 46 ① 47 ① 48 ② 49 ②

50 아래 접점회로의 논리식으로 옳은 것은?

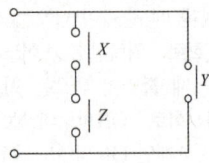

① $X \cdot Y \cdot Z$ ② $(X+Y) \cdot Z$
③ $(X \cdot Z)+Y$ ④ $X+Y+Z$

해설
X와 Z는 AND회로 : $X \cdot Z$
$(X \cdot Z)$와 Y는 OR회로 : $(X \cdot Z)+Y$

51 논리식 $L=\overline{x} \cdot \overline{y} \cdot z + \overline{x} \cdot y \cdot z + x \cdot \overline{y} \cdot z + x \cdot y \cdot z$를 간단히 한 식은?

① x ② z
③ $x \cdot \overline{y}$ ④ $x \cdot \overline{x}$

해설
$L = \overline{x}\,\overline{y}\,z + \overline{x}\,y\,z + x\,\overline{y}\,z + x\,y\,z$
$= z(\overline{x}\,\overline{y} + \overline{x}\,y + x\,\overline{y} + x\,y)$
$= z(\overline{x}(\overline{y}+y) + x(\overline{y}+y))$
$= z(\overline{x}+x) = z$

52 입력신호 중 어느 하나가 "1"일 때 출력이 "0"이 되는 회로는?

① AND 회로   ② OR 회로
③ NOT 회로   ④ NOR 회로

해설
NOR회로 : A, B 모두 0일 때만 출력이 1이 되는 회로이며, 2개 전부 또는 어느 1개만 1일 때도 출력이 0이 되는 회로

53 논리식 $L=\overline{x} \cdot \overline{y} + \overline{x} \cdot y$를 간단히 한 식은?

① $L=x$ ② $L=\overline{x}$
③ $L=y$ ④ $L=\overline{y}$

해설
$L = \overline{x} \cdot \overline{y} + \overline{x} \cdot y = \overline{x}(\overline{y}+y) = \overline{x}(1) = \overline{x}$

54 무인 커피 판매기는 무슨 제어인가?

① 서보기구
② 자동조정
③ 시퀀스 제어
④ 프로세스 제어

해설
시퀀스 제어 : 자판기, 세탁기, 엘리베이터, 교통신호기 등 미리 정해진 순서에 따라 제어의 각 단계가 진행되는 제어

55 무인으로 운전되는 엘리베이터 자동제어방식은?

① 프로그램제어
② 추종제어
③ 비율제어
④ 정치제어

해설
프로그램제어는 제어 목표값을 미리 정해진 프로그램에 의해 변화시키는 제어로서 **무인열차운전, 엘리베이터, 자판기, 공작기계, 노의 온도제어** 등이 있다.

56 목표치가 시간에 관계없이 일정한 경우로 정전압 장치, 일정 속도제어 등에 해당하는 제어는?

① 정치제어
② 비율제어
③ 추종제어
④ 프로그램제어

해설
① **정치제어** : 목표값이 시간이 변하여도 변하지않고 일정한 제어. 자동조정, 프로세스제어
② **비율제어** : 목표값이 다른 량과 일정한 비율로 변하는 제어. 보일러 자동연소장치
③ **추종제어** : 목표값이 임의로 변하는 경우의 제어. 미사일 추적장치, 추적 레이더
④ **프로그램제어** : 제어 목표값을 미리 정해진 프로그램에 의해 변화시키는 제어. 자판기, 엘리베이터, 무인열차 운전, 공작기계 제어

정답   50 ③   51 ②   52 ④   53 ②   54 ③   55 ①   56 ①

57 물체의 위치, 방위, 자세 등의 기계적 변위를 제어량으로 해서 목표값의 임의의 변화에 대응하도록 구성된 제어계는?
① 프로그램 제어
② 정치 제어
③ 공정 제어
④ 추종 제어

해설 추종제어 : 추치제어에 속하며 목표값이 임의로 변하는 경우의 제어(미사일추정)

58 물체의 위치, 방향 및 자세 등의 기계적 변위를 제어량으로 해서 목표값의 임의의 변화에 추종하도록 구성된 제어계는?
① 프로그램 제어
② 프로세스 제어
③ 서보 기구
④ 자동 조정

해설 서보기구(Servo mechanism) : 서보기구는 물체의 **변위(위치), 방향, 자세(각도)** 등을 제어량으로 하여 목표치가 임의적으로 변화하는 것에 추종하도록 하는 제어계(장치)이다.
적용분야로는 공작기계의 궤적제어, 측정기의 위치제어, 미사일 추적장치, 추적용 레이더, 선박의 방향제어 등이다.

59 다음 중 불연속 제어에 속하는 것은?
① 비율 제어
② 비례 제어
③ 미분 제어
④ ON – OFF 제어

해설 불연속제어 : ON-OFF 제어(2 위치제어), 다위치제어, 샘플제어
연속제어 : 비례제어, 적분제어, 미분제어, 비례적분제어, 비례미분제어, 비례적분미분제어

60 프로세스 제어용 검출기기는?
① 유량계
② 전위차계
③ 속도검출기
④ 전압검출기

해설 프로세스제어 : 화학공업, 반도체 산업 분야 등과 같이 주로 프로세스 산업분야에서 행해지는 제어로서 환경조건을 최적화하는 목적으로 행해지는 제어이며 외란의 억제를 주 목적으로 한다. **온도, 습도, 압력, 유량, 액면, 비중, 농도** 등의 변화량을 제어한다.

61 기계적 제어의 요소로서 변위를 공기압으로 변환하는 요소는?
① 다이아프램
② 벨로즈
③ 노즐플래퍼
④ 피스톤

해설 노즐플래퍼 : 플래퍼의 변위에 따라 노즐내에 공기압이 변한다. 즉, 변위를 압력으로 변환하는 요소이다.

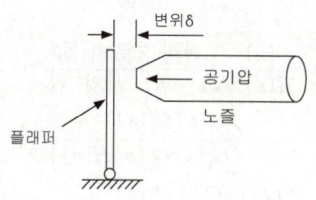

[노즐플래퍼]

62 그림과 같은 단위 피드백 제어시스템의 전달함수 $\dfrac{C(s)}{R(s)}$는?

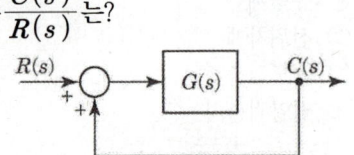

① $\dfrac{1}{1+G(s)}$ ② $\dfrac{G(s)}{1+G(s)}$

③ $\dfrac{1}{1-G(s)}$ ④ $\dfrac{G(s)}{1-G(s)}$

해설
$\dfrac{C(s)}{R(s)} = \dfrac{\text{전향경로의 합}}{1-\text{피드백의 합}}$
$= \dfrac{G(s)}{1-G(s)\times 1}$
$= \dfrac{G(s)}{1-G(s)}$

63 그림과 같은 블록선도에서 C(s)는? (단, $G_1(s)$ = 5, $G_2(s)$ = 2, H(s) = 0.1, R(s) = 1이다.)

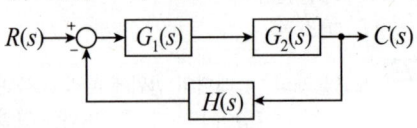

① 0 ② 1
③ 5 ④ ∞

해설
전달함수 $\dfrac{C(s)}{R(s)} = \dfrac{\text{전향경로의 합}}{1-\text{피드백의 합}}$
$\dfrac{C(s)}{R(s)} = \dfrac{G_1(s)G_2(s)}{1-\{-G_1(s)G_2(s)H(s)\}}$
$C(s) = \dfrac{G_1(s)G_2(s)R(s)}{1+G_1(s)G_2(s)H(s)}$
$= \dfrac{5\times 2\times 1}{1+5\times 2\times 0.1} = 5$

64 다음 신호흐름선도에서 $\dfrac{C(s)}{R(s)}$는?

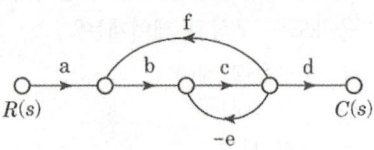

① $\dfrac{abcd}{1+ce+bcf}$

② $\dfrac{abcd}{1-ce+bcf}$

③ $\dfrac{abcd}{1+ce-bcf}$

④ $\dfrac{abcd}{1-ce-bcf}$

해설
$\dfrac{C(s)}{R(s)} = \dfrac{\text{전향경로의 합}}{1-\text{피드백의 합}}$
$= \dfrac{abcd}{1-((-ce)+bcf)}$
$= \dfrac{abcd}{1+ce-bcf}$

정답 62 ④ 63 ③ 64 ③

제 2 편

관련법규

[제1장] 고압가스 안전관리법
[제2장] 기계설비법

● 제2편 관련법규

제1장 고압가스 안전관리법

1 고압가스의 종류 및 범위(고압가스 안전관리법 시행령 제2조)

「고압가스 안전관리법」 제2조에 따라 법의 적용을 받는 고압가스의 종류 및 범위는 다음각 호와 같다.

(1) 상용(常用)의 온도에서 압력(게이지압력을 말한다. 이하 같다)이 1메가파스칼 이상이 되는 압축가스로서 실제로 그 압력이 1메가파스칼 이상이 되는 것 또는 섭씨 35도의 온도에서 압력이 1메가파스칼 이상이 되는 압축가스(아세틸렌가스는 제외한다)

(2) 섭씨 15도의 온도에서 압력이 0파스칼을 초과하는 아세틸렌가스

(3) 상용의 온도에서 압력이 0.2메가파스칼 이상이 되는 액화가스로서 실제로 그 압력이 0.2메가파스칼 이상이 되는 것 또는 압력이 0.2메가파스칼이 되는 경우의 온도가 섭씨 35도 이하인 액화가스

(4) 섭씨 35도의 온도에서 압력이 0파스칼을 초과하는 액화가스 중 액화시안화수소·액화브롬화메탄 및 액화산화에틸렌가스

2 용어의 정의(고압가스 안전관리법 시행규칙 제2조 및 별표11)

(1) "액화가스"란 가압(加壓)·냉각 등의 방법에 의하여 액체상태로 되어 있는 것으로서 대기압에서의 끓는 점이 섭씨 40도 이하 또는 상용 온도 이하인 것을 말한다.

(2) "압축가스"란 일정한 압력에 의하여 압축되어 있는 가스를 말한다.

(3) "저장설비"란 고압가스를 충전·저장하기 위한 설비로서 저장탱크 및 충전용기보관설비를 말한다.

(4) "저장탱크"란 고압가스를 충전·저장하기 위하여 지상 또는 지하에 고정 설치 된 탱크를 말한다.

(5) "초저온저장탱크"란 섭씨 영하 50도 이하의 액화가스를 저장하기 위한 저장탱크로서 단열재를 씌우거나 냉동설비로 냉각시키는 등의 방법으로 저장탱크 내의 가스온도가 상용의 온도를 초과하지 아니하도록 한 것을 말한다.

(6) "충전용기"란 고압가스의 충전질량 또는 충전압력의 2분의 1 이상이 충전되어 있는 상태의 용기를 말한다.

(7) "잔가스용기"란 고압가스의 충전질량 또는 충전압력의 2분의 1 미만이 충전되어 있는 상태의 용기를 말한다.

(8) "처리능력"이란 처리설비 또는 감압설비에 의하여 압축·액화나 그 밖의 방법으로 1일에 처리할 수 있는 가스의 양(온도 섭씨 0도, 게이지압력 0파스칼의 상태를 기준으로 한다. 이하 같다)을 말한다.

(9) "일체형 냉동기"란 아래의 ①부터 ④까지의 모든 조건 또는 ⑤의 조건에 적합한 것과 응축기 유닛 및 증발 유닛이 냉매배관으로 연결된 것으로 하루 냉동능력이 20톤 미만인 공조용 패키지에어콘 등을 말한다. (시행규칙 별표11)

① 냉매설비 및 압축기용 원동기가 하나의 프레임위에 일체로 조립된 것

② 냉동설비를 사용할 때 스톱밸브 조작이 필요 없는 것

③ 사용장소에 분할·반입하는 경우에는 냉매설비에 용접 또는 절단을 수반하는 공사를 하지 않고 재조립하여 냉동제조용으로 사용할 수 있는 것

④ 냉동설비의 수리 등을 하는 경우에 냉매설비 부품의 종류, 설치개수, 부착위치 및 외형치수와 압축기용 원동기의 정격 출력 등이 제조 시 상태와 같도록 설계·수리될 수 있는 것

⑤ ①부터 ④까지 외에 산업통상자원부장관이 일체형 냉동기로 인정하는 것

3 고압가스 제조허가 등의 종류 및 기준등(고압가스 안전관리법 시행령 제3조)

(1) 고압가스 특정제조
산업통상자원부령으로 정하는 시설에서 압축·액화 또는 그 밖의 방법으로 고압가스를 제조(용기 또는 차량에 고정된 탱크에 충전하는 것을 포함한다)하는 것으로서 그 저장능력 또는 처리능력이 산업통상자원부령으로 정하는 규모 이상인 것

(2) 고압가스 일반제조
고압가스 제조로서 제(1)호에 따른 고압가스 특정제조의 범위에 해당하지 아니하는 것

(3) 고압가스 충전
용기 또는 차량에 고정된 탱크에 고압가스를 충전할 수 있는 설비로 고압가스를 충전하는 것으로서 다음 각 목의 어느 하나에 해당하는 것. 다만, 제(1)호에 따른 고압가스 특정제조 또는 제(2)호에 따른 고압가스 일반제조의 범위에 해당하는 것은 제외한다.

① 가연성가스(액화석유가스와 천연가스는 제외한다) 및 독성가스의 충전

② ① 외의 고압가스(액화석유가스와 천연가스는 제외한다)의 충전으로서 1일 처리능력이 10세제곱미터 이상이고 저장능력이 3톤 이상인 것

(4) 냉동제조

1일의 냉동능력(이하 "냉동능력"이라 한다)이 20톤 이상(가연성가스 또는 독성가스 외의 고압가스를 냉매로 사용하는 것으로서 산업용 및 냉동·냉장용인 경우에는 50톤 이상, 건축물의 냉·난방용인 경우에는 100톤 이상)인 설비를 사용하여 냉동을 하는 과정에서 압축 또는 액화의 방법으로 고압가스가 생성되게 하는 것. 다만, 다음 각 목의 어느 하나에 해당하는 자가 그 허가받은 내용에 따라 냉동제조를 하는 것은 제외한다.

① 제(1)호에 따른 고압가스 특정제조의 허가를 받은 자
② 제(2)호에 따른 고압가스 일반제조의 허가를 받은 자
③ 「도시가스사업법」에 따른 도시가스사업의 허가를 받은 자

4 고압가스제조의 신고대상(고압가스 안전관리법 시행령 제4조)

고압가스제조의 신고대상은 다음과 같다.

(1) 고압가스 충전

용기 또는 차량에 고정된 탱크에 고압가스를 충전할 수 있는 설비로 고압가스(가연성가스 및 독성가스는 제외한다)를 충전하는 것으로서 1일 처리능력이 10세제곱미터 미만이거나 저장능력이 3톤 미만인 것

(2) 냉동제조

냉동능력이 3톤 이상 20톤 미만(가연성가스 또는 독성가스 외의 고압가스를 냉매로 사용하는 것으로서 산업용 및 냉동·냉장용인 경우에는 20톤 이상 50톤 미만, 건축물의 냉·난방용인 경우에는 20톤 이상 100톤 미만)인 설비를 사용하여 냉동을 하는 과정에서 압축 또는 액화의 방법으로 고압가스가 생성되게 하는 것. 다만, 다음 각 목의 어느 하나에 해당하는 자가 그 허가받은 내용에 따라 냉동 제조를 하는 것은 제외한다.

① 제3조제1항 또는 제2항에 따른 고압가스 특정제조, 고압가스 일반제조 또는 고압가스저장소 설치의 허가를 받은 자
② 「도시가스사업법」에 따른 도시가스사업의 허가를 받은 자

5 용기 등의 제조등록 대상범위 및 등록기준(고압가스 안전관리법 시행령 제5조)

(1) 용기·냉동기 또는 특정설비(이하 "용기등"이라 한다)의 제조등록 대상범위는 다음과 같다.

① **용기 제조** : 고압가스를 충전하기 위한 용기(내용적 3데시리터 미만의 용기는 제외한다), 그 부속품인 밸브 및 안전밸브를 제조하는 것

② **냉동기 제조** : 냉동능력이 3톤 이상인 냉동기를 제조하는 것

③ **특정설비 제조** : 고압가스의 저장탱크(지하 암반동굴식 저장탱크는 제외한다), 차량에 고정된 탱크 및 산업통상자원부령으로 정하는 고압가스 관련 설비를 제조하는 것

(2) 용기등의 제조등록기준은 다음 각 호와 같다.

① **용기의 제조등록기준** : 용기별로 제조에 필요한 단조(鍛造 : 금속을 두들기거나 눌러서 필요한 형태로 만드는 일을 말한다. 이하 같다) 설비·성형설비·용접설비 또는 세척설비 등을 갖출 것

② **냉동기의 제조등록기준** : 냉동기 제조에 필요한 프레스설비·제관설비·건조설비·용접설비 또는 조립설비 등을 갖출 것

③ **특정설비의 제조등록기준** : 특정설비의 제조에 필요한 용접설비·단조설비 또는 조립설비 등을 갖출 것

6 안전관리자의 종류 및 자격 등(고압가스 안전관리법 시행령 제12조)

(1) 법 제15조에 따른 안전관리자의 종류는 다음 각 호와 같다.

① 안전관리 총괄자
② 안전관리 부총괄자
③ 안전관리 책임자
④ 안전관리원

(2) 안전관리 총괄자는 해당 사업자(법인인 경우에는 그 대표자) 또는 특정고압가스 사용신고시설(이하 "사용신고시설"이라 한다)을 관리하는 최상급자로 하며, 안전관리 부총괄자는 해당 사업자의 시설을 직접 관리하는 최고 책임자로 한다.

(3) 안전관리자의 자격과 선임 인원은 별표 3과 같다.

7 안전관리자의 업무 (고압가스 안전관리법 시행령 제13조)

(1) 법 제15조에 따른 안전관리자는 다음 각 호의 안전관리업무를 수행한다.
   ① 사업소 또는 사용신고시설의 시설·용기등 또는 작업과정의 안전유지
   ② 용기등의 제조공정관리
   ③ 법 제10조에 따른 공급자의 의무이행 확인
   ④ 법 제11조에 따른 안전관리규정의 시행 및 그 기록의 작성·보존
   ⑤ 사업소 또는 사용신고시설의 종사자[사업소 또는 사용신고시설을 개수(改修) 또는 보수(補修)하는 업체의 직원을 포함한다]에 대한 안전관리를 위하여 필요한 지휘·감독
   ⑥ 그 밖의 위해방지 조치

(2) 안전관리 책임자 및 안전관리원은 이 영에 특별한 규정이 있는 경우 외에는 제(1)항 각 호의 직무 외의 다른 일을 맡아서는 아니 된다.

(3) 안전관리자의 업무는 다음 각 호의 구분에 따른다.
   ① **안전관리 총괄자** : 해당 사업소 또는 사용신고시설의 안전에 관한 업무의 총괄
   ② **안전관리 부총괄자** : 안전관리 총괄자를 보좌하여 해당 가스시설의 안전에 대한 직접 관리
   ③ **안전관리 책임자** : 안전관리 부총괄자(안전관리 부총괄자가 없는 경우에는 안전관리 총괄자)를 보좌하여 사업장의 안전에 관한 기술적인 사항의 관리 및 안전관리원에 대한 지휘·감독
   ④ **안전관리원** : 안전관리 책임자의 지시에 따라 안전관리자의 직무 수행

8 냉동제조시설 안전관리자의 선임인원 (시행령 제12조 제3항 별표3)

처리능력	선임구분	
	안전관리자 구분 및 선임인원	자격구분
냉동능력 300톤 초과 (프레온을 냉매로 사용하는 것은 600톤 초과)	안전관리 총괄자 : 1명	-
	안전관리 책임자 : 1명	공조냉동기계산업기사
	안전관리원 : 2명 이상	공조냉동기계기능사 또는 냉동시설안전관리자 양성교육 이수자
냉동능력 100톤 초과 300톤 이하 (프레온을 냉매로 사용하는 것은 200톤 초과 600톤 이하)	안전관리 총괄자 : 1명	-
	안전관리 책임자 : 1명	공조냉동기계산업기사 또는 현장 실무경력이 5년 이상인 공조냉동기계기능사
	안전관리원 : 1명 이상	공조냉동기계기능사 또는 냉동시설안전관리자 양성교육 이수자

냉동능력 50톤 초과 100톤 이하 (프레온을 냉매로 사용하는 것은 100톤 초과 200톤 이하)	안전관리 총괄자 : 1명	–
	안전관리 책임자 : 1명	공조냉동기계기능사 또는 현장 실무경력이 5년 이상인 냉동시설안전관리자 양성교육 이수자
	안전관리원 : 1명 이상	공조냉동기계기능사 또는 냉동시설안전관리자 양성교육 이수자
냉동능력 50톤 이하 (프레온을 냉매로 사용하는 것은 100톤 이하)	안전관리 총괄자 : 1명	–
	안전관리 책임자 : 1명	공조냉동기계기능사 또는 냉동시설안전관리자 양성교육 이수자

9 품질유지 대상인 고압가스의 종류 (고압가스 안전관리법 시행규칙 제45조 별표26)

(1) 냉매로 사용되는 가스
① 프레온22
② 프레온134a
③ 프레온404a
④ 프레온407c
⑤ 프레온410a
⑥ 프레온507a
⑦ 프레온1234yf
⑧ 프로판
⑨ 이소부탄

(2) 연료전지용으로 사용되는 수소가스

10 품질유지 제외대상 고압가스의 종류(고압가스 안전관리법 시행령 제15조의 3)

"냉매로 사용되는 가스등 대통령령으로 정하는 종류의 고압가스"란 냉매로 사용되는 고압가스 또는 연료전지용으로 사용되는 고압가스로서 산업통상자원부령으로 정하는 종류의 고압가스를 말한다. 다만, 다음 각 호의 어느 하나에 해당하는 고압가스는 제외한다.

(1) 수출용으로 판매 또는 인도되거나 판매 또는 인도될 목적으로 저장·운송 또는 보관되는 고압가스

(2) 시험용 또는 연구개발용으로 판매 또는 인도되거나 판매 또는 인도될 목적으로 저장·운송 또는 보관되는 고압가스(해당 고압가스를 직접 시험하거나 연구개발하는 경우만 해당한다)

(3) 1회 수입되는 양이 40킬로그램 이하인 고압가스

11 벌칙(고압가스 안전관리법 제39조~제42조)

(1) 2년 이하의 징역 또는 2천만 원 이하의 벌금(제39조)

① 허가를 받지 아니하고 고압가스를 제조한 자

② 허가를 받지 아니하고 저장소를 설치하거나 고압가스를 판매한 자

③ 등록을 하지 아니하고 용기 등을 제조한 자

④ 등록을 하지 아니하고 고압가스 수입업을 한 자

⑤ 등록을 하지 아니하고 고압가스를 운반한 자

⑥ 정보지원센터에 고압가스배관 매설상황의 확인요청을 하지 아니하고 굴착공사를 한 자

⑦ 사업소 밖 배관 보유 사업자가 설치한 고압가스 배관이 매설된 지역에서 고압가스배관 파손사고의 위험성이 높은 굴착공사를 하려는 자가 그 사업소 밖 배관 사업자와 협의를 하지 아니하고 굴착공사를 하거나 정당한 사유 없이 협의 요청에 응하지 아니한 자

⑧ 협의서를 작성하지 아니하거나 거짓으로 작성한 자

⑨ 협의 내용을 지키지 아니한 사업소 밖 배관 보유 사업자와 굴착공사의 시행자

⑩ 고압가스배관 손상방지 기준에 따르지 아니하고 굴착작업을 한 자

⑪ 고압가스배관에 대한 도면을 작성·보존하지 아니하거나 거짓으로 작성·보존한 사업소 밖 배관 보유 사업자

⑫ 검사기관으로 지정을 받지 아니하고 검사를 한 자

⑬ 검사업무를 위탁받지 아니하고 검사를 한 자

(2) 1년 이하의 징역 또는 1천만 원 이하의 벌금(제40조)

① 고압가스의 제조 변경허가를 받지 아니하고 허가받은 사항을 변경한 자(상호의 변경 및 법인의 대표자 변경은 제외)

② 용기 등의 제조 변경등록을 하지 아니하고 등록받은 사항을 변경한 자(상호의 변경 및 법인의 대표자 변경은 제외)

③ 고압가스 제조자 또는 판매자가 고압가스를 수요자에게 공급할 때 그 수요자의 시설에 대하여 안전점검을 실시하지 아니한 자 또는 시설기준과 기술기준을 위반한 자

④ 제13조의 2 제1항에 따른 안전성 평가를 하지 아니하거나 안전성 향상계획을 제출하지 아니한 자

⑤ 제13조의 2 제3항에 따른 안전성 향상계획을 이행하지 아니한 자

⑥ 제16조 제1항부터 제3항까지의 규정과 제 17조 1항에 따른 검사나 감리를 받지 아니한 자
⑦ 검사나 재검사를 받아야 할 용기 등을 검사나 재점사를 받지 아니하고 판매할 목적으로 진열한 자
⑧ 품질기준에 맞지 아니한 고압가스를 판매 또는 인도하거나 판매 또는 인도할 목적으로 저장·운송 또는 보관한 자
⑨ 품질검사를 받지 아니하거나 품질검사를 거부·방해·기피한 자
⑩ 인증을 받지 아니한 안전설비를 양도·임대 또는 사용하거나 판매할 목적으로 진열한 자
⑪ 고압가스배관 매설상황 확인을 하여 주지 아니한 사업소 밖 배관 보유 사업자
⑫ 적절한 조치를 하지 아니한 굴착공사자 또는 사업소 밖 배관 보유 사업자
⑬ 정보지원센터로부터 굴착공사 개시통보를 받기 전에 굴착공사를 한 굴착공사자

(3) 500만 원 이하의 벌금(제41조)

① 대통령령으로 정하는 종류 및 규모 이하의 고압가스를 제조하려는 자가 신고를 하지 아니하고 고압가스를 제조한 자(경우)
② 특정고압가스 사용신고자가 특정고압가스 사용 전에 규정에 따른 안전관리자를 선임하지 아니한 자(경우)

(4) 300만 원 이하의 벌금(제42조)

① 적합한 자가 아닌 자에게 용기수리를 받은 자
② 사업개시신고 또는 수입신고를 하지 아니한 자
③ 용기의 안전관리사항, 운반에 대한 안전관리사항을 위반한 자
④ 정기검사나 수시검사를 받지 아니한 자
⑤ 정밀안전검진을 받지 아니한 자
⑥ 회수 등의 명령을 위반한 자
⑦ 사용신고를 하지 아니하거나 거짓으로 신고한 자

● 제2편 관련법규

제2장 기계설비법

1 목적(기계설비법 제1조)

이 법은 기계설비산업의 발전을 위한 기반을 조성하고 기계설비의 안전하고 효율적인 유지 관리를 위하여 필요한 사항을 정함으로써 국가경제의 발전과 국민의 안전 및 공공복리 증진에 이바지함을 목적으로 한다.

2 기계설비 발전 기본계획의 수립(기계설비법 제5조)

국토교통부장관은 기계설비산업의 육성과 기계설비의 효율적인 유지관리 및 성능확보를 위하여 기계설비 발전 기본계획을 5년마다 수립·시행하여야 한다.

3 기계설비의 착공 전 확인과 사용 전 검사의 대상 건축물 또는 시설물(기계설비법 시행령 제11조 별표5)

(1) 용도별 건축물 중 연면적 1만제곱미터 이상인 건축물(「건축법」 제2조제2항 제18호에 따른 창고시설은 제외한다)

(2) 에너지를 대량으로 소비하는 다음의 건축물
   ① 냉동·냉장, 항온·항습 또는 특수청정을 위한 특수설비가 설치된 건축물로서 해당 용도에 사용되는 바닥면적의 합계가 500제곱미터 이상인 건축물
   ② 아파트 및 연립주택
   ③ 다음의 건축물로서 해당 용도에 사용되는 바닥면적의 합계가 500제곱미터 이상인 건축물
     • 목욕장
     • 놀이형시설(물놀이를 위하여 실내에 설치된 경우로 한정한다) 및 운동장(실내에 설치된 수영장과 이에 딸린 건축물로 한정한다)

④ 다음의 건축물로서 해당 용도에 사용되는 바닥면적의 합계가 2천제곱미터 이상인 건축물
  - 기숙사
  - 의료시설
  - 유스호스텔
  - 숙박시설
⑤ 다음의 건축물로서 해당 용도에 사용되는 바닥면적의 합계가 3천제곱미터 이상인 건축물
  - 판매시설
  - 연구소
  - 업무시설

(3) 지하역사 및 연면적 2천제곱미터 이상인 지하도상가(연속되어 있는 둘 이상의 지하도상가의 연면적 합계가 2천제곱미터 이상인 경우를 포함한다)

4 기계설비 유지관리 대상 건축물(기계설비법 시행령 제14조)

(1) 연면적 1만제곱미터 이상의 건축물(창고시설은 제외한다)

(2) 500세대 이상의 공동주택

(3) 300세대 이상으로서 중앙집중식 난방방식(지역난방방식을 포함한다)의 공동주택

(4) 건설공사를 통하여 만들어진 교량, 터널, 항만, 댐, 건축물 등 구조물과 그 부대시설

(5) 학교시설

(6) 지하역사, 지하도상가

5 기계설비 성능점검업자에 대한 행정처분의 기준(기계설비법 시행령 제20조 별표8)

위반행위	근거 법조문	행정처분기준		
		1차 위반	2차 위반	3차 이상 위반
가. 거짓이나 그 밖의 부정한 방법으로 등록한 경우	법 제22조 제2항제1호	등록취소		
나. 최근 5년간 3회 이상 업무정지 처분을 받은 경우	법 제22조 제2항제2호	등록취소		
다. 업무정지기간에 기계설비성능점검 업무를 수행한 경우. 다만, 등록취소 또는 업무정지의 처분을 받기 전에 체결한 용역계약에 따른 업무를 계속한 경우는 제외한다.	법 제22조 제2항제3호	등록취소		
라. 기계설비성능점검업자로 등록한 후 법 제22조제1항에 따른 결격사유에 해당하게 된 경우(같은 항 제6호에 해당하게 된 법인이 그 대표자를 6개월 이내에 결격사유가 없는 다른 대표자로 바꾸어 임명하는 경우는 제외한다)	법 제22조 제2항제4호	등록취소		
마. 법 제21조제1항에 따른 대통령령으로 정하는 요건에 미달한 날부터 1개월이 지난 경우	법 제22조 제2항제5호	등록취소		
바. 법 제21조제2항에 따른 변경등록을 하지 않은 경우	법 제22조 제2항제6호	시정명령	업무정지 1개월	업무정지 2개월
사. 법 제21조제3항에 따라 발급받은 등록증을 다른 사람에게 빌려 준 경우	법 제22조 제2항제7호	업무정지 6개월	등록취소	

6 기계설비 유지관리자의 선임기준(기계설비법 시행규칙 제8조 별표1)

구분	선임대상	선임자격	선임인원
1. 연면적 1만제곱미터 이상의 건축물	가. 연면적 6만제곱미터 이상	특급 책임기계설비유지관리자	1
		보조기계설비유지관리자	1
	나. 연면적 3만제곱미터 이상 연면적 6만제곱미터 미만	고급 책임기계설비유지관리자	1
		보조기계설비유지관리자	1
	다. 연면적 1만5천제곱미터 이상 연면적 3만제곱미터 미만	중급 책임기계설비유지관리자	1
	라. 연면적 1만제곱미터 이상 연면적 1만5천제곱미터 미만	초급 책임기계설비유지관리자	1
2. 500세대 이상의 공동주택 및 300세대 이상으로서 중앙집중식 난방방식(지역난방방식을 포함한다)의 공동주택	가. 3천세대 이상	특급 책임기계설비유지관리자	1
		보조기계설비유지관리자	1
	나. 2천세대 이상 3천세대 미만	고급 책임기계설비유지관리자	1
		보조기계설비유지관리자	1
	다. 1천세대 이상 2천세대 미만	중급 책임기계설비유지관리자	1
	라. 500세대 이상 1천세대 미만	초급 책임기계설비유지관리자	1
	마. 300세대 이상 500세대 미만으로서 중앙집중식 난방방식(지역난방방식을 포함한다)의 공동주택	초급 책임기계설비유지관리자	1
3. 교량, 터널, 항만, 댐, 건축물 등 구조물과 그 부대시설 및 학교시설, 지하역사, 지하도상가		초급 책임기계설비유지관리자 또는 보조기계설비유지관리자	1

7 유지관리 및 성능점검 대상 기계설비(기계설비 유지관리 기준 제7조 별표1)

(국토교통부 고시 제2021-1013호, 2021. 8. 9제정)

기계설비의 종류	세부항목
1. 열원 및 냉난방설비	냉동기
	냉각탑
	축열조
	보일러
	열교환기
	팽창탱크
	펌프(냉·난방)
	신재생에너지(지열, 태양열, 연료전지 등)
	패키지 에어컨
	항온항습기
2. 공기조화설비	공기조화기
	팬코일 유닛
3. 환기설비	환기설비
	필터
4. 위생기구설비	위생기구설비
5. 급수·급탕설비	급수펌프, 급탕탱크
	고·저수조
6. 오·배수 통기 및 우수배수설비	오·배수배관
	통기배관
	우수배관
7. 오수정화 및 물재이용설비	오수정화설비
	물 재이용설비
8. 배관설비	배관 및 부속기기
9. 덕트설비	덕트 및 부속기기
10. 보온설비	보온 및 부속기기
11. 자동제어설비	자동제어설비
12. 방음·방진·내진 설비	방음설비
	방진설비
	내진설비

8 기계설비 성능점검 시 검토사항 (기계설비 유지관리 기준 제11조 별표3)

(국토교통부 고시 제2021-1013호. 2021. 8. 9제정)

점검항목	세부검토사항
1. 기계설비 시스템 검토	1) 유지관리지침서의 적정성 2) 기계설비 시스템의 작동 상태 3) 점검대상 현황표 상의 설계값과 측정값 일치 여부
2. 성능개선 계획 수립	1) 기계설비의 내구연수에 따른 노후도 2) 성능점검표에 따른 부적합 및 개선사항 3) 성능개선 필요성 및 연도별 세부개선계획
3. 에너지 사용량 검토	1) 냉난방설비 등 분류별 에너지 사용량

※ 관리주체가 성능점검을 대행하게 하는 경우 기계설비 성능점검 시 검토사항은 특급 책임기계설비유지관리자가 작성해야 한다.

9 기계설비공사 시작하기전과 끝낸 경우 기계설비 시공자와 감리업무 수행자가 작성할 사항 (기계설비 기술기준 제19조)

(1) 기계설비 시공자가 작성할 사항

① 기계설비 착공 전 확인표 작성(별지 제1호서식)

② 기계설비 사용 전 확인표 작성(별지 제3호서식)

③ 기계설비 성능확인서 작성(별지 제4호서식)

④ 기계설비 안전확인서 작성(별지 제5호서식)

(2) 기계설비 감리업무 수행자 작성할 사항

① 기계설비 착공적합 확인서 작성(별지 제2호서식)

② 기계설비 사용적합 확인서 작성(별지 제6호서식)

10 기계설비 유지관리교육에 관한 업무 위탁기관 지정

(국토교통부 고시 제2020-345호. 2020. 4. 18제정)

(1) 위탁업무의 내용 및 위탁기관

위탁업무의 내용	관련법령	위탁기관
법 제20조1항에 따른 기계설비 유지관리 교육에 관한 업무	기계설비법 시행령 제16조 제2항	대한기계설비건설협회

(2) 위탁된 업무의 처리방법

업무를 위탁받은 기관은 그 업무를 수행함에 있어서 관련 법령의 규정에 의하여야 한다.

제2편 출제예상문제

공조냉동기계기사 필기

01 고압가스 안전관리법령에서 규정하는 냉동제조 등록을 해야 하는 냉동기의 기준은 얼마인가?

① 냉동능력 3톤 이상인 냉동기
② 냉동능력 5톤 이상인 냉동기
③ 냉동능력 8톤 이상인 냉동기
④ 냉동능력 10톤 이상인 냉동기

해설

고압가스 안전관리법 5조 1항, 시행령 5조 ①항 2.
냉동기제조등록 : 냉동능력이 3톤 이상인 냉동기를 제조하는 것

02 고압가스 안전관리법령에 따라 (   )안의 내용으로 옳은 것은?

"충전용기"란 고압가스의 충전질량 또는 충전압력의 (㉠)이 충전되어 있는 상태의 용기를 말한다.
"잔가스용기"란 고압가스의 충전질량 또는 충전압력의 (㉡)이 충전되어 있는 상태의 용기를 말한다.

① ㉠ 2분의 1 이상, ㉡ 2분의 1 미만
② ㉠ 2분의 1 초과, ㉡ 2분의 1 이하
③ ㉠ 5분의 2 이상, ㉡ 5분의 2 미만
④ ㉠ 5분의 2 초과, ㉡ 5분의 2 이하

해설

• 고압가스 안전관리법 시행규칙 제2조 14
충전용기란 고압가스의 충전질량 또는 충전압력의 1/2 이상이 충전되어 있는 상태의 용기를 말한다.

• 고압가스 안전관리법 시행규칙 제2조 15
잔가스용기란 고압가스의 충전질량 또는 충전압력의 1/2 미만이 충전되어 있는 상태의 용기를 말한다.

03 고압가스안전관리법령에 따라 "냉매로 사용되는 가스 등 대통령령으로 정하는 종류의 고압가스"는 품질기준을 고시하여야 하는데, 목적 또는 용량에 따라 고압가스에서 제외될 수 있다. 이러한 제외 기준에 해당되는 경우로 모두 고른 것은?

가. 수출용으로 판매 또는 인도되거나 판매 또는 인도될 목적으로 저장·운송 또는 보관되는 고압가스
나. 시험용 또는 연구개발용으로 판매 또는 인도되거나 판매 또는 인도될 목적으로 저장·운송 또는 보관되는 고압가스(해당 고압가스를 직접 시험하거나 연구개발하는 경우만 해당한다)
다. 1회 수입되는 양이 400킬로그램 이하인 고압가스

① 가, 나
② 가, 다
③ 나, 다
④ 가, 나, 다

해설

고압가스안전관리법 시행령 제15조의 3
다. 1회 수입되는 양이 40 킬로그램 이하인 고압가스

정답 01 ① 02 ① 03 ①

04 고압가스안전관리법령에 따라 일체형 냉동기의 조건으로 틀린 것은?

① 냉매설비 및 압축기용 원동기가 하나의 프레임 위에 일체로 조립된 것
② 냉동설비를 사용할 때 스톱밸브 조작이 필요한 것
③ 응축기 유닛 및 증발유닛이 냉매배관으로 연결된 것으로 하루 냉동능력이 20톤 미만인 공조용 패키지에어콘
④ 사용장소에 분할 반입하는 경우에는 냉매설비에 용접 또는 절단을 수반하는 공사를 하지 않고 재조립하여 냉동제조용으로 사용할 수 있는 것

해설
고압가스안전관리법 시행규칙 별표11 제4호 나목
② 냉동설비를 사용할 때 스톱밸브 조작이 필요없는 것

05 다음 보기는 고압가스 안전관리법령에 따른 고압가스 관련 용어의 정의이다. ㉠에 알맞은 것은?

> 초저온저장탱크는 섭씨 영하 (㉠)도 이하의 액화가스를 저장하기 위한 저장탱크로서 단열재를 씌우거나 냉동설비로 냉각시키는 등의 방법으로 저장탱크 내의 가스온도가 상용의 온도를 초과하지 아니하도록 한 것을 말한다.

① 20 ② 30
③ 40 ④ 50

해설
초저온저장탱크(고압가스 안전관리법 시행규칙 제2조)
"초저온저장탱크란" 섭씨 영하 50도 이하의 액화가스를 저장하기 위한 저장탱크로서 단열재를 씌우거나 냉동설비로 냉각시키는 등의 방법으로 저장탱크 내의 가스온도가 상용의 온도를 초과하지 아니하도록 한 것을 말한다.

06 다음 중 고압가스 안전관리법령에 따라 500만원 이하의 벌금 기준에 해당되는 경우는?

㉠ 고압가스를 제조하려는 자가 신고를 하지 아니하고 고압가스를 제조한 경우
㉡ 특정고압가스 사용신고자가 특정고압가스의 사용 전에 안전관리자를 선임하지 않은 경우
㉢ 고압가스의 수입을 업(業)으로 하려는 자가 등록을 하지 아니하고 고압가스 수입업을 하는 경우
㉣ 고압가스를 운반하려는 자가 등록을 하지 아니하고 고압가스를 운반한 경우

① ㉠   ② ㉠, ㉡
③ ㉠, ㉡, ㉢   ④ ㉠, ㉡, ㉢, ㉣

해설
고압가스 안전관리법 제41조(벌칙) : 500만원 이하 벌금
1. 제4조 제2항 전단에 따른 신고를 하지 않고 고압가스를 제조한 자
2. 제15조 제1항부터 제3항까지의 규정에 따른 안전관리자를 선임하지 아니한 자

07 고압가스 안전관리법령에 따른 벌칙 규정 중 2년 이하의 징역 또는 2천만 원 이하의 벌금에 해당하지 않는 것은?

① 허가를 받지 아니하고 고압가스를 제조한 자
② 허가를 받지 아니하고 저장소를 설치하거나 고압가스를 판매한 자
③ 안전점검을 실시하지 아니한 자 또는 시설기준과 기술기준을 위반한 자
④ 기준에 따르지 아니하고 굴착작업을 한 자

해설
③ 안전점검을 실시하지 아니한 자 또는 시설기준과 기술기준을 위반한 자 : 1년 이하의 징역 또는 1천만 원 이하의 벌금(법 제40조 3항)

정답 04 ② 05 ④ 06 ② 07 ③

08 기계설비법령에 따라 기계설비 발전 기본계획은 몇 년마다 수립·시행하여야 하는가?

① 1 ② 2
③ 3 ④ 5

기계설비법 제5조 ①
국토교통부 장관은 … 기계설비 발전 기본계획을 5년마다 수립·시행하여야 한다.

09 기계설비법령에 따른 기계설비의 착공 전 확인과 사용 전 검사의 대상 건축물 또는 시설물에 해당하지 않는 것은?

① 연면적 1만 제곱미터 이상인 건축물
② 목욕장으로 사용되는 바닥면적 합계가 500제곱미터 이상인 건축물
③ 기숙사로 사용되는 바닥면적 합계가 1천 제곱미터 이상인 건축물
④ 판매시설로 사용되는 바닥면적 합계가 3천제곱미터 이상인 건축물

기계설비법 시행령 제11조 별표5
③ 기숙사로 사용되는 바닥면적 합계가 2천제곱미터 이상인 건축물

10 기계설비법령에 따라 기계설비성능점검업자는 기계설비성능점검업의 등록한 사항 중 대통령령으로 정하는 사항이 변경된 경우에는 변경등록을 하여야 한다. 만약 변경등록을 정해진 기간 내 못한 경우, 1차 위반 시 받게 되는 행정처분 기준은?

① 등록취소
② 업무정지 2개월
③ 업무정지 1개월
④ 시정명령

기계설비법 시행령 별표8. 2. 바.

1차 위반시	2차 위반시	3차 이상 위반시
시정명령	영업정지 1개월	영업정지 2개월

11 다음 중 기계설비 유지관리기준에 따른 기계설비의 성능점검 시 점검항목이 아닌 것은?

① 기계설비시스템 검토
② 성능개선계획 수립
③ 유지관리비용 최소화 방안 검토
④ 에너지사용량 검토

기계설비의 성능점검 시 검토사항(기계설비 유지관리기준 제11조 별표3)

점검항목	세부검토사항
1. 기계설비 시스템 검토	1) 유지관리지침서의 적정성 2) 기계설비 시스템의 작동상태 3) 점검대상 현황표 상의 설계값과 측정값 일치 여부
2. 성능개선계획 수립	1) 기계설비의 내구연수에 따른 노후도 2) 성능점검표에 따른 부적합 및 개선사항 3) 성능개선 필요성 및 연도별 세부개선계획
3. 에너지사용량 검토	1) 냉난방설비 등 분류별 에너지 사용량

08 ④ 09 ③ 10 ④ 11 ③

12 기계설비법령에 따른 기계설비 시공자의 업무에 해당하지 않는 것은?

① 기계설비 착공 전 확인표 작성
② 기계설비 사용 전 확인표 작성
③ 기계설비 성능확인서 작성
④ 기계설비 착공적합 확인서 작성

해설

④ 기계설비 착공적합 확인서의 작성은 기계설비 감리업무 수행자의 업무사항이다.
기계설비공사를 시작하기 전과 끝낸 경우 기계설비 시공자와 감리업무 수행자가 작성할 사항

(기계설비 기술기준 제19조 관련)

(1) 기계설비 시공자가 작성할 사항
   ① 기계설비 착공 전 확인표 작성
   ② 기계설비 사용 전 확인표 작성
   ③ 기계설비 성능확인서 작성
   ④ 기계설비 안전확인서 작성
(2) 감리업무 수행자가 작성할 사항
   ① 기계설비 착공적합 확인서 작성
   ② 기계설비 사용적합 확인서 작성

13 기계설비법령에 따라 기계설비 유지관리교육에 관한 업무를 위탁받아 시행하는 기관은?

① 한국기계설비건설협회
② 대한기계설비건설협회
③ 한국공작기계산업협회
④ 한국건설기계산업협회

해설

기계설비법 20조 1항, 시행령 16조 2항
국토교통부고시 제2020-345호(2020. 4. 18. 제정)
위탁기관 : 대한기계설비건설협회

정답 12 ④ 13 ②

www.epasskorea.com

제**4**과목

유지보수공사관리

제 1 편

배관일반

[제 1 장] 배관재료
[제 2 장] 배관이음
[제 3 장] 밸브 및 배관 부속장치
[제 4 장] 보온재, 패킹, 가스켓, 도료
[제 5 장] 배관제도
[제 6 장] 난방배관
[제 7 장] 급수배관, 급탕배관, 통기설비
[제 8 장] 냉동배관, 가스배관, 압축공기배관

제1장 배관재료

냉동 및 공조배관 재료로서 갖추어야 할 사항은?
① 저온에서 기계적 강도가 커야 한다.
② 내식성이 커야 한다.
③ 가공성이 양호해야 한다.
④ 관마찰저항이 작아야 한다.

1 강관(Steel)

(1) 강관의 특징
① 다른 재료에 비해 인장강도와 충격강도가 크다.
② 굴요성(구부러지는 성질)이 좋고 접합도 비교적 용이하다.
③ 부식되기 쉬운 결점이 있다.

(2) 강관의 호칭법
① 관의 지름을 기준으로 하여
　A : 지름의 단위를 mm로 나타낸 것이며(100A = 100mm)
　B : 지름의 단위를 inch로 나타낸 것으로 동관에서 많이 사용된다.(2B = 2inch)
② 스케줄번호

$$\text{Sch.No} = \frac{P}{S} \times 1000 \quad [\text{SI단위}]$$

$$\text{Sch.No} = \frac{P}{S} \times 10 \quad [\text{공학단위}]$$

P : 사용압력 [MPa], [kgf/cm^2]
S : 허용응력 [N/mm^2], [kgf/mm^2]
S = 인장강도/안전율

예 사용압력 3.5MPa, 배관재 SPPS38(인장강도 373N/mm^2), 안전율이 4라고 하면
$$\text{Sch.No} = \frac{3.5}{(373/4)} \times 1000 = 37.5 \quad \text{따라서 Sch.No 40강관을 사용하면 된다.}$$

(3) 강관의 종류

① 배관용 탄소강관(가스관)(SPP : Steel Pipe Piping)
  ㉠ 사용온도 : 350℃ 이하
  ㉡ 사용압력 : 1MPa(10kg/cm^2) 이하
  ㉢ 용   도 : 물, 기름, 증기, 가스 등의 배관
  ㉣ 종   류 : 백관(아연도금관), 흑관

② 압력배관용 탄소강관(SPPS : Steel Pipe Pressure Service)
  ㉠ 사용온도 : 350℃ 이하
  ㉡ 사용압력 : 1~10MPa(10~100kg/cm^2)
  ㉢ 용   도 : 물, 기름, 보일러 증기관, 가스 등의 압력배관
  ㉣ 호칭방법 : 스케줄번호(Sch. No)로 표시
           (스케줄번호는 10, 20, 30, 40, 60, 80이 있다.)

③ 고압 배관용 탄소강관(SPPH : Steel Pipe Pressure High)
  ㉠ 사용온도 : 350℃ 이하
  ㉡ 사용압력 : 10MPa(100kg/cm^2) 이상
  ㉢ 용   도 : 암모니아, 화학공업용의 고압유체 수송관
  ㉣ 호칭방법 : 스케줄번호(Sch. No)로 표시
           (스케줄번호는 80, 100, 120, 140, 160이 있다.)

④ 고온 배관용 탄소강관(SPHT : Steel Pipe High Temperature)
  ㉠ 사용온도 : 350℃ 초과
  ㉡ 용   도 : 과열증기관

⑤ 배관용 합금강관(SPA : Steel Pipe Alloy)
  ㉠ 주로 고온배관에 사용되는 합금강으로 내식성과 내산성이 강하다.
  ㉡ SPA 12는 Mo 합금강이며 SPA 22~26은 Cr-Mo 합금강이다.

⑥ 저온 배관용 탄소강관(SPLT : Steel Pipe Low Temperature)
  ㉠ 0℃(빙점)이하의 화학공업용 배관에 사용된다.
  ㉡ 제1종은 -50℃까지, 제2종은 -100℃까지 사용된다.

⑦ 배관용 스텐레스 강관(STS : Steel Tube Stainless)
  ㉠ 내열, 내식, 고온배관 또는 저온배관에 사용된다.
  ㉡ 호칭방법 : 스케줄 번호로 표시한다.

⑧ 보일러 열교환기용 탄소강관(STH : Steel Tube Heat)
  ㉠ 관 내외부에서 열교환을 목적으로 하는 곳에 사용한다.
  ㉡ 용도 : 보일러의 수관, 연관, 과열기, 예열기의 열교환관, 화학공업의 열교환기등

⑨ 저온 열교환기용 강관(STLT : Steel Tube Low Temperature)
   ㉠ 0℃(빙점)이하의 낮은 온도에서 열교환 하는 관에 사용한다.
   ㉡ 용도 : 스케이트링크, 냉동창고 배관, 증발기 코일관
⑩ 수도용 도복장 강관(STPW : Steel Tube Pipe Water)
   ㉠ 배관용 탄소강관의 내면에 액상엑폭시 도장, 외면에 아스팔트 또는 콜탈을 코팅한 관
   ㉡ 용도 : 정수두 100M 이하의 수도용관에 사용
⑪ 수도용 아연도 강관(SPPW : Steel Pipe Piping Water)
   ㉠ 배관용 탄소강관에 아연도금을 한 관
   ㉡ 사용압력 : 1MPa(10kg/cm^2) 이하
   ㉢ 용   도 : 수도용 급수관

2 주철관(Cast iron pipe)

(1) 주철관의 특징

① 강관에 비하여 내식성, 내마모성, 내구성이 크다.

② 압축강도는 크지만 인장강도는 작다.

③ 충격에 약하다.

④ 용도 : 내식성이 강해 지중 매설용으로 사용된다.

(2) 주철관의 종류

① 수도용 원심력 금형 주철관
   ㉠ 제조 : 금형에 선철을 부어 원심력을 이용하여 만드는 관
   ㉡ 종류 : 보통압관(A), 고압관(B)

② 수도용 원심력 사형 주철관
   ㉠ 제조 : 사형(모래주형)을 회전시키면서 선철을 부어 원심력을 이용하여 관을 만든 관
   ㉡ 특징 : 수직형 주철관에 비해
     • 재질과 두께가 균일하다.
     • 두께가 얇으면서도 강도가 높다.
   ㉢ 종류 : 사용하는 압력에 따라
     • 저압관(LA) : 최대 사용 정수두 45m
     • 보통압관(A) : 최대 사용 정수두 75m
     • 고압관(B) : 최대 사용 정수두 100m

③ 수도용 수직형(입형) 주철관
   ㉠ 제조 : 주형을 수직으로 세워놓고 용융선철을 부어만든 관
   ㉡ 종류 : 보통압관(A)과 저압관(LA)이 있다.

④ 수도용 원심력 덕타일 주철관(구상흑연 주철관)
  ㉠ 제조 : 양질의 선철에 강을 배합하여 용융시켜 회전하는 주형에 주입하여 원심력에 의해 주조한 후 풀림 처리한 주철관
  ㉡ 특징
    - 보통 회주철관보다 수명이 길다.
    - 내식성, 내열성, 내마모성이 크다.
    - 강관과 같이 고압에 견디는 강도와 인성을 갖고 있다.
    - 변형에 대한 가요성과 충격에 대한 연성을 갖고 있다.
    - 가공성이 우수하다.
    * **구상흑연주철관** : 주철중에 있는 흑연을 **구상(球狀)**화 시켜서 재질이 균일하고 치밀하여 강도와 연성이 보강된 주철관

⑤ 원심력 모르타르 라이닝 주철관
  주철관 내부를 시멘트 모르타르로 라이닝한 주철관

⑥ 배수용 주철관
  ㉠ 오수 및 잡배수용 관으로 사용된다.
  ㉡ 압력이 걸리지 않으므로 수도용 주철관보다 두께가 얇다.
  ㉢ 관의 종류는 두께에 따라 두꺼운 것은 1종, 얇은 것은 2종 그리고 이형관으로 분류한다.

3 동관(Copper pipe)

(1) 동관의 특징

① 열 전도성이 좋고 내식성이 우수하다.
  ㉠ 알카리성(가성소다, 가성칼리)에는 내식성이 강하다.
  ㉡ 산성(초산, 진한황산)에는 내식성이 약하다.
  ㉢ 담수에서는 보호피막이 생성되어 내식성이 크나 연수에는 부식된다.

② 연성(延性) 및 전성(展性)이 풍부하다.

③ 용도 : 열교환기, 급수관, 급탕관, 급유관, 냉매배관

④ 분류
  K type – 두께가 가장 두껍다.
  L type – 두께가 두껍다.
  M type – 두께가 보통이다.
  N type – 두께가 얇다(KS규격에는 없음)

(2) 동관의 종류

① 인탈산 동관(DCuP : Deoxidized Copper Pipe)
㉠ 전기동을 인으로 탈산한 것으로서 냉간 인발하여 제작하다.
㉡ 열전도성, 내식성, 가요성 등이 우수하다.
㉢ 고온에서 수소취성이 없어 수소용접 가공에 알맞다.
㉣ 용도 : 일반배관용, 급수관, 급탕관, 냉온수관, 열교환기용

② 터프피치 동관(TCuP : Tough pitch Copper Pipe)
㉠ 전기 및 열전도성, 내식성이 크다.
㉡ 용도 : 전기부품 용

③ 무산소 동관(OFCuP : Oxygen Free Copper Pipe)
㉠ 전기 및 열전도성, 전연성이 크다.
㉡ 산소 10ppm 이하 함유, 동 99.96% 이상으로 고품질의 순동 관
㉢ 용도 : 전기부품, 전자부품 용

④ 이음매 없는 황동관(BsST : Brass Seamless Tube)
㉠ 가공성 및 굽힘성이 우수하다.
㉡ 도금성이 좋고 강도가 크므로 열교환기용, 위생관에 사용된다.

4 스텐레스강관(Stainless steel)

(1) 스텐레스강관의 특징
① 내식성이 우수하여 부식성 유체에 사용한다.
② 강관에 비해 기계적 성질이 우수하고 두께가 얇다.
③ 위생적이며 두께가 얇아 가볍다.

(2) 스텐레스강관의 종류
① 일반배관용 스텐레스 강관(STS xxx TPD) : 급수, 급탕, 냉온수, 배수관으로 사용
② 배관용 스텐레스 강관(STS xxx TP)
㉠ 저온용, 고온용, 내식용으로 사용
㉡ 일반배관용 보다 두께가 두껍다.
③ 보일러열교환기용 스텐레스 강관(STS xxx TB) : 보일러 열교환기용으로 사용

5 연관(납관, Lead Pipe)

(1) 납관의 특징

① 내식성이 크다.
  ㉠ 산에 강하고 알카리에 부식된다.
  ㉡ 초산, 진한염산, 증류수에 침식된다.
② 굴곡이 용이하다.
③ 전연성이 크고 가공성이 좋다.
④ 무겁고 강도는 작으며 가격이 비싸다.

6 합성수지관(Plastic Pipe)

(1) 경질염화비닐관(PVC : Poly Vinyl Chloride)

① 특징
  ㉠ 내식성, 내산성, 내알카리성이 크다.
  ㉡ 전기절연성이 크다.
  ㉢ 가볍고 운반취급 및 가공이 용이하다.
  ㉣ 열에 약하고 열팽창율이 크다(강관의 7~8배).
  ㉤ 저온에 약하여 한랭지에서는 충격에 파괴되기 쉽다.
  ㉥ 방부제(크레오소트 액)와 아세톤에 약하다.
  ㉦ 사용온도는 5~50℃ 범위이다.
② 용도 : 수도관, 배수관

(2) 폴리에틸렌관(PE : Poly Ethylene)

① 특징
  ㉠ 전기적, 화학적 성질이 염화비닐관(PVC)보다 우수하다.
  ㉡ 가볍고 유연성이 좋다.
  ㉢ 내한성(-60℃)이 강하여 한랭지 배관으로 우수하다.
  ㉣ 불에 약하고 인장강도가 작다.
  ㉤ 약 90℃에서 연화(軟化)한다.
② 용도 : 수도관

7 원심력 철근콘크리트관(Hume Pipe)

① 오스트레일리아의 흄 형제에 의해 발명된 콘크리트관으로 흄관이라 한다.
② 상, 하수도용으로 사용된다.
③ 원심력을 이용하여 제작하기 때문에 콘크리트 입자가 치밀하게 만들어진다.
④ 용도에 따라 보통압관과 압력관 2종류가 있다.
⑤ 보통압관은 주로 배수관으로 지중에 매설하는 경우에 외압에 견디는 것이 목적이므로 일명 외압관이라고도 한다.

8 석면 시멘트관(이터닛관, Eternit Pipe)

(1) 특징

① 이탈리아의 Eternit 회사가 제작한 것으로 이터닛관이라고 한다.
② 석면과 시멘트를 1 : 5 비율로 혼합하고 고압($0.5 \sim 0.9$MPa($5 \sim 9$kg/cm^2))을 가하여 제작한다.
③ 내식성 및 내알카리성이 우수하다.
④ 재질이 치밀하고 강도가 크다.
⑤ 고압에 견딘다($25 \sim 30$MPa($250 \sim 300$kg/cm^2)).

• 제1편 배관일반

제2장 배관이음

1 강관의 이음

(1) 나사 이음(Screw Joint)

① 특징
  ㉠ 관경이 작은(50A 이하)관의 접합에 이용된다.
  ㉡ 물, 증기, 기름, 공기등 저압용 배관에 사용한다.

② 관이음쇠의 종류
  ㉠ 엘보, 밴드 : 관의 방향을 바꿀 때 사용
  ㉡ 티이(T), 와이(Y), 크로스(+) : 관을 도중에서 분기할 때 사용
  ㉢ 소켓, 유니온, 플랜지, 니플 : 직경이 같은 관을 직선 연결 할 때 사용
    * 유니온, 플랜지 : 관을 자주 분해수리 또는 교체가 필요한 부분에 사용
  ㉣ 이경엘보, 이경소켓, 이경티, 부싱, 레듀셔 : 직경이 다른 관을 연결할 때 사용
  ㉤ 캡, 플러그 : 관 끝을 막을 때 사용

(2) 용접 이음(Weld Joint)

① 특징
  ㉠ 접합부의 강도가 크고 중량이 가벼워진다.
  ㉡ 이음 효율이 높아 기밀성이 우수하다.
  ㉢ 용접후 잔류응력이 존재하므로 균열과 수축이 발생할 우려가 있다.
  ㉣ 재료(부속)가 절약되고 작업공정이 단축된다.
  ㉤ 유체의 저항손실이 적다.
  ㉥ 보온피복 시공이 용이하다.

② 방법
  ㉠ 가스 용접
  ㉡ 전기아크 용접

(3) 플랜지 이음(Flange Joint)

① 분해 할 필요성이 있는 곳에 사용한다.
② 관 지름이 큰 경우(65A 이상)에 용이하다.
③ 이음부의 누설을 방지하기 위해 플랜지 사이에 가스켓을 삽입한다.
④ 각종 기기 및 장비와 배관을 연결할 때 이용된다.

2 주철관 이음

(1) 소켓 이음(Socket Joint)
① 관의 소켓부에 얀(yarn)과 납을 넣어 다져서 접합한다.
② 얀(누수방지)과 납(얀의 이탈방지)의 깊이는 다음과 같다.
  ㉠ 급수관 : 소켓부 깊이의 1/3을 얀, 2/3를 납으로 채운다.
  ㉡ 배수관 : 소켓부 깊이의 2/3를 얀, 1/3을 납으로 채운다.

(2) 플랜지 이음(Flange Joint)
① 뉴-메카니컬 이음 이라고도 한다.
② 이음부위에 고무링(Rubber ring)을 끼우고 압착 플랜지를 직관에 끼워 볼트로 연결한다(직관은 노-허브직관을 이용한다).
③ 고압배관이나 펌프등 장비 주위배관에 이용된다.

(3) 기계적 이음(Mechanical Joint)
① 플랜지 이음과 유사하나 Mechanical Joint용 직관의 한쪽 끝은 소켓으로 되어 있어 푸시링과 연결시 구부러진 볼트 끝을 걸 수 있도록 되어 있다.
② 지진등 외압에 잘 견디며 가요성이 풍부하여 다소의 굴곡에도 누수되지 않는다.
③ 작업이 간단하여 수중작업도 용이하다.
④ 150mm 이하의 수도관에 사용되며 고압에 대해 잘 견딘다.

(4) 타이톤 이음(Tyton Joint)
① 미국 US 파이프회사에서 개발한 제품이다.
② 원형의 고무링 만으로 접합하는 방식이다.(메카니컬 이음과 유사하나 푸시링이 없다.)
③ 소켓 안쪽의 홈은 고무링을 고정시키도록 되어 있다.

(5) 빅토릭 이음(Victoric Joint)
① 주철관을 U자형의 고무링과 주철제 칼라로 눌러 접합한다.
② 파이프 내의 압력이 증가하면 고무링을 바깥으로 밀어내어 고무링이 더욱더 관벽에 밀착되어 누수를 방지한다.

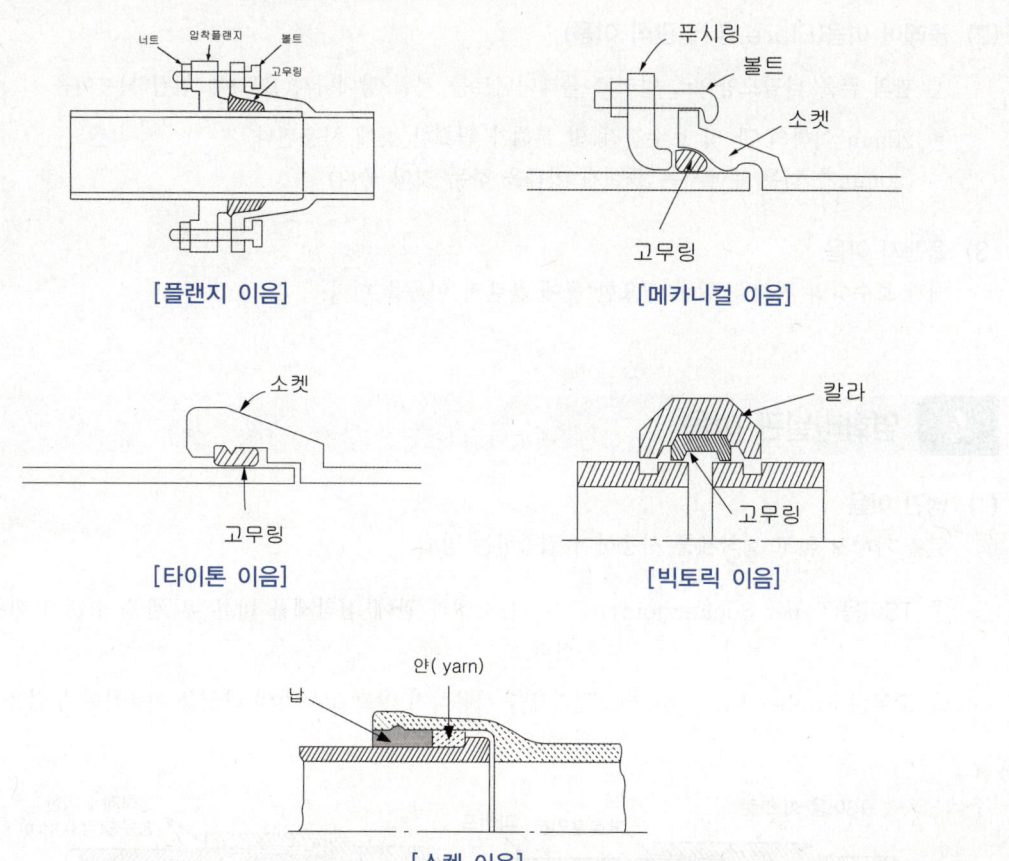

[플랜지 이음]   [메카니컬 이음]

[타이톤 이음]   [빅토릭 이음]

[소켓 이음]

3 동관 이음

(1) 납땜

① **연납땜**
  ㉠ 솔더링(Soldering) 이라고도 하며 450℃ 이하에서 용융되는 용접재를 사용하는 방법
  ㉡ 사용압력 및 사용온도(120℃)가 낮고 관경이 작은 관에 사용
  ㉢ 용접재 : 일반 상수도용(Sn50), 온도가 최고 240℃까지 올라가는 전자부품 연결 또는 난방 및 공조배관(Sn96, Sb5)

② **경납땜**
  ㉠ 브레이징(Brazing) 이라고도 하며 450℃ 이상에서 용융되는 용접재를 사용하는 방법(용접재는 보통 700~800℃에서 용융된다.)
  ㉡ 사용 압력이 높고 관경이 큰 관 용접에 사용
  ㉢ 용접재 : BCuP그룹(보통 BCuP-3가 많이 사용된다.)

(2) 플레어 이음(Flare, 나팔관식 이음)

① 관의 끝을 나팔모양으로 벌리고 플레어너트를 끼워 상대나사(볼트)에 연결하는 이음

② 20mm 이하의 관 및 보수점검 및 분해가 필요한 곳에 사용된다.
(20mm가 넘는 관에서는 플랜지 이음을 하는 것이 좋다)

(3) 플랜지 이음

배관 보수상의 편의를 위해 필요한 곳에 플랜지 이음을 한다.

4 염화비닐관 이음

(1) 냉간 이음

열을 가하지 않고 접착제를 사용하여 접합하는 방법

① **TS이음(Taper Socket joint)** : TS이음소켓과 관에 접착제를 바른 후 관을 소켓에 끼워 접합한다.

② **고무링(Rubber Ring joint)** : 접착제를 사용하지 않고 고무링의 탄성을 이용하여 누설을 방지하는 이음

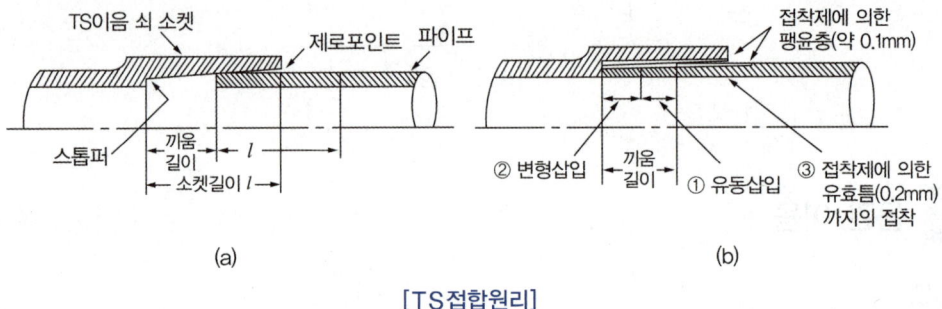

[TS접합원리]

(2) 열간 이음

열을 가하여 용접하거나 접착제를 바른후 가열 접합하는 방법

① **용접이음** : 핫제트용접(hot jet welding)으로 접합하는 방법

② **슬리브이음** : 파이프 끝을 30°모따기 하여 가열하고, 끼워넣을 관의 외부에 접착제를 바른 후 일직선으로 삽입시켜 결합하는 방법

5 폴리에틸렌관 이음

(1) 융착슬리브 이음
관 끝의 바깥면과 이음부속의 안쪽을 동시에 가열하여 접합하는 방법

(2) 인서트 이음
금속삽입물을 가열하여 연화시킨후 관에 끼우고 물로 냉각한후 2개 이상의 클램프로 체결하여 접합하는 방법

(3) 테이퍼 이음
포금(주석을 10% 정도 함유한 청동)제 테이퍼 조인트를 사용하여 접합하는 방법

6 석면 시멘트관(이터닛관)이음

(1) 기볼트 이음(Givault joint)
관의 접합부에 주철제의 슬리브를 끼워 양단을 고무링으로 막고 이 고무링을 주철제의 플랜지로 조이는 이음방법

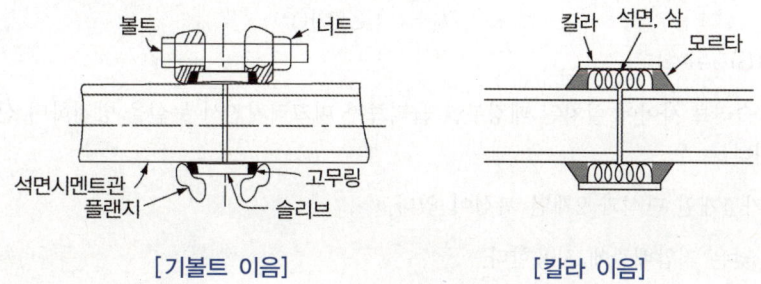

[기볼트 이음]   [칼라 이음]

(2) 칼라 이음(Collar joint)
주철제 칼라(이터닛 칼라)를 이용하여 석면 또는 삼을 관과 칼라 사이에 넣고 모르타르를 채워 접합하는 방법으로 모르터 조인트라고도 한다.

(3) 심플렉스 이음(Simplex joint)
주철제 칼라(이터닛 칼라)를 이용하여 모르타르 대신에 고무링을 사용하여 접합하는 방법

7 철근콘크리트관(흄관) 이음

(1) 칼라 이음(Collar joint)
이음부에 철근콘크리트로 만든 칼라를 끼우고 콤프(compo : 시멘트와 모래를 1 : 1 비율로 하고 물을 17% 붓고 혼합한 모르타르)를 흄관과 칼라 사이에 채워 굳히는 접합방법

(2) 모르타르 이음
칼라없이 이음부에 모르타르를 발라 접합하는 방법

8 신축이음(Expansion)

① 온도변화로 배관이 팽창, 수축하므로 파손될 수 있어 신축이음을 설치하여 팽창과 수축량을 흡수한다.
② 펌프등 장비의 기동, 정지시 압력 및 유속의 급격한 변화에 따른 배관의 파손을 방지한다.
③ 신축길이

$$\Delta \ell = L \times \alpha \times (t_2 - t_1)$$

여기서 $\Delta \ell$: 신축길이(mm)
L : 배관길이(mm)
a : 선팽창계수(1/℃)
$t_2 - t_1$: 온도차(℃)

(1) 슬리브 형(Sleeve)
① 본체와 슬리브 사이에 설치된 패킹부를 슬리브가 미끄러지면서 누설을 방지하며 신축을 흡수 하는 구조 이다.
② 슬리브가 1개인 단식과 2개인 복식이 있다.
③ 압력이 낮은 저압배관에 사용한다.
④ 장시간 사용하면 패킹의 마모로 누설이 될 수 있다.
⑤ 루프형에 비해 설치장소를 적게 차지한다.
⑥ 단식의 흡수량은 38~95mm이다.

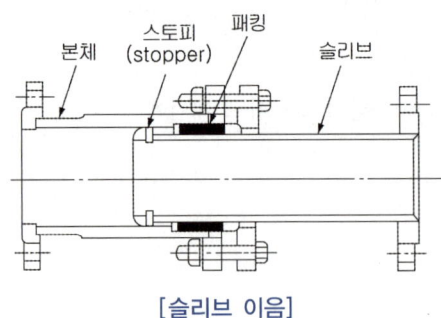

[슬리브 이음]

(2) 벨로즈 형(Bellows)

① 벨로즈(주름관)에 의해 신축을 흡수한다.
② 형식은 단식과 복식이 있다.
③ 벨로즈는 스테인리스강이나 인청동으로 만든다.
④ 기밀성이 좋다.
⑤ 루프형에 비해 설치장소를 적게 차지한다.
⑥ 단식의 흡수량은 35~45mm이다.

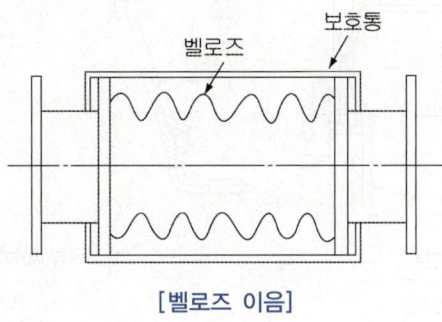

[벨로즈 이음]

(3) 신축곡관 형(Bend 형)

① 루프형(Loop)이라고도 하며 배관 도중에 U자형 등으로 관을 구부려 그 부분의 휨에 의해 신축을 흡수한다.
② 구조가 간단하고 고장의 염려가 없으며 기밀성이 좋다.
③ 고압배관 및 옥외배관에 많이 사용되며 최근에는 옥내배관에도 많이 사용되고 있다.
④ 설치장소를 많이 차지한다.
⑤ 신축흡수부의 길이

$$\ell = 73\sqrt{d \cdot \Delta \ell}$$

여기서 ℓ : 신축흡수부의 길이(mm)
d : 배관이 바깥지름(mm)
$\Delta \ell$: 배관의 늘어난 길이(mm)

[신축곡관]

(4) 볼조인트(Ball joint)

① 볼 부분이 회전되면서 신축을 흡수하는 구조이다.
② 비교적 적은 공간을 차지하면서도 신축 흡수량이 크기 때문에 초고층 건물이나 공장과 같이 배관이 긴 곳에 사용된다.
③ 고압, 고온의 배관에 사용된다.

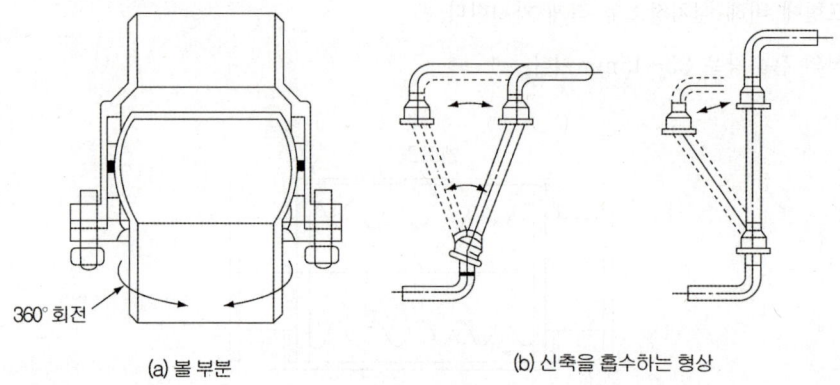

(a) 볼 부분   (b) 신축을 흡수하는 형상

(5) 스위블조인트(Swivel joint)

① 2개 이상의 나사엘보를 사용하여 나사회전을 이용하여 배관의 신축을 흡수한다.
② 방열기 및 팬코일유니트와 같은 단말기의 연결부에 사용된다.
③ 신축량이 큰 경우에는 나사가 헐거워져 누설될 수 있다.
④ 설비비가 저렴하다.

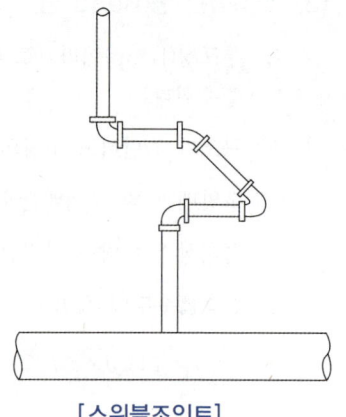

[스위블조인트]

(6) 신축량 비교(신축량이 큰 순서)

볼조인트 > 루프형 > 스리브형 > 벨로즈형 > 스위블형

● 제1편 배관일반

제3장 밸브 및 배관 부속장치

1 밸브(Valve)

(1) 구비조건

① 개폐가 확실하고 누설이 되지 않을 것

② 유체의 통과 저항이 작을 것

③ 개폐시 관성력이 작을 것

④ 고온에서도 변형이 생기지 않을 것

(2) 밸브의 종류

① 게이트 밸브(Gate, Sluice valve)

㉠ 슬루스 밸브라고도 하며 유량 조절이 필요없는 배관에서 유체 흐름을 차단할 목적으로 사용된다.

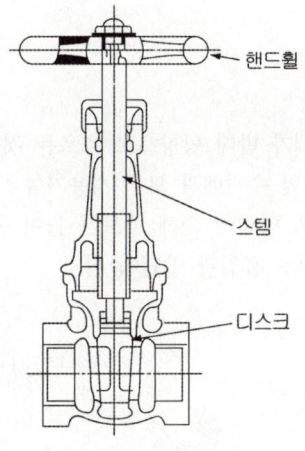

[게이트 밸브]

㉡ 밸브의 구조상 일부만 열리면 유체가 소용돌이 쳐서 진동이 발생하는 등 좋지 않으므로 완전히 개방하거나 닫힌 상태로 사용하는 것이 좋다.

㉢ 긴급 차단용이나 자주 개폐해야 하는 곳에는 적합하지 않다.

㉣ 완전 개방시 유체의 마찰저항이 작다.

② 스톱 밸브(Stop valve)
  ㉠ 글로브 밸브(Globe valve)
    • 몸통 부분이 공처럼 생겨서 붙여진 이름이다.
    • 유량 조절용 밸브로 사용된다.
    • 유체가 밸브를 통과할 때 방향이 크게 바뀌므로 저항이 크다.
  ㉡ 앵글 밸브(Angle valve)
    • 밸브의 입구와 출구가 직각(90°)로 되어 있다.
    • 유체의 방향을 90°로 바꿀 때 사용된다.
  ㉢ 니들 밸브(Needle valve)
    • 유량의 미세조정용으로 사용된다.
    • 유량의 미세조정이 가능하도록 밸브의 디스크 끝 부분이 원추형(바늘모양)으로 되어 있다.

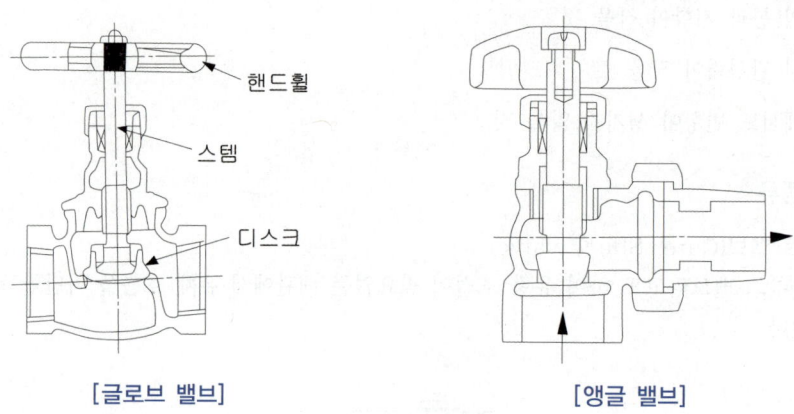

[글로브 밸브]   [앵글 밸브]

③ 체크 밸브(Check valve)
  ㉠ 역지밸브 라고도 하며 유체가 반대 방향으로 흐르는 것을 방지하는 밸브
  ㉡ 스윙 체크밸브 : 수평배관 및 수직배관 모두 사용가능
  ㉢ 리프트형 체크밸브 : 유체의 압력에 의해 밸브가 들어 올려지는 구조이며 수평배관에만 사용
  ㉣ 후트밸브(foot valve) : 펌프 흡입관 말단에 설치

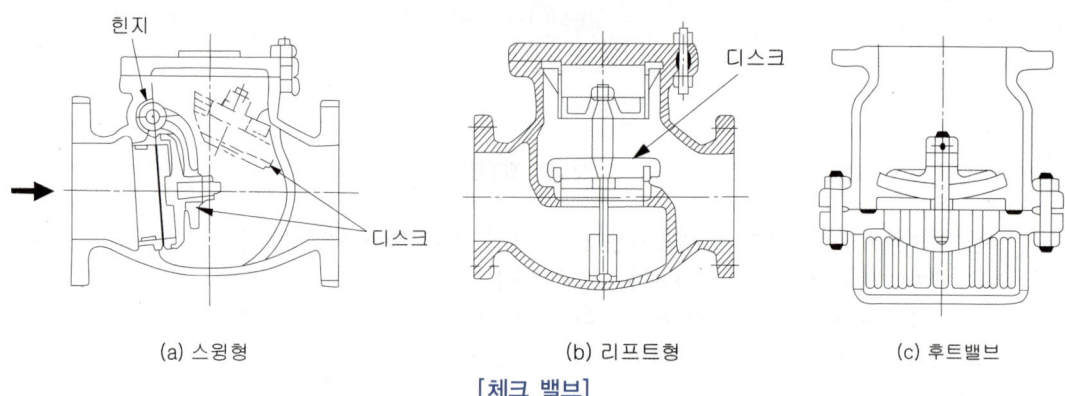

(a) 스윙형   (b) 리프트형   (c) 후트밸브
[체크 밸브]

④ 버터플라이 밸브(Butterfly valve)
  ㉠ 밸브 안에 있는 원형 디스크를 회전시켜 유체 흐름을 조절하는 밸브
  ㉡ 차단 및 유량조절이 가능하고 구조 및 조작이 간단하다.
  ㉢ 설치공간이 적어도 되므로 대구경 배관에 많이 사용된다.

⑤ 볼 밸브(Ball valve)
  ㉠ 볼에 구멍이 있어 핸들 조작에 의해 구멍의 방향이 바뀌면서 개폐 조작이 된다.
  ㉡ 기밀성이 좋고 설치공간도 적게 든다.
  ㉢ 조작이 간단하다.

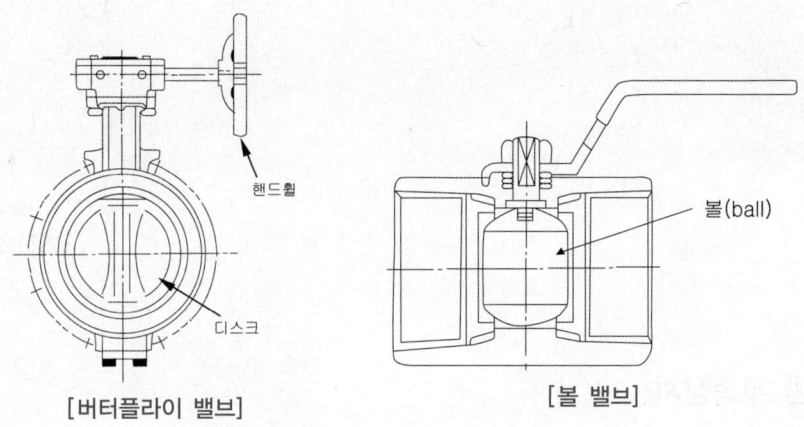

[버터플라이 밸브]   [볼 밸브]

⑥ 콕크(Cock)
  ㉠ 원뿔에 구멍을 뚫은 구조의 밸브이다.
  ㉡ 콕크를 90도 회전하면 유로가 완전히 개폐되므로 개폐가 빠르다.
  ㉢ 유체의 저항이 적다. 고압 대용량에는 적합하지 않다.

⑦ 감압 밸브
  ㉠ 고압배관과 저압배관 사이에 설치하여 저압배관의 압력까지 압력을 낮추고 저압측 압력을 일정하게 유지시키는 밸브
  ㉡ 고압측과 저압측의 압력차가 지나치게 크면 감압밸브에서 소음이 발생 하므로 2단 감압을 시킨다.

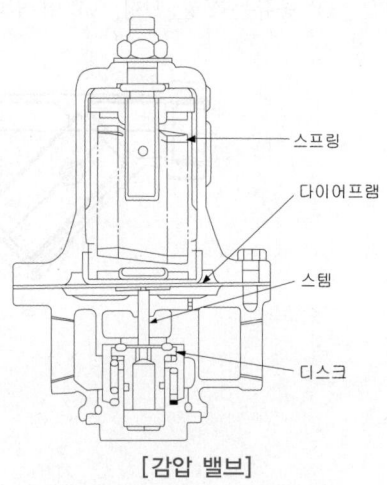

[감압 밸브]

⑧ 안전 밸브(safety valve, relief valve)
　㉠ 세이프티 밸브는 압축기, 응축기, 보일러 등 압력용기의 내부압력이 일정압력 이상이 되면 순간적으로 밸브가 열려 용기내의 유체를 외부로 방출시켜서 기기의 파손 및 압력용기의 폭발을 방지한다.
　㉡ 압력이 내려가면 다시 정상상태로 되돌아 온다.
　㉢ 릴리프 밸브(relief valve)는 용기 및 배관의 압력이 일정 압력이상이 되면 서서히 연속적으로 방출하는 밸브로서 압력이 소정압력 이상으로 올라가지 않게 하는 안전밸브이다.

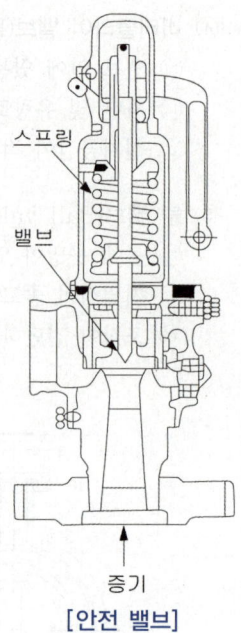

[안전 밸브]

2 배관 부속장치

(1) 스트레이너(Strainer)

① 배관에 설치하여 배관내의 이물질을 걸러내기 위한 장치
② 본체 안에 있는 여과망이 이물질을 걸러낸다.
③ 펌프의 흡입쪽이나 밸브의 입구쪽에 설치한다.
④ 종류는 Y형, U형, V형이 있다.

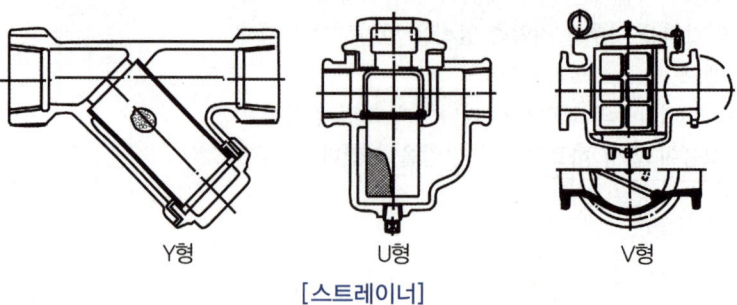

[스트레이너]

(2) 배수트랩(Trap)

① 배수관내의 악취, 유독가스, 벌레등이 배관을 통해 실내로 들어오는 것을 방지한다.

② 트랩 안에 들어있는 물을 봉수라 한다.

③ 관 트랩 : P트랩, S트랩, U트랩

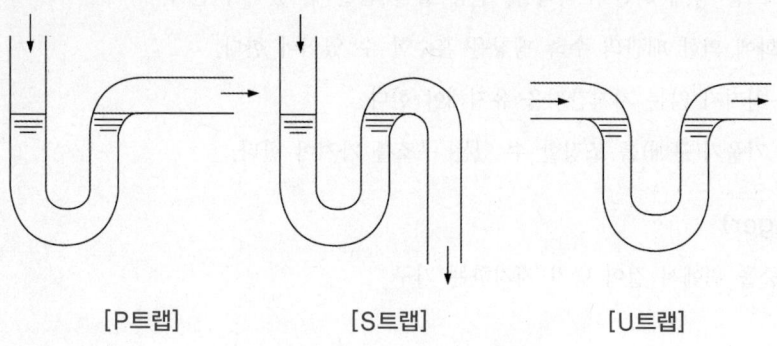

[P트랩]　　　　[S트랩]　　　　[U트랩]

④ 박스 트랩 : Bell 트랩, 드럼 트랩, 그리스 트랩, 가솔린 트랩

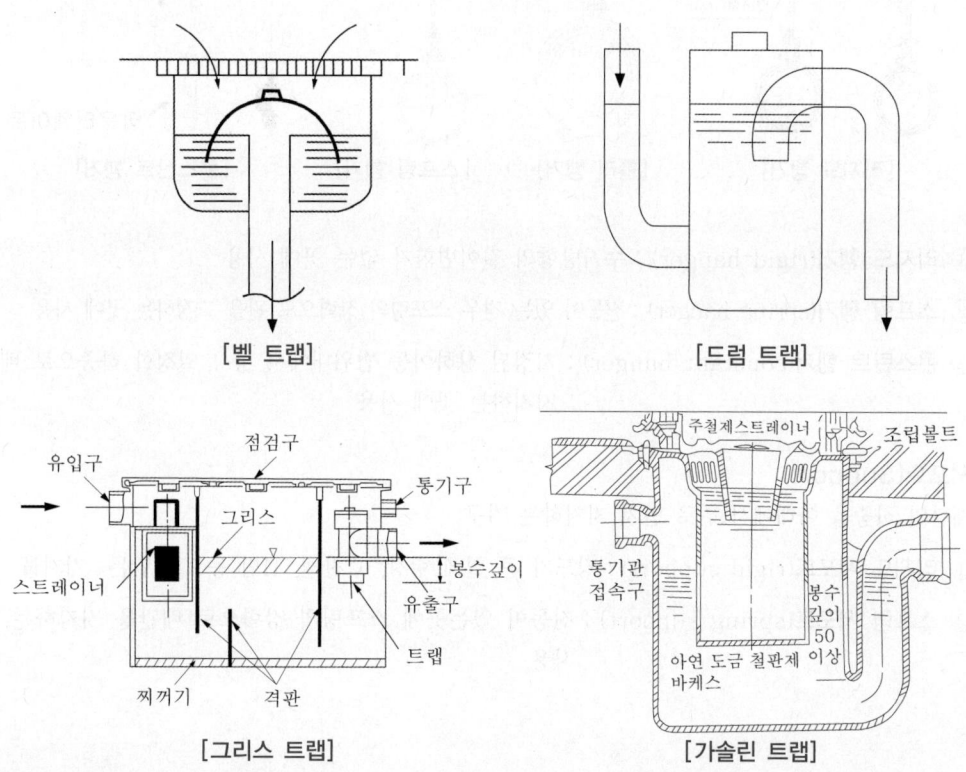

[벨 트랩]　　　　[드럼 트랩]

[그리스 트랩]　　　　[가솔린 트랩]

3 배관지지

(1) 일반조건

① 관과 관내의 액체중량을 지지할 수 있는 강도가 있어야 한다.

② 유체의 흐름 등에 의한 수격작용, 진동 등을 견딜 수 있어야 한다.

③ 온도변화에 의한 배관의 수축 팽창을 흡수할 수 있어야 한다.

④ 배관이 처지지 않는 지지간격을 유지해야 한다.

⑤ 배관의 기울기(구배)를 조정할 수 있는 구조를 가져야 한다.

(2) 행거(Hanger)

배관의 하중을 위에서 걸어 당겨 지지하는 기구

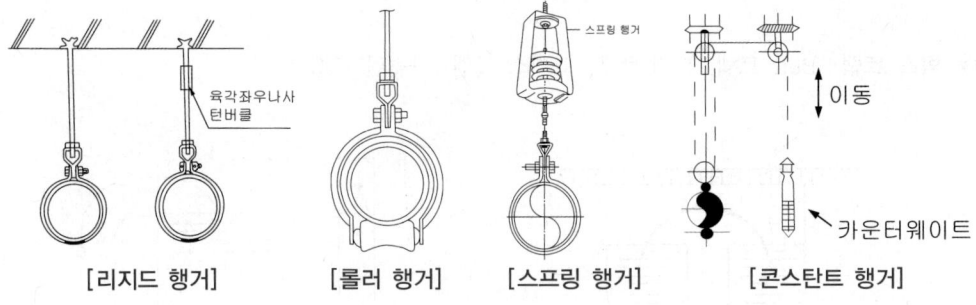

[리지드 행거] [롤러 행거] [스프링 행거] [콘스탄트 행거]

① **리지드 행거**(rigid hanger) : 수직방향의 길이변화가 없는 곳에 사용

② **스프링 행거**(spring hanger) : 진동이 있는 경우 스프링의 장력으로 관을 고정하는 곳에 사용

③ **콘스탄트 행거**(constant hanger) : 지정된 상하이동 범위내에서 항상 일정한 하중으로 배관을 지지하는 곳에 사용

(3) 서포트(Support)

배관의 하중을 아래에서 위로 받쳐 지지하는 기구

① **리지드 서포트**(rigid support) : 강도가 큰 철제 형강, ㄷ찬넬, H빔 등으로 만든 지지물

② **스프링 서포트**(spring support) : 진동이 있는곳에 스프링의 장력으로 배관을 지지하는 곳에 사용

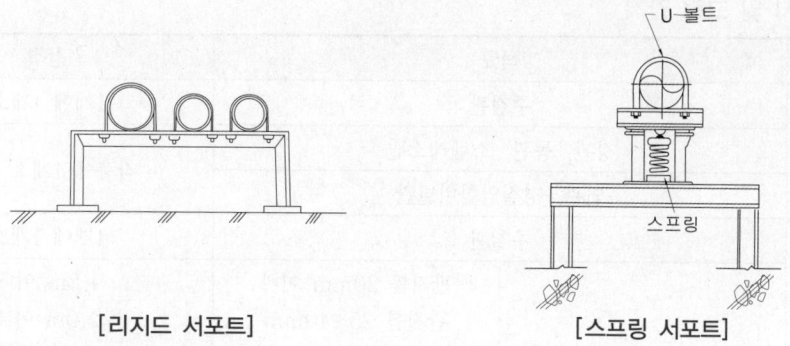

[리지드 서포트]　　　　　　　[스프링 서포트]

③ **롤러 서포트**(roller support) : 배관의 수축팽창으로 전후이동이 있는 곳에 롤러로 배관을 지지

(4) **리스트레인트(Restraint)**
배관의 수축팽창에 의한 좌우 상하이동을 억제하는 배관고정 기구

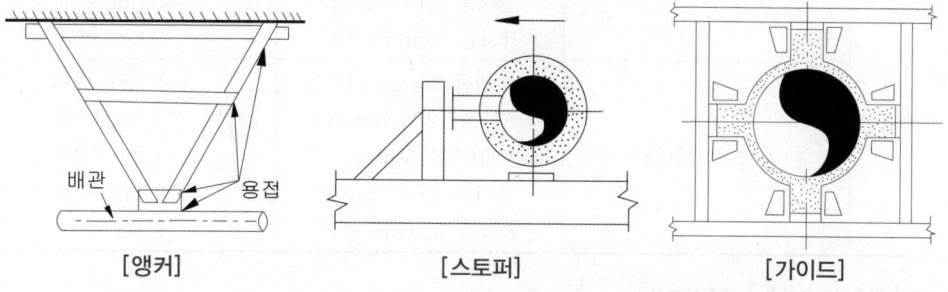

[앵커]　　　　　[스토퍼]　　　　　[가이드]

① **앵커**(anchor) : 배관이 이동 또는 회전하지 못하도록 완전히 고정하는 곳에 사용
② **스토퍼**(stopper) : 배관의 일정방향의 이동을 제한하고 다른 방향은 자유롭게 하는 곳에 사용
③ **가이드**(guide) : 배관의 축방향 이동은 허용하고 회전이나 직각방향의 이동을 제한하는 곳에 사용

(5) **브레이스(Brace)**
배관의 진동을 억제하기 위해 사용하며 유압식과 스프링식이 있다.

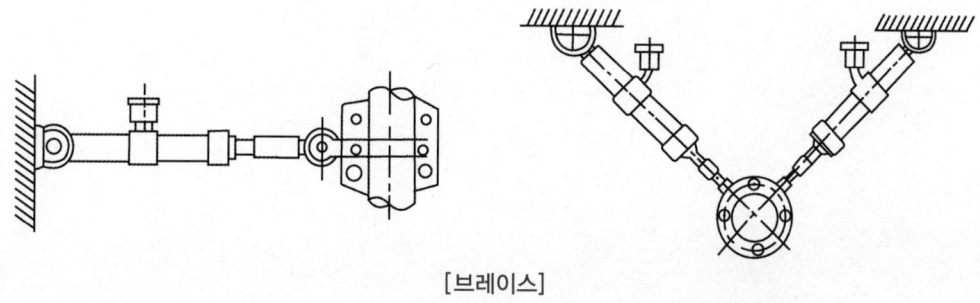

[브레이스]

(6) 배관의 지지 및 고정 간격

배 관	적요		간격
수직 배관	주철관		1개에 1개소
	강관, 동관, 스텐레스관		각층에 1개소 이상
	연관, 경질염화비닐관		
수평 배관	주철관		1개에 1개소
	강 관	관지름 20mm 이하	1.8m 이내
		관지름 25~40mm	2.0m 이내
		관지름 50~80mm	3.0m 이내
		관지름 100~150mm	4.0m 이내
		관지름 200mm 이상	5.0m 이내
	동 관 스텐레스관	관지름 20mm 이하	1.0m 이내
		관지름 25~40mm	1.5m 이내
		관지름 50mm	2.0m 이내
		관지름 65~100mm	2.5m 이내
		관지름 125mm 이상	3.0m 이내
	경질염화비닐관	관지름 16mm 이하	0.75m 이내
		관지름 20~40mm	1.0m 이내
		관지름 50mm	1.2m 이내
		관지름 65~125mm	1.5m 이내
		관지름 150mm 이상	2.0m 이내

※ 출처 : 건축기계설비공사 표준시방서

제4장 보온재, 패킹, 가스켓, 도료

● 제1편 배관일반

1 보온재

(1) 보온재의 구비조건

① 열전도율이 작을 것(보온능력이 클 것)
② 흡습성 및 흡수성이 작을 것
③ 화학작용을 일으키지 않고 불연성일 것
④ 사용하는 온도에서 변질이 없을 것
⑤ 경제적이며 중량이 가볍고 시공이 용이할 것

(2) 유기질 보온재

① 펠트(felt)
   ㉠ 양모 펠트와 우모 펠트가 있으며 곡면시공이 용이하다.
   ㉡ 안전 사용온도는 100℃ 이하
   ㉢ 아스팔트로 방습처리한 것은 -60℃까지 사용할 수 있다.

② 코르크(cork)
   ㉠ 액체 및 기체가 쉽게 침투되지 않아 보냉 및 보온효과가 우수하다.
   ㉡ 안전 사용온도는 130℃ 이하이다.
   ㉢ 굽힘성이 없어 곡면시공시 균열이 생긴다.
   ㉣ 냉수배관, 냉매배관, 냉각기 등의 보냉용으로 쓰인다.

③ 기포성 수지(plastic foam)
   고무 또는 합성수지를 발포제로 발포시켜 다공질 제품으로 만든 것
   ㉠ 폴리스틸렌 보온재
     • 안전 사용온도 70℃ 이하
     • 스티로폼이라고도 하며, 경량이고 흡수성이 적다.
   ㉡ 폴리우레탄폼 보온재
     • 안전 사용온도 130℃ 이하
     • 경량이고 강도가 크며 흡수성이 적고 열전도율이 가장 적다.

ⓒ 폴리에틸렌 보온재
- 안전 사용온도 70~120℃ 이하
- 폴리에틸렌수지를 독립기포 구조로 발포시켜 만든 것
- 경량이고 흡수성이 적다.

ⓔ 고무발포 보온재
- 안전 사용온도 105℃ 이하
- 독립기포로서 습기의 침투성이 가장 작은 보온재이다.
- 습기가 많은 곳 또는 옥외배관의 보온재로 사용된다.

(3) 무기질 보온재

① 석면 보온재
  ⓐ 안전 사용온도 350~550℃ 이하
  ⓑ 아스베스토스를 주원료로 판형이나 원통형으로 성형하여 만든 보온재
  ⓒ 사용 중에 부서지거나 뭉그러지지 않아 선박과 같이 진동이 심한 곳에 사용된다.
  ⓓ 400℃ 이하의 파이프, 탱크, 노벽의 보온재로 사용
  ⓔ 현재는 발암물질로 판명되어 거의 사용되지 않는다.

② 암면 보온재
  ⓐ 안전 사용온도 400~600℃ 이하
  ⓑ 현무암, 안산암, 미분암, 감람암에 석회를 섞어 용융하여 섬유화한 것
  ⓒ 석면에 비해 섬유가 거칠고 굵어서 부서지기 쉬운 결점이 있다.

③ 유리섬유 보온재
  ⓐ 안전 사용온도 300℃ 이하
  ⓑ 용융유리를 원심력 또는 압축공기를 이용하여 섬유화한 것
  ⓒ 흡습성이 크기 때문에 방수처리를 하여야 한다.
  ⓓ 증기배관 및 덕트의 보온재로 사용된다.

④ 규조토 보온재
  ⓐ 안전 사용온도 500℃ 이하
  ⓑ 규조토에 점토 또는 탄산마그네슘을 섞어 성형한 것
  ⓒ 단열효과가 떨어지므로 다른 종류의 보온재보다 다소 두껍게 시공한다.
  ⓓ 파이프, 탱크, 노벽의 보온재로 사용된다.

⑤ 탄산마그네슘 보온재($MgCO_3$)
  ⓐ 안전 사용온도 250℃ 이하
  ⓑ 염기성 탄산마그네슘 85%에 석면 15%를 섞어 물에 개어 사용한다.
  ⓒ 단열효과가 떨어지므로 두껍게 시공해야 한다.
  ⓓ 파이프, 탱크의 보냉용으로 사용된다.

⑥ 세라믹 화이버 보온재(ceramic fiber)
  ㉠ 안전 사용온도 1200~1300℃ 이하
  ㉡ 고석회질 규산유리나 용융석영을 원료로 만든다.
  ㉢ 용융점이 높고 내약품성이 우수하여 고온용 단열재로 사용된다.
⑦ 펄라이트 보온재(perlite)
  ㉠ 안전 사용온도 650℃ 이하
  ㉡ 진주암, 흑요석, 송지암을 소성, 팽창시켜 다공질로 만든 후 석면 등의 무기질 섬유를 혼합하여 성형한 것
  ㉢ 흡습성과 열전도율이 적고, 내열도가 높다.
⑧ 규산칼슘 보온재
  ㉠ 안전 사용온도 650℃ 이하
  ㉡ 규산에 석회 및 석면을 혼합하여 성형하고 다시 수증기로 처리하여 만든다.
  ㉢ 기계적 강도가 크고, 내산성, 내열성, 내수성이 크다.

(4) 금속재 보온재
  ① 알루미늄박
    ㉠ 안전 사용온도 500℃ 이하
    ㉡ 알루미늄박으로 공기층을 만들고 복사열에 대한 반사특성과 공기층의 보온성을 이용한다.

2 패킹(Packing)

① 접합부의 누설 방지를 위해 접합부 사이에 끼워 사용하는 재료를 총칭하여 패킹이라 하며
② 회전 또는 왕복운동으로 움직이는 부분의 누설방지를 위해 사용하는 것을 패킹이라하고, 플랜지 이음에서처럼 움직이지 않는 부분에 사용하는 것을 가스켓이라 한다.

(1) 플랜지 패킹(가스켓)
  ① 고무 패킹(천연고무)
    ㉠ 탄성은 우수하나 흡수성이 없다.
    ㉡ 산과 알카리에 강하나 열과 기름에는 약하다.
    ㉢ 100℃ 이상의 고온에서는 사용할 수 없다.
    ㉣ 물, 공기의 밀폐용으로 사용된다.
  ② 네오프렌(neoprene, 합성고무)
    ㉠ 합성고무이며 사용온도범위 -46~120℃ 이다.
    ㉡ 산과 기름에 강하며 기계적 성질도 우수하다.
    ㉢ 물, 공기, 기름, 냉매배관에 사용된다.

③ 테프론 패킹(합성수지)
  ㉠ 합성수지패킹이며 사용온도 범위 −260~260℃이다.
  ㉡ 기름에 침식되지 않고 산과 알카리에 강하나 탄성이 부족하다.
  ㉢ 냉매배관에 사용된다.

④ 석면조인트 패킹
  ㉠ 광물질섬유로서 섬유가 가늘고 강인하다.
  ㉡ 사용온도가 450℃까지 가능하다.
  ㉢ 증기, 온수, 고온의 기름 배관에 사용된다.

⑤ 금속 패킹
  ㉠ 연질의 금속이 주로 사용되나 용도에 따라 구리, 납, 연강, 스테인리스강, 등의 금속으로 만든다.
  ㉡ 탄성이 적어 관의 신축, 진동이 있을 경우 누설의 염려가 있다.

⑥ 오일 실 패킹
  ㉠ 한지를 여러겹 겹쳐 기름으로 가공한 것으로 내열도가 낮은 곳에 사용한다.
  ㉡ 펌프나 기어박스에 사용된다.

(2) 나사용 패킹(가스켓)

① 페인트(paint)
  ㉠ 페인트와 광명단을 혼합하여 사용한다.
  ㉡ 고온의 기름배관에는 사용할 수 없다.

② 일산화연(litharge, 일산화납)
  ㉠ 페인트에 소량의 일산화연을 섞어서 사용한다.
  ㉡ 냉매배관에 사용된다.

③ 액상 합성수지
  ㉠ 화학약품 및 기름에 강하다.
  ㉡ 사용온도범위 −30~130℃ 이다.
  ㉢ 증기, 기름, 화학약품 배관에 사용된다.

(3) 그랜드 패킹

회전부에 사용하는 것으로 아마존, 몰드, 석면각형, 석면야안 패킹이 있다.

① 아마존 패킹 : 면포와 내열고무 콤파운드를 가공하여 만든 패킹
② 몰드 패킹 : 수지, 흑연, 석면 등을 배합 성형하여 만든 패킹
③ 석면 각형 패킹 : 석면사를 각형으로 성형하고 윤활유와 흑연을 침투시킨 패킹
④ 석면 야안 패킹 : 석면사를 꼬아서 만든 패킹

3 페인트(Paint)

(1) 광명단 도료
① 녹막이 페인트라고도 하며 밀착력이 강하여 풍화에 잘 견딘다.
② 사산화납(Pb_3O_4, 연단, 광명단)에 아마인유를 혼합하여 만든다.
③ 철 표면의 녹 방지를 위한 방청제 도료 및 바탕칠 도료로 쓰인다.

(2) 알루미늄 도료
① AL 분말에 유성 바니시(oil varnish)를 혼합하여 만든다.
② 내열성(400~500℃)이 우수하고 열을 잘 반사시키므로 방열기, 증기관 등의 표면 도장용으로 사용된다.

(3) 산화철 도료
① 산화 제2철을 보일러유나 아마인유에 혼합하여 만든다.
② 도막이 부드럽고 가격이 저렴하다.
③ 녹 방지(방청)효과는 떨어진다.

(4) 합성수지 도료
① 프탈산계(phthalic)
  ㉠ 상온에서 도막을 건조시키는 도료이다.
  ㉡ 내후성, 내유성은 우수하나 내수성은 불량하다.
② 요소 멜라민계(urea melamine)
  ㉠ 내열성, 내유성, 내수성이 우수하여 내열도료 및 베이킹(가열건조)도료로 사용된다.
  ㉡ 내열도는 150~200℃ 정도이다.
③ 염화비닐계
  ㉠ 내약품성, 내유성, 내산성이 우수하여 금속의 방식도료로 사용된다.
  ㉡ 부착력과 내후성, 내열성이 약하다.
④ 실리콘 수지계
  ㉠ 요소 멜라민계와 같이 내열도료 및 베이킹 도료로 사용된다.
  ㉡ 내열도는 200~350℃ 정도이다.

(5) 타르 및 아스팔트
① 표면에 내식성도막을 형성하여 물의 접촉을 방지한다.
② 외부 노출 시에는 온도변화에 따른 균열이 발생할 우려가 있다.

● 제1편 배관일반

제5장 배관제도

1 배관의 도시기호

(1) 관의 도시법

① 유체의 흐름방향은 화살표(→)로 표시한다.

② 유체의 종류와 문자기호 및 색상

유체의 종류	기호	색상	유체의 종류	기호	색상
물	W	청색	공기	A	백색
수증기	S	암적색	유류	O	암적황색
가스	G	황색	냉매	R	

③ 배관의 표시방법

```
2B-S115-A10-H20
```

2B : 관의 호칭지름(2B = 2인치)
S115 : 관내에 흐르는 유체의 종류 및 상태(S = 증기)
A10 : 배관계의 시방(배관의 종류, 두께, 압력 등)
H20 : 배관 외면에 실시하는 설비, 재료(보온재료)

```
SPPS-S-H-1965,11-100A×SCH40×6
```

SPPS : 강관의 종류(압력배관용 탄소강관)
S-H : 제조방법(열간가공 이음매 없는 관)
1965,11 : 제조년월(1965년 11월)
100A : 관경 (100mm)
SCH40 : 호칭방법 (스케쥴 40번)
6 : 관길이(6m)

(2) 관의 이음방식과 도시기호

이음의 종류	접속방법	도시기호	이음의 종류	접속방법	도시기호
관 이음	나사형 (일반)		신축이음	루프형	
	유니언			슬리브형	
	플랜지형				
	용접형			벨로스형	
	납땜형			스위블형	
	턱걸이형 (소켓형)				

명 칭	나사이음	플랜지이음	턱걸이이음	용접이음	냅땜이음
엘보					
가는 엘보					
오는 엘보					
티이(T)					
크로스(+)					

명 칭	도시기호	명 칭	도시기호
부싱(bushing)		레듀서	
디스트리뷰터		플렉시블튜브 (고무관)	

관 끝부분의 종류	도시기호	관 끝부분의 종류	도시기호
나사박음식 캡, 나사박음식 플러그		체크 조인트	
용접식 캡		핀치오프	
막힌 플랜지			

2 계측기기의 도시기호

명 칭	도시기호	명 칭	도시기호
압력계	P	온도계	T
유량계	F	액면계	LG
조절계	C	가스계량기 (가스미터)	GM

3 밸브의 도시기호

명 칭	도시기호	명 칭		도시기호
일반밸브		조작 밸브	일반	
글로브밸브			전자밸브	
슬루스밸브 (게이트밸브)			전동밸브	
앵글밸브		안전 밸브	일반	
			스프링식	
체크밸브			추식	
버터플라이밸브		다이어프램밸브		
감압밸브		일반콕		
공기빼기밸브		볼밸브		

● 제1편 배관일반

제6장 난방배관

1 상당 방열면적(EDR)

(1) 방열기의 용량

상당 방열면적(Equivalent Direct Radiation)으로 방열기 용량을 나타낸다.

$$EDR = \frac{q}{q_0}$$

EDR : 상당방열면적 [m²]
q : 방열기의 총 방열량 [W], [kcal/h]
q_0 : 방열기의 표준 방열량 [W/m²], [kcal/m²h]

(2) 방열기 표준방열량(q_0)

열 매	표준상태		표준방열량(q_0)
	열매온도[℃]	실내온도[℃]	
온수	80	18.5	523W/m²
			450kcal/m²·h
증기	102	18.5	756W/m²
			650kcal/m²·h

※ 온수온도 80℃는 평균온도이다.

(3) 보정계수(C_R)

열매온도 또는 실내온도가 다를 때 방열기의 방열량도 달라진다.
따라서 보정을 해주어야 한다.

실제 방열량 $q_0' = q_0 \times C_R$

$$C_R = \left(\frac{실제온도차}{표준온도차}\right)^n$$

C_R : 보정계수
n : 방열기 종류별 지수
n = 1.3 (주철제, 강판제 방열기)
n = 1.4 (베이스보드 컨벡터)
n = 1.5 (컨벡터)
n = 1.25 (핀부착 관)

2 온수난방 배관

(1) 온수난방의 분류

① 순환방식에 의한 분류

㉠ 중력 순환식
- 온수의 밀도(비중)차에 의한 대류작용으로 자연 순환된다.
- 방열기를 보일러보다 높은 위치에 설치해야 한다.
- 소형건물, 주택 등에 사용된다.

㉡ 강제 순환식
- 온수를 순환펌프로 강제 순환 시킨다.
- 순환이 안정되고 빨라서 배관경이 중력순환식 보다 작아도 된다.
- 일반 건축물에 대부분 채택되고 있다.

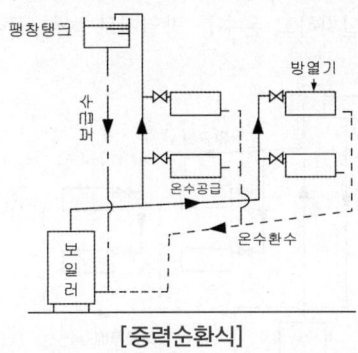
[중력순환식]

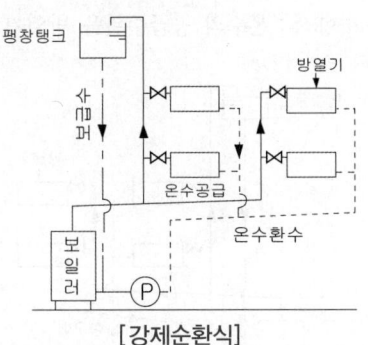
[강제순환식]

② 배관방식에 의한 분류

㉠ 1관식(one pipe) : 단관식
- 1개의 관을 온수의 공급관과 환수관으로 사용하는 배관방식이다.
- 소규모 온수난방에 채택되나 근래에는 사용되지 않는다.

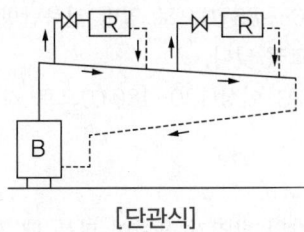
[단관식]

㉡ 2관식(two pipe)
- 온수의 공급관과 환수관이 각각 1개씩 있는 배관방식이다.
- 현재 가장 많이 사용되고 있는 배관방식이다.

ⓒ 3관식(three pipe)
- 공급관이 2개(온수관, 냉수관)이고 환수관이 1개인 배관방식이다.
- 개별제어가 가능하다.
- 배관이 복잡하다.
- 환수관이 1개이므로 냉수와 온수의 혼합 열손실이 발생한다.

ⓓ 4관식(four pipe)
- 공급관 2개(온수관, 냉수관), 환수관 2개(온수관, 냉수관)인 배관 방식
- 개별제어가 가능하다.
- 배관이 가장 복잡하다.
- 각각의 환수관이 있어 냉수와 온수의 혼합 열손실이 발생하지 않는다.

③ 공급방식에 의한 분류
ⓐ 상향식 : 온수의 공급주관을 방열기보다 아래에 설치하고 온수를 방열기까지 상향으로 공급하는 방식
ⓑ 하향식 : 온수의 공급주관을 방열기보다 위에 설치하고 온수를 방열기로 하향 공급하는 방식

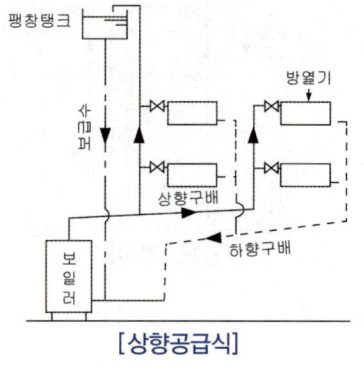

[상향공급식]

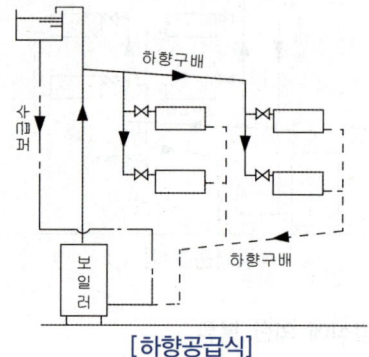

[하향공급식]

④ 온수온도에 의한 분류
ⓐ 저온수식
- 온수온도가 100℃ 미만(65~85℃)으로 일반 건축난방에 사용된다.
- 보일러의 상용압력이 비교적 낮다.
ⓑ 고온수식 : 온수온도가 100℃ 이상(120~180℃)으로 지역난방에 사용된다.

⑤ 환수방식에 의한 분류
ⓐ 직접환수 방식(direct return)
- 배관설비가 간단하고 각각의 방열기 용량이 다를 때 사용한다.
- 유량이 균등하게 분배되지 못하므로 유량제어 밸브를 설치해야 한다.

ⓒ 역환수 방식(reverse return)
- 각 유니트마다 온수 공급관에서부터 환수관까지의 총길이를 동일하게 하므로 배관저항이 같게되어 각 유니트에 유량공급도 균일하다.
- 배관의 길이가 길어지고 공간도 많이 차지하며 설비비가 많이 든다.

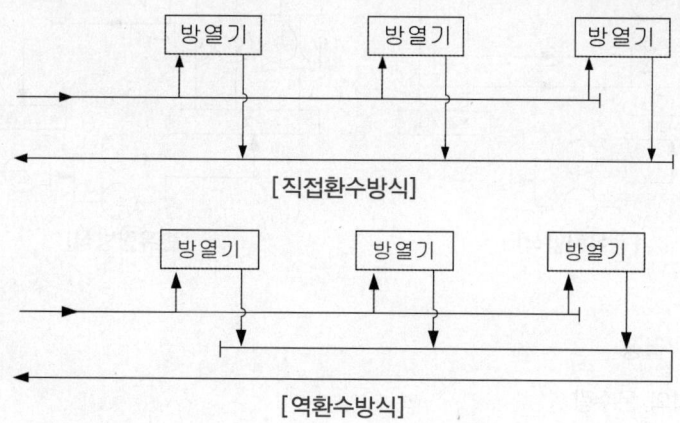

[직접환수방식]

[역환수방식]

⑥ 회로방식에 의한 분류
  ㉠ 개방회로
   - 물의 순환경로중 어느 부분에서 대기에 개방되어 있는 회로이다.
   - 순환수가 공기(산소)와 접하기 때문에 밀폐식보다 배관의 부식이 크다.
   - 밀폐식보다 관경이 커지고 펌프의 동력이 커진다.
   - 개방형 팽창탱크가 설치된 배관이 이에 해당한다.
  ㉡ 밀폐회로
   - 물의 순환경로중 어느 부분도 대기에 개방되어 있지 않은 회로이다.
   - 개방형보다 부식이 적고, 관경과 펌프의 동력이 작아도 된다.
   - 밀폐형 팽창탱크가 설치된 배관이 이에 해당한다.

⑦ 유량제어방식에 의한 분류
  ㉠ 정유량방식
   - 부하 변동이 있을 때 유량은 일정하게 유지하고 물의 온도를 변화시키는 방식
   - 3방밸브로 바이패스에 의한 혼합비로 물의 온도를 제어한다.
   - 부분 부하시에도 펌프의 동력을 줄일 수 없어 에너지 절약에 불리하다.
  ㉡ 변유량방식
   - 부하 변동이 있을 때 물의 온도는 일정하게 유지하고 유량을 변화시키는 방식
   - 펌프의 대수제어 또는 회전수제어, 2방밸브제어, 3방밸브제어 등이 있다.
   - 부분 부하시 펌프의 동력을 줄일 수 있어 에너지 절약에 유리하다.

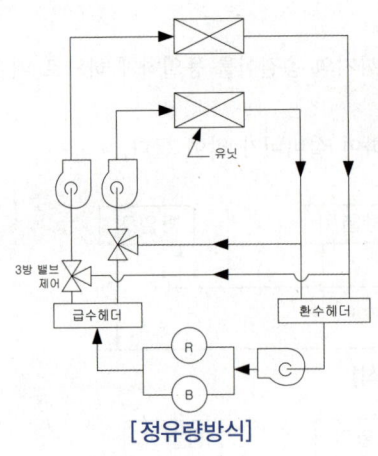
[정유량방식]

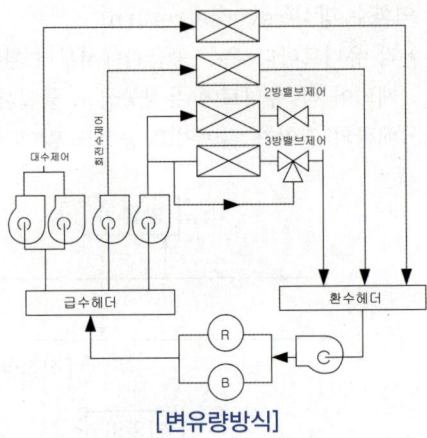
[변유량방식]

(2) 온수관의 관경 결정

① 온수 보일러의 온수량

$$L = \frac{H_b}{C \times (t_2 - t_1)} \ [\ell/s]$$

H_b : 보일러 용량 [kW]
C : 온수의 비열 [= 4.19kJ/kg·K]
t_1 : 보일러 입구수온 [℃]
t_2 : 보일러 출구수온 [℃]

② 온수 방열기의 온수량

$$L = \frac{q}{C \times (t_1 - t_2)}$$
$$= \frac{EDR \times 523}{C \times (t_1 - t_2) \times 1000} \ [\ell/s]$$

q : 방열기의 용량 [kW]
EDR : 상당방열면적 [m²]
523 : 온수방열기 표준 방열량 [W/m²]
t_1 : 방열기 입구수온 [℃]
t_2 : 방열기 출구수온 [℃]

③ 관경 결정

유량 $\quad Q = A \times V = \frac{\pi}{4} d^2 \times V \ [m^3/s]$

Q : 유량 [m³/sec]
V : 유속 [m/sec]

관경 $\quad d = \sqrt{\frac{4Q}{\pi V}} \ [m]$

(3) 온수난방 배관의 시공

① 배관의 기울기(구배)
  ㉠ 배관 안에 공기가 체류하지 않도록 해야 한다.
  ㉡ 배관의 기울기는 일반적으로 1/250 이상으로 한다.
    • 단관 중력환수식 : 온수주관은 하향 기울기

- 복관 중력환수식의 상향공급식 : 공급관은 상향 기울기
  환수관은 하향 기울기
- 복관 중력환수식의 하향공급식 : 공급관, 환수관 모두 하향 기울기
- 강제 환수식 : 배관의 기울기를 상향, 하향 자유롭게 선정 가능

② 배관시공
  ㉠ 레듀서(Reducer) : 배관의 관경을 바꿀 때 사용하며, 수평배관에서는 편심레듀서를 윗면이 수평이 되게 시공하여 공기의 고임을 방지한다.
  ㉡ 배관의 분류 및 합류 : 온수의 흐름을 원활히 하고 신축을 흡수하기 위해 티이(Tee)를 사용하지 않고 와이(Y)관과 엘보(Elbow)를 사용한다.
  ㉢ 공기 빼기(Air vent) : 배관에서 물의 순환을 방해하는 공기를 배출하기 위해 공기가 모이는 곳에 에어벤트를 설치한다. 방열기 마다 수동 에어벤트를 설치한다.
  ㉣ 배수밸브(Drain valve) : 배관내의 온수를 빼기위해 배관의 최 하단부에 밸브를 설치한다.
  ㉤ 슬리브(Sleeve) : 배관이 벽체 또는 바닥 등을 관통해야 할 때 나중에 본 배관 시공을 위해 보온 등을 감한하여 미리 본 배관보다 큰 직경의 관을 벽체 등에 설치한다.

③ 온수 난방기기 설치
  ㉠ 팽창탱크
    - 물의 온도변화에 따른 체적팽창을 흡수하고, 장치내의 압력변화를 흡수하여 장치의 파열을 방지하고 수축 시에는 장치내의 압력을 일정하게 유지시킴으로 공기가 침입하는 것을 방지한다.
    - 개방식과 밀폐식 팽창탱크가 있다.
    - 팽창관과 안전관에는 밸브를 설치하지 않아야 한다.
    - 안전관 관경 : $d = 15 + \sqrt{20H}$ [mm]
    - 팽창관 관경 : $d = 15 + \sqrt{10H}$ [mm]
      여기서 H : 보일러 전열면적[m^2]
  ㉡ 펌프주위 배관
    - 흡입관 수평부 : 1/50~1/100의 선 상향 기울기를 주어 흡입관 수평부에 공기가 고이지 않게 한다.
    - 스트레이너 : 펌프의 흡입 측에 설치한다.
    - 체크밸브 : 펌프의 토출 측에 설치한다.
    - 압력계 : 펌프의 흡입 측과 토출 측에 설치한다.
  ㉢ 공기 가열기 주위 배관
    - 온수의 흐름방향과 공기의 흐름방향을 대향류로 한다.
    - 온수의 유량을 조절하기 위하여 자동 3방밸브를 설치한다.
    - 공기 빼기밸브(에어벤트)와 드레인 밸브를 설치한다.

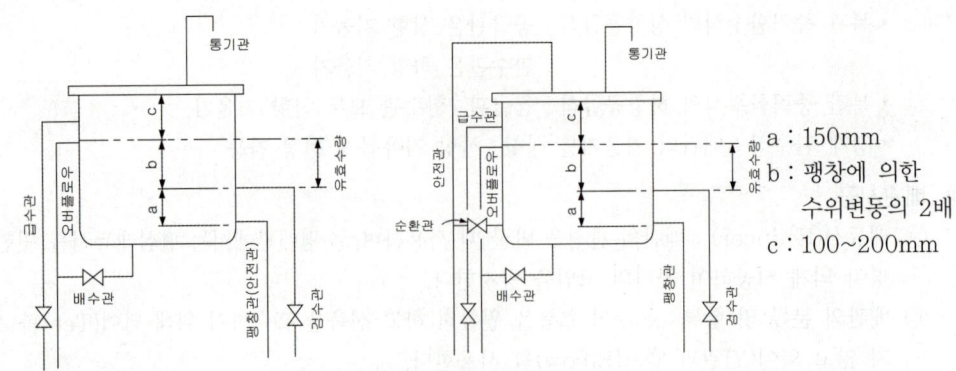

(a) 팽창관이 안전관의 기능을 함께하는 경우   (b) 팽창관과 안전관을 각각 갖춘 경우

a : 150mm
b : 팽창에 의한
  수위변동의 2배
c : 100~200mm

[개방식 팽창탱크의 배관접속(수동급수의 경우)]

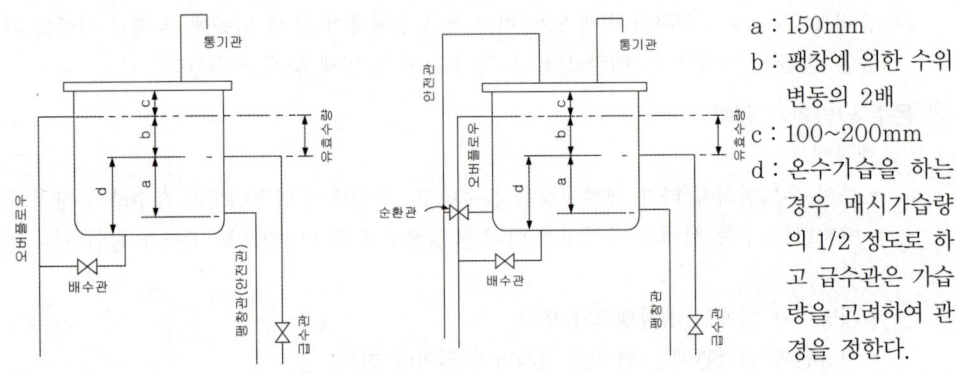

(a) 팽창관이 안전관의 기능을 함께하는 경우   (b) 팽창관과 안전관을 각각 갖춘 경우

a : 150mm
b : 팽창에 의한 수위
  변동의 2배
c : 100~200mm
d : 온수가습을 하는
  경우 매시가습량
  의 1/2 정도로 하
  고 급수관은 가습
  량을 고려하여 관
  경을 정한다.

[개방식 팽창탱크의 배관접속(자동급수의 경우)]

(4) 온수의 팽창량 (ΔV)

$$\Delta V = (V_2 - V_1)$$
$$= m\left(\frac{1}{\rho_2} - \frac{1}{\rho_1}\right) \quad [\text{m}^3]$$

ΔV : 온수의 팽창량 [m³]
V_1, V_2 : 팽창전, 후의 체적 [m³]
ρ_1, ρ_2 : 팽창전, 후의 밀도 [kg/m³]
m : 전체 질량 [kg]

(5) 밀폐형 팽창탱크 용량 (V_o)

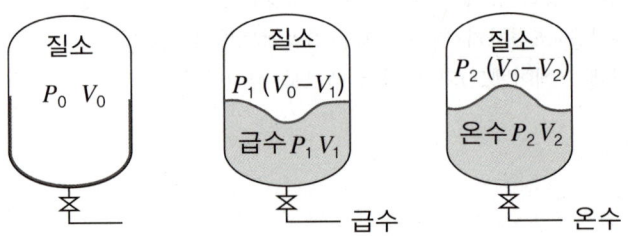

온수의 팽창량 $\Delta V = (V_2 - V_1) = m\left(\dfrac{1}{\rho_2} - \dfrac{1}{\rho_1}\right)$

$\begin{cases} P_0 V_0 = P_1(V_0 - V_1) \rightarrow V_1 = V_0 - \dfrac{P_0}{P_1}V_0 \\ P_0 V_0 = P_2(V_0 - V_2) \rightarrow V_2 = V_0 - \dfrac{P_0}{P_2}V_0 \end{cases}$ 이므로

$\Delta V = V_2 - V_1 = \left(V_0 - \dfrac{P_0}{P_2}V_0\right) - \left(V_0 - \dfrac{P_0}{P_1}V_0\right)$

$\qquad = \left(\dfrac{P_0}{P_1} - \dfrac{P_0}{P_2}\right)V_0$

∴ 팽창탱크 용량 $V_0 = \dfrac{\Delta V}{\dfrac{P_0}{P_1} - \dfrac{P_0}{P_2}}$ [m³]

ΔV : 온수의 팽창량 [m³]
V_0 : 팽창탱크 용량 [m³]
V_1, V_2 : 팽창전, 후의 체적 [m³]
ρ_1, ρ_2 : 팽창전, 후의 밀도 [kg/m³]
P_0 : 초기봉입(질소) 압력 [kPa abc]
P_1, P_2 : 팽창전, 후의 압력 [kPa abc]
m : 전체 질량 [kg]

3 증기난방 배관

(1) 증기난방의 분류

① 사용 증기압력에 의한 분류
  ㉠ 저압식 : 사용 증기압력이 0.1MPa(1kg/cm²) 미만
  ㉡ 고압식 : 사용 증기압력이 0.1MPa(1kg/cm²) 이상

② 응축수 환수방식에 의한 분류
  ㉠ 중력식 : 응축수를 중력에 의해 자연환수 하는 방식
  ㉡ 강제식 : 응축수 펌프를 이용하여 강제적으로 순환, 환수하는 방식으로 기계환수식이라고도 한다.
  ㉢ 진공식 : 진공펌프를 이용하여 환수관을 저압으로 만들어 응축수가 신속하게 환수되도록 하는 방식

③ 배관방식에 의한 분류
  ㉠ 단관식 : 공급과 환수를 1개의 관을 이용하는 방식
  ㉡ 복관식 : 공급관과 환수관이 각각 따로 있는 방식

④ 증기 공급방식에 의한 분류
  ㉠ 상향공급식 : 공급주관을 방열기보다 아래에 설치하고 상향으로 공급하는 방식으로 입상관의 관경을 크게하여 증기의 유속을 느리게 한다.
  ㉡ 하향공급식 : 공급주관을 방열기보다 위에 설치하고 하향으로 공급하는 방식

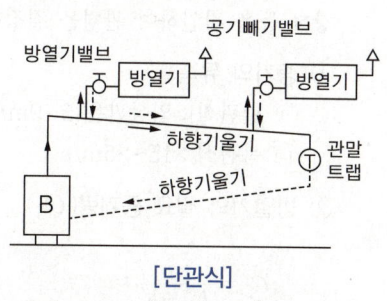

[단관식]

⑤ 환수관 배치에 의한 분류
  ㉠ 건식 : 환수관이 보일러 수면보다 위에(높게) 설치되는 방식
  ㉡ 습식 : 환수관이 보일러 수면보다 아래에(낮게) 설치되는 방식

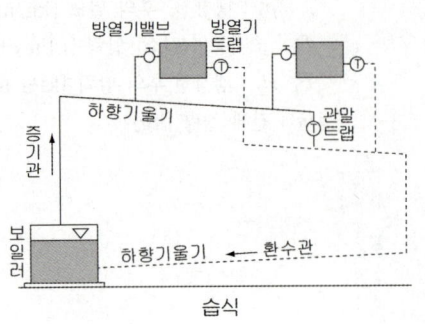 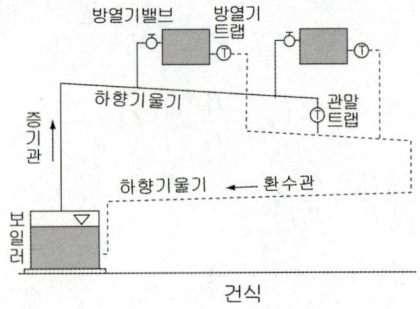

[중력환수식 배관]

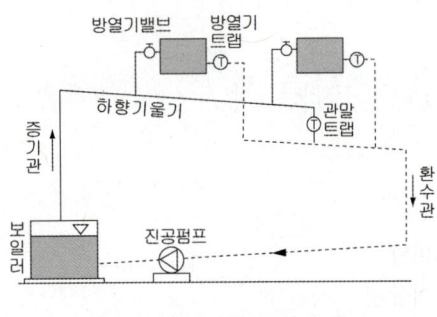 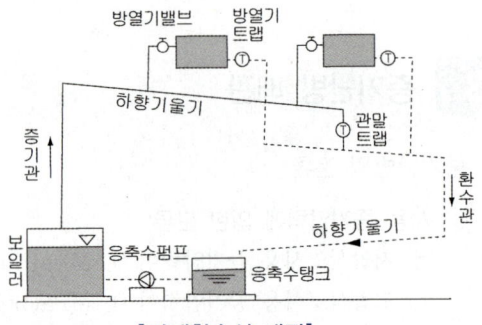

[진공환수식 배관]　　　　　　　　　[강제환수식 배관]

(2) 증기배관의 관경 결정

증기관내에는 증기와 응축수가 공존한다. 증기의 유속이 너무 빠르면 응축수를 몰고가서 수격작용을 일으킨다.

따라서 저압증기관에서는 최대 35m/s, 고압증기관에서는 최대 45m/s로 제한하며, 배관에서의 압력강하 등을 감안하여 관경을 결정한다.

① 증기의 유속
  ㉠ 단관식 : 입상관은 3~9m/s, 역구배 수평관은 1.5~6.5m/s
  ㉡ 복관식 : 15~25m/s

② 방열기의 필요 증기량(G_S)

$$G_S = \frac{q}{h'' - h'}$$

$$= \frac{756 \times EDR}{(h'' - h') \times 1000} \text{[kg/s]}$$

여기서 q : 방열기의 용량[kW]
　　　EDR : 방열기 상당방열면적[m²]
　　　756 : 증기방열기 표준 방열량[W/m²]
　　　h'' : 증기의 엔탈피[kJ/kg]
　　　h' : 환수의 엔탈피[kJ/kg]

③ 가열코일의 필요 증기량(G_S)

$$G_S = \frac{G \cdot \Delta h}{h'' - h'} = \frac{\rho Q \cdot \Delta h}{h'' - h'} \text{ [kg/h]}$$
$$= \frac{G \cdot C_P \cdot \Delta t}{h'' - h'} = \frac{\rho Q \cdot C_P \cdot \Delta t}{h'' - h'} \text{ [kg/h]}$$

여기서 G, Q : 코일을 통과하는 공기의 풍량 [kg/h], [m³/h]
 $\triangle h$: 코일을 통과하는 공기의 엔탈피차 [kJ/kg]
 $\triangle t$: 코일을 통과하는 공기의 온도차 [℃]
 C_p : 공기의 정압비열 [kJ/kg·K]

④ 압력강하

$$R = \frac{100 \times \Delta P}{\ell + \ell'} \text{ [kPa/100m]}$$

여기서 R : 증기관 100m당의 압력강하 [kPa/100m]
 $\triangle P$: 증기관 내의 허용 전압력강하 [kPa]
  (보일러와 방열기간의 압력차 $P_B - P_R$)
 ℓ : 보일러에서 가장 멀리 있는 방열기까지의 거리 [m]
 ℓ' : 밸브등 국부저항의 직관 상당길이 [m]

(3) 증기난방 배관의 시공

① 배관의 기울기(구배)
  ㉠ 증기 급기관
    • 순구배 : 1/100~1/200
    • 역구배 : 1/50~1/100
  ㉡ 환수관
    • 순구배 : 1/200~1/300

② 증기배관 시공
  ㉠ 수평관에서 관경의 축소와 확대에는 편심레듀서를 사용하며 편심 레듀서의 아래 면이 수평이 되게 하여 응축수 고임을 방지한다.
  ㉡ 증기 주관에서 상향수직관을 분기할 때에는 3-elbow를 이용한 스위블이음을 하여 열팽창에 의한 신축을 흡수한다.
  ㉢ 배관내의 공기를 배출하기 위하여 에어벤트를 설치한다.

③ 증기보일러 주위배관
  ㉠ 하트포드(hartford) 접속법
    • 증기관과 환수관 사이에 균형관을 설치하여 환수관 누수로 보일러 수위가 파괴되는 것을 방지한다.

- 하트포드 접속점은 보일러의 안전 저수면 수위와 동일 레벨로 하며 중력환수방식(저압)의 경우에 사용한다.
  ⓒ 보일러의 증기 취출관은 60cm 이상 입상시켜 루프 배관을 한다.

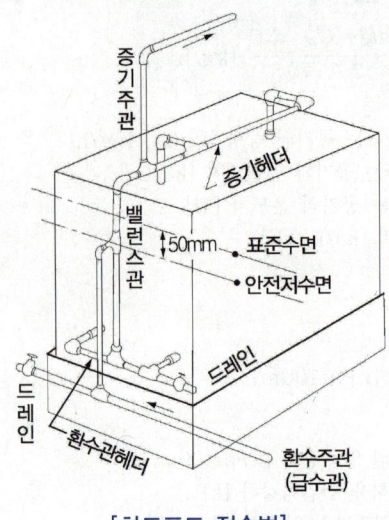

[하트포드 접속법]

④ 리프트 이음(lift fitting)
  ㉠ 진공 환수식에서 환수관보다 높은 위치에 진공펌프가 설치 될 때 사용한다.
  ㉡ 방열기보다 환수관 위치가 높을 때 사용한다.
  ㉢ 리프트 이음관은 환수관보다 1단계 작은 것을 사용하며 1단의 흡상높이는 1.5m이고 2,3단 직렬 연속으로 접속되는 경우도 있다.

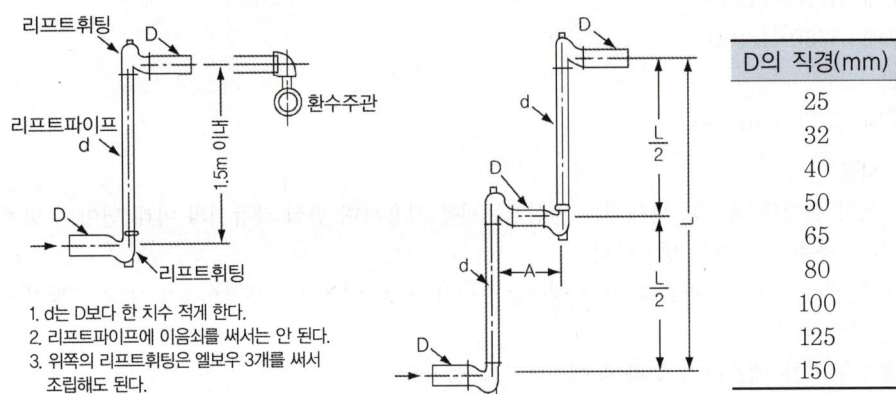

D의 직경(mm)	A(mm)
25	175
32	200
40	225
50	250
65	350
80	375
100	450
125	525
150	600

⑤ 방열기 주위배관
  ㉠ 방열기는 열손실이 많은 곳(창가)에 설치하며 벽면에서 50~60mm 정도 이격하여 설치한다.
  ㉡ 방열기 주위 배관은 열팽창을 흡수하기 위해 스위블이음을 한다.
  ㉢ 방열기 상부에는 진공환수식을 제외하고는 공기빼기 밸브(에어밴트)를 설치한다.
  ㉣ 방열기 밸브는 응축수가 고이지 않도록 슬루스밸브나 앵글밸브를 사용한다.
  ㉤ 방열기 출구에 응축수를 배출하기 위해 트랩을 설치한다.

⑥ 방열기 도시법

  5 : 방열기 섹션수(절수, 쪽수)
  W-H : 방열기 종별 및 형식(벽걸이 수평형) (W-V : 벽걸이 수직형)
  20×15 : 유입, 유출관경(유입20A, 유출15A)

  15 : 방열기 섹션수(15쪽)
  Ⅲ : 3주형
  650 : 방열기 높이(650mm)
  20×20 : 유입, 유출관경(20A × 20A)

⑦ 증기트랩
증기관이나 증기사용 기기에서 응축된 응축수와 증기를 분리시키는 일종의 자동밸브이다. 응축수의 부력을 이용한 기계식과 증기와 응축수의 온도차를 이용한 온도조절식, 그리고 압력을 이용한 열역학식이 있다.
  ㉠ 버켓트랩(bucket trap)
    상향식과 하향식이 있으며 부력에 의해 버켓이 떠오르거나 가라앉아 밸브를 열고 닫음으로 응축수를 간헐적으로 배출한다. 상향식은 공기 배출이 곤란하나 하향식은 공기 배출이 가능하다. 중압, 고압의 환수관에 적합하며, 관내 압력차가 있으면 응축수를 높은 곳의 환수관까지 밀어 올릴 수 있다.

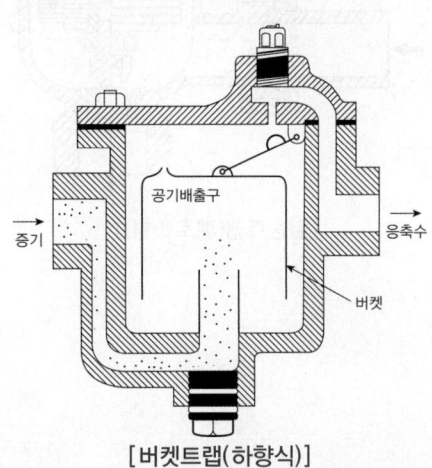
[버켓트랩(하향식)]

ⓛ 플로트 트랩(float trap, 다량트랩)
응축수의 수위에 따라 플루트가 상하로 움직여 밸브를 개폐시켜 응축수를 배출한다. 응축수를 연속적으로 배출시킬 수 있으나 공기의 배출이 곤란하다. 대용량에도 적합하며 0.4MPa (4kgf/cm^2) 이하의 공기가열기, 열교환기등 다량의 응축수를 처리할 때 사용된다.(자동에어 벤트가 내장된 제품은 공기배출이 가능하다)

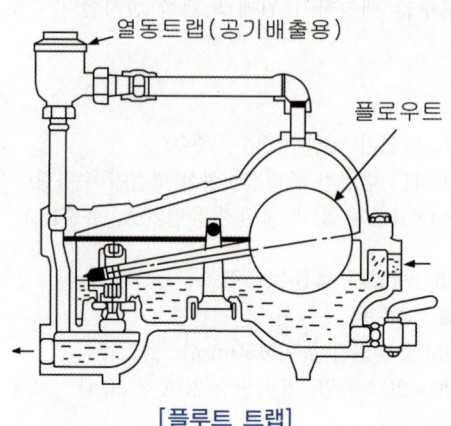

[플루트 트랩]

ⓒ 열동 트랩(bellows trap)
벨로즈트랩 이라고도 하며 금속제의 벨로즈 속에는 휘발성액체가 봉입되어 주위에 증기가 있으면 팽창하고 증기가 응축되어 온도가 낮아지면 수축하게 되는 동작으로 밸브를 개폐한다. 응축수의 연속배출이 가능하고 공기 배출도 가능하다. 방열기 출구 트랩 또는 관말 트랩에 사용된다.

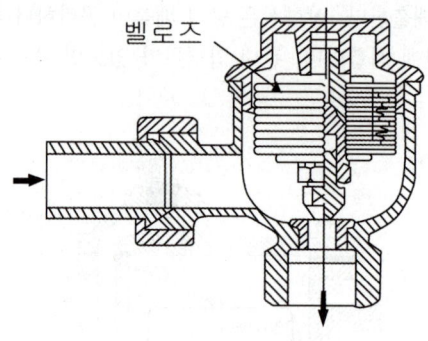

[열동트랩(벨로즈형)]

ⓔ 바이메탈 트랩(bimetal trap)
트랩 내부에 열팽창계수가 다른 두 개의 금속이 접합된 바이메탈의 조합으로 구성되어 있으며 증기가 있으면 바이메탈이 휘어져 출구를 막고 응축수가 고이면 온도가 낮아져 바이메탈이 평형상태가 되어 출구가 열리고 응축수를 배출하게 된다. 워터햄머에 안전하고 과열증기에도 사용할 수 있으나 반응시간이 긴 것이 단점이다.

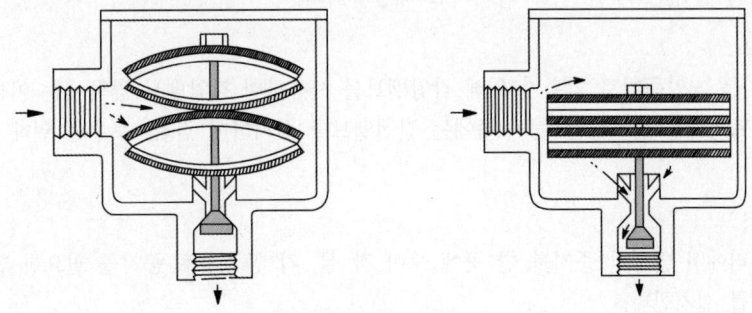

[바이메탈 트랩(bimetal trap)]

ⓜ 열역학 트랩(thermodynamic trap 충격식 트랩)
디스크형과 오리피스형이 있으며 디스크형은 입구측과 출구측 사이에 디스크(얇은 철판)를 경계로 변압실이 있다. 트랩에 응축수가 들어오면 변압실에 있던 증기는 냉각되어 응축되므로 변압실내의 압력이 낮아져 디스크는 위로 올라가고 응축수를 배출한다.
다시 증기가 들어오면 변압실의 온도가 올라가 압력이 상승되고 디스크가 내려 출구를 닫는다. 과열증기에 사용가능하며 워터햄머에 강하다. 구조가 간단하고 소형경량이다. 이 형식은 다소의 증기누설이 있는 것이 결점이다.

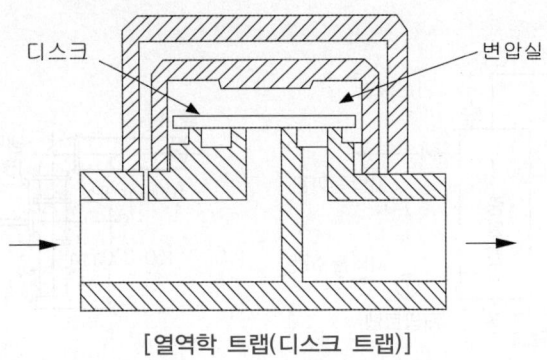

[열역학 트랩(디스크 트랩)]

⑧ 관말 트랩 설치
  ㉠ 관말에는 열동트랩을 설치하여 응축수와 공기를 환수관으로 배출한다.
  ㉡ 트랩에 이물질이 들어가는 것을 방지하기 위해 더트포켓(흙탕고임)을 설치한다.
  ㉢ 증기 주관에서 트랩에 이르는 냉각 레그에는 완전한 응축수를 트랩에 보내기 위해 보온을 하지 않는다.
  ㉣ 트랩의 점검, 보수를 위해 바이패스 배관을 한다.

⑨ 감압밸브
  고압증기를 저압증기로 낮추기 위해 감압밸브를 사용하며 감압밸브 앞쪽에는 이물질을 제거하기 위한 스트레너를 설치하고 출구 쪽에는 안전밸브를 설치하며 점검, 보수를 위해 바이패스배관을 설치한다.

⑩ 증기헤더
  ㉠ 보일러에서 발생한 증기를 한 곳에 모아 각 실, 각 공조기로 증기를 필요한 만큼 보내기위해 헤더를 설치한다.
  ㉡ 증기헤더의 크기는 주 증기관의 관경보다 2배 이상 크게 한다.
  ㉢ 헤더와 헤더에서 분기되는 각각의 배관에는 압력계를 설치한다.
  ㉣ 헤더 하부에는 드레인 밸브를 설치한다.

⑪ 증발탱크(flash Tank)
  ㉠ 고압의 응축수와 저압의 응축수가 하나의 저압환수배관으로 합쳐져 보일러로 보내어질 때 고압의 응축수가 저압으로 감압되면서 일부가 재증발하게 되어 환수관의 흐름을 방해하게 된다.
  ㉡ 고압의 응축수는 저압인 증발탱크에서 일부가 증발하여 이 증기는 저압증기관으로 보내어 저압증기로 활용하고 나머지 응축수는 저압상태이므로 저압 환수관에 연결하여 보일러로 보내진다.

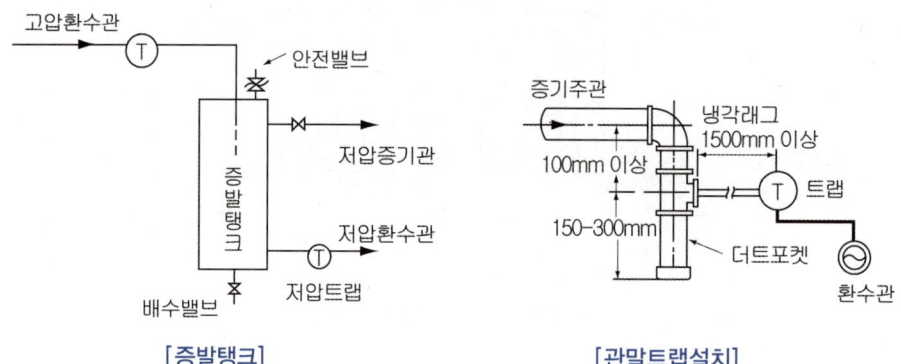

[증발탱크]   [관말트랩설치]

4　복사난방 배관

(1) 복사난방 패널

① 바닥패널 : 바닥이 가열면이 되므로 온도를 너무 높게 할 수 없다.(27~35℃)
② 천장패널 : 천장이 가열면이 되고 온도는 50℃ 이하이다.
③ 벽 패널 : 천장패널의 보조로서 사용되며 온도는 40~60℃이다.

(2) 복사난방의 배관

① 배관재료는 동관, X-L관, PE관 등이 사용된다.
② 코일의 피치는 200~300mm정도이며 열손실이 많은 부분에는 피치를 좁게 시공한다.
③ 패널을 통과하는 온수의 온도 강하는 5~10℃ 정도이다.
④ 패널의 배면에는 열손실 방지를 위하여 단열재를 시공한다.

(3) 평균복사온도(MRT)

① 실내의 각 표면온도를 평균한 온도이다.
② 인체에 대한 쾌감상태를 나타내는 기준이 되는 온도이다.

$$MRT = \frac{\sum(t_p A_p + t_u A_u)}{\sum(A_p + A_u)} \ [℃]$$

여기서 t_p : 패널(가열면)의 표면온도 [℃]
t_u : 비 가열면의 표면온도 [℃]
A_p : 패널(가열면)의 표면적 [m²]
A_u : 비 가열면의 표면적 [m²]

(4) 복사 패널의 코일 형상

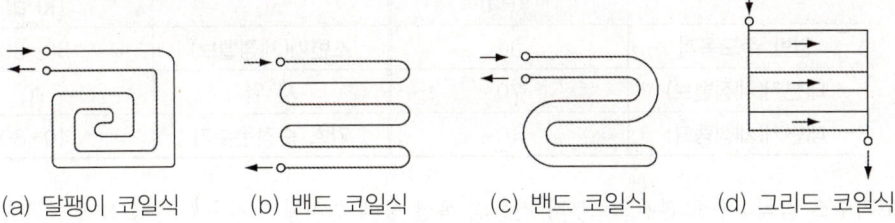

(a) 달팽이 코일식　　(b) 밴드 코일식　　(c) 밴드 코일식　　(d) 그리드 코일식

● 제1편 배관일반

제7장 급수배관, 급탕배관, 통기설비

1 급수배관

(1) 급수방식

① **수도직결방식** : 시 상수도 본관의 압력으로 건물에 급수하는 방식

 ㉠ 특징
- 건물의 층수가 적고 소규모 건물에 이용한다.
- 정전시에도 급수가 가능하다.
- 물을 저장하기 때문에 생기는 오염을 방지할 수 있다.

 ㉡ 수도본관의 최소압력

$$P \geqq P_1 + P_2 + P_3$$

여기서 P : 수도 본관의 압력 [kPa]
P_1 : 수도 본관에서 최상층 급수 기구까지의 높이에 상당하는 압력 [kPa]
P_2 : 관의 마찰손실수두에 상당하는 압력 [kPa]
P_3 : 최상층 기구의 최소 소요압력 [kPa]

 ㉢ 기구 최소 소요압력

기구명	최소 소요압력 (kPa)	기구명	최소 소요압력 (kPa)
일반 수도꼭지	30	소변기(세정밸브)	30~80
대변기(세정밸브)	70	샤 워	70
대변기(세정탱크)	40	가스 순간온수기	40~80

② **고가수조 방식** : 수도 본관으로부터 건물의 옥상 등에 설치된 고가수조(물탱크)에 물을 받아 저장하고 탱크에서 하향으로 급수하는 방식

 ㉠ 특징
- 단수시에도 고가수조의 물을 이용할 수 있다.
- 취급이 용이하고 고장이 적다.
- 급수압력이 항상 일정하다.
- 저장된 물을 장시간 사용하지 않으면 변질될 수 있다.
- 중량물이 건물의 높은 곳에 설치되므로 건축물의 구조적, 미관적인 문제를 고려해야 한다.

ⓛ 고가수조의 설치 높이

$H \geq H_1 + H_2$ 여기서 H : 최상층 기구에서 고가수조 저수면까지 높이 [m]
H_1 : 최상층 기구의 최소 소요압력에 상당하는 높이 [m]
H_2 : 기구에서 고가수조까지 관의 마찰손실수두 [m]

③ **압력탱크 방식** : 압력탱크내의 압력으로 물을 공급하는 방식
  ㉠ 특징
   - 정전이나 펌프의 고장시에는 급수가 불가능하다.
   - 급수압력의 변동이 심하다.(최저압력과 최고압력의 차이가 있다.)
   - 압력탱크의 유효용량이 적으므로 펌프의 동작횟수가 많아 고장이 잦다.
  ㉡ 유효 용량(ΔV)

$\Delta V = V_2 - V_1$
$= \left(\dfrac{P_0}{P_1} - \dfrac{P_0}{P_2} \right) V_0$

여기서 P_0 : 초압(절대압력) [kPa abs]
P_1 : 펌프 시동시 압력 [kPa abs]
P_2 : 펌프 정지시 압력 [kPa abs]
ΔV : 이용 가능한 유효용량 [ℓ]
V_0 : 압력탱크의 전용량 [ℓ]

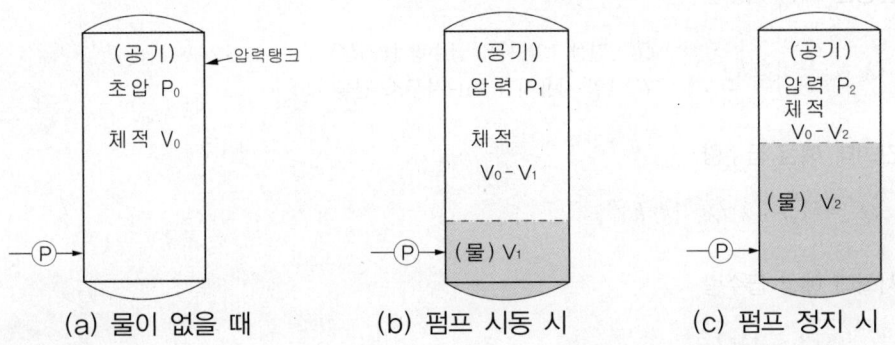

(a) 물이 없을 때   (b) 펌프 시동 시   (c) 펌프 정지 시

④ **부스타펌프 방식** : 저수조를 설치하고 급수펌프로 급수하며, 펌프의 대수와 회전수 제어로 필요 급수압력과 급수량을 조절 공급하는 방식
  ㉠ 특징
   - 고가수조와 대형의 압력수조가 필요없으나 소형의 압력탱크를 설치하여 소유량 공급시 펌프의 기동 정지 빈도를 적게 한다.
   - 여러 대의 펌프를 병렬로 설치하여 대수제어에 의해 급수량을 조절한다.
   - 1대의 펌프유량보다 급수량이 적은 경우는 인버터에 의한 회전수 제어를 통해 급수량을 조절한다.
   - 여러 층에 공급할 경우에는 압력조절 밸브(감압밸브)를 설치하여 수압을 조절한다.

(2) 급수량 산정

① 사용 인원수에 의한 산정

㉠ 사용 인원수를 알고 있을 때

$$Q_d = N \times q \quad [\ell/d]$$

Q_d : 건물 1일 사용 급수량 $[\ell/d]$
N : 인원수 [인]
A : 건물 연면적 $[m^2]$

㉡ 사용 인원수를 알지 못할 때

$$Q_d = A \times k \times n \times q \quad [\ell/d]$$

q : 1인 1일 사용량 $[\ell/d \cdot 인]$
  (일반사무소 = 100)
k : 건물의 연면적에 대한 유효면적 비율
  (일반사무소 = 0.55~0.6)
n : 유효 면적당 거주 인원수 $[인/m^2]$
  (일반사무소 = 0.2)

② 기구수에 의한 급수량

$$Q_d = f \times p \times q' \quad [\ell/d]$$

f : 위생기구 수 [개]
p : 기구의 동시 사용율
q' : 위생기구 1개당 1일 급수량 $[\ell/d]$

③ 시간평균 예상 급수량

$$Q_h = \frac{Q_d}{T} \quad [\ell/h]$$

Q_d : 건물 1일 사용 급수량 $[\ell/d]$
T : 1일 사용시간 [h] (사무소 건물 = 8)

④ 시간최대 예상 급수량

$$Q_m = (1.5 \sim 2)Q_h \quad [\ell/h]$$

⑤ 순시최대 예상 급수량

$$Q_p = \frac{(3 \sim 4)Q_h}{60} \quad [\ell/min]$$

(3) 급수 배관의 설계 및 시공

① 음용수관과 기타 배관을 교차연결(cross connection)을 해서는 안 된다.
② 각층의 급수 분기관에는 조작하기 쉬운 곳에 게이트 밸브를 설치한다.
③ 파이프 샤프트 내에서의 배관은 보수, 점검이 용이하게 설치해야 한다.
④ 배관이 벽체를 관통할 때는 신축을 흡수하고 교체수리를 편리하게 하기위해 슬리브를 설치한다.
⑤ 배관의 최상부에는 공기빼기밸브(air vent)를 설치한다.
⑥ 배관의 굴곡부가 생기지 않게 하여 관 내에 공기가 정체되지 않게 한다.
⑦ 건물내에서는 매설배관을 최대한 피하고 피트내 또는 가공으로 배관한다.

⑧ 급수본관(수도본관) 유속은 1~2m/s, 급수분기관(건물내 급수관) 유속은 0.5~0.7m/s가 적당하다.

[위생기구의 접속관 관경]

기구종류	접속관 관경 [mm]
대변기(세정밸브)	25
대변기(세정탱크)	13
소변기(세정밸브)	20
소변기(세정탱크)	13
수세기	13
세면기	13
일반싱크	13
청소싱크(20mm수전)	20
살수전	13~20
욕조	20
샤워	13~20

2 급탕배관

(1) 급탕 방식

① 개별 급탕방식
  ㉠ 순간 급탕방식
    순간온수기를 사용하여 급탕을 얻는 방식
  ㉡ 저탕형 급탕방식
    소형보일러 또는 온수기로 온수를 가열하여 저탕조에 저장하였다가 공급하는 방식
  ㉢ 기수혼합 급탕방식
    • 저탕조에 $0.1~0.4MPa(1~4kgf/cm^2)$ 정도의 증기를 직접 불어넣어 가열하는 방식
    • 소음을 방지하기 위해 스팀 사일렌서를 설치해야 한다.
    • 보일러에 새로운 물을 보급하여야 하고 사용장소에 제약을 받기 때문에 일반적으로 사용되지 않는다.

② 중앙 공급식
  ㉠ 직접 가열식
    • 보일러에서 가열된 물을 저탕조에 저장하고 저탕조로부터 급탕을 공급하는 방식
    • 열효율 면에서 간접 가열식에 비해 유리하다.
    • 계속해서 새로운 물이 보일러에 공급되기 때문에 보일러에 불균일한 신축과 스케일 생성이 빨라져 보일러 수명이 단축된다.

ⓒ 간접 가열식 : 저장조 내에 가열코일을 설치하여 보일러에서 나온 고온수 또는 증기로 저장조 내의 물을 가열하는 방식

③ 배관방식에 따른 분류
 ㉠ 단관식 : 온수(급탕)의 공급관만 설치하고 환수관이 없는 방식
 ㉡ 복관식 : 온수(급탕)의 공급관과 환수관을 설치하여 온수가 순환하는 방식

④ 온수 순환방식에 따른 분류
 ㉠ 중력 순환식 : 급탕관과 환탕관의 온도차에 의해 순환하는 방식으로 복잡하고 배관이 긴 경우에는 부적당하다.
 ㉡ 강제 순환식 : 급탕 순환펌프로 온수(급탕)을 순환시키는 방식

(2) 급탕량 산정

① 산정기준
 ㉠ 급탕량은 원칙적으로 급탕온도가 60℃일 때의 양으로 나타낸다.
 ㉡ 급탕 대상인원은 급수설비의 대상인원 산정방법에 의한다.

② 급탕량
 ㉠ 인원수에 의한 급탕량 산정
  • 1일 급탕량(Q_d)

  $$Q_d = N \times q_d \quad [\ell/d]$$

  N : 급탕 인원수 [인]
  q_d : 1인 1일당 급탕량 [ℓ/d·인]
   (일반사무소 = 8~12)
  q_h : 1일 급탕량에 대한 1시간당 최대값의 비율(일반사무소 = 1/5)

  • 시간 최대 급탕량(Q_h)

  $$Q_h = Q_d \times q_h \quad [\ell/h]$$

  • 저탕조 용량(V)

  $$V = Q_d \times v \quad [\ell]$$

  v : 1일 급탕량에 대한 저탕비율(일반사무소 = 1/5)

  • 급탕 가열기 가열능력(H)

  $$H = \frac{Q_d \cdot \gamma \times C(t_h - t_c)}{3600} \quad [kW]$$

  C : 물의 비열 [kJ/kg·K]
  γ : 1일 급탕량에 대한 가열능력의 비율
   (일반사무소 = 1/6)
  t_h : 급탕온도 [℃](= 60℃)
  t_c : 급수온도 [℃](= 5℃)

ⓛ 기구수에 의한 급탕량 산정
- 시간 최대 급탕량

$$Q_h = \sum (q \cdot n \cdot z)a \quad [\ell/h] \quad \cdots\cdots\cdots\cdots 기구\ 사용회수가\ 추정될\ 때$$

$$Q_h = \sum (q_h \cdot z)a \quad [\ell/h] \quad \cdots\cdots\cdots\cdots 기구\ 1시간당\ 급탕량을\ 알\ 때$$

여기서 Q_h : 기구에 의한 시간최대 급탕량 [ℓ/h]
q : 기구의 1개 1회당 급탕량 [ℓ/회.개]
q_h : 기구의 1개 1시간당 급탕량 [ℓ/h.개]
n : 기구의 1시간당 사용횟수 [회/h]
z : 기구의 종류별 수량 [개]
a : 건물별 동시사용율(일반사무소 = 0.3)

- 저탕조 용량(V)

$$V = Q_h \times v' \quad [\ell]$$

v' : 시간최대 급탕량에 대한 저탕량 비율
(일반사무소 = 2.0)

- 급탕 가열기 가열능력(H)

$$H = \frac{Q_h \times C(t_h - t_c)}{3600} \quad [kW]$$

t_h : 급탕온도 [℃](= 60℃)
t_c : 급수온도 [℃](= 5℃)

(3) 급탕배관 시공

① 배관의 기울기는 배관내 공기빼기를 고려하여 기울기(구배)를 준다.
- 상향식 : 급탕관은 앞 올림, 환탕관은 앞 내림으로 한다.
- 하향식 : 급탕관 및 환탕관 모두 앞 내림으로 한다.
- 중력순환식 기울기 : 1/150을 표준으로 한다.
- 강제순환식 기울기 : 1/200을 표준으로 한다.

② 공기가 정체할 우려가 있는 곳에는 에어벤트를 설치한다.
③ 관경 선정 방법은 급수배관 선정방법과 같은 방법으로 선정한다.
④ 급탕배관은 부식되기 쉬우므로 유속이 빠르지 않도록 선정한다.
(급탕관 유속 : 1~1.5m/s, 환탕관 유속 : 0.5~1.0m/s)
⑤ 환탕관의 관경은 급탕관보다 1~2단계 작은 것을 사용한다.
⑥ 중앙식 급탕설비는 강제순환 방식으로 한다.
⑦ 팽창탱크는 최고층의 급탕수도꼭지보다 5m 이상 높게 설치한다.
(일반 급탕수도꼭지 압력 : 30kPa(0.3kgf/cm^2))
⑧ 팽창관은 25mm 이상의 관을 사용하고 밸브를 설치해서는 안된다.

(4) 순환펌프

① 급탕 순환량 : 급탕 배관 및 기기에서의 열손실량에 해당하는 유량을 순환수량으로 하며 간이법으로 구할 때는 시간최대급탕량의 1/2 이상의 유량으로 한다.

② 순환펌프 순환수두

$$H = 0.01 \left(\frac{L}{2} + L' \right) \ [m]$$

여기서 H : 펌프의 전양정 [m]
L : 급탕관 전길이 [m]
L' : 환탕관 전길이 [m]

③ 중력순환식의 순환수두

$$H = (\gamma_2 - \gamma_1)h \ [Pa]$$

여기서 H : 순환수두 [Pa=N/m^2]
h : 가열기에서 기구까지의 높이 [m]
γ_1 : 급탕의 비중량 [N/m^3]
γ_2 : 환탕의 비중량 [N/m^3]

※ 비중량 단위를 kgf/m^{3}으로 적용하면 순환수두 H는 kgf/m^2(= mmAq)가 된다.

(5) 용도별 급탕온도

용 도	사용온도(℃)	용 도	사용온도(℃)
음료용	50~55	접시세척기 세정용	45
목욕용	43~45	접시세척기 헹구기(소독)용	80
샤워용	43	세탁용(일반)	60
세면, 수세용	40	모직물 세탁용	33~37
의료 수세용	43	면직물 세탁용	49~52
면도용	52	수영풀용	21~27
주방용(일반)	45	세차용	24~30

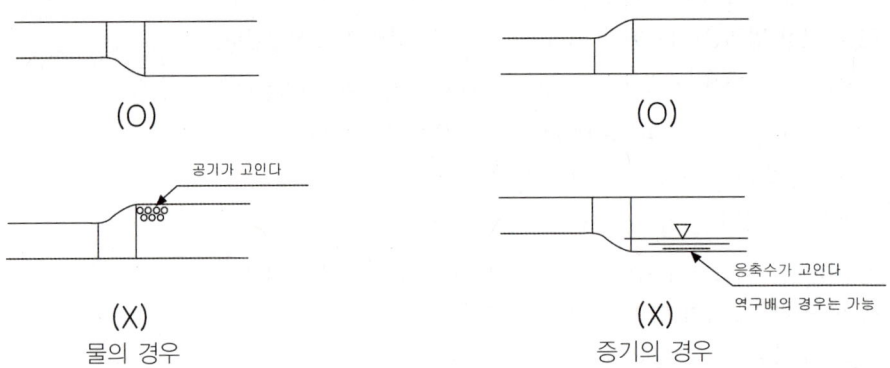

[편심 레듀서 시공법]

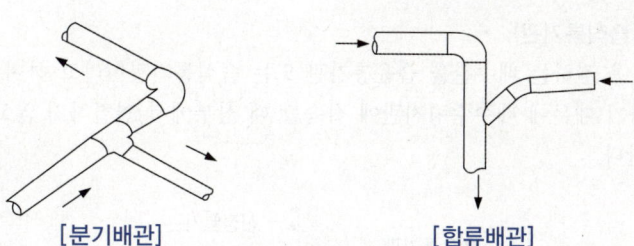

[분기배관]   [합류배관]

3 통기설비

(1) 통기관의 설치 목적

배수관내의 압력 변동에 의해 트랩의 봉수가 파괴되는 것을 방지하고 배수관 내의 배수와 공기의 흐름을 원활하게 할 목적으로 통기관을 설치한다.

① 트랩의 봉수를 보호하기 위하여
② 배수를 원활하게하기 위하여
③ 공기 흐름을 원활하게 하여 배관 내 청결을 유지하기 위하여

(2) 통기관의 종류

① 신정통기관

최상층의 배수수평지관과 배수수직관이 연결된 지점에서 위쪽으로 동일한 관경의 배수수직관을 연결 설치하여 이것을 통기관으로 사용하는데 이 부분을 신정(伸頂)통기관이라 한다.

② 회로통기관(환상통기관, 루프통기관)

환상통기관 또는 루프통기관이라고도 하며 2개 이상의 트랩을 보호하기 위하여 최상류에 있는 기구배수관이 배수수평지관과 연결되는 점의 하류에 접속하여 신정통기관 또는 통기수직관에 연결되는 통기관이다. 회로통기관에 의해 통기할 수 있는 기구의 수는 8개 이내이고, 통기수직관과 최상류 기구까지의 거리는 7.5m 이내로 한다.

③ 도피통기관

최하류에 있는 기구배수관이 배수수평지관과 연결되는 점의 하류에 접속하여 통기수직관 또는 회로통기관에 연결되는 통기관이며 트랩에 생긴 배압에 의한 봉수의 유실을 방지하는 통기관이다.

④ 결합통기관

요크통기관(york vent)이라고도 하며 배수수직관과 통기수직관을 연결하는 통기관이며, 배수수직관의 통기를 원활하게 할 목적으로 설치한다. 결합통기관은 5개층마다 설치하며 통기관의 지름은 통기수직관과 같은 지름으로 하되 최소 50mm 이상으로 한다.

⑤ 각개통기관

각 위생기구마다 설치하는 통기관이며, 배수는 완전하게 할 수 있으나 공사비가 많이 든다.

⑥ 습윤통기관(습식통기관)

통기의 역할을 겸하는 배수관을 습윤통기관 또는 습식통기관이라고 하며 배관 속에 통기 공간을 만들어야 하기 때문에 배수수평지관에 접속할 때 상부에서 연결하지 않고 측면에서 Y자 형태로 접속해야 한다.

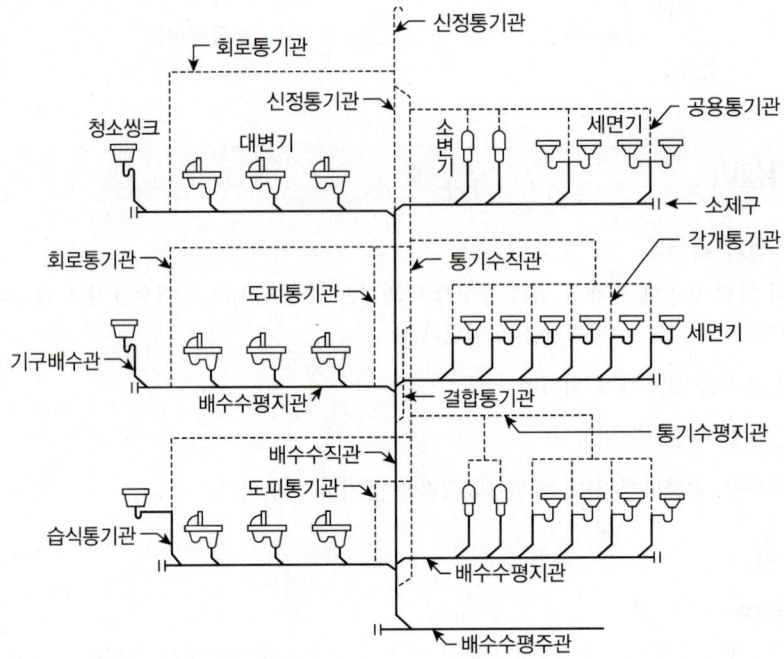

[배수, 통기배관의 계통도]

● 제1편 배관일반

제8장 냉동배관, 가스배관, 압축공기배관

1 냉동배관

(1) 냉매배관

① 고압관
  ㉠ 고압 가스관 : 압축기에서 응축기까지의 배관
  ㉡ 고압 액관 : 응축기에서 팽창밸브까지의 배관

② 저압관
  ㉠ 저압 액관 : 팽창밸브에서 증발기까지의 배관
  ㉡ 저압 가스관 : 증발기에서 압축기까지의 배관

(2) 프레온 냉매 배관

① 배관 재질
  ㉠ 배관자재로 동관을 사용한다.
  ㉡ 프레온은 수분이 있으면 강관을 부식시킨다.
  ㉢ 프레온은 마그네슘을 2% 함유한 알루미늄 합금을 부식시킨다.

② 가스켓 재질
  ㉠ 인조고무, 테프론(합성수지)를 사용한다.
  ㉡ 프레온은 천연고무를 침식시킨다.

③ 흡입가스배관(증발기→압축기)
  ㉠ 흡입가스관의 설계에서 중요한 것은 냉매가스에 혼입되어 있는 윤활유(냉동기유)가 확실하게 압축기로 반송되는 유속(수평관 3.5m/s 이상, 수직관 6m/s 이상)으로 관경이 선정되어야 한다는 점이다.
  ㉡ 흡입배관의 총마찰손실은 흡입온도로 2℃의 강하에 상당하는 압력을 넘지 않도록 한다.
  ㉢ 증발기에서 압축기까지의 흡입배관은 1/200의 순구배(하향구배)를 주어 윤활유가 압축기로 흘러들어 오도록 한다.
  ㉣ 흡입관의 입상관이 긴 경우에는 윤활유 회수를 위해 10m마다 U-trap을 설치한다.
  ㉤ 압축기 가까이의 흡입 수평배관 중에는 냉매나 윤활유가 고이지 않도록 트랩이나 오목한 배관을 피해야 한다. 고여있던 냉매 액이나 윤활유가 일시에 압축기로 유입되면 액햄머, 오일햄머를 일으켜 압축기가 파손되는 경우가 있다.

ⓑ 증발기가 압축기 상부에 있는 경우 운전 정지 중 증발기에 고인 냉매액이 압축기로 흘러들어오는 것을 방지하기 위해 흡입배관을 증발기 상부보다 150mm 이상 입상(역 루프)시킨다.

ⓢ 압축기의 용량이 조정되어 최저 부하가 되었을 때도 윤활유를 반송할 수 있도록 입상관의 관경을 1~2사이즈 작은 관을 설치하거나 2중 입상관을 설치하여야 한다.

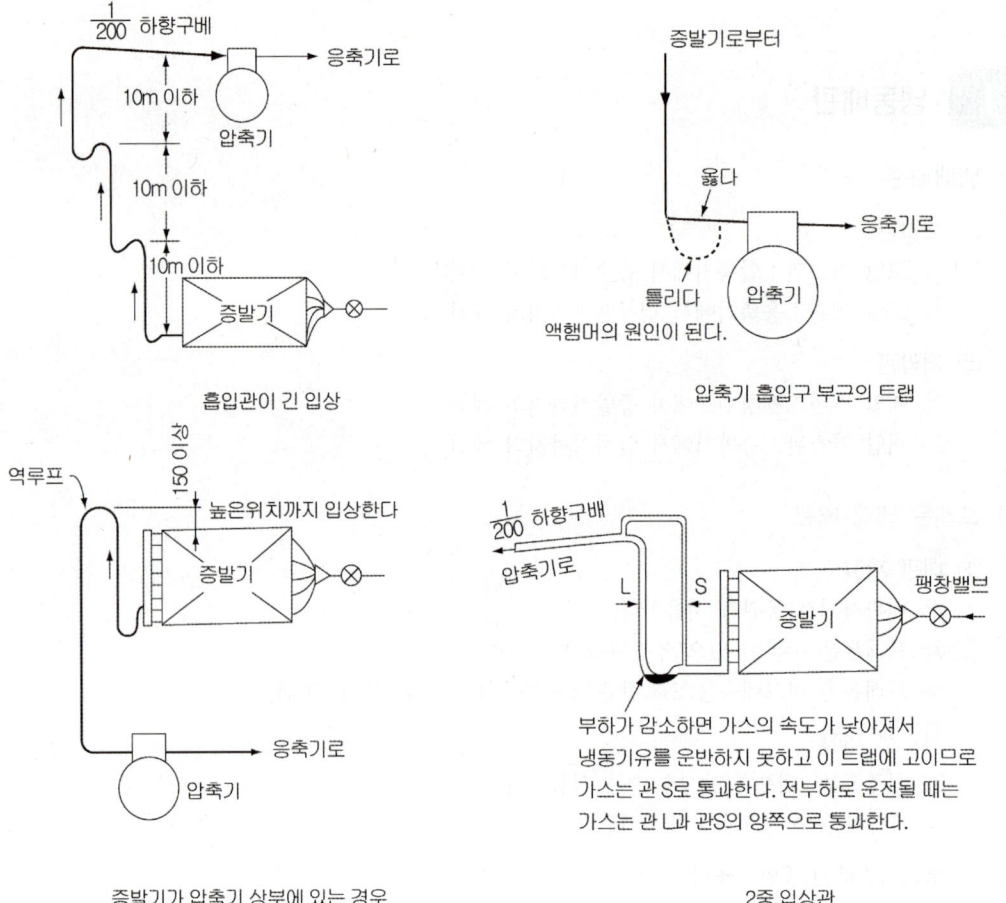

④ 토출가스배관(압축기➜응축기)

㉠ 토출된 냉매가스 중 액화된 냉매가 압축기로 되돌아오지 않도록 배관해야 한다.

㉡ 토출가스배관의 총마찰손실은 0.02MPa(0.2kgf/cm²)을 넘지 않도록 한다.

㉢ 토출관이 2.5m 이상 10m 이하의 입상배관일 경우 운전정지 중에 윤활유와 액화된 냉매의 역류를 방지하기 위해 트랩을 설치한다.

㉣ 토출 입상관이 10m 이상일 때 정지 중 윤활유와 액화된 냉매의 역류를 방지하기 위해 10m마다 트랩을 설치한다.

㉤ 토출관이 합류할 때 T이음을 하지 않고 Y이음을 한다.

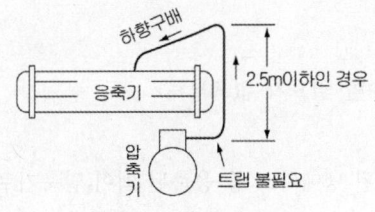
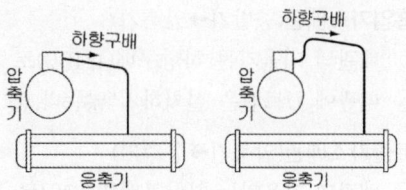

압축기가 응축기 상부에 있을 경우

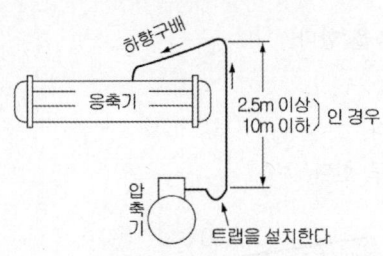

압축기가 응축기 아래에 있을 경우

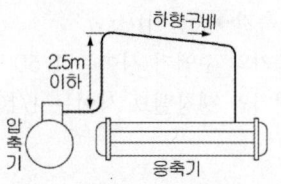

압축기와 응축기가 동일레벨에 있는 경우

⑤ 액관(응축기➡증발기)
  ㉠ 액관의 설계시 압력손실을 충분히 고려하여 플래쉬가스가 발생하지 않게 할 것.
  ㉡ 액관의 마찰손실압력은 $0.02MPa(0.2kgf/cm^2)$ 이하, 유속은 $0.5\sim1.0m/s$ 정도가 되게 한다.
  ㉢ 액관의 길이는 짧게 하는 것이 좋다.
  ㉣ 플래쉬가스(flash gas)를 방지하는 방법으로
   • 과도한 입상은 피하고 액관경과 밸브류의 규격을 크게 선정한다.
   • 증발기가 응축기(수액기)보다 8m 이상 높은 위치에 설치될 때는 플래쉬 가스가 발생하므로 액-가스 열교환기를 설치하여 냉매액의 과냉각도를 크게 한다.
   • 액관의 온도보다 주위 온도가 높으면 단열(보온)시공을 한다.
    (일반적으로 주위 온도가 액관의 온도보다 낮기 때문에 단열(보온)하지 않음)
   • 응축온도를 높게 한다.
    (응축온도가 높으면 냉매액이 외기에 의해 가열되는 일이 거의 없다)
   • 액펌프 방식을 채택한다.
    (냉매액을 펌프로 가압하므로 관 마찰손실에 의한 액관 내부의 압력강하를 상쇄한다)

(3) 암모니아 냉매 배관

① 배관 재질
  ㉠ 배관자재로 강관을 사용한다.
  ㉡ 암모니아는 동관을 부식시킨다.

② 가스켓 재질
  ㉠ 천연고무, 아스베스토스를 사용한다.
  ㉡ 암모니아는 인조고무를 침식시킨다.

③ 흡입가스배관(증발기➡압축기)
  ㉠ 배관의 기울기는 하향구배(1/100)로 한다.
  ㉡ 배관에 U트랩은 설치하지 않는다.(오일을 회수할 필요가 없으므로)
④ 토출가스배관(압축기➡응축기)
  ㉠ 배관의 기울기는 하향구배(1/100)로 하여 토출된 냉매가스 중 응축된 액이 압축기로 역류하지 않도록 한다.
  ㉡ 토출관이 합류할 때 T이음을 하지 않고 Y이음을 한다.
⑤ 액관(응축기➡증발기)
  ㉠ 응축기와 수액기 사이는 1/50 하향구배로 한다.
  ㉡ 수액기와 팽창밸브 사이는 1/100의 하향구배로 한다.

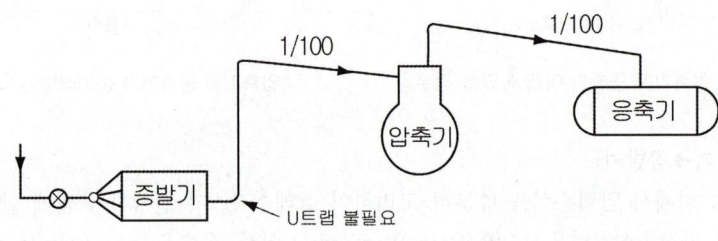

[흡입 및 도출가스 배관(암모니아)]

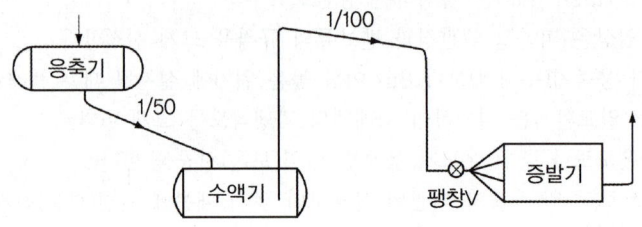

[응축기→ 수액기→ 증발기 배관(암모니아)]

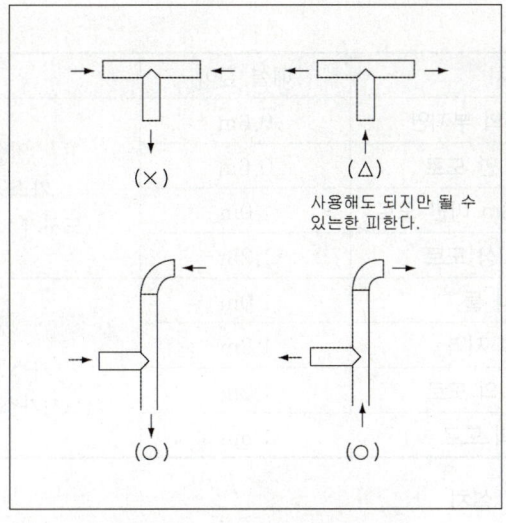

[티이(tee) 사용상의 주의점]

2 가스배관

(1) 도시가스 공급배관

① 공급압력(도시가스 사업법 시행규칙 제2조)
  ㉠ 저압공급 : 가스압력 0.1MPa($1kg_f/cm^2$) 미만의 압력으로 공급
  ㉡ 중압공급 : 가스압력 0.1MPa 이상 1MPa 미만의 압력으로 공급
  ㉢ 고압공급 : 가스압력 1MPa($10kg_f/cm^2$) 이상의 압력으로 공급

② 배관재질 및 표시
  ㉠ 노출 배관의 재질 : 배관용 탄소강관 사용
  ㉡ 매설 배관의 재질 : 폴리에틸렌관(PE관) 또는 폴리에틸렌 피복강관 사용
  ㉢ 배관 외부에 사용가스명과 최고사용압력 및 흐름방향을 표시한다.
  ㉣ 실내에서의 배관은 환기가 잘되거나 기계환기설비를 설치한 장소에 설치할 것 다만 환기가 잘되지 않거나 기계환기설비의 설치가 곤란하여 가스누출경보기를 설치하거나 용접부에 대하여 비파괴시험을 실시하여 이상이 없는 경우에는 그러하지 아니하다(도시가스사업법 시행규칙 별표5).

③ 배관 고정 및 매설
  ㉠ 배관의 고정

배관호칭 지름	고정 간격	출처
13mm 미만	1m	일반도시가스 사업의 가스공급시설의 시설기준 (도시가스사업법 시행규칙 별표6)
13mm 이상 33mm 미만	2m	
33mm 이상	3m	

ⓒ 배관의 매설

위치	매설 깊이	출처
공동주택등의 부지안	0.6m	일반도시가스 사업의 가스공급시설의 시설기준 (도시가스사업법 시행규칙 별표6)
폭 4m 미만 도로	0.6m	
폭 4m 이상 8m 미만 도로	1.0m	
폭 8m 이상 도로	1.2m	
산이나 들	1.0m	가스도매 사업의 가스공급시설의 시설기준 (도시가스사업법 시행규칙 별표5)
그 밖의 지역	1.2m	
시가지 외의 도로	1.2m	
시가지의 도로	1.5m	

④ 긴급차단밸브(ESV) 설치
   가스가 급격하게 분출되는 경우나 긴급한 사태가 발생했을 때 가스의 흐름을 정지시키기 위해 설치한다.

⑤ 가스계량기(미터) 설치
   ㉠ 직사광선을 피하고 진동이 없는 곳에 설치한다.
   ㉡ 화기와 2m 이상, 저압전선과 15cm 이상, 전기개폐기와 60cm 이상의 거리를 유지해야 한다.
   ㉢ 설치높이는 1.6m 이상 2m 이내에 설치한다.

⑥ 정압기(governer) 설치
   고압을 중압으로, 중압을 저압으로 감압하여 공급하기 위해 사용한다.

(2) 가스관경 계산

① 저압배관(폴의 공식)

$$Q = K\sqrt{\frac{HD^5}{SL}} \ [\text{m}^3/\text{h}]$$

$$D = \sqrt[5]{\frac{Q^2 SL}{K^2 H}} \ [\text{cm}]$$

Q : 가스유량 [m³/h]
D : 가스관 내경 [cm]
H : 허용압력손실 [mmAq]
L : 배관길이 [m]
S : 가스의 비중 [공기비중 = 1]
K : 유량계수(POLE 상수 = 0.707)

② 중압, 고압배관(콕스의 공식)

$$Q = K\sqrt{\frac{(P_1^2 - P_2^2)D^5}{SL}} \ [\text{m}^3/\text{h}]$$

$$D = \sqrt[5]{\frac{Q^2 SL}{K^2(P_1^2 - P_2^2)}} \ [\text{cm}]$$

Q : 가스유량 [m³/h]
D : 가스관 내경 [cm]
L : 배관길이 [m]
P_1 : 초압 [kgf/cm², abs]
P_2 : 종압 [kgf/cm², abs]
S : 가스의 비중 [공기비중 = 1]
K : 유량계수(COX상수 = 52.31)

3 압축공기 배관

(1) 장치도

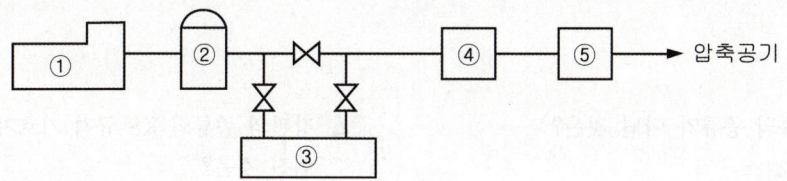

① COMPRESSOR(공기압축기)

② RECEIVER TANK

③ AIR DRYER(수분제거기)

④ MAIN FILTER

⑤ SUB FILTER

(2) 장치의 역할

① COMPRESSOR(공기압축기)

공기를 소정의 압력까지 압축하여 압축공기를 RECEIVER TANK로 보낸다.

② RECEIVER TANK
  ㉠ 압축공기를 저장하여 일시적으로 용량이 부족한 현상을 방지하고 맥동현상을 방지하는 역할을 한다.
  ㉡ 압축공기중의 수분, 불순물, 유분(기름)을 분리하는 역할도 하게 된다.

③ AIR DRYER(수분제거기)
  ㉠ 압축공기중의 수분을 제거하여 양질의 건조한 공기를 만드는 역할을 한다.
  ㉡ 일반적으로 냉동식 드라이어(노점온도 4~10℃)가 많이 사용된다.

④ 사용배관
  ㉠ 사용압력 1.0MPa(10kg/cm^2)이하 : 배관용 탄소 백강관(KSD 3507)
  ㉡ 사용압력 1.0MPa(10kg/cm^2)초과 : 압력배관용 탄소 백강관(KSD 3562)
  ㉢ 지하매립배관 : 폴리에틸렌 피복강관(KSD 3589)
  ㉣ 배관은 응축수 또는 윤활류가 배관내에 고이지 않도록 하향구배로 하고 응축수 배출을 위한 드레인 밸브를 설치한다.

제1편 출제예상문제

01 동관 이음의 종류가 아닌 것은?
① 납땜 이음
② 용접 이음
③ 나사 이음
④ 압축 이음

[해설] 나사이음 : 강관이음방법

02 주철관 이음에 해당 되는 것은?
① 납땜 이음
② 열간 이음
③ 타이톤 이음
④ 플라스탄 이음

[해설]
납땜이음 : 동관
열간이음 : 염화비닐관(PVC관)
타이톤 이음 : 주철관
플라스탄이음 : 납관

03 지름 20mm 이하의 동관을 이음할 때 또는 기계의 점검, 보수 기타 관을 떼어내기 쉽게 하기 위한 동관 이음 방법은?
① 플레어 접합
② 슬리브 접합
③ 플렌지 접합
④ 사이징 접합

[해설] 플레어이음 : 관의 끝을 나팔모양으로 벌리고 플레어 너트를 끼워 상대나사(볼트)에 연결하는 이음

04 강관의 종류와 KS 규격 기호가 바르게 짝지어진 것은?
① 배관용 탄소강관 : SPA
② 저온배관용 탄소강관 : SPPT
③ 고압배관용 탄소강관 : SPTH
④ 압력배관용 탄소강관 : SPPS

[해설]
배관용 탄소강관 : SPP
저온배관용 탄소강관 : SPLT
고압배관용 탄소강관 : SPPH
압력배관용 탄소강관 : SPPS

05 폴리에틸렌 배관의 접합방법이 아닌 것은?
① 기볼트 접합
② 용착 슬리브 접합
③ 인서트 접합
④ 테이퍼 접합

[해설] 기볼트 접합은 석면 시멘트관 접합방법이다.

06 슬리브 신축 이음쇠에 대한 설명 중 틀린 것은?
① 신축량이 크고 신축으로 인한 응력이 생기지 않는다.
② 직선으로 이음하므로 설치 공간이 루프형에 비하여 적다.
③ 배관에 곡선부가 있어도 파손이 되지 않는다.
④ 장시간 사용 시 패킹의 마모로 누수의 원인이 된다.

[해설] 스리브 신축이음을 설치한 배관라인에 곡선부가 있으면 곡선부에서 뒤틀림등에 의한 파손이 생길 수 있다.

정답 01 ③ 02 ③ 03 ① 04 ④ 05 ① 06 ③

07 동관작업용 사이징 툴(sizing tool)공구에 관한 설명으로 옳은 것은?
① 동관의 확관용 공구
② 동관의 끝부분을 원형으로 정형하는 공구
③ 동관의 끝을 나팔형으로 만드는 공구
④ 동관 절단 후 생긴 거스러미를 제거하는 공구

해설
① 익스팬더   ② 사이징 툴
③ 플레어링 툴   ④ 리머

08 연관의 접합 과정에 쓰이는 공구가 아닌 것은?
① 봄볼   ② 턴핀
③ 드레서   ④ 사이징툴

해설
사이징 툴 : 동관의 끝을 원형으로 만드는 공구
봄볼 : 연관 주관에 구멍을 뚫는 공구
턴핀 : 접합하기 쉽게 연관 끝을 확대하는 공구
드레서 : 연관 표면의 산화피막을 제거하는 공구

09 보온재를 유기질과 무기질로 구분할 때, 다음 중 성질이 다른 하나는?
① 우모펠트   ② 규조토
③ 탄산마그네슘   ④ 슬래그 섬유

해설
• 유기질 보온재 : 생물 또는 석유화학으로부터 나온 재료로 만들어진 보온재(우모펠트, 양모펠트, 코르크, 폴리에틸렌, 폴리우레탄, 고무발포)
• 무기질 보온재 : 광물로부터 나온 재료로 만들어진 보온재(석면, 암면, 유리섬유, 규조토, 탄산마그네슘, 세라믹화이버, 펄라이트, 규산칼슘, 슬래그 섬유)

10 배관용 보온재에 관한 설명으로 틀린 것은?
① 내열성이 높을수록 좋다.
② 열전도율이 적을수록 좋다.
③ 비중이 작을수록 좋다.
④ 흡수성이 클수록 좋다.

해설 보온재가 수분을 함유하면 보온효과가 떨어진다.

11 보온재의 구비조건으로 틀린 것은?
① 부피와 비중이 커야 한다.
② 흡수성이 적어야 한다.
③ 안전사용 온도 범위에 적합해야 한다.
④ 열전도율이 낮아야 한다.

해설
보온재의 구비조건
① 열전도율이 작을 것(보온능력이 클 것)
② 흡습성 및 흡수성이 작을 것
③ 화학작용을 일으키지 않고 불연성일 것
④ 사용하는 온도에서 변질이 없을 것
⑤ 경제적이며 중량이 가볍고 시공이 용이할 것

12 다음 보온재 중 안전사용(최고)온도가 가장 높은 것은? (단, 동일조건 기준으로 한다.)
① 글라스울 보온판
② 우모펠트
③ 규산칼슘 보온판
④ 석면 보온판

해설

보온재	안전사용(최고)온도
우모 펠트	100℃
글라스울	300℃
석면	550℃
규산칼슘	650℃

13 다음 중 나사용 패킹류가 아닌 것은?
① 페인트
② 네오프렌
③ 일산화연
④ 액상합성수지

해설 네오프렌 : 플랜지용 패킹

정답 07 ② 08 ④ 09 ① 10 ④ 11 ① 12 ③ 13 ②

14 배관용 플랜지 패킹의 종류가 아닌 것은?
① 오일 시트 패킹
② 합성수지 패킹
③ 고무 패킹
④ 몰드 패킹

해설 몰드패킹 : 회전부에 사용하는 패킹이다.

15 밸브 종류 중 디스크의 형상을 원뿔모양으로 하여 고압 소유량의 유체를 누설 없이 조절할 목적으로 사용하는 밸브는?
① 앵글 밸브
② 슬루스 밸브
③ 니들 밸브
④ 버터플라이 밸브

해설
① 앵글밸브 : 밸브의 입구와 출구가 직각으로 되어있어 유체의 방향을 90°로 바꿀 때 사용한다.
② 슬루스밸브 : 게이트밸브라고도 하며 유량조절이 필요없는 배관에서 유체흐름을 차단할 목적으로 사용된다.
③ 니들밸브 : 유량의 미세조정용으로 사용되며, 밸브의 디스크 끝 부분이 원추형(바늘모양)으로 되어있다.
④ 버터플라이밸브 : 밸브 안에 있는 원형 디스크를 회전시켜 유체의 흐름을 조절하는 밸브이며, 차단 및 유량조절이 가능하고 구조 및 조작이 간단하다.

16 트랩에서 봉수의 파괴원인으로 볼 수 없는 것은?
① 자기사이펀 작용
② 흡인 작용
③ 분출 작용
④ 통기 작용

해설 통기작용은 오히려 봉수를 보호한다.

17 트랩의 봉수 파괴 원인에 해당하지 않는 것은?
① 자기 사이펀 작용
② 모세관 현상
③ 증발
④ 공동 현상

해설 공동현상(캐비테이션)은 봉수 파괴 원인이 아니다.

18 동일 구경의 관을 직선 연결할 때 사용하는 관 이음재료가 아닌 것은
① 소켓   ② 플러그
③ 유니온 ④ 플랜지

해설 플러그, 캡 : 관의 끝을 막을 때 사용한다.

19 다음 배관지지 장치 중 변위가 큰 개소에 사용하기에 가장 적절한 행거(hanger)는?
① 리지드 행거
② 콘스탄트 행거
③ 베리어블 행거
④ 스프링 행거

해설 콘스탄트 행거는 지정된 상하 이동 범위 내에서 이동을 허용한 행거로서 변위가 큰 개소에 사용된다.

20 관이음 도시기호 중 유니언 이음은?

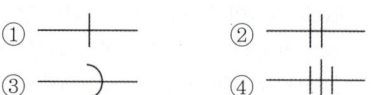

해설
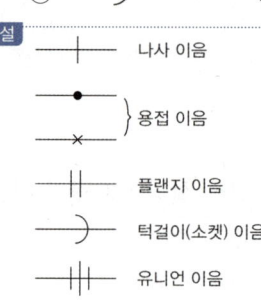
나사 이음
용접 이음
플랜지 이음
턱걸이(소켓) 이음
유니언 이음

정답 14 ④ 15 ③ 16 ④ 17 ④ 18 ② 19 ② 20 ④

21 다음 주철 방열기의 도면 표시에 관한 설명으로 틀린 것은?

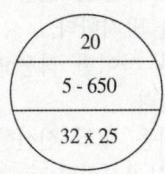

① 방열기 20쪽 수
② 유출 관경 32A
③ 방열기 높이 650mm
④ 방열기종류 5세주형

해설 32×25 : 유입관경 32A, 유출관경 25A

22 관지지 장치 중 서포트(support)의 종류로 틀린 것은?

① 파이프 슈
② 리지드 서포트
③ 롤러 서포트
④ 콘스턴트 행거

해설 서포트 : 리지드서포트, 스프링서포트, 롤러서포트, (파이프 슈 : 리지드서포트의 일종)
행거 : 리지드행거, 스프링행거, 롤러행거, 콘스탄트행거

23 강관작업에서 아래 그림처럼 15A 나사용 90° 엘보 2개를 사용하여 길이가 200mm가 되도록 연결 작업을 하려고 한다. 이때 실제 15A 강관의 길이는 얼마인가? (단, 나사가 물리는 최소길이(여유치수)는 11mm, 이음쇠의 중심에서 단면까지의 길이는 27mm이다.)

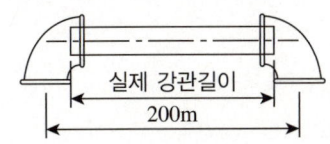

① 142mm   ② 158mm
③ 168mm   ④ 176mm

해설

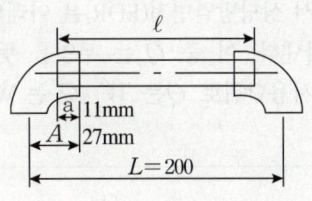

강관의 길이 $l = L - 2A + 2a$
$= 200 - 2 \times 27 + 2 \times 11$
$= 168\,mm$

24 다음 중 배수설비에서 소제구(C.O)의 설치위치로 가장 부적절한 곳은?

① 가옥 배수관과 옥외의 하수관이 접속되는 근처
② 배수 수직관의 최상단부
③ 수평 지관이나 횡주관의 기점부
④ 배수관이 45도 이상의 각도로 구부러지는 곳

해설 소제구 설치
① 배관경 100mm 이하 : 15m 이내마다 설치
   배관경 100mm 초과 : 30m 이내마다 설치
② 배수관이 45° 이상의 각도로 방향을 전환하는 곳에 설치
③ 배수 수평 주관과 배수 수평 분기관의 분기점에 설치
④ 배수 수직관의 제일 밑부분 또는 그 근처에 설치
⑤ 배수관경이 100A 이하일 때는 소제구의 크기를 배수관경과 같게 한다.

25 암모니아 냉동기의 배관재료로서 적절하지 않은 것은?

① 배관용 탄소강 강관
② 동합금관
③ 압력배관용 탄소강 강관
④ 스테인리스 강관

해설 암모니아 증기가 수분을 함유하면 동 및 동합금을 부식시키므로 배관재료는 강관을 사용한다.

21 ②   22 ④   23 ③   24 ②   25 ②

26 방열기에서 상당방열면적(EDR)은 아래의 식으로 나타낸다. 이 중 Q_o는 무엇을 뜻하는가? (단, 사용단위로 Q는 W, Q_o는 W/m² 이다.)

$$EDR(m^2) = \frac{Q}{Q_o}$$

① 증발량
② 응축수량
③ 방열기의 전방열량
④ 방열기의 표준방열량

[해설] 상당방열면적(EDR)
$$EDR = \frac{\text{방열기의 총발열량}}{\text{방열기의 표준방열량}}$$

27 난방부하가 7500W인 어떤 방에 대해 온수난방을 하고자 한다. 방열기의 상당방열면적(m²)은?

① 6.7   ② 8.4
③ 10   ④ 14.3

[해설] $EDR = \frac{7500}{523} = 14.4 \text{m}^2$

온수 표준방열량 : 523W/m²
증기 표준방열량 : 756W/m²

28 중앙식 급탕방식의 특징으로 틀린 것은?
① 일반적으로 다른 설비 기계류와 동일한 장소에 설치할 수 있어 관리가 용이하다.
② 저탕량이 많으므로 피크부하에 대응할 수 있다.
③ 일반적으로 열원장치는 공조설비와 겸용하여 설치되기 때문에 열원단가가 싸다.
④ 배관이 연장되므로 열효율이 높다.

[해설] 중앙식 급탕방식은 기계실에서부터 사용처까지 배관이 길게 연장되므로 열효율이 떨어진다.

29 통기관의 설치목적과 가장 거리가 먼 것은?
① 배수의 흐름을 원활하게 하여 배수관의 부식을 방지한다.
② 봉수가 사이펀 작용으로 파괴되는 것을 방지한다.
③ 배수계통 내의 신선한 공기를 유입하기 위해 환기시킨다.
④ 배수계통 내의 배수 및 공기의 흐름을 원활하게 한다.

[해설] 통기관이 배수관의 부식을 방지하는 역할은 없다.

30 병원, 연구소 등에서 발생하는 배수로 하수도에 직접 방류할 수 없는 유독한 물질을 함유한 배수를 무엇이라 하는가?
① 오수   ② 우수
③ 잡배수   ④ 특수배수

[해설]
오수 : 대변기, 소변기 배수
우수 : 빗물 배수
잡배수 : 주방씽크, 세면기, 욕조, 화장실 바닥 배수
특수배수 : 병원균, 유독물질, 화학약품이 포함된 배수

31 배수관에 트랩을 설치하는 가장 큰 목적은?
① 유체의 역류방지를 위해
② 통기를 원활하게 하기 위해
③ 배수속도를 일정하게 하기 위해
④ 유해, 유취 가스의 역류 방지를 위해

[해설] Trap의 역할 : 유해가스 및 악취가스의 역류방지

정답 26 ④ 27 ④ 28 ④ 29 ① 30 ④ 31 ④

32 LP가스 공급, 소비 설비의 압력손실 요인으로 틀린 것은?

① 배관의 입하에 의한 압력손실
② 엘보우, 티 등에 의한 압력손실
③ 배관의 직관부에서 일어나는 압력손실
④ 가스미터, 콕크, 밸브 등에 의한 압력손실

해설 LP가스(프로판+부탄)는 공기보다 무겁다. 프로판 비중 : 1.52, 부탄비중 : 2.01이다. 따라서 배관의 입하시에는 자중으로 내려가기 때문에 LP가스 공급, 소비 설비의 압력손실 요인이 아니다.

33 가스 도매사업에 관하여 도시가스 배관을 시가지의 도로 노면 밑에 매설하는 경우에는 노면으로부터 배관의 외면까지 얼마 이상을 유지해야 하는가? (단, 방호구조물 안에 설치하는 경우 제외한다)

① 0.8m   ② 1m
③ 1.5m   ④ 2m

해설
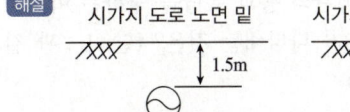

34 도시가스 입상배관의 관지름이 20mm일 때 움직이지 않도록 몇 m 마다 고정장치를 부착해야 하는가?

① 1m   ② 2m
③ 3m   ④ 4m

해설 도시가스 배관고정

배관호칭지름	고정간격
13mm 미만	1m
13mm 이상 33mm 미만	2m
33mm 이상	3m

35 상수 및 급탕배관에서 상수 이외의 배관 또는 장치가 접속되는 것을 무엇이라고 하는가?

① 크로스 커넥션
② 역압 커넥션
③ 사이펀 커넥션
④ 에어갭 커넥션

해설 크로스(cross)커넥션 : 상수(급수)관에 기타 배관(오수배관, 배수배관 등)이 연결되어 오염되도록 배관되는 이음. 따라서 크로스커넥션이 되지 않도록 해야 한다.

36 관경 100A인 강관을 수평주관으로 시공할 때 지지간격으로 가장 적절한 것은?

① 2m 이내   ② 4m 이내
③ 8m 이내   ④ 12m 이내

해설 강관의 수평배관 지지간격

관지름	지지간격
20mm 이하	1.8m 이내
25~40mm 이하	2.0m 이내
50~80mm 이하	3.0m 이내
100~150mm 이하	4.0m 이내
200mm 이상	5.0m 이내

37 덕트의 구부러진 부분의 기류를 안정시키기 위해 사용하는 것은?

① 방화댐퍼(fire damper)
② 가이드 베인(guide vane)
③ 라인 디퓨져(line diffuser)
④ 스필릿 댐퍼(split damper)

해설 덕트의 구부러진 부분의 반경비가 1.5 이내일 때 기류를 안정시키기 위해 가이드 베인을 설치한다.

정답 32 ① 33 ③ 34 ② 35 ① 36 ② 37 ②

38 공기의 흐름방향을 조절할 수 있으나 풍량은 조절할 수 없고 환기용 흡입구나 배기구로 사용되는 것은?

① 그릴(grilles)
② 디퓨저(diffusers)
③ 레지스터(registers)
④ 아네모스탯(anemostat)

해설 레지스터 : 그릴에 셔터를 부착한 것으로 공기의 방향과 풍량을 조절할 수 있다.

39 체크밸브의 종류에 대한 설명으로 옳은 것은?

① 리프트형 – 수평, 수직 배관용
② 풋형 – 수평 배관용
③ 스윙형 – 수평, 수직 배관용
④ 리프트형 – 수직 배관용

해설 리프트형 : 수평 배관용
풋형 : 수직 배관용(펌프흡입구)
스윙형 : 수평, 수직 배관용

40 배수 횡지관에서 통기관을 이어낼 때 경사도는 얼마 이내로 해야 하는가? (단, 수직 이음인 경우 제외한다.)

① 45°   ② 60°
③ 70°   ④ 80°

해설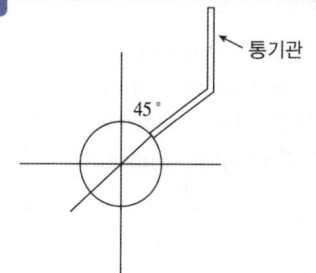

41 다음 중 배수트랩의 종류로 가장 거리가 먼 것은?

① 드럼트랩
② 피(P)트랩
③ 에스(S)트랩
④ 버킷트랩

해설 버킷트랩 : 응축수 회수를 위한 증기트랩

42 배수트랩의 형상에 따른 종류가 아닌 것은?

① S트랩   ② P트랩
③ U트랩   ④ H트랩

해설 배수트랩 종류는 S트랩, P트랩, U트랩이 있다.

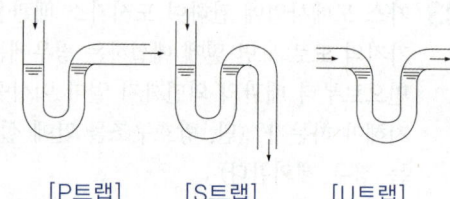

[P트랩]   [S트랩]   [U트랩]

43 저압가스 배관의 통과 유량을 구하는 아래의 공식에서 S가 나타내는 것은? (단, L : 관 길이(m)이다)

$$Q = K\sqrt{\dfrac{H \cdot D^5}{S \cdot L}}$$

① 관의 내경   ② 가스 비중
③ 유량 계수   ④ 압력차

해설 Q : 가스유량[m³/h]
D : 가스관내경[cm]
H : 허용압력손실 [mmAq]
L : 배관길이[m]
S : 가스비중
K : 유량계수

정답 38 ① 39 ③ 40 ① 41 ④ 42 ④ 43 ②

44 펌프 주위배관 시공에 관한 사항으로 틀린 것은?

① 풋 밸브(foot valve)등 모든 관의 이음은 수밀, 기밀을 유지할 수 있도록 한다.
② 흡입관의 길이는 가능한 한 짧게 배관하여 저항이 적도록 한다.
③ 흡입관의 수평배관은 펌프를 향하여 하향 구배로 한다.
④ 양정이 높을 경우에는 펌프 토출구와 게이트 밸브와의 사이에 체크밸브를 설치한다.

해설 펌프 흡입관은 펌프를 향해 상향구배로 하여야 배관에 공기가 체류하지 않는다.

45 펌프 운전 시 발생하는 캐비테이션 현상에 대한 방지대책으로 틀린 것은?

① 흡입양정을 짧게 한다.
② 펌프의 회전수를 낮춘다.
③ 단흡입 펌프를 사용한다.
④ 흡입관의 관경을 굵게, 굽힘을 적게 한다.

해설 캐비테이션(cavitation)
① 공동현상(空洞現象)이라고 하며 액체가 굴곡부 또는 곡부를 흐를 때 저압부분(空洞)이 생기고 여기서 증기(기포)가 발생하는 현상을 캐비테이션이라 한다.
② 발생된 기포는 펌프의 토출측 고압영역에 이르면 갑자기 파괴되어 물속으로 소멸한다. 기포가 파괴되면서 심한 충격이 일어나 소음과 진동을 일으키고 침식을 일으킨다.
③ 방지대책
  ㉠ 펌프의 흡입 양정을 작게 한다.
  ㉡ 펌프의 회전수를 낮춘다.
  ㉢ 양흡입 펌프를 사용한다.
  ㉣ 2대 이상의 펌프를 사용한다.
  ㉤ 흡입관 구경을 크게 하여 손실수두를 줄인다.

46 아네모스탯(anemostat)형 취출구에서 유인비의 정의로 옳은 것은? (단, 취출구로부터 공급된 조화공기를 1차 공기(PA), 실내공기가 유인되어 1차 공기와 혼합한 공기를 2차 공기(SA), 1차와 2차 공기를 모두 합한 것을 전공기(TA)라 한다.)

① $\dfrac{TA}{SA}$ ② $\dfrac{PA}{TA}$
③ $\dfrac{TA}{PA}$ ④ $\dfrac{SA}{TA}$

해설 유인비 $R = \dfrac{1차 공기 + 2차 공기}{1차 공기} = \dfrac{TA}{PA}$

47 스트레이너의 형상에 따른 종류가 아닌 것은?

① Y형   ② S형
③ U형   ④ V형

해설 스트레이너의 종류 : Y형, U형, V형

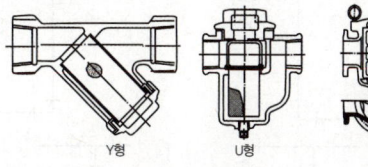

[스트레이너]

48 다음 중 흡수성이 있으므로 방습재를 병용해야 하며, 아스팔트로 가공한 것은 -60℃까지의 보냉용으로 사용이 가능한 것은?

① 펠트   ② 탄화코르크
③ 석면   ④ 암면

해설 펠트(felt)
• 양모펠트와 우모펠트가 있다.
• 흡수성이 있다.
• 곡면시공이 용이하다
• 안전 사용온도는 100℃이하이다.
• 아스팔트로 방습 처리한 것은 -60℃까지 사용할 수 있다.

정답 44 ③ 45 ③ 46 ③ 47 ② 48 ①

49 부력에 의해 밸브를 개폐하여 간헐적으로 응축수를 배출하는 구조를 가진 증기 트랩은?

① 버킷 트랩
② 열동식 트랩
③ 벨 트랩
④ 충격식 트랩

해설 **버킷 트랩(bucket trap)**
상향식과 하향식이 있으며 **부력**에 의해 버킷이 떠오르거나 가라앉아 밸브를 열고 닫음으로 응축수를 간헐적으로 배출한다. 상향식은 공기 배출이 곤란하나 하향식은 공기 배출이 가능하다. 중압, 고압의 환수관에 적합하며, 관내 압력차가 있으면 응축수를 높은 곳의 환수관까지 끌어 올릴 수 있다.

50 온수난방 배관에서 에어포켓(air pocket)이 발생될 우려가 있는 곳에 설치하는 공기빼기 밸브(◇)의 설치위치로 가장 적절한 것은?

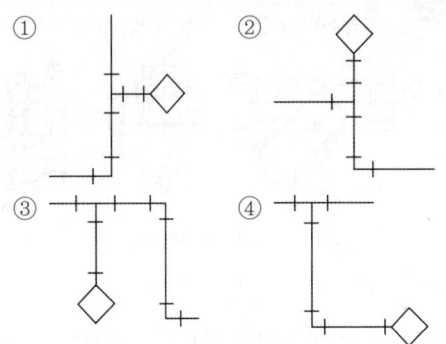

해설 공기빼기 밸브는 배관의 최상부에 상향으로 설치해야 한다.

51 배수 및 통기배관에 대한 설명으로 틀린 것은?

① 루프 통기식은 여러 개의 기구군에 1개의 통기지관을 빼내어 통기주관에 연결하는 방식이다.
② 도피 통기관의 관경은 배수관의 1/4이상이 되어야 하며 최소 40mm 이하가 되어서는 안된다.
③ 루프 통기식 배관에 의해 통기할 수 있는 기구의 수는 8개 이내이다.
④ 한랭지의 배수관은 동결되지 않도록 피복을 한다.

해설 **도피통기관** : 루프통기관을 도와서 통기능률을 향상시키기 위하여 배수 횡지관 최하류에서 통기 수직관과 연결한다. 도피통기관 관경은 배수 수평지관의 1/2 이상이 되어야 하며 최소 32mm 이상이 되어야 한다.

52 통기관의 종류에서 최상부의 배수 수평관이 배수 수직관에 접속된 위치보다도 더욱 위로 배수 수직관을 끌어 올려 대기 중에 개구하여 사용하는 통기관은?

① 각개 통기관
② 루프 통기관
③ 신정 통기관
④ 도피 통기관

해설 **신정통기관** : 최상부의 배수 수직관을 끌어올려 대기 중에 개구하여 사용하는 통기관

53 통기관의 설치 목적으로 가장 적절한 것은?

① 배수의 유속을 조절한다.
② 배수 트랩의 봉수를 보호한다.
③ 배수관 내의 진공을 완화한다.
④ 배수관 내의 청결도를 유지한다.

해설 **통기관 역활**
1. 배수 트랩의 봉수를 보호한다.
2. 배수의 흐름을 원활하게 한다.
3. 배수관 내에 신선공기를 유통시켜 관내를 청결하게 유지한다.

정답 49 ① 50 ② 51 ② 52 ③ 53 ②

54 도시가스의 공급설비 중 가스 홀더의 종류가 아닌 것은?

① 유수식　② 중수식
③ 무수식　④ 고압식

해설　가스홀더(gas holder) : 가스탱크 또는 가소미터 (gasometer)라고도 하며, 수요에 따른 가스의 제조와 공급을 원활하게 함과 동시에 가스조성의 균일화와 일정한 압력으로 가스를 공급하기 위해 사용되는 탱크이다.
저압식 : 유수식(有水式), 무수식(無水式)
중, 고압식 : 구형(球形), 원통형(圓筒形)

55 가스수요의 시간적 변화에 따라 일정한 가스량을 안정하게 공급하고 저장을 할 수 있는 가스홀더의 종류가 아닌 것은?

① 무수(無水)식
② 유수(有水)식
③ 주수(柱水)식
④ 구(球)형

해설　가스홀더 종류
1. 저압식 : 유수식, 무수식
2. 중, 고압식 : 구형, 원통형

56 아래 강관 표시방법 중 "S - H"의 의미로 옳은 것은?

SPPS-S-H-1965, 11-100A×SCH40×6

① 강관의 종류　② 제조회사명
③ 제조방법　　④ 제품표시

해설　SPPS : 강관의 종류(압력배관용 탄소강관)
S-H : 제조방법(열간가공 이음매 없는 관)
1965,11 : 제조년월(1965년 11월)
100A : 관경 (100mm)
SCH40 : 호칭방법 (스케쥴 40번)
6 : 관길이(6m)

정답　54 ②　55 ③　56 ③

[저자경력]

■ 임재기

약력
- 중앙대학교 기계공학과 학사
- 중앙대학교 기계공학과 석사
- 수원과학대학 기계과 겸임교수 역임
- 한국설비기술협회 CM 기술 전문위원 역임
- (주)삼우씨엠건축사사무소 전무
- 공조냉동기계기사 자격증 취득
- 공조냉동기계기술사 자격증 취득

저서
- 2025 이패스 공조냉동기계기사 필기
- 2025 이패스 공조냉동기계기사 실기

2026 공조냉동기계기사 [필기] 이론편

개정 11판 1쇄 인쇄 / 2025년 10월 14일
개정 11판 1쇄 발행 / 2025년 10월 27일

지 은 이	임 재 기
발 행 인	이 재 남
발 행 처	이패스코리아
	서울시 영등포구 경인로 775472 에이스하이테크시티 2동 10층
전 화	1600-0522
팩 스	02-6345-6701
홈페이지	www.epasskorea.com
이 메 일	book@epasskorea.com
등 록 번 호	제318-2003-000119호(2003년 10월 15일)

※잘못된 책은 교환해드립니다.

이패스코리아와 함께 하시면 **공부는 쉬워지고 합격은 빨라집니다.**

합격을 위한 모든것

이패스코리아 국가기술
BEST SELLER

공조냉동기계기사 (저자 임재기)
- 이패스 공조냉동기계기사 필기
- 이패스 공조냉동기계기사 실기

정보통신기사 (저자 권병철)
- 이패스 정보통신기사 필기
- 이패스 정보통신기사 실기

실내건축 기사/산업기사 (저자 강혜진, 한석우, 김태민)
- 이패스 실내건축기사 필기
- 이패스 실내건축기사 실기 시공실무
- 이패스 실내건축산업기사 필기
- 이패스 실내건축산업기사 실기 시공실무
- 이패스 실내건축기사(산업기사) 실기 작업형

용접기능사 (저자 최부길)
- 이패스 용접기능사 필기

소방설비기사 전기/기계분야 (저자 김진수, 이재훈)
- 이패스 소방설비기사 필기
- 이패스 소방설비기사 실기

식물보호 기사/산업기사 (저자 김소정)
- 이패스 식물보호기사(산업기사) 필기
- 이패스 식물보호기사(산업기사) 실기

산업위생관리기사 (저자 이혜영)
- 이패스 산업위생관리기사 필기
- 이패스 산업위생관리기사 실기

2026 이패스
임재기의 공조냉동 기계기사
필기 이론편

이 책의 특징

☑ 무거운책 No!!
　이론편, 기출문제편의 분권화

☑ 믿고 따라만오세요!!
　개정사항 완벽 반영

☑ 기출문제는 반드시 출제된다는 사실!!
　총 24회차 과년도 기출문제 & 해설 수록

☑ 모르는 문제는 바로 물어보세요!!
　임재기 저자의 365일 1:1 질의응답 가능

 국가 기술자격증 합격하기!! 네이버 카페
cafe.naver.com/techlicense

개별가 없음(세트로만 판매)

epasskorea

서울특별시 영등포구 경인로 775 에이스하이테크시티 2동 10층
1600-0522　www.epasskorea.com

ISBN 979-11-7209-295-5
ISBN 979-11-7209-294-8 (세트)

2026 이패스

저자직강 동영상 강의 **이패스코리아**
www.epasskorea.com

✓ 개정사항 완벽대비
✓ SI단위 완벽반영
✓ 최신 기출문제 포함

CBT
완/벽/반/영

임재기의
공조냉동
기계기사

필기 기출문제편

공조냉동기계기술사
임재기 저

합격 물결의
신화!

합격생이
추천하는
도서!

e·passkorea

1983년부터 지금까지 42년간 쌓아온 공조냉동관련 현업의 경험과
2006년부터 시작한 공조냉동기계기사 강의와 도서집필의 모든 노하우를 기반으로

여러분만의 **공조냉동기계기사 합격멘토**가 되어드리겠습니다!!

임재기 공조냉동기계기술사

- 중앙대학교 기계공학과 학사
- 중앙대학교 기계공학과 석사

- 수원과학대학 기계과 겸임교수 역임
- 한국설비기술협회 CM 기술 전문위원 역임
- ㈜삼우씨엠건축사사무소 전무

- 공조냉동기계기사 취득
- 공조냉동기계기술사 취득

임재기의 공조냉동기계기사 동영상 강의 수강방법

Step 1 www.epasskorea.com 직접 접속하거나
인터넷포털에서 이패스코리아 검색 후 접속

Step 2 이패스코리아 공조냉동 선택
기술자격증 > 공조냉동

Step 3 왼쪽 상단 [수강신청] 메뉴 클릭 →
공조냉동기계기사 강의 중 수강하고자 하는 강의 선택하여 수강신청

이패스코리아
공조냉동기계기사만의 빵빵한 혜택

01 합격물결의 신화!!
수많은 합격생들이 추천하는 강의+도서

02 임재기쌤의
1:1 학습질의 응답 서비스

이패스코리아
공조냉동기계기사
**동영상강의
수강신청**

03 이해될때까지
수강기간 내 무제한 반복 수강

04 모바일 수강 가능
스마트폰
태블릿

이패스 국가기술자격
**국가 기술자격증
합격하기
국기합 네이버 카페**

2026 이패스
임재기의 공조냉동 기계기사

필기 기출문제편

공조냉동기계기술사
임재기 저

epasskorea

차례

기출문제 공조냉동기계기사 과년도 출제문제

- 과년도 출제문제(2018. 3. 4 시행) — 4
- 과년도 출제문제(2018. 4. 28 시행) — 27
- 과년도 출제문제(2018. 8. 19 시행) — 45
- 과년도 출제문제(2019. 3. 3 시행) — 67
- 과년도 출제문제(2019. 4. 27 시행) — 95
- 과년도 출제문제(2019. 8. 4 시행) — 123
- 과년도 출제문제(2020. 6. 6 시행) — 146
- 과년도 출제문제(2020. 8. 22 시행) — 169
- 과년도 출제문제(2020. 9. 27 시행) — 190
- 과년도 출제문제(2021. 3. 7 시행) — 211
- 과년도 출제문제(2021. 5. 15 시행) — 231
- 과년도 출제문제(2021. 8. 14 시행) — 253
- 과년도 출제문제(2022. 3. 5 시행) — 275
- 과년도 출제문제(2022. 4. 24 시행) — 291
- 과년도 출제문제(2022년 3회 CBT 복원) — 308
- 과년도 출제문제(2023년 1회 CBT 복원) — 324
- 과년도 출제문제(2023년 2회 CBT 복원) — 340
- 과년도 출제문제(2023년 3회 CBT 복원) — 356
- 과년도 출제문제(2024년 1회 CBT 복원) — 372
- 과년도 출제문제(2024년 2회 CBT 복원) — 389
- 과년도 출제문제(2024년 3회 CBT 복원) — 404
- 과년도 출제문제(2025년 1회 CBT 복원) — 419
- 과년도 출제문제(2025년 2회 CBT 복원) — 433
- 과년도 출제문제(2025년 3회 CBT 복원) — 448

기출문제

공조냉동기계기사 필기
과년도 출제문제

- 2018년 3월 4일 시행
- 2018년 4월 28일 시행
- 2018년 8월 19일 시행
- 2019년 3월 3일 시행
- 2019년 4월 27일 시행
- 2019년 8월 4일 시행
- 2020년 6월 6일 시행
- 2020년 8월 22일 시행
- 2020년 9월 27일 시행
- 2021년 3월 7일 시행
- 2021년 5월 15일 시행
- 2021년 8월 14일 시행
- 2022년 3월 5일 시행
- 2022년 4월 24일 시행
- 2022년 3회 CBT 복원

- 2023년 1회 CBT 복원
- 2023년 2회 CBT 복원
- 2023년 3회 CBT 복원
- 2024년 1회 CBT 복원
- 2024년 2회 CBT 복원
- 2024년 3회 CBT 복원
- 2025년 1회 CBT 복원
- 2025년 2회 CBT 복원
- 2025년 3회 CBT 복원

과년도 출제문제(2018. 3. 4 시행)

제1과목 기계열역학

01 증기터빈 발전소에서 터빈 입구의 증기 엔탈피는 출구의 엔탈피보다 136kJ/kg 높고, 터빈에서의 열손실은 10kJ/kg이다. 증기속도는 터빈입구에서 10m/s이고 출구에서 110m/s일 때 이 터빈에서 발생시킬 수 있는 일은 약 몇 kJ/kg인가?

① 10　　② 90
③ 120　　④ 140

해설 정상류 일반에너지식

$$u_1 + P_1v_1 + \frac{v_1^2}{2} + gz_1 + q = u_2 + P_2v_2$$
$$+ \frac{v_2^2}{2} + gz_2 + w_t 이며$$

$u + Pv = h$ 이고 $z_1 = z_2$ 이므로

$$h_1 + \frac{v_1^2}{2} + q = h_2 + \frac{v_2^2}{2} + w_t$$

터빈일

$$w_t = (h_1 - h_2) + \frac{1}{2}(v_1^2 - v_2^2) + q$$
$$= 136 + \frac{1}{2}(10^2 - 110^2) \times 10^{-3} + (-10)$$
$$= 120 \text{kJ/kg}$$

여기서, 속도에너지 J를 kJ로 바꾸기 위해 10^{-3}을 곱했음

02 압력 2MPa, 온도 300℃의 수증기가 20m/s 속도로 증기터빈으로 들어간다. 터빈 출구에서 수증기 압력이 100kPa, 속도는 100m/s이다. 가역단열과정으로 가정 시, 터빈을 통과하는 수증기 1kg당 출력일은 약 몇 kJ/kg인가? (단, 수증기표로부터 2MPa, 300℃에서 비엔탈피는 3023.5kJ/kg, 비엔트로피는 6.7663kJ/(kg·K)이고, 출구에서의 55비엔탈피 및 비엔트로피는 아래 표와 같다.)

출구	포화액	포화증기
비엔트로피[kJ/(kg·K)]	1.3025	7.3593
비엔탈피[kJ/kg]	417.44	2675.46

① 1534
② 564.3
③ 153.4
④ 764.5

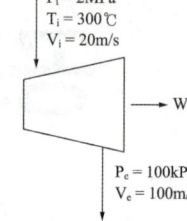

P_i = 2MPa
T_i = 300℃
V_i = 20m/s

P_e = 100kPa
V_e = 100m/s

해설
- 가역단열과정이므로 엔트로피 $s_1 = s_2$ 이다
  $s_1 = s_2 = s_2' + x(s_2'' - s_2')$ 에서 x를 구하면
  $$x = \frac{s_1 - s_2'}{s_2'' - s_2'} = \frac{6.7663 - 1.3025}{7.3593 - 1.3025} = 0.9021$$

- 터빈출구엔탈피 h_2를 구하면
  $h_2 = h_2' + x(h_2'' - h_2')$
  $= 417.44 + 0.921 \times (2675.46 - 417.44)$
  $= 2454.4 \text{kJ/kg}$

- 터빈일 w_t
  $$w_t = (h_1 - h_2) + \frac{1}{2}(v_1^2 - v_2^2) + q$$
  가역단열과정이므로 $q = 0$
  $$\therefore w_t = (3023.5 - 2454.4) + \frac{1}{2}(20^2 - 100^2)$$
  $$\times 10^{-3} + 0 = 564.3 \text{kJ/kg}$$

정답 01 ③　02 ②

03 그림과 같이 온도(T) - 엔트로피(s)로 표시된 이상적인 랭킨사이클에서 각 상태의 엔탈피(h)가 다음과 같다면, 이 사이클의 효율은 약 몇 %인가? (단, h_1 = 30kJ/kg, h_2 = 31kJ/kg, h_3 = 274kJ/kg, h_4 = 668kJ/kg, h_5 = 764kJ/kg, h_6 = 478kJ/kg이다.)

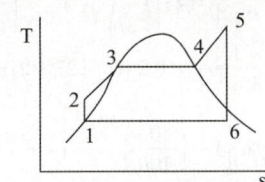

① 39　　② 42
③ 53　　④ 58

해설 랭킨사이클 열효율
$$\eta = \frac{(h_5 - h_6) - (h_2 - h_1)}{h_5 - h_2}$$
$$= \frac{(764 - 478) - (31 - 30)}{764 - 31} = 0.388 \fallingdotseq 0.39$$

펌프일 무시할 경우
$$\eta = \frac{h_5 - h_6}{h_5 - h_1} = \frac{764 - 478}{764 - 30} = 0.389 \fallingdotseq 0.39$$

04 어떤 기체가 5kJ의 열을 받고 0.18kN·m의 일을 외부로 하였다. 이때의 내부에너지의 변화량은?

① 3.24kJ　　② 4.82kJ
③ 5.18kJ　　④ 6.14kJ

해설 $\delta Q = dU + \delta W$에서
$\triangle U = \triangle Q - \triangle W = 5 - 0.18 = 4.82 \,\text{kJ}$
(1kJ = 1kN·m)

05 단위질량의 이상기체가 정적과정하에서 온도가 T_1에서 T_2로 변하였고, 압력도 P_1에서 P_2로 변하였다면, 엔트로피 변화량 $\triangle s$는? (단, C_v와 C_p는 각각 정적비열과 정압비열이다.)

① $\triangle s = C_v \ln \frac{P_1}{P_2}$　　② $\triangle s = C_p \ln \frac{P_2}{P_1}$

③ $\triangle s = C_v \ln \frac{T_2}{T_1}$　　④ $\triangle s = C_p \ln \frac{T_1}{T_2}$

해설 정적과정 엔트로피식
$$\triangle s = s_2 - s_1 = C_v \ln \frac{T_2}{T_1} = C_v \ln \frac{P_2}{P_1}$$

06 초기 압력 100kPa, 초기 체적 0.1m³인 기체를 버너로 가열하여 기체 체적이 정압과정으로 0.5m³이 되었다면 이 과정 동안 시스템이 외부에 한 일은 약 몇 kJ인가?

① 10　　② 20
③ 30　　④ 40

해설
$$W = \int_1^2 PdV = P(V_2 - V_1)$$
$$= 100 \times (0.5 - 0.1) = 40 \,\text{kJ}$$

07 엔트로피(s) 변화 등과 같은 직접 측정할 수 없는 양들을 압력(P), 비체적(v), 온도(T)와 같은 측정 가능한 상태량으로 나타내는 Maxwell 관계식과 관련하여 다음 중 틀린 것은?

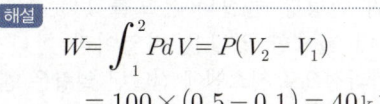

해설 단순 압축성 물질에 대한 Maxwell 관계식

$dh = Tds + vdP$로부터 $\left(\frac{\partial T}{\partial P}\right)_S = \left(\frac{\partial v}{\partial s}\right)_P$

$du = Tds - Pdv$로부터 $\left(\frac{\partial T}{\partial v}\right)_S = -\left(\frac{\partial P}{\partial s}\right)_v$

$dg = -sdT + vdP$로부터 $\left(\frac{\partial v}{\partial T}\right)_P = -\left(\frac{\partial s}{\partial P}\right)_T$

g : 깁스 (자유)에너지 OR 깁스 함수

$da = -sdT - Pdv$로부터 $\left(\frac{\partial s}{\partial v}\right)_T = \left(\frac{\partial P}{\partial T}\right)_v$

a : 헬름홀츠 (자유)에너지 OR 헬름홀츠 함수

④는 $\left(\frac{\partial s}{\partial v}\right)_T = \left(\frac{\partial P}{\partial T}\right)_v$ 이어야 한다.

03 ①　04 ②　05 ③　06 ④　07 ④

08 대기압이 100kPa일 때, 계기 압력이 5.23 MPa인 증기의 절대 압력은 약 몇 MPa인가?

① 3.02　　② 4.12
③ 5.33　　④ 6.43

해설
절대압력 = 대기압력 + 계기압력
= $100 \times 10^{-3} + 5.23$
= 5.33MPa
(1MPa = 1000kPa)

09 열역학적 변화와 관련하여 다음 설명 중 옳지 않은 것은?

① 단위 질량당 물질의 온도를 1℃ 올리는 데 필요한 열량을 비열이라 한다.
② 정압과정으로 시스템에 전달된 열량은 엔트로피 변화량과 같다.
③ 내부에너지는 시스템의 질량에 비례하므로 종량적(extensive) 상태량이다.
④ 어떤 고체가 액체로 변화할 때 융해(Melting)라고 하고, 어떤 고체가 기체로 바로 변화할 때 승화(Sublimation)라고 한다.

해설 ② 정압과정의 열량 $q = h_2 - h_1 = C_p(T_2 - T_1)$
즉, 정압과정의 전달된 열량은 엔탈피 변화량과 같다.

10 공기압축기에서 입구 공기의 온도와 압력은 각각 27℃, 100kPa이고, 체적유량은 0.01m³/s이다. 출구에서 압력이 400kPa이고, 이 압축기의 등엔트로피 효율이 0.8일 때, 압축기의 소요동력은 약 몇 kW인가? (단, 공기의 정압비열과 기체상수는 각각 1kJ/(kg·K), 0.287kJ/(kg·K)이고, 비열비는 1.4이다.)

① 0.9　　② 1.7
③ 2.1　　④ 3.8

해설 등엔트로피과정은 단열과정이므로 단열과정 공업일은

$$w_t = \frac{k}{k-1}R(T_1 - T_2)$$
$$= \frac{k}{k-1}RT_1\left(1 - \frac{T_2}{T_1}\right)$$
$$= \frac{k}{k-1}RT_1\left[1 - \left(\frac{P_2}{P_1}\right)^{\frac{k-1}{k}}\right]$$
$$= \frac{1.4}{1.4-1} \times 0.287 \times (27+273)$$
$$\times \left[1 - \left(\frac{400}{100}\right)^{\frac{1.4-1}{1.4}}\right] = -146.45\text{kJ/kg}$$

여기에 전체 질량을 곱하고 효율로 나누어 주면 압축기 총 소요 동력이 된다.

소요 동력 $L_b = \frac{w_t \times m}{\eta} = \frac{w_t \times (\rho \cdot Q)}{\eta}$
$= \frac{-146.45 \times (1.2 \times 0.01)}{0.8}$
$= -2.19\text{kW}$ (− : 압축일을 의미함)

여기서, 공기의 밀도 $\rho : 1.2\text{kg/m}^3$
1kJ/s = 1kW

11 다음 중 강성적(강도성, intensive) 상태량이 아닌 것은?

① 압력　　② 온도
③ 엔탈피　　④ 비체적

해설
- 강성적(강도성) 상태량 : 물질의 량과 무관한 상태량이다. 온도, 습도, 압력, 밀도, 비체적, 비엔탈피, 비엔트로피, 비중
- 종량적(용량성) 상태량 : 물질의 량에 비례하는 상태량이다. 질량, 체적, 엔탈피, 엔트로피, 무게

12 이상기체가 정압과정으로 dT만큼 온도가 변하였을 때 1kg당 변화된 열량 Q는? (단, C_v는 정적비열, C_p는 정압비열, k는 비열비를 나타낸다.)

① $Q = C_v dT$　　② $Q = k^2 C_v dT$
③ $Q = C_p dT$　　④ $Q = k C_p dT$

해설 정압과정의 열량 $\delta q = dh = C_p dT$

정답 08 ③　09 ②　10 ③　11 ③　12 ③

13 랭킨 사이클에서 25℃, 0.01MPa 압력의 물 1kg을 5MPa 압력의 보일러로 공급한다. 이 때 펌프가 가역단열과정으로 작용한다고 가정할 경우 펌프가 한 일은 약 몇 kJ인가? (단, 물의 비체적은 0.001m³/kg이다.)

① 2.58   ② 4.99
③ 20.10 ④ 40.20

 펌프일은 공업일이다.
$$w_P = -\int_1^2 v dP = v(P_1 - P_2)$$
$= 0.001 \times (0.01 - 5) \times 10^3$
$= -4.99 \text{kJ/kg}$ (- : 압축일)
여기서, MPa을 kPa로 변환해줘야 단위가 kN·m = kJ이 되기 때문에 10^3을 곱했음

14 520K의 고온 열원으로부터 18.4kJ 열량을 받고 273K의 저온 열원에 13kJ의 열량을 방출하는 열기관에 대하여 옳은 설명은?

① Clausius 적분값은 -0.0122kJ/K이고, 가역 과정이다.
② Clausius 적분값은 -0.0122kJ/K이고, 비가역 과정이다.
③ Clausius 적분값은 +0.0122kJ/K이고, 가역 과정이다.
④ Clausius 적분값은 +0.0122kJ/K이고, 비가역 과정이다.

 클라우시우스의 폐적분
$$\oint \frac{\delta Q}{T} = \frac{Q_H}{T_H} - \frac{Q_L}{T_L}$$
$= \frac{18.4}{520} - \frac{13}{273} = -0.012 \text{kJ/K}$
$\oint \frac{\delta Q}{T} = -0.012 < 0$ 이므로 비가역과정이다.
$\left(\oint \frac{\delta Q}{T} = 0 \text{ 이면 가역과정} \right)$

15 이상적인 오토 사이클에서 단열압축되기 전 공기가 101.3kPa, 21℃이며, 압축비 7로 운전할 때 이 사이클의 효율은 약 몇 %인가? (단, 공기의 비열비는 1.4이다.)

① 62%   ② 54%
③ 46%   ④ 42%

 오토사이클 열효율
$$\eta_0 = 1 - \left(\frac{v_2}{v_1}\right)^{k-1} = 1 - \left(\frac{1}{\varepsilon}\right)^{k-1}$$
$= 1 - \left(\frac{1}{7}\right)^{1.4-1} = 0.54 = 54\%$

여기서, 압축비 $\varepsilon = \frac{v_1}{v_2}$

16 이상적인 복합 사이클(사바테 사이클)에서 압축비는 16, 최고압력비(압력상승비)는 2.3, 체절비는 1.6이고, 공기의 비열비는 1.4일 때 이 사이클의 효율은 약 몇 %인가?

① 55.52 ② 58.41
③ 61.54 ④ 64.88

사바테 사이클 효율
$$\eta_s = 1 - \left(\frac{1}{\varepsilon}\right)^{k-1} \frac{\alpha \sigma^k - 1}{(\alpha - 1) + k\alpha(\sigma - 1)}$$

여기서, 체절비 $\sigma = \frac{v_4}{v_3}$

압력비 $\alpha = \frac{P_3}{P_2}$

압축비 $\varepsilon = \frac{v_1}{v_2}$

$= 1 - \left(\frac{1}{16}\right)^{1.4-1} \times$
$\frac{2.3 \times 1.6^{1.4} - 1}{(2.3 - 1) + 1.4 \times 2.3 \times (1.6 - 1)}$
$= 0.6488 = 64.88\%$

정답: 13 ② 14 ② 15 ② 16 ④

17 이상기체 공기가 안지름 0.1m인 관을 통하여 0.2m/s로 흐르고 있다. 공기의 온도는 20℃, 압력은 100kPa, 기체상수는 0.287kJ/(kg·K)이라면 질량유량은 약 몇 kg/s인가?

① 0.0019 ② 0.0099
③ 0.0119 ④ 0.0199

해설 질량 $m = \rho Q = \rho(AV)$에서 밀도를 먼저 구하면
$$Pv = RT \rightarrow \frac{1}{v} = \frac{P}{RT} \quad \left(\rho = \frac{1}{v}\right)$$
$$\therefore \rho = \frac{100}{0.287 \times (20+273)} = 1.189 \text{kg/m}^3$$
질량 $m = \rho AV = 1.189 \times \frac{\pi \times 0.1^2}{4} \times 0.2$
$$= 0.00187 ≒ 0.0019 \text{kg/s}$$

18 저온실로부터 46.4kW의 열을 흡수할 때 10kW의 동력을 필요로 하는 냉동기가 있다면, 이 냉동기의 성능계수는?

① 4.64 ② 5.65
③ 7.49 ④ 8.82

해설 냉동기 성능계수 $COP = \dfrac{Q_e}{AW} = \dfrac{46.4}{10} = 4.64$

19 온도가 각기 다른 액체 A(50℃), B(25℃), C(10℃)가 있다. A와 B를 동일질량으로 혼합하면 40℃로 되고, A와 C를 동일질량으로 혼합하면 30℃로 된다. B와 C를 동일질량으로 혼합할 때는 몇 ℃로 되겠는가?

① 16.0℃ ② 18.4℃
③ 20.0℃ ④ 22.5℃

해설
- A, B가 주고 받은 열량은 같아야하므로
$GC_A(50-40) = GC_B(40-25)$
$C_B = \dfrac{50-40}{40-25}C_A = \dfrac{1}{1.5}C_A$ ────── ①

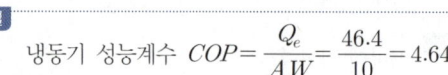

- A, C가 주고 받은 열량도 같아야 하므로
$GC_A(50-30) = GC_C(30-10)$
$C_C = \dfrac{50-30}{30-10}C_A = C_A$ ────── ②

- ①식과 ②식으로부터 $\dfrac{C_C}{C_B} = 1.5$

- B, C가 주고 받은 열량도 같아야 하므로
$GC_B(25-t) = GC_C(t-10)$
$\dfrac{(25-t)}{(t-10)} = \dfrac{C_C}{C_B} = 1.5$
$1.5(t-10) = (25-t)$
$\therefore t = \dfrac{40}{2.5} = 16℃$

20 다음 4가지 경우에서 ( ) 안의 물질이 보유한 엔트로피가 증가한 경우는?

ⓐ 컵에 있는 (물)이 증발하였다.
ⓑ 목욕탕의 (수증기)가 차가운 타일 벽에서 물로 응결되었다.
ⓒ 실린더 안의 (공기)가 가역 단열적으로 팽창되었다.
ⓓ 뜨거운 (커피)가 식어서 주위온도와 같게 되었다.

① ⓐ ② ⓑ
③ ⓒ ④ ⓓ

해설 어떤 물질이 열을 받으면 엔트로피가 증가하고 빼앗기면 엔트로피가 감소하며 가역 단열과정에서는 $\delta Q = 0$이므로 엔트로피가 일정하다.
ⓐ 물이 열을 공급받아야 증발하므로 엔트로피 증가
ⓑ 수증기가 열을 빼앗겨야 응결되므로 엔트로피 감소
ⓒ 가역 단열과정은 $\delta Q = 0$이므로 엔트로피 일정
ⓓ 커피가 열을 빼앗겨 식었으므로 엔트로피 감소

17 ① 18 ① 19 ① 20 ①

제2과목　냉동공학

21 축열시스템 중 빙축열 방식이 수축열 방식에 비해 유리하다고 할 수 없는 것은?

① 축열조를 소형화할 수 있다.
② 낮은 온도를 이용할 수 있다.
③ 난방 시의 축열대응에 적합하다.
④ 축열조의 설치 장소가 자유롭다.

해설　빙축열 시스템은 냉열을 얼음의 형태로 저장하는 것으로 얼음의 응고잠열을 이용하므로 작은 체적에 많은 냉열을 저장할 수 있다.
빙축열은 온열의 저장이 불가능하기 때문에 난방 시의 축열에 대응할 수 없다.
수축열의 경우 온열을 저장할 수 있어 난방시 축열에 대응할 수 있다.

22 유량이 1800kg/h인 30℃ 물을 -10℃의 얼음으로 만드는 능력을 가진 냉동장치의 압축기 소요동력은 약 얼마인가? (단, 응축기의 냉각수 입구온도 30℃, 냉각수 출구온도 35℃, 냉각수 수량 50m³/h이고, 열손실은 무시하는 것으로 한다.)

① 30kW　② 40kW
③ 50kW　④ 60kW

해설

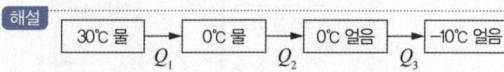

$Q_1 = G \cdot C \cdot \Delta t$
　　$= 1800 \times 1 \times (30-0) = 54,000 \text{kcal/h}$
$Q_2 = G \cdot \gamma = 1800 \times 79.68 = 143,424 \text{kcal/h}$
$Q_3 = G \cdot C \cdot \Delta t$
　　$= 1800 \times 0.5 \times (0-(-10)) = 9,000 \text{kcal/h}$
∴ 증발기 열량 $Q_e = Q_1 + Q_2 + Q_3$
　　　　　　　　$= 206,424 \text{kcal/h}$

응축기 응축열량
$Q_C = G \cdot C \cdot \Delta t$
　　$= (50 \times 1000) \times 1 \times (35-30)$
　　$= 250,000 \text{kcal/h}$
압축기 소요동력
$AW = Q_c - Q_e$
$AW = \dfrac{250,000 - 206,424}{860} = 50.7 \text{kW}$
여기서, 물의 응고잠열 $\gamma = 79.68 \text{kcal/kg}$
　　　얼음의 비열 $C = 0.5 \text{kcal/kg℃}$
　　　$1\text{kW} = 860 \text{kcal/h}$

23 냉매의 구비 조건에 대한 설명으로 틀린 것은?

① 동일한 냉동능력에 대하여 냉매가스의 용적이 적을 것
② 저온에 있어서도 대기압 이상의 압력에서 증발하고 비교적 저압에서 액화할 것
③ 점도가 크고 열전도율이 좋을 것
④ 증발열이 크며 액체의 비열이 작을 것

해설　③ 점도가 작고 열전도율이 좋을 것
점도가 크면 배관에서 유동저항이 커지므로 압축기의 동력소모가 커진다.

24 냉매에 관한 설명으로 옳은 것은?

① 암모니아 냉매가스가 누설된 경우 비중이 공기보다 무거워 바닥에 정체한다.
② 암모니아의 증발잠열은 프레온계 냉매보다 작다.
③ 암모니아는 프레온계 냉매에 비하여 동일 운전 압력조건에서는 토출가스 온도가 높다.
④ 프레온계 냉매는 화학적으로 안정한 냉매이므로 장치 내에 수분이 혼입되어도 운전상 지장이 없다.

정답　21 ③　22 ③　23 ③　24 ③

해설
① 암모니아 냉매가스는 비중이 공기보다 가볍다
② 암모니아의 증발잠열은 프레온계 냉매보다 크다. 증발잠열이 냉매 중 가장 크다.
④ 프레온계 냉매는 화학적으로 인정한 냉매이나 장치 내에 수분이 혼입되면 수분을 용해하지 않으므로 팽창밸브에서 결빙되어 냉매의 흐름을 막아 냉동능력을 감소시킨다.

25 흡수식 냉동기에서 냉매의 순환경로는?
① 흡수기 → 증발기 → 재생기 → 열교환기
② 증발기 → 흡수기 → 열교환기 → 재생기
③ 증발기 → 재생기 → 흡수기 → 열교환기
④ 증발기 → 열교환기 → 재생기 → 흡수기

해설

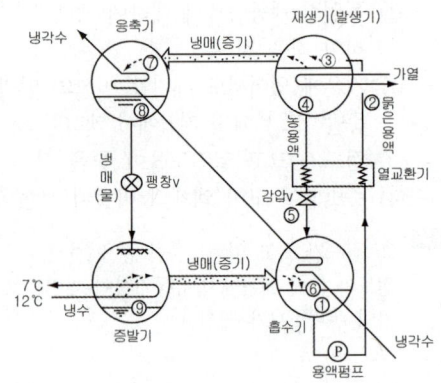

냉매(H_2O) 순환경로
증발기 → 흡수기 → 열교환기 → 재생기 → 응축기 → 증발기

26 고온가스 제상(hot gas defrost) 방식에 대한 설명으로 틀린 것은?
① 압축기의 고온·고압가스를 이용한다.
② 소형 냉동장치에 사용하면 언제라도 정상운전을 할 수 있다.
③ 비교적 설비하기가 용이하다.
④ 제상 소요시간이 비교적 짧다.

해설
② 고온가스(hot gas) 제상 방식을 소형 냉동장치에 사용하면 장치내 냉매충전량이 적어 제상시 냉매가 증발기로 들어가면 장치내에 냉매가 부족하여 정상운전이 어렵다.
• hot gas 제상은 압축기에서 나온 고온 고압의 냉매가스를 직접 증발기에 보내어 증발기 표면에 붙어있는 서리를 녹여 제상하는 방식이므로 설비가 비교적 간단하고 제상시간이 짧다.

27 다음의 장치는 액 - 가스 열교환기가 설치되어 있는 1단 증기압축식 냉동장치를 나타낸 것이다. 이 냉동장치의 운전 시에 아래와 같은 현상이 발생하였다. 이 현상에 대한 원인으로 옳은 것은?

액 - 가스 열교환기에서 응축기 출구 냉매액과 증발기 출구 냉매증기가 서로 열교환할 때, 이 열교환기 내에서 증발기 출구 냉매 온도변화($T_1 - T_6$)는 18℃이고, 응축기 출구 냉매액의 온도변화($T_3 - T_4$)는 1℃이다.

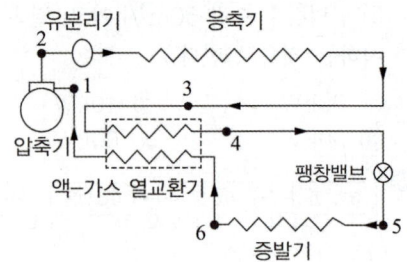

① 증발기 출구(점 6)의 냉매상태는 습증기이다.
② 응축기 출구(점 3)의 냉매상태는 불응축 상태이다.
③ 응축기 내에 불응축 가스가 혼입되어 있다.
④ 액 - 가스 열교환기의 열손실이 상당히 많다.

25 ② 26 ② 27 ②

해설 액 – 가스 열교환기는 프레온 냉동장치에서 응축기를 나온 냉매액을 과냉각시킴과 동시에 증발기에서 나온 냉매가스를 과열시키기 위해 설치한다. 프레온 냉매(R11, R12, R22)의 경우
냉매액 비열 / 냉매증기 비열 = 1.6~1.9 정도 이므로 증발기 출구 냉매가스 온도 변화가 18℃이면 응축기 출구 냉매액의 온도변화는 9~11℃가 되어야 하는데 1℃밖에 되지 않는 것은 응축기 출구 냉매액 중에 응축되지 못한 불응축 냉매가 포함되어 있다가 열교환기에 의해서 잠열을 빼앗겨 응축되어 액화되기 때문에 전체 냉매액의 온도 변화가 1℃밖에 되지 않은 것이다.
그러므로 응축기 출구점 3의 냉매 상태는 불응축 상태이다.

28 냉동장치의 냉매량이 부족할 때 일어나는 현상으로 옳은 것은?

① 흡입압력이 낮아진다.
② 토출압력이 높아진다.
③ 냉동능력이 증가한다.
④ 흡입압력이 높아진다.

해설 냉매량 부족하면
① 흡입압력 낮아진다.
② 토출가스 압력 낮아진다.
③ 냉동능력 감소한다.

29 증기 압축식 냉동사이클에서 증발온도를 일정하게 유지하고 응축온도를 상승시킬 경우에 나타나는 현상으로 틀린 것은?

① 성적계수 감소
② 토출가스 온도 상승
③ 소요동력 증대
④ 플래시 가스 발생량 감소

해설 증발온도가 일정할 때 응축온도가 상승하면
① 성적계수감소
② 토출가스 온도 상승
③ 소요동력 증대
④ 플래시 가스 발생량 증가
응축온도가 상승하여 냉매의 과냉각도가 감소하면 플래시 가스 발생량은 증가한다.

30 냉매액 강제순환식 증발기에 대한 설명으로 틀린 것은?

① 냉매액이 충분한 속도로 순환되므로 타 증발기에 비해 전열이 좋다.
② 일반적으로 설비가 복잡하며 대용량의 저온냉장실이나 급속 동결장치에 사용한다.
③ 강제 순환식이므로 증발기에 오일이 고일 염려가 적고 배관 저항에 의한 압력강하도 작다.
④ 냉매액에 의한 리퀴드백(liquid back)의 발생이 적으며 저압 수액기와 액펌프의 위치에 제한이 없다.

해설 냉매액 강제 순환식 증발기
① 액펌프를 이용하여 증발기에서 증발하는 냉매량의 4~6배를 강제 순환시킨다.
② 냉매액을 강제 순환시키므로 증발기에 오일 체류의 염려가 없으며 전열효과가 높다.
③ 1대의 저압수액기와 1대의 펌프로 여러대의 증발기에 냉매를 공급할 수 있다.
④ 증발하지않은 냉매액은 저압수액기로 들어가므로 압축기에서의 액압축이 방지된다.
⑤ 저압수액기, 액펌프 등 장치는 복잡하고 냉매 보유량도 많으므로 소형장치에는 사용할 수 없다.
⑥ 저압수액기는 액펌프보다 위쪽에 설치해야 한다.

정답 28 ① 29 ④ 30 ④

31 그림과 같은 사이클을 난방용 히트펌프로 사용한다면 이론 성적계수를 구하는 식은 다음 중 어느 것인가?

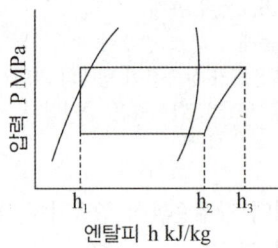

① $COP = \dfrac{h_2 - h_1}{h_3 - h_2}$

② $COP = 1 + \dfrac{h_3 - h_1}{h_3 + h_2}$

③ $COP = \dfrac{h_2 + h_1}{h_3 + h_2}$

④ $COP = 1 + \dfrac{h_2 - h_1}{h_3 - h_2}$

해설 난방용 히트펌프는 냉동장치의 방열량을 이용한다. 따라서

$$COP = \dfrac{(h_3 - h_1)}{(h_3 - h_2)} = \dfrac{(h_3 - h_2) + (h_2 - h_1)}{(h_3 - h_2)}$$

$$= 1 + \dfrac{h_2 - h_1}{h_3 - h_2}$$

32 암모니아 냉매의 누설검지 방법으로 적절하지 않은 것은?

① 냄새로 알 수 있다.
② 리트머스 시험지를 사용한다.
③ 페놀프탈레인 시험지를 사용한다.
④ 할로겐 누설검지기를 사용한다.

해설 ④ 할로겐 누설검지기, 헬라이드 등(halide lamp)은 프레온 냉매 누설검지에 사용된다.

33 다음 조건을 이용하여 응축기 설계 시 1RT (3320kcal/h)당 응축면적은? (단, 온도차는 산술평균온도차를 적용한다.)

[조 건]
방열계수 : 1.3
응축온도 : 35℃
냉각수 입구온도 : 28℃
냉각수 출구온도 : 32℃
열통과율 : 900kcal/m²·h·℃

① $1.25m^2$ ② $0.96m^2$
③ $0.62m^2$ ④ $0.45m^2$

해설 방열계수 = $\dfrac{응축기\ 열량}{증발기\ 열량} = \dfrac{Q_c}{Q_e} = 1.3$

산출평균온도차 $\triangle t_m = 35 - \dfrac{28 + 32}{2} = 5℃$

$Q_c = K \cdot A \cdot \triangle t_m = 1.3 Q_e$

$\therefore A = \dfrac{1.3 Q_e}{K \cdot \triangle t_m} = \dfrac{1.3 \times 3320}{900 \times 5} = 0.96m^2$

34 다음 중 빙축열시스템의 분류에 대한 조합으로 적당하지 않은 것은?

① 정적제빙형 - 관내착빙형
② 정적제빙형 - 캡슐형
③ 동적제빙형 - 관외착빙형
④ 동적제빙형 - 과냉각아이스형

해설 빙축열 시스템의 분류
- 정적형 : 축열조 내에서 제빙과 해빙이 이루어진다. 관외착빙형, 관내착빙형, 평판형, 캡슐형, 수직(수평)원통형 등이 있다.
- 동적형 : 제빙기에서 제빙된 얼음을 축열조로 이송하여 저장하는 방식이다. 빙박리형, 유동식 빙생성형(과냉각 아이스형, 리키드 아이스형)이 있다.

정답 31 ④ 32 ④ 33 ② 34 ③

35 산업용 식품동결 방법은 열을 빼앗는 방식에 따라 분류가 가능하다. 다음 중 위의 분류방식에 따른 식품동결 방법이 아닌 것은?

① 진공동결 ② 분사동결
③ 접촉동결 ④ 담금동결

해설 식품동결 방법
② 분사동결 : 액화질소, 액화이산화탄소를 직접 식품에 분무하여 동결(액화가스 동결장치)
③ 접촉동결 : 저온의 고체 금속판을 식품에 접촉시켜 동결(고체 냉각식 동결장치)
④ 담금동결 : 저온의 브라인에 식품을 직접 침지시켜 동결(브라인 침지 동결장치)

36 2단압축 1단팽창 냉동시스템에서 게이지 압력계로 증발압력이 100kPa, 응축압력이 1100 kPa일 때, 중간냉각기의 절대압력은 약 얼마인가?

① 331kPa ② 491kPa
③ 732kPa ④ 1010kPa

해설 2단압축 1단팽창 냉동시스템의 중간냉각기의 절대압력은 시스템의 중간 압력이며, $P_m = \sqrt{P_L \times P_H}$ 이다.
절대압력 = 대기압 + 계기압
대기압 = 101.325 kPa
$\therefore P_m = \sqrt{(100+101.3) \times (1100+101.3)}$
$= 491.7 kPa$

37 방열벽 면적 1000m², 방열벽 열통과율 0.232 W/m²·℃인 냉장실에 열통과율 29.03W/m²·℃, 전달면적 20m²인 증발기가 설치되어 있다. 이 냉장실에 열전달률 5.805W/m²·℃, 전열면적 500m², 온도 5℃인 식품을 보관한다면 실내온도는 몇 ℃로 변화되는가? (단, 증발온도는 -10℃로 하며, 외기온도는 30℃로 한다.)

① 3.7℃ ② 4.2℃
③ 5.8℃ ④ 6.2℃

해설 벽체침입열량 + 식품에서 발생열량
= 증발기 냉각열량
① 벽체침입열량(q_1)
$q_1 = K \cdot A \cdot \Delta t$
$= 0.232 \times 1000 \times (30-t)$
$= 232 \times (30-t)$
② 식품 발생열량(q_2)
$q_2 = K \cdot A \cdot \Delta t = 5.805 \times 500 \times (5-t)$
$= 2902.5 \times (5-t)$
③ 증발기 냉각열량(q_3)
$q_3 = 29.03 \times 20 \times (t-(-10))$
$= 580.6 \times (t+10)$
여기서, $q_1 + q_2 = q_3$인 시점의 실내온도 t
$232 \times (30-t) + 2902.5 \times (5-t) = 580.6 \times (t+10)$
$\therefore t = \dfrac{232 \times 30 + 2902.5 \times 5 - 580.6 \times 10}{580.6 + 232 + 2902.5}$
$= 4.22℃$

38 다음 중 자연냉동법이 아닌 것은?

① 융해열을 이용하는 방법
② 승화열을 이용하는 방법
③ 기한제를 이용하는 방법
④ 증기분사를 하여 냉동하는 방법

해설 자연냉동법
① 융해열을 이용하는 방법(얼음)
② 승화열을 이용하는 방법(드라이 아이스)
③ 증발열을 이용하는 방법(물)
④ 기한제를 사용하는 방법(얼음 + 소금)

기계식 냉동법
① 증기압축식 냉동법
② 흡수식 냉동법
③ 전자 냉동법(열전냉동법)
④ 증기분사 냉동법
⑤ 단열소자 냉동법
⑥ 공기압축 냉동법

정답 35 ① 36 ② 37 ② 38 ④

39 다음 중 암모니아 냉동 시스템에 사용되는 팽창장치로 적절하지 않은 것은?

① 수동식 팽창밸브
② 모세관식 팽창장치
③ 저압 플로트 팽창밸브
④ 고압 플로트 팽창밸브

해설 모세관은 길이 1m 내외, 내경 0.8~2.0mm의 가느다란 관으로서 배관의 저항을 이용하여 감압 및 교축을 한다. 구조적으로 가장 간단하여 고장부분이 적고 프레온 냉매의 냉장고, 룸에어 콘, 쇼케이스와 같이 소용량 건식 증발기에 많이 사용한다.

40 착상이 냉동장치에 미치는 영향으로 가장 거리가 먼 것은?

① 냉장실 내 온도가 상승한다.
② 증발온도 및 증발압력이 저하한다.
③ 냉동능력당 전력소비량이 감소한다.
④ 냉동능력당 소요동력이 증대한다.

해설 냉동장치의 증발기가 착상되면
① 냉장실내 온도가 상승(전열 효과가 떨어지므로)
② 증발압력이 저하, 증발온도 저하
③ 냉동능력당 전력소비량이 증가
④ 냉동능력당 소요동력 증대

제3과목 공기조화

41 온도가 30℃이고, 절대습도가 0.02kg/kg인 실외 공기와 온도가 20℃, 절대습도가 0.01kg/kg인 실내 공기를 1 : 2의 비율로 혼합하였다. 혼합된 공기의 건구온도와 절대습도는?

① 23.3℃, 0.013kg/kg
② 26.6℃, 0.025kg/kg
③ 26.6℃, 0.013kg/kg
④ 23.3℃, 0.025kg/kg

해설 $m_1 C_p t_1 + m_2 C_p t_2 = m_3 C_p t_3$ 에서

$$t_3 = \frac{m_1 t_1 + m_2 t_2}{m_3} = \frac{1 \times 30 + 2 \times 20}{1+2} = 23.3℃$$

$m_1 x_1 + m_2 x_2 = m_3 x_3$ 에서

$$x_3 = \frac{m_1 x_1 + m_2 x_2}{m_3} = \frac{1 \times 0.02 + 2 \times 0.01}{1+2}$$
$$= 0.013 kg/kg'$$

42 냉수코일 설계 시 유의사항으로 옳은 것은?

① 대향류로 하고 대수평균 온도차를 되도록 크게 한다.
② 병행류로 하고 대수평균 온도차를 되도록 작게 한다.
③ 코일통과 풍속을 5m/s 이상으로 취하는 것이 경제적이다.
④ 일반적으로 냉수 입·출구 온도차는 10℃ 보다 크게 취하여 통과유량을 적게 하는 것이 좋다.

해설
② 병행류로 하고 대수평균 온도차를 작게 하면 열전달 효과 및 열전달량이 작아진다.
③ 코일 통과 풍속은 물의 비산 등이 발생하지 않도록 2~3m/s로 한다.
④ 일반적으로 냉수 입·출구 온도차는 5℃ 전후로 한다.
※ 냉수코일 관내 유속은 1m/s 전후로 한다.

정답 39 ② 40 ③ 41 ① 42 ①

43 건물의 지하실, 대규모 조리장 등에 적합한 기계환기법(강제급기 + 강제배기)은?

① 제1종 환기   ② 제2종 환기
③ 제3종 환기   ④ 제4종 환기

해설
제1종환기 : 강제급기, 강제배기
제2종환기 : 강제급기, 자연배기
제3종환기 : 자연급기, 강제배기
제4종환기 : 자연급기, 자연배기

44 다음 난방방식의 표준방열량에 대한 것으로 옳은 것은?

① 증기난방 : 0.523kW
② 온수난방 : 0.756kW
③ 복사난방 : 1.003kW
④ 온풍난방 : 표준방열량이 없다.

해설
표준 방열량(방열기 표준 방열량)
온수난방 : $450\text{kcal}/\text{m}^2\text{h} = 0.523\text{kW}/\text{m}^2$
증기난방 : $650\text{kcal}/\text{m}^2\text{h} = 0.756\text{kW}/\text{m}^2$
[참고] $1\text{kW} = 860\text{kcal}/\text{h}$

45 냉·난방 시의 실내 현열부하를 $q_s(\text{W})$, 실내와 말단장치의 온도(℃)를 각각 t_r, t_d라 할 때 송풍량 Q(L/s)를 구하는 식은?

① $Q = \dfrac{q_s}{0.24(t_r - t_d)}$

② $Q = \dfrac{q_s}{1.2(t_r - t_d)}$

③ $Q = \dfrac{q_s}{1.85(t_r - t_d)}$

④ $Q = \dfrac{q_s}{2501(t_r - t_d)}$

해설
$q_s = G \cdot C_p \cdot \Delta t = \gamma Q \cdot C_p \cdot \Delta t$
공기 비중량 $\gamma = 1.2\text{kg}/\text{m}^3 = 1.2 \times 10^{-3}\text{kg}/\text{L}$
공기 정압비열 $C_p = 1.004\text{kJ}/\text{kg}℃$
송풍량 Q의 단위 : L/s
현열부하 q_s의 단위 : $W = J/s = 10^{-3}\text{kJ}/s$

$\therefore Q = \dfrac{q_s}{\gamma C_p \Delta t}$

$= \dfrac{q_s \times 10^{-3}}{1.2 \times 10^{-3} \times 1.004 \times (t_r - t_d)}$

$= \dfrac{q_s}{1.2(t_r - t_d)}$ [L/s]

46 에어와셔에 대한 설명으로 틀린 것은?

① 세정실(Spray chamber)은 엘리미네이터 뒤에 있어 공기를 세정한다.
② 분무노즐(Spray nozzle)은 스탠드파이프에 부착되어 스프레이 헤더에 연결된다.
③ 플러딩 노즐(Flooding nozzle)은 먼지를 세정한다.
④ 다공판 또는 루버(Louver)는 기류를 정류해서 세정실 내를 통과시키기 위한 것이다.

해설
① 세정실은 엘리미네이터 앞에 있다.

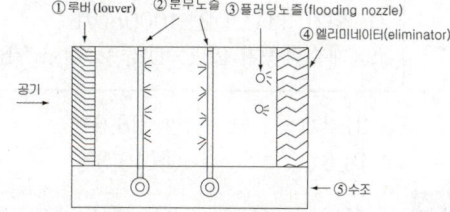

에어와셔의 구성

47 덕트 내 풍속을 측정하는 피토관을 이용하여 전압 23.8mmAq, 정압 10mmAq를 측정하였다. 이 경우 풍속은 약 얼마인가?

① 10m/s   ② 15m/s
③ 20m/s   ④ 25m/s

해설
동압 = 전압 – 정압 = 23.8 – 10
  = 13.8mmAq(kg_f/m²)
동압 $P_v = \dfrac{v^2}{2g}\gamma$에서

$v = \sqrt{\dfrac{2gP_v}{\gamma}} = \sqrt{\dfrac{2 \times 9.8 \times 13.8}{1.2}} = 15\text{m/s}$

정답
43 ① 44 ④ 45 ② 46 ① 47 ②

48 어떤 방의 취득 현열량이 8360kJ/h로 되었다. 실내온도를 28℃로 유지하기 위하여 16℃의 공기를 취출하기로 계획한다면 실내로의 송풍량은? (단, 공기의 비중량은 1.2kg/m³, 정압비열은 1.004kJ/kg·℃이다.)

① 426.2m³/h
② 467.5m³/h
③ 578.7m³/h
④ 612.3m³/h

 $q_s = GC_p \Delta t = \gamma Q C_p \Delta t$ 에서

$$Q = \frac{q_s}{\gamma C_p \Delta t} = \frac{8360}{1.2 \times 1.004 \times (28-16)}$$
$$= 578.2 \text{m}^3/\text{h}$$

49 다음 조건의 외기와 재순환 공기를 혼합하려고 할 때 혼합공기의 건구온도는?

(1) 외기 34℃ DB, 1000m³/h
(2) 재순환공기 26℃ DB, 2000m³/h

① 31.3℃ ② 28.6℃
③ 18.6℃ ④ 10.3℃

해설 $m_1 C_p t_1 + m_2 C_p t_2 = m_3 C_p t_3$ 에서

$$t_3 = \frac{m_1 t_1 + m_2 t_2}{m_3} = \frac{1000 \times 34 + 2000 \times 26}{1000 + 2000}$$
$$= 28.6℃$$

50 온풍난방의 특징에 관한 설명으로 틀린 것은?

① 예열부하가 거의 없으므로 기동시간이 아주 짧다.
② 취급이 간단하고 취급자격자를 필요로 하지 않는다.
③ 방열기기나 배관 등의 시설이 필요 없어 설비비가 싸다.
④ 취출온도의 차가 적어 온도분포가 고르다.

해설 ④ 온풍난방은 취출온도와 실내온도의 차가 크고 온도분포가 고르지 않아 쾌감도가 좋지 않다.

51 간이 계산법에 의한 건평 150m²에 소요되는 보일러의 급탕부하는? (단, 건물의 열손실은 90kJ/m²·h, 급탕량은 100kg/h, 급수 및 급탕 온도는 각각 30℃, 70℃이다.)

① 3500kJ/h
② 4000kJ/h
③ 13500kJ/h
④ 16800kJ/h

해설 급탕부하
$q = GC\Delta t$
$= 100 \times 1 \times (70-30) = 4000 \text{kcal/h}$
$= 4000 \times 4.187 = 16748 \text{kJ/h}$
[참고] 1kcal = 4.187kJ

52 덕트 조립공법 중 원형 덕트의 이음 방법이 아닌 것은?

① 드로우 밴드 이음(draw band joint)
② 비드 크림프 이음(beaded crimp joint)
③ 더블 심(double seam)
④ 스파이럴 심(spiral seam)

해설 더블심 : 덕트의 각이 진 모서리 부분에 이용하는 이음이므로 장방형덕트 이음 방법이다.

더블심

정답 48 ③ 49 ② 50 ④ 51 ④ 52 ③

53 공기 냉각·가열 코일에 대한 설명으로 틀린 것은?

① 코일의 관 내에 물 또는 증기, 냉매 등의 열매를 통과시키고 외측에는 공기를 통과시켜서 열매와 공기 간의 열교환을 시킨다.
② 코일에 일반적으로 16mm 정도의 동관 또는 강관의 외측에 동, 강 또는 알루미늄제의 판을 붙인 구조로 되어 있다.
③ 에로핀 중 감아 붙인 핀이 주름진 것을 스무드 핀, 주름이 없는 평면상의 것을 링클 핀이라고 한다.
④ 관의 외부에 얇게 리본모양의 금속판을 일정한 간격으로 감아 붙인 핀의 형상을 에로핀형이라 한다.

해설 ③ 에어로핀 중에서 핀이 주름(wrinkle)진 것을 링클(wrinkle)핀이라 하고, 주름없는 평면상의 것을 스무드(smooth)핀 이라고 한다.

54 유인유닛 공조방식에 대한 설명으로 틀린 것은?

① 1차 공기를 고속덕트로 공급하므로 덕트 스페이스를 줄일 수 있다.
② 실내유닛에는 회전기기가 없으므로 시스템의 내용연수가 길다.
③ 실내부하를 주로 1차 공기로 처리하므로 중앙공조기는 커진다.
④ 송풍량이 적어 외기 냉방효과가 낮다.

해설 ③ 실내부하를 1차공기와 유인되는 2차공기가 감당하게 되므로 1차 공기만 처리하는 중앙공조기는 작아진다.

55 온풍난방에서 중력식 순환방식과 비교한 강제순환방식의 특징에 관한 설명으로 틀린 것은?

① 기기 설치장소가 비교적 자유롭다.
② 급기 덕트가 작아서 은폐가 용이하다.
③ 공급되는 공기는 필터 등에 의하여 깨끗하게 처리될 수 있다.
④ 공기순환이 어렵고 쾌적성 확보가 곤란하다.

해설 ④ 강제 순환방식은 중력식 순환방식(자연순환 방식)보다 공기순환이 잘된다.

56 공조방식에서 가변풍량 덕트방식에 관한 설명으로 틀린 것은?

① 운전비 및 에너지의 절약이 가능하다.
② 공조해야 할 공간의 열부하 증감에 따라 송풍량을 조절할 수 있다.
③ 다른 난방방식과 동시에 이용할 수 없다.
④ 실내 칸막이 변경이나 부하의 증감에 대처하기 쉽다.

해설 ③ 다른 난방방식과 동시에 이용할 수 있다.

57 특정한 곳에 열원을 두고 열수송 및 분배망을 이용하여 한정된 지역으로 열매를 공급하는 난방법은?

① 간접난방법   ② 지역난방법
③ 단독난방법   ④ 개별난방법

해설
간접난방 : 기계실의 공조기에서 만들어진 온풍을 실내로 보내어 난방하는 방식
직접난방 : 방열기 등을 실내에 직접 설치하여 난방하는 방식
개별난방, 단독난방 : 중앙기계실이 필요없고 각 실에 개별(단독)로 난방장치를 설치하는 난방 방식

정답 53 ③ 54 ③ 55 ④ 56 ③ 57 ②

58 공조용 열원장치에서 히트펌프 방식에 대한 설명으로 틀린 것은?

① 히트펌프방식은 냉방과 난방을 동시에 공급할 수 있다.
② 히트펌프 원리를 이용하여 지열시스템 구성이 가능하다.
③ 히트펌프방식 열원기기의 구동동력은 전기와 가스를 이용한다.
④ 히트펌프를 이용해 난방은 가능하나 급탕 공급은 불가능하다.

[해설] ④ 넓은 의미에서 히트펌프는 냉동장치의 방열량을 이용하는 것으로 급탕을 위한 열교환 장치만 설치되면 급탕도 가능하다. 따라서 난방과 급탕공급이 모두 가능하다.

59 겨울철에 어떤 방을 난방하는 데 있어서 이 방의 현열 손실이 12000kJ/h이고 잠열손실이 4000kJ/h이며, 실온을 21℃, 습도를 50%로 유지하려 할 때 취출구의 온도차를 10℃로 하면 취출구 공기상태점은?

① 21℃, 50%인 상태점을 지나는 현열비 0.75에 평행한 선과 건구온도 31℃인 선이 교차하는 점
② 21℃, 50%인 점을 지나고 현열비 0.33에 평행한 선과 건구온도 31℃인 선이 교차하는 점
③ 21℃, 50%인 점을 지나고 현열비 0.75에 평행한 선과 건구온도 11℃인 선이 교차하는 점
④ 21℃, 50%인 점과 31℃, 50%인 점을 잇는 선분을 4 : 3으로 내분하는 점

[해설] 현열비 $SHF = \dfrac{현열}{전열} = \dfrac{12000}{12000+4000} = 0.75$
취출공기온도 = 21 + 10 = 31℃

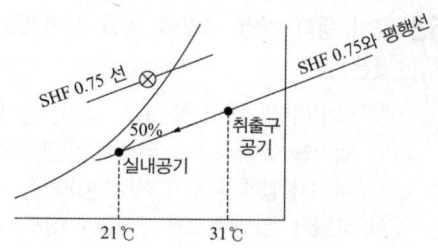

60 관류보일러에 대한 설명으로 옳은 것은?

① 드럼과 여러 개의 수관으로 구성되어 있다.
② 관을 자유로이 배치할 수 있어 보일러 전체를 합리적인 구조로 할 수 있다.
③ 전열면적당 보유수량이 커 시동시간이 길다.
④ 고압 대용량에 부적합하다.

[해설] ① 관류보일러는 드럼이 없고 관으로 구성되어있다.
③ 전열면적당 보유수량이 적어 시동시간이 짧다.
④ 관으로만 구성되므로 고압에 적합하다.

제4과목 전기제어공학

61 회로에서 A와 B 간의 합성저항은 약 몇 Ω인가? (단, 각 저항의 단위는 모두 Ω이다.)

① 2.66   ② 3.2
③ 5.33   ④ 6.4

[해설] 휘스톤 브리지에서 마주 보는 저항끼리 곱이 같으면 중앙을 가로지르는 검류계(저항)에는 전류가 흐르지 않는다. 따라서 합성저항(R)은
$R = \dfrac{R_1 \times R_2}{R_1 + R_2} = \dfrac{8 \times 16}{8 + 16} = 5.33\,\Omega$

정답 58 ④ 59 ① 60 ② 61 ③

62 기계장치, 프로세스 및 시스템 등에서 제어되는 전체 또는 부분으로서 제어량을 발생시키는 장치는?
① 제어장치 ② 제어대상
③ 조작장치 ④ 검출장치

해설 제어대상 : 실제적으로 작업을 수행하는 부분으로서 기계, 시스템 등이다. (예) 보일러, 냉동기, 전동기)이 제어대상에서 제어해야하는 제어량(온도, 속도, 전압, 수위, 주파수)이 발생된다.

63 목표값이 미리 정해진 시간적 변화를 하는 경우 제어량을 변화시키는 제어는?
① 정치 제어 ② 추종 제어
③ 비율 제어 ④ 프로그램 제어

해설 ① 정치 제어 : 목표 값이 시간이 변하여도 변하지 않고 일정한 제어
② 추종 제어 : 목표 값이 시간에 따라 변하는 제어(미사일 추적장치)
③ 비율 제어 : 목표 값이 다른량과 일정한 비율로 변하는 제어(보일러 자동연소 장치)
④ 프로그램제어 : 목표 값을 미리 정해진 프로그램에 의해 변화시키는 제어(무인열차, 엘리베이터, 자판기, 열처리노 온도)

64 입력이 $011_{(2)}$일 때, 출력은 3V인 컴퓨터 제어의 D/A 변환기에서 입력을 $101_{(2)}$로 하였을 때 출력은 몇 V인가? (단, 3bit 디지털 입력이 $011_{(2)}$은 off, on, on을 뜻하고 입력과 출력은 비례한다.)
① 3 ② 4
③ 5 ④ 6

해설 2진수를 10진수로 변환
$011 = 0 \times 2^2 + 1 \times 2^1 + 1 \times 2^0 = 0+2+1 = 3 \rightarrow 3V$
$101 = 1 \times 2^2 + 0 \times 2^1 + 1 \times 2^0 = 4+0+1 = 5 \rightarrow 5V$
즉, 011의 10진수 값이 3인데 이 때 3V이므로 101의 10진수 값이 5이므로 5V가 된다.

65 토크가 증가하면 속도가 낮아져 대체적으로 일정한 출력이 발생하는 것을 이용해서 전차, 기중기 등에 주로 사용하는 직류전동기는?
① 직권전동기
② 분권전동기
③ 가동 복권전동기
④ 차동 복권전동기

해설 직권전동기 : 부하(토크)가 증가하면 속도가 감소하는 가변속도 전동기이다. 출력은 토크 곱하기 회전속도이므로 부하(토크)변동 시에도 대체로 일정한 출력이 발생한다. 전차나 크레인과 같이 부하변동이 심하고 기동토크가 크게 요구되는 용도에 적합하다.

66 제어량을 원하는 상태로 하기 위한 입력신호는?
① 제어명령 ② 작업명령
③ 명령처리 ④ 신호처리

해설 ① 제어명령 : 제어량을 원하는 상태로 하기위한 입력신호
② 작업명령 : 외부로부터 주어진 입력신호
③ 명령처리 : 작업명령과 장치의 상태를 판단하여 적절한 명령을 발신하는 것

67 평행하게 왕복되는 두 도선에 흐르는 전류 간의 전자력은? (단, 두 도선 간의 거리는 r [m]라 한다.)
① r에 비례하며 흡인력이다.
② r^2에 비례하며 흡인력이다.
③ $\frac{1}{r}$에 비례하며 반발력이다.
④ $\frac{1}{r^2}$에 비례하며 반발력이다.

정답 62 ② 63 ④ 64 ③ 65 ① 66 ① 67 ③

해설 평형도체 사이에 작용하는 전자력(F)

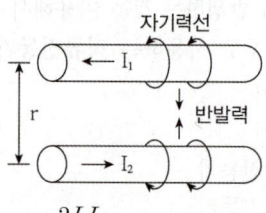

$$F = \frac{2I_1 I_2}{r} \times 10^{-7} [\text{N/m}]$$

전류 방향이 같으면 자기력선의 방향이 서로 반대이므로 흡인력이 발생하고, 전류 방향이 반대(왕복)이면 자기력선의 방향이 서로 같으므로 반발력이 발생한다.

그러므로 전자력은 $\frac{1}{r}$ 에 비례하며 반발력이다.

68 피드백 제어계에서 제어장치가 제어대상에 가하는 제어신호로 제어장치의 출력인 동시에 제어대상의 입력인 신호는?

① 목표값 ② 조작량
③ 제어량 ④ 동작신호

해설
① 목표값 : 제어되는 상태량으로서 제어량의 목표치를 설정한 값(30℃, 900rpm, 200V)
② 조작량 : 제어량을 지배하기 위해 조작부에서 제어 대상에 가해지는 량(연료공급량(값), 전압(값), 속도(값))
③ 제어량 : 제어해야 하는 량이며 제어대상의 출력 값(온도(값), 전압(값), 속도(값))
④ 동작신호 : 조절부에서 조작부에 가해지는 신호

69 피드백 제어의 장점으로 틀린 것은?

① 목표값에 정확히 도달할 수 있다.
② 제어계의 특성을 향상시킬 수 있다.
③ 외부 조건의 변화에 대한 영향을 줄일 수 있다.
④ 제어기 부품들의 성능이 나쁘면 큰 영향을 받는다.

해설 ④는 피드백 제어의 단점이다.

70 다음과 같은 두 개의 교류전압이 있다. 두 개의 전압은 서로 어느 정도의 시간차를 가지고 있는가?

$$v_1 = 10\cos 10t, \quad v_2 = 10\cos 5t$$

① 약 0.25초 ② 약 0.46초
③ 약 0.63초 ④ 약 0.72초

해설 여현파 $v = V_m \cos \omega t$ 에서

각속도 $\omega = 2\pi f = 2\pi \frac{1}{T}$

주기 $T = \frac{2\pi}{\omega}$ [sec]

시간차 $T_2 - T_1 = \frac{2\pi}{\omega_2} - \frac{2\pi}{\omega_1}$

문제에서 $\omega_1 = 10, \omega_2 = 5$

∴ 시간차 $T_2 - T_1 = \frac{2\pi}{5} - \frac{2\pi}{10} = 0.63 \text{sec}$

71 그림과 같은 계통의 전달 함수는?

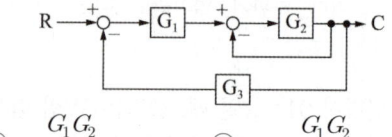

① $\dfrac{G_1 G_2}{1 + G_2 G_3}$ ② $\dfrac{G_1 G_2}{1 + G_1 + G_2 G_3}$
③ $\dfrac{G_1 G_2}{1 + G_2 + G_1 G_2 G_3}$ ④ $\dfrac{G_1 G_2}{1 + G_1 G_2 + G_2 G_3}$

해설
$$G(s) = \frac{C}{R} = \frac{\text{전향경로의 합}}{1 - \text{피드백의 합}}$$

$$= \frac{G_1 G_2}{1 - (-G_2 - G_1 G_2 G_3)}$$

$$= \frac{G_1 G_2}{1 + G_2 + G_1 G_2 G_3}$$

정답 68 ② 69 ④ 70 ③ 71 ③

72 평행판 간격을 처음의 2배로 증가시킬 경우 정전용량값은?

① 1/2로 된다.
② 2배로 된다.
③ 1/4로 된다.
④ 4배로 된다.

해설
정전용량 $C = \varepsilon \dfrac{S}{d}$ [F]

여기서, ε : 유전율 [F/m]
  S : 극판면적 [m²]
  d : 극판간격 [m]

문제에서 평행판(극판) 간격이 2배로 증가한다 했으므로 정전용량은 1/2로 된다.

73 내부저항 r인 전류계의 측정범위를 n배로 확대하려면 전류계에 접속하는 분류기 저항Ω 값은?

① nr
② r/n
③ (n − 1)r
④ r/(n − 1)

해설
분류기 : 전류계의 최대 눈금 값을 넘는 전류를 측정하기 위해 측정 전류의 일정 비율만 전류계에 흐르도록 분로저항을 병렬로 연결하는데, 이 분로저항(병렬저항)을 분류기라 한다.

$\dfrac{I_s}{I} = 1 + \dfrac{r}{R_s}$

여기서, I_s : 측정할 전류 [A]
   R_s : 분류기 저항 [Ω]
   I : 전류계 전류 [A]
   r : 전류계 저항(내부저항) [Ω]

문제에서 $I_s = nI$ 라 했으므로

$\dfrac{nI}{I} = 1 + \dfrac{r}{R_s}$ 이므로 정리하면

$R_s = \dfrac{r}{n-1}$

74 그림과 같은 계전기 접점회로의 논리식은?

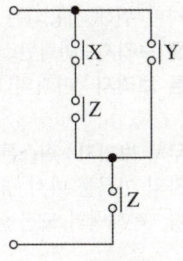

① XZ + Y
② (X + Y)Z
③ (X + Z)Y
④ X + Y + Z

해설
$((X \cdot Z) + Y) \cdot Z = (X \cdot Z) \cdot Z + Y \cdot Z$
$= X(Z \cdot Z) + Y \cdot Z = X \cdot Z + Y \cdot Z$
$= (X + Y) \cdot Z$

75 전달함수 $G(s) = \dfrac{s+b}{s+a}$ 를 갖는 회로가 진상보상회로의 특성을 갖기 위한 조건으로 옳은 것은?

① a > b
② a < b
③ a > 1
④ b < 1

해설
진상보상회로의 특성을 갖기위해서는 전달함수의 출력이 입력보다 위상이 앞서야 (진상이어야)하므로 a>b이어야 한다.

전달함수 $G(s) = \dfrac{\text{출력}}{\text{입력}} = \dfrac{s+b}{s+a} = \dfrac{j\omega+b}{j\omega+a}$

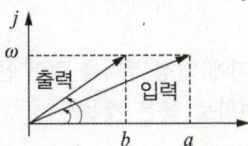

출력이 입력보다 위상이 앞선 벡터도 (a > b)

76 예비전원으로 사용되는 축전지의 내부저항을 측정할 때 가장 적합한 브리지는?

① 캠벨 브리지
② 맥스웰 브리지
③ 휘트스톤 브리지
④ 콜라우시 브리지

정답 72 ① 73 ④ 74 ② 75 ① 76 ④

[해설]
① 캠벨 브리지 : 가청주파수와 상호인덕턴스를 측정하기 위해 사용되는 브리지
② 맥스웰 브리지 : 인덕턴스를 측정하는 브리지
③ 휘스톤 브리지 : 미지의 저항을 측정하는 브리지
④ 콜라우시 브리지 : 휘스톤 브리지의 일종으로, 고안자의 이름을 따서 명명되었다. 전지의 내부저항, 전해액의 도전율을 측정하는 브리지

77 물 20L를 15℃에서 60℃로 가열하려고 한다. 이때 필요한 열량은 몇 kcal인가? (단, 가열시 손실은 없는 것으로 한다.)
① 700 ② 800
③ 900 ④ 1000

[해설]
$q = G \cdot C \cdot \Delta t$
$= 20 \times 1 \times (60-15) = 900 \text{kcal}$

78 제어하려는 물리량을 무엇이라 하는가?
① 제어
② 제어량
③ 물질량
④ 제어대상

[해설] 제어량 : 제어해야 하는 물리량이며 제어대상의 출력값이다. (온도(값), 전압(값), 속도, 수위, 주파수)

79 전동기에 일정 부하를 걸어 운전 시 전동기온도 변화로 옳은 것은?

①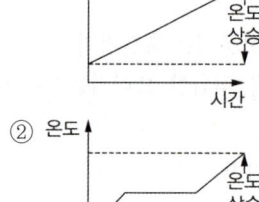

②

③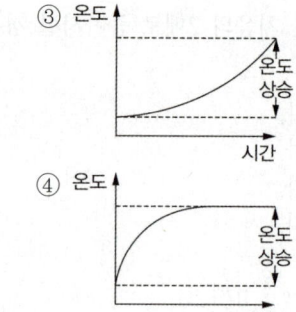

④

[해설] 전동기 온도변화
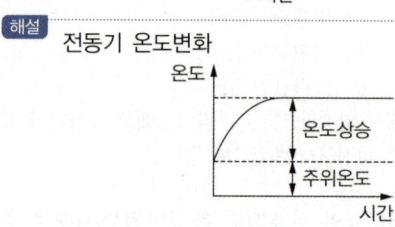

80 서보드라이브에서 펄스로 지령하는 제어운전은?
① 위치제어운전
② 속도제어운전
③ 토크제어운전
④ 변위제어운전

[해설]
서보드라이브 : 모션 제어기로부터 명령을 입력 받아 서보모터가 정해진 만큼 움직이도록 하는 장치
① 위치제어 : 제어기로부터 위치지령 신호를 디지털 펄스로 입력받아 서보드라이브는 펄스의 개수(수량)에 해당하는 위치제어를 실행한다.
② 속도제어 : 제어기로부터 속도지령신호를 아날로그 전압으로 입력받아 서보드라이브는 전압값에 해당하는 속도제어를 실행한다.
③ 토크제어 : 제어기로부터 토크지령 신호를 아날로그 전압으로 입력 받아 서보드라이브는 전압값에 해당하는 토크제어를 실행한다. 토크는 전류에 정비례하므로 토크제어를 전류제어라고도 부른다.

정답 77 ③ 78 ② 79 ④ 80 ①

제5과목 배관일반

81 배관용 보온재의 구비 조건에 관한 설명으로 틀린 것은?
① 내열성이 높을수록 좋다.
② 열전도율이 작을수록 좋다.
③ 비중이 작을수록 좋다.
④ 흡수성이 클수록 좋다.

해설 ④ 흡수성이 크면 물(수분)이 쉽게 보온재에 침투하므로 보온성능을 떨어뜨린다. 그러므로 보온재는 흡수성이 작아야 한다.

82 가열기에서 최고위 급탕전까지 높이가 12m이고, 급탕온도가 85℃, 복귀탕의 온도가 70℃일 때, 자연 순환수두(mmAq)는? (단, 85℃일 때 밀도는 0.96876kg/L이고, 70℃일 때 밀도는 0.97781kg/L이다.)
① 70.5   ② 80.5
③ 90.5   ④ 108.6

해설 물의 밀도차에 의한 자연순환수두(H)
$H = 1000(\rho_2 - \rho_1)h$
$= 1000 \times (0.97781 - 0.96876) \times 12$
$= 108.6 \text{mmAq}$

83 관경 100A인 강관을 수평주관으로 시공할 때 지지간격으로 가장 적절한 것은?
① 2m 이내   ② 4m 이내
③ 8m 이내   ④ 12m 이내

해설 강관의 수평배관 지지간격

관지름	지지간격
20mm 이하	1.8m 이내
25~40mm 이하	2.0m 이내
50~80mm 이하	3.0m 이내
100~150mm 이하	4.0m 이내
200mm 이상	5.0m 이내

84 상수 및 급탕배관에서 상수 이외의 배관 또는 장치가 접속되는 것을 무엇이라고 하는가?
① 크로스 커넥션   ② 역압 커넥션
③ 사이펀 커넥션   ④ 에어갭 커넥션

해설 크로스(cross)커넥션 : 상수(급수)관에 기타 배관(오수배관, 배수배관 등)이 연결되어 오염되도록 배관되는 이음. 따라서 크로스커넥션이 되지 않도록 해야 한다.

85 보온재를 유기질과 무기질로 구분할 때, 다음 중 성질이 다른 하나는?
① 우모펠트   ② 규조토
③ 탄산마그네슘   ④ 슬래그 섬유

해설
• 유기질 보온재 : 생물 또는 석유화학으로부터 나온 재료로 만들어진 보온재(우모펠트, 양모펠트, 코르크, 폴리에틸렌, 폴리우레탄, 고무발포)
• 무기질 보온재 : 광물로부터 나온 재료로 만들어진 보온재(석면, 암면, 유리섬유, 규조토, 탄산마그네슘, 세라믹화이버, 펄라이트, 규산칼슘, 슬래그 섬유)

86 도시가스의 공급설비 중 가스 홀더의 종류가 아닌 것은?
① 유수식   ② 중수식
③ 무수식   ④ 고압식

해설 가스홀더(gas holder) : 가스탱크 또는 가소미터(gasometer)라고도 하며, 수요에 따른 가스의 제조와 공급을 원활하게 함과 동시에 가스조성의 균일화와 일정한 압력으로 가스를 공급하기 위해 사용되는 탱크이다.
저압식 : 유수식(有水式), 무수식(無水式)
중, 고압식 : 구형(球形), 원통형(圓筒形)

정답 81 ④ 82 ④ 83 ② 84 ① 85 ① 86 ②

87 냉매 배관 시 주의사항으로 틀린 것은?
① 배관은 가능한 한 간단하게 한다.
② 배관의 굽힘을 적게 한다.
③ 배관에 큰 응력이 발생할 염려가 있는 곳에는 루프 배관을 한다.
④ 냉매의 열손실을 방지하기 위해 바닥에 매설한다.

해설 ④ 냉매의 열손실을 방지하기 위해서는 단열처리를 해야 한다.

88 냉각 레그(cooling leg) 시공에 대한 설명으로 틀린 것은?
① 관경은 증기 주관보다 한 치수 크게 한다.
② 냉각 레그와 환수관 사이에는 트랩을 설치하여야 한다.
③ 응축수를 냉각하여 재증발을 방지하기 위한 배관이다.
④ 보온피복을 할 필요가 없다.

해설 냉각레그(cooling leg) : 증기 주관에서 관말트랩까지의 배관이며, 완전한 응축수를 트랩에 보내야 하기 때문에 배관은 보온하지 않는다. 충분한 냉각면을 확보하기 위해 냉각레그 배관 길이는 1.5m이상으로 하고 관경은 증기 주관보다 한 치수 작게 한다.

89 기체 수송 설비에서 압축공기 배관의 부속장치가 아닌 것은?
① 후부냉각기
② 공기여과기
③ 안전밸브
④ 공기빼기밸브

해설 압축공기 배관 부속장치는 후부냉각기(after cooler), 리시버탱크, 공기여과기, 안전밸브 등이다.

90 가스설비에 관한 설명으로 틀린 것은?
① 일반적으로 사용되고 있는 가스유량 중 1시간당 최대 값을 설계유량으로 한다.
② 가스미터는 설계유량을 통과시킬 수 있는 능력을 가진 것을 선정한다.
③ 배관 관경은 설계유량이 흐를 때 배관의 끝부분에서 필요한 압력이 확보될 수 있도록 한다.
④ 일반적으로 공급되고 있는 천연가스에는 일산화탄소가 많이 함유되어 있다.

해설 ④ 천연가스는 메탄(CH_4)을 주성분으로 하는 가스로서 공기보다 가볍고 일산화탄소(CO)를 함유하지 않는다. 따라서 누출이 되었을 때도 확산이 빠르고 폭발범위가 좁아 비교적 안전하다.

91 증기트랩에 관한 설명으로 옳은 것은?
① 플로트 트랩은 응축수나 공기가 자동적으로 환수관에 배출되며, 저·고압에 쓰이고 형식에 따라 앵글형과 스트레이트형이 있다.
② 열동식 트랩은 고압, 중압의 증기관에 적합하며, 환수관을 트랩보다 위쪽에 배관할 수도 있고, 형식에 따라 상향식과 하향식이 있다.
③ 임펄스 증기 트랩은 실린더 속의 온도 변화에 따라 연속적으로 밸브가 개폐되며, 작동 시 구조상 증기가 약간 새는 결점이 있다.
④ 버킷 트랩은 구조상 공기를 함께 배출하지 못하지만 다량의 응축수를 처리하는데 적합하며, 다량 트랩이라고 한다.

해설 ①번 : 열동식 트랩에 대한 설명
②번 : 버킷 트랩에 대한 설명
④번 : 플로트 트랩에 대한 설명

정답 87 ④ 88 ① 89 ④ 90 ④ 91 ③

92 폴리에틸렌관의 이음방법이 아닌 것은?
① 콤포이음   ② 융착이음
③ 플랜지이음 ④ 테이퍼이음

해설 폴리에틸렌관 이음 방법
1. 융착슬리브 이음
2. 인서트 이음
3. 테이퍼 이음
4. 플랜지 이음

93 동일 구경의 관을 직선 연결할 때 사용하는 관 이음재료가 아닌 것은?
① 소켓   ② 플러그
③ 유니언 ④ 플랜지

해설
- 동일 구경의 관을 직선 연결하는 부속은 소켓, 유니언, 플랜지, 니플이 있다.
- 플러그, 캡 : 관 끝을 막을 때 사용하는 부속

94 열교환기 입구에 설치하여 탱크 내의 온도에 따라 밸브를 개폐하며, 열매의 유입량을 조절하여 탱크 내의 온도를 설정범위로 유지시키는 밸브는?
① 감압밸브
② 플랩 밸브
③ 바이패스 밸브
④ 온도조절 밸브

해설 ② 플랩밸브(flap valve) : 유체가 한 방향으로만 흐르도록한 체크 밸브의 일종이며 상부에 힌지가 달린 플레이트 및 디스크가 있는 밸브.

95 급수배관 내에 공기실을 설치하는 주된 목적은?
① 공기밸브를 작게 하기 위하여
② 수압시험을 원활하게 하기 위하여
③ 수격작용을 방지하기 위하여
④ 관내 흐름을 원활하게 하기 위하여

해설 수격현상(water hammer)방지 대책
1. 급격한 밸브 폐쇄를 하지 말 것
2. 회전체의 관성모멘트를 크게 할 것
3. 펌프의 양정, 유량의 급격한 변화를 주지 말 것
4. 압력 흡수기(W·H·C)를 배관에 설치한다.
5. 충격을 흡수할 수 있는 공기실(Air Chamber)을 설치한다.

96 다음 [보기]에서 설명하는 통기관 설비 방식과 특징으로 적합한 방식은?

[보 기]
㉠ 배수관의 청소구 위치로 인해서 수평관이 구부러지지 않게 시공한다.
㉡ 배수 수평 분기관이 수평주관의 수위에 잠기면 안 된다.
㉢ 배수관의 끝부분은 항상 대기중에 개방되도록 한다.
㉣ 이음쇠를 통해 배수에 선회력을 주어 관내 통기를 위한 공기 코어를 유지하도록 한다.

① 섹스티아(sextia) 방식
② 소벤트(sovent) 방식
③ 각개통기 방식
④ 신정통기 방식

해설
① 섹스티아 방식 : 배수 수직관에 연결된 섹스티아 이음쇠에 배수가 유입되면 선회류가 생성되어 중심부에 공기 코어가 생기며 통기역할을 한다. 따라서 배수와 통기가 동시에 이루어진다.
② 소벤트 방식 : 배수 수직관과 각 층 배수 수평지관을 연결하는 부분에 공기혼합 이음쇠를 설치하여 유입된 공기와 배수가 혼합되어 가벼운 수포를 만들어 배수의 유속을 감속시키는 방식

정답 92 ① 93 ② 94 ④ 95 ③ 96 ①

97 25mm 강관의 용접이음용 숏(short) 엘보의 곡률 반경(mm)은 얼마 정도로 하면 되는가?

① 25 ② 37.5
③ 50 ④ 62.5

해설 용접용 엘보의 곡률 반경
롱엘보(long elbow) = 호칭경×1.5배
숏엘보(short elbow) = 호칭경×1.0배

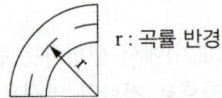

r : 곡률 반경

98 다음 중 배수 설비와 관련된 용어는?

① 공기실(air chamber)
② 봉수(seal water)
③ 볼탭(ball tap)
④ 드렌처(drencher)

해설 ② 봉수 : 배수설비의 배수트랩 내에 물을 채워 악취 및 벌레 등이 실내로 침입하지 못하도록 하는데 이 때 채워진 물을 봉수(seal water)라고 한다.

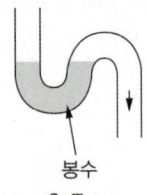 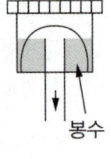

봉수   봉수
S-Trap   Bell-Trap

99 도시가스 계량기(30m³/h 미만)의 설치 시 바닥으로부터 설치 높이로 가장 적합한 것은? (단, 설치 높이의 제한을 두지 않는 특정 장소는 제외한다.)

① 0.5m 이하
② 0.7m 이상 1m 이내
③ 1.6m 이상 2m 이내
④ 2m 이상 2.5m 이내

해설 도시가스 사업법 시행규칙 별표6(가스계량기 설치 기준)
가스계량기(30m³/hr 미만에 한한다)의 설치 높이는 바닥으로부터 1.6m 이상 2m 이내에 수직·수평으로 설치하고 밴드·보호가대 등 고정장치로 고정시킬 것

100 진공환수식 증기난방 배관에 대한 설명으로 틀린 것은?

① 배관 도중에 공기빼기 밸브를 설치한다.
② 배관 기울기를 작게 할 수 있다.
③ 리프트 피팅에 의해 응축수를 상부로 배출할 수 있다.
④ 응축수의 유속이 빠르게 되므로 환수관을 가늘게 할 수가 있다.

해설 ① 진공환수식 증기난방 배관에는 공기빼기 밸브를 설치하지 않는다.

정답 97 ① 98 ② 99 ③ 100 ①

과년도 출제문제(2018. 4. 28 시행)

제1과목 기계열역학

01 이상기체에 대한 관계식 중 옳은 것은? (단, C_p, C_v는 정압 및 정적 비열, k는 비열비이고, R은 기체 상수이다.)

① $C_p = C_v - R$ ② $C_v = \frac{k-1}{k}R$
③ $C_p = \frac{k}{k-1}R$ ④ $R = \frac{C_p + C_v}{2}$

해설
① $C_p = C_v + R$
② $C_v = \frac{1}{k-1}R$
④ $R = C_p - C_v$

02 온도가 T_1인 고열원으로부터 온도가 T_2인 저열원으로 열전도, 대류, 복사 등에 의해 Q만큼 열전달이 이루어졌을 때 전체 엔트로피 변화량을 나타내는 식은?

① $\frac{T_1 - T_2}{Q(T_1 \times T_2)}$ ② $\frac{Q(T_1 + T_2)}{T_1 \times T_2}$
③ $\frac{Q(T_1 - T_2)}{T_1 \times T_2}$ ④ $\frac{T_1 + T_2}{Q(T_1 \times T_2)}$

해설

여기서, 열을 받으면 + 열을 빼앗기면 -
$S_2 - S_1 = \frac{Q}{T_2} - \frac{Q}{T_1} = \frac{Q(T_1 - T_2)}{T_1 \times T_2}$

03 1kg의 공기가 100℃를 유지하면서 가역등온 팽창하여 외부에 500kJ의 일을 하였다. 이때 엔트로피의 변화량은 약 몇 kJ/K인가?

① 1.895   ② 1.665
③ 1.467   ④ 1.340

해설
$\triangle S = \frac{\triangle Q}{T} = \frac{500}{(100+273)} = 1.340 \text{kJ/K}$

04 증기 압축 냉동 사이클로 운전하는 냉동기에서 압축기 입구, 응축기 입구, 증발기 입구의 엔탈피가 각각 387.2kJ/kg, 435.1kJ/kg, 241.8kJ/kg일 경우 성능계수는 약 얼마인가?

① 3.0   ② 4.0
③ 5.0   ④ 6.0

해설

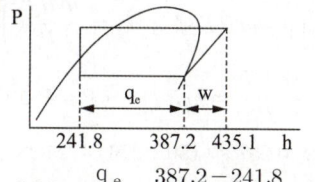

$\text{COP} = \frac{q_e}{w} = \frac{387.2 - 241.8}{435.1 - 387.2} = 3.0$

05 습증기 상태에서 엔탈피 h를 구하는 식은? (단, h_f는 포화액의 엔탈피, h_g는 포화증기의 엔탈피, x는 건도이다.)

① $h = h_f + (xh_g - h_f)$
② $h = h_f + x(h_g - h_f)$
③ $h = h_g + (xh_f - h_g)$
④ $h = h_g + x(h_g - h_f)$

해설
습증기 엔탈피 = 포화액 엔탈피 + 포화증기 엔탈피
$h = (1-x)h_f + xh_g$
$\quad = h_f + x(h_g - h_f)$

정답 01 ③ 02 ③ 03 ④ 04 ① 05 ②

06 다음의 열역학 상태량 중 종량적 상태량(extensive property)에 속하는 것은?

① 압력
② 체적
③ 온도
④ 밀도

해설 종량적 상태량 : 질량에 비례하는 상태량(성질)
예 질량, 체적, 엔탈피, 엔트로피

07 온도 150℃, 압력 0.5MPa의 공기 0.2kg이 압력이 일정한 과정에서 원래 체적의 2배로 늘어난다. 이 과정에서의 일은 약 몇 kJ인가? (단, 공기는 기체상수가 0.287kJ/(kg·K)인 이상기체로 가정한다.)

① 12.3kJ
② 16.5kJ
③ 20.5kJ
④ 24.3kJ

해설 정압과정이므로 절대일이다.

$$W = P(V_2 - V_1) = P\left(\frac{V_2}{V_1} - 1\right)V_1$$
$$= P(2-1)V_1 = PV_1$$
$$\left(P_1V_1 = mRT_1 \text{에서 } V_1 = \frac{mRT_1}{P_1}\right)$$
$$= P \times \frac{mRT_1}{P_1} = mRT_1 \quad (P = P_1 \text{이므로})$$
$$= 0.2 \times 0.287 \times (150 + 273) = 24.28\text{kJ}$$

08 천제연 폭포의 높이가 55m이고 주위와 열교환을 무시한다면 폭포수가 낙하한 후 수면에 도달할 때까지 온도 상승은 약 몇 K인가? (단, 폭포수의 비열은 4.2kJ/(kg·K)이다.)

① 0.87
② 0.31
③ 0.13
④ 0.68

해설 $Q = m \cdot C \cdot \Delta T = W$

$$\Delta T = \frac{W}{mC} = \frac{mg \cdot h}{mC} = \frac{g \cdot h}{C}$$

단위 $\frac{\text{kg} \cdot \text{m/s}^2 \cdot \text{m}}{\text{kg} \cdot \text{kJ/kg K}} = \frac{\text{N} \cdot \text{m}}{\text{kJ/K}} = \frac{\text{J}}{\text{kJ/K}}$

$$= \frac{10^{-3}\text{kJ}}{\text{kJ/K}} = 10^{-3}\text{K}$$

$$= \frac{9.8 \times 55 \times 10^{-3}}{4.2} = 0.128K$$

09 유체의 교축과정에서 Joule-Thomson 계수(μ_J)가 중요하게 고려되는데 이에 대한 설명으로 옳은 것은?

① 등엔탈피 과정에 대한 온도변화와 압력변화의 비를 나타내며 $\mu_J < 0$인 경우 온도상승을 의미한다.
② 등엔탈피 과정에 대한 온도변화와 압력변화의 비를 나타내며 $\mu_J < 0$인 경우 온도강하를 의미한다.
③ 정적 과정에 대한 온도변화와 압력변화의 비를 나타내며 $\mu_J < 0$인 경우 온도상승을 의미한다.
④ 정적 과정에 대한 온도변화와 압력변화의 비를 나타내며 $\mu_J < 0$인 경우 온도 강하를 의미한다.

해설 줄톰슨계수는 실제기체의 등엔탈피 과정에서 온도변화와 압력변화의 비로 나타내며 $\mu_J < 0$인 경우 온도상승을 의미한다

줄톰슨계수 $\mu_J = \left(\frac{\partial T}{\partial P}\right)_h$

10 Brayton 사이클에서 압축기 소요일은 175kJ/kg, 공급열은 627kJ/kg, 터빈 발생 일은 406kJ/kg으로 작동될 때 열효율은 약 얼마인가?

① 0.28
② 0.37
③ 0.42
④ 0.48

해설
$$\eta_B = \frac{\text{유효일량}}{\text{공급열량}}$$
$$= \frac{406 - 175}{627} = 0.368$$

06 ② 07 ④ 08 ③ 09 ① 10 ② **정답**

11 마찰이 없는 실린더 내에 온도 500K, 비엔트로피 3kJ/(kg·K)인 이상기체가 2kg 들어있다. 이 기체의 비엔트로피가 10kJ/(kg·K)이 될 때까지 등온과정으로 가열한다면 가열량은 약 몇 kJ인가?

① 1400kJ ② 2000kJ
③ 3500kJ ④ 7000kJ

$\Delta S = \dfrac{\Delta Q}{T}$

$Q_2 - Q_1 = T(S_2 - S_1) = T(s_2 - s_1) \cdot m$
$= 500 \times (10-3) \times 2 = 7000\text{kJ}$

12 매시간 20kg의 연료를 소비하여 74kW의 동력을 생산하는 가솔린 기관의 열효율은 약 몇 %인가? (단, 가솔린의 저위발열량은 43470 kJ/kg이다.)

① 18 ② 22
③ 31 ④ 43

$\eta = \dfrac{74 \times 3600}{20 \times 43470} \times 100 = 30.64\%$
(1kW = 1kJ/s)

13 다음 중 이상적인 증기 터빈의 사이클인 랭킨 사이클을 옳게 나타낸 것은?

① 가역등온압축 → 정압가열 → 가역등온팽창 → 정압냉각
② 가역단열압축 → 정압가열 → 가역단열팽창 → 정압냉각
③ 가역등온압축 → 정적가열 → 가역등온팽창 → 정적냉각
④ 가역단열압축 → 정적가열 → 가역단열팽창 → 정적냉각

랭킨사이클 : 단열압축 → 정압가열 → 단열팽창 → 정압방열(냉각)

14 피스톤-실린더 장치 내에 있는 공기가 0.3m^3에서 0.1m^3로 압축되었다. 압축되는 동안 압력(P)과 체적(V) 사이에 $P = aV^{-2}$의 관계가 성립하며, 계수 $a = 6\text{kPa}\cdot\text{m}^6$이다. 이 과정 동안 공기가 한 일은 약 얼마인가?

① −53.3kJ ② −1.1kJ
③ 253kJ   ④ −40kJ

$W = \int_{0.3}^{0.1} PdV = \int_{0.3}^{0.1} aV^{-2}dV$
$= a\left[\dfrac{1}{-2+1}V^{(-2+1)}\right]_{0.3}^{0.1}$
$= -6 \times (0.1^{-1} - 0.3^{-1})$
$= -40\text{kJ}$

15 이상적인 카르노 사이클의 열기관이 500℃인 열원으로부터 500kJ을 받고, 25℃에 열을 방출한다. 이 사이클의 일(W)과 효율(η_{th})은 얼마인가?

① W = 307.2kJ, η_{th} = 0.6143
② W = 207.2kJ, η_{th} = 0.5748
③ W = 250.3kJ, η_{th} = 0.8316
④ W = 401.5kJ, η_{th} = 0.6517

카르노 사이클 효율
$\eta_c = 1 - \dfrac{Q_2}{Q_1} = 1 - \dfrac{T_2}{T_1}$

$\eta_c = 1 - \dfrac{25+273}{500+273} = 0.6144$

$\dfrac{Q_2}{Q_1} = \dfrac{T_2}{T_1}$ 에서 $Q_2 = \dfrac{25+273}{500+273} \times 500 = 192.76\text{kJ}$

일 $(W) = Q_1 - Q_2 = 500 - 192.76 = 307.24\text{kJ}$

16 어떤 카르노 열기관이 100℃와 30℃ 사이에서 작동되며 100℃의 고온에서 100kJ의 열을 받아 40kJ의 유용한 일을 한다면 이 열기관에 대하여 가장 옳게 설명한 것은?

① 열역학 제1법칙에 위배된다.
② 열역학 제2법칙에 위배된다.
③ 열역학 제1법칙과 제2법칙에 모두 위배되지 않는다.
④ 열역학 제1법칙과 제2법칙에 모두 위배된다.

11 ④ 12 ③ 13 ② 14 ④ 15 ① 16 ② **정답**

해설 1법칙. 문제의 "카르노열기관"="카르노사이클"

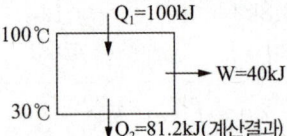

$\dfrac{Q_2}{Q_1} = \dfrac{T_2}{T_1}$ 에서 $Q_2 = \dfrac{30+273}{100+273} \times 100 = 81.2\text{kJ}$

기관에 들어온 에너지 : $Q_1 = 100\text{kJ}$
기관에서 나간 에너지 : $W + Q_2$
$= 40 + 81.2 = 121.2\text{kJ}$

기관에 들어온 에너지보다 기관에서 나간 에너지가 많으므로 열역학 **제1법칙에 위배된다**.

2법칙. 문제의 "어떤 카르노열기관"을 "어떤 열기관"으로 볼 때

어떤 열기관 효율 $= \dfrac{W}{Q_1} = \dfrac{40}{100} = 0.4$

카르노 사이클 효율 $= 1 - \dfrac{30+273}{100+273} = 0.187$

어떤 열기관 효율이 카르노 사이클 효율보다 크므로 불가능한 열기관이다. 열역학 **제2법칙에 위배된다**.

17 내부에너지가 30kJ인 물체에 열을 가하여 내부에너지가 50kJ이 되는 동안에 외부에 대하여 10kJ의 일을 하였다. 이 물체에 가해진 열량은?

① 10kJ   ② 20kJ
③ 30kJ   ④ 60kJ

해설 가해진 열량 = 내부에너지 증가량 + 외부일
$= (50 - 30) + 10 = 30\text{kJ}$

18 그림과 같이 다수의 추를 올려놓은 피스톤이 장착된 실린더가 있는데, 실린더 내의 초기압력은 300kPa, 초기 체적은 0.05m³이다. 이 실린더에 열을 가하면서 적절히 추를 제거하여 폴리트로픽 지수가 1.3인 폴리트로픽 변화가 일어나도록 하여 최종적으로 실린더 내의 체적이 0.2m³이 되었다면 가스가 한 일은 약 몇 kJ인가?

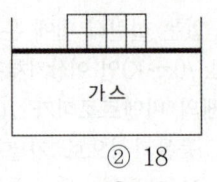

① 17   ② 18
③ 19   ④ 20

해설 $P_1 V_1^n = P_2 V_2^n$ 에서
$P_2 = 300 \times \left(\dfrac{0.05}{0.2}\right)^{1.3} = 49.48\text{kPa}$

절대일 (폴리트로픽 과정)
$W_a = \dfrac{1}{n-1}(P_1 V_1 - P_2 V_2)$
$= \dfrac{1}{1.3-1}(300 \times 0.05 - 49.48 \times 0.2) = 17.0\text{kJ}$

19 온도 20℃에서 계기압력 0.183MPa의 타이어가 고속주행으로 온도 80℃로 상승할 때 압력은 주행 전과 비교하여 약 몇 kPa 상승하는가? (단, 타이어의 체적은 변하지 않고, 타이어 내의 공기는 이상기체로 가정한다. 그리고 대기압은 101.3kPa이다.)

① 37kPa   ② 58kPa
③ 286kPa   ④ 445kPa

해설 $Pv = RT$ 에서 체적이 일정하므로 $\dfrac{P_1}{T_1} = \dfrac{P_2}{T_2}$

$P_2 - P_1 = \left(\dfrac{T_2}{T_1} - 1\right)P_1$
$= \left(\dfrac{80+273}{20+273} - 1\right) \times (101.3 + 183) = 58.2\text{kPa}$

20 랭킨 사이클의 열효율을 높이는 방법으로 틀린 것은?

① 복수기의 압력을 저하시킨다.
② 보일러 압력을 상승시킨다.
③ 재열(reheat) 장치를 사용한다.
④ 터빈 출구 온도를 높인다.

해설 랭킨 사이클은 이상적인 증기터빈 사이클이며 열효율을 높이려면 터빈 출구의 온도를 낮추어 터빈 입출구 엔탈피차를 크게 해야 한다.

17 ③   18 ①   19 ②   20 ④   **정답**

제2과목 냉동공학

21 1대의 압축기로 증발온도를 -30℃ 이하의 저온도로 만들 경우 일어나는 현상이 아닌 것은?

① 압축기 체적효율의 감소
② 압축기 토출 증기의 온도 상승
③ 압축기 단위흡입체적당 냉동효과 상승
④ 냉동능력당의 소요동력 증대

해설 1대의 압축기로 증발온도를 -30℃이하의 저온도를 만들 경우 압축비가 과도하게 상승하므로 모든 것이 나쁜 방향으로 변한다. 따라서 압축기의 단위 흡입 체적당 냉동효과도 감소한다.

22 제빙장치에서 135kg용 빙관을 사용하는 냉동장치와 가장 거리가 먼 것은?

① 헤어 핀 코일
② 브라인 펌프
③ 공기교반장치
④ 브라인 애지테이터(agitator)

해설 제빙장치 주요기기 : 제빙탱크, 증발기(헤어핀코일, 헤링본코일, 쉘앤드튜브형), 빙관, 브라인교반기(agitator), 공기교반기, 양빙기, 용빙조, 탈빙기, 자동주수조

23 모세관 팽창밸브의 특징에 대한 설명으로 옳은 것은?

① 가정용 냉장고 등 소용량 냉동장치에 사용된다.
② 베이퍼록 현상이 발생할 수 있다.
③ 내부균압관이 설치되어 있다.
④ 증발부하에 따라 유량조절이 가능하다.

해설
• 모세관은 소용량 냉동장치에 사용되며, 관에서 베이퍼록(vapor lock) 현상이 발생할 수 있다.
• 모세관에는 내부균압관이 설치될 수 없다.
• 부하에 따라 용량조절이 불가능하다.

24 증발기에서의 착상이 냉동장치에 미치는 영향에 대한 설명으로 옳은 것은?

① 압축비 및 성적계수 감소
② 냉각능력 저하에 따른 냉장실 내 온도 강하
③ 증발온도 및 증발압력 강하
④ 냉동능력에 대한 소요동력 감소

해설 착상 : 증발기 표면에 서리가 끼는 현상으로 증발기에 서리가 끼면 냉매가 잘 증발되지 않아 증발온도 및 증발압력이 강하된다.

25 냉동능력이 7kW인 냉동장치에서 수냉식 응축기의 냉각수 입·출구 온도차가 8℃인 경우, 냉각수의 유량(kg/h)은? (단, 압축기의 소요동력은 2kW이다.)

① 630
② 750
③ 860
④ 964

해설
$Q_c = Q_e + W = G C \Delta t_w$
$G = \dfrac{Q_e + W}{C \Delta t_w} = \dfrac{(7+2) \times 3600}{4.2 \times 8} = 964.2 \text{kg/h}$

26 다음 냉동에 관한 설명으로 옳은 것은?

① 팽창밸브에서 팽창 전후의 냉매 엔탈피 값은 변한다.
② 단열 압축은 외부와의 열의 출입이 없기 때문에 단열 압축 전후의 냉매 온도는 변한다.
③ 응축기 내에서 냉매가 버려야 하는 열은 현열이다.
④ 현열에는 응고열, 융해열, 응축열, 증발열, 승화열 등이 있다.

해설
① 팽창밸브 전후의 냉매 엔탈피 값은 일정하다.
③ 응축기 내에서 냉매가 버려야 하는 열은 전열이며 주로 잠열이다.
④ 응고열, 융해열, 응축열, 증발열, 승화열은 잠열이다.

정답 21 ③ 22 ② 23 ①, ② 24 ③ 25 ④ 26 ②

27 암모니아를 사용하는 2단압축 냉동기에 대한 설명으로 틀린 것은?

① 증발온도가 -30℃ 이하가 되면 일반적으로 2단압축 방식을 사용한다.
② 중간냉각기의 냉각방식에 따라 2단압축 1단팽창과 2단압축 2단팽창으로 구분한다.
③ 2단압축 1단팽창 냉동기에서 저단측 냉매와 고단측 냉매는 서로 같은 종류의 냉매를 사용한다.
④ 2단압축 2단팽창 냉동기에서 저단측 냉매와 고단측 냉매는 서로 다른 종류의 냉매를 사용한다.

해설 2단압축 1단팽창 및 2단압축 2단팽창 냉동사이클은 중간 냉각기에서 저단측 냉매와 중간냉각기 냉매가 혼합되어 고단 압축기로 들어가기 때문에 같은 종류의 냉매를 사용해야 한다.

28 P-h선도(압력-엔탈피)에서 나타내지 못하는 것은?

① 엔탈피   ② 습구온도
③ 건조도   ④ 비체적

해설 습구온도는 p-h선도에서 나타내지 못한다.

29 냉동장치가 정상적으로 운전되고 있을 때에 관한 설명으로 틀린 것은?

① 팽창밸브 직후의 온도는 직전의 온도보다 낮다.
② 크랭크 케이스 내의 유온은 증발온도보다 높다.
③ 응축기의 냉각수 출구온도는 응축온도보다 높다.
④ 응축온도는 증발온도보다 높다.

해설 응축기의 냉각수 출구온도는 응축온도보다 낮아야 냉매를 응축온도까지 냉각시킬 수 있다.

30 만액식 증발기를 사용하는 R134a용 냉동장치가 아래 그림과 같다. 이 장치에서 압축기의 냉매 순환량이 0.2kg/s이며, 이론 냉동 사이클의 각 점에서의 엔탈피가 아래 표와 같을 때, 이론 성능 계수(COP)는? (단, 배관의 열손실은 무시한다.)

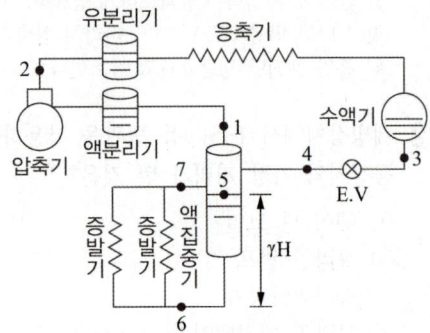

① 1.98   ② 2.39
③ 2.87   ④ 3.47

해설

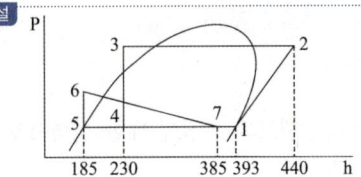

증발기 출구점(7) 상태는 미량의 냉매액이 포함되어 있지만 냉매액은 다시 증발기로 들어가서 증발하므로 1시간당 증발기에서 증발해야하는 냉매는 모두 6점에서 시작하여 1점에서 증발이 완료된다. 따라서 총 증발열량 $Q_e = G_e(h_1 - h_6)$ 이 된다.

$$COP = \frac{Q_e}{W} = \frac{G_e(h_1 - h_6)}{G(h_2 - h_1)}$$

팽창밸브 직후 증발기로 들어가는 냉매액량

$$G_e = G\frac{h_1 - h_4}{h_1 - h_5} \rightarrow \frac{G_e}{G} = \frac{h_1 - h_4}{h_1 - h_5}$$

27 ④   28 ②   29 ③   30 ④

$$COP = \frac{G_e(h_1-h_6)}{G(h_2-h_1)} = \frac{h_1-h_6}{h_2-h_1} \cdot \frac{h_1-h_4}{h_1-h_5}$$

$h_5 = h_6$ 이므로

$$= \frac{h_1-h_4}{h_2-h_1} = \frac{393-230}{440-393} = 3.47$$

31 냉동장치 내 공기가 혼입되었을 때, 나타나는 현상으로 옳은 것은?

① 응축기에서 소리가 난다.
② 응축온도가 떨어진다.
③ 토출온도가 높다.
④ 증발압력이 낮아진다.

해설 냉동장치 내의 공기는 불응축가스이며 불응축가스가 냉매에 혼입되면 토출가스온도가 높아진다.

32 빙축열 설비의 특징에 대한 설명으로 틀린 것은?

① 축열조의 크기를 소형화할 수 있다.
② 값싼 심야전력을 사용하므로 운전비용이 절감된다.
③ 자동화 설비에 의한 최적화 운전으로 시스템의 운전효율이 높다.
④ 제빙을 위한 냉동기 운전은 냉수 취출을 위한 운전보다 증발온도가 높기 때문에 소비동력이 감소한다.

해설 ① 빙축열조의 크기는 수축열조보다 소형화 할 수 있다.
③ 운전시간 중 많은 시간을 효율이 좋은 용량으로 운전할 수 있다.
④ 제빙을 위한 운전은 냉수 취출을 위한 운전보다 증발온도가 낮기 때문에 소비동력이 증가한다.

33 공비혼합물(azeotrope) 냉매의 특성에 관한 설명으로 틀린 것은?

① 서로 다른 할로카본 냉매들을 혼합하여 서로의 결점이 보완되는 냉매를 얻을 수 있다.
② 응축압력과 압축비를 줄일 수 있다.
③ 대표적인 냉매로 R407C와 R410A가 있다.
④ 각각의 냉매를 적당한 비율로 혼합하면 혼합물의 비등점이 일치할 수 있다.

해설 R407C와 R410A는 서로 다른 냉매를 일정비율로 혼합하는 것은 공비혼합냉매와 같으나 한 성분의 냉매인 것처럼 하나의 성질을 갖지 않는 비공비 혼합냉매이다. 혼합된 각 성분의 냉매가 비등점이 서로 다르다.

34 암모니아 냉동장치에서 피스톤 압출량 120m³/h의 압축기가 아래 선도와 같은 냉동 사이클로 운전되고 있을 때 압축기의 소요동력(kW)은?

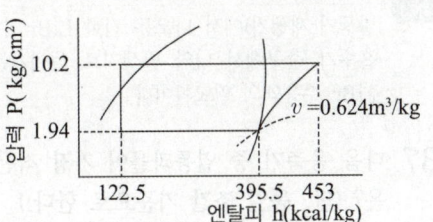

① 8.7   ② 10.9
③ 12.8   ④ 15.2

해설
$$W = \frac{G \cdot \Delta h}{860} = \frac{V}{v} \cdot \frac{\Delta h}{860}$$

$$= \frac{120 \times (453-395.5)}{0.624 \times 860} = 12.85 kW$$

$1kW = 860 kcal/h$

35 다음 중 모세관의 압력 강하가 가장 큰 경우는?

① 직경이 가늘고 길수록
② 직경이 가늘고 짧을수록
③ 직경이 굵고 짧을수록
④ 직경이 굵고 길수록

해설 관의 직경이 가늘고 길수록 마찰손실이 크므로 압력강하도 크다.

31 ③ 32 ④ 33 ④ 34 ③ 35 ①

36 물을 냉매로 하고 LiBr을 흡수제로 하는 흡수식 냉동장치에서 장치의 성능을 향상시키기 위하여 열교환기를 설치하였다. 이 열교환기의 기능을 가장 잘 나타낸 것은?

① 발생기 출구 LiBr 수용액과 흡수기 출구 LiBr 수용액의 열 교환
② 응축기 입구 수증기와 증발기 출구 수증기의 열 교환
③ 발생기 출구 LiBr 수용액과 응축기 출구 물의 열 교환
④ 흡수기 출구 LiBr 수용액과 증발기 출구 수증기의 열 교환

해설 발생기(재생기)에서 나오는 진한 LiBr 수용액과 흡수기 출구에서 나와 발생기로 들어가는 묽은 LiBr 수용액의 열교환이다.

37 다음 응축기 중 열통과율이 가장 작은 형식은? (단, 동일 조건 기준으로 한다.)

① 7통로식 응축기
② 입형 셸 튜브식 응축기
③ 공랭식 응축기
④ 2중관식 응축기

해설 공랭식 응축기는 수냉식에 비해 열통과율이 작다. ①②④는 수냉식이다.

38 흡수식 냉동기에서 재생기에 들어가는 희용액의 농도가 50%, 나오는 농용액의 농도가 65%일 때, 용액순환비는? (단, 흡수기의 냉각열량은 730kcal/kg이다.)

① 2.5   ② 3.7
③ 4.3   ④ 5.2

해설 용액순환비
$$f = \frac{용액(LiBr+H_2O)}{냉매(H_2O)} = \frac{\varepsilon_2}{\varepsilon_2 - \varepsilon_1}$$
$$= \frac{65}{65-50} = 4.3$$

39 냉매에 관한 설명으로 옳은 것은?

① 냉매표기 R + xyz형태에서 xyz는 공비 혼합 냉매 경우 400번대, 비공비 혼합 냉매 경우 500번대로 표시한다.
② R502는 R22와 R113과의 공비혼합냉매이다.
③ 흡수식 냉동기는 냉매로 NH_3와 R-11이 일반적으로 사용된다.
④ R1234yf는 HFO계열의 냉매로서 지구온난화지수(GWP)가 매우 낮아 R134a의 대체 냉매로 활용 가능하다.

해설 ① 400번대: 비공비혼합 냉매, 500번대: 공비혼합 냉매
② R502: R22 + R11의 공비혼합 냉매
③ R-11은 흡수식 냉동기 냉매로 사용하지 않는다.

40 냉동기 중 공급 에너지원이 동일한 것끼리 짝지어진 것은?

① 흡수 냉동기, 압축기체 냉동기
② 증기분사 냉동기, 증기압축 냉동기
③ 압축기체 냉동기, 증기분사 냉동기
④ 증기분사 냉동기, 흡수 냉동기

해설 흡수식 냉동기 : 증기, 폐열
증기분사식 : 증기
증기압축식 : 전기
압축기체 냉동기 : 전기

정답 36 ① 37 ③ 38 ③ 39 ④ 40 ④

제3과목 공기조화

41 난방부하가 6500kcal/hr인 어떤 방에 대해 온수난방을 하고자 한다. 방열기의 상당방열면적(m²)은?

① 6.7
② 8.4
③ 10
④ 14.4

해설
$$EDR = \frac{6500}{450} = 14.4 \text{m}^2$$
온수 표준방열량 : 450kcal/m²h
증기 표준방열량 : 650kcal/m²h

42 다음 중 감습(제습)장치의 방식이 아닌 것은?

① 흡수식
② 감압식
③ 냉각식
④ 압축식

해설 감습방식 : 냉각식, 압축식, 흡수식, 흡착식

43 실내 설계온도 26℃인 사무실의 실내유효 현열부하는 20.42kW, 실내유효 잠열부하는 4.27kW이다. 냉각코일의 장치노점온도는 13.5℃, 바이패스 팩터가 0.1일 때, 송풍량(L/s)은? (단, 공기의 밀도는 1.2kg/m³, 정압비열은 1.006kJ/kg·K이다.)

① 1350
② 1503
③ 12530
④ 13532

해설

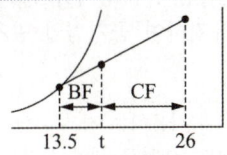

$$BF = \frac{t - 13.5}{26 - 13.5} = 0.1$$
$$t = 13.5 + 0.1 \times (26 - 13.5) = 14.75℃$$
$$q_s = G \cdot C_p \cdot \Delta t = \rho Q \cdot C_p \cdot \Delta t$$
$$Q = \frac{20.42 \times 1000}{1.2 \times 1.006 \times (26 - 14.75)} = 1503.5 \text{L/s}$$
[참고] 1 m³/s = 1000 L/s

44 유효온도(Effective Temperature)의 3요소는?

① 밀도, 온도, 비열
② 온도, 기류, 밀도
③ 온도, 습도, 비열
④ 온도, 습도, 기류

해설 유효온도 : 온도, 습도, 기류의 영향을 하나의 온도감각으로 나타낸 것, 감각온도라고도 한다.

45 배출가스 또는 배기가스 등의 열을 열원으로 하는 보일러는?

① 관류보일러
② 폐열보일러
③ 입형보일러
④ 수관보일러

해설 폐열보일러는 배출가스, 배기가스 등 폐열을 열원으로 한다.

46 공기조화설비의 구성에서 각종 설비별 기기로 바르게 짝지어진 것은?

① 열원설비 – 냉동기, 보일러, 히트펌프
② 열교환설비 – 열교환기, 가열기
③ 열매 수송설비 – 덕트, 배관, 오일펌프
④ 실내유닛 – 토출구, 유인유닛, 자동제어기기

해설
② 가열기는 열교환설비가 아니다.
③ 오일 펌프의 오일은 열매가 아니다.
④ 자동제어기기는 실내유니트가 아니다.

47 덕트의 분기점에서 풍량을 조절하기 위하여 설치하는 댐퍼는?

① 방화 댐퍼
② 스플릿 댐퍼
③ 피봇 댐퍼
④ 터닝 베인

해설 덕트의 분기점에 설치하여 풍량을 조절하는 댐퍼는 스플릿(split)댐퍼이다.

정답 41 ④ 42 ② 43 ② 44 ④ 45 ② 46 ① 47 ②

48 냉방부하 계산 결과 실내취득열량은 q_R, 송풍기 및 덕트 취득 열량은 q_F, 외기부하는 q_O, 펌프 및 배관 취득열량은 q_P일 때, 공조기부하를 바르게 나타낸 것은?

① $q_R + q_O + q_P$
② $q_F + q_O + q_P$
③ $q_R + q_O + q_F$
④ $q_R + q_P + q_F$

해설 공조기부하 = 실내취득열량 + 외기부하 + 송풍기 및 덕트 취득열량 (즉 $q_R + q_O + q_F$)이다.
펌프 및 배관 취득 열량은 냉동기 부하이다.

49 다음 공조방식 중에서 전공기 방식에 속하지 않는 것은?

① 단일덕트 방식
② 이중덕트 방식
③ 팬코일 유닛 방식
④ 각층 유닛 방식

해설 팬코일 유닛 방식은 전수방식이다.

50 온수보일러의 수두압을 측정하는 계기는?

① 수고계
② 수면계
③ 수량계
④ 수위 조절기

해설 수고계(水高計)는 온수 보일러의 온수압력을 측정하는 계기이며 지시눈금이 미터(m)로 표시된다.

51 공기조화방식을 결정할 때에 고려할 요소로 가장 거리가 먼 것은?

① 건물의 종류
② 건물의 안정성
③ 건물의 규모
④ 건물의 사용목적

해설 건물의 안정성은 건축설계에서 고려할 사항이다.

52 증기난방방식에서 환수주관을 보일러 수면보다 높은 위치에 배관하는 환수배관방식은?

① 습식 환수방법
② 강제 환수방식
③ 건식 환수방식
④ 중력 환수방식

해설
건식 환수방식 : 환수주관이 보일러 수면 보다 높은 경우
습식 환수방식 : 환수주관이 보일러 수면 보다 낮은 경우
강제 환수방식 : 응축수 펌프를 이용하여 강제적으로 환수하는 방식
중력 환수방식 : 응축수를 중력에 의해 자연 환수하는 방식

53 온수난방설비에 사용되는 팽창탱크에 대한 설명으로 틀린 것은?

① 밀폐식 팽창탱크의 상부 공기층은 난방장치의 압력변동을 완화하는 역할을 할 수 있다.
② 밀폐식 팽창탱크는 일반적으로 개방식에 비해 탱크 용적을 크게 설계해야 한다.
③ 개방식 탱크를 사용하는 경우는 장치 내의 온수온도를 85℃ 이상으로 해야 한다.
④ 팽창탱크는 난방장치가 정지하여도 일정압 이상으로 유지하여 공기침입 방지 역할을 한다.

해설 ③ 개방식 팽창탱크를 사용하는 경우는 장치내의 온수 온도를 100℃ 이하로 해야 한다. 100℃가 넘으면 물이 비등하게 된다.

정답 48 ③ 49 ③ 50 ① 51 ② 52 ③ 53 ③

54 냉수코일 설계상 유의사항으로 틀린 것은?

① 코일의 통과 풍속은 2~3m/s로 한다.
② 코일의 설치는 관이 수평으로 놓이게 한다.
③ 코일 내 냉수속도는 2.5m/s 이상으로 한다.
④ 코일의 출입구 수온 차이는 5~10℃ 전·후로 한다.

해설 냉수코일내 냉수속도는 1m/s 전후로 한다.

55 가열로(加熱爐)의 벽 두께가 80mm이다. 벽의 안쪽과 바깥쪽의 온도차이 32℃, 벽의 면적은 60m², 벽의 열전도율은 40kcal/m·h℃일 때, 시간당 방열량(kcal/hr)은?

① 7.6×10^5 ② 8.9×10^5
③ 9.6×10^5 ④ 10.2×10^5

해설
$q = \dfrac{\lambda}{\ell} A \cdot \Delta t$ ℓ : 벽두께 [m]

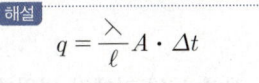
$= \dfrac{40}{0.08} \times 60 \times 32 = 9.6 \times 10^5$ kcal/h

56 다음 중 온수난방과 가장 거리가 먼 것은?

① 팽창탱크
② 공기빼기 밸브
③ 관말트랩
④ 순환펌프

해설 관말트랩은 증기난방 설비에서 증기와 응축수를 분리하는 장치이다.

57 공기조화방식 중 혼합상자에서 적당한 비율로 냉풍과 온풍을 자동적으로 혼합하여 각 실에 공급하는 방식은?

① 중앙식
② 2중 덕트 방식
③ 유인유닛 방식
④ 각층 유닛 방식

해설 2중 덕트방식은 공조기에서 냉풍과 온풍을 만들어 혼합상자에서 적당한 비율로 혼합하여 각 실에 공급하는 방식이다.

58 다음의 공기조화 장치에서 냉각코일 부하를 올바르게 표현한 것은? (단, G_F는 외기량(kg/h)이며, G는 전풍량(kg/h)이다.)

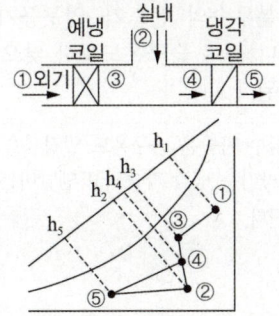

① $G_F(h_1-h_3)+G_F(h_1-h_2)+G_F(h_2-h_5)$
② $G(h_1-h_2)-G_F(h_1-h_3)+G(h_2-h_5)$
③ $G_F(h_1-h_2)-G_F(h_1-h_3)+G(h_2-h_5)$
④ $G(h_1-h_2)+G_F(h_1-h_3)+G(h_2-h_5)$

해설 냉각코일부하 = (총외기부하 − 외기예냉부하) + 실내취득부하
$q_{cc} = [G_F(h_1-h_2) - G_F(h_1-h_3)] + G(h_2-h_5)$
총외기부하 = 외기량×(외기의 최초 엔탈피 − 외기의 최종 엔탈피)
즉 $q_o = G_F(h_1-h_2)$

59 온풍난방의 특징에 대한 설명으로 틀린 것은?

① 예열시간이 짧아 간헐운전이 가능하다.
② 실내 상하의 온도차가 커서 쾌적성이 떨어진다.
③ 소음 발생이 비교적 크다.
④ 방열기, 배관설치로 인해 설비비가 비싸다.

해설 온풍난방은 실내에 방열기 및 배관을 설치하지 않는다.

정답 54 ③ 55 ③ 56 ③ 57 ② 58 ③ 59 ④

60 에어와셔를 통과하는 공기의 상태변화에 대한 설명으로 틀린 것은?

① 분무수의 온도가 입구공기의 노점온도보다 낮으면 냉각 감습된다.
② 순환수 분무하면 공기는 냉각가습되어 엔탈피가 감소한다.
③ 증기분무를 하면 공기는 가열 가습되고 엔탈피도 증가한다.
④ 분무수의 온도가 입구공기 노점온도보다 높고 습구온도보다 낮으면 냉각 가습된다.

해설 순환수 가습은 습구온도 일정선을 따라 움직이므로 공기는 냉각 가습되고 엔탈비는 $h_1 ≒ h_2$로 취급한다.

제4과목 | 전기제어공학

61 그림과 같이 철심에 두 개의 코일 C_1, C_2를 감고 코일 C_1에 흐르는 전류 I에 $\triangle$I만큼의 변화를 주었다. 이때 일어나는 현상에 관한 설명으로 옳지 않은 것은?

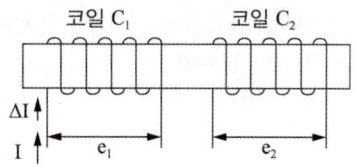

① 코일 C_2에서 발생하는 기전력 e_2는 렌츠의 법칙에 의하여 설명이 가능하다.
② 코일 C_1에서 발생하는 기전력 e_1은 자속의 시간 미분값과 코일의 감은 횟수의 곱에 비례한다.
③ 전류의 변화는 자속의 변화를 일으키며, 자속의 변화는 코일 C_1에 기전력 e_1을 발생시킨다.
④ 코일 C_2에서 발생하는 기전력 e_2와 전류 I의 시간 미분값의 관계를 설명해 주는 것이 자기인덕턴스이다.

해설 ④ 코일 C_2에서 발생하는 기전력 e_2와 전류 I의 시간 미분 값의 관계를 설명해 주는 것은 상호인덕턴스(M)이다. $e_2 = -M\dfrac{dI}{dt}$

62 그림과 같은 제어에 해당하는 것은?

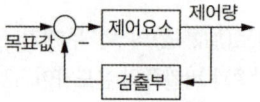

① 개방 제어
② 시퀀스 제어
③ 개루프 제어
④ 폐루프 제어

해설 귀환경로를 가지는 제어는 폐루프 제어(피드백 제어)이다.

63 물체의 위치, 방위, 자세 등의 기계적 변위를 제어량으로 하여 목표값의 임의의 변화에 항상 추종되도록 구성된 제어장치는?

① 서보기구
② 자동조정
③ 정치 제어
④ 프로세스 제어

해설 서보기구는 미사일 추적장치 등 물체의 위치, 방향, 자세 등이 임의로 변할 때 추종하도록 하는 제어장치이다.

64 다음 중 무인 엘리베이터의 자동제어로 가장 적합한 것은?

① 추종 제어
② 정치 제어
③ 프로그램 제어
④ 프로세스 제어

해설 프로그램 제어는 제어 목표 값을 미리 정해진 프로그램에 의해 변화시키는 제어, 무인 열차 운전, 엘리베이터, 자판기

정답 60 ② 61 ④ 62 ④ 63 ① 64 ③

65 다음의 논리식을 간단히 한 것은?

$$X = \overline{A}\overline{B}C + A\overline{B}\overline{C} + A\overline{B}C$$

① $\overline{B}(A+C)$ ② $C(A+\overline{B})$
③ $\overline{C}(A+B)$ ④ $\overline{A}(B+C)$

해설 OR 회로에서는 동일한 논리식을 추가하여도 결과 값은 같다. 따라서 문제의 논리식에 $A\overline{B}C$를 추가하여도 같은 값이 나오므로 $A\overline{B}C$를 추가하여 풀면
$X = \overline{A}\overline{B}C + A\overline{B}\overline{C} + A\overline{B}C + A\overline{B}C$
$= \overline{B}C(\overline{A}+A) + A\overline{B}(\overline{C}+C)$
$= \overline{B}C(1) + A\overline{B}(1)$
$= \overline{B}(C+A)$

66 PLC 프로그래밍에서 여러 개의 입력 신호 중 하나 또는 그 이상의 신호가 ON되었을 때 출력이 나오는 회로는?

① OR 회로   ② AND 회로
③ NOT 회로   ④ 자기유지회로

해설 PLC 프로그래밍 제어는 시퀀스제어의 한 종류이며 입력 신호 중 어느 하나만 ON 되어도 출력이 나오는 회로는 입력신호가 A+B의 형태인 OR회로이다.

67 단상변압기 2대를 사용하여 3상 전압을 얻고자 하는 결선방법은?

① Y결선   ② V결선
③ △결선   ④ Y-△결선

해설 단상변압기 2대를 사용하여 3상 전압을 얻는 결선방식은 V결선이다. 변압기 이용률은 86.6%로 감소된다.

68 직류기에서 전압정류의 역할을 하는 것은?

① 보극
② 보상권선
③ 탄소 브러시
④ 리액턴스 코일

해설
• 전압정류 : 보극을 설치하여 정류코일 내에 유기되는 리액턴스 전압과 반대방향으로 정류전압을 유기시켜 양호한 정류를 얻는 방법
• 저항정류 : 접촉저항이 큰 브러쉬를 사용하여 정류코일의 단락전류를 억제해서 양호한 정류를 얻는 방법

69 전동기 2차측에 기동저항기를 접속하고 비례추이를 이용하여 기동하는 전동기는?

① 단상 유도전동기
② 2상 유도전동기
③ 권선형 유도전동기
④ 2중 농형 유도전동기

해설 권선형 유도전동기의 기동법으로 2차 저항법이 사용되며 외부에서 조절할 수 있는 저항기를 회전자 권선에 연결해 기동시 저항을 조정하여 기동전류를 억제하고 속도가 증가함에 따라 저항을 원위치 시키는 방법으로 기동한다.

70 100V, 40W의 전구에 0.4A의 전류가 흐른다면 이 전구의 저항은?

① 100Ω   ② 150Ω
③ 200Ω   ④ 250Ω

해설 $R = \dfrac{V}{I} = \dfrac{100}{0.4} = 250\,\Omega$

71 공작기계의 물품 가공을 위하여 주로 펄스를 이용한 프로그램 제어를 하는 것은?

① 수치 제어
② 속도 제어
③ PLC 제어
④ 계산기 제어

해설 ① 수치제어는 프로그램 제어로서 컴퓨터 등의 제어장치를 이용하여 공작기계를 자동 제어한다.

정답 65 ① 66 ① 67 ② 68 ① 69 ③ 70 ④ 71 ①

72 다음 중 절연저항을 측정하는 데 사용되는 계측기는?

① 메거 ② 저항계
③ 켈빈 브리지 ④ 휘트스톤 브리지

해설
① 메거(megger) : $10^5\Omega$ 이상의 높은 저항을 측정하며 절연저항 측정시 사용된다.
③ 켈빈 브리지 : 단자의 접촉 저항이나 리드선의 저항을 무시할 수 있으므로 0.1Ω 이하의 낮은 저항 측정시 사용된다.
④ 휘스톤 브리지 : $0.1\sim10^5\Omega$의 중저항 측정에 사용된다.

73 검출용 스위치에 속하지 않는 것은?

① 광전 스위치 ② 액면 스위치
③ 리미트 스위치 ④ 누름 버튼 스위치

해설
누름 버튼 스위치(push button switch)는 동작용 스위치이다.

74 다음과 같은 회로에서 i_2가 0이 되기 위한 C의 값은? (단, L은 합성인덕턴스, M은 상호인덕턴스이다.)

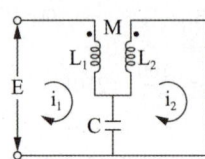

① $\dfrac{1}{\omega L}$ ② $\dfrac{1}{\omega^2 L}$
③ $\dfrac{1}{\omega M}$ ④ $\dfrac{1}{\omega^2 M}$

해설
문제의 회로는 캠벨 브리지 회로로서 직렬접속이 감극성이므로 등가회로도는 다음과 같다.

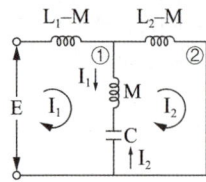

루프②에 키르히호프의 전압평형의 법칙을 적용하면

$$j\omega(L_2-M)I_2+\dfrac{1}{j\omega C}(I_2-I_1)+j\omega M(I_2-I_1)=0$$

$I_2=0$이므로

$$-\dfrac{1}{j\omega C}I_1-j\omega MI_1=0$$

$$\dfrac{1}{\omega C}=\omega M$$

$$\therefore C=\dfrac{1}{\omega^2 M}$$

75 오차 발생시간과 오차의 크기로 둘러싸인 면적에 비례하여 동작하는 것은?

① P 동작 ② I 동작
③ D 동작 ④ PD 동작

해설
② I 동작 : 적분동작으로서 오차의 발생시간과 오차의 크기로 둘러싸인 면적, 즉 적분 값의 크기에 비례하여 제어하는 제어동작이다.

76 개루프 전달함수 $G(s)=\dfrac{1}{s^2+2s+3}$인 단위 궤환계에서 단위계단입력을 가하였을 때의 오프셋(off set)은?

① 0 ② 0.25
③ 0.5 ④ 0.75

해설
단위계단 입력 $R(s)=\dfrac{1}{s}$

단위계단 입력일 때 편차(오프셋) (e_{ss})

$$e_{ss}=\lim_{s\to 0}s\cdot\dfrac{1}{1+G(s)}\cdot R(s)$$

$$=\lim_{s\to 0}s\cdot\dfrac{1}{1+G(s)}\cdot\dfrac{1}{s}=\lim_{s\to 0}\dfrac{1}{1+G(s)}$$

$$=\dfrac{1}{1+\lim\limits_{s\to 0}G(s)}=\dfrac{1}{1+\lim\limits_{s\to 0}\dfrac{1}{s^2+2s+3}}$$

$$=\dfrac{1}{1+\dfrac{1}{3}}=\dfrac{3}{4}=0.75$$

정답 72 ① 73 ④ 74 ④ 75 ② 76 ④

77 저항 8Ω과 유도리액턴스 6Ω이 직렬접속된 회로의 역률은?

① 0.6 ② 0.8
③ 0.9 ④ 1

해설 역률 $\cos\theta = \dfrac{저항}{임피던스} = \dfrac{R}{Z} = \dfrac{R}{\sqrt{R^2+X_L^2}}$

$= \dfrac{8}{\sqrt{8^2+6^2}} = 0.8$

78 온도 보상용으로 사용되는 소자는?

① 서미스터
② 바리스터
③ 제너 다이오드
④ 버랙터 다이오드

해설 서미스터는 온도 제어용 센서로 이용되며 온도의 변화에 따라 저항 값이 변하는 특성을 이용한다.

79 다음과 같은 회로에서 a, b양 단자 간의 합성 저항은? (단, 그림에서의 저항의 단위는 Ω이다.)

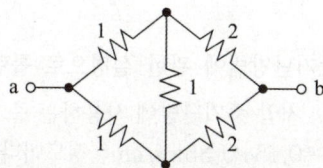

① 1.0Ω ② 1.5Ω
③ 3.0Ω ④ 6.0Ω

해설 휘트스톤 브리지이론에 따라 마주 보는 저항끼리의 곱이 같으므로 중앙을 가로지르는 검류계(저항)의 값은 0이다. 따라서 합성 저항(R)은

$R = \dfrac{R_1 \times R_2}{R_1 + R_2} = \dfrac{3 \times 3}{3+3} = 1.5\,\Omega$

80 온 오프(on - off) 동작에 관한 설명으로 옳은 것은?

① 응답속도는 빠르나 오프셋이 생긴다.
② 사이클링은 제거할 수 있으나 오프셋이 생긴다.
③ 간단한 단속적 제어동작이고 사이클링이 생긴다.
④ 오프셋은 없앨 수 있으나 응답시간이 늦어질 수 있다.

해설 ON-OFF 동작은 2 위치동작으로 간단한 단속적 제어동작이고 조작량은 0%와 100% 사이를 왕래하므로 변화가 너무 크다. 목표 값에 대하여 제어량이 상·하를 반복(사이클링 현상)하는 제어가 된다.

제5과목 배관일반

81 도시가스 배관 시 배관이 움직이지 않도록 관지름 13~33mm 미만의 경우 몇 m마다 고정장치를 설치해야 하는가?

① 1m ② 2m
③ 3m ④ 4m

해설 도시가스 배관 고정장치

배관 호칭 지름	고정간격
13mm 미만	1m
13mm 이상 33mm 미만	2m
33mm 이상	3m

82 냉매배관에 사용되는 재료에 대한 설명으로 틀린 것은?

① 배관 선택 시 냉매의 종류에 따라 적절한 재료를 선택해야 한다.
② 동관은 가능한 한 이음매 있는 관을 사용한다.
③ 저압용 배관은 저온에서도 재료의 물리적 성질이 변하지 않는 것으로 사용한다.
④ 구부릴 수 있는 관은 내구성을 고려하여 충분한 강도가 있는 것을 사용한다.

해설 냉매배관용 동관은 이음매 없는 인탈산 동관을 사용한다.

정답 77 ② 78 ① 79 ② 80 ③ 81 ② 82 ②

83 동관의 호칭경이 20A일 때 실제 외경은?
① 15.87mm ② 22.22mm
③ 28.57mm ④ 34.93mm

해설
동관 15A(1/2 B) : 외경 15.88mm
20A(3/4 B) : 외경 22.22mm
25A(1 B) : 외경 28.58mm
32A(1·1/4 B) : 외경 34.92mm

84 팬코일유닛 방식의 배관방식에서 공급관이 2개이고 환수관이 1개인 방식으로 옳은 것은?
① 1관식 ② 2관식
③ 3관식 ④ 4관식

해설
3관식 : 냉수공급관, 온수공급관, 환수관(공통사용)

85 방열기 전체의 수저항이 배관의 마찰손실에 비해 큰 경우 채용하는 환수방식은?
① 개방류 방식
② 재순환 방식
③ 역귀환 방식
④ 직접귀환 방식

해설
직접귀환방식(직접 환수방식)은 역귀환방식인 리버스 리턴방식보다 환수관 길이가 짧아 마찰손실이 작은 장점이 있으나 유량이 균등하게 분배되지 못한다.(유량제어밸브가 필요하다)

86 증기와 응축수의 온도 차이를 이용하여 응축수를 배출하는 트랩은?
① 버킷 트랩(bucket trap)
② 디스크 트랩(disk trap)
③ 벨로즈 트랩(bellows trap)
④ 플로트 트랩(float trap)

해설
벨로즈트랩(열동트랩)은 벨로즈 속에 휘발성 액체가 봉입되어있어 주위에 증기가 있으면 온도가 높기 때문에 팽창하고 증기가 응축되어 온도가 낮아지면 수축되어 밸브를 개방하므로 응축수를 배출한다.

87 배관의 분해, 수리 및 교체가 필요할 때 사용하는 관 이음재의 종류는?
① 부싱 ② 소켓
③ 엘보 ④ 유니언

해설
유니온, 플랜지 : 배관의 분해, 수리, 교체를 위해 사용하는 관이음

88 급수량 산정에 있어서 시간평균 예상 급수량(Q_h)이 3000L/h였다면, 순간 최대 예상 급수량(Q_p)은?
① 75~100L/min
② 150~200L/min
③ 225~250L/min
④ 275~300L/min

해설
$$Q_p = \frac{(3~4)Q_h}{60}$$
$$= \frac{(3~4) \times 3000}{60} = 150~200 L/min$$

89 증기난방법에 관한 설명으로 틀린 것은?
① 저압 증기난방에 사용하는 증기의 압력은 $0.15~0.35 kg/cm^2$ 정도이다.
② 단관 중력 환수식의 경우 증기와 응축수가 역류하지 않도록 선단 하향 구배로 한다.
③ 환수주관을 보일러 수면보다 높은 위치에 배관한 것은 습식 환수관식이다.
④ 증기의 순환이 가장 빠르며 방열기, 보일러 등의 난방용으로 주로 채택되는 방식은 진공환수식이다.

해설
환수주관이 보일러 수면보다 높은 위치에 있으면 건식환수관, 보일러 수면보다 낮은 위치에 있으면 습식환수관이다. (공조 52번 문제 참고)

정답: 83 ② 84 ③ 85 ④ 86 ③ 87 ④ 88 ② 89 ③

90 배관의 자중이나 열팽창에 의한 힘 이외에 기계의 진동, 수격작용, 지진 등 다른 하중에 의해 발생하는 변위 또는 진동을 억제시키기 위한 장치는?
① 스프링 행거
② 브레이스
③ 앵커
④ 가이드

해설 브레이스(Brace)는 배관의 진동 등을 억제하기 위해 사용하며 유압식과 스프링식이 있다.

91 펌프를 운전할 때 공동현상(캐비테이션)의 발생 원인으로 가장 거리가 먼 것은?
① 토출양정이 높다.
② 유체의 온도가 높다.
③ 날개차의 원주속도가 크다.
④ 흡입관의 마찰저항이 크다.

해설 공동현상(cavitation)은 배관의 물이 증발하는 현상으로 유체의 온도가 높을 때, 날개차의 원주속도가 커서 주변의 압력이 낮아질 때, 흡입관의 마찰저항이 커서 흡입관 내 압력이 낮아질 때 발생하기 쉽다.

92 급수방식 중 대규모의 급수 수요에 대응이 용이하고 단수 시에도 일정량의 급수를 계속할 수 있으며 거의 일정한 압력으로 항상 급수되는 방식은?
① 양수 펌프식
② 수도 직결식
③ 고가 탱크식
④ 압력 탱크식

해설 고가탱크 방식은 단수, 단전 시에도 일정량의 급수를 계속할 수 있으며 거의 일정한 압력으로 급수할 수 있는 방식이다.

93 증기 트랩의 종류를 대분류한 것으로 가장 거리가 먼 것은?
① 박스 트랩
② 기계적 트랩
③ 온도조절 트랩
④ 열역학적 트랩

해설 박스트랩은 배수관의 트랩이며 벨트랩, 드럼트랩, 그리스트랩, 가솔린트랩 등이 있다.

94 열팽창에 의한 배관의 이동을 구속 또는 제한하기 위해 사용되는 관 지지장치는?
① 행거(hanger)
② 서포트(support)
③ 브레이스(brace)
④ 리스트레인트(restraint)

해설 리스트레인트는 배관의 수축 팽창에 의한 상하좌우 이동을 억제하는 배관 고정기구이며 앵커, 스토퍼, 가이드가 있다.

95 그림과 같은 입체도에 대한 설명으로 맞는 것은?

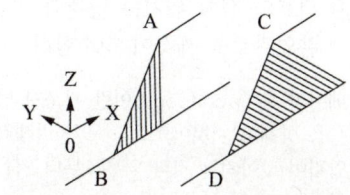

① 직선 A와 B, 직선 C와 D는 각각 동일한 수직평면에 있다.
② A와 B는 수직높이 차가 다르고, 직선 C와 D는 동일한 수평평면에 있다.
③ 직선 A와 B, 직선 C와 D는 각각 동일한 수평평면에 있다.
④ 직선 A와 B는 동일한 수평평면에, 직선 C와 D는 동일한 수직평면에 있다.

해설 A-B는 수직벽이고
C-D는 수평 평면이다.

정답 90 ② 91 ① 92 ③ 93 ① 94 ④ 95 ②

96 급수배관 시공에 관한 설명으로 가장 거리가 먼 것은?

① 수리와 기타 필요 시 관 속의 물을 완전히 뺄 수 있도록 기울기를 주어야 한다.
② 공기가 모여 있는 곳이 없도록 하여야 하며, 공기가 모일 경우 공기빼기 밸브를 부착한다.
③ 급수관에서 상향 급수는 선단 하향 구배로 하고, 하향 급수에서는 선단 상향 구배로 한다.
④ 가능한 한 마찰손실이 작도록 배관하며 관의 축소는 편심 레듀서를 써서 공기의 고임을 피한다.

[해설] 급수관에서 상향급수는 선단 상향구배로 하고 하향급수는 선단 하향 구배로 한다.

97 베이퍼록 현상을 방지하기 위한 방법으로 틀린 것은?

① 실린더 라이너의 외부를 가열한다.
② 흡입배관을 크게 하고 단열 처리한다.
③ 펌프의 설치 위치를 낮춘다.
④ 흡입관로를 깨끗이 청소한다.

[해설] 베이퍼 록(vapor lock)이란 기포가 발생하여 흐름을 방해하는 것이므로 기포가 발생하지 않도록 압력이 낮아지는 것과 외부로부터 열을 차단해야 한다.

98 저압 증기난방 장치에서 적용되는 하트포드 접속법(Hartford connection)과 관련된 용어로 가장 거리가 먼 것은?

① 보일러 주변 배관
② 균형관
③ 보일러수의 역류방지
④ 리프트 피팅

[해설] 리프트 피팅은 증기난방배관의 진공환수식에서 환수관 보다 높은 위치에 진공펌프가 설치될 때 또는 환수관이 방열기보다 높을 때 사용한다.

99 배수 및 통기설비에서 배관시공법에 관한 주의사항으로 틀린 것은?

① 우수 수직관에 배수관을 연결해서는 안된다.
② 오버플로우관은 트랩의 유입구측에 연결해야 한다.
③ 바닥 아래에서 빼내는 각 통기관에는 횡주부를 형성시키지 않는다.
④ 통기 수직관은 최하위 배수 수평지관보다 높은 위치에서 연결해야 한다.

[해설] 통기 수직관은 배수 수평주관보다 높은 위치에서 연결해야한다. (배수 **수평지관**이 틀린 것임)

100 온수난방 배관에서 에어 포켓(air pocket)이 발생될 우려가 있는 곳에 설치하는 공기빼기 밸브의 설치 위치로 가장 적절한 것은?

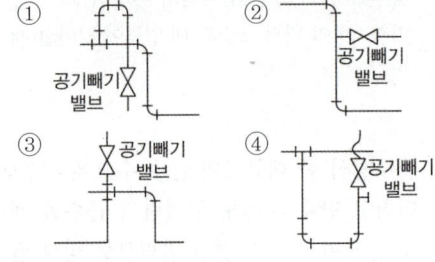

[해설] 공기빼기밸브(air vent)는 공기가 고이기 쉬운 배관의 최상부에 설치한다.

96 ③ 97 ① 98 ④ 99 ④ 100 ③

과년도 출제문제(2018. 8. 19 시행)

제1과목 기계열역학

01 이상기체가 등온과정으로 부피가 2배로 팽창할 때 한 일이 W_1이다. 이 이상기체가 같은 초기조건 하에서 폴리트로픽과정(지수 = 2)으로 부피가 2배로 팽창할 때 한 일은?

① $\dfrac{1}{2\ln 2} \times W_1$ ② $\dfrac{2}{\ln 2} \times W_1$

③ $\dfrac{\ln 2}{2} \times W_1$ ④ $2\ln 2 \times W_1$

해설

등온과정 절대일 $W_1 = RT\ln\dfrac{V_2}{V_1}$

$= RT\ln\dfrac{2V_1}{V_1} = RT\ln 2$

여기서 $RT = \dfrac{1}{\ln 2}W_1$

폴리트로픽과정 절대일

$W_2 = \dfrac{1}{n-1}R(T_1 - T_2)$ 에서

$= \dfrac{RT_1}{n-1}(1 - \dfrac{T_2}{T_1}) = \dfrac{RT_1}{n-1}\left\{1 - \left(\dfrac{V_1}{V_2}\right)^{n-1}\right\}$

문제에서 지수 n = 2로 주어졌고 초기온도 $T_1 = T$이므로

$W_2 = \dfrac{RT}{2-1}\left\{1 - \left(\dfrac{V_1}{2V_1}\right)^{2-1}\right\}$

$= RT\left(1 - \dfrac{1}{2}\right) = \dfrac{1}{2}RT$

위 $RT = \dfrac{1}{\ln 2}W_1$을 대입하면

$W_2 = \dfrac{1}{2\ln 2}W_1$

02 클라우지우스(Clausius) 적분 중 비가역 사이클에 대하여 옳은 식은? (단, Q는 시스템에 공급되는 열, T는 절대온도를 나타낸다.)

① $\oint \dfrac{dQ}{T} = 0$ ② $\oint \dfrac{dQ}{T} < 0$

③ $\oint \dfrac{dQ}{T} > 0$ ④ $\oint \dfrac{dQ}{T} \geq 0$

해설

가역사이클 : $\oint \dfrac{dQ}{T} = 0$

비가역사이클 : $\oint \dfrac{dQ}{T} < 0$

03 그림과 같이 카르노 사이클로 운전하는 기관 2개가 직렬로 연결되어 있는 시스템에서 두 열기관의 효율이 똑같다고 하면 중간 온도 T는 약 몇 K인가?

① 330K
② 400K
③ 500K
④ 660K

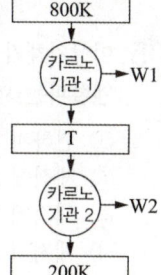

해설

① 카르노기관1의 열효율 :

$\eta = 1 - \dfrac{T_L}{T_H} = 1 - \dfrac{T}{800}$

② 카르노기관2의 열효율 :

$\eta = 1 - \dfrac{T_L}{T_H} = 1 - \dfrac{200}{T}$

③ 열효율이 같으므로 $1 - \dfrac{T}{800} = 1 - \dfrac{200}{T}$

$T^2 = 800 \times 200$ ∴ $T = 400K$

정답 01 ① 02 ② 03 ②

04 이상적인 디젤 기관의 압축비가 16일 때 압축 전의 공기 온도가 90℃라면, 압축 후의 공기의 온도는 약 몇 ℃인가? (단, 공기의 비열비는 1.4이다.)

① 1101℃
② 718℃
③ 808℃
④ 828℃

해설 디젤사이클의 압축과정은 단열압축이므로

$$T_2 = T_1 \left(\frac{v_1}{v_2}\right)^{k-1}$$

$\frac{v_1}{v_2} = \varepsilon$(압축비)이므로

$T_2 = (90+273) \times 16^{1.4-1} = 1100.4K$
    $= 827.4℃$

05 이상기체가 등온과정으로 체적이 감소할 때 엔탈피는 어떻게 되는가?

① 변하지 않는다.
② 체적에 비례하여 감소한다.
③ 체적에 반비례하여 증가한다.
④ 체적의 제곱에 비례하여 감소한다.

해설 이상기체의 엔탈피 $dh = C_p dT$에서 $dT=0$이므로 $dh=0$이다.

06 이상기체의 가역 폴리트로픽 과정은 다음과 같다. 이에 대한 설명으로 옳은 것은? (단, P는 압력, v는 비체적, C는 상수이다.)

$$Pv^n = C$$

① n = 0이면 등온과정
② n = 1이면 정적과정
③ n = ∞이면 정압과정
④ n = k(비열비)이면 단열과정

해설 가역 폴리트로픽 변화
$Pv^n = C$에서
$n=0$이면 $P=C$ (정압과정)
$n=1$이면 $Pv=C$ (등온과정)
$n=\infty$이면 $v=C$ (정적과정)
$n=k$(비열비)이면 $Pv^k=C$ (단열과정)

07 다음 중 이상적인 스로틀 과정에서 일정하게 유지되는 양은?

① 압력
② 엔탈피
③ 엔트로피
④ 온도

해설 스로틀과정(throttle) : 유체가 오리피스나 밸브의 작은 구멍을 통과하는 과정으로 교축팽창과정이다.
교축팽창 전후 엔탈피는 같다. 즉 등엔탈피 과정이다.
압력과 온도는 감소하고, 비체적과 엔트로피는 증가한다.

08 공기의 정압비열(C_p, kJ/(kg·℃))이 다음과 같다고 가정한다. 이때 공기 5kg을 0℃에서 100℃까지 일정한 압력하에서 가열하는데 필요한 열량은 약 몇 kJ인가? (단, 다음 식에서 t는 섭씨온도를 나타낸다.)

$$C_p = 1.0053 + 0.000079 \times t \, [kJ/(kg·℃)]$$

① 85.5
② 100.9
③ 312.7
④ 504.6

해설
$\delta Q = G C_p dt$

$Q = \int_0^{100} 5 \times (1.0053 + 0.000079 \times t) dt$

$= 5 \times \left[1.0053t + \frac{0.000079}{2}t^2\right]_0^{100}$

$= 5 \times \left(1.0053 \times 100 + \frac{0.000079}{2} \times 100^2\right)$

$= 504.6 kJ$

정답 04 ④ 05 ① 06 ④ 07 ② 08 ④

09 두 물체가 각각 제3의 물체와 온도가 같을 때는 두 물체도 역시 서로 온도가 같다는 것을 말하는 법칙으로 온도측정의 기초가 되는 것은?

① 열역학 제0법칙
② 열역학 제1법칙
③ 열역학 제2법칙
④ 열역학 제3법칙

해설
① 열역학 제0법칙 : 열(온도)평형 법칙
② 열역학 제1법칙 : 에너지 보존 법칙
③ 열역학 제2법칙 : 열과 일의 변환에 대한 방향성을 제시한 법칙, 엔트로피 법칙
④ 열역학 제3법칙 : 절대온도 법칙

10 랭킨 사이클의 각각의 지점에서 엔탈피는 다음과 같다. 이 사이클의 효율은 약 몇 %인가? (단, 펌프일은 무시한다.)

보일러 입구 : 290.5kJ/kg
보일러 출구 : 3476.9kJ/kg
응축기 입구 : 2622.1kJ/kg
응축기 출구 : 286.3kJ/kg

① 32.4%   ② 29.8%
③ 26.7%   ④ 23.8%

해설 랭킨사이클(증기동력 사이클)

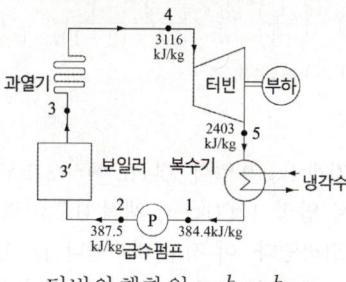

$$\eta = \frac{\text{터빈의 행한 일}}{\text{가열된 열량}} = \frac{h_4 - h_5}{h_4 - h_1}$$

$$= \frac{3476.9 - 2622.1}{3476.9 - 286.3}$$

$$= 0.267 = 26.7\%$$

11 70kPa에서 어떤 기체의 체적이 12m³이었다. 이 기체를 800kPa까지 폴리트로픽 과정으로 압축했을 때 체적이 2m³으로 변화했다면, 이 기체의 폴리트로프 지수는 약 얼마인가?

① 1.21   ② 1.28
③ 1.36   ④ 1.43

해설
$P_1 V_1^n = P_2 V_2^n$

$\dfrac{P_2}{P_1} = \left(\dfrac{V_1}{V_2}\right)^n$ 양쪽에 ln을 취하면

$\ln\left(\dfrac{P_2}{P_1}\right) = \ln\left(\dfrac{V_1}{V_2}\right)^n = n\ln\left(\dfrac{V_1}{V_2}\right)$

$n = \dfrac{\ln\left(\dfrac{P_2}{P_1}\right)}{\ln\left(\dfrac{V_1}{V_2}\right)}$

$= \dfrac{\ln\left(\dfrac{800}{70}\right)}{\ln\left(\dfrac{12}{2}\right)} = 1.36$

12 밀폐시스템에서 초기 상태가 300K, 0.5m³인 이상기체를 등온과정으로 150kPa에서 600kPa까지 천천히 압축하였다. 이 압축과정에 필요한 일은 약 몇 kJ인가?

① 104   ② 208
③ 304   ④ 612

해설 등온과정의 일

$W = P_1 V_1 \ln \dfrac{P_1}{P_2}$

$= (150 \times 0.5) \times \ln \dfrac{150}{600}$

$= -104 \text{kJ}$ (− : 압축일)

정답 09 ① 10 ③ 11 ③ 12 ①

13 카르노 냉동기 사이클과 카르노 열펌프 사이클에서 최고 온도와 최소 온도가 서로 같다. 카르노 냉동기의 성적 계수는 COP_R이라고 하고, 카르노 열펌프의 성적계수는 COP_{HP}라고 할 때 다음 중 옳은 것은?

① $COP_{HP} + COP_R = 1$
② $COP_{HP} + COP_R = 0$
③ $COP_R - COP_{HP} = 1$
④ $COP_{HP} - COP_R = 1$

해설 카르노 사이클에서 열펌프 성적계수는 냉동사이클 성적계수보다 항상 1만큼 크다. 즉 $COP_{HP} = 1 + COP_R$이다.

냉동기 성적계수 $COP_R = \dfrac{T_L}{T_H - T_L}$

열펌프 성적계수

$COP_{HP} = \dfrac{T_H}{T_H - T_L} = \dfrac{T_H - T_L + T_L}{T_H - T_L}$

$= \dfrac{T_H - T_L}{T_H - T_L} + \dfrac{T_L}{T_H - T_L} = 1 + \dfrac{T_L}{T_H - T_L}$

$= 1 + COP_R$

14 열과 일에 대한 설명 중 옳은 것은?

① 열역학적 과정에서 열과 일은 모두 경로에 무관한 상태함수로 나타낸다.
② 일과 열의 단위는 대표적으로 Watt(W)를 사용한다.
③ 열역학 제1법칙은 열과 일의 방향성을 제시한다.
④ 한 사이클 과정을 지나 원래 상태로 돌아왔을 때 시스템에 가해진 전체 열량은 시스템이 수행한 전체 일의 양과 같다.

해설
① 열역학적 과정에서 열과 일은 모두 경로 함수이다.
② 일과 열의 단위는 대표적으로 J을 사용한다.
③ 열역학 제1법칙은 열과 일의 수량적 관계를 제시한다. 방향성을 제시하는 것은 제2법칙이다.

15 에어컨을 이용하여 실내의 열을 외부로 방출하려 한다. 실외 35℃, 실내 20℃인 조건에서 실내로부터 3kW의 열을 방출하려 할 때 필요한 에어컨의 최소 동력은 약 몇 kW인가?

① 0.154 ② 1.54
③ 0.308 ④ 3.08

해설 역카르노 냉동사이클에서

$COP = \dfrac{T_L}{T_H - T_L} = \dfrac{Q}{W}$ 에서

$W = \dfrac{T_H - T_L}{T_L} Q$

$= \dfrac{(35+273)-(20+273)}{(20+273)} \times 3$

$= 0.154 \text{kW}$

16 공기 표준 사이클로 운전하는 디젤 사이클 엔진에서 압축비는 18, 체절비(분사 단절비)는 2일 때 이 엔진의 효율은 약 몇 %인가? (단, 비열비는 1.4이다.)

① 63% ② 68%
③ 73% ④ 78%

해설 디젤 사이클 효율

$\eta_d = 1 - \left(\dfrac{1}{\varepsilon}\right)^{k-1} \cdot \dfrac{\sigma^k - 1}{k(\sigma - 1)}$

$= 1 - \left(\dfrac{1}{18}\right)^{1.4-1} \cdot \dfrac{2^{1.4} - 1}{1.4 \times (2-1)}$

$= 0.63 = 63\%$

17 어떤 기체 1kg이 압력 50kPa, 체적 2.0m³의 상태에서 압력 1000kPa, 체적 0.2m³의 상태로 변화하였다. 이 경우 내부에너지의 변화가 없다고 한다면, 엔탈피의 변화는 얼마나 되겠는가?

① 57kJ ② 79kJ
③ 91kJ ④ 100kJ

정답 13 ④ 14 ④ 15 ① 16 ① 17 ④

해설
$H = U + PV$
$\triangle H = \triangle U + \triangle(PV)$
$\quad = 0 + (P_2 V_2 - P_1 V_1)$
$\quad = (1000 \times 0.2) - (50 \times 2.0)$
$\quad = 100 \text{kJ}$

18 압력 250kPa, 체적 0.35m³의 공기가 일정 압력 하에서 팽창하여, 체적이 0.5m³로 되었다. 이때 내부에너지의 증가가 93.9kJ이었다면, 팽창에 필요한 열량은 약 몇 kJ인가?
① 43.8 ② 56.4
③ 131.4 ④ 175.2

해설
$\delta Q = dU + PdV$
$Q = \triangle U + P(V_2 - V_1)$
$\quad = 93.9 + 250 \times (0.5 - 0.35)$
$\quad = 131.4 \text{kJ}$

19 역카르노 사이클로 운전하는 이상적인 냉동 사이클에서 응축기 온도가 40℃, 증발기 온도가 -10℃이면 성능계수는?
① 4.26 ② 5.26
③ 3.56 ④ 6.56

해설
역카르노 사이클 냉동기 성능계수

$COP_R = \dfrac{T_L}{T_H - T_L}$
$\quad = \dfrac{(-10 + 273)}{(40 + 273) - (-10 + 273)}$
$\quad = 5.26$

20 500℃의 고온부와 50℃의 저온부 사이에서 작동하는 Carnot 사이클 열기관의 열효율은 얼마인가?
① 10% ② 42%
③ 58% ④ 90%

해설 카르노 사이클 열효율

$\eta = \dfrac{T_H - T_L}{T_H} = 1 - \dfrac{T_L}{T_H}$
$\quad = 1 - \dfrac{(50 + 273)}{(500 + 273)} = 0.58 = 58\%$

제2과목 냉동공학

21 다음 중 밀착 포장된 식품을 냉각부동액 중에 집어넣어 동결시키는 방식은?
① 침지식 동결장치
② 접촉식 동결장치
③ 진공 동결장치
④ 유동층 동결장치

해설
① 침지식 : 저온의 브라인에 식품을 직접 침지시켜 동결
② 접촉식 : 저온의 고체 금속판에 식품을 접촉시켜 동결
④ 유동층식 : 컨베이어 없이 유동하면서 동결

22 흡수식 냉동기의 특징에 대한 설명으로 옳은 것은?
① 자동제어가 어렵고 운전경비가 많이 소요된다.
② 초기 운전 시 정격 성능을 발휘할 때까지의 도달 속도가 느리다.
③ 부분 부하에 대한 대응이 어렵다.
④ 증기 압축식보다 소음 및 진동이 크다.

해설
① 대기압보다 낮은 진공상태에서 운전하므로 취급자의 자격요건이 까다롭지 않고 전기사용이 상대적으로 적어 운전경비가 적게 소요된다.
③ 부하조절이 용이하다. (비교적 낮은 부하까지 제어 가능)
④ 회전부가 없기 때문에 운전시 소음, 진동이 적다.

정답 18 ③ 19 ② 20 ③ 21 ① 22 ②

23 피스톤 압출량이 48m³/h인 압축기를 사용하는 아래와 같은 냉동장치가 있다. 압축기 체적효율(η_v)이 0.75이고, 배관에서의 열손실을 무시하는 경우, 이 냉동장치의 냉동능력(RT)은? (단, 1RT는 3320kcal/h이다.)

$h_1 = 135.5\text{kcal/kg}, \ v_1 = 0.12\text{m}^3/\text{kg}$
$h_2 = 105.5\text{kcal/kg}, \ h_3 = 104.0\text{kcal/kg}$

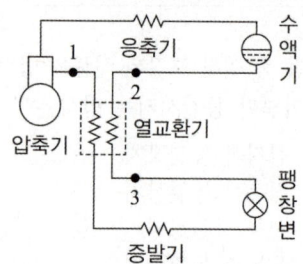

① 1.83　　② 2.54
③ 2.71　　④ 2.84

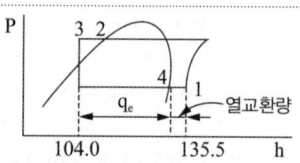

냉매순환량
$G = \dfrac{V}{v_1}\eta_V = \dfrac{48}{0.12} \times 0.75 = 300\text{kg/h}$

열교환 $G(h_2 - h_3) = G(h_1 - h_4)$에서
$h_4 = h_1 - (h_2 - h_3)$
$\quad = 135.5 - (105.5 - 104.0) = 134$

냉동능력
$Q_e = \dfrac{300 \times (134 - 104.0)}{3320} = 2.71\text{RT}$

24 다음 중 흡수식 냉동기의 용량제어 방법으로 적당하지 않은 것은?

① 흡수기 공급 흡수제 조절
② 재생기 공급 용액량 조절
③ 재생기 공급 증기 조절
④ 응축수량 조절

해설 흡수식 냉동기 용량제어 방법
1. 재생기(발생기) 공급 용액량 조절 방법
2. 재생기(발생기) 공급 증기량(열량) 조절 방법
3. 응축수량 조절 방법

25 프레온 냉동장치에서 가용전에 관한 설명으로 틀린 것은?

① 가용전의 용융온도는 일반적으로 75℃ 이하로 되어 있다.
② 가용전은 Sn(주석), Cd(카드뮴), Bi(비스무트) 등의 합금이다.
③ 온도상승에 따른 이상 고압으로부터 응축기 파손을 방지한다.
④ 가용전의 구경은 안전밸브 최소 구경의 1/2 이하이어야 한다.

해설 ④ 가용전의 구경은 안전밸브 구경의 $\dfrac{1}{2}$ 이상으로 한다.

26 압축기에 부착하는 안전밸브의 최소 구경을 구하는 공식으로 옳은 것은?

① 냉매상수×(표준회전속도에서 1시간의 피스톤 압출량)$^{1/2}$
② 냉매상수×(표준회전속도에서 1시간의 피스톤 압출량)$^{1/3}$
③ 냉매상수×(표준회전속도에서 1시간의 피스톤 압출량)$^{1/4}$
④ 냉매상수×(표준회전속도에서 1시간의 피스톤 압출량)$^{1/5}$

해설 압축기용 안전밸브 구경 공식
$d = C\sqrt{V} = CV^{1/2}$
여기서, d : 안전밸브 최소 구경(mm)
　　　　C : 냉매종류에 따른 상수
　　　　V : 표준회전속도에서 1시간의 피스톤압출량(m³/h)

정답　23 ③　24 ①　25 ④　26 ①

27 열통과율 900kcal/m²·h·℃, 전열면적 5m²인 아래 그림과 같은 대향류 열교환기에서의 열교환량(kcal/h)은? (단, t_1 : 27℃, t_2 : 13℃, t_{w1} : 5℃, t_{w2} : 10℃이다.)

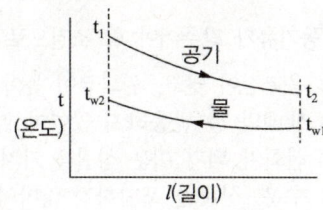

① 26865 ② 53730
③ 45000 ④ 90245

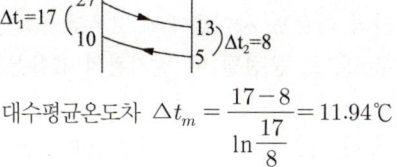

대수평균온도차 $\Delta t_m = \dfrac{17-8}{\ln \dfrac{17}{8}} = 11.94℃$

열교환량 $Q = KA\Delta t_m$
$= 900 \times 5 \times 11.94 = 53730 \text{kcal/h}$

28 증기압축식 냉동 시스템에서 냉매량 부족 시 나타나는 현상으로 틀린 것은?
① 토출압력의 감소
② 냉동능력의 감소
③ 흡입가스의 과열
④ 토출가스의 온도 감소

해설 ④ 냉매량이 부족하면 증발기 출구점에서 과열증기가 되어 압축기에 흡입되므로 압축기 토출가스 온도가 상승한다.

29 다음 중 독성이 거의 없고 금속에 대한 부식성이 적어 식품냉동에 사용되는 유기질 브라인은?
① 프로필렌글리콜
② 식염수
③ 염화칼슘
④ 염화마그네슘

해설 프로필렌 글리콜($C_3H_6(OH)_2$)은 부식성이 적고 독성이 없으므로 식품의 동결에 사용되는 유기질 브라인이다.
유기질브라인 : 에틸렌글리콜, 프로필렌글리콜, 에틸알콜, 메틸알콜, 글리세린
무기질 브라인 : 염화칼슘, 염화나트륨, 염화마그네슘

30 다음 냉동장치에서 물의 증발열을 이용하지 않는 것은?
① 흡수식 냉동장치
② 흡착식 냉동장치
③ 증기분사식 냉동장치
④ 열전식 냉동장치

해설 열전식 냉동장치 : 전자 냉동법 이라고도 하며 서로 다른 두 금속을 연결하여 직류 전류를 흐르게 하면 한 쪽의 접점은 고온이 되고 다른 쪽 접점은 저온이 되는 현상을 펠티어효과라 하며 이 원리를 이용한 냉동법이 열전식 냉동법이다.

31 프레온 냉매의 경우 흡입배관에 이중 입상관을 설치하는 목적으로 가장 적합한 것은?
① 오일의 회수를 용이하게 하기 위하여
② 흡입가스의 과열을 방지하기 위하여
③ 냉매액의 흡입을 방지하기 위하여
④ 흡입관에서의 압력강하를 줄이기 위하여

해설 이중입상관 : 가는 관과 굵은 관을 함께 설치는 이중입상관은 최소 부하시에는 오일이 굵은 관의 트랩에 고여 굵은 관을 막아, 가는 관으로만 냉매가스가 통과하므로 가스의 속도가 빨라 오일을 회수할 수 있게 되고 최대 부하시는 두 관 모두를 통해 가스가 통과해도 가스의 속도가 충분하므로 오일을 회수할 수 있게 된다.

정답 27 ② 28 ④ 29 ① 30 ④ 31 ①

32 내경이 20mm인 관 안으로 포화상태의 냉매가 흐르고 있으며 관은 단열재로 싸여 있다. 관의 두께는 1mm이며, 관재질의 열전도도는 50W/m·K이며, 단열재의 열전도도는 0.02W/m·K이다. 단열재의 내경과 외경은 각각 22mm와 42mm일 때, 단위길이당 열손실(W)은? (단, 이때 냉매의 온도는 60℃, 주변 공기의 온도는 0℃이며, 냉매측과 공기측의 평균 대류열전달계수는 각각 2000W/m²·K와 10W/m²·K이다. 관과 단열재 접촉부의 열저항은 무시한다.)

① 9.87 ② 10.15
③ 11.10 ④ 13.27

$r_1 = 10mm = 0.01m$
$r_2 = 11mm = 0.011m$
$r_3 = 21mm = 0.021m$

외표면적 기준

$$\frac{1}{K_o} = \frac{1}{\alpha_i}\frac{r_3}{r_1} + \frac{r_3}{\lambda_1}\ln\frac{r_2}{r_1} + \frac{r_3}{\lambda_2}\ln\frac{r_3}{r_2} + \frac{1}{\alpha_o}$$

$$= \frac{1}{2000} \cdot \frac{0.021}{0.01} + \frac{0.021}{50}\ln\frac{0.011}{0.01} +$$
$$\frac{0.021}{0.02}\ln\frac{0.021}{0.011} + \frac{1}{10}$$
$$= 0.78$$

$K_o = \frac{1}{0.78} = 1.282 kcal/m^2h℃$

$q = K_o \cdot A_o \cdot \Delta t_m$
$= 1.282 \times (\pi \times 0.042 \times 1) \times (60 - 0)$
$= 10.15W$

33 냉동장치에 사용하는 브라인 순환량이 200L/min이고, 비열이 0.7kcal/kg·℃이다. 브라인의 입·출구 온도는 각각 -6℃와 -10℃일 때, 브라인 쿨러의 냉동능력(kcal/h)은? (단, 브라인의 비중은 1.2이다.)

① 36880 ② 38860
③ 40320 ④ 43200

해설
$Q = G \cdot C \cdot \Delta t = \rho Q \cdot C \cdot \Delta t$
$= (1.2 \times 200 \times 60) \times 0.7 \times (-6-(-10))$
$= 40320 kcal/h$

34 냉동기유가 갖추어야 할 조건으로 틀린 것은?

① 응고점이 낮고, 인화점이 높아야 한다.
② 냉매와 잘 반응하지 않아야 한다.
③ 산화가 되기 쉬운 성질을 가져야 된다.
④ 수분, 산분을 포함하지 않아야 된다.

해설 ③ 산화되기 어려울 것

35 가역 카르노 사이클에서 고온부 40℃, 저온부 0℃로 운전될 때 열기관의 효율은?

① 7.825 ② 6.825
③ 0.147 ④ 0.128

해설 카르노 사이클 열효율
$$\eta_c = \frac{T_H - T_L}{T_H} = 1 - \frac{T_L}{T_H}$$
$$= 1 - \frac{(0+273)}{(40+273)} = 0.128$$

36 냉동장치 운전 중 팽창밸브의 열림이 작을 때, 발생하는 현상이 아닌 것은?

① 증발압력은 저하한다.
② 냉매순환량은 감소한다.
③ 액압축으로 압축기가 손상된다.
④ 체적효율은 저하한다.

해설 ③ 팽창밸브 열림이 작으면 냉매가 적게 흐르므로 증발기에서 모두 증발하고 압축기에 유입되는 냉매는 오히려 과열증기 상태가 된다.

32 ② 33 ③ 34 ③ 35 ④ 36 ③

37 냉동장치 내에 불응축 가스가 생성되는 원인으로 가장 거리가 먼 것은?

① 냉동장치의 압력이 대기압 이상으로 운전될 경우 저압측에서 공기가 침입한다.
② 장치를 분해, 조립하였을 경우에 공기가 잔류한다.
③ 압축기의 축봉장치 패킹 연결부분에 누설부분이 있으면 공기가 장치 내에 침입한다.
④ 냉매, 윤활유 등의 열분해로 인해 가스가 발생한다.

해설 ① 불응축가스의 대표적인 것이 공기이며 냉동장치가 대기압 이상으로 운전되면 외부의 공기가 냉동장치로 침입할 수 없다.

38 폐열을 회수하기 위한 히트 파이프(heat pipe)의 구성 요소가 아닌 것은?

① 단열부   ② 응축부
③ 증발부   ④ 팽창부

해설 히트파이프(heat pipe) : 히트파이프는 밀봉된 용기와 위크(wick)구조체 및 증기공간으로 구성되며 증발부, 응축부, 단열부로 구분된다.
증발부는 용기 밖에 있는 열을 용기 안에 있는 작동유체에 전달하여 이것을 증발시키는 부분이며 응축부는 작동유체인 증기를 응축시켜 열을 용기 밖으로 방출시키는 부분이다.
단열부는 흡열원과 방열원이 떨어져 있는 경우 작동유체의 통로를 구성한다.
구조가 소형경량이며 표면의 온도분포가 균일하고 열응답성(온도상승)이 빠르며 작동유체에 따라 사용온도 범위가 달라진다.(제한된다)

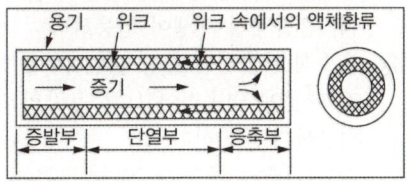

39 40 냉동톤의 냉동부하를 가지는 제빙공장이 있다. 이 제빙공장 냉동기의 압축기 출구 엔탈피가 457kcal/kg, 증발기 출구 엔탈피가 369 kcal/kg, 증발기 입구 엔탈피가 128kcal/kg 일 때, 냉매순환량(kg/h)은? (단, 1RT는 3320 kcal/h이다.)

① 551   ② 403
③ 290   ④ 25.9

해설
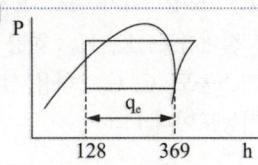

냉동능력 $Q_e = G q_e$ 에서

냉매순환량 $G = \dfrac{Q_e}{q_e} = \dfrac{40 \times 3320}{369 - 128} = 551 \text{kg/h}$

40 암모니아 냉동장치에서 고압측 게이지 압력이 14kg/cm²·g, 저압측 게이지 압력이 3kg/cm²·g이고, 피스톤 압출량이 100m³/h, 흡입증기의 비체적이 0.5m³/kg이라 할 때, 이 장치에서의 압축비와 냉매순환량(kg/h)은 각각 얼마인가? (단, 압축기의 체적효율은 0.7로 한다.)

① 3.73, 70
② 3.73, 140
③ 4.67, 70
④ 4.67, 140

해설 압축비
$\alpha = \dfrac{P_c}{P_e} = \dfrac{14 + 1.0332}{3 + 1.0332} = 3.73$

냉매순환량
$G = \dfrac{V}{v}\eta_V = \dfrac{100}{0.5} \times 0.7 = 140 \text{kg/h}$

37 ① 38 ④ 39 ① 40 ② **정답**

제3과목 공기조화

41 수증기 발생으로 인한 환기를 계획하고자 할 때, 필요 환기량 Q(m³/h)의 계산식으로 옳은 것은? (단, q_s : 발생 현열량(kJ/h), W : 수증기 발생량(kg/h), M : 먼지발생량(m³/h), t_i(℃) : 허용 실내온도, x_i(kg/kg) : 허용 실내 절대습도, t_o(℃) : 도입 외기온도, x_o(kg/kg) : 도입 외기 절대습도, K, K_o : 허용 실내 및 도입 외기 가스농도, C, C_o : 허용 실내 및 도입 외기 먼지농도이다.)

① $Q = \dfrac{q_s}{0.29(t_i - t_o)}$ ② $Q = \dfrac{W}{1.2(x_i - x_o)}$

③ $Q = \dfrac{100 \cdot M}{K - K_o}$ ④ $Q = \dfrac{M}{C - C_o}$

해설

필요환기량계산

단순 환기시
$Q = n \cdot V$ n : 환기 횟수 V : 실체적

발생열 제거시
$Q = \dfrac{q}{\rho \cdot C_p(t_i - t_o)}$ q : 발생열량
t_i : 실내온도
t_o : 외기온도

유해가스·먼지 제거시
$Q = \dfrac{M}{C_i - C_o}$ M : 유해가스 발생량
C_i : 실내허용농도
C_o : 외기농도

수증기 제거시
$Q = \dfrac{W}{\rho(x_i - x_o)}$ W : 수증기 발생량
x_i : 실내 허용 절대습도
x_o : 외기 절대습도

42 다음 중 온수난방용 기기가 아닌 것은?
① 방열기   ② 공기방출기
③ 순환펌프   ④ 증발탱크

해설

④ 증발탱크 : 증기 난방 설비에서 고압응축수와 저압응축수가 합쳐져 보일러로 보내지는 경우에 고압증기의 환수관과 저압증기 환수관 사이에 설치되는 탱크로서 고압의 응축수는 저압인 증발탱크에서 일부가 재증발하여 이 증기는 저압 증기관으로 보내지고 나머지 응축수는 저압상태이므로 저압 환수관에 연결하여 보일러로 보내진다.

43 제주지방의 어느 한 건물에 대한 냉방기간 동안의 취득열량(GJ/기간)은? (단, 냉방도일 CD_{24-24} = 162.4(deg℃·day), 건물 구조체 표면적 500m², 열관류율은 0.58W/m²·℃, 환기에 의한 취득열량은 168W/℃이다.)

① 9.37   ② 6.43
③ 4.07   ④ 2.36

해설

• 건축 총 열부하(BLC)
  BLC = 관류열부하 + 환기열부하
     = 0.58 × 500 + 168 = 458W/℃

• 취득열량(Q)
  Q = BLC × CD 〔W·day〕
    = 458 × 162.4 × 24 × 3600 〔J〕
    = 6426362880J ≒ 6.43GJ

[참고] G : Giga(= 10^9)

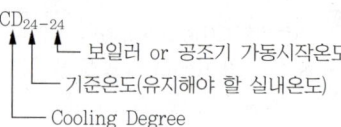

44 공기의 감습장치에 관한 설명으로 틀린 것은?
① 화학적 감습법은 흡착과 흡수 기능을 이용하는 방법이다.
② 압축식 감습법은 감습만을 목적으로 사용하는 경우 재열이 필요하므로 비경제적이다.
③ 흡착식 감습법은 실리카겔 등을 사용하며, 흡습재의 재생이 가능하다.
④ 흡수식 감습법은 활성 알루미나를 이용하기 때문에 연속적이고 큰 용량의 것에는 적응하기 곤란하다.

해설

④ 흡수식 감습에는 염화리튬, 트리에틸렌글리콜의 액체 흡습제를 사용하며 연속적이고 대용량에 적합하다. 흡착식 감습법은 실리카겔, 활성 알루미나 등을 사용하며 대용량에는 곤란하다.

정답 41 ② 42 ④ 43 ② 44 ④

45 냉수코일의 설계상 유의사항으로 옳은 것은?
① 일반적으로 통과 풍속은 2~3m/s로 한다.
② 입구 냉수온도는 20℃ 이상으로 취급한다.
③ 관내의 물의 유속은 4m/s 전후로 한다.
④ 병류형으로 하는 것이 보통이다.

해설 ② 입구 냉수온도는 일반적으로 7℃로 하며 입·출구온도차는 5℃로 한다.
③ 코일 관내 유속은 1m/s 전후로 한다.
④ 대향류로 하여야 대수평균온도차가 크기 때문에 대향류로 하는 것이 보통이다.

46 간접난방과 직접난방 방식에 대한 설명으로 틀린 것은?
① 간접난방은 중앙 공조기에 의해 공기를 가열해 실내로 공급하는 방식이다.
② 직접난방은 방열기에 의해서 실내공기를 가열하는 방식이다.
③ 직접난방은 방열체의 방열형식에 따라 대류난방과 복사난방으로 나눌 수 있다.
④ 온풍난방과 증기난방은 간접난방에 해당된다.

해설 직접난방 : 방열기 등을 실내에 직접 설치하여 난방하는 방식으로, 대류난방, 복사난방이 있으며, 열매로는 증기난방, 온수난방이 있다.
간접난방 : 기계실에 있는 공조기에서 온풍을 만들어 실내로 보내서 난방하는 방식이다.
④ 온풍난방은 증기, 온수 등의 열매체가 실내에 들어오지 않기 때문에 간접난방 방식으로 분류한다.

47 다음 중 사용되는 공기선도가 아닌 것은?
(단, h : 엔탈피, x : 절대습도, t : 온도, p : 압력이다.)
① h – x 선도
② t – x 선도
③ t – h 선도
④ p – h 선도

해설 ④ p–h 선도는 모리엘 선도이며 냉매선도이다.

48 어느 건물 서편의 유리 면적이 40m²이다. 안쪽에 크림색의 베네시언 블라인드를 설치한 유리면으로부터 오후 4시에 침입하는 열량(kW)은? (단, 외기는 33℃, 실내는 27℃, 유리는 1중이며, 유리의 열통과율(K)은 5.9W/m²·℃, 유리창의 복사량(I_{gr})은 608W/m², 차폐계수(k_s)는 0.56이다.)
① 15
② 13.6
③ 3.6
④ 1.4

해설 유리를 통한 열량 $q_G = q_{GR} + q_{GT}$
① 일사에 의한 열량(q_{GR})
$q_{GR} = I_{gr} \cdot A_g \cdot k_s$
$= 608 \times 40 \times 0.56 = 13619.2W$
② 관류에 의한 열량(q_{GT})
$q_{GT} = K \cdot A_g \cdot \Delta t$
$= 5.9 \times 40 \times (33 - 27) = 1416W$
∴ $q_G = 13619.2 + 1416 = 15035.2W ≒ 15kW$

49 열회수방식 중 공조설비의 에너지 절약기법으로 많이 이용되고 있으며, 외기 도입량이 많고 운전시간이 긴 시설에서 효과가 큰 것은?
① 잠열교환기 방식
② 현열교환기 방식
③ 비열교환기 방식
④ 전열교환기 방식

해설 ④ 전열교환기는 현열과 잠열을 동시에 교환하는 열교환기이며 다량의 외기도입시 외기부하를 감소시키기 위해 배기와 도입외기를 열교환시킨다. 전열교환기는 회전형과 고정형이 있다.

정답 45 ① 46 ④ 47 ④ 48 ① 49 ④

50 에어와셔 단열 가습시 포화효율은 어떻게 표시하는가? (단, 입구공기의 건구온도 t_1, 출구공기의 건구온도 t_2, 입구공기의 습구온도 t_{w1}, 출구공기의 습구온도 t_{w2}이다.)

① $\eta = \dfrac{(t_1 - t_2)}{(t_2 - t_{w2})}$

② $\eta = \dfrac{(t_1 - t_2)}{(t_1 - t_{w1})}$

③ $\eta = \dfrac{(t_2 - t_1)}{(t_{w2} - t_1)}$

④ $\eta = \dfrac{(t_1 - t_{w1})}{(t_2 - t_1)}$

해설

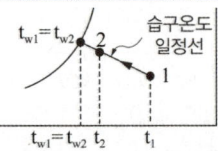

포화효율 : 에어와셔 탱크의 물을 냉각도 가열도 하지 않고 순환시키는 경우 단열가습이 되며 그 때의 콘택트 팩터(CF)를 포화효율(η_s)이라한다.

$\eta_s = \dfrac{t_1 - t_2}{t_1 - t_{w2}} = \dfrac{t_1 - t_2}{t_1 - t_{w1}}$

51 장방형 덕트(장변 a, 단변 b)를 원형 덕트로 바꿀 때 사용하는 식은 아래와 같다. 이 식으로 환산된 장방형 덕트와 원형 덕트의 관계는?

$$D_e = 1.3 \left[\dfrac{(a \cdot b)^5}{(a+b)^2} \right]^{1/8}$$

① 두 덕트의 풍량과 단위 길이당 마찰 손실이 같다.
② 두 덕트의 풍량과 풍속이 같다.
③ 두 덕트의 풍속과 단위 길이당 마찰 손실이 같다.
④ 두 덕트의 풍량과 풍속 및 단위 길이당 마찰 손실이 모두 같다.

해설 장방형덕트의 원형덕트 환산식은 두 덕트의 풍량과 덕트 단위 길이당 마찰손실이 같은 경우의 식이다.

52 보일러의 종류 중 수관보일러 분류에 속하지 않는 것은?

① 자연순환식 보일러
② 강제순환식 보일러
③ 연관 보일러
④ 관류 보일러

해설 수관보일러 : 자연순환식, 강제순환식, 관류식

53 보일러의 스케일 방지방법으로 틀린 것은?

① 슬러지는 적절한 분출로 제거한다.
② 스케일 방지 성분인 칼슘의 생성을 돕기 위해 경도가 높은 물을 보일러수로 활용한다.
③ 경수연화장치를 이용하여 스케일 생성을 방지한다.
④ 인산염을 일정농도가 되도록 투입한다.

해설
② 스케일 성분인 칼슘, 마그네슘을 제거하기 위해 경도가 낮은 연수를 보일러 수로 활용해야 한다.
④ 인삼염을 일정농도가 되도록 투입하면 스케일 생성이 방지된다.

54 다음 중 일반 공기 냉각용 냉수 코일에서 가장 많이 사용되는 코일의 열수로 가장 적절한 것은?

① 0.5~1 ② 1.5~2
③ 4~8   ④ 10~14

해설 공기냉각용 냉수코일은 4~8열을 많이 사용한다. 공기와의 평균온도차(Δt_m)가 너무 작을 때는 8열 이상이 되는 경우도 있다.

정답 50 ② 51 ① 52 ③ 53 ② 54 ③

55 다음 그림에서 상태 ①인 공기를 ②로 변화시켰을 때의 현열비를 바르게 나타낸 것은?

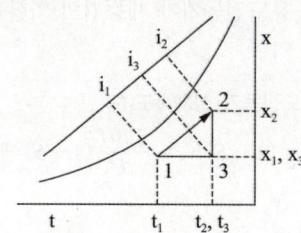

① $(i_3 - i_1)/(i_2 - i_1)$
② $(i_2 - i_3)/(i_2 - i_1)$
③ $(x_2 - x_1)/(t_1 - t_2)$
④ $(t_1 - t_2)/(i_3 - i_1)$

해설

현열비 $SHF = \dfrac{\text{현열}}{\text{전열}} = \dfrac{i_3 - i_1}{i_2 - i_1}$

$i_3 - i_1$ = 현열
$i_2 - i_3$ = 잠열
$i_2 - i_1$ = 전열

56 외부의 신선한 공기를 공급하여 실내에서 발생한 열과 오염물질을 대류효과 또는 급배기팬을 이용하여 외부로 배출시키는 환기방식은?

① 자연환기　　② 전달환기
③ 치환환기　　④ 국소환기

해설 치환환기: 더운 공기는 가볍기 때문에 위로 뜨는 현상을 이용한 방식으로 실내온도 보다 저온인 신선한 외기를 공급하여 실내의 열과 오염공기를 부력(대류)에 의해 상부에 설치된 배기구로 배출하는 방식이다. 적은 환기량으로도 효과적인 환기를 할 수 있다.

57 송풍량 2000m³/min을 송풍기 전후의 전압차 20Pa로 송풍하기 위한 필요 전동기 출력(kW)은? (단, 송풍기의 전압효율은 80%, 전동효율은 V벨트로 0.95이며, 여유율은 0.2이다.)

① 1.05　　② 10.35
③ 14.04　　④ 25.32

해설

축동력 $L_b = \dfrac{P_T \times Q}{60 \times \eta_T}$

$= \dfrac{20 \times 2000}{60 \times 0.8} = 833\,W ≒ 0.833\,kW$

전동기 출력 $L_m = \dfrac{L_b}{\eta_t} \times (1+\alpha)$

$= \dfrac{0.833}{0.95} \times (1+0.2) = 1.05\,kW$

58 다음 중 축류형 취출구에 해당되는 것은?

① 아네모스탯형 취출구
② 펑커루버형 취출구
③ 팬형 취출구
④ 다공판형 취출구

해설
측류형 취출구: 기류를 직선방향(축방향)으로 취출하기 때문에 유인비는 크지 않으나 기류의 도달거리가 길다. 노즐형, 펑커루버형, 라인형, 다공판형, 베인 격자형 등이 있다.

복류형 취출구: 확산형이라고도 하며 공기를 층상으로 취출하면서 실내공기를 유인 혼합하게 된다. 도달거리가 짧다. 팬형, 아네모스탯형이 있다.

59 일사를 받는 외벽으로부터의 침입열량(q)을 구하는 식으로 옳은 것은? (단, K는 열관류율, A는 면적, $\triangle t$는 상당외기 온도차이다.)

① $q = K \times A \times \triangle t$
② $q = 0.86 \times A/\triangle t$
③ $q = 0.24 \times A \times \triangle t/K$
④ $q = 0.29 \times K/(A \times \triangle t)$

해설 $q = K \cdot A \cdot \triangle t$　　$\triangle t$: 상당외기온도차

정답 55 ①　56 ③　57 ①　58 ②,④　59 ①

60 중앙식 공조방식의 특징에 대한 설명으로 틀린 것은?

① 중앙집중식이므로 운전 및 유지관리가 용이하다.
② 리턴 팬을 설치하면 외기냉방이 가능하게 된다.
③ 대형 건물보다는 소형 건물에 적합한 방식이다.
④ 덕트가 대형이고, 개별식에 비해 설치 공간이 크다.

해설 ③ 중앙식 공조방식은 대형 건물에 적합한 공조방식이다.

제4과목 전기제어공학

61 어떤 코일에 흐르는 전류가 0.01초 사이에 일정하게 50A에서 10A로 변할 때 20V의 기전력이 발생할 경우 자기인덕턴스(mH)는?

① 5 ② 10
③ 20 ④ 40

해설
유도기전력 $e = -L\dfrac{dI}{dt}$ 에서

자기인덕턴스 $L = -\dfrac{dt}{dI} \cdot e$

$= -\dfrac{0.01}{10-50} \times 20 = 0.005\text{H} = 5\text{mH}$

62 유도전동기에서 슬립이 "0"이라고 하는 것은?

① 유도전동기가 정지 상태인 것을 나타낸다.
② 유도전동기가 전부하 상태인 것을 나타낸다.
③ 유도전동기가 동기속도로 회전한다는 것이다.
④ 유도전동기가 제동기의 역할을 한다는 것이다.

해설 유도전동기 실제속도(N)
$N = (1-S)N_S = \dfrac{120f}{P}(1-S)$ 에서
N_S : 동기 속도
S : 슬립
유도 전동기에서 슬립 S = 0이라는 것은 동기속도로 회전한다는 것이다.

63 저항 R[Ω]에 전류 I[A]를 일정 시간 동안 흘렸을 때 도선에 발생하는 열량의 크기로 옳은 것은?

① 전류의 세기에 비례
② 전류의 세기에 반비례
③ 전류의 세기의 제곱에 비례
④ 전류의 세기의 제곱에 반비례

해설 줄의 법칙 : 도체에 전류가 흐르면 저항에 의해 열이 발생한다.
발생열량 $H = I^2 R t [\text{J}]$
여기서, I : 전류[A]
R : 저항[Ω]
t : 시간[sec]

64 자성을 갖고 있지 않은 철편에 코일을 감아서 여기에 흐르는 전류의 크기와 방향을 바꾸면 히스테리시스 곡선이 발생되는데, 이 곡선 표현에서 X축과 Y축을 옳게 나타낸 것은?

① X축 – 자화력, Y축 – 자속밀도
② X축 – 자속밀도, Y축 – 자화력
③ X축 – 자화세기, Y축 – 잔류자속
④ X축 – 잔류자속, Y축 – 자속세기

정답 60 ③ 61 ① 62 ③ 63 ③ 64 ①

해설 히스테리시스 곡선

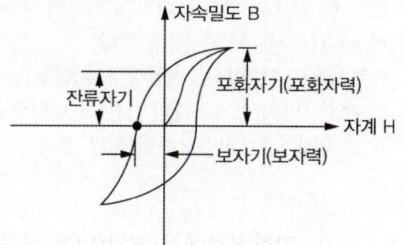

X축(횡축) : 자계(자화세기, 자화력)
Y축(종축) : 자속밀도

65 방사성 위험물을 원격으로 조작하는 인공수(人工手, manipulator)에 사용되는 제어계는?
① 서보기구   ② 자동조정
③ 시퀀스 제어   ④ 프로세스 제어

해설 서보기구 : 서보기구는 물체의 변위(위치), 방향, 자세(각도) 등을 제어량으로 하여 목표치가 임의로 변하는 것에 추종하도록 하는 제어계(장치)이다. 공작기계, 미사일 추적장치, 추적용 레이더, 선박의 방향 제어 등이 있다.

66 $G(jw) = \dfrac{1}{1 + 3(jw) + 3(jw)^2}$ 일 때 이 요소의 인디셜 응답은?
① 진동   ② 비진동
③ 임계진동   ④ 선형진동

해설
$G(s) = \dfrac{1}{1+3s+3s^2} = \dfrac{1/3}{1/3+s+s^2}$
$= \dfrac{1/3}{s^2+s+1/3}$

2차 제어계의 전달함수 G(s)
$G(s) = \dfrac{\omega_n^2}{s^2+2\delta\omega_n s+\omega_n^2}$

전달함수끼리 비교하면
$2\delta\omega_n = 1$, $\omega_n^2 = 1/3$에서
$\delta = \dfrac{1}{2\omega_n} = \dfrac{1}{2\sqrt{1/3}} = \dfrac{\sqrt{3}}{2} < 1$

∴ $\delta < 1$이므로 부족제동으로 감쇠진동이다.

[참고]
• $\delta < 1$: 부족제동(감쇠진동)
• $\delta = 1$: 임계제동(진동에서 비진동으로 옮겨가는 임계 상태)
• $\delta > 1$: 과제동(비진동)
• $\delta = 0$: 무제동(무한진동)

67 공기식 조작기에 관한 설명으로 옳은 것은?
① 큰 출력을 얻을 수 있다.
② PID 동작을 만들기 쉽다.
③ 속응성이 장거리에서는 빠르다.
④ 신호를 먼 곳까지 보낼 수 있다.

해설 공기식 조작기 : 다이아프램 밸브, 파워실린더, 밸브 포지셔너 등
1. 출력이 작으며 장거리에는 신호전달이 느리다.
2. 위험이 없으며 보수가 용이하다.
3. PID(비례적분미분) 동작을 만들기 쉽다.

68 그림과 같은 피드백 제어계에서의 폐루프 종합 전달함수는?

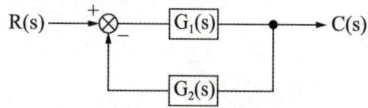

① $\dfrac{1}{G_1(s)} + \dfrac{1}{G_2(s)}$
② $\dfrac{1}{G_1(s)+G_2(s)}$
③ $\dfrac{G_1(s)}{1+G_1(s)G_2(s)}$
④ $\dfrac{G_1(s)G_2(s)}{1+G_1(s)G_2(s)}$

해설 전달함수
$G(s) = \dfrac{C}{R} = \dfrac{\text{전향경로의 합}}{1-\text{피드백의 합}}$
$= \dfrac{G_1(s)}{1+G_1(s)G_2(s)}$

정답 65 ① 66 ① 67 ② 68 ③

69 목표값이 다른 양과 일정한 비율 관계를 가지고 변화하는 경우의 제어는?

① 추종 제어
② 비율 제어
③ 정치 제어
④ 프로그램 제어

해설
① **추종제어** : 목표값이 임의로 변하는 경우의 제어. 미사일 추적장치, 추적 레이더
② **비율제어** : 목표값이 다른 량과 일정한 비율로 변하는 제어. 보일러 자동연소장치
③ **정치제어** : 목표값이 시간이 변하여도 변하지 않고 일정한 제어. 자동조정, 프로세스제어
④ **프로그램제어** : 제어 목표값을 미리 정해진 프로그램에 의해 변화시키는 제어. 자판기, 엘리베이터, 무인열차운전, 공작기계제어

70 변압기의 부하손(동손)에 관한 설명으로 옳은 것은?

① 동손은 온도 변화와 관계없다.
② 동손은 주파수에 의해 변화한다.
③ 동손은 부하 전류에 의해 변화한다.
④ 동손은 자속 밀도에 의해 변화한다.

해설
• 변압기의 부하손(동손)은 부하전류의 제곱에 비례하여 변화한다.
• 변압기의 무부하손(철손)은 주파수에 비례하여 변화한다.

71 다음 설명에 알맞은 전기 관련 법칙은?

> 회로 내의 임의의 폐회로에서 한쪽 방향으로 일주하면서 취할 때 공급된 기전력의 대수합은 각 회로소자에서 발생한 전압 강하의 대수합과 같다.

① 옴의 법칙
② 가우스의 법칙
③ 쿨롱의 법칙
④ 키르히호프의 법칙

해설
키르히호프 제1법칙 : 전류평형의 법칙으로 회로망의 한 점으로 흘러 들어가는 전류의 총 합과 흘러 나가는 전류의 총 합은 같다.
키르히호프 제2법칙 : 전압평형의 법칙으로 임의의 폐회로망에서 기전력의 합은 그 폐회로망 내의 각 소자에 의한 전압강하의 합과 같다.

72 R-L-C 직렬회로에서 전압(E)과 전류(I) 사이의 위상 관계에 관한 설명으로 옳지 않은 것은?

① $X_L = X_C$인 경우 I는 E와 동상이다.
② $X_L > X_C$인 경우 I는 E보다 θ만큼 뒤진다.
③ $X_L < X_C$인 경우 I는 E보다 θ만큼 앞선다.
④ $X_L < (X_C - R)$인 경우 I는 E보다 θ만큼 뒤진다.

해설 R-L-C 직렬회로

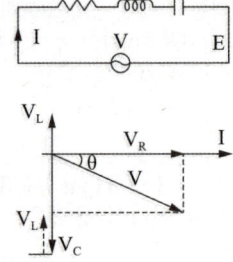

[$V_L < V_C$인 경우의 백터도]

① $X_L = X_C$ 이면 $\theta = 0$이며 전류와 전압이 동상이다.
② $X_L > X_C$ 이면 $\theta > 0$이며 전류가 전압보다 θ만큼 뒤진다.
③ $X_L < X_C$ 이면 $\theta < 0$이며 전류가 전압보다 θ만큼 앞선다.
④ $X_L < (X_C - R)$이면 $X_L < X_C$와 같은 위상이므로 전류가 전압보다 θ만큼 앞선다.

73 프로세스 제어용 검출기기는?

① 유량계
② 전위차계
③ 속도검출기
④ 전압검출기

해설 프로세스제어 : 화학공업, 반도체 산업 분야 등과 같이 주로 프로세스 산업분야에서 행해지는 제어로서 환경조건을 최적화하는 목적으로 행해지는 제어이며 외란의 억제를 주 목적으로 한다. 온도, 습도, 압력, 유량, 액면, 비중, 농도 등의 변화량을 제어한다.

74 그림과 같은 회로에서 전력계 W와 직류전압계 V의 지시가 각각 60W, 150V일 때 부하전력은 얼마인가? (단, 전력계의 전류코일의 저항은 무시하고 전압계의 저항은 1kΩ이다.)

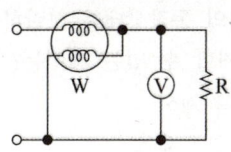

① 25.5W   ② 30.5W
③ 34.5W   ④ 37.5W

해설 부하전력은 저항 R에 걸리는 전력이다.

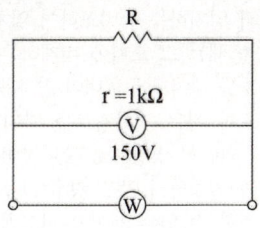

전체부하 $P_t = \dfrac{V^2}{R_t}$ 에서

전체저항 $R_t = \dfrac{V^2}{P_t} = \dfrac{150^2}{60} = 375\,\Omega$

병렬저항의 합성저항 $R_t = \dfrac{R \times r}{R + r}$ 에서

$R = \dfrac{r \times R_t}{r - R_t} = \dfrac{1000 \times 375}{1000 - 375} = 600\,\Omega$

∴ R에 걸리는 부하전력(P)

$P = \dfrac{V^2}{R} = \dfrac{150^2}{600} = 37.5\,W$

75 다음의 논리식 중 다른 값을 나타내는 논리식은?

① $X(\overline{X} + Y)$
② $X(X + Y)$
③ $XY + X\overline{Y}$
④ $(X + Y)(X + \overline{Y})$

해설
① $X(\overline{X}+Y) = X\overline{X}+XY = 0+XY = XY$
② $X(X+Y) = XX+XY = X+XY$
  $= X(1+Y) = X(1) = X$
③ $XY+X\overline{Y} = X(Y+\overline{Y}) = X(1) = X$
④ $(X+Y)(X+\overline{Y}) = XX+X\overline{Y}+XY+Y\overline{Y}$
  $= X+X\overline{Y}+XY+0$
  $= X+X(\overline{Y}+Y)$
  $= X+X(1) = X$

76 다음 중 불연속 제어에 속하는 것은?

① 비율제어
② 비례제어
③ 미분제어
④ ON − OFF제어

해설 불연속제어 : ON−OFF제어(2위치제어), 다위치 제어, 샘플제어
연속제어 : 비례제어, 적분제어, 미분제어, 비례적분제어, 비례미분제어, 비례적분미분제어

73 ①   74 ④   75 ①   76 ④   **정답**

77 그림과 같은 R-L-C 회로의 전달함수는?

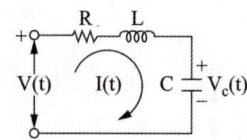

① $\dfrac{1}{LCs+RC+1}$

② $\dfrac{1}{LC+RCs+1}$

③ $\dfrac{1}{LCs^2+RCs+1}$

④ $\dfrac{1}{LCs+RCs^2+1}$

해설

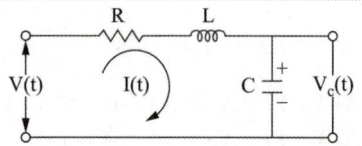

회로의 전압식

$$\begin{cases} V(t) = Ri(t) + L\dfrac{di(t)}{dt} + \dfrac{1}{C}\int i(t)dt \\ V_c(t) = \dfrac{1}{C}\int i(t)dt : 문제의 그림에서 주어짐 \end{cases}$$

초기 값을 0으로 하고 라플라스 변환하면

$$\begin{cases} V(s) = RI(s) + LsI(s) + \dfrac{1}{Cs}I(s) \\ \qquad = (R+Ls+\dfrac{1}{Cs})I(s) \\ V_c(s) = \dfrac{1}{Cs}I(s) \end{cases}$$

∴ 전달함수

$$G(s) = \dfrac{V_c(s)}{V(s)} = \dfrac{\dfrac{1}{Cs}I(s)}{(R+Ls+\dfrac{1}{Cs})I(s)}$$

$$= \dfrac{1}{Cs(R+Ls+\dfrac{1}{Cs})}$$

$$= \dfrac{1}{LCs^2 + RCs + 1}$$

78 자기회로에서 퍼미언스(permeance)에 대응하는 전기회로의 요소는?

① 도전율 ② 컨덕턴스
③ 정전용량 ④ 엘라스턴스

해설
퍼미언스 : 자속이 통과하기 쉬움을 나타내는 양, 자기저항의 역수[H]
컨덕턴스 : 전류가 흐르기 쉬운 정도를 나타내는 양, 전기저항의 역수[℧]

자기회로에 대응하는 전기회로

자기회로		전기회로	
자속	Φ [wb]	전류	I [A]
자계	H [AT/m]	전계	E [V/m]
기자력	F [AT]	전압	V [V]
자속밀도	B [wb/m²]	전류밀도	J [A/m²]
투자율	μ [H/m]	도전율	σ [℧/m]
자기저항	Rm [AT/wb]	저항	R [Ω]
퍼미언스	P [wb/AT, H]	컨덕턴스	G [℧]

79 제어계의 동작상태를 교란하는 외란의 영향을 제거할 수 있는 제어는?

① 순서 제어
② 피드백 제어
③ 시퀀스 제어
④ 개루프 제어

해설
피드백제어 : 정확한 제어를 위해 출력 값이 목표 값과 일치하는지 비교하여 일치하지 않을 때는 그 오차에 비례하는 동작신호를 제어계에 보내어 편차를 수정하도록 하는 귀환경로를 가지는 제어. 외란의 영향으로 출력값이 목표값과 일치하지 않을 경우 그 오차를 수정할 수 있는 제어가 피드백 제어이다.
[참고] 순서제어 = 시퀀스제어 = 개루프제어

정답 77 ③ 78 ② 79 ②

80 디지털 제어에 관한 설명으로 옳지 않은 것은?
① 디지털 제어의 연산속도는 샘플링계에서 결정된다.
② 디지털 제어를 채택하면 조정 개수 및 부품수가 아날로그 제어보다 줄어든다.
③ 디지털 제어는 아날로그 제어보다 부품 편차 및 경년변화의 영향을 덜 받는다.
④ 정밀한 속도 제어가 요구되는 경우 분해능이 떨어지더라도 디지털 제어를 채택하는 것이 바람직하다.

해설 디지털제어의 장점(아날로그와 비교)
① 기능이 다양하다.
② 하드웨어 변경없이 프로그램을 고칠 수 있다.
③ 구조가 간단하고 신뢰도가 높다.
④ 내부와 외부의 잡음에 강하다.
⑤ 설계가 용이하다.
⑥ 정보 저장 및 가공이 용이하다.
⑦ 정보처리의 정확성과 정밀도를 높일 수 있고 아날로그 시스템에서 다루기 힘든 비선형 처리나 다중화 처리도 가능하다.

제5과목 배관일반

81 다음 중 안전밸브의 그림 기호로 옳은 것은?

①   ②
③ 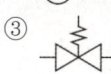   ④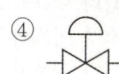

해설
① : 일반밸브
② : 글로브밸브
③ : 안전밸브(스프링식)
④ : 다이아프램밸브

82 온수난방에서 개방식 팽창탱크에 관한 설명으로 틀린 것은?
① 공기빼기 배기관을 설치한다.
② 4℃의 물을 100℃로 높였을 때 팽창체적 비율이 4.3% 정도이므로 이를 고려하여 팽창탱크를 설치한다.
③ 팽창탱크에는 오버플로우관을 설치한다.
④ 팽창관에는 반드시 밸브를 설치한다.

해설 ④ 팽창관은 부피가 증가된 온수를 팽창탱크로 도피시키는 배관이므로 절대로 밸브를 설치해서는 안된다.

83 지역난방 열공급 관로 중 지중 매설방식과 비교한 공동구내 배관 시설의 장점이 아닌 것은?
① 부식 및 침수 우려가 적다.
② 유지보수가 용이하다.
③ 누수점검 및 확인이 쉽다.
④ 건설비용이 적고 시공이 용이하다.

해설 ④ 지역난방배관의 공동구내 배관을 위해서는 지하공동구 건설이 필수적이므로 건설비용이 크게 소요된다.

84 도시가스 배관 매설에 대한 설명으로 틀린 것은?
① 배관을 철도부지에 매설하는 경우 배관의 외면으로부터 궤도 중심까지 거리는 4m 이상 유지할 것
② 배관을 철도부지에 매설하는 경우 배관의 외면으로부터 철도부지 경계까지 거리는 0.6m 이상 유지할 것
③ 배관을 철도부지에 매설하는 경우 지표면으로부터 배관의 외면까지의 깊이는 1.2m 이상 유지할 것
④ 배관의 외면으로부터 도로의 경계까지 수평거리 1m 이상 유지할 것

해설 ② 배관을 철도부지에 매설하는 경우 배관의 외면으로부터 철도부지 경계까지 거리는 1m 이상을 유지할 것

정답 80 ④ 81 ③ 82 ④ 83 ④ 84 ②

85 동력나사 절삭기의 종류 중 관의 절단, 나사절삭, 거스러미 제거 등의 작업을 연속적으로 할 수 있는 유형은?
① 리드형　　② 호브형
③ 오스터형　④ 다이헤드형

해설
① 리드형 : 파이프에 수동으로 나사를 절삭하는 나사절삭기, 2개의 날이 1조
② 호브형 : 호브(hob)를 저속으로 회전시켜 나사를 절삭하는 나사절삭기.
③ 오스터형 : 파이프에 수동으로 나사를 절삭하는 나사절삭기, 4개의 날이 1조
④ 다이헤드형 : 다이헤드에 의해 나사가 절삭되며 관의 나사절삭, 절단, 거스러미 제거 등의 작업을 연속적으로 할 수 있다.

86 배관을 지지장치에 완전하게 구속시켜 움직이지 못하도록 한 장치는?
① 리지드 행거　② 앵커
③ 스토퍼　　　　④ 브레이스

해설
① 리지드 행거 : 배관의 하중을 위에서 걸어당겨 지지하는 기구로서 수직방향의 길이변화가 없는 곳에 사용한다. 가장 일반적인 행거이다.
② 앵커(anchor) : 배관이 이동 또는 회전하지 못하도록 완전히 고정하는 장치
③ 스토퍼 : 배관의 일정방향의 이동을 제한하고 다른 방향은 자유롭게 하는 곳에 사용하는 배관 고정기구
④ 브레이스 : 배관의 진동을 억제하기 위해 사용하며 유압식과 스프링식이 있다.

87 도시가스의 공급 계통에 따른 공급 순서로 옳은 것은?
① 원료 → 압송 → 제조 → 저장 → 압력조정
② 원료 → 제조 → 압송 → 저장 → 압력조정
③ 원료 → 저장 → 압송 → 제조 → 압력조정
④ 원료 → 저장 → 제조 → 압송 → 압력조정

해설
도시가스 공급계통 순서
원료 → 제조(열량조정) → 압송 → 저장(가스홀더) → 압력조정(정압기) → 공급(소비)

88 증기배관의 수평 환수관에서 관경을 축소할 때 사용하는 이음쇠로 가장 적합한 것은?
① 소켓　　② 부싱
③ 플랜지　④ 리듀서

해설
② 부싱 : 부싱은 레듀서와 달리 한쪽은 암나사 한쪽은 숫나사로 되어있으며 배관의 부속에 연결하여 관경을 조절하는 배관 부속(이음쇠)이다.
④ 리듀서 : 배관의 관경을 축소하거나 확대할 때 사용되는 이음쇠이다. 증기관의 경우 편심리듀서를 사용하여 하부에 응축수가 고이지 않게 해야 한다.

89 원심력 철근 콘크리트관에 대한 설명으로 틀린 것은?
① 흄(hume)관이라고 한다.
② 보통관과 압력관으로 나뉜다.
③ A형 이음재 형상은 칼라이음쇠를 말한다.
④ B형 이음재 형상은 삽입이음쇠를 말한다.

해설
원심력 철근 콘크리트관(흄관)
A형 : 칼라 이음쇠(모르타르 일종인 콤프사용)
B형 : 소켓 이음쇠(고무링 사용)
C형 : 삽입 이음쇠(고무링 사용)

정답 85 ④　86 ②　87 ②　88 ④　89 ④

90 증기보일러 배관에서 환수관의 일부가 파손된 경우 보일러수의 유출로 안전수위 이하가 되어 보일러수가 빈 상태로 되는 것을 방지하기 위해 하는 접속법은?

① 하트포드 접속법 ② 리프트 접속법
③ 스위블 접속법   ④ 슬리브 접속법

해설 하트포드(hartford)접속법
증기관과 환수관 사이에 균형관을 설치하여 환수관 누수로 보일러 수위가 파괴되는 것을 방지하는 접속법

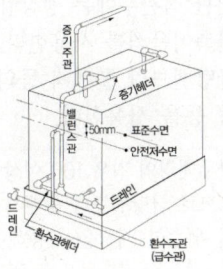

91 다음 냉매액관 중에 플래시 가스 발생 원인이 아닌 것은?

① 열교환기를 사용하여 과냉각도가 클 때
② 관경이 매우 작거나 현저히 입상할 경우
③ 여과망이나 드라이어가 막혔을 때
④ 온도가 높은 장소를 통과 시

해설 플래시 가스 : 냉매가 증발기 이외의 곳에서 증발하면 모두 플래시 가스라 한다. 열교환기를 사용하여 과냉각도가 커지면 플래시 가스 발생이 방지된다.

92 냉동배관 재료로서 갖추어야 할 조건으로 틀린 것은?

① 저온에서 강도가 커야 한다.
② 가공성이 좋아야 한다.
③ 내식성이 작아야 한다.
④ 관내마찰 저항이 작아야 한다.

해설 ③ 내식성이 커야한다. 내식성이란 부식에 견디는 성질이므로 냉매배관은 내식성이 커야한다.

93 5명 가족이 생활하는 아파트에서 급탕가열기를 설치하려고 할 때 필요한 가열기의 용량(kcal/h)은? (단, 1일 1인당 급탕량 90L/d, 1일 사용량에 대한 가열능력 비율 1/7, 탕의 온도 70℃, 급수온도 20℃이다.)

① 459   ② 643
③ 2250   ④ 3214

해설 급탕가열기 가열능력(H)
$H = Q_d \times \gamma(t_h - t_c) \,[\text{kcal/h}]$
여기서, γ : 1일급탕량(Q_d)에 대한 1시간당 가열능력의 비율
$H = (90 \times 5) \times \dfrac{1}{7} \times (70-20)$
$= 3214 \,\text{kcal/h}$

94 스케줄 번호에 의해 관의 두께를 나타내는 강관은?

① 배관용 탄소강관
② 수도용 아연도금강관
③ 압력배관용 탄소강관
④ 내식성 급수용 강관

해설 스케줄번호로 관의 두께를 나타내는 강관은 압력배관용 탄소강관(SPPS), 고압배관용 탄소강관(SPPH)이 있다.

스케줄번호 $\text{Sch.No} = \dfrac{P}{S} \times 1000$

여기서, P : 사용압력(MPa)
S : 허용압력(N/mm²)

95 배관의 보온재를 선택할 때 고려해야 할 점이 아닌 것은?

① 불연성일 것
② 열전도율이 클 것
③ 물리적, 화학적 강도가 클 것
④ 흡수성이 적을 것

정답 90 ① 91 ① 92 ③ 93 ④ 94 ③ 95 ②

해설 ② 열전도율이 작을 것
열전도율이 작아야 배관내의 열이 밖으로 전달되는 것을 막을 수 있다.

96 냉매 배관 중 토출관 배관 시공에 관한 설명으로 틀린 것은?

① 응축기가 압축기보다 2.5m 이상 높은 곳에 있을 때는 트랩을 설치한다.
② 수평관은 모두 끝내림 구배로 배관한다.
③ 수직관이 너무 높으면 3m마다 트랩을 설치한다.
④ 유분리기는 응축기보다 온도가 낮지 않은 곳에 설치한다.

해설 ③ 토출입상관(수직관)이 10m이상 일 때 압축기 정지중에 윤활유와 액화된 냉매의 역류 방지를 위해 10m마다 트랩을 설치한다.

97 고가 탱크식 급수방법에 대한 설명으로 틀린 것은?

① 고층건물이나 상수도 압력이 부족할 때 사용된다.
② 고가탱크의 용량은 양수펌프의 양수량과 상호 관계가 있다.
③ 건물 내의 밸브나 각 기구에 일정한 압력으로 물을 공급한다.
④ 고가탱크에 펌프로 물을 압송하여 탱크 내에 공기를 압축 가압하여 일정한 압력을 유지한다.

해설 ④ 고가 탱크에 펌프로 물을 압송하여 자연압(중력)으로 물을 공급하는 방식이다.

98 다음 중 방열기나 팬코일 유닛에 가장 적합한 관 이음은?

① 스위블 이음   ② 루프 이음
③ 슬리브 이음   ④ 벨로즈 이음

해설 스위블이음(swivel joint) : 2개 이상의 나사엘보를 사용하여 나사이음부의 회전을 이용하여 배관의 신축을 흡수한다. 방열기, 팬코일유니트와 같은 단말기의 연결부에 사용한다.

99 급탕배관의 신축방지를 위한 시공 시 틀린 것은?

① 배관의 굽힘 부분에는 스위블 이음으로 접합한다.
② 건물의 벽 관통부분 배관에는 슬리브를 끼운다.
③ 배관 직관부에는 팽창량을 흡수하기 위해 신축이음쇠를 사용한다.
④ 급탕밸브나 플랜지 등의 패킹은 고무, 가죽 등을 사용한다.

해설 ④ 고무패킹의 경우 100 이상에서는 사용할 수 없으므로 급탕밸브나 플랜지 등의 패킹은 내열성이 우수한 패킹을 사용해야 한다.

100 배관설비 공사에서 파이프 래크의 폭에 관한 설명으로 틀린 것은?

① 파이프 래크의 실제 폭은 신규라인을 대비하여 계산된 폭보다 20% 정도 크게 한다.
② 파이프 래크상의 배관밀도가 작아지는 부분에 대해서는 파이프 래크의 폭을 좁게 한다.
③ 고온배관에서는 열팽창에 의하여 과대한 구속을 받지 않도록 충분한 간격을 둔다.
④ 인접하는 파이프의 외측과 외측과의 최소 간격을 25mm로 하여 래크의 폭을 결정한다.

해설 ④ 인접하는 파이프의 외측과 외측의 최소간격을 75mm(3인치), 인접하는 파이프와 플랜지의 외측과의 최소간격을 25mm(1인치), 인접하는 플랜지의 외측과 외측의 최소간격을 25mm(1인치)로 하여 파이프 래크의 폭을 결정한다.

정답 96 ③ 97 ④ 98 ① 99 ④ 100 ④

과년도 출제문제(2019. 3. 3 시행)

제1과목 기계열역학

01 다음 중 강도성 상태량(Intensive property)이 아닌 것은?
① 온도 ② 압력
③ 체적 ④ 밀도

해설
- 강도성 상태량 : 질량에 무관한 상태량으로서 온도, 습도, 압력, 밀도, 비체적, 비엔탈피, 비중량
- 용량성 상태량 : 질량에 비례하는 상태량으로서 질량, 체적, 엔탈피, 엔트로피

02 다음 중 기체상수(gas constant, R[kJ/(kg·K)])값이 가장 큰 기체는?
① 산소(O_2)
② 수소(H_2)
③ 일산화탄소(CO)
④ 이산화탄소(CO_2)

해설
기체상수 $R = \dfrac{R_u}{M}$ [kJ/kg·K]
여기서 $R_u = 8.3143$ kJ/kmol·K
(일반기체상수)
M = 기체의 분자량 [kg/kmol]

산소(O_2) $R = \dfrac{8.3143}{16 \times 2} = 0.260$ kJ/kg·K

수소(H_2) $R = \dfrac{8.3143}{1 \times 2} = 4.156$ kJ/kg·K

일산화탄소(CO) $R = \dfrac{8.3143}{(12+16)} = 0.297$ kJ/kg·K

이산화탄소(CO_2) $R = \dfrac{8.3143}{(12+16 \times 2)} = 0.189$ kJ/kg·K

03 실린더에 밀폐된 8kg의 공기가 그림과 같이 $P_1 = 800$ kPa, 체적 $V_1 = 0.27$ m³에서 $P_2 = 350$ kPa, 체적 $V_2 = 0.80$ m³으로 직선 변화하였다. 이 과정에서 공기가 한 일은 약 몇 kJ인가?

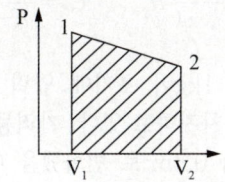

① 305 ② 334
③ 362 ④ 390

해설

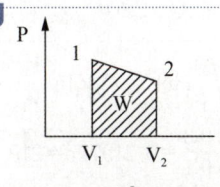

일 $W = \displaystyle\int_1^2 PdV$ 또는 면적 W

$= \dfrac{1}{2}(P_1 + P_2) \times (V_2 - V_1)$

$= \dfrac{1}{2}(800+350) \times (0.8-0.27)$

$= 304.75$ kJ

W의 단위 : [kPa·m³] = $\left[\dfrac{kN}{m^2} \cdot m^3\right]$
$= [kN \cdot m] = [kJ]$

정답 01 ③ 02 ② 03 ①

04 이상기체에 대한 다음 관계식 중 잘못된 것은? (단, C_v는 정적비열, C_p는 정압비열, u는 내부에너지, T는 온도, V는 부피, h는 엔탈피, R은 기체상수, k는 비열비이다.)

① $C_v = \left(\dfrac{\delta u}{\delta T}\right)_v$ ② $C_p = \left(\dfrac{\delta u}{\delta T}\right)_v$

③ $C_p - C_v = R$ ④ $C_p = \dfrac{kR}{k-1}$

해설
① $du = C_v dT$ 에서 $C_v = \left(\dfrac{du}{dT}\right)_v$
② $dh = C_p dT$ 에서 $C_p = \left(\dfrac{dh}{dT}\right)_p$
③ $C_p - C_v = R$
④ $C_p = \dfrac{k}{k-1}R \quad C_v = \dfrac{1}{k-1}R$

05 이상기체 1kg이 초기에 압력 2kPa, 부피 0.1m³를 차지하고 있다. 가역등온과정에 따라 부피가 0.3m³로 변화했을 때 기체가 한 일은 약 몇 J인가?

① 9540 ② 2200
③ 954   ④ 220

해설
등온과정 일 $W = \int_1^2 PdV = P_1 V_1 \ln \dfrac{V_2}{V_1}$
$W = (2 \times 0.1) \times \ln \dfrac{0.3}{0.1} = 0.2197\text{kJ} = 219.7\text{J}$
W의 단위 : $[\text{kPa} \cdot \text{m}^3] = \left[\dfrac{\text{kN}}{\text{m}^2} \cdot \text{m}^3\right]$
$= [\text{kN} \cdot \text{m}] = [\text{kJ}]$

06 시간당 380000kg의 물을 공급하여 수증기를 생산하는 보일러가 있다. 이 보일러에 공급하는 물의 엔탈피는 830kJ/kg이고, 생산되는 수증기의 엔탈피는 3230kJ/kg이라고 할 때, 발열량이 32000kJ/kg인 석탄을 시간당 34000kg씩 보일러에 공급한다면 이 보일러의 효율은 약 몇 %인가?

① 66.9% ② 71.5%
③ 77.3% ④ 83.8%

해설
효율 = $\dfrac{\text{출력}}{\text{입력}}$
$= \dfrac{G(h_2 - h_1)}{\text{보일러연료공급량} \times \text{발열량}}$
$= \dfrac{380000 \times (3230 - 830)}{34000 \times 32000}$
$= 0.838 = 83.8\%$

07 600kPa, 300K 상태의 이상기체 1kmol이 엔탈피가 등온과정을 거쳐 압력이 200kPa로 변했다. 이 과정동안의 엔트로피 변화량은 약 몇 kJ/K인가? (단, 일반기체상수($\overline{R}$)은 8.31451kJ/(kmol·K) 이다.)

① 0.782 ② 6.31
③ 9.13   ④ 18.6

해설
등온과정의 엔트로피 변화
$\triangle S = n\overline{R} \ln \dfrac{P_1}{P_2}$
$= 1 \times 8.3145 \times \ln \dfrac{600}{200} = 9.134 \text{kJ/K}$
엔트로피 단위 : $\left[\text{kmol} \times \dfrac{\text{kJ}}{\text{kmol} \cdot \text{K}}\right] = \left[\dfrac{\text{kJ}}{\text{K}}\right]$

08 계의 엔트로피 변화에 대한 열역학적 관계식 중 옳은 것은? (단, T는 온도, S는 엔트로피, U는 내부에너지, V는 체적, P는 압력, H는 엔탈피를 나타낸다.)

① $TdS = dU - PdV$
② $TdS = dH - PdV$
③ $TdS = dU - VdP$
④ $TdS = dH - VdP$

해설
$TdS = \delta Q$ 이므로
$TdS = \delta Q = dU + PdV$
$TdS = \delta Q = dH - VdP$

정답 04 ② 05 ④ 06 ④ 07 ③ 08 ④

09 그림과 같은 단열된 용기 안에 25℃의 물이 0.8m³ 들어 있다. 이 용기 안에 100℃, 50kg의 쇳덩어리를 넣은 후 열적 평형이 이루어 졌을 때 최종 온도는 약 몇 ℃ 인가? (단, 물의 비열은 4.18kJ/(kg·K), 철의 비열은 0.45kJ/(kg·K)이다.)

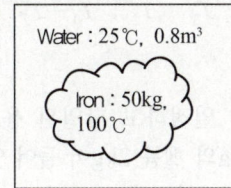

① 25.5　② 27.4
③ 29.2　④ 31.4

해설 물이 얻은 열량 = 쇠가 잃은 열량
$G_w C_w (t - t_w) = G_I C_I (t_I - t)$
$G_w C_w t - G_w C_w t_w = G_I C_I t_I - G_I C_I t$
$t = \dfrac{G_w C_w t_w + G_I C_I t_I}{G_w C_w + G_I C_I}$
$= \dfrac{(0.8 \times 1000 \times 4.18 \times 25) + (50 \times 0.45 \times 100)}{(0.8 \times 1000 \times 4.18) + (50 \times 0.45)}$
$= 25.5℃$

10 이상적인 오토사이클에서 열효율을 55%로 하려면 압축비를 약 얼마로 하면 되겠는가? (단, 기체의 비열비는 1.4이다.)

① 5.9　② 6.8
③ 7.4　④ 8.5

해설 오토사이클 $\eta = 1 - \left(\dfrac{1}{\varepsilon}\right)^{k-1}$
$\left(\dfrac{1}{\varepsilon}\right)^{k-1} = 1 - \eta$
$\dfrac{1}{\varepsilon} = (1 - \eta)^{\frac{1}{k-1}}$
$\varepsilon = \dfrac{1}{(1-\eta)^{1/k-1}} = \left(\dfrac{1}{1-\eta}\right)^{\frac{1}{k-1}}$
$= \left(\dfrac{1}{1-0.55}\right)^{\frac{1}{1.4-1}} = 7.36$

11 터빈, 압축기, 노즐과 같은 정상 유동장치의 해석에 유용한 몰리엘(Mollier) 선도를 옳게 설명한 것은?

① 가로축에 엔트로피, 세로축에 엔탈피를 나타내는 선도이다.
② 가로축에 엔탈피, 세로축에 온도를 나타내는 선도이다.
③ 가로축에 엔트로피, 세로축에 밀도를 나타내는 선도이다.
④ 가로축에 비체적, 세로축에 압력을 나타내는 선도이다.

해설 독일의 Mollier(Richard Mollier, 1863~1935)에 의해 작성된 여러 가지 Mollier선도

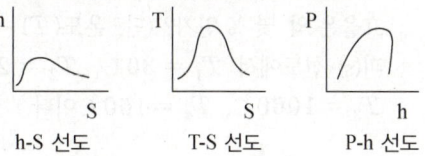

12 압력 2MPa, 300℃의 공기 0.3kg이 폴리트로픽 과정으로 팽창하여, 압력이 0.5MPa로 변화하였다. 이때 공기가 한 일은 약 몇 kJ인가? (단, 공기는 기체상수가 0.287kJ/(kg·K)인 이상기체이고, 폴리트로픽 지수는 1.3이다.)

① 416　② 157
③ 573　④ 45

해설 폴리트로픽 과정 일
$W = \displaystyle\int_1^2 PdV$
$= \dfrac{1}{n-1} mR(T_1 - T_2)$

09 ①　10 ③　11 ①　12 ④　**정답**

먼저 T_2를 구하면

$TP^{\frac{1-n}{n}} = C$(일정)에서

$T_1 P_1^{\frac{1-n}{n}} = T_2 P_2^{\frac{1-n}{n}}$ 이므로

$T_2 = T_1 (\frac{P_1}{P_2})^{\frac{1-n}{n}}$

$= (300+273) \times (\frac{2}{0.5})^{\frac{1-1.3}{1.3}}$

$= 416.12 K$

$\therefore W = \frac{1}{1.3-1} \times 0.3 \times 0.287 \times$
$[(300+273) - 416.12] = 45 kJ$

단위 : $[kg \times \frac{kJ}{kg \cdot K} \times K] = [kJ]$

13 어떤 기체 동력장치가 이상적인 브레이턴 사이클로 다음과 같이 작동할 때 이 사이클의 열효율은 약 몇 % 인가? (단, 온도(T) - 엔트로피(s) 선도에서 $T_1 = 30℃$, $T_2 = 200℃$, $T_3 = 1060℃$, $T_4 = 160℃$이다.)

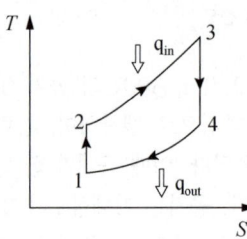

① 81% ② 85%
③ 89% ④ 92%

해설 브레이턴 사이클은 2개의 단열과 2개의 정압과정으로 이루어진 가스터빈의 이상 사이클이다.

$\eta_B = \frac{q_1 - q_2}{q_1} = \frac{C_P(T_3 - T_2) - C_P(T_4 - T_1)}{C_P(T_3 - T_2)}$

$= 1 - \frac{T_4 - T_1}{T_3 - T_2}$

$= 1 - \frac{T_4}{T_3} = 1 - \frac{T_1}{T_2}$

$\therefore \eta_B = 1 - \frac{160}{1060} = 0.85$

※ 주어진 온도는 ℃가 아니라 절대온도 K이어야 한다.

[참고] $\frac{T_1}{T_2} = (\frac{P_1}{P_2})^{\frac{k-1}{k}} = (\frac{P_4}{P_3})^{\frac{k-1}{k}} = \frac{T_4}{T_3}$,

$\frac{T_4}{T_3} = \frac{T_1}{T_2} = \frac{T_4 - T_1}{T_3 - T_2}$

14 체적이 일정하고 단열된 용기 내에 80℃, 320kPa의 헬륨 2kg이 들어 있다. 용기 내에 있는 회전날개가 20W의 동력으로 30분 동안 회전한다고 할 때 용기 내의 최종 온도는 약 몇 ℃인가? (단, 헬륨의 정적비열은 3.12 kJ/(kg·K) 이다.)

① 81.9℃ ② 83.3℃
③ 84.9℃ ④ 85.8℃

해설 회전날개의 동력 20W는 모두 내부에너지를 상승시킨다.

$dU = mC_v dT = mC_v(T_2 - T_1)$

$T_2 = T_1 + \frac{dU}{mC_v}$

$= 80 + \frac{20 \times 10^{-3} \times 30 \times 60초}{2 \times 3.12}$

$= 85.769℃$

단위 : $\left[\frac{kJ}{kg \cdot \frac{kJ}{kgK}}\right] = [K]$ 또는 $[℃]$

[참고] $\triangle T\ 1\ K = \triangle t\ 1℃$ 이다.

15 유리창을 통해 실내에서 실외로 열전달이 일어난다. 이때 열전달량은 약 몇 W인가? (단, 대류열전달계수는 50W/(m²·K), 유리창 표면온도는 25℃, 외기온도는 10℃, 유리창면적은 2m²이다.)

① 150
② 500
③ 1500
④ 5000

해설

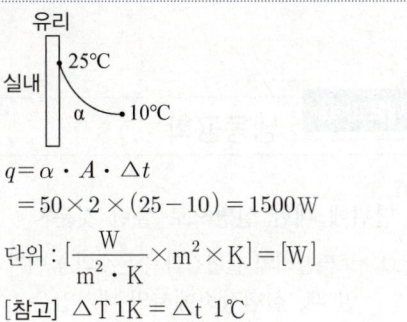

$q = \alpha \cdot A \cdot \Delta t$
$= 50 \times 2 \times (25-10) = 1500\,W$

단위 : $[\dfrac{W}{m^2 \cdot K} \times m^2 \times K] = [W]$

[참고] $\Delta T\,1K = \Delta t\,1℃$

16 열역학 제2법칙에 관해서는 여러 가지 표현으로 나타낼 수 있는데, 다음 중 열역학 제2법칙과 관계되는 설명으로 볼 수 없는 것은?

① 열을 일로 변환하는 것은 불가능하다.
② 열효율이 100%인 열기관을 만들 수 없다.
③ 열은 저온 물체로부터 고온 물체로 자연적으로 전달되지 않는다.
④ 입력되는 일 없이 작동하는 냉동기를 만들 수 없다.

해설

열역학 제2법칙
열역학 제2법칙은 열과 일의 변환에 대한 방향성을 제시한 법칙이다. 즉, 일은 열로 쉽게 변환되지만 열은 일로 쉽게 변환되지 않으므로 열기관이 필요하다.
• 열효율이 100%인 열기관(제2종영구기관)은 만들 수 없다.
• 외부로부터 도움이 없으면 열은 스스로 저온 물체에서 고온 물체로 이동할 수 없다.
• 입력되는 일(에너지)없이 작동하는 냉동기를 만들 수 없다.

[참고] 열을 일로 변환하는 것은 가능하지만 100%일로 변환시킬 수 없다는 것이 열역학 제2법칙이다.

17 그림과 같은 Rankine 사이클로 작동하는 터빈에서 발생하는 일은 약 몇 kJ/kg인가? (단, h는 엔탈피, s는 엔트로피를 나타내며, $h_1 = 191.8$ kJ/kg, $h_2 = 193.8$ kJ/kg, $h_3 = 2799.5$ kJ/kg, $h_4 = 2007.5$ kJ/kg이다.)

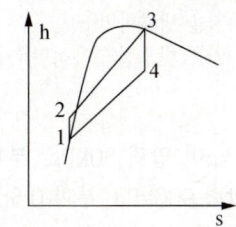

① 2.0 kJ/kg
② 792.0 kJ/kg
③ 2605.7 kJ/kg
④ 1815.7 kJ/kg

해설
랭킨사이클 : 2개의 단열과 2개의 정압과정으로 이루어진 증기동력 이상 사이클이다.

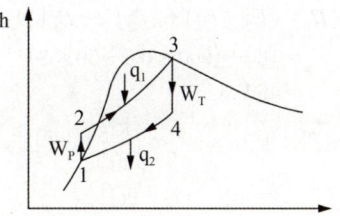

터빈에서 발생일 $W_T = h_3 - h_4$
$W_T = 2799.5 - 2007.5$
$= 792\,kJ/kg$

15 ③ 16 ① 17 ② **정답**

18 어느 내연기관에서 피스톤의 흡기과정으로 실린더 속에 0.2kg의 기체가 들어 왔다. 이것을 압축할 때 15kJ의 일이 필요하였고, 10kJ의 열을 방출하였다고 한다면, 이 기체 1kg당 내부에너지의 증가량은?

① 10kJ/kg ② 25kJ/kg
③ 35kJ/kg ④ 50kJ/kg

 $\delta q = du + \delta w$ 에서
$du = \delta q - \delta w$
$= \dfrac{(-10)-(-15)}{0.2} = 25 \, kJ/kg$

[참고] 열을 방출하면(-)
일을 받으면(압축하면)(-)

19 공기 1kg이 압력 50kPa, 부피 3m³인 상태에서 압력 900kPa, 부피 0.5m³인 상태로 변화할 때 내부에너지가 160kJ 증가하였다. 이때 엔탈피는 약 몇 kJ이 증가하였는가?

① 30 ② 185
③ 235 ④ 460

해설 엔탈피 $H = U + PV$ 에서
$H_1 = U_1 + P_1V_1$ $H_2 = U_2 + P_2V_2$
$H_2 - H_1 = (U_2 - U_1) + (P_2V_2 - P_1V_1)$
$= 160 + (900 \times 0.5 - 50 \times 3)$
$= 460 \, kJ$

PV단위 : $[kPa \times m^3] = \left[\dfrac{kN}{m^2} \times m^3\right]$
$= [kN \cdot m] = [kJ]$

20 밀폐계가 가역정압 변화를 할 때 계가 받은 열량은?

① 계의 엔탈피 변화량과 같다.
② 계의 내부에너지 변화량과 같다.
③ 계의 엔트로피 변화량과 같다.
④ 계가 주위에 대해 한 일과 같다.

해설 $\delta Q = dH - VdP$ 식에서
정압변화에서 $dP = 0$ 이므로 $\delta Q = dH$ 이다.
즉, 정압변화에서 계가 받은 열량 δQ는 계의 엔탈피 변화량 dH와 같다.
[참고] 정적변화에서 계가 받는 열량 δQ는 계의 내부에너지 변화량 dU와 같다
$\delta Q = dU + PdV$ 에서 $dV = 0$ 이므로
$\delta Q = dU$ 와 같다.

제2과목 냉동공학

21 단위에 대한 설명으로 틀린 것은?

① 토리첼리의 실험결과 수은주의 높이가 68cm일 때, 실험장소에서의 대기압은 1.2atm이다.
② 비체적이 0.5m³/kg인 암모니아 증기 1m³의 질량은 2.0kg이다.
③ 압력 760mmHg는 1.01bar이다.
④ 작업대 위에 놓여진 밑면적이 2.4m²인 가공물의 무게가 24kgf라면 작업대에 가해지는 압력은 98Pa이다.

 토리첼리의 실험

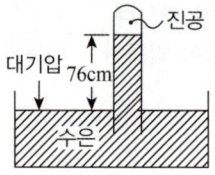

① 수온주가 68cm일 때 대기압
대기압 $= \dfrac{68}{76} = 0.89 \, atm$

② 질량 $m = \dfrac{체적}{비체적} = \dfrac{1}{0.5} = 2 \, kg$

③ 압력 760mmHg는 표준대기압(1atm)이며
760mmHg = 1.01325bar = 1.0332kgf/cm²

④ 압력 $P = \dfrac{무게}{면적} = \dfrac{24 \times 9.8}{2.4} = 98 \, N/m^2$

단위 : 1kgf = 9.8N

정답 18 ② 19 ④ 20 ① 21 ①

22 대기압에서 암모니아액 1kg을 증발시킨 열량은 0℃ 얼음 몇 kg을 융해시킨 것과 유사한가?

① 2.1 ② 3.1
③ 4.1 ④ 5.1

해설 문제에서 조건이 누락되었음.
단, 대기압(포화온도-33.3℃)에서 암모니아의 증발
잠열 : 326.78kcal/kg
얼음의 융해잠열 : 79.68kcal/kg이다.
$q = G \cdot \gamma$ 에서
$G = \dfrac{q}{\gamma} = \dfrac{326.78}{79.68} = 4.1\,\text{kg}$

23 제빙능력은 원료수 온도 및 브라인 온도 등 조건에 따라 다르다. 다음 중 제빙에 필요한 냉동능력을 구하는데 필요한 항목으로 가장 거리가 먼 것은?

① 온도 t_w ℃인 제빙용 원수를 0℃까지 냉각하는데 필요한 열량
② 물의 동결 잠열에 대한 열량(79.68kcal/kg)
③ 제빙장치내의 발생열과 제빙용 원수의 수질상태
④ 브라인 온도 t_1 ℃ 부근까지 얼음을 냉각하는데 필요한 열량

해설 제법과정

③ 제빙장치내의 발생열은 제빙에 필요한 냉동능력이라기 보다는 제빙장치의 냉동기 용량 선정 시 포함시켜야 할 열량이며, 원료수의 수질 상태는 제빙 냉동능력 구하는데 필요한 항목과 거리가 멀다.

24 염화나트륨 브라인을 사용한 식품냉장용 냉동장치에서 브라인의 순환량이 220L/min이며, 냉각관 입구의 브라인 온도가 -5℃, 출구의 브라인온도가 -9℃라면 이 브라인 쿨러의 냉동능력(kcal/h)은? (단, 브라인의 비열은 0.75kcal/kg·℃, 비중은 1.15이다.)

① 759 ② 45540
③ 60720 ④ 148005

해설 쿨러의 냉동능력 $q = G \cdot C \cdot \triangle t$
$q = (220 \times 1.15 \times 60) \times 0.75 \times [(-5) - (-9)]$
$= 45540\,\text{kcal/h}$
단위 : 비중은 물의 무게와 비교한 값이며 비중1.15는 물보다 1.15배 무겁다는 의미이다.
물 $1\ell = 1\,\text{kg}$이다.

25 암모니아와 프레온 냉매의 비교 설명으로 틀린 것은? (단, 동일 조건을 기준으로 한다.)

① 암모니아가 R-13 보다 비등점이 높다.
② R-22는 암모니아보다 냉동효과(kcal/kg)가 크고 안전하다.
③ R-13은 R 22에 비하여 저온용으로 적합하다.
④ 암모니아는 R-22에 비하여 유분리가 용이하다.

해설
① R-13 냉매는 2원냉동기 저온측 냉매로 사용되는 냉매로서 비등점이 암모니아보다 매우 낮다.
R-13 비등점 : -81.5℃
암모니아 비등점 : -33.35℃
② R-22는 암모니아보다 냉동효과가 작다.
암모니아는 냉매중 냉동효과가 가장 큰 냉매이다.
〈증발온도 -15℃ 응축온도 30℃ 일 때〉
암모니아 냉동효과 : 269.0kcal/kg
R-22 냉동효과 : 40.2kcal/kg
③ R-13은 비등점이 낮아 R-22에 비해 저온용으로 적합하다.
R-13 비등점 : -81.5℃
R-22 비등점 : -40.8℃
④ 암모니아는 윤활유에 용해되지 않아 윤활유에 잘 용해되는 프레온 냉매보다 유분리가 용이하다.

정답 22 ③ 23 ③ 24 ② 25 ②

26 25℃ 원수 1ton을 1일 동안에 -9℃의 얼음으로 만드는데 필요한 냉동능력(RT)은? (단, 열손실은 없으며, 동결잠열 80kcal/kg, 원수 비열 1kcal/kg·℃, 얼음의 비열 0.5kcal/kg·℃이며, 1RT는 3320kcal/h로 한다.)

① 1.37 ② 1.88
③ 2.38 ④ 2.88

해설 제빙과정

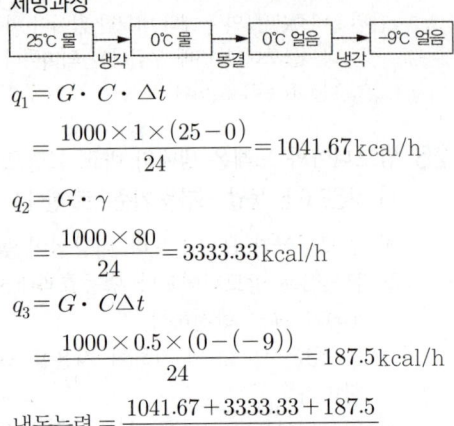

$q_1 = G \cdot C \cdot \Delta t$
$= \dfrac{1000 \times 1 \times (25-0)}{24} = 1041.67 \, \text{kcal/h}$

$q_2 = G \cdot \gamma$
$= \dfrac{1000 \times 80}{24} = 3333.33 \, \text{kcal/h}$

$q_3 = G \cdot C \Delta t$
$= \dfrac{1000 \times 0.5 \times (0-(-9))}{24} = 187.5 \, \text{kcal/h}$

냉동능력 $= \dfrac{1041.67 + 3333.33 + 187.5}{3320}$
$= 1.37 \, \text{RT}$

27 전열면적이 20m²인 수냉식 응축기의 용량이 200kW이다. 냉각수의 유량은 5kg/s이고, 응축기 입구에서 냉각수 온도는 20℃이다. 열관류율이 800W/m²·K 일 때, 응축기 내부 냉매의 온도(℃)는 얼마인가? (단, 온도차는 산술평균온도차를 이용하고, 물의 비열은 4.18 kJ/kg·K이며, 응축기 내부 냉매의 온도는 일정하다고 가정한다.)

① 36.5 ② 37.3
③ 38.1 ④ 38.9

해설 $q = G \cdot C \cdot (t_{w2} - t_{w1})$에서 응축기 출구 냉각수온도 t_{w2}를 먼저 구한다.

$t_{w2} = t_{w1} + \dfrac{q}{G \cdot C}$
$= 20 + \dfrac{200}{5 \times 4.18} = 29.57 \, ℃$

산술평균온도차 $\Delta t_m = t_R - \dfrac{t_{w1} + t_{w2}}{2}$

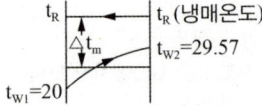

$q = K \cdot A \cdot \Delta t_m$에서

$\Delta t_m = \dfrac{q}{K \cdot A}$

$t_R - \dfrac{t_{w1} + t_{w2}}{2} = \dfrac{q}{K \cdot A}$

$t_R = \dfrac{t_{w1} + t_{w2}}{2} + \dfrac{q}{K \cdot A}$

$= \dfrac{20 + 29.57}{2} + \dfrac{200}{(800 \times 10^{-3} \times 20)}$

$= 37.28 \, ℃$

단위 : 열관류율 800W/m²·K = 800W/m²·℃
비열 4.18kJ/kg·K = 4.18kJ/kg·℃
이다.

28 다음 중 증발기 출구와 압축기 흡입관 사이에 설치하는 저압측 부속장치는?

① 액분리기 ② 수액기
③ 건조기   ④ 유분리기

해설 증발기 출구와 압축기 흡입관 사이에 설치하는 저압축 부속장치는 액분리기이다.

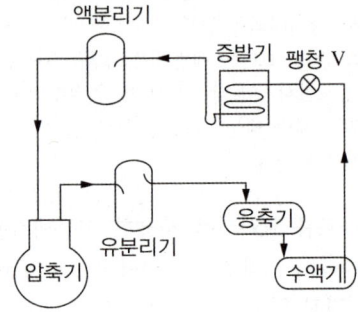

정답 26 ① 27 ② 28 ①

29 다음 중 불응축 가스를 제거하는 가스퍼저 (gas purger)의 설치 위치로 가장 적당한 것은?

① 수액기 상부
② 압축기 흡입부
③ 유분리기 상부
④ 액분리기 상부

해설 불응축가스는 응축기 상부와 수액기 상부에 모여 있으므로 가스퍼저의 설치 위치로 수액기 상부 및 응축기 상부가 적당하다.

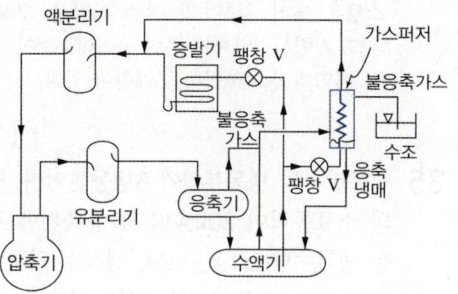

30 냉동장치에서 흡입압력 조정밸브는 어떤 경우를 방지하기 위해 설치하는가?

① 흡입압력이 설정 압력 이상으로 상승하는 경우
② 흡입압력이 일정한 경우
③ 고압측 압력이 높은 경우
④ 수액기의 액면이 높은 경우

해설 흡입압력 조정밸브
〈기능과 역할〉
1. 압축기의 흡입압력이 소정압력 이상으로 올라가지 않도록 조절한다.
2. 압축기가 높은 흡입압력으로 기동할 때 압력을 조절하여 과부하를 방지한다.
3. 흡입압력의 과도한 변동을 방지하여 압축기의 운전을 안정시킨다.
4. 높은 흡입압력으로 장시간 운전되는 경우에 과부하를 방지한다.

5. 증발기로부터의 냉매 액백(liquid back)을 방지한다.
〈설치위치 및 종류〉
1. 증발기와 압축기 사이의 흡입관에서 압축기 입구배관에 설치한다.
2. 직동식과 파일러트 작동식(대형장치용)이 있다.

31 다음 응축기 중 동일조건하에 열관류율이 가장 낮은 응축기는 무엇인가?

① 쉘튜브식 응축기
② 증발식 응축기
③ 공랭식 응축기
④ 2중관식 응축기

해설 응축기중 열관류율이 가장 낮은 것은 공냉식 응축기이다.
〈응축기 열관류율〉
쉘튜브식 : 600~900kcal/m²h℃
이중관식 : 900kcal/m²h℃
증발식 : 200~280kcal/m²h℃
공냉식 : 20~25kcal/m²h℃

32 압축기 토출압력 상승 원인이 아닌 것은?

① 응축온도가 낮을 때
② 냉각수 온도가 높을 때
③ 냉각수 양이 부족할 때
④ 공기가 장치 내에 혼입되었을 때

해설 압축기 토출압력 상승원인
1. 응축온도가 높을 때
2. 응축기의 냉각수 수온이 높을 때
3. 응축기의 냉각수량이 부족할 때
4. 공기(불응축가스)가 장치내에 혼입되었을 때
5. 응축기 냉각관이 물때로 더럽혀져 있을 때
6. 수액기 및 응축기내에 냉매가 과충전 되었을 때

정답 29 ① 30 ① 31 ③ 32 ①

33 다음의 냉매 중 지구온난화지수(GWP)가 가장 낮은 것은?

① R1234yf ② R23
③ R12   ④ R744

해설

냉매		온난화지수 GWP	오존층파괴지수 ODP
대체냉매	R717(NH₃)	0	0
	R744(CO₂)	1	0
	R600A	3	0
	R1234yf	4	0
대체프레온	R134a	1430	0
	R407C	1744	0
	R410A	2088	0
	R404A	3922	0
	R507A	3985	0
프레온	R11	3800	1.0
	R12	8100	1.0
	R22	1810	1.055

한국환경공단 기후변화 대응처 냉매관리 T/F팀 자료

34 축열시스템 방식에 대한 설명으로 틀린 것은?

① 수축열 방식 : 열용량이 큰 물을 축열재료로 이용하는 방식
② 빙축열 방식 : 냉열을 얼음에 저장하여 작은 체적에 효율적으로 냉열을 저장하는 방식
③ 잠열축열 방식 : 물질의 융해 및 응고 시 상변화에 따른 잠열을 이용하는 방식
④ 토양축열 방식 : 심해의 해수온도 및 해양의 축열성을 이용하는 방식

해설
토양축열방식인 지하수층 계간 축열시스템은 대용량 열저장이 가능한 충적대수층을 이용한 에너지 저장 이용 기술이며 2개의 지하수층에 여름에는 온수를 저장하여 겨울에 사용하고, 겨울에는 냉수를 저장하여 여름에 사용하는 원리이다.
여름철 냉방시 히트펌프의 응축기를 통해 배출되는 25~30℃의 온수를 지하수층에 저장한 후 60%를 회수해 겨울철 난방에 사용한다. 겨울철에는 반대로 히트펌프 증발기에서 배출되는 7~12℃의 냉수를 지하수 층에 저장하고 30%를 회수하여 여름철 냉방에 사용한다. 충적대수층 계간 축열 시스템은 초기 설치비가 기존 지열시스템보다 약 30% 저렴하지만 하천주변 충적대수층이 잘 발달된 지역에 설치해야하는 제한이 있다.

35 냉동장치의 냉동부하가 3냉동톤이며, 압축기의 소요동력이 20kW일 때 응축기에 사용되는 냉각수량(L/h)은? (단, 냉각수 입구온도는 15℃이고, 출구온도는 25℃ 이다.)

① 2716 ② 2547
③ 1530 ④ 600

해설 $q_c = G \cdot C \cdot \triangle t$ 에서

$$G = \frac{q_c}{C \cdot \triangle t} = \frac{q_e + AW}{C \cdot \triangle t}$$

$$= \frac{3 \times 3320 + 20 \times 860}{1 \times (25-15)}$$

$$= 2716 \, \text{kg/h} = 2716 \, \text{L/h}$$

[참고] 물 1kg=1L

정답 33 ④ 34 ④ 35 ①

36 냉동기에서 동일한 냉동효과를 구현하기 위해 압축기가 작동하고 있다. 이 압축기의 클리어런스(극간)가 커질 때 나타나는 현상으로 틀린 것은?

① 윤활유가 열화된다.
② 체적효율이 저하한다.
③ 냉동능력이 감소한다.
④ 압축기의 소요동력이 감소한다.

해설
클리어런스(극간)이 커지면
1. 극간에 남아 있는 고온의 가스로 인해 토출가스 온도가 상승하여 윤활유가 열화된다.
2. 극간에 남아 있는 냉매가스로 인해 체적효율이 저하한다.
3. 체적효율이 저하되므로 냉동능력이 감소한다.
4. 냉동능력이 감소되므로 동일한 냉동효과를 얻기 위해 압축기 소요동력이 증가한다.

37 냉동장치의 운전 시 유의사항으로 틀린 것은?

① 펌프다운 시 저압측 압력은 대기압 정도로 한다.
② 압축기 가동 전에 냉각수 펌프를 기동시킨다.
③ 장시간 정지시키는 경우에는 재가동을 위하여 배관 및 기기에 압력을 걸어둔 상태로 둔다.
④ 장시간 정지 후 시동 시에는 누설여부를 점검한 후에 기동시킨다.

해설
① 펌프다운 시 저압측 압력은 대기압보다 약간 높은 0.1kg/cm² 정도로 하여 최소한 공기가 흡입되지 않도록 한다.
② 냉동장치를 장시간 정지시키는 경우에는
 • 배관 및 기기에 압력이 걸리지 않도록 계통 내를 펌프다운 한다.
 • 냉각수를 완전히 배출하여 겨울철에 동파되지 않게 한다.
 • 밸브를 닫아둔다.

38 냉동기, 열기관, 발전소, 화학플랜트 등에서의 뜨거운 배수를 주위의 공기와 직접 열교환시켜 냉각시키는 방식의 냉각탑은?

① 밀폐식 냉각탑
② 증발식 냉각탑
③ 원심식 냉각탑
④ 개방식 냉각탑

해설
1. 밀폐형 냉각탑 : 냉각수가 공기와 접촉하지 않고 관 외부로 살포되는 물에 의해 냉각되는 냉각탑
2. 개방형 냉각탑 : 냉각수가 공기와 직접 접촉에 의해 냉각되는 냉각탑

39 제상방식에 대한 설명으로 틀린 것은?

① 살수방식은 저온의 냉장창고용 유니트 쿨러 등에서 많이 사용된다.
② 부동액 살포방식은 공기중의 수분이 부동액에 흡수되므로 일정한 농도 관리가 필요하다.
③ 핫가스 제상방식은 응축기 출구의 고온의 액냉매를 이용한다.
④ 전기히터방식은 냉각관 배열의 일부에 핀 튜브 형태의 전기히터를 삽입하여 착상부를 가열한다.

해설
핫가스(hot gas) 제상방식은 압축기 출구의 고온의 냉매가스(hot gas)를 증발기에 유입시켜 제상(서리를 제거)한다.

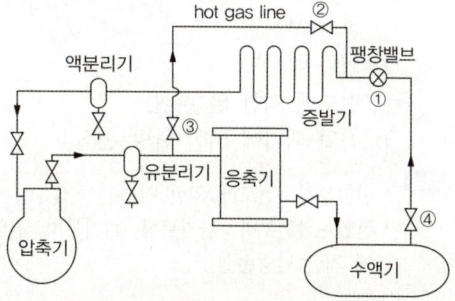

40 다음과 같은 냉동 사이클 중 성적계수가 가장 큰 사이클은 어느 것인가?

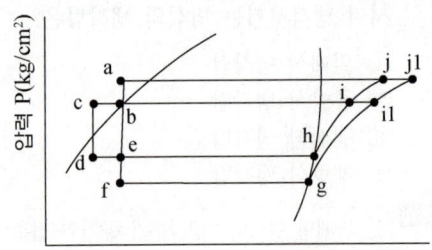

① b−e−h−i−b
② c−d−h−i−c
③ b−f−g−i1−b
④ a−e−h−j−a

해설

$$bfgi1b = \frac{h_g - h_f}{hi_1 - hg} < cdhic = \frac{h_h - h_d}{h_i - h_h}$$

$$aehja = \frac{h_h - h_e}{h_j - h_h} < behib = \frac{h_h - h_e}{h_i - h_h} <$$

$$< cdhic = \frac{h_h - h_d}{h_i - h_h}$$

제3과목 공기조화

41 다음 중 난방설비의 난방부하를 계산하는 방법 중 현열만을 고려하는 경우는?

① 환기 부하
② 외기 부하
③ 전도에 의한 열 손실
④ 침입 외기에 의한 난방 손실

해설
- 현열부하 : 전도에 의한 열손실
- 현열+잠열부하 : 환기부하, 외기부하, 침입외기에 의한 난방손실

42 증기난방에 대한 설명으로 틀린 것은?

① 건식 환수시스템에서 환수관에는 증기가 유입되지 않도록 증기관과 환수관 사이에 증기트랩을 설치한다.
② 중력식 환수시스템에서 환수관은 선하향 구배를 취해야 한다.
③ 증기난방은 극장 같이 천장고가 높은 실내에 적합하다.
④ 진공식 환수시스템에서 관경을 가늘게 할 수 있고 리프트 피팅을 사용하여 환수관 도중에서 입상시킬 수 있다.

해설 증기 난방은 상하 온도차가 크고 더운 공기가 상부로 뜨기 때문에 극장 같이 천정고가 높은 실내에는 적합하지 않다. 천정고가 높은 실내 및 대공간에서는 복사난방이 적합하다.

43 다음 중 냉방부하의 종류에 해당되지 않는 것은?

① 일사에 의해 실내로 들어오는 열
② 벽이나 지붕을 통해 실내로 들어오는 열
③ 조명이나 인체와 같이 실내에서 발생하는 열
④ 침입 외기를 가습하기 위한 열

해설 침입 외기를 가습하기 위한 열은 난방(가습)부하이다.

정답 40 ② 41 ③ 42 ③ 43 ④

44 정방실에 35kW의 모터에 의해 구동되는 정방기가 12대 있을 때 전력에 의한 취득 열량(kW)은? (단, 전동기와 이것에 의해 구동되는 기계가 같은 방에 있으며, 전동기의 가동율은 0.74이고, 전동기 효율은 0.87, 전동기 부하율은 0.92이다.)

① 483
② 420
③ 357
④ 329

해설
취득열량 = 발생열량
$$= \frac{모터용량 \times 부하율 \times 가동율}{전동기 효율}$$
$$= \frac{(35 \times 12) \times 0.92 \times 0.74}{0.87}$$
$$= 328.66 \text{ kW}$$

[참고] 교재 제6장 1. 냉방부하(7), ③전동기 및 기계의 발생열량

45 다음 중 축류 취출구의 종류가 아닌 것은?

① 펑커루버형 취출구
② 그릴형 취출구
③ 라인형 취출구
④ 팬형 취출구

해설
축류취출구 : 펑커루버형, 그릴형, 라인형, 노즐형, 라이트 트로퍼형
복류취출구 : 아네모스탯형, 팬형(pan type)

46 증기설비에 사용하는 증기 트랩 중 기계식 트랩의 종류로 바르게 조합한 것은?

① 버킷 트랩, 플로트 트랩
② 버킷 트랩, 벨로즈 트랩
③ 바이메탈 트랩, 열동식 트랩
④ 플로트 트랩, 열동식 트랩

해설
기계식 : 버킷트랩, 플로트트랩
온도조절식 : 열동트랩(벨로즈트랩), 바이메탈트랩
열역학식 : 디스크식트랩, 오리피스식트랩

47 다음 중 공기조화설비의 계획 시 조닝을 하는 목적으로 가장 거리가 먼 것은?

① 효과적인 실내 환경의 유지
② 설비비의 경감
③ 운전 가동면에서의 에너지 절약
④ 부하 특성에 대한 대처

해설
조닝(ZONING)분류
• 내부존, 외부존, 방위별, 층별, 용도별, 기능별, 관리별, 부하특성별 조닝이 있다.
조닝(ZONING)목적
• 효과적인 실내환경유지, 에너지 절약
• 부하특성에 대한 효과적인 대처, 관리의 편리성

48 공기조화방식 중 전공기 방식이 아닌 것은?

① 변풍량 단일덕트 방식
② 이중 덕트 방식
③ 정풍량 단일덕트 방식
④ 팬 코일 유닛 방식(덕트병용)

해설
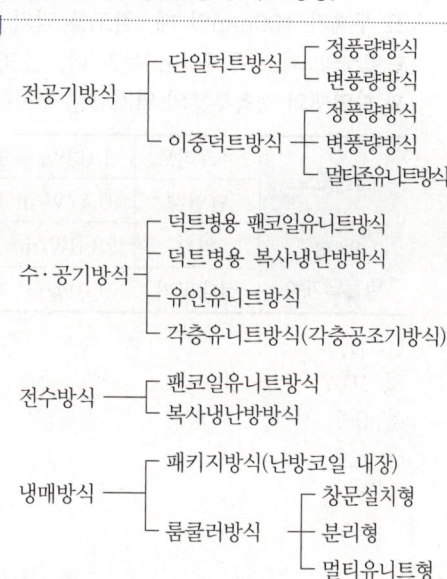

49 덕트의 소음 방지대책에 해당 되지 않는 것은?

① 덕트의 도중에 흡음재를 부착한다.
② 송풍기 출구 부근에 플래넘 챔버를 장치한다.
③ 댐퍼 입·출구에 흡음재를 부착한다.
④ 덕트를 여러 개로 분기시킨다.

해설 덕트의 소음 방지대책
1. 덕트에 흡음재를 부착한다.
2. 송풍기 출구에 플래넘 챔버를 설치한다.
3. 댐퍼 입·출구에 흡음재를 부착한다.
4. 송풍기 입·출구에 소음기를 설치한다.
5. 덕트내 공기의 유동저항을 작게한다.

50 건물의 콘크리트 벽체의 실내측에 단열재를 부착하여 실내측 표면에 결로가 생기지 않도록 하려 한다. 외기온도가 0℃, 실내온도가 20℃, 실내공기의 노점온도가 12℃, 콘크리트 두께가 100mm일 때, 결로를 막기 위한 단열재의 최소 두께(mm)는? (단, 콘크리트와 단열재의 접촉부분의 열저항은 무시한다.)

열전도도	콘크리트	1.63W/m K
	단열재	0.17W/m K
대류 열전달계수	외기	23.3W/m² K
	실내공기	9.3W/m² K

① 11.7
② 10.7
③ 9.7
④ 8.7

해설

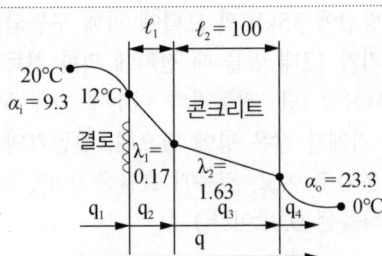

$q_1 = \alpha_i \cdot A \cdot \Delta t$
$= 9.3 \times 1 \times (20-12) = 74.4W$

$q_1 = q_2 = q_3 = q_4 = q$ 이고

$q = K \cdot A \cdot \Delta t$ 에서

$K = \dfrac{q}{A \cdot \Delta t} = \dfrac{74.4}{1 \times (20-0)} = 3.72$

$\dfrac{1}{K} = \dfrac{1}{\alpha_i} + \dfrac{\ell_1}{\lambda_1} + \dfrac{\ell_2}{\lambda_2} + \dfrac{1}{\alpha_o}$ 에서

$\dfrac{\ell_1}{\lambda_1} = \dfrac{1}{K} - \dfrac{1}{\alpha_i} - \dfrac{\ell_2}{\lambda_2} - \dfrac{1}{\alpha_o}$

$\ell_1 = \left(\dfrac{1}{K} - \dfrac{1}{\alpha_i} - \dfrac{\ell_2}{\lambda_2} - \dfrac{1}{\alpha_o}\right)\lambda_1$

$= \left(\dfrac{1}{3.72} - \dfrac{1}{9.3} - \dfrac{100 \times 10^{-3}}{1.63} - \dfrac{1}{23.3}\right) \times 0.17$

$= 0.00969m = 9.69mm$

51 이중덕트방식에 설치하는 혼합상자의 구비조건으로 틀린 것은?

① 냉풍·온풍 덕트 내의 정압변동에 의해 송풍량이 예민하게 변화할 것
② 혼합비율 변동에 따른 송풍량의 변동이 완만할 것
③ 냉풍·온풍 댐퍼의 공기누설이 적을 것
④ 자동제어 신뢰도가 높고 소음발생이 적을 것

해설 혼합상자는 냉풍·온풍 덕트 내의 정압 변동에 의해 송풍량이 예민하게 변화하지 않아야 한다.

52 저온공조방식에 관한 내용으로 가장 거리가 먼 것은?

① 배관지름의 감소
② 팬 동력 감소로 인한 운전비 절감
③ 낮은 습도의 공기 공급으로 인한 쾌적성 향상
④ 저온공기 공급으로 인한 급기 풍량 증가

해설 저온공조방식
① 공조기에서 공급하는 공기의 온도를 일반적인 공조방식보다 낮은 온도로 공급하는 방식
② 일반공조 방식의 급기온도 16℃(급기와 실내공기 온도차 10℃)
③ 저온공조 방식의 급기온도 3~11℃(급기와 실내공기 온도차 15~23℃)

〈장점〉
- 송풍기 및 덕트의 크기를 줄일 수 있고 반송동력을 절감할 수 있다.
- 취출공기의 온도를 낮추면 공기 속의 수분량도 줄어들게 되므로 잠열부하가 큰 건물에서 송풍량을 늘리지 않고서도 실내 온, 습도를 유지할 수 있다.
- 냉방부하가 큰 건물이나 잠열부하가 큰 백화점과 같은 건물에서 송풍량 및 덕트의 크기를 크게 늘리지 않고자 할 때 적합한 방식이다.
- 부하 증대 시에도 기존 덕트를 활용하여 개, 보수가 가능하다.

〈단점〉
- 취출구 및 덕트에서 공기 누설 시 결로가 발생한다.
- 최소 풍량 시 환기량이 부족할 수 있다.
- 1, 2차공기의 혼합이 불충분하면 콜드드래프트를 유발할 수 있다.

53 외기의 건구온도 32℃와 환기의 건구온도 24℃인 공기를 1 : 3(외기 : 환기)의 비율로 혼합하였다. 이 혼합공기의 온도는?

① 26℃
② 28℃
③ 29℃
④ 30℃

해설 열평형식 $G_3 C_P t_3 = G_1 C_P t_1 + G_2 C_P t_2$

$t_3 = \dfrac{G_1 t_1 + G_2 t_2}{G_3} = \dfrac{32 \times 1 + 24 \times 3}{1+3} = 26℃$

54 취출구에서 수평으로 취출된 공기가 일정 거리만큼 진행된 뒤 기류 중심선과 취출구 중심과의 수직거리를 무엇이라고 하는가?

① 강하도
② 도달거리
③ 취출온도차
④ 셔터

해설 도달거리 및 상승, 강하거리
① 벽면에서 공기를 수평으로 취출할 때 취출공기 온도가 실내공기온도보다 낮으면 기류가 강하하고, 취출공기온도가 높으면 기류는 상승하게 된다.
② 최소도달거리(L_{min}) : 취출구로부터 기류의 중심속도가 0.5m/s가 되는 곳까지의 거리
③ 최대도달거리(L_{max}) : 취출구로부터 기류의 중심속도가 0.25m/s가 되는 곳까지의 거리
  ○ 일반적으로 도달거리라 함은 최대도달거리(L_{max})를 의미한다.
④ 수평취출기류의 도달거리
  ㉠ 취출공기온도와 실내공기온도가 같을 때

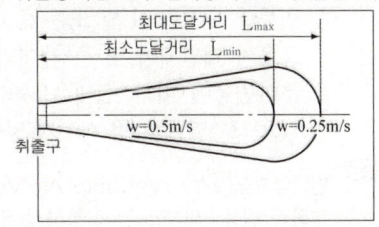

  ㉡ 취출공기온도가 실내공기온도보다 낮을 때

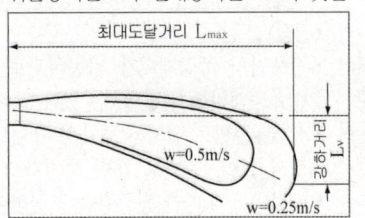

  ㉢ 취출공기온도가 실내공기온도보다 높을 때

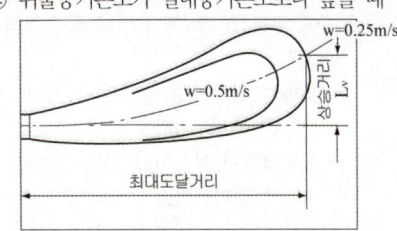

정답 52 ④ 53 ① 54 ①

55 공조기 내에 엘리미네이터를 설치하는 이유로 가장 적절한 것은?

① 풍량을 줄여 풍속을 낮추기 위해서
② 공조기 내의 기류의 분포를 고르게 하기 위해
③ 결로수가 비산되는 것을 방지하기 위해
④ 먼지 및 이물질을 효율적으로 제거하기 위해

해설 엘리미네이터(eliminator)는 결로수가 비산되어 유출되는 것을 방지하기 위해 설치한다.

56 공기조화방식에서 변풍량 단일덕트 방식의 특징에 대한 설명으로 틀린 것은?

① 송풍기의 풍량제어가 가능하므로 부분 부하시 반송에너지 소비량을 경감시킬 수 있다.
② 동시사용률을 고려하여 기기용량을 결정할 수 있으므로 설비용량이 커질 수 있다.
③ 변풍량 유닛을 실 별 또는 존 별로 배치함으로써 개별제어 및 존 제어가 가능하다.
④ 부하변동에 따라 실내온도를 유지할 수 있으므로 열원설비용 에너지 낭비가 적다.

해설 변풍량방식(VAV, Variable Air Volume)
부하가 변동되면 온도는 일정하게 유지하면서 송풍량을 변화시켜 대응하는 방식이다.
〈장점〉
• 송풍기의 풍량제어가 가능하므로 부분 부하시 반송동력비를 절감할 수 있다.
• 실별, 존별로 설치된 변풍량 유니트를 제어하므로서 실별, 존별로 개별 제어가 가능하다.
• 부하변동에 따라 송풍량을 조절하여 실내온도를 유지할 수 있으므로 열원설비 용량을 줄일 수 있어 열원설비용 에너지 낭비가 적다.
〈단점〉
• 부하가 감소하면 송풍량이 적어지므로 환기가 불충분 할 수 있다.
• 자동제어가 복잡하고, 부속기기류가 필요해 설비비가 많이든다.

57 송풍 덕트 내의 정압제어가 필요 없고, 발생 소음이 적은 변풍량 유닛은?

① 유인형 ② 슬롯형
③ 바이패스형 ④ 노즐형

해설 변풍량 유닛(VAV UNIT)
• 유인형(induction type) : 공조기에서 오는 1차 공기의 분출에 의해 실내공기인 2차 공기를 유인하여 취출한다. 장점은 다른 방식에 비해 덕트치수가 작아지고, 난방시에는 실내 발생열을 열원으로 이용할 수 있다. 단점은 고압의 송풍기가 필요하고 적용범위가 제한적이다.
• 슬롯형(slote type 또는 throttling type) : 교축형 이라고도 하며 부하가 감소하면 내부의 콘(cone)이 이동하면서 통로를 좁혀 풍량을 조절하는 형식이다. 장점은 송풍동력의 절감이 가능하다. 단점은 덕트의 정압변화에 대응할 수 있는 정압제어가 필요하고, 유닛의 소음이 크다.
• 바이패스형(by-pass type) : 부하가 감소하면 여분의 공기를 천장속을 통하여 환기덕트로 되돌려 보내는 형식이다.
장점은 덕트 내의 정압제어가 필요없고, 유닛의 발생소음이 적다.
단점은 송풍기의 송풍량은 감소하지 않으므로 송풍기 동력을 절감할 수 없다.

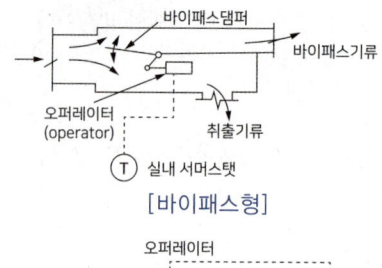

[바이패스형]

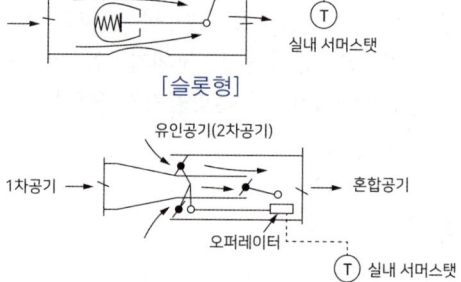

[슬롯형]

[유인형]

정답 55 ③ 56 ② 57 ③

58 다음 중 보온, 보냉, 방로의 목적으로 덕트 전체를 단열해야 하는 것은?

① 급기 덕트 ② 배기 덕트
③ 외기 덕트 ④ 배연 덕트

[해설]
- 보온, 보냉, 방로의 목적으로 덕트 전체를 단열해야하는 덕트는 급기덕트이다.
- 배연덕트는 소방법상 화재의 위험이 있으므로 단열해야 한다.

59 부하계산 시 고려되는 지중온도에 대한 설명으로 틀린 것은?

① 지중온도는 지하실 또는 지중배관 등의 열손실을 구하기 위하여 주로 이용된다.
② 지중온도는 외기온도 및 일사의 영향에 의해 1일 또는 연간을 통하여 주기적으로 변한다.
③ 지중온도는 지표면의 상태변화, 지중의 수분에 따라 변화하나, 토질의 종류에 따라서는 큰 차이가 없다.
④ 연간변화에 있어 불역층 이하의 지중온도는 1m 증가함에 따라 0.03~0.05℃씩 상승한다.

[해설] 지중온도
지표면에서는 기온과 같으나 지하 1~2m 깊이에서는 1일중의 변화가 거의 없다. 그러나 1년을 통해서 보면 다소의 변화가 있다. 그러나 지중온도의 계절변화도 지하 10~20m 깊이에서는 거의 나타나지 않는데 이러한 층을 지중온도의 불변층(불역층)이라고 한다. 이보다 더 지하로 내려가면 지중온도는 점차 상승한다.
① 지하실 또는 지중배관 등의 열손실을 구하기 위해 주로 사용한다.
② 외기 온도, 일사의 영향에 의해 연간을 통해 주기적으로 변화한다.
③ 지중온도는 토질, 지표면의 상태변화, 지중의 수분등에 따라서도 영향을 받으나 이들의 영향은 비교적 낮은 저층에 한정된다.

④ 연간 변화에 있어 불역층(불변층) 이하의 지중 온도는 깊이 1m 증가마다 0.03~0.05℃씩 상승한다.

60 보일러의 부속장치인 과열기가 하는 역할은?

① 연료연소에 쓰이는 공기를 예열시킨다.
② 포화액을 습증기로 만든다.
③ 습증기를 건포화증기로 만든다.
④ 포화증기를 과열증기로 만든다.

[해설] 과열기 : 보일러에서 나온 포화증기를 과열증기로 만드는 역할을 하는 보일러 부속장치이다.

제4과목 전기제어공학

61 세라믹 콘덴서 소자의 표면에 103^K라고 적혀 있을 때 이 콘덴서의 용량은 몇 μF인가?

① 0.01 ② 0.1
③ 103   ④ 10^3

[해설] 세라믹콘덴서 용량

표시	용량값
101	$10 \times 10^1 pF = 100 pF$
102	$10 \times 10^2 pF = 1000 pF = 0.001 \mu F$
103	$10 \times 10^3 pF = 10000 pF = 0.01 \mu F$
104	$10 \times 10^4 pF = 100000 pF = 0.1 \mu F$
223	$22 \times 10^3 pF = 22000 pF = 0.022 \mu F$
333	$33 \times 10^3 pF = 33000 pF = 0.033 \mu F$
473	$47 \times 10^3 pF = 47000 pF = 0.047 \mu F$
474	$47 \times 10^4 pF = 470000 pF = 0.47 \mu F$

예 $\begin{pmatrix} 103^K \\ 50 \end{pmatrix}$ $0.01 \mu F / 50V$, $\pm 10\%$
오차표시 : $J = \pm 5\%$
$K = \pm 10\%$
$M = \pm 20\%$

정답 58 ① 59 ③ 60 ④ 61 ①

62 온도를 전압으로 변환시키는 것은?
① 광전관　　② 열전대
③ 포토다이오드　　④ 광전다이오드

해설
- 광전관(photoelectric tube) : 광전효과를 이용하여 빛의 세기를 전류의 세기로 변환하는 전자관
- 열전대(열전쌍) : 온도를 전압으로 변환시키는 온도검출기
- 포토다이오드(광다이오드, 광전다이오드) : 빛의 세기를 전류의 세기로 변환시키는 빛 검출기

63 병렬 운전 시 균압모선을 설치해야 되는 직류 발전기로만 구성된 것은?
① 직권발전기, 분권발전기
② 분권발전기, 복권발전기
③ 직권발전기, 복권발전기
④ 분권발전기, 동기발전기

해설
직류 발전기중 직권발전기, 복권발전기는 병렬운전시 안정적인 운전을 위해 직권 계자에 균압모선(균압선)을 연결하여 전류의 불평형을 방지하고 전류의 평형을 이룬다.

64 공기 중 자계의 세기가 100A/m 의 점에 놓아 둔 자극에 작용하는 힘은 8×10^{-3}N 이다. 이 자극의 세기는 몇 Wb인가?
① 8×10　　② 8×10^5
③ 8×10^{-1}　　④ 8×10^{-5}

해설
$F = mH$ [N]
여기서 F : 자극에 작용하는 힘[N]
m : 자극의 세기[Wb]
H : 자계의 세기[A/m]
자극의 세기 $m = \dfrac{F}{H} = \dfrac{8 \times 10^{-3}}{100}$
$= 8 \times 10^{-5}$Wb

65 최대눈금 100mA, 내부저항 1.5Ω인 전류계에 0.3Ω의 분류기를 접속하여 전류를 측정할 때 전류계의 지시가 50mA라면 실제 전류는 몇 mA인가?
① 200　　② 300
③ 400　　④ 600

해설
분류기 : 전류계의 최대눈금 값을 넘는 전류를 측정하기 위해 피 측정전류의 일정비율 만큼 전류계에 흐르도록 하는 분로저항을 병렬로 연결하여 전류의 측정범위를 넓히는데 이 병렬저항을 분류기라 한다.

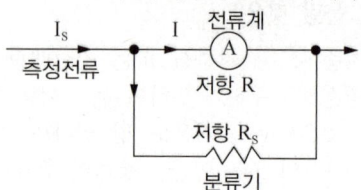

$I_s = \left(1 + \dfrac{R}{R_s}\right)I$

여기서 I_s : 측정할 전류(실제전류) [A]
I : 전류계 전류(전류계에 흐르는 전류)[A]
R_s : 분류기 저항[Ω]
R : 전류계 저항[Ω]
$I_s = \left(1 + \dfrac{1.5}{0.3}\right) \times 50 = 300A$

66 목표값을 직접 사용하기 곤란할 때, 주 되먹임 요소와 비교하여 사용하는 것은?
① 제어요소
② 비교장치
③ 되먹임요소
④ 기준입력요소

해설
기준입력요소 : 목표값을 검출부에서 피드백되는 신호와 같은 단위로 환산하는 기능을 하며 "설정부" 또는 "변환부"라고도 한다.

67 비례적분제어 동작의 특징으로 옳은 것은?

① 간헐현상이 있다.
② 잔류편차가 많이 생긴다.
③ 응답의 안정성이 낮은 편이다.
④ 응답의 진동시간이 매우 길다.

해설
비례적분동작 : 비례동작과 적분동작을 조합시킨 동작
- 잔류편차를 제거하여 정상특성을 개선한 동작
- 적분시간을 짧게하면 잔류편차를 짧은 시간 내에 없앨 수 있지만 사이클링(헌팅, 간헐현상)이 발생한다.
- 적분시간이 길면 잔류편차를 없애는 데 긴 시간이 걸린다.

68 신호흐름선도와 등가인 블록선도를 그리려고 한다. 이때 G(s)로 알맞은 것은?

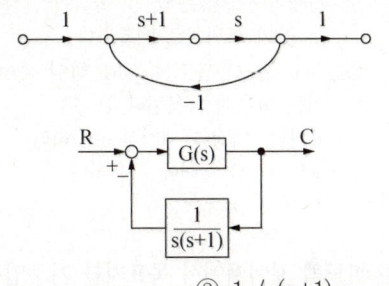

① s
② 1 / (s+1)
③ 1
④ s(s+1)

해설
신호흐름선도와 블록선도가 등가가 되려면 전달함수가 같으면 된다.
- 전달함수 $\dfrac{C}{R} = \dfrac{전향경로의 합}{1-피드백의 합}$
- 신호흐름도 $\dfrac{C}{R} = \dfrac{1 \times (s+1) \times s}{1-[(s+1) \times s \times (-1)]}$

$= \dfrac{s(s+1)}{1+s(s+1)}$

$= \dfrac{1}{\dfrac{1}{s(s+1)}+1}$

$= \dfrac{1}{1+\dfrac{1}{s(s+1)}}$

- 블록선도 $\dfrac{C}{R} = \dfrac{G(s)}{1+\left[G(s) \times \dfrac{1}{s(s+1)}\right]}$

$= \dfrac{G(s)}{1+\dfrac{G(s)}{s(s+1)}}$

$\dfrac{1}{1+\dfrac{1}{s(s+1)}} = \dfrac{G(s)}{1+\dfrac{G(s)}{s(s+1)}}$ 이므로

$G(s) = 1$

69 다음은 직류전동기의 토크특성을 나타내는 그래프이다. (A), (B), (C), (D)에 알맞은 것은?

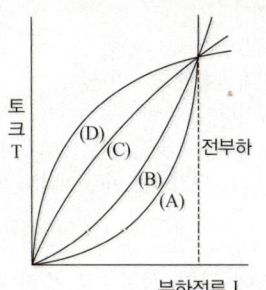

① (A) : 직권전동기 (B) : 가동복권전동기
  (C) : 분권전동기 (D) : 차동복권전동기
② (A) : 분권전동기 (B) : 직권전동기
  (C) : 가동복권전동기 (D) : 차동복권전동기
③ (A) : 직권전동기 (B) : 분권전동기
  (C) : 가동복권전동기 (D) : 차동복권전동기
④ (A) : 분권전동기 (B) : 가동복권전동기
  (C) : 직권전동기 (D) : 차동복권전동기

해설 직류전동기 토크 특성

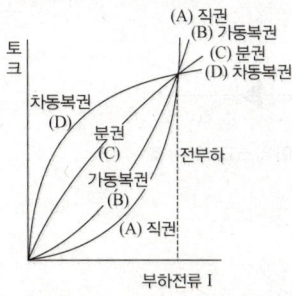

정답 67 ① 68 ③ 69 ①

70 서보기구의 특징에 관한 설명으로 틀린 것은?
① 원격제어의 경우가 많다.
② 제어량이 기계적 변위이다.
③ 추치제어에 해당하는 제어장치가 많다.
④ 신호는 아날로그에 비해 디지털인 경우가 많다.

[해설] 서보기구
서보기구는 물체의 변위(위치), 방향, 자세(각도) 등을 제어량으로하여 목표치가 임의적으로 변화하는 것에 추종하도록 하는 제어계(장치)이다. 적용분야는 공작기계의 궤적제어, 측정기의 위치제어, 미사일 추적장치, 추적용레이더, 선박의 방향제어 등이다.
(특징)
• 원격제어의 경우가 많다.
• 제어량이 기계적 변위이다.
• 추치제어에 해당하는 제어장치가 많다.
• 신호는 디지털에 비해 아날로그인 경우가 많다.

71 SCR에 관한 설명으로 틀린 것은?
① PNPN 소자이다.
② 스위칭 소자이다.
③ 양방향성 사이리스터이다.
④ 직류나 교류의 전력제어용으로 사용된다.

[해설] SCR(사이리스터, 실리콘제어 정류소자)

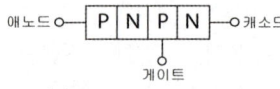
(a) 사이리스터의 구조

(b) 사이리스터의 기호

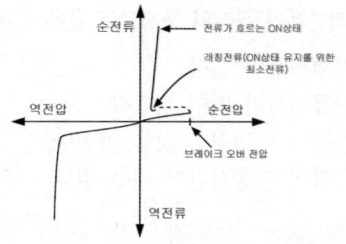
(c) 사이리스터 전압

① 일반 다이오드와 역방향 특성은 같으나 순방향 전압을 점점 높이면 처음에는 역방향과 마찬가지로 전류가 흐르지 않다가 브레이크 오버 전압 이상이 되면 전류가 급격히 흐르기 시작하여 게이트를 OFF 하여도 전류는 계속 흐른다. 전류를 멈추려면 애노드와 캐소드 사이에 역전압을 가한다.
② 사이리스터는 순방향 대전류 스위칭 소자로서 회로를 열었다, 닫았다 하는 스위치 역할을 한다(반도체 스위칭 소자이다).
③ 개폐회수가 많은 곳 및 불꽃이 발생하면 안되는 곳의 스위치로 이용된다.
④ 직류 및 교류를 ON, OFF 하여 전압을 변화시키는 경우에 사용된다.
⑤ 고전압, 대전류 제어가 용이하다.
⑥ 교류의 위상제어에 사용된다.

72 피드백 제어계에서 목표치를 기준입력신호로 바꾸는 역할을 하는 요소는?
① 비교부
② 조절부
③ 조작부
④ 설정부

[해설] 설정부(변환부, 기준입력요소)
목표값을 검출부에서 피드백되는 신호와 같은 단위로 환산하는 기능, 즉 목표치를 기준 입력신호로 바꾸는 역할을 한다.

정답 70 ④ 71 ③ 72 ④

73 정현파 교류의 실효값(V)과 최대값(V_m)의 관계식으로 옳은 것은?

① $V = \sqrt{2}\, V_m$
② $V = \dfrac{1}{\sqrt{2}} V_m$
③ $V = \sqrt{3}\, V_m$
④ $V = \dfrac{1}{\sqrt{3}} V_m$

해설 정현파 교류의 실효값
교류를 가장 보편적으로 표현한 값이며, 직류가 하는 것과 동등한 일을 하는 교류값이라고 할 수 있다.

- 실효값은 $45°(\dfrac{\pi}{4})$에서의 값이다.
- 실효전압 $V = \dfrac{1}{\sqrt{2}} V_m = 0.707 V_m [V]$
- 실효전류 $I = \dfrac{1}{\sqrt{2}} I_m = 0.707 I_m [A]$

74 적분시간이 2초, 비례감도가 5mA/mV인 PI 조절계의 전달함수는?

① $\dfrac{1+2s}{5s}$
② $\dfrac{1+5s}{2s}$
③ $\dfrac{1+2s}{0.4s}$
④ $\dfrac{1+0.4s}{2s}$

해설 PI동작 입력신호 $x(t)$와 출력신호 $y(t)$의 관계식
$y(t) = K_P[x(t) + \dfrac{1}{T_I}\int x(t)dt]$

라플라스 변환하면
$Y(s) = K_P\left[X(s) + \dfrac{1}{T_I} \cdot \dfrac{1}{s} X(s)\right]$
$= K_P\left(1 + \dfrac{1}{T_I s}\right) X(s)$

전달함수 $G(s) = \dfrac{Y(s)}{X(s)} = K_P\left(1 + \dfrac{1}{T_I s}\right)$

$\therefore G(s) = 5\left(1 + \dfrac{1}{2s}\right) = 5\left(\dfrac{2s+1}{2s}\right)$
$= \dfrac{5+10s}{2s} = \dfrac{1+2s}{0.4s}$

75 PLC(Programmable Logic Controller)의 출력부에 설치하는 것이 아닌 것은?

① 전자개폐기 ② 열동계전기
③ 시그널램프 ④ 솔레노이드밸브

해설 PLC(Programable Logic Controller)
논리연산, 수치연산, 데이터처리기능, 프로그램 제어기능을 조합한 제어이다.
PLC는 중앙처리장치(CPU), 외부 기기와의 신호를 연결시켜주는 입·출력부, 각 부에 전원을 공급하는 전원부, PLC내의 메모리에 프로그램을 기록하는 주변장치로 구성된다.

입력부 : 외부기기로부터의 신호를 CPU의 연산부로 전달해주는 역할을 한다. 입력의 종류로는 DC24[V], AC110[V]등이 있다.
출력부 : 내부연산의 결과를 외부에 접속된 전자개폐기, 솔레노이드, 시그널램프등에 전달하는 역할을 한다.
[참고] 열동계전기[Thermal relay]는 열에 의해 작동하는 계전기로서 모터등의 설비에 과부하 보호용으로 사용된다.

76 4000Ω의 저항기 양단에 100V의 전압을 인가할 경우 흐르는 전류의 크기(mA)는?

① 4   ② 15
③ 25 ④ 40

해설 옴의법칙 $I = \dfrac{V}{R}$

$I = \dfrac{100}{4000} = 0.025\text{A} = 25\text{mA}$

73 ② 74 ③ 75 ② 76 ③

77 다음 설명에 알맞은 전기 관련 법칙은?

> 도선에서 두 점 사이 전류의 크기는 그 두 점 사이의 전위차에 비례하고, 전기 저항에 반비례한다.

① 옴의 법칙
② 렌츠의 법칙
③ 플레밍의 법칙
④ 전압분배의 법칙

해설
옴의법칙 $I = \dfrac{V}{R}$

도선에서 두 점 사이 전류의 크기는 두 점 사이의 전위차(전압V)에 비례하고, 전기저항(R)에 반비례한다.

78 그림과 같은 RLC 병렬공진회로에 관한 설명으로 틀린 것은?

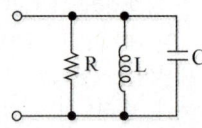

① 공진조건은 $\omega C = 1/\omega L$이다.
② 공진시 공진전류는 최소가 된다.
③ R이 작을수록 선택도 Q가 높다.
④ 공진시 입력 어드미턴스는 매우 작아진다.

해설
RLC 병렬회로
① 공진조건
$I_L = I_C \rightarrow \dfrac{V}{X_L} = \dfrac{V}{X_C} \rightarrow \dfrac{V}{\omega L} = \omega C V$
$= \dfrac{1}{\omega L} = \omega C$

② 공진시 $I_L = I_C$가 되어 전류는 최소치가 흐른다.
전류 $I = \sqrt{I_R^2 + (I_L - I_C)^2}$ 에서 $I_L = I_C$이므로
$= I_R$이 되어 최소치가 된다.

③ 선택도 Q : 회로에서 원하는 주파수와 원하지 않는 주파수를 분리하는 것
$Q = R\sqrt{\dfrac{C}{L}}$ ∴ R이 작을수록 선택도가 낮다.

④ 공진시 $X_L = X_C$
어드미턴스 $Y = \sqrt{\left(\dfrac{1}{R}\right)^2 + \left(\dfrac{1}{X_L} - \dfrac{1}{X_C}\right)^2}$
공진시 $Y = \sqrt{\left(\dfrac{1}{R}\right)^2} = \dfrac{1}{R}$ 로 매우 작아진다.

79 정상 편차를 개선하고 응답속도를 빠르게 하며 오버슈트를 감소시키는 동작은?

① K
② $K(1 + sT)$
③ $K\left(1 + \dfrac{1}{sT}\right)$
④ $K\left(1 + sT + \dfrac{1}{sT}\right)$

해설
비례적분미분동작(PID)
정상편차(잔류편차)를 개선하고 응답속도를 빠르게하며 오버슈트를 감소시키는 동작이다.

입력신호 $x(t)$와 출력신호 $y(t)$의 관계식 :
$y(t) = K_P\left[x(t) + \dfrac{1}{T_I}\int x(t)dt + T_D\dfrac{dx(t)}{dt}\right]$
라플라스 변환하면
$Y(s)$
$= K_P\left[X(s) + \dfrac{1}{T_I} \cdot \dfrac{1}{s}X(s) + T_d \cdot sX(s)\right]$
$= K_P\left(1 + \dfrac{1}{sT_I} + sT_d\right)X(s)$
전달함수
$G(s) = \dfrac{Y(s)}{X(s)}$
$= K_P\left(1 + sT_d + \dfrac{1}{sT_I}\right)$

77 ①   78 ③   79 ④

80 특성방정식이 $s^3 + 2s^2 + Ks + 5 = 0$인 제어계가 안정하기 위한 K 값은?

① K > 0
② K < 0
③ K > $\frac{5}{2}$
④ K < $\frac{5}{2}$

해설
안정조건1 : 특성방정식의 계수가 전부 0이 아니고 같은 부호를 가질 것.
안정조건2 : 루쓰의 수열, 허위츠의 행렬이 전부 0이 아니고 같은 부호를 가질 것
1. 루쓰의 수열로 풀면
   특성방정식 $s^3 + 2s^2 + Ks + 5 = 0$
   $\alpha_o = 1 \quad a_1 = 2 \quad a_2 = K \quad a_3 = 5$
   루쓰의 표 작성

s^3	a_0	a_2
s^2	a_1	a_3
s^1	$\frac{a_2 a_1 - a_0 a_3}{a_1}$	0
s^0	a_3	

s^3	1	K
s^2	2	5
s^1	$\frac{2K-5}{2}$	0
s^0	5	

   제1열의 부호변화가 없으려면 $\frac{2K-5}{2} > 0$
   $\frac{2K-5}{2} > 0 \rightarrow 2K - 5 > 0$
   $\therefore K > \frac{5}{2}$ 이면 안정하다

2. 허위츠(훌비쯔)의 행렬식으로 풀면 특정방정식
   $s^3 + 2s^2 + Ks + 5 = 0$
   $a_0 = 1 \quad a_1 = 2 \quad a_2 = K \quad a_3 = 5$
   $D_1 = a_1 = 2$
   $D_2 = \begin{vmatrix} a_1 & a_3 \\ a_0 & a_2 \end{vmatrix} = \begin{vmatrix} 2 & 5 \\ 1 & K \end{vmatrix}$
   $= -(5 \times 1) + (2 \times K)$
   $= -5 + 2K$

제어계가 안정하려면 행렬식 $D_1 > 0, D_2 > 0$ 이어야 하므로 $-5 + 2K > 0$이어야 한다.
$\therefore K > \frac{5}{2}$

제5과목 배관일반

81 냉매 배관 재료 중 암모니아를 냉매로 사용하는 냉동설비에 가장 적합한 것은?

① 동, 동합금
② 아연, 주석
③ 철, 강
④ 크롬, 니켈 합금

해설 암모니아 증기가 수분을 함유하면 아연, 주석, 동, 동합금을 부식시키므로 배관재료는 강·철을 사용한다.

82 배수관의 관경 선정 방법에 관한 설명으로 틀린 것은?

① 기구배수관의 관경은 배수트랩의 구경 이상으로 하고 최소 30mm 정도로 한다.
② 수직, 수평관 모두 배수가 흐르는 방향으로 관경이 축소되어서는 안 된다.
③ 배수수직관은 어느 층에서나 최하부의 가장 큰 배수부하를 담당하는 부분과 동일한 관경으로 한다.
④ 땅속에 매설되는 배수관 최소 구경은 30mm 정도로 한다.

해설
지중매설 배수관 관경
40mm 이상으로 한다(공조·위생 데이터북 R-1)
50mm 이상이 바람직하다(공조·위생공학편람Ⅲ -166)

80 ③   81 ③   82 ④   **정답**

83 급탕설비의 설계 및 시공에 관한 설명으로 틀린 것은?

① 중앙식 급탕방식은 개별식 급탕방식 보다 시공비가 많이 든다.
② 온수의 순환이 잘되고 공기가 고이는 것을 방지하기 위해 배관에 구배를 둔다.
③ 게이트 밸브는 공기고임을 만들기 때문에 글로브 밸브를 사용한다.
④ 순환방식은 순환펌프에 의한 강제순환식과 온수의 비중량 차이에 의한 중력식이 있다.

해설 게이트 밸브는 공기고임은 만들지 않으나 구조상 일부만 열리면 유체가 소용돌이쳐서 진동이 발생하므로 온수 유량 조절용으로 글로브 밸브를 사용한다.

84 다음 중 온수온도 90℃의 온수난방 배관의 보온재로 사용하기에 가장 부적합한 것은?

① 규산칼슘
② 펄라이트
③ 암면
④ 폴리스틸렌

해설

보온재	안전사용온도	특징
규산칼슘	650℃ 이하	기계적 강도가 크고, 내열성·내수성이 크다
펄라이트	650℃ 이하	흡습성과 열전도율이 적고, 내열도가 높다
암면	400~600℃	석면보다 거칠고 부서지기 쉽다
폴리스틸렌	70℃ 이하	경량이고 흡수성이 적다

85 증기난방 배관 시공법에 대한 설명으로 틀린 것은?

① 증기주관에서 지관을 분기하는 경우 관의 팽창을 고려하여 스위블 이음법으로 한다.
② 진공환수식 배관의 증기주관은 1/100~1/200 선상향 구배로 한다.
③ 주형방열기는 일반적으로 벽에서 50~60mm 정도 떨어지게 설치한다.
④ 보일러 주변의 배관방법에서는 증기관과 환수관 사이에 밸런스관을 달고, 하트포드(hartford) 접속법을 사용한다.

해설 증기난방 배관의 증기 주관은 중력식, 강제식, 진공환수식 모두 1/100~1/200의 선하향 구배로 한다.

86 간접 가열식 급탕법에 관한 설명으로 틀린 것은?

① 대규모 급탕설비에 부적당하다.
② 순환증기는 높이에 관계 없이 저압으로 사용 가능하다.
③ 저탕탱크와 가열용 코일이 설치되어 있다.
④ 난방용 증기보일러가 있는 곳에 설치하면 설비비를 절약하고 관리가 편하다.

해설 간접가열식 급탕법
• 저탕탱크 내에 가열코일을 설치하여 보일러에서 나온 고온수 또는 증기로 저탕탱크 내의 물을 가열하는 방식
• 대규모 급탕 설비에 적합하다
• 급탕 사용처의 높이에 관계없이 가열용 순환 증기는 저압으로 사용가능하다
• 난방용 증기보일러가 있는 곳에 설치하면 난방 보일러의 일부 용량을 급탕용으로 사용할 수 있으므로 설비비를 절약할 수 있고 관리도 편리하다

정답 83 ③ 84 ④ 85 ② 86 ①

87 급탕배관의 단락현상(short circuit)을 방지할 수 있는 배관 방식은?

① 리버스 리턴 배관방식
② 다이렉트 리턴 배관방식
③ 단관식 배관방식
④ 상향식 배관방식

[해설]
- 리버스리턴 배관방식(역환수 배관방식)
  각 급탕 공급처마다 급탕 공급관에서 환수관까지의 총 길이를 동일하게 하므로 가까운 급탕공급처에 대한 단락현상(short circuit)을 방지할 수 있다.

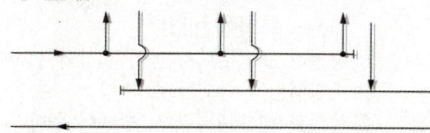

- 다이렉트리턴 배관방식(직접환수 배관방식)
  가까운 공급처에 급탕이 먼저 공급되고 먼저 환수되므로 가까운 급탕 공급처의 배관에 단락현상(short circuit)이 발생한다.

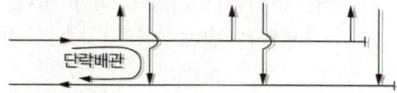

- 단관식 배관방식
  급탕의 공급관만 설치하고 환수관이 없는 방식

88 도시가스배관 설비기준에서 배관을 시가지의 도로 노면 밑에 매설하는 경우에는 노면으로부터 배관의 외면까지 얼마 이상을 유지해야 하는가? (단, 방호구조물 안에 설치하는 경우는 제외한다.)

① 0.8m   ② 1m
③ 1.5m   ④ 2m

[해설] 배관의 매설

위치	매설 깊이	출처
공동주택등의 부지안	0.6m	일반도시가스 사업의 가스공급시설의 시설기준 (도시가스사업법 시행규칙 별표6)
폭 4m 미만 도로	0.6m	
폭 4m 이상 8m 미만 도로	1.0m	
폭 8m 이상 도로	1.2m	
산이나 들	1.0m	가스도매 사업의 가스공급시설의 시설기준 (도시가스사업법 시행규칙 별표5)
그 밖의 지역	1.2m	
시가지 외의 도로	1.2m	
시가지의 도로	1.5m	

89 관의 두께별 분류에서 가장 두꺼워 고압배관으로 사용할 수 있는 동관의 종류는?

① K형 동관   ② S형 동관
③ L형 동관   ④ N형 동관

[해설] 동관의 분류
K type – 두께가 가장 두껍다
L type – 두께가 두껍다
M type – 두께가 보통이다
N type – 두께가 얇다(KS규격에는 없음)

90 동관 이음 방법에 해당하지 않는 것은?

① 타이톤 이음
② 납땜 이음
③ 압축 이음
④ 플랜지 이음

[해설]
타이톤이음 : 주철관 이음
납땜이음 : 동관 및 연관 이음
압축이음 : 플레어 이음이며 동관 이음이다
플랜지이음 : 강관, 주철관, 동관이음

정답 87 ① 88 ③ 89 ① 90 ①

91 벤더에 의한 관 굽힘시 주름이 생겼다. 주된 원인은?

① 재료에 결함이 있다.
② 굽힘형의 홈이 관지름 보다 작다.
③ 클램프 또는 관에 기름이 묻어 있다.
④ 압력형이 조정이 세고 저항이 크다.

해설 냉간 기계벤딩 시 관에 주름발생원인
① 관이 미끄러진다.
② 받침쇠가 너무 들어가 있다.
③ 굽힘형의 홈이 관지름 보다 작다.
④ 외경에 비해 두께가 작다.
⑤ 굽힘형이 추축에서 빗나가 있다.

92 공조배관 설계시 유속을 빠르게 했을 경우의 현상으로 틀린 것은?

① 관경이 작아진다.
② 운전비가 감소한다.
③ 소음이 발생된다.
④ 마찰손실이 증대한다.

해설 공조배관의 유속을 빠르게하면
① 유속증가로 배관경이 작아진다.
② 유속이 증가하므로 펌프의 동력비가 증가한다.
③ 유속의 증가로 소음이 발생한다.
④ 유속의 증가로 마찰손실이 증대된다.

마찰 손실 $H_\ell = f \dfrac{\ell}{d} \cdot \dfrac{v^2}{2g}$

93 증기난방 설비의 특징에 대한 설명으로 틀린 것은?

① 증발열을 이용하므로 열의 운반능력이 크다.
② 예열시간이 온수난방에 비해 짧고 증기순환이 빠르다.
③ 방열면적을 온수난방보다 적게 할 수 있다.
④ 실내 상하온도차가 작다.

해설 증기난방 설비의 특징
① 증기의 증발잠열을 이용하므로 열의 운반능력이 크다
② 장치내 보유수량이 적어 열용량이 작으므로 예열시간이 짧고 증기순환이 빠르다
③ 표준방열량이 $756W/m^2$로 온수난방 표준 방열량 $523W/m^2$보다 크므로 방열면적을 온수난방보다 적게 할 수 있다
④ 열매체(증기)의 온도가 높아 실내의 상하온도차가 크다
⑤ 증기는 자체압력으로 이동하므로 순환동력(펌프)이 없어도 된다
⑥ 방열량(증기의 온도, 유량) 제어가 어려워 실내온도 조절이 어렵다
⑦ 방열기 표면온도가 높아 화상의 위험이 있다
⑧ 스팀햄머가 발생할 수 있다
⑨ 환수관 내부에서 부식 발생이 쉽다

94 냉매배관 시공 시 주의사항으로 틀린 것은?

① 배관 길이는 되도록 짧게 한다.
② 온도변화에 의한 신축을 고려한다.
③ 곡률 반지름은 가능한 작게 한다.
④ 수평배관은 냉매흐름 방향으로 하향구배한다.

해설 냉매배관 시공시 주의사항
① 배관길이는 짧게하여 배관 마찰손실을 적게한다.
② 온도변화에 의한 신축을 고려하여 파손을 방지한다.
③ 곡률 반지름을 가능한 크게하여 마찰손실을 작게한다.
④ 수평배관은 냉매흐름 방향으로 하향구배로 하여 윤활유 및 냉매액이 역류하지 않게한다.
⑤ 흡입관의 입상관이 긴 경우에는 윤활유 회수를 위해 10m마다 U-trap을 설치한다.
⑥ 토출관의 입상관이 10m이상일 때 정지 중 윤활유와 액화된 냉매의 역류를 방지하기 위해 10m마다 U-trap을 설치한다.
⑦ 증발기가 응축기(수액기)보다 8m이상 높은 위치에 설치될 때는 플래쉬가스가 발생하므로 액-가스 열교환기를 설치하여 냉매액의 과냉각도를 크게한다.

정답 91 ② 92 ② 93 ④ 94 ③

95 다음 중 "접속해 있을 때"를 나타내는 관의 도시기호는?

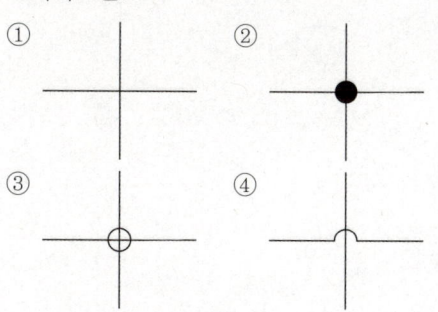

해설
- 관이 접속해 있을 때의 표시

- 관이 접속해 있지 않을 때 표시

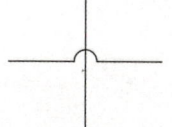

96 고가수조식 급수방식의 장점이 아닌 것은?
① 급수압력이 일정하다.
② 단수 시에도 일정량의 급수가 가능하다.
③ 급수 공급계통에서 물의 오염 가능성이 없다.
④ 대규모 급수에 적합하다.

해설
고가수조 급수방식
수도 본관으로부터 건물의 옥상 등에 설치된 고가수조에 물을 받아 저장하고 고가수조에서 하향으로 급수하는 방식
〈장점〉
- 급수압력이 일정하다
- 단수 시에도 일정량의 급수가 가능하다
- 대규모 급수에 적합하다
- 취급이 쉽고 고장이 적다

〈단점〉
- 저장된 물을 장시간 사용하지 않으면 변질될 수 있다
- 중량물이 건물의 높은 곳에 설치되므로 건축물의 구조적, 미관적인 문제를 고려해야 한다

97 증발량 5000kg/h인 보일러의 증기 엔탈피가 640kcal/kg이고, 급수 엔탈피가 15 kcal/kg일 때, 보일러의 상당 증발량(kg/h)은?
① 278 ② 4800
③ 5797 ④ 3125000

해설
$$\text{상당증발량} = \frac{\text{보일러 발생열량}}{\text{대기압, 100℃ 물의 증발잠열}}$$
$$= \frac{5000 \times (640 - 15)}{538.8} = 5799.9 \, kg/h$$

98 냉동 장치의 배관설치에 관한 내용으로 틀린 것은?
① 토출가스의 합류 부분 배관은 T 이음으로 한다.
② 압축기와 응축기의 수평배관은 하향 구배로 한다.
③ 토출가스 배관에는 역류방지 밸브를 설치한다.
④ 토출관의 입상이 10m 이상일 경우 10m 마다 중간 트랩을 설치한다.

해설
냉동장치 배관
① 토출가스 합류부분 배관은 (Y) 이음으로 한다.
② 압축기와 응축기의 수평배관은 토출된 냉매가스 중 응축된 냉매가 압축기로 역류하지 않도록 응축기 쪽으로 하향구배로 한다.
③ 토출가스 배관에는 토출된 고압가스가 압축기로 역류하지 않도록 역류방지 밸브를 설치한다.
④ 토출관의 입상이 10m이상일 경우 정지중 윤활유와 액화된 냉매의 역류를 방지하기 위해 10m마다 중간 트랩을 설치한다.

정답 95 ② 96 ③ 97 ③ 98 ①

99 증기 및 물배관 등에서 찌꺼기를 제거하기 위하여 설치하는 부속품은?

① 유니온
② P트랩
③ 부싱
④ 스트레이너

해설 **스트레이너(Strainer, 여과기)**
- 배관에 설치하여 배관내의 이물질을 걸러내기 위한 장치
- 본체안에 있는 여과망이 이물질을 걸러낸다.
- 펌프의 흡입쪽이나 밸브의 입구쪽에 설치한다.
- 종류는 Y형, U형, V형이 있다.

100 가스 배관재료 중 내약품성 및 전기 절연성이 우수하며 사용온도가 80℃이하인 관은?

① 주철관
② 강관
③ 동관
④ 폴리에틸렌관

해설 **폴리에틸렌관(PE : Poly Ethylene)**
- 내식성, 내산성, 내알카리성등 내약품성이 우수하다.
- 전기 절연성이 우수하다.
- 가볍고 유연성이 좋다.
- 내한성(-60℃)이 강하여 한랭지 배관으로 우수하다.
- 불에 약하고 인장강도가 작다.
- 약 90℃에서 연화(軟化)한다.

정답 99 ④　100 ④

과년도 출제문제(2019. 4. 27 시행)

제1과목 기계열역학

01 어떤 시스템에서 공기가 초기에 290K에서 330K로 변화하였고, 이 때 압력은 200kPa에서 600kPa로 변화하였다. 이 때 단위 질량당 엔트로피 변화는 약 몇 kJ/(kg·K)인가? (단, 공기는 정압비열이 1.006kJ/(kg·K)이고, 기체상수가 0.287kJ/(kg·K)인 이상기체로 간주한다.)

① 0.445 ② −0.445
③ 0.185 ④ −0.185

 엔트로피 일반식

$$\Delta s = s_2 - s_1 = C_v \ln \frac{T_2}{T_1} + R \ln \frac{v_2}{v_1} \quad \cdots \cdots ①$$

$$= C_P \ln \frac{T_2}{T_1} - R \ln \frac{P_2}{P_1} \quad \cdots \cdots ②$$

$$= C_v \ln \frac{P_2}{P_1} + C_P \ln \frac{v_2}{v_1} \quad \cdots \cdots ③$$

[kJ/kg·K]

②식에서 구하면

$$\Delta s = 1.006 \ln \frac{330}{290} - 0.287 \ln \frac{600}{200}$$

$$= -0.1853 \, kJ/kg \cdot K$$

02 체적이 500cm³인 풍선에 압력 0.1MPa, 온도 288K의 공기가 가득 채워져 있다. 압력이 일정한 상태에서 풍선 속 공기 온도가 300K로 상승했을 때 공기에 가해진 열량은 약 얼마인가? (단, 공기는 정압비열이 1.005kJ/(kg·K), 기체상수가 0.287kJ/(kg·K)인 이상기체로 간주한다.)

① 7.3 J   ② 7.3 kJ
③ 14.6 J   ④ 14.6 kJ

해설 ① 먼저 풍선속에 있는 공기의 질량을 계산한다
$PV = mRT$에서

$$m = \frac{PV}{RT} = \frac{0.1 \times 10^3 \times 500 \times 10^{-6}}{0.287 \times 288}$$

$$= 0.00060492 kg$$

② $\delta Q = dU + PdV \quad \cdots \cdots ①$
$\delta Q = dH - VdP \quad \cdots \cdots ②$
정압변화이므로 ②식에서 $dP = 0$
$\delta Q = dH = mC_P dT$
$= 0.00060492 \times 1.005 \times (300 - 288)$
$= 0.007295 kJ = 7.295 J$

03 어떤 사이클이 다음 온도(T)-엔트로피(s)선도와 같을 때 작동 유체에 주어진 열량은 약 몇 kJ/kg인가?

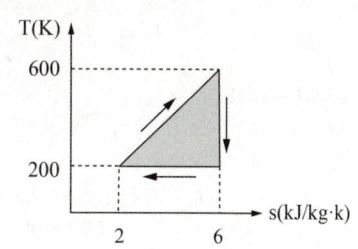

① 4   ② 400
③ 800   ④ 1600

해설 $ds = \frac{\delta q}{T}$ 에서
$\delta q = T \cdot ds$ (삼각형의 면적)

01 ④ 02 ① 03 ③ 정답

$$\Delta q = \frac{T_2 - T_1}{2} \cdot (s_2 - s_1)$$
$$= \frac{600-200}{2} \times (6-2) = 800 \text{kJ/kg}$$

04 효율이 40%인 열기관에서 유효하게 발생되는 동력이 110kW 라면 주위로 방출되는 총 열량은 약 몇 kW 인가?

① 375　　② 165
③ 135　　④ 85

해설
효율 $\eta = \dfrac{\text{출력}}{\text{입력}} = \dfrac{Q_1 - Q_2}{Q_1}$ 이므로

$0.4 = \dfrac{110}{Q_1}$

$Q_1 = \dfrac{110}{0.4} = 275 \text{kW}$

$Q_1 - Q_2 = 110 \text{kW}$ 이므로
$Q_2 = Q_1 - 110 = 275 - 110$
$= 165 \text{kJ}$

05 500W의 전열기로 4kg의 물을 20℃에서 90℃까지 가열하는데 몇 분이 소요되는가? (단, 전열기에서 열은 전부 온도 상승에 사용되고 물의 비열은 4180 J/(kg·K) 이다.)

① 16　　② 27
③ 39　　④ 45

해설
$500W = 500 \text{J/s}$
$Q = m \cdot C \cdot \Delta t \text{ [J]}$
$W \cdot t = m \cdot C \cdot \Delta t$ 에서
$t = \dfrac{m \cdot C \cdot \Delta t}{W} = \dfrac{4 \times 4180 \times (90-20)}{500 \times 60}$
$= 39.01 \text{분}$

06 카르노 사이클로 작동되는 열기관이 고온체에서 100kJ 의 열을 받고 있다. 이 기관의 열효율이 30%라면 방출되는 열량은 약 몇 kJ 인가?

① 30　　② 50
③ 60　　④ 70

해설 카르노사이클 열효율
$\eta_c = \dfrac{Q_1 - Q_2}{Q_1} = 1 - \dfrac{Q_2}{Q_1}$

$Q_2 = (1 - \eta_c) \cdot Q_1$
$= (1 - 0.3) \times 100 = 70 \text{kJ}$

07 100℃와 50℃ 사이에서 작동하는 냉동기로 가능한 최대성능계수(COP)는 약 얼마인가?

① 7.46　　② 2.54
③ 4.25　　④ 6.46

해설 냉동기의 최대성능계수는 역카르노사이클로 운전될때이다.

$COP = \dfrac{T_L}{T_H - T_L}$
$= \dfrac{(50+273)}{(100+273) - (50+273)} = 6.46$

08 압력이 0.2 MPa이고 초기 온도가 120℃ 인 1kg의 공기를 압축비 18로 가역 단열 압축하는 경우 최종온도는 약 몇 ℃ 인가? (단, 공기는 비열비가 1.4인 이상기체이다.)

① 676℃　　② 776℃
③ 876℃　　④ 976℃

해설 단열과정식
$Pv^k = C$ …… ①
$Tv^{k-1} = C$ …… ②
$TP^{\frac{1-k}{k}} = C$ …… ③

②식에서
$T_1 v_1^{k-1} = T_2 v_2^{k-1}$

$T_2 = T_1 \left(\dfrac{v_1}{v_2}\right)^{k-1}$ 　압축비 $= \dfrac{v_1}{v_2} = 18$ 이므로

∴ $T_2 = (120+273) \times (18)^{1.4-1}$
$= 1248.8 \text{K} = 975.8℃$

[참고] $\dfrac{P_2}{P_1}$: 압력비　　$\dfrac{v_1}{v_2}$: 압축비

정답　04 ②　05 ③　06 ④　07 ④　08 ④

09 수증기가 정상과정으로 40m/s의 속도로 노즐에 유입되어 275m/s로 빠져나간다. 유입되는 수증기의 엔탈피는 3300kJ/kg, 노즐로부터 발생되는 열손실은 5.9kJ/kg일 때 노즐 출구에서의 수증기 엔탈피는 약 몇 kJ/kg인가?

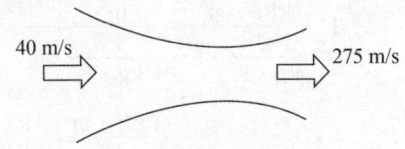

① 3257
② 3024
③ 2795
④ 2612

[해설] 정상유동 일반에너지식

$$h_1 + \frac{v_1^2}{2} + gz_1 + q = h_2 + \frac{v_2^2}{2} + gz_2 + w_t \ [\text{J/kg}]$$

$$h_2 = h_1 + \frac{v_1^2 - v_2^2}{2} + g(z_1 - z_2) + q - w_t$$

$$= 3300 + \frac{40^2 - 275^2}{2 \times 1000} + 0 + (-5.9) - 0 \ [\text{kJ/kg}]$$

$$= 3257.08 \, \text{kJ/kg}$$

10 용기에 부착된 압력계에 읽힌 계기압력이 150kPa이고 국소대기압이 100kPa일 때 용기 안의 절대압력은?

① 250kPa
② 150kPa
③ 100kPa
④ 50kPa

[해설] 절대압력=대기압력+계기압력
= 100+150
= 250kPa

11 R-12를 작동 유체로 사용하는 이상적인 증기압축 냉동 사이클이 있다. 여기서 증발기 출구 엔탈피는 229 kJ/kg, 팽창밸브 출구 엔탈피는 81 kJ/kg, 응축기 입구 엔탈피는 255 kJ/kg 일 때 이 냉동기의 성적계수는 약 얼마인가?

① 4.1   ② 4.9
③ 5.7   ④ 6.8

[해설]

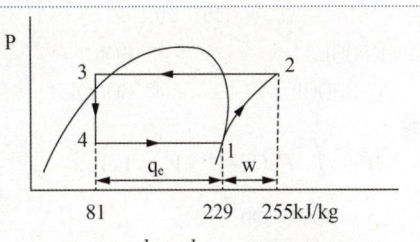

$$COP = \frac{q_e}{w} = \frac{h_1 - h_4}{h_2 - h_1} = \frac{229 - 81}{255 - 229} = 5.69$$

12 어떤 시스템에서 유체는 외부로부터 19kJ의 일을 받으면서 167kJ의 열을 흡수하였다. 이때 내부에너지의 변화는 어떻게 되는가?

① 148kJ 상승한다.
② 186kJ 상승한다.
③ 148kJ 감소한다.
④ 186kJ 감소한다.

[해설]
$\delta Q = dU + \delta W$
$dU = \delta Q - \delta W$
   $= 167 - (-19)$
   $= 186 \text{kJ}$ 상승한다.

열을 받으면 : +   열을 버리면 : −
일을 받으면 : −(압축일)   일을 하면 : +

정답 09 ① 10 ① 11 ③ 12 ②

13 그림과 같이 실린더 내의 공기가 상태 1에서 상태 2로 변화할 때 공기가 한 일은? (단, P는 압력, V는 부피를 나타낸다.)

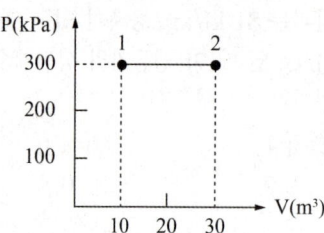

① 30kJ ② 60kJ
③ 3000kJ ④ 6000kJ

해설
$$W = \int_1^2 P dV = P(V_2 - V_1)$$
$$= 300 \times (30-10)$$
$$= 6000 \, kJ$$

단위 : $kPa \times m^3 = \dfrac{kN}{m^2} \times m^3 = kN \cdot m = kJ$

14 보일러에 물(온도 20℃, 엔탈피 84kJ/kg)이 유입되어 600 kPa의 포화증기(온도 159℃, 엔탈피 2757kJ/kg) 상태로 유출된다. 물의 질량유량이 300 kg/h 이라면 보일러에 공급된 열량은 약 몇 kW 인가?

① 121 ② 140
③ 223 ④ 345

해설
$$Q = m \cdot (h_2 - h_1)$$
$$= \dfrac{300 \times (2757 - 84)}{3600} = 222.75 \, kW$$

단위 : $\dfrac{kg}{h} \times \dfrac{kJ}{kg} = kJ/h \div 3600 = kJ/s = kW$

15 압력이 100 kPa 이며 온도가 25℃인 방의 크기가 240m³이다. 이 방에 들어있는 공기의 질량은 약 몇 kg인가? (단, 공기는 이상기체로 가정하며, 공기의 기체상수는 0.287 kJ/(kg·K)이다.)

① 0.00357 ② 0.28
③ 3.57 ④ 280

해설
$PV = mRT$ 에서
$$m = \dfrac{PV}{RT} = \dfrac{100 \times 240}{0.287 \times (25+273)} = 280.6 \, kg$$

단위 : $\dfrac{kPa \cdot m^3}{\dfrac{kJ}{kg \cdot K} \cdot K} = \dfrac{\dfrac{kN}{m^2} \cdot m^3}{\dfrac{kJ}{kg \cdot K} \cdot K}$

$= \dfrac{kN \cdot m}{\dfrac{kJ}{kg}} = \dfrac{kJ}{\dfrac{kJ}{kg}} = kg$

16 클라우지우스(Clausius) 부등식을 옳게 표현한 것은? (단, T는 절대온도, Q는 시스템으로 공급된 전체 열량을 표시한다.)

① $\oint \dfrac{\delta Q}{T} \geq 0$ ② $\oint \dfrac{\delta Q}{T} \leq 0$
③ $\oint T \delta Q \geq 0$ ④ $\oint T \delta Q \leq 0$

해설
클라우시우스의 폐적분
$$\oint \dfrac{\delta Q}{T} \leq 0$$

가역과정(사이클):
$$\oint \dfrac{\delta Q}{T} = 0 \rightarrow \dfrac{Q_H}{T_H} - \dfrac{Q_L}{T_L} = 0$$

비가역과정(사이클):
$$\oint \dfrac{\delta Q}{T} < 0 \rightarrow \dfrac{Q_H}{T_H} - \dfrac{Q_L}{T_L} < 0$$

- 모든 가역사이클에 대한 폐적분은 항상 0이 된다.
- 비가역사이클의 경우는 마찰등에 의한 열손실로 방열량(Q_L)이 가역사이클의 방열량보다 크므로 폐적분 값은 항상 0보다 작다.
- 즉, 어떤 사이클의 폐적분 값이 가역이면 0이고 비가역이면 0보다 작다. 따라서 이식은 어떤 사이클이 가역인지 비가역인지의 판별식으로 활용된다.

정답 13 ④ 14 ③ 15 ④ 16 ②

17 Van der Waals 상태 방정식은 다음과 같이 나타낸다. 이 식에서 $\frac{a}{v^2}$, b는 각각 무엇을 의미하는 것인가? (단, P는 압력, v는 비체적, R은 기체상수, T는 온도를 나타낸다.)

$$\left(P+\frac{a}{v^2}\right)\times(v-b)=RT$$

① 분자간의 작용 인력, 분자 내부에너지
② 분자간의 작용 인력, 기체 분자들이 차지하는 체적
③ 분자간의 질량, 분자 내부에너지
④ 분자 자체의 질량, 기체 분자들이 차지하는 체적

해설 Van der Waals의 상태 방정식은 실제가스의 상태방정식이다.
$\frac{a}{v^2}$는 분자간의 인력에 대한 수정이며, b는 분자간 차지하고 있는 체적(공간)에 대한 수정 상수이다.

18 가역 과정으로 실린더 안의 공기를 50kPa, 10℃ 상태에서 300 kPa 까지 압력(P)과 체적(V)의 관계가 다음과 같은 과정으로 압축할 때 단위 질량당 방출되는 열량은 약 몇 kJ/kg 인가? (단, 기체 상수는 0.287kJ/(kg·K) 이고, 정적비열은 0.7 kJ/(kg·K) 이다.)

$$PV^{1.3}=\text{일정}$$

① 17.2   ② 37.2
③ 57.2   ④ 77.2

해설 $Pv=RT$ 에서
$v_1=\frac{RT_1}{P_1}=\frac{0.287\times(10+273)}{50}=1.6244\text{m}^3/\text{kg}$

$P_1v_1^{1.3}=P_2v_2^{1.3}$ 에서
$v_2=\left(\frac{P_1}{P_2}\right)^{\frac{1}{1.3}}\cdot v_1=\left(\frac{50}{300}\right)^{\frac{1}{1.3}}\times 1.6244$
$=0.4094\text{m}^3/\text{kg}$

$P_2v_2=RT_2$ 에서
$T_2=\frac{P_2v_2}{R}=\frac{300\times 0.4094}{0.287}=427.97\text{K}$

$q=\left(C_v-\frac{R}{n-1}\right)(T_2-T_1)$
$=\left(0.7-\frac{0.287}{1.3-1}\right)\times(427.94-283)$
$=-37.2\text{kJ/kg}$

계가 열을 받으면(+)
계가 열을 방출하면(-)

19 등엔트로피 효율이 80%인 소형 공기터빈의 출력이 270kJ/kg이다. 입구 온도는 600K이며, 출구 압력은 100kPa이다. 공기의 정압비열은 1.004kJ/(kg·K), 비열비는 1.4일 때, 입구 압력(kPa)은 약 몇 kPa 인가? (단, 공기는 이상기체로 간주한다.)

① 1984   ② 1842
③ 1773   ④ 1621

해설 정상유동 일반에너지식
$h_1+\frac{v_1^2}{2}+gz_1+q=h_2+\frac{v_2^2}{2}+gz_2+w_t$ 에서
받은 열량 $q=0$ 속도에너지 및 위치에너지를 무시하고 효율(η)을 적용하면
$w_t=(h_1-h_2)\times\eta$
$h_2=h_1-\frac{w_t}{\eta}$
$h_1=C_PT_1$ $h_2=C_PT_2$ 이므로
$T_2=T_1-\frac{w_t}{C_P\cdot\eta}$
$=600-\frac{270}{1.004\times 0.8}=263.84\text{K}$

17 ②   18 ②   19 ③

등엔트로피 변화는 단열 변화이므로
$T_1 P_1^{\frac{1-k}{k}} = T_2 P_2^{\frac{1-k}{k}}$ 에서

$P_1 = \left(\dfrac{T_2}{T_1}\right)^{\frac{k}{1-k}} \times P_2$

$= \left(\dfrac{263.84}{600}\right)^{\frac{1.4}{1-1.4}} \times 100 = 1773.5\,\text{kPa}$

20 화씨 온도가 86°F일 때 섭씨 온도는 몇 ℃ 인가?

① 30 ② 45
③ 60 ④ 75

해설
$℃ = \dfrac{5}{9}(°F - 32)$
$= \dfrac{5}{9}(86 - 32) = 30℃$

제2과목 냉동공학

21 냉각탑의 성능이 좋아지기 위한 조건으로 적절한 것은?

① 쿨링레인지가 작을수록, 쿨링어프로치가 작을수록
② 쿨링레인지가 작을수록, 쿨링어프로치가 클수록
③ 쿨링레인지가 클수록, 쿨링어프로치가 작을수록
④ 쿨링레인지가 클수록, 쿨링어프로치가 클수록

해설
1. 쿨링레인지(cooling range) : Δt
   - 냉각탑 입구수온(t_1) − 출구수온(t_2)
   - 예) $\Delta t = 37℃ - 32℃ = 5℃$
   - 쿨링레인지가 클수록 냉각능력이 커진다.
2. 쿨링어프로치(cooling approach) : Δt_A
   - 냉각탑 출구수온(t_2) − 입구공기의 습구온도(t_a)
   - 예) $\Delta t_A = 32℃ - 27℃ = 5℃$
   - 쿨링어프로치가 작을수록 냉각탑 출구수온(t_2)이 낮아지기 때문에 냉각능력이 커진다.

22 다음 중 절연내력이 크고 절연물질을 침식시키지 않기 때문에 밀폐형 압축기에 사용하기에 적합한 냉매는?

① 프레온계 냉매 ② H_2O
③ 공기   ④ NH_3

해설
1. 프레온계 냉매
   ① 무색, 무취, 무독성이다
   ② 윤활유에 잘 용해된다
   ③ 전기 절연성(절연내력)이 크므로 밀폐식 압축기에 사용할 수 있다
   ④ 배관 재료는 동관을 사용한다
2. 암모니아(NH_3) 냉매
   ① 독성, 가연성, 폭발성이 있다
   ② 윤활유에 용해되지 않는다
   ③ 전기절연성(절연내력)이 작으므로 밀폐식 압축기에는 사용할 수 없다
   ④ 배관재료는 강관을 사용한다.

정답 20 ① 21 ③ 22 ①

23 어떤 냉동기의 증발기 내 압력이 245 kPa 이며, 이 압력에서의 포화온도, 포화액 엔탈피 및 건포화증기 엔탈피, 정압비열은 조건과 같다. 증발기 입구 측 냉매의 엔탈피가 455kJ/kg이고, 증발기 출구 측 냉매온도가 -10℃의 과열증기일 경우 증발기에서 냉매가 취득한 열량(kJ/kg)은?

- 포화온도 : -20℃
- 포화액 엔탈피 : 396kJ/kg
- 건포화증기 엔탈피 : 615.6kJ/kg
- 정압비열 : 0.67kJ/kg·K

① 167.3　　② 152.3
③ 148.3　　④ 112.3

해설

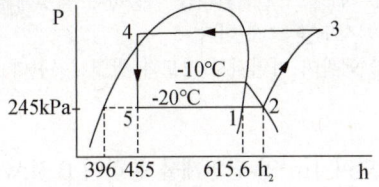

$h_2 - h_1 = C_P(t_2 - t_1)$ 에서
$h_2 = h_1 + C_P(t_2 - t_1)$
$\quad = 615.6 + 0.67 \times (-10 - (-20))$
$\quad = 622.3 \, kJ/kg$

냉매가 취득한 열량(q_e)
$q_e = (h_2 - h_5)$
$\quad = 622.3 - 455 = 167.3 \, kJ/kg$

24 냉동능력이 1 RT인 냉동장치가 1kW의 압축동력을 필요로 할 때, 응축기에서의 방열량(kW)은?

① 2　　② 3.36
③ 4.86　　④ 6.86

해설

응축열량 = 냉동능력 + 압축동력
1RT = 3.86kW 이므로
$q_c = 1 \times 3320 + 1 = 4.86 \, kW$

25 냉동사이클에서 응축온도 상승에 따른 시스템의 영향으로 가장 거리가 먼 것은? (단, 증발온도는 일정하다.)

① COP 감소
② 압축비 증가
③ 압축기 토출가스 온도 상승
④ 압축기 흡입가스 압력 상승

해설

증발온도 일정하고 응축온도가 올라가면 : 증발온도가 일정하고 응축온도가 상승하면 압축기의 토출가스 온도가 올라가고 압축비가 상승하여 압축기의 체적효율이 감소되며, 압축기 가스배출 체적이 감소한다.

(능력변화)
㉠ 압축기 토출가스 온도 상승
㉡ 압축일량 증가
㉢ 압축비(α) 증가
㉣ 압축기 체적효율 저하
㉤ 냉매 순환량 감소
㉥ 냉동능력(효과) 감소
㉦ 성적계수 감소

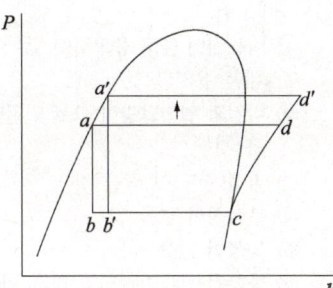

[응축온도 변화에 따른 냉동능력 변화]
※압축기 흡입가스 압력은 일정하다.

정답　23 ①　24 ③　25 ④

26 어떤 냉장고의 방열벽 면적이 500m², 열통과율이 0.311 W/m²·℃일 때, 이 벽을 통하여 냉장고 내로 침입하는 열량(kW)은? (단, 이 때의 외기온도는 32℃이며, 냉장고 내부 온도는 -15℃ 이다.)

① 12.6   ② 10.4
③ 9.1   ④ 7.3

해설
$q = K \cdot A \cdot \Delta t$
$= \dfrac{0.311 \times 500 \times (32-(-15))}{1000} = 7.308\,\text{kW}$

27 2차 유체로 사용되는 브라인의 구비 조건으로 틀린 것은?

① 비등점이 높고, 응고점이 낮을 것
② 점도가 낮을 것
③ 부식성이 없을 것
④ 열전달률이 작을 것

해설
브라인(Brine)
브라인의 원뜻은 소금물을 의미하며 증발과 응축의 상변화 없이 항상 액체상태를 유지하며 저열원에서 현열을 이용하여 열을 흡수하고 운반하여 고열원에 방출하는 냉매이며 2차 냉매라고 한다.
(1) 구비조건
　① 비등점이 높고 응고점이 낮아 항상 액체상태를 유지할 것
　② 비열과 열전달량이 크고 열전달 특성이 좋을 것
　③ 점성(점도)이 작을 것
　④ 부식성이 없을 것
　⑤ 독성이 없을 것
　⑥ 화학적으로 안정되고 다른 가스와 반응하여 변하지 않을 것
　⑦ 가격이 싸고, 구입이 쉬우며, 취급이 용이할 것

28 냉매 배관 내에 플래시 가스(flash gas)가 발생했을 때 나타나는 현상으로 틀린 것은?

① 팽창밸브의 능력 부족 현상 발생
② 냉매부족과 같은 현상 발생
③ 액관 중의 기포 발생
④ 팽창밸브에서의 냉매 순환량 증가

해설
플래시 가스(Flash Gas) 발생 방지 대책
증발기 이외의 곳에서 증발한 냉매가스를 flash gas라 하며, 플래시 가스가 액관내에 존재하면 팽창밸브의 능력이 현저히 떨어진다. 따라서 플래시 가스를 최대한 방지해야 한다. 방지대책으로는
① 액관이나 밸브류의 규격을 충분히 크게하여 압력손실을 작게 한다.
② 여과기나 필터의 점검 및 청소를 하여 압력손실을 작게 한다.
③ 액-가스 열교환기를 이용하여 액냉매의 과냉각도를 크게 한다.
④ 액관이 가열되지 않도록 방열시공한다.

29 단면이 1m²인 단열재를 통하여 0.3kW의 열이 흐르고 있다. 이 단열재의 두께는 2.5cm이고 열전도계수가 0.2 W/m·℃일 때 양면 사이의 온도차(℃)는?

① 54.5   ② 42.5
③ 37.5   ④ 32.5

해설
열전도 열량 $q = \dfrac{\lambda}{\ell} \cdot A \cdot \Delta t$ 에서
$\Delta t = \dfrac{\ell \cdot q}{\lambda \cdot A} = \dfrac{(2.5 \times 10^{-2}) \times (0.3 \times 10^3)}{0.2 \times 1}$
$= 37.5\,\text{℃}$

26 ④   27 ④   28 ④   29 ③   **정답**

30 여러 대의 증발기를 사용할 경우 증발관 내의 압력이 가장 높은 증발기의 출구에 설치하여 압력을 일정 값 이하로 억제하는 장치를 무엇이라고 하는가?

① 전자밸브
② 압력개폐기
③ 증발압력조정밸브
④ 온도조절밸브

해설 증발압력 조정밸브(evaporator pressure regulator)

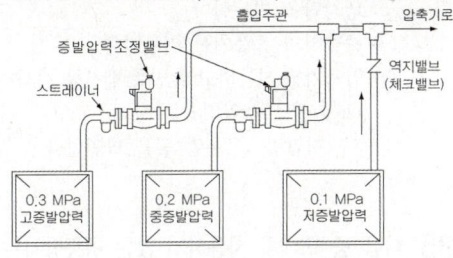

[증발압력 조정밸브의 설치]
① 기능과 역할
  ㉠ 증발기 내의 증발압력이 소정의 압력 이하로 떨어지는 것을 방지한다.
  ㉡ 증발압력이 내려가려고 할 때 밸브를 조여서 저항을 증가시켜 압축기의 흡입압력은 내려가도 증발압력은 일정하게 유지하게 한다.
  ㉢ 증발온도의 저하로 인한 피 냉각물의 저온 피해를 방지한다.
  ㉣ 물이나 브라인의 동결을 방지한다.
② 설치위치 및 종류
  ㉠ 증발기와 압축기 사이의 흡입관에서 증발기 출구배관에 설치한다.
  ㉡ 증발온도가 다른 2대 이상의 증발기가 있는 경우에 설치하며
  ㉢ 증발온도가 높은 쪽 증발기 출구배관에 설치한다.
  ㉣ 직동식과 파일럿작동식(대형장치용)이 있다.

31 다음 그림은 2단 압축 암모니아 사이클을 나타낸 것이다. 냉동능력이 2RT인 경우 저단 압축기의 냉매순환량(kg/h)은? (단, 1RT는 3.8kW이다.)

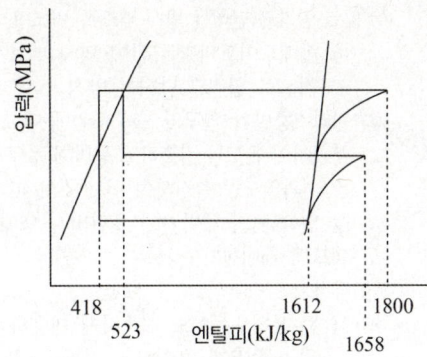

① 10.1   ② 22.9
③ 32.5   ④ 43.2

해설 냉동능력 $Q_e = G \cdot q_e$ 에서

$$G = \frac{Q_e}{q_e} = \frac{2 \times 3.8 \times 3600}{1612 - 418} = 22.91 \text{ kg/h}$$

단위 : $\frac{\text{kW}}{\text{kJ/kg}} = \frac{\text{kJ/s}}{\text{kJ/kg}}$
$= \text{kg/s} \times 3600 = \text{kJ/h}$

32 다음 팽창밸브 중 인버터 구동 가변 용량형 공기조화장치나 증발온도가 낮은 냉동장치에서 팽창밸브의 냉매유량 조절 특성 향상과 유량 제어 범위 확대 등을 목적으로 사용하는 것은?

① 전자식 팽창밸브
② 모세관
③ 플로트 팽창밸브
④ 정압식 팽창밸브

해설 전자식 팽창밸브(electronic expansion valve)
증발기의 냉매유량을 전자제어 장치에 의해 조절한다.
① 종류
  ㉠ 아날로그형의 전기신호를 이용한 바이메탈 구동방식(열전식)

30 ③   31 ②   32 ①

ⓒ 봉입왁스의 가열에 의한 부피팽창을 이용한 압력 구동방식(열동식)
ⓒ 디지털형의 전기신호를 이용한 펄스모터 구동방식(스텝핑 모터방식)
ⓔ 펄스신호에 의해 솔레노이드 밸브가 완전히 열리고 닫히는 방식(펄스폭 변조방식)
ⓜ 솔레노이드의 전류값에 의해 밸브가 비례적으로 열리고 닫히는 방식
② 원리 : 증발기 입구와 출구배관에 온도센서를 부착하여 온도를 검출하고 증발기 출구 냉매가스의 과열도를 측정하여 이 신호에 따라 밸브를 열고 닫아 증발기에 유입되는 냉매유량을 피드백 제어한다.
③ 장점
 ㉠ 큰 부하변동에도 신속하게 대응하여 일정한 과열도를 유지하는 정밀제어를 할 수 있다.
 ㉡ 온도식 자동팽창밸브에 비하여 냉매액을 정확하게 공급할 수 있다.
 ㉢ 응축압력의 변화에 따른 영향을 받지 않는다.
 ㉣ 응축기출구 냉매 과냉각의 변화를 보상할 수 있다.
 ㉤ 시스템의 운전조건에 알맞게 증발기의 전열면적을 효과적으로 이용할 수 있다.
 ㉥ 낮은 과열도를 유지할 수 있어 시스템의 효율을 높일 수 있다.
④ 단점
 ㉠ 초기투자비가 온도식 팽창밸브보다 많이 든다.
 ㉡ 내구성이 떨어진다.

33 식품의 평균 초온이 0℃일 때 이것을 동결하여 온도중심점을 -15℃까지 내리는 데 걸리는 시간을 나타내는 것은?

① 유효동결시간 ② 유효냉각시간
③ 공칭동결시간 ④ 시간상수

해설
공칭동결시간(nominal freezing time)
평균 초온이 0℃인 식품을 동결하여 온도 중심점을 -15℃까지 내리는데 소요되는 시간

34 냉동장치를 운전할 때 다음 중 가장 먼저 실시하여야 하는 것은?

① 응축기 냉각수 펌프를 기동한다.
② 증발기 팬을 기동한다.
③ 압축기를 기동한다.
④ 압축기의 유압을 조정한다.

해설
냉동기 운전 개시 순서
① 냉각수 펌프를 가동하여 응축기에 냉각수를 순환시킨다.
② 냉각탑을 가동한다.
③ 증발기의 송풍기를 가동한다.
④ 압축기를 가동하고 흡입측 밸브를 서서히 연다 (토출밸브는 열려있는 상태).
⑤ 고, 저압력 및 유압 등을 확인한다.

35 다음 중 냉매를 사용하지 않는 냉동장치는?

① 열전 냉동장치
② 흡수식 냉동장치
③ 교축팽창식 냉동장치
④ 증기압축식 냉동장치

해설
전자 냉동법(열전냉동법)
㉠ 서로 다른 금속을 연결하여 직류전류를 흐르게 하면 한쪽의 접점은 고온이 되고 다른 쪽의 접점은 저온이 되는 현상을 펠티어효과(peltier effect)라 하며, 이 원리를 이용하는 냉동법을 전자냉동법 또는 열전냉동법이라 한다.
㉡ 두 개의 반도체 소자로는 Bi + Bi$_2$Te$_3$ 등이 사용된다.

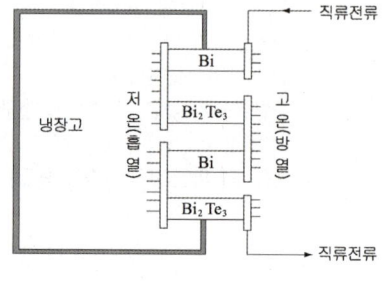

[전자 냉동법]

33 ③ 34 ① 35 ① 정답

36 축 동력 10kW, 냉매순환량 33kg/min인 냉동기에서 증발기 입구 엔탈피가 406kJ/kg, 증발기 출구 엔탈피가 615kJ/kg, 응축기 입구 엔탈피가 632kJ/kg 이다. ㉠ 실제 성능계수와 ㉡ 이론 성능계수는 각각 얼마인가?

① ㉠ 8.5, ㉡ 12.3 ② ㉠ 8.5, ㉡ 9.5
③ ㉠ 11.5, ㉡ 9.5 ④ ㉠ 11.5, ㉡ 12.3

해설

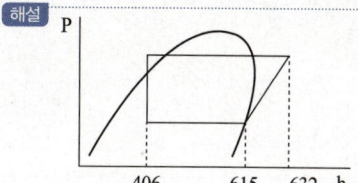

실제성적계수
$$COP = \frac{Q_e}{W} = \frac{(33 \div 60) \times (615 - 406)}{10}$$
$$= 11.49 = 11.5$$

이론성적계수
$$COP = \frac{q_e}{w} = \frac{615 - 406}{632 - 615}$$
$$= 12.29 = 12.3$$

37 암모니아용 압축기의 실린더에 있는 워터재킷의 주된 설치 목적은?

① 밸브 및 스프링의 수명을 연장하기 위해서
② 압축효율의 상승을 도모하기 위해서
③ 암모니아는 토출온도가 낮기 때문에 이를 방지하기 위해서
④ 암모니아의 응고를 방지하기 위해서

해설

워터재킷(water jacket)
- 암모니아 냉매는 비열비가 크고 토출가스 온도가 높으므로 압축기의 실린더 헤드 커버를 워터재킷으로 만들어 냉각수를 통과시킴으로써 토출가스를 냉각시킨다.
- 토출가스를 냉각시킴으로 압축효율을 상승시킬 수 있게 된다.

38 스크류 압축기의 특징에 대한 설명으로 틀린 것은?

① 소형 경량으로 설치면적이 작다.
② 밸브와 피스톤이 없어 장시간의 연속운전이 불가능하다.
③ 암수 회전자의 회전에 의해 체적을 줄여가면서 압축한다.
④ 왕복동식과 달리 흡입밸브와 토출밸브를 사용하지 않는다.

해설

스크류(screw) 압축기
- 암나사와 수나사의 로터가 서로 맞물려 돌아가는 더블 스크류식과 1개의 스크류로터와 2개의 게이트 로터로 구성된 싱글 스크류식이 있다.
- 압축기 케이싱 밑부분에 용량제어용 슬라이드 밸브가 설치되어 총용량의 10~100%까지 용량 제어가 가능하다.
- 대부분의 냉매에 적절하며 용량은 100~1000RT 정도의 냉동기에 주로 사용된다.
① 장점
  ㉠ 냉동능력에 비해 소형 경량이며 설치면적이 적다.
  ㉡ 왕복운동이 없고 회전운동을 하므로 진동이 적고 강고한 기초가 필요없다.
  ㉢ 10~100%의 무단 용량제어가 가능하다.
  ㉣ 액햄머(liquid hammer), 오일햄머(oil hammer)에 강하다.
  ㉤ 흡, 배기 밸브 및 피스톤이 없어 장기간 연속운전이 가능하다.
  ㉥ 부품수가 적어 압축기 수명이 길다.
② 단점
  ㉠ 냉동기 오일을 다량으로 분사하면서 운전하기 때문에 대용량의 유분리기 및 오일 냉각기가 필요하다.
  ㉡ 오일 펌프를 별도로 설치해야 한다.
  ㉢ 경부하 시에도 동력이 크다.
  ㉣ 고속회전이므로 소음이 비교적 크다.
  ㉤ 경부하(낮은 용량)로 장시간 운전하면 성적계수가 저하된다.
  ㉥ 운전 정지 시 압축기가 역회전하므로 체크밸브를 설치해야 한다.

정답 36 ④ 37 ② 38 ②

39 고온부의 절대온도를 T_1, 저온부의 절대온도를 T_2, 고온부로 방출하는 열량을 Q_1, 저온부로부터 흡수하는 열량을 Q_2라고 할 때, 이 냉동기의 이론 성적계수(COP)를 구하는 식은?

① $\dfrac{Q_1}{Q_1 - Q_2}$

② $\dfrac{Q_2}{Q_1 - Q_2}$

③ $\dfrac{T_1}{T_1 - T_2}$

④ $\dfrac{T_1 - T_2}{T_1}$

해설

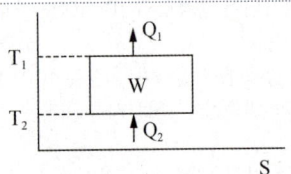

$COP = \dfrac{Q_2}{W} = \dfrac{Q_2}{Q_1 - Q_2} = \dfrac{T_2}{T_1 - T_2}$

40 2단 압축 냉동 장치 내 중간 냉각기 설치에 대한 설명으로 옳은 것은?

① 냉동효과를 증대시킬 수 있다.
② 증발기에 공급되는 냉매액을 과열시킨다.
③ 저압 압축기 흡입가스 중의 액을 분리시킨다.
④ 압축비가 증가되어 압축효율이 저하된다.

해설 2단압축 냉동사이클
−30℃ 이하의 낮은 온도를 얻기 위해서는 압축기를 2대 사용하여 냉매증기를 2번 압축함으로써 체적효율의 감소를 방지하고, 압축기의 과열과 소비동력의 증가를 방지하여 성적계수를 향상시킨다.

또한 증발기로 들어가는 냉매의 건도를 개선할 목적으로 사용되는 사이클이 2단압축 2단팽창 사이클이다.
〈중간냉각기를 설치하면〉
① 증발기에 공급되는 냉매액을 과냉각시켜서 냉동효과를 증대시킬 수 있다.
② 고압 압축기의 흡입가스 중의 액을 분리시킨다.
③ 압축비를 증가시킬 수 있어 압축효율이 증대된다.

제3과목 공기조화

41 난방부하 계산 시 일반적으로 무시할 수 있는 부하의 종류가 아닌 것은?

① 틈새바람 부하
② 조명기구 발열 부하
③ 재실자 발생 부하
④ 일사 부하

해설
- 난방부하 계산시 조명기구 발열부하, 재실자 발생부하, 일사부하는 플러스 요인이므로 계산하지 않는다
- 틈새바람은 기온이 낮고, 절대습도가 낮은 외기가 실내에 들어오는 것이므로 난방현열부하와 난방잠열부하(가습기부하)를 계산한다

정답 39 ② 40 ① 41 ①

42 습공기의 상태변화를 나타내는 방법 중 하나인 열수분비의 정의로 옳은 것은?

① 절대습도 변화량에 대한 잠열량 변화량의 비율
② 절대습도 변화량에 대한 전열량 변화량의 비율
③ 상대습도 변화량에 대한 현열량 변화량의 비율
④ 상대습도 변화량에 대한 잠열량 변화량의 비율

해설
열수분비(moisture ratio, U)
① 습공기에서 수분의 변화량에 대한 전열량의 변화량의 비율이며 **수분비**라고도 한다.
② 공기선도에서 가습으로 인한 상태변화를 나타내는 데 이용된다.

$$U = \frac{\text{전열량의 변화량[kJ]}}{\text{수분의 변화량[kg]}}$$
$$= \frac{\text{엔탈피의 변화량}}{\text{절대습도의 변화량}}$$
$$= \frac{\Delta h}{\Delta x} = \frac{h_2 - h_1}{x_2 - x_1}$$
$$= \frac{q_S + q_L}{L} = \frac{q_S + L \cdot h_L}{L}$$
$$= \frac{q_S}{L} + h_L \text{ [kJ/kg]}$$

여기서 L : 수분의 변화량 [kg]
h_L : 수분의 엔탈피 [kJ/kg]
x : 습공기의 절대습도 [kg/kg]

43 온수관의 온도가 80℃, 환수관의 온도가 60℃인 자연순환식 온수난방장치에서의 자연순환수두(mmAq)는? (단, 보일러에서 방열기까지의 높이는 5m, 60℃에서의 온수 밀도는 983.24 kg/m³, 80℃에서의 온수 밀도는 971.84kg/m³이다.)

① 55　　② 56
③ 57　　④ 58

해설
자연순환수두 $H = (\gamma_2 - \gamma_1) \cdot h$
$= (983.24 - 971.84) \times 5$
$= 57 \text{kgf/m}^2 = 57 \text{mmAq}$
공학단위에서는 밀도값과 비중량값이 같다.
즉, $\rho_1 = 971.84 \text{kg/m}^3$　$\gamma_1 = 971.84 \text{kgf/m}^3$
$\rho_2 = 983.24 \text{kg/m}^3$　$\gamma_2 = 983.24 \text{kgf/m}^3$

44 온수난방 배관방식에서 단관식과 비교한 복관식에 대한 설명으로 틀린 것은?

① 설비비가 많이 든다.
② 온도변화가 많다.
③ 온수 순환이 좋다.
④ 안정성이 높다.

해설
온수난방 배관 방식에서 복관식은 단관식에 비하여
① 설비비가 많이든다
② 공급관과 환수관이 분리되므로 온도변화가 적다
③ 온수의 순환이 좋다
④ 온수공급의 안정성이 높다

45 극간풍이 비교적 많고 재실 인원이 적은 실의 중앙 공조방식으로 가장 경제적인 방식은?

① 변풍량 2중덕트 방식
② 팬코일 유닛 방식
③ 정풍량 2중덕트 방식
④ 정풍량 단일덕트 방식

해설
극간풍이 많고 재실 인원이 적은 실의 경우는 환기의 필요성이 적으므로 전공기방식 보다는 전수방식인 복사냉난방방식 또는 팬코일유닛방식이 경제적이다

46 덕트 설계시 주의사항으로 틀린 것은?

① 장방형 덕트 단면의 종횡비는 가능한 한 6 : 1 이상으로 해야 한다.
② 덕트의 풍속은 15m/s 이하, 정압은 50mmAq 이하의 저속덕트를 이용하여 소음을 줄인다.

정답　42 ②　43 ③　44 ②　45 ②　46 ①

③ 덕트의 분기점에는 댐퍼를 설치하여 압력 평형을 유지시킨다.
④ 재료는 아연도금강판, 알루미늄판 등을 이용하여 마찰저항 손실을 줄인다.

해설 장방형 덕트 단면의 종횡비(아스팩트비)는 가능한 4:1이하로 해야한다

47 공장에 12kW의 전동기로 구동되는 기계 장치 25대를 설치하려고 한다. 전동기는 실내에 설치하고 기계 장치는 실외에 설치한다면 실내로 취득되는 열량(kW)은? (단, 전동기의 부하율은 0.78, 가동율은 0.9, 전동기 효율은 0.87 이다.)

① 242.1　　② 210.6
③ 44.8　　④ 31.5

해설 전동기 및 기계의 발생열량

$$q_E = P \times f_e \times f_o \times f_k \quad [kW]$$

P : 전동기 정격출력 [kW]
f_e : 부하율(0.8~0.9)　　f_o : 전동기 가동율
f_k : 사용상태 계수　　η : 전동기 효율

㉠ 전동기(모터)와 기계 모두 실내에 있을 때 :
$$q_E = \frac{P \times f_e \times f_o}{\eta} \quad [kW]$$

㉡ 기계는 실내, 전동기는 실외에 있을 때 :
$$q_E = P \times f_e \times f_o \times 1 \quad [kW]$$

㉢ 전동기는 실내, 기계는 실외에 있을 때 :
$$q_E = \frac{P \times f_e \times f_o}{\eta} - P \times f_e \times f_o \times 1$$
$$= P \times f_e \times f_o \times \left(\frac{1}{\eta} - 1\right) \quad [kW]$$

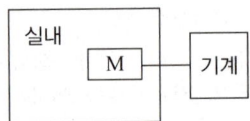

실내취득열량 = 공급된 에너지 − 기계에 필요한 에너지

$$q_E = P \times f_e \times f_o \times \left(\frac{1}{\eta} - 1\right)$$
$$= (12 \times 25) \times 0.78 \times 0.9 \times \left(\frac{1}{0.87} - 1\right)$$
$$= 31.46 \, kW$$

[참고] 부하율 = $\dfrac{\text{기계에 소요되는 에너지}}{\text{전동기 정격출력(에너지)}}$

효율 = $\dfrac{\text{전동기 정격출력(에너지)}}{\text{공급되는 전기에너지}}$

48 공기세정기에서 순환수 분무에 대한 설명으로 틀린 것은? (단, 출구 수온은 입구 공기의 습구온도와 같다.)

① 단열변화　　② 증발냉각
③ 습구온도 일정　　④ 상대습도 일정

해설 순환수가습
① 입구공기의 습구온도(t')와 같은 온도의 순환수를 분무하여 가습하면 공기의 상태변화는 습구온도가 일정한 선을 따라 변화한다. 이때의 변화를 **단열변화**(斷熱變化)라 한다.
② 엔탈피의 변화가 극히 작기 때문에 $h_1 ≒ h_2$로 취급 한다.

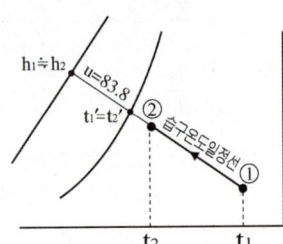

열수분비 $u = \dfrac{\Delta h}{\Delta x} = \dfrac{L \cdot C \cdot t'}{L}$
$= C \cdot t' \quad [kJ/kg]$

[예] 순환수 온도가 20℃이면
$u = 83.8 \quad [kJ/kg]$

※ 순환수 분무하면 상대습도는 상승(증가)한다
※ 순환수 분무하면 건구온도가 t_1에서 t_2로 내려가므로 증발냉각 과정이다.

[참고] 물의 비열 $C = 4.19 \, kJ/kg \cdot K$

47 ④　48 ④ **정답**

49 전압기준 국부저항계수 ζ_T와 정압기준 국부저항계수 ζ_S와의 관계를 바르게 나타낸 것은? (단, 덕트 상류 풍속은 v_1, 하류 풍속은 v_2이다.)

① $\zeta_T = \zeta_S - 1 + \left(\dfrac{v_2}{v_1}\right)^2$

② $\zeta_T = \zeta_S + 1 - \left(\dfrac{v_2}{v_1}\right)^2$

③ $\zeta_T = \zeta_S - 1 - \left(\dfrac{v_2}{v_1}\right)^2$

④ $\zeta_T = \zeta_S + 1 + \left(\dfrac{v_2}{v_1}\right)^2$

해설
$\Delta P_T = \Delta P_S + \Delta P_V$
$\zeta_T \dfrac{v_1^2}{2g}\gamma = \zeta_S \dfrac{v_1^2}{2g}\gamma + \left(\dfrac{v_1^2}{2g}\gamma - \dfrac{v_2^2}{2g}\gamma\right)$
$\zeta_T = \zeta_S + 1 - \left(\dfrac{v_2}{v_1}\right)^2$

50 공기세정기에 대한 설명으로 틀린 것은?
① 세정기 단면의 종횡비를 크게 하면 성능이 떨어진다.
② 공기세정기의 수·공기비는 성능에 영향을 미친다.
③ 세정기 출구에는 분무된 물방울의 비산을 방지하기 위해 루버를 설치한다.
④ 스프레이 헤더의 수를 뱅크(bank)라 하고 1본을 1뱅크, 2본을 2뱅크라 한다.

해설
에어와셔(Air Washer)
1955년 이전에는 냉각 감습용으로도 사용되었으나 최근에는 에어와셔가 가습용으로 일부 사용될 뿐이다. 풍속은 2~3m/s로 하고, 감습시에는 노즐경 3.0~4.5mm 압력 1.5~2.0kgf/cm²으로 분무수량을 크게 하며 가습 시에는 노즐경 3mm, 압력 2.0kgf/cm²로 미세한 물방울을 분무한다.

(1) 구성
① 루버(louver) : 공기 입구로서 공기 흐름을 균일하게 해준다.
② 분무노즐(spray nozzle) : 물을 미립자화 하여 분무한다.
③ 플러딩 노즐(flooding nozzle) : 엘리미네이터에 부착된 먼지 등을 세정한다.
④ 엘리미네이터(eliminator) : 물방울이 공기에 섞여 나가지 못하도록 제거한다.
⑤ 수조(water tank) : 분무수를 저장한다.

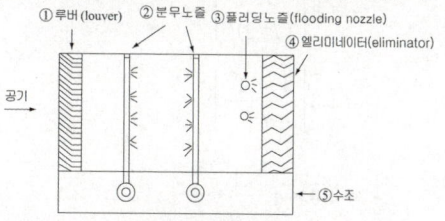

[에어와셔의 구성]

51 실내의 CO_2 농도기준이 1000ppm 이고, 1인당 CO_2 발생량이 18L/h인 경우, 실내 1인당 필요한 환기량(m^3/h)은? (단, 외기 CO_2 농도는 300ppm이다.)
① 22.7 ② 23.7
③ 25.7 ④ 26.7

해설
환기량 $Q = \dfrac{M}{C_r - C_o}$
$= \dfrac{18 \times 10^{-3}}{(1000 - 300) \times 10^{-6}}$
$= 25.7 m^3/h$

52 타원형 덕트(flat oval duct)와 같은 저항을 갖는 상당직경 D_e를 바르게 나타낸 것은? (단, A는 타원형 덕트 단면적, P는 타원형 덕트 둘레길이이다.)

① $D_e = \dfrac{1.55 P^{0.25}}{A^{0.625}}$

② $D_e = \dfrac{1.55 A^{0.25}}{P^{0.625}}$

③ $D_e = \dfrac{1.55 P^{0.625}}{A^{0.25}}$

④ $D_e = \dfrac{1.55 A^{0.625}}{P^{0.25}}$

> 해설 장방형(4각)덕트의 원형덕트 환산
>
> $D_e = 1.3 \left[\dfrac{(a \cdot b)^5}{(a+b)^2} \right]^{\frac{1}{8}}$
>
> $= 1.3 \left[\dfrac{A^5}{(P/2)^2} \right]^{\frac{1}{8}}$
>
> $= 1.3 \left[\dfrac{4 \times A^5}{P^2} \right]^{\frac{1}{8}}$
>
> $= 1.3 \times 4^{\frac{1}{8}} \dfrac{A^{5 \times \frac{1}{8}}}{P^{2 \times \frac{1}{8}}}$
>
> $= 1.55 \times \dfrac{A^{0.625}}{P^{0.25}}$

53 압력 1MPa, 건도 0.89인 습증기 100kg을 일정 압력의 조건에서 엔탈피가 3052kJ/kg인 300℃의 과열증기로 되는데 필요한 열량 (kJ)은? (단, 1MPa에서 포화액의 엔탈피는 759kJ/kg, 증발잠열은 2018kJ/kg이다.)

① 44208　　　② 49698
③ 229311　　④ 103432

> 해설 습증기 엔탈피 $h_1 = h_1' + x(h_1'' - h_1')$
>
> $h_1 = 759 + 0.89 \times 2018 = 2555.02\,\text{kJ/kg}$
>
> 필요한 열량 $q = G \times (h_2 - h_1)$
> $= 100 \times (3052 - 2555.02)$
> $= 49698\,\text{kJ}$

54 EDR(Equivalent Direct Radiation)에 관한 설명으로 틀린 것은?

① 증기의 표준방열량은 650 kcal/m²·h 이다.
② 온수의 표준방열량은 450kcal/m²·h이다.
③ 상당 방열면적을 의미한다.
④ 방열기의 표준방열량을 전방열량으로 나눈 값이다.

> 해설 (1) 방열기의 용량
> 상당 방열면적(Equivalent Direct Radiation)으로 방열기 용량을 나타낸다.
>
> $$EDR = \dfrac{q}{q_0}$$
>
> EDR : 상당방열면적 [m²]
> q : 방열기의 총 방열량 [W], [kcal/h]
> q_0 : 방열기의 표준 방열량 [W/m²], [kcal/m²h]
>
> (2) 방열기 표준방열량(q_0)

열매	표준상태		표준방열량 (q_0)
	열매온도 [℃]	실내온도 [℃]	
온수	80	18.5	523W/m²
			450kcal/m²·h
증기	102	18.5	756W/m²
			650kcal/m²·h

55 증기난방 방식에 대한 설명으로 틀린 것은?

① 환수방식에 따라 중력환수식과 진공환수식, 기계환수식으로 구분한다.
② 배관방법에 따라 단관식과 복관식이 있다.
③ 예열시간이 길지만 열량 조절이 용이하다.
④ 운전 시 증기 해머로 인한 소음을 일으키기 쉽다.

> 해설
> • 증기난방은 온수난방에 보다 장치내 보유수량이 적어 열용량이 작으므로 예열시간이 짧아 신속하게 난방할 수 있다
> • 증기난방은 방열량(증기의 온도, 유량) 제어가 어려워 실내온도 조절이 어렵다.

정답　53 ②　54 ④　55 ③

56 어떤 냉각기의 1열(列) 코일의 바이패스 팩터가 0.65 라면 4열(列)의 바이패스 팩터는 약 얼마가 되는가?

① 0.18
② 1.82
③ 2.83
④ 4.84

해설
1열의 By Pass 팩터 0.65이면
2열의 By Pass 팩터는 0.65×0.65이다
4열이면 0.65×0.65×0.65×0.65=0.18

57 다음 냉방부하 요소 중 잠열을 고려하지 않아도 되는 것은?

① 인체에서의 발생열
② 커피포트에서의 발생열
③ 유리를 통과하는 복사열
④ 틈새바람에 의한 취득열

해설
- 인체의 발생열, 커피포트의 발생열, 틈새바람의 취득열은 온도와 수분이 있으므로 현열부하와 잠열부하가 있다
- 유리를 통과하는 복사열은 수분이 들어오지 않으므로 현열부하만 있다

58 냉수코일 설계 기준에 대한 설명으로 틀린 것은?

① 코일은 관이 수평으로 놓이게 설치한다.
② 관 내 유속은 1m/s 정도로 한다.
③ 공기 냉각용 코일의 열 수는 일반적으로 4~8열이 주로 사용된다.
④ 냉수 입·출구 온도차는 10℃ 이상으로 한다.

해설
코일 선정의 일반사항
① 냉수코일의 정면풍속은 2.0~3.0m/s(온수코일 2.0~3.5m/s) 정도이다.
  냉수코일에서 2.5m/s를 초과하면 코일에 붙은 결로수가 비산한다.
② 코일 내의 물의 유속은 1.0m/s 전후로 한다.
③ 유속이 커지면 마찰저항이 증가하므로 더블서킷으로 한다.

④ 대향류로 열교환하는 것이 평균 온도차가 커서 전열효과가 좋다.
⑤ 코일 입출구 수온차는 5℃ 전후로 한다. 지역난방이나 초고층건물 등 배관길이가 긴 경우에는 펌프동력을 절감하기 위해 8~10℃로 하는 경우가 많다.
⑥ 냉온수 겸용 코일인 경우 냉수코일을 기준으로 선정한다(냉수유량이 많기 때문임).
⑦ 공기 냉각용으로는 4~8열이 많이 사용된다.

59 다음 용어에 대한 설명으로 틀린 것은?

① 자유면적 : 취출구 혹은 흡입구 구멍면적의 합계
② 도달거리 : 기류의 중심속도가 0.25m/s에 이르렀을 때, 취출구에서의 수평거리
③ 유인비 : 전공기량에 대한 취출공기량(1차 공기)의 비
④ 강하도 : 수평으로 취출된 기류가 일정 거리만큼 진행한 뒤 기류중심선과 취출구 중심과의 수직거리

해설
취출구의 유인작용
취출구에서 나온 공기를 1차공기라 하며 실내에 있던 공기 중에서 취출공기와 혼합되는 공기를 2차공기라 하고, 1차공기와 1차＋2차 공기인 전공기의 비를 유인비라 한다. (즉, 취출공기량에 대한 전공기량의 비이다)

$$R = \frac{1차공기량 + 2차공기량}{1차공기량} = \frac{전공기량}{취출공기량}$$

60 덕트의 마찰저항을 증가시키는 요인 중 값이 커지면 마찰저항이 감소되는 것은?

① 덕트 재료의 마찰저항 계수
② 덕트 길이
③ 덕트 직경
④ 풍속

정답 56 ① 57 ③ 58 ④ 59 ③ 60 ③

해설

마찰저항 $\triangle P_f = \lambda \dfrac{\ell}{d} \dfrac{v^2}{2g} \Upsilon$

λ : 덕트 마찰저항계수
ℓ : 덕트의 길이[m]
d : 덕트의 직경[n]
v : 풍속[m/s]
Υ : 공기의 비중량[kg/m³]
g : 중력가속도[m/s²]

제4과목 전기제어공학

61 정격주파수 60Hz의 농형 유도전동기를 50Hz로 정격전압에서 사용할 때, 감소하는 것은?

① 토크 ② 온도
③ 역률 ④ 여자전류

해설 유도전동기에서 인가전압이 일정할 때 주파수가 감소하면 일어나는 현상
1. 온도가 상승한다.
2. 역률이 저하한다.
3. 동기속도가 감소한다.
4. 토크가 증가한다.
5. 여자전류 및 자속이 증가한다.

62 그림과 같은 피드백 회로의 종합 전달함수는?

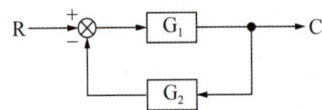

① $\dfrac{1}{G_1} + \dfrac{1}{G_2}$ ② $\dfrac{G_1}{1 - G_1 G_2}$

③ $\dfrac{G_1}{1 + G_1 G_2}$ ④ $\dfrac{G_1 G_2}{1 - G_1 G_2}$

해설

전달함수 $\dfrac{C}{R} = \dfrac{\text{전향경로의 합}}{1 - \text{피드백의 합}}$

$\qquad\qquad = \dfrac{G_1}{1 + G_1 G_2}$

63 도체가 대전된 경우 도체의 성질과 전하 분포에 관한 설명으로 틀린 것은?

① 도체 내부의 전계는 ∞이다.
② 전하는 도체 표면에만 존재한다.
③ 도체는 등전위이고 표면은 등전위면이다.
④ 도체 표면상의 전계는 면에 대하여 수직이다.

해설 전기력선

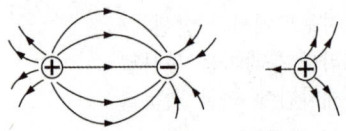

[정·부전하의 전기력선] [같은 전하의 전기력선]

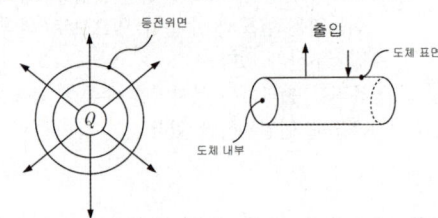

[등전위면에 직교] [도체 표면에 수직으로 출입]

① 전기력선은 전계의 방향과 크기를 가상적인 선으로 나타낸 것이다.
② 전기력선은 양전하의 표면에서 나와 음전하의 표면에서 끝난다.
③ 전기력선은 등전위면에 직교하고 서로 교차하거나 소멸되지 않는다.
④ 전기력선은 도체 표면에 수직으로 출입하고 도체 내부에는 존재하지 않는다.
⑤ 전기력선은 전위가 높은 곳에서 낮은 곳으로 이동한다.
⑥ 전기력선의 밀도는 전계의 세기가 커지면 커진다.
⑦ 전기력선의 방향은 전계의 방향과 같다.
⑧ 단위 전하에서 $1/\varepsilon_0$개의 전기력선이 출입한다.(ε_0 : 진공의 유전율 8.854×10^{-12} F/m)

정답 61 ③ 62 ③ 63 ①

64 어떤 교류전압의 실효값이 100V일 때 최대값은 약 몇 V가 되는가?

① 100 ② 141
③ 173 ④ 200

해설
실효전압 $V = \dfrac{1}{\sqrt{2}} V_m$ 에서

최대전압 $V_m = \sqrt{2}\, V$
$= \sqrt{2} \times 100 = 141.4\,V$

65 PLC(Programmable Logic Controller)에서, CPU부의 구성과 거리가 먼 것은?

① 연산부
② 전원부
③ 데이터 메모리부
④ 프로그램 메모리부

해설
PLC(Programable Logic Controller)
- 논리연산, 수치연산, 데이터처리기능, 프로그램 제어기능을 조합한 제어이다.
- PLC의 구성
  1. 중앙처리장치(CPU)
     - PLC의 전반적인 제어를 담당한다
     - 연산부, 메모리부, 외부장치와 인터페이스부로 구성
  2. 입출력부(I/O)
     - 입력부 : 외부 기기로부터의 신호를 CPU의 연산부로 전달해주는 역할을 한다. 입력의 종류로는 DC24[V], AC110[V] 등이 있다
     - 출력부 : 내부 연산의 결과를 외부에 접속된 전자개폐기, 솔레노이드, 시그널 램프 등에 전달하는 역할을 한다
  3. 전원공급장치
     - AC 110V, 220V 상용전원을 DC 5V, 24V로 변환시켜주는 장치
  4. 주변기기
     - 각종센서 및 스위치, 각종 Loader등

66 제어대상의 상태를 자동적으로 제어하며, 목표값이 제어 공정과 기타의 제한 조건에 순응하면서 가능한 가장 짧은 시간에 요구되는 최종상태까지 가도록 설계하는 제어는?

① 디지털제어   ② 적응제어
③ 최적제어   ④ 정치제어

해설
최적제어(optimum control)
제어대상의 상태를 자동적으로 최적 상태로 유지하려고 하는 제어
제어상태 또는 제어 결과를 주어진 기준에 따라 평가하고, 그 평가 결과를 가장 좋게 유지하면서 제어 목적을 달성하는 제어방식이다

67 90Ω의 저항 3개가 △결선으로 되어 있을 때, 상당(단상) 해석을 위한 등가 Y결선에 대한 각 상의 저항 크기는 몇 Ω 인가?

① 10   ② 30
③ 90   ④ 120

해설
$R_{ab} = R_{bc} = R_{ca} = 90\,\Omega$ 이므로

$R_a = R_b = R_c = \dfrac{1}{3} R_{ab} = \dfrac{1}{3} \times 90 = 30\,\Omega$

저항의 △ 접속과 Y접속

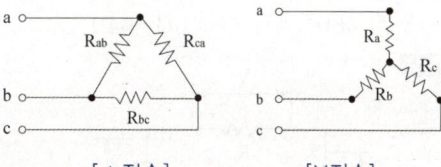

[△접속]   [Y접속]

① △접속을 Y접속으로 등가 변환

$R_a = \dfrac{R_{ab} R_{ca}}{R_{ab} + R_{bc} + R_{ca}}$

$R_b = \dfrac{R_{ab} R_{bc}}{R_{ab} + R_{bc} + R_{ca}}$

$R_c = \dfrac{R_{bc} R_{ca}}{R_{ab} + R_{bc} + R_{ca}}$

* 평형부하 즉, $R_{ab} = R_{bc} = R_{ca}$ 이면

$R_a = R_b = R_c = \dfrac{1}{3} R_{ab} \left(= \dfrac{1}{3} R_{bc} = \dfrac{1}{3} R_{ca}\right)$

가 된다.

정답 64 ② 65 ② 66 ③ 67 ②

② Y접속을 △접속으로 등가변환

$$R_{ab} = \frac{R_a R_b + R_b R_c + R_c R_a}{R_c}$$

$$R_{bc} = \frac{R_a R_b + R_b R_c + R_c R_a}{R_a}$$

$$R_{ca} = \frac{R_a R_b + R_b R_c + R_c R_a}{R_b}$$

* 평형부하 즉, $R_a = R_b = R_c$이면
$R_{ab} = R_{bc} = R_{ca} = 3R_a (= 3R_b = 3R_c)$가 된다.

68 다음과 같은 회로에 전압계 3대와 저항 10Ω을 설치하여 $V_1 = 80V$, $V_2 = 20V$, $V_3 = 100V$의 실효치 전압을 계측하였다. 이 때 순저항 부하에서 소모하는 유효전력은 몇 W 인가?

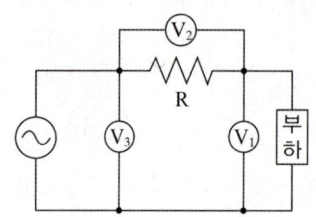

① 160 ② 320
③ 460 ④ 640

해설

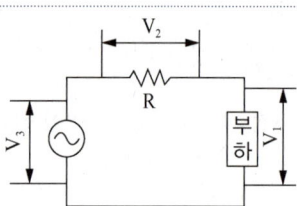

유효전력 $P = V_1 I \cos\theta$

$$= V_1 \times \frac{V_2}{R} \times \frac{V_3^2 - V_1^2 - V_2^2}{2V_1 V_2}$$

$$= \frac{1}{R} \times \frac{V_3^2 - V_1^2 - V_2^2}{2}$$

$$= \frac{1}{10} \times \frac{100^2 - 20^2 - 80^2}{2}$$

$$= 160 W$$

69 $G(j\omega) = e^{-j\omega 0.4}$일 때 $\omega = 2.5$에서의 위상각은 약 몇 도인가?

① -28.6   ② -42.9
③ -57.3   ④ -71.5

해설

$G(j\omega) = e^{-j\omega L} = \cos\omega L - j\sin\omega L$

위상각 $\theta = \angle G(j\omega) = \tan^{-1}\left(\frac{-\sin\omega L}{\cos\omega L}\right)$이므로

$G(j\omega) = e^{-j\omega 0.4} = \cos\omega 0.4 - j\sin\omega 0.4$

위상각 $\theta = \angle G(j\omega) = \tan^{-1}\left(\frac{-\sin\omega 0.4}{\cos\omega 0.4}\right)$

$$= \tan^{-1}\left[\frac{-\sin(2.5 \times 0.4)}{\cos(2.5 \times 0.4)}\right]$$

$$= \tan^{-1}[-\tan(2.5 \times 0.4)]$$

$$= -(2.5 \times 0.4) = -1[rad]$$

$$= \frac{-1}{\pi} \times 180° = -57.3°$$

70 여러 가지 전해액을 이용한 전기분해에서 동일량의 전기로 석출되는 물질의 양은 각각의 화학당량에 비례한다고 하는 법칙은?

① 줄의 법칙
② 렌츠의 법칙
③ 쿨롱의 법칙
④ 패러데이의 법칙

해설

패러데이법칙(패러데이 전기분해 법칙)
전기분해에 의해 석출 또는 용해하는 원소 또는 원자단의 양은 흐르는 전기량에 비례하고, 같은 전기량으로 석출 또는 용해하는 원소 또는 원자단의 질량은 그 물질의 화학 당량에 비례한다. 1g 화학당량의 원소 또는 원자단이 석출되는 데에 필요한 전기량은 원소 또는 원자단의 종류와 관계없이 항상 일정(패러데이 상수 F=96485 C/mol)하다는 법칙

68 ①   69 ③   70 ④   정답

71 과도 응답의 소멸되는 정도를 나타내는 감쇠비(decay ratio)로 옳은 것은?

① 제2 오버슈트 / 최대 오버슈트
② 제4 오버슈트 / 최대 오버슈트
③ 최대 오버슈트 / 제2 오버슈트
④ 최대 오버슈트 / 제4 오버슈트

[해설] 감쇠비 = 제2 오버슈트 / 최대 오버슈트

72 유도전동기에서 슬립이 '0'이란 의미와 같은 것은?

① 유도제동기의 역할을 한다.
② 유도전동기가 정지상태이다.
③ 유도전동기가 전부하 운전상태이다.
④ 유도전동기가 동기속도로 회전한다.

[해설] 슬립이 "0"이란 의미는 $n = \dfrac{120f}{P}$ [rpm]인 회전속도(동기속도)로 회전한다는 의미이다.

73 제어장치가 제어대상에 가하는 제어신호로 제어장치의 출력인 동시에 제어대상의 입력인 신호는?

① 조작량   ② 제어량
③ 목표값   ④ 동작신호

[해설]
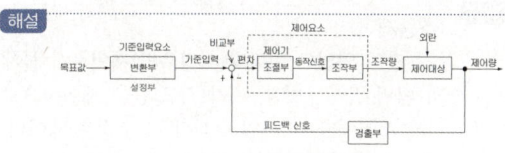

74 200V, 1kW 전열기에서 전열선의 길이를 1/2로 할 경우, 소비전력은 몇 kW인가?

① 1   ② 2
③ 3   ④ 4

[해설] 전열기의 전열선은 저항이며, 길이를 $\dfrac{1}{2}$로 한다는 것은 저항을 $\dfrac{1}{2}$로 한다는 것이다.

즉, $R_2 = \dfrac{1}{2} R_1$

전력 $P = VI = V\dfrac{V}{R} = \dfrac{V^2}{R}$ 에서

$P_1 = \dfrac{V^2}{R_1} = 1\,\mathrm{kW}$

$P_2 = \dfrac{V^2}{\frac{1}{2}R_1} = \dfrac{2V^2}{R_1} = 2\,\mathrm{kW}$

75 제어계의 분류에서 엘리베이터에 적용되는 제어 방법은?

① 정치제어   ② 추종제어
③ 비율제어   ④ 프로그램제어

[해설] 피드백 제어의 목표값에 의한 분류
① 정치제어 : 목표값이 시간이 변하여도 변하지 않고 일정한 제어, 자동조정, 프로세스제어가 여기에 속한다.
② 추치제어 : 목표값이 시간에 따라서 변하는 제어
 ㉠ 추종제어 : 목표값이 임의로 변화되는 경우의 제어
  (예) 대공포의 포신제어, 미사일 추적장치, 추적레이더)
 ㉡ 프로그램제어 : 제어 목표값을 미리 정해진 프로그램에 의해 변화시키는 제어
  (예) 열처리 노의 온도제어, 무인열차 운전, 엘리베이터, 자판기, 공작기계제어)
 ㉢ 비율제어 : 목표값이 다른 량과 일정한 비율관계로 변화되는 제어
  (예) 보일러 자동 연소장치)

76 다음 설명은 어떤 자성체를 표현한 것인가?

> N극을 가까이 하면 N극으로 S극을 가까이 하면 S극으로 자화되는 물질로 구리, 금, 은 등이 있다.

① 강자성체   ② 상자성체
③ 반자성체   ④ 초강자성체

정답 71 ① 72 ④ 73 ① 74 ② 75 ④ 76 ③

[해설]
외부 자기장 안에서 자기화하는 방식에 따라 물질을 상자성체와 반자성체로 구분한다. **상자성체**는 외부 자기장과 나란한 방향(같은방향)으로 자기화하는 물질(자석을 끌어 당기므로 자석에 붙는 물질), **반자성체**란 외부 자기장과 반대 방향으로 자기화하는 물질(자석을 밀어내므로 자석에 붙지않는 물질), 이들 물질은 외부 자기장을 제거하면 초기화되어 자기를 잃고 비자성 물질로 돌아간다
- 상자성 물질 : 나트륨, 알루미늄, 백금, 주석, 공기
- 반자성 물질 : 구리, 비스무스, 납, 수은, 금, 은, 흑연

강자성체는 외부에서 자기장을 걸어주면 자기장 방향으로 자기화 되고, 외부 자기장을 제거하여도 초기화 되지않고 유지되어 영구자석이라 불리는 자성체 즉, 자석이 된다.
- 강자성 물질 : 철, 코발트, 니켈

77 단위 피드백 제어계통에서 입력과 출력이 같다면 전향전달함수 G(s)의 값은?
① 0　　　　　　② 0.707
③ 1　　　　　　④ ∞

[해설]
단위 피드백이라 함은 피드백=1
입력과 출력이 같으므로 $\dfrac{C}{R}=1$

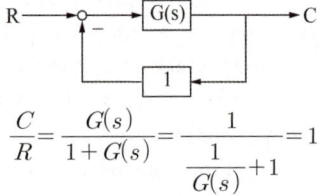

$\dfrac{C}{R} = \dfrac{G(s)}{1+G(s)} = \dfrac{1}{\dfrac{1}{G(s)}+1} = 1$

∴ $\dfrac{1}{G(s)}=0$ 이 되려면 $G(s)=\infty$

78 제어계의 과도응답특성을 해석하기 위해 사용하는 단위계단입력은?
① δ(t)　　　　② u(t)
③ -3tu(t)　　　④ sin(120π t)

[해설]

함수명	그래프	f(t)	F(s)
단위 임펄스 함수		$\delta(t)$	1
단위 계단 함수		$u(t)=1$	$\dfrac{1}{s}$
단위 램프 함수		t	$\dfrac{1}{s^2}$
지수 감쇠 함수		e^{-at}	$\dfrac{1}{s+a}$
정현파 함수		$\sin\omega t$	$\dfrac{\omega}{s^2+\omega^2}$
여현파 함수		$\cos\omega t$	$\dfrac{s}{s^2+\omega^2}$
펄스 함수		$u(t)-u(t-T)$	$\dfrac{a}{s}(1-e^{-Ts})$

79 추종제어에 속하지 않는 제어량은?
① 위치　　　　② 방위
③ 자세　　　　④ 유량

[해설]
〈추종제어〉
목표값이 임의로 변화되는 경우의 제어로서 물체의 범위(위치), 방향, 자세(각도)등을 제어량으로 하는 제어이다. 미사일 추적장치, 추적용 레이더, 선박의 방향제어 등이 있다
〈프로세스 제어〉
화학공업, 반도체 산업 등과 같이 주로 프로세스 산업분야에서 행해지는 제어로서 환경조건을 최적화하는 목적으로 행해지는 제어이며 온도, 습도, 압력, 유량, 액면, 비중, 농도 등과 같은 변화량을 제어한다. 주로 외란 억제를 주 목적으로 한다.

정답 77 ④　78 ②　79 ④

80 PI 동작의 전달함수는? (단, K_P는 비례감도이고, T_I는 적분시간이다.)

① K_P ② $K_P s T_I$
③ $K_P(1+s T_I)$ ④ $K_P\left(1+\dfrac{1}{s T_I}\right)$

해설

PI 동작 : 비례적분동작

출력 $y(t) = K_P\left(x(t)+\dfrac{1}{T_I}\int x(t)dt\right)$

라플라스 변환하면

$Y(s) = K_P\left(X(s)+\dfrac{1}{T_I}\dfrac{1}{s}X(s)\right)$

$= K_P\left(1+\dfrac{1}{T_I s}\right)X(s)$

전달함수 $G(s) = \dfrac{Y(s)}{X(s)} = K_P\left(1+\dfrac{1}{T_I s}\right)$

제5과목 배관일반

81 냉동장치의 배관공사가 완료된 후 방열공사의 시공 및 냉매를 충전하기 전에 전 계통에 걸쳐 실시하며, 진공 시험으로 최종적인 기밀 유무를 확인하기 전에 하는 시험은?

① 내압시험 ② 기밀시험
③ 누설시험 ④ 수압시험

해설

〈내압시험(耐壓試驗)〉
내압시험은 압축기, 압력용기, 밸브등 냉동장치의 배관을 제외한 구성기기의 내압강도를 확인하기 위하여 공장에서 실시하는 시험이다.
시험 압력은 최소 누설시험 압력의 15/8배 이상의 압력으로 실시한다.
내압시험은 액압(液壓)을 사용하는 것을 원칙으로 한다. 가스압을 사용하면 파괴되었을 때 큰 사고를 초래하기 때문이다.

〈기밀시험(氣密試驗)〉
기밀시험은 내압시험을 통과한 압축기, 압력용기, 밸브등 냉동장치의 배관을 제외한 구성기기에 대하여 개별적으로 실시하는 것이지만 이들 부품은 모두 조립된 상태에서 실시한다. 이 기밀시험은 주요 구성기기에 대하여 미리 기밀성능을 확인하기 위한 것이며 제작공장에서 실시한다
기밀시험은 누설의 확인이 쉽도록 가스압으로 시험한다. 시험에 사용하는 압축가스는 공기 또는 불연성가스, 비독성가스(탄산가스, 질소)를 사용한다.

〈누설시험(漏泄試驗)〉
냉매 배관공사가 완료된 후, 방열공사(용기보온, 배관보온)의 시공전, 냉매를 충전하기전에 냉매배관 전 계통에 걸쳐 누설시험을 실시한다. 이 시험은 진공시험을 하기전에 누설 개소를 발견하여 기밀을 완전하게 하기위한 목적의 시험이다. 누설시험은 탄산가스, 질소를 사용하거나 시험용 공기 압축기를 사용하여 가압한다. 프레온 냉동장치에서는 공기로 가압하지 않고 탄산가스, 질소를 사용하는 것이 좋다
저압측과 고압측을 나누어 실시하며, 누설개소가 없으면 24시간 방치 시험을 하여 압력강하가 없는 것을 확인한다.

냉매	최소누설시험압력($kg_f/cm^2 g$)	
	고압부	저압부
암모니아	16	8(14.4)
프레온 12	13.2	8(8)
프레온 22	16	8(14.4)
프레온 500	14.4	8(10.4)

㈜터보냉동기의 경우는 저압부 압력을 ( )내의 값으로 한다.
상용압력이 높을 때는 별도의 기준에 의한다.

〈진공시험(眞空試驗)〉
진공건조 시험이라고도 하며 누설시험에서 냉매계통이 완전하게 기밀이 확보된 것이 확인된 후 계통내를 진공건조시킴으로 공기 기타 불응축 가스를 배출하고 동시에 계통내의 수분을 완전히 배제하기 위한 시험이다. 이 시험은 냉매 충전 전에 프레온 냉동장치에 있어서는 필수불가결한 시험(작업)이다.

80 ④ 81 ③ **정답**

82 가스미터를 구조상 직접식(실측식)과 간접식(추정식)으로 분류된다. 다음 중 직접식 가스미터는?

① 습식
② 터빈식
③ 벤튜리식
④ 오리피스식

해설 가스미터의 분류
실제측정식 : 습식드럼형, 회전자형, 로터리 피스톤형, 왕복 피스톤형, 다이아프램형
추정식 : 차압식(오리피스형, 노즐식, 벤츄리식), 터빈식, 면적식(플로트형, 피스톤형), 스프링작동가변면적식

83 전기가 정전되어도 계속하여 급수를 할 수 있으며 급수오염 가능성이 적은 급수방식은?

① 압력탱크 방식
② 수도직결 방식
③ 부스터 방식
④ 고가탱크 방식

해설
1. 수도직결방식
   - 시 상수도 본관의 압력으로 건물에 급수하는 방식이다.
   - 건물의 층수가 적고 소규모 건물에 이용한다.
   - 정전시에도 급수가 가능하다
   - 물을 저장하기 때문에 생기는 오염을 방지할 수 있다.
2. 고가수조 방식
   - 건물의 옥상에 설치된 고가수조에 물을 받아 저장하고 고가수조에서 하향으로 급수하는 방식이다.
   - 단수시에도 고가수조의 물을 이용할 수 있다.
   - 취급이 용이하고 고장이 적다.
   - 급수압력이 항상 일정하다.
   - 저장된 물을 장시간 사용하지 않으면 변질될 수 있다.
   - 중량물이 건물의 높은 곳에서 설치되므로 건축물의 구조적, 미관적인 문제를 고려해야 한다.
3. 압력탱크방식
   - 압력탱크의 압력으로 물을 공급하는 방식
   - 정전이나 펌프의 고장시에는 급수가 불가능하다.
   - 급수압력의 변동이 심하다
   - 압력탱크의 유효용량이 적으므로 펌프의 동작 횟수가 많아 고장이 잦다.
4. 부스터 방식
   - 저수조를 설치하고 급수펌프(부스터 펌프)를 급수하는 방식
   - 펌프의 대수와 회전수 제어로 필요 급수압력과 급수량을 조절한다.
   - 여러 층에 공급할 경우에는 압력조절밸브(감압밸브)를 설치하여 수압을 조절한다.

84 배관작업용 공구의 설명으로 틀린 것은?

① 파이프 리머(pipe reamer) : 관을 파이프커터 등으로 절단한 후 관 단면의 안쪽에 생긴 거스러미(burr)를 제거
② 플레어링 툴(flaring tools) : 동관을 압축이음 하기 위하여 관 끝을 나팔모양으로 가공
③ 파이프 바이스(pipe vice) : 관을 절단하거나 나사이음을 할 때 관이 움직이지 않도록 고정
④ 사이징 툴(sizing tools) : 동일지름의 관을 이음쇠 없이 납땜이음을 할 때 한쪽 관 끝을 소켓모양으로 가공

해설 사이징 툴(sizing tools) : 동관의 끝부분을 정확하게 원형으로 정형화 하기 위한 공구

82 ① 83 ② 84 ④

85 LP가스 공급, 소비 설비의 압력손실 요인으로 틀린 것은?

① 배관의 입하에 의한 압력손실
② 엘보, 티 등에 의한 압력손실
③ 배관의 직관부에서 일어나는 압력손실
④ 가스미터, 콕크, 밸브 등에 의한 압력손실

해설 LP가스(프로판+부탄)는 공기보다 무겁다.
프로판 비중 : 1.52, 부탄비중 : 2.01이다.
따라서 배관의 입하시에는 자중으로 내려가기 때문에 LP가스 공급, 소비 설비의 압력손실 요인이 아니다.

86 통기관의 설치 목적으로 가장 거리가 먼 것은?

① 배수의 흐름을 원활하게 하여 배수관의 부식을 방지한다.
② 봉수가 사이펀 작용으로 파괴되는 것을 방지한다.
③ 배수계통 내에 신선한 공기를 유입하기 위해 환기시킨다.
④ 배수계통 내의 배수 및 공기의 흐름을 원활하게 한다.

해설 통기관 설치목적
1. 트랩의 봉수를 보호한다.
2. 배수 관내의 흐름을 원활하게 한다.
3. 배관내에 신선공기를 유입하여 청결을 유지한다.
※ 배관의 부식을 방지하는 역할은 없다.

87 배관의 끝을 막을 때 사용하는 이음쇠는?

① 유니언　　② 니플
③ 플러그　　④ 소켓

해설 배관의 끝을 막을 때 사용하는 이음쇠는 플러그 및 캡이 있다.

88 아래 저압가스 배관의 직경(D)을 구하는 식에서 S가 의미하는 것은? (단, L은 관의 길이를 의미한다.)

$$D^5 = \frac{Q^2 \cdot S \cdot L}{K^2 \cdot H}$$

① 관의 내경　　② 공급 압력 차
③ 가스 유량　　④ 가스 비중

해설 저압배관 관경계산식(폴의공식)

$$D^5 = \frac{Q^6 SL}{K^2 H} [cm]$$

D : 가스관 내경 [cm]
Q : 가스유량 [m³/h]
H : 허용압력손실[mmAq](=30 이내)
L : 배관길이 [m]
S : 가스의 비중 [공기비중=1]
K : 유량계수 (POLE 상수=0.707)

89 다음 장치 중 일반적으로 보온, 보냉이 필요한 것은?

① 공조기용의 냉각수 배관
② 방열기 주변 배관
③ 환기용 덕트
④ 급탕배관

해설 급탕의 온도가 60℃이므로 급탕배관이 주위로부터 열을 빼앗겨 급탕의 온도가 떨어지는 것을 방지하기 위해 급탕배관을 보온해야 한다.

90 순동 이음쇠를 사용할 때에 비하여 동합금 주물 이음쇠를 사용할 때 고려할 사항으로 가장 거리가 먼 것은?

① 순동 이음쇠 사용에 비해 모세관 현상에 의한 용융 확산이 어렵다.
② 순동 이음쇠와 비교하여 용접재 부착력은 큰 차이가 없다.

정답 85 ① 86 ① 87 ③ 88 ④ 89 ④ 90 ②

③ 순동 이음쇠와 비교하여 냉벽 부분이 발생할 수 있다.
④ 순동 이음쇠 사용에 비해 열팽창의 불균일에 의한 부정적 틈새가 발생할 수 있다.

해설 ② 동합금 주물 이음쇠는 순동 이음쇠와 비교할 때 용접재와의 부착력에 차이가 많다. 순동 이음쇠를 사용하는 것이 좋으나 특별한 형태의 이음쇠는 순동으로 제작이 불가능하여 동합금 주물 이음쇠를 사용한다.
순동 이음쇠가 용접재와의 친화력이 좋다.

91 보온 시공시 외피의 마무리재로서 옥외 노출부에 사용되는 재료로 사용하기에 가장 적당한 것은?

① 면포
② 비닐 테이프
③ 방수 마포
④ 아연 철판

해설 옥외 노출부의 보온시공시 외피의 마무리재는 햇빛에 의한 경화, 빗물의 침투, 기타 외력에 의한 손상을 방지해야 하므로 아연 철판이 적합하다.

92 급수방식 중 급수량의 변화에 따라 펌프의 회전수를 제어하여 급수압을 일정하게 유지할 수 있는 회전수 제어시스템을 이용한 방식은?

① 고가수조방식
② 수도직결방식
③ 압력수조방식
④ 펌프직송방식

해설 펌프직송방식(부스터 펌프방식)
• 저수조를 설치하고 급수펌프(부스터 펌프)로 급수하는 방식
• 펌프의 대수와 회전수 제어로 필요한 급수 압력과 급수량을 조절한다.
• 여러층에 공급할 경우에는 압력조절밸브(감압밸브)를 설치하여 수압을 조절한다.

93 보일러 등 압력용기와 그 밖에 고압 유체를 취급하는 배관에 설치하여 관 또는 용기 내의 압력이 규정 한도에 달하면 내부 에너지를 자동적으로 외부에 방출하여 항상 안전한 수준으로 압력을 유지하는 밸브는?

① 감압 밸브
② 온도 조절 밸브
③ 안전 밸브
④ 전자 밸브

해설 안전밸브(safety valve)
안전밸브는 기기나 배관의 압력이 일정한 압력을 넘었을 경우에 자동적으로 작동하며, 안전밸브의 종류는 대별하여 스프링식과 레버식이 있다.
보일러의 경우는 보일러 내부 압력이 최고 사용압력에 도달하면 자동적으로 작동하여 증기를 배출하여 압력상승을 방지하는 밸브이다.

94 밀폐 배관계에서는 압력계획이 필요하다. 압력계획을 하는 이유로 틀린 것은?

① 운전 중 배관계 내에 대기압보다 낮은 개소가 있으면 접속부에서 공기를 흡입할 우려가 있기 때문에
② 운전 중 수온에 알맞은 최소압력 이상으로 유지하지 않으면 순환수 비등이나 플래시 현상 발생 우려가 있기 때문에
③ 펌프의 운전으로 배관계 각 부의 압력이 감소하므로 수격작용, 공기정체 등의 문제가 생기기 때문에
④ 수온의 변화에 의한 체적의 팽창·수축으로 배관 각부에 악영향을 미치기 때문에

해설 밀폐배관계의 압력계획
③ 펌프의 운전으로 배관계 각 부의 압력이 흡입측은 감소 토출측은 상승한다.
공기의 흡입, 공기의 정체, 순환수의 비등, 국부적인 플래시현상 발생, 수격작용, 펌프의 캐비테이션 발생, 기기의 내압문제, 배관압력분포, 팽창탱크 설치 위치등의 문제를 고려하여 계획한다.

정답 91 ④ 92 ④ 93 ③ 94 ③

95 다음 중 난방 또는 급탕설비의 보온재료로 가장 부적합한 것은?

① 유리섬유
② 발포폴리스티렌폼
③ 암면
④ 규산칼슘

해설

보온재	안전 사용온도
유리섬유	300℃
암면	400~600℃
규산칼슘	650℃
발포폴리스틸렌	70℃
발포폴리에틸렌	70~120℃
고무발포 보온재	105℃

※ 난방용 온수 온도가 60~80℃이므로 발포폴리스틸렌폼 보온재는 사용이 부적합하다.

96 배수의 성질에 따른 구분에서 수세식 변기의 대·소변에서 나오는 배수는?

① 오수
② 잡배수
③ 특수배수
④ 우수배수

해설 배수의 구분

구분	배수시설
오수	대변기, 소변기, 이와 유사한 기구에서 배출되는 배수
잡배수	씽크대, 세면기, 욕조, 보일러, 펌프 등의 배수
특수배수	공장배수, 병원배수, 방사선 시설등의 배수
우수배수	빗물배수

97 리버스 리턴 배관 방식에 대한 설명으로 틀린 것은?

① 각 기기 간의 배관회로 길이가 거의 같다.
② 저항의 밸런싱을 취하기 쉽다.
③ 개방회로 시스템(open loop system)에서 권장된다.
④ 환수관이 2중이므로 배관 설치 공간이 커지고 재료비가 많이 든다.

해설 리버스리턴 방식(역환수 방식)
- 각 유니트마다 온수 공급관에서부터 환수관까지의 총길이를 동일하게 하므로 배관저항이 같게 되어 각 유니트에 유량공급도 균일하다.
- 배관의 길이가 길어지고 공간도 많이 차지하며 설비비가 많이 든다.
- 개방회로·밀폐회로 모두에 사용된다.

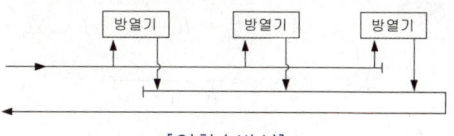

[역환수방식]

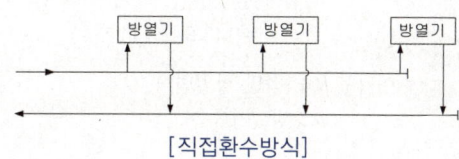

[직접환수방식]

98 패럴렐 슬라이드 밸브(parallel slide valve)에 대한 설명으로 틀린 것은?

① 평행한 두 개의 밸브 몸체 사이에 스프링이 삽입되어 있다.
② 밸브 몸체와 디스크 사이에 시트가 있어 밸브 측면의 마찰이 적다.
③ 쐐기 모양의 밸브로서 쐐기의 각도는 보통 6~8°이다.
④ 밸브 시트는 일반적으로 경질금속을 사용한다.

정답 95 ② 96 ① 97 ③ 98 ③

[해설] **패럴렐 슬라이드 밸브**
서로 평행인 2개의 밸브 디스크의 조합으로 구성 되며 유체의 압력에 의해 출구쪽의 밸브시트면에 면압을 주는 게이트밸브이다.
③은 디스크가 쐐기 모양인 웨지 게이트 밸브(Wedge Gate Value)에 대한 설명이다.

99 5세주형 700mm의 주철제 방열기를 설치하여 증기온도가 110℃, 실내 공기온도가 20℃ 이며 난방부하가 29kW일 때 방열기의 소요 쪽수는? (단, 방열계수는 8 W/m²·℃, 1쪽당 방열면적은 0.28m²이다.)

① 144쪽 ② 154쪽
③ 164쪽 ④ 174쪽

[해설] $q = K \cdot A \cdot \triangle t_m = K \cdot (a \cdot n) \cdot \triangle t_m$

방열기 쪽수 $n = \dfrac{q}{K \cdot a \cdot \triangle t_m}$

$= \dfrac{29 \times 1000}{8 \times 0.28 \times (110-20)}$

$= 143.8 ≒ 144$쪽

여기서 a : 1쪽당 방열면적
n : 방열기쪽수

100 다음 중 열팽창에 의한 관의 신축으로 배관의 이동을 구속 또는 제한하는 장치가 아닌 것은?

① 앵커(anchor)
② 스토퍼(stopper)
③ 가이드(guide)
④ 인서트(insert)

[해설] **리스트레인트(Restraint)**
배관의 수축팽창에 의한 좌우 상하이동을 억제하는 배관고정 기구

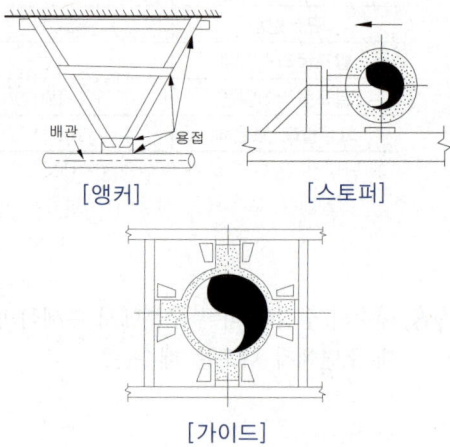

[앵커]   [스토퍼]
[가이드]

① 앵커(anchor) : 배관이 이동 또는 회전하지 못하도록 완전히 고정하는 곳에 사용
② 스토퍼(stopper) : 배관의 일정방향의 이동을 제한하고 다른 방향은 자유롭게 하는 곳에 사용
③ 가이드(guide) : 배관의 축방향 이동은 허용하고 회전이나 직각방향의 이동을 제한하는 곳에 사용

정답 99 ① 100 ④

과년도 출제문제(2019. 8. 4 시행)

제1과목 기계열역학

01 질량 4kg의 액체를 15℃에서 100℃까지 가열하기 위해 714kJ의 열을 공급하였다면 액체의 비열(kJ/kg·K)은 얼마인가?

① 1.1 ② 2.1
③ 3.1 ④ 4.1

해설 $q = m \cdot C \cdot \Delta t$ 에서

$$C = \frac{q}{m \cdot \Delta t}$$

$$= \frac{714}{4 \times (100-15)}$$

$$= 2.1 \, kJ/kg \cdot K$$

02 800kPa, 350℃의 수증기를 200kPa로 교축한다. 이 과정에 대하여 운동 에너지의 변화를 무시할 수 있다고 할 때 이 수증기의 Joule-Thomson 계수(K/kPa)는 얼마인가? (단, 교축 후의 온도는 344℃이다.)

① 0.005 ② 0.01
③ 0.02   ④ 0.03

해설 줄톰슨계수 $\mu = \left(\frac{\partial T}{\partial P}\right)_h$

$$\mu = \frac{350 - 344}{800 - 200}$$

$$= 0.01 \, K/kPa$$

03 이상적인 카르노 사이클 열기관에서 사이클 당 585.35J의 일을 얻기 위하여 필요로 하는 열량이 1kJ이다. 저열원의 온도가 15℃라면 고열원의 온도(℃)는 얼마인가?

① 422 ② 595
③ 695 ④ 722

해설 효율 $\eta = \dfrac{얻은일량}{공급열량}$

$$= \frac{585.35}{1 \times 1000} = 0.58535$$

카르노사이클 효율 $\eta = 1 - \dfrac{T_L}{T_H}$ 에서

$$T_H = \frac{T_L}{1-\eta}$$

$$= \frac{(15+273)}{1-0.58535}$$

$$= 694.56 \, K$$

$$= 421.56 \, ℃$$

04 배기량(displacement volume)이 1200cc, 극간체적(clearance volume)이 200cc인 가솔린 기관의 압축비는 얼마인가?

① 5 ② 6
③ 7 ④ 8

해설 가솔린기관(오토사이클) 압축비

$$\varepsilon = \frac{실린더\ 체적}{극간체적} = \frac{배기량 + 극간체적}{극간체적}$$

$$= \frac{1200 + 200}{200} = 7$$

정답 01 ② 02 ② 03 ① 04 ③

05 열역학적 상태량은 일반적으로 강도성 상태량과 용량성 상태량으로 분류할 수 있다. 강도성 상태량에 속하지 않는 것은?

① 압력 ② 온도
③ 밀도 ④ 체적

 강도성 상태량 : 압력, 온도, 습도, 밀도, 비중량 비체적, 비엔탈피, 비엔트로피
용량성 상태량 : 체적, 중량, 질량, 엔탈피, 엔트로피

06 국소 대기압력이 0.099MPa일 때 용기 내 기체의 게이지 압력이 1MPa이었다. 기체의 절대압력(MPa)은 얼마인가?

① 0.901 ② 1.099
③ 1.135 ④ 1.275

 절대압력 = 대기압력 + 계기압력
= 0.099+1
= 1.099MPa

07 표준대기압 상태에서 물 1kg이 100℃로부터 전부 증기로 변하는데 필요한 열량이 0.652 kJ이다. 이 증발과정에서의 엔트로피 증가량(J/K)은 얼마인가?

① 1.75 ② 2.75
③ 3.75 ④ 4.00

엔트로피 증가량

$$\Delta S = \frac{\Delta Q}{T}$$
$$= \frac{0.652 \times 1000}{(100+273)}$$
$$= 1.749 \text{J/K}$$

08 다음 냉동 사이클에서 열역학 제1법칙과 제2법칙을 모두 만족하는 Q_1, Q_2, W는?

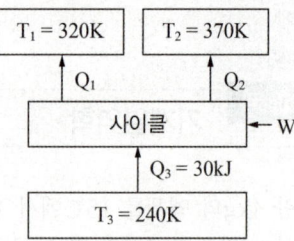

① $Q_1 = 20\,\text{kJ}$, $Q_2 = 20\,\text{kJ}$, $W = 20\,\text{kJ}$
② $Q_1 = 20\,\text{kJ}$, $Q_2 = 30\,\text{kJ}$, $W = 20\,\text{kJ}$
③ $Q_1 = 20\,\text{kJ}$, $Q_2 = 20\,\text{kJ}$, $W = 10\,\text{kJ}$
④ $Q_1 = 20\,\text{kJ}$, $Q_2 = 15\,\text{kJ}$, $W = 5\,\text{kJ}$

열역학 제1법칙 : 에너지보존법칙(열평형관계)
열역학 제2법칙 : 비가역과정(실제사이클)에서 엔트로피 증가의 법칙
전체 엔트로피 $\Delta S = S_2 - S_1 > 0$이어야 한다.
$$= \left(\frac{Q_1}{T_1} + \frac{Q_2}{T_2}\right) - \frac{Q_3}{T_3} > 0$$
열역학 제1법칙 및 제 2법칙 만족여부 확인

① 1법칙 : $Q_3 + W = Q_1 + Q_2$,
30+20 ≠ 20+20이므로 불만족
2법칙 : $\Delta S = \left(\frac{20}{320} + \frac{20}{370}\right) - \frac{30}{240} < 0$
이므로 불만족

② 1법칙 : 30+20 = 20+30이므로 만족
2법칙 : $\left(\frac{20}{320} + \frac{30}{370}\right) - \frac{30}{240} > 0$이므로 만족

③ 1법칙 : 30+10 = 20+20이므로 만족
2법칙 : $\left(\frac{20}{320} + \frac{20}{370}\right) - \frac{30}{240} < 0$ 불만족

④ 1법칙 : 30+5 = 20+15 만족
2법칙 : $\left(\frac{20}{320} + \frac{15}{370}\right) - \frac{30}{240} < 0$ 불만족

정답 05 ④ 06 ② 07 ① 08 ②

09 체적이 1m³인 용기에 물이 5kg 들어 있으며 그 압력을 측정해보니 500kPa이었다. 이 용기에 있는 물 중에 증기량(kg)은 얼마인가? (단, 500kPa에서 포화액체와 포화증기의 비체적은 각각 0.001093m³/kg, 0.37489m³/kg이다.)

① 0.005 ② 0.94
③ 1.87   ④ 2.66

해설
물 5kg의 체적 = $5 \times 0.001093 = 0.005465 m^3$
증기의 체적 = $1 - 0.005465 = 0.994535 m^3$
∴ 증기량(kg) = $\dfrac{0.994535}{0.37489} = 2.6528 kg$

만약 용기내 전체의 질량이 5kg이면
$V = m_w v_w + m_s v_s$
$m_w + m_s = 5kg$ 에서
$m_w = 5 - m_s$
$V = (5 - m_s)v_w + m_s v_s$
$= 5v_w + (v_s - v_w)m_s$

m_w : 물의 질량
m_s : 수증기질량
v_w : 물의 비체적
v_s : 수증기의 비체적

$m_s = \dfrac{V}{5v_w + (v_s - v_w)} = \dfrac{V}{4v_w + v_s}$
$= \dfrac{1}{4 \times 0.001093 + 0.37489} = 2.636 kg$

10 압축비가 7.5인 오토사이클의 효율(%)은? (단, 기체의 비열비는 1.4이다.)

① 45.3 ② 55.3
③ 71.3 ④ 84.3

해설
$\eta_o = 1 - \left(\dfrac{1}{\varepsilon}\right)^{k-1} = 1 - \left(\dfrac{1}{7.5}\right)^{1.4-1}$
$= 0.553 (= 55.3\%)$

11 5kg의 산소가 정압하에서 체적이 0.2m³에서 0.6m³로 증가했다. 이 때의 엔트로피의 변화량(kJ/K)은 얼마인가? (단, 산소는 이상기체이며, 정압비열은 0.92kJ/kg·K이다.)

① 1.857 ② 2.746
③ 5.054 ④ 6.507

해설
정압과정 엔트로피 증가량
$\Delta S = m C_p \ln \dfrac{v_2}{v_1}$
$= 5 \times 0.92 \times \ln \dfrac{0.6}{0.2}$
$= 5.0536 kJ/K$

12 최고온도(T_H)와 최저온도(T_L)가 모두 동일한 이상적인 가역사이클 중 효율이 다른 하나는? (단, 사이클 작동에 사용되는 가스(기체)는 모두 동일하다.)

① 카르노 사이클
② 브레이튼 사이클
③ 스털링 사이클
④ 에릭슨 사이클

해설
카르노 사이클, 스털링 사이클, 에릭슨 사이클의 효율은 온도만의 함수이고, 브레이튼 사이클의 효율은 압력비만의 함수이다.

13 냉동기 팽창밸브 장치에서 교축과정을 일반적으로 어떤 과정이라고 하는가?

① 정압과정
② 등엔탈피 과정
③ 등엔트로피 과정
④ 등온과정

해설
냉동사이클
팽창밸브 : 교축팽창(등엔탈피과정) $h = c$
증발기 : 정압증발(정압과정) $p = c$
압축기 : 단열압축(등엔트로피과정) $s = c$
응축기 : 정압방열(정압과정) $p = c$

정답 09 ④ 10 ② 11 ③ 12 ② 13 ②

14 그림과 같이 다수의 추를 올려놓은 피스톤이 끼워져 있는 실린더에 들어있는 가스를 계로 생각한다. 초기 압력이 300kPa이고, 초기 체적은 0.05m³이다. 피스톤을 고정하여 체적을 일정하게 유지하면서 압력이 200kPa로 떨어질 때까지 계에서 열을 제거한다. 이 때 계가 외부에 한 일(kJ)은 얼마인가?

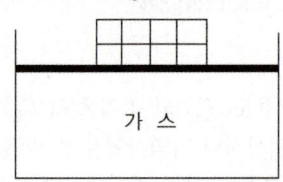

① 0   ② 5
③ 10 ④ 15

해설 밀폐계의 일(W_a)

$W_a = \int_1^2 P dv$ 에서

체적이 일정하므로 $dv = 0$

따라서 $W_a = 0$

15 공기 표준 브레이튼(Brayton) 사이클 기관에서 최고 압력이 500kPa, 최저압력은 100kPa이다. 비열비(k)가 1.4일 때, 이 사이클의 열효율(%)은?

① 3.9   ② 18.9
③ 36.9 ④ 26.9

해설 브레이튼 사이클 열효율

$\eta_B = 1 - \left(\dfrac{1}{\psi}\right)^{\frac{k-1}{k}}$

압력비 $\psi = \dfrac{P_2}{P_1}$

$\eta_B = 1 - \left(\dfrac{1}{500/100}\right)^{\frac{1.4-1}{1.4}}$

$= 0.3686 = 36.86\%$

16 증기가 디퓨저를 통하여 0.1MPa, 150℃, 200m/s의 속도로 유입되어 출구에서 50m/s의 속도로 빠져나간다. 이 때 외부로 방열된 열량이 500J/kg일 때 출구 엔탈피(kJ/kg)는 얼마인가? (단, 입구의 0.1MPa, 150℃ 상태에서 엔탈피는 2776.4kJ/kg이다.)

① 2751.3   ② 2778.2
③ 2794.7   ④ 2812.4

해설 정상류 일반에너지식

$q = (h_2 - h_1) + \dfrac{v_2^2 - v_1^2}{2} + g(z_2 - z_1) + w_t$

위치 $z_1 = z_2$ 외부일 $w_t = 0$(주어지지 않음)

$h_2 = q + h_1 - \dfrac{v_2^2 - v_1^2}{2} - 0 - 0$

$= -(500 \times 10^{-3}) + 2776.4 - \dfrac{(50^2 - 200^2) \times 10^{-3}}{2}$

$= 2794.65 \,\text{kJ/kg}$

17 두께 10mm, 열전도율 15W/m·℃인 금속판 두 면의 온도가 각각 70℃와 50℃일 때 전열면 1m²당 1분 동안에 전달되는 열량(kJ)은 얼마인가?

① 1800   ② 14000
③ 92000   ④ 162000

해설

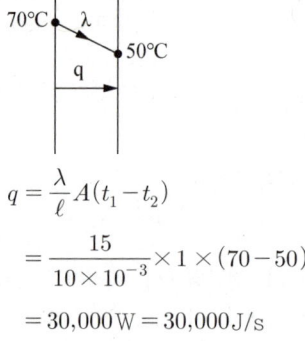

$q = \dfrac{\lambda}{\ell} A(t_1 - t_2)$

$= \dfrac{15}{10 \times 10^{-3}} \times 1 \times (70 - 50)$

$= 30,000 \,\text{W} = 30,000 \,\text{J/s}$

$= 30,000 \times 10^{-3} \times 60 \,\text{kJ/min}$

$= 1,800 \,\text{kJ/min}$

정답 14 ① 15 ③ 16 ③ 17 ①

18 공기 3kg이 300K에서 650K까지 온도가 올라갈 때 엔트로피 변화량(J/K)은 얼마인가? (단, 이 때 압력은 100kPa에서 550kPa로 상승하고, 공기의 정압비열은 1.005kJ/kg·K, 기체상수는 0.287kJ/kg·K이다.)

① 712　　② 863
③ 924　　④ 966

해설
$$\Delta S = m\left(C_p \ln\frac{T_2}{T_1} - R\ln\frac{P_2}{P_1}\right)$$
$$= 3 \times \left(1.005 \times \ln\frac{650}{300} - 0.287 \times \ln\frac{550}{100}\right) \times 10^3$$
$$= 863.37 \, J/k$$

19 냉동효과가 70kW인 냉동기의 방열기 온도가 20℃, 흡열기 온도가 -10℃이다. 이 냉동기를 운전하는데 필요한 압축기의 이론 동력(kW)은 얼마인가?

① 6.02　　② 6.98
③ 7.98　　④ 8.99

해설 역카르노 사이클 성적계수
$$COP = \frac{q_e}{w} = \frac{T_L}{T_H - T_L} \text{에서}$$
$$w = \frac{(T_H - T_L) \times q_e}{T_L}$$
$$= \frac{\{(20+273)-(-10+273)\} \times 70}{(-10+273)}$$
$$= 7.98 \, kW$$

20 체적이 0.5m³인 탱크에, 분자량이 24kg/kmol인 이상기체 10kg이 들어있다. 이 기체의 온도가 25℃일 때 압력(kPa)은 얼마인가? (단, 일반기체상수는 8.3143kJ/kmol·K이다.)

① 126　　② 845
③ 2066　　④ 49578

해설
$$PV = mRT, \; R = \frac{R_u}{M}$$
$$P = \frac{mRT}{V} = \frac{mR_u T}{VM}$$
$$= \frac{10 \times 8.3143 \times (25+273)}{0.5 \times 24}$$
$$= 2064.7 \, kPa$$

제2과목　냉동공학

21 다음 중 일반적으로 냉방시스템에서 물을 냉매로 사용하는 냉동방식은?

① 터보식　　② 흡수식
③ 전자식　　④ 증기압축식

해설 물을 냉매로 사용하는 냉동방식은 흡수식냉동법, 증기분사냉동법이 있다.

22 전열면적 40m², 냉각수량 300L/min, 열통과율 3140 kJ/m²·h·℃인 수냉식 응축기를 사용하며, 응축부하가 439614 kJ/h일 때 냉각수 입구 온도가 23℃이라면 응축온도(℃)는 얼마인가? (단, 냉각수의 비열은 4.186 kJ/kg·K이다.)

① 29.42℃　　② 25.92℃
③ 20.35℃　　④ 18.28℃

정답　18 ②　19 ③　20 ③　21 ②　22 ①

해설 $q_c = G \cdot C \cdot (t_{w2} - t_{w1})$ 에서

$$t_{w2} = t_{w1} + \frac{q_c}{G \cdot C}$$
$$= 23 + \frac{439614}{300 \times 60 \times 4.186}$$
$$= 28.83℃$$

$q_c = K \cdot A \cdot \Delta t_m$ 에서

$$\Delta t_m = \frac{q_c}{K \cdot A}$$
$$= \frac{439614}{3140 \times 40} = 3.5℃$$

$\Delta t_m = t_c - \frac{t_{w1} + t_{w2}}{2}$ 에서

$$t_c = \Delta t_m + \frac{t_{w1} + t_{w2}}{2}$$
$$= 3.5 + \frac{23 + 28.83}{2}$$
$$= 29.415 ≒ 29.42℃$$

23 스테판-볼츠만(Stefan-Boltzmann)의 법칙과 관계있는 열 이동 현상은?

① 열 전도 ② 열 대류
③ 열 복사 ④ 열 통과

해설 스테판-볼츠만 법칙
흑체가 단위면적당 단위시간에 방출하는 에너지의 양은 흑체표면의 절대온도의 4승에 비례한다는 법칙으로 열복사의 법칙이다.

$q = \sigma T^4$

q : 복사열량 [W/m²]
σ : 스테판 볼츠만상수
$\quad = 5.67 \times 10^{-8}$ W/m²K⁴
T : 흑체표면의 온도 [K]

24 냉동장치에서 일원 냉동사이클과 이원 냉동사이클을 구분 짓는 가장 큰 차이점은?

① 증발기의 대수
② 압축기의 대수
③ 사용 냉매 개수
④ 중간냉각기의 유무

해설 이원 냉동사이클
−100℃ 정도의 저온을 얻기 위해 냉동시스템을 저온용과 고온용으로 구성하고 고온냉동사이클의 증발기 증발열로 저온냉동사이클의 응축기 응축열을 냉각시키는 시스템이며 고온측 냉매와 저온측 냉매가 다르다.
고온측 냉매 : R-12, R-22
저온측 냉매 : R-13, R-14, R-503

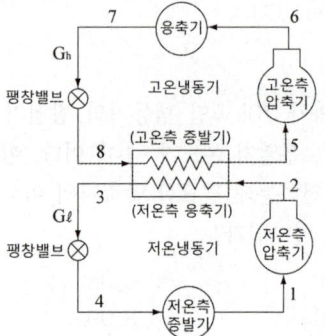

25 물속에 지름 10cm, 길이 1m인 배관이 있다. 이 때 표면온도가 114℃로 가열되고 있고, 주위 온도가 30℃라면 열전달율(kW)은? (단, 대류 열전달계수 1.6kW/m²·K이며, 복사열 전달은 없는 것으로 가정한다.)

① 36.7 ② 42.2
③ 45.3 ④ 96.3

해설 $q = \alpha \cdot A \cdot \Delta t = \alpha \cdot (\pi DL) \cdot \Delta t$
$\quad = 1.6 \times \pi \times 0.1 \times 1 \times (114 - 30)$
$\quad = 42.2$ kW

정답 23 ③ 24 ③ 25 ②

26 다음 그림과 같은 2단압축 1단 팽창식 냉동장치에서 고단측의 냉매 순환량(kg/h)은? (단, 저단측 냉매 순환량은 1000kg/h이며, 각 지점에서의 엔탈피는 아래 표와 같다.)

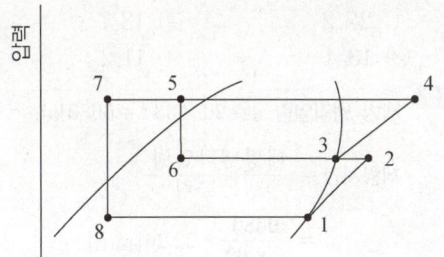

지점	엔탈피 (KJ/kg)	지점	엔탈피 (KJ/kg)
1	1641.2	4	1838.0
2	1796.1	5	535.9
3	1674.7	7	420.8

① 1058.2 ② 1207.7
③ 1488.5 ④ 1594.6

해설
2단압축 사이클 냉매공식
$$\frac{G_H}{G_L} = \frac{h_2 - h_7}{h_3 - h_5}$$ 에서
$$G_H = G_L \times \frac{h_2 - h_7}{h_3 - h_5}$$
$$= 1000 \times \frac{1796.1 - 420.8}{1674.7 - 535.9} = 1207.67 \, kg/h$$

27 불응축가스가 냉동장치에 미치는 영향으로 틀린 것은?
① 체적효율 상승 ② 응축압력 상승
③ 냉동능력 감소 ④ 소요동력 증대

해설
불응축가스가 냉동장치에 미치는 영향
① 토출가스온도 상승 ② 응축압력 상승
③ 체적효율 감소 ④ 소요동력 증대
⑤ 냉동능력 감소

28 다음 중 동일한 조건에서 열전도도가 가장 낮은 것은?
① 물 ② 얼음
③ 공기 ④ 콘크리트

해설

물 질	열전도도 [W/m K]
공 기	0.025
물	0.6
콘크리트	1.3
얼 음	1.6
구 리	397

29 냉동기에서 유압이 낮아지는 원인으로 옳은 것은?
① 유온이 낮은 경우
② 오일이 과충전 된 경우
③ 오일에 냉매가 혼입된 경우
④ 유압조정밸브의 개도가 적은 경우

해설
유압이 낮아지는 원인
① 오일이 부족한 경우
② 유온이 너무 높은 경우
③ 오일 여과기가 막혀있는 경우
④ 오일에 냉매가 혼입된 경우
⑤ 유압 조정밸브의 개도가 큰 경우
⑥ 저압이 너무 낮은 경우
⑦ 압축기의 축봉이 마모되어 있는 경우

30 2단 압축 냉동장치에 관한 설명으로 틀린 것은?
① 동일한 증발온도를 얻을 때 단단압축 냉동장치 대비 압축비를 감소시킬 수 있다.
② 일반적으로 두 개의 냉매를 사용하여 -30℃ 이하의 증발온도를 얻기 위해 사용된다.
③ 중간 냉각기는 증발기에 공급하는 액을 과냉각 시키고 냉동 효과를 증대시킨다.
④ 중간 냉각기는 냉매증기와 냉매액을 분리시켜 고단측 압축기 액백 현상을 방지한다.

정답: 26 ② 27 ① 28 ③ 29 ③ 30 ②

해설 ② 일반적으로 1개의 냉매를 사용하여 -30℃ 이하의 증발온도를 얻기위해 사용된다.

31 다음 그림은 단효용 흡수식 냉동기에서 일어나는 과정을 나타낸 것이다. 각 과정에 대한 설명으로 틀린 것은?

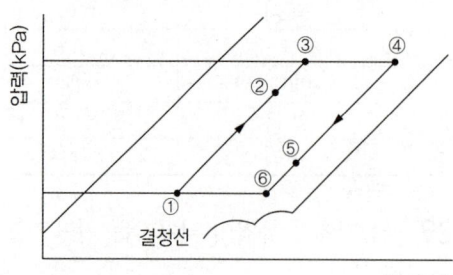

① ①→②과정 : 재생기에서 돌아오는 고온 농용액과 열교환에 의한 희용액의 온도 증가
② ②→③과정 : 재생기 내에서 비등점에 이르기까지의 가열
③ ③→④과정 : 재생기 내에서 가열에 의한 냉매 응축
④ ④→⑤과정 : 흡수기에서의 저온 희용액과 열교환에 의한 농용액의 온도감소

해설 ③ ③→④ 과정 : 재생기 내에서 가열에 의한 냉매의 증발로 용액의 농도가 진해지는 과정

32 냉동기유의 역할로 가장 거리가 먼 것은?
① 윤활 작용   ② 냉각 작용
③ 탄화 작용   ④ 밀봉 작용

해설 냉동기유(윤활유)의 역할(목적)
① 윤활작용(마찰부 유막형성)
② 냉각작용(마찰부 열제거 및 냉각)
③ 밀봉작용(피스톤, 축봉장치에서 냉매 누설 방지)
④ 패킹재 보호
⑤ 기계효율 증대 및 기계수명 연장

33 냉동능력이 5kW인 제빙장치에서 0℃의 물 20kg을 모두 0℃ 얼음으로 만드는데 걸리는 시간(min)은 얼마인가? (단, 0℃ 얼음의 융해열 334kJ/kg이다.)
① 22.2   ② 18.7
③ 13.4   ④ 11.2

해설 제빙 냉각열량 $q = 20 \times 334 = 6680 \, \text{kJ}$

제빙시간 = 제빙냉각열량 / 냉동능력

$= \dfrac{6680}{5 \times 60} = 22.26 \, [\text{min}]$

단위 : $\dfrac{\text{kJ}}{\text{kW}} = \dfrac{\text{kJ}}{\text{kJ/s} \times 60} = \dfrac{\text{kJ}}{\text{kJ/min}} = \text{min}$

34 냉장고의 방열벽의 열통과율이 0.000117 kW/m²·K일 때 방열벽의 두께(cm)는? (단, 각 값은 아래 표와 같으며, 방열재 이외의 열전도 저항은 무시하는 것으로 한다.)

외기와 외벽면과의 열전달률	0.023 kW/m²·K
고내 공기와 내벽면과의 열전달률	0.0116 kW/m²·K
방열벽의 열전도율	0.000046 kW/m·K

① 35.6   ② 37.1
③ 38.7   ④ 41.8

해설
$\dfrac{1}{K} = \dfrac{1}{\alpha_o} + \dfrac{\ell}{\lambda} + \dfrac{1}{\alpha_i}$

$\dfrac{\ell}{\lambda} = \dfrac{1}{K} - \dfrac{1}{\alpha_o} - \dfrac{1}{\alpha_i}$

$\ell = \left(\dfrac{1}{K} - \dfrac{1}{\alpha_0} - \dfrac{1}{\alpha_i} \right) \lambda$

$= \left(\dfrac{1}{0.000117} - \dfrac{1}{0.023} - \dfrac{1}{0.0116} \right) \times 0.000046$

$= 0.387 \text{m} = 38.7 \text{cm}$

정답 31 ③ 32 ③ 33 ① 34 ③

35 다음 카르노 사이클의 P-V 선도를 T-S 선도로 바르게 나타낸 것은?

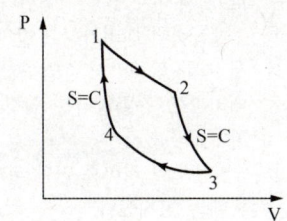

①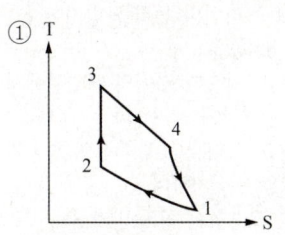

②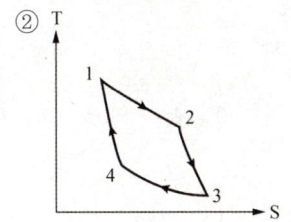

③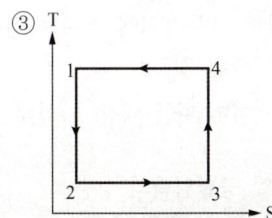

④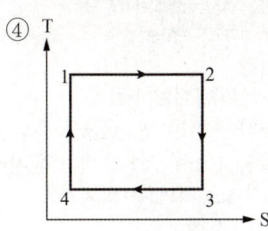

해설
1 → 2 : 등온 팽창 (T=C)
2 → 3 : 단열 팽창 (S=C)
3 → 4 : 등온 압축 (T=C)
4 → 1 : 단열 압축 (S=C)

36 다음 중 흡수식냉동기의 냉매 흐름 순서로 옳은 것은?

① 발생기 → 흡수기 → 응축기 → 증발기
② 발생기 → 흡수기 → 증발기 → 응축기
③ 흡수기 → 발생기 → 응축기 → 증발기
④ 응축기 → 흡수기 → 발생기 → 증발기

해설
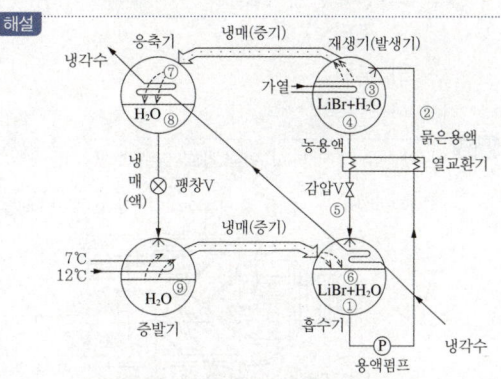

[1중효용 흡수식냉동기(H_2O + LiBr)]

냉매의 흐름순서
흡수기 → 발생기(재생기) → 응축기 → 증발기

37 다음 중 이중효용 흡수식 냉동기는 단효용 흡수식 냉동기와 비교하여 어떤 장치가 복수개로 설치되는가?

① 흡수기   ② 증발기
③ 응축기   ④ 재생기

해설
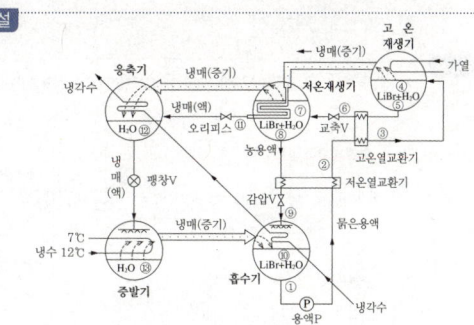

[2중효용 흡수식냉동기(H_2O + LiBr)]

정답 35 ④ 36 ③ 37 ④

이중효용 흡수식냉동기는 단효용보다 재생기(발생기)가 1개 더 있으며, 저온 재생기에서 냉매증기는 중간농도의 용액을 가열하며 자신은 응축된다.

38 다음 중 스크류 압축기의 구성요소가 아닌 것은?
① 스러스트 베어링
② 숫 로터
③ 암 로터
④ 크랭크축

해설 크랭크축은 왕복식 압축기의 구성부품이다.

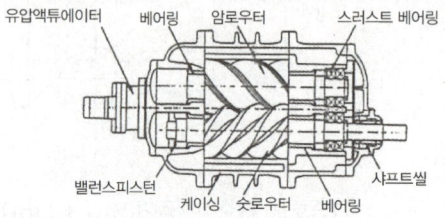

39 1대의 압축기로 -20℃, -10℃, 0℃, 5℃의 온도가 다른 저장실로 구성된 냉동장치에서 증발압력조정밸브(EPR)를 설치하지 않는 저장실은?
① -20℃의 저장실
② -10℃의 저장실
③ 0℃의 저장실
④ 5℃의 저장실

해설 증발압력 조정밸브(evaporator pressure regulator)

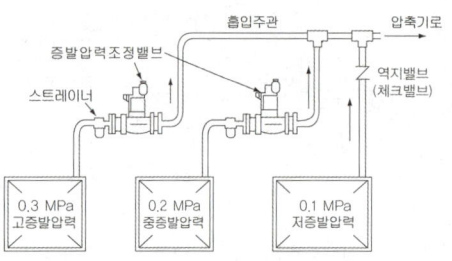

① 기능과 역할
  ㉠ 증발기 내의 증발압력이 소정의 압력 이하로 떨어지는 것을 방지한다.
  ㉡ 증발압력이 내려가려고 할 때 밸브를 조여서 저항을 증가시켜 압축기의 흡입압력은 내려가도 증발압력은 일정하게 유지하게 한다.
  ㉢ 증발온도의 저하로 인한 피 냉각물의 저온 피해를 방지한다.
  ㉣ 물이나 브라인의 동결을 방지한다.
② 설치위치 및 종류
  ㉠ 증발기와 압축기 사이의 흡입관에서 증발기 출구배관에 설치한다.
  ㉡ 증발온도가 다른 2대 이상의 증발기가 있는 경우에 설치하며
  ㉢ 증발온도가 높은 쪽 증발기 출구배관에 설치한다.
  ㉣ 직동식과 파일러트작동식(대형장치용)이 있다.
따라서 -20℃의 저장실에는 EPR을 설치하지 않는다.

40 증발기의 착상이 냉동장치에 미치는 영향에 대한 설명으로 틀린 것은?
① 냉동능력 저하에 따른 냉장(동)실내 온도 상승
② 증발온도 및 증발압력의 상승
③ 냉동능력당 소요동력의 증대
④ 액압축 가능성의 증대

해설 증발기에 서리가 끼면(착상하면)
① 냉동능력 저하에 따른 냉장(동)실 온도상승
② 냉매가 증발하지 못하므로 증발압력 저하
③ 냉동능력당 소요동력의 증대
④ 액압축 가능성 증대

38 ④ 39 ① 40 ② 정답

제3과목 공기조화

41 다음 송풍기의 풍량 제어 방법 중 송풍량과 축동력의 관계를 고려하여 에너지절감 효과가 가장 좋은 제어방법은? (단, 모두 동일한 조건으로 운전된다.)

① 회전수 제어
② 흡입베인 제어
③ 취출댐퍼 제어
④ 흡입댐퍼 제어

해설

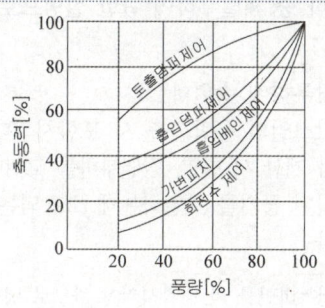

[송풍기 용량제어 특성]

에너지 절감효과가 가장 좋은 방법은 풍량에 따른 축동력감소가 가장 큰 회전수제어이다.

42 난방부하가 10kW인 온수난방 설비에서 방열기의 출·입구 온도차가 12℃이고, 실내·외 온도차가 18℃일 때 온수순환량(kg/s)은 얼마인가? (단, 물의 비열은 4.2kJ/kg·℃이다.)

① 1.3
② 0.8
③ 0.5
④ 0.2

해설
$q = G \cdot C \cdot \Delta t$

$G = \dfrac{q}{C \cdot \Delta t}$

$= \dfrac{10}{4.2 \times 12} = 0.198 ≒ 0.2 \, kg/s$

단위 : $\dfrac{kW}{\dfrac{kJ}{kg \cdot ℃} \times ℃} = \dfrac{kJ/s}{\dfrac{kJ}{kg}} = kg/s$

43 다음 중 고속덕트와 저속덕트를 구분하는 기준이 되는 풍속은?

① 15m/s
② 20m/s
③ 25m/s
④ 30m/s

해설
저속덕트 : 풍속 15m/s 이하
고속덕트 : 풍속 15m/s 초과

44 덕트의 부속품에 관한 설명으로 틀린 것은?

① 댐퍼는 통과풍량의 조정 또는 개폐에 사용되는 기구이다.
② 분기 덕트 내의 풍량제어용으로 주로 익형 댐퍼를 사용한다.
③ 방화구획 관통부에는 방화댐퍼 또는 방연댐퍼를 설치한다.
④ 가이드 베인은 곡부의 기류를 세분해서 와류의 크기를 적게 하는 것이 목적이다.

해설
분기덕트 내의 풍량제어용으로 사용되는 댐퍼는 스플릿 댐퍼이다.

45 어떤 단열된 공조기의 장치도가 다음 그림과 같을 때 수분비(U)를 구하는 식으로 옳은 것은? (단, h_1, h_2 : 입구 및 출구 엔탈피(kJ/kg), x_1, x_2 : 입구 및 출구 절대습도(kg/kg), qs : 가열량(W), L : 가습량(kg/h), h_L : 가습수분(L)의 엔탈피(kJ/kg), G : 유량(kg/h)이다.

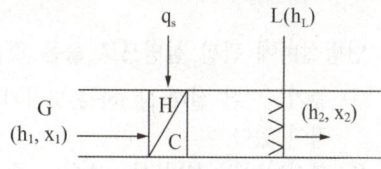

[가열, 가습과정 장치도]

① $U = \dfrac{q_s}{G} - h_L$
② $U = \dfrac{q_s}{L} - h_L$
③ $U = \dfrac{q_s}{L} + h_L$
④ $U = \dfrac{q_s}{G} + h_L$

정답 41 ① 42 ④ 43 ① 44 ② 45 ③

해설 열수분비(moisture ratio, U)
① 습공기에서 수분의 변화량에 대한 전열량의 변화량의 비율이며 **수분비**라고도 한다.
② 공기선도에서 가습으로 인한 상태변화를 나타내는 데 이용된다.

$$U = \frac{\text{전열량의 변화량[kcal]}}{\text{수분의 변화량[kg]}}$$
$$= \frac{\text{엔탈피의 변화량}}{\text{절대습도의 변화량}}$$
$$= \frac{\Delta h}{\Delta x} = \frac{h_2 - h_1}{x_2 - x_1}$$
$$= \frac{q_S + q_L}{L} = \frac{q_S + L \cdot h_L}{L}$$
$$= \frac{q_S}{L} + h_L \; [\text{kcal/kg}]$$

여기서 L : 수분의 변화량(가습량) [kg]
h_L : 수분의 엔탈피 [kcal/kg]
x : 습공기의 절대습도 [kg/kg]

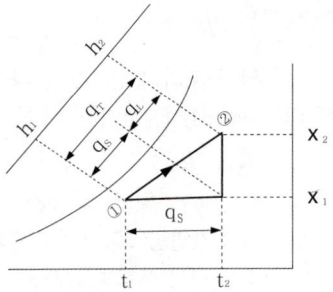

46 난방설비에 관한 설명으로 옳은 것은?
① 증기난방은 실내 상·하 온도차가 적은 특징이 있다.
② 복사난방의 설비비는 온수나 증기난방에 비해 저렴하다.
③ 방열기의 트랩은 증기의 유량을 조절하는 역할을 한다.
④ 온풍난방은 신속한 난방 효과를 얻을 수 있는 특징이 있다.

해설 ① 증기난방은 실내 상·하 온도차가 크다.
② 복사난방의 설비비는 온수나 증기난방에 비해 비싸다.
③ 방열기 트랩은 방열기에서 응축수와 증기를 분리시켜 응축수만 배출시키는 일종의 자동밸브이다.
④ 온풍난방은 온풍기에서 가열된 공기를 실내에 공급하므로 신속한 난방효과를 얻을 수 있다.

47 공조부하 중 재열부하에 관한 설명으로 틀린 것은?
① 냉방부하에 속한다.
② 냉각코일의 용량산출 시 포함시킨다.
③ 부하 계산 시 현열, 잠열부하를 고려한다.
④ 냉각된 공기를 가열하는데 소요되는 열량이다.

해설 ① 재열부하만큼 더 냉각시켜야 하므로 냉방부하에 속한다.
② 재열부하만큼 냉각코일 용량이 커진다.
③ 재열부하는 현열부하만 있다.
④ 재열부하는 냉각된 공기를 가열하는 열량이다.

48 덕트 설계 시 주의사항으로 틀린 것은?
① 덕트의 분기지점에 댐퍼를 설치하여 압력평형을 유지시킨다.
② 압력손실이 적은 덕트를 이용하고 확대시와 축소 시에는 일정 각도 이내가 되도록 한다.
③ 종횡비(aspect ratio)는 가능한 크게 하여 덕트 내 저항을 최소화 한다.
④ 덕트 굴곡부의 곡률반경은 가능한 크게 하며, 곡률이 매우 작을 경우 가이드베인을 설치한다.

해설 ③ 종횡비는 가능한 작게하여 덕트 내 저항을 최소화 한다.

46 ④ 47 ③ 48 ③ **정답**

49 아래의 특징에 해당하는 보일러는 무엇인가?

> 공조용으로 사용하기 보다는 편리하게 고압의 증기를 발생하는 경우에 사용하며, 드럼이 없이 수관으로 되어 있다. 보유 수량이 적어 가열시간이 짧고 부하변동에 대한 추종성이 좋다.

① 주철제 보일러 ② 연관 보일러
③ 수관 보일러   ④ 관류 보일러

해설 드럼이 없고 수관으로만 되어 있어서 보유수량이 적고 가열시간이 짧으며 부하변동에 추종성이 좋은 보일러는 **관류보일러**이다.

50 보일러의 능력을 나타내는 표시방법 중 가장 적은 값을 나타내는 출력은?

① 정격 출력 ② 과부하 출력
③ 정미 출력 ④ 상용 출력

해설
정미출력 : 난방부하+급탕부하
상용출력 : 난방부하+급탕부하+배관손실부하
정격출력 : 난방부하+급탕부하+배관손실부하+예열부하
과부하출력 : 정격출력에 10~20% 증가

51 외기온도 5℃에서 실내온도 20℃로 유지되고 있는 방이 있다. 내벽 열전달계수 5.8W/m²·K, 외벽 열전달계수 17.5W/m²·K, 열전도율이 2.4W/m·K이고, 벽 두께가 10cm일 때, 이 벽체의 열저항(m²·K/W)은 얼마인가?

① 0.27 ② 0.55
③ 1.37 ④ 2.35

해설
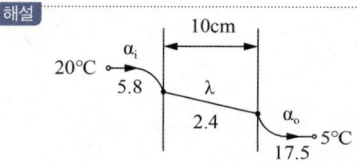

열저항 $R = \dfrac{1}{K} = \dfrac{1}{\alpha_i} + \dfrac{\ell}{\lambda} + \dfrac{1}{\alpha_o}$

$= \dfrac{1}{5.8} + \dfrac{0.1}{2.4} + \dfrac{1}{17.5}$

$= 0.27 \, \text{m}^2 \cdot \text{K/W}$

52 다음 가습 방법 중 물분무식이 아닌 것은?

① 원심식   ② 초음파식
③ 노즐분무식 ④ 적외선식

해설
수분무식 : 원심식, 초음파식, 노즐분무식
증기발생식 : 적외선식, 전열식, 전극식

53 다음 공기선도 상에서 난방풍량이 25000 m³/h인 경우 가열코일의 열량(kW)은? (단, 1은 외기, 2는 실내 상태점을 나타내며, 공기의 밀도 1.2kg/m³이다.)

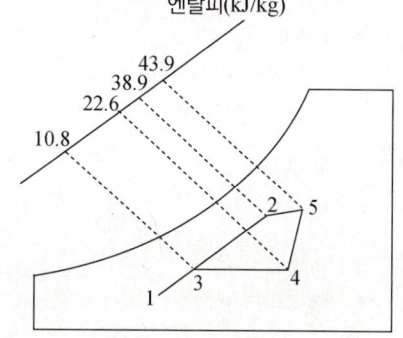

① 98.3 ② 87.1
③ 73.2 ④ 61.4

해설
$q = G \cdot \Delta h = \rho Q \cdot \Delta h$

$= \dfrac{1.2 \times 25000 \times (22.6 - 10.8)}{3600}$

$= 98.3 \, \text{kW}$

[참고] 1kJ/s = 1kW

정답 49 ④ 50 ③ 51 ① 52 ④ 53 ①

54 실내 난방을 온풍기로 하고 있다. 이 때 실내 현열량 6.5kW, 송풍 공기온도 30℃, 외기온도 -10℃, 실내온도 20℃일 때, 온풍기의 풍량(m^3/h)은 얼마인가? (단, 공기비열은 1.005kJ/kg·K, 밀도는 1.2kg/m^3이다.)

① 1940.2 ② 1882.1
③ 1324.1 ④ 890.1

해설

$q_s = \rho Q \cdot C_p \cdot \Delta t$

$Q = \dfrac{q_s}{\rho C_p \Delta t}$

$= \dfrac{6.5 \times 3600}{1.2 \times 1.005 \times (30 - 20)}$

$= 1940.27 m^3/h$

55 공기조화방식 중 중앙식의 수-공기방식에 해당하는 것은?

① 유인유닛 방식
② 패키지유닛 방식
③ 단일덕트 정풍량 방식
④ 이중덕트 정풍량 방식

해설 수-공기방식
1. 덕트병용 팬코일유닛 방식
2. 덕트병용 복사 냉·난방 방식
3. 유인유닛 방식
4. 각층유닛 방식

56 유인유닛 방식에 관한 설명으로 틀린 것은?

① 각 실 제어를 쉽게 할 수 있다.
② 덕트 스페이스를 작게 할 수 있다.
③ 유닛에는 가동부분이 없어 수명이 길다.
④ 송풍량이 비교적 커 외기냉방 효과가 크다.

해설 유인유닛 방식(IDU, Induction Unit System) 조화된 1차공기를 노즐을 통해 고속으로 분출하면 주변의 실내공기가 유인되어 혼합 분출된다. 실내공기는 유인되면서 냉, 온수코일을 통과하게 된다.
▶ 장점
• 각 유니트마다 제어가 가능하다.
• 고속덕트를 사용하므로 덕트공간이 작아도 된다.
• 유인유니트에는 동력이 필요 없다. (유니트 내에 송풍기가 없다)
• 중앙공조기는 1차공기만 처리하므로 작아도 된다.
• 실내 부하변동에 따른 적응성이 좋다.
▶ 단점
• 각 유니트까지 수배관을 하므로 누수의 위험이 있다.
• 송풍량이 적어 외기냉방에 효과가 적다.
• 소음이 팬코일유니트보다 크다.

유인비 $k = \dfrac{합계공기량(1+2차)}{1차공기량}$
(보통 k = 3~4, 2중유인시 k = 6~7)

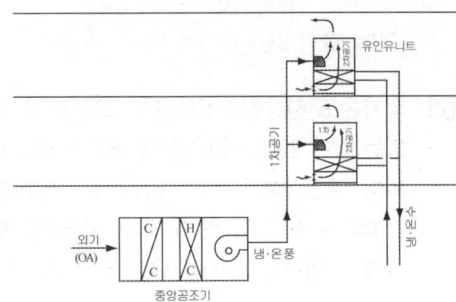

[유인 유니트 방식]

54 ① 55 ① 56 ④

57 가로 20m, 세로 7m, 높이 4.3m인 방이 있다. 아래 표를 이용하여 용적기준으로 한 전체 필요 환기량(m³/h)은?

실용적 m³	500 미만	500~1000	1000~1500	1500~2000	2000~2500
환기 횟수n (회/h)	0.7	0.6	0.55	0.5	0.42

① 421　　② 361
③ 331　　④ 253

해설
실용적 : $20 \times 7 \times 4.3 = 602 m^3$
환기횟수 : 0.6회/h
필요환기량 : $602 \times 0.6 = 361.2 m^3/h$

58 공조기용 코일은 관 내 유속에 따라 배열방식을 구분하는데, 그 배열방식에 해당하지 않는 것은?

① 풀서킷　　② 더블서킷
③ 하프서킷　　④ 탑다운서킷

해설

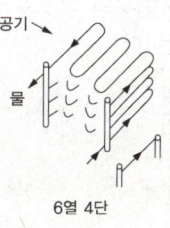 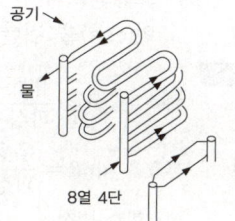

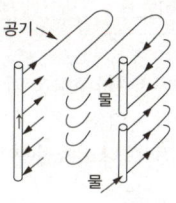

59 보일러에서 급수내관을 설치하는 목적으로 가장 적합한 것은?

① 보일러수 역류방지
② 슬러지 생성방지
③ 부동팽창 방지
④ 과열 방지

해설
급수내관
보일러 급수는 저온이므로 보일러 내의 한곳에 집중적으로 급수하면 그 부근이 국부적으로 냉각되어 열의 불균일에 의한 부동팽창이 일어나고, 또한 보일러수의 순환을 교란하는 등 보일러에 악영향을 미친다.
이와 같은 문제를 방지하기위해 다수의 작은구멍을 가진 급수내관을 통해 급수한다.

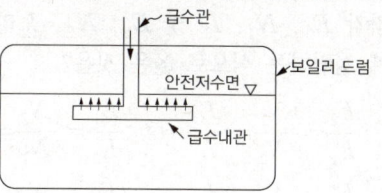

60 다음 중 온수난방과 관계없는 장치는 무엇인가?

① 트랩
② 공기빼기밸브
③ 순환펌프
④ 팽창탱크

해설
트랩 : 증기배관이나 증기 사용기기에서 응축된 응축수와 증기를 분리시키는 일종의 자동밸브이다.

정답　57 ②　58 ④　59 ③　60 ①

제4과목 | 전기제어공학

61 60Hz, 4극, 슬립 6%인 유도전동기를 어느 공장에서 운전하고자 할 때 예상되는 회전수는 약 몇 rpm인가?

① 240 ② 720
③ 1690 ④ 1800

해설
$$N = \frac{120f}{P}(1-S)$$
$$= \frac{120 \times 60}{4} \times (1-0.06) = 1692 \text{ rpm}$$

62 변압기의 1차 및 2차의 전압, 권선수, 전류를 각각 E_1, N_1, I_1 및 E_2, N_2, I_2라고 할 때 성립하는 식으로 옳은 것은?

① $\frac{E_2}{E_1} = \frac{N_1}{N_2} = \frac{I_2}{I_1}$ ② $\frac{E_1}{E_2} = \frac{N_2}{N_1} = \frac{I_1}{I_2}$

③ $\frac{E_2}{E_1} = \frac{N_2}{N_1} = \frac{I_1}{I_2}$ ④ $\frac{E_1}{E_2} = \frac{N_1}{N_2} = \frac{I_1}{I_2}$

해설
변압기 권선비(α)
$$\alpha = \frac{N_1}{N_2} = \frac{E_1}{E_2} = \frac{I_2}{I_1}$$
* 권선비는 전압비에 비례, 전류비에 반비례한다.

63 다음 신호흐름선도와 등가인 블록선도는?

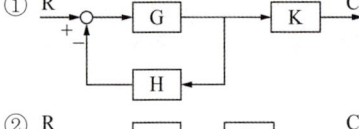

① R → + → G → K → C, H 피드백
② R → + → G → K → C, H 피드백 (K 이후)

64 교류에서 역률에 관한 설명으로 틀린 것은?

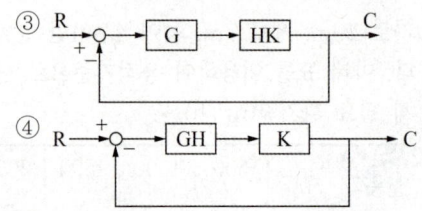

해설 전달함수 $G(s)$
$$G(s) = \frac{\text{전향경로의 합}}{1-\text{피드백의 합}} = \frac{GK}{1+GH}$$

① $G(s) = \frac{GK}{1+GH}$

② $G(s) = \frac{GK}{1+GKH}$

③ $G(s) = \frac{GHK}{1+GHK}$

④ $G(s) = \frac{GHK}{1+GHK}$

① 역률은 $\sqrt{1-(\text{무효율})^2}$로 계산할 수 있다.
② 역률을 이용하여 교류전력의 효율을 알 수 있다.
③ 역률이 클수록 유효전력보다 무효전력이 커진다.
④ 교류회로의 전압과 전류의 위상차에 코사인(cos)을 취한 값이다.

해설
역률 $\cos\theta = \frac{\text{유효전력}}{\text{피상전력}}$
무효율 $\sin\theta = \frac{\text{무효전력}}{\text{피상전력}}$
삼각함수 법칙
$\sin\theta^2 + \cos\theta^2 = 1$에서
$\cos\theta = \sqrt{1-\sin\theta^2}$ 이므로
① 역률 $= \sqrt{1-(\text{무효율})^2}$
② 역률을 이용하여 교류전력의 효율을 알 수 있다.
유효전력 = 피상전력 × 역률
③ 역률이 클수록 무효전력보다 유효전력이 커진다.

정답 61 ③ 62 ③ 63 ① 64 ③

65 어떤 전지에 5A의 전류가 10분간 흘렀다면 이 전지에서 나온 전기량은 몇 C인가?

① 1000   ② 2000
③ 3000   ④ 4000

해설 전기량(전하량) Q
$Q = I \times t$
$= 5 \times 10 \times 60초$
$= 3000C$

66 다음 블록선도의 전달함수는?

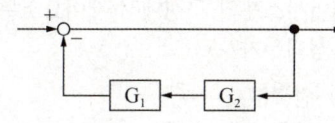

① $\dfrac{1}{G_2(G_1+1)}$

② $\dfrac{1}{G_1(G_2+1)}$

③ $\dfrac{1}{G_1G_2(1+G_1G_2)}$

④ $\dfrac{1}{1+G_1G_2}$

해설 $G(s) = \dfrac{전향경로의\ 합}{1-피드백의\ 합}$
$= \dfrac{1}{1+G_1G_2}$

67 사이클링(cycling)을 일으키는 제어는?

① I 제어
② PI 제어
③ PID 제어
④ ON-OFF 제어

해설 ON-OFF 제어인 2위치제어는 조작량이 0%와 100% 사이를 왕래하므로 변화가 너무 크다. 목표값에 대하여 제어량이 상·하를 반복(사이클링현상)하는 제어가 된다.

68 그림과 같은 △결선회로를 등가 Y결선으로 변환할 때 R_c의 저항 값(Ω)은?

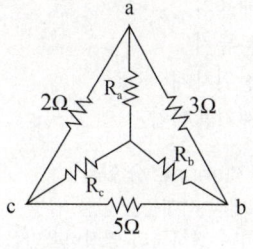

① 1   ② 3
③ 5   ④ 7

해설
$R_c = \dfrac{R_{bc}R_{ca}}{R_{ab}+R_{bc}+R_{ca}}$
$= \dfrac{5 \times 2}{3+5+2} = 1\Omega$

69 그림과 같은 회로에서 부하전류 I_L은 몇 A인가?

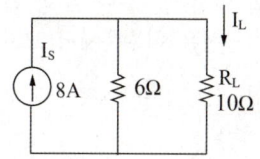

① 1   ② 2
③ 3   ④ 4

해설
$I_L = \dfrac{6}{6+10} \times 8 = 3A$

70 온도를 임피던스로 변환시키는 요소는?

① 측온 저항체
② 광전지
③ 광전 다이오드
④ 전자석

해설 **측온저항체** : 도체나 반도체에서 온도가 변하면 저항도 변하는 성질을 이용하여 온도를 측정한다. (온도 → 임피던스(저항))

65 ③   66 ④   67 ④   68 ①   69 ③   70 ①   정답

71 전류의 측정 범위를 확대하기 위하여 사용되는 것은?

① 배율기
② 분류기
③ 전위차계
④ 계기용 변압기

해설) 분류기(shunt, 分流器)
전류계의 최대눈금 값을 넘는 전류를 측정하기 위해 피 측정전류의 일정비율만을 전류계에 흐르도록 하는 분로저항을 병렬로 연결하여 전류의 측정 범위를 넓힌다. 이 병렬저항을 "분류기"라 한다.

72 근궤적의 성질로 틀린 것은?

① 근궤적은 실수축을 기준으로 대칭이다.
② 근궤적은 개루프 전달함수의 극점으로부터 출발한다.
③ 근궤적의 가지 수는 특성방정식의 극점수와 영점 수 중 큰 수와 같다.
④ 점근선은 허수축에서 교차한다.

해설) ④ 점근선은 실수축에서만 교차한다.

73 특성방정식의 근이 복소평면의 좌반면에 있으면 이 계는?

① 불안정하다.
② 조건부 안정이다.
③ 반안정이다.
④ 안정이다.

해설) 특성방정식의 근이 복소평면의 좌반에 있으면 제어계는 안정하다고 판별한다. 우반면에 있으면 불안정, 허수축에 위치하면 임계안정하다고 판별한다.

74 100mH의 인덕턴스를 갖는 코일에 10A의 전류를 흘릴 때 축적되는 에너지(J)는?

① 0.5   ② 1
③ 5   ④ 10

해설) 자기인덕턴스에 축적되는 전자에너지(자기에너지)

$$W = \frac{1}{2}LI^2$$
$$= \frac{1}{2} \times 100 \times 10^{-3} \times 10^2$$
$$= 5J$$

75 제어시스템의 구성에서 제어요소는 무엇으로 구성되는가?

① 검출부
② 검출부와 조절부
③ 검출부와 조작부
④ 조작부와 조절부

해설) 제어요소는 조절부와 조작부로 구성된다.

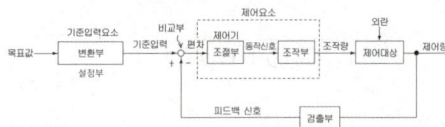

76 제어동작에 대한 설명으로 틀린 것은?

① 비례동작 : 편차의 제곱에 비례한 조작신호를 출력한다.
② 적분동작 : 편차의 적분 값에 비례한 조작신호를 출력한다.
③ 미분동작 : 조작신호가 편차의 변화속도에 비례하는 동작을 한다.
④ 2위치동작 : ON-OFF 동작이라고도 하며, 편차의 정부(+, -)에 따라 조작부를 전폐 전개하는 것이다.

해설) 비례동작 : 편차에 비례한 조작신호를 출력한다.

정답 71 ② 72 ④ 73 ④ 74 ③ 75 ④ 76 ①

77 일정 전압의 직류전원 V에 저항 R을 접속하니 정격전류 I가 흘렀다. 정격전류 I의 130%를 흘리기 위해 필요한 저항은 약 얼마인가?

① 0.6R
② 0.77R
③ 1.3R
④ 3R

해설

$I = \dfrac{V}{R}$

$1.3I = \dfrac{V}{R_1}$

$R_1 = \dfrac{V}{1.3I} = \dfrac{1}{1.3}\dfrac{V}{I}$

$\quad = 0.77R$

78 제어계에서 미분요소에 해당하는 것은?

① 한 지점을 가진 지렛대에 의하여 변위를 변환한다.
② 전기로에 열을 가하여도 처음에는 열이 올라가지 않는다.
③ 직렬 RC회로에 전압을 가하여 C에 충전 전압을 가한다.
④ 계단 전압에서 임펄스 전압을 얻는다.

해설
① : 비례요소
② : 적분요소
③ : 적분요소
④ : 미분요소

79 피드백(feedback) 제어시스템의 피드백 효과로 틀린 것은?

① 정상상태 오차 개선
② 정확도 개선
③ 시스템 복잡화
④ 외부 조건의 변화에 대한 영향 증가

해설 피드백 제어의 특징
① 입력과 출력을 비교하는 장치가 있어야 한다.
② 정확성이 증가한다.
③ 감대폭(대역폭)이 증가한다.
④ 제어계의 특성 변화에 대한 입력대 출력비의 감도가 감소한다.
⑤ 제어계 외부조건의 변화에 대한 영향을 줄일 수 있다.
⑥ 발진을 일으키고 불안정한 상태로 되어가는 경향이 있다.
⑦ 시스템이 복잡하고 크기가 크며 값이 비싸다.

80 그림에서 3개의 입력단자 모두 1을 입력하면 출력단자 A와 B의 출력은?

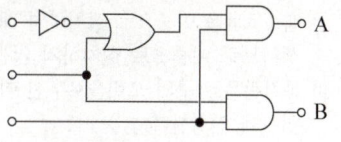

① $A=0, B=0$
② $A=0, B=1$
③ $A=1, B=0$
④ $A=1, B=1$

해설
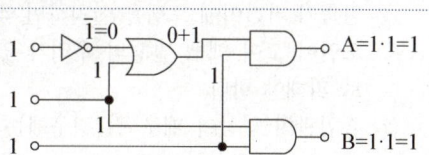

제5과목 배관일반

81 지역난방의 특징에 관한 설명으로 틀린 것은?

① 대기 오염물질이 증가한다.
② 도시의 방재수준 향상이 가능하다.
③ 사용자에게는 화재에 대한 우려가 적다.
④ 대규모 열원기기를 이용한 에너지의 효율적 이용이 가능하다.

해설 지역난방은 개별난방에 비해 전체적으로 열효율이 좋아 대기오염물질이 감소한다.

정답 77 ② 78 ④ 79 ④ 80 ④ 81 ①

82 배수 통기배관의 시공 시 유의사항으로 옳은 것은?

① 배수 입관의 최하단에는 트랩을 설치한다.
② 배수 트랩은 반드시 이중으로 한다.
③ 통기관은 기구의 오버플로우선 이하에서 통기 입관에 연결한다.
④ 냉장고의 배수는 간접배수로 한다.

해설
① 배수 입관의 최하단에는 트랩을 설치하면 안 된다.
② 배수트랩을 이중으로 설치하면 배수장해가 발생하므로 이중으로 설치하지 않는다.
③ 통기관은 기구의 오버플로우선 이상에서 통기 입관에 연결한다.
④ 냉장고의 배수는 간접배수로 한다.

83 냉매배관 시 흡입관 시공에 대한 설명으로 틀린 것은?

① 압축기 가까이에 트랩을 설치하면 액이나 오일이 고여 액백 발생의 우려가 있으므로 피해야 한다.
② 흡입관의 입상이 매우 길 경우에는 중간에 트랩을 설치한다.
③ 각각의 증발기에서 흡입주관으로 들어가는 관은 주관의 하부에 접속한다.
④ 2대 이상의 증발기가 다른 위치에 있고 압축기가 그 보다 밑에 있는 경우 증발기 출구의 관은 트랩을 만든 후 증발기 상부 이상으로 올리고 나서 압축기로 향하게 한다.

해설 냉매배관 시 각각의 증발기에서 흡입주관으로 들어가는 관은 주관의 상부에 접속한다.

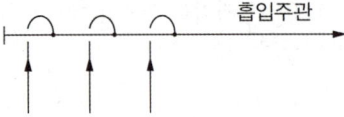

84 지름 20mm 이하의 동관을 이음할 때, 기계의 점검 보수, 기타 관을 분해하기 쉽게하기 위해 이용하는 동관 이음 방법은?

① 슬리브 이음
② 플레어 이음
③ 사이징 이음
④ 플랜지 이음

해설
플레어 이음(Flare, 나팔관식 이음)
• 관의 끝을 나팔모양으로 벌리고 플레어너트를 끼워 상대나사(볼트)에 연결하는 이음
• 20mm 이하의 관 및 보수점검 및 분해가 필요한 곳에 사용된다. (20mm가 넘는 관에서는 플랜지 이음을 하는 것이 좋다)

85 배수 및 통기배관에 대한 설명으로 틀린 것은?

① 루프 통기식은 여러 개의 기구군에 1개의 통기지관을 빼내어 통기주관에 연결하는 방식이다.
② 도피 통기관의 관경은 배수관의 1/4이상이 되어야 하며 최소 40mm 이하가 되어서는 안된다.
③ 루프 통기식 배관에 의해 통기할 수 있는 기구의 수는 8개 이내이다.
④ 한랭지의 배수관은 동결되지 않도록 피복을 한다.

해설 도피통기관 : 루프통기관을 도와서 통기능률을 향상시키기 위하여 배수 횡지관 최하류에서 통기 수직관과 연결한다. 도피 통기관 관경은 배수 수평지관의 1/2 이상이 되어야 하며 최소 32mm 이상이 되어야 한다.

정답 82 ④ 83 ③ 84 ② 85 ②

86 배관 용접 작업 중 다음과 같은 결함을 무엇이라고 하는가?

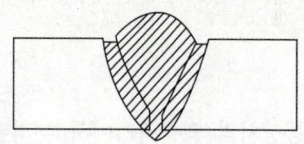

① 용입불량   ② 언더컷
③ 오버랩   ④ 피트

해설

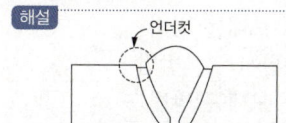

87 다이헤드형 동력 나사절삭기에서 할 수 없는 작업은?
① 리밍   ② 나사절삭
③ 절단   ④ 벤딩

해설 동력 나사절삭기로는 벤딩을 할 수 없다.

88 부력에 의해 밸브를 개폐하여 간헐적으로 응축수를 배출하는 구조를 가진 증기 트랩은?
① 버킷 트랩   ② 열동식 트랩
③ 벨 트랩   ④ 충격식 트랩

해설 버킷 트랩(bucket trap)
상향식과 하향식이 있으며 **부력**에 의해 버킷이 떠오르거나 가라앉아 밸브를 열고 닫음으로 응축수를 간헐적으로 배출한다. 상향식은 공기 배출이 곤란하나 하향식은 공기 배출이 가능하다. 중압, 고압의 환수관에 적합하며, 관내 압력차가 있으면 응축수를 높은 곳의 환수관까지 끌어 올릴 수 있다.

89 방열량이 3kW인 방열기에 공급하여야 하는 온수량(m³/s)은 얼마인가? (단, 방열기 입구 온도 80℃, 출구온도 70℃, 온수 평균온도에서 물의 비열은 4.2kJ/kg·K 물의 밀도는 977.5kg/m³이다.)
① 0.002   ② 0.025
③ 0.073   ④ 0.098

해설
$$q = m \cdot C \cdot \Delta t$$
$$= \rho Q \cdot C \cdot \Delta t$$
$$Q = \frac{q}{\rho \cdot C \cdot \Delta t}$$
$$= \frac{3}{977.5 \times 4.2 \times (80-70)}$$
$$= 0.000073 \text{m}^3/\text{s} \ (= 0.073 \ \ell/s)$$

90 주철관의 이음방법 중 고무링(고무개스킷포함)을 사용하지 않는 방법은?
① 기계식이음   ② 타이톤이음
③ 소켓이음   ④ 빅토릭이음

해설 소켓 이음(Socket Joint)
① 관의 소켓부에 얀(yarn)과 납을 넣어 다져서 접합한다.
② 얀(누수방지)과 납(얀의 이탈방지)의 깊이는 다음과 같다.
　㉠ 급수관 : 소켓부 깊이의 1/3을 얀, 2/3를 납으로 채운다.
　㉡ 배수관 : 소켓부 깊이의 2/3를 얀, 1/3을 납으로 채운다.

91 온수난방 배관에서 에어포켓(air pocket)이 발생될 우려가 있는 곳에 설치하는 공기빼기 밸브(◇)의 설치위치로 가장 적절한 것은?

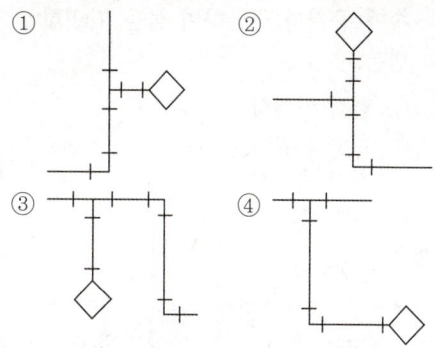

해설 공기빼기 밸브는 배관의 최상부에 상향으로 설치해야 한다.

정답 86 ② 87 ④ 88 ① 89 ③ 90 ③ 91 ②

92 배관계통 중 펌프에서의 공동현상(cavitation)을 방지하기 위한 대책으로 틀린 것은?

① 펌프의 설치 위치를 낮춘다.
② 회전수를 줄인다.
③ 양 흡입을 단 흡입으로 바꾼다.
④ 굴곡부를 적게 하여 흡입관의 마찰손실수두를 작게 한다.

해설 캐비테이션(cavitation)
① 공동현상(空洞現想)이라고 하며 액체가 굴곡부 또는 곡부를 흐를 때 저압부분(空洞)이 생기고 여기서 증기(기포)가 발생하는 현상을 캐비테이션이라 한다.
② 발생된 기포는 펌프의 토출측 고압영역에 이르면 갑자기 파괴되어 물속으로 소멸한다. 기포가 파괴되면서 심한 충격이 일어나 소음과 진동을 일으키고 침식을 일으킨다.
③ 방지대책
  ㉠ 펌프의 흡입 양정을 작게 한다.
  ㉡ 펌프의 회전수를 낮춘다.
  ㉢ 양흡입 펌프를 사용한다.
  ㉣ 2대 이상의 펌프를 사용한다.
  ㉤ 흡입관 구경을 크게 하여 손실수두를 줄인다.

93 저장 탱크 내부에 가열 코일을 설치하고 코일 속에 증기를 공급하여 물을 가열하는 급탕법은?

① 간접 가열식
② 기수 혼합식
③ 직접 가열식
④ 가스 순간 탕비식

해설 직접 가열식
• 보일러에서 가열된 물을 저탕조에 저장하고 저탕조로부터 급탕을 공급하는 방식
• 열효율 면에서 간접 가열식에 비해 유리하다.
• 계속해서 새로운 물이 보일러에 공급되기 때문에 보일러에 불균일한 신축과 스케일 생성이 빨라져 보일러 수명이 단축된다.

간접 가열식
저탕조 내에 가열코일을 설치하여 보일러에서 나온 고온수 또는 증기로 저탕조내의 물을 가열하는 방식

94 냉동장치의 액분리기에서 분리된 액이 압축기로 흡입되지 않도록 하기 위한 액 회수 방법으로 틀린 것은?

① 고압 액관으로 보내는 방법
② 응축기로 재순환시키는 방법
③ 고압 수액기로 보내는 방법
④ 열교환기를 이용하여 증발시키는 방법

해설 액분리기에서 분리된 액은 액 회수장치에 의해 고압수액기, 고압액관으로 보내지거나 열교환기를 이용하여 증발시킨다.

95 저압증기의 분기점을 2개 이상의 엘보로 연결하여 한 쪽이 팽창하면 비틀림이 일어나 팽창을 흡수하는 특징의 이음방법은?

① 슬리브형   ② 벨로즈형
③ 스위블형   ④ 루프형

해설 스위블조인트(Swivel joint)

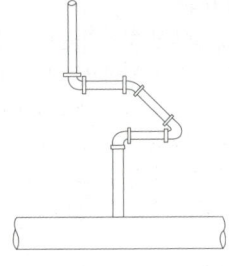

① 2개 이상의 나사엘보를 사용하여 나사회전을 이용하여 배관의 신축을 흡수한다.
② 방열기 및 팬코일유니트와 같은 단말기의 연결부에 사용된다.
③ 신축량이 큰 경우에는 나사가 헐거워져 누설될 수 있다.
④ 설비비가 저렴하다.

92 ③ 93 ① 94 ② 95 ③

96 유체 흐름의 방향을 바꾸어 주는 관 이음쇠는?
① 리턴벤드 ② 리듀서
③ 니플   ④ 유니온

해설
① 리턴밴드(U밴드) : 유체 흐름의 방향을 바꾸는 이음
② 리듀서 : 직경이 다른 관을 연결할 때 사용
③ 니플 : 직경이 같은 관을 연결할 때 사용
④ 유니온 : 관의 직선 연결시 자주 분해수리 또는 교체가 필요한 부분에 사용

97 고가(옥상) 탱크 급수방식의 특징에 대한 설명으로 틀린 것은?
① 저수시간이 길어지면 수질이 나빠지기 쉽다.
② 대규모의 급수 수요에 쉽게 대응할 수 있다.
③ 단수 시에도 일정량의 급수를 계속할 수 있다.
④ 급수 공급 압력의 변화가 심하다.

해설
고가수조 방식 : 수도 본관으로부터 건물의 옥상 등에 설치된 고가수조(물탱크)에 물을 받아 저장하고 탱크에서 하향으로 급수하는 방식

특징
• 단수시에도 고가수조의 물을 이용할 수 있다.
• 취급이 용이하고 고장이 적다.
• 급수압력이 항상 일정하다.
• 저장된 물을 장시간 사용하지 않으면 변질될 수 있다.
• 중량물이 건물의 높은 곳에 설치되므로 건축물의 구조적, 미관적인 문제를 고려해야 한다.

98 가스배관에 관한 설명으로 틀린 것은?
① 특별한 경우를 제외한 옥내배관은 매설배관을 원칙으로 한다.
② 부득이하게 콘크리트 주요 구조부를 통과할 경우에는 슬리브를 사용한다.
③ 가스배관에는 적당한 구배를 두어야 한다.
④ 열에 의한 신축, 진동 등의 영향을 고려하여 적절한 간격으로 지지하여야 한다.

해설
가스배관은 특별한 경우를 제외하고 옥내배관은 노출배관을 원칙으로 한다.

99 급수관의 수리 시 물을 배제하기 위한 관의 최소 구배 기준은?
① 1/120 이상   ② 1/150 이상
③ 1/200 이상   ④ 1/250 이상

해설
급수관의 수리시 물을 빼기 위한 관의 최소 구배는 1/250 이상으로 한다.

100 공장에서 제조 정제된 가스를 저장했다가 공급하기 위한 압력탱크로서 가스압력을 균일하게 하며, 급격한 수요변화에도 제조량과 소비량을 조절하기 위한 장치는?
① 정압기   ② 압축기
③ 오리피스   ④ 가스홀더

해설
가스홀더(gas holder) : 가스탱크 또는 가소미터(gasometer)라고도 하며, 수요에 따른 가스의 제조와 공급을 원활하게 함과 동시에 가스조성의 균일화와 일정한 압력으로 가스를 공급하기 위해 사용되는 탱크이다.
저압식 : 유수식(有水式), 무수식(無水式)
중, 고압식 : 구형(球形), 원통형(圓筒形)

정답 96 ① 97 ④ 98 ① 99 ④ 100 ④

과년도 출제문제(2020. 6. 6 시행)

제1과목 기계열역학

01 피스톤-실린더 장치에 들어 있는 100kPa, 27℃의 공기가 600kPa까지 가역단열과정으로 압축된다. 비열비가 1.4로 일정하다면 이 과정 동안에 공기가 받은 일(kJ/kg)은? (단, 공기의 기체상수는 0.287kJ/kg·K이다.)

① 263.6   ② 171.8
③ 143.5   ④ 116.9

해설 압축후의 온도 T_2이므로 $\dfrac{T_2}{T_1} = \left(\dfrac{P_2}{P_1}\right)^{\frac{k-1}{k}}$ 에서

$T_2 = (27+273) \times \left(\dfrac{600}{100}\right)^{\frac{1.4-1}{1.4}} = 500K$

절대일 $Wa = \dfrac{1}{k-1}R(T_1 - T_2)$

$= \dfrac{1}{1.4-1} \times 0.287 \times (300-500)$

$= -143.5 kJ/kg$

[참고] 공기가 일을 하면(팽창하면) +
공기가 일을 받으면(압축되면) −

02 공기 10kg이 압력 200kPa, 체적 5m³인 상태에서 압력 400kPa, 온도 300℃인 상태로 변한 경우 최종 체적(m³)은 얼마인가? (단, 공기의 기체상수는 0.287kJ/kg·K이다.)

① 10.7   ② 8.3
③ 6.8   ④ 4.1

해설 이상기체의 상태방정식 $P_2V_2 = mRT_2$

$V_2 = \dfrac{mRT_2}{P_2}$

$= \dfrac{10 \times 0.287 \times (300+273)}{400}$

$= 4.1 m^3$

03 준평형 정적과정을 거치는 시스템에 대한 열전달량은? (단, 운동에너지와 위치에너지의 변화는 무시한다.)

① 0이다.
② 이루어진 일량과 같다.
③ 엔탈피 변화량과 같다.
④ 내부에너지 변화량과 같다.

해설 정적과정에서 시스템에 대한 열전달량은 정적과정의 가열량을 의미하며, 정적과정에서 가열량은 내부에너지의 변화량과 같다.
가열량 $q = u_2 - u_1 = C_v(T_2 - T_1)$

04 이상적인 냉동사이클에서 응축기 온도가 30℃, 증발기 온도가 -10℃일 때 성적 계수는?

① 4.6   ② 5.2
③ 6.6   ④ 7.5

해설 이상적인 냉동사이클은 역카르노 사이클이다.

$COP = \dfrac{T_L}{T_H - T_L}$

$= \dfrac{(-10+273)}{(30+273)-(-10+273)} = 6.57$

정답 01 ③ 02 ④ 03 ④ 04 ③

05 용기 안에 있는 유체의 초기 내부에너지는 700kJ이다. 냉각과정 동안 250kJ의 열을 잃고, 용기 내에 설치된 회전날개로 유체에 100kJ의 일을 한다. 최종상태의 유체의 내부에너지(kJ)는 얼마인가?

① 350 ② 450
③ 550 ④ 650

해설
$\delta Q = dU + \delta W$
$-250 = \Delta U + (-100)$
$\Delta U = -250 + 100 = -150$
$\Delta U = U_2 - U_1 = -150$
$U_2 = \Delta U + U_1 = -150 + 700 = 550$

06 랭킨사이클에서 보일러 입구 엔탈피 192.5 kJ/kg, 터빈 입구 엔탈피 3002.5kJ/kg, 응축기 입구 엔탈피 2361.8kJ/kg일 때 열효율(%)은? (단, 펌프의 동력은 무시한다.)

① 20.3 ② 22.8
③ 25.7 ④ 29.5

해설
랭킨사이클(증기동력사이클) 열효율
$\eta_R = \dfrac{\text{유효일량}}{\text{공급열량}} = \dfrac{\text{터빈입구} - \text{터빈출구}}{\text{보일러출구} - \text{보일러입구}}$
$= \dfrac{(\text{터빈입구} - \text{응축기입구}) \text{엔탈피}}{(\text{터빈입구} - \text{보일러입구}) \text{엔탈피}}$
$= \dfrac{3002.5 - 2361.8}{3002.5 - 192.5} \times 100 = 22.8\%$

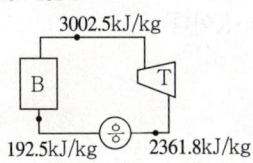

07 300L 체적의 진공인 탱크가 25℃, 6MPa의 공기를 공급하는 관에 연결된다. 밸브를 열어 탱크 안의 공기 압력이 5MPa이 될 때까지 공기를 채우고 밸브를 닫았다. 이 과정이 단열이고 운동에너지와 위치에너지의 변화를 무시한다면 탱크 안의 공기의 온도(℃)는 얼마가 되는가? (단, 공기의 비열비는 1.4이다.)

① 1.5℃ ② 25℃
③ 84.4℃ ④ 144.2℃

해설

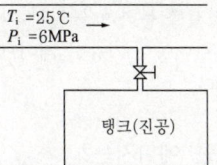

이 문제는 비정상유동인 균일상태, 균일유동(USUF) 과정이다.
초기상태(탱크내부) : 진공, 질량 $m_1 = 0$
최종상태 : P_2, T_2, m_2
들어오는 상태 : $h_i, v_i, Z_i, m_i, T_i, P_i$
나가는 상태 : h_e, v_e, Z_e, m_e
USUF(균일상태 균일유동)과정식
$Q + m_i(h_i + \dfrac{v_i^2}{2} + gZ_i) = m_e(h_e + \dfrac{v_e^2}{2} + gZ_e) +$
$[m_2(u_2 + \dfrac{v_2^2}{2} + gZ_2) - m_1(u_1 + \dfrac{v_1^2}{2} + gZ_1)] + W$
여기서
단열과정 $Q = 0$. 외부일 없으므로 $W = 0$, 운동에너지 무시 $v^2/2 = 0$, 위치에너지 무시 $gZ = 0$, 초기상태 $m_1 = 0$(진공), 나가는 유량 $m_e = 0$
위식을 정리하면 아래와 같다.
$m_i h_i = m_2 u_2$
탱크안의 최종 질량 $m_2 = m_i$(입구로 들어오는 질량)이므로 $h_i = u_2$ ($h = C_P T$, $u = C_v T$ 이므로)
$C_P T_i = C_v T_2$
$\therefore T_2 = \dfrac{C_P}{C_v} T_i = k T_i$
$= 1.4 \times (25 + 273) = 417.2K = 144.2℃$

08 다음은 시스템(계)과 경계에 대한 설명이다. 옳은 내용을 모두 고른 것은?

가. 검사하기 위하여 선택한 물질의 양이나 공간 내의 영역을 시스템(계)이라 한다.
나. 밀폐계는 일정한 양의 체적으로 구성된다.
다. 고립계의 경계를 통한 에너지 출입은 불가능하다.
라. 경계는 두께가 없으므로 체적을 차지하지 않는다.

05 ③ 06 ② 07 ④ 08 ③ **정답**

① 가, 다　　② 나, 라
③ 가, 다, 라　　④ 가, 나, 다, 라

해설 나. 밀폐계는 경계를 통하여 물질의 이동은 없으나 열과 일은 이동이 가능한 계이므로 체적이 변할 수 있다.

09 다음 중 가장 큰 에너지는?

① 100kW 출력의 엔진이 10시간 동안 한 일
② 발열량 10000kJ/kg의 연료를 100kg 연소시켜 나오는 열량
③ 대기압하에서 10℃의 물 10m³를 90℃로 가열하는 데 필요한 열량(단, 물의 비열은 4.2kJ/kg·K이다.)
④ 시속 100km로 주행하는 총 질량 2000kg인 자동차의 운동에너지

해설
① $Q_1 = 100 \times 10 \times 3600 = 3,600,000$ kJ
② $Q_2 = 10,000 \times 100 = 1,000,000$ kJ
③ $Q_3 = \rho\,Q\,C\,\Delta t$
　　$= 1,000 \times 10 \times 4.2 \times (90-10) = 3,360,000$ kJ
④ $Q_4 = \frac{1}{2}mv^2$
　　$= \frac{1}{2} \times 2,000 \times (100 \times 10^3 \div 3,600)^2 \div 1,000$
　　$= 771.6$ kJ

10 열역학적 관점에서 다음 장치들에 대한 설명으로 옳은 것은?

① 노즐은 유체를 서서히 낮은 압력으로 팽창하여 속도를 감속시키는 기구이다.
② 디퓨저는 저속의 유체를 가속하는 기구이며 그 결과 유체의 압력이 증가한다.
③ 터빈은 작동유체의 압력을 이용하여 열을 생성하는 회전식 기계이다.
④ 압축기의 목적은 외부에서 유입된 동력을 이용하여 유체의 압력을 높이는 것이다.

해설
① 노즐은 속도를 증가시킨다. (압력강하)
② 디퓨저는 유체를 감속시킨다. (압력증가)
③ 터빈은 일을 생성한다.

11 초기 압력 100kPa, 초기 체적 0.1m³인 기체를 버너로 가열하여 기체 체적이 정압과정으로 0.5m³가 되었다면 이 과정 동안 시스템이 외부에 한 일은 약 몇 kJ인가?

① 10　　② 20
③ 30　　④ 40

해설
$W = \int_1^2 PdV = P(V_2 - V_1)$
　　$= 100 \times (0.5 - 0.1) = 40$ kJ

12 펌프를 사용하여 150kPa, 26℃의 물을 가역단열과정으로 650kPa까지 변화시킨 경우, 펌프의 일(kJ/kg)은? (단, 26℃의 포화액의 비체적은 0.001m³/kg이다.)

① 0.4　　② 0.5
③ 0.6　　④ 0.7

해설 펌프일은 개방계의 일. 즉, 공업일이며
$w_p = -\int_1^2 vdP = -v(P_2 - P_1) = v(P_1 - P_2)$
　　$= 0.001 \times (150 - 650) = -0.5$ kJ/kg(압축일)

13 그림과 같은 공기표준 브레이턴(Brayton) 사이클에서 작동유체 1kg당 터빈 일(kJ/kg)은 얼마인가? (단, $T_1 = 300K$, $T_2 = 475.1K$, $T_3 = 1100K$, $T_4 = 694.5K$이고, 공기의 정압비열과 정적비열은 각각 1.0035kJ/kg·K, 0.7165 kJ/kg·K이다)

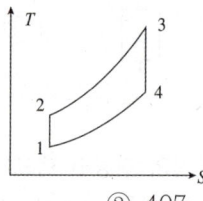

① 290　　② 407
③ 448　　④ 627

해설 사이클전체의 일량이 아니라 터빈에서의 일량을 묻는 문제임. 즉, 3 → 4 과정 일량
$W_T = h_3 - h_4 = C_p(T_3 - T_4)$
　　$= 1.0035 \times (1100 - 694.5) = 406.9$ kJ/kg

정답 09 ①　10 ④　11 ④　12 ②　13 ②

14 1kW의 전기히터를 이용하여 101kPa, 15℃의 공기로 차 있는 100m³의 공간을 난방하려고 한다. 이 공간은 견고하고 밀폐되어 있으며 단열되어 있다. 히터를 10분 동안 작동시킨 경우, 이 공간의 최종온도(℃)는? (단, 공기의 정적비열은 0.718kJ/kg·K이고 기체상수는 0.287kJ/kg·K이다.)

① 18.1 ② 21.8
③ 25.3 ④ 29.4

해설
- 가열량 $Q = 1 \times 10 \times 60초 = 600 kJ$

$PV = mRT$ 에서
$$m = \frac{PV}{RT} = \frac{101 \times 100}{0.287 \times (15+273)} = 122.19 kg$$

- 체적이 일정한 공간이므로
$Q = mC_v(t_2 - t_1)$ 에서
$$t_2 = t_1 + \frac{Q}{mC_v}$$
$$= 15 + \frac{600}{122.19 \times 0.718} = 21.83℃$$

15 이상기체 1kg을 300K, 100kPa에서 500K까지 "PV^n = 일정"의 과정(n = 1.2)을 따라 변화시켰다. 이 기체의 엔트로피 변화량(kJ/K)은? (단, 기체의 비열비는 1.3, 기체상수는 0.287kJ/kg·K이다.)

① -0.244 ② -0.287
③ -0.344 ④ -0.373

해설 폴리트로프 변화과정
$$\triangle S = m \cdot C_v \frac{n-k}{n-1} \ln \frac{T_2}{T_1}$$

$C_v = \frac{R}{k-1}$ 이므로

$$\triangle S = 1 \times \frac{0.287}{1.3-1} \times \frac{1.2-1.3}{1.2-1} \times \ln\frac{500}{300}$$
$$= -0.244 kJ/K$$

16 압력 1000kPa, 온도 300℃ 상태의 수증기 (엔탈피 3051.15kJ/kg, 엔트로피 7.1228 kJ/kg·K)가 증기터빈으로 들어가서 100 kPa 상태로 나온다. 터빈의 출력 일이 370kJ/kg 일 때 터빈의 효율(%)은?

수증기의 포화상태표
(압력 100kPa / 온도 99.62℃)

엔탈피(kJ/kg)		엔트로피(kJ/kg·K)	
포화액체	포화증기	포화액체	포화증기
417.44	2675.46	1.3025	7.3593

① 15.6 ② 33.2
③ 66.8 ④ 79.8

해설 터빈은 단열과정이므로 등엔트로피 과정이다.
따라서 $s_2 = s_1$ 이다.
$s_2 = s_2' + x(s_2'' - s_2')$
$$x = \frac{s_2 - s_2'}{s_2'' - s_2'} = \frac{7.1228 - 1.3025}{7.3593 - 1.3025} = 0.961$$

터빈출구 엔탈피 h_2
$h_2 = h_2' + x(h_2'' - h_2')$
$= 417.44 + 0.961 \times (2675.46 - 417.44)$
$= 2587.4 kJ/kg$

터빈의 효율 $= \dfrac{유효일량}{공급열량} = \dfrac{w_T}{h_1 - h_2}$
$$= \frac{370}{3051.15 - 2587.4} \times 100$$
$$= 79.78\%$$

17 보일러에 온도 40℃, 엔탈피 167kJ/kg인 물이 공급되어 온도 350℃, 엔탈피 3115kJ/kg인 수증기가 발생한다. 입구와 출구에서의 유속은 각각 5m/s, 50m/s이고, 공급되는 물의 양이 2000kg/h일 때, 보일러에 공급해야 할 열량(kW)은? (단, 위치에너지 변화는 무시한다.)

① 631 ② 832
③ 1237 ④ 1638

정답 14 ② 15 ① 16 ④ 17 ④

해설 가열량
$$Q = m\left[(h_2-h_1) + \frac{1}{2}(v_2^2 - v_1^2)\right]$$
$$= \frac{2,000}{3,600} \times \left[(3115-167) + \frac{1}{2}(50^2 - 5^2) \times 10^{-3}\right]$$
$$= 1638.4 \text{kW}$$

[참고] 속도에너지 $m\frac{1}{2}v^2$의 단위 변환

$$\frac{\text{kg}}{\text{s}} \cdot \frac{\text{m}^2}{\text{s}^2} = \frac{\text{kg} \cdot \text{m}}{\text{s}^2} \times \frac{\text{m}}{\text{s}} = \text{N} \cdot \text{m/s}$$
$$= \text{J/s} = \text{W}$$

$$\begin{bmatrix} 1\text{kg} \cdot \text{m/s}^2 = 1\text{N}, & 1\text{N} \cdot \text{m} = 1\text{J} \\ 1\text{J/s} = 1\text{W} \end{bmatrix}$$

18 열역학 제2법칙에 대한 설명으로 틀린 것은?

① 효율이 100%인 열기관은 얻을 수 없다.
② 제2종의 영구기관은 작동 물질의 종류에 따라 가능하다.
③ 열은 스스로 저온의 물질에서 고온의 물질로 이동하지 않는다.
④ 열기관에서 작동 물질이 일이 하게 하려면 그보다 더 저온인 물질이 필요하다.

해설 ② 제2종 영구기관은 작동물질이 어떤 것이든 제작이 불가능하다.

19 단열된 가스터빈의 입구측에서 가스가 압력 2MPa, 온도 1200K로 유입되어 출구 측에서 압력 100kPa, 온도 600K로 유출된다. 5MW의 출력을 얻기 위한 가스의 질량 유량은 약 몇 kg/s인가? (단, 터빈의 효율은 100%이고, 가스의 정압비열은 1.12kJ/(kg·K)이다.)

① 6.44 ② 7.44
③ 8.44 ④ 9.44

해설 가스터빈의 일은 공업일이며
$W_t = mC_p(T_1 - T_2)$ 이므로

$$m = \frac{W_t}{C_p(T_1-T_2)}$$
$$= \frac{5 \times 1000}{1.12 \times (1200-600)} = 7.44 \text{kg/s}$$

20 실린더 내의 공기가 100kPa, 20℃ 상태에서 300kPa이 될 때까지 가역단열 과정으로 압축된다. 이 과정에서 실린더 내의 계에서 엔트로피의 변화(kJ/kg·K)는?
(단, 공기의 비열비(k)는 1.4이다.)

① -1.35 ② 0
③ 1.35   ④ 13.5

해설 가역단열과정은 등엔트로피 과정이다.
따라서 엔트로피 변화는 없다.
$\triangle S = \frac{\Delta Q}{T}$ 인데 가역단열과정이므로 $\Delta Q = 0$
따라서 $\triangle S = \frac{0}{T} = 0$ 이 된다.

제2과목 냉동공학

21 증기압축 냉동사이클에서 압축기의 압축일은 5HP이고, 응축기의 용량은 12.86kW이다. 이때 냉동사이클의 냉동능력(RT)은?

① 1.8 ② 2.6
③ 3.1 ④ 3.5

해설
$$Q_e = Q_c - W$$
$$= \frac{12.86 - (5 \times 0.735)}{3.86} = 2.4RT$$

[참고] 1PS = 0.735kW
1RT = 3.86kW

18 ② 19 ② 20 ② 21 ② 정답

22 그림과 같은 냉동 사이클로 작동하는 압축기가 있다. 이 압축기의 체적효율이 0.65, 압축효율이 0.8, 기계효율이 0.9라고 한다면 실제 성적계수는?

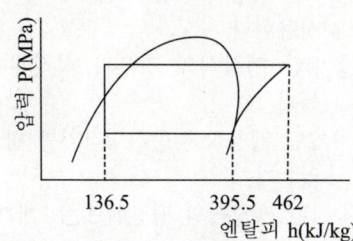

① 3.89
② 2.81
③ 1.82
④ 1.42

해설 실제성적계수
$$COP = \frac{395.5 - 136.5}{462 - 395.5} \times 0.8 \times 0.9 = 2.8$$

23 흡수식 냉동기에 사용하는 흡수제의 구비조건으로 틀린 것은?
① 농도 변화에 의한 증기압의 변화가 클 것
② 용액의 증기압이 낮을 것
③ 점도가 높지 않을 것
④ 부식성이 없을 것

해설 흡수제의 구비조건
① 용액의 증기압이 낮을 것
② 농도 변화에 의한 증기압의 변화가 작을 것
③ 증발하지 않거나, 증발할 경우 증발온도가 냉매의 증발온도와 차이가 있을 것
④ 적은 열량으로 재생이 가능할 것
⑤ 점도가 높지 않을 것
⑥ 부식성이 없을 것

24 냉동기유의 구비 조건으로 틀린 것은?
① 응고점이 높아 저온에서도 유동성이 있을 것
② 냉매나 수분, 공기 등이 쉽게 용해되지 않을 것
③ 쉽게 산화하거나 열화하지 않을 것
④ 적당한 점도를 가질 것

해설 냉동기유의 구비조건
① 응고점이 낮을 것(저온에서 응고되지 않을 것)
② 고온에서 열화되지 않을 것
③ 인화점이 높을 것
④ 점도가 적당할 것
⑤ 전기의 절연내력이 클 것
⑥ 장기간 사용하여도 변질되거나 열화되지 않을 것
⑦ 냉매와 화학적으로 안정할 것
⑧ 냉매에 잘 용해되지 않을 것

25 그림은 냉동사이클을 압력-엔탈피선도에 나타낸 것이다. 이 그림에 대한 설명으로 옳은 것은?

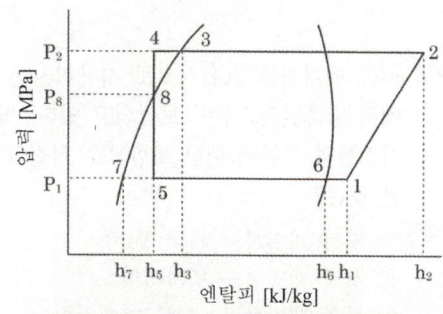

① 팽창밸브 출구의 냉매 건조도는 $[(h_5 - h_7)/(h_6 - h_7)]$로 계산한다.
② 증발기 출구에서의 냉매 과열도는 엔탈피차 $(h_1 - h_6)$로 계산한다.
③ 응축기 출구에서의 냉매 과냉각도는 엔탈피차 $(h_3 - h_5)$로 계산한다.
④ 냉매순환량은 [냉동능력/$(h_6 - h_5)$]로 계산한다.

정답 22 ② 23 ① 24 ① 25 ①

해설
① 냉매건조도 $x = \dfrac{냉매증기}{전체냉매} = \dfrac{h_5 - h_7}{h_6 - h_7}$
② 증발기 출구에서 냉매 과열도는 온도차 $(t_1 - t_6)$로 계산한다.
③ 응축기 출구에서의 냉매 과냉각도는 온도차 $(t_3 - t_4)$로 계산한다.
④ 냉매 순환량은 [냉동능력$/(h_1 - h_5)$]로 계산한다.

26 안전밸브의 시험방법에서 약간의 기포가 발생할 때의 압력을 무엇이라고 하는가?

① 분출 전개압력
② 분출 개시압력
③ 분출 정지압력
④ 분출 종료압력

해설 안전밸브에서 약간의 기포가 발생한다는 것은 미량이 유출되기 시작한 것이므로 이때의 압력을 분출개시압력이라 한다.

27 최근 에너지를 효율적으로 사용하자는 측면에서 빙축열시스템이 보급되고 있다. 빙축열 시스템의 분류에 대한 조합으로 적절하지 않은 것은?

① 정적 제빙형 – 관외착빙형
② 정적 제빙형 – 빙박리형
③ 동적 제빙형 – 리키드아이스형
④ 동적 제빙형 – 과냉각아이스형

해설 빙축열 시스템의 분류
• 정적형 : 축열조 내에서 제빙과 해빙이 이루어진다. 관외착빙형, 관내착빙형, 평판형, 캡슐형, 수직(수평)원통형 등이 있다.
• 동적형 : 제빙기에서 제빙된 얼음을 축열조로 이송하여 저장하는 방식이다. 빙박리형, 유동식 빙생성형(과냉각 아이스형, 리키드 아이스형)이 있다.

28 2단 압축 1단 팽창식과 2단 압축 2단 팽창식의 비교 설명으로 옳은 것은? (단, 동일운전 조건으로 가정한다.)

① 2단 팽창식의 경우에는 두 가지의 냉매를 사용한다.
② 2단 팽창식의 경우가 성적계수가 약간 높다.
③ 2단 팽창식은 중간냉각기를 필요로 하지 않는다.
④ 1단 팽창식의 팽창밸브는 1개가 좋다.

해설
① 2단 팽창식에서도 한 가지의 냉매를 사용한다.
③ 2단 팽창식도 중간냉각기가 필요하다.
④ 1단 팽창식의 경우도 팽창밸브가 2개이다.

29 응축압력의 이상 고압에 대한 원인으로 가장 거리가 먼 것은?

① 응축기의 냉각관 오염
② 불응축가스 혼입
③ 응축부하 증대
④ 냉매 부족

해설 응축압력의 이상 고압에 대한 원인
① 응축기의 냉각수량이 부족하다.
② 공냉식의 경우 통풍량이 부족하다.
③ 응축기내에 불응축가스가 고여 있다.
④ 수액기 및 응축기 내에 냉매가 충만해 있다(과충전).
⑤ 응축기 냉각관이 물때로 더렵혀져 있다(열교환이 안된다).

26 ② 27 ② 28 ② 29 ④ **정답**

30 다음의 역카르노 사이클에서 등온팽창과정을 나타내는 것은?

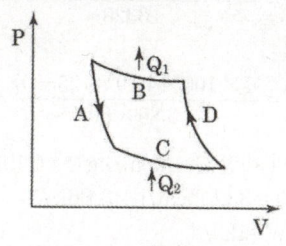

① A ② B
③ C ④ D

해설
A : 단열 팽창(팽창과정)
C : 등온 팽창(증발과정)
D : 단열 압축(압축과정)
B : 등온 압축(응축과정)

31 비열이 3.86kJ/kg·K인 액 920kg을 1시간 동안 25℃에서 5℃로 냉각시키는 데 소요되는 냉각열량은 몇 냉동톤(RT)인가? (단, 1RT는 3.5kW이다.)

① 3.2 ② 5.6
③ 7.8 ④ 8.3

해설
$Q = G \cdot C \cdot \Delta t$
$= \dfrac{920 \times 3.86 \times (25-5)}{3600 \times 3.5} = 5.64 RT$
[참고] 1kW=1kJ/s

32 냉동장치의 운전에 관한 설명으로 옳은 것은?
① 압축기에 액백(liquid back)현상이 일어나면 토출가스 온도가 내려가고 구동 전동기의 전류계 지시값이 변동한다.
② 수액기 내에 냉매액을 충만시키면 증발기에서 열부하 감소에 대응하기 쉽다.
③ 냉매 충전량이 부족하면 증발압력이 높게 되어 냉동능력이 저하한다.
④ 냉동부하에 비해 과대한 용량의 압축기를 사용하면 저압이 높게 되고, 장치의 성적 계수는 상승한다.

해설
② 수액기는 냉동장치의 부하가 변하여도 냉매를 증발기에 원활하게 공급할 수 있는 양의 냉매를 저장할 수 있으면 되며, 냉동장치를 수리하거나 장시간 정지시킬 때 모든 냉매를 회수하여 수액기에 저장해야 하므로 정상운전 시에는 2/3정도 채우는 것이 좋다.
③ 냉매 충전량이 부족하면 증발 압력이 낮아지고 냉동 능력도 저하된다.
④ 냉동부하에 비해 과대한 용량의 압축기를 사용하면 저압이 낮아지고 성적계수는 감소한다.

33 스크류 압축기의 운전 중 로터에 오일을 분사시켜주는 목적으로 가장 거리가 먼 것은?
① 높은 압축비를 허용하면서 토출온도 유지
② 압축효율 증대로 전력소비 증가
③ 로터의 마모를 줄여 장기간 성능 유지
④ 높은 압축비에서도 체적효율 유지

해설
② 로터와 케이싱에 형성되는 유막에 의한 밀봉으로 압축효율은 증대되고 전력소비는 감소한다.

34 실제 냉동사이클에서 압축과정 동안 냉매변환 중 스크류 냉동기는 어떤 압축과정에 가장 가까운가?
① 단열 압축 ② 등온 압축
③ 등적 압축 ④ 과열 압축

해설
스크류 냉동기의 압축과정도 왕복동식 냉동기와 같이 단열과정(등엔트로피과정)으로 이루어진다.

35 운전 중인 냉동장치의 저압측 진공게이지가 50cmHg을 나타내고 있다. 이때의 진공도는?
① 65.8% ② 40.8%
③ 26.5% ④ 3.4%

해설
진공도는 대기압에서 얼마나 진공이 되었는지를 나타낸다.
$진공도 = \dfrac{진공계\ 압력}{대기압력} = \dfrac{50}{76} \times 100 = 65.8\%$

정답 30 ③ 31 ② 32 ① 33 ② 34 ① 35 ①

36 쉘 앤 튜브 응축기에서 냉각수 입구 및 출구 온도가 각각 16℃와 22℃, 냉매의 응축온도를 25℃라 할 때, 이 응축기의 냉매와 냉각수와의 대수평균온도차(℃)는?

① 3.5   ② 5.5
③ 6.8   ④ 9.2

해설 대수평균온도차

$$\Delta t_m = \frac{\Delta t_1 - \Delta t_2}{\ln \frac{\Delta t_1}{\Delta t_2}}$$

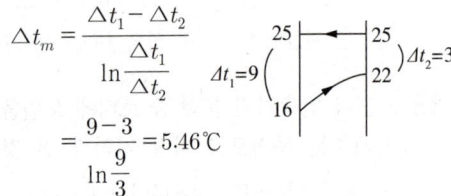

$$= \frac{9-3}{\ln \frac{9}{3}} = 5.46℃$$

37 다음과 같은 카르노 사이클에 대한 설명으로 옳은 것은?

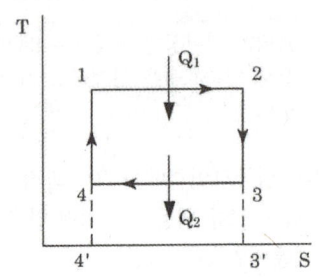

① 면적 1-2-3'-4'는 흡열 Q_1을 나타낸다.
② 면적 4-3-3'-4'는 유효열량을 나타낸다.
③ 면적 1-2-3-4는 방열 Q_2를 나타낸다.
④ Q_1, Q_2는 면적과는 무관하다.

해설 ② 면적 4-3-3'-4'는 방열Q_2를 나타낸다.
③ 면적 1-2-3-4는 유효열량을 나타낸다.
④ Q_1=면적 1-2-3'-4'이다.
   Q_2=면적 4-3-3'-4'이다.

38 1분간에 25℃의 물 100L를 0℃의 물로 냉각시키기 위하여 최소 몇 냉동톤의 냉동기가 필요한가?

① 45.2RT   ② 4.52RT
③ 452RT   ④ 42.5RT

해설 $Q_c = GC\Delta t = \rho \cdot QC\Delta t$

$$= \frac{1 \times 100 \times 1 \times (25-0) \times 60}{3320} = 45.18RT$$

또는

$$= \frac{1 \times 100 \times 4.19 \times (25-0)}{3.86 \times 60} = 45.23RT$$

물의 비열 C=1kcal/kg℃=4.19kJ/kgK
1RT=3320kcal/h=3.86kW
1kW=1kJ/s

39 암모니아 냉동기의 배관재료로서 적절하지 않은 것은?

① 배관용 탄소강 강관
② 동합금관
③ 압력배관용 탄소강 강관
④ 스테인리스 강관

해설 암모니아 증기가 수분을 함유하면 동 및 동합금을 부식시키므로 배관재료는 강관을 사용한다.

40 증발기의 종류에 대한 설명으로 옳은 것은?

① 대형 냉동기에서는 주로 직접 팽창식 증발기를 사용한다.
② 직접 팽창식 증발기는 2차 냉매를 냉각시켜 물체를 냉동, 냉각시키는 방식이다.
③ 만액식 증발기는 팽창밸브에서 교축팽창된 냉매를 직접 증발기로 공급하는 방식이다.
④ 간접 팽창식 증발기는 제빙, 양조 등의 산업용 냉동기에 주로 사용된다.

해설 ① 대형 냉동기에서는 주로 간접 팽창식 증발기를 사용하고, 직접팽창식은 소형, 가정용에 사용된다.
② 직접팽창식 증발기는 1차 냉매가 공기 등 물체를 직접 냉동, 냉각시키는 방식이다.
③ 만액식 증발기는 팽창밸브에서 교축 팽창된 냉매를 액분리기에 보내 냉매증기는 압축기로 보내고 냉매액만 증발기로 공급하는 방식이다.

정답 36 ② 37 ① 38 ① 39 ② 40 ④

제3과목 공기조화

41 아래 그림에 나타낸 장치를 표의 조건으로 냉각운전을 할 때 A실에 필요한 송풍량(m³/h)은? (단, A실의 냉방부하는 현열부하 8.8kW, 잠열부하 2.8kW이고, 공기의 정압비열은 1.01KJ/Kg·K, 밀도는 1.2kg/m³이며, 덕트에서의 열손실은 무시한다.)

지점	온도(DB), ℃	습도(RH), %
A	26	50
B	17	–
C	16	85

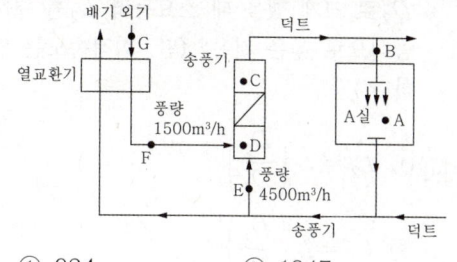

① 924
② 1847
③ 2904
④ 3831

해설
$q_s = \rho Q C_p \triangle t$ 에서
$Q = \dfrac{q_s}{\rho C_p \triangle t}$
$= \dfrac{8.8 \times 3600}{1.2 \times 1.01 \times (26-17)} = 2904 \, m^3/h$

42 온수난방에 대한 설명으로 틀린 것은?
① 저온수 난방에서 공급수의 온도는 100℃ 이하이다.
② 사람이 상주하는 주택에서는 복사난방을 주로 한다.
③ 고온수 난방의 경우 밀폐식 팽창탱크를 사용한다.
④ 2관식 역환수 방식에서는 펌프에 가까운 방열기일수록 온수 순환량이 많아진다.

해설
④ 역환수(리버스리턴)방식은 각 방열기마다 온수 공급관에서부터 환수관까지의 총 길이를 동일하게 하므로 배관 저항을 같게 하여 각 방열기의 온수 순환량을 동일하게 한다.

43 방열기에서 상당방열면적(EDR)은 아래의 식으로 나타낸다. 이 중 Q_o는 무엇을 뜻하는가? (단, 사용단위로 Q는 W, Q_o는 W/m^2이다.)

$$EDR(m^2) = \dfrac{Q}{Q_o}$$

① 증발량
② 응축수량
③ 방열기의 전방열량
④ 방열기의 표준방열량

해설
상당방열면적(EDR)
$EDR = \dfrac{방열기의\ 총발열량}{방열기의\ 표준방열량}$

44 변풍량 유닛의 종류별 특징에 대한 설명으로 틀린 것은?
① 바이패스형은 덕트 내의 정압변동이 거의 없고 발생 소음이 작다.
② 유인형은 실내 발생열을 온열원으로 이용 가능하다.
③ 교축형은 압력손실이 작고 동력절감이 가능하다.
④ 바이패스형은 압력손실이 작지만 송풍기 동력 절감이 어렵다.

해설
③ 교축형은 슬롯형이라고도 하며 부하가 감소하면 내부의 콘(cone)이 이동하면서 통로를 좁혀 풍량을 조절하는 형식이다. 단점은 압력손실이 크고, 정압변화에 대응할 수 있는 정압제어가 필요하며 유닛의 소음도 크다. 장점은 송풍동력의 절감이 가능하다.

정답 41 ③ 42 ④ 43 ④ 44 ③

45 다음 중 증기난방 장치의 구성으로 가장 거리가 먼 것은?

① 트랩 ② 감압밸브
③ 응축수탱크 ④ 팽창탱크

해설 ④ 팽창탱크는 온수난방에서 물의 온도변화에 따른 체적팽창을 흡수하므로 장치내의 압력변화를 흡수하여 장치의 파열을 방지하고, 수축 시에는 장치내의 압력을 일정하게 유지시킴으로써 공기가 침입하는 것을 방지한다.

46 내벽 열전달률 4.7W/m²·K, 외벽 열전달률 5.8W/m²·K, 열전도율 2.9W/m·℃, 벽두께 25cm, 외기온도 -10℃, 실내온도 20℃일 때 열관류율(W/m²·K)은?

① 1.8 ② 2.1
③ 3.6 ④ 5.2

해설
$$\frac{1}{K} = \frac{1}{\alpha_i} + \frac{\ell}{\lambda} + \frac{1}{\alpha_o}$$
$$= \frac{1}{4.7} + \frac{0.25}{2.9} + \frac{1}{5.8} = 0.47138$$
$$\therefore K = \frac{1}{0.47138} = 2.12 W/m^2 \cdot K$$

47 A, B 두 방의 열손실은 각각 4kW이다. 높이 600mm인 주철제 5세주 방열기를 사용하여 실내온도를 모두 18.5℃로 유지시키고자 한다. A실은 102℃의 증기를 사용하며, B실은 평균 80℃의 온수를 사용할 때 두방 전체에 필요한 총 방열기의 절수는? (단, 표준방열량을 적용하며, 방열기 1절(節)의 상당 방열 면적은 0.23m²이다.)

① 23개 ② 34개
③ 42개 ④ 56개

해설 난방부하=방열기절수×1절당 상당방열면적 ×상당방열량(표준방열량)

• 증기난방 시
방열기 절수 = $\frac{난방부하}{1절당상당방열면적 \times 상당방열량}$
$= \frac{4}{0.23 \times 756 \times 10^{-3}} = 23$절

• 온수난방 시
방열기 절수 = $\frac{4}{0.23 \times 523 \times 10^{-3}} = 33.25 = 34$절

∴ 총 방열기 절수 = 23+34 = 57절

[참고] 상당방열량(표준방열량)
• 증기 : 756W/m²
• 온수 : 523W/m²

48 송풍기의 법칙에 따라 송풍기 날개 직경이 D_1일 때, 소요동력이 L_1인 송풍기를 직경 D_2로 크게 했을 때 소요동력 L_2를 구하는 공식으로 옳은 것은? (단, 회적속도는 일정하다.)

① $L_2 = L_1 \left(\frac{D_1}{D_2}\right)^5$

② $L_2 = L_1 \left(\frac{D_1}{D_2}\right)^4$

③ $L_2 = L_1 \left(\frac{D_2}{D_1}\right)^4$

④ $L_2 = L_1 \left(\frac{D_2}{D_1}\right)^5$

해설 송풍기의 상사법칙

풍량 $\frac{Q_2}{Q_1} = \left(\frac{N_2}{N_1}\right)\left(\frac{D_2}{D_1}\right)^3$

압력 $\frac{P_2}{P_1} = \left(\frac{N_2}{N_1}\right)^2\left(\frac{D_2}{D_1}\right)^2$

동력 $\frac{L_2}{L_1} = \left(\frac{N_2}{N_1}\right)^3\left(\frac{D_2}{D_1}\right)^5$

회전속도가 일정하므로 $N_1 = N_2$

동력 $L_2 = L_1 \left(\frac{D_2}{D_1}\right)^5$

정답 45 ④ 46 ② 47 ④ 48 ④

49 공조기 냉수코일 설계 기준으로 틀린 것은?

① 공기류와 수류의 방향은 역류가 되도록 한다.
② 대수평균온도차는 가능한 한 작게 한다.
③ 코일을 통과하는 공기의 전면풍속은 2~3 m/s로 한다.
④ 코일의 설치는 관이 수평으로 놓이게 한다.

해설 냉수코일 설계시 유의사항
① 대수평균 온도차를 크게하면 코일의 열수는 적어진다. $Q = K \cdot A \cdot \Delta t_m$ 에서 Δt_m 이 커지면 전열면적 A가 작아지므로 코일의 열수가 적어진다.
② 냉수의 속도는 1.0m/s 전후로 한다.
③ 코일의 통과풍속은 2~3m/s 정도이다. 냉수코일에서 2.5m/s를 초과하면 코일에 붙은 결로수가 비산한다.
④ 코일 입·출구 수온차는 5℃ 전후로한다. 지역난방이나 초고층건물등 배관길이가 긴 경우에는 펌프동력을 절감하기 위해 8~10℃로 하는 경우가 많다.
⑤ 공기 냉각용으로는 4~8열이 많이 사용된다.
⑥ 대향류로 열교환 하는 것이 평균 온도차가 커서 전열효과가 좋다.

50 공기세정기의 구성품인 엘리미네이터의 주된 기능은?

① 미립화 된 물과 공기와의 접촉 촉진
② 균일한 공기 흐름 유도
③ 공기 내부의 먼지 제거
④ 공기 중의 물방울 제거

해설 엘리미네이터(eliminator)는 물방울이 공기에 섞여 나가지 못하도록 공기중의 물방울을 제거하는 장치이다.

51 단일덕트 방식에 대한 설명으로 틀린 것은?

① 중앙기계실에 설치한 공기조화기에서 조화한 공기를 주 덕트를 통해 각 실로 분배한다.
② 단일덕트 일정 풍량 방식은 개별제어에 적합하다.
③ 단일덕트 방식에서는 큰 덕트 스페이스를 필요로 한다.
④ 단일덕트 일정 풍량 방식에서는 재열을 필요로 할 때도 있다.

해설 단일덕트 일정풍량(정풍량) 방식은 덕트가 1개이고, 풍량이 일정하기 때문에 개별제어가 어렵다.

52 실내를 항상 급기용 송풍기를 이용하여 정압 (+) 상태로 유지할 수 있어서 오염된 공기의 침입을 방지하고, 연소용 공기가 필요한 보일러실, 반도체 무균실, 소규모 변전실, 창고 등에 적용하기에 적합한 환기법은?

① 제1종 환기   ② 제2종 환기
③ 제3종 환기   ④ 제4종 환기

해설 ② 제2종 환기는 강제급기와 자연배기로 이루어지므로 실내를 양압(정압) 상태로 유지하여 오염된 공기의 침입을 막을 수 있다

제1종 환기 : 강제급기, 강제배기
제2종 환기 : 강제급기, 자연배기
제3종 환기 : 자연급기, 강제배기
제4종 환기 : 자연급기, 자연배기

53 전공기방식에 대한 설명으로 틀린 것은?

① 송풍량이 충분하여 실내오염이 적다.
② 환기용 팬을 설치하여 외기냉방이 가능하다.
③ 실내에 노출되는 기기가 없어 마감이 깨끗하다.
④ 천장의 여유 공간이 작을 때 적합하다.

정답 49 ② 50 ④ 51 ② 52 ② 53 ④

해설 전공기 방식은 덕트를 이용하여 송풍하기 때문에 덕트규격이 커지므로 천장의 공간을 많이 차지한다. 전공기 방식의 장점은 외기냉방이 가능하며 겨울철 가습을 할 수 있고 온수를 보내지 않으므로 실내에서 누수의 위험이 없다는 것이다. 반면 단점은 송풍동력이 수방식에서의 펌프의 동력보다 크다는 것이다.

54 대류 및 복사에 의한 열전달률에 의해 기온과 평균복사온도를 가중평균한 값으로 복사난방 공간의 열환경을 평가하기 위한 지표를 나타내는 것은?

① 작용온도(operative temperature)
② 건구온도(dry-bulb temperature)
③ 카타냉각력(Kata cooling power)
④ 불쾌지수(discomfort index)

해설 **작용온도**: 온도, 기류, 평균복사온도의 영향을 조합한 온도로서 복사난방공간의 열환경을 평가하는 지표로 사용된다.

55 공기의 온도에 따른 밀도 특성을 이용한 방식으로 실내보다 낮은 온도의 신선공기를 해당 구역에 공급함으로써 오염물질을 대류효과에 의해 실내 상부에 설치된 배기구를 통해 배출시켜 환기 목적을 달성하는 방식은?

① 기계식 환기법 ② 전반 환기법
③ 치환 환기법 ④ 국소 환기법

해설 (1) 치환환기
- 더운 공기는 가볍기 때문에 위로 뜨는 현상을 이용한 방식으로 실내온도보다 저온인 신선한 외기를 실내에 공급하여 실내의 열과 오염공기를 부력에 의해 상부에 설치된 배기구로 배출시키는 방식
- 이 방식은 실내의 열부하 제거와 환기를 동시에 이룰 수 있다.

(2) 전반환기(전체환기, 희석환기)
대규모 주차장과 같이 실내의 모든 곳에 유해 물질이 있는 경우 실내 전체를 환기해야 하며 신선외기를 급기하여 실내 전체공기를 희석시켜 배출하는 방법으로 대부분의 실내는 이 방법으로 환기한다.

(3) 국소환기
냄새, 열, 분진 등 환기 대상 물질이 한정된 장소에서 발생하고 그 물질이 주위로 확산되기 전에 외부로 배출하고자 할 때 국소 환기 방법을 채택한다(주방후드, 실험실, 공장).

(4) 집중환기
집중환기는 유해 물질이 한 구역에 집중되어 있는 경우 그 구역만을 집중적으로 환기시키는 방법으로 외부에서 유입된 (투입된) 공기의 일부는 실내 공기로 혼입된다.

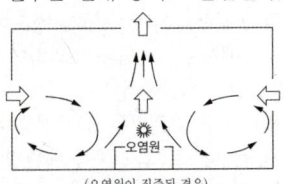

(오염원이 집중된 경우)

[집중환기 방식]

56 습공기의 습도에 대한 설명으로 틀린 것은?

① 절대습도는 습공기 중에 포함된 수증기량을 나타낸다.
② 수증기분압은 절대습도에 반비례 관계가 있다.
③ 상대습도는 습공기의 수증기분압과 포화공기의 수증기분압과의 비로 나타낸다.
④ 비교습도는 습공기의 절대습도와 포화공기의 절대습도와의 비로 나타낸다.

해설 수증기분압은 절대습도에 비례 관계이다.

절대습도 $x = 0.622 \dfrac{P_w}{P_a} = 0.622 \times \dfrac{P_w}{P - P_w}$

P_w : 수증기분압
P_a : 건공기분압
P : 대기압

정답 54 ① 55 ③ 56 ②

57 다음 중 열수분비(u)와 현열비(SHF)와의 관계식으로 옳은 것은? (단, q_S는 현열량, q_L는 잠열량, L은 가습량이다.)

① $u = SHF \times \dfrac{q_S}{L}$

② $u = \dfrac{1}{SHF} \times \dfrac{q_L}{L}$

③ $u = SHF \times \dfrac{q_L}{L}$

④ $u = \dfrac{1}{SHF} \times \dfrac{q_S}{L}$

해설

현열비 $SHF = \dfrac{q_S}{q_S + q_L}$ 에서

$q_S + q_L = \dfrac{q_S}{SHF}$

열수분비 $u = \dfrac{\Delta h}{\Delta x} = \dfrac{q_S + q_L}{L}$

∴ $u = \dfrac{1}{L} \cdot \dfrac{q_S}{SHF} = \dfrac{1}{SHF} \cdot \dfrac{q_S}{L}$

58 냉방부하의 종류에 따라 연관되는 열의 종류로 틀린 것은?

① 인체의 발생열 – 현열, 잠열
② 극간풍에 의한 열량 – 현열, 잠열
③ 조명부하 – 현열, 잠열
④ 외기 도입량 – 현열, 잠열

해설 ③ 조명부하 – 현열

59 건구온도 30℃, 습구온도 27℃일 때 불쾌지수(DI)는 얼마인가?

① 57   ② 62
③ 77   ④ 82

해설
불쾌지수(DI) = 0.72(t + t′) + 40.6
DI = 0.72 × (30 + 27) + 40.6 = 81.64

60 환기에 따른 공기조화부하의 절감 대책으로 틀린 것은?

① 예냉, 예열 시 외기도입을 차단한다.
② 열 발생원이 집중되어 있는 경우 국소배기를 채용한다.
③ 전열교환기를 채용한다.
④ 실내 정화를 위해 환기횟수를 증가시킨다.

해설 ④ 환기횟수를 증가시키면 실내로 들어오는 외기가 증가되므로 외기부하가 증가되고 따라서 공기조화부하가 증가한다.

제4과목 전기제어공학

61 스위치 S의 개폐에 관계없이 전류 I가 항상 30A라면 R_3와 R_4는 각각 몇 Ω인가?

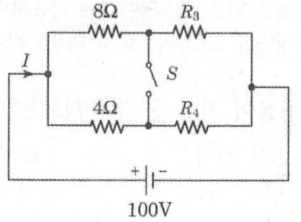

① $R_3 = 1$, $R_4 = 3$
② $R_3 = 2$, $R_4 = 1$
③ $R_3 = 3$, $R_4 = 2$
④ $R_3 = 4$, $R_4 = 4$

해설 스위치 S의 개폐에 관계없이 전류가 항상 일정하면 휘트스톤 브리지이다.

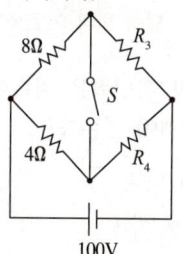

① 전체저항 $R = \dfrac{V}{I} = \dfrac{100}{30} = \dfrac{10}{3}\,\Omega$

② 병렬저항 합성 $\dfrac{1}{R} = \dfrac{1}{8+R_3} + \dfrac{1}{4+R_4}$

③ 휘트스톤브리지 $8 \times R_4 = 4 \times R_3$에서
$R_3 = 2R_4$를 ②식에 대입하면
$\dfrac{1}{R} = \dfrac{1}{8+2R_4} + \dfrac{1}{4+R_4}$
$\dfrac{3}{10} = \dfrac{1+2}{8+2R_4} = \dfrac{3}{8+2R_4}$
정리하면 $R_4 = 1$, $R_3 = 2$

62 목표값 이외의 외부 입력으로 제어량을 변화시키며 인위적으로 제어할 수 없는 요소는?

① 제어동작신호
② 조작량
③ 외란
④ 오차

해설 외란은 외부에서 제어계에 작용하여 제어계의 동작상태를 교란하는 모든 외부입력이다.

63 맥동률이 가장 큰 정류회로는?

① 3상 전파
② 3상 반파
③ 단상 전파
④ 단상 반파

해설 맥동률 = $\dfrac{\text{출력전압 교류분}}{\text{출력전압 직류분}} \times 100$ [%]
$= \sqrt{\dfrac{\text{실효값}^2 - \text{평균값}^2}{\text{평균값}^2}} \times 100$ [%]

맥동률 = 3상 전파 : 4%
　　　　3상 반파 : 17%
　　　　단상 전파 : 48%
　　　　단상 반파 : 121%

64 전자석의 흡인력은 자속밀도 B(Wb/m²)와 어떤 관계에 있는가?

① B에 비례
② $B^{1.5}$에 비례
③ B^2에 비례
④ B^3에 비례

해설 전자석의 흡인력 $F = \dfrac{1}{2}\dfrac{B^2}{\mu_0}S$ [N]

여기서, B : 자속밀도[Wb/m^2]
　　　　μ_0 : 진공의 투자율[H/m]
　　　　S : 전자석의 단면적[m^2]

65 입력 신호가 모두 "1"일 때만 출력이 생성되는 논리회로는?

① AND 회로
② OR 회로
③ NOR 회로
④ NOT 회로

해설
① AND 회로 : 입력신호가 모두 동시에 ON(1) 되었을 때 출력이 나오는 회로
② OR 회로 : 입력신호 중 어느 하나라도 ON(1) 되었을 때 출력이 나오는 회로
③ NOR 회로 : OR회로의 NOT회로이며 입력신호 중 1개만 ON되어도 출력이 나타나지 않는 회로
④ NOT 회로 : 출력신호가 입력신호와 반대로 나타나는 회로. 입력이 ON이면 출력은 OFF되고, 입력이 OFF이면 출력이 ON되는 회로

66 아래 R-L-C 직렬회로의 합성 임피던스(Ω)는?

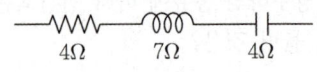
4Ω　　7Ω　　4Ω

① 1
② 5
③ 7
④ 15

해설 합성 임피던스(Z)
$Z = \sqrt{R^2 + (X_L - X_C)^2}$
$= \sqrt{4^2 + (7-4)^2} = 5\,\Omega$

67 탄성식 압력계에 해당되는 것은?

① 경사관식
② 압전기식
③ 환상평형식
④ 벨로즈식

해설 탄성식 압력계 : 다이아프램식, 벨로즈식, 멤브레인식, 브르돈관식

정답 62 ③　63 ④　64 ③　65 ①　66 ②　67 ④

68 논리식 $L = \overline{x} \cdot \overline{y} + \overline{x} \cdot y$를 간단히 한 식은?

① $L = x$ ② $L = \overline{x}$
③ $L = y$ ④ $L = \overline{y}$

해설
$L = \overline{x} \cdot \overline{y} + \overline{x} \cdot y = \overline{x}(\overline{y} + y) = \overline{x}(1) = \overline{x}$

69 물체의 위치, 방향 및 자세 등의 기계적 변위를 제어량으로 해서 목표값의 임의의 변화에 추종하도록 구성된 제어계는?

① 프로그램 제어
② 프로세스 제어
③ 서보 기구
④ 자동 조정

해설
서보기구(Servo mechanism) : 서보기구는 물체의 **변위(위치), 방향, 자세(각도)** 등을 제어량으로 하여 목표치가 임의적으로 변화하는 것에 추종하도록 하는 제어계(장치)이다.
적용분야로는 공작기계의 궤적제어, 측정기의 위치제어, 미사일 추적장치, 추적용 레이더, 선박의 방향제어 등이다.

70 단자전압 V_{ab}는 몇 V인가?

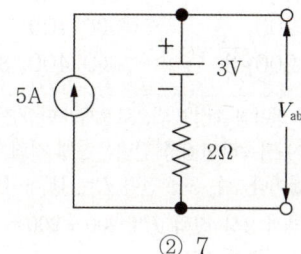

① 3 ② 7
③ 10 ④ 13

해설
중첩의 정리
① 5A만 있을 때
$V_1 = IR = 5 \times 2 = 10V$

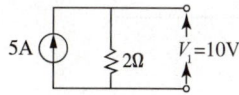

② 3V만 있을 때
전압이 3V만 있으므로 $V_2 = 3V$

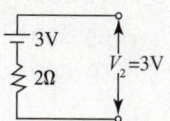

③ 단자전압 $V_{ab} = V_1 + V_2 = 10 + 3 = 13V$

71 다음 중 간략화한 논리식이 다른 것은?

① $(A+B) \cdot (A+\overline{B})$
② $A \cdot (A+B)$
③ $A + (\overline{A} \cdot B)$
④ $(A \cdot B) + (A \cdot \overline{B})$

해설
① $(A+B)(A+\overline{B}) = AA + A\overline{B} + BA + B\overline{B}$
$= A + A(\overline{B}+B) + 0$
$= A + A \cdot 1 = A$
② $A \cdot (A+B) = AA + AB = A + AB$
$= A(1+B) = A \cdot 1 = A$
③ $A + (\overline{A} \cdot B) = (A+\overline{A}) \cdot (A+B) = 1 \cdot (A+B)$
$= A + B$
④ $(A \cdot B) + (A \cdot \overline{B}) = A(B+\overline{B}) = A \cdot 1 = A$

72 다음 블록선도의 전달함수는?

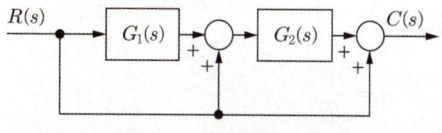

① $G_1(s)G_2(s) + G_2(s) + 1$
② $G_1(s)G_2(s) + 1$
③ $G_1(s)G_2(s) + G_2$
④ $G_1(s)G_2(s) + G_1 + 1$

해설
$\dfrac{C}{R} = \dfrac{\text{전향경로의 합}}{1 - \text{피드백의 합}}$
이 문제에서 전향경로는 3개이며, 피드백은 없다.
$\dfrac{C}{R} = \dfrac{G_1(s)G_2(s) + 1 \cdot G_2(s) + 1}{1 - 0}$
$= G_1(s)G_2(s) + G_2(s) + 1$

정답 68 ② 69 ③ 70 ④ 71 ③ 72 ①

73 역률 0.85, 선전류 50A, 유효전력 28kW인 평형 3상 Δ 부하의 전압(V)은 얼마인가?

① 300   ② 380
③ 476   ④ 660

해설 3상 교류 유효전력 $P = \sqrt{3}\,VI\cos\theta$

$$V = \frac{P}{\sqrt{3}\,I\cos\theta}$$
$$= \frac{28 \times 10^3}{\sqrt{3} \times 50 \times 0.85} = 380.3\text{V}$$

74 다음 회로와 같이 외전압계법을 통해 측정한 전력(W)은? (단, R_i : 전류계의 내부저항, R_e : 전압계의 내부저항이다.)

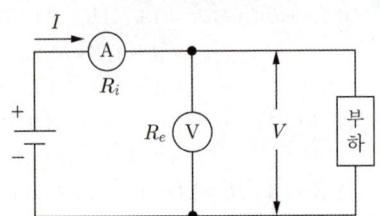

① $P = VI - \dfrac{V^2}{R_e}$ ② $P = VI - \dfrac{V^2}{R_i}$
③ $P = VI - 2R_eI$ ④ $P = VI - 2R_iI$

해설 $i_2 = I - i_1$

$i_1 = \dfrac{V}{R_e}$

전력 $P = V \cdot i_2 = V(I - i_1) = VI - \dfrac{V^2}{R_e}$

75 코일에 흐르고 있는 전류가 5배로 되면 축적되는 에너지는 몇 배가 되는가?

① 10   ② 15
③ 20   ④ 25

해설 코일에 축적되는 에너지(자기에너지 W)
$$W = \frac{1}{2}LI^2 = \frac{1}{2}L \times (5I)^2 = \frac{25}{2}LI^2$$
∴ 25배

76 $R = 10\Omega$, $L = 10\text{mH}$에 가변콘덴서 C를 직렬로 구성시킨 회로에 교류주파수 1000Hz를 가하여 직렬공진을 시켰다면 가변콘덴서는 약 몇 μF인가?

① 2.533   ② 12.675
③ 25.35   ④ 126.75

해설 공진 주파수 $f = \dfrac{1}{2\pi\sqrt{LC}}$ 에서

$$C = \frac{1}{(2\pi)^2 L f^2}\ [F]$$
$$= \frac{1}{4\pi^2 \times (10 \times 10^{-3}) \times 1000^2} \times 10^6$$
$$= 2.533\,\mu F$$

77 2전력계법으로 3상 전력을 측정할 때 전력계의 지시가 $W_1 = 200\text{W}$, $W_2 = 200\text{W}$ 이다. 부하전력(W)은?

① 200   ② 400
③ $200\sqrt{3}$ ④ $400\sqrt{3}$

해설 3상 전력의 측정 방법으로 2개의 단상 전력계를 그림과 같이 접속하면 3상 전력은 2개 전력계 전력값의 대수합이다. 즉, 3상 전력 $P = W_1 + W_2$ 이다.
따라서 3상 전력 $P = 200 + 200 = 400\text{W}$

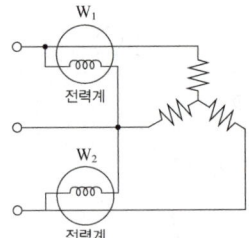

| 73 ② | 74 ① | 75 ④ | 76 ① | 77 ② |

78 다음 신호흐름선도에서 $\dfrac{C(s)}{R(s)}$ 는?

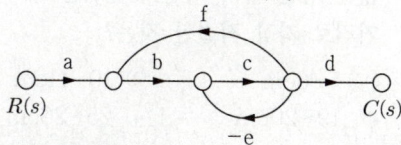

① $\dfrac{abcd}{1+ce+bcf}$

② $\dfrac{abcd}{1-ce+bcf}$

③ $\dfrac{abcd}{1+ce-bcf}$

④ $\dfrac{abcd}{1-ce-bcf}$

해설

$\dfrac{C(s)}{R(s)} = \dfrac{\text{전향경로의 합}}{1-\text{피드백의 합}}$

$= \dfrac{abcd}{1-((-ce)+bcf)}$

$= \dfrac{abcd}{1+ce-bcf}$

79 피드백 제어의 특징에 대한 설명으로 틀린 것은?

① 외란에 대한 영향을 줄일 수 있다.
② 목표값과 출력과 비교한다.
③ 조절부와 조작부로 구성된 제어요소를 가지고 있다.
④ 입력과 출력의 비를 나타내는 전체 이득이 증가한다.

해설
피드백 제어의 특징
① 입력과 출력을 비교하는 장치가 있어야 한다.
② 정확성이 증가한다.
③ 감대폭(대역폭)이 증가한다.
④ 제어계의 특성 변화에 대한 입력대 출력비의 감도가 감소한다.

⑤ 제어계 외부조건의 변화에 대한 영향을 줄일 수 있다.
⑥ 발진을 일으키고 불안정한 상태로 되어가는 경향이 있다.
⑦ 시스템이 복잡하고 크기가 크며 값이 비싸다.

80 변압기의 효율이 가장 좋을 때의 조건은?

① 철손 $= \dfrac{2}{3} \times$ 동손

② 철손 $= 2 \times$ 동손

③ 철손 $= \dfrac{1}{2} \times$ 동손

④ 철손 $=$ 동손

해설
변압기 규약효율 $= \dfrac{\text{출력}}{\text{출력}+\text{손실}}$ 에서 무부하손실인 철손(P_i)과 부하손실인 동손(P_c)이 같을 때 (철손=동손 일때) 손실이 최소가 되고 효율은 최대가 된다.

제5과목 배관일반

81 온수배관 시공 시 유의사항으로 틀린 것은?

① 일반적으로 팽창관에는 밸브를 설치하지 않는다.
② 배관의 최저부에는 배수 밸브를 설치한다.
③ 공기밸브는 순환펌프의 흡입측에는 부착한다.
④ 수평관은 팽창탱크를 향하여 올림구배로 배관한다.

해설
③ 공기밸브(공기 빼기 밸브)는 순환펌프의 토출측 배관 중에서 공기가 모이는 곳에 설치한다.

78 ③ 79 ④ 80 ④ 81 ③

82 냉동장치에서 압축기의 표시방법으로 틀린 것은?

① ⌒ : 밀폐형 일반
② ○ : 로터리형
③ ⌂ : 원심형
④ ⌀ : 왕복동형

해설 ③번은 다기통 왕복식 압축기 표시방법이며 원심형 압축기는 ▷ 로 표시한다.

83 공기조화 설비에서 에어 와셔의 플러딩 노즐이 하는 역할은?

① 공기 중에 포함된 수분을 제거한다.
② 입구공기의 난류를 정류로 만든다.
③ 엘리미네이터에 부착된 먼지를 제거한다.
④ 출구에 섞여 나가는 비산수를 제거한다.

해설 에어 와셔
① 루버(louver) : 공기 입구로서 공기 흐름을 균일하게 해준다.
② 분무노즐(spray nozzle) : 물을 미립자화하여 분무한다.
③ 플러딩 노즐(flooding nozzle) : 엘리미네이터에 부착된 먼지 등을 세정한다.
④ 엘리미네이터(eliminator) : 물방울이 공기에 섞여 나가지 못하도록 제거한다.
⑤ 수조(water tank) : 분무수를 저장한다.

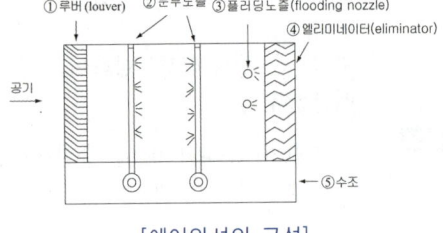

[에어와셔의 구성]

84 다음 중 증기난방용 방열기를 열손실이 가장 많은 창문 쪽의 벽면에 설치할 때 벽면과의 거리로 가장 적절한 것은?

① 5~6cm   ② 10~11cm
③ 19~20cm ④ 25~26cm

해설 방열기와 벽면과의 적절한 거리 : 5~6cm

85 다음 공조용 배관 중 배관 샤프트 내에서 단열시공을 하지 않는 배관은?

① 온수관   ② 냉수관
③ 증기관   ④ 냉각수관

해설 ④ 냉각수의 온도가 주위 온도보다 높기 때문에 냉각수관은 단열시공을 하지 않는다.

86 공조배관설비에서 수격작용의 방지방법으로 틀린 것은?

① 관 내의 유속을 낮게 한다.
② 밸브는 펌프 흡입구 가까이 설치하고 제어한다.
③ 펌프에 플라이휠(fly wheel)을 설치한다.
④ 서지 탱크를 설치한다.

해설 수격작용(water hammer)
① 유체가 관로속을 흐를 때 밸브등을 갑자기 닫으면 유체의 운동에너지가 압력에너지로 변하여 고압이 되어 충격을 주는 현상을 수격현상, 수격작용이라 한다.
② 이 작용은 유속이 빠를수록, 밸브를 닫는 시간이 짧을수록 심하다.
③ 방지대책
  ㉠ 급격한 밸브 폐쇄를 하지 말 것
  ㉡ 회전체의 관성모멘트를 크게 할 것(펌프에 플라이휠을 부착한다)
  ㉢ 펌프의 양정, 유량의 급격한 변화를 주지 말 것
  ㉣ 압력흡수기(W.H.C) 또는 에어챔버(air chamber)를 배관에 설치한다.

정답 82 ③ 83 ③ 84 ① 85 ④ 86 ②

87 하트포드(Hart ford) 배관법에 관한 설명으로 틀린 것은?

① 보일러 내의 안전 저수면보다 높은 위치에 환수관을 접속한다.
② 저압증기 난방에서 보일러 주변의 배관에 사용한다.
③ 하트포드 배관법은 보일러 내의 수면이 안전 수위 이하로 유지하기 위해 사용된다.
④ 하트포드 배관 접속 시 환수주관에 침적된 찌꺼기의 보일러 유입을 방지할 수 있다.

해설 하트포드 접속법 : 증기관과 환수관 사이에 균형관을 설치하여 환수관 누수로 보일러 수위가 파괴되는 것을 방지한다.
하트포드 접속점은 보일러의 안전 저수면 수위와 동일레벨로 하며 중력환수식의 경우에 사용한다.

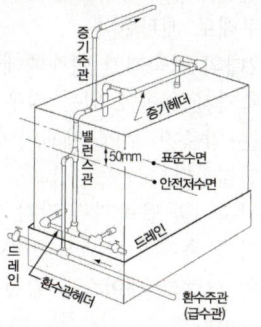

88 다음 중 배관의 중심이동이나 구부러짐 등의 변위를 흡수하기 위한 이음이 아닌 것은?

① 슬리브형 이음
② 플렉시블 이음
③ 루프형 이음
④ 플라스턴 이음

해설 ④ 플라스턴 이음 : 동관이나 납관의 접합방법
플라스턴 : 주석 40% + 납 60% 합금

89 배관재료에 대한 설명으로 틀린 것은?

① 배관용 탄소강 강관은 1MPa 이상, 10MPa 이하 증기관에 적합하다.
② 주철관은 용도에 따라 수도용, 배수용, 가스용, 광산용으로 구분한다.
③ 연관은 화학 공업용으로 사용되는 1종관과 일반용으로 쓰이는 2종관, 가스용으로 사용되는 3종관이 있다.
④ 동관은 관 두께에 따라 K형, L형, M형으로 구분한다.

해설 배관용 탄소강관(가스관)(SPP : Steel Pipe Piping)
㉠ 사용온도 : 350℃ 이하
㉡ 사용압력 : 1MPa(10kg/cm²) 이하
㉢ 용 도 : 물, 기름, 증기, 가스 등의 배관
㉣ 종 류 : 백관(아연도금관), 흑관

90 강관의 나사이음 시 관을 절단한 후 관 단면의 안쪽에 생기는 거스러미를 제거할 때 사용하는 공구는?

① 파이프 바이스
② 파이프 리머
③ 파이프 렌치
④ 라이프 커터

해설 파이프 리머 : 강관끝단 안쪽의 거스러미를 제거하는 공구

91 급수온도 5℃, 급탕온도 60℃, 가열 전 급탕설비의 전수량은 2m³, 급수와 급탕의 압력차는 50kPa일 때, 절대압력 300kPa의 정수두가 걸리는 위치에 설치하는 밀폐식 팽창탱크의 용량(m³)은? (단, 팽창탱크의 초기 봉입 절대 압력은 300kPa이고, 5℃일 때 밀도는 1000kg/m³, 60℃일 때 밀도는 983.1kg/m³이다.)

① 0.83 ② 0.57
③ 0.24 ④ 0.17

정답 87 ③ 88 ④ 89 ① 90 ② 91 ③

해설
팽창량 $\triangle V = (V_2 - V_1) = \left(\dfrac{1}{\rho_2} - \dfrac{1}{\rho_1}\right)m$

$\triangle V = \left(\dfrac{1}{983.1} - \dfrac{1}{1,000}\right) \times 2,000\text{kg} = 0.0344\text{m}^3$

$V_o = \dfrac{\triangle V}{\dfrac{P_0}{P_1} - \dfrac{P_0}{P_2}} = \dfrac{0.0344}{\dfrac{300}{300} - \dfrac{300}{300+50}}$

$= 0.24\text{m}^3$

92 펌프 흡입측 수평배관에서 관경을 바꿀 때 편심 레듀서를 사용하는 목적은?

① 유속을 빠르게 하기 위하여
② 펌프 압력을 높이기 위하여
③ 역류 발생을 방지하기 위하여
④ 공기가 고이는 것을 방지하기 위하여

해설 물배관의 수평배관에서 공기가 고이는 것을 방지하기 위해 관경을 바꿀 때 편심레듀서를 사용한다.
물배관 : 공기가 고이지 않게
증기배관 : 응축수가 고이지 않게

93 다음 중 밸브 몸통 내에 밸브대를 축으로 하여 원판형태의 디스크가 회전함에 따라 개폐하는 밸브는 무엇인가?

① 버터플라이 밸브
② 슬루스 밸브
③ 앵글 밸브
④ 볼 밸브

해설 버터플라이 밸브(Butterfly valve)
㉠ 밸브 안에 있는 원형 디스크를 회전시켜 유체 흐름을 조절하는 밸브
㉡ 차단 및 유량조절이 가능하고 구조 및 조작이 간단하다.
㉢ 설치공간이 적어도 되므로 대구경 배관에 많이 사용된다.

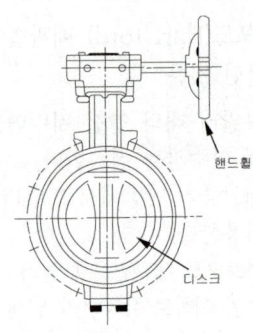

[버터플라이 밸브]

94 프레온 냉동기에서 압축기로부터 응축기에 이르는 배관의 설치 시 유의사항으로 틀린 것은?

① 배관이 합류할 때는 T자형보다 Y자형으로 하는 것이 좋다.
② 압축기로부터 올라온 토출관이 응축기에 연결되는 수평부분은 응축기 쪽으로 하향 구배로 배관한다.
③ 2대의 압축기가 아래쪽에 있고 1대의 응축기가 위쪽에 있는 경우 토출가스 헤더는 압축기 위에 배관하여 토출가스관에 연결한다.
④ 압축기와 응축기가 각각 2대이고 압축기가 응축기의 하부에 설치된 경우 압축기의 크랭크 케이스 균압관은 수평으로 배관한다.

해설 압축기 2대와 응축기 1대의 경우, 압축기 상부에 응축기가 있을 때는 토출가스 헤더를 압축기 기초 하부에 설치하여 토출가스관에 연결한다.

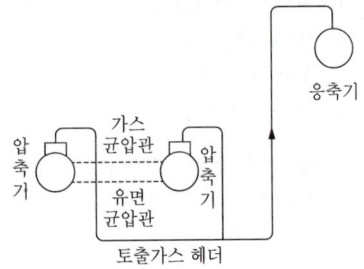

[압축기 상부에 응축기가 있는 경우]

정답 92 ④ 93 ① 94 ③

95 중앙식 급탕법에 대한 설명으로 틀린 것은?

① 탱크 속에 직접 증기를 분사하여 물을 가열하는 기수 혼합식의 경우 소음이 많아 증기관에 소음기(silencer)를 설치한다.
② 열원으로 비교적 가격이 저렴한 석탄, 중유 등을 사용하므로 연료비가 적게 든다.
③ 급탕설비를 다른 설비 기계류와 동일한 장소에 설치하므로 관리가 용이하다.
④ 저탕 탱크 속에 가열 코일을 설치하고, 여기에 증기보일러를 통해 증기를 공급하여 탱크 안의 물을 직접 가열하는 방식을 직접가열식 중앙 급탕법이라 한다.

해설
직접 가열식
- 보일러에서 가열된 물을 저탕조에 저장하고 저탕조로부터 급탕을 공급하는 방식
- 열효율 면에서 간접 가열식에 비해 유리하다.
- 계속해서 새로운 물이 보일러에 공급되기 때문에 보일러에 불균일한 신축과 스케일 생성이 빨라져 보일러 수명이 단축된다.

간접 가열식
저탕조 내에 가열코일을 설치하여 보일러에서 나온 고온수 또는 증기로 저탕조 내의 물을 가열하는 방식

96 급수급탕설비에서 탱크류에 대한 누수의 유무를 조사하기 위한 시험방법으로 가장 적절한 것은?

① 수압시험
② 만수시험
③ 통수시험
④ 잔류염소의 측정

해설
만수시험 : 물을 기기나 배관에 가득 채운 후 누수 여부를 확인하는 시험

97 저·중압의 공기 가열기, 열교환기 등 다량의 응축수를 처리하는 데 사용되며, 작동 원리에 따라 다량트랩, 부자형 트랩으로 구분하는 트랩은?

① 바이메탈 트랩
② 벨로즈 트랩
③ 플로트 트랩
④ 벨 트랩

해설
플로트 트랩(float trap, 다량트랩)
응축수의 수위에 따라 플로트가 상하로 움직여 밸브를 개폐시켜 응축수를 배출한다. 응축수를 연속적으로 배출시킬 수 있으나 공기의 배출이 곤란하다. 대용량에도 적합하며 $0.4MPa(4kgf/cm^2)$ 이하의 공기가열기, 열교환기등 다량의 응축수를 처리할 때 사용된다.(자동에어벤트가 내장된 제품은 공기배출이 가능하다.)

98 압축공기 배관설비에 대한 설명으로 틀린 것은?

① 분리기는 윤활유를 공기나 가스에서 분리시켜 제거하는 장치로서 보통 중간냉각기와 후부냉각기 사이에 설치한다.
② 위험성 가스가 체류되어 있는 압축기실은 밀폐시킨다.
③ 맥동을 완화하기 위하여 공기탱크를 장치한다.
④ 가스관 냉각수관 및 공기탱크 등에 안전밸브를 설치한다.

해설
② 위험성 가스가 체류되어 있는 압축기실은 환기가 가능하도록 개방되어야 한다.

정답 95 ④ 96 ② 97 ③ 98 ②

99 수도 직결식 급수방식에서 건물 내에 급수를 할 경우 수도 본관에서의 최저 필요압력을 구하기 위한 필요 요소가 아닌 것은?

① 수도 본관에서 최고 높이에 해당하는 수전까지의 관 재질에 따른 저항
② 수도 본관에서 최고 높이에 해당하는 수전이나 기구별 소요압력
③ 수도 본관에서 최고 높이에 해당하는 수전까지의 관내 마찰손실수두
④ 수도 본관에서 최고 높이에 해당하는 수전까지의 상당압력

해설 수도본관의 최소압력

$$P \geqq P_1 + P_2 + P_3$$

P : 수도 본관의 압력 [kPa]
P_1 : 수도 본관에서 최상층 급수 기구까지의 높이에 상당하는 압력 [kPa]
P_2 : 관의 마찰손실수두에 상당하는 압력 [kPa]
P_3 : 최상층 기구의 최소 소요압력 [kPa]

100 옥상탱크에서 오버플로관을 설치하는 가장 적합한 위치는?

① 배수관보다 하위에 설치한다.
② 양수관보다 상위에 설치한다.
③ 급수관과 수평위치에 설치한다.
④ 양수관과 동일 수평위치에 설치한다.

해설 오버플로관은 옥상탱크에서 물이 넘치는 것을 방지하기 위해 설치하는 관으로서 양수관보다 상위에 설치한다.

정답 99 ① 100 ②

과년도 출제문제(2020. 8. 22 시행)

제1과목 기계열역학

01 전류 25A, 전압 13V를 가하여 축전지를 충전하고 있다. 충전하는 동안 축전지로부터 15W의 열손실이 있다. 축전지의 내부에너지 변화율은 약 몇 W인가?

① 310 ② 340
③ 370 ④ 420

해설
내부에너지 변화 = 축전지에 들어가는 에너지
　　　　　　　－축전지에서 나오는 에너지
　　＝ VI − 15
　　＝ (25 × 13) − 15
　　＝ 310W

[참고] 1VI = 1W

02 이상기체 2kg이 압력 98kPa, 온도 25℃ 상태에서 체적이 0.5m³였다면 이 이상기체의 기체상수는 약 몇 J/kg·K인가?

① 79   ② 82
③ 98   ④ 102

해설
이상기체의 상태방정식 $PV = mRT$에서
$$R = \frac{PV}{mT} = \frac{98 \times 10^3 \times 0.5}{2 \times (25 + 273)}$$
　＝ 82.2 J/kg·K

03 다음 중 스테판-볼츠만의 법칙과 관련이 있는 열전달은?

① 대류 ② 복사
③ 전도 ④ 응축

해설
스테판-볼츠만 법칙
복사열전달 법칙이며 열이 이동할 때 중간 매개물을 거치지 않고 물체표면온도의 4승에 비례하여 외부로 방출되는 전자기파 형태의 열전달 법칙

04 클라우지우스(Clausius)의 부등식을 옳게 나타낸 것은? (단, T는 절대온도, Q는 시스템으로 공급된 전체 열량을 나타낸다.)

① $\oint T\delta Q \leq 0$ ② $\oint T\delta Q \geq 0$
③ $\oint \frac{\delta Q}{T} \leq 0$ ④ $\oint \frac{\delta Q}{T} \geq 0$

해설
클라우시우스의 폐적분(부등식)
$$\oint \frac{\delta Q}{T} \leq 0$$

가역과정(사이클) $\oint \frac{\delta Q}{T} = 0$

비가역과정(사이클) $\oint \frac{\delta Q}{T} < 0$

05 이상기체로 작동하는 어떤 기관의 압축비가 17이다. 압축 전의 압력 및 온도는 112kPa, 25℃이고 압축 후의 압력은 4350kPa이었다. 압축 후의 온도는 약 몇 ℃인가?

① 53.7   ② 180.2
③ 236.4 ④ 407.8

해설
$P_1 V_1 = mRT_1$, $P_2 V_2 = mRT_2$에서
$$\frac{P_1 V_1}{T_1} = \frac{P_2 V_2}{T_2}$$ 이므로

정답 01 ① 02 ② 03 ② 04 ③ 05 ④

$$T_2 = T_1 \frac{P_2 V_2}{P_1 V_1} = T_1 \times \frac{P_2}{P_1} \times \frac{V_2}{V_1}$$
$$= (25+273) \times \frac{4350}{112} \times \frac{1}{17}$$
$$= 680.8 K = 407.8 ℃$$

[참고] 압축비 $\varepsilon = \dfrac{V_1}{V_2}$

06 이상적인 랭킨사이클에서 터빈 입구 온도가 350℃이고, 75kPa과 3MPa의 압력범위에서 작동한다. 펌프 입구와 출구, 터빈 입구와 출구에서 엔탈피는 각각 384.4kJ/kg, 387.5kJ/kg, 3116kJ/kg, 2403kJ/kg이다. 펌프일을 고려한 사이클의 열효율과 펌프일을 무시한 사이클의 열효율 차이는 약 몇 %인가?

① 0.0011 ② 0.092
③ 0.11   ④ 0.18

해설

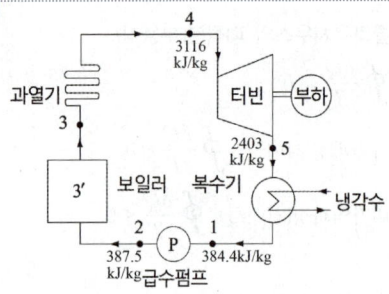

- 펌프일을 고려한 열효율
$$\eta_R = \frac{(h_4 - h_5) - (h_2 - h_1)}{(h_4 - h_2)}$$
$$= \frac{(3116 - 2403) - (387.5 - 384.4)}{(3116 - 387.5)}$$
$$= 0.260 = 26\%$$

- 펌프일을 무시한 열효율
$$\eta_R = \frac{(h_4 - h_5)}{(h_4 - h_1)}$$
$$= \frac{(3116 - 2403)}{(3116 - 384.4)} = 0.261 = 26.1\%$$

∴ 열효율 차이 = 26.1 − 26.0 = 0.1%

07 단열된 노즐에 유체가 10m/s의 속도로 들어와서 200m/s의 속도로 가속되어 나간다. 출구에서의 엔탈피가 2770kJ/kg일 때 입구에서의 엔탈피는 약 몇 kJ/kg인가?

① 4370   ② 4210
③ 2850   ④ 2790

해설 정상유동 일반에너지식에서 받은 열량이 없고 행한 일이 없고 위치에너지를 무시하면(단열유동)
$$h_1 - h_2 = \frac{V_2^2 - V_1^2}{2}$$
$$h_1 = h_2 + \frac{V_2^2 - V_1^2}{2}$$
$$= 2770 \times 10^3 + \frac{200^2 - 10^2}{2}$$
$$= 2789950 J/kg = 2790 kJ/kg$$

08 고온열원(T_1)과 저온열원(T_2) 사이에서 작동하는 역카르노 사이클에 의한 열펌프(heat pump)의 성능계수는?

① $\dfrac{T_1 - T_2}{T_1}$ ② $\dfrac{T_2}{T_1 - T_2}$
③ $\dfrac{T_1}{T_1 - T_2}$ ④ $\dfrac{T_1 - T_2}{T_2}$

해설
열펌프 성적계수 $= \dfrac{T_1}{T_1 - T_2}$
냉동기 성적계수 $= \dfrac{T_2}{T_1 - T_2}$

09 다음 중 강도성 상태량(intensive property)이 아닌 것은?

① 온도   ② 내부에너지
③ 밀도   ④ 압력

해설
- 강도성 상태량: 온도, 밀도, 압력, 비체적
- 용량성 상태량: 체적, 질량, 엔탈피, 엔트로피

정답 06 ③ 07 ④ 08 ③ 09 ②

10 어떤 유체의 밀도가 741kg/m³이다. 이 유체의 비체적은 약 몇 m³/kg인가?

① 0.78×10^{-3} ② 1.35×10^{-3}
③ 2.35×10^{-3} ④ 2.98×10^{-3}

해설 비체적은 밀도의 역수이다.
$$v = \frac{1}{\rho} = \frac{1}{741} = 1.35 \times 10^{-3} \text{m}^3/\text{kg}$$

11 압력이 0.2MPa, 온도가 20℃의 공기를 압력이 2MPa로 될 때까지 가역단열 압축했을 때 온도는 약 몇 ℃인가? (단, 공기는 비열비가 1.4인 이상기체로 간주한다.)

① 225.7 ② 273.7
③ 292.7 ④ 358.7

해설 단열변화 $\frac{T_2}{T_1} = \left(\frac{P_2}{P_1}\right)^{\frac{k-1}{k}}$ 에서

$$T_2 = (20+273) \times \left(\frac{2}{0.2}\right)^{\frac{1.4-1}{1.4}}$$
$$= 565.7\text{K} = 292.7℃$$

12 어떤 습증기의 엔트로피가 6.78kJ/kg·K라고 할 때 이 습증기의 엔탈피는 약 몇 kJ/kg인가? (단, 이 기체의 포화액 및 포화증기의 엔탈피와 엔트로피는 다음과 같다.)

	포화액	포화증기
엔탈피(kJ/kg)	384	2666
엔트로피(kJ/kg·K)	1.25	7.62

① 2365 ② 2402
③ 2473 ④ 2511

해설
- 건도(x)
$s = s' + x(s'' - s')$ 에서
$$x = \frac{s-s'}{s''-s'} = \frac{6.78-1.25}{7.62-1.25} = 0.868$$
- 습증기 엔탈피(h)
$h = h' + x(h'' - h')$
$= 384 + 0.868 \times (2666 - 384)$
$= 2364.7\text{kJ/kg}$

13 카르노 사이클로 작동하는 열기관이 1000℃의 열원과 300K의 대기 사이에서 작동한다. 이 열기관이 사이클당 100kJ의 일을 할 경우 사이클당 1000℃의 열원으로부터 받은 열량은 약 몇 kJ인가?

① 70.0 ② 76.4
③ 130.8 ④ 142.9

해설
$$\eta_c = \frac{T_H - T_L}{T_H} = \frac{(1,000+273)-300}{(1,000+273)} = 0.764$$

$\eta_c = \frac{w}{q}$ 에서

$$q = \frac{w}{\eta_c} = \frac{100}{0.764} = 130.8\text{kJ}$$

14 어떤 물질에서 기체상수(R)가 0.189kJ/kg·K, 임계온도가 305K, 임계압력이 7380kPa이다. 이 기체의 압축성 인자(compressibility factor, Z)가 다음과 같은 관계식을 나타낸다고 할 때 이 물질의 20℃, 1000kPa 상태에서의 비체적(v)은 약 몇 m³/kg인가? (단, P는 압력, T는 절대온도, P_r은 환산압력, T_r은 환산온도를 나타낸다.)

$$Z = \frac{Pv}{RT} = 1 - 0.8 \frac{P_r}{T_r}$$

① 0.0111 ② 0.0303
③ 0.0491 ④ 0.0554

해설 환산온도 $T_r = \frac{T}{T_c} = \frac{293}{305} = 0.961$

환산압력 $P_r = \frac{P}{P_c} = \frac{1,000}{7,380} = 0.136$

비체적(v)

$Z = \frac{Pv}{RT} = 1 - 0.8 \frac{P_r}{T_r}$ 에서

정답 10 ② 11 ③ 12 ① 13 ③ 14 ③

$$v = \left(1 - 0.8\frac{P_r}{T_r}\right) \times \frac{RT}{P}$$
$$= \left(1 - 0.8 \times \frac{0.136}{0.961}\right) \times \frac{0.189 \times 293}{1,000}$$
$$= 0.0491 \mathrm{m^3/kg}$$

[참고] 환산온도, 환산압력은 임계온도, 임계압력에 대한 상대값을 지칭한다.

15 다음은 오토(Otto) 사이클의 온도-엔트로피(T-S) 선도이다. 이 사이클의 열효율을 온도를 이용하여 나타낼 때 옳은 것은? (단, 공기의 비열은 일정한 것으로 본다.)

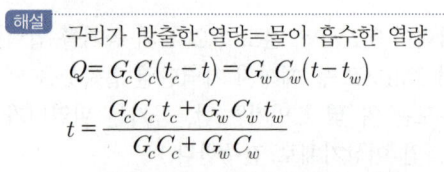

① $1 - \dfrac{T_c - T_d}{T_b - T_a}$ ② $1 - \dfrac{T_b - T_a}{T_c - T_d}$

③ $1 - \dfrac{T_a - T_d}{T_b - T_c}$ ④ $1 - \dfrac{T_b - T_c}{T_a - T_d}$

해설
$$\eta_o = \frac{\text{유효일량}}{\text{공급열량}} = \frac{q_1 - q_2}{q_1} = 1 - \frac{q_2}{q_1}$$
$$= 1 - \frac{(T_c - T_d)}{(T_b - T_a)}$$

16 기체가 0.3MPa로 일정한 압력하에 8m³에서 4m³까지 마찰 없이 압축되면서 동시에 500kJ의 열을 외부로 방출하였다면, 내부에너지의 변화는 약 몇 kJ인가?

① 700 ② 1700
③ 1200 ④ 1400

해설
$\delta Q = dU + \delta W$에서 $dU = \delta Q - \delta W$
$\triangle U = Q - P(V_2 - V_1)$
$= -500 - (0.3 \times 10^3) \times (4 - 8) = 700 \mathrm{kJ}$

17 100℃의 구리 10kg을 20℃의 물 2kg이 들어 있는 단열 용기에 넣었다. 물과 구리 사이의 열전달을 통한 평형 온도는 약 몇 ℃인가? (단, 구리 비열은 0.45kJ/kg·K, 물 비열은 4.2kJ/kg·K이다.)

① 48 ② 54
③ 60 ④ 68

해설
구리가 방출한 열량=물이 흡수한 열량
$Q = G_c C_c(t_c - t) = G_w C_w(t - t_w)$
$$t = \frac{G_c C_c t_c + G_w C_w t_w}{G_c C_c + G_w C_w}$$
$$= \frac{10 \times 0.45 \times 100 + 2 \times 4.2 \times 20}{10 \times 0.45 + 2 \times 4.2} = 47.9℃$$

18 압력(P)-부피(V) 선도에서 이상기체가 그림과 같은 사이클로 작동한다고 할 때 한 사이클 동안 행한 일은 어떻게 나타내는가?

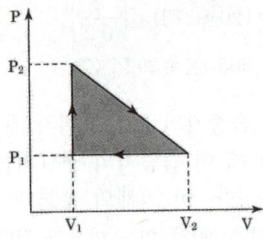

① $\dfrac{(P_2 + P_1)(V_2 + V_1)}{2}$

② $\dfrac{(P_2 - P_1)(V_2 + V_1)}{2}$

③ $\dfrac{(P_2 + P_1)(V_2 - V_1)}{2}$

④ $\dfrac{(P_2 - P_1)(V_2 - V_1)}{2}$

해설
P-V 선도상 일량(W)
$$W = \frac{(P_2 - P_1)(V_2 - V_1)}{2}$$

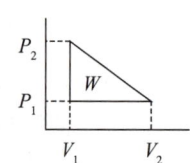

정답 15 ① 16 ① 17 ① 18 ④

19 냉매가 갖추어야 할 요건으로 틀린 것은?
① 증발온도에서 높은 잠열을 가져야 한다.
② 열전도율이 커야 한다.
③ 표면장력이 커야 한다.
④ 불활성이고 안전하며 비가연성이어야 한다.

해설
③ 표면장력 및 점도가 작아야 한다.
표면장력 및 점도가 크면 배관에서 유동저항이 커진다.

20 이상적인 교축과정(throttling process)을 해석하는 데 있어서 다음 설명 중 옳지 않은 것은?
① 엔트로피는 증가한다.
② 엔탈피의 변화가 없다고 본다.
③ 정압과정으로 간주한다.
④ 냉동기의 팽창밸브의 이론적인 해석에 적용될 수 있다.

해설
교축과정은
• 엔트로피 증가
• 엔탈피 일정
• 압력 강하
• 팽창밸브의 과정

제2과목 냉동공학

21 다음 중 터보압축기의 용량(능력)제어 방법이 아닌 것은?
① 회전속도에 의한 제어
② 흡입댐퍼에 의한 제어
③ 부스터에 의한 제어
④ 흡입 가이드베인에 의한 제어

해설
터보냉동기 용량제어법
• 회전속도 제어
• 흡입 가이드베인 제어
• 흡입 댐퍼 제어
• 바이패스 제어

22 프레온 냉매를 사용하는 냉동장치에 공기가 침입하면 어떤 현상이 일어나는가?
① 고압 압력이 높아지므로 냉매 순환량이 많아지고 냉동 능력도 증가한다.
② 냉동톤당 소요동력이 증가한다.
③ 고압 압력은 공기의 분압만큼 낮아진다.
④ 배출가스의 온도가 상승하므로 응축기의 열통과율이 높아지고 냉동능력도 증가한다.

해설
냉동장치에 공기가 침입하면 모든 것이 나빠진다.
① 고압이 높아지고, 냉동능력 감소한다.
② 냉동톤당 소요동력이 증가한다.
③ 고압 압력은 높아진다.(공기는 불응축 가스이므로)
④ 배출가스 온도 상승, 응축기 열통과율 낮아지고, 냉동능력 감소한다.

23 다음의 P-h선도상에서 냉동능력이 1냉동톤인 소형 냉장고의 실제 소요동력(kW)은? (단, 1냉동톤은 3.8kW이며, 압축효율은 0.75, 기계효율은 0.9이다.)

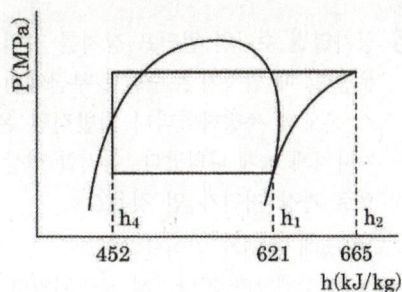

① 1.47 ② 1.81
③ 2.73 ④ 3.27

정답 19 ③ 20 ③ 21 ③ 22 ② 23 ①

해설 1냉동톤의 냉매량

$$G = \frac{Q_e}{h_1 - h_4}$$
$$= \frac{1 \times 3.8}{621 - 452} = 0.0225 \text{kg/s}$$

실제소요동력

$$L = \frac{G(h_2 - h_1)}{\eta_c \cdot \eta_m}$$
$$= \frac{0.0225 \times (665 - 621)}{0.75 \times 0.9} = 1.47 \text{kW}$$

24 냉동부하가 25RT인 브라인 쿨러가 있다. 열전달 계수가 $1.53 \text{kW/m}^2 \cdot \text{K}$이고, 브라인 입구온도가 -5℃, 출구온도가 -10℃, 냉매의 증발온도가 -15℃일 때 전열면적(m^2)은 얼마인가? (단, 1RT는 3.8kW이고, 산술평균 온도차를 이용한다.)

① 16.7 ② 12.1
③ 8.3   ④ 6.5

해설 산술평균온도차

$$\triangle t_m = \frac{-5 + (-10)}{2} - (-15) = 7.5℃$$

$Q = K \cdot A \cdot \triangle t_m$ 에서

$$A = \frac{Q}{K \cdot \triangle t_m} = \frac{25 \times 3.8}{1.53 \times 7.5} = 8.27 \text{m}^2$$

25 공기열원 수가열 열펌프 장치를 가열운전(시운전)할 때 압축기 토출밸브 부근에서 토출가스 온도를 측정하였더니 일반적인 온도보다 지나치게 높게 나타났다. 이러한 현상의 원인으로 가장 거리가 먼 것은?

① 냉매 분해가 일어났다.
② 팽창밸브가 지나치게 교축되었다.
③ 공기측 열교환기(증발기)에서 눈에 띄게 착상이 일어났다.
④ 가열측 순환 온수의 유량이 설계 값보다 많다.

해설 ④ 가열측 순환온수의 유량이 설계값보다 많으면 오히려 토출가스의 온도 및 압력이 내려간다.

26 흡수식 냉동사이클 선도에 대한 설명으로 틀린 것은?

① 듀링선도는 수용액의 농도, 온도, 압력 관계를 나타낸다.
② 증발잠열 등 흡수식 냉동기 설계상 필요한 열량은 엔탈피-농도 선도를 통해 구할 수 있다.
③ 듀링선도에서는 각 열교환기 내의 열교환량을 표현할 수 없다.
④ 엔탈피-농도 선도는 수평축에 비엔탈피, 수직축에 농도를 잡고 포화용액의 등온, 등압선과 발생증기의 등압선을 그은 것이다.

해설 ④ 엔탈피-농도 선도는 수평축에 농도, 수직축에 엔탈피를 잡고 포화 용액의 등온, 등압선과 발생증기의 등압선을 그은 것이다.

27 두께 30cm의 벽돌로 된 벽이 있다. 내면온도 21℃, 외면온도가 35℃일 때 이 벽을 통해 흐르는 열량(W/m^2)은? (단, 벽돌의 열전도율은 $0.793 \text{W/m} \cdot \text{K}$이다.)

① 32   ② 37
③ 40   ④ 43

해설

$q = \frac{\lambda}{\ell} A(t_1 - t_2)$ 에서

$$\frac{q}{A} = \frac{0.793}{0.3} \times (35 - 21)$$
$$= 37.0 \text{W/m}^2$$

정답 24 ③ 25 ④ 26 ④ 27 ②

28 프레온 냉동장치의 배관공사 중에 수분이 장치 내에 잔류했을 경우 이 수분에 의한 장치에 나타나는 현상으로 틀린 것은?

① 프레온 냉매는 수분의 용해도가 적으므로 냉동장치 내의 온도가 0℃ 이하이면 수분은 빙결한다.
② 수분은 냉동장치 내에서 철재 재료 등을 부식시킨다.
③ 증발기의 전열기능을 저하시키고, 흡입관 내 냉매 흐름을 방해한다.
④ 프레온 냉매와 수분이 서로 화학반응하여 알칼리를 생성시킨다.

해설 ④ 프레온 냉매에 수분이 있으면 가수분해하여 산이 생성되고 철강제를 부식시킨다.

29 증기 압축식 열펌프에 관한 설명으로 틀린 것은?

① 하나의 장치로 난방 및 냉방으로 사용할 수 있다.
② 일반적으로 성적계수가 1보다 작다.
③ 난방을 위한 별도의 보일러 설치가 필요 없어 대기오염이 적다.
④ 증발온도가 높고 응축온도가 낮을수록 성적계수가 커진다.

해설 열펌프(히트 펌프)의 성적계수는 냉동기의 성적계수보다 항상 1만큼 크다. 따라서 열펌프의 성적계수는 항상 1보다 크다.
즉, $COP_H = 1 + COP_R$

30 다음 중 가연성이 있어 조건이 나쁘면 인화, 폭발위험이 가장 큰 냉매는?

① R-717　② R-744
③ R-718　④ R-502

해설
① R-717(암모니아) : 독성이 강하고, 가연성이다.
② R-744(이산화탄소) : 부식성이 없고, 연소 및 폭발성이 없다.
③ R-718(물) : 흡수식, 증기분사식 냉동기의 냉매로 사용된다.
④ R-502(공비혼합 프레온 냉매) : 연소 및 폭발성이 없다.

31 저온용 단열재의 조건으로 틀린 것은?

① 내구성이 있을 것
② 흡습성이 클 것
③ 팽창계수가 작을 것
④ 열전도율이 작을 것

해설 단열재에 수분이 있으면 단열효과가 떨어진다. 따라서 흡습성이 작아야 한다.

32 흡수식 냉동기의 특징에 대한 설명으로 틀린 것은?

① 부분 부하에 대한 대응성이 좋다.
② 압축식, 터보식 냉동기에 비해 소음과 진동이 적다.
③ 초기 운전 시 정격 성능을 발휘할 때까지의 도달 속도가 느리다.
④ 용량 제어 범위가 비교적 작아 큰 용량 장치가 요구되는 장소에 설치 시 보조 기기설비가 요구된다.

해설 ④ 용량 제어 범위가 넓어 폭넓은 용량제어가 가능하며, 비교적 낮은 부하까지 제어가능하다.

33 팽창밸브 중 과열도를 검출하여 냉매유량을 제어하는 것은?

① 정압식 자동팽창밸브
② 수동팽창밸브
③ 온도식 자동팽창밸브
④ 모세관

해설 온도식 자동팽창밸브는 감온통에서 과열도를 검출하며 정해진 과열도보다 크면 밸브가 열리고 작으면 밸브가 닫혀서 냉매유량을 조절한다.

정답 28 ④　29 ②　30 ①　31 ②　32 ④　33 ③

34 온도식 팽창밸브는 어떤 요인에 의해 작동되는가?
① 증발온도 ② 과냉각도
③ 과열도   ④ 액화온도

해설) 온도식 자동팽창밸브(TEV)는 증발기 출구냉매의 과열도에 의해 작동한다.

35 0℃와 100℃ 사이에서 작용하는 카르노 사이클 기관(㉮)과 400℃와 500℃ 사이에서 작용하는 카르노 사이클 기관(㉯)이 있다. ㉮기관 열효율은 ㉯기관 열효율의 약 몇 배가 되는가?
① 1.2배 ② 2배
③ 2.5배 ④ 4배

해설) 카르노 사이클 효율 $\eta_C = \dfrac{T_H - T_L}{T_H}$

㉮ 사이클 $\eta_C = \dfrac{(100+273)-(0+273)}{(100+273)} = 0.2681$

㉯ 사이클 $\eta_C = \dfrac{(500+273)-(400+273)}{(500+273)} = 0.1294$

∴ $\dfrac{㉮사이클 효율}{㉯사이클 효율} = \dfrac{0.2681}{0.1294} = 2.07$배

36 다음 안전장치에 대한 설명으로 틀린 것은?
① 가용전은 응축기, 수액기 등의 압력용기에 안전장치로 설치된다.
② 파열판은 얇은 금속판으로 용기의 구멍을 막고 있는 구조이며 안전밸브로 사용된다.
③ 안전밸브는 고압측의 각 부분에 설치하여 일정 이상 고압이 되면 밸브가 열려 저압부로 보내거나 외부로 방출하도록 한다.
④ 고압차단스위치는 조정설정압력보다 벨로즈에 가해진 압력이 낮아졌을 때 압축기를 정지시키는 안전장치이다.

해설) ④ 고압차단 스위치는 설정압력보다 벨로즈에 가해진 압력이 높아졌을 때 압축기를 정지시키는 안전장치이다.

37 냉동능력이 15RT인 냉동장치가 있다. 흡입증기 포화온도가 -10℃이며, 건조포화증기 흡입압축으로 운전된다. 이때 응축온도가 45℃이라면 이 냉동장치의 응축부하(kW)는 얼마인가? (단, 1RT는 3.8kW이다.)

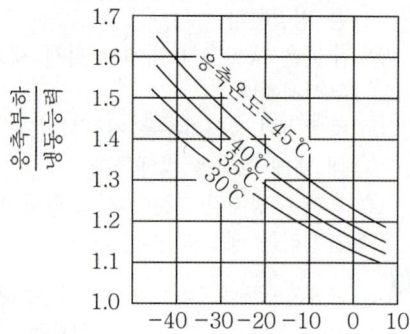

① 74.1 ② 58.7
③ 49.8 ④ 36.2

해설) 표에서 흡입증기 포화온도 -10℃, 응축온도 45℃일 때(응축부하/냉동능력)은 1.3이므로

$\dfrac{응축부하}{냉동능력} = 1.3$에서

응축부하 = 15 × 1.3 × 3.8 = 74.1kW

38 냉매의 구비 조건으로 옳은 것은?
① 표면장력이 작을 것
② 임계온도가 낮을 것
③ 증발잠열이 작을 것
④ 비체적이 클 것

해설) ② 임계온도가 높을 것
③ 증발잠열이 클 것
④ 비체적이 작을 것

39 냉동장치의 윤활 목적으로 틀린 것은?
① 마모 방지   ② 부식 방지
③ 냉매 누설방지 ④ 동력손실 증대

해설) ④ 윤활은 마찰을 감소시켜 마찰에 의한 동력손실을 감소시킨다.

40 2단압축 1단팽창 냉동장치에서 고단 압축기의 냉매 순환량을 G_2, 저단 압축기의 냉매 순환량을 G_1이라고 할 때, G_2/G_1는 얼마인가?

저단 압축기 흡입증기 엔탈피(h_1)	610.4kJ/kg
저단 압축기 토출증기 엔탈피(h_2)	652.3kJ/kg
고단 압축기 흡입증기 엔탈피(h_3)	622.2kJ/kg
중간 냉각기용 팽창밸브 직전 냉매 엔탈피(h_4)	462.6kJ/kg
증발기용 팽창밸브 직전 냉매 엔탈피(h_5)	427.1kJ/kg

① 0.8 ② 1.4
③ 2.5 ④ 3.1

해설

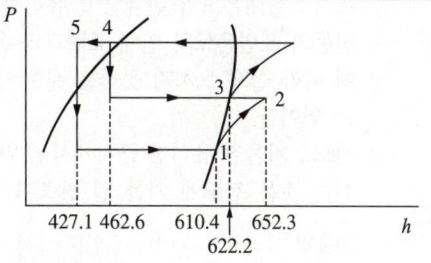

냉매순환량비

$$\frac{G_2}{G_1} = \frac{h_2 - h_5}{h_3 - h_4}$$

$$= \frac{652.3 - 427.1}{622.2 - 462.6} = 1.41$$

[참고] 냉매순환량비 공식은 외워야 한다.

제3과목 공기조화

41 냉방 시 실내부하에 속하지 않는 것은?

① 외기의 도입으로 인한 취득열량
② 극간풍에 의한 취득열량
③ 벽체로부터의 취득열량
④ 유리로부터의 취득열량

해설 ① 외기의 도입으로 인한 취득열량은 외기부하이다.

42 크기 1000×500mm의 직관 덕트에 35℃의 온풍 18000m³/h이 흐르고 있다. 이 덕트가 -10℃의 실외 부분을 지날 때 길이 20m당 덕트 표면으로부터의 열손실(kW)은? (단, 덕트는 암면 25mm로 보온되어 있고, 이때 1000m당 온도가 차1℃에 대한 온도 강하는 0.9℃이다. 공기의 밀도는 1.2kg/m³, 정압비열은 1.01kJ/kg·K이다.)

① 3.0 ② 3.8
③ 4.9 ④ 6.0

해설 공기의 온도강하에 해당하는 열량만큼 덕트 표면으로부터 열손실이 발생한다.

$q = \rho \, Q \, C_P \Delta t$

$= 1.2 \times \dfrac{18,000}{3,600} \times 1.01 \times \dfrac{0.9}{1,000}(35-(-10)) \times 20$

$= 4.9 \text{kW}$

43 송풍기의 풍량조절법이 아닌 것은?

① 토출댐퍼에 의한 제어
② 흡입댐퍼에 의한 제어
③ 토출베인에 의한 제어
④ 흡입베인에 의한 제어

해설 ③ 토출베인에 의한 제어는 송풍기 풍량조절법이 아니다.

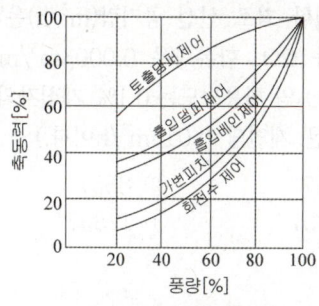

[송풍기 용량제어 특성]

정답 40 ② 41 ① 42 ③ 43 ③

44 유효 온도차(상당 외기온도차)에 대한 설명으로 틀린 것은?

① 태양 일사량을 고려한 온도차이다.
② 계절, 시각 및 방위에 따라 변화한다.
③ 실내온도와는 무관하다.
④ 냉방부하 시에 적용된다.

해설 태양의 일사에 의한 영향을 고려한 상당온도(t_e)와 실내온도와의 차를 상당온도차(ETD, Δt_e)라고 한다. (또는 상당외기온도차, 실효온도차라고도 한다)

45 보일러의 출력에는 상용출력과 정격출력이 있다. 다음 중 이들의 관계가 적당한 것은?

① 상용출력 = 난방부하 + 급탕부하 + 배관부하
② 정격출력 = 난방부하 + 배관 열손실부하
③ 상용출력 = 배관 열손실부하 + 보일러 예열부하
④ 정격출력 = 난방부하 + 급탕부하 + 배관부하 + 예열부하 + 온수부하

해설 정미출력 : 난방 + 급탕부하
상용출력 : 난방 + 급탕 + 배관손실
정격출력 : 난방 + 급탕 + 배관손실 + 예열부하

46 6인용 입원실이 100실인 병원의 입원실 전체 환기를 위한 최소 신선 공기량(m^3/h)은? (단, 외기 중 CO_2 함유량은 $0.0003 m^3/m^3$이고 실내 CO_2의 허용농도는 0.1%, 재실자의 CO_2 발생량은 개인당 $0.015 m^3/h$이다.)

① 6857
② 8857
③ 10857
④ 12857

해설 $M = Q(C_R - C_O)$ 에서

$$Q = \frac{M}{C_R - C_O} = \frac{0.015 \times (6 \times 100)}{\frac{0.1}{100} - 0.0003}$$

$$= 12857.1 m^3/h$$

47 인체의 발열에 관한 설명으로 틀린 것은?

① 증발 : 인체 피부에서의 수분이 증발하며 그 증발열로 체내 열을 방출한다.
② 대류 : 인체 표면과 주위공기와의 사이에 열의 이동으로 인위적으로 조절이 가능하며 주위공기의 온도와 기류에 영향을 받는다.
③ 복사 : 실내온도와 관계없이 유리창과 벽면등의 표면온도와 인체 표면과의 온도차에 따라 실제 느끼지 못하는 사이 방출되는 열이다.
④ 전도 : 겨울철 유리창 근처에서 추위를 느끼는 것은 전도에 의한 열 방출이다.

해설 ④ 겨울철 유리창 근처에서 추위를 느끼는 것은 유리창 근처에서 발생한 콜드드래프트와 인체의 열전달에 의한 것이며 단순히 전도에 의한 열방출로 추위를 느끼는 것은 아니다.

48 중앙식 난방법의 하나로서 각 건물마다 보일러 시설 없이 일정 장소에서 여러 건물에 증기 또는 고온수 등을 보내서 난방하는 방식은?

① 복사난방
② 지역난방
③ 개별난방
④ 온풍난방

해설 지역난방은 각 건물에 설치될 소규모 열원기기 대신 대규모 열원기기를 안정적으로 가동하므로 열효율이 높고 대기 오염물질이 감소한다.
• 대기 오염물질이 감소한다.
• 도시의 방재수준 향상이 가능하다.
• 사용자에게는 화재에 대한 우려가 적다.
• 대규모 열원기기를 이용한 에너지의 효율적 이용이 가능하다.

정답 44 ③ 45 ① 46 ④ 47 ④ 48 ②

49 다음 공기조화 방식 중 냉매방식인 것은?
① 유인유닛 방식
② 멀티 존 방식
③ 팬코일 유닛 방식
④ 패키지 유닛 방식

해설
냉매방식 : 패키지 방식, 룸쿨러 방식, 멀티유니트 방식
유인유닛 방식 : 공기-수 방식
멀티존 방식 : 전공기 방식
팬코일유닛 방식 : 전수 방식

50 보일러에서 화염이 없어지면 화염검출기가 이를 감지하여 연료공급을 즉시 정지시키는 형태의 제어는?
① 시퀀스 제어
② 피드백 제어
③ 인터록 제어
④ 수면제어

해설
인터록 제어 : 기기의 보호와 조작자의 안전을 목적으로 한 제어이며, 하나의 회로가 작동하면 상대회로는 멈추게 하는 제어이다.

51 수관식 보일러의 특징에 관한 설명으로 틀린 것은?
① 관(드럼)의 직경이 작아서 고온·고압용에 적당하다.
② 전열면적이 커서 증기발생시간이 빠르다.
③ 구조가 단순하여 청소나 검사 수리가 용이하다.
④ 보유수량이 적어 부하 변동 시 압력변화가 크다.

해설
③ 구조가 복잡하여 청소, 검사 및 보수가 어렵고 제작비도 고가이다.

52 증기 난방배관에서 증기트랩을 사용하는 이유로 옳은 것은?
① 관내의 공기를 배출하기 위하여
② 배관의 신축을 흡수하기 위하여
③ 관내의 압력을 조절하기 위하여
④ 증기관에 발생된 응축수를 제거하기 위하여

해설
증기트랩은 증기가 환수관으로 유입되는 것을 방지하여 응축수만 환수관으로 배출되게 하는 장치이다.

53 다음의 취출과 관련한 용어 설명으로 틀린 것은?
① 그릴(grill)은 취출구의 전면에 설치하는 면격자이다.
② 아스펙트(aspect)비는 짧은 변을 긴 변으로 나눈 값이다.
③ 셔터(shutter)는 취출구의 후부에 설치하는 풍량조절용 또는 개폐용의 기구이다.
④ 드래프트(draft)는 인체에 닿아 불쾌감을 주는 기류이다.

해설
② 아스팩트(aspect)비는 장방형 취출구 또는 장방형 덕트의 긴 변을 짧은 변으로 나눈 값이다.

54 인위적으로 실내 또는 일정한 공간의 공기를 사용 목적에 적합하도록 공기조화하는 데 있어서 고려하지 않아도 되는 것은?
① 온도
② 습도
③ 색도
④ 기류

해설
공기조화는 실내의 온도, 습도, 기류, 먼지, 유독가스, 박테리아 등의 조건을 실내에 있는 사람이나 물품이 요구하는 상태로 유지하는 것을 말한다.

55 복사 난방방식의 특징에 대한 설명으로 틀린 것은?
① 외기 온도의 갑작스러운 변화에 대응이 용이함
② 실내 상하 온도분포가 균일하여 난방효과가 이상적임
③ 실내 공기온도가 낮아도 되므로 열손실이 적음
④ 바닥에 난방기기가 필요 없어 바닥면의 이용도가 높음

정답 49 ④ 50 ③ 51 ③ 52 ④ 53 ② 54 ③ 55 ①

해설 온수코일패널의 경우 열용량이 크므로 예열시간이 길어 난방부하 변화에 신속한 대응이 어렵다.

56 전열교환기에 관한 설명으로 틀린 것은?
① 공기조화기기의 용량설계에 영향을 주지 않음
② 열교환기 설치로 설비비와 요구 공간 증가
③ 회전식과 고정식이 있음
④ 배기와 환기의 열교환으로 현열과 잠열을 교환

해설 ① 전열교환기는 배기의 현열과 잠열을 회수하여 도입되는 외기를 가열 또는 냉각하므로 외기부하를 경감시킨다. 따라서 공기조화기기의 용량을 작게 할 수 있다.

57 송풍기의 크기는 송풍기의 번호(No,#)로 나타내는데, 원심송풍기의 송풍기 번호를 구하는 식으로 옳은 것은?

① $No(\#) = \dfrac{회전날개의\ 지름(mm)}{100(mm)}$

② $No(\#) = \dfrac{회전날개의\ 지름(mm)}{150(mm)}$

③ $No(\#) = \dfrac{회전날개의\ 지름(mm)}{200(mm)}$

④ $No(\#) = \dfrac{회전날개의\ 지름(mm)}{250(mm)}$

해설 원심 송풍기 번호(No) = $\dfrac{회전날개의\ 지름(mm)}{150}$
축류 송풍기 번호(No) = $\dfrac{회전날개의\ 지름(mm)}{100}$

58 온수난방에 대한 설명으로 틀린 것은?
① 온수의 체적팽창을 고려하여 팽창탱크를 설치한다.
② 보일러가 정지하여도 실내온도의 급격한 강하가 적다.
③ 밀폐식일 경우 배관의 부식이 많아 수명이 짧다.
④ 방열기에 공급되는 온수 온도와 유량 조절이 용이하다.

해설 밀폐식이 개방식보다 공기 중의 산소와 접촉하지 않으므로 부식이 적어 수명이 길다.

59 아래 습공기 선도에 나타낸 과정과 일치하는 장치도는?

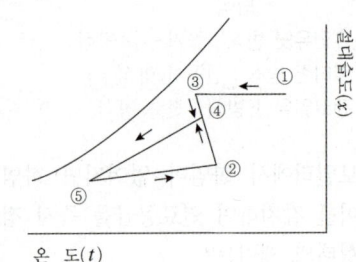

①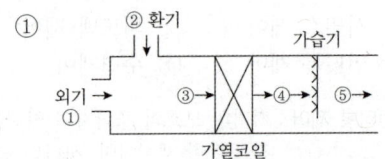

②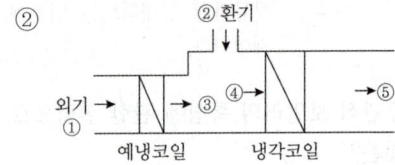

③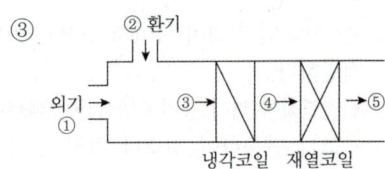

④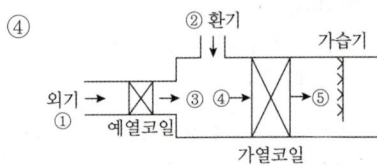

해설
①-③ 외기의 예냉과정
③-④-② 예냉된 외기와 실내공기의 혼합과정
④-⑤ 혼합된 공기의 냉각과정
⑤-② 냉각된 공기의 실내 유입 과정

정답 56 ① 57 ② 58 ③ 59 ②

60 동일한 덕트 장치에서 송풍기의 날개의 직경이 d_1, 전동기 동력이 L_1인 송풍기를 직경 d_2로 교환했을 때 동력의 변화로 옳은 것은? (단, 회전수는 일정하다.)

① $L_2 = \left(\dfrac{d_2}{d_1}\right)^2 L_1$ ② $L_2 = \left(\dfrac{d_2}{d_1}\right)^3 L_1$
③ $L_2 = \left(\dfrac{d_2}{d_1}\right)^4 L_1$ ④ $L_2 = \left(\dfrac{d_2}{d_1}\right)^5 L_1$

해설 회전수가 일정하므로 동력(L)의 변화는
$L_2 = \left(\dfrac{D_2}{D_1}\right)^5 L_1$ 이 된다.

송풍기의 상사법칙

풍량 $\dfrac{Q_2}{Q_1} = \left(\dfrac{N_2}{N_1}\right)\left(\dfrac{D_2}{D_1}\right)^3$

압력 $\dfrac{P_2}{P_1} = \left(\dfrac{N_2}{N_1}\right)^2\left(\dfrac{D_2}{D_1}\right)^2$

동력 $\dfrac{L_2}{L_1} = \left(\dfrac{N_2}{N_1}\right)^3\left(\dfrac{D_2}{D_1}\right)^5$

제4과목 전기제어공학

61 논리식 A+BC와 등가인 논리식은?

① AB+AC   ② (A+B)(A+C)
③ (A+B)C   ④ (A+C)B

해설 불대수의 분배법칙
A+B·C=(A+B)·(A+C)

62 그림의 신호흐름선도에서 전달함수 $\dfrac{C(s)}{R(s)}$는?

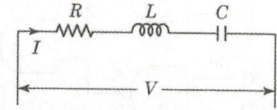

① $-\dfrac{8}{9}$ ② $-\dfrac{13}{19}$
③ $-\dfrac{48}{53}$ ④ $-\dfrac{105}{77}$

해설
$\dfrac{C(s)}{R(s)} = \dfrac{\text{전향경로의 합}}{1-\text{피드백의 합}}$
$= \dfrac{1\times2\times4\times6}{1-(2\times11+4\times8)} = \dfrac{48}{-53}$

63 $e(t) = 200\sin\omega t$(V), $i(t) = 4\sin(\omega t - \dfrac{\pi}{3})$(A)일 때 유효전력(W)은?

① 100   ② 200
③ 300   ④ 400

해설 유효전력
$P = VI\cos\theta$
$= \dfrac{V_m}{\sqrt{2}} \times \dfrac{I_m}{\sqrt{2}} \times \cos\theta$
$= \dfrac{200}{\sqrt{2}} \times \dfrac{4}{\sqrt{2}} \times \cos\left(\dfrac{\pi}{3}\right)$
$= 400 \times \cos\dfrac{\pi}{3} = 200\text{W}$

64 그림과 같은 회로에서 전달함수 $G(s) = \dfrac{I(s)}{V(s)}$를 구하면?

① $R+Ls+Cs$ ② $\dfrac{1}{R+Ls+Cs}$
③ $R+Ls+\dfrac{1}{Cs}$ ④ $\dfrac{1}{R+Ls+\dfrac{1}{Cs}}$

해설 전압 $v(t) = Ri(t) + L\dfrac{d}{dt}i(t) + \dfrac{1}{C}\int_0^t i(t)dt$

라플라스 변환을 하면
$V(s) = RI(s) + LsI(s) + \dfrac{1}{Cs}I(s)$
$= \left(R + Ls + \dfrac{1}{Cs}\right)I(s)$

정답 60 ④ 61 ② 62 ③ 63 ② 64 ④

$$G(s) = \frac{I(s)}{V(s)} = \frac{1}{R + Ls + \frac{1}{Cs}}$$

65 승강기나 에스컬레이터 등의 옥내 전선의 절연 저항을 측정하는 데 가장 적당한 측정기기는?
① 메거 ② 휘트스톤 브리지
③ 켈빈 더블 브리지 ④ 콜라우시 브리지

해설 메거(Megger)는 절연저항계 라고도 하며 전기 기기의 절연저항 및 옥내 전선의 절연저항을 측정할 때 사용된다.

66 회전각을 전압으로 변환시키는 데 사용되는 위치 변환기는?
① 속도계 ② 증폭기
③ 변조기 ④ 전위차계

해설 전위차계는 위치를 전압으로 변환시키는데 사용되는 변환기이며 회전형 전위차계는 회전각을 전압으로 변환시키는데 사용된다.

67 그림의 논리회로에서 A, B, C, D를 입력, Y를 출력이라 할 때 출력 식은?

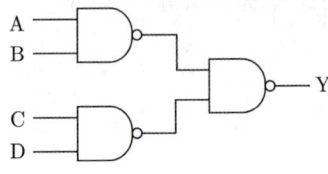

① A+B+C+D ② (A+B)(C+D)
③ AB+CD ④ ABCD

해설 $Y = \overline{(\overline{A \cdot B}) \cdot (\overline{C \cdot D})}$ 이므로
드모르간의 정리를 적용하면
$Y = (\overline{\overline{A \cdot B}}) + (\overline{\overline{C \cdot D}}) = (A \cdot B) + (C \cdot D)$

68 환상 솔레노이드 철심에 200회의 코일을 감고 2A의 전류를 흘릴 때 발생하는 기자력은 몇 AT인가?
① 50 ② 100
③ 200 ④ 400

해설 기자력=코일에 흐르는 전류 × 코일이 감긴 수
= 2 × 200 = 400[AT]

69 10μF의 콘덴서에 200V의 전압을 인가하였을 때 콘덴서에 축적되는 전하량은 몇 C인가?
① 2×10^{-3} ② 2×10^{-4}
③ 2×10^{-5} ④ 2×10^{-6}

해설 전하량 $Q = CV$ 이므로
$= (10 \times 10^{-6}) \times 200$
$= 2 \times 10^{-3} C$

70 제어편차가 검출될 때 편차가 변화하는 속도에 비례하여 조작량을 가감하도록 하는 제어로서 오차가 커지는 것을 미연에 방지하는 제어동작은?
① ON/OFF 제어 동작
② 미분 제어 동작
③ 적분 제어 동작
④ 비례 제어 동작

해설 ON/OFF 제어 동작 : 조작량은 0%와 100% 사이를 왕래하므로 변화가 너무 크다. 목표값에 대하여 제어량이 상·하를 반복(사이클링현상)하는 제어가 된다.
미분 제어 동작 : 제어편차가 검출될 때 편차가 변하는 속도에 비례하여 조작량을 가감하는 제어로 오차가 커지는 것을 미연에 방지하는 제어
적분 제어 동작 : 제어량에 편차가 발생하였을 때 편차량의 시간적분에 비례한 양으로 조작량을 변화시키는 제어
비례 제어 동작 : 조작량이 비교부의 출력(편차)에 어느 비율로 비례하는 제어로서 잔류편차(정상오차)가 발생한다.

정답 65 ① 66 ④ 67 ③ 68 ④ 69 ① 70 ②

71 그림과 같은 RL 직렬회로에서 공급전압의 크기가 10V일 때 $|V_R|=8V$이면 V_L의 크기는 몇 V인가?

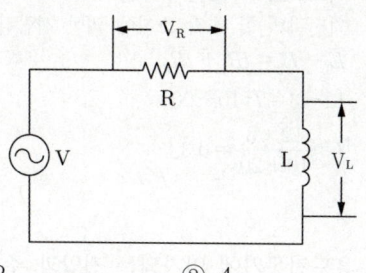

① 2   ② 4
③ 6   ④ 8

해설 R-L 직렬회로에서
$V=\sqrt{V_R^2+V_L^2}$ 이므로
$V_L=\sqrt{V^2-V_R^2}$
$=\sqrt{10^2-8^2}=6V$

72 전력(W)에 관한 설명으로 틀린 것은?
① 단위는 J/s이다.
② 열량을 적분하면 전력이다.
③ 단위 시간에 대한 전기 에너지이다.
④ 공률(일률)과 같은 단위를 갖는다.

해설 ② 전력(W)은 단위시간당 전달되는 전기에너지이므로 열량을 적분해도 전력이 되는 것은 아니다.

73 입력 A, B, C에 따라 Y를 출력하는 다음의 회로는 무접점 논리회로 중 어떤 회로인가?

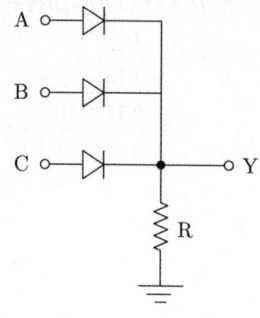

① OR 회로
② NOR 회로
③ AND 회로
④ NAND 회로

해설 A, B, C 중 어느 하나만 ON 되어도 출력 Y가 ON 되므로 OR 회로이다.

74 전기자철심을 규소 강판으로 성층하는 주된 이유는?
① 정류자면의 손상이 적다.
② 가공하기 쉽다.
③ 철손을 적게 할 수 있다.
④ 기계손을 적게 할 수 있다.

해설 철손을 적게 하기 위해 히스테리시스손이 적은 규소강판을 사용하고, 와류손을 적게 하기 위해 성층한다.

75 그림과 같은 단위 피드백 제어시스템의 전달함수 $\dfrac{C(s)}{R(s)}$는?

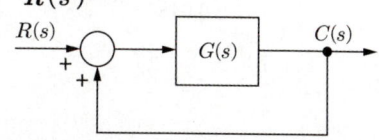

① $\dfrac{1}{1+G(s)}$ ② $\dfrac{G(s)}{1+G(s)}$
③ $\dfrac{1}{1-G(s)}$ ④ $\dfrac{G(s)}{1-G(s)}$

해설 $\dfrac{C(s)}{R(s)}=\dfrac{전향경로의 합}{1-피드백의 합}$
$=\dfrac{G(s)}{1-G(s)\times 1}$
$=\dfrac{G(s)}{1-G(s)}$

정답 71 ③ 72 ② 73 ① 74 ③ 75 ④

76 페루프 제어시스템의 구성에서 조절부와 조작부를 합쳐서 무엇이라고 하는가?

① 보상요소
② 제어요소
③ 기준입력요소
④ 귀환요소

해설) 제어요소는 동작신호를 조작량으로 변화시켜 주는 요소이며, 조절부와 조작부로 구성되어 있다.

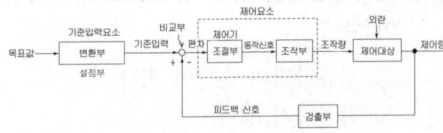

77 3상 유도전동기의 출력이 10kW, 슬립이 4.8%일 때의 2차 동손은 약 몇 kW인가?

① 0.24
② 0.36
③ 0.5
④ 0.8

해설)
2차 동손 $= \dfrac{S}{1-S} \times P$
$= \dfrac{0.048}{1-0.048} \times 10$
$= 0.5\,\text{kW}$

78 그림과 같은 회로에 흐르는 전류 I(A)는?

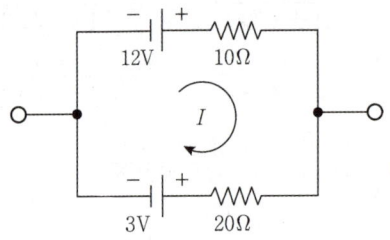

① 0.3
② 0.6
③ 0.9
④ 1.2

해설) 키르히호프 제2법칙 적용
기전력의 합 = 각 소자에 의한 전압강하의 합
$E_1 - E_2 = IR_1 + IR_2$
$12 - 3 = I(10 + 20)$
$I = \dfrac{12-3}{10+20} = 0.3\,\text{A}$

79 유도전동기에 인가되는 전압과 주파수의 비를 일정하게 제어하여 유도전동기의 속도를 정격 속도 이하로 제어하는 방식은?

① CVCF 제어방식
② VVVF 제어방식
③ 교류 궤환 제어방식
④ 교류 2단 속도 제어방식

해설) VVVF 방식(Variable Voltage Variable Frequency)은 전압과 주파수를 동시에 변환시켜 유도전동기의 속도를 제어하는 방식이다.

80 선간전압 200V의 3상 교류전원에 화물용 승강기를 접속하고 전력과 전류를 측정하였더니 2.77kW, 10A이었다. 이 화물용 승강기 모터의 역률은 약 얼마인가?

① 0.6
② 0.7
③ 0.8
④ 0.9

해설) 유효전력 $P = \sqrt{3}\,VI\cos\theta$ 에서
역률 $\cos\theta = \dfrac{P}{\sqrt{3}\,VI}$
$= \dfrac{2.77 \times 10^3}{\sqrt{3} \times 200 \times 10} = 0.8$

76 ②　77 ③　78 ①　79 ②　80 ③

제5과목 배관일반

81 동관 이음 중 경납땜 이음에 사용되는 것으로 가장 거리가 먼 것은?
① 황동납 ② 은납
③ 양은납 ④ 규소납

해설 연납땜
㉠ 솔더링(Soldering) 이라고도 하며 450℃ 이하에서 용융되는 용접재를 사용하는 방법
㉡ 사용압력 및 사용온도(120℃)가 낮고 관경이 작은 관에 사용
㉢ 용접재 : 일반 상수도용(Sn50), 온도가 최고 240℃까지 올라가는 전자부품 연결 또는 난방 및 공조배관(Sn96, Sb5)

경납땜
㉠ 브레이징(Brazing) 이라고도 하며 450℃ 이상에서 용융되는 용접재를 사용하는 방법(용접재는 보통 700~800℃에서 용융된다.)
㉡ 사용 압력이 높고 관경이 큰 관 용접에 사용
㉢ 용접재 : 황동납, 은납, 양은납, 망간납, 금납 등이 있음

82 팬코일 유닛방식의 배관방식 중 공급관이 2개이고 환수관이 1개인 방식은?
① 1관식 ② 2관식
③ 3관식 ④ 4관식

해설 3관식(Three Pipe)
• 공급관이 2개(온수관, 냉수관)이고 환수관이 1개인 배관 방식이다.
• 개별제어가 가능하다.
• 배관이 복잡하다.
• 환수관이 1개이므로 냉수와 온수의 혼합 손실이 발생한다.

83 길이 30m의 강관의 온도 변화가 120℃일 때 강관에 대한 열팽창량은? (단, 강관의 열팽창계수는 11.9×10^{-6} mm/mm·℃이다.)
① 42.8mm ② 42.8cm
③ 42.8m ④ 4.28mm

해설 열팽창량 $\Delta \ell = L \times \alpha (t_2 - t_1)$
$\Delta \ell = (30 \times 10^3) \times 11.9 \times 10^{-6} \times 120$
$= 42.84$mm

84 온수난방 배관에서 리버스 리턴(reverse return) 방식을 채택하는 주된 이유는?
① 온수의 유량 분배를 균일하게 하기 위하여
② 배관의 길이를 짧게 하기 위하여
③ 배관의 신축을 흡수하기 위하여
④ 온수가 식지 않도록 하기 위하여

해설 리버스 리턴방식은 각 유니트까지 연결되는 공급관+환수관의 길이를 같게 하여 각유니트에 유량 분배가 균일하게 하기 위한 배관방식이다.

85 밀폐식 온수난방 배관에 대한 설명으로 틀린 것은?
① 팽창탱크를 사용한다.
② 배관의 부식이 비교적 적어 수명이 길다.
③ 배관경이 작아지고 방열기도 적게 할 수 있다.
④ 배관 내의 온수 온도는 70℃ 이하이다.

해설 밀폐식 온수난방의 경우 배관내의 압력을 높여 100℃ 이상의 온수온도도 가능하다.

86 증기나 응축수가 트랩이나 감압밸브 등의 기기에 들어가기 전 고형물을 제거하여 고장을 방지하기 위해 설치하는 장치는?
① 스트레이너 ② 레듀서
③ 신축이음 ④ 유니언

해설 스트레이너(Strainer, 여과기)
• 배관에 설치하여 배관내의 이물질을 걸러내기 위한 장치
• 본체안에 있는 여과망이 이물질을 걸러낸다
• 펌프의 흡입쪽이나 밸브의 입구쪽에 설치한다
• 종류는 Y형, U형, V형이 있다.

정답 81 ④ 82 ③ 83 ① 84 ① 85 ④ 86 ①

87 냉동설비배관에서 액분리기와 압축기 사이에 냉매배관을 할 때 구배로 옳은 것은?

① 1/100 정도의 압축기측 상향 구배로 한다.
② 1/100 정도의 압축기측 하향 구배로 한다.
③ 1/200 정도의 압축기측 상향 구배로 한다.
④ 1/200 정도의 압축기측 하향 구배로 한다.

해설 액분리기와 압축기 사이의 배관은 증발기와 압축기 사이의 저압배관에 해당한다.
증발기와 압축기 사이 배관의 구배는
프레온 냉매 : 1/200 압축기쪽으로 하향구배
암모니아 냉매 : 1/100 압축기쪽으로 하향구배

88 급수펌프에서 발생하는 캐비테이션 현상의 방지법으로 틀린 것은?

① 펌프설치 위치를 낮춘다.
② 입형펌프를 사용한다.
③ 흡입손실수두를 줄인다.
④ 회전수를 올려 흡입속도를 증가시킨다.

해설 ④ 회전수를 줄이고 흡입속도를 낮춘다.

89 냉매 배관에서 압축기 흡입관의 시공 시 유의사항으로 틀린 것은?

① 압축기가 증발기보다 밑에 있는 경우 흡입관은 작은 트랩을 통과한 후 증발기 상부보다 높은 위치까지 올려 압축기로 가게 한다.
② 흡입관의 수직상승 입상부가 매우 길 때는 냉동기유의 회수를 쉽게 하기 위하여 약 20m마다 중간에 트랩을 설치한다.
③ 각각의 증발기에서 흡입 주관으로 들어가는 관은 주관 상부로부터 들어가도록 접속한다.
④ 2대 이상의 증발기가 있어도 부하의 변동이 그다지 크지 않은 경우는 1개의 입상관으로 충분하다.

해설 ② 흡입관의 수직상승 입상부가 매우 길 때는 냉동기유의 회수를 쉽게 하기 위하여 약 10m마다 중간에 u-trap을 설치한다.

90 급탕배관에 관한 설명으로 틀린 것은?

① 단관식의 경우 급수관경보다 큰 관을 사용해야 한다.
② 하향식 공급 방식에서는 급탕관 및 복귀관은 모두 선하향 구배로 한다.
③ 보통 급탕관은 수명이 짧으므로 장래에 수리, 교체가 용이하도록 노출 배관하는 것이 좋다.
④ 연관은 열에 강하고 부식도 잘되지 않으므로 급탕배관에 적합하다.

해설 연관(납관)은 열에 약하므로 급탕관에 적합하지 않다.

91 염화비닐관의 설명으로 틀린 것은?

① 열팽창률이 크다.
② 관내 마찰손실이 작다.
③ 산, 알칼리 등에 대해 내식성이 작다.
④ 고온 또는 저온의 장소에 부적당하다.

해설 경질염화비닐관(PVC : Poly Vinyl Chloride)
㉠ 내식성, 내산성, 내알카리성이 크다.
㉡ 전기절연성이 크다.
㉢ 가볍고 운반취급 및 가공이 용이하다.
㉣ 열에 약하고 열팽창율이 크다(강관의 7~8배).
㉤ 저온에 약하여 한랭지에서는 충격에 파괴되기 쉽다.
㉥ 방부제(크레오소트 액)와 아세톤에 약하다.
㉦ 사용온도는 5~50℃ 범위이다.
㉧ 수도관, 배수관 등에 사용된다.

정답 87 ④ 88 ④ 89 ② 90 ④ 91 ③

92 가스배관의 설치 시 유의사항으로 틀린 것은?
① 특별한 경우를 제외한 배관의 최고사용 압력은 중압 이하일 것
② 배관은 하천(하천을 횡단하는 경우는 제외) 또는 하수구 등 암거 내에 설치할 것
③ 지반이 약한 곳에 설치되는 배관은 지반 침하에 의해 배관이 손상되지 않도록 필요한 조치 후 배관을 설치할 것
④ 본관 및 공급관은 건축물의 내부 또는 기초 밑에 설치하지 아니할 것

해설 가스관의 설치 시 유의사항
① 특별한 경우를 제외한 옥내배관은 노출배관을 원칙으로 한다.
② 배관은 환기가 잘 되지 않는 천장·벽·공동구 등에는 설치하지 아니한다.
③ 부득이하게 콘크리트 주요 구조부를 통과할 경우에는 슬리브를 사용한다.
④ 가스배관에는 적당한 구배를 두어야 한다.
⑤ 열에 의한 신축, 진동 등의 영향을 고려하여 적절한 간격으로 지지하여야 한다.
⑥ 배관의 이음매(용접이음매 제외)와 전기계량기와는 60cm 이상 거리를 유지한다.
⑦ 배관의 이음부(용접 이음매는 제외한다)와 단열조치하지 않은 굴뚝(배기통 포함)과의 거리는 15cm 이상의 거리를 유지해야 한다.

93 하향급수 배관방식에서 수평주관의 설치 위치로 가장 적절한 것은?
① 지하층의 천장 또는 1층의 바닥
② 중간층의 바닥 또는 천장
③ 최상층의 바닥 또는 천장
④ 최상층의 천장 또는 옥상

해설 하향급수 방식은 위에서 아래로 급수하는 방식이므로 급수 수평 주관이 최상층의 천장 또는 옥상에 설치되어야 한다.

94 부하변동에 따라 밸브의 개도를 조절함으로써 만액식 증발기의 액면을 일정하게 유지하는 역할을 하는 것은?
① 에어벤트
② 온도식 자동팽창밸브
③ 감압밸브
④ 플로트 밸브

해설 저압용 플로트 밸브(low side float valve)
① 저압부인 증발기 내의 냉매액면을 일정하게 유지하는 역할을 한다.
② 암모니아와 프레온 모두에 사용되며 주로 만액식증발기에 사용된다.
③ 증발기 내에서 플로트가 직접 뜨게 하는 방식과 별도로 플로트실을 설치하는 방식이 있다.

고압용 플로트 밸브(high side float valve)
① 고압 플로트 용기 내의 액면을 일정하게 유지시킴으로써 냉매 공급량을 조절한다.
② 응축기에서 나온 액 냉매가 플로트실에 들어가서 밸브를 위로 올려 증발기로 공급된다.
③ 만액식 증발기에 사용된다.
④ 플로트실 상부에는 불응축가스가 고이게 되므로 배출을 위한 벤트관이 있다.

95 냉매 배관 시 유의사항으로 틀린 것은?
① 냉동장치 내의 배관은 절대기밀을 유지할 것
② 배관 도중에 고저의 변화를 될수록 피할 것
③ 기기 간의 배관은 가능한 한 짧게 할 것
④ 만곡부는 될 수 있는 한 적고 또는 곡률반경은 작게 할 것

해설 냉매배관 시공시 주의사항
① 배관길이는 짧게 하여 배관 마찰손실을 적게 한다.
② 온도변화에 의한 신축을 고려하여 파손을 방지한다.
③ 만곡부(곡관부)는 될 수 있는 한 없게 한다.

정답 92 ② 93 ④ 94 ④ 95 ④

④ 곡률 반지름을 가능한 크게 하여 마찰손실을 작게 한다.
⑤ 수평배관은 냉매흐름 방향으로 하향구배로 하여 윤활유 및 냉매액이 역류하지 않게 한다.
⑥ 흡입관의 입상관이 긴 경우에는 윤활유 회수를 위해 10m마다 U-trap을 설치한다.
⑦ 토출관의 입상관이 10m이상일 때 정지 중 윤활유와 액화된 냉매의 역류를 방지하기 위해 10m마다 U-trap을 설치한다.
⑧ 증발기가 응축기(수액기)보다 8m이상 높은 위치에 설치될 때는 플래쉬가스가 발생하므로 액-가스 열교환기를 설치하여 냉매액의 과냉각도를 크게 한다.

96 냉매 액관 중에 플래시 가스 발생의 방지대책으로 틀린 것은?

① 온도가 높은 곳을 통과하는 액관은 방열시공을 한다.
② 액관, 드라이어 등의 구경을 충분히 크게 선정하여 통과저항을 작게 한다.
③ 액펌프를 사용하여 압력강하를 보상할 수 있는 충분한 압력을 준다.
④ 열교환기를 사용하여 액관에 들어가는 냉매의 과냉각도를 없앤다.

해설 플래시 가스(Flash Gas) 발생 방지 대책
증발기 이외의 곳에서 증발한 냉매가스를, flash gas라 하며, 플래시 가스가 액관내에 존재하면 팽창밸브의 능력이 현저히 떨어진다. 따라서 플래시 가스를 최대한 방지해야 한다.
① 액관이나 밸브류의 규격을 충분히 크게 하여 압력손실을 작게 한다.
② 여과기나 필터의 점검 및 청소를 하여 압력손실을 작게 한다.
③ 액-가스 열교환기를 이용하여 액냉매의 과냉각도를 크게 한다.
④ 액관이 가열되지 않도록 방열시공한다.

97 난방 배관 시공을 위해 벽, 바닥 등에 관통 배관 시공을 할 때, 슬리브(sleeve)를 사용하는 이유로 가장 거리가 먼 것은?

① 열팽창에 따른 배관 신축에 적응하기 위해
② 관 교체 시 편리하게 하기 위해
③ 고장 시 수리를 편리하게 하기 위해
④ 유체의 압력을 증가시키기 위해

해설 슬리브 설치 목적
① 배관의 교체 및 수리를 편리하게 하기 위해
② 열팽창에 의한 관의 신축을 자유롭게 하기 위해

98 배수 배관 시공 시 청소구의 설치위치로 가장 적절하지 않은 곳은?

① 배수 수평 주관과 배수 수평 분기관의 분기점
② 길이가 긴 수평 배수관의 중간
③ 배수 수직관의 제일 윗부분 또는 근처
④ 배수관이 45°이상의 각도로 방향을 전환하는 곳

해설 청소구 설치
① 배관경 100mm 이하 : 15m 이내마다 설치
배관경 100mm 초과 : 30m 이내마다 설치
② 배수관이 45° 이상의 각도로 방향을 전환하는 곳에 설치
③ 배수 수평 주관과 배수 수평 분기관의 분기점에 설치
④ 배수 수직관의 제일 밑부분 또는 그 근처에 설치
⑤ 배수관경이 100A 이하일 때는 청소구의 크기를 배수관경과 같게 한다.

96 ④ 97 ④ 98 ③

99 공랭식 응축기 배관 시 유의사항으로 틀린 것은?

① 소형 냉동기에 사용하며 핀이 있는 파이프 속에 냉매를 통하여 바람 이송 냉각설계로 되어 있다.
② 냉방기가 응축기 아래 설치되는 경우 배관 높이가 10m이상일 때는 5m마다 오일트랩을 설치해야 한다.
③ 냉방기가 응축기 위에 위치하고, 압축기가 냉방기에 내장되었을 경우에는 오일트랩이 필요 없다.
④ 수냉식에 비해 능력은 낮지만, 냉각수를 사용하지 않아 동결의 염려가 없다.

해설
② 압축기가 냉방기에 내장되었을 때 냉방기가 응축기 아래에 설치되는 경우 배관 높이가 10m 이상일 때는 10m마다 오일트랩을 설치한다.

100 급수방식 중 압력탱크 방식에 대한 설명으로 틀린 것은?

① 국부적으로 고압을 필요로 하는 데 적합하다.
② 탱크의 설치위치에 제한을 받지 않는다.
③ 항상 일정한 수압으로 급수할 수 있다.
④ 높은 곳에 탱크를 설치할 필요가 없으므로 건축물의 구조를 강화할 필요가 없다.

해설
압력탱크방식
① 압력탱크의 압력으로 물을 공급하는 방식
② 정전이나 펌프의 고장시에는 급수가 불가능하다.
③ 급수압력의 변동이 심하다.
④ 압력탱크의 유효용량이 적으므로 펌프의 동작 횟수가 많아 고장이 잦다.

정답 99 ② 100 ③

과년도 출제문제(2020. 9. 27 시행)

제1과목 기계열역학

01 어떤 이상기체 1kg이 압력 100kPa, 온도 30℃의 상태에서 체적 0.8m³을 점유한다면 기체상수(kJ/kg·K)는 얼마인가?

① 0.251
② 0.264
③ 0.275
④ 0.293

해설 $PV = mRT$에서 $R = \dfrac{PV}{mT} = \dfrac{100 \times 0.8}{1 \times (30+273)}$
= 0.264kN·m/kg·K
= 0.264kJ/kg·K

02 이상적인 디젤 기관의 압축비가 16일 때 압축 전의 공기 온도가 90℃라면, 압축 후의 공기온도(℃)는 얼마인가? (단, 공기의 비열비는 1.4이다.)

① 1101.9
② 718.7
③ 808.2
④ 827.4

해설 디젤사이클의 압축과정은 단열압축이므로
$T_2 = T_1 \left(\dfrac{v_1}{v_2}\right)^{k-1}$

$\dfrac{v_1}{v_2} = \varepsilon$(압축비)이므로

$T_2 = (90+273) \times 16^{1.4-1} = 1100.4K$
= 827.4℃

03 내부 에너지가 30kJ인 물체에 열을 가하여 내부 에너지가 50kJ이 되는 동안에 외부에 대하여 10kJ의 일을 하였다. 이 물체에 가해진 열량(kJ)은?

① 10
② 20
③ 30
④ 60

해설 가해진 열량 = 내부에너지 증가량 + 외부일
= (50 − 30) + 10 = 30kJ

04 풍선에 공기 2kg이 들어 있다. 일정 압력 500kPa하에서 가열 팽창하여 체적이 1.2배가 되었다. 공기의 초기온도가 20℃일 때 최종온도(℃)는 얼마인가?

① 32.4
② 53.7
③ 78.6
④ 92.3

해설 $PV = mRT$에서 정압변화이므로
$\dfrac{V_1}{T_1} = \dfrac{V_2}{T_2}$에서
$T_2 = T_1 \dfrac{V_2}{V_1} = (20+273) \times \dfrac{1.2}{1}$
= 351.6K = 78.6℃

정답 01 ② 02 ④ 03 ③ 04 ③

05 그림과 같이 A, B 두 종류의 기체가 한 용기 안에서 박막으로 분리되어 있다. A의 체적은 $0.1m^3$ 질량은 2kg이고, B의 체적은 $0.4m^3$, 밀도는 $1kg/m^3$이다. 박막이 파열되고 난 후에 평형에 도달하였을 때 기체 혼합물의 밀도 (kg/m^3)는 얼마인가?

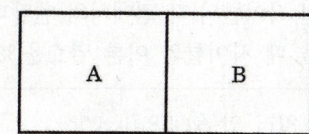

① 4.8 ② 6.0
③ 7.2 ④ 8.4

밀도 $\rho = \dfrac{m}{V}$ 이므로

혼합물의 밀도 $\rho = \dfrac{m_1+m_2}{V_1+V_2} = \dfrac{m_1+\rho_2 V_2}{V_1+V_2}$

$= \dfrac{2+(1\times 0.4)}{0.1+0.4}$

$= 4.8 kg/m^3$

06 다음 중 경로함수(path function)는?

① 엔탈피 ② 엔트로피
③ 내부에너지 ④ 일

열과 일은 경로함수이다.
경로함수 : 상태가 변화할 때 그 변화량이 변화경로에 따라 달라지는 양(일, 열)
점함수(상태함수) : 상태가 변화할 때 그 변화량이 변화경로에 관계없이 변화 후의 상태(점)에만 의존하는 양(온도, 압력, 체적, 엔탈피, 엔트로피, 내부에너지)

07 이상적인 가역과정에서 열량 ΔQ가 전달될 때, 온도 T가 일정하면 엔트로피 변화 ΔS를 구하는 계산식으로 옳은 것은?

① $\Delta S = 1 - \dfrac{\Delta Q}{T}$

② $\Delta S = 1 - \dfrac{T}{\Delta Q}$

③ $\Delta S = \dfrac{\Delta Q}{T}$

④ $\Delta S = \dfrac{T}{\Delta Q}$

엔트로피변화 $\Delta S = \dfrac{\Delta Q}{T}$

08 처음의 압력이 500kPa이고, 체적이 $2m^3$인 기체가 "PV = 일정"인 과정으로 압력이 100 kPa까지 팽창할 때 밀폐계가 하는 일(kJ)을 나타내는 계산식으로 옳은 것은?

① $1000 \ln \dfrac{2}{5}$ ② $1000 \ln \dfrac{5}{2}$

③ $1000 \ln 5$ ④ $1000 \ln \dfrac{1}{5}$

PV = 일정이면 등온과정이다.
밀폐계의 일이므로 절대일이다.
등온과정의 경우 절대일과 공업일이 같다.

$W_a = P_1 V_1 \ln \dfrac{P_1}{P_2}$

$= 500 \times 2 \times \ln \dfrac{500}{100}$

$= 1000 \ln 5 kJ$

09 냉매로서 갖추어야 될 요구 조건으로 적합하지 않은 것은?

① 불활성이고 안정하며 비가연성이어야 한다.
② 비체적이 커야 한다.
③ 증발 온도에서 높은 잠열을 가져야 한다.
④ 열전도율이 커야 한다.

② 비체적이 작아야 한다.
비체적이 작아야 냉동능력당 피스톤 배출량이 작아도 된다.

정답 05 ① 06 ④ 07 ③ 08 ③ 09 ②

10 밀폐계에서 기체의 압력이 100kPa으로 일정하게 유지되면서 체적이 $1m^3$에서 $2m^3$으로 증가되었을 때 옳은 설명은?

① 밀폐계의 에너지 변화는 없다.
② 외부로 행한 일은 100kJ이다.
③ 기체가 이상기체라면 온도가 일정하다.
④ 기체가 받은 열은 100kJ이다.

해설
① 체적의 변화가 있으므로 온도의 변화가 있고 내부에너지의 변화도 있다.
② $W = \int_1^2 PdV = P(V_2 - V_1)$
　 $= 100 \times (2-1) = 100$kJ
③ $\dfrac{T_2}{T_1} = \dfrac{V_2}{V_1}$에서
　 $T_2 = T_1 \dfrac{V_2}{V_1} = T_1 \dfrac{2}{1} = 2T_1$
④ $\delta Q = dU + \delta W$에서
　 외부로 행한 일 $\delta W = 100$kJ이므로
　 기체가 받은 열은 $(dU + 100)$kJ이 된다.

11 원형 실린더를 마찰 없는 피스톤이 덮고 있다. 피스톤에 비선형 스프링이 연결되고 실린더 내의 기체가 팽창하면서 스프링이 압축된다. 스프링의 압축 길이가 Xm일 때 피스톤에는 $kX^{1.5}$N의 힘이 걸린다. 스프링의 압축 길이가 0m에서 0.1m로 변하는 동안에 피스톤이 하는 일이 W_a이고, 0.1m에서 0.2m로 변하는 동안에 하는 일이 W_b라면 W_a/W_b는 얼마인가?

① 0.083　　② 0.158
③ 0.214　　④ 0.333

해설 피스톤의 일
$W_a = \int_0^{0.1} kX^{1.5}dX = \left[\dfrac{1}{1.5+1}kX^{1.5+1}\right]_0^{0.1}$
$= \dfrac{1}{2.5}k \times 0.1^{2.5} = 0.00126k$

$W_b = \int_{0.1}^{0.2} kX^{1.5}dX = \left[\dfrac{1}{1.5+1}kX^{1.5+1}\right]_{0.1}^{0.2}$
$= \dfrac{1}{2.5}k[0.2^{2.5} - 0.1^{2.5}] = 0.00589k$

$\therefore \dfrac{W_a}{W_b} = \dfrac{0.00126k}{0.00589k} = 0.214$

12 랭킨 사이클의 각 점에서의 엔탈피가 아래와 같을 때 사이클의 이론 열효율(%)은?

> 보일러 입구 : 58.6kJ/kg
> 보일러 출구 : 810.3kJ/kg
> 응축기 입구 : 614.2kJ/kg
> 응축기 출구 : 57.4kJ/kg

① 32　　② 30
③ 28　　④ 26

해설 랭킨사이클(증기동력 사이클)

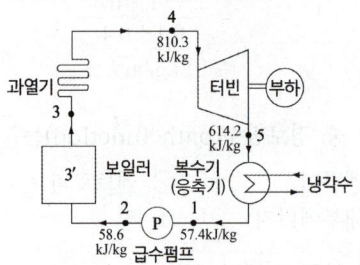

$\eta = \dfrac{\text{터빈의 행한 일}}{\text{가열된 열량}} = \dfrac{(h_4 - h_5) - (h_2 - h_1)}{(h_4 - h_2)}$
$= \dfrac{(810.3 - 614.2) - (58.6 - 57.4)}{(810.3 - 58.6)}$
$= 0.259 ≒ 26\%$

13 고온 열원의 온도가 700℃이고, 저온 열원의 온도가 50℃인 카르노 열기관의 열효율(%)은?

① 33.4　　② 50.1
③ 66.8　　④ 78.9

해설
$\eta_c = \dfrac{T_H - T_L}{T_H} = \dfrac{(700+273) - (50+273)}{(700+273)} \times 100$
$= 66.8\%$

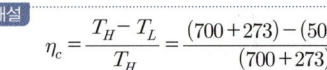

14 자동차 엔진을 수리한 후 실린더 블록과 헤드 사이에 수리 전과 비교하여 더 두꺼운 개스킷을 넣었다면 압축비와 열효율은 어떻게 되겠는가?

① 압축비는 감소하고, 열효율도 감소한다.
② 압축비는 감소하고, 열효율은 증가한다.
③ 압축비는 증가하고, 열효율은 감소한다.
④ 압축비는 증가하고, 열효율도 증가한다.

해설 실린더블록과 헤드 사이에 더 두꺼운 가스켓이 끼워졌다면 극간체적이 커지므로 압축비가 감소한다. 따라서 열효율도 감소한다.

15 엔트로피(s) 변화 등과 같은 직접 측정할 수 없는 양들을 압력(P), 비체적(v), 온도(T)와 같은 측정 가능한 상태량으로 나타내는 Maxwell 관계식과 관련하여 다음 중 틀린 것은?

① $\left(\dfrac{\partial T}{\partial P}\right)_S = \left(\dfrac{\partial v}{\partial s}\right)_P$

② $\left(\dfrac{\partial T}{\partial v}\right)_S = -\left(\dfrac{\partial P}{\partial s}\right)_v$

③ $\left(\dfrac{\partial v}{\partial T}\right)_P = -\left(\dfrac{\partial s}{\partial P}\right)_T$

④ $\left(\dfrac{\partial P}{\partial v}\right)_T = \left(\dfrac{\partial s}{\partial T}\right)_v$

해설 단순 압축성 물질에 대한 Maxwell 관계식
$dh = Tds + vdP$ 로부터 $\left(\dfrac{\partial T}{\partial P}\right)_S = \left(\dfrac{\partial v}{\partial s}\right)_P$

$du = Tds - Pdv$ 로부터 $\left(\dfrac{\partial T}{\partial v}\right)_S = -\left(\dfrac{\partial P}{\partial s}\right)_v$

$dg = -sdT + vdP$ 로부터 $\left(\dfrac{\partial v}{\partial T}\right)_P = -\left(\dfrac{\partial s}{\partial P}\right)_T$

g : 깁스 (자유)에너지 OR 깁스 함수

$da = -sdT - Pdv$ 로부터 $\left(\dfrac{\partial s}{\partial v}\right)_T = \left(\dfrac{\partial P}{\partial T}\right)_v$

a : 헬름홀츠 (자유)에너지 OR 헬름홀츠 함수

④는 $\left(\dfrac{\partial s}{\partial v}\right)_T = \left(\dfrac{\partial P}{\partial T}\right)_v$ 이어야 한다.

16 비가역 단열변화에 있어서 엔트로피 변화량은 어떻게 되는가?

① 증가한다.
② 감소한다.
③ 변화량은 없다.
④ 증가할 수도 감소할 수도 있다.

해설 비가역 단열변화이면 손실을 수반하는 단열변화이므로 엔트로피는 증가한다. 실제 자연계에서 일어나는 상태변화는 비가역 변화이므로 엔트로피는 항상 증가한다. 이것을 엔트로피 증가의 원리라고 한다.

17 성능계수가 3.2인 냉동기가 시간당 20MJ의 열을 흡수한다면 이 냉동기의 소비동력(kW)은?

① 2.25   ② 1.74
③ 2.85   ④ 1.45

해설 $COP = \dfrac{Q}{W}$ 에서

소비동력 $W = \dfrac{Q}{COP} = \dfrac{20 \times 10^3}{3.2 \times 3,600} = 1.74\,kW$

18 랭킨 사이클에서 25℃, 0.01MPa 압력의 물 1kg을 5MPa 압력의 보일러로 공급한다. 이때 펌프가 가역단열과정으로 작용한다고 가정할 경우 펌프가 한 일(kJ)은? (단, 물의 비체적은 0.001m³/kg이다.)

① 2.58   ② 4.99
③ 20.12 ④ 40.24

해설 펌프일은 공업일이다.

$w_P = -\displaystyle\int_1^2 vdP = v(P_1 - P_2)$
$= 0.001 \times (0.01 - 5) \times 10^3$
$= -4.99\,kJ/kg$ (− : 압축일)

여기서, MPa을 kPa로 변환해줘야 단위가 $kN \cdot m = kJ$이 되기 때문에 10^3을 곱했음

14 ①　15 ④　16 ①　17 ②　18 ②　**정답**

19 어떤 가스의 비내부에너지 u(kJ/kg), 온도 t(℃), 압력 P(kPa), 비체적 v(m³/kg) 사이에는 아래의 관계식이 성립한다면, 이 가스의 정압비열((kJ/kg·℃)은 얼마인가?

$$u = 0.28t + 532$$
$$Pv = 0.560(t + 380)$$

① 0.84 ② 0.68
③ 0.50 ④ 0.28

해설 엔탈피(h)

$$h = u + Pv$$
$$= 0.28t + 532 + 0.560(t + 380)$$

정압비열(C_p)

$dh = C_p dT$ 에서

$$C_p = \frac{dh}{dT}$$
$$= \frac{d(0.28t + 532 + 0.560(t + 380))}{dT}$$
$$= 0.28 + 0.560 = 0.84 \text{ kJ/kg} \cdot ℃$$

20 최고온도 1300K와 최저온도 300K 사이에서 작동하는 공기표준 Brayton 사이클의 열효율(%)은? (단, 압력비는 9, 공기의 비열비는 1.4이다.)

① 30.4 ② 36.5
③ 42.1 ④ 46.6

해설 2개의 단열, 2개의 정압과정으로 이루어진 가스터빈 이상사이클이 브레이턴사이클이다.

$$\eta_B = \frac{유효일량}{공급열량} = 1 - \left(\frac{1}{\varphi}\right)^{\frac{k-1}{k}}$$
$$= 1 - \left(\frac{1}{9}\right)^{\frac{1.4-1}{1.4}} = 0.466 \quad \therefore \ 46.6\%$$

제2과목 냉동공학

21 축열장치의 종류로 가장 거리가 먼 것은?

① 수축열 방식
② 빙축열 방식
③ 잠열축열 방식
④ 공기축열 방식

해설
수축열 방식 : 현열축열
빙축열 방식 : 잠열축열
구조체 축열 방식 : 현열축열
토양 축열 방식 : 현열축열

22 이원 냉동 사이클에 대한 설명으로 옳은 것은?

① −100℃ 정도의 저온을 얻고자 할 때 사용되며, 보통 저온측에는 임계점이 높은 냉매를, 고온측에는 임계점이 낮은 냉매를 사용한다.
② 저온부 냉동사이클의 응축기 방열량을 고온부 냉동사이클의 증발기가 흡열하도록 되어있다.
③ 일반적으로 저온측에 사용하는 냉매는 R−12, R−22, 프로판이 적절하다.
④ 일반적으로 고온측에 사용하는 냉매는 R−13, R−14가 적절하다.

해설
저온측 : 임계점이 낮은 냉매 R−13, R−14
고온측 : 임계점이 높은 냉매 R−12, R−22

정답 19 ① 20 ④ 21 ④ 22 ②

23 중간냉각이 완전한 2단압축 1단팽창 사이클로 운전되는 R134a 냉동기가 있다. 냉동능력은 10kW이며, 사이클의 중간압, 저압부의 압력은 각각 350kPa, 120kPa이다. 전체 냉매순환량을 $\dot{m}$, 증발기에서 증발하는 냉매의 양을 $\dot{m}_e$라 할 때, 중간냉각시키기 위해 바이패스 되는 냉매의 양 $\dot{m}-\dot{m}_e$(kg/h)은 얼마인가? (단, 제1압축기의 입구 과열도는 0이며, 각 엔탈피는 아래 표를 참고한다.)

압력 (kPa)	포화액체 엔탈피 (kJ/kg)	포화증기 엔탈피 (kJ/kg)
120	160.42	379.11
350	195.12	395.04

지점별 엔탈피(kJ/kg)	
h2	227.23
h4	401.08
h7	482.41
h8	234.29

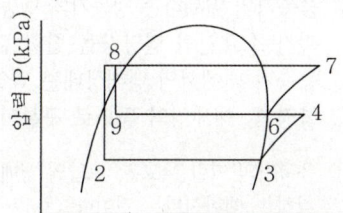

① 5.8　　② 11.1
③ 15.7　　④ 19.3

해설
저단측 냉매순환량 $\dot{m}_e = \dfrac{Q_e}{h_3 - h_2}$

$\dot{m}_e = \dfrac{10 \times 3600}{379.11 - 227.23} = 237.03\,\text{kg/h}$

고단측(전체) 냉매순환량($\dot{m}$)

$\dot{m} = \dot{m}_e \times \dfrac{h_4 - h_2}{h_6 - h_8}$

$= 237.03 \times \dfrac{401.08 - 227.23}{395.04 - 234.29} = 256.35\,\text{kg/h}$

중간 냉각기의 바이패스 냉매순환량
$\dot{m} - \dot{m}_e = 256.35 - 237.03 = 19.32\,\text{kg/h}$

24 냉동장치에서 증발온도를 일정하게 하고 응축온도를 높일 때 나타나는 현상으로 옳은 것은?
① 성적계수 증가
② 압축일량 감소
③ 토출가스온도 감소
④ 체적효율 감소

해설
① 성적계수 감소
② 압축일량 증가
③ 토출가스온도 상승
④ 체적효율 감소

25 다음 중 대기 중의 오존층을 가장 많이 파괴시키는 물질은?
① 질소　　② 수소
③ 염소　　④ 산소

해설
CFC 냉매는 염소(Cl)를 함유하고 있으며 "자외선"에 의해 염소가 분해되고 분해된 염소가 오존과 반응하여 오존층을 파괴시킨다.

26 진공압력이 60mmHg일 경우 절대압력(kPa)은? (단, 대기압은 101.3kPa이고 수은의 비중은 13.6이다.)
① 53.8　　② 93.2
③ 106.6　　④ 196.4

해설
절대압력 = 대기압력 − 진공압력
$= 101.3 - \left(\dfrac{60}{760} \times 101.3\right)$
$= 93.3\,\text{kPa}$

23 ④　24 ④　25 ③　26 ②　**정답**

27 물(H_2O)-리튬브로마이드(LiBr) 흡수식 냉동기에 대한 설명으로 틀린 것은?

① 특수 처리한 순수한 물을 냉매로 사용한다.
② 4~15℃ 정도의 냉수를 얻는 기기로 일반적으로 냉수온도는 출구온도 7℃ 정도를 얻도록 설계한다.
③ LiBr 수용액은 성질이 소금물과 유사하여, 농도가 진하고 온도가 낮을수록 냉매증기를 잘 흡수한다.
④ LiBr의 농도가 진할수록 점도가 높아져 열전도율이 높아진다.

해설 ④ LiBr 수용액은 농도가 진할수록 점도가 높아져 열전도율이 낮아진다.

28 응축압력 및 증발압력이 일정할 때 압축기의 흡입증기 과열도가 크게 된 경우 나타나는 현상으로 옳은 것은?

① 냉매순환량이 증대한다.
② 증발기의 냉동능력은 증대한다.
③ 압축기의 토출가스 온도가 상승한다.
④ 압축기의 체적효율은 변하지 않는다.

해설 ③ 흡입증기의 과열도가 커지면 토출가스의 온도가 상승한다.

29 실린더 지름 200mm, 행정 200mm, 회전수 400rpm, 기통수 3기통인 냉동기의 냉동능력이 5.72RT이다. 이때 냉동효과(kJ/kg)는? (단, 체적효율은 0.75, 압축기 흡입 시의 비체적은 0.5m^3/kg이고, 1RT는 3.8kW이다.)

① 115.3　　② 110.8
③ 89.4　　④ 68.8

해설
• 피스톤 토출량
$$V = \frac{\pi}{4}D^2 \cdot L \cdot n \cdot Z$$
$$= \frac{\pi}{4} \times 0.2^2 \times 0.2 \times 400 \times 3 \div 60$$
$$= 0.12566 m^3/s$$

• 실제냉매순환량
$$G = \frac{V}{v} \times \eta_v$$
$$= \frac{0.12566}{0.5} \times 0.75 = 0.18849 kg/s$$

• 냉동효과
$$q_e = \frac{Q_e}{G} = \frac{5.72 \times 3.8}{0.18849} = 115.3 kJ/kg$$

30 응축기에 관한 설명으로 틀린 것은?

① 응축기의 역할은 저온, 저압의 냉매증기를 냉각하여 액화시키는 것이다.
② 응축기의 용량은 응축기에서 방출하는 열량에 의해 결정된다.
③ 응축기의 열부하는 냉동기의 냉동능력과 압축기 소요일의 열당량을 합한 값과 같다.
④ 응축기 내에서의 냉매상태는 과열영역, 포화영역, 액체영역 등으로 구분할 수 있다.

해설 ① 응축기의 역할은 고온, 고압의 냉매 증기를 냉각하여 액화시키는 것이다.

정답　27 ④　28 ③　29 ①　30 ①

31 다음 그림과 같이 수냉식과 공랭식 응축기의 작용을 혼합한 형태의 응축기는?

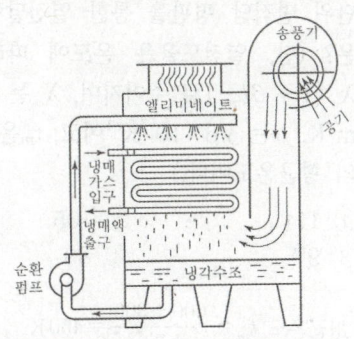

① 증발식 응축기 ② 셸코일 응축기
③ 공랭식 응축기 ④ 7통로식 응축기

해설
증발식 응축기(evaporative condenser)
① 구조

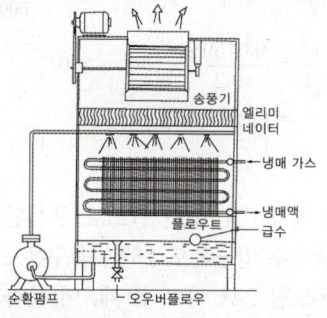

[증발식 응축기]

② 특징
  ㉠ 물의 증발작용을 이용하여 냉각하므로 냉각수량이 가장 적게 든다.
  ㉡ 전열효과는 공냉식보다 양호하지만 수냉식보다는 떨어진다.
  ㉢ 외기의 습구온도가 낮을수록 냉각효과가 크다.
  ㉣ 겨울철에는 공냉식으로 사용할 수 있어 연간 운전성이 좋다.
  ㉤ 송풍기, 수조, 순환펌프를 내장하는 형태이므로 크기가 크다.
  ㉥ 암모니아, 프레온 냉동장치에 사용된다.
  ㉦ 냉매배관이 길어 압력손실(압력강하)이 크다.

32 2중 효용 흡수식 냉동기에 대한 설명으로 틀린 것은?
  ① 단중 효용 흡수식 냉동기에 비해 증기 소비량이 적다.
  ② 2개의 재생기를 갖고 있다.
  ③ 2개의 증발기를 갖고 있다.
  ④ 증기 대신 가스연소를 사용하기도 한다.

해설 ③ 2중 효용 흡수식 냉동기는 재생기가 2개이고, 열교환기가 2개이며, 증발기와 응축기는 각각 1개이다.

33 어떤 냉동사이클에서 냉동효과를 $\gamma(kJ/kg)$, 흡입건조 포화증기의 비체적을 $v(m^3/kg)$로 표시하면 NH_3와 R-22에 대한 값은 다음과 같다. 사용 압축기의 피스톤 압출량은 NH_3와 R-22의 경우 동일하며, 체적효율도 75%로 동일하다. 이 경우 NH_3와 R-22압축기의 냉동능력을 각각 R_N, R_F(RT)로 표시한다면 R_N/R_F는?

	NH_3	R-22
$\gamma(kJ/kg)$	1126.37	168.90
$v(m^3/kg)$	0.509	0.077

① 0.6 ② 0.7
③ 1.0 ④ 1.5

해설
$$R_N = G_N \gamma_N = \left(\frac{V}{v_N} \cdot \eta_v\right)\gamma_N = \left(\frac{\gamma_N}{v_N}\right)V\eta_v$$
$$R_F = G_F \gamma_F = \left(\frac{V}{v_F} \cdot \eta_v\right)\gamma_F = \left(\frac{\gamma_F}{v_F}\right)V\eta_v$$
$$\frac{R_N}{R_F} = \frac{\gamma_N/v_N}{\gamma_F/v_F} = \frac{\gamma_N v_F}{\gamma_F v_N}$$
$$= \frac{1126.37 \times 0.077}{168.90 \times 0.509} = 1.009$$

정답 31 ① 32 ③ 33 ③

34 냉각수 입구온도 25℃, 냉각수량 900kg/min인 응축기의 냉각 면적이 80m², 그 열통과율이 1.6kW/m²·K이고, 응축온도와 냉각 수온의 평균 온도차가 6.5℃이면 냉각수 출구온도(℃)는? (단, 냉각수의 비열은 4.2kJ/kg·K이다.)

① 28.4　　② 32.6
③ 29.6　　④ 38.2

해설
$Q = GC(t_2 - t_1) = KA \triangle t_m$

$t_2 = t_1 + \dfrac{KA \triangle t_m}{GC}$

$= 25 + \dfrac{1.6 \times 80 \times 6.5}{(900 \div 60) \times 4.2} = 38.2℃$

35 다음 중 흡수식 냉동기의 구성 요소가 아닌 것은?

① 증발기　　② 응축기
③ 재생기　　④ 압축기

해설
흡수식 냉동기는 증발기, 흡수기, 재생기, 응축기로 구성되므로 압축기는 구성요소가 아니다.

36 흡수식 냉동기에서 냉동시스템을 구성하는 기기들 중 냉각수가 필요한 기기의 구성으로 옳은 것은?

① 재생기와 증발기　　② 흡수기와 응축기
③ 재생기와 응축기　　④ 증발기와 흡수기

해설
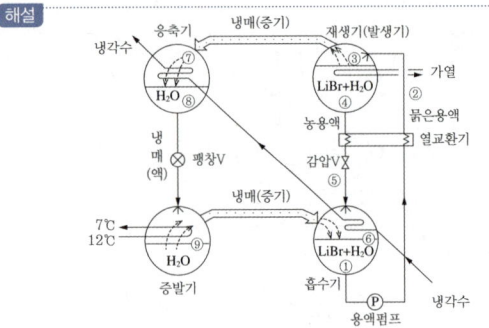
[1중효용 흡수식냉동기(H₂O + LiBr)]

냉각수가 필요한 기기는 흡수기와 응축기이다.

37 두께가 200mm인 두꺼운 평판의 한 면(T_0)은 600K, 다른 면(T_1)은 300K로 유지될 때 단위 면적당 평판을 통한 열전달량(W/m²)은? (단, 열전도율은 온도에 따라 $\lambda(T) = \lambda_o(1 + \beta t_m)$로 주어지며, λ_o는 0.029W/m·K, β는 $3.6 \times 10^{-3}K^{-1}$이고, t_m은 양 면 간의 평균온도이다.)

① 114　　② 105
③ 97　　④ 83

해설
평균온도 $t_m = \dfrac{600 + 300}{2} = 450K$

$\lambda(T) = \lambda_o(1 + \beta t_m)$
$= 0.029 \times (1 + 3.6 \times 10^{-3} \times 450)$
$= 0.07598 W/m \cdot K$

$Q = \dfrac{\lambda}{\ell} A(T_0 - T_1)$

$\dfrac{Q}{A} = \dfrac{0.07598}{0.2} \times (600 - 300)$

$= 113.97 W/m^2$

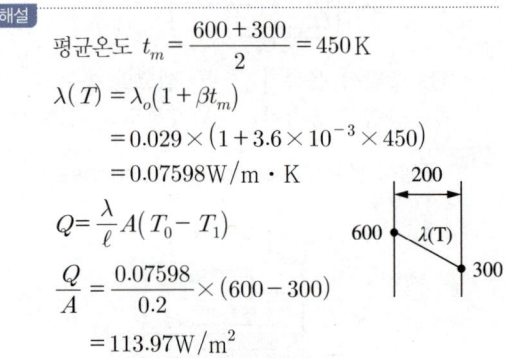

38 두께가 0.1cm인 관으로 구성된 응축기에서 냉각수 입구온도 15℃, 출구온도 21℃, 응축온도를 24℃라고 할 때, 이 응축기의 냉매와 냉각수의 대수평균온도차(℃)는?

① 9.5　　② 6.5
③ 5.5　　④ 3.5

해설
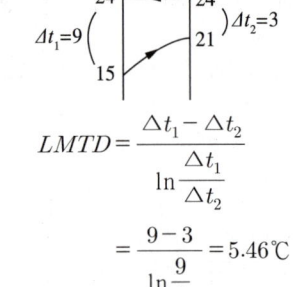

$LMTD = \dfrac{\triangle t_1 - \triangle t_2}{\ln \dfrac{\triangle t_1}{\triangle t_2}}$

$= \dfrac{9 - 3}{\ln \dfrac{9}{3}} = 5.46℃$

정답　34 ④　35 ④　36 ②　37 ①　38 ③

39 열의 종류에 대한 설명으로 옳은 것은?
① 고체에서 기체가 될 때에 필요한 열을 증발열이라 한다.
② 온도의 변화를 일으켜 온도계에 나타나는 열을 잠열이라 한다.
③ 기체에서 액체로 될 때 제거해야 하는 열은 응축열 또는 감열이라 한다.
④ 고체에서 액체로 될 때 필요한 열은 융해열이며 이를 잠열이라 한다.

해설
① 고체에서 기체로 곧바로 증발할 때 필요한 열은 승화열이라 한다.
② 온도의 변화를 일으켜 온도계에 나타나는 열은 현열(또는 감열)이라 한다.
③ 기체에서 액체로 될 때 제거해야 하는 열은 응축이며 잠열이라 한다.

40 증기압축식 냉동장치 내에 순환하는 냉매의 부족으로 인해 나타나는 현상이 아닌 것은?
① 증발압력 감소
② 토출온도 증가
③ 과냉도 감소
④ 과열도 증가

해설
③ 순환 냉매량이 부족하기 때문에 응축기에서 냉매가 더 과냉각된다. 즉 과냉각도가 증가한다.

제3과목 공기조화

41 장방형 덕트(장변 a, 단변 b)를 원형 덕트로 바꿀 때 사용하는 계산식은 아래와 같다. 이 식으로 환산된 장방형 덕트와 원형 덕트의 관계는?

$$D_e = 1.3 \left[\frac{(a \times b)^5}{(a+b)^2} \right]^{1/8}$$

① 두 덕트의 풍량과 단위 길이당 마찰손실이 같다.
② 두 덕트의 풍량과 풍속이 같다.
③ 두 덕트의 풍속과 단위 길이당 마찰손실이 같다.
④ 두 덕트의 풍량과 풍속 및 단위 길이당 마찰손실이 모두 같다.

해설
- 장방형 덕트의 원형 덕트 환산식은 두 덕트의 풍량과 단위 길이당 마찰손실이 같을 때의 관계식이다.
- 4각형 덕트 이외 덕트의 원형 덕트 환산식
$$D_e = \frac{4A}{P}$$
D_e : 덕트의 상당지름
A : 덕트의 단면적
P : 덕트의 둘레길이

42 공조기의 풍량이 45000kg/h, 코일통과 풍속을 2.4m/s로 할 때 냉수코일의 전면적(m²)은? (단, 공기의 밀도는 1.2kg/m³이다.)
① 3.2
② 4.3
③ 5.2
④ 10.4

해설
풍량 $Q = A \cdot V$에서
전면적 $A = \dfrac{Q}{V} = \dfrac{G}{\rho \cdot V}$
$= \dfrac{45,000}{1.2 \times 2.4 \times 3,600} = 4.34 \text{m}^2$

정답 39 ④ 40 ③ 41 ① 42 ②

43 다음 중 직접 난방방식이 아닌 것은?
① 온풍 난방　② 고온수 난방
③ 저압증기 난방　④ 복사 난방

해설 온풍난방은 온풍기에서 가열된 공기를 실내에 공급하여 난방한다. 증기나 온수 등의 열매체가 실내에 들어오지 않기 때문에 간접난방 방식으로 분류한다.

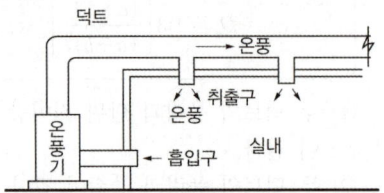

44 9m×6m×3m의 강의실에 10명의 학생이 있다. 1인당 CO_2 토출량이 15L/h이면, 실내 CO_2량을 0.1%로 유지시키는 데 필요한 환기량(m^3/h)은? (단, 외기의 CO_2량은 0.04%로 한다.)
① 80　② 120
③ 180　④ 250

해설 환기량 = $\dfrac{CO_2 \text{발생량}}{\text{실내외 농도차}}$
= $\dfrac{(15 \times 10) \times 10^{-3}}{0.001 - 0.0004}$ = 250m^3/h

45 덕트 내의 풍속이 8m/s이고 정압이 200Pa 일 때, 전압(Pa)은 얼마인가? (단, 공기밀도는 1.2kg/m^3이다.)
① 197.3Pa　② 218.4Pa
③ 238.4Pa　④ 255.3Pa

해설 전압 = 정압+동압
$P_T = P_S + \dfrac{1}{2}\rho v^2$
= $200 + \dfrac{1}{2} \times 1.2 \times 8^2$
= 238.4Pa

46 냉각탑에 관한 설명으로 틀린 것은?
① 어프로치는 냉각탑 출구수온과 입구공기 건구온도 차
② 레인지는 냉각수의 입구와 출구의 온도차
③ 어프로치를 작게 할수록 설비비 증가
④ 어프로치는 일반 공조용에서 5℃ 정도로 설정

해설 쿨링어프로치는 냉각탑의 냉각수 출구온도와 외기(냉각탑 입구공기)의 습구온도와의 차이이다.

47 동일한 송풍기에서 회전수를 2배로 했을 경우 풍량, 정압, 소요동력의 변화에 대한 설명으로 옳은 것은?
㉮ 풍량 1배, 정압 2배, 소요동력 2배
㉯ 풍량 1배, 정압 2배, 소요동력 4배
㉰ 풍량 2배, 정압 4배, 소요동력 4배
㉱ 풍량 2배, 정압 4배, 소요동력 8배

해설 동일한 송풍기이므로 $D_1 = D_2$
$\dfrac{Q_2}{Q_1} = \left(\dfrac{N_2}{N_1}\right)^1 \left(\dfrac{D_2}{D_1}\right)^3$　$\dfrac{P_2}{P_1} = \left(\dfrac{N_2}{N_1}\right)^2 \left(\dfrac{D_2}{D_1}\right)^2$
$\dfrac{L_2}{L_1} = \left(\dfrac{N_2}{N_1}\right)^3 \left(\dfrac{D_2}{D_1}\right)^5$

48 겨울철 창면을 따라 발생하는 콜드 드래프트(cold draft)의 원인으로 틀린 것은?
① 인체 주위의 기류속도가 클 때
② 주위공기의 습도가 높을 때
③ 주위 벽면의 온도가 낮을 때
④ 창문의 틈새를 통한 극간풍이 많을 때

해설 콜드 드래프트의 발생 원인
① 인체 주위의 공기온도가 너무 낮을 때
② 인체 주위의 공기습도가 너무 낮을 때
③ 인체 주위의 기류속도가 너무 클 때
④ 주위 벽면의 온도가 낮을 때
⑤ 겨울철 창문의 틈새를 통한 극간풍량이 많을 때

정답 43 ①　44 ④　45 ③　46 ①　47 ④　48 ②

49 건구온도(t1) 5℃, 상대습도 80%인 습공기를 공기 가열기를 사용하여 건구온도(t2) 43℃가 되는 가열공기 950m³/h을 얻으려고 한다. 이 때 가열에 필요한 열량(kW)은?

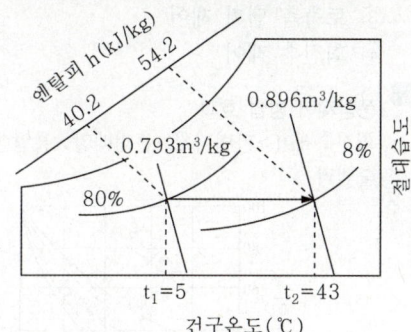

① 2.14　　② 4.65
③ 8.97　　④ 11.02

해설　가열량

$$q = \rho Q(h_2 - h_1) = \frac{1}{v} Q(h_2 - h_1)$$

$$= \frac{1}{0.793} \times \frac{950}{3,600} \times (54.2 - 40.2)$$

$$= 4.66 \text{kW}$$

50 증기난방 방식에서 환수주관을 보일러 수면보다 높은 위치에 배관하는 환수배관방식은?

① 습식 환수방법
② 강제 환수방식
③ 건식 환수방식
④ 중력 환수방식

해설　건식 환수방식 : 환수주관이 보일러 수면보다 높은 경우
습식 환수방식 : 환수주관이 보일러 수면보다 낮은 경우
강제 환수방식 : 응축수 펌프를 이용하여 강제적으로 환수하는 방식
중력 환수방식 : 응축수를 중력에 의해 자연 환수하는 방식

51 난방용 보일러의 요구조건이 아닌 것은?

① 일상취급 및 보수관리가 용이할 것
② 건물로의 반출입이 용이할 것
③ 높이 및 설치면적이 작을 것
④ 전열효율이 낮을 것

해설　④ 전열효율이 높을 것

52 일사를 받는 외벽으로부터의 침입열량(q)을 구하는 계산식으로 옳은 것은? (단, K는 열관류율, A는 면적, △t는 상당외기 온도차이다.)

① $q = K \times A \times \triangle t$
② $q = 0.86 \times A / \triangle t$
③ $q = 0.24 \times A \times \triangle t / K$
④ $q = 0.29 \times K / (A \times \triangle t)$

해설　$q = K \cdot A \cdot \triangle t$　　$\triangle t$: 상당외기 온도차

53 팬코일 유닛방식에 대한 설명으로 틀린 것은?

① 일반적으로 사무실, 호텔, 병원 및 점포 등에 사용한다.
② 배관방식에 따라 2관식, 4관식으로 분류한다.
③ 중앙기계실에서 냉수 또는 온수를 공급하여 각 실에 설치한 팬코일 유닛에 의해 공조하는 방식이다.
④ 팬코일 유닛방식에서의 열부하 분담은 내부 존 팬코일 유닛방식과 외부 존 터미널 방식이 있다.

해설　④ 덕트 병용 팬코일 유닛방식에서 팬코일 유닛은 외부존 부하를 감당하고, 덕트를 통한 공기방식으로는 내부존 부하를 감당한다.

정답　49 ②　50 ③　51 ④　52 ①　53 ④

54 덕트의 굴곡부 등에서 덕트 내에 흐르는 기류를 안정시키기 위한 목적으로 사용하는 기구는?

① 스플릿 댐퍼
② 가이드 베인
③ 릴리프 댐퍼
④ 버터플라이 댐퍼

해설 가이드 베인은 덕트의 굴곡부에서 소용돌이가 생기지 않고 기류가 안정되도록 굴곡부 내부에 설치한다.

55 공기조화기에 관한 설명으로 옳은 것은?

① 유닛 히터는 가열코일과 팬, 케이싱으로 구성된다.
② 유인 유닛은 팬만을 내장하고 있다.
③ 공기 세정기를 사용하는 경우에는 엘리미네이터를 사용하지 않아도 좋다.
④ 팬코일 유닛은 팬과 코일, 냉동기로 구성된다.

해설
② 유인 유닛은 1차공기 노즐과 냉수코일 또는 온수코일을 내장하고 있다.
③ 공기세정기에는 물방울이 기류에 섞여 나가지 못하도록 엘리미네이터를 내장한다.
④ 팬코일 유닛은 팬과 냉·온수 코일로 구성된다.

56 공기조화설비 중 수분이 공기에 포함되어 실내로 급기되는 것을 방지하기 위해 설치하는 것은?

① 에어와셔
② 에어필터
③ 엘리미네이터
④ 벤틸레이터

해설 엘리미네이터는 수분이 공기에 섞여 실내로 급기되는 것을 방지하기 위해 공기세정기에 설치한다.

57 다음 원심송풍기의 풍량제어 방법 중 동일한 송풍량 기준 소요동력이 가장 적은 것은?

① 흡입구 베인 제어
② 스크롤 댐퍼 제어
③ 토출측 댐퍼 제어
④ 회전수 제어

해설 풍량제어 방법 효과
회전수제어 > 가변피치 > 흡입베인 > 흡입댐퍼 > 토출댐퍼

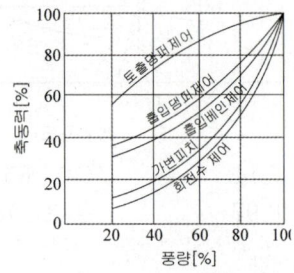

[송풍기 용량제어 특성]

58 공조기에서 냉·온풍을 혼합댐퍼에 의하여 일정한 비율로 혼합한 후 각 존 또는 각 실로 보내는 공조방식은?

① 단일덕트 재열 방식
② 멀티존 유닛 방식
③ 단일덕트 방식
④ 유인 유닛 방식

해설 멀티존 유니트 방식(Multi Zone Unit)
부하 특성이 다른 여러 개의 존을 공조할 때 한 대의 공조기에 가열코일과 냉각코일을 병렬로 설치하고 출구의 혼합댐퍼로 냉,온풍을 혼합하여 덕트를 통해 각실로 보내는 공조방식이며 2중덕트 방식으로 분류하는 경우도 있다. 비교적 작은 규모(바닥면적 $2000m^2$ 이하)의 공조면적을 여러 개의 작은 존으로 나누어 사용할 때 편리하다.

정답 54 ② 55 ① 56 ③ 57 ④ 58 ②

59 온풍난방에 관한 설명으로 틀린 것은?

① 송풍 동력이 크며, 설계가 나쁘면 실내로 소음이 전달되기 쉽다.
② 실온과 함께 실내습도, 실내기류를 제어할 수 있다.
③ 실내 층고가 높을 경우에는 상하의 온도차가 크다.
④ 예열부하가 크므로 예열시간이 길다.

해설 ④ 온풍난방은 예열부하가 작기 때문에 예열시간이 짧다.

60 온수난방에 대한 설명으로 틀린 것은?

① 증기난방에 비하여 연료소비량이 적다.
② 난방부하에 따라 온도 조절을 용이하게 할 수 있다.
③ 축열 용량이 크므로 운전을 정지해도 금방 식지 않는다.
④ 예열시간이 짧아 예열부하가 작다.

해설 ④ 온수난방은 열용량이 크므로 예열부하가 크다.
온수난방
- 장점
  ㉠ 온수의 온도와 온수량의 조절이 용이하며 실내온도 조절이 쉽다.
  ㉡ 방열기 표면 온도가 높지 않아 난방의 쾌적성이 높다.
  ㉢ 증기트랩과 같은 부속기기가 적어서 유지보수가 용이하다.
  ㉣ 온수는 서서히 식기 때문에(장치내 보유수량이 많아 열용량이 크기 때문에) 보일러 고장시에도 실내온도가 급격히 떨어지지 않는다.
- 단점
  ㉠ 열매체(온수)의 온도가 증기에 비해 낮아 배관 및 난방기기의 용량이 커지고, 온수순환펌프, 팽창탱크 등이 필요하므로 설비비가 높다.

㉡ 증기난방에 비해 장치내 보유수량이 많아 열용량이 크므로 예열시간이 길어 난방온도에 도달하는 시간이 많이 걸린다.

제4과목 전기제어공학

61 다음 회로에서 E=100V, R=4Ω, X_L=5Ω, X_C=2Ω 일 때 이 회로에 흐르는 전류(A)는?

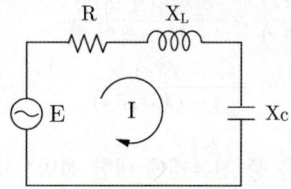

① 10 ② 15
③ 20 ④ 25

해설 임피던스(저항) $Z = \sqrt{R^2 + (X_L - X_C)^2}$
$Z = \sqrt{4^2 + (5-2)^2} = 5Ω$
전류 $I = \dfrac{V}{Z} = \dfrac{100}{5} = 20A$

62 전압을 V, 전류를 I, 저항을 R, 그리고 도체의 비저항을 ρ 라 할 때 옴의 법칙을 나타낸 식은?

① $V = \dfrac{R}{I}$ ② $V = \dfrac{I}{R}$
③ $V = IR$ ④ $V = IR\rho$

해설 옴의 법칙 : 전류는 전압에 비례하고 저항에 반비례한다.
전류 $I = \dfrac{V}{R}$
전압 $V = IR$
저항 $R = \dfrac{V}{I}$

정답 59 ④ 60 ④ 61 ③ 62 ③

63 다음 블록선도의 전달함수 $\dfrac{C(s)}{R(s)}$ 는?

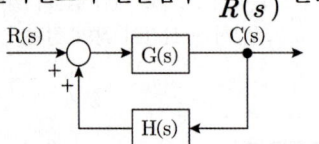

① $\dfrac{G(s)}{1-G(s)H(s)}$ ② $\dfrac{G(s)}{1+G(s)H(s)}$

③ $\dfrac{H(s)}{1-G(s)H(s)}$ ④ $\dfrac{H(s)}{1+G(s)H(s)}$

[해설]
$\dfrac{C(s)}{R(s)} = \dfrac{전향경로의\ 합}{1-피드백의\ 합}$
$= \dfrac{G(s)}{1-G(s)H(s)}$

64 다음 중 전류계에 대한 설명으로 틀린 것은?

① 전류계의 내부저항이 전압계의 내부저항보다 작다.
② 전류계를 회로에 병렬 접속하면 계기가 손상될 수 있다.
③ 직류용 계기에는 (+), (−)의 단자가 구별되어 있다.
④ 전류계의 측정 범위를 확장하기 위해 직렬로 접속한 저항을 분류기라고 한다.

[해설] ④ 전류계의 측정 범위를 확장하기 위해 **병렬**로 접속한 저항을 분류기라 한다.

65 다음의 신호흐름선도에서 전달함수 $\dfrac{C(s)}{R(s)}$ 는?

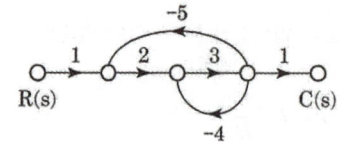

① $-\dfrac{6}{41}$ ② $\dfrac{6}{41}$

③ $-\dfrac{6}{43}$ ④ $\dfrac{6}{43}$

[해설]
$\dfrac{C(s)}{R(s)} = \dfrac{전향경로의\ 합}{1-피드백의\ 합}$
$= \dfrac{1\times 2\times 3\times 1}{1-(-3\times 4)-(-2\times 3\times 5)}$
$= \dfrac{6}{1+12+30} = \dfrac{6}{43}$

66 전기기기 및 전로의 누전 여부를 알아보기 위해 사용되는 계측기는?

① 메거 ② 전압계
③ 전류계 ④ 검전기

[해설] 메거(절연저항계)로 전기기기 및 전로의 절연저항을 측정하여 그 측정회로에 흐르는 누설전류값을 알 수 있다.

67 전동기를 전원에 접속한 상태에서 중력부하를 하강시킬 때 속도가 빨라지는 경우 전동기의 유기기전력이 전원전압보다 높아져서 발전기로 동작하고 발생전력을 전원으로 되돌려 줌과 동시에 속도를 감속하는 제동법은?

① 회생제동 ② 역전제동
③ 발전제동 ④ 유도제동

[해설]
① 회생제동(regenerative braking) : 전동기를 발전기로 작용하게 하여 운동에너지를 전기에너지(발전)로 바꾸어 이 전기에너지를 다시 전원측으로 되돌려 보내는 제동방법으로 전기기관차가 내리막길을 내려가는 경우 등에 이용된다.
② 역전제동(plugging braking) : 가동중인 전동기의 전기자 전원을 반대로 연결하여 회전방향과 반대의 토크를 발생시켜 신속하게 제동하는 방법으로 유도전동기에서는 역상제동이라고도 한다.
③ 발전제동(dynamic braking) : 가동중인 전동기를 발전기로 작용하게 하여 회전체의 운동에너지를 전기에너지(발전)로 변환시켜 발전된 전기에너지를 외부저항에서 열에너지로 방출하여 제동하는 방법

정답 63 ① 64 ④ 65 ④ 66 ① 67 ①

68 기계적 제어의 요소로서 변위를 공기압으로 변환하는 요소는?
① 벨로즈 ② 트랜지스터
③ 다이어프램 ④ 노즐 플래퍼

해설: 노즐플래퍼 : 플래퍼의 변위에 따라 노즐내에 공기압이 변한다.

69 어떤 코일에 흐르는 전류가 0.01초 사이에 20A에서 10A로 변할 때 20V의 기전력이 발생한다고 하면 자기 인덕턴스(mH)는?
① 10 ② 20
③ 30 ④ 50

해설: 유도기전력 $e = -L\dfrac{dI}{dt}$ 에서

자기인덕턴스 $L = -e\dfrac{dt}{dI}$

$= -20 \times \dfrac{0.01}{10-20} \times 10^3 = 20\text{mH}$

70 입력에 대한 출력의 오차가 발생하는 제어 시스템에서 오차가 변화하는 속도에 비례하여 조작량을 가변하는 제어방식은?
① 미분 제어 ② 정치 제어
③ on-off 제어 ④ 시퀀스 제어

해설: 미분 제어 : 제어편차가 검출될 때 편차가 변하는 속도에 비례하여 조작량을 가감하는 제어로 오차가 커지는 것을 미연에 방지하는 제어

71 영구자석의 재료로 요구되는 사항은?
① 잔류자기 및 보자력이 큰 것
② 잔류자기가 크고 보자력이 작은 것
③ 잔류자기는 작고 보자력이 큰 것
④ 잔류자기 및 보자력이 작은 것

해설: 영구자석은 잔류자기 및 보자력이 큰 물질로 만들며 강한 자화상태를 오래 보존하는 자석으로 외부로부터 전기에너지를 공급받지 않아도 자성을 안정되게 유지한다.

72 평형 3상 전원에서 각 상 간 전압의 위상차(rad)는?
① $\dfrac{\pi}{2}$ ② $\dfrac{\pi}{3}$
③ $\dfrac{\pi}{6}$ ④ $\dfrac{2\pi}{3}$

해설: 평형 3상 전원 : 기전력의 크기가 같고 120도 ($\dfrac{2\pi}{3}$)의 위상차를 갖는다.

73 피드백 제어에 관한 설명으로 틀린 것은?
① 정확성이 증가한다.
② 대역폭이 증가한다.
③ 입력과 출력의 비를 나타내는 전체이득이 증가한다.
④ 개루프 제어에 비해 구조가 비교적 복잡하고 설치비가 많이 든다.

해설: 피드백 제어의 특징
① 입력과 출력을 비교하는 장치가 있어야 한다.
② 정확성이 증가한다.
③ 감대폭(대역폭)이 증가한다.
④ 제어계의 특성 변화에 대한 입력대 출력비의 감도가 감소한다.
⑤ 제어계 외부조건의 변화에 대한 영향을 줄일 수 있다.
⑥ 발진을 일으키고 불안정한 상태로 되어가는 경향이 있다.
⑦ 시스템이 복잡하고 크기가 크며 값이 비싸다.

74 절연의 종류를 최고 허용온도가 낮은 것부터 높은 순서로 나열한 것은?
① A종 < Y종 < E종 < B종
② Y종 < A종 < E종 < B종
③ E종 < Y종 < B종 < A종
④ B종 < A종 < E종 < Y종

정답 68 ④ 69 ② 70 ① 71 ① 72 ④ 73 ③ 74 ②

해설 전기기기 절연 등급

절연등급	허용최고온도[℃]
Y	90
A	105
E	120
B	130
F	155
H	180
C	180 초과

75 아래 접점회로의 논리식으로 옳은 것은?

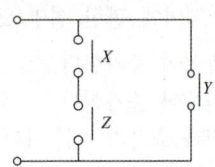

① $X \cdot Y \cdot Z$　　② $(X+Y) \cdot Z$
③ $(X \cdot Z)+Y$　　④ $X+Y+Z$

해설
X와 Z는 AND회로 : $X \cdot Z$
$(X \cdot Z)$와 Y는 OR회로 : $(X \cdot Z)+Y$

76 다음 회로도를 보고 진리표를 채우고자 한다. 빈칸에 알맞은 값은?

A	B	X_1	X_2	X_3
1	1	1	0	ⓐ
1	0	0	1	ⓑ
0	1	0	0	ⓒ
0	0	0	0	ⓓ

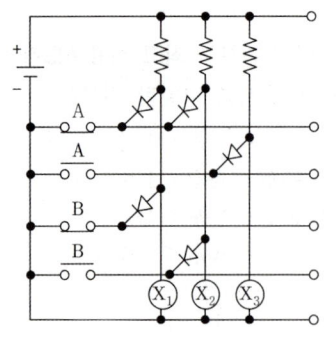

① ⓐ 1, ⓑ 1, ⓒ 0, ⓓ 0
② ⓐ 0, ⓑ 0, ⓒ 1, ⓓ 1
③ ⓐ 0, ⓑ 1, ⓒ 0, ⓓ 1
④ ⓐ 1, ⓑ 0, ⓒ 1, ⓓ 0

해설 다이오드에 전류가 통과하면 그 회로에 연결된 ⓧ에는 전류가 흐르지 않는다.
A=1 B=1이면 X_1=1 X_2=0 X_3=0
A=1 B=0이면 X_1=0 X_2=1 X_3=0
A=0 B=1이면 X_1=0 X_2=0 X_3=1
A=0 B=0이면 X_1=0 X_2=0 X_3=1

77 코일에 단상 200V의 전압을 가하면 10A의 전류가 흐르고 1.6kW의 전력이 소비된다. 이 코일과 병렬로 콘덴서를 접속하여 회로의 합성역률을 100%로 하기 위한 용량 리액턴스(Ω)는 약 얼마인가?

① 11.1　　② 22.2
③ 33.3　　④ 44.4

해설 합성역률을 100%로 하려면 무효전력에 해당하는 크기의 용량성 리액턴스를 병렬로 접속해야 한다.

피상전력(P_a)
$P_a = VI = 200 \times 10 = 2{,}000\text{VA}$

무효전력(P_r)
$P_a = \sqrt{P^2+P_r^2}$ 에서 $P_r = \sqrt{P_a^2-P^2}$
$P_r = \sqrt{2{,}000^2-1{,}600^2} = 1{,}200\text{Var}$

용량성 리액턴스(X_c)
$P_r = \dfrac{V^2}{X_c}$ 에서
$X_c = \dfrac{V^2}{P_r} = \dfrac{200^2}{1{,}200} = 33.3\,\Omega$

정답 75 ③　76 ②　77 ③

78 시퀀스 제어에 관한 설명으로 틀린 것은?

① 조합논리회로가 사용된다.
② 시간지연요소가 사용된다.
③ 제어용 계전기가 사용된다.
④ 폐회로 제어계로 사용된다.

해설 ④ 폐회로 제어계로 사용되는 제어는 피드백제어이며, 시퀀스제어는 개회로 제어계이다.

79 두 대 이상의 변압기를 병렬 운전하고자 할 때 이상적인 조건으로 틀린 것은?

① 각 변압기의 극성이 같을 것
② 각 변압기의 손실비가 같을 것
③ 정격용량에 비례해서 전류를 분담할 것
④ 변압기 상호간 순환전류가 흐르지 않을 것

해설 단상 변압기 병렬운전조건
① 각 변압기의 극성이 같을 것
 • 극성이 같지 않으면 큰 순환전류가 흘러 권선이 소손됨
② 각 변압기의 권선수비 및 1차, 2차 정격전압이 같을 것
 • 정적전압(권선수비)이 같지 않으면 순환전류가 흘러 권선이 가열됨
③ 각 변압기의 %임피던스 강하가 같을 것
 • %임피던스가 같지 않으면 부하의 분담이 용량의 비가 되지 않아 부하의 분담이 균형을 이룰 수 없음
④ 각 변압기의 저항과 누설리액턴스비가 같을 것
 • 저항과 누설리액턴스비가 같지 않으면 각 변압기 간에 위상차가 생겨 동손이 증가함

80 100V에서 500W를 소비하는 저항이 있다. 이 저항에 100V의 전원을 200V로 바꾸어 접속하면 소비되는 전력(W)은?

① 250   ② 500
③ 1000 ④ 2000

해설 저항값은 같으므로
$P = VI = V\dfrac{V}{R} = \dfrac{V^2}{R}$ 에서 저항을 구하면

$R = \dfrac{V_1^2}{P_1} = \dfrac{V_2^2}{P_2}$ 에서

$P_2 = P_1 \dfrac{V_2^2}{V_1^2} = P_1 \left(\dfrac{V_2}{V_1}\right)^2$

$= 500 \times \left(\dfrac{200}{100}\right)^2 = 2,000\text{W}$

제5과목 배관일반

81 같은 지름의 관을 직선으로 연결할 때 사용하는 배관 이음쇠가 아닌 것은?

① 소켓   ② 유니언
③ 벤드   ④ 플랜지

해설
• 같은 지름의 관을 직선으로 연결하는 관 이음쇠는 소켓, 유니언, 플랜지, 니플이다.
• 관의 방향을 바꿀 때 사용하는 이음쇠는 벤드, 엘보이다.

82 온수난방 배관에서 역귀환방식을 채택하는 주된 목적으로 가장 적합한 것은?

① 배관의 신축을 흡수하기 위하여
② 온수가 식지 않게 하기 위하여
③ 온수의 유량분배를 균일하게 하기 위하여
④ 배관길이를 짧게 하기 위하여

해설
역환수 방식(reverse return)
• 각 유니트마다 온수 공급관에서부터 환수관까지의 총길이를 동일하게 하므로 배관저항이 같게 되어 각 유니트에 유량공급도 균일하다.
• 배관의 길이가 길어지고 공간도 많이 차지하며 설비비가 많이 든다.

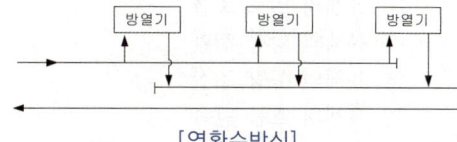

[역환수방식]

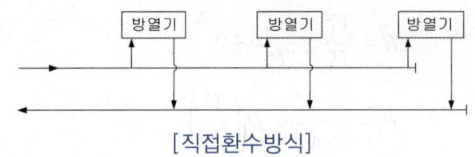

[직접환수방식]

83 급탕배관 시공에 관한 설명으로 틀린 것은?

① 배관의 굽힘 부분에는 벨로즈 이음을 한다.
② 하향식 급탕주관의 최상부에는 공기빼기 장치를 설치한다.
③ 팽창관의 관경은 겨울철 동결을 고려하여 25A 이상으로 한다.
④ 단관식 급탕배관 방식에는 상향배관, 하향배관 방식이 있다.

해설 ① 벨로즈 이음은 직선배관의 신축흡수를 위해 설치하는 것이며, 배관의 굽힘 부분에는 엘보를 사용해야 한다.

84 냉동배관 시 플랙시블 조인트의 설치에 관한 설명으로 틀린 것은?

① 가급적 압축기 가까이에 설치한다.
② 압축기의 진동방향에 대하여 직각으로 설치한다.
③ 압축기가 가동할 때 무리한 힘이 가해지지 않도록 설치한다.
④ 기계·구조물 등에 접촉되도록 견고하게 설치한다.

해설 ④ 플렉시블 조인트는 기기의 진동이 배관에 전달되지 않도록 하므로써 배관이나 기기의 파손을 방지할 목적으로 설치하는 것이며 기계나 구조물 등에 접촉되지 않도록 설치되어야 한다.

85 밸브의 역할로 가장 거리가 먼 것은?

① 유체의 밀도 조절
② 유체의 방향 전환
③ 유체의 유량 조절
④ 유체의 흐름 단속

해설 ① 유체의 밀도 조절은 밸브의 역할이 아니다. 밸브의 역할은 유체의 흐름 단속(끊고, 이어줌), 유체의 유량조절, 유체의 흐름 방향 전환 등이다.

86 경질염화비닐관의 TS식 이음에서 작용하는 3가지 접착효과로 가장 거리가 먼 것은?

① 유동 삽입   ② 일출 접착
③ 소성 삽입   ④ 변형 삽입

해설 TS 조인트 접착효과 : 유동삽입, 변형삽입, 일출접착

87 패킹재의 선정 시 고려사항으로 관내 유체의 화학적 성질이 아닌 것은?

① 점도   ② 부식성
③ 휘발성   ④ 용해능력

해설 패킹재 선정시 고려할 관내유체의 화학적 성질 : 부식성, 휘발성, 용해능력 인화성, 폭발성 등이다.

88 기체 수송 설비에서 압축공기 배관의 부속장치가 아닌 것은?

① 후부냉각기   ② 공기여과기
③ 안전밸브   ④ 공기빼기밸브

해설 압축공기 배관 부속장치는 후부냉각기(after cooler), 리시버탱크, 공기여과기, 안전밸브 등이다.

89 배관용 패킹재료 선정시 고려해야 할 사항으로 가장 거리가 먼 것은?

① 유체의 압력   ② 재료의 부식성
③ 진동의 유무   ④ 시트면의 형상

해설 패킹재료 선정시 고려사항
① 유체의 압력, 온도, 밀도
② 유체에 대한 재료의 침식, 부식성
③ 기계적으로 진동의 유무

정답 83 ① 84 ④ 85 ① 86 ③ 87 ① 88 ④ 89 ④

90 무기질 단열재에 관한 설명으로 틀린 것은?
① 암면은 단열성이 우수하고 아스팔트 가공된 보냉용의 경우 흡수성이 양호하다.
② 유리섬유는 가볍고 유연하여 작업성이 매우 좋으며 칼이나 가위 등으로 쉽게 절단된다.
③ 탄산마그네슘 보온재는 열전도율이 낮으며 300~320℃에서 열분해한다.
④ 규조토 보온재는 비교적 단열효과가 낮으므로 어느 정도 두껍게 시공하는 것이 좋다.

해설 ① 아스팔트 가공된 보냉용의 경우 흡수성이 작다.

91 펌프 주위배관 시공에 관한 사항으로 틀린 것은?
① 풋 밸브등 모든 관의 이음은 수밀, 기밀을 유지할 수 있도록 한다.
② 흡입관의 길이는 가능한 한 짧게 배관하여 저항이 적도록 한다.
③ 흡입관의 수평배관은 펌프를 향하여 하향 구배로 한다.
④ 양정이 높을 경우에는 펌프 토출구와 게이트 밸브와의 사이에 체크밸브를 설치한다.

해설 펌프 흡입관은 펌프를 향해 상향구배로 하여야 배관에 공기가 체류하지 않는다.

92 다음 중 기수혼합식(증기분류식) 급탕설비에서 소음을 방지하는 기구는?
① 가열코일   ② 사일렌서
③ 순환펌프   ④ 서모스탯

해설 기수혼합식 급탕설비는 0.1~0.4MPa의 증기를 물(급탕)속에 직접 넣어 혼합하므로 열이 모두 사용되기 때문에 열효율은 100%이지만 소음이 심하여 S형, Y형의 사일렌서를 부착한다.

93 가스수요의 시간적 변화에 따라 일정한 가스량을 안정하게 공급하고 저장을 할 수 있는 가스홀더의 종류가 아닌 것은?
① 무수(無水)식
② 유수(有水)식
③ 주수(柱水)식
④ 구(球)형

해설 가스홀더 종류
1. 저압식 : 유수식, 무수식
2. 중, 고압식 : 구형, 원통형

94 급수관의 평균 유속이 2m/s이고 유량이 100L/s로 흐르고 있다. 관 내의 마찰손실을 무시할 때 안지름(mm)은 얼마인가?
① 173   ② 227
③ 247   ④ 252

해설 유량 $Q = A \cdot V = \dfrac{\pi}{4}d^2 \cdot V$ 에서

$$d = \sqrt{\dfrac{4Q}{\pi V}} = \sqrt{\dfrac{4 \times 100 \times 10^{-3}}{\pi \times 2}}$$
$$= 0.252\text{m} = 252\text{mm}$$

95 다음 도시기호의 이음은?

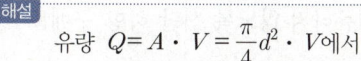

① 나사식 이음   ② 용접식 이음
③ 소켓식 이음   ④ 플랜지식 이음

해설
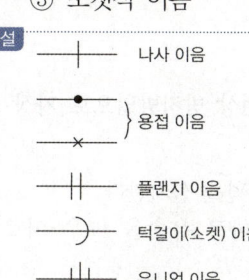
나사 이음
용접 이음
플랜지 이음
턱걸이(소켓) 이음
유니언 이음

정답 90 ① 91 ③ 92 ② 93 ③ 94 ④ 95 ③

96 도시가스 배관 시 배관이 움직이지 않도록 관 지름 13mm 이상 ~ 33mm 미만의 경우 몇 m마다 고정장치를 설치해야 하는가?

① 1m ② 2m
③ 3m ④ 4m

해설 도시가스 배관 고정장치

배관 호칭 지름	고정간격
13mm 미만	1m
13mm 이상 33mm 미만	2m
33mm 이상	3m

97 증기난방법에 관한 설명으로 틀린 것은?

① 저압식은 증기의 사용압력이 0.1MPa 미만인 경우이며, 주로 10~35kPa인 증기를 사용한다.
② 단관 중력 환수식의 경우 증기와 응축수가 역류하지 않도록 선단 하향 구배로 한다.
③ 환수주관을 보일러 수면보다 높은 위치에 배관한 것은 습식 환수관식이다.
④ 증기의 순환이 가장 빠르며 방열기, 보일러 등의 설치 위치에 제한을 받지 않고 대규모 난방용으로 주로 채택되는 방식은 진공환수식이다.

해설 환수주관이 보일러 수면보다 높은 위치에 있으면 건식환수관, 보일러 수면보다 낮은 위치에 있으면 습식환수관이다.

98 급수배관의 수격현상 방지방법으로 가장 거리가 먼 것은?

① 펌프에 플라이휠을 설치한다.
② 관경을 작게 하고 유속을 매우 빠르게 한다.
③ 에어체임버를 설치한다.
④ 완폐형 체크밸브를 설치한다.

해설 ② 유속을 빠르게 하면 수격현상이 심화된다.
수격현상(water hammer)방지 대책
1. 급격한 밸브 폐쇄를 하지 말 것
2. 회전체의 관성모멘트를 크게 할 것
3. 펌프의 양정, 유량의 급격한 변화를 주지 말 것
4. 압력 흡수기(W·H·C)를 배관에 설치한다.
5. 충격을 흡수할 수 있는 공기실(Air Chamber)을 설치한다.
6. 완폐형 체크밸브를 설치한다.

99 온수배관 시공 시 유의사항으로 틀린 것은?

① 배관재료는 내열성을 고려한다.
② 온수배관에는 공기가 고이지 않도록 구배를 준다.
③ 온수 보일러의 릴리프 관에는 케이트 밸브를 설치한다.
④ 배관의 신축을 고려한다.

해설 ③ 온수 보일러의 릴리프 관에는 원칙적으로 밸브를 설치하면 안된다.

100 제조소 및 공급소 밖의 도시가스 배관을 시가지 외의 도로 노면 밑에 매설하는 경우에는 노면으로부터 배관의 외면까지 최소 몇 m 이상을 유지해야 하는가?

① 1.0 ② 1.2
③ 1.5 ④ 2.0

해설

시가지 도로 노면 밑 — 1.5m
시가지외의 도로 노면 밑 — 1.2m

정답 96 ② 97 ③ 98 ② 99 ③ 100 ②

과년도 출제문제(2021. 3. 7 시행)

제1과목 기계열역학

01 증기터빈에서 질량유량이 1.5kg/s이고, 열손실률이 8.5kW이다. 터빈으로 출입하는 수증기에 대한 값은 아래 그림과 같다면 터빈의 출력은 약 몇 kW인가?

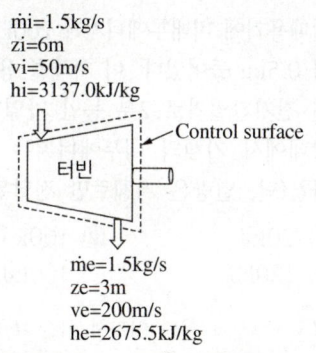

① 273kW ② 656kW
③ 1357kW ④ 2616kW

해설 정상유동의 일반에너지식을 적용

$$W_t = Q - m\left\{(h_e - h_i) + \frac{v_e^2 - v_i^2}{2} + g(z_e - z_i)\right\}$$
$$= -8.5 - 1.5 \times \left\{(2675.5 - 3137.0) + \left(\frac{200^2 - 50^2}{2}\right)\right.$$
$$\left. \times 10^{-3} + 9.8 \times (3-6) \times 10^{-3}\right\}$$
$$= 655.66 \text{kW}$$

02 10℃에서 160℃까지 공기의 평균 정적비열은 0.7315kJ/(kg·K)이다. 이 온도 변화에서 공기 1kg의 내부에너지 변화는 약 몇 kJ인가?

① 101.1kJ ② 109.7kJ
③ 120.6kJ ④ 131.7kJ

해설 내부에너지 $du = C_v dT$
$u = 0.7315 \times (160 - 10) = 109.7$kJ

03 오토사이클의 압축비(ε)가 8일 때 이론열효율은 약 몇 % 인가? (단, 비열비(k)는 1.4이다)

① 36.8% ② 46.7%
③ 56.5% ④ 66.6%

해설 오토사이클 효율

$$\eta_0 = 1 - \left(\frac{1}{\varepsilon}\right)^{k-1}$$
$$= 1 - \left(\frac{1}{8}\right)^{1.4-1} = 0.565 (= 56.5\%)$$

04 증기를 가역 단열과정을 거쳐 팽창시키면 증기의 엔트로피는?

① 증가한다.
② 감소한다.
③ 변하지 않는다.
④ 경우에 따라 증가도 하고, 감소도 한다.

해설 엔트로피 $dS = \frac{\delta Q}{T}$ 에서 가역단열과정이면
$\delta Q = 0$이므로 엔트로피는 변하지 않는다
즉, $dS = 0$이다.

정답 01 ② 02 ② 03 ③ 04 ③

05 완전가스의 내부에너지(u)는 어떤 함수인가?

① 압력과 온도의 함수이다.
② 압력만의 함수이다.
③ 체적과 압력의 함수이다.
④ 온도만의 함수이다.

해설 완전가스(이상기체)의 내부에너지는 온도만의 함수이다. $du = C_v dT$

06 온도가 127℃, 압력이 0.5MPa, 비체적이 0.4m³/kg인 이상기체가 같은 압력 하에서 비체적이 0.3m³/kg으로 되었다면 온도는 약 몇 ℃가 되는가?

① 16   ② 27
③ 96   ④ 300

해설 이상기체의 상태방정식 $Pv = RT$ 로부터 정압(등압)변화 이면 $\dfrac{v_1}{T_1} = \dfrac{v_2}{T_2}$ 이므로

$T_2 = \dfrac{v_2}{v_1} T_1$

$= \dfrac{0.3}{0.4} \times (127+273) = 300K (27℃)$

07 계가 비가역 사이클을 이룰 때 클라우지우스(Clausius)의 적분을 옳게 나타낸 것은? (단, T는 온도, Q는 열량이다.)

① $\oint \dfrac{\delta Q}{T} < 0$ ② $\oint \dfrac{\delta Q}{T} > 0$
③ $\oint \dfrac{\delta Q}{T} \geq 0$ ④ $\oint \dfrac{\delta Q}{T} \leq 0$

해설 클라우시우스의 폐적분
가역과정(사이클) $\oint \dfrac{\delta Q}{T} = 0$
비가역과정(사이클) $\oint \dfrac{\delta Q}{T} < 0$

08 증기동력 사이클의 종류 중 재열사이클의 목적으로 가장 거리가 먼 것은?

① 터빈 출구의 습도가 증가하여 터빈 날개를 보호한다.
② 이론 열효율이 증가한다.
③ 수명이 연장된다.
④ 터빈 출구증기의 질(quality)을 향상시킨다.

해설 재열사이클은 재열기를 설치하여 습증기에 의한 터빈부식 및 효율의 저하를 방지한 사이클이다.
① 터빈출구의 습도가 증가하면 터빈날개의 부식이 심해진다.

09 밀폐용기에 비내부에너지가 200kJ/kg인 기체가 0.5kg 들어있다. 이 기체를 용량이 500W인 전기가열기로 2분 동안 가열한다면 최종 상태에서 기체의 내부에너지는 약 몇 kJ인가? (단, 열량은 기체로만 전달된다고 한다)

① 20kJ   ② 100kJ
③ 120kJ   ④ 160kJ

해설 $U_2 = U_1 + Pt$ 여기서 시간 t : sec
$= (200 \times 0.5) + \left(\dfrac{500}{1000} \times 2분 \times 60초\right)$
$= 160kJ$

10 과열증기를 냉각시켰더니 포화영역 안으로 들어와서 비체적이 0.2327m³/kg이 되었다. 이 때의 포화액과 포화증기의 비체적이 각각 1.079×10⁻³m³/kg, 0.5243m³/kg이라면 건도는 얼마인가?

① 0.964   ② 0.772
③ 0.653   ④ 0.443

해설 습포화증기의 비체적
$v_x = v' + x(v'' - v')$
건도 $x = \dfrac{v_x - v'}{v'' - v'}$
$= \dfrac{0.2327 - 1.079 \times 10^{-3}}{0.5243 - 1.079 \times 10^{-3}} = 0.443$

---

05 ④   06 ②   07 ①   08 ①   09 ④   10 ④   **정답**

11 온도 20℃에서 계기압력 0.183MPa의 타이어가 고속주행으로 온도 80℃로 상승할 때 압력은 주행 전과 비교하여 약 몇 kPa 상승하는가? (단, 타이어의 체적은 변하지 않고, 타이어 내의 공기는 이상기체로 가정하며, 대기압은 101.3kPa이다)

① 37kPa ② 58kPa
③ 286kPa ④ 445kPa

해설 이상기체의 상태방정식
$Pv = RT$에서 정적 변화이므로
$$\frac{T_1}{P_1} = \frac{T_2}{P_2} \quad P_2 = \frac{T_2}{T_1}P_1$$
$$P_2 = \frac{(80+273)}{(20+273)} \times (0.183 \times 10^3 + 101.3)$$
$$= 342.5 \text{kPa}(절대압력)$$

압력상승
$$P_2 - P_1 = 342.5 - (0.183 \times 10^3 + 101.3)$$
$$= 58.2 \text{kPa}$$

12 이상적인 카르노 사이클의 열기관이 500℃인 열원으로부터 500kJ을 받고, 25℃에 열을 방출한다. 이 사이클의 일(W)과 효율(η_{th})은 얼마인가?

① W = 307.2kJ, η_{th} = 0.6143
② W = 307.2kJ, η_{th} = 0.5748
③ W = 250.3kJ, η_{th} = 0.6143
④ W = 250.3kJ, η_{th} = 0.5748

해설 카르노사이클 열효율
$\eta_{th} = \frac{W}{Q} = 1 - \frac{T_L}{T_H}$에서
$$W = (1 - \frac{T_L}{T_H})Q = (1 - \frac{25+273}{500+273}) \times 500$$
$$= 307.2 \text{kJ}$$
$$\eta_{th} = 1 - \frac{T_L}{T_H} = 1 - \frac{25+273}{500+273} = 0.6144$$

13 한 밀폐계가 190kJ의 열을 받으면서 외부에 20kJ의 일을 한다면 이 계의 내부에너지의 변화는 약 얼마인가?

① 210kJ 만큼 증가한다
② 210kJ 만큼 감소한다
③ 170kJ 만큼 증가한다
④ 170kJ 만큼 감소한다

해설 $\delta Q = dU + \delta W$에서
$dU = \delta Q - \delta W = 190 - 20 = 170$kJ 증가

14 수소(H_2)가 이상기체라면 절대압력 1MPa, 온도 100℃에서의 비체적은 약 몇 m^3/kg인가? (단, 일반기체상수는 8.3145kJ/kmol·K이다.)

① 0.781 ② 1.26
③ 1.55 ④ 3.46

해설
$$Pv = RT \quad R = \frac{R_u}{M}$$
수소(H_2) 분자량 $M = 2$
$$v = \frac{R_u T}{PM} = \frac{8.3143 \times (100+273)}{(1 \times 1000) \times 2}$$
$$= 1.55 \, m^3/kg$$

15 비열비가 1.29, 분자량이 44인 이상 기체의 정압비열은 약 몇 kJ/kg·K인가? (단, 일반기체상수는 8.314kJ/kmol·K이다.)

① 0.51 ② 0.69
③ 0.84 ④ 0.91

해설
정압비열 $C_P = \frac{k}{k-1}R$ 기체상수 $R = \frac{R_u}{M}$
$$\therefore C_p = \frac{k}{k-1} \cdot \frac{R_u}{m}$$
$$= \frac{1.29}{1.29-1} \times \frac{8.314}{44} = 0.84 \text{kJ/kg} \cdot K$$

정답 11 ② 12 ① 13 ③ 14 ③ 15 ③

16 열펌프를 난방에 이용하려 한다. 실내 온도는 18℃이고, 실외 온도는 -15℃이며 벽을 통한 열손실은 12kW이다. 열펌프를 구동하기 위해 필요한 최소 동력은 약 몇 kW인가?

① 0.65kW　② 0.74kW
③ 1.36kW　④ 1.53kW

해설 역카르노 사이클의 히트펌프 성적계수

$COP_H = \dfrac{Q_H}{W} = \dfrac{12}{W} = \dfrac{T_H}{T_H - T_L}$ 에서

$W = \dfrac{T_H - T_L}{T_H} \times 12$

$= \dfrac{(18+273)-(-15+273)}{(18+273)} \times 12$

$= 1.36 \text{kW}$

17 어떤 냉동기에서 0℃의 물로 0℃의 얼음 2ton을 만드는데 180MJ의 일이 소요된다면 이 냉동기의 성적계수는? (단, 물의 융해열은 334kJ/kg이다.)

① 2.05　② 2.32
③ 2.65　④ 3.71

해설

$COP = \dfrac{Q_e}{W} = \dfrac{m \cdot \gamma}{W}$

$= \dfrac{2 \times 10^3 \times 334}{180 \times 10^3} = 3.71$

18 다음 중 가장 낮은 온도는?

① 104℃　② 287°F
③ 410K　④ 684°R

해설

② ℃ $= \dfrac{5}{9} \times (287-32) = 141.66℃$

③ ℃ $= 410 - 273 = 137℃$

④ °F $= 684 - 460 = 224°F$

　℃ $= \dfrac{5}{9} \times (224-32) = 106.66℃$

19 계가 정적과정으로 상태 1에서 상태 2로 변화할 때 단순압축성 계에 대한 열역학 제1법칙을 바르게 설명한 것은? (단, U, Q, W는 각각 내부에너지, 열량, 일량이다.)

① $U_1 - U_2 = Q_{12}$
② $U_2 - U_1 = W_{12}$
③ $U_1 - U_2 = W_{12}$
④ $U_2 - U_1 = Q_{12}$

해설 열역학 제1법칙 $\delta Q = dU + PdV$ 에서 정적과정이므로 $dV = 0$ 이다.
따라서 $\delta Q = dU$
즉 $U_2 - U_1 = Q_{12}$

20 온도 15℃, 압력 100kPa 상태의 체적이 일정한 용기안에 어떤 이상 기체 5kg이 들어있다. 이 기체가 50℃가 될 때까지 가열되는 동안의 엔트로피 증가량은 약 몇 kJ/K인가? (단, 이 기체의 정압비열과 정적비열은 각각 1.001kJ/(kg·K), 0.7171kJ/(kg·K)이다.)

① 0.411　② 0.486
③ 0.575　④ 0.732

해설 정적과정의 엔트로피 변화

$\Delta S = m C_v \ln \dfrac{T_2}{T_1}$

$= 5 \times 0.717 \times \ln \dfrac{(50+273)}{(15+273)}$

$= 0.411 \text{kJ/K}$

정답　16 ③　17 ④　18 ①　19 ④　20 ①

제2과목 냉동공학

21 브라인(2차 냉매)중 무기질 브라인이 아닌 것은?
① 염화마그네슘 ② 에틸렌글리콜
③ 염화칼슘 ④ 식염수

해설
- 무기질 브라인 : 염화마그네슘, 염화칼슘, 염화나트륨(식염수)
- 유기질 브라인 : 에틸렌글리콜, 프로필렌글리콜, 에틸알콜

22 냉동기유의 구비조건으로 틀린 것은?
① 점도가 적당할 것
② 응고점이 높고 인화점이 낮을 것
③ 유성이 좋고 유막을 잘 형성할 수 있을 것
④ 수분 등의 불순물을 포함하지 않을 것

해설
응고점이 높다는 것은 높은 온도에서 응고(결빙)된다는 것이므로 낮은 온도에서는 오히려 쉽게 응고되므로 구비조건으로 맞지 않고, 인화점이 낮다는 것은 낮은 온도에서 인화된다는 것이므로 냉동기유의 온도가 조금만 높아도 인화되므로 윤활유로 사용할 수 없게 된다.
따라서 응고점이 낮고 인화점이 높아야 한다.

23 흡수식 냉동장치에서의 흡수제 유동방향으로 틀린 것은?
① 흡수기 → 재생기 → 흡수기
② 흡수기 → 재생기 → 증발기 → 응축기 → 흡수기
③ 흡수기 → 용액열교환기 → 재생기 → 용액열교환기 → 흡수기
④ 흡수기 → 고온재생기 → 저온재생기 → 흡수기

해설
LiBr+H₂O 흡수식냉동기의 흡수제는 LiBr이며 유동방향의 기본은 흡수기 → 재생기 → 흡수기 이며 중간에 설치되어 있는 용액열교환기를 거치게 된다. 2중 효용인 경우는 재생기가 고온재생기+저온재생기로 이루어진다.

24 냉동장치가 정상운전 되고 있을 때 나타나는 현상으로 옳은 것은?
① 팽창밸브 직후의 온도는 직전의 온도보다 높다.
② 크랭크 케이스 내의 유온은 증발온도보다 낮다.
③ 수액기 내의 액온은 응축온도보다 높다.
④ 응축기의 냉각수 출구온도는 응축온도보다 낮다.

해설
① 팽창밸브 직후의 온도는 직전의 온도보다 낮다.
② 크랭크 케이스 내의 유온은 증발온도 보다 높다.
③ 수액기 내의 액은 응축온도와 같거나 낮다.
④ 응축기의 냉각수 출구수온은 응축온도 보다 낮다.

25 그림은 R-134a를 냉매로 한 건식 증발기를 가진 냉동장치의 개략도이다. 지점 1, 2에서의 게이지 압력은 각각 0.2MPa, 1.4MPa으로 측정되었다. 각 지점에서의 엔탈피가 아래 표와 같을 때, 5지점에서의 엔탈피(kJ/kg)는 얼마인가? (단, 비체적(v_1)은 0.08 m³/kg이다.)

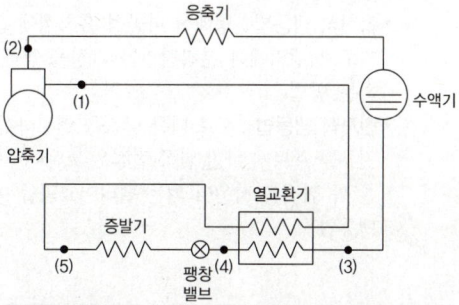

지점	엔탈피(kJ/kg)
1	623.8
2	665.7
3	460.5
4	439.6

① 20.9 ② 112.8
③ 408.6 ④ 602.9

정답 21 ② 22 ② 23 ② 24 ④ 25 ④

해설

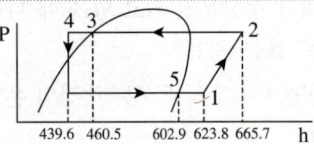

열교환기에서 열평형식을 세워서 h_5를 구한다.

$G(h_3 - h_4) = G(h_1 - h_5)$

$h_5 = h_1 - (h_3 - h_4)$

$\quad = 623.8 - (460.5 - 439.6)$

$\quad = 602.9 \text{kJ/kg}$

26 냉동용 압축기를 냉동법의 원리에 의해 분류할 때, 저온에서 증발한 가스를 압축기로 압축하여 고온으로 이동시키는 냉동법을 무엇이라고 하는가?

① 화학식 냉동법 ② 기계식 냉동법
③ 흡착식 냉동법 ④ 전자식 냉동법

해설
- **화학식 냉동법** : 흡수식 냉동법으로 냉매를 흡수제에 흡수시키고 재생기에서 분리하는 과정을 통해 냉동하는 방법
- **흡착식 냉동법** : 냉매를 다공성 흡착제에 흡착시키고 재생기에서 분리시키는 과정을 통해 냉동하는 방법
- **전자식 냉동법** : 서로 다른 금속을 연결하여 직류전류를 흐르게 하면 한쪽 접점은 고온이 되고 다른 쪽 접점은 저온이 되는 펠티어효과를 이용한 냉동법

27 실제 기체가 이상기체의 상태방정식을 근사하게 만족시키는 경우는 어떤 조건인가?

① 압력과 온도가 모두 낮은 경우
② 압력이 높고 온도가 낮은 경우
③ 압력이 낮고 온도가 높은 경우
④ 압력과 온도 모두 높은 경우

해설 실제기체가 이상기체의 상태방정식을 근사하게 만족시키는 경우는 압력이 낮고, 온도가 높은 경우이다.

28 가역 카르노 사이클에서 고온부 40℃, 저온부 0℃로 운전될 때 열기관의 효율은?

① 7.825 ② 6.825
③ 0.147 ④ 0.128

해설 카르노 사이클 열효율

$\eta_c = \dfrac{T_H - T_L}{T_H} = 1 - \dfrac{T_L}{T_H}$

$\quad = 1 - \dfrac{(0+273)}{(40+273)} = 0.128$

29 표준 냉동사이클에서 냉매의 교축 후에 나타나는 현상으로 틀린 것은?

① 온도는 강하한다.
② 압력은 강하한다.
③ 엔탈피는 일정하다.
④ 엔트로피는 감소한다.

해설 냉매의 교축후에 나타나는 현상은 온도강하, 압력강하, 엔탈피일정, 엔트로피증가

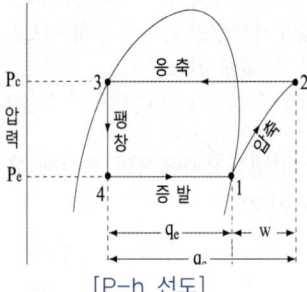
[P-h 선도]

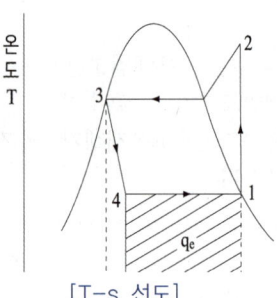
[T-s 선도]

26 ② 27 ③ 28 ④ 29 ④

30 다음 조건을 이용하여 응축기 설계 시 1RT (3.86kW)당 응축면적(m²)은? (단, 온도차는 산술평균온도차를 적용한다.)

- 응축온도 : 35℃
- 냉각수 입구온도 : 28℃
- 냉각수 출구온도 : 32℃
- 열통과열 : 1.05kW/m²℃

① 1.05 ② 0.74
③ 0.52 ④ 0.35

해설 문제의 1RT(3.86kW)는 응축열량으로 보아야 한다.

산술평균 온도차 $\Delta t_m = 35 - \dfrac{28+32}{2} = 5℃$

응축열량 $Q_c = K \cdot A \cdot \Delta t_m$ 에서

$A = \dfrac{Q_c}{K \cdot \Delta t_m} = \dfrac{3.86}{1.05 \times 5} = 0.735$

31 수액기에 대한 설명으로 틀린 것은?

① 응축기에서 응축된 고온고압의 냉매액을 일시 저장하는 용기이다.
② 장치 안에 있는 모든 냉매를 응축기와 함께 회수할 정도의 크기를 선택하는 것이 좋다.
③ 소형 냉동기에는 필요로 하지 않다.
④ 어큐뮬레이터라고도 한다.

해설 ③ 소형 냉동기에서는 응축기 하부에 냉매액을 고이게하여 사용하므로 수액기가 필요하지 않다.
④ 어큐뮬레이터(accumulator) : 액분리기이며 흡입가스에 냉매액이 혼입되어 있으면 이것을 분리하여 증기만 압축기에 보내어 액 압축을 방지하고 압축기를 보호하는 역할을 한다.

32 히트파이프(heat pipe)의 구성요소가 아닌 것은?

① 단열부 ② 응축부
③ 증발부 ④ 팽창부

해설 히트파이프는 밀봉된 용기와 위크(wick)구조체 및 증기공간으로 구성되며 증발부, 단열부, 응축부로 구성된다.

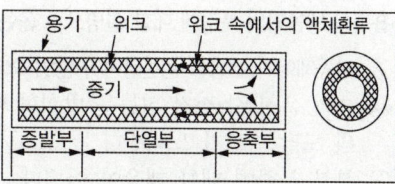

33 다음 중 빙축열시스템의 분류에 대한 조합으로 적당하지 않은 것은?

① 정적제빙형 - 관내착빙형
② 정적제빙형 - 캡슐형
③ 동적제빙형 - 관외착빙형
④ 동적제빙형 - 과냉각아이스형

해설 빙축열 시스템의 분류
- 정적형 : 축열조 내에서 제빙과 해빙이 이루어진다. 관외착빙형, 관내착빙형, 평판형, 캡슐형, 수직(수평)원통형 등이 있다.
- 동적형 : 제빙기에서 제빙된 얼음을 축열조로 이송하여 저장하는 방식이다. 빙박리형, 유동식 빙생성형(과냉각 아이스형, 리키드 아이스형)이 있다.

34 암모니아 냉동장치에서 고압측 게이지 압력이 1372.9kPa, 저압측 게이지 압력이 294.2kPa 이고, 피스톤 압출량이 100m³/h, 흡입증기의 비체적이 0.5m³/kg일 때, 이 장치에서의 압축비와 냉매순환량(kg/h)은 각각 얼마인가? (단, 압축기의 체적효율은 0.7이다.)

① 압축비 3.73, 냉매순환량 70
② 압축비 3.73, 냉매순환량 140
③ 압축비 4.67, 냉매순환량 70
④ 압축비 4.67, 냉매순환량 140

해설 압축비

$\alpha = \dfrac{P_c}{P_e} = \dfrac{1372.9+101.325}{294.2+101.325} = 3.73$

냉매순환량

$G = \dfrac{V}{v}\eta_V = \dfrac{100}{0.5} \times 0.7 = 140 \text{kg/h}$

35 흡수식 냉동기의 특징에 대한 설명으로 옳은 것은?
① 자동제어가 어렵고 운전경비가 많이 소요된다.
② 초기 운전 시 정격 성능을 발휘할 때까지의 도달 속도가 느려진다.
③ 부분 부하에 대한 대응이 어렵다.
④ 증기 압축식보다 소음 및 진동이 크다.

> 해설
> ① 용량제어가 쉽고, 전기를 사용하는 압축기가 없으므로 운전경비가 적게 소요된다.
> ③ 부분 부하에 대한 대응성이 쉽고, 부분 부하 효율이 좋다.
> ④ 압축기가 없기 때문에 소음 및 진동이 작다.

36 표준 냉동사이클에서 상태 1, 2, 3에서의 각 성적계수 값을 모두 합하면 약 얼마인가?

상태	응축온도	증발온도
1	32℃	-18℃
2	42℃	2℃
3	37℃	-13℃

① 5.11   ② 10.89
③ 17.17 ④ 25.14

> 해설
> $COP = \dfrac{T_L}{T_H - T_L}$
> $COP_1 = \dfrac{(-18+273)}{(32+273)-(-18+273)} = 5.1$
> $COP_2 = \dfrac{(2+273)}{(42+273)-(2+273)} = 6.875$
> $COP_3 = \dfrac{(-13+273)}{(37+273)-(-13+73)} = 5.2$
> $\therefore COP_1 + COP_2 + COP_3 = 17.175$

37 다음 중 액압축을 방지하고 압축기를 보호하는 역할을 하는 것은?
① 유분리기   ② 액분리기
③ 수액기   ④ 드라이어

> 해설
> ① 유분리기 : 압축기에서 토출되는 냉매가스 중에 섞여있는 윤활유를 분리시키는 용기
> ② 액분리기 : 흡입가스에 냉매액이 혼입되어 있으면 이것을 분리하여 증기만 압축기에 흡입시켜 액 압축을 방지하고 압축기를 보호하는 역할을 한다.
> ③ 수액기 : 응축기에서 액화된 고압의 냉매액을 팽창밸브로 보내기 전에 일시적으로 저장하는 고압용기이다.
> ④ 드라이어 : 프레온 냉동장치에서 냉매속의 수분을 제거하여 팽창밸브에서 수분이 결빙되는 것을 방지하고 밸브나 관이 부식되는 것을 방지한다.

38 여름철 공기열원 열펌프 장치로 냉방 운전할 때, 외기의 건구온도 저하 시 나타나는 현상으로 옳은 것은?
① 응축압력이 상승하고, 장치의 소비전력이 증가한다.
② 응축압력이 상승하고, 장치의 소비전력이 감소한다.
③ 응축압력이 저하하고, 장치의 소비전력이 증가한다.
④ 응축압력이 저하하고, 장치의 소비전력이 감소한다.

> 해설
> 공기열원 열펌프(EHP) 냉방운전시 외기온도가 낮아지면 응축이 잘되므로 응축압력이 저하하고, 장치의 소비전력이 감소한다.

39 냉동능력이 10RT이고 실제 흡입가스의 체적이 15m³/h인 냉동기의 냉동효과(kJ/kg)는? (단, 압축기 입구 비체적은 0.52m³/kg이고, 1RT는 3.86kW이다.)
① 4817.2   ② 3128.1
③ 2984.7   ④ 1534.8

> 해설
> 냉매순환량
> $G = \dfrac{V}{v} = \dfrac{15}{0.52} = 28.846 \text{ kg/h}$
> $Q_e = G \cdot q_e$ 에서
> $q_e = \dfrac{Q_e}{G} = \dfrac{10 \times 3.86 \times 3600}{28.846} = 4817.3 \text{ kJ/kg}$

정답 35 ② 36 ③ 37 ② 38 ④ 39 ①

40 R-22를 사용하는 냉동장치에 R-134a를 사용하려 할 때, 장치의 운전 시 유의사항으로 틀린 것은?

① 냉매의 능력이 변하므로 전동기 용량이 충분한지 확인한다.
② 응축기, 증발기 용량이 충분한지 확인한다.
③ 가스켓, 시일 등의 패킹 선정에 유의해야 한다.
④ 동일 탄화수소계 냉매이므로 그대로 운전할 수 있다.

해설 냉매마다 물리적 특성이 다르므로 사용하는 냉동기, 응축기등 냉동장치에 적합한지 확인해야 한다.

제3과목 공기조화

41 기후에 따른 불쾌감을 표시하는 불쾌지수는 무엇을 고려한 지수인가?

① 기온과 기류
② 기온과 노점
③ 기온과 복사열
④ 기온과 습도

해설 불쾌지수는 공기의 온도와 습도만으로 쾌감의 정도를 나타내는 지표이다.
$DI = 0.72(t + t') + 40.6$
여기서 t : 건구온도[℃]   t' : 습구온도[℃]

42 개별 공기조화방식에 사용되는 공기조화기에 대한 설명으로 틀린 것은?

① 사용하는 공기조화기의 냉각코일에는 간접팽창코일을 사용한다.
② 설치가 간편하고 운전 및 조작이 용이하다.
③ 제어대상에 맞는 개별 공조기를 설치하여 최적의 운전이 가능하다.
④ 소음이 크나, 국소운전이 가능하여 에너지 절약적이다.

해설 개별 공조기의 냉각코일은 냉매가 직접 팽창하는 직접팽창코일을 사용한다.

43 외기 및 반송(return)공기의 분진량이 각각 C_O, C_R이고, 공급되는 외기량 및 필터로 반송되는 공기량은 각각 Q_O, Q_R이며, 실내 발생량이 M이라 할 때 필터의 효율(η)을 구하는 식으로 옳은 것은?

① $\eta = \dfrac{Q_O(C_O - C_R) + M}{C_O Q_O + C_R Q_R}$

② $\eta = \dfrac{Q_O(C_O - C_R) + M}{C_O Q_O - C_R Q_R}$

③ $\eta = \dfrac{Q_O(C_O + C_R) + M}{C_O Q_O + C_R Q_R}$

④ $\eta = \dfrac{Q_O(C_O - C_R) - M}{C_O Q_O - C_R Q_R}$

해설

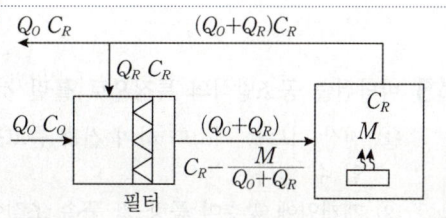

$\eta_f = \dfrac{(유입 - 유출)오염물질량}{유입오염물질량}$

$= \dfrac{(Q_O C_O + Q_R C_R) - (Q_O + Q_R)\left(C_R - \dfrac{M}{Q_O + Q_R}\right)}{Q_O C_O + Q_R C_R}$

$= \dfrac{Q_O C_O + Q_R C_R - \{(Q_O + Q_R)C_R - M\}}{Q_O C_O + Q_R C_R}$

$= \dfrac{Q_O(C_O - C_R) + M}{Q_O C_O + Q_R C_R}$

정답 40 ④ 41 ④ 42 ① 43 ①

44 극간풍(틈새바람)에 의한 침입 외기량이 2800 L/s일 때, 현열부하(q_S)와 잠열부하(q_L)는 얼마인가? (단, 실내의 공기온도와 절대습도는 각각 25℃, 0.0179kg/kg$_{DA}$이고, 외기의 공기온도와 절대습도는 각각 32℃, 0.0209 kg/kg$_{DA}$이며, 건공기 정압비열 1.005kJ/kg·K, 0℃ 물의 증발잠열 2501kJ/kg, 공기밀도 1.2kg/m³이다.)

① q_s : 23.6kW, q_L : 17.8kW
② q_s : 18.9kW, q_L : 17.8kW
③ q_s : 23.6kW, q_L : 25.2kW
④ q_s : 18.9kW, q_L : 25.2kW

해설

극간풍 현열부하
$$q_{IS} = \rho Q_I \cdot C_p \cdot \Delta t$$
$$= 1.2 \times 2800 \times 10^{-3} \times 1.005 \times (32-25)$$
$$= 23.6 \text{kW}$$

극간풍 잠열부하
$$q_{IL} = 2501 \times \rho Q_I \cdot \Delta x$$
$$= 2501 \times 1.2 \times 2800 \times 10^{-3}$$
$$\times (0.0209 - 0.0179)$$
$$= 25.2 \text{kW}$$

45 바닥취출 공조방식의 특징으로 틀린 것은?

① 천장 덕트를 최소화 하여 건축 층고를 줄일 수 있다.
② 개개인에 맞추어 풍량 및 풍속 조절이 어려워 쾌적성이 저해된다.
③ 가압식의 경우 급기거리가 18m 이하로 제한된다.
④ 취출온도와 실내온도 차이가 10℃ 이상이면 드래프트 현상을 유발할 수 있다.

해설 바닥취출 방식의 취출구는 풍량 및 풍속조절이 가능하여 쾌적성이 우수하다.

46 노점온도(dew point temperature)에 대한 설명으로 옳은 것은?

① 습공기가 어느 한계까지 냉각되어 그 속에 있던 수증기가 이슬방울로 응축되기 시작하는 온도
② 건공기가 어느 한계까지 냉각되어 그 속에 있던 공기가 팽창하기 시작하는 온도
③ 습공기가 어느 한계까지 냉각되어 그 속에 있던 수증기가 자연 증발하기 시작하는 온도
④ 건공기가 어느 한계까지 냉각되어 그 속에 있던 공기가 수축하기 시작하는 온도

해설 노점온도 : 습공기를 계속 냉각시키면 어느 온도에서 공기 중에 포함되어 있던 수분이 응결되어 이슬방울(결로)로 변하는데 이때의 온도를 노점온도라 한다.

47 온수난방에 대한 설명으로 틀린 것은?

① 난방부하에 따라 온도조절을 용이하게 할 수 있다.
② 예열시간은 길지만 잘 식지 않으므로 증기난방에 비하여 배관의 동결우려가 적다.
③ 열용량이 증기보다 크고 실온 변동이 적다
④ 증기난방보다 작은 방열기 또는 배관이 필요하므로 배관 공사비를 절감할 수 있다.

해설 온수난방은 열매체(온수)의 온도가 증기에 비해 낮아 배관 및 난방기기(방열기)가 커지고 온수순환펌프, 팽창탱크 등이 필요하므로 공사비가 많이 든다.

정답 44 ③ 45 ② 46 ① 47 ④

48 습공기의 상대습도(ϕ)와 절대습도(ω)와의 관계에 대한 계산식으로 옳은 것은? (단, P_a는 건공기 분압, P_s는 습공기와 같은 온도의 포화수증기 압력이다.)

① $\phi = \dfrac{\omega}{0.622} \dfrac{P_a}{P_s}$ ② $\phi = \dfrac{\omega}{0.622} \dfrac{P_s}{P_a}$

③ $\phi = \dfrac{0.622}{\omega} \dfrac{P_s}{P_a}$ ④ $\phi = \dfrac{0.622}{\omega} \dfrac{P_a}{P_s}$

해설

$\phi = \dfrac{P_w}{P_s}$

$\omega = 0.622 \dfrac{P_w}{P_a} = 0.622 \dfrac{P_w}{P_a} \cdot \dfrac{P_s}{P_s}$

$= 0.622 \dfrac{P_w}{P_s} \cdot \dfrac{P_s}{P_a} = 0.622 \phi \cdot \dfrac{P_s}{P_a}$

$\therefore \phi = \dfrac{\omega}{0.622} \dfrac{P_a}{P_s}$

49 취출기류에 관한 설명으로 틀린 것은?
① 거주영역에서 취출구의 최소 확산반경이 겹치면 편류현상이 발생한다.
② 취출구의 베인 각도를 확대시키면 소음이 감소한다.
③ 천장 취출 시 베인의 각도를 냉방과 난방 시 다르게 조정해야 한다.
④ 취출기류의 강하 및 상승거리는 기류의 풍속 및 실내공기와의 온도차에 따라 변한다.

해설 취출구의 베인각도를 확대시키면 확산반경과 소음은 증가하고 도달거리는 짧아진다.

50 공기조화 설비에서 공기의 경로로 옳은 것은?
① 환기덕트 → 공조기 → 급기덕트 → 취출구
② 공조기 → 환기덕트 → 급기덕트 → 취출구
③ 냉각탑 → 공조기 → 냉동기 → 취출구
④ 냉동기 → 냉각탑 → 환기덕트 → 취출구

해설 공기조화 설비에서 공기의 경로는 환기덕트 → 공조기 → 급기덕트 → 취출구 이다.

51 보일러의 성능에 관한 설명으로 틀린 것은?
① 증발계수는 1시간당 증기발생량에 시간당 연료소비량으로 나눈 값이다.
② 1보일러 마력은 매시 100℃의 물 15.65 kg을 같은 온도의 증기로 변화 시킬 수 있는 능력이다.
③ 보일러 효율은 증기에 흡수된 열량과 연료의 발열량과의 비이다.
④ 보일러 마력을 전열면적으로 표시할 때는 수관 보일러의 전열면적 $0.929m^2$를 1보일러 마력이라 한다.

해설 증발계수는 환산(상당)증발량을 실제증발량으로 나눈 값이다.

증발계수 $= \dfrac{환산(상당)증발량}{실제증발량}$

52 냉동창고의 벽체가 두께 15cm, 열전도율 1.6 W/m·℃인 콘크리트와 두께 5cm, 열전도율이 1.4 W/m·℃인 모르타르로 구성되어 있다면 벽체의 열통과율(W/m²·℃)은? (단, 내벽측 표면 열전달률은 9.3 W/m²·℃, 외벽측 표면 열전달률은 23.2W/m²·℃이다.)

① 1.11 ② 2.58
③ 3.57 ④ 5.91

해설

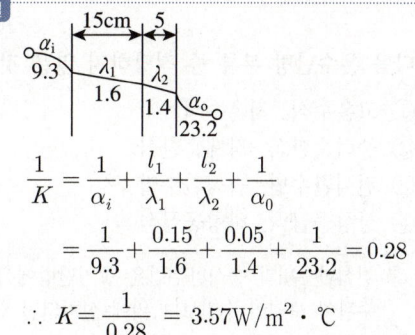

$\dfrac{1}{K} = \dfrac{1}{\alpha_i} + \dfrac{l_1}{\lambda_1} + \dfrac{l_2}{\lambda_2} + \dfrac{1}{\alpha_o}$

$= \dfrac{1}{9.3} + \dfrac{0.15}{1.6} + \dfrac{0.05}{1.4} + \dfrac{1}{23.2} = 0.28$

$\therefore K = \dfrac{1}{0.28} = 3.57 W/m^2 \cdot ℃$

정답 48 ① 49 ② 50 ① 51 ① 52 ③

53 가습장치에 대한 설명으로 옳은 것은?
① 증기분무 방법은 제어의 응답성이 빠르다.
② 초음파 가습기는 다량의 가습에 적당하다.
③ 순환수 가습은 가열 및 가습효과가 있다.
④ 온수 가습은 가열·감습이 된다.

해설
① 증기분무 방법은 증기를 공기 중에 분무하기 때문에 가습효율이 100%이고, 제어의 응답성이 빠르다.
② 초음파 가습기는 소량의 가습에 적당하다.
③ 순환수 가습은 냉각 및 가습효과가 있다.
④ 온수 가습은 냉각·가습이 된다.

54 공기조화 설비에 관한 설명으로 틀린 것은?
① 이중덕트 방식은 개별 제어를 할 수 있는 이점이 있지만, 단일덕트 방식에 비해 설비비 및 운전비가 많아진다.
② 변풍량 방식은 부하의 증가에 대처하기 용이하며, 개별제어가 가능하다.
③ 유인유닛 방식은 개별제어가 용이하며, 고속덕트를 사용할 수 있어 덕트 스페이스를 작게 할 수 있다.
④ 각층 유닛방식은 중앙기계실 면적이 작게 차지하고, 공조기의 유지관리가 편하다.

해설
각층 유닛방식은 중앙기계실 면적과 덕트공간이 작은 장점이 있지만 공조기가 각 층에 분산되어 있어 유지 관리가 어렵다.

55 다음 온수난방 분류 중 적당하지 않은 것은?
① 고온수식, 저온수식
② 중력순환식, 강제순환식
③ 건식환수법, 습식환수법
④ 상향공급식, 하향공급식

해설
③ 건식환수법과 습식환수법은 증기난방에서 환수관이 보일러 수면보다 위에 설치되면 건식, 아래에 설치되면 습식 환수법이다.

56 축열 시스템에서 수축열조의 특징으로 옳은 것은?
① 단열, 방수공사가 필요 없고 축열조를 따로 구축하는 경우 추가비용이 소요되지 않는다.
② 축열배관 계통이 여분으로 필요하고 배관설비비 및 반송동력비가 절약된다.
③ 축열수의 혼합에 다른 수온저하 때문에 공조기 코일열수, 2차측 배관계의 설비가 감소할 가능성이 있다.
④ 열원기기는 공조부하의 변동에 직접 추종할 필요가 없고 효율이 높은 전부하에서의 연속운전이 가능하다.

해설
① 단열, 방수공사가 필요하고 축열조를 따로 구축하는 경우 추가비용이 소요된다.
② 축열배관 계통이 여분으로 필요하고 배관설비비 및 반송 동력비가 증가한다.
③ 축열조의 혼합에 따른 수온저하 때문에 공조기 코일 열수, 2차측 배관계의 설비가 증가할 가능성이 있다.

57 온풍난방에 관한 설명으로 틀린 것은?
① 실내 층고가 높을 경우 상하 온도차가 커진다.
② 실내의 환기나 온습도 조절이 비교적 용이하다.
③ 직접 난방에 비하여 설비비가 높다.
④ 국부적으로 과열되거나 난방이 잘 안되는 부분이 발생한다.

해설
직접난방이란 기계실에 보일러를 설치하고 실내에 FCU 또는 방열기를 설치하여 직접 실내공기를 가열하는 방식이며 온풍난방에 비하여 설비비가 크다. 즉, 온풍난방이 직접난방에 비해 설비비가 작다.

정답 53 ① 54 ④ 55 ③ 56 ④ 57 ③

58 냉방부하에 따른 열의 종류로 틀린 것은?

① 인체의 발생열 – 현열, 잠열
② 틈새바람에 의한 열량 – 현열, 잠열
③ 외기 도입량 – 현열, 잠열
④ 조명의 발생열 – 현열, 잠열

해설 조명의 발생열 – 현열

59 다음 중 라인형 취출구의 종류로 가장 거리가 먼 것은?

① 브리즈 라인형   ② 슬롯형
③ T–라인형   ④ 그릴형

해설 라인형 취출구는 T–라인형, M–라인형, 브리즈 라인형, 캄 라인형, 슬롯형이 있다.

60 다음 중 원심식 송풍기가 아닌 것은?

① 다익 송풍기   ② 프로펠러 송풍기
③ 터보 송풍기   ④ 익형 송풍기

해설 프로펠러 송풍기는 축류식 송풍기이다.

제4과목 전기제어공학

61 목표치가 시간에 관계없이 일정한 경우로 정전압 장치, 일정 속도제어 등에 해당하는 제어는?

① 정치제어   ② 비율제어
③ 추종제어   ④ 프로그램제어

해설
① **정치제어**: 목표값이 시간이 변하여도 변하지 않고 일정한 제어. 자동조정, 프로세스제어
② **비율제어**: 목표값이 다른 량과 일정한 비율로 변하는 제어. 보일러 자동연소장치
③ **추종제어**: 목표값이 임의로 변하는 경우의 제어. 미사일 추적장치, 추적 레이더
④ **프로그램제어**: 제어 목표값을 미리 정해진 프로그램에 의해 변화시키는 제어. 자판기, 엘리베이터, 무인열차 운전, 공작기계 제어

62 단상 교류전력을 측정하는 방법이 아닌 것은?

① 3전압계법   ② 3전류계법
③ 단상전력계법   ④ 2전력계법

해설
① **3전압계법**: 3개의 전압계와 1개의 저항을 써서 단상 교류전력을 측정하는 방법
② **3전류계법**: 3개의 전류계와 1개의 저항을 써서 단상 교류전력을 측정하는 방법
③ **단상전력계법**: 1전력계법으로 1개의 단상전력계로 단상 및 3상 교류전력을 측정하는 방법
④ **2전력계법**: 2개의 단상전력계를 이용하여 3상 교류전력을 측정하는 방법

63 교류를 직류로 변환하는 전기기기가 아닌 것은

① 수은정류기   ② 단극발전기
③ 회전변류기   ④ 컨버터

해설 교류를 직류로 변환시키는 기기로 정류기, 변류기, 컨버터가 있으며, 단극발전기는 직류발전기이다.

64 제어계의 구성도에서 개루프 제어계에는 없고 폐루프 제어계에만 있는 제어 구성요소는?

① 검출부   ② 조작량
③ 목표값   ④ 제어대상

해설 개루프제어는 시퀀스제어이고 폐루프제어는 피드백제어인데 검출부는 피드백제어에만 있다.

65 $R = 4\,\Omega$, $X_L = 9\,\Omega$, $X_C = 6\,\Omega$인 직렬접속 회로의 어드미턴스($\mho$)는?

① $4 + j8$ ② $0.16 - j0.12$
③ $4 - j8$ ④ $0.16 + j0.12$

해설
$$Y = \frac{1}{Z} = \frac{1}{R+j(X_L-X_C)}$$
$$= \frac{1}{R+j(X_L-X_C)} \times \frac{R-j(X_L-X_C)}{R-j(X_L-X_C)}$$
$$= \frac{R-j(X_L-X_C)}{R^2+(X_L-X_C)^2}$$
$$= \frac{4-j(9-6)}{4^2+(9-6)^2} = \frac{4-j3}{25} = 0.16 - j0.12$$

정답 58 ④ 59 ④ 60 ② 61 ① 62 ④ 63 ② 64 ① 65 ②

66 발열체의 구비조건으로 틀린 것은?

① 내열성이 클 것
② 용융온도가 높을 것
③ 산화온도가 낮을 것
④ 고온에서 기계적 강도가 클 것

해설 발열체의 구비조건
• 내열성, 내식성이 클 것
• 용융온도가 높을 것
• 산화온도가 높을 것
• 고온에서 기계적 강도가 클 것
• 선팽창계수가 작을 것
• 저항의 온도계수가 정(+)이며 작을 것

67 PLC(Programmable Logic Controller)에 대한 설명 중 틀린 것은?

① 시퀀스제어 방식과는 함께 사용할 수 없다.
② 무접점 제어방식이다.
③ 산술연산, 비교연산을 처리할 수 있다.
④ 계전기, 타이머, 카운터의 기능까지 쉽게 프로그램 할 수 있다.

해설 PLC제어는 논리연산, 수치연산, 데이터처리기능, 프로그램 제어기능을 조합한 제어이며 시퀀스제어 방식과 함께 사용할 수 있다.

68 그림과 같은 유접점 논리회로를 간단히 하면?

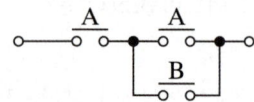

① $\overline{A}$ ○—○ ○—○
② A ○—○ ○—○
③ $\overline{B}$ ○—○ ○—○
④ B ○—○ ○—○

해설 논리회로 $A \cdot (A+B) = A$(흡수법칙)

69 그림과 같은 블록선도에서 C(s)는? (단, $G_1(s)$ = 5, $G_2(s)$ = 2, H(s) = 0.1, R(s) = 1이다.)

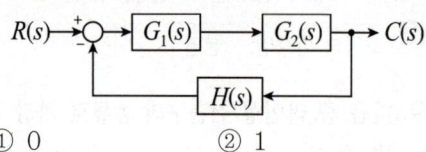

① 0
② 1
③ 5
④ ∞

해설 전달함수 $\dfrac{C(s)}{R(s)} = \dfrac{\text{전향경로의 합}}{1 - \text{피드백의 합}}$

$\dfrac{C(s)}{R(s)} = \dfrac{G_1(s)G_2(s)}{1-\{-G_1(s)G_2(s)H(s)\}}$

$C(s) = \dfrac{G_1(s)G_2(s)R(s)}{1+G_1(s)G_2(s)H(s)}$

$= \dfrac{5 \times 2 \times 1}{1 + 5 \times 2 \times 0.1} = 5$

70 전위의 분포가 V = 15x + 4y² 으로 주어질 때 점(x=3, y=4)에서 전계의 세기(V/m)는?

① −15i + 32j
② −15i − 32j
③ 15i + 32j
④ 15i − 32j

해설 전계의 세기(E)

$E = -\text{grad}\,V = -\nabla V$

$= -\left(i\dfrac{\partial V}{\partial x} + j\dfrac{\partial V}{\partial y} + k\dfrac{\partial V}{\partial z}\right)$

$= \left(i\dfrac{15x+4y^2}{\partial x} + j\dfrac{15x+4y^2}{\partial y} + k\dfrac{15x+4y^2}{\partial z}\right)$

$= -(i15 + j8y + 0)$

$= -15i - 32j$

66 ③   67 ①   68 ②   69 ③   70 ②

71 입력이 $011_{(2)}$일 때, 출력은 3V인 컴퓨터 제어의 D/A 변환기에서 입력을 $101_{(2)}$로 하였을 때 출력은 몇 V인가? (단, 3bit 디지털 입력이 $011_{(2)}$은 off, on, on을 뜻하고 입력과 출력은 비례한다.)

① 3 ② 4
③ 5 ④ 6

해설
2진수를 10진수로 변환
$011 = 0 \times 2^2 + 1 \times 2^1 + 1 \times 2^0 = 0+2+1 = 3 \rightarrow 3V$
$101 = 1 \times 2^2 + 0 \times 2^1 + 1 \times 2^0 = 4+0+1 = 5 \rightarrow 5V$
즉, 011의 10진수 값이 3인데 이 때 3V이므로 101의 10진수 값이 5이므로 5V가 된다.

72 $G(s) = \dfrac{10}{s(s+1)(s+2)}$의 최종값은?

① 0 ② 1
③ 5 ④ 10

해설
최종값 정리 $\lim_{t \to \infty} g(t) = \lim_{s \to 0} sG(s)$ 에서
$\lim_{s \to 0} sG(s) = \lim_{s \to 0} s \cdot \dfrac{10}{s(s+1)(s+2)}$
$= \lim_{s \to 0} \dfrac{10}{(s+1)(s+2)}$
$= \dfrac{10}{(0+1)(0+2)} = 5$

73 잔류편차와 사이클링이 없고, 간헐현상이 나타나는 것이 특징인 동작은?

① I 동작 ② D 동작
③ P 동작 ④ PI 동작

해설
PI 동작 : 비례동작과 적분동작을 조합시킨 동작
• 잔류편차를 제거하여 정상특성을 개선한 동작
• 적분시간을 짧게하면 잔류편차를 짧은 시간 내에 없앨 수 있지만 사이클링(헌팅, 간헐현상)이 발생한다.
• 적분시간이 길면 잔류편차를 없애는 데 긴 시간이 걸린다.

74 피상전력이 P_a(kVA)이고 무효전력이 P_r(kVar)인 경우 유효전력 P(kW)를 나타낸 것은?

① $P = \sqrt{P_a - P_r}$
② $P = \sqrt{P_a^2 - P_r^2}$
③ $P = \sqrt{P_a + P_r}$
④ $P = \sqrt{P_a^2 + P_r^2}$

해설

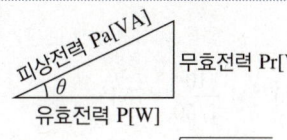

유효전력 $P = \sqrt{P_a^2 - P_r^2}$

75 3상 교류에서 a, b, c상에 대한 전압을 기호법으로 표시하면
$E_a = E \angle 0°$, $E_b = E \angle -120°$,
$E_c = E \angle 120°$로 표시된다.
여기서 $a = -\dfrac{1}{2} + j\dfrac{\sqrt{3}}{2}$라는 페이저 연산자를 이용하면 E_c는 어떻게 표시되는가?

① $E_c = E$ ② $E_c = a^2 E$
③ $E_c = aE$ ④ $E_c = \left(\dfrac{1}{a}\right) E$

해설

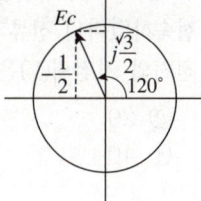

$E_c = E \angle 120° = E\left(-\dfrac{1}{2} + j\dfrac{\sqrt{3}}{2}\right)$
페이저 연산자 $a = -\dfrac{1}{2} + j\dfrac{\sqrt{3}}{2}$을 위 식에 대입하면
$E_c = E(a) = aE$
[참고] $E_b = a^2 E$

71 ③ 72 ③ 73 ④ 74 ② 75 ③

76 상호인덕턴스 150mH인 a, b 두 개의 코일이 있다. b의 코일에 전류를 균일한 변화율로 1/50초 동안에 10A변화시키면 a코일에 유기되는 기전력(V)의 크기는?

① 75　　　　② 100
③ 150　　　　④ 200

해설 유도기전력
$$e = M\frac{dI}{dt}$$
$$e = 150 \times 10^{-3} \times \frac{10}{1/50} = 75 V$$

77 비전해콘덴서의 누설전류 유무를 알아보는데 사용될 수 있는 것은?

① 역률계　　　② 전압계
③ 분류기　　　④ 자속계

해설 비전해콘덴서는 용량이 작기 때문에 전압계로 콘덴서에 충전전압을 인가할 수 있다. 전압계로 전압을 인가한 후 전압계의 극성을 반대로 콘덴서에 연결했을 때 전압계에 전압이 나타나지 않으면 콘덴서에 누설전류가 있는 것이다.

78 어떤 전지에 연결된 외부회로의 저항은 4Ω이고, 전류는 5A가 흐른다. 외부회로에 4Ω 대신 8Ω의 저항을 접속하였더니 전류가 3A로 떨어졌다면, 이 전지의 기전력(V)은?

① 10　　　　② 20
③ 30　　　　④ 40

해설 단자전압 $V = E - I \cdot r$
V : 단자전압, E : 전지의 기전력
I : 회로에 흐르는 전류, r : 내부 저항
$V = I \cdot R$이므로
$5 \times 4 = E - 5r$에서 $E = 20 + 5r$
$3 \times 8 = E - 3r$에서 $E = 24 + 3r$
$20 + 5r = 24 + 3r$에서 $r = 2$
∴ $E = 20 + 5 \times 2 = 30V$

79 다음 논리식 중 틀린 것은?

① $\overline{A \cdot B} = \overline{A} + \overline{B}$
② $\overline{A + B} = \overline{A} \cdot \overline{B}$
③ $A + A = A$
④ $A + \overline{A} \cdot B = A + \overline{B}$

해설 ④ $A + \overline{A} \cdot B = A + (\overline{A} \cdot B) = (A + \overline{A}) \cdot (A + B)$
$= 1 \cdot (A + B) = A + B$

80 스위치를 닫거나 열기만 하는 제어동작은?

① 비례동작　　　② 미분동작
③ 적분동작　　　④ 2위치동작

해설 ④ 스위치를 닫거나 열기만 하는 제어동작은 ON, OFF 동작으로 2위치동작이다.

제5과목　배관일반

81 증기난방 설비 중 증기헤더에 관한 설명으로 틀린 것은?

① 증기를 일단 증기헤더에 모은 다음 각 계통별로 분배한다.
② 헤더의 설치 위치에 따라 공급헤더와 리턴헤더로 구분한다.
③ 증기헤더는 압력계, 드레인 포켓, 트랩장치 등을 함께 부착시킨다.
④ 증기헤더의 접속관에 설치하는 밸브류는 바닥 위 5m 정도의 위치에 설치하는 것이 좋다.

해설 증기헤더에 접속관에 설치하는 밸브류는 유지관리를 위해 바닥 위 1.2~1.4m 정도의 위치에 설치하는 것이 좋다.

76 ①　77 ②　78 ③　79 ④　80 ④　81 ④

82. 밸브 종류 중 디스크의 형상을 원뿔모양으로 하여 고압 소유량의 유체를 누설 없이 조절할 목적으로 사용하는 밸브는?

① 앵글 밸브
② 슬루스 밸브
③ 니들 밸브
④ 버터플라이 밸브

해설
① 앵글밸브 : 밸브의 입구와 출구가 직각으로 되어있어 유체의 방향을 90°로 바꿀 때 사용한다.
② 슬루스밸브 : 게이트밸브라고도하며 유량조절이 필요없는 배관에서 유체흐름을 차단할 목적으로 사용한다.
③ 니들밸브 : 유량의 미세조정용으로 사용되며, 밸브의 디스크 끝 부분이 원추형(바늘모양)으로 되어있다.
④ 버터플라이밸브 : 밸브 안에 있는 원형 디스크를 회전시켜 유체의 흐름을 조절하는 밸브이며, 차단 및 유량조절이 가능하고 구조 및 조작이 간단하다.

83. 다음 배관지지 장치 중 변위가 큰 개소에 사용하기에 가장 적절한 행거(hanger)는?

① 리지드 행거
② 콘스탄트 행거
③ 베리어블 행거
④ 스프링 행거

해설
콘스탄트 행거는 지정된 상하 이동 범위 내에서 이동을 허용한 행거로서 변위가 큰 개소에 사용된다.

84. 냉매유속이 낮아지게 되면 흡입관에서의 오일회수가 어려워지므로 오일회수를 용이하게 하기 위하여 설치하는 것은?

① 이중입상관   ② 루프 배관
③ 액 트랩   ④ 리프팅 배관

해설
압축기가 최저부하로 운전될 때에도 윤활유를 반송할 수 있도록 입상관을 이중으로 설치한다.

85. 보온재의 구비조건으로 틀린 것은?

① 부피와 비중이 커야 한다.
② 흡수성이 적어야 한다.
③ 안전사용 온도 범위에 적합해야 한다.
④ 열전도율이 낮아야 한다.

해설
보온재의 구비조건
① 열전도율이 작을 것(보온능력이 클 것)
② 흡습성 및 흡수성이 작을 것
③ 화학작용을 일으키지 않고 불연성일 것
④ 사용하는 온도에서 변질이 없을 것
⑤ 경제적이며 중량이 가볍고 시공이 용이할 것

86. 관의 결합방식 표시방법 중 용접식의 그림기호로 옳은 것은?

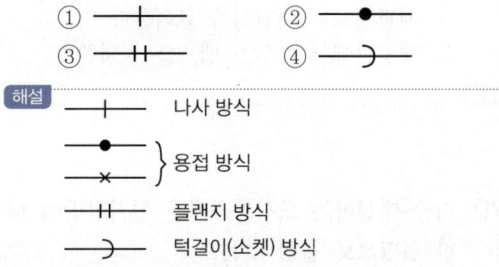

해설
나사 방식
용접 방식
플랜지 방식
턱걸이(소켓) 방식

87. 중차량이 통과하는 도로에서의 급수배관 매설깊이 기준으로 옳은 것은?

① 450 mm 이상
② 750 mm 이상
③ 900 mm 이상
④ 1200 mm 이상

해설
중차량이 통과하는 도로 밑 급수관 매설 깊이 기준은 1200mm 이상이다.

정답 82 ③ 83 ② 84 ① 85 ① 86 ② 87 ④

88 공조배관 설계 시 유속을 빠르게 설계하였을 때 나타나는 결과로 옳은 것은?

① 소음이 작아진다.
② 펌프양정이 높아진다.
③ 설비비가 커진다.
④ 운전비가 감소한다.

해설 배관의 유속을 빠르게 하면
① 소음이 커진다.
② 펌프 양정이 높아진다.
③ 설비비(배관설비비)가 작아진다.
④ 운전비(펌프운전비)가 증가한다.

89 온수난방 설비의 온수배관 시공법에 관한 설명으로 틀린 것은?

① 공기가 고일 염려가 있는 곳에는 공기배출을 고려한다.
② 수평배관에서 관의 지름을 바꿀 때에는 편심레듀서를 사용한다.
③ 배관재료는 내열성을 고려한다.
④ 팽창관에는 슬루스 밸브를 설치한다.

해설 팽창관에는 어떤 밸브도 설치해서는 안 된다.

90 지중 매설하는 도시가스배관 설치방법에 대한 설명으로 틀린 것은?

① 배관을 시가지 도로 노면 밑에 매설하는 경우 노면으로부터 배관의 외면까지 1.5m 이상 간격을 두고 설치해야 한다.
② 배관의 외면으로부터 도로의 경계까지 수평거리 1.5m 이상, 도로 밑의 다른 시설물과는 0.5m 이상 간격을 두고 설치해야 한다.
③ 배관을 인도·보도 등 노면 외의 도로밑에 매설하는 경우에는 지표면으로부터 배관의 외면까지 1.2m 이상 간격을 두고 설치해야 한다.
④ 배관을 포장되어 있는 차도에 매설하는 경우 그 포장부분의 노반 밑에 매설하고 배관의 외면과 노반의 최하부와의 거리는 0.5m 이상 간격을 두고 설치해야 한다.

해설 배관의 외면으로부터 도로의 경계까지 수평거리 1m이상, 도로 밑의 다른 시설물과는 0.3m이상 간격을 두고 설치해야 한다.
[도시가스사업법 시행규칙 별표5]

91 직접 가열식 중앙 급탕법의 급탕순환 경로의 순서로 옳은 것은?

① 급탕입주관 → 분기관 → 저탕조 → 복귀주관 → 위생기구
② 분기관 → 저탕조 → 급탕입주관 → 위생기구 → 복귀주관
③ 저탕조 → 급탕입주관 → 복귀주관 → 분기관 → 위생기구
④ 저탕조 → 급탕입주관 → 분기관 → 위생기구 → 복귀주관

해설 직접 가열식 중앙 급탕법
- 보일러에서 가열된 물을 저탕조에 저장하여 저탕조로부터 급탕을 공급하는 방식이며 열효율 면에서 간접 가열식에 비해 유리하다.
- 급탕순환경로: 저탕조 → 급탕입주관 → 분기관 → 위생기구 → 복귀주관

92 증기압축식 냉동사이클에서 냉매배관의 흡입관은 어느 구간을 의미하는가?

① 압축기 – 응축기 사이
② 응축기 – 팽창밸브 사이
③ 팽창밸브 – 증발기 사이
④ 증발기 – 압축기 사이

해설
① 압축기 – 응축기 사이 : 토출관(가스)
② 응축기 – 팽창밸브 사이 : 토출관(액)
③ 팽창밸브 – 증발기 사이 : 흡입관(액 + 가스)
④ 증발기 – 압축기 사이 : 흡입관(가스)

93 도시가스의 제조소 및 공급소 밖의 배관 표시 기준에 관한 내용으로 틀린 것은?

① 가스배관을 지상에 설치할 경우에는 배관의 표면색상을 황색으로 표시한다.
② 최고사용압력이 중압인 가스배관을 매설할 경우에는 황색으로 표시한다.
③ 배관을 지하에 매설하는 경우에는 그 배관이 매설되어 있음을 명확하게 알 수 있도록 표시한다.
④ 배관의 외부에 사용가스명, 최고사용압력 및 가스의 흐름방향을 표시하여야 한다. 다만, 지하에 매설하는 경우에는 흐름방향을 표시하지 아니할 수 있다.

해설 가스배관의 표면색상은 지상배관은 황색으로, 매설배관은 최고사용압력이 저압인 배관은 황색, 중압인 배관은 적색으로 한다.
「도시가스사업법 시행규칙 별표 5」

94 다음 중 수직배관에서 역류방지 목적으로 사용하기에 가장 적절한 밸브는?

① 리프트식 체크밸브
② 스윙식 체크밸브
③ 안전밸브
④ 코크밸브

해설 역류방지 목적으로 사용하는 밸브는 체크밸브이며 역지밸브라고도 한다.
- 스윙 체크밸브 : 수평, 수직배관 모두에 사용
- 리프트 체크밸브 : 수평배관에만 사용
- 후트밸브 : 펌프 흡입관 말단에 설치

95 주철관 이음 중 고무링 하나만으로 이음하여 이음과정이 간편하여 관 부설을 신속하게 할 수 있는 것은?

① 기계식 이음
② 빅토릭 이음
③ 타이톤 이음
④ 소켓 이음

해설 타이톤 이음(Tyton Joint)
① 미국 US 파이프회사에서 개발한 제품이다.
② 원형의 고무링 만으로 접합하는 방식이다. (메카니컬 이음과 유사하나 푸시링이 없다.)
③ 소켓 안쪽의 홈은 고무링을 고정시키도록 되어 있다.

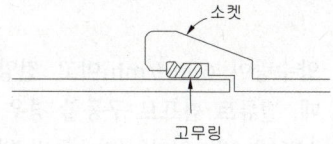

96 배수설비의 종류에서 요리실, 욕조, 세척 싱크와 세면기 등에서 배출되는 물을 배수하는 설비의 명칭으로 옳은 것은?

① 오수 설비
② 잡배수 설비
③ 빗물배수 설비
④ 특수배수 설비

해설
① 오수 : 대변기, 소변기배수
② 잡배수 : 주방(요리실), 욕조, 세면기, 세척싱크배수
③ 빗물배수 : 우수배수
④ 특수배수 : 병원배수, 공장배수

97 연관의 접합 과정에 쓰이는 공구가 아닌 것은?

① 봄볼
② 턴핀
③ 드레서
④ 사이징툴

해설
사이징 툴 : 동관의 끝을 원형으로 만드는 공구
봄볼 : 연관 주관에 구멍을 뚫는 공구
턴핀 : 접합하기 쉽게 연관 끝을 확대하는 공구
드레서 : 연관 표면의 산화피막을 제거하는 공구

정답 93 ② 94 ② 95 ③ 96 ② 97 ④

98 다음 중 동관의 이음방법과 가장 거리가 먼 것은?

① 플레어이음 ② 납땜이음
③ 플랜지이음 ④ 소켓이음

해설 소켓이음 : 주철관 이음 방법이며 턱걸이 이음이라고도 한다. 관의 소켓부에 얀(yarn)과 납을 넣어 다져서 접합한다.

99 펌프의 양수량이 60m³/min이고 전양정이 20m일 때, 벌류트 펌프로 구동할 경우 필요한 동력(kW)은 얼마인가? (단, 물의 비중량은 9800 N/m³이고, 펌프의 효율은 60%로 한다.)

① 196.1 ② 200
③ 326.7 ④ 405.8

해설 동력
$$L_b = \frac{\gamma H Q}{\eta}$$
$$= \frac{9800 \times 10^{-3} \times 20 \times 60}{60 \times 0.6}$$
$$= 326.7 \text{kW}$$

100 플러시 밸브 또는 급속 개폐식 수전을 사용할 때 급수의 유속이 불규칙적으로 변하여 생기는 현상을 무엇이라고 하는가?

① 수밀작용 ② 파동작용
③ 맥동작용 ④ 수격작용

해설 플러시 밸브 또는 급속 개폐식 밸브는 유속을 급격히 폐쇄시키므로 수격작용을 일으킨다.

수격작용(water hammer)
① 유체가 관로속을 흐를 때 밸브등을 갑자기 닫으면 유체의 운동에너지가 압력에너지로 변하여 고압이 되어 충격을 주는 현상을 수격현상, 수격작용이라 한다.
② 이 작용은 유속이 빠를수록, 밸브를 닫는 시간이 짧을수록 심하다.

정답 98 ④ 99 ③ 100 ④

과년도 출제문제(2021. 5. 15 시행)

제1과목 기계열역학

01 4kg의 공기를 온도 15℃에서 일정 체적으로 가열하여 엔트로피가 3.35kJ/K 증가하였다. 이 때 온도는 약 몇 K인가? (단, 공기의 정적비열은 0.717kJ/(kg·K)이다.)

① 927　　② 337
③ 533　　④ 483

해설

$$\Delta S = m\, C_v \ln \frac{T_2}{T_1} = m\, C_v (\ln T_2 - \ln T_1)$$

$$\ln T_2 = \ln T_1 + \frac{\Delta S}{m\, C_v}$$

$$= \ln(15+273) + \frac{3.35}{4 \times 0.717}$$

$$= 5.663 + 1.168 = 6.831$$

$$T_2 = e^{6.831} = 926.1 \text{ K}$$

02 카르노사이클로 작동되는 열기관이 200kJ의 열을 200℃에서 공급받아 20℃에서 방출한다면 이 기관의 일은 약 얼마인가?

① 38kJ　　② 54kJ
③ 63kJ　　④ 76kJ

해설

$$\eta_c = \frac{W}{Q_H} = \frac{T_H - T_L}{T_H}$$

$$W = Q_H \frac{T_H - T_L}{T_H}$$

$$= 200 \times \frac{(200+273)-(20+273)}{(200+273)}$$

$$= 76.1 \text{kJ}$$

03 기체상수가 0.462kJ/(kg·K)인 수증기를 이상기체로 간주할 때 정압비열 (kJ/(kg·K))은 얼마인가? (단, 이 수증기의 비열비는 1.33이다.)

① 1.86　　② 1.54
③ 0.64　　④ 0.44

해설 정압비열

$$C_P = \frac{k}{k-1} \cdot R$$

$$= \frac{1.33}{1.33-1} \times 0.462 = 1.862 \text{kJ/kg·K}$$

04 다음 4가지 경우에서 ( ) 안의 물질이 보유한 엔트로피가 증가한 경우는?

ⓐ 컵에 있는 (물)이 증발하였다.
ⓑ 목욕탕의 (수증기)가 차가운 타일 벽에서 물로 응결되었다.
ⓒ 실린더 안의 (공기)가 가역 단열적으로 팽창되었다.
ⓓ 뜨거운 (커피)가 식어서 주위온도와 같게 되었다.

① ⓐ　　② ⓑ
③ ⓒ　　④ ⓓ

해설 어떤 물질이 열을 받으면 엔트로피가 증가하고 빼앗기면 엔트로피가 감소하며 단열과정에서는 $\delta Q = 0$ 이므로 엔트로피가 일정하다.
ⓐ 물이 열을 공급받아야 증발하므로 엔트로피 증가
ⓑ 수증기가 열을 빼앗겨야 응결되므로 엔트로피 감소
ⓒ 공기가 가역 단열 팽창이므로 엔트로피 일정
ⓓ 커피가 열을 빼앗겨 식었으므로 엔트로피 감소

정답　01 ①　02 ④　03 ①　04 ①

05 이상적인 오토사이클의 열효율이 56.5%이라면 압축비는 약 얼마인가? (단, 작동 유체의 비열비는 1.4로 일정하다.)

① 7.5   ② 8.0
③ 9.0   ④ 9.5

해설
$$\eta_0 = 1 - (\frac{1}{\varepsilon})^{k-1} = 1 - \frac{1}{\varepsilon^{k-1}}$$
$$\varepsilon = (\frac{1}{1-\eta_0})^{\frac{1}{k-1}} = (\frac{1}{1-0.565})^{\frac{1}{1.4-1}}$$
$$= 8.0$$

06 시스템 내에 임의의 이상기체 1kg이 채워져 있다. 이 기체의 정압비열은 1.0kJ/kg·K이고, 초기 온도가 50℃인 상태에서 323kJ의 열량을 가하여 팽창시킬 때 변경 후 체적은 변경 전 체적의 약 몇 배가 되는가? (단, 정압 과정으로 팽창한다.)

① 1.5배   ② 2배
③ 2.5배   ④ 3배

해설
$PV = mRT$에서 정압과정이므로
$$\frac{V_1}{T_1} = \frac{V_2}{T_2} 에서 V_2 = \frac{T_2}{T_1} V_1$$
$\delta Q = mC_p dT$에서 $Q = mC_p(T_2 - T_1)$
$$T_2 = T_1 + \frac{Q}{mC_p}$$
$$= (50+273) + \frac{323}{1 \times 1.0} = 646K$$
$$\therefore V_2 = \frac{646}{(50+273)} V_1 = 2V_1$$

07 그림과 같은 Rankine 사이클의 열효율은 약 얼마인가? (단, h는 엔탈피, s는 엔트로피를 나타내며, h_1= 191.8kJ/kg, h_2=193.8kJ/kg, h_3=2799.5kJ/kg, h_4 = 2007.5kJ/kg이다.)

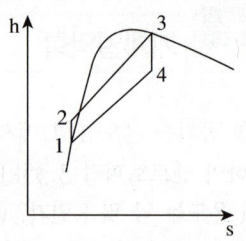

① 30.3%   ② 36.7%
③ 42.9%   ④ 48.1%

해설
랭킨사이클의 열효율
$$\eta_R = \frac{h_3 - h_4}{h_3 - h_1}$$
$$= \frac{2799.5 - 2007.5}{2799.5 - 191.8}$$
$$= 0.3037$$

08 복사열을 방사하는 방사율과 면적이 같은 2개의 방열판이 있다. 각각의 온도가 A 방열판은 120℃, B 방열판은 80℃일 때 두 방열판의 복사 열전달량(Q_A / Q_B)의 비는?

① 1.08   ② 1.22
③ 1.54   ④ 2.42

해설
복사열전달량 $Q = \varepsilon \sigma A T^4$ 이므로
$$\frac{Q_A}{Q_B} = \left(\frac{T_A}{T_B}\right)^4 = \left(\frac{120+273}{80+273}\right)^4 = 1.536$$
여기서 ε : 방사율($0 < \varepsilon < 1$)
σ : 스테판 볼츠만상수
$(5.67 \times 10^{-8} W/m^2 K)$

05 ②   06 ②   07 ①   08 ③

09 질량이 5kg인 강제 용기 속에 물이 20L들어 있다. 용기와 물이 24℃인 상태에서 이속에 질량이 5kg이고 온도가 180℃인 어떤 물체를 넣었더니 일정 시간 후 온도가 35℃가 되면서 열평형에 도달하였다. 이 때 이 물체의 비열은 약 몇 kJ/(kg·K)인가? 강의 비열은 0.46 kJ/(kg·K)이다.

① 0.88　　② 1.12
③ 1.31　　④ 1.86

해설
열평형식을 세우면 : 평형온도는 t이므로
$G_A C_A (t-t_A) + G_B C_B (t-t_B) = G_C C_C (t_C - t)$

$C_C = \dfrac{G_A C_A (t-t_A) + G_B C_B (t-t_B)}{G_C (t_C - t)}$

$= \dfrac{5 \times 0.46 \times (35-24) + 20 \times 4.19 \times (35-24)}{5 \times (180-35)}$

$= 1.31 \text{kJ/kg} \cdot \text{K}$

여기서 물의 비열 $C_2 = 4.19 \text{kJ/kg} \cdot \text{K}$

10 어느 왕복동 내연기관에서 실린더 안지름이 6.8cm, 행정이 8cm일 때 평균유효압력은 1200kPa이다. 이 기관의 1행정당 유효 일은 약 몇 kJ인가?

① 0.09　　② 0.15
③ 0.35　　④ 0.48

해설
평균유효압력

$P_m = \dfrac{w}{v_1 - v_2}$

$w = P_m \times (v_1 - v_2)$

여기서 $(v_1 - v_2)$는 행정체적이므로

$w = P_m \times \dfrac{\pi}{4} d^2 \cdot L$

$= 1200 \times \dfrac{\pi}{4} \times 0.068^2 \times 0.08 = 0.35 \text{kJ}$

11 실린더에 밀폐된 8kg의 공기가 그림과 같이 압력 P_1=800kPa, 체적 V_1=0.27m³에서 P_2 = 350kPa, V_2=0.80m³으로 직선 변화하였다. 이 과정에서 공기가 한 일은 약 몇 kJ인가?

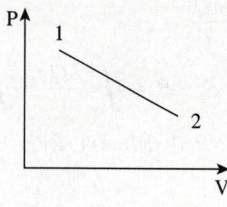

① 305　　② 334
③ 362　　④ 390

해설
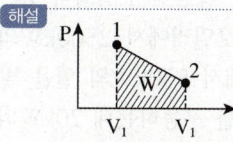

절대일 $W = \int_1^2 PdV = \dfrac{1}{2}(P_1 + P_2)(V_2 - V_1)$

$= \dfrac{1}{2}(800 + 350) \times (0.8 - 0.27)$

$= 304.75 \text{kJ}$

12 상태 1에서 경로 A를 따라 상태 2로 변화하고 경로 B를 따라 다시 상태 1로 돌아오는 가역 사이클이 있다. 아래의 사이클에 대한 설명으로 틀린 것은?

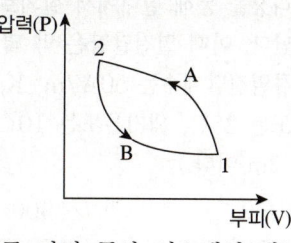

① 사이클 과정 동안 시스템의 내부에너지 변화량은 0 이다.
② 사이클 과정 동안 시스템은 외부로부터 순(net) 일을 받았다.

정답　09 ③　10 ③　11 ①　12 ④

③ 사이클 과정 동안 시스템의 내부에서 외부로 순(net) 열이 전달되었다.
④ 이 그림으로 사이클 과정 동안 총 엔트로피 변화량을 알 수 없다.

해설 사이클 과정동안 총엔트로피 변화량

$$dS = \frac{\delta Q}{T}$$

$$\Delta S = S_2 - S_1 = \int_1^2 \frac{\delta Q}{T} - \int_2^1 \frac{\delta Q}{T}$$

열을 받으면 엔트로피 증가, 냉각되면 엔트로피 감소

13 보일러, 터빈, 응축기, 펌프로 구성되어 있는 증기원동소가 있다. 보일러에서 2500kW의 열이 발생하고 터빈에서 550kW의 일을 발생시킨다. 또한, 펌프를 구동하는데 20kW의 동력이 추가로 소모된다면 응축기에서의 방열량은 약 몇 kW인가?

① 980 ② 1930
③ 1970 ④ 3070

해설 응축열량 = (보일러 + 펌프)열량 − 터빈열량
= (2500 + 20) − 550
= 1970kW

14 유리창을 통해 실내에서 실외로 열전달이 일어난다. 이때 열전달량은 약 몇 W인가? (단, 대류열전달계수는 50W/m²·K, 유리창 표면 온도는 25℃, 외기온도는 10℃, 유리창면적은 2m²이다.)

① 150 ② 500
③ 1500 ④ 5000

해설 $q = \alpha \cdot A \cdot \Delta t$
$= 50 \times 2 \times (25 - 10) = 1500W$

15 냉동기 냉매의 일반적인 구비조건으로서 적합하지 않은 것은?

① 임계 온도가 높고, 응고 온도가 낮을 것
② 증발열이 작고, 증기의 비체적이 클 것
③ 증기 및 액체의 점성(점성계수)이 작을 것
④ 부식성이 없고, 안정성이 있을 것

해설
• 냉매는 증발열이 커야 적은량으로 많은 열을 빼앗을 수 있다.
• 증기의 비체적이 크면 피스톤의 토출량이 많아야 하므로 증기의 비체적은 작아야 한다.

16 완전히 단열된 실린더 안의 공기가 피스톤을 밀어 외부로 일을 하였다. 이 때 외부로 행한 일의 양과 동일한 값(절대값 기준)을 가지는 것은?

① 공기의 엔탈피 변화량
② 공기의 온도 변화량
③ 공기의 엔트로피 변화량
④ 공기의 내부에너지 변화량

해설 $\delta Q = dU + PdV = dU + dW$
단열상태이므로 $\delta Q = 0$
$dW = -dU$

17 오토 사이클로 작동되는 기관에서 실린더의 극간체적(clearance volume)이 행정체적(stroke volume)의 15%라고 하면 이론 열효율은 약 얼마인가? (단, 비열비 k=1.4이다.)

① 39.3% ② 45.2%
③ 50.6% ④ 55.7%

해설 압축비

$$\varepsilon = \frac{v_1}{v_2} = \frac{실린더체적}{극간체적} = \frac{극간체적 + 행정체적}{극간체적}$$

$$= 1 + \frac{행정체적}{극간체적} = 1 + \frac{1}{0.15} = 7.67$$

$$\eta_o = 1 - \left(\frac{1}{\varepsilon}\right)^{k-1} = 1 - \left(\frac{1}{7.67}\right)^{1.4-1} = 0.557$$

정답 13 ③ 14 ③ 15 ② 16 ④ 17 ④

18 열역학 제 2법칙과 관계된 설명으로 가장 옳은 것은?

① 과정(상태변화)의 방향성을 제시한다.
② 열역학적 에너지의 양을 결정한다.
③ 열역학적 에너지의 종류를 판단한다.
④ 과정에서 발생한 총 일의 양을 결정한다.

해설
- 열역학 제 2법칙 : 열과 일의 변환에 대한 방향성을 제시한 법칙이다. 즉, 일은 열로 쉽게 변환되지만 열은 일로 쉽게 변환되지 않으므로 열기관이 필요하다.
- 열역학 제 1법칙 : 에너지 보존법칙이 성립함을 표현한 법칙이며 열과 일의 수량적 관계를 나타낸 법칙이다. $\delta Q = dU + \delta W$

19 압력 100kPa, 온도 20℃인 일정량의 이상기체가 있다. 압력을 일정하게 유지하면서 부피가 처음 부피의 2배가 되었을 때 기체의 온도는 약 몇 ℃가 되는가?

① 148   ② 256
③ 313   ④ 586

해설
$PV = mRT$ 에서 정압과정 이므로

$\dfrac{T_2}{T_1} = \dfrac{V_2}{V_1}$

$T_2 = \dfrac{V_2}{V_1} \times T_1 = 2 \times (20+273) = 586K$

$= 313℃$

20 어떤 열기관이 550K의 고열원으로부터 20kJ의 열량을 공급받아 250K의 저열원에 14kJ의 열량을 방출할 때 이 사이클의 Clausius 적분값과 가역, 비가역 여부의 설명으로 옳은 것은?

① Clausius 적분값은 -0.0196kJ/K 이고 가역 사이클이다.
② Clausius 적분값은 -0.0196kJ/K 이고 비가역 사이클이다.
③ Clausius 적분값은 0.0196kJ/K 이고 가역 사이클이다.
④ Clausius 적분값은 0.0196kJ/K 이고 비가역 사이클이다.

해설

$\oint \dfrac{\delta Q}{T} = \dfrac{Q_H}{T_H} - \dfrac{Q_L}{T_L}$

$= \dfrac{20}{550} - \dfrac{14}{250} = -0.0196 kJ/K$

$\oint \dfrac{\delta Q}{T} < 0$ 이므로 비가역 사이클이다.

제2과목 냉동공학

21 냉각탑에 대한 설명으로 틀린 것은?

① 밀폐식은 개방식 냉각탑에 비해 냉각수가 외기에 의해 오염될 염려가 적다.
② 냉각탑의 성능은 입구공기의 습구온도에 영향을 받는다.
③ 쿨링 레인지는 냉각탑의 냉각수 입·출구 온도의 차이다.
④ 어프로치는 냉각탑의 냉각수 입구온도에서 냉각탑 입구 공기의 습구온도의 차이다.

해설
어프로치는 냉각탑의 냉각수 출구온도와 냉각탑 입구공기의 습구온도 차이다.

어프로치 = 냉각탑 출구수온 - 입구공기 습구온도

정답 18 ① 19 ③ 20 ② 21 ④

22 다음 압축과 관련한 설명으로 옳은 것은?

> ㉠ 압축비는 체적효율에 영향을 미친다.
> ㉡ 압축기의 클리어런스(clearance)를 크게 할수록 체적효율은 크게 된다.
> ㉢ 체적효율이란 압축기가 실제로 흡입하는 냉매와 이론적으로 흡입하는 냉매 체적과의 비이다.
> ㉣ 압축비가 클수록 냉매 단위 중량당의 압축일량은 작게 된다.

① ㉠, ㉣
② ㉠, ㉢
③ ㉡, ㉣
④ ㉡, ㉢

해설
㉡ 압축기의 클리어런스를 크게 할수록 체적효율은 작아진다.
㉣ 압축비가 클수록 냉매 단위 중량당의 압축일량은 크게 된다.

23 몰리에르 선도 상에서 표준 냉동사이클의 냉매 상태변화에 대한 설명으로 옳은 것은?

① 등엔트로피 변화는 압축과정에서 일어난다.
② 등엔트로피 변화는 증발과정에서 일어난다.
③ 등엔트로피 변화는 팽창과정에서 일어난다.
④ 등엔트로피 변화는 응축과정에서 일어난다.

해설
① **압축과정** : 등엔트로피 변화(단열변화)
② **증발과정** : 등압변화
③ **팽창과정** : 교축변화
④ **응축과정** : 등압변화

24 흡수식 냉동기에서 냉매의 과냉 원인으로 가장 거리가 먼 것은?

① 냉수 및 냉매량 부족
② 냉각수 부족
③ 증발기 전열면적 오염
④ 냉매에 용액이 혼입

해설
냉각수가 부족하면 응축이 잘 안되므로 냉매온도는 오히려 올라간다.

25 흡수식 냉동기에 사용하는 "냉매-흡수제"가 아닌 것은?

① 물 - 리튬 브로마이드
② 물 - 염화리튬
③ 물 - 에틸렌글리콜
④ 암모니아 - 물

해설
냉매와 흡수제

냉 매	흡수제
물(H_2O)	리튬브로마이드(LiBr)
암모니아(NH_3)	물(H_2O)
물(H_2O)	염화리튬(LiCl)
물(H_2O)	황산(H_2SO_4)

26 냉동장치의 냉매량이 부족할 때 일어나는 현상으로 옳은 것은?

① 흡입압력이 낮아진다.
② 토출압력이 높아진다.
③ 냉동능력이 증가한다.
④ 흡입압력이 높아진다.

해설
냉매량 부족하면
① 흡입압력 낮아진다.
② 토출가스 압력 낮아진다.
③ 냉동능력 감소한다.

정답 22 ② 23 ① 24 ② 25 ③ 26 ①

27 펠티에(Peltier) 효과를 이용하는 냉동방법에 대한 설명으로 옳지 않은 것은?
① 펠티에 효과를 냉동에 이용한 것이 전자 냉동 또는 열전기식 냉동법이다.
② 펠티에 효과를 냉동법으로 실용화에 어려운 점이 많았으나 반도체 기술이 발달하면서 실용화되었다.
③ 펠티에 효과가 적용된 냉동방법은 휴대용 냉장고, 가정용 특수냉장고, 물 냉각기, 핵잠수함 내의 냉난방장치 등에 사용된다.
④ 이 냉동방법도 증기 압축식 냉동장치와 마찬가지로 압축기, 응축기, 증발기 등을 이용한 것이다.

해설 펠티에 효과를 이용한 열전냉동기는 직류전원을 이용하는 것으로 압축기, 응축기, 증발기가 없다.

28 압축기의 기통수가 6기통이며, 피스톤 직경이 140mm, 행정이 110mm, 회전수가 800rpm인 NH_3 표준 냉동사이클의 냉동능력(kW)은? (단, 압축기의 체적효율은 0.75, 냉동효과는 1126.3kJ/kg, 비체적은 $0.5m^3/kg$이다.)
① 122.7 ② 148.3
③ 193.4 ④ 228.9

해설
$$V_{act} = \frac{\pi}{4} d^2 \cdot L \cdot n \cdot z \cdot \eta_v$$
$$= \frac{\pi}{4} \times 0.14^2 \times 0.11 \times 800 \times 6 \times 0.75 \div 60$$
$$= 0.1016 m^3/s$$

$$G_{act} = \frac{V_{act}}{v} = \frac{0.1016}{0.5} = 0.2032 kg/s$$
$$Q_e = G_{act} \cdot q_e = 0.2032 \times 1126.3 = 228.9 kW$$

[참고] 1kJ/s = 1kW

29 증기압축식 냉동장치에 관한 설명으로 옳은 것은?
① 증발식 응축기에서는 대기의 습구온도가 저하하면 고압압력은 통상의 운전 압력보다 높게 된다.
② 압축기의 흡입압력이 낮게 되면 토출압력도 낮게 되어 냉동능력이 증대한다.
③ 언로더 부착 압축기를 사용하면 급격하게 부하가 증가하여도 액백현상을 막을 수 있다.
④ 액배관에 플래시 가스가 발생하면 냉매 순환량이 감소되어 증발기의 냉동능력이 저하된다.

해설
① 대기 습구온도가 저하하면 고압압력은 낮게 된다.
② 압축기 흡입압력 낮게 되면 흡입가스 냉매 비체적 증가, 압축비 증가로 냉동능력 감소
③ 액백은 증발기에서 완전한 증발이 되지 않기 때문에 발생하므로 언로더 부착 압축기라도 급격한 부하 변화로 인한 액백을 막을 수 없다.

30 증기 압축식 냉동사이클에서 증발온도를 일정하게 유지시키고, 응축온도를 상승시킬 때 나타나는 현상이 아닌 것은?
① 소요동력 증가
② 성적계수 감소
③ 토출가스 온도 상승
④ 플래시가스 발생량 감소

해설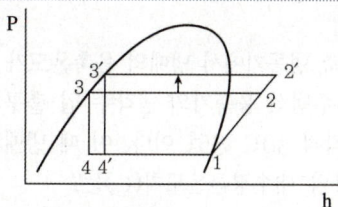

① 소요동력 증가
② 성적계수 감소
③ 토출가스 온도 상승
④ 플래시가스 발생량 증가

27 ④ 28 ④ 29 ④ 30 ④ 정답

31 2단압축 1단팽창 냉동장치에서 게이지 압력계로 증발압력 0.19MPa, 응축압력 1.17MPa일 때, 중간냉각기의 절대압력(MPa)은?

① 2.166 ② 1.166
③ 0.608 ④ 0.409

해설 2단압축 1단팽창 냉동시스템의 중간냉각기의 절대압력은 시스템의 중간 압력이며,
$P_m = \sqrt{P_L \times P_H}$ 이다.
절대압력 = 대기압 + 계기압
대기압 = 0.101325 MPa
$\therefore P_m = \sqrt{(0.19+0.101) \times (1.17+0.101)}$
$= 0.608 \, MPa$

32 냉동장치의 운전 중 장치 내에 공기가 침입하였을 때 나타나는 현상으로 옳은 것은?

① 토출가스 압력이 낮게 된다.
② 모터의 암페어가 적게 된다.
③ 냉각 능력에는 변화가 없다
④ 토출가스 온도가 높게 된다.

해설 냉동장치 내에 공기가 침입하면 모든 것이 나빠진다.
① 토출가스 압력이 높아진다.
② 소요동력이 커지므로 모터의 암페어(전류)가 많게 된다.
③ 냉각능력이 감소한다.
④ 토출가스 온도가 높게된다

33 2단압축 냉동기에서 냉매의 응축온도가 38℃일 때 수냉식 응축기의 냉각수 입·출구의 온도가 각각 30℃, 35℃이다. 이 때 냉매와 냉각수와의 대수평균온도차(℃)는?

① 2 ② 5
③ 8 ④ 10

해설 대수평균 온도차(LMTD)

$\Delta t_1 = 8 \begin{pmatrix} 38 & \leftarrow & 38 \\ & & 35 \end{pmatrix} \Delta t_2 = 3$
$\quad\quad\quad 30$

$LMTD = \dfrac{\Delta t_1 - \Delta t_2}{\ln \dfrac{\Delta t_1}{\Delta t_2}}$

$= \dfrac{8-3}{\ln \dfrac{8}{3}} = 5℃$

34 냉동장치에서 흡입가스의 압력을 저하시키는 원인으로 가장 거리가 먼 것은?

① 냉매 유량의 부족
② 흡입배관의 마찰손실
③ 냉각부하의 증가
④ 모세관의 막힘

해설 흡입가스의 압력 저하 원인
① 냉매 유량이 부족할 때
② 흡입배관의 마찰손실이 클 때
③ 냉각 부하가 감소할 때(냉매가 증발하지 못하므로)
④ 모세관 또는 팽창밸브가 막혀 유량이 부족할 때

35 다음 중 열통과율이 가장 작은 응축기 형식은? (단, 동일 조건 기준으로 한다.)

① 7통로식 응축기
② 입형 셸 튜브식 응축기
③ 공랭식 응축기
④ 2중관식 응축기

해설 열통과율
① 7통로식 : 1200W/m²·K
② 입형 셸 튜브식 : 900W/m²·K
③ 공랭식 : 25~30W/m²·K
④ 2중관식 : 1000W/m²·K

정답 31 ③ 32 ④ 33 ② 34 ③ 35 ③

36 고온 35℃, 저온 -10℃에서 작동되는 역카르노 사이클이 적용된 이론 냉동사이클의 성적계수는?

① 2.8 ② 3.2
③ 4.2 ④ 5.8

해설
$$COP = \frac{T_L}{T_H - T_L} = \frac{(-10+273)}{(35+273)-(-10+273)} = 5.8$$

37 제빙에 필요한 시간을 구하는 공식이 아래와 같다. 이 공식에서 a와 b가 의미하는 것은?

$$\tau = (0.53 \sim 0.6)\frac{a^2}{-b}$$

① a : 브라인온도 b : 결빙두께
② a : 결빙두께   b : 브라인유량
③ a : 결빙두께   b : 브라인온도
④ a : 브라인유량 b : 결빙두께

해설
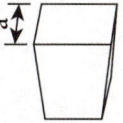
a : 결빙두께
b : 브라인온도

38 브라인 냉각용 증발기가 설치된 소형 냉동기가 있다. 브라인 순환량이 20kg/min이고, 브라인의 입·출구 온도차는 15K이다. 압축기의 실제 소요동력이 5.6kW일 때, 이 냉동기의 실제 성적계수는? (단, 브라인의 비열은 3.3kJ/kg·K이다.)

① 1.82 ② 2.18
③ 2.94 ④ 3.31

해설
$$COP = \frac{Q_e}{W} = \frac{G \cdot C \cdot \Delta t}{W}$$
$$= \frac{(20 \div 60) \times 3.3 \times 15}{5.6} = 2.94$$

39 그림에서 사이클 A(1-2-3-4-1)로 운전될 때 증발기의 냉동능력은 5RT, 압축기의 체적효율은 0.78이었다. 그러나 운전 중 부하가 감소하여 압축기 흡입밸브 개도를 줄여서 운전하였더니 사이클 B(1′-2′-3-4-1-1′)로 되었다. 사이클 B로 운전될 때의 체적효율이 0.7이라면 이 때의 냉동능력(RT)은 얼마인가? (단, 1RT는 3.8kW이다.)

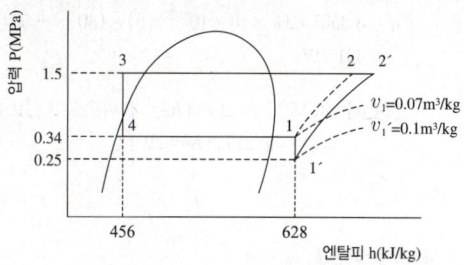

① 1.37 ② 2.63
③ 2.94 ④ 3.14

해설
같은 압축기(피스톤)이므로 피스톤 토출량은 같다.
$$Q_1 = G_1 \Delta h = \frac{V \cdot \eta_v}{v_1}\Delta h \text{에서}$$
$$V = \frac{Q_1 \cdot v_1}{\eta_v \cdot \Delta h}$$
$$= \frac{(5 \times 3.8) \times 0.07}{0.78 \times (628-456)} = 0.0099 \text{m}^3/\text{s}$$
$$Q_2 = G_2 \Delta h = \frac{V \cdot \eta_v}{v_1'}\Delta h$$
$$= \frac{0.0099 \times 0.7}{0.1} \times (628-456) \div 3.8$$
$$= 3.14 \text{RT}$$

정답 36 ④ 37 ③ 38 ③ 39 ④

40 직경 10cm, 길이 5m의 관에 두께 5cm의 보온재(열전도율 λ=0.1163W/m·K)로 보온을 하였다. 방열층의 내측과 외측의 온도가 각각 -50℃, 30℃이라면 침입하는 전열량 (W)은?

① 133.4　　② 248.8
③ 362.6　　④ 421.7

해설 내표면적기준 열통과율 K

$$\frac{1}{K} = \frac{r_1}{\lambda}\ln\frac{r_2}{r_1} = \frac{5\times10^{-2}}{0.1163}\ln\frac{10\times10^{-2}}{5\times10^{-2}} = 0.298$$

$$K = \frac{1}{0.298} = 3.3557 \text{W/m}^2\cdot\text{K}$$

내표면적기준 열량
$q = K \cdot A_i (t_2 - t_1)$
$q = 3.3557 \times (\pi \times 10 \times 10^{-2} \times 5) \times (30-(-50))$
　$= 421.7$W

[참고] 절대온도차 $\Delta T\, 1K$는 섭씨온도차 $\Delta t\, 1℃$와 같다. 즉, $\Delta T\, 1K = \Delta t\, 1℃$

제3과목 공기조화

41 보일러의 수위를 제어하는 주된 목적으로 가장 적절한 것은

① 보일러의 급수장치가 동결되지 않도록 하기 위하여
② 보일러의 연료공급이 잘 이루어지도록 하기 위하여
③ 보일러가 과열로 인해 손상되지 않도록 하기 위하여
④ 보일러에서의 출력을 부하에 따라 조절하기 위하여

해설
- 보일러 수위가 낮아지면 과열로 인해 손상된다.
- 보일러 수위가 높아지면 예열시간이 길어져 연료소모량 증가, 보일러 열효율이 저하된다.

42 열매에 따른 방열기의 표준 발열량(W/m²)기준으로 가장 적절한 것은?

① 온수 : 405.2, 증기 : 822.3
② 온수 : 523.3, 증기 : 822.3
③ 온수 : 405.2, 증기 : 755.8
④ 온수 : 523.3, 증기 : 755.8

해설

열매	표준 방열량 [W/m²]	상태조건	
		열매온도[℃]	실내온도[℃]
온수	523	80	18.5
증기	756	102	18.5

43 에어와셔 내에 온수를 분무할 때 공기는 습공기 선도에서 어떠한 변화과정이 일어나는가?

① 가습·냉각
② 과냉각
③ 건조·냉각
④ 감습·과열

해설
냉수분무 : 감습·냉각
온수분무 : 가습·냉각
순환수분무 : 가습(단열가습)·냉각
소량의 냉, 온수분무 : 열수분비(u)선을 따라 냉각·가습

정답　40 ④　41 ③　42 ④　43 ①

44 보일러의 발생증기를 한 곳으로만 취출하면 그 부근에 압력이 저하하여 수면동요 현상과 동시에 비수가 발생된다. 이를 방지하기 위한 장치는?

① 급수내관 ② 비수방지관
③ 기수분리기 ④ 인젝터

해설 비수방지관 : 원통보일러에서 건증기만 인출하는 장치로써 물방울이 섞인 증기가 나가지 않도록 윗면에만 다수의 구멍이 뚫린 대형관을 증기실 꼭대기에 설치하여 윗면으로부터 증기를 인출하고 증기속의 물방울은 하부에 뚫린 구멍으로 떨어지도록 한 것

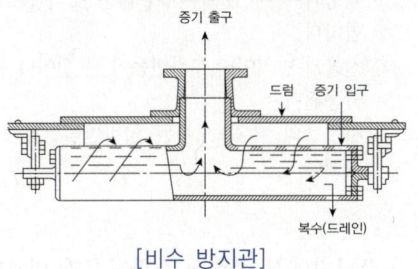

[비수 방지관]

45 복사난방 방식의 특징에 대한 설명으로 틀린 것은?

① 실내에 방열기를 설치하지 않으므로 바닥이나 벽면을 유용하게 이용할 수 있다.
② 복사열에 의한 난방으로써 쾌감도가 크다.
③ 외기온도가 갑자기 변하여도 열용량이 크므로 방열량의 조정이 용이하다.
④ 실내의 온도 분포가 균일하며, 열이 방의 윗 쪽으로 빠지지 않으므로 경제적이다.

해설 온수코일패널 복사난방의 경우 외기온도가 갑자기 변하였을 때 열용량이 크므로 부하변화에 신속한 대응이 어렵다.(방열량의 조정이 어렵다.)

46 다음 중 난방부하를 경감시키는 요인으로만 짝지어진 것은?

① 지붕을 통한 전도 열량, 태양열의 일사부하
② 조명부하, 틈새바람에 의한 부하
③ 실내기구부하, 재실인원의 발생열량
④ 기기(덕트 등)부하, 외기부하

해설 난방부하 경감요인 : 태양열의 일사부하, 조명부하, 실내기구부하, 재실인원의 발생열량, 송풍기 부하

47 온수난방의 특징에 대한 설명으로 틀린 것은?

① 증기난방에 비하여 연료소비량이 적다.
② 예열시간은 길지만 잘 식지 않으므로 증기난방에 비하여 배관의 동결 피해가 적다.
③ 보일러 취급이 증기보일러에 비해 안전하고 간단하므로 소규모 주택에 적합하다.
④ 열용량이 크기 때문에 짧은 시간에 예열할 수 있다.

해설 온수난방은 장치내 보유수량이 많아 열용량이 크기 때문에 예열시간이 길다.

48 콜드 드래프트 현상의 발생 원인으로 가장 거리가 먼 것은?

① 인체 주위의 공기온도가 너무 낮을 때
② 기류의 속도가 낮고 습도가 높을 때
③ 주위 벽면의 온도가 낮을 때
④ 겨울에 창문의 극간풍이 많을 때

해설 콜드 드래프트의 발생 원인
① 인체 주위의 공기온도가 너무 낮을 때
② 인체 주위의 공기습도가 너무 낮을 때
③ 인체 주위의 기류속도가 너무 클 때
④ 주위 벽면의 온도가 낮을 때
⑤ 겨울철 창문의 틈새를 통한 극간풍량이 많을 때

정답 44 ② 45 ③ 46 ③ 47 ④ 48 ②

49 다음과 같이 단열된 덕트 내에 공기가 통하고 이것에 열량 Q(kJ/h)와 수분 L(kg/h)을 가하여 열평형이 이루어졌을 때, 공기에 가해진 열량(Q)은 어떻게 나타내는가? (단, 공기의 유량은 G(kg/h), 가열코일 입·출구의 엔탈피, 절대습도는 각각 h_1, h_2(kJ/kg), x_1, x_2(kg/kg)이며, 수분의 엔탈피는 h_L(kJ/kg)이다)

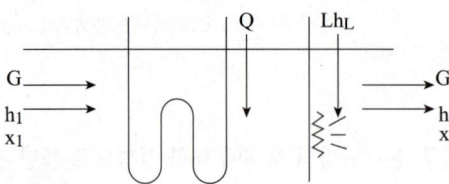

① $G(h_2 - h_1) + Lh_L$
② $G(x_2 - x_1) + Lh_L$
③ $G(h_2 - h_1) - Lh_L$
④ $G(x_2 - x_1) - Lh_L$

해설 이 문제에서 구하는 열량의 의미는 가열코일에 의해 공기에 가해진 열량 Q를 의미하므로 전체 가열량에서 수분에 의한 가열량을 빼면 된다.
$Q = G(h_2 - h_1) - Lh_L$
공기에 가해진 전체열량은 $G(h_2 - h_1)$이다.

50 대기압(760mmHg)에서 온도 28℃, 상대습도 50%인 습공기 내의 건공기 분압(mmHg)은 얼마인가? (단, 수증기 포화압력은 31.84mmHg이다.)

① 16   ② 32
③ 372   ④ 744

해설 상대습도 $\phi = \dfrac{P_w}{P_{ws}}$ 에서
$P_w = \phi \cdot P_{ws} = 0.5 \times 31.84 = 15.92$mmHg
대기압 $P = P_a + P_w$ 에서
$P_a = P - P_w = 760 - 15.92 = 744.08$mmHg

51 단일덕트 재열방식의 특징에 관한 설명으로 옳은 것은?

① 부하 패턴이 다른 다수의 실 또는 존의 공조에 적합하다.
② 식당과 같이 잠열부하가 많은 곳의 공조에는 부적합하다.
③ 전수방식으로 부하변동이 큰 실이나 존에서 에너지 절약형으로 사용된다.
④ 시스템의 유지·보수 면에서는 일반 단일덕트에 비해 우수하다.

해설
① 부하패턴이 다른 다수의 실 또는 존의 공조에 적합하다.
② 식당과 같이 잠열부하가 많은 곳의 공조에 적합하다.
③ 전공기 방식이며 부하변동이 큰 실이나 존에서 사용된다.
④ 시스템의 유지·보수는 일반단일덕트에 비해 나쁘다.

52 온풍난방에서 중력식 순환방식과 비교한 강제순환방식의 특징에 관한 설명으로 틀린 것은?

① 기기 설치장소가 비교적 자유롭다.
② 급기 덕트가 작아서 은폐가 용이하다.
③ 공급되는 공기는 필터 등에 의하여 깨끗하게 처리될 수 있다.
④ 공기순환이 어렵고 쾌적성 확보가 곤란하다.

해설 ④ 강제 순환방식은 중력식 순환방식(자연순환방식)보다 공기순환이 잘되므로 쾌적성 확보에 유리하다.

49 ③　50 ④　51 ①　52 ④

53 건구온도 30℃, 절대습도 0.01kg/kg′인 외부공기 30%와 건구온도 20℃, 절대습도 0.02 kg/kg′인 실내공기 70%를 혼합하였을 때 최종 건구온도(T)와 절대습도(x)는 얼마인가?

① T=23℃, x=0.017kg/kg′
② T=27℃, x=0.017kg/kg′
③ T=23℃, x=0.013kg/kg′
④ T=27℃, x=0.013kg/kg′

해설 열평형식
$G_1 C_1 t_1 + G_2 C_2 t_2 = G_3 C_3 t_3$
$C_1 = C_2 = C_3$ 이므로
$t_3 = \dfrac{G_1 t_1 + G_2 t_2}{G_3}$
$= \dfrac{0.3 \times 30 + 0.7 \times 20}{1.0} = 23℃$

물질평형식
$G_1 x_1 + G_2 x_2 = G_3 x_3$
$x_3 = \dfrac{G_1 x_1 + G_2 x_2}{G_3}$
$= \dfrac{0.3 \times 0.01 + 0.7 \times 0.02}{1.0} = 0.017kg/kg′$

54 가변풍량 방식에 대한 설명으로 틀린 것은?

① 부분부하 대응으로 송풍기 동력이 커진다.
② 시운전 시 토출구의 풍량조정이 간단하다.
③ 부하변동에 대해 제어응답이 빠르므로 거주성이 향상된다.
④ 동시 부하율을 고려하여 설비용량을 적게 할 수 있다.

해설 ① 가변풍량 방식은 부분부하시 송풍량을 줄일 수 있어 부분부하 대응으로 송풍기 동력이 작아진다.

55 다음 그림과 같이 송풍기의 흡입 측에만 덕트가 연결되어 있을 경우 동압(mmAq)은 얼마인가?

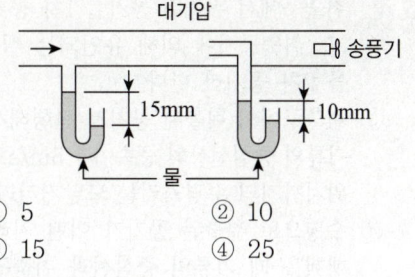

① 5   ② 10
③ 15 ④ 25

해설 정압 = −15mmAq
전압 = −10mmAq
동압 = 전압 − 정압
    = −10 − (−15) = 5mmAq

56 건구온도 10℃, 절대습도 0.003kg/kg′인 공기 50m³을 20℃까지 가열하는데 필요한 열량(kJ)은? (단, 공기의 정압비열은 1.01kJ/kg·K, 공기의 밀도는 1.2kg/m³이다.)

① 425   ② 606
③ 713   ④ 884

해설
$q = G \cdot C_p \cdot \Delta t$
$= \rho Q \cdot C_p \cdot \Delta t$
$= 1.2 \times 50 \times 1.01 \times (20-10) = 606 kJ$

57 내부에 송풍기와 냉·온수 코일이 내장되어 있으며, 각 실내에 설치되어 기계실로부터 냉·온수를 공급받아 실내공기의 상태를 직접 조절하는 공조기는?

① 패키지형 공조기   ② 인덕션 유닛
③ 팬코일 유닛   ④ 에어핸드링 유닛

해설 냉·온수코일 및 송풍기가 내장되어 있고 실내공기를 직접 조절하는 것은 팬코일유닛이다.

정답 53 ① 54 ① 55 ① 56 ② 57 ③

58 취출구 관련 용어에 대한 설명으로 틀린 것은?

① 장방형 취출구의 긴 변과 짧은 변의 비를 아스펙트비라 한다.
② 취출구에서 취출된 공기를 1차 공기라 하고, 취출공기에 의해 유인되는 실내공기를 2차 공기라 한다.
③ 취출구에서 취출된 공기가 진행해서 취출기류의 중심선상의 풍속이 1.5m/s로 되는 위치까지의 수평거리를 도달거리라 한다.
④ 수평으로 취출된 공기가 어떤 거리를 진행했을 때 기류의 중심선과 취출구의 중심과의 거리를 강하도라 한다.

해설 ③ 취출구에서 취출된 공기가 진행하여 취출기류의 중심선상의 풍속이 0.25m/s로 되는 위치까지의 수평거리를 도달거리라 한다.

59 극간풍의 방지방법으로 가장 적절하지 않은 것은?

① 회전문 설치
② 자동문 설치
③ 에어 커튼 설치
④ 충분한 간격의 이중문 설치

해설 자동문 설치는 극간풍 방지방법이 아니다.

60 취출온도를 일정하게 하여 부하에 따라 송풍량을 변화시켜 실온을 제어하는 방식은?

① 가변풍량방식
② 재열코일방식
③ 정풍량방식
④ 유인유닛방식

해설 가변풍량(변풍량)방식은 부하가 변동되면 취출온도는 일정하게 유지하면서 송풍량을 변화시켜 실온을 제어하는 방식으로 송풍기의 풍량제어가 가능하므로 부분 부하시 반송동력비를 절감할 수 있다.

제4과목 전기제어공학

61 100V용 전구 즉 30W와 60W 두 개를 직렬로 연결하고 직류 100V 전원에 접속하였을 때, 두 전구의 상태로 옳은 것은?

① 30W 전구가 더 밝다.
② 60W 전구가 더 밝다.
③ 두 전구의 밝기가 모두 같다.
④ 두 전구가 모두 켜지지 않는다.

해설
$$P = VI = \frac{V^2}{R} \rightarrow R = \frac{V^2}{P}$$

$R_1 = \frac{100^2}{30} = 333.3\,\Omega$ $R_2 = \frac{100^2}{60} = 166.7\,\Omega$

$R = R_1 + R_2 = 500\,\Omega$ $I = \frac{V}{R} = \frac{100}{500} = 0.2\,A$

직렬연결이므로 전류가 같다.
$P_1 = I^2 R_1 = 0.2^2 \times 333.3 = 13.3\,W$
$P_2 = I^2 R_2 = 0.2^2 \times 166.7 = 6.7\,W$
$P_1 > P_2$ 이므로 30W가 더 밝다.

직렬연결에서는 두 전구에 같은 전류가 흐르므로 저항이 클수록 더 밝다. (30w가 더 밝다.)
병렬연결에서는 두 전구에 같은 전압이 걸리므로 저항이 작을수록 더 밝다.(60w가 더 밝다.)

62 워드레오나드 속도 제어방식이 속하는제어 방법은?

① 저항제어
② 계자제어
③ 전압제어
④ 직병렬제어

해설 **워드레오나드 속도제어법**은 직류전동기의 속도제어법이며 발전기의 전압을 가감시켜 전동기의 속도를 제어하는 전압제어법이다.

정답 58 ③ 59 ② 60 ① 61 ① 62 ③

63 전동기의 회전방향을 알기 위한 법칙은?
① 렌츠의 법칙
② 암페어의 법칙
③ 플레밍의 왼손법칙
④ 플레밍의 오른손 법칙

해설 전동기의 회전방향을 알기 위한 법칙은 플레밍의 왼손법칙이며, 발전기의 전류방향을 알기위한 법칙은 플레밍의 오른손 법칙이다.

64 지상 역률 80%, 1000kW의 3상 부하가 있다. 이것에 콘덴서를 설치하여 역률을 95%로 개선하려고 한다. 필요한 콘덴서의 용량(kVar)은 약 얼마인가?
① 421.3
② 633.3
③ 844.3
④ 1266.3

해설

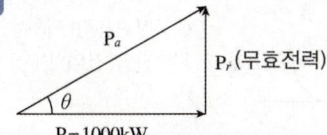

$Pa_1 = \dfrac{P}{\cos\theta} = \dfrac{1000}{0.8} = 1250\text{kVA}$

$Pr_1 = \sqrt{1250^2 - 1000^2} = 750\text{kVar}$

$Pa_2 = \dfrac{P}{\cos\theta} = \dfrac{1000}{0.95} = 1052.6\text{kVA}$

$Pr_2 = \sqrt{1052.6^2 - 1000^2} = 328.6\text{kVar}$

역률개선 콘덴서 용량은 무효전력 P_r 감소량과 같으므로 콘덴서용량 = 750 - 328.6 = 421.4kVar

또는 : 콘덴서 용량 $Q_c = P(\tan\theta_1 - \tan\theta_2)$
$\theta_1 = \cos^{-1} 0.8 = 36.87°$
$\theta_2 = \cos^{-1} 0.95 = 18.19°$
∴ $Q_c = 1000(\tan 36.87 - \tan 18.19) = 421.4\text{kVar}$
콘덴서 용량 단위는 kVar과 kVA 둘다 쓰고 있다.

65 3상 유도전동기의 주파수가 60Hz, 극수가 6극, 전부하 시 회전수가 1160rpm이라면 슬립은 약 얼마인가?
① 0.03
② 0.24
③ 0.45
④ 0.57

해설 동기속도
$N_s = \dfrac{120f}{p} = \dfrac{120 \times 60}{6} = 1200\text{rpm}$
슬립
$S = \dfrac{N_s - N}{N_s} = \dfrac{1200 - 1160}{1200} = 0.03$

66 저항에 전류가 흐르면 줄열이 발생하는데 저항에 흐르는 전류 I와 전력 P의 관계는?
① $I \propto P$
② $I \propto P^{0.5}$
③ $I \propto P^{1.5}$
④ $I \propto P^2$

해설 $P = I^2 R$ 에서
$I = (P/R)^{0.5}$ 이므로
$I \propto P^{0.5}$

67 입력신호 중 어느 하나가 "1"일 때 출력이 "0"이 되는 회로는?
① AND 회로
② OR 회로
③ NOT 회로
④ NOR 회로

해설 NOR회로 : A, B 모두 0일 때만 출력이 1이 되는 회로이며, 2개 전부 또는 어느 1개만 1일 때도 출력이 0이 되는 회로

정답 63 ③ 64 ① 65 ① 66 ② 67 ④

68 입력신호 x(t)와 출력신호 y(t)의 관계가 $y(t) = K\dfrac{dx(t)}{dt}$ 로 표현되는 것은 어떤 요소인가?

① 비례요소   ② 미분요소
③ 적분요소   ④ 지연요소

해설
① 비례요소 : $y(t) = K \cdot x(t)$
② 미분요소 : $y(t) = K\dfrac{dx(t)}{dt}$
③ 적분요소 : $y(t) = K\int x(t)dt$
④ 지연요소 : $b_1 \dfrac{dy(t)}{dt} + b_0 y(t) = a_0 x(t)$

69 다음 조건을 만족시키지 못하는 회로는?

> 어떤 회로에 흐르는 전류가 20A이고, 위상이 60도이며, 앞선 전류가 흐를 수 있는 조건

① RL병렬   ② RC병렬
③ RLC병렬 ④ RLC직렬

해설
앞선 전류가 흐르는 회로 : C회로(커패시턴스 회로)
뒤진 전류가 흐르는 회로 : L회로(인덕턴스 회로)
따라서 앞선 전류가 흐를 수 있는 조건은 C가 들어있는 회로이므로 RC(직렬, 병렬) RLC(직렬, 병렬) 회로이다.
RL(직렬, 병렬)회로는 앞선 전류가 흐를 수 없다.

70 다음 논리기호의 논리식은?

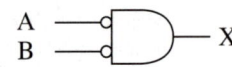

① X = A + B
② X = $\overline{AB}$
③ X = AB
④ X = $\overline{A + B}$

해설
드모르간의 정리
X = $\overline{A} \cdot \overline{B}$ = $\overline{A+B}$

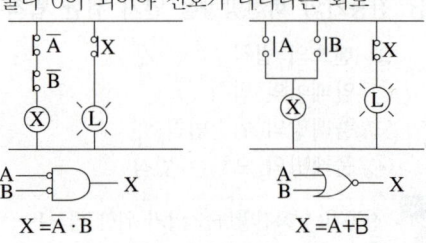

둘다 0이 되어야 신호가 나타나는 회로

X = $\overline{A} \cdot \overline{B}$ X = $\overline{A+B}$

71 콘덴서의 전위차와 축적되는 에너지와의 관계식을 그림으로 나타내면 어떤 그림이 되겠는가?

① 직선   ② 타원
③ 쌍곡선 ④ 포물선

해설
콘덴서에 축적되는 에너지
$W = \dfrac{1}{2}CV^2$

W : 정전에너지[J]
C : 정전용량[F]
V : 전압(전위차)[V]

72 열전대에 대한 설명이 아닌 것은?

① 열전대를 구성하는 소선은 열기전력이 커야한다.
② 철, 콘스탄탄 등의 금속을 이용한다.
③ 제벡효과를 이용한다.
④ 열팽창 계수에 따른 변형 또는 내부 응력을 이용한다.

해설
열전대
온도를 전압으로 변환시켜 온도를 측정하는 검출기이며, 제백효과를 이용하므로 소선은 열기전력이 커야한다.
• 철–콘스탄탄 : J형 열전대
• 동–콘스탄탄 : T형 열전대

정답 68 ② 69 ① 70 ④ 71 ④ 72 ④

73 전류계와 전압계는 내부저항이 존재한다. 이 내부저항은 전압 또는 전류를 측정하고자 하는 부하의 저항에 비하여 어떤 특성을 가져야 하는가?

① 내부저항이 전류계는 가능한 커야 하며, 전압계는 가능한 작아야 한다.
② 내부저항이 전류계는 가능한 커야 하며, 전압계도 가능한 커야 한다.
③ 내부저항이 전류계는 가능한 작아야 하며, 전압계는 가능한 커야 한다.
④ 내부저항이 전류계는 가능한 작아야 하며, 전압계도 가능한 작아야 한다.

해설 전류를 측정할 때 전류계의 내부저항 때문에 측정하려는 전류가 바뀌므로 내부저항이 0인 것이 가장 이상적이다.
전압계의 내부저항은 전압계에 연결되는 회로의 저항보다 훨씬 커야 한다. 그렇지 않으면 전압계가 회로의 일부가 되어 측정하고자 하는 전압차가 바뀌기 때문에 오차의 원인이 된다. 따라서 전압계는 내부저항이 가능한 커야한다.

74 피드백제어에서 제어요소에 대한 설명 중 옳은 것은?

① 조작부와 검출부로 구성되어 있다.
② 동작신호를 조작량으로 변화시키는 요소이다.
③ 제어를 받는 출력량으로 제어대상에 속하는 요소이다.
④ 제어량을 주궤한 신호로 변화시키는 요소이다.

해설 제어요소는
① 조절부와 조작부로 구성된다.
② 동작신호를 조작량으로 변환시킨다.

75 제어량에 따른 분류 중 프로세스 제어에 속하지 않는 것은?

① 압력 ② 유량
③ 온도 ④ 속도

해설 프로세스제어는 용어의 의미대로 산업분야의 공정에서 환경을 최적화하는 목적의 제어로서 온도, 습도, 압력, 유량, 액면, 비중, 농도 등을 제어한다.

76 다음 블록선도를 등가 합성 전달함수로 나타낸 것은?

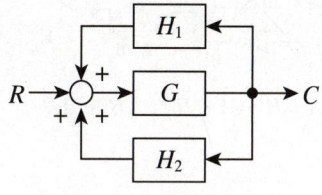

① $\dfrac{G}{1 - H_1 - H_2}$

② $\dfrac{G}{1 - H_1 G - H_2 G}$

③ $\dfrac{G - 1}{1 - H_1 G - H_2 G}$

④ $\dfrac{H_1 G + H_2 G}{1 - G}$

해설 전달함수

$\dfrac{C}{R} = \dfrac{\text{전향경로의 합}}{1 - \text{피드백의 합}}$

$= \dfrac{G}{1 - (GH_1 + GH_2)}$

$= \dfrac{G}{1 - H_1 G - H_2 G}$

정답 73 ③ 74 ② 75 ④ 76 ②

77 다음 논리회로의 출력은?

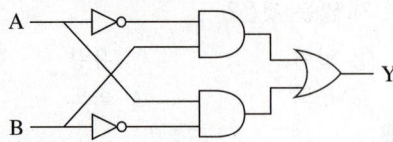

① $Y = A\overline{B} + \overline{A}B$
② $Y = \overline{A}B + \overline{A}\,\overline{B}$
③ $Y = \overline{A}\,\overline{B} + A\overline{B}$
④ $Y = \overline{A} + \overline{B}$

해설

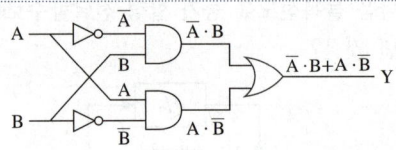

$\overline{A} \cdot B + A \cdot \overline{B} = A\overline{B} + \overline{A}B$

78 $R_1=100\,Ω$, $R_2=1000\,Ω$, $R_3=800\,Ω$ 일 때 전류계의 지시가 0이 되었다. 이때 저항 R_4는 몇 Ω인가?

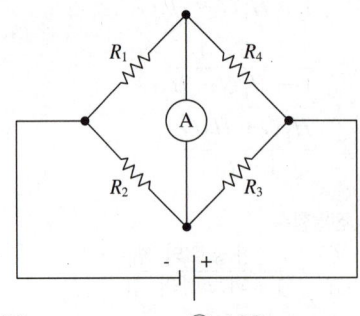

① 80
② 160
③ 240
④ 320

해설 휘트스톤브리지(전류계 ⓐ의 지시가 0이므로)
$R_1 R_3 = R_2 R_4$ 에서
$R_4 = \dfrac{R_1 R_3}{R_2} = \dfrac{100 \times 800}{1000} = 80\,Ω$

79 $x_2 = ax_1 + cx_3 + bx_4$의 신호흐름 선도는?

①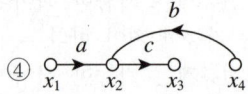

② (신호흐름 선도)

③ (신호흐름 선도)

④ (신호흐름 선도)

해설
① $x_2 = ax_1$
② $x_2 = ax_1 + bx_3$
③ $x_2 = ax_1 + cx_3 + bx_4$
④ $x_2 = ax_1 + bx_4$

80 R, L, C가 서로 직렬로 연결되어 있는 회로에서 양단의 전압과 전류의 위상이 동상이 되는 조건은?

① $\omega = LC$
② $\omega = L^2 C$
③ $\omega = \dfrac{1}{LC}$
④ $\omega = \dfrac{1}{\sqrt{LC}}$

해설 R L C 직렬회로의 전압과 전류가 동상이 되는 조건은 $X_L = X_C$ 이고

$X_L = \omega L$, $X_C = \dfrac{1}{\omega C}$ 이므로

$\omega L = \dfrac{1}{\omega C}$

$\omega^2 = \dfrac{1}{LC}$

$\therefore \omega = \dfrac{1}{\sqrt{LC}}$

정답 77 ① 78 ① 79 ③ 80 ④

제5과목 배관일반

81 배수 배관의 시공시 유의사항으로 틀린 것은?

① 배수를 가능한 천천히 옥외 하수관으로 유출할 수 있을 것
② 옥외 하수관에서 하수 가스나 쥐 또는 각종 벌레 등이 건물 안으로 침입하는 것을 방지할 수 있는 방법으로 시공할 것
③ 배수관 및 통기관은 내구성이 풍부하여야 하며 가스나 물이 새지 않도록 기구 상호 간의 접합을 완벽하게 할 것
④ 한랭지에서는 배수관이 동결되지 않도록 피복을 할 것

해설 ① 배수는 가능한 빨리 옥외 하수관으로 유출할 수 있어야 한다.

82 배관설비 공사에서 파이프 래크의 폭에 관한 설명으로 틀린 것은?

① 파이프 래크의 실제 폭은 신규라인을 대비하여 계산된 폭보다 20% 정도 크게 한다.
② 파이프 래크상의 배관밀도가 작아지는 부분에 대해서는 파이프 래크의 폭을 좁게 한다.
③ 고온배관에서는 열팽창에 의하여 과대한 구속을 받지 않도록 충분한 간격을 둔다.
④ 인접하는 파이프의 외측과 외측과의 최소 간격을 25mm로 하여 래크의 폭을 결정한다.

해설 ④ 인접하는 파이프의 외측과 외측의 최소간격을 75mm(3인치), 인접하는 파이프와 플랜지의 외측과의 최소간격을 25mm(1인치), 인접하는 플랜지의 외측과 외측의 최소간격을 25mm(1인치)로 하여 파이프 래크의 폭을 결정한다.

83 공기조화 설비 중 복사난방의 패널형식이 아닌 것은?

① 바닥패널   ② 천장패널
③ 벽패널   ④ 유닛패널

해설 복사난방 패널형식 : 바닥패널, 천장패널, 벽패널

84 동관작업용 사이징 툴(sizing tool)공구에 관한 설명으로 옳은 것은?

① 동관의 확관용 공구
② 동관의 끝부분을 원형으로 정형하는 공구
③ 동관의 끝을 나팔형으로 만드는 공구
④ 동관 절단 후 생긴 거스러미를 제거하는 공구

해설 ① 익스팬더   ② 사이징 툴
③ 플레어링 툴   ④ 리머

85 다음 중 신축 이음쇠의 종류로 가장 거리가 먼 것은?

① 벨로즈형   ② 플랜지형
③ 루프형   ④ 슬리브형

해설 신축이음관 종류 : 벨로즈형, 슬리브형, 루프형

86 공조설비에서 증기코일의 동결 방지 대책으로 틀린 것은?

① 외기와 실내 환기가 혼합되지 않도록 차단한다.
② 외기 댐퍼와 송풍기를 인터록 시킨다.
③ 야간의 운전정지 중에도 순환 펌프를 운전한다.
④ 증기코일 내에 응축수가 고이지 않도록 한다.

해설
② 송풍기가 정지되면 외기댐퍼가 닫히도록 인터록 시킨다.
③ 야간의 운전정지 중에도 순환펌프를 운전한다 (온수난방)
④ 증기코일내에 응축수가 고이지 않게하여 응축수의 동결을 방지한다.

정답 81 ① 82 ④ 83 ④ 84 ② 85 ② 86 ①

87 동일 구경의 관을 직선 연결할 때 사용하는 관 이음재료가 아닌 것은

① 소켓   ② 플러그
③ 유니온   ④ 플랜지

해설 플러그, 캡 : 관의 끝을 막을 때 사용한다.

88 강관의 용접 접합법으로 적합하지 않은 것은?

① 맞대기용접
② 슬리브용접
③ 플랜지용접
④ 플라스턴용접

해설 플라스턴 용접은 융용점이 낮은 플라스턴 합금에 의한 접합방법이며 연관 접합방법이다.

89 하향 공급식 급탕 배관법의 구배방법으로 옳은 것은?

① 급탕관은 끝올림, 복귀관은 끝내림 구배를 준다.
② 급탕관은 끝내림, 복귀관은 끝올림 구배를 준다.
③ 급탕관, 복귀관 모두 끝올림 구배를 준다.
④ 급탕관, 복귀관 모두 끝내림 구배를 준다.

해설 하향식 : 급탕관 및 복귀관(환탕관)모두 끝내림으로 한다.
상향식 : 급탕관은 끝올림, 복귀관(환탕관)은 끝내림으로 한다.

90 보온재의 열전도율이 작아지는 조건으로 틀린 것은?

① 재료의 두께가 두꺼울수록
② 재료 내 기공이 작고 기공률이 클수록
③ 재료의 밀도가 클수록
④ 재료의 온도가 낮을수록

해설 일반적으로 재료의 밀도가 크면 열전도율이 커진다.

91 캐비테이션(cavitation)현상의 발생 조건이 아닌 것은?

① 흡입양정이 지나치게 클 경우
② 흡입관의 저항이 증대될 경우
③ 흡입 액체의 온도가 높은 경우
④ 흡입관의 압력이 양압인 경우

해설 캐비테이션은 흡입관의 압력이 음압인 경우로서 그 액체의 그때의 온도에 해당하는 증발압력보다 낮을 때 발생한다.

92 간접 가열식 급탕법에 관한 설명으로 틀린 것은?

① 대규모 급탕설비에 부적당하다.
② 순환증기는 높이에 관계 없이 저압으로 사용 가능하다.
③ 저탕탱크와 가열용 코일이 설치되어 있다.
④ 난방용 증기보일러가 있는 곳에 설치하면 설비비를 절약하고 관리가 편하다.

해설 간접가열식 급탕법
- 저탕탱크 내에 가열코일을 설치하여 보일러에서 나온 고온수 또는 증기로 저탕탱크 내의 물을 가열하는 방식
- 대규모 급탕 설비에 적합하다
- 급탕 사용처의 높이에 관계없이 가열용 순환 증기는 저압으로 사용가능하다
- 난방용 증기보일러가 있는 곳에 설치하면 난방 보일러의 일부 용량을 급탕용으로 사용할 수 있으므로 설비비를 절약할 수 있고 관리도 편리하다

정답 87 ② 88 ④ 89 ④ 90 ③ 91 ④ 92 ①

93 온수배관에서 배관의 길이팽창을 흡수하기 위해 설치하는 것은?
① 팽창관   ② 완충기
③ 신축이음쇠   ④ 흡수기

해설 배관의 신축(늘어나고 줄어듦)을 흡수하기위해 신축이음쇠를 설치한다.
벨로즈형, 슬리브형, 루프형이 있다.

94 고온수 난방방식에서 넓은 지역에 공급하기 위해 사용되는 2차측 접속방식에 해당되지 않는 것은?
① 직결방식
② 브리드인방식
③ 열교환방식
④ 오리피스접합방식

해설 고온수 난방의 2차측 접속방식
① **직결방식** : 1차측 고온수를 2차측에 직접 연결하는 방식
② **브리드인방식** : 1차측과 2차측이 직결되어 있지만 2차 펌프로 2차측의 환수를 바이패스시켜 고온수와 혼합시키므로 2차측의 온수온도를 낮추어 공급하는 방식
③ **열교환기방식** : 열교환기를 이용하여 1차측의 고온수로 2차측의 온수 또는 증기를 발생시켜 이용하는 방식

95 다음 중 열을 잘 반사하고 확산하여 방열기 표면 등의 도장용으로 사용하기에 가장 적합한 도료는?
① 광명단   ② 신화철
③ 합성수지   ④ 알루미늄

해설 은분이라고도 하는 알미늄 도료는 열을 잘 반사하고 400~500℃의 내열성을 갖고 있어 방열기 표면 도장용으로 사용된다.

96 수배관 사용 시 부식을 방지하기 위한 방법으로 틀린 것은?
① 밀폐 사이클의 경우 물을 가득 채우고 공기를 제거한다.
② 개방 사이클로 하여 순환수가 공기와 충분히 접하도록 한다.
③ 캐비테이션을 일으키지 않도록 배관한다.
④ 배관에 방식도장을 한다.

해설 ② 공기와 접하는 것은 산소와 접하는 것이 되므로 부식을 촉진시키므로 공기접촉을 차단시켜야 한다.

97 다음 중 암모니아 냉동장치에 사용되는 배관 재료로 가장 적합하지 않은 것은?
① 이음매 없는 동관
② 배관용 탄소강관
③ 저온배관용 강관
④ 배관용 스테인리스강관

해설 암모니아 증기가 수분을 함유하면 동, 아연, 주석을 부식시키므로 동관을 사용할 수 없다.

98 증기난방 배관시공에서 환수관에 수직 상향부가 필요할 때 리프트 피팅(lift fitting)을 써서 응축수가 위쪽으로 배출되게 하는 방식은?
① 단관 중력 환수식
② 복관 중력 환수식
③ 진공 환수식
④ 압력 환수식

해설 진공환수식에서 방열기보다 환수관 위치가 높을 때(수직 상향부가 필요할 때)리프트 피팅을 이용하여 응축수를 끌어 올린다.

정답 93 ③ 94 ④ 95 ④ 96 ② 97 ① 98 ③

99 다음 보온재 중 안전사용(최고)온도가 가장 높은 것은? (단, 동일조건 기준으로 한다.)

① 글라스울 보온판
② 우모펠트
③ 규산칼슘 보온판
④ 석면 보온판

해설

보온재	안전사용(최고)온도
우모 펠트	100℃
글라스울	300℃
석면	550℃
규산칼슘	650℃

100 급수관의 유속을 제한(1.5~2m/s 이하) 하는 이유로 가장 거리가 먼 것은?

① 유속이 빠르면 흐름방향이 변하는 개소의 원심력에 의한 부압(-)이 생겨 캐비테이션이 발생하기 때문에
② 관 지름을 작게 할 수 있어 재료비 및 시공비가 절약되기 때문에
③ 유속이 빠른 경우 배관의 마찰손실 및 관 내면의 침식이 커지기 때문에
④ 워터해머 발생 시 충격압에 의해 소음, 진동이 발생하기 때문에

해설 배관의 재료비 및 시공비 절약을 위해서 급수관 유속을 제한하는 것은 아니다.

정답 99 ③ 100 ②

과년도 출제문제(2021. 8. 14 시행)

제1과목 기계열역학

01 열전도계수 1.4W/(m·K), 두께 6mm 유리창의 내부 표면 온도는 27℃, 외부 표면 온도는 30℃이다. 외기 온도는 36℃이고 바깥에서 창문에 전달되는 총 복사열전달이 대류열전달의 50배라면, 외기에 의한 대류열전달계수[W/(m²·K)]는 약 얼마인가?

① 22.9   ② 11.7
③ 2.29   ④ 1.17

해설

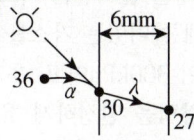

$q = (대류열량 + 복사열량) = 전도열량$

$= \alpha A(36-30) \times (1+50) = \dfrac{\lambda}{l} A(30-27)$

$\alpha = \dfrac{1.4 \times (30-27)}{0.006 \times (36-30) \times (1+50)}$

$= 2.29 \text{W/m}^2 \cdot \text{K}$

02 500℃와 100℃ 사이에서 작동하는 이상적인 Carnot 열기관이 있다. 열기관에서 생산되는 일이 200kW이라면 공급되는 열량은 약 몇 kW인가?

① 255   ② 284
③ 312   ④ 387

해설

$\eta_c = \dfrac{W}{Q} = \dfrac{T_H - T_L}{T_H}$

$Q = \dfrac{W \cdot T_H}{T_H - T_L}$

$= \dfrac{200 \times (500+273)}{(500+273)-(100+273)} = 387 \text{kW}$

03 외부에서 받은 열량이 모두 내부에너지 변화만을 가져오는 완전가스의 상태변화는?

① 정적변화   ② 정압변화
③ 등온변화   ④ 단열변화

해설 $\delta Q = dU + PdV$에서
$\delta Q = dU + 0$이 되려면 $PdV = 0$이므로 받은 열량 모두가 내부에너지 변화만을 가져오는 것은 정적변화이다.

04 절대압력 100kPa, 온도 100℃인 상태에 있는 수소의 비체적(m³/kg)은? (단, 수소의 분자량은 2이고, 일반기체상수는 8.3145kJ/(kmol·K)이다.)

① 31.0   ② 15.5
③ 0.428   ④ 0.0321

해설 $Pv = RT$이고 $R = \dfrac{R_u}{M}$이므로

$v = \dfrac{R_u T}{PM} = \dfrac{8.3145 \times (100+273)}{100 \times 2}$

$= 15.5 \text{m}^3/\text{kg}$

정답 01 ③ 02 ④ 03 ① 04 ②

05 다음 그림은 이상적인 오토사이클의 압력(P)-부피(V)선도이다. 여기서 "ㄱ"의 과정은 어떤 과정인가?

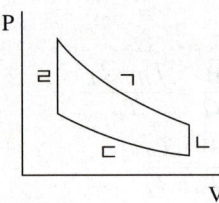

① 단열압축 과정
② 단열팽창 과정
③ 등온압축 과정
④ 등온팽창 과정

해설
ㄱ : 단열팽창 과정
ㄴ : 정적방열 과정
ㄷ : 단열압축 과정
ㄹ : 정적가열 과정

06 비열비 1.3, 압력비 3인 이상적인 브레이턴 사이클(Brayton Cycle)의 이론 열효율이 X(%)였다. 여기서 열효율 12%를 추가 향상시키기 위해서는 압력비를 약 얼마로 해야 하는가? (단, 향상된 후 열효율은 (X+12)%이며, 압력비를 제외한 다른 조건은 동일하다.)

① 4.6   ② 6.2
③ 8.4   ④ 10.8

해설

$\eta_B = 1 - (\frac{1}{\psi})^{\frac{k-1}{k}}$

$= [1 - (\frac{1}{3})^{\frac{1.3-1}{1.3}}] \times 100 = 22.394\%$

$\psi = (\frac{1}{1-\eta_B})^{\frac{k}{k-1}}$

$= (\frac{1}{1-(22.394+12)\times 10^{-2}})^{\frac{1.3}{1.3-1}}$

$= 6.2$

07 어느 발명가가 바닷물로부터 매시간 1800kJ의 열량을 공급받아 0.5kW 출력의 열기관을 만들었다고 주장한다면, 이 사실은 열역학 제몇 법칙에 위배되는가?

① 제0법칙   ② 제1법칙
③ 제2법칙   ④ 제3법칙

해설
매시간 1800kJ의 열량 즉, 1800kJ/h의 열량을 kW로 환산하면
1800kJ/h=1800÷3600=0.5kJ/s=0.5kW
따라서 공급받은 열량 전부를 출력으로 만들었다는 것은 열역학 제2법칙을 위반한 것임.

열역학 제2법칙 : 열효율 100%인 열기관은 없다 (Kelvin의 표현).

08 그림과 같이 다수의 추를 올려놓은 피스톤이 끼워져 있는 실린더에 들어있는 가스를 계로 생각한다. 초기 압력이 300kPa이고, 초기 체적은 0.05m³이다. 압력을 일정하게 유지하면서 열을 가하여 가스의 체적을 0.2m³으로 증가시킬 때 계가 한 일(kJ)은?

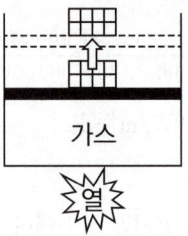

① 30   ② 35
③ 40   ④ 45

해설

$W = \int Pdv = P(v_2 - v_1)$

$= 300 \times (0.2 - 0.05)$

$= 45kJ$

05 ②　06 ②　07 ③　08 ④

09 1kg의 헬륨이 100kPa 하에서 정압 가열되어 온도가 27℃에서 77℃로 변하였을 때 엔트로피의 변화량은 약 몇 kJ/K인가? (단, 헬륨의 엔탈피(h, kJ/kg)는 아래와 같은 관계식을 가진다.)

> h=5.238T, 여기서 T는 온도(K)

① 0.694   ② 0.756
③ 0.807   ④ 0.968

해설

$ds = \dfrac{\delta q}{T}$ 정압변화에서 $\delta q = dh$ 이므로

$\Delta s = \int_1^2 \dfrac{\delta q}{T} = \int_1^2 \dfrac{dh}{T} = \int_1^2 \dfrac{d(5.238T)}{T}$

$= 5.238 \ln \dfrac{T_2}{T_1} = 5.238 \ln \dfrac{(77+273)}{(27+273)}$

$= 0.807 kJ/K$

10 8℃ 이상기체를 가역단열 압축하여 그 체적을 1/5로 하였을 때 기체의 최종온도(℃)는? (단, 이 기체의 비열비는 1.4이다.)

① -125   ② 294
③ 222   ④ 262

해설 단열압축이므로 $Tv^{k-1} = C$ 에서

$T_2 = T_1 (\dfrac{v_1}{v_2})^{k-1} = (8+273)(5)^{1.4-1}$

$= 535K(=262℃)$

11 흑체의 온도가 20℃에서 80℃ 되었다면 방사하는 복사에너지는 약 몇 배가 되는가?

① 1.2   ② 2.1
③ 4.7   ④ 5.5

해설 복사에너지(열량)

$q = \sigma A T^4$

$\dfrac{q_2}{q_1} = (\dfrac{T_2}{T_1})^4 = (\dfrac{80+273}{20+273})^4 = 2.1배$

12 밀폐시스템이 압력(P_1) 200kPa, 체적(V_1) 0.1m³인 상태에서 압력(P_2) 100kPa, 체적(V_2) 0.3m³인 상태까지 가역 팽창되었다. 이 과정이 선형적으로 변화한다면, 이 과정 동안 시스템이 한 일(kJ)은?

① 10   ② 20
③ 30   ④ 45

해설 밀폐계의 일은 절대일이며 $W = \int_1^2 PdV$에서 구하든지, PV선도에서 면적으로 구하면 된다.

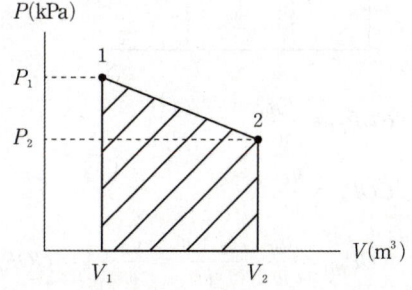

$W = \dfrac{(P_1 + P_2)}{2} \times (V_2 - V_1)$

$= \dfrac{(200+100)}{2} \times (0.3-0.1)$

$= 30 kJ$

[참고] $kPa \times m^3 = \dfrac{kN}{m^2} \times m^3 = kN \cdot m = kJ$

정답 09 ③ 10 ④ 11 ② 12 ③

13 카르노 열펌프와 카르노 냉동기가 있는데, 카르노 열펌프의 고열원 온도는 카르노 냉동기의 고열원 온도와 같고, 카르노 열펌프의 저열원 온도는 카르노 냉동기의 저열원 온도와 같다. 이 때 카르노 열펌프의 성적계수(COP_{HP})와 카르노 냉동기의 성적계수(COP_R)의 관계로 옳은 것은?

① $COP_{HP} = COP_R + 1$
② $COP_{HP} = COP_R - 1$
③ $COP_{HP} = \dfrac{1}{COP_R + 1}$
④ $COP_{HP} = \dfrac{1}{COP_R - 1}$

해설

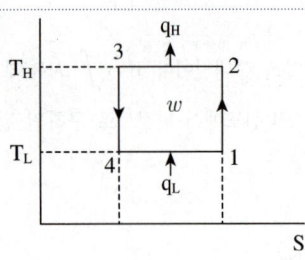

$COP_{HP} = \dfrac{q_H}{w}$

$COP_R = \dfrac{q_L}{w}$

$COP_{HP} = \dfrac{q_H}{w} = \dfrac{q_L + w}{w} = \dfrac{q_L}{w} + 1 = COP_R + 1$

같은 온도조건에서는 열펌프 성적계수가 냉동기 성적계수보다 항상 1이 더 크다.

14 보일러 입구의 압력이 9800kN/m²이고, 응축기의 압력이 4900N/m²일 때 펌프가 수행한 일(kJ/kg)은? (단, 물의 비체적인 0.001m³/kg이다.)

① 9.79 ② 15.17
③ 87.25 ④ 180.52

해설 보일러에 물을 공급하려면 보일러 입구압력과 응축기(출구)압력차만큼 펌프가 밀어줘야 한다.
$w_P = v(P_2 - P_1)$
$\quad = 0.001 \times (9800 - 4900 \times 10^{-3})$
$\quad = 9.79 \text{kJ/kg}$

15 열교환기의 1차측에서 압력 100kPa, 질량유량 0.1kg/s인 공기가 50℃로 들어가서 30℃로 나온다. 2차측에서는 물이 10℃로 들어가서 20℃로 나온다. 이 때 물의 질량유량(kg/s)은 약 얼마인가? (단, 공기의 정압비열은 1kJ/(kg·K)이고, 물의 정압비열은 4kJ/(kg·K)로 하며, 열 교환 과정에서 에너지 손실은 무시한다.)

① 0.005 ② 0.01
③ 0.03   ④ 0.05

해설 열평형식
$G_a C_p \triangle t_a = G_w C_w \triangle t_w$
$G_w = \dfrac{G_a C_p \triangle t_a}{C_w \triangle t_w}$
$\quad = \dfrac{0.1 \times 1 \times (50 - 30)}{4 \times (20 - 10)} = 0.05 \text{kg/s}$

16 다음 중 그림과 같은 냉동사이클로 운전할 때 열역학 제 1법칙과 제 2법칙을 모두 만족하는 경우는?

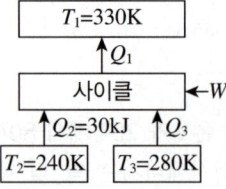

① $Q_1 = 100\text{kJ}$, $Q_3 = 30\text{kJ}$, $W = 30\text{kJ}$
② $Q_1 = 80\text{kJ}$, $Q_3 = 40\text{kJ}$, $W = 10\text{kJ}$
③ $Q_1 = 90\text{kJ}$, $Q_3 = 50\text{kJ}$, $W = 10\text{kJ}$
④ $Q_1 = 100\text{kJ}$, $Q_3 = 30\text{kJ}$, $W = 40\text{kJ}$

정답 13 ① 14 ① 15 ④ 16 ④

해설
열역학 제1법칙 : 에너지보존법칙(열평형관계)
열역학 제2법칙 : 비가역과정(실제사이클)에서 엔트로피 증가의 법칙
전체 엔트로피 $\triangle S = S_2 - S_1 > 0$이어야 한다.
$$= \frac{Q_1}{T_1} - (\frac{Q_2}{T_2} + \frac{Q_3}{T_3}) > 0$$
열역학 제 1법칙 및 제 2법칙을 만족여부 확인
① 1법칙 : $Q_1 = Q_2 + Q_3 + W$
   $100 \neq 30 + 30 + 30$이므로 불만족
   2법칙 : $\triangle S = \frac{100}{330} - (\frac{30}{240} + \frac{30}{280}) > 0$ 만족
② 1법칙 : $80 = 30 + 40 + 10$이므로 만족
   2법칙 : $\frac{80}{330} - (\frac{30}{240} + \frac{40}{280}) < 0$ 불만족
③ 1법칙 : $90 = 30 + 50 + 10$이므로 만족
   2법칙 : $\frac{90}{330} - (\frac{30}{240} + \frac{50}{280}) < 0$ 불만족
④ 1법칙 : $100 = 30 + 30 + 40$이므로 만족
   2법칙 : $\frac{100}{330} - (\frac{30}{240} + \frac{30}{280}) > 0$ 만족

17 상온(25℃)의 실내에 있는 수은 기압계에서 수은주의 높이가 730mm라면, 이때 기압은 약 몇 kPa인가? (단, 25℃기준 수은 밀도는 13534kg/m³이다.)
① 91.4
② 96.9
③ 99.8
④ 104.2

 해설
$P = \gamma \cdot h = \rho g \cdot h$
$= 13534 \times 9.8 \times 0.73 \times 10^{-3} = 96.82 \text{kPa}$

18 어느 이상기체 2kg이 압력 200kPa, 온도 30℃의 상태에서 체적 0.8m³를 차지한다. 이 기체의 기체상수[kJ/(kg·K)]는 약 얼마인가?
① 0.264
② 0.528
③ 2.34
④ 3.53

해설
$PV = mRT$에서
$R = \frac{PV}{mT}$
$= \frac{200 \times 0.8}{2 \times (30 + 273)} = 0.264 \text{kJ/kg} \cdot \text{K}$

19 고열원의 온도가 157℃이고, 저열원의 온도가 27℃인 카르노 냉동기의 성적계수는 약 얼마인가?
① 1.5
② 1.8
③ 2.3
④ 3.3

해설
$COP = \frac{T_L}{T_H - T_L}$
$= \frac{(27 + 273)}{(157 + 273) - (27 + 273)} = 2.3$

20 질량이 m이고 한 변의 길이가 a인 정육면체 상자 안에 있는 기체의 밀도가 ρ이라면 질량이 2m이고 한 변의 길이가 2a인 정육면체 상자 안에 있는 기체의 밀도는?
① ρ
② $(1/2)\rho$
③ $(1/4)\rho$
④ $(1/8)\rho$

해설
밀도 $\rho = \frac{질량}{체적} [\text{kg/m}^3]$
$\rho = \frac{m}{a^3}$ 이므로
$\rho_2 = \frac{2m}{(2a)^3} = \frac{2m}{8a^3} = \frac{m}{4a^3} = \frac{1}{4}\rho$

정답 17 ② 18 ① 19 ③ 20 ③

제2과목 냉동공학

21 스크류 압축기에 대한 설명으로 틀린 것은?
① 동일 용량의 왕복동 압축기에 비하여 소형경량으로 설치 면적이 작다.
② 장시간 연속운전이 가능하다.
③ 부품수가 적고 수명이 길다.
④ 오일펌프를 설치하지 않는다.

해설
① 장점
  ㉠ 냉동능력에 비해 소형 경량이며 설치면적이 적다.
  ㉡ 왕복운동이 없고 회전운동을 하므로 진동이 적고 강고한 기초가 필요없다.
  ㉢ 10~100%의 무단 용량제어가 가능하다.
  ㉣ 액햄머(liquid hammer), 오일햄머(oil hammer)에 강하다.
  ㉤ 흡, 배기 밸브 및 피스톤이 없어 장기간 연속운전이 가능하다.
  ㉥ 부품수가 적어 압축기 수명이 길다.
② 단점
  ㉠ 냉동기 오일을 다량으로 분사하면서 운전하기 때문에 대용량의 유분리기 및 오일 냉각기가 필요하다.
  ㉡ 오일 펌프를 별도로 설치해야 한다.
  ㉢ 경부하 시에도 동력이 크다.
  ㉣ 고속회전이므로 소음이 비교적 크다.
  ㉤ 경부하(낮은 용량)로 장시간 운전하면 성적계수가 저하된다.
  ㉥ 운전 정지 시 압축기가 역회전하므로 체크 밸브를 설치해야 한다.

22 단위 시간당 전도에 의한 열량에 대한 설명으로 틀린 것은?
① 전도열량은 물체의 두께에 반비례한다.
② 전도열량은 물체의 온도 차에 비례한다.
③ 전도열량은 전열면적에 반비례한다.
④ 전도열량은 열전도율에 비례한다.

해설 전도열량
$$q = \frac{\lambda}{l} A(t_1 - t_2)$$
λ : 열전도율[W/m·K]
l : 벽체두께[m]
A : 벽체면적[m²]
t_1, t_2 : 벽의 표면온도[℃]

23 응축기에 관한 설명으로 틀린 것은?
① 증발식 응축기의 냉각작용은 물의 증발잠열을 이용하는 방식이다.
② 이중관식 응축기는 설치면적이 작고, 냉각수량도 작기 때문에 과냉각 냉매를 얻을 수 있는 장점이 있다.
③ 입형 셀 튜브 응축기는 설치면적이 작고 전열이 양호하며 냉각관의 청소가 가능하다.
④ 공랭식 응축기는 응축압력이 수냉식보다 일반적으로 낮기 때문에 같은 냉동기일 경우 형상이 작아진다.

해설 공랭식 응축기는 응축압력이 수냉식보다 높다. 그렇기 때문에 같은 냉동기일 경우 형상이 크다.

24 모리엘 선도 내 등건조도선의 건조도(x) 0.2는 무엇을 의미하는가?
① 습증기 중의 건포화 증기 20%(중량비율)
② 습증기 중의 액체인 상태 20%(중량비율)
③ 건증기 중의 건포화 증기 20%(중량비율)
④ 건증기 중의 액체인 상태 20%(중량비율)

해설
건조도는 습증기 중의 건포화증기(증기)의 중량비율이므로 건도 0.2는 습증기 중 건포화증기(증기)가 20%라는 의미이다.

정답 21 ④ 22 ③ 23 ④ 24 ①

25 냉동장치에서 냉매 1kg이 팽창밸브를 통과하여 5℃의 포화증기로 될 때까지 50kJ의 열을 흡수하였다. 같은 조건에서 냉동능력이 400kW라면 증발 냉매량(kg/s)은 얼마인가?
① 5　　② 6
③ 7　　④ 8

해설 냉동능력 $Q_e = G \times q_e$ 에서
$$G = \frac{Q_e}{q_e} = \frac{400}{50} = 8 \text{kg/s}$$

26 염화칼슘 브라인에 대한 설명으로 옳은 것은?
① 염화칼슘 브라인은 식품에 대해 무해하므로 식품동결에 주로 사용된다.
② 염화칼슘 브라인은 염화나트륨 브라인보다 일반적으로 부식성이 크다.
③ 염화칼슘 브라인은 공기 중에 장시간 방치하여 두어도 금속에 대한 부식성은 없다.
④ 염화칼슘 브라인은 염화나트륨 브라인보다 동일조건에서 동결온도가 낮다.

해설
① 염화칼슘 브라인은 식품의 냉동용으로 쓰이지만 식품에 접촉하면 떫은맛이 나고 품질을 저하시킨다.
② 염화칼슘 브라인은 부식성이 있지만 염화나트륨 브라인 보다는 부식성이 크지 않다.(작다)
③ 염화칼슘 브라인은 공기 중에 장시간 방치하여 두면 금속에 대한 부식성이 있다.
④ 염화칼슘 브라인은 염화나트륨 브라인 보다 동결온도가 낮다.
염화칼슘 동결온도 : -55℃
염화나트륨 동결온도 : -21.2℃

27 냉각탑에 관한 설명으로 옳은 것은?
① 오염된 공기를 깨끗하게 정화하며 동시에 공기를 냉각하는 장치이다.
② 냉매를 통과시켜 공기를 냉각시키는 장치이다.
③ 찬 우물물을 냉각시켜 공기를 냉각하는 장치이다.
④ 냉동기의 냉각수가 흡수한 열을 외기에 방사하고 온도가 내려간 물을 재순환시키는 장치이다.

해설 냉각탑 : 수냉식 응축기에서 온도가 높아진 냉각수를 냉각탑에서 외부공기와 접촉시켜 온도를 내려 다시 응축기로 보내어 재사용하게 된다. 냉각작용은 주로 공기와 접촉한 물의 일부가 증발하면서 나머지 물에서 증발잠열을 얻어가기 때문에 나머지 물의 온도는 낮아진다.

28 증기압축식 냉동기에 설치되는 가용전에 대한 설명으로 틀린 것은?
① 냉동설비의 화재 발생 시 가용합금이 용융되어 냉매를 대기로 유출시켜 냉동기 파손을 방지한다.
② 안전성을 높이기 위해 압축가스의 영향이 미치는 압축기 토출부에 설치한다.
③ 가용전의 구경은 최소 안전밸브 구경의 1/2 이상으로 한다.
④ 암모니아 냉동장치에서는 가용합금이 침식되므로 사용하지 않는다.

해설 응축기 및 수액기에 장착하는 안전장치로 가용전은 플러그의 중공부(中空部)속에 낮은 온도에서 녹는 비쓰무스, 카드뮴, 납, 주석(Bi, Cd, Pb, Sn)의 합금을 넣은 것이며 용융온도는 75℃ 이하가 원칙이다. 고온의 토출가스 영향을 받지 않는 곳에 설치해야 하며, 응축기나 수액기 등 냉매액과 증기가 공존하는 곳에서는 냉매액에 접촉하는 부분에 설치해야 한다. 가용전의 구경은 최소 안전밸브 구경의 1/2 이상이어야 하며 암모니아 냉동장치에서는 가용합금이 침식되므로 사용하지 않는다.

25 ④　26 ④　27 ④　28 ②　**정답**

29 다음 선도와 같이 응축온도만 변화하였을 때 각 사이클의 특성 비교로 틀린 것은?
(단 사이클 A : (A - B - C - D - A)
　　사이클 B : (A - B' - C' - D' - A)
　　사이클 C : (A - B'' - C'' - D'' - A) 이다.)

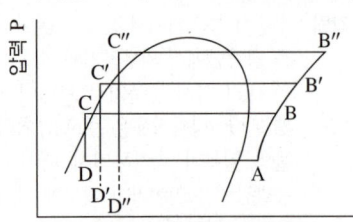

(응축온도만 변했을 경우) 엔탈피 h(kJ/kg)

① 압축비 : 사이클C > 사이클B > 사이클A
② 압축일량 : 사이클C > 사이클B > 사이클A
③ 냉동효과 : 사이클C > 사이클B > 사이클A
④ 성적계수 : 사이클A > 사이클B > 사이클C

해설 이 변화는 증발온도가 일정한 상태에서 응축온도가 상승하는 경우이므로 모든 것이 나빠진다.
따라서 냉동효과 : 사이클C < 사이클B < 사이클A이다.

30 흡수식 냉동기에 대한 설명으로 틀린 것은?

① 흡수식 냉동기는 열의 공급과 냉각으로 냉매와 흡수제가 함께 분리되고 섞이는 형태로 사이클을 이룬다.
② 냉매가 암모니아일 경우에는 흡수제로 리튬브로마이드(LiBr)를 사용한다.
③ 리튬브로마이드 수용액 사용 시 재료에 대한 부식성 문제로 용액에 미량의 부식 억제제를 첨가한다.
④ 압축식에 비해 열효율이 나쁘며 설치면적을 많이 차지한다.

해설 냉매와 흡수제

냉매	흡수제
물(H_2O)	리튬브로마이드(LiBr)
물(H_2O)	염화리튬(LiCl)
물(H_2O)	황산(H_2SO_4)
암모니아(NH_3)	물(H_2O)

31 암모니아 냉매의 특성에 대한 설명으로 틀린 것은?

① 암모니아는 오존파괴지수(ODP)와 지구온난화지수(GWP)가 각각 0으로 온실가스 배출에 대한 영향이 적다.
② 암모니아는 독성이 강하여 조금만 누설되어도 눈, 코, 기관지 등을 심하게 자극한다.
③ 암모니아는 물에 잘 융해되지만 윤활유에는 잘 녹지 않는다.
④ 암모니아는 전기절연성이 양호하므로 밀폐식 압축기에 주로 사용된다.

해설 암모니아는 전기절연성(절연도)이 좋지 않아 밀폐식 압축기에는 부적당하다.

32 0.24MPa 압력에서 작동되는 냉동기의 포화액 및 건포화증기의 엔탈피는 각각 396kJ/kg, 615kJ/kg이다. 동일압력에서 건도가 0.75인 지점의 습증기의 엔탈피(kJ/kg)는 얼마인가?

① 398.75　　② 481.28
③ 501.49　　④ 560.25

해설 습증기 엔탈피
$h_x = h' + x(h'' - h')$
$= 396 + 0.75 \times (615 - 396) = 560.25$

33 왕복동식 압축기의 회전수를 n(rpm), 피스톤의 행정을 S(m)라 하면 피스톤의 평균속도 V_m (m/s)를 나타내는 식은?

① $V_m = (\pi \cdot S \cdot n) / 60$
② $V_m = (S \cdot n) / 60$
③ $V_m = (S \cdot n) / 30$
④ $V_m = (S \cdot n) / 120$

해설 속도 = $\dfrac{거리}{시간} = \dfrac{2S \cdot n}{60} = \dfrac{S \cdot n}{30}$

정답　29 ③　30 ②　31 ④　32 ④　33 ③

34 착상이 냉동장치에 미치는 영향으로 가장 거리가 먼 것은?

① 냉장실내 온도가 상승한다.
② 증발온도 및 증발압력이 저하한다.
③ 냉동능력당 전력 소비량이 감소한다.
④ 냉동능력당 소요동력이 증대한다.

해설 착상 : 증발기의 냉각표면에 공기중의 수분이 응축되어 얼어서 서리가 생기는 것
서리가 생기면(착상되면) 열전달이 나빠져 증발이 불량하므로 증발압력이 저하되고 압축비가 증대되며 소요동력이 증가하고 냉동능력이 감소하고 냉장고 내부온도가 상승하게 된다. 착상은 여러가지 좋지 않은 결과를 초래하므로 이것을 제거해야 하는데 이것을 제상이라 한다.

35 나관식 냉각코일로 물 1000kg/h를 20℃에서 5℃로 냉각시키기 위한 코일의 전열면적(m²)은? (단, 냉매액과 물과의 대수 평균 온도차는 5℃, 물의 비열은 4.2kJ/kg·℃, 열관류율은 0.23kW/m²·℃이다.)

① 15.2   ② 30.0
③ 65.3   ④ 81.4

해설 $Q = K \cdot A \cdot \Delta t_m = G \cdot C_p \cdot \Delta t$ 에서

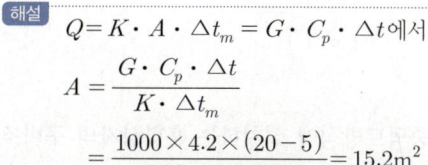

$= \dfrac{1000 \times 4.2 \times (20-5)}{0.23 \times 5 \times 3600} = 15.2\text{m}^2$

36 열전달에 관한 설명으로 틀린 것은?

① 전도란 물체 사이의 온도차에 의한 열의 이동 현상이다.
② 대류란 유체의 순환에 의한 열의 이동 현상이다.
③ 대류 열전달계수의 단위는 열통과율의 단위와 같다.
④ 열전도율의 단위는 W/m²·K이다.

해설 열전도율 $\lambda = \text{W/m} \cdot \text{K}$
열전달계수 $\alpha = \text{W/m}^2 \cdot \text{K}$
열통과율 $K = \text{W/m}^2 \cdot \text{K}$

37 흡수냉동기의 용량제어 방법으로 가장 거리가 먼 것은?

① 구동열원 입구제어
② 증기토출 제어
③ 희석운전 제어
④ 버너 연소량 제어

해설 흡수식 냉동기 용량제어 방법
1. 재생기에서 소비되는 연료량제어(가열량제어)
2. 용액 순환량 제어
3. 냉매 순환량 제어
4. 냉수 및 냉각수 순환량 제어
* 희석운전 제어는 흡수식 냉동기 용량제어 방법이 아니다.

38 제상방식에 대한 설명으로 틀린 것은?

① 살수방식은 저온의 냉장창고용 유니트 쿨러 등에서 많이 사용된다.
② 부동액 살포방식은 공기중의 수분이 부동액에 흡수되므로 일정한 농도 관리가 필요하다.
③ 핫가스 제상방식은 응축기 출구측 고온의 액냉매를 이용한다.
④ 전기히터방식은 냉각관 배열의 일부에 핀 튜브 형태의 전기히터를 삽입하여 착상부를 가열한다.

해설 핫가스(hot gas) 제상방식은 압축기 출구측 고온의 냉매가스(hot gas)를 증발기에 유입시켜 제상(서리를 제거)한다.

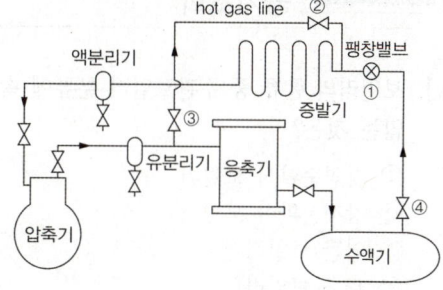

정답 34 ③ 35 ① 36 ④ 37 ③ 38 ③

39 불응축가스가 냉동기에 미치는 영향에 대한 설명으로 틀린 것은?

① 토출가스 온도의 상승
② 응축압력의 상승
③ 체적효율의 증대
④ 소요동력의 증대

해설) 불응축가스가 냉동장치에 미치는 영향
① 토출가스 온도 상승 ② 응축압력 상승
③ 체적효율 감소   ④ 소요동력 증대
⑤ 냉동능력 감소

40 다음 중 P-h선도(압력-엔탈피)에서 나타내지 못하는 것은?

① 엔탈피   ② 습구온도
③ 건조도   ④ 비체적

해설) 습구온도는 공기선도에 나타낸다.

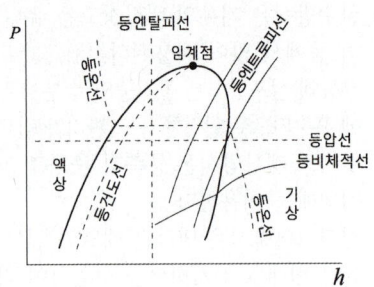

[몰리엘(P-h) 선도]

제3과목 공기조화

41 보일러의 종류 중 수관보일러 분류에 속하지 않는 것은?

① 자연순환식 보일러
② 강제순환식 보일러
③ 연관 보일러
④ 관류 보일러

해설) 수관 보일러 : 자연순환식, 강제순환식, 관류식
연관 보일러 : 입형, 노통, 연관, 노통연관식

42 아래의 그림은 공조기에 ① 상태의 외기와 ② 상태의 실내에서 되돌아온 공기가 공조기로 들어와 ⑥ 상태로 실내로 공급되는 과정을 습공기 선도에 표현한 것이다. 공조기 내 과정을 맞게 서술한 것은?

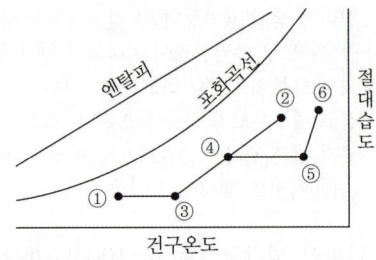

① 예열 - 혼합 - 가열 - 물분무가습
② 예열 - 혼합 - 가열 - 증기가습
③ 예열 - 증기가습 - 가열 - 증기가습
④ 혼합 - 제습 - 증기가습 - 가열

해설) ① → ③ : 예열
② → ④, ③ → ④ : 혼합
④ → ⑤ : 가열
⑤ → ⑥ : 증기가습

43 이중덕트방식에 설치하는 혼합상자의 구비조건으로 틀린 것은?

① 냉풍·온풍 덕트 내의 정압변동에 의해 송풍량이 예민하게 변화할 것
② 혼합비율 변동에 따른 송풍량의 변동이 완만할 것
③ 냉풍·온풍 댐퍼의 공기누설이 적을 것
④ 자동제어 신뢰도가 높고 소음발생이 적을 것

해설) 혼합상자는 냉풍·온풍 덕트 내의 정압 변동에 의해 송풍량이 예민하게 변화하지 않아야 한다.

44 냉방부하 중 유리창을 통한 일사취득열량을 계산하기 위한 필요 사항으로 가장 거리가 먼 것은?

① 창의 열관류율
② 창의 면적
③ 차폐계수
④ 일사의 세기

해설) 창의 열관류율은 유리창을 통한 관류부하를 계산할 때 필요한 것이다.

45 다음 열원방식 중에 하절기 피크전력의 평준화를 실현할 수 없는 것은?

① GHP 방식
② EHP 방식
③ 지역냉난방 방식
④ 축열방식

해설) EHP방식은 하절기에 전기를 사용하므로 피크전력 감소에 기여할 수 없다.

46 일반적으로 난방부하를 계산할 때 실내 손실 열량으로 고려해야 하는 것은?

① 인체에서 발생하는 잠열
② 극간풍에 의한 잠열
③ 조명에서 발생하는 현열
④ 기기에서 발생하는 현열

해설)

구분	열손실 요인	현열	잠열
실내부하	벽체에서의 열손실	O	
	유리창에서의 열손실	O	
	극간풍에 의한 열손실	O	O
덕트부하	덕트에서의 열손실	O	
외기부하	외기도입에 의한 열손실	O	O

* 인체, 실내기구, 송풍기의 발생열량은 냉방부하이며 난방에는 +α가 된다. (난방부하가 아니다)

47 원심 송풍기에 사용되는 풍량제어 방법으로 가장 거리가 먼 것은?

① 송풍기의 회전수 변화에 의한 방법
② 흡입구에 설치한 베인에 의한 방법
③ 바이패스에 의한 방법
④ 스크롤 댐퍼에 의한 방법

해설)

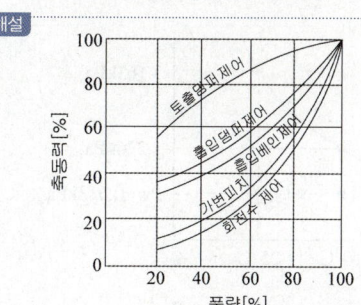

[송풍기 용량제어 특성]

에너지 절감효과가 가장 좋은 방법은 풍량에 따른 축동력감소가 가장 큰 회전수제어이다.

48 냉수코일의 설계에 대한 설명으로 옳은 것은? (단, q_s : 코일의 냉각부하, K : 코일전열계수, FA : 코일의 정면면적, MTD : 대수평균온도차(℃), M : 젖은 면계수 이다.)

① 코일내의 순환수량은 코일 출입구의 수온차가 약 5~10℃가 되도록 선정한다.
② 관내의 수속은 2~3m/s 내외가 되도록 한다.
③ 수량이 적어 관내의 수속이 늦게 될 때에는 더플 서킷(double circuit)을 사용한다.
④ 코일의 열수(N) = (q_s × MTD) / (M × K × FA)이다.

해설) ② 코일내의 수속은 1m/s 내외가 되도록 한다.
③ 수량이 많아 관내의 수속이 빨라지게 되면 마찰저항이 커지므로 더블서킷(double circuit)을 사용한다.
④ 코일의 열수(N) = $q_s / (K \times FA \times MTD \times M)$ 이다.

정답) 44 ① 45 ② 46 ② 47 ③ 48 ①

49 온도 10℃, 상대습도 50%의 공기를 25℃로 하면 상대습도(%)는 얼마인가? (단, 10℃일 경우의 포화 증기압은 1.226kPa, 25℃일 경우의 포화 증기압은 3.163kPa 이다.)

① 9.5 ② 19.4
③ 27.2 ④ 35.5

해설

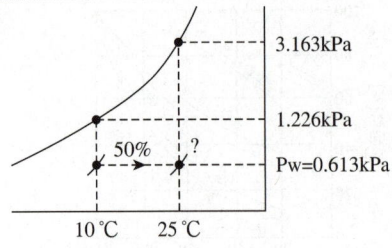

상대습도 $\phi_{10} = \dfrac{P_w}{P_{ws}} = \dfrac{P_w}{1.226} = 0.5$ 에서

$P_w = 1.226 \times 0.5 = 0.613 \text{kPa}$

상대습도 $\phi_{25} = \dfrac{P_w}{P_{ws}} = \dfrac{0.613}{3.163} = 0.194(19.4\%)$

50 건구온도 22℃, 절대습도 0.0135kg/kg′인 공기의 엔탈피(kJ/kg)는 얼마인가? (단, 공기 밀도 1.2kg/m³, 건공기 정압비열 1.01kJ/kg·K, 수증기 정압비열 1.85kJ/kg·K, 0℃ 포화수의 증발잠열 2501kJ/kg이다.)

① 58.4 ② 61.2
③ 56.5 ④ 52.4

해설
$h = h_a + h_w$
$= C_p \cdot t + x(\gamma + C_w \cdot t)$
$= 1.01 \times 22 + 0.0135 \times (2501 + 1.85 \times 22)$
$= 56.53 \text{kJ/kg}$

51 보일러 능력의 표시법에 대한 설명으로 옳은 것은?

① 과부하 출력 : 운전시간 24시간 이후는 정미 출력의 10~20% 더 많이 출력되는 정도이다.
② 정격 출력 : 정미출력의 2배이다.
③ 상용 출력 : 배관 손실을 고려하여 정미 출력의 약 1.05~1.10배 정도이다.
④ 정미 출력 : 연속해서 운전할 수 있는 보일러의 최대능력이다.

해설
정미출력 : 난방부하 + 급탕부하
상용출력 : 난방부하 + 급탕부하 + 배관손실부하
= 정미출력의 1.05~1.10
정격출력 : 난방부하 + 급탕부하 + 배관손실부하 + 예열부하
과부하출력 : 운전초기나 과부하가 발생했을 때 정격출력의 10~20%정도 증가하여 운전할 때의 출력

52 송풍기 회전날개의 크기가 일정할 때, 송풍기의 회전속도를 변화시킬 경우 상사법칙에 대한 설명으로 옳은 것은?

① 송풍기 풍량은 회전속도비에 비례하여 변화한다.
② 송풍기 압력은 회전속도비의 3제곱에 비례하여 변화한다.
③ 송풍기 동력은 회전속도비의 제곱에 비례하여 변화한다.
④ 송풍기 풍량, 압력, 동력은 모두 회전속도비의 제곱에 비례하여 변화한다.

해설
송풍기의 상사법칙
$\dfrac{Q_2}{Q_1} = \left(\dfrac{N_2}{N_1}\right)\left(\dfrac{D_2}{D_1}\right)^3$
$\dfrac{P_2}{P_1} = \left(\dfrac{N_2}{N_1}\right)^2\left(\dfrac{D_2}{D_1}\right)^2$
$\dfrac{L_2}{L_1} = \left(\dfrac{N_2}{N_1}\right)^3\left(\dfrac{D_2}{D_1}\right)^5$

49 ② 50 ③ 51 ③ 52 ①

53 온수난방 배관방식에서 단관식과 비교한 복관식에 대한 설명으로 틀린 것은?

① 설비비가 많이 든다.
② 온도변화가 많다.
③ 온수 순환이 좋다.
④ 안정성이 높다.

해설 온수난방 배관 방식에서 복관식은 단관식에 비하여
① 설비비가 많이든다
② 공급관과 환수관이 분리되므로 온도변화가 적다
③ 온수의 순환이 좋다
④ 온수공급의 안정성이 높다

54 건축 구조체의 열통과율에 대한 설명으로 옳은 것은?

① 열통과율은 구조체 표면 열전달 및 구조체내 열전도율에 대한 열이동의 과정을 총 합한 값을 말한다.
② 표면 열전달 저항이 커지면 열통과율도 커진다.
③ 수평구조체의 경우 상향열류가 하향열류보다 열통과율이 작다.
④ 각종 재료의 열전도율은 대부분 함습율의 증가로 인하여 열전도율이 작아진다.

해설
① 열통과율 $K = \dfrac{1}{\dfrac{1}{\alpha_i} + \dfrac{l}{\lambda} + \dfrac{1}{\alpha_0}}$

② 표면 열전달 저항($1/\alpha$)이 커지면 열통과율 (K)는 작아진다.
③ 수평구조체의 경우 상향열류가 하향열류보다 열통과율이 크다.
④ 각종재료의 대부분은 함습율의 증가로 인하여 열전도율(λ)이 커진다.

55 출입의 빈도가 잦아 틈새바람에 의한 손실부하가 비교적 큰 경우 난방방식으로 적용하기에 가장 적합한 것은?

① 증기난방   ② 온풍난방
③ 복사난방   ④ 온수난방

해설 복사난방의 장점
㉠ 실내 상하 온도분포가 균일하다. 복사열을 이용하므로 쾌감도가 좋다.
㉡ 실내의 공기 온도가 낮아도 되므로 열손실이 적다.
㉢ 바닥에 방열기 등을 설치하지 않으므로 바닥의 용도가 높다.
㉣ 적외선 복사난방의 경우 대규모 공장, 벽이 없는 개방공간 등의 난방에 유용하다.

56 덕트 정풍량 방식에 대한 설명으로 틀린 것은?

① 각 실의 실온을 개별적으로 제어할 수가 있다.
② 설비비가 다른 방식에 비해 적게 든다.
③ 기계실에 기기류가 집중 설치되므로 운전, 보수가 용이하고, 진동, 소음의 전달염려가 적다.
④ 외기의 도입이 용이하며 환기팬 등을 이용하면 외기냉방이 가능하고 전열교환기의 설치도 가능하다.

해설 정풍량 방식은 각실의 온도를 개별적으로 제어할 수 없다.

57 난방부하를 산정할 때 난방부하의 요소에 속하지 않는 것은?

① 벽체의 열통과에 의한 열손실
② 유리창의 대류에 의한 열손실
③ 침입외기에 의한 난방손실
④ 외기부하

해설
② 유리창의 대류에 의한 열손실이 아니라 유리창의 열통과에 의한 열손실이 난방부하의 요소이다.

정답 53 ② 54 ① 55 ③ 56 ① 57 ②

58 실내의 냉방현열부하가 5.8kW, 잠열부하가 0.93kW인 방을 실온 26℃로 냉각하는 경우 송풍량(m³/h)은? (단, 취출온도는 15℃이며, 공기의 밀도 1.2kg/m³, 정압비열 1.01kJ/kg·K이다.)

① 1566.1 ② 1732.4
③ 1999.8 ④ 2104.2

 냉방현열 부하 $q_s = \rho\, Q\, C_p \triangle t$ 에서

$$Q = \frac{q_s}{\rho C_p \triangle t}$$
$$= \frac{5.8 \times 3600}{1.2 \times 1.01 \times (26-15)} = 1566.1 \text{m}^3/\text{h}$$

59 공조설비의 구성은 열원설비, 열운반장치, 공조기, 자동제어장치로 이루어진다. 이에 해당하는 장치로서 직접적인 관계가 없는 것은?

① 펌프 ② 덕트
③ 스프링 클러 ④ 냉동기

해설 스프링 클러는 소방설비이다.

60 아래 그림은 냉방시의 공기조화 과정을 나타낸다. 그림과 같은 조건일 경우 취출풍량이 1000m³/h이라면 소요되는 냉각코일의 용량(kW)은 얼마인가? (단, 공기의 밀도는 1.2kg/m³이다.)

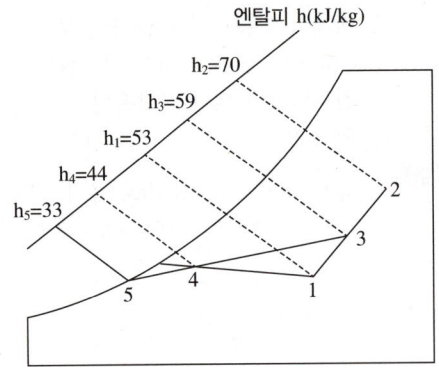

1 실내공기의 상태점
2 외기의 상태점
3 혼합 공기의 상태점
4 취출 공기의 상태점
5 코일의 장치 노점 온도

① 8 ② 5
③ 3 ④ 1

해설 냉각코일 용량

$$q_{cc} = \rho Q(h_3 - h_4)$$
$$= \frac{1.2 \times 1000 \times (59-44)}{3600} = 5\text{kW}$$

제4과목 전기제어공학

61 다음 유접점회로를 논리식으로 변환하면?

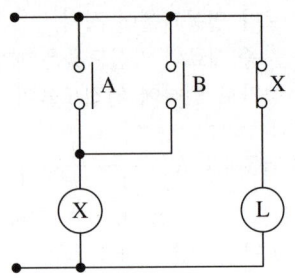

① $L = A \cdot B$
② $L = A + B$
③ $L = \overline{(A+B)}$
④ $L = \overline{(A \cdot B)}$

해설 회로의 A와 B는 A or B이므로 논리식으로 쓰면 A+B이고 L이 ON이 되려면 A, B 모두 OFF 되어야 한다.

따라서 $L = \overline{(A+B)}$ 이다.

정답 58 ① 59 ③ 60 ② 61 ③

62 그림과 같은 논리회로가 나타내는 식은?

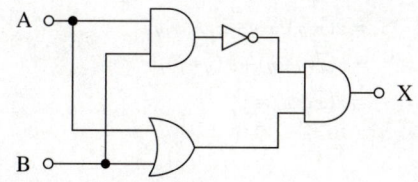

① $X = AB + BA$
② $X = \overline{(A+B)}AB$
③ $X = \overline{AB}(A+B)$
④ $X = AB + (A+B)$

해설

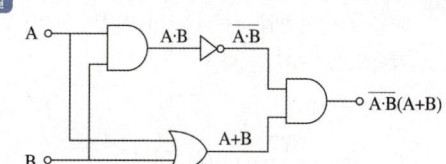

63 다음 블록선도에서 성립이 되지 않는 식은?

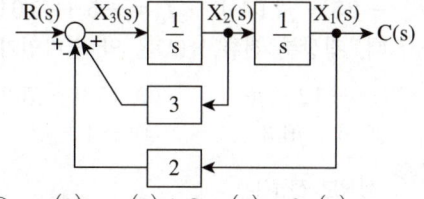

① $x_3(t) = r(t) + 3x_2(t) - 2c(t)$
② $\dfrac{dx_3(t)}{dt} = x_2(t)$
③ $x_2(t) = \int (r(t) + 3x_2(t) - 2x_1(t))dt$
④ $x_1(t) = c(t)$

해설
① $x_3(t) = r(t) + x_2(t) \times 3 - x_1(t) \times 2$
$x_1(t) = c(t)$ 이므로
$x_3(t) = r(t) + 3x_2(t) - 2c(t)$
② $\dfrac{1}{s}$ 은 적분요소이므로 $\int x_3(t)dt = x_2(t)$

③ $x_3(t) = r(t) + 3x_2(t) - 2x_1(t)$ 이므로
$x_2(t) = \int x_3(t)dt$
$= \int (r(t) + 3x_2(t) - 2x_1(t))dt$
④ $x_1(t) = c(t)$

64 자극수 6극, 슬롯수 40, 슬롯 내 코일변수 6인 단중 중권직류기의 정류자 편수는?

① 60 ② 80
③ 100 ④ 120

해설
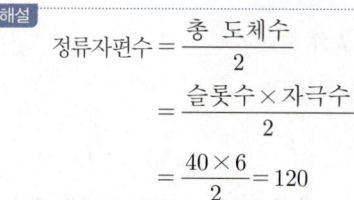
정류자편수 = $\dfrac{\text{총 도체수}}{2}$
$= \dfrac{\text{슬롯수} \times \text{자극수}}{2}$
$= \dfrac{40 \times 6}{2} = 120$

65 일정전압의 직류전원에 저항을 접속하고, 전류를 흘릴 때 이 전류값을 20% 감소시키기 위한 저항값은 처음 저항의 몇 배가 되는가? (단, 저항을 제외한 기타조건은 동일하다.)

① 0.65 ② 0.85
③ 0.91 ④ 1.25

해설
$R = \dfrac{V}{I}$ 이므로 $R_1 = \dfrac{V_1}{I_1}$
$R_2 = \dfrac{V_1}{0.8 I_1} = 1.25 R_1$

66 절연저항을 측정하는데 사용되는 계기는?

① 메거(Megger) ② 회로시험기
③ R-L-C 미터 ④ 검류계

해설 메거(Megger)는 절연저항계 라고도 하며 전기 기기의 절연저항 및 옥내 전선의 절연저항을 측정할 때 사용된다.

정답 62 ③ 63 ② 64 ④ 65 ④ 66 ①

67 전압방정식이 $e(t) = Ri(t) + L\dfrac{di(t)}{dt}$ 로 주어지는 RL 직렬회로가 있다. 직류전압 E를 인가했을 때, 이 회로의 정상상태 전류는?

① E/(RL) ② E
③ E/R ④ (RL)/E

해설 정상상태이므로 전류가 일정하게 흐른다. 즉, 시간에 따라 변하지 않는다.

따라서 $\dfrac{di(t)}{dt}=0$ 이 된다.

$e(t) = Ri(t)+0$ 에서 직류전압 E를 인가 했으므로

$E = R \cdot I$ 가 되고

$I = \dfrac{E}{R}$ 가 된다.

68 조절부의 동작에 따른 분류중 불연속제어에 해당되는 것은?

① ON/OFF제어 동작
② 비례제어 동작
③ 적분제어 동작
④ 미분제어 동작

해설 불연속제어 : ON-OFF제어(2위치제어), 다위치제어, 샘플제어
연속제어 : 비례제어, 적분제어, 미분제어, 비례적분제어, 비례미분제어, 비례적분미분제어

69 논리식 $L = \overline{x}\cdot\overline{y}\cdot z + \overline{x}\cdot y \cdot z + x\cdot\overline{y}\cdot z + x\cdot y \cdot z$를 간단히 한 식은?

① x
② z
③ $x\cdot\overline{y}$
④ $x\cdot\overline{x}$

해설
$L = \overline{x}\,\overline{y}\,z + \overline{x}\,y\,z + x\,\overline{y}\,z + x\,y\,z$
$= z(\overline{x}\,\overline{y} + \overline{x}\,y + x\,\overline{y} + x\,y)$
$= z(\overline{x}(\overline{y}+y) + x(\overline{y}+y))$
$= z(\overline{x}+x) = z$

70 $v = 141\sin\{377t - (\pi/6)\}$ 인 파형의 주파수(Hz)는 약 얼마인가?

① 50 ② 60
③ 100 ④ 377

해설 교류의 순시전압 $v = V_m\sin\omega t$ 이므로 각속도 $\omega = 377$ 이다.

$\omega = 2\pi f$ 에서

$f = \dfrac{\omega}{2\pi} = \dfrac{377}{2\pi} = 60 Hz$

71 불평형 3상 전류 $I_a = 18 + j3(A)$, $I_b = -25 - j7(A)$, $I_c = -5 + j10(A)$일 때, 정상분 전류 $I_1(A)$은 약 얼마인가?

① $-12 - j6$ ② $15.9 - j5.27$
③ $6 + j6.3$ ④ $-4 + j2$

해설 정상분 전류(I_1)

$I_1 = \dfrac{1}{3}(I_a + aI_b + a^2 I_c)$

여기서 $a = 1\angle 120° = -\dfrac{1}{2} + j\dfrac{\sqrt{3}}{2}$

$a^2 = 1\angle 240° = -\dfrac{1}{2} - j\dfrac{\sqrt{3}}{2}$

$I_1 = \dfrac{1}{3}\{18 + j3 + (-\dfrac{1}{2} + j\dfrac{\sqrt{3}}{2})(-25 - j7)$
$+ (-\dfrac{1}{2} - j\dfrac{\sqrt{3}}{2})(-5 + j10)\}$
$= \dfrac{1}{3}\{18 + j3 + (12.5 + j3.5 - j12.5\sqrt{3} + 3.5\sqrt{3}) + (2.5 - j5 + j2.5\sqrt{3} + 5\sqrt{3})\}$
$= 15.9 - j5.27$

67 ③ 68 ① 69 ② 70 ② 71 ② **정답**

72 다음 설명이 나타내는 법칙은

> 회로 내의 임의의 한 폐회로에서 한 방향으로 전류가 일주하면서 취한 전압상승의 대수합은 각 회로 소자에서 발생한 전압강하의 대수합과 같다.

① 옴의 법칙
② 가우스의 법칙
③ 쿨롱의 법칙
④ 키르히호프의 법칙

해설 키르히호프 제1법칙 : 전류평형의 법칙으로 회로망의 한 점으로 흘러 들어가는 전류의 총 합과 흘러 나가는 전류의 총 합은 같다.
키르히호프 제2법칙 : 전압평형의 법칙으로 임의의 폐회로망에서 기전력의 합은 그 폐회로망 내의 각 소자에 의한 전압강하의 합과 같다.

73 다음과 같은 회로에서 I_2가 0이 되기 위한 C의 값은? (단, L은 합성인덕턴스, M은 상호인덕턴스이다.)

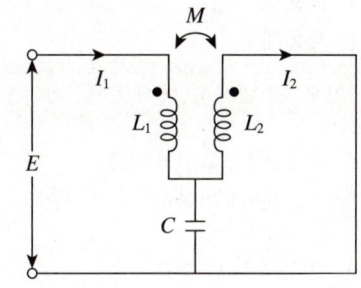

① $\dfrac{1}{\omega L}$ ② $\dfrac{1}{\omega^2 L}$
③ $\dfrac{1}{\omega M}$ ④ $\dfrac{1}{\omega^2 M}$

해설 문제의 회로는 캠벨 브리지 회로로서 직렬접속이 감극성이므로 등가회로도는 다음과 같다.

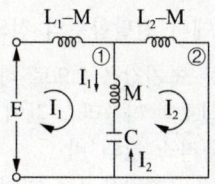

루프②에 키르히호프 제2법칙인 전압평형의 법칙을 적용하면

$$j\omega(L_2-M)I_2 + \dfrac{1}{j\omega C}(I_2-I_1) + j\omega M(I_2-I_1) = 0$$

$I_2 = 0$이므로

$$-\dfrac{1}{j\omega C}I_1 - j\omega M I_1 = 0$$

$$\dfrac{1}{\omega C} = \omega M$$

$$\therefore C = \dfrac{1}{\omega^2 M}$$

74 무인으로 운전되는 엘리베이터 자동제어방식은?

① 프로그램제어
② 추종제어
③ 비율제어
④ 정치제어

해설 프로그램제어는 제어 목표값을 미리 정해진 프로그램에 의해 변화시키는 제어로서 무인열차운전, 엘리베이터, 자판기, 공작기계, 노의 온도제어 등이 있다.

75 다음의 제어기기에서 압력을 변위로 변환하는 변환요소가 아닌 것은?

① 스프링
② 벨로우즈
③ 노즐플래퍼
④ 다이어프램

해설 **노즐플래퍼**
플래퍼의 변위에 따라 노즐내에 공기압이 변한다. 즉, 변위를 압력으로 변환하는 요소이다.

정답 72 ④ 73 ④ 74 ① 75 ③

76 제어계에서 전달함수의 정의는?

① 모든 초기값을 0으로 하였을 때 계의 입력신호의 라플라스 값에 대한 출력신호의 라플라스 값의 비
② 모든 초기값을 1로 하였을 때 계의 입력신호의 라플라스 값에 대한 출력신호의 라플라스 값의 비
③ 모든 초기값을 ∞로 하였을 때 계의 입력신호의 라플라스 값에 대한 출력신호의 라플라스 값의 비
④ 모든 초기값을 입력과 출력의 비로 한다.

해설
① 전달함수는 모든 초기값을 0으로 했을 때 출력신호의 라플라스 변환과 입력신호의 라플라스 변환의 비로 표시된다.
② 모든 초기값을 0으로 놓는 이유는 자동제어의 모든 변수는 정상상태로 부터의 편차량을 의미하기 때문이다.

77 자동조정 제어의 제어량에 해당하는 것은?

① 전압 ② 온도
③ 위치 ④ 압력

해설 자동조정 제어량 : 전압, 전류, 주파수, 회전속도

78 발전기에 적용되는 법칙으로 유도기전력의 방향을 알기 위해 사용되는 법칙은?

① 옴의 법칙
② 암페어의 주회적분 법칙
③ 플레밍의 왼손 법칙
④ 플레밍의 오른손 법칙

해설 플레밍의 오른손 법칙
자계내에서 도체가 움직일 때 발생하는 기전력의 방향을 결정하는 법칙으로 발전기에 적용된다.

79 피드백제어계에서 제어요소에 대한 설명으로 옳은 것은?

① 목표값에 비례하는 기준 압력신호를 발생하는 요소이다.
② 제어량의 값을 목표값과 비교하기 위하여 피드백 되는 요소이다.
③ 조작부와 조절부로 구성되고 동작신호를 조작량으로 변환하는 요소이다.
④ 기준입력과 주궤환신호의 차로 제어동작을 일으키는 요소이다.

해설 제어요소는 동작신호를 조작량으로 변화시켜 주는 요소이며, 조절부와 조작부로 구성되어 있다.

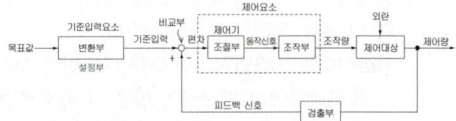

80 2차계 시스템의 응답상태를 결정하는 것은?

① 히스테리시스
② 정밀도
③ 분해도
④ 제동계수

해설 2차계 시스템의 응답상태는 제동계수에 따라 결정된다.
$\delta < 1$: 부족제동(감쇠진동)
$\delta = 1$: 임계제동(진동에서 비진동으로 옮겨가는 임계상태)
$\delta > 1$: 과제동(비진동)
$\delta = 0$: 무제동(무한진동 또는 완전진동)

정답 76 ① 77 ① 78 ④ 79 ③ 80 ④

제5과목 배관일반

81 순동 이음쇠를 사용할 때에 비하여 동합금 주물 이음쇠를 사용할 때 고려할 사항으로 가장 거리가 먼 것은?
① 순동 이음쇠 사용에 비해 모세관 현상에 의한 용융 확산이 어렵다.
② 순동 이음쇠와 비교하여 용접재 부착력은 큰 차이가 없다.
③ 순동 이음쇠와 비교하여 냉벽 부분이 발생할 수 있다.
④ 순동 이음쇠 사용에 비해 열팽창의 불균일에 의한 부정적 틈새가 발생할 수 있다.

해설 ② 순동 이음쇠가 용접재와의 친화력의 좋다. 동합금주물 이음쇠는 두꺼워 용접재의 용점이하 부분이 발생할 수 있다.

82 증기 및 물배관 등에서 찌꺼기를 제거하기 위하여 설치하는 부속품으로 옳은 것은?
① 유니온   ② P트랩
③ 체크밸브 ④ 스트레이너

해설 스트레이너(Strainer, 여과기)
- 배관에 설치하여 배관내의 이물질을 걸러내기 위한 장치
- 본체안에 있는 여과망이 이물질을 걸러낸다.
- 펌프의 흡입쪽이나 밸브의 입구쪽에 설치한다.
- 종류는 Y형, U형, V형이 있다.

83 관경 300mm, 배관길이 500m의 중압가스 수송관에서 공급압력과 도착압력이 게이지 압력으로 각각 3kgf/cm², 2kgf/cm²인 경우 가스유량(m³/h)은 얼마인가? (단, 가스비중 0.64, 유량계수 52.31 이다.)
① 10238   ② 20583
③ 38317   ④ 40153

해설 중·고압 가스배관 유량

$$Q = K\sqrt{\frac{(P_1^2 - P_2^2) \times D^5}{S \cdot L}}$$

$$= 52.31\sqrt{\frac{(4^2 - 3^2) \times 30^5}{0.64 \times 500}}$$

$$= 38318 \text{m}^3/\text{h}$$

$P_1 = 3 + 1.0332 = 4.0332 ≒ 4\text{kgf/cm}^2$
$P_2 = 2 + 1.0332 = 3.0332 ≒ 3\text{kgf/cm}^2$

84 다음 중 배수설비에서 소제구(C.O)의 설치위치로 가장 부적절한 곳은?
① 가옥 배수관과 옥외의 하수관이 접속되는 근처
② 배수 수직관의 최상단부
③ 수평 지관이나 횡주관의 기점부
④ 배수관이 45도 이상의 각도로 구부러지는 곳

해설 소제구 설치
① 배관경 100mm 이하 : 15m 이내마다 설치
   배관경 100mm 초과 : 30m 이내마다 설치
② 배수관이 45° 이상의 각도로 방향을 전환하는 곳에 설치
③ 배수 수평 주관과 배수 수평 분기관의 분기점에 설치
④ 배수 수직관의 제일 밑부분 또는 그 근처에 설치
⑤ 배수관경이 100A 이하일 때는 소제구의 크기를 배수관경과 같게 한다.

85 다음 중 폴리에틸렌관의 접합법이 아닌 것은?
① 나사 접합
② 인서트 접합
③ 소켓 접합
④ 용착 슬리브 접합

해설 소켓 접합 : 주철관 접합(이음)방법이며 관의 소켓부에 얀(yarn)과 납을 넣어 다져서 접합한다.

81 ② 82 ④　83 ③　84 ②　85 ③　**정답**

86 배관의 접합 방법 중 용접접합의 특징으로 틀린 것은?

① 중량이 무겁다.
② 유체의 저항 손실이 적다.
③ 접합부 강도가 강하여 누수우려가 적다.
④ 보온피복 시공이 용이하다.

해설) 용접접합의 특징
① 접합부의 강도가 크고 중량이 가벼워진다.
② 이음 효율이 높아 기밀성이 우수하다.
③ 용접후 잔류응력이 존재하므로 균열과 수축이 발생할 우려가 있다.
④ 재료(부속)가 절약되고 작업공정이 단축된다.
⑤ 유체의 저항손실이 적다.
⑥ 보온피복 시공이 용이하다.

87 폴리부틸렌관(PB) 이음에 대한 설명으로 틀린 것은?

① 에이콘 이음이라고도 한다.
② 나사이음 및 용접이음이 필요 없다.
③ 그랩링, O-링, 스페이스 와셔가 필요하다.
④ 이종관 접합시는 어댑터를 사용하여 인서트 이음을 한다.

해설) 폴리부틸렌(PB)관을 이종관과 접합시킬 때는 커넥터 및 어댑터를 사용하여 나사이음을 한다.

88 병원, 연구소 등에서 발생하는 배수로 하수도에 직접 방류할 수 없는 유독한 물질을 함유한 배수를 무엇이라 하는가?

① 오수　　　　② 우수
③ 잡배수　　　④ 특수배수

해설) 오수 : 대변기, 소변기 배수
우수 : 빗물 배수
잡배수 : 주방씽크, 세면기, 욕조, 화장실 바닥 배수
특수배수 : 병원균, 유독물질, 화학약품이 포함된 배수

89 LP가스 공급, 소비 설비의 압력손실 요인으로 틀린 것은?

① 배관의 입하에 의한 압력손실
② 엘보우, 티 등에 의한 압력손실
③ 배관의 직관부에서 일어나는 압력손실
④ 가스미터, 콕크, 밸브 등에 의한 압력손실

해설) LP가스(프로판+부탄)는 공기보다 무겁다.
프로판 비중 : 1.52, 부탄비중 : 2.01이다.
따라서 배관의 입하시에는 자중으로 내려가기 때문에 LP가스 공급, 소비 설비의 압력손실 요인이 아니다.

90 밀폐 배관계에서는 압력계획이 필요하다. 압력계획을 하는 이유로 틀린 것은?

① 운전 중 배관계 내에 대기압보다 낮은 개소가 있으면 접속부에서 공기를 흡입할 우려가 있기 때문에
② 운전 중 수온에 알맞은 최소압력 이상으로 유지하지 않으면 순환수 비등이나 플래시 현상 발생 우려가 있기 때문에
③ 펌프의 운전으로 배관계 각 부의 압력이 감소하므로 수격작용, 공기정체 등의 문제가 생기기 때문에
④ 수온의 변화에 의한 체적의 팽창·수축으로 배관 각부에 악영향을 미치기 때문에

해설) 밀폐배관계의 압력계획
③ 펌프의 운전으로 배관계 각 부의 압력이 흡입측은 감소 토출측은 상승한다.
공기의 흡입, 공기의 정체, 순환수의 비등, 국부적인 풀래시현상 발생, 수격작용, 펌프의 캐비테이션 발생, 기기의 내압문제, 배관압력분포, 팽창탱크 설치 위치등의 문제를 고려하여 계획한다.

정답) 86 ①　87 ④　88 ④　89 ①　90 ③

91 펌프 운전 시 발생하는 캐비테이션 현상에 대한 방지대책으로 틀린 것은?

① 흡입양정을 짧게 한다.
② 펌프의 회전수를 낮춘다.
③ 단흡입 펌프를 사용한다.
④ 흡입관의 관경을 굵게, 굽힘을 적게 한다.

해설 캐비테이션(cavitation)
① 공동현상(空洞現想)이라고 하며 액체가 굴곡부 또는 곡부를 흐를 때 저압부분(空洞)이 생기고 여기서 증기(기포)가 발생하는 현상을 캐비테이션이라 한다.
② 발생된 기포는 펌프의 토출측 고압영역에 이르면 갑자기 파괴되어 물속으로 소멸한다. 기포가 파괴되면서 심한 충격이 일어나 소음과 진동을 일으키고 침식을 일으킨다.
③ 방지대책
 ㉠ 펌프의 흡입 양정을 작게 한다.
 ㉡ 펌프의 회전수를 낮춘다.
 ㉢ 양흡입 펌프를 사용한다.
 ㉣ 2대 이상의 펌프를 사용한다.
 ㉤ 흡입관 구경을 크게 하여 손실수두를 줄인다.

92 급탕설비에 관한 설명으로 옳은 것은?

① 급탕배관의 순환방식은 상향순환식, 하향순환식, 상하향혼용순환식으로 구분된다.
② 물에 증기를 직접 분사시켜 가열하는 기수혼합식의 사용증기압은 0.01MPa(0.1 kgf/cm²)이하가 적당하다.
③ 가열에 따른 관의 신축을 흡수하기 위하여 팽창탱크를 설치한다.
④ 강제순환식 급탕배관의 구배는 1/200 ~ 1/300 정도로 한다.

해설 ① 급탕배관 순환방식 : 상향순환식, 하향순환식
② 기수혼합식 사용증기압 : 0.1~0.4MPa
③ 가열에 따른 급탕(물)의 부피팽창을 흡수하기 위해 팽창탱크를 설치한다.
④ 급탕배관 기울기
 강제순환식 : 1/200   중력순환식 : 1/150

93 강관작업에서 아래 그림처럼 15A 나사용 90° 엘보 2개를 사용하여 길이가 200mm가 되도록 연결 작업을 하려고 한다. 이때 실제 15A 강관의 길이는 얼마인가? (단, 나사가 물리는 최소길이(여유치수)는 11mm, 이음쇠의 중심에서 단면까지의 길이는 27mm이다.)

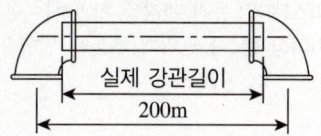

① 142mm   ② 158mm
③ 168mm   ④ 176mm

해설

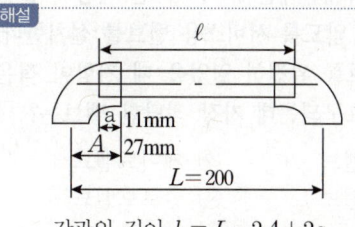

강관의 길이 $l = L - 2A + 2a$
$= 200 - 2 \times 27 + 2 \times 11$
$= 168mm$

94 온수난방에서 개방식 팽창탱크에 관한 설명으로 틀린 것은?

① 공기빼기 배기관을 설치한다.
② 4℃의 물을 100℃로 높였을 때 팽창체적 비율이 4.3% 정도이므로 이를 고려하여 팽창탱크를 설치한다.
③ 팽창탱크에는 오버플로우관을 설치한다.
④ 팽창관에는 반드시 밸브를 설치한다.

해설 ④ 팽창관은 부피가 증가된 온수를 팽창탱크로 도피시키는 배관이므로 절대로 밸브를 설치해서는 안된다.

91 ③   92 ④   93 ③   94 ④

95 관 공작용 공구에 대한 설명으로 틀린 것은?
① 익스팬더 : 동관의 끝부분을 원형으로 정형 시 사용
② 봄볼 : 주관에서 분기관을 따내기 작업 시 구멍을 뚫을 때 사용
③ 열풍 용접기 : PVC관의 접합, 수리를 위한 용접 시 사용
④ 리드형 오스타 : 강관에 수동으로 나사를 절삭할 때 사용

> 해설
> 익스팬더 : 동관 관경을 확관하는 공구
> 사이징 툴 : 동관의 끝부분을 원형으로 정형하는 공구

96 공기조화설비에서 수 배관 시공 시 주요 기기류의 접속배관에는 수리 시 전 계통의 물을 배수하지 않도록 서비스용 밸브를 설치한다. 이때 밸브를 완전히 열었을 때 저항이 적은 밸브가 요구되는데 가장 적당한 밸브는?
① 나비밸브   ② 게이트밸브
③ 니들밸브   ④ 글로브밸브

> 해설
> 게이트밸브는 완전히 열었을 때 흐름에 방해되는 것이 없기 때문에 저항이 가장 적다.

97 스테인리스 강관에 삽입하고 전용 압착공구를 사용하여 원형의 단면을 갖는 이음쇠를 6각의 형태로 압착시켜 접합하는 배관 이음쇠는?
① 나사식 이음쇠
② 그립식 관 이음쇠
③ 몰코 조인트 이음쇠
④ MR 조인트 이음쇠

> 해설
> 몰코 조인트 이음쇠는 EZ조인트 이음쇠, SR조인트 이음쇠가 있으며 압착시켜 접합하는 것은 SR조인트 이며 EZ조인트는 끼워 넣어 접합하는 이음쇠이다.

98 중앙식 급탕방식의 특징으로 틀린 것은?
① 일반적으로 다른 설비 기계류와 동일한 장소에 설치할 수 있어 관리가 용이하다.
② 저탕량이 많으므로 피크부하에 대응할 수 있다.
③ 일반적으로 열원장치는 공조설비와 겸용하여 설치되기 때문에 열원단가가 싸다.
④ 배관이 연장되므로 열효율이 높다.

> 해설
> 중앙식 급탕방식은 기계실에서부터 사용처까지 배관이 길게 연장되므로 열효율이 떨어진다.

99 냉매 배관용 팽창밸브 종류로 가장 거리가 먼 것은?
① 수동식 팽창밸브
② 정압식 자동팽창밸브
③ 온도식 자동팽창밸브
④ 팩리스 자동팽창밸브

> 해설
> 팽창밸브의 종류
> • 수동식 팽창밸브
> • 온도식 자동팽창밸브
> • 정압식 자동팽창밸브
> • 전자식 팽창밸브
> • 모세관

100 다음 중 흡수성이 있으므로 방습재를 병용해야 하며, 아스팔트로 가공한 것은 -60℃까지의 보냉용으로 사용이 가능한 것은?
① 펠트   ② 탄화코르크
③ 석면   ④ 암면

> 해설
> 펠트(felt)
> • 양모펠트와 우모펠트가 있다.
> • 흡수성이 있다.
> • 곡면시공이 용이하다.
> • 안전 사용온도는 100℃이하이다.
> • 아스팔트로 방습 처리한 것은 -60℃까지 사용할 수 있다.

정답 95 ① 96 ② 97 ③ 98 ④ 99 ④ 100 ①

과년도 출제문제(2022. 3. 5 시행)

제1과목 에너지 관리

01 다음 온열환경지표 중 복사의 영향을 고려하지 않는 것은?

① 유효온도(ET)
② 수정유효온도(CET)
③ 예상온열감(PMV)
④ 작용온도(OT)

해설 유효온도 : 온도, 습도, 기류의 영향을 하나로 묶어 하나의 온도감각으로 나타낸 것이 유효온도이며 감각온도라고도 한다.
수정유효온도, 작용온도, 예상평균온열감은 모두 복사온도의 영향을 고려한 것이다.

02 주간 피크(peak) 전력을 줄이기 위한 냉방시스템 방식으로 가장 거리가 먼 것은?

① 터보냉동기 방식
② 수축열 방식
③ 흡수식 냉동기 방식
④ 빙축열 방식

해설 주간 피크(peak)전력을 줄이기 위한 냉방시스템은 수축열방식, 빙축열방식, 흡수식냉동기방식이다.
터보냉동기, 왕복동냉동기, 스크류냉동기 방식은 주간 피크(peak)전력을 줄일 수 없다.

03 실내 공기 상태에 대한 설명으로 옳은 것은?

① 유리면 등의 표면에 결로가 생기는 것은 그 표면온도가 실내의 노점온도보다 높게 될 때이다.
② 실내 공기 온도가 높으면 절대습도도 높다.
③ 실내 공기의 건구 온도와 그 공기의 노점 온도와의 차는 상대습도가 높을수록 작아진다.
④ 건구온도가 낮은 공기일수록 많은 수증기를 함유할 수 있다.

해설 ① 표면에 결로가 생기는 것은 그 표면온도가 실내의 노점온도보다 낮게 될 때이다.
② 실내 공기 온도가 높아도 절대습도가 낮을 수 있다.
④ 건구온도가 낮은 공기일수록 수증기를 많이 함유할 수 없다.

04 열교환기에서 냉수코일 입구 측의 공기와 물의 온도차가 16℃, 냉수코일 출구 측의 공기와 물의 온도차가 6℃이면 대수평균온도차(℃)는 얼마인가?

① 10.2   ② 9.25
③ 8.37   ④ 8.00

해설 대수평균온도차(LMTD)

$$LMTD = \frac{\Delta t_1 - \Delta t_2}{\ln\frac{\Delta t_1}{\Delta t_2}} \quad \Delta t_1 = 16, \Delta t_2 = 6$$

$$= \frac{16-6}{\ln\frac{16}{6}} = 10.19 ≒ 10.2℃$$

05 습공기를 단열 가습하는 경우 열수분비(u)는 얼마인가?

① 0   ② 0.5
③ 1   ④ ∞

해설 열수분비 $u = \dfrac{\text{전열량의 변화량}}{\text{수분의 변화량}} = \dfrac{\Delta h}{\Delta x}$

단열가습은 열이 차단된 상태이므로 전열량의 변화량 $\Delta h = 0$이다.
따라서 열수분비 $u = 0$이다.

정답 01 ④ 02 ① 03 ③ 04 ① 05 ①

06 습공기선도(t-x선도)상에서 알 수 없는 것은?
① 엔탈피 ② 습구온도
③ 풍속 ④ 상대습도

해설 습공기선도에서는 풍속을 알 수 없다.
습공서도에서는 온도, 습도, 엔탈피, 비체적, 현열비, 열수분비, 포화도, 수증기 분압을 알 수 있다.

07 다음 중 풍량조절 댐퍼의 설치위치로 가장 적절하지 않은 곳은?
① 송풍기, 공조기의 토출측 및 흡입측
② 연소의 우려가 있는 부분의 외벽 개구부
③ 분기덕트에서 풍량조정을 필요로 하는 곳
④ 덕트계에서 분기하여 사용하는 곳

해설 연소의 우려가있는 부분의 외벽 개구부에는 Fire Damper를 설치한다.

08 수냉식 응축기에서 냉각수 입·출구 온도차 5℃, 냉각수량이 300LPM인 경우 이 냉각수에서 1시간에 흡수하는 열량은 1시간당 LNG 몇 Nm³을 연소한 열량과 같은가? (단, 냉각수의 비열은 4.2kJ/kg℃, LNG발열량은 43961.4kJ/Nm³, 열손실은 무시한다.)
① 4.6 ② 6.3
③ 8.6 ④ 10.8

해설 냉각수에서 1시간에 흡수한 열량 q_c
$q_c = G \cdot C \cdot \Delta t$
$= (300 \times 60) \times 4.2 \times 5 = 378000 \text{kJ/h}$
$\text{LNG량} = \dfrac{378000}{43961.4} = 8.59 \text{Nm}^3$

[참고] $\text{Nm}^3 = \text{Normal m}^3$
온도 0℃, 1기압 조건에서의 체적

09 덕트의 분기점에서 풍량을 조절하기 위하여 설치하는 댐퍼는?
① 방화 댐퍼 ② 스플릿 댐퍼
③ 피봇 댐퍼 ④ 터닝 베인

해설 덕트의 분기점에 설치하여 풍량을 조절하는 댐퍼는 스플릿(split)댐퍼이다.

10 증기난방 방식에 대한 설명으로 틀린 것은?
① 환수방식에 따라 중력환수식과 진공환수식, 기계환수식으로 구분한다.
② 배관방법에 따라 단관식과 복관식이 있다.
③ 예열시간이 길지만 열량 조절이 용이하다.
④ 운전 시 증기 해머로 인한 소음을 일으키기 쉽다.

해설
• 증기난방은 온수난방에 보다 장치내 보유수량이 적어 열용량이 작으므로 예열시간이 짧아 신속하게 난방할 수 있다
• 증기난방은 방열량(증기의 온도, 유량) 제어가 어려워 실내온도 조절이 어렵다.

11 공기 중의 수증기가 응축하기 시작할 때의 온도, 즉 공기가 포화상태로 될 때의 온도를 의미하는 것은?
① 건구온도 ② 노점온도
③ 습구온도 ④ 상당외기온도

해설 노점온도(dew point temperature)
습공기를 계속 냉각시키면 어느 온도에서 공기 중에 포함되어 있던 수분이 응결되어 이슬방울(결로)로 변하는데 이 때의 온도를 노점온도라 한다.

06 ③ 07 ② 08 ③ 09 ② 10 ③ 11 ② **정답**

12 다음 중 일반 사무용 건물의 난방부하 계산 결과에 가장 작은 영향을 미치는 것은?

① 외기온도
② 벽체로부터의 손실열량
③ 인체 부하
④ 틈새바람 부하

해설 인체부하(인체 발생열량)는 난방에 $+\alpha$가 되기 때문에 난방부하 계산에 포함시키지 않는다.

13 에어와셔 단열 가습시 포화효율(η)은 어떻게 표시하는가? (단, 입구공기의 건구온도 t_1, 출구공기의 건구온도 t_2, 입구공기의 습구온도 t_{w1}, 출구공기의 습구온도 t_{w2}이다.)

① $\eta = \dfrac{(t_1 - t_2)}{(t_2 - t_{w2})}$

② $\eta = \dfrac{(t_1 - t_2)}{(t_1 - t_{w1})}$

③ $\eta = \dfrac{(t_2 - t_1)}{(t_{w2} - t_1)}$

④ $\eta = \dfrac{(t_1 - t_{w1})}{(t_2 - t_1)}$

해설

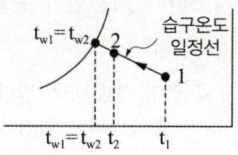

포화효율 : 에어와셔 탱크의 물을 냉각도 가열도 하지않고 순환시키는 경우 단열가습이 되며 그 때의 콘택트 팩터(CF)를 포화효율(η_s)이라한다.

$\eta_s = \dfrac{t_1 - t_2}{t_1 - t_{w2}} = \dfrac{t_1 - t_2}{t_1 - t_{w1}}$

14 정방실에 35kW의 모터에 의해 구동되는 정방기가 12대 있을 때 전력에 의한 취득열량(kW)은 얼마인가? (단, 전동기와 이것에 의해 구동되는 기계가 같은 방에 있으며, 전동기의 가동율은 0.74이고, 전동기 효율은 0.87, 전동기 부하율은 0.92이다.)

① 483   ② 420
③ 357   ④ 329

해설 정방기와 모터가 모두 실내에 있으므로

$q = P \times f_e \times f_o \times \dfrac{1}{\eta}$

f_e : 부하율 f_o : 전동기 가동율
η : 전동기 효율

$q = (35 \times 12) \times 0.92 \times 0.74 \times \dfrac{1}{0.87}$

$= 328.66 \text{kW}$

15 보일러의 시운전 보고서에 관한 내용으로 가장 관련이 없는 것은?

① 제어기 세팅 값과 입/출수 조건 기록
② 입/출구 공기의 습구온도
③ 연도 가스의 분석
④ 성능과 효율 측정 값을 기록, 설계 값과 비교

해설 보일러의 시운전 보고서는 최종 보일러의 운전 상태를 초기 설계조건과 비교하여 성능에 문제가 없는지를 파악할 수 있도록 시운전 데이터를 기록해야 한다.
• 제어기 세팅 값과 입/출수 조건 기록, 연도가스의 분석 값 기록, 성능과 효율 측정 값을 기록, 설계 값과 비교
• 입구/출구 공기의 습구온도는 보일러의 시운전 보고서와 관련이 없다.

정답 12 ③   13 ②   14 ④   15 ②

16 다음 용어에 대한 설명으로 틀린 것은?

① 자유면적 : 취출구 혹은 흡입구 구멍면적의 합계
② 도달거리 : 기류의 중심속도가 0.25m/s에 이르렀을 때, 취출구에서의 수평거리
③ 유인비 : 전공기량에 대한 취출공기량(1차 공기)의 비
④ 강하도 : 수평으로 취출된 기류가 일정 거리만큼 진행한 뒤 기류중심선과 취출구 중심과의 수직거리

해설 취출구의 유인작용
취출구에서 나온 공기를 1차공기라 하며 실내에 있던 공기 중에서 취출공기와 혼합되는 공기를 2차공기라 하고, 1차공기와 1차 + 2차 공기인 전공기의 비를 유인비라 한다. (즉, 취출공기량에 대한 전공기량의 비이다)

유인비 $R = \dfrac{1차공기량 + 2차공기량}{1차공기량}$
$= \dfrac{전공기량}{취출공기량}$

17 증기난방과 온수난방의 비교 설명으로 틀린 것은?

① 주 이용열로 증기난방은 잠열이고, 온수난방은 현열이다.
② 증기난방에 비하여 온수난방은 방열량을 쉽게 조절할 수 있다.
③ 장거리 수송으로 증기난방은 발생증기압에 의하여, 온수난방은 자연순환력 또는 펌프등의 기계력에 의한다.
④ 온수난방에 비하여 증기난방은 예열부하와 시간이 많이 소요된다.

해설 ④ 온수난방에 비하여 증기난방은 예열부하와 시간이 적게 소요된다.

18 공기조화 시스템에 사용되는 댐퍼의 특성에 대한 설명으로 틀린 것은?

① 일반 댐퍼(Volume Control Damper) : 공기 유량조절이나 차단용이며, 아연도금 철판이나 알루미늄 재료로 제작된다.
② 방화 댐퍼(Fire Damper) : 방화벽을 관통하는 덕트에 설치되며, 화재 발생시 자동으로 폐쇄되어 화염의 전파를 방지한다.
③ 밸런싱 댐퍼(Balancing Damper) : 덕트의 여러 분기관에 설치되어 분기관의 풍량을 조절하며, 주로 T.A.B 시 사용된다.
④ 정풍량 댐퍼(Linear Volme Control Damper) : 에너지절약을 위해 결정된 유량을 선형적으로 조절하며, 역류방지 기능이 있어 비싸다.

해설 정풍량 댐퍼 (Linear Volume Control Damper)는 에너지 절약을 위해 결정된 유량을 선형적으로 조절한다. 비례제어 댐퍼 라고도 하며, 역류 방지 기능은 없다.

19 공기조화기의 T.A.B 측정 절차 중 측정 요건으로 틀린 것은?

① 시스템의 검토 공정이 완료되고 시스템 검토 보고서가 완료되어야 한다.
② 설계도면 및 관련 자료를 검토한 내용을 토대로 하여 보고서 양식에 장비규격 등의 기준이 완료되어야 한다.
③ 댐퍼, 말단 유닛, 터미널의 개도는 완전 밀폐되어야 한다.
④ 제작사의 공기조화기 시운전이 완료되어야 한다.

해설 ③ TAB 측정 절차 중 측정 전에 댐퍼, 말단 유닛, 터미널의 개도는 완전 개방되어 있어야 한다.

20 강제순환식 온수난방에서 개방형 팽창탱크를 설치하려고 할 때, 적당한 온수의 온도는?

① 100℃ 미만   ② 130℃ 미만
③ 150℃ 미만   ④ 170℃ 미만

해설 개방형 팽창탱크 : 저온수난방 (100℃ 미만)에 사용
밀폐형 팽창 탱크 : 고온수 난방(100℃ 이상)에 사용

16 ③   17 ④   18 ④   19 ③   20 ①   **정답**

제2과목 공조냉동 설계

21 부피가 0.4m³인 밀폐된 용기에 압력 3MPa, 온도 100℃의 이상기체가 들어있다. 기체의 정압비열 5kJ/kg·K, 정적비열 3kJ/kg·K일 때 기체의 질량(kg)은 얼마인가?

① 1.2   ② 1.6
③ 2.4   ④ 2.7

해설
$PV = mRT$ $R = C_p - C_v$

$m = \dfrac{PV}{RT} = \dfrac{PV}{(C_p - C_v) \cdot T}$

$= \dfrac{(3 \times 10^3) \times 0.4}{(5-3) \times (100+273)}$

$= 1.6 \text{kg}$

22 온도 100℃, 압력 200kPa의 이상기체 0.4kg이 가역단열과정으로 압력이 100kPa로 변화하였다면, 기체가 한 일(kJ)은 얼마인가? (단, 기체 비열비 1.4, 정적비열 0.7kJ/kg·K이다.)

① 13.7   ② 18.8
③ 23.6   ④ 29.4

해설 단열변화

$\dfrac{T_2}{T_1} = \left(\dfrac{P_2}{P_1}\right)^{\frac{k-1}{k}}$ 에서

$T_2 = T_1 \left(\dfrac{P_2}{P_1}\right)^{\frac{k-1}{k}}$

$= (100+273) \times \left(\dfrac{100}{200}\right)^{\frac{1.4-1}{1.4}} = 305.98\text{K}$

$W_a = m\int_1^2 Pdv$

$= \dfrac{1}{k-1}mR(T_1 - T_2)$, $R = (k-1)C_v$

$= mC_v(T_1 - T_2)$

$= 0.4 \times 0.7 \times (373 - 305.98) = 18.76\text{kJ}$

23 70kPa에서 어떤 기체의 체적이 12m³이었다. 이 기체를 800kPa까지 폴리트로픽 과정으로 압축했을 때 체적이 2m³으로 변화했다면, 이 기체의 폴리트로프 지수는 약 얼마인가?

① 1.21   ② 1.28
③ 1.36   ④ 1.43

해설
$P_1 V_1^n = P_2 V_2^n$

$\dfrac{P_2}{P_1} = \left(\dfrac{V_1}{V_2}\right)^n$ 양쪽에 ln을 취하면

$\ln\left(\dfrac{P_2}{P_1}\right) = \ln\left(\dfrac{V_1}{V_2}\right)^n = n\ln\left(\dfrac{V_1}{V_2}\right)$

$n = \dfrac{\ln\left(\dfrac{P_2}{P_1}\right)}{\ln\left(\dfrac{V_1}{V_2}\right)}$

$= \dfrac{\ln\left(\dfrac{800}{70}\right)}{\ln\left(\dfrac{12}{2}\right)} = 1.36$

24 공기의 정압비열(C_p, kJ/(kg·℃))이 다음과 같다고 가정한다. 이때 공기 5kg을 0℃에서 100℃까지 일정한 압력하에서 가열하는데 필요한 열량은 약 몇 kJ인가? (단, 다음 식에서 t는 섭씨온도를 나타낸다.)

$$C_p = 1.0053 + 0.000079 \times t\,[\text{kJ}/(\text{kg}\cdot\text{℃})]$$

① 85.5   ② 100.9
③ 312.7   ④ 504.6

해설
$\delta Q = G C_p dt$

$Q = \displaystyle\int_0^{100} 5 \times (1.0053 + 0.000079 \times t)dt$

$= 5 \times \left[1.0053t + \dfrac{0.000079}{2}t^2\right]_0^{100}$

$= 5 \times \left(1.0053 \times 100 + \dfrac{0.000079}{2} \times 100^2\right)$

$= 504.6\text{kJ}$

정답 21 ② 22 ② 23 ③ 24 ④

25 흡수식 냉동기의 냉매의 순환 과정으로 옳은 것은?

① 증발기(냉각기) → 흡수기 → 재생기 → 응축기
② 증발기(냉각기) → 재생기 → 흡수기 → 응축기
③ 흡수기 → 증발기(냉각기) → 재생기 → 응축기
④ 흡수기 → 재생기 → 증발기(냉각기) → 응축기

해설 흡수식 냉동기의 냉매순환과정
증발기(냉각기) → 흡수기 → 재생기(발생기) → 응축기

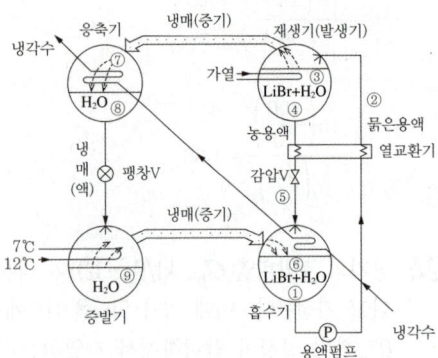

26 이상기체 1kg이 초기에 압력 2kPa, 부피 $0.1m^3$를 차지하고 있다. 가역등온과정에 따라 부피가 $0.3m^3$로 변화했을 때 기체가 한 일(J)은 얼마인가?

① 9540 ② 2200
③ 954   ④ 220

해설 등온과정 일 $W = \int_1^2 PdV = P_1 V_1 \ln \frac{V_2}{V_1}$

$W = (2 \times 0.1) \times \ln \frac{0.3}{0.1} = 0.2197 \text{kJ} = 219.7 \text{J}$

W의 단위: $[\text{kPa} \cdot m^3] = [\frac{\text{kN}}{m^2} \cdot m^3]$
$= [\text{kN} \cdot m] = [\text{kJ}]$

27 증기터빈에서 질량유량이 1.5kg/s이고, 열손실률이 8.5kW이다. 터빈으로 출입하는 수증기에 대하여 그림에 표시한 바와 같은 데이터가 주어진다면 터빈의 출력(kW)은 약 얼마인가?

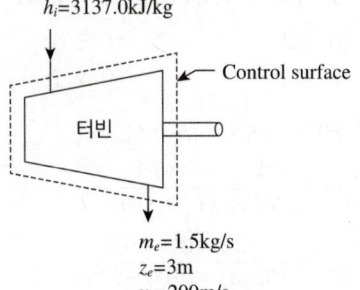

m_i=1.5kg/s
z_i=6m
v_i=50m/s
h_i=3137.0kJ/kg

m_e=1.5kg/s
z_e=3m
v_e=200m/s
h_e=2675.5kJ/kg

① 273.3   ② 655.7
③ 1357.2 ④ 2616.8

해설 정상유동의 일반에너지식을 적용

$W_t = Q - m\left\{(h_e - h_i) + \frac{v_e^2 - v_i^2}{2} + g(z_e - z_i)\right\}$

$= -8.5 - 1.5 \times \left\{(2675.5 - 3137.0) + (\frac{200^2 - 50^2}{2})\right.$
$\left. \times 10^{-3} + 9.8 \times (3-6) \times 10^{-3}\right\}$

$= 655.66 \text{kW}$

28 냉동사이클에서 응축온도 47℃, 증발온도 -10℃이면 이론적인 최대 성적계수는 얼마인가?

① 0.21 ② 3.45
③ 4.61 ④ 5.36

해설 역 CARNOT CYCLE 성적계수

$\text{COP} = \frac{T_e}{T_c - T_e}$

$= \frac{(-10 + 273)}{(47 + 273) - (-10 + 273)}$

$= 4.61$

25 ① 26 ④ 27 ② 28 ③

29 압축기의 체적효율에 대한 설명으로 옳은 것은?

① 간극체적(top clearance)이 작을수록 체적효율은 작다.
② 같은 흡입압력, 같은 증기 과열도에서 압축비가 클수록 체적효율은 작다.
③ 피스톤 링 및 흡입 밸브의 시트에서 누설이 작을수록 체적효율이 작다.
④ 이론적 요구 압축동력과 실제 소요 압축동력의 비이다.

 ① 간극체적(top clearance)이 작을수록 체적효율은 크다.

$$\eta_{tc} = 1 - \sigma(\alpha^{\frac{1}{n}} - 1)$$

여기서 σ : 간극비 α : 압축비

② 같은 흡입압력, 같은 증기 과열도에서 압축비가 클수록 체적효율이 작다.
③ 피스톤 링 및 흡입밸브의 시트에서 누설이 작을수록 체적효율이 크다.
④ 이론적 요구 압축동력과 실제 소요 압축동력의 비는 압축효율이다.

$$\eta_c = \frac{h_2 - h_1}{h_2' - h_1}$$

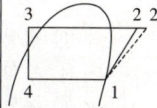

30 냉동장치에서 플래쉬 가스의 발생 원인으로 틀린 것은?

① 액관이 직사광선에 노출되었다.
② 응축기의 냉각수 유량이 갑자기 많아졌다.
③ 액관이 현저하게 입상하거나 지나치게 길다.
④ 관의 지름이 작거나 관 내 스케일에 의해 관경이 작아졌다.

 플래쉬(flash)가스 : 증발기 이외의 곳에서 증발하는 냉매가스
② 응축기의 냉각수 유량이 많아지면 냉매액이 과냉각되므로 오히려 플래쉬가스 발생이 방지된다.

31 프레온 냉동장치에서 가용전에 대한 설명으로 틀린 것은?

① 가용전의 용융온도는 일반적으로 75℃ 이하로 되어 있다.
② 가용전은 Sn, Cd, Bi 등의 합금이다.
③ 온도상승에 따른 이상 고압으로부터 응축기 파손을 방지한다.
④ 가용전의 구경은 안전밸브 최소구경의 1/2이하이어야 한다.

응축기 및 수액기에 장착하는 안전장치로 가용전은 플러그의 중공부(中空部)속에 낮은 온도에서 녹는 비쓰무스, 카드뮴, 납, 주석(Bi, Cd, Pb, Sn)의 합금을 넣은 것이며 용융온도는 75℃ 이하가 원칙이다. 고온의 토출가스 영향을 받지 않는 곳에 설치해야 하며, 응축기나 수액기 등 냉매액과 증기가 공존하는 곳에서는 냉매액에 접촉하는 부분에 설치해야 한다. 가용전의 구경은 최소 안전밸브 구경의 1/2 이상이어야 하며 암모니아 냉동장치에서는 가용합금이 침식되므로 사용하지 않는다.

32 흡수식 냉동기에 사용되는 흡수제의 구비조건으로 틀린 것은?

① 냉매와 비등온도 차이가 작을 것
② 화학적으로 안정하고 부식성이 없을 것
③ 재생에 필요한 열량이 크지 않을 것
④ 점성이 작을 것

흡수제의 구비조건
① 용액의 증기압이 낮을 것
② 농도 변화에 의한 증기압의 변화가 적을 것
③ 증발하지 않거나, 증발할 경우 증발온도가 냉매의 증발온도와 차이가 있을 것
④ 적은 열량으로 재생이 가능할 것
⑤ 점도가 높지 않을 것
⑥ 부식성이 없을 것
[참고] • 용액 : 용매(물) + 용질(예) LiBr)
• 용액의 증기압 : 용액 속에 있는 용매(물)의 증기압(용액의 증기압은 순수 용매(물)의 증기압 보다 낮아진다 : 라울의 법칙)

29 ② 30 ② 31 ④ 32 ① **정답**

33 클리어런스 포켓이 설치된 압축기에서 클리어런스가 커질 경우에 대한 설명으로 틀린 것은?

① 냉동능력이 감소한다.
② 피스톤의 체적 배출량이 감소한다.
③ 체적효율이 저하한다.
④ 실제 냉매 흡입량이 감소한다.

[해설] ② 피스톤의 체적 배출량은 일정하다.
※ 피스톤의 체적 배출량이란 이론배출량을 의미한다.

34 이상기체 1kg을 일정 체적 하에 20℃로부터 100℃로 가열하는데 836kJ의 열량이 소요되었다면 정압비열(kJ/kg·K)은 약 얼마인가? (단, 해당가스의 분자량은 2이다.)

① 2.09   ② 6.27
③ 10.5   ④ 14.6

[해설] 정적변화에서
$\delta q = du + Pdv \ (dv = 0 이므로)$
$q = u_2 - u_1 = C_v(T_2 - T_1)$
$C_v = \dfrac{836}{(100+273)-(20+273)} = 10.45$
$R = \dfrac{R_u}{M} = \dfrac{8.3143}{2} = 4.16$
$C_p = R + C_v$
$\quad = 4.16 + 10.45 = 14.61 kJ/kg \cdot K$

35 20℃의 물로부터 0℃의 얼음을 매 시간당 90kg을 만드는 냉동기의 냉동능력(kW)은 얼마인가? (단, 물의 비열 4.2kJ/kg·K, 물의 응고 잠열 335kJ/kg이다.)

① 7.8   ② 8.0
③ 9.2   ④ 10.5

[해설] 1. 20℃물 → 0℃물 : $q = G \cdot C \cdot \Delta t$
$q_1 = \dfrac{90 \times 4.2 \times (20-0)}{3600} = 2.1 kW$

2. 0℃물 → 0℃얼음 : $q = G \cdot \gamma$
$q_2 = \dfrac{90 \times 335}{3600} = 8.375 kW$
∴ $q = 2.1 + 8.375 = 10.475 kW$

36 2차 유체로 사용되는 브라인의 구비 조건으로 틀린 것은?

① 비등점이 높고, 응고점이 낮을 것
② 점도가 낮을 것
③ 부식성이 없을 것
④ 열전달률이 작을 것

[해설] 브라인(Brine)
브라인의 원뜻은 소금물을 의미하며 증발과 응축의 상변화 없이 항상 액체상태를 유지하며 저열원에서 현열을 이용하여 열을 흡수하고 운반하여 고열원에 방출하는 냉매이며 2차 냉매라고 한다.
(1) 구비조건
   ① 비등점이 높고 응고점이 낮아 항상 액체상태를 유지할 것
   ② 비열과 열전달량이 크고 열전달 특성이 좋을 것
   ③ 점성(점도)이 작을 것
   ④ 부식성이 없을 것
   ⑤ 독성이 없을 것
   ⑥ 화학적으로 안정되고 다른 가스와 반응하여 변하지 않을 것
   ⑦ 가격이 싸고, 구입이 쉬우며, 취급이 용이할 것

37 카르노 사이클로 작동되는 기관의 실린더 내에서 1kg의 공기가 온도 120℃에서 열량 40kJ를 받아 등온팽창 한다면 엔트로피의 변화 (kJ/kg·K)는 약 얼마인가?

① 0.102   ② 0.132
③ 0.162   ④ 0.192

[해설] $\Delta S = \dfrac{\Delta Q}{T} = \dfrac{40}{120+273} = 0.102$

33 ②   34 ④   35 ④   36 ④   37 ①   **정답**

38 표준냉동사이클의 단열 교축과정에서 입구 상태와 출구 상태의 엔탈피는 어떻게 되는가?

① 입구 상태가 크다.
② 출구 상태가 크다.
③ 같다.
④ 경우에 따라 다르다.

해설
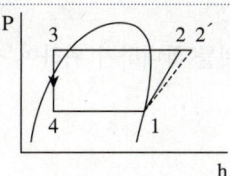
교축과정인 3 → 4의 엔탈피는 같다.

39 온도식 자동팽창밸브에 대한 설명으로 틀린 것은?

① 형식에는 일반적으로 벨로즈식과 다이어프램식이 있다.
② 구조는 크게 감온부와 작동부로 구성된다.
③ 만액식 증발기나 건식 증발기에 모두 사용이 가능하다
④ 증발기 내 압력을 일정하게 유지하도록 냉매유량을 조절한다.

해설 온도식 자동팽창밸브는 압축기 흡입증기의 과열도를 일정하게 유지하도록 밸브의 개도를 자동으로 조절하여 냉매유량을 조절한다.

40 다음 중 검사질량의 가역 열전달 과정에 대한 설명으로 옳은 것은?

① 열전달량은 $\int PdV$와 같다.
② 열전달량은 $\int PdV$보다 크다.
③ 열전달량은 $\int TdS$와 같다.
④ 열전달량은 $\int TdS$보다 크다.

해설
열전달열량 $Q = \int TdS$
절대 일량 $W = \int PdV$

제3과목 시운전 및 안전관리

41 고압가스 안전관리법령에 따라 ( ) 안의 내용으로 옳은 것은?

"충전용기"란 고압가스의 충전질량 또는 충전압력의 (㉠) 이 충전되어 있는 상태의 용기를 말한다.
"잔가스용기"란 고압가스의 충전질량 또는 충전압력의 (㉡) 이 충전되어 있는 상태의 용기를 말한다.

① ㉠ 2분의 1 이상, ㉡ 2분의 1 미만
② ㉠ 2분의 1 초과, ㉡ 2분의 1 이하
③ ㉠ 5분의 2 이상, ㉡ 5분의 2 미만
④ ㉠ 5분의 2 초과, ㉡ 5분의 2 이하

해설
• 고압가스 안전관리법 시행규칙 제2조 14
  충전용기란 고압가스의 충전질량 또는 충전압력의 $\frac{1}{2}$ 이상이 충전되어 있는 상태의 용기를 말한다.
• 고압가스 안전관리법 시행규칙 제2조 15
  잔가스용기란 고압가스의 충전질량 또는 충전압력의 $\frac{1}{2}$ 미만이 충전되어 있는 상태의 용기를 말한다.

42 기계설비법령에 따라 기계설비 발전 기본계획은 몇 년마다 수립·시행하여야 하는가?

① 1　　　② 2
③ 3　　　④ 5

해설 기계설비법 제5조 ①
국토교통부 장관은 ····기계설비 발전 기본계획을 5년마다 수립·시행하여야 한다.

정답　38 ③　39 ④　40 ③　41 ①　42 ④

43 기계설비법령에 따라 기계설비 유지관리교육에 관한 업무를 위탁받아 시행하는 기관은?

① 한국기계설비건설협회
② 대한기계설비건설협회
③ 한국공작기계산업협회
④ 한국건설기계산업협회

[해설] 기계설비법 20조 1항, 시행령 16조 2항
국토교통부고시 제2020-345호(2020.4.18.제정)
위탁기관 : 대한기계설비건설협회

44 고압가스 안전관리법령에서 규정하는 냉동기 제조 등록을 해야 하는 냉동기의 기준은 얼마인가?①

① 냉동능력 3톤 이상인 냉동기
② 냉동능력 5톤 이상인 냉동기
③ 냉동능력 8톤 이상인 냉동기
④ 냉동능력 10톤 이상인 냉동기

[해설] 고압가스 안전관리법 5조 1항, 시행령 5조 ①항 2.
냉동기제조등록 : 냉동능력이 3톤 이상인 냉동기를 제조하는 것

45 다음 중 고압가스 안전관리법령에 따라 500만원 이하의 벌금 기준에 해당되는 경우는?

㉠ 고압가스를 제조하려는 자가 신고를 하지 아니하고 고압가스를 제조한 경우
㉡ 특정고압가스 사용신고자가 특정고압가스의 사용 전에 안전관리자를 선임하지 않은 경우
㉢ 고압가스의 수입을 업(業)으로 하려는 자가 등록을 하지 아니하고 고압가스 수입업을 한 경우
㉣ 고압가스를 운반하려는 자가 등록을 하지 아니하고 고압가스를 운반한 경우

① ㉠
② ㉠, ㉡
③ ㉠, ㉡, ㉢
④ ㉠, ㉡, ㉢, ㉣

[해설] 고압가스 안전관리법 제41조(벌칙) : 500만원 이하 벌금
1. 제4조 제2항 전단에 따른 **신고를 하지 않고 고압가스를 제조한 자**
2. 제15조 제1항부터 제3항까지의 규정에 따른 **안전관리자를 선임하지 아니한 자**

46 전류의 측정 범위를 확대하기 위하여 사용되는 것은?

① 배율기
② 분류기
③ 저항기
④ 계기용변압기

[해설]
분류기 : 전류계의 최대눈금 값을 넘는 전류를 측정하기 위해, 즉 전류의 측정범위를 넓히기 위해 사용된다.
배율기 : 전압계의 측정범위를 벗어난 큰 전압을 측정하기 위해 사용된다.

47 절연저항 측정 시 가장 적당한 방법은?

① 메거에 의한 방법
② 전압, 전류계에 의한 방법
③ 전위차계에 의한 방법
④ 더블브리지에 의한 방법

[해설] 메거(megger) : $10^5 \Omega$ 이상의 높은 저항을 측정하며 절연저항 측정시 사용된다.

48 저항 100Ω의 전열기에 5A의 전류를 흘렸을 때 소비되는 전력은 몇 W인가?

① 500
② 1000
③ 1500
④ 2500

[해설] 전력 $P = VI = I^2 R$
$= 5^2 \times 100 = 2500W$

정답 43 ② 44 ① 45 ② 46 ② 47 ① 48 ④

49 유도전동기에서 슬립이 "0"이라고 하는 것은?
① 유도전동기가 정지 상태인 것을 나타낸다.
② 유도전동기가 전부하 상태인 것을 나타낸다.
③ 유도전동기가 동기속도로 회전한다는 것이다.
④ 유도전동기가 제동기의 역할을 한다는 것이다.

해설 유도전동기 실제속도(N)
$N = (1-S)N_S = \dfrac{120f}{P}(1-S)$ 에서
N_S : 동기 속도 S : 슬립

유도 전동기에서 슬립 S = 0이라는 것은 동기속도로 회전한다는 것이다.

50 논리식 중 동일한 값을 나타내지 않는 것은?
① X(X+Y) ② XY+X$\overline{Y}$
③ X($\overline{X}$+Y) ④ (X+Y)(X+$\overline{Y}$)

해설
① X(X+Y) = XX+XY = X+XY
   = X(1+Y) = X(1) = X
② XY+X$\overline{Y}$ = X(Y+$\overline{Y}$) = X(1) = X
③ X($\overline{X}$+Y) = X$\overline{X}$+XY = 0+XY = XY
④ (X+Y)(X+$\overline{Y}$) = XX+X$\overline{Y}$+XY+Y$\overline{Y}$
   = X+X$\overline{Y}$+XY+0 = X+X($\overline{Y}$+Y)
   = X+X(1) = X+X = X

51 $i = I_m \sin\omega t$ 인 정현파 교류가 있다. 이 전류보다 90°C 앞선 전류를 표시하는 식은?
① $I_m \cos\omega t$
② $I_m \sin\omega t$
③ $I_m \cos(\omega t + 90°)$
④ $I_m \sin(\omega t - 90°)$

해설
• 정현파(sin 파)교류의 전류보다 90°앞선 전류는 여현파(cos 파)이다.
• 여현파교류의 전류 $i = I_m \cos\omega t$ 이다.

52 $i = I_{m1}\sin\omega t + I_{m2}\sin(2\omega t + \theta)$의 실효값은?
① $\dfrac{I_{m1}+I_{m2}}{2}$
② $\sqrt{\dfrac{I_{m1}^2+I_{m2}^2}{2}}$
③ $\dfrac{\sqrt{I_{m1}^2+I_{m2}^2}}{2}$
④ $\sqrt{\dfrac{I_{m1}+I_{m2}}{2}}$

해설
$i = I_{m1}\sin\omega t$의 실효값은 $\dfrac{I_{m1}}{\sqrt{2}}$ 즉, $\dfrac{\sqrt{I_{m1}^2}}{\sqrt{2}}$
$i = I_{m1}\sin\omega t + I_{m2}\sin(2\omega t+\theta)$의 실효값은
$\dfrac{\sqrt{I_{m1}^2+I_{m2}^2}}{\sqrt{2}} = \sqrt{\dfrac{I_{m1}^2+I_{m2}^2}{2}}$

53 그림과 같은 브리지 정류회로는 어느 점에 교류입력을 연결하여야 하는가?

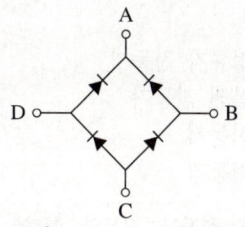

① A-B점 ② A-C점
③ B-C점 ④ B-D점

해설 교류 입력 연결점은 B-D점
방향이 바뀌는 교류를 입력하여 한쪽 방향으로 흐르는 직류를 얻는 것이 브리지 정류회로이다.

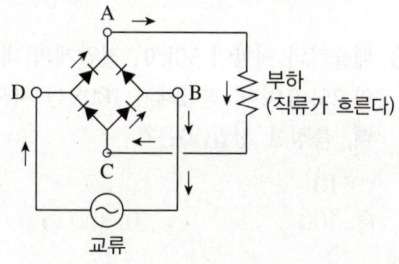

정답 49 ③ 50 ③ 51 ① 52 ② 53 ④

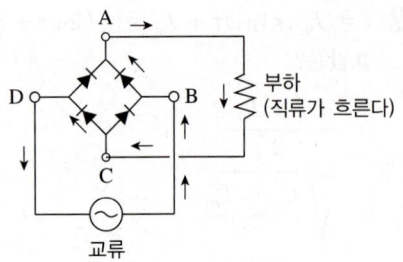

54 추종제어에 속하지 않는 제어량은?
① 위치   ② 방위
③ 자세   ④ 유량

해설 〈추종제어〉
목표값이 임의로 변화되는 경우의 제어로서 물체의 범위(위치), 방향, 자세(각도)등을 제어량으로 하는 제어이다. 미사일 추적장치, 추적용 레이더, 선박의 방향제어 등이 있다.
유량은 프로세스 제어에 속하는 제어량이다.

55 직류·교류 양용에 만능으로 사용할 수 있는 전동기는?
① 직권 정류자 전동기
② 직류 복권 전동기
③ 유도 전동기
④ 동기 전동기

해설 직권 정류자 전동기 : 직류와 교류에 모두 사용할 수 있는 전동기이며 만능 전동기(universal motor)라고 한다.
계자권선과 전기자권선이 직렬로 접속되어 있으며 직류 전압을 가해줄 때나 교류 전압을 가해줄 때 모두 같은 방향으로 회전한다.

56 배율기의 저항이 50kΩ, 전압계의 내부 저항이 25kΩ이다. 전압계가 100V를 지시하였을 때, 측정한 전압(V)은?
① 10   ② 50
③ 100   ④ 300

해설 배율기가 측정한 전압(V_m)

$$\frac{V_m}{V} = 1 + \frac{R_m}{R} \text{ 에서}$$

$$V_m = \left(1 + \frac{R_m}{R}\right) \cdot V$$

$$= \left(1 + \frac{50}{25}\right) \times 100$$

$$= 300V$$

57 아래 그림의 논리회로와 같은 진리값을 NAND 소자만으로 구성하여 나타내려면 NAND 소자는 최소 몇 개가 필요한가?

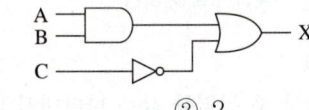

① 1   ② 2
③ 3   ④ 5

해설 $X = (A \cdot B) + \overline{C}$

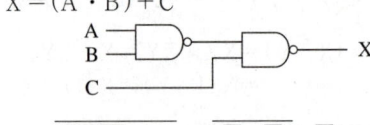

$X = \overline{\overline{(A \cdot B)} \cdot C} = \overline{(\overline{A} + \overline{B}) + \overline{C}}$
$= (\overline{\overline{A}} \cdot \overline{\overline{B}}) + \overline{C} = (A \cdot B) + \overline{C}$

∴ NAND 소자는 2개가 필요하다

58 궤환제어계에 속하지 않는 신호로서 외부에서 제어량이 그 값에 맞도록 제어계에 주어지는 신호를 무엇이라 하는가?
① 목표값   ② 기준 입력
③ 동작 신호   ④ 궤환 신호

해설 목표값 : 제어량의 목표치를 설정한 값이며 제어계의 외부에서 주어지는 값으로 궤환제어계에 속하지 않는 신호이다.

54 ④ 55 ① 56 ④ 57 ② 58 ①

59 그림과 같은 전자릴레이회로는 어떤 게이트 회로인가?

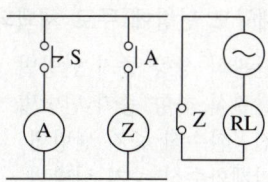

① OR   ② AND
③ NOR   ④ NOT

해설) 푸시버튼 스위치 S가 OFF될 때만 (RL)이 ON 되므로 NOT(부정)회로이다.

60 제어량에 따른 분류 중 프로세스 제어에 속하지 않는 것은?

① 압력   ② 유량
③ 온도   ④ 속도

해설) **프로세스제어**는 용어의 의미대로 산업분야의 공정에서 환경을 최적화하는 목적의 제어로서 온도, 습도, 압력, 유량, 액면, 비중, 농도 등을 제어한다.

제4과목 유지보수 공사관리

61 급수배관 시공 시 수격작용의 방지 대책으로 틀린 것은?

① 플래시 밸브 또는 급속 개폐식 수전을 사용한다.
② 관 지름은 유속이 2.0~2.5m/s 이내가 되도록 설정한다.
③ 역류 방지를 위하여 체크 밸브를 설치하는 것이 좋다.
④ 급수관에서 분기할 때에는 T이음을 사용한다.

해설) 급속개폐식 수전이나 플래시 밸브는 유속을 급격히 폐쇄시키므로 수격작용을 일으킨다.

62 다음 중 사용압력이 가장 높은 동관은?

① L관   ② M관
③ K관   ④ N관

해설) 사용압력이 가장 높은 동관은 K관이다.
동관의 분류
K type – 두께가 가장 두껍다
L type – 두께가 두껍다
M type – 두께가 보통이다
N type – 두께가 얇다(KS규격에는 없음)

63 공조설비 중 덕트설계시 주의사항으로 틀린 것은?

① 덕트 내 정압손실을 적게 설계할 것
② 덕트의 경로는 가능한 최장거리로 할 것
③ 소음 및 진동이 적게 설계할 것
④ 건물의 구조에 맞도록 설계할 것

해설) 덕트의 경로는 가능한 단거리로 해야 공사비가 절약되고 덕트내 정압손실을 적게 할 수 있다.

64 가스배관 시공에 대한 설명으로 틀린 것은?

① 건물 내 배관은 안전을 고려, 벽, 바닥 등에 매설하여 시공한다.
② 건축물의 벽을 관통하는 부분의 배관에는 보호관 및 부식방지 피복을 한다.
③ 배관의 경로와 위치는 장래의 계획, 다른 설비와의 조화 등을 고려하여 정한다.
④ 부식의 우려가 있는 장소에 배관하는 경우에는 방식, 절연조치를 한다.

해설) 가스배관은 특별한 경우를 제외하고 건물 내 배관은 노출배관을 원칙으로 한다.

정답 59 ④ 60 ④ 61 ① 62 ③ 63 ② 64 ①

65 증기배관 중 냉각 레그(cooling leg)에 관한 내용으로 옳은 것은?

① 완전한 응축수를 회수하기 위함이다.
② 고온증기의 동파 방지설비이다.
③ 열전도 차단을 위한 보온단열 구간이다.
④ 익스팬션 조인트이다.

[해설] 증기 주관에서 트랩에 이르는 냉각레그는 완전한 응축수를 트랩에 보내기 위한 것이다. 따라서 보온을 하지 않는다.

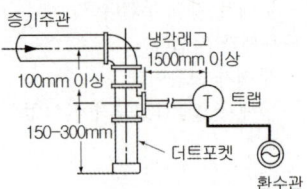

66 보온재의 구비조건으로 틀린 것은?

① 표면시공이 좋아야 한다.
② 재질자체의 모세관 현상이 커야 한다.
③ 보냉 효율이 좋아야 한다.
④ 난연성이나 불연성이어야 한다.

[해설] 보온재 재질 자체의 모세관 현상이 크면 흡습성, 흡수성이 커지기 때문에 좋지 않다.

67 신축 이음쇠의 종류에 해당되지 않는 것은?

① 벨로스 형   ② 플랜지 형
③ 루프 형   ④ 슬리브 형

[해설] 플랜지형 신축이음쇠라는 것은 없다.

68 고압 증기관에서 권장하는 유속기준으로 가장 적합한 것은?

① 5~10m/s   ② 15~20m/s
③ 30~50m/s   ④ 60~70m/s

[해설] 저압증기관 권장유속 : 15~30m/s
고압증기관 권장유속 : 30~60m/s

69 증기난방의 환수방법 중 증기의 순환이 가장 빠르며 방열기의 설치위치에 제한을 받지 않고 대규모 난방에 주로 채택되는 방식은?

① 단관식 상향 증기 난방법
② 단관식 하향 증기 난방법
③ 진공환수식 증기 난방법
④ 기계환수식 증기 난방법

[해설]
㉠ 중력식 : 응축수를 중력에 의해 자연환수 하는 방식
㉡ 강제식 : 응축수 펌프를 이용하여 강제적으로 순환, 환수하는 방식으로 기계환수식이라고도 한다.
㉢ 진공식 : 진공펌프를 이용하여 환수관을 저압으로 만들어 응축수가 신속하게 환수되도록 하는 방식

70 온수난방 배관시 유의사항으로 틀린 것은?

① 온수 방열기마다 반드시 수동식 에어벤트를 부착한다.
② 배관 중 공기가 고일 우려가 있는 곳에는 에어벤트를 설치한다.
③ 수리나 난방 휴지시의 배수를 위한 드레인밸브를 설치한다.
④ 보일러에서 팽창탱크에 이르는 팽창관에는 밸브를 2개 이상 부착한다.

[해설] 팽창관과 안전관에는 밸브를 설치하지 않아야 한다.

71 강관에서 호칭관경의 연결로 틀린 것은?

① $25A : 1\frac{1}{2}B$ ② $20A : \frac{3}{4}B$
③ $32A : 1\frac{1}{4}B$ ④ $50A : 2B$

[해설] A : mm   B : inch
① 25A : 1B

정답 65 ① 66 ② 67 ② 68 ③ 69 ③ 70 ④ 71 ①

72 펌프주위 배관에 관한 설명으로 옳은 것은?
① 펌프의 흡입측에는 압력계를, 토출측에는 진공계(연성계)를 설치한다.
② 흡입관이나 토출관에는 펌프의 진동이나 관의 열팽창을 흡수하기 위하여 신축이음을 한다.
③ 흡입관의 수평배관은 펌프를 향해 1/50~1/100의 올림구배를 준다.
④ 토출관의 게이트밸브 설치높이는 1.3m 이상으로 하고 바로 위에 체크밸브를 설치한다.

해설
① 펌프의 흡입측에는 진공계(연성계)를 토출측에는 압력계를 설치한다.
② 흡입관이나 토출관에는 펌프의 진동을 흡수하기 위해 신축이음을 한다. 열팽창을 흡수하기 위한 것은 아니다.
③ 흡입관의 수평배관은 펌프를 향해 1/50~1/100의 올림구배를 둔다.
④ 토출관의 게이트밸브 설치 높이는 1.3m 이하로 하고 바로 아래에 체크밸브를 설치한다.

73 중·고압 가스배관의 유량(Q)을 구하는 계산식으로 옳은 것은?
(단, P_1 : 처음압력, P_2 : 최종압력, D : 관내경, L : 관 길이, S : 가스비중, K : 유량계수 이다.)

① $Q = K\sqrt{\dfrac{(P_1-P_2)^2 D^5}{S \cdot L}}$

② $Q = K\sqrt{\dfrac{(P_2-P_1)^2 D^4}{S \cdot L}}$

③ $Q = K\sqrt{\dfrac{(P_1^2-P_2^2) D^5}{S \cdot L}}$

④ $Q = K\sqrt{\dfrac{(P_2^2-P_1^2) D^4}{S \cdot L}}$

해설
가스배관 유량 계산식
저압배관 : $Q = K\sqrt{\dfrac{HD^5}{SL}}$

중, 고압배관 : $Q = K\sqrt{\dfrac{(P_1^2-P_2^2)D^5}{SL}}$

74 보온재의 열전도율이 작아지는 조건으로 틀린 것은?
① 재료의 두께가 두꺼울수록
② 재질 내 수분이 작을수록
③ 재료의 밀도가 클수록
④ 재료의 온도가 낮을수록

해설
일반적으로 재료의 밀도가 커지면 열전도율이 커진다.

75 다음 중 증기사용 간접가열식 온수공급 탱크의 가열관으로 가장 적절한 관은?
① 납관   ② 주철관
③ 동관   ④ 도관

해설
온수탱크(급탕탱크)의 온수를 가열하는 가열관으로 사용되는 관은 동관이 적합하다.

76 펌프의 양수량이 60m³/min이고 전양정이 20m일 때, 벌류트 펌프로 구동할 경우 필요한 동력(kW)은 얼마인가? (단, 물의 비중량은 9800 N/m³이고, 펌프의 효율은 60%로 한다.)
① 196.1   ② 200.2
③ 326.7   ④ 405.8

해설
동력
$L_b = \dfrac{\gamma H Q}{\eta}$
$= \dfrac{9800 \times 10^{-3} \times 20 \times 60}{60 \times 0.6}$
$= 326.7\text{kW}$

정답 72 ③ 73 ③ 74 ③ 75 ③ 76 ③

77 다음 중 주철관 이음에 해당 되는 것은?

① 납땜 이음
② 열간 이음
③ 타이톤 이음
④ 플라스탄 이음

해설
납땜 이음 : 동관
열간 이음 : 염화비닐관(PVC관)
타이톤 이음 : 주철관
플라스탄 이음 : 납관

78 전기가 정전되어도 계속하여 급수를 할 수 있으며 급수오염 가능성이 적은 급수방식은?

① 압력탱크 방식
② 수도직결 방식
③ 부스터 방식
④ 고가탱크 방식

해설
1. 수도직결방식
   - 시 상수도 본관의 압력으로 건물에 급수하는 방식이다.
   - 건물의 층수가 적고 소규모 건물에 이용한다.
   - 정전시에도 급수가 가능하다
   - 물을 저장하기 때문에 생기는 오염을 방지할 수 있다.
2. 고가수조 방식
   - 건물의 옥상에 설치된 고가수조에 물을 받아 저장하고 고가수조에서 하향으로 급수하는 방식이다.
   - 단수시에도 고가수조의 물을 이용할 수 있다.
   - 취급이 용이하고 고장이 적다.
   - 급수압력이 항상 일정하다.
   - 저장된 물을 장시간 사용하지 않으면 변질될 수 있다.
   - 중량물이 건물의 높은 곳에서 설치되므로 건축물의 구조적, 미관적인 문제를 고려해야 한다.

3. 압력탱크방식
   - 압력탱크의 압력으로 물을 공급하는 방식
   - 정전이나 펌프의 고장시에는 급수가 불가능하다.
   - 급수압력의 변동이 심하다
   - 압력탱크의 유효용량이 적으므로 펌프의 동작 횟수가 많아 고장이 잦다.
4. 부스터 방식
   - 저수조를 설치하고 급수펌프(부스터 펌프)를 급수하는 방식
   - 펌프의 대수와 회전수 제어로 필요 급수압력과 급수량을 조절한다.
   - 여러 층에 공급할 경우에는 압력조절밸브(감압밸브)를 설치하여 수압을 조절한다.

79 도시가스의 공급설비 중 가스 홀더의 종류가 아닌 것은?

① 유수식   ② 중수식
③ 무수식   ④ 고압식

해설
가스홀더(gas holder) : 가스탱크 또는 가소미터(gasometer)라고도 하며, 수요에 따른 가스의 제조와 공급을 원활하게 함과 동시에 가스조성의 균일화와 일정한 압력으로 가스를 공급하기 위해 사용되는 탱크이다.
저압식 : 유수식(有水式), 무수식(無水式)
중, 고압식 : 구형(球形), 원통형(圓筒形)

80 강관의 두께를 선정할 때 기준이 되는 것은?

① 곡률반경   ② 내경
③ 외경   ④ 스케줄번호

해설
스케줄 번호 : 관의 두께를 나타내는 번호로서 관의 외경은 같더라도 두께는 차이가 있을 수 있는데 이 관계를 나타내는 것이 스케줄 번호이다. 스케줄 번호가 높을수록 두께가 두껍다.

정답 77 ③ 78 ② 79 ② 80 ④

과년도 출제문제(2022. 4. 24 시행)

제1과목 에너지 관리

01 습공기의 상대습도(ϕ)와 절대습도(ω)와의 관계식으로 옳은 것은? (단, P_a는 건공기 분압, P_s는 습공기와 같은 온도의 포화수증기 압력이다.)

① $\phi = \dfrac{\omega}{0.622} \dfrac{P_a}{P_s}$

② $\phi = \dfrac{\omega}{0.622} \dfrac{P_s}{P_a}$

③ $\phi = \dfrac{0.622}{\omega} \dfrac{P_s}{P_a}$

④ $\phi = \dfrac{0.622}{\omega} \dfrac{P_a}{P_s}$

해설

$\phi = \dfrac{P_w}{P_s}$

$\omega = 0.622 \dfrac{P_w}{P_a} = 0.622 \dfrac{P_w}{P_a} \cdot \dfrac{P_s}{P_s}$

$= 0.622 \dfrac{P_w}{P_s} \cdot \dfrac{P_s}{P_a} = 0.622 \phi \cdot \dfrac{P_s}{P_a}$

$\therefore \phi = \dfrac{\omega}{0.622} \dfrac{P_a}{P_s}$

02 난방방식 종류별 특징에 대한 설명으로 틀린 것은?

① 저온 복사난방 중 바닥 복사난방은 특히 실내기온의 온도분포가 균일하다.
② 온풍난방은 공장과 같은 난방에 많이 쓰이고 설비비가 싸며 예열시간이 짧다.
③ 온수난방은 배관부식이 크고 워밍업 시간이 증기난방보다 짧으며 관의 동파 우려가 있다.
④ 증기난방은 부하변동에 대응한 조절이 곤란하고 실온분포가 온수난방보다 나쁘다.

해설 온수 난방은 배관의 보유수량이 많아 열용량이 크기 때문에 워밍업 시간(예열시간)이 증기난방보다 길다.

03 덕트의 경로 중 단면적이 확대되었을 경우 압력변화에 대한 설명으로 틀린 것은?

① 전압이 증가한다.
② 동압이 감소한다.
③ 정압이 증가한다.
④ 풍속은 감소한다.

해설 덕트의 단면적이 확대되더라도 전압은 일정하다. 그러나 풍속이 감소되므로 동압이 감소되고, 정압은 증가하게 된다.
즉, 전압은 일정, 동압은 감소, 정압은 증가

04 건축의 평면도를 일정한 크기의 격자로 나누어서 이 격자의 구획내에 취출구, 흡입구, 조명, 스프링클러 등 모든 필요한 설비요소를 배치하는 방식은?

① 모듈방식
② 셔터방식
③ 펑커루버 방식
④ 클래스 방식

해설 모듈방식 : 모듈(격자)단위로 모든 필요한 설비를 배치하는 방식

01 ① 02 ③ 03 ① 04 ① **정답**

05 습공기의 가습 방법으로 가장 거리가 먼 것은?

① 순환수를 분무하는 방법
② 온수를 분무하는 방법
③ 수증기를 분무하는 방법
④ 외부공기를 가열하는 방법

해설 ④ 외부 공기를 가열해도 절대습도는 일정하기 때문에 습공기의 가습방법이 아니다.

06 공기조화설비를 구성하는 열운반장치로서 공조기에 직접 연결되어 사용하는 펌프로 가장 거리가 먼 것은?

① 냉각수 펌프
② 냉수 순환펌프
③ 온수 순환펌프
④ 응축수(진공) 펌프

해설 냉각수 펌프는 냉동설비의 응축기와 냉각탑 사이 배관에 설치된다.

07 저압 증기난방 배관에 대한 설명으로 옳은 것은?

① 하향공급식의 경우에는 상향공급식의 경우보다 배관경이 커야 한다.
② 상향공급식의 경우에는 하향공급식의 경우보다 배관경이 커야 한다.
③ 상향공급식이나 하향공급식은 배관경과 무관하다.
④ 하향공급식의 경우 상향공급식보다 워터해머를 일으키기 쉬운 배관법이다.

해설 증기난방의 상향공급식은 증기주관을 건물의 하부에 설치하고 수직 입상관에 의해 증기를 방열기에 공급하는 방식이며 입상관의 관경을 크게 하여 증기의 유속을 느리게 한다.
상향공급식의 수직입상관이나 역구배 수평주관과 같이 증기와 응축수의 흐름 방향이 반대인 경우 증기속도가 제한치를 넘어 응축수의 흐름을 방해하게 되면 워터햄머를 일으킬 수 있다.

08 현열만을 가하는 경우로 500m³/h의 건구온도(t_1) 5℃, 상대습도 (Ψ_1) 80%인 습공기를 공기 가열기로 가열하여 건구온도(t_2) 43℃, 상대습도 (Ψ_2) 8%인 가열공기를 만들고자 한다. 이 때 필요한 열량 (kW)은 얼마인가? (단 공기의 비열은 1.01kJ/kg·℃, 공기의 밀도는 1.2kg/m³이다.)

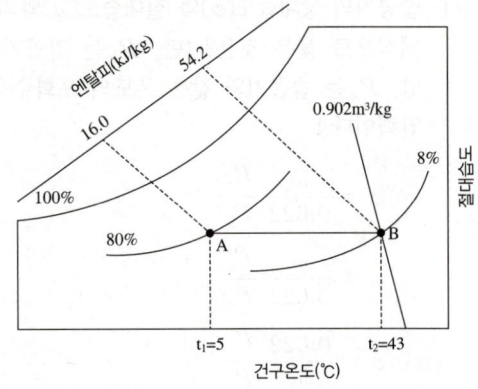

① 3.2
② 5.8
③ 6.4
④ 8.7

해설 열량 $q = G \cdot C_p \cdot \Delta t = \rho Q \cdot C_p \cdot \Delta t$
$= (1.2 \times 500) \times 1.01 \times (43 - 5) \div 3600$
$= 6.39 \text{kW}$

09 다음 중 열전도율(W/m·℃)이 가장 작은 것은?

① 납
② 유리
③ 얼음
④ 물

해설

재료명	열전도율(W/m·℃)
납	35
유리	0.76
얼음	2.2
물	0.6
공기	0.0262

정답 05 ④ 06 ① 07 ② 08 ③ 09 ④

10 아래 표는 암모니아 냉매설비 운전을 위한 안전관리 절차서에 대한 설명이다. 이 중 틀린 내용은?

> ㉠ 노출확인 절차서 : 반드시 호흡용 보호구를 착용한 후 감지기를 이용하여 공기 중 암모니아 농도를 측정한다.
> ㉡ 노출로 인한 위험관리 절차서 : 암모니아가 노출되었을 때 호흡기를 보호할 수 있는 호흡보호 프로그램을 수립하여 운영하는 것이 바람직하다.
> ㉢ 근로자 작업 확인 및 교육 절차서 : 암모니아 설비가 밀폐된 곳이나 외진 곳에 설치된 경우, 해당 지역에서 근로자 작업을 할 때에는 다음 중 어느 하나에 의해 근로자의 안전을 확인 할 수 있어야 한다.
> (가) CCTV 등을 통한 육안 확인
> (나) 무전기나 전화를 통한 음성 확인
> ㉣ 암모니아 설비 및 안전설비의 유지관리 절차서 : 암모니아 설비 주변에 설치된 안전대책의 작동 및 사용 가능여부를 최소한 매년 1회 확인하고 점검하여야 한다.

① ㉠ ② ㉡
③ ㉢ ④ ㉣

해설 암모니아 냉매설비의 안전관리 기술지침
암모니아 설비 주변에 설치된 안전대책의 작동 및 사용 가능여부를 최소한 분기별로 1회 확인하고 점검하여야 한다.

11 외기에 접하고 있는 벽이나 지붕으로부터의 취득 열량은 건물 내외의 온도차에 의해 전도의 형식으로 전달된다. 그러나 외벽의 온도는 일사에 의한 복사열의 흡수로 외기온도보다 높게 되는데 이 온도를 무엇이라고 하는가?

① 건구온도 ② 노점온도
③ 상당외기온도 ④ 습구온도

해설 상당외기온도 : 태양 일사의 영향을 고려한 외기온도

12 보일러의 스케일 방지방법으로 틀린 것은?
① 슬러지는 적절한 분출로 제거한다.
② 스케일 방지 성분인 칼슘의 생성을 돕기 위해 경도가 높은 물을 보일러수로 활용한다.
③ 경수연화장치를 이용하여 스케일 생성을 방지한다.
④ 인산염을 일정농도가 되도록 투입한다.

해설
② 스케일 성분인 칼슘, 마그네슘을 제거하기 위해 경도가 낮은 연수를 보일러 수로 활용한다.
④ 인삼염을 일정농도가 되도록 투입하면 스케일 생성이 방지된다.

13 습공기 선도상의 상태변화에 대한 설명으로 틀린 것은?

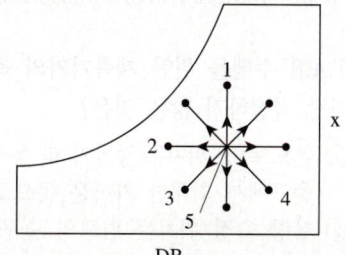

① 5 → 1 : 가습
② 5 → 2 : 현열냉각
③ 5 → 3 : 냉각가습
④ 5 → 4 : 가열감습

해설 5 → 3 : 냉각 · 감습

14 다음 중 보온, 보냉, 방로의 목적으로 덕트 전체를 단열해야 하는 것은?
① 급기 덕트 ② 배기 덕트
③ 외기 덕트 ④ 배연 덕트

해설
• 보온, 보냉, 방로의 목적으로 덕트 전체를 단열해야하는 덕트는 급기덕트이다.
• 배연덕트는 소방법상 화재의 위험이 있으므로 단열해야 한다.

정답 10 ④ 11 ③ 12 ② 13 ③ 14 ①

15 어느 건물 서편의 유리 면적이 40m²이다. 안쪽에 크림색의 베네시언 블라인드를 설치한 유리면으로부터 침입하는 열량(kW)은? 얼마인가? (단, 외기는 33℃, 실내는 27℃, 유리는 1중이며, 유리의 열통과율은 5.9W/m²·℃, 유리창의 복사량(I_{gr})은 608W/m², 차폐계수는 0.56이다.)

① 15.0　　② 13.6
③ 3.6　　　④ 1.4

해설 유리를 통한 열량 $q_G = q_{GR} + q_{GT}$
① 일사에 의한 열량(q_{GR})
$$q_{GR} = I_{gr} \cdot A_g \cdot k_s$$
$$= 608 \times 40 \times 0.56 = 13619.2W$$
② 관류에 의한 열량(q_{GT})
$$q_{GT} = K \cdot A_g \cdot \Delta t$$
$$= 5.9 \times 40 \times (33-27) = 1416W$$
$$\therefore q_G = 13619.2 + 1416 = 15035.2W ≒ 15kW$$

16 T.A.B 수행을 위한 계측기기의 측정위치로 가장 적절하지 않은 것은?

① 온도 측정 위치는 증발기 및 응축기의 입·출구에서 최대한 가까운 곳으로 한다.
② 유량 측정 위치는 펌프의 출구에서 가장 가까운 곳으로 한다.
③ 압력 측정 위치는 입·출구에 설치된 압력계용 탭에서 한다.
④ 배기가스 온도 측정 위치는 연소기의 온도계 설치 위치 또는 시료 채취 출구를 이용한다.

해설
• 펌프 유량 측정은 배관의 직관부에서 상류측 및 하류측 길이가 충분히 확보된 지점에서 측정하여 측정오차를 줄여야 한다.
• 초음파 유량계 사용시에는 엘보등 방향전환이나 와류가 생기는 곳으로부터 최소한 배관직경의 15배 이상의 하류 쪽 및 5배 이상의 상류 쪽에 부착하여야 한다. 이것이 불가능할 경우 최대한 와류발생이 적은 위치에서 측정해야 한다.

17 난방부하가 7559.5W인 어떤 방에 대해 온수난방을 하고자 한다. 방열기의 상당방열면적(m²)은 얼마인가? (단, 방열량은 표준방열량으로 한다.)

① 6.7　　② 8.4
③ 10.2　　④ 14.4

해설 상당방열면적 $EDR = \dfrac{7559.5}{523} = 14.4m^2$

온수 표준방열량 : 523W/m²
증기 표준방열량 : 756W/m²

18 에어와셔 내에서 물을 가열하지도 냉각하지도 않고 연속적으로 순환 분무시키면서 공기를 통과시켰을 때 공기의 상태변화는 어떻게 되는가?

① 건구온도는 높아지고, 습구온도는 낮아진다.
② 절대온도는 높아지고, 습구온도도 높아진다
③ 상대습도는 높아지고, 건구온도는 낮아진다.
④ 건구온도는 높아지고, 상대습도는 낮아진다.

해설 순환수분무 가습 : 상대습도는 높아지고, 건구온도는 낮아진다.
• 순환수분무 : 냉각·가습($t_{w2} = t_1'$)
• 냉수분무 : 냉각·감습($t_{w2} < t_1''$)
• 온수분무 : 냉각·가습($t_{w2} > t_1'$)
t_{w2} : 에어와셔 분무수 출구수온
t_1' : 에어와셔 입구공기 습구온도
t_1'' : 에어와셔 입구공기 노점온도

정답 15 ①　16 ②　17 ④　18 ③

19 크기에 비해 전열면적이 크므로 증기발생이 빠르고, 열효율도 좋지만 내부청소가 곤란하므로 양질의 보일러 수를 사용할 필요가 있는 보일러는?

① 입형 보일러
② 주철제 보일러
③ 노통 보일러
④ 연관 보일러

해설 연관보일러 : 노통대신 여러개의 연관이 설치된 보일러이며 연관 안으로 열 가스가 흐르면서 연관외부 보일러 몸체 안의 물을 가열하는 형식이다. 전열면적이 크고, 열효율도 좋아 증기 발생속도도 빠르다. 내부 청소가 곤란하므로 양질의 보일러 수를 사용해야 한다.

20 온수난방과 비교하여 증기난방에 대한 설명으로 옳은 것은?

① 예열시간이 짧다.
② 실내온도의 조절이 용이하다.
③ 방열기 표면의 온도가 낮아 쾌적한 느낌을 준다.
④ 실내에서 상하 온도차가 작으며, 방열량의 제어가 다른 난방에 비해 쉽다.

해설 증기난방
- 장치 내 보유수량이 적어 열용량이 작으므로 예열시간이 짧고 증기순환이 빠르다.
- 증기의 온도 및 증기의 유량 제어가 어려워 실내온도 조절이 어렵다. 즉 방열량 제어가 어렵다.
- 방열기 표면온도가 높아 화상의 위험이 있으며 실내의 상하 온도차가 커서 쾌적하지 못하다.

제2과목 공조냉동 설계

21 공기압축기에서 입구 공기의 온도와 압력은 각각 27℃, 100kPa이고, 체적유량은 0.01m³/s이다. 출구에서 압력이 400kPa이고, 이 압축기의 등엔트로피 효율이 0.8일 때, 압축기의 소요 동력(kW)은 얼마인가? (단, 공기의 정압비열과 기체상수는 각각 1kJ/(kg·K), 0.287kJ/(kg·K)이고, 비열비는 1.4이다.)

① 0.9
② 1.7
③ 2.1
④ 3.8

해설 등엔트로피과정은 단열과정, 단열과정 공업일은

질량 $m = \dfrac{P_1 V_1}{R T_1} = \dfrac{100 \times 0.01}{0.287 \times (27+273)} = 0.0116 \text{kg/s}$

$W_t = \dfrac{k}{k-1} mR(T_1 - T_2)$

$= \dfrac{k}{k-1} mRT_1 \left(1 - \dfrac{T_2}{T_1}\right)$

$= \dfrac{k}{k-1} mRT_1 \left[1 - \left(\dfrac{P_2}{P_1}\right)^{\frac{k-1}{k}}\right]$

$= \dfrac{1.4}{1.4-1} \times 0.0116 \times 0.287 \times (27+273)$

$\times \left[1 - \left(\dfrac{400}{100}\right)^{\frac{1.4-1}{1.4}}\right] = -1.6988 \text{kJ/s}$

여기에 압축기의 효율로 나누어 주면 압축기 총 소요동력이 된다.

압축기 소요동력 $L_b = \dfrac{W_t}{\eta}$

$= \dfrac{-1.6988}{0.8}$

$= -2.12 \text{kW}$ (− : 압축일)

여기서, 1kJ/s = 1kW

정답 19 ④ 20 ① 21 ③

22 다음은 2단압축 1단팽창 냉동장치의 중간냉각기를 나타낸 것이다. 각 부에 대한 설명으로 틀린 것은?

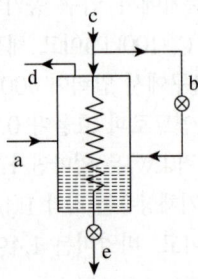

① a의 냉매관은 저단압축기에서 중간냉각기로 냉매가 유입되는 배관이다.
② b는 제1(중간냉각기 앞)팽창밸브이다.
③ d부분의 냉매증기온도는 a부분의 냉매 증기온도보다 낮다.
④ a와 c의 냉매 순환량은 같다.

해설 a는 저단측 냉매량이고, c는 고단측 냉매량(전체 냉매량)입니다.
 a : 저단측 냉매량
 b : 중간냉각 냉매량
 c : 고단측 냉매량(전체 냉매량)
 d : 고단측 냉매량(전체 냉매량)
 e : 저단측 냉매량

23 흡수식 냉동기의 냉매와 흡수제 조합으로 가장 적절한 것은?

① 물(냉매) – 프레온(흡수제)
② 암모니아(냉매) – 물(흡수제)
③ 메틸아민(냉매) – 황산(흡수제)
④ 물(냉매) – 디메틸에테르(흡수제)

해설 냉매와 흡수제

냉 매	흡수제
물(H_2O)	리튬브로마이드(LiBr)
암모니아(NH_3)	물(H_2O)
물(H_2O)	염화리튬(LiCl)
물(H_2O)	황산(H_2SO_4)

24 견고한 밀폐용기 안에 공기가 압력 100kPa, 체적 $1m^3$, 온도 20℃ 상태로 있다. 이 용기를 가열하여 압력이 150kPa이 되었다. 최종상태의 온도와 가열량은 각각 얼마인가? (단, 공기는 이상기체이며, 공기의 정적비열은 0.717kJ/(kg·K), 기체상수는 0.287kJ/(kg·K)이다.)

① 303.2K, 117.8kJ
② 303.2K, 124.9kJ
③ 439.7K, 117.8kJ
④ 439.7K, 124.9kJ

해설 $PV = mRT$에서 $V_1 = V_2$이므로
$$T_2 = \frac{P_2}{P_1} \times T_1$$
$$\therefore T_2 = \frac{150}{100} \times (20 + 273.15) = 439.7K$$
$$m = \frac{PV}{RT}$$
$$= \frac{100 \times 1}{0.287 \times (20 + 273.15)} = 1.1886 kg/m^3$$

$\delta Q = dU + PdV$에서 $dV = 0$이므로
$\delta Q = dU = m \cdot C_v dT$
$\therefore Q = 1.1886 \times 0.717 \times (439.7 - 293.15)$
$= 124.89kJ$

25 밀폐계에서 기체의 압력이 500kPa로 일정하게 유지되면서 체적이 $0.2m^3$에서 $0.7m^3$로 팽창하였다. 이 과정 동안에 내부에너지의 증가가 60kJ 이라면 계가 한 일(kJ)은 얼마인가?

① 450 ② 310
③ 250 ④ 150

해설 밀폐계의 일은 절대일이다.
$$W_a = \int_1^2 PdV = P(V_2 - V_1)$$
$$= 500 \times (0.7 - 0.2) = 250kJ$$

22 ④ 23 ② 24 ④ 25 ③ **정답**

26 이상기체가 등온과정으로 부피가 2배로 팽창할 때 한 일이 W_1이다. 이 이상기체가 같은 초기조건 하에서 폴리트로픽과정(n = 2)으로 부피가 2배로 팽창할 때 W_1 대비 한 일은 얼마인가?

① $\dfrac{1}{2\ln 2} \times W_1$ ② $\dfrac{2}{\ln 2} \times W_1$

③ $\dfrac{\ln 2}{2} \times W_1$ ④ $2\ln 2 \times W_1$

해설 등온과정 절대일

$$W_1 = RT\ln\dfrac{V_2}{V_1} = RT\ln\dfrac{2V_1}{V_1} = RT\ln 2$$

여기서 $RT = \dfrac{1}{\ln 2}W_1$

폴리트로픽과정 절대일

$$W_2 = \dfrac{1}{n-1}R(T_1 - T_2)$$

$$= \dfrac{RT_1}{n-1}(1 - \dfrac{T_2}{T_1}) = \dfrac{RT_1}{n-1}\left\{1 - \left(\dfrac{V_1}{V_2}\right)^{n-1}\right\}$$

문제에서 지수 n = 2로 주어졌고 초기온도 $T_1 = T$이므로

$$W_2 = \dfrac{RT}{2-1}\left\{1 - \left(\dfrac{V_1}{2V_1}\right)^{2-1}\right\}$$

$$= RT\left(1 - \dfrac{1}{2}\right) = \dfrac{1}{2}RT$$

위 $RT = \dfrac{1}{\ln 2}W_1$을 대입하면

$$W_2 = \dfrac{1}{2\ln 2}W_1$$

27 증발기에 대한 설명으로 틀린 것은?

① 냉각실 온도가 일정한 경우, 냉각실 온도와 증발기 내 냉매 증발온도의 차이가 작을수록 압축기 효율은 좋다.
② 동일조건에서 건식 증발기는 만액식 증발기에 비해 충전 냉매량이 적다.
③ 일반적으로 건식 증발기 입구에서는 냉매의 증기가 액냉매에 섞여있고, 출구에서 냉매는 과열도를 갖는다.
④ 만액식 증발기에서는 증발기 내부에 윤활유가 고일 염려가 없어 윤활유를 압축기로 보내는 장치가 필요하지 않다.

해설 만액식 증발기 내에는 냉매량이 많고 윤활유가 고이는 경향이 있으며, 윤활유를 잘 용해하는 프레온 냉매는 증발기에 고인 윤활유를 압축기로 돌려보내는 장치가 필요하다.

28 다음 중 압력 값이 다른 것은?

① 1mAq ② 73.56mmHg
③ 980.665Pa ④ 0.98N/cm^2

해설
$$73.56\text{mmHg} = \dfrac{73.56}{760} \times 10.332 = 1.0\text{mAq}$$

$$980.665\text{Pa} = \dfrac{980.665}{101325} \times 10.332 = 0.1\text{mAq}$$

$$0.98\text{N/cm}^2 = 9800\text{N/m}^2$$
$$= \dfrac{9800}{101325} \times 10.332 = 1.0\text{mAq}$$

29 냉동기에서 고압의 액체냉매와 저압의 흡입증기를 서로 열교환 시키는 열교환기의 주된 설치 목적은?

① 압축기 흡입증기 과열도를 낮추어 압축효율을 높이기 위함
② 일종의 재생 사이클을 만들기 위함
③ 냉매액을 과냉시켜 플래시 가스 발생을 억제하기 위함
④ 이원냉동 사이클에서의 캐스케이드 응축기를 만들기 위함

해설 액-가스 열교환기의 설치 목적은 응축기에서 응축된 냉매액을 과냉각시켜 플래시가스 발생을 억제하고 증발기에서 나오는 냉매 증기를 과열시켜 액백의 발생을 방지한다.

26 ① 27 ④ 28 ③ 29 ③ **정답**

30 피스톤-실린더 시스템에 100kPa의 압력을 갖는 1kg의 공기가 들어 있다. 초기 체적은 0.5m³이고 이 시스템에 온도가 일정한 상태에서 열을 가하여 부피가 1.0m³이 되었다. 이 과정 중 시스템에 가해진 열량(kJ)은 얼마인가?

① 30.7　　② 34.7
③ 44.8　　④ 50.0

 해설

$$Q = W = P_1 V_1 \ln \frac{V_2}{V_1} \text{ (전달된열량=등온변화일량)}$$
$$= 100 \times 0.5 \times \ln \frac{1.0}{0.5} = 34.7 \text{kJ}$$

31 다음 조건을 이용하여 응축기 설계시 1RT (3.86kW)당 응축면적(m²)은 얼마인가? (단, 온도차는 산술평균온도차를 적용한다.)

[조 건]
방열계수 : 1.3
응축온도 : 35℃
냉각수 입구온도 : 28℃
냉각수 출구온도 : 32℃
열통과율 : 1.05kW/m²·℃

① 1.25　　② 0.96
③ 0.74　　④ 0.45

 해설

방열계수 = $\frac{응축열량}{증발열량}$

응축열량 $Q_c = 3.86 \times 1.3 = 5.018 \text{kW}$

$\Delta t_m = 35 - \frac{28+32}{2} = 5℃$

$Q_c = K \cdot A \cdot \Delta t_m$ 에서

$A = \frac{Q_c}{K \cdot \Delta t_m}$
$= \frac{5.018}{1.05 \times 5} = 0.955 \text{m}^2$

32 역 카르노 사이클로 300K와 240K 사이에서 작동하고 있는 냉동기가 있다. 이 냉동기의 성능계수는?

① 3　　② 4
③ 5　　④ 6

 해설

$$COP = \frac{Q_e}{W} = \frac{T_L}{T_H - T_L} = \frac{240}{300 - 240}$$
$$= 4$$

33 채적 2500L인 탱크에 압력 294kPa, 온도 10℃의 공기가 들어 있다. 이 공기를 80℃까지 가열하는데 필요한 열량(kJ)은 얼마인가? (단, 공기의 기체상수는 0.287kJ/(kg·K), 정적비열은 0.717kJ/(kg·K)이다.)

① 408　　② 432
③ 454　　④ 469

 해설

$P_1 V_1 = m R T_1$ 에서

$m = \frac{P_1 V_1}{R T_1} = \frac{294 \times 2500 \times 10^{-3}}{0.287 \times (10+273)} = 9.049 \text{kg}$

$\delta Q = dU + PdV$　$dV = 0$ 이므로
$\delta Q = dU = m C_v dT$
∴ $Q = 9.049 \times 0.717 \times (80-10)$
$= 454.17 \text{kJ}$

34 다음 그림은 냉동사이클을 압력-엔탈피(P-h)선도에 나타낸 것이다. 다음 설명 중 옳은 것은?

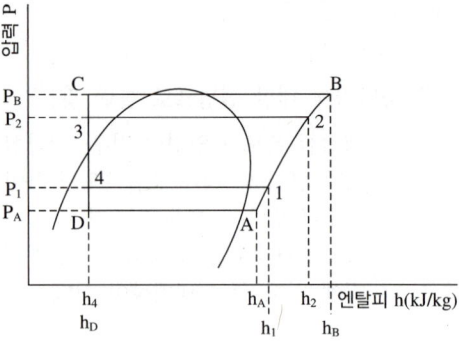

정답: 30 ②　31 ②　32 ②　33 ③　34 ②

① 냉동사이클이 1-2-3-4-1에서 1-B-C-4-1로 변하는 경우 냉매 1kg당 압축일의 증가는 $(h_B - h_1)$이다.
② 냉동사이클이 1-2-3-4-1에서 1-B-C-4-1로 변하는 경우 성적계수는 $[(h_1-h_4)/(h_2-h_1)]$에서 $[(h_1-h_4)/(h_B-h_1)]$로 된다.
③ 냉동사이클이 1-2-3-4-1에서 A-2-3-D-A로 변하는 경우 증발압력이 P_1에서 P_A로 낮아져 압축비는 (P_2/P_1)에서 (P_1/P_A)로 된다.
④ 냉동사이클이 1-2-3-4-1에서 A-2-3-D-A로 변하는 경우 냉동효과는 (h_1-h_4)에서 (h_A-h_4)로 감소하지만, 압축기 흡입증기의 비체적은 변하지 않는다.

해설
① 냉매 1kg당 압축일의 증가는 (h_B-h_2)이다.
③ 압축비는 (P_2/P_1)에서 (P_2/P_A)로 된다.
④ 흡입증기의 비체적은 $v_1 \to v_A$로 증가한다.

35 다음 중 증발기 내 압력을 일정하게 유지하기 위해 설치하는 팽창장치는?
① 모세관
② 정압식 자동 팽창밸브
③ 플로트식 팽창밸브
④ 수동식 팽창밸브

해설 정압식 자동팽창 밸브
- 벨로즈나 다이아프램의 상부에 스프링이 설치되고 하부에는 증발압력이 작용하게 되어 있다.
- 부하의 변동이 있어도 증발압력을 일정하게 유지하게 되므로 부하가 현저하게 변동하는 장치에는 유량제어가 되지 않아 적합하지 않다.
- 부하가 일정한 소형 냉동장치에 쓰이며 현재는 별로 쓰이지 않는다.

36 외기온도 -5℃, 실내온도 18℃, 실내습도 70%일 때, 벽 내면에서 결로가 생기지 않도록 하기 위해서는 내·외기 대류와 벽의 전도를 포함하여 전체 벽의 열통과율(W/(m²·K))은 얼마 이하이어야 하는가? (단, 실내공기 18℃, 70%일 때 노점온도는 12.5℃이며, 벽의 내면열전달률은 7W/(m²·K)이다.)
① 1.91
② 1.83
③ 1.76
④ 1.67

해설
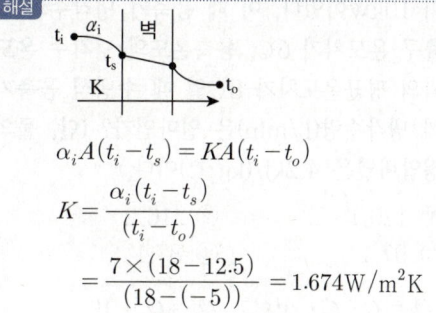
$$\alpha_i A(t_i - t_s) = KA(t_i - t_o)$$
$$K = \frac{\alpha_i(t_i - t_s)}{(t_i - t_o)}$$
$$= \frac{7 \times (18 - 12.5)}{(18 - (-5))} = 1.674 W/m^2 K$$

37 다음 이상기체에 대한 설명으로 옳은 것은?
① 이상기체의 내부에너지는 압력이 높아지면 증가한다.
② 이상기체의 내부에너지는 온도만의 함수이다.
③ 이상기체의 내부에너지는 항상 일정하다.
④ 이상기체의 내부에너지는 온도와 무관하다.

해설 이상기체의 내부에너지는 온도만의 함수이다. $du = C_v dT$ 이다.

38 다음 중 냉매를 사용하지 않는 냉동장치는?
① 열전 냉동장치
② 흡수식 냉동장치
③ 교축팽창식 냉동장치
④ 증기압축식 냉동장치

정답 35 ② 36 ④ 37 ② 38 ①

해설 전자 냉동법(열전 냉동법)
㉠ 서로 다른 금속을 연결하여 직류전류를 흐르게 하면 한쪽의 접점은 고온이 되고 다른 쪽의 접점은 저온이 되는 현상을 펠티어효과(peltier effect)라 하며, 이 원리를 이용하는 냉동법을 전자냉동법 또는 열전냉동법이라 한다.
㉡ 두 개의 반도체 소자로는 Bi + Bi₂Te₃ 등이 사용된다.

39 냉동장치의 냉동능력이 38.8kW, 소요동력이 10kW이었다. 이 때 응축기 냉각수의 입출구 온도차가 6℃, 응축온도와 냉각수 온도와의 평균온도차가 8℃일 때 수냉식 응축기의 냉각수량(L/min)은 얼마인가? (단, 물의 정압비열은 4.2kJ/(kg·℃)이다.)

① 126.1　　② 116.2
③ 97.1　　　④ 87.1

해설 $Q_c = G \cdot C \cdot \Delta t$ 이고 $Q_c = Q_e + W$

$$G = \frac{Q_c}{C \cdot \Delta t} = \frac{Q_e + W}{C \cdot \Delta t}$$
$$= \frac{(38.8 + 10) \times 60}{4.2 \times 6} = 116.19 \text{kg/min}$$
$$= 116.19 \text{L/min}$$

[참고] 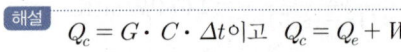 물 1L = 1kg

40 열과 일에 대한 설명으로 옳은 것은?
① 열역학적 과정에서 열과 일은 모두 경로에 무관한 상태함수로 나타낸다.
② 일과 열의 단위는 대표적으로 Watt(W)를 사용한다.
③ 열역학 제1법칙은 열과 일의 방향성을 제시한다.
④ 한 사이클 과정을 지나 원래 상태로 돌아왔을 때 시스템에 가해진 전체 열량은 시스템이 수행한 전체 일의 양과 같다.

해설
① 열역학적 과정에서 열과 일은 모두 경로 함수이다.
② 일과 열의 단위는 대표적으로 J을 사용한다.
③ 열역학 제1법칙은 열과 일의 수량적 관계를 제시한다. 방향성을 제시하는 것은 제2법칙이다.

제3과목　시운전 및 안전관리

41 산업안전보건법령상 냉동·냉장 창고시설 건설공사에 대한 유해위험방지계획서를 제출해야 하는 대상시설의 연면적 기준은 얼마인가?
① 3천제곱미터 이상
② 4천제곱미터 이상
③ 5천제곱미터 이상
④ 6천제곱미터 이상

해설 산업안전보건법 시행령 제42조 ③
연면적 5천제곱미터 이상인 냉동·냉장창고시설 건설공사의 경우 유해위험방지계획서를 제출해야 한다.

42 기계설비법령에 따른 기계설비의 착공 전 확인과 사용 전 검사의 대상 건축물 또는 시설물에 해당하지 않는 것은?
① 연면적 1만 제곱미터 이상인 건축물
② 목욕장으로 사용되는 바닥면적 합계가 500 제곱미터 이상인 건축물
③ 기숙사로 사용되는 바닥면적 합계가 1천 제곱미터 이상인 건축물
④ 판매시설로 사용되는 바닥면적 합계가 3천제곱미터 이상인 건축물

해설 기계설비법 시행령 제11조 별표5
③ 기숙사로 사용되는 바닥면적 합계가 2천제곱미터 이상인 건축물

정답 39 ②　40 ④　41 ③　42 ③

43 고압가스안전관리법령에 따라 "냉매로 사용되는 가스 등 대통령령으로 정하는 종류의 고압가스"는 품질기준을 고시하여야 하는데, 목적 또는 용량에 따라 고압가스에서 제외될 수 있다. 이러한 제외 기준에 해당되는 경우로 모두 고른 것은?

> 가. 수출용으로 판매 또는 인도되거나 판매 또는 인도될 목적으로 저장·운송 또는 보관되는 고압가스
> 나. 시험용 또는 연구개발용으로 판매 또는 인도되거나 판매 또는 인도될 목적으로 저장·운송 또는 보관되는 고압가스(해당 고압가스를 직접 시험하거나 연구개발하는 경우만 해당한다)
> 다. 1회 수입되는 양이 400킬로그램 이하인 고압가스

① 가, 나　　② 가, 다
③ 나, 다　　④ 가, 나, 다

해설 고압가스안전관리법 시행령 제15조의 3
다. 1회 수입되는 양이 40 킬로그램 이하인 고압가스

44 고압가스안전관리법령에 따라 일체형 냉동기의 조건으로 틀린 것은?

① 냉매설비 및 압축기용 원동기가 하나의 프레임 위에 일체로 조립된 것
② 냉동설비를 사용할 때 스톱밸브 조작이 필요한 것
③ 응축기 유닛 및 증발유닛이 냉매배관으로 연결된 것으로 하루 냉동능력이 20톤 미만인 공조용 패키지에어콘
④ 사용장소에 분할 반입하는 경우에는 냉매설비에 용접 또는 절단을 수반하는 공사를 하지 않고 재조립하여 냉동제조용으로 사용할 수 있는 것

해설 고압가스안전관리법 시행규칙 별표11 제4호 나목
② 냉동설비를 사용할 때 스톱밸브 조작이 필요없는 것

45 기계설비법령에 따라 기계설비성능점검업자는 기계설비성능점검업의 등록한 사항 중 대통령령으로 정하는 사항이 변경된 경우에는 변경등록을 하여야 한다. 만약 변경등록을 정해진 기간 내 못한 경우, 1차 위반 시 받게 되는 행정처분 기준은?

① 등록취소
② 업무정지 2개월
③ 업무정지 1개월
④ 시정명령

해설 기계설비법 시행령 별표8. 2. 바.

1차 위반시	2차 위반시	3차 이상 위반시
시정명령	영업정지 1개월	영업정지 2개월

46 엘리베이터용 전동기의 필요 특성으로 틀린 것은?

① 소음이 작아야 한다.
② 기동 토크가 작아야 한다.
③ 회전부분의 관성모멘트가 작아야 한다.
④ 가속도의 변화비율이 일정 값이 되어야 한다.

해설 엘리베이터용 전동기의 기동 토크는 커야 한다.

47 다음은 직류전동기의 토크특성을 나타내는 그래프이다. (A), (B), (C), (D)에 알맞은 것은?

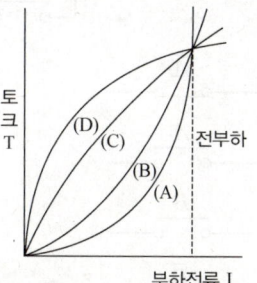

① (A) : 직권전동기　　(B) : 가동복권전동기
　(C) : 분권전동기　　(D) : 차동복권전동기
② (A) : 분권전동기　　(B) : 직권전동기
　(C) : 가동복권전동기　(D) : 차동복권전동기

43 ①　44 ②　45 ④　46 ②　47 ①　**정답**

③ (A) : 직권전동기 (B) : 분권전동기
  (C) : 가동복권전동기 (D) : 차동복권전동기
④ (A) : 분권전동기 (B) : 가동복권전동기
  (C) : 직권전동기 (D) : 차동복권전동기

해설 직류전동기 토크 특성

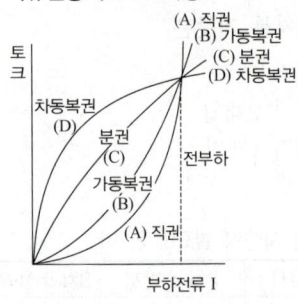

48 서보전동기는 서보기구의 제어계 중 어떤 기능을 담당하는가?
① 조작부 ② 검출부
③ 제어부 ④ 비교부

해설 서보전동기는 서보기구의 조작부 기능을 담당하는 조작기이다.

49 그림과 같은 유접점 논리회로를 간단히 하면?

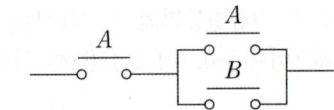

① ─∘ $\overline{A}$ ∘─
② ─∘ A ∘─
③ ─∘ B ∘─
④ ─∘ $\overline{B}$ ∘─

해설 논리회로 $A \cdot (A+B) = A$ (흡수법칙)

50 10kVA의 단상 변압기 2대로 V결선하여 공급할 수 있는 최대 3상 전력은 약 몇 kVA인가?
① 20 ② 17.3
③ 10 ④ 8.7

해설 단상 변압기 2대를 V결선하여 얻을 수 있는 출력은 2대분 출력의 86.6%이므로
최대 3상 전력 = (10 × 2) × 0.866 = 17.32

51 교류에서 역률에 관한 설명으로 틀린 것은?
① 역률은 $\sqrt{1-(무효율)^2}$ 로 계산할 수 있다.
② 역률을 이용하여 교류전력의 효율을 알 수 있다.
③ 역률이 클수록 유효전력보다 무효전력이 커진다.
④ 교류회로의 전압과 전류의 위상차에 코사인(cos)을 취한 값이다.

해설
역률 $\cos\theta = \dfrac{유효전력}{피상전력}$

무효율 $\sin\theta = \dfrac{무효전력}{피상전력}$

삼각함수 법칙
$\sin\theta^2 + \cos\theta^2 = 1$ 에서
$\cos\theta = \sqrt{1-\sin\theta^2}$ 이므로
① 역률 = $\sqrt{1-(무효율)^2}$
② 역률을 이용하여 교류전력의 효율을 알 수 있다.
  유효전력 = 피상전력 × 역률
③ 역률이 클수록 무효전력보다 유효전력이 커진다.

52 아날로그 신호로 이루어지는 정량적 제어로서 일정한 목표값과 출력값을 비교·검토하여 자동적으로 행하는 제어는?
① 피드백 제어 ② 시퀀스 제어
③ 오픈루프제어 ④ 프로그램 제어

해설 목표값과 출력값을 비교·검토하여 자동적으로 행하는 제어는 피드백 제어이다.

48 ① 49 ② 50 ② 51 ③ 52 ① 정답

53 $G(s) = \dfrac{2(s+2)}{(s^2+5s+6)}$ 의 특성 방정식의 근은?

① 2, 3
② -2, -3
③ 2, -3
④ -2, 3

해설 특성 방정식 : 전달함수의 분모를 0으로 놓은 방정식
$s^2 + 5s + 6 = 0$

2차방정식 근의 공식 $s = \dfrac{-b \pm \sqrt{b^2 - 4ac}}{2a}$

$s = \dfrac{-5 \pm \sqrt{25 - 24}}{2 \times 1} = \dfrac{-5 \pm 1}{2}$

∴ $s = -2, -3$

54 $R = 8\,\Omega$, $X_L = 2\,\Omega$, $X_C = 8\,\Omega$ 직렬회로에 100V의 교류전압을 가할 때, 전압과 전류의 위상 관계로 옳은 것은?

① 전류가 전압보다 약 37° 뒤진다.
② 전류가 전압보다 약 37° 앞선다.
③ 전류가 전압보다 약 43° 뒤진다.
④ 전류가 전압보다 약 43° 앞선다.

해설 위상각 $\theta = \tan^{-1} \dfrac{X_L - X_C}{R}$

$\theta = \tan^{-1} \dfrac{2-8}{8}$

$= \tan^{-1} \dfrac{-6}{8} = -36.87°$

∴ 전류가 전압보다 약 37° 앞선다.

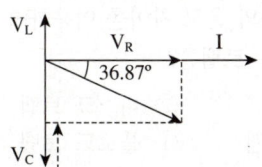

55 역률이 80%이고, 유효전력이 80kW일 때, 피상전력은 몇 kVA인가?

① 100
② 120
③ 160
④ 200

해설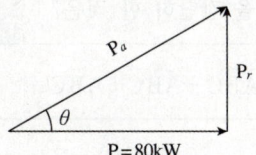

$P = P_a \cos\theta$ 에서

$P_a = \dfrac{P}{\cos\theta} = \dfrac{80}{0.8} = 100\,\text{kVA}$

56 직류전압, 직류전류, 교류전압 및 저항 등을 측정할 수 있는 계측기기는?

① 검전기
② 검상기
③ 메거
④ 회로시험기

해설 회로시험기로 측정할 수 있는 것은 직류전압, 직류전류, 교류전압, 저항이며 교류전류는 측정이 불가능하다.

57 자장 안에 놓여 있는 도선에 전류가 흐를 때 도선이 받는 힘 $F = BIl\sin\theta\,(N)$이다. 이것을 설명하는 법칙과 응용기기가 맞게 짝 지어진 것은?

① 플레밍의 오른손법칙 – 발전기
② 플레밍의 왼손법칙 – 전동기
③ 플레밍의 왼손법칙 – 발전기
④ 플레밍의 오른손법칙 – 전동기

해설 자장 안에 놓여 있는 도선에 전류가 흐를 때 도선이 받는 힘을 전자력 ($F = BIl\sin\theta$)이라 하며, 이 전자력의 방향을 나타내는 법칙은 플레밍의 왼손법칙이며, 이 전자력의 회전방향은 전동기의 회전방향이다.

53 ② 54 ② 55 ① 56 ④ 57 ②

58 다음의 논리식을 간단히 한 것은?

$$X = \overline{A}\overline{B}C + A\overline{B}\overline{C} + A\overline{B}C$$

① $\overline{B}(A+C)$　　② $C(A+\overline{B})$
③ $\overline{C}(A+B)$　　④ $\overline{A}(B+C)$

해설　OR 회로에서는 동일한 논리식을 추가하여도 결과 값은 같다. 따라서 문제의 논리식에 $A\overline{B}C$ 를 추가하여도 같은 값이 나오므로 $A\overline{B}C$를 추하여 풀면
$X = \overline{A}\overline{B}C + A\overline{B}\overline{C} + A\overline{B}C + A\overline{B}C$
$\;\; = \overline{B}C(\overline{A}+A) + A\overline{B}(\overline{C}+C)$
$\;\; = \overline{B}C(1) + A\overline{B}(1)$
$\;\; = \overline{B}(C+A)$

59 전압을 인가하여 전동기가 동작하고 있는 동안에 교류전류를 측정할 수 있는 계기는?

① 후크 미터(클램프 메타)
② 회로시험기
③ 절연저항계
④ 어스 테스터

해설　후크 미터(클램프 메타)는 전류가 흐르고 있는 회로를 차단하지 않고(즉, 전동기가 동작하고 있는 동안에) 교류전류를 측정할 수 있다.

60 그림과 같은 단자 1, 2 사이의 계전기접점회로 논리식은?

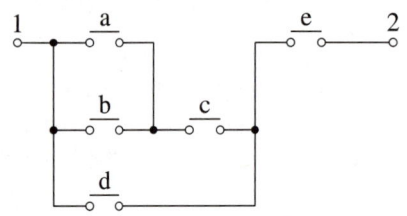

① $\{(a+b)d + c\}e$
② $\{(ab+c)d\} + e$
③ $\{(a+b)c + d\}e$
④ $(ab+d)c + e$

해설

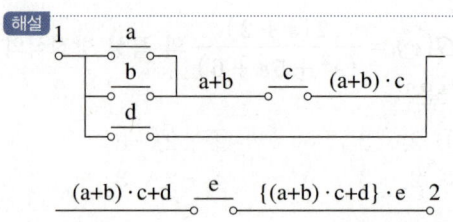

제4과목 유지보수 공사관리

61 배수배관이 막혔을 때 이것을 점검, 수리하기 위해 청소구를 설치하는데, 다음 중 설치 필요 장소로 적절하지 않은 곳은?

① 배수 수평 주관과 배수 수평 분기관의 분기점에 설치
② 배수관이 45° 이상의 각도로 방향을 전환하는 곳에 설치
③ 길이가 긴 수평 배수관인 경우 관경이 100A 이하일 때 5m마다 설치
④ 배수 수직관의 제일 밑부분에 설치

해설　청소구 설치
배관경 100mm 이하 : 15m 이내 마다
배관경 100mm 초과 : 30m 이내 마다

62 증기와 응축수의 온도 차이를 이용하여 응축수를 배출하는 트랩은?

① 버킷 트랩　　② 디스크 트랩
③ 벨로즈 트랩　④ 플로트 트랩

해설　벨로즈트랩(열동트랩)은 벨로즈 속에 휘발성 액체가 봉입되어있어 주위에 증기가 있으면 온도가 높기 때문에 팽창하고 증기가 응축되어 온도가 낮아지면 수축되어 밸브를 개방하므로 응축수를 배출한다.

정답　58 ①　59 ①　60 ③　61 ③　62 ③

63 정압기의 종류 중 구조에 따라 분류할 때 아닌 것은?
① 피셔식 정압기
② 액셜 플로우식 정압기
③ 가스미터식 정압기
④ 레이놀드식 정압기

해설 정압기 구조에 따른 분류
1. 레이놀드식(Reynolds)
   Unloaging 형식이다. 정특성은 양호하나 안정성이 떨어진다.
2. 피셔식(Fisher)
   Loading 형식이다. 정특성과 동특성이 양호하다.
3. 액셜플로우식(Axial-flow)
   변칙 unloading형식이다. 정특성과 동특성이 양호하다.

64 슬리브 신축 이음쇠에 대한 설명 중 틀린 것은?
① 신축량이 크고 신축으로 인한 응력이 생기지 않는다.
② 직선으로 이음하므로 설치 공간이 루프형에 비하여 적다.
③ 배관에 곡선부가 있어도 파손이 되지 않는다.
④ 장시간 사용 시 패킹의 마모로 누수의 원인이 된다.

해설 스리브 신축이음을 설치한 배관라인에 곡선부가 있으면 곡선부에서 뒤틀림등에 의한 파손이 생길 수 있다.

65 간접 가열 급탕법과 가장 거래가 먼 장치는?
① 증기 사일렌서   ② 저탕조
③ 보일러   ④ 고가수조

해설 간접 가열 방식이란 중앙공급식에서 가열코일을 통해 저탕조내의 물을 간접적으로 가열하는 방식이다. 증기사일렌서는 기수혼합식 급탕법에서 저탕조에 증기를 직접 불어넣는 부속장치이다.

66 강관의 종류와 KS 규격 기호가 바르게 짝지어진 것은?
① 배관용 탄소강관 : SPA
② 저온배관용 탄소강관 : SPPT
③ 고압배관용 탄소강관 : SPTH
④ 압력배관용 탄소강관 : SPPS

해설
배관용 탄소강관 : SPP
저온배관용 탄소강관 : SPLT
고압배관용 탄소강관 : SPPH
압력배관용 탄소강관 : SPPS

67 폴리에틸렌 배관의 접합방법이 아닌 것은?
① 기볼트 접합   ② 용착 슬리브 접합
③ 인서트 접합   ④ 테이퍼 접합

해설 기볼트 접합은 석면 시멘트관 접합방법이다.

68 배관 접속 상태 표시 중 배관 A가 앞쪽으로 수직하게 구부려져 있음을 나타낸 것은?

① 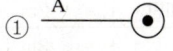   ②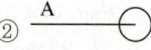

③ 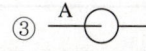   ④

해설
─⊙ : 오는 엘보
─◯ : 가는 엘보
──✕── : 용접이음

69 증기보일러 배관에서 환수관의 일부가 파손된 경우 보일러수의 유출로 안전수위 이하가 되어 보일러수가 빈 상태로 되는 것을 방지하기 위해 하는 접속법은?
① 하트포드 접속법   ② 리프트 접속법
③ 스위블 접속법   ④ 슬리브 접속법

해설 하트포드(hartford)접속법
증기관과 환수관 사이에 균형관을 설치하여 환수관 누수로 보일러 수위가 파괴되는 것을 방지하는 접속법

정답						
63 ③	64 ③	65 ①	66 ④	67 ①	68 ①	69 ①

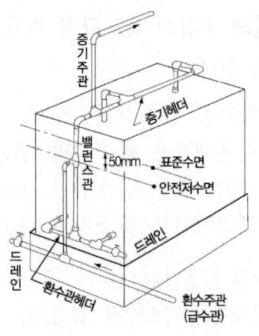

70 도시가스 입상배관의 관지름이 20mm일 때 움직이지 않도록 몇 m 마다 고정장치를 부착해야 하는가?

① 1m   ② 2m
③ 3m   ④ 4m

해설

도시가스 배관고정

배관 호칭 지름	고정간격
13mm 미만	1m
13mm 이상 33mm 미만	2m
33mm 이상	3m

71 증기난방 배관 시공법에 대한 설명으로 틀린 것은?

① 증기주관에서 지관을 분기하는 경우 관의 팽창을 고려하여 스위블 이음법으로 한다.
② 진공환수식 배관의 증기주관은 1/100~1/200 선상향 구배로 한다.
③ 주형방열기는 일반적으로 벽에서 50~60mm 정도 떨어지게 설치한다.
④ 보일러 주변의 배관방법에서는 증기관과 환수관 사이에 밸런스관을 달고, 하트포드(hartford) 접속법을 사용한다.

해설 증기난방 배관의 증기 주관은 중력식, 강제식, 진공환수식 모두 1/100~1/200의 선하향 구배로 한다.

72 급수배관에서 수격현상을 방지하는 방법으로 가장 적절한 것은?

① 도피관을 설치하여 옥상탱크에 연결한다.
② 수압을 갑자기 높인다.
③ 밸브나 수도꼭지를 갑자기 열고 닫는다.
④ 급폐쇄형 밸브 근처에 공기실을 설치한다.

해설 수격현상(water hammer)방지 대책
1. 급격한 밸브 폐쇄를 하지 말 것
2. 회전체의 관성모멘트를 크게 할 것
3. 펌프의 양정, 유량의 급격한 변화를 주지 말 것
4. 압력 흡수기(W·H·C)를 배관에 설치한다.
5. 충격을 흡수할 수 있는 공기실(Air Chamber)을 설치한다.

73 홈이 만들어진 관 또는 이음쇠에 고무링을 삽입하고 그 위에 하우징(housing)을 덮어 볼트와 너트로 죄는 이음방식은?

① 그루브 이음   ② 그립 이음
③ 플레어 이음   ④ 플랜지 이음

해설 그루브(Groove : 홈)이음은 홈이 만들어진 관에 고무링을 삽입하고 그 위에 하우징을 덮고 볼트로 조이는 이음이다.

74 90℃ 온수 2000kg/h을 필요로 하는 간접가열식 급탕탱크에서 가열관의 표면적(m^2)은 얼마인가? (단, 급수의 온도는 10℃, 급수의 비열은 4.2kJ/kg·K, 가열관으로 사용할 동관의 전열량은 1.28kW/m^2·℃, 증기의 온도는 110℃이며 전열효율은 80%이다.)

① 2.92   ② 3.03
③ 3.72   ④ 4.07

해설

$q = K \cdot A \cdot \Delta t_m \cdot \eta = G \cdot C \cdot \Delta t$

$A = \dfrac{G \cdot C \cdot \Delta t}{K \cdot \Delta t_m \cdot \eta}$

$\Delta t_m = 110 - \dfrac{(90+10)}{2} = 60℃$

$\therefore A = \dfrac{2000 \times 4.2 \times (90-10)}{1.28 \times 60 \times 0.8 \times 3600} = 3.03 m^2$

70 ②   71 ②   72 ④   73 ①   74 ②

75 급수배관에서 크로스 커넥션을 방지하기 위하여 설치하는 기구는?

① 체크밸브
② 워터햄머 어레스터
③ 신축이음
④ 버큠브레이커

해설
버큠브레이커 : 변기 등에서 오수가 역사이펀 작용에 의해 급수계통으로 역류하는 것을 방지하기 위해 급수관이 진공이 되지 않도록 자동으로 공기를 보충하는 장치

76 아래 강관 표시방법 중 "S - H"의 의미로 옳은 것은?

SPPS-S-H-1965, 11-100A×SCH40×6

① 강관의 종류
② 제조회사명
③ 제조방법
④ 제품표시

해설
SPPS : 강관의 종류(압력배관용 탄소강관)
S-H : 제조방법(열간가공 이음매 없는 관)
1965,11 : 제조년월(1965년 11월)
100A : 관경 (100mm)
SCH40 : 호칭방법 (스케줄 40번)
6 : 관길이(6m)

77 냉풍 또는 온풍을 만들어 각 실로 송풍하는 공기조화 장치의 구성 순서로 옳은 것은?

① 공기여과기 → 공기가열기 → 공기가습기 → 공기냉각기
② 공기가열기 → 공기여과기 → 공기냉각기 → 공기가습기
③ 공기여과기 → 공기가습기 → 공기가열기 → 공기냉각기
④ 공기여과기 → 공기냉각기 → 공기가열기 → 공기가습기

해설

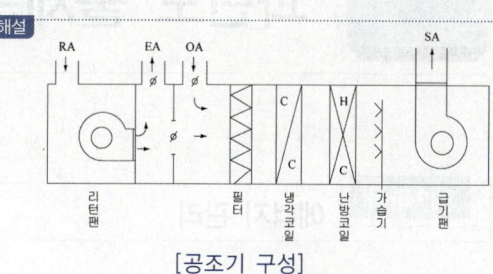

[공조기 구성]

78 롤러 서포트를 사용하여 배관을 지지하는 주된 이유는?

① 신축 허용
② 부식 방지
③ 진동 방지
④ 해체 용이

해설
배관의 축방향 신축을 자유롭게 하기 위해 롤러 서포트를 사용한다.

79 배관의 끝을 막을 때 사용하는 이음쇠는?

① 유니언
② 니플
③ 플러그
④ 소켓

해설
배관의 끝을 막을 때 사용하는 이음쇠는 플러그 및 캡이 있다.

80 다음 보온재 중 안전사용온도가 가장 낮은 것은?

① 규조토
② 암면
③ 펄라이트
④ 발포 폴리스티렌

해설

보온재	안전 사용 온도
규조토	500℃ 이하
암면	400~600℃ 이하
펄라이트	650℃ 이하
발포 폴리스티렌	70℃ 이하

정답 75 ④ 76 ③ 77 ④ 78 ① 79 ③ 80 ④

과년도 출제문제(2022년 3회 CBT 복원)

제1과목 에너지 관리

01 복사난방에 있어서 바닥패널의 온도로 가장 알맞은 것은?
① 95℃ 정도　② 80℃ 정도
③ 55℃ 정도　④ 30℃ 정도

해설
- 바닥패널온도 : 27~35℃
- 천장패널온도 : 50℃ 이하
- 벽패널온도 : 40~60℃

02 공기조화방식 중 혼합상자에서 적당한 비율로 냉풍과 온풍을 자동적으로 혼합하여 각 실에 공급하는 방식은?
① 중앙식
② 2중 덕트 방식
③ 유인유닛 방식
④ 각층 유닛 방식

해설 2중 덕트방식은 공조기에서 냉풍과 온풍을 만들어 혼합상자에서 적당한 비율로 혼합하여 각 실에 공급하는 방식이다.

03 다음 공조방식 중에서 전공기 방식에 속하지 않는 것은?
① 단일덕트 방식
② 이중덕트 방식
③ 팬코일 유닛 방식
④ 각층 유닛 방식

해설 팬코일 유닛 방식은 전수방식이다.

04 다음 중 일반 사무용 건물의 난방부하 계산 결과에 가장 작은 영향을 미치는 것은?
① 외기온도
② 벽체로부터의 손실열량
③ 인체 부하
④ 틈새바람 부하

해설 인체부하(인체 발생열량)는 난방에 +α가 되기 때문에 난방부하 계산에 포함시키지 않는다.

05 외기의 건구온도 32℃와 환기의 건구온도 24℃인 공기를 1 : 3(외기 : 환기)의 비율로 혼합하였다. 이 혼합공기의 온도는?
① 26℃　② 28℃
③ 29℃　④ 30℃

해설
열평형식 $G_3 C_P t_3 = G_1 C_p t_1 + G_2 C_P t_2$

$t_3 = \dfrac{G_1 t_1 + G_2 t_2}{G_3} = \dfrac{32 \times 1 + 24 \times 3}{1+3} = 26℃$

06 외기에 접하고 있는 벽이나 지붕으로부터의 취득 열량은 건물 내외의 온도차에 의해 전도의 형식으로 전달된다. 그러나 외벽의 온도는 일사에 의한 복사열의 흡수로 외기온도보다 높게 되는데 이 온도를 무엇이라고 하는가?
① 건구온도　② 노점온도
③ 상당외기온도　④ 습구온도

해설 상당외기온도 : 태양 일사의 영향을 고려한 외기온도

정답　01 ④　02 ②　03 ③　04 ③　05 ①　06 ③

07 다음 중 직접 난방방식이 아닌 것은?
① 온풍 난방 ② 고온수 난방
③ 저압증기 난방 ④ 복사 난방

해설) 온풍난방은 온풍기에서 가열된 공기를 실내에 공급하여 난방한다. 증기나 온수 등의 열매체가 실내에 들어오지 않기 때문에 간접난방 방식으로 분류한다.

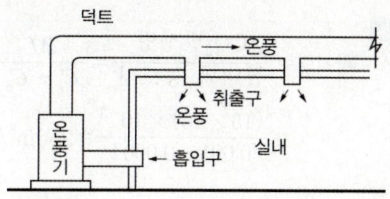

08 다음 중 코일의 바이패스 팩터(BF)가 작아지는 경우는?
① 코일 통과풍속이 클 때
② 전열면적이 작을 때
③ 코일의 열수가 증가할 때
④ 코일의 간격이 클 때

해설) 코일의 열수가 증가하면 공기의 접촉면적이 증가하므로 컨택트 팩터는 커지고 바이패스 팩터는 작아진다.

09 내벽 열전달률 $4.7W/m^2 \cdot K$, 외벽 열전달률 $5.8W/m^2 \cdot K$, 열전도율 $2.9W/m \cdot ℃$, 벽두께 25cm, 외기온도 -10℃, 실내온도 20℃일 때 열관류율$(W/m^2 \cdot K)$은?
① 1.8 ② 2.1
③ 3.6 ④ 5.2

해설)
$$\frac{1}{K} = \frac{1}{\alpha_i} + \frac{\ell}{\lambda} + \frac{1}{\alpha_o}$$
$$= \frac{1}{4.7} + \frac{0.25}{2.9} + \frac{1}{5.8} = 0.47138$$
$$\therefore K = \frac{1}{0.47138} = 2.12 W/m^2 \cdot K$$

10 습도가 낮을 때 일어나는 현상이 아닌 것은?
① 정전기가 발생한다.
② 공기 중 인플루엔자 바이러스의 생존률이 높아진다.
③ 곰팡이가 나기 쉽다.
④ 피부가 거칠어진다.

해설) 습도가 낮으면 곰팡이가 나기 어렵다.

11 보일러 장해 요인이 아닌 것은? ④
① 스케일 부착
② 부식
③ 캐리오버
④ 전열 촉진

해설) 전열 촉진은 보일러의 장해요인이 아니다.
캐리오버 : 보일러수 중에 용해 또는 부유하고 있는 고형물이나 물방울이 보일러에서 생산된 증기에 혼입되어 보일러 외부로 나가는 현상이다. 증기의 순도(건도)를 저하시켜 증기의 품질을 저하시킨다.

12 다음의 취출과 관련된 용어 설명으로 틀린 것은?
① 그릴(grill)은 취출구의 전면에 설치하는 면격자이다.
② 아스펙트(aspect)비는 짧은 변을 긴 변으로 나눈 값이다.
③ 셔터(shutter)는 취출구의 후부에 설치하는 풍량조절용 또는 개폐용의 기구이다.
④ 드래프트(draft)는 인체에 닿아 불쾌감을 주는 기류이다.

해설) ② 아스펙트(aspect)비는 장방형 취출구 또는 장방형 덕트의 긴 변을 짧은 변으로 나눈 값이다.

정답) 07 ① 08 ③ 09 ② 10 ③ 11 ④ 12 ②

13 다음 공기선도 상에서 난방풍량이 25000 m³/h인 경우 가열코일의 열량(kW)은? (단, 1은 외기, 2는 실내 상태점을 나타내며, 공기의 밀도는 1.2kg/m³이다.)

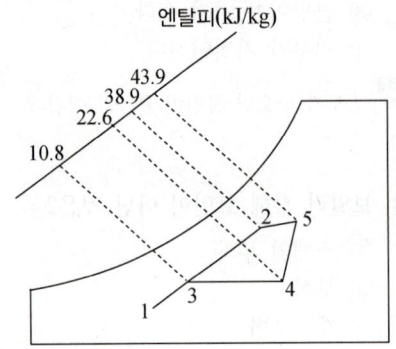

① 98.3   ② 87.1
③ 73.2   ④ 61.4

해설
$q = G \cdot \Delta h = \rho Q \cdot \Delta h$

$= \dfrac{1.2 \times 25000 \times (22.6 - 10.8)}{3600}$

$= 98.3 \text{kW}$

[참고] 1kJ/s = 1kW

14 공기 중에 떠 다니는 먼지는 물론 가스와 미생물 등의 오염 물질까지도 극소로 만든 설비로서 청정 대상이 주로 먼지인 경우로 정밀측정실이나 반도체 산업, 필름 공업 등에 이용되는 시설을 무엇이라 하는가?

① 클린아웃(CO)
② 칼로리미터
③ HEPA필터
④ 산업용 클린룸(ICR)

해설 **산업용 클린룸** : 주로 공기중의 미립자를 제어대상으로 하며 정밀측정실, 반도체공장, 필름공장 등에 이용되는 시설

15 9m×6m×3m의 강의실에 10명의 학생이 있다. 1인당 CO_2 토출량이 15L/h이면, 실내 CO_2량을 0.1%로 유지시키는 데 필요한 환기량(m³/h)은? (단, 외기의 CO_2량은 0.04%로 한다.)

① 80   ② 120
③ 180   ④ 250

해설
환기량 $= \dfrac{CO_2 \text{발생량}}{\text{실내외 농도차}} = \dfrac{M}{C_r - C_o}$

$= \dfrac{(15 \times 10) \times 10^{-3}}{0.001 - 0.0004} = 250 \text{m}^3/\text{h}$

16 아래 습공기 선도에 나타낸 과정과 일치하는 장치도는?

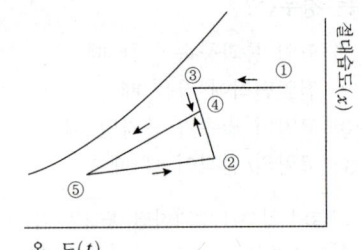

①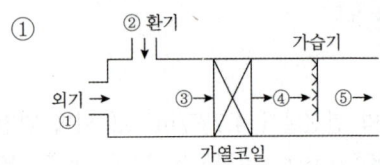

②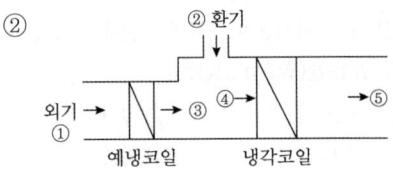

③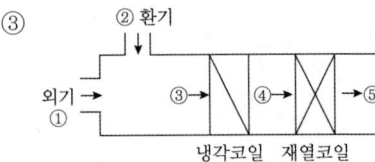

정답 13 ① 14 ④ 15 ④ 16 ②

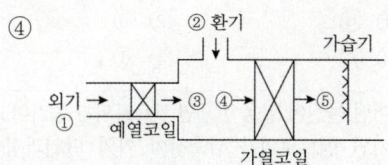

해설
① – ③ 외기의 예냉과정
③ – ④ – ② 예냉된 외기와 실내공기의 혼합과정
④ – ⑤ 혼합된 공기의 냉각과정
⑤ – ② 냉각된 공기의 실내 유입 과정

17 일사를 받는 외벽으로부터의 침입열량(q)을 구하는 식으로 옳은 것은? (단, K는 열관류율, A는 면적, Δt는 상당외기 온도차이다.)

① $q = K \times A \times \Delta t$
② $q = 0.86 \times A / \Delta t$
③ $q = 0.24 \times A \times \Delta t / K$
④ $q = 0.29 \times K / (A \times \Delta t)$

해설
$q = K \cdot A \cdot \Delta t$ Δt : 상당외기온도차

18 동일한 송풍기에서 회전수를 2배로 했을 경우 풍량, 정압, 소요동력의 변화에 대한 설명으로 옳은 것은?

① 풍량 1배, 정압 2배, 소요동력 2배
② 풍량 1배, 정압 2배, 소요동력 4배
③ 풍량 2배, 정압 4배, 소요동력 4배
④ 풍량 2배, 정압 4배, 소요동력 8배

해설
동일한 송풍기이므로 $D_1 = D_2$

$$\frac{Q_2}{Q_1} = \left(\frac{N_2}{N_1}\right)^1 \left(\frac{D_2}{D_1}\right)^3$$

$$\frac{P_2}{P_1} = \left(\frac{N_2}{N_1}\right)^2 \left(\frac{D_2}{D_1}\right)^2$$

$$\frac{L_2}{L_1} = \left(\frac{N_2}{N_1}\right)^3 \left(\frac{D_2}{D_1}\right)^5$$

19 유효온도(Effective Temperature)의 3요소는?

① 밀도, 온도, 비열 ② 온도, 기류, 밀도
③ 온도, 습도, 비열 ④ 온도, 습도, 기류

해설
유효온도 : 온도, 습도, 기류의 영향을 하나의 온도감각으로 나타낸 것, 감각온도라고도 한다.

20 건구온도 30℃, 절대습도 0.015kg/kg'인 습공기의 엔탈피(kJ/kg)는? (단, 건공기 정압비열 1.01kJ/kg·K, 수증기 정압비열 1.85kJ/kg·K, 0℃에서 포화수의 증발잠열은 2500kJ/kg이다.)

① 68.63 ② 91.12
③ 103.34 ④ 150.54

해설
$h = h_a + x \cdot h_w$
$= C_p t + x(\gamma + C_w t)$
$= 1.01 \times 30 + 0.015 \times (2500 + 1.85 \times 30)$
$= 68.63 \text{kJ/kg}$

제2과목 공조냉동 설계

21 이상기체에 대한 관계식 중 옳은 것은? (단, C_p, C_v는 정압 및 정적 비열, k는 비열비이고, R은 기체 상수이다.)

① $C_p = C_v - R$ ② $C_v = \frac{k-1}{k} R$
③ $C_p = \frac{k}{k-1} R$ ④ $R = \frac{C_p + C_v}{2}$

해설
① $C_p = C_v + R$
② $C_v = \frac{1}{k-1} R$
④ $R = C_p - C_v$

17 ①　18 ④　19 ④　20 ①　21 ③

22 다음 중 순수물질이 아닌 것은?

① 포화상태의 물
② 물과 수증기의 혼합물
③ 얼음과 물의 혼합물
④ 액체 공기와 기체 공기의 혼합물

해설 공기는 질소(N_2)+산소(O_2)+Ar 등으로 이루어진 혼합물이다.
순수물질: 순수물질은 화학조성이 균일하고 일정한 물질로서 고유한 성질을 가지고 있으며 녹는점, 어는점, 끓는점, 밀도 등이 일정한 물질을 말한다. 순수물질은 크게 한 종류의 원소로만 이루어진 **홑원소물질**과 여러 원소가 화학적 결합을 통해 하나의 새로운 물질이 된 **화합물**(유기화합물, 무기화합물)로 분류할 수 있다.

23 비열비가 1.29, 분자량이 44인 이상 기체의 정압비열은 약 몇 kJ/kg·K인가? (단, 일반기체상수는 8.314kJ/kmol·K이다.)

① 0.51 ② 0.69
③ 0.84 ④ 0.91

해설 정압비열 $C_P = \dfrac{k}{k-1}R$

기체상수 $R = \dfrac{Ru}{M}$ 이므로

$C_P = \dfrac{1.29}{1.29-1} \times \dfrac{8.314}{44} = 0.84 \text{kJ/kg·K}$

24 다음 4가지 경우에서 ( ) 안의 물질이 보유한 엔트로피가 증가한 경우는?

ⓐ 컵에 있는 (물)이 증발하였다.
ⓑ 목욕탕의 (수증기)가 차가운 타일 벽에서 물로 응결되었다.
ⓒ 실린더 안의 (공기)가 가역 단열적으로 팽창되었다.
ⓓ 뜨거운 (커피)가 식어서 주위온도와 같게 되었다.

① ⓐ   ② ⓑ
③ ⓒ   ④ ⓓ

해설 어떤 물질이 열을 받으면 엔트로피가 증가하고 빼앗기면 엔트로피가 감소하며 가역 단열과정에서는 $\delta Q = 0$이므로 엔트로피가 일정하다.
ⓐ 물이 열을 공급받아야 증발하므로 엔트로피 증가
ⓑ 수증기가 열을 빼앗겨야 응결되므로 엔트로피 감소
ⓒ 가역 단열과정은 $\delta Q = 0$이므로 엔트로피 일정
ⓓ 커피가 열을 빼앗겨 식었으므로 엔트로피 감소

25 열역학적 관점에서 다음 장치들에 대한 설명으로 옳은 것은?

① 노즐은 유체를 서서히 낮은 압력으로 팽창하여 속도를 감속시키는 기구이다.
② 디퓨저는 저속의 유체를 가속하는 기구이며 그 결과 유체의 압력이 증가한다.
③ 터빈은 작동유체의 압력을 이용하여 열을 생성하는 회전식 기계이다.
④ 압축기의 목적은 외부에서 유입된 동력을 이용하여 유체의 압력을 높이는 것이다.

해설 ① 노즐은 속도를 증가시킨다. (압력강하)
② 디퓨저는 유체를 감속시킨다. (압력증가)
③ 터빈은 일을 생성한다.

정답 22 ④ 23 ③ 24 ① 25 ④

26 계가 비가역 사이클을 이룰 때 클라우지우스(Clausius)의 적분을 옳게 나타낸 것은? (단, T는 온도, Q는 열량이다.)

① $\oint \frac{\delta Q}{T} < 0$ ② $\oint \frac{\delta Q}{T} > 0$
③ $\oint \frac{\delta Q}{T} \geq 0$ ④ $\oint \frac{\delta Q}{T} \leq 0$

해설 클라우지우스의 적분
- 가역 사이클 일 때 $\oint \frac{\delta Q}{T} = 0$
- 비가역 사이클 일 때 $\oint \frac{\delta Q}{T} < 0$

27 압력이 287kPa일 때, 1m³의 공기 질량이 2kg이었다. 이 때 공기의 온도(℃)는? (단, 공기의 기체상수 R=287J/kg·K이다.)

① 773 ② 500
③ 400 ④ 227

해설 $PV = mRT$에서
$T = \frac{PV}{mR} = \frac{287 \times 1}{2 \times 287 \times 10^{-3}}$
$= 500K = 227℃$

28 다음 중 압력 값이 다른 것은?

① 1mAq ② 73.56mmHg
③ 980.665Pa ④ 0.98N/cm²

해설
$73.56\text{mmHg} = \frac{73.56}{760} \times 10.332 = 1.0\text{mAq}$
$980.665\text{Pa} = \frac{980.665}{101325} \times 10.332 = 0.1\text{mAq}$
$0.98\text{N/cm}^2 = 9800\text{N/m}^2$
$= \frac{9800}{101325} \times 10.332 = 1.0\text{mAq}$

29 1kg의 공기가 100℃를 유지하면서 가역등온 팽창하여 외부에 500kJ의 일을 하였다. 이때 엔트로피의 변화량은 약 몇 kJ/K인가?

① 1.895 ② 1.665
③ 1.467 ④ 1.340

해설 $\triangle S = \frac{\triangle Q}{T} = \frac{500}{(100+273)} = 1.340\text{kJ/K}$

30 어떤 카르노 열기관이 100℃와 30℃ 사이에서 작동되며 100℃의 고온에서 100kJ의 열을 받아 40kJ의 유용한 일을 한다면 이 열기관에 대하여 가장 옳게 설명한 것은?

① 열역학 제1법칙에 위배된다.
② 열역학 제2법칙에 위배된다.
③ 열역학 제1법칙과 제2법칙에 모두 위배되지 않는다.
④ 열역학 제1법칙과 제2법칙에 모두 위배된다.

해설 1법칙. 문제의 "카르노열기관"="카르노사이클"

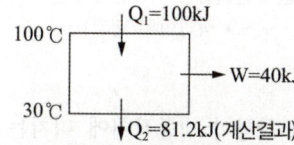

$\frac{Q_2}{Q_1} = \frac{T_2}{T_1}$ 에서 $Q_2 = \frac{30+273}{100+273} \times 100 = 81.2\text{kJ}$

기관에 들어온 에너지 : $Q_1 = 100\text{kJ}$
기관에서 나간 에너지 : $W + Q_2$
$= 40 + 81.2 = 121.2\text{kJ}$

기관에 들어온 에너지보다 기관에서 나간 에너지가 많으므로 열역학 **제1법칙에 위배된다**.

2법칙. 문제의 "어떤 카르노열기관"을 "어떤 열기관"으로 볼 때

어떤 열기관 효율 = $\frac{W}{Q_1} = \frac{40}{100} = 0.4$

카르노 사이클 효율 = $1 - \frac{30+273}{100+273} = 0.187$

어떤 열기관 효율이 카르노 사이클 효율보다 크므로 불가능한 열기관이다. 열역학 **제2법칙에 위배된다**.

26 ① 27 ④ 28 ③ 29 ④ 30 ④ **정답**

31 다음 중 일반적으로 냉방시스템에서 물을 냉매로 사용하는 냉동방식은?

① 터보식   ② 흡수식
③ 전자식   ④ 증기압축식

해설) 물을 냉매로 사용하는 냉동방식은 흡수식냉동법, 증기분사냉동법이 있다.

32 다음 중 이상적인 증기 터빈의 사이클인 랭킨 사이클을 옳게 나타낸 것은?

① 가역등온압축 → 정압가열 → 가역등온팽창 → 정압냉각
② 가역단열압축 → 정압가열 → 가역단열팽창 → 정압냉각
③ 가역등온압축 → 정적가열 → 가역등온팽창 → 정적냉각
④ 가역단열압축 → 정적가열 → 가역단열팽창 → 정적냉각

해설) 랭킨사이클 : 단열압축 → 정압가열 → 단열팽창 → 정압방열(냉각)

33 증발기의 착상이 냉동장치에 미치는 영향에 대한 설명으로 틀린 것은?

① 냉동능력 저하에 따른 냉장(동)실내 온도 상승
② 증발온도 및 증발압력의 상승
③ 냉동능력당 소요동력의 증대
④ 액압축 가능성의 증대

해설) 증발기에 서리가 끼면(착상하면)
① 냉동능력 저하에 따른 냉장(동)실 온도상승
② 냉매가 증발하지 못하므로 증발압력 저하
③ 냉동능력당 소요동력의 증대
④ 액압축 가능성 증대

34 두께 1cm, 면적 $0.5m^2$의 석고판의 뒤에 가열 판이 부착되어 1000W의 열을 전달한다. 가열판의 뒤는 완전히 단열되어 열은 앞면으로만 전달된다. 석고판 앞면의 온도는 100℃이다. 석고의 열전도율이 k=0.79W/m·K일 때 가열판에 접하는 석고 면의 온도는 약 몇 ℃인가?

① 110   ② 125
③ 150   ④ 212

해설) 열전도량 $q = \dfrac{k}{\ell}A(t_2 - t_1)$ 에서

$t_2 = t_1 + \dfrac{q\ell}{kA} = 100 + \dfrac{1000 \times 0.01}{0.79 \times 0.5}$
$= 125.31℃$

35 냉매액 강제순환식 증발기에 대한 설명으로 틀린 것은?

① 냉매액이 충분한 속도로 순환되므로 타 증발기에 비해 전열이 좋다.
② 일반적으로 설비가 복잡하며 대용량의 저온냉장실이나 급속 동결장치에 사용한다.
③ 강제 순환식이므로 증발기에 오일이 고일 염려가 적고 배관 저항에 의한 압력강하도 작다.
④ 냉매액에 의한 리퀴드백(liquid back)의 발생이 적으며 저압 수액기와 액펌프의 위치에 제한이 없다.

해설) 냉매액 강제 순환식 증발기
① 액펌프를 이용하여 증발기에서 증발하는 냉매량의 4~6배를 강제 순환시킨다.
② 냉매액을 강제 순환시키므로 증발기에 오일 체류의 염려가 없으며 전열효과가 높다.
③ 1대의 저압수액기와 1대의 펌프로 여러대의 증발기에 냉매를 공급할 수 있다.
④ 증발하지않은 냉매액은 저압수액기로 들어감으로 압축기에서의 액압축이 방지된다.

정답) 31 ② 32 ② 33 ② 34 ② 35 ④

⑤ 저압수액기, 액펌프 등 장치는 복잡하고 냉매 보유량도 많으므로 소형장치에는 사용할 수 없다.
⑥ 저압수액기는 액펌프 보다 위쪽에 설치해야 한다.

36 냉각관의 열관류율이 500W/m²·℃이고, 대수평균온도차가 10℃일 때, 100kW의 냉동부하를 처리할 수 있는 냉각관의 면적은?

① 5m² ② 15m²
③ 20m² ④ 40m²

해설
$Q = KA\Delta t_m$
$A = \dfrac{Q}{K\Delta t_m} = \dfrac{100 \times 1000}{500 \times 10} = 20\,\mathrm{m^2}$

37 다음 사이클로 작동되는 압축기의 피스톤 압출량이 180m³/h, 체적효율(η_v)이 0.75, 압축효율(η_c)이 0.78, 기계효율(η_m)이 0.9일 때, 이 압축기의 실제 소요동력은?

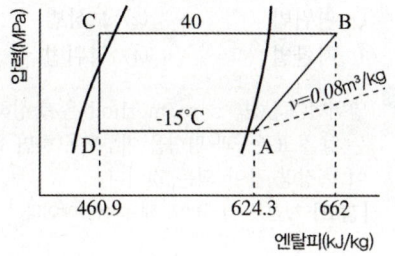

① 11.5kW
② 15.8kW
③ 25.2kW
④ 30.2kW

해설
$L = \dfrac{G(h_B - h_A)}{\eta_c \cdot \eta_m} = \dfrac{V \cdot \eta_v}{v} \dfrac{(h_B - h_A)}{\eta_c \cdot \eta_m}$
$= \dfrac{180 \times 0.75}{3600 \times 0.08} \times \dfrac{662 - 624.3}{0.78 \times 0.9} = 25.2\,\mathrm{kW}$

38 자동차 엔진을 수리한 후 실린더 블록과 헤드 사이에 수리 전과 비교하여 더 두꺼운 개스킷을 넣었다면 압축비와 열효율은 어떻게 되겠는가?

① 압축비는 감소하고, 열효율도 감소한다.
② 압축비는 감소하고, 열효율은 증가한다.
③ 압축비는 증가하고, 열효율은 감소한다.
④ 압축비는 증가하고, 열효율도 증가한다.

해설 실린더블록과 헤드 사이에 더 두꺼운 가스켓이 끼워졌다면 극간체적이 커지므로 압축비가 감소한다. 따라서 열효율도 감소한다.

39 프레온 냉동장치에서 가용전에 관한 설명으로 틀린 것은?

① 가용전의 용융온도는 일반적으로 75℃ 이하로 되어 있다.
② 가용전은 Sn(주석), Cd(카드뮴), Bi(비스무트) 등의 합금이다.
③ 온도상승에 따른 이상 고압으로부터 응축기 파손을 방지한다.
④ 가용전의 구경은 안전밸브 최소 구경의 1/2 이하이어야 한다.

해설
④ 가용전의 구경은 안전밸브 구경의 $\dfrac{1}{2}$ 이상으로 한다.

40 냉방능력이 1냉동톤당 10L/min의 냉각수가 응축기에 사용되었다. 냉각수 입구의 온도가 32℃이면 출구온도는? (단, 응축열량은 냉방능력의 1.2배로 한다.)

① 22.5℃ ② 32.6℃
③ 38.6℃ ④ 43.5℃

해설 응축기 응축열량 $Q_c = mC(t_2 - t_1)$
$t_2 = t_1 + \dfrac{Q_c}{mC}$
$= 32 + \dfrac{1 \times 3.86 \times 1.2}{(10 \div 60) \times 4.19}$
$= 38.63℃$

정답 36 ③ 37 ③ 38 ① 39 ④ 40 ③

제3과목 시운전 및 안전관리

41 온도 - 전압의 변환장치는?
① 열전대   ② 전자석
③ 벨로스   ④ 광전다이오드

[해설] 열전대(열전쌍)은 제백효과를 이용하여 온도를 전압(기전력)으로 변환시킨다.

42 물체의 위치, 방위, 자세 등의 기계적 변위를 제어량으로 하여 목표값의 임의의 변화에 항상 추종되도록 구성된 제어장치는?
① 서보기구   ② 자동조정
③ 정치 제어   ④ 프로세스 제어

[해설] 서보기구는 미사일 추적장치 등 물체의 위치, 방향, 자세 등이 임의로 변할 때 추종하도록 하는 제어장치이다.

43 역률 0.85, 선전류 50A, 유효전력 28kW인 평형 3상 △부하의 전압(V)은 얼마인가?
① 300   ② 380
③ 476   ④ 660

[해설] 3상 교류 유효전력 $P = \sqrt{3}\,VI\cos\theta$
$$V = \frac{P}{\sqrt{3}\,I\cos\theta}$$
$$= \frac{28 \times 10^3}{\sqrt{3} \times 50 \times 0.85} = 380.3\text{V}$$

44 다음 논리식 중 틀린 것은?
① $\overline{A \cdot B} = \overline{A} + \overline{B}$
② $\overline{A + B} = \overline{A} \cdot \overline{B}$
③ $A + A = A$
④ $A + \overline{A} \cdot B = A + \overline{B}$

[해설]
④ $A + \overline{A} \cdot B = A + (\overline{A} \cdot B)$
$= (A + \overline{A})(A + B)$
$= 1(A + B) = A + B$

45 그림과 같은 회로에서 논리식은?

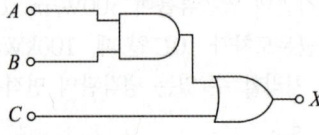

① $X = (A + B) \cdot C$
② $X = A \cdot B + C$
③ $X = A \cdot B + A \cdot C$
④ $X = A \cdot B \cdot C$

[해설] AND회로와 OR회로의 조합
$X = (A \cdot B) + C = A \cdot B + C$

46 측정하고자 하는 양을 표준량과 서로 평형을 이루도록 조절하여 표준량의 값에서 측정량을 구하는 측정방식은?
① 편위법   ② 보상법
③ 치환법   ④ 영위법

[해설] 영위법(零位法, zero method)은 측정하고자 하는 양을 표준량과 평형을 이루도록 하면 표준량 값이 측정량 값이 되는 것이다.
[참고] 천칭은 영위법의 대표적인 예이다.

47 논리식 $X = AB + \overline{BC}$ 에서 작동 설명이 잘못된 것은?
① $A = 1$, $B = 0$, $C = 1$이면 $X = 1$이다.
② $A = 1$, $B = 1$, $C = 0$이면 $X = 1$이다.
③ $A = 0$, $B = 0$, $C = 0$이면 $X = 0$이다.
④ $A = 0$, $B = 0$, $C = 1$이면 $X = 1$이다.

[해설] ③ $A = 0$, $B = 0$, $C = 0$이면 $X = 1$이다.
$X = 0 \cdot 0 + \overline{0 \cdot 0} = 0 + 1 = 1$

정답 41 ① 42 ① 43 ② 44 ④ 45 ② 46 ④ 47 ③

48 정격주파수 60Hz의 농형 유도전동기를 50Hz로 정격전압에서 사용할 때, 감소하는 것은?

① 토크   ② 온도
③ 역률   ④ 여자전류

해설 유도전동기에서 인가전압이 일정할 때 주파수가 감소하면 일어나는 현상
1. 온도가 상승한다.
2. 역률이 감소한다.
3. 동기속도가 감소한다.
4. 토크가 증가한다.
5. 여자전류 및 자속이 증가한다.

49 아래 R-L-C 직렬회로의 합성 임피던스(Ω)는?

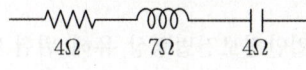

① 1   ② 5
③ 7   ④ 15

해설 합성 임피던스(Z)
$$Z = \sqrt{R^2 + (X_L - X_C)^2}$$
$$= \sqrt{4^2 + (7-4)^2} = 5\Omega$$

50 3상 유도전동기의 주파수가 60Hz, 극수가 6극, 전부하 시 회전수가 1160rpm이라면 슬립은 약 얼마인가?

① 0.03   ② 0.24
③ 0.45   ④ 0.57

해설 동기속도
$$N_s = \frac{120f}{p} = \frac{120 \times 60}{6} = 1200\text{rpm}$$

슬립
$$S = \frac{N_s - N}{N_s} = \frac{1200 - 1160}{1200} = 0.03$$

51 단자전압 V_{ab}는 몇 V인가?

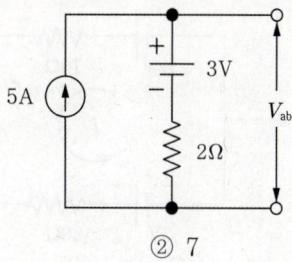

① 3   ② 7
③ 10   ④ 13

해설 중첩의 정리

① 5A만 있을 때
$$V_1 = IR = 5 \times 2 = 10V$$

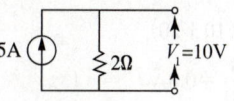

② 3V만 있을 때
전압이 3V만 있으므로 $V_2 = 3V$

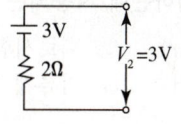

③ 단자전압 $V_{ab} = V_1 + V_2 = 10 + 3 = 13V$

52 100V, 40W의 전구에 0.4A의 전류가 흐른다면 이 전구의 저항은?

① 100Ω ② 150Ω
③ 200Ω ④ 250Ω

해설
$$R = \frac{V}{I} = \frac{100}{0.4} = 250\Omega$$

48 ③   49 ②   50 ①   51 ④   52 ④   **정답**

53 그림과 같은 회로에 흐르는 전류 I(A)는?

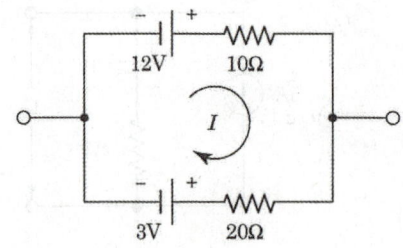

① 0.3 ② 0.6
③ 0.9 ④ 1.2

해설 키르히호프 제2법칙 적용
기전력의 합 = 각 소자에 의한 전압강하의 합
$E_1 - E_2 = IR_1 + IR_2$
$12 - 3 = I(10 + 20)$
$I = \dfrac{12-3}{10+20} = 0.3A$

54 절연저항을 측정하는데 사용되는 계기는?

① 메거(Megger) ② 회로시험기
③ R-L-C 미터 ④ 검류계

해설 메거(Megger)는 절연저항계 라고도 하며 전기 기기의 절연저항 및 옥내 전선의 절연저항을 측정할 때 사용된다.

55 페루프 제어시스템의 구성에서 조절부와 조작부를 합쳐서 무엇이라고 하는가?

① 보상요소 ② 제어요소
③ 기준입력요소 ④ 귀환요소

해설 제어요소는 동작신호를 조작량으로 변화시켜 주는 요소이며, 조절부와 조작부로 구성되어 있다.

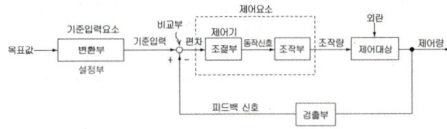

56 비례적분제어 동작의 특징으로 옳은 것은?

① 간헐현상이 있다.
② 잔류편차가 많이 생긴다.
③ 응답의 안정성이 낮은 편이다.
④ 응답의 진동시간이 매우 길다.

해설 비례적분동작 : 비례동작과 적분동작을 조합시킨 동작
• 잔류편차를 제거하여 정상특성을 개선한 동작
• 적분시간을 짧게하면 잔류편차를 짧은 시간 내에 없앨 수 있지만 사이클링(헌팅, 간헐현상)이 발생한다.
• 적분시간이 길면 잔류편차를 없애는 데 긴 시간이 걸린다.

57 산업안전보건법령상 유해·위험 방지를 위한 방호조치가 필요한 기계·기구에 해당하는 것은?

① 응축기 ② 저장탱크
③ 공기압축기 ④ 냉각기

해설 산업안전보건법 시행령 [별표20]
유해·위험 방지를 위한 방호조치가 필요한 기계·기구(제70조 관련)
1. 예초기
2. 원심기
3. 공기압축기
4. 금속절단기
5. 지게차
6. 포장기계(진공포장기, 래핑기로 한정한다)

53 ① 54 ① 55 ② 56 ① 57 ③

58 기계설비법령에 따라 일정 규모 이상의 건축물 등에 설치된 기계설비의 소유자 또는 관리자는 유지관리기준을 준수하기 위하여 기계설비유지관리자를 선임하여야 한다. 아래 내용은 일정 규모 이상의 건축물 중 공동주택에 해당하는 내용이다. ( ) 안의 내용으로 옳은 것은?

> 가. (㉠)세대 이상의 공동주택
> 나. (㉡)세대 이상으로서 중앙집중식 난방방식(지역난방방식을 포함한다)의 공동주택

① ㉠ 100, ㉡ 200
② ㉠ 200, ㉡ 100
③ ㉠ 300, ㉡ 500
④ ㉠ 500, ㉡ 300

해설 기계설비법 시행령 제14조(기계설비 유지관리에 대한 점검 및 확인 등)
①항 2. 건축법 제2조제2항제2호에 따른 공동주택 중 다음 각 목의 어느 하나에 해당하는 공동주택
가. 500세대 이상의 공동주택
나. 300세대 이상으로서 중앙집중식 난방방식(지역난방방식을 포함한다)의 공동주택

59 기계설비법령에서 규정하고 있는 기계설비의 범위에 해당되지 않는 것은?
① 우수배수설비 ② 플랜트설비
③ 가스설비   ④ 오수정화설비

해설 기계설비법 시행령 [별표1] 기계설비의 범위(제2조 관련)
1. 열원설비 2. 냉난방설비 3. 공기조화·공기청정·환기설비 4. 위생기구·급수·급탕·오배수·통기설비 5. 오수정화·물재이용설비 6. 우수배수설비 7. 보온설비 8. 덕트설비 9. 자동제어설비 10. 방음·방진·내진설비 11. 플랜트설비 12. 특수설비

60 고압가스 안전관리 법령에 따라 고압가스제조시설에 대한 정밀안전검진의 실시기관은?
① 한국가스안전공사
② 한국에너지공단
③ 한국산업인력공단
④ 한국가스공사

해설 고압가스 안전관리법 시행령 제14조의 2(정밀안전검진의 실시기관)
1. 한국가스안전공사
2. 한국산업안전보건공단

제4과목 유지보수 공사관리

61 트랩의 봉수 파괴 원인에 해당하지 않는 것은?
① 자기사이펀 작용
② 모세관 작용
③ 증발 현상
④ 공동 현상

해설 봉수 파괴 원인
• 자기사이폰 작용
• 모세관 현상
• 증발 현상
• 흡출 작용
• 관 내의 기압 변화에 의한 관성

62 배수트랩의 형상에 따른 종류가 아닌 것은?
① S트랩   ② P트랩
③ U트랩   ④ H트랩

해설 배수트랩 종류는 S트랩, P트랩, U트랩이 있다.

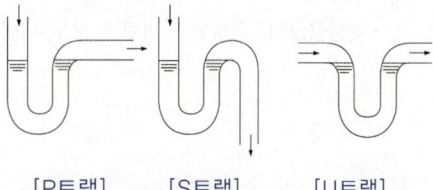
[P트랩]   [S트랩]   [U트랩]

정답 58 ④ 59 ③ 60 ① 61 ④ 62 ④

63 밸브 종류 중 디스크의 형상을 원뿔모양으로 하여 고압 소유량의 유체를 누설 없이 조절할 목적으로 사용하는 밸브는?

① 앵글 밸브
② 슬루스 밸브
③ 니들 밸브
④ 버터플라이 밸브

해설
① 앵글밸브 : 밸브의 입구와 출구가 직각으로 되어있어 유체의 방향을 90°로 바꿀 때 사용한다.
② 슬루스밸브 : 게이트밸브라고도하며 유량조절이 필요없는 배관에서 유체흐름을 차단할 목적으로 사용한다.
③ 니들밸브 : 유량의 미세조정용으로 사용되며, 밸브의 디스크 끝 부분이 원추형(바늘모양)으로 되어있다.
④ 버터플라이밸브 : 밸브 안에 있는 원형 디스크를 회전시켜 유체의 흐름을 조절하는 밸브이며, 차단 및 유량조절이 가능하고 구조 및 조작이 간단하다.

64 급탕배관의 구배에 관한 설명으로 옳은 것은?

① 상향공급식의 경우 급탕관은 올림구배, 반탕관은 내림구배로 한다.
② 상향공급식의 경우 급탕관과 반탕관 모두 내림구배로 한다.
③ 하향공급식의 경우 급탕관은 내림구배, 반탕관은 올림구배로 한다.
④ 하향공급식의 경우 급탕관과 반탕관 모두 올림구배로 한다.

해설
• 상향공급식 : 급탕관은 올림구배, 반탕관은 내림구배
• 하향공급식 : 급탕관과 반탕관 모두 내림구배

65 배관의 하중을 위에서 걸어 당겨 지지하는 행거(hanger)중 상하 방향의 변위가 없는 개소에 사용하는 것은?

① 콘스탄트 행거(constant hanger)
② 리지드 행거(rigid hanger)
③ 베리어블 행거(variable hanger)
④ 스프링 행거(spring hanger)

해설
상하 방향의 변화가 없는 곳에는 리지드행거가 사용된다.
Variable Hanger = Variable Spring Hanger

66 관의 결합방식 표시방법 중 용접식의 그림기호로 옳은 것은?

①

해설
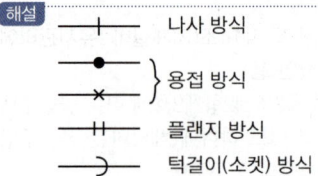
나사 방식
용접 방식
플랜지 방식
턱걸이(소켓) 방식

67 배관에서 지름이 다른 관을 연결할 때 사용하는 것은?

① 유니언   ② 니플
③ 부싱   ④ 소켓

해설
• 부싱 : 지름이 다른 관을 직선으로 연결할 때 사용한다.
• 유니언 : 관을 자주 분해 수리 또는 교체가 필요한 부분에 사용한다.
• 니플, 소켓 : 지름이 같은 관을 직선으로 연결할 때 사용한다.

63 ③ 64 ① 65 ② 66 ② 67 ③

68 배수설비의 종류에서 요리실, 욕조, 세척 싱크와 세면기 등에서 배출되는 물을 배수하는 설비의 명칭으로 옳은 것은?

① 오수 설비
② 잡배수 설비
③ 빗물배수 설비
④ 특수배수 설비

해설
① 오수 : 대변기, 소변기배수
② 잡배수 : 주방(요리실), 욕조, 세면기, 세척싱크배수
③ 빗물배수 : 우수배수
④ 특수배수 : 병원배수, 공장배수

69 덕트의 분기점에서 풍량을 조절하기 위하여 설치하는 댐퍼는?

① 방화 댐퍼
② 스플릿 댐퍼
③ 피봇 댐퍼
④ 터닝 베인

해설 덕트의 분기점에 설치하여 풍량을 조절하는 댐퍼는 스플릿(split)댐퍼이다.

70 중앙식 급탕법에 대한 설명으로 틀린 것은?

① 탱크 속에 직접 증기를 분사하여 물을 가열하는 기수 혼합식의 경우 소음이 많아 증기관에 소음기(silencer)를 설치한다.
② 열원으로 비교적 가격이 저렴한 석탄, 중유 등을 사용하므로 연료비가 적게 든다.
③ 급탕설비를 다른 설비 기계류와 동일한 장소에 설치하므로 관리가 용이하다.
④ 저탕 탱크 속에 가열 코일을 설치하고, 여기에 증기보일러를 통해 증기를 공급하여 탱크 안의 물을 직접 가열하는 방식을 직접가열식 중앙 급탕법이라 한다.

해설
직접 가열식
- 보일러에서 가열된 물을 저탕조에 저장하고 저탕조로부터 급탕을 공급하는 방식
- 열효율 면에서 간접 가열식에 비해 유리하다.
- 계속해서 새로운 물이 보일러에 공급되기 때문에 보일러에 불균일한 신축과 스케일 생성이 빨라져 보일러 수명이 단축된다.

간접 가열식
저탕조 내에 가열코일을 설치하여 보일러에서 나온 고온수 또는 증기로 저탕조내의 물을 가열하는 방식

71 냉매배관 시공 시 주의사항으로 틀린 것은?

① 배관 길이는 되도록 짧게 한다.
② 온도변화에 의한 신축을 고려한다.
③ 곡률 반지름은 가능한 작게 한다.
④ 수평배관은 냉매흐름 방향으로 하향구배한다.

해설 냉매배관 시공시 주의사항
① 배관길이는 짧게하여 배관 마찰손실을 적게한다.
② 온도변화에 의한 신축을 고려하여 파손을 방지한다.
③ 곡률 반지름을 가능한 크게하여 마찰손실을 작게한다.
④ 수평배관은 냉매흐름 방향으로 하향구배로 하여 윤활유 및 냉매액이 역류하지 않게한다.
⑤ 흡입관의 입상관이 긴 경우에는 윤활유 회수를 위해 10m마다 U-trap을 설치한다.
⑥ 토출관의 입상관이 10m이상일 때 정지 중 윤활유와 액화된 냉매의 역류를 방지하기 위해 10m마다 U-trap을 설치한다.
⑦ 증발기가 응축기(수액기)보다 8m이상 높은 위치에 설치될 때는 플래쉬가스가 발생하므로 액-가스 열교환기를 설치하여 냉매액의 과냉각도를 크게한다.

정답 68 ② 69 ② 70 ④ 71 ③

72 급수관의 평균 유속이 2m/s이고 유량이 100L/s로 흐르고 있다. 관 내의 마찰손실을 무시할 때 안지름(mm)은 얼마인가?

① 173　　② 227
③ 247　　④ 252

해설
유량 $Q = A \cdot V = \dfrac{\pi}{4}d^2 \cdot V$ 에서

$d = \sqrt{\dfrac{4Q}{\pi V}} = \sqrt{\dfrac{4 \times 100 \times 10^{-3}}{\pi \times 2}}$

$= 0.252\text{m} = 252\text{mm}$

73 전기가 정전되어도 계속하여 급수를 할 수 있으며 급수오염 가능성이 적은 급수방식은?

① 압력탱크 방식
② 수도직결 방식
③ 부스터 방식
④ 고가탱크 방식

해설
1. 수도직결방식
   - 시 상수도 본관의 압력으로 건물에 급수하는 방식이다.
   - 건물의 층수가 적고 소규모 건물에 이용한다.
   - 정전시에도 급수가 가능하다
   - 물을 저장하기 때문에 생기는 오염을 방지할 수 있다.
2. 고가수조 방식
   - 건물의 옥상에 설치된 고가수조에 물을 받아 저장하고 고가수조에서 하향으로 급수하는 방식이다.
   - 단수시에도 고가수조의 물을 이용할 수 있다.
   - 취급이 용이하고 고장이 적다.
   - 급수압력이 항상 일정하다.

74 다음 장치 중 일반적으로 보온, 보냉이 필요한 것은?

① 공조기용의 냉각수 배관
② 방열기 주변 배관
③ 환기용 덕트
④ 급탕배관

해설 급탕의 온도가 60℃이므로 급탕배관이 주위로부터 열을 빼앗겨 급탕의 온도가 떨어지는 것을 방지하기 위해 급탕배관을 보온해야 한다.

75 배관 용접 작업 중 다음과 같은 결함을 무엇이라고 하는가?

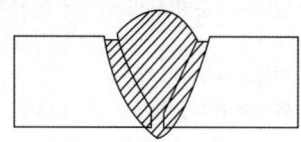

① 용입불량　　② 언더컷
③ 오버랩　　　④ 피트

해설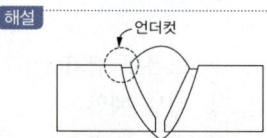

76 저·중압의 공기 가열기, 열교환기 등 다량의 응축수를 처리하는 데 사용되며, 작동 원리에 따라 다량트랩, 부자형 트랩으로 구분하는 트랩은?

① 바이메탈 트랩
② 벨로즈 트랩
③ 플로트 트랩
④ 벨 트랩

해설 **플로트 트랩(float trap, 다량트랩)**
응축수의 수위에 따라 플로트가 상하로 움직여 밸브를 개폐시켜 응축수를 배출한다. 응축수를 연속적으로 배출시킬 수 있으나 공기의 배출이 곤란하다. 대용량에도 적합하며 0.4MPa(4kgf/cm²) 이하의 공기가열기, 열교환기등 다량의 응축수를 처리할 때 사용된다.(자동에어벤트가 내장된 제품은 공기배출이 가능하다.)

72 ④　73 ②　74 ④　75 ②　76 ③

77 제조소 및 공급소 밖의 도시가스 배관을 시가지 외의 도로 노면 밑에 매설하는 경우에는 노면으로부터 배관의 외면까지 최소 몇 m 이상을 유지해야 하는가?
① 1.0　② 1.2
③ 1.5　④ 2.0

해설

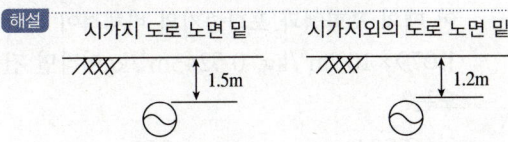

78 플러시 밸브 또는 급속 개폐식 수전을 사용할 때 급수의 유속이 불규칙적으로 변하여 생기는 현상을 무엇이라고 하는가?
① 수밀작용　② 파동작용
③ 맥동작용　④ 수격작용

해설 플러시 밸브 또는 급속 개폐식 밸브는 유속을 급격히 폐쇄시키므로 수격작용을 일으킨다.

수격작용(water hammer)
① 유체가 관로속을 흐를 때 밸브등을 갑자기 닫으면 유체의 운동에너지가 압력에너지로 변하여 고압이 되어 충격을 주는 현상을 수격현상, 수격작용이라 한다.
② 이 작용은 유속이 빠를수록, 밸브를 닫는 시간이 짧을수록 심하다.

79 온수난방 배관에서 리버스 리턴(reverse return) 방식을 채택하는 주된 이유는?
① 온수의 유량 분배를 균일하게 하기 위하여
② 배관의 길이를 짧게 하기 위하여
③ 배관의 신축을 흡수하기 위하여
④ 온수가 식지 않도록 하기 위하여

해설 리버스 리턴방식은 각 유니트까지 연결되는 공급관 + 환수관의 길이를 같게하여 각유니트에 유량분배가 균일하게 하기위한 배관방식이다.

80 밸브의 역할로 가장 거리가 먼 것은?
① 유체의 밀도 조절
② 유체의 방향 전환
③ 유체의 유량 조절
④ 유체의 흐름 단속

해설 ① 유체의 밀도 조절은 밸브의 역할이 아니다. 밸브의 역할은 유체의 흐름 단속(끊고, 이어줌), 유체의 유량조절, 유체의 흐름 방향 전환 등이다.

77 ②　78 ④　79 ①　80 ①

과년도 출제문제(2023년 1회 CBT 복원)

제1과목 에너지 관리

01 습공기를 가열, 감습하는 경우 열수분비 값은?
① 0   ② 0.5
③ 1   ④ ∞

해설 가열, 감습은 화학적 감습장치로 감습이 이루어지며 습구온도 일정선을 따라 감습이 진행된다. 습구온도 일정선은 엔탈피 일정선과 거의 일치하므로 $h_1 ≒ h_2$가 된다. 따라서

열수분비 $u = \dfrac{h_2 - h_1}{x_2 - x_1} = \dfrac{0}{x_2 - x_1} = 0$

02 복사난방에 있어서 바닥패널의 온도로 가장 알맞은 것은?
① 95℃ 정도   ② 80℃ 정도
③ 55℃ 정도   ④ 30℃ 정도

해설
- 바닥패널 온도 : 27~35℃
- 천장패널 온도 : 50℃ 이하
- 벽패널 온도 : 40~60℃

03 쾌감의 지표로 나타내는 불쾌지수(DI)와 관계가 있는 공기의 상태량은?
① 상대습도와 습구온도
② 현열비와 열수분비
③ 절대습도와 건구온도
④ 건구온도와 습구온도

해설 불쾌지수는 $DI = 0.72(t + t') + 40.6$
t : 건구온도 t' : 습구온도

04 과열증기를 냉각시켰더니 포화영역 안으로 들어와서 비체적이 0.2327m³/kg이 되었다. 이 때의 포화액과 포화증기의 비체적이 각각 1.079×10^{-3}m³/kg, 0.5243m³/kg이라면 건도는?
① 0.964   ② 0.772
③ 0.653   ④ 0.443

해설
$v_x = v' + x(v'' - v')$
$x = \dfrac{v_x - v'}{v'' - v'} = \dfrac{0.2327 - 1.079 \times 10^{-3}}{0.5243 - 1.079 \times 10^{-3}}$
$= 0.443$

05 공기조화 설비에서 공기의 경로로 옳은 것은?
① 환기덕트 → 공조기 → 급기덕트 → 취출구
② 공조기 → 환기덕트 → 급기덕트 → 취출구
③ 냉각탑 → 공조기 → 냉동기 → 취출구
④ 냉동기 → 냉각탑 → 환기덕트 → 취출구

해설 공기조화 설비에서 공기의 경로는 환기덕트 → 공조기 → 급기덕트 → 취출구 이다.

06 실내 냉방부하가 현열 6kW, 잠열 1kW인 실의 송풍량은?(단, 취출 온도차 10℃, 공기의 밀도 1.2kg/m³, 비열 1.01kJ/kg·K이다.)
① 1530m³/h   ② 1782m³/h
③ 3180m³/h   ④ 4200m³/h

해설 $q_s = GC_P \Delta t = \rho Q C_P \Delta t$에서
$Q = \dfrac{q_s}{\rho C_p \Delta t} = \dfrac{6 \times 3600}{1.2 \times 1.01 \times 10}$
$= 1782.1 \, \text{m}^3/\text{h}$

정답 01 ① 02 ④ 03 ④ 04 ④ 05 ① 06 ②

07 취출구에서 수평으로 취출된 공기가 일정 거리만큼 진행된 뒤 기류 중심선과 취출구 중심과의 수직거리를 무엇이라고 하는가?
① 강하도　　② 도달거리
③ 취출온도차　④ 셔터

해설 도달거리 및 상승, 강하거리
① 벽면에서 공기를 수평으로 취출할 때 취출공기온도가 실내공기온도보다 낮으면 기류가 강하하고, 취출공기온도가 높으면 기류는 상승하게 된다.
② 최소도달거리(L_{min}) : 취출구로부터 기류의 중심속도가 0.5m/s가 되는 곳까지의 거리
③ 최대도달거리(L_{max}) : 취출구로부터 기류의 중심속도가 0.25m/s가 되는 곳까지의 거리
　● 일반적으로 도달거리라 함은 최대도달거리(L_{max})를 의미한다.
④ 수평취출기류의 도달거리
　㉠ 취출공기온도와 실내공기온도가 같을 때

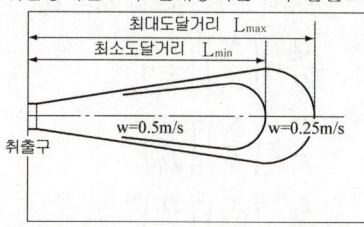

　㉡ 취출공기온도가 실내공기온도보다 낮을 때

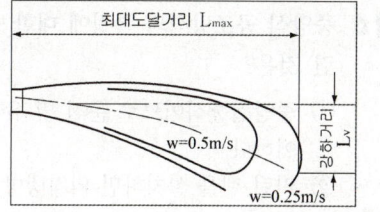

　㉢ 취출공기온도가 실내공기온도보다 높을 때

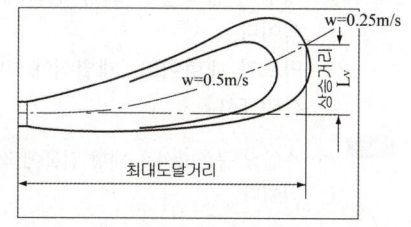

08 취출에 관한 용어 설명 중 옳은 것은?
① 2차공기란 취출구로부터 취출되는 공기를 말한다.
② 강하도란 수평으로 취출된 공기가 어느 거리만큼 진행했을 때의 기류 중심선과 취출구 중심과의 수평거리이다.
③ 내부유인이란 취출구의 내부에 실내 공기를 흡입해서 이것과 취출 1차공기를 혼합해서 취출하는 작용이다.
④ 도달거리란 수평으로 취출된 공기가 어느 거리만큼 진행했을 때의 기류 중심선과 취출구와의 수직거리이다.

해설 내부유인 : 취출구에서 취출되는 공기가 주위에 있는 공기의 일부를 내부로 유인하여 혼합한 후 취출하는 작용

09 어느 건물 서편의 유리 면적이 40m²이다. 안쪽에 크림색의 베네시언 블라인드를 설치한 유리면으로부터 오후 4시에 침입하는 열량(kW)은? (단, 외기는 33℃, 실내는 27℃, 유리는 1중이며, 유리의 열통과율(K)은 5.9W/m²·℃, 유리창의 복사량(I_{gr})은 608W/m², 차폐계수(k_s)는 0.56이다.)
① 15　　　　② 13.6
③ 3.6　　　 ④ 1.4

해설 유리를 통한 열량 $q_G = q_{GR} + q_{GT}$
① 일사에 의한 열량(q_{GR})
$$q_{GR} = I_{gr} \cdot A_g \cdot k_s$$
$$= 608 \times 40 \times 0.56 = 13619.2W$$

② 관류에 의한 열량(q_{GT})
$$q_{GT} = K \cdot A_g \cdot \Delta t$$
$$= 5.9 \times 40 \times (33-27) = 1416W$$

∴ $q_G = 13619.2 + 1416 = 15035.2W ≒ 15kW$

정답 07 ①　08 ③　09 ①

10 저온공조방식에 관한 내용으로 가장 거리가 먼 것은?

① 배관지름의 감소
② 팬 동력 감소로 인한 운전비 절감
③ 낮은 습도의 공기 공급으로 인한 쾌적성 향상
④ 저온공기 공급으로 인한 급기 풍량 증가

해설 저온공조방식
① 공조기에서 공급하는 공기의 온도를 일반적인 공조방식보다 낮은 온도로 공급하는 방식
② 일반공조 방식의 급기온도 16℃(급기와 실내 공기 온도차 10℃)
③ 저온공조 방식의 급기온도 3~11℃(급기와 실내공기 온도차 15~23℃)

〈장점〉
• 송풍기 및 덕트의 크기를 줄일 수 있고 반송동력을 절감할 수 있다.
• 취출공기의 온도를 낮추면 공기 속의 수분량도 줄어들게 되므로 잠열부하가 큰 건물에서 송풍량을 늘리지 않고서도 실내 온, 습도를 유지할 수 있다.
• 냉방부하가 큰 건물이나 잠열부하가 큰 백화점과 같은 건물에서 송풍량 및 덕트의 크기를 크게 늘리지 않고자 할 때 적합한 방식이다.
• 부하 증대 시에도 기존 덕트를 활용하여 개, 보수가 가능하다.

〈단점〉
• 취출구 및 덕트에서 공기 누설 시 결로가 발생한다.
• 최소 풍량 시 환기량이 부족할 수 있다.
• 1, 2차공기의 혼합이 불충분하면 콜드드래프트를 유발할 수 있다.

11 냉방부하의 종류에 따라 연관되는 열의 종류로 틀린 것은?

① 인체의 발생열 – 현열, 잠열
② 극간풍에 의한 열량 – 현열, 잠열
③ 조명부하 – 현열, 잠열
④ 외기 도입량 – 현열, 잠열

해설 ③ 조명부하-현열

12 펌프의 공동현상에 관한 설명으로 틀린 것은?

① 흡입 배관경이 클 경우 발생한다.
② 소음 및 진동이 발생한다.
③ 임펠러 침식이 생길 수 있다.
④ 펌프의 회전수를 낮추어 운전하면 이 현상을 줄일 수 있다.

해설 흡입 배관경이 크면 유속이 느려지므로 오히려 공동현상(cavitation)이 발생하지 않는다.

13 동일한 송풍기에서 회전수를 2배로 했을 경우 풍량, 정압, 소요동력의 변화에 대한 설명으로 옳은 것은?

① 풍량 1배, 정압 2배, 소요동력 2배
② 풍량 1배, 정압 2배, 소요동력 4배
③ 풍량 2배, 정압 4배, 소요동력 4배
④ 풍량 2배, 정압 4배, 소요동력 8배

해설 동일한 송풍기이므로 $D_1 = D_2$

$$\frac{Q_2}{Q_1} = \left(\frac{N_2}{N_1}\right)^1 \left(\frac{D_2}{D_1}\right)^3$$

$$\frac{P_2}{P_1} = \left(\frac{N_2}{N_1}\right)^2 \left(\frac{D_2}{D_1}\right)^2$$

$$\frac{L_2}{L_1} = \left(\frac{N_2}{N_1}\right)^3 \left(\frac{D_2}{D_1}\right)^5$$

14 중앙식 공조방식의 특징에 대한 설명으로 틀린 것은?

① 중앙집중식이므로 운전 및 유지관리가 용이하다.
② 리턴 팬을 설치하면 외기냉방이 가능하게 된다.
③ 대형 건물보다는 소형 건물에 적합한 방식이다.
④ 덕트가 대형이고, 개별식에 비해 설치 공간이 크다.

해설 ③ 중앙식 공조방식은 대형 건물에 적합한 공조방식이다.

정답 10 ④ 11 ③ 12 ① 13 ④ 14 ③

15 T.A.B를 수행하기 위한 목적으로 제일 먼 것은?

① 불필요한 열손실 방지
② 쾌적한 실내환경 조성
③ 설비 초기투자비의 증가
④ 공조설비의 수명연장

해설
T.A.B 목적(필요성)
1. 초기투자비 절감
2. 에너지 절약(불필요한 열손실 방지)
3. 쾌적한 환경 조성
4. 설비의 효율적인 운전
5. 잦은 개보수 방지

16 실내의 CO_2 농도기준이 1000ppm 이고, 1인당 CO_2 발생량이 18L/h인 경우, 실내 1인당 필요한 환기량(m^3/h)은? (단, 외기 CO_2 농도는 300ppm이다.)

① 22.7
② 23.7
③ 25.7
④ 26.7

해설
환기량 $Q = \dfrac{M}{C_r - C_o}$

$= \dfrac{18 \times 10^{-3}}{(1000-300) \times 10^{-6}}$

$= 25.7 m^3/h$

17 극간풍이 비교적 많고 재실 인원이 적은 실의 중앙 공조방식으로 가장 경제적인 방식은?

① 변풍량 2중덕트 방식
② 팬코일 유닛 방식
③ 정풍량 2중덕트 방식
④ 정풍량 단일덕트 방식

해설
극간풍이 많고 재실 인원이 적은 실의 경우는 환기의 필요성이 적으므로 전공기방식 보다는 전수방식인 복사냉난방방식 또는 팬코일유닛방식이 경제적이다.

18 덕트의 부속품에 관한 설명으로 틀린 것은?

① 댐퍼는 통과풍량의 조정 또는 개폐에 사용되는 기구이다.
② 분기 덕트 내의 풍량제어용으로 주로 익형 댐퍼를 사용한다.
③ 방화구획 관통부에는 방화댐퍼 또는 방연댐퍼를 설치한다.
④ 가이드 베인은 곡부의 기류를 세분해서 와류의 크기를 적게 하는 것이 목적이다.

해설
분기덕트 내의 풍량제어용으로 사용되는 댐퍼는 스플릿 댐퍼이다.

19 노점온도(dew point temperature)에 대한 설명으로 옳은 것은?

① 습공기가 어느 한계까지 냉각되어 그 속에 있던 수증기가 이슬방울로 응축되기 시작하는 온도
② 건공기가 어느 한계까지 냉각되어 그 속에 있던 공기가 팽창하기 시작하는 온도
③ 습공기가 어느 한계까지 냉각되어 그 속에 있던 수증기가 자연 증발하기 시작하는 온도
④ 건공기가 어느 한계까지 냉각되어 그 속에 있던 공기가 수축하기 시작하는 온도

해설
노점온도 : 습공기를 계속 냉각시키면 어느 온도에서 공기 중에 포함되어 있던 수분이 응결되어 이슬방울(결로)로 변하는데 이 때의 온도를 노점온도라 한다.

정답 15 ③ 16 ③ 17 ② 18 ② 19 ①

20 T.A.B을 수행하는 순서에 대해 알맞게 고르시오.

> (가) 공기 및 물분배의 관련 설비가 설계가 부합되도록 설치되어 있는지 확인
> (나) 설계 시방에 맞게 되었는지에 관한 계통의 유량 측정
> (다) 수행 결과에 대한 기록 및 보고
> (라) 종합보고서 작성

① (나) – (다) – (라) – (가)
② (라) – (가) – (다) – (나)
③ (나) – (가) – (다) – (라)
④ (가) – (나) – (다) – (라)

해설 T.A.B 수행 순서
1. 시스템 검토(설계도서를 통한 문제점 도출)
2. 현장 확인(설계와 부합하는지 확인)
3. 각 계통 성능측정
4. 수행 결과 기록 및 보고
5. 최종 보고서 작성

제2과목 공조냉동 설계

21 10℃에서 160℃까지 공기의 평균 정적비열은 0.7315kJ/kg·K이다. 이 온도 변화에서 공기 1kg의 내부에너지 변화는 약 몇 kJ인가?

① 101.1kJ ② 109.7kJ
③ 120.6kJ ④ 131.7kJ

해설 $du = C_v dT = 0.7315 \times (160-10) = 109.73$ kJ

22 압력 2MPa, 300℃의 공기 0.3kg이 폴리트로픽 과정으로 팽창하여, 압력이 0.5MPa로 변화하였다. 이때 공기가 한 일은 약 몇 kJ인가? (단, 공기는 기체상수가 0.287kJ/(kg·K)인 이상기체이고, 폴리트로픽 지수는 1.3이다.)

① 416 ② 157
③ 573 ④ 45

해설 폴리트로픽 과정 일

$$W = \int_1^2 PdV = \frac{1}{n-1} mR(T_1 - T_2)$$

먼저 T_2를 구하면

$TP^{\frac{1-n}{n}} = C$(일정)에서

$T_1 P_1^{\frac{1-n}{n}} = T_2 P_2^{\frac{1-n}{n}}$ 이므로

$T_2 = T_1 \left(\frac{P_1}{P_2}\right)^{\frac{1-n}{n}}$

$= (300+273) \times \left(\frac{2}{0.5}\right)^{\frac{1-1.3}{1.3}} = 416.12$ K

$\therefore W = \frac{1}{1.3-1} \times 0.3 \times 0.287 \times$
$[(300+273) - 416.12] = 45$ kJ

단위 : $\left[kg \times \frac{kJ}{kg \cdot K} \times K\right] = [kJ]$

23 압력이 일정할 때 공기 5kg을 0℃에서 100℃까지 가열하는데 필요한 열량은 약 몇 kJ인가? (단, 비열(Cp)은 온도 T(℃)에 관계한 함수로 Cp(kJ/(kg·℃)) = 1.01 + 0.000079 × T이다.)

① 365 ② 436
③ 480 ④ 507

해설 $\delta q = m C_p dT$

$q = \int_{T_1}^{T_2} m C_p dT = m \int_{T_1}^{T_2} C_p dT$

$= 5 \times \int_0^{100} (1.01 + 0.000079 T) dT$

$= 5 \times \left[1.01 T + \frac{1}{2}(0.000079 T^2)\right]_0^{100}$

$= 5 \times \left\{1.01 \times (100-0) + \frac{1}{2} \times 0.000079 \times (100^2 - 0^2)\right\}$

$= 506.975 ≒ 507$ kJ

정답 20 ④ 21 ② 22 ④ 23 ④

24 500W의 전열기로 4kg의 물을 20℃에서 90℃까지 가열하는데 몇 분이 소요되는가? (단, 전열기에서 열은 전부 온도 상승에 사용되고 물의 비열은 4180 J/(kg·K) 이다.)

① 16 ② 27
③ 39 ④ 45

해설
$500W = 500 J/s$
$Q = m \cdot C \cdot \Delta t$ [J]
$W \cdot t = m \cdot C \cdot \Delta t$ 에서
$t = \dfrac{m \cdot C \cdot \Delta t}{W} = \dfrac{4 \times 4180 \times (90-20)}{500 \times 60}$
$= 39.01$분

25 그림과 같이 실린더 내의 공기가 상태 1에서 상태 2로 변화할 때 공기가 한 일은? (단, P는 압력, V는 부피를 나타낸다.)

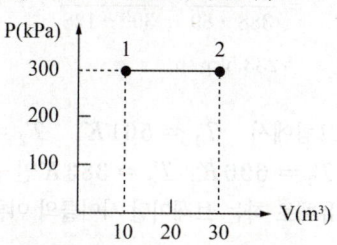

① 30kJ ② 60kJ
③ 3000kJ ④ 6000kJ

해설
$W = \int_1^2 PdV = P(V_2 - V_1)$
$= 300 \times (30-10)$
$= 6000 \, kJ$

단위 : $kPa \times m^3 = \dfrac{kN}{m^2} \times m^3 = kN \cdot m = kJ$

26 비가역 단열변화에 있어서 엔트로피 변화량은 어떻게 되는가?

① 증가한다.
② 감소한다.
③ 변화량은 없다.
④ 증가할 수도 감소할 수도 있다.

해설 비가역 단열변화이면 손실을 수반하는 단열변화이므로 엔트로피는 증가한다. 실제 자연계에서 일어나는 상태변화는 비가역 변화이므로 엔트로피는 항상 증가한다. 이것을 엔트로피 증가의 원리라고 한다.

27 이상적인 오토사이클에서 열효율을 55%로 하려면 압축비를 약 얼마로 하면 되겠는가? (단, 기체의 비열비는 1.4이다.)

① 5.9 ② 6.8
③ 7.4 ④ 8.5

해설
오토사이클 $\eta = 1 - (\dfrac{1}{\varepsilon})^{k-1}$
$(\dfrac{1}{\varepsilon})^{k-1} = 1 - \eta$
$\dfrac{1}{\varepsilon} = (1-\eta)^{\frac{1}{k-1}}$
$\varepsilon = \dfrac{1}{(1-\eta)^{1/k-1}} = (\dfrac{1}{1-\eta})^{\frac{1}{k-1}}$
$= (\dfrac{1}{1-0.55})^{\frac{1}{1.4-1}} = 7.36$

28 0.24MPa 압력에서 작동되는 냉동기의 포화액 및 건포화증기의 엔탈피는 각각 396kJ/kg, 615kJ/kg이다. 동일압력에서 건도가 0.75인 지점의 습증기의 엔탈피(kJ/kg)는 얼마인가?

① 398.75 ② 481.28
③ 501.49 ④ 560.25

해설 습증기 엔탈피
$h_x = h' + x(h'' - h')$
$= 396 + 0.75 \times (615 - 396) = 560.25$

정답 24 ③ 25 ④ 26 ① 27 ③ 28 ④

29 피스톤-실린더 장치에 들어 있는 100kPa, 27℃의 공기가 600kPa까지 가역단열과정으로 압축된다. 비열비가 1.4로 일정하다면 이 과정 동안에 공기가 받은 일(kJ/kg)은? (단, 공기의 기체상수는 0.287kJ/kg·K이다.)

① 263.6 ② 171.8
③ 143.5 ④ 116.9

[해설] 압축후의 온도 T_2 이므로 $\dfrac{T_2}{T_1} = \left(\dfrac{P_2}{P_1}\right)^{\frac{k-1}{k}}$ 에서

$T_2 = (27+273) \times \left(\dfrac{600}{100}\right)^{\frac{1.4-1}{1.4}} = 500K$

절대일 $Wa = \dfrac{1}{k-1} R(T_1 - T_2)$

$= \dfrac{1}{1.4-1} \times 0.287 \times (300 - 500)$

$= -143.5 \text{kJ/kg}$

[참고] 공기가 일을 하면(팽창하면) +
공기가 일을 받으면(압축되면) −

30 축동력 10kW, 냉매순환량 33kg/min인 냉동기에서 증발기 입구 엔탈피가 406kJ/kg, 증발기 출구 엔탈피가 615kJ/kg, 응축기 입구 엔탈피가 632kJ/kg 이다. ㉠ 실제 성능계수와 ㉡ 이론 성능계수는 각각 얼마인가?

① ㉠ 8.5, ㉡ 12.3 ② ㉠ 8.5, ㉡ 9.5
③ ㉠ 11.5, ㉡ 9.5 ④ ㉠ 11.5, ㉡ 12.3

[해설]

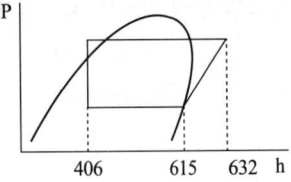

실제 성능계수 $= \dfrac{Q}{W} = \dfrac{(33 \div 60) \times (615 - 406)}{10}$
$= 11.5$

이론 성능계수 $= \dfrac{q}{w} = \dfrac{615 - 406}{632 - 615} = 12.3$

31 다음 $P-i$ 선도와 같은 2단압축 2단팽창 사이클로 운전되는 NH_3 냉동장치에서 고단측 냉매 순환량(kg/h)은 얼마인가? (단, 냉동능력은 55000kcal/h이다.)

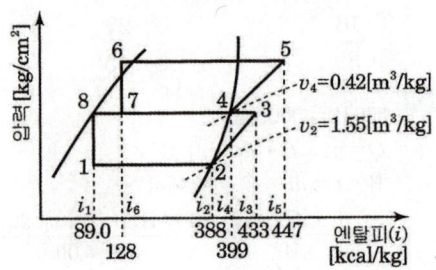

① 210.8 ② 220.7
③ 233.5 ④ 242.9

[해설] $G_h = G_\ell \dfrac{h_3 - h_8}{h_4 - h_7} = \dfrac{Q_e}{h_2 - h_1} \cdot \dfrac{h_3 - h_8}{h_4 - h_7}$

$= \dfrac{55000}{388 - 89} \times \dfrac{433 - 89}{399 - 128}$

$= 233.5 \text{kg/h}$

32 그림에서 $T_1 = 561K$, $T_2 = 1010K$, $T_3 = 690K$, $T_4 = 383K$ 인 공기를 작동유체로 하는 브레이턴 사이클의 이론 열효율은?

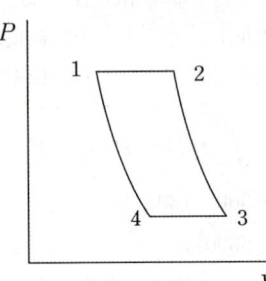

① 0.388 ② 0.465
③ 0.316 ④ 0.412

[해설] 브레이턴 사이클의 이론 열효율

$\eta_b = 1 - \dfrac{T_3 - T_4}{T_2 - T_1}$

$= 1 - \dfrac{690 - 383}{1010 - 561} = 0.316$

29 ③ 30 ④ 31 ③ 32 ③

33 냉동장치에서 일원 냉동사이클과 이원 냉동사이클을 구분 짓는 가장 큰 차이점은?

① 증발기의 대수
② 압축기의 대수
③ 사용 냉매 개수
④ 중간냉각기의 유무

해설) 이원 냉동사이클
−100℃ 정도의 저온을 얻기 위해 냉동시스템을 저온용과 고온용으로 구성하고 고온냉동사이클의 증발기 증발열로 저온냉동사이클의 응축기 응축열을 냉각시키는 시스템이며 고온측 냉매와 저온측 냉매가 다르다.
고온측 냉매 : R-12, R-22
저온측 냉매 : R-13, R-14, R-503

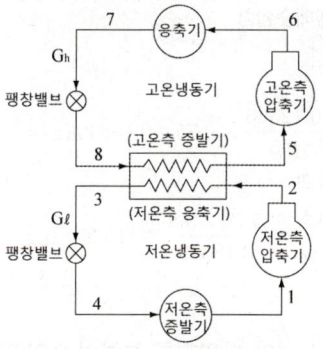

34 H$_2$O-LiBr 흡수식 냉동기에 대한 설명 중 틀린 것은?

① 냉매는 물(H$_2$O), 흡수제는 LiBr을 사용한다.
② 냉매 순환과정은 발생기 → 응축기 → 증발기 → 흡수기로 되어있다.
③ 소형보다는 대용량 공기조화용으로 많이 사용한다.
④ 흡수제는 가능한 농도가 낮고, 고온이어야 한다.

해설) 흡수제는 농도가 진하고(높고) 온도가 낮을수록 냉매증기(H$_2$O 증기)를 잘 흡수한다.

35 여러 대의 증발기를 사용할 경우 증발관 내의 압력이 가장 높은 증발기의 출구에 설치하여 압력을 일정 값 이하로 억제하는 장치를 무엇이라고 하는가?

① 전자밸브
② 압력개폐기
③ 증발압력조정밸브
④ 온도조절밸브

해설) 증발압력 조정밸브(evaporator pressure regulator)

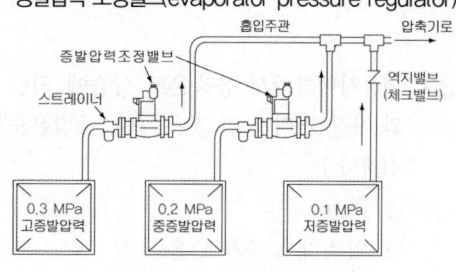

[증발압력 조정밸브의 설치]

① 기능과 역할
  ㉠ 증발기 내의 증발압력이 소정의 압력 이하로 떨어지는 것을 방지한다.
  ㉡ 증발압력이 내려가려고 할 때 밸브를 조여서 저항을 증가시켜 압축기의 흡입압력은 내려가도 증발압력은 일정하게 유지하게 한다.
  ㉢ 증발온도의 저하로 인한 피 냉각물의 저온피해를 방지한다.
  ㉣ 물이나 브라인의 동결을 방지한다.
② 설치위치 및 종류
  ㉠ 증발기와 압축기 사이의 흡입관에서 증발기 출구배관에 설치한다.
  ㉡ 증발온도가 다른 2대 이상의 증발기가 있는 경우에 설치하며
  ㉢ 증발온도가 높은 쪽 증발기 출구배관에 설치한다.
  ㉣ 직동식과 파일럿작동식(대형장치용)이 있다.

33 ③ 34 ④ 35 ③

36 냉동용량이 35kW인 어느 냉동기의 성능계수가 4.8이라면 이 냉동기를 작동하는데 필요한 동력은?

① 약 9.2kW ② 약 8.3kW
③ 약 7.3kW ④ 약 6.5kW

해설 $COP = \dfrac{Q_e}{W}$ 에서 $W = \dfrac{Q_e}{COP}$

$W = \dfrac{35}{4.8} = 7.3 \text{kW}$

37 냉동사이클에서 응축온도 상승에 의한 영향과 가장 거리가 먼 것은? (단, 증발온도는 일정하다.)

① COP 감소
② 압축기 토출가스 온도 상승
③ 압축비 증가
④ 압축기 흡입가스 압력 상승

해설 증발온도가 일정 하므로 압축기 흡입가스 압력도 일정하게 된다.

38 다음 중 냉동기의 성능계수를 높이는 것으로 틀린 것은?

① 증발기의 온도를 높인다.
② 증발기의 온도를 낮춘다.
③ 압축기의 효율을 높인다.
④ 증발기와 응축기에서 마찰압력손실을 줄인다.

해설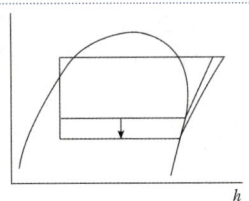

증발기의 온도를 낮추면 냉동능력은 감소하고, 소요동력은 증가하므로 성능계수는 낮아진다.

39 실린더 지름 200mm, 행정 200mm, 회전수 400rpm, 기통수 3기통인 냉동기의 냉동능력이 5.72RT이다. 이때 냉동효과(kJ/kg)는? (단, 체적효율은 0.75, 압축기 흡입 시의 비체적은 $0.5 \text{m}^3/\text{kg}$이고, 1RT는 3.8kW이다.)

① 115.3 ② 110.8
③ 89.4   ④ 68.8

해설
• 피스톤 토출량

$V = \dfrac{\pi}{4} D^2 \cdot L \cdot n \cdot Z$

$= \dfrac{\pi}{4} \times 0.2^2 \times 0.2 \times 400 \times 3 \div 60$

$= 0.12566 \text{m}^3/\text{s}$

• 실제냉매순환량

$G = \dfrac{V}{v} \times \eta_v$

$= \dfrac{0.12566}{0.5} \times 0.75 = 0.18849 \text{kg/s}$

• 냉동효과

$q_e = \dfrac{Q_e}{G} = \dfrac{5.72 \times 3.8}{0.18849} = 115.3 \text{kJ/kg}$

40 단면이 1m^2인 단열재를 통하여 0.3kW의 열이 흐르고 있다. 이 단열재의 두께는 2.5cm이고 열전도계수가 0.2 W/m·℃일 때 양면 사이의 온도차(℃)는?

① 54.5 ② 42.5
③ 37.5 ④ 32.5

해설 열전도 열량 $q = \dfrac{\lambda}{\ell} \cdot A \cdot \Delta t$ 에서

$\Delta t = \dfrac{\ell \cdot q}{\lambda \cdot A} = \dfrac{(2.5 \times 10^{-2}) \times (0.3 \times 10^3)}{0.2 \times 1}$

$= 37.5 \text{℃}$

정답 36 ③ 37 ④ 38 ② 39 ① 40 ③

제3과목 시운전 및 안전관리

41 어떤 회로의 유효전력이 80W, 무효전력이 60Var이면 역률은 몇 [%]인가?
① 20 ② 60
③ 80 ④ 100

해설
피상전력 $= \sqrt{(유효전력^2)+(무효전력^2)}$
$= \sqrt{80^2+60^2} = 100VA$
역률 $= \dfrac{유효전력}{피상전력} = \dfrac{80}{100} \times 100 = 80\%$

42 직류전압, 직류전류, 교류전압 및 저항 등을 측정할 수 있는 계측기기는?
① 검전기
② 검상기
③ 메거
④ 회로시험기

해설 회로시험기로 측정할 수 있는 것은 직류전압, 직류전류, 교류전압, 저항이며 교류전류는 측정이 불가능하다.

43 유도전동기에서 슬립이 "0"이라고 하는 것은?
① 유도전동기가 정지 상태인 것을 나타낸다.
② 유도전동기가 전부하 상태인 것을 나타낸다.
③ 유도전동기가 동기속도로 회전한다는 것이다.
④ 유도전동기가 제동기의 역할을 한다는 것이다.

해설
유도전동기 실제속도(N)
$N = (1-S)N_S = \dfrac{120f}{P}(1-S)$ 에서
N_S : 동기 속도
S : 슬립

유도 전동기에서 슬립 S = 0이라는 것은 동기속도로 회전한다는 것이다.

44 발전기에 적용되는 법칙으로 유도기전력의 방향을 알기 위해 사용되는 법칙은?
① 옴의 법칙
② 암페어의 주회적분 법칙
③ 플레밍의 왼손 법칙
④ 플레밍의 오른손 법칙

해설 플레밍의 오른손 법칙
자계내에서 도체가 움직일 때 발생하는 기전력의 방향을 결정하는 법칙으로 발전기에 적용된다.

45 궤환제어계에 속하지 않는 신호로서 외부에서 제어량이 그 값에 맞도록 제어계에 주어지는 신호를 무엇이라 하는가?
① 목표값 ② 기준 입력
③ 동작 신호 ④ 궤환 신호

해설 목표값 : 제어량의 목표치를 설정한 값이며 제어계의 외부에서 주어지는 값으로 궤환제어계에 속하지 않는 신호이다.

46 다음은 역률이 $\cos\theta$인 교류전력의 벡터도이다. 이때 실제로 일을 한 전력은 어느 벡터인가?

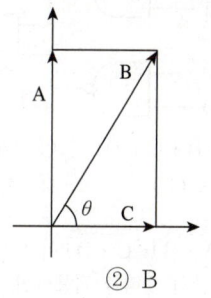

① A ② B
③ C ④ A, C

해설 유효전력은 $B\cos\theta = C$ 이다.

정답 41 ③ 42 ④ 43 ③ 44 ④ 45 ① 46 ③

47 유도전동기에 인가되는 전압과 주파수의 비를 일정하게 제어하여 유도전동기의 속도를 정격 속도 이하로 제어하는 방식은?

① CVCF 제어방식
② VVVF 제어방식
③ 교류 궤환 제어방식
④ 교류 2단 속도 제어방식

해설 VVVF 방식(Variable Voltage Variable Frequency)은 전압과 주파수를 동시에 변환시켜 유도전동기의 속도를 제어하는 방식이다.

48 2전력계법으로 3상 전력을 측정할 때 전력계의 지시가 $W_1 = 200W$, $W_2 = 200W$이다. 부하전력(W)은?

① 200
② 400
③ $200\sqrt{3}$
④ $400\sqrt{3}$

해설 3상 전력의 측정 방법으로 2개의 단상 전력계로 3상 전력을 측정하면 부하전력은 2개 전력계 전력값의 대수합이다. 즉 3상 전력 $P = W_1 + W_2$이다.
∴ $P = 200 + 200 = 400$

49 그림의 논리회로에서 A, B, C, D를 입력, Y를 출력이라 할 때 출력 식은?

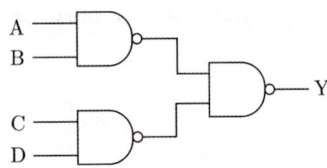

① A+B+C+D
② (A+B)(C+D)
③ AB+CD
④ ABCD

해설 $Y = \overline{(\overline{A \cdot B}) \cdot (\overline{C \cdot D})}$ 이므로
드모르간의 정리를 적용하면
$Y = (\overline{\overline{A \cdot B}}) + (\overline{\overline{C \cdot D}}) = (A \cdot B) + (C \cdot D)$

50 그림과 같은 유접점 논리회로를 간단히 하면?

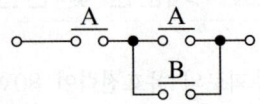

① ─o─ $\overline{A}$ ─o─
② ─o─ A ─o─
③ ─o─ $\overline{B}$ ─o─
④ ─o─ B ─o─

해설 논리회로 $A \cdot (A+B) = A$(흡수법칙)

51 서보기구 제어에 사용되는 검출기기가 아닌 것은?

① 전압검출기
② 전위차계
③ 싱크로
④ 차동변압기

해설
• 서보기구용 검출기 : 전위차계, 차동변압기, 싱크로, 마이크로신
• 자동조정 검출기 : 전압검출기, 속도검출기

52 엘리베이터용 전동기의 필요 특성으로 틀린 것은?

① 소음이 작아야 한다.
② 기동 토크가 작아야 한다.
③ 회전부분의 관성모멘트가 작아야 한다.
④ 가속도의 변화비율이 일정 값이 되어야 한다.

해설 엘리베이터용 전동기의 기동 토크는 커야 한다.

47 ② 48 ② 49 ③ 50 ② 51 ① 52 ②

53 다음의 논리식 중 다른 값을 나타내는 논리식은?

① $X(\overline{X} + Y)$
② $X(X + Y)$
③ $XY + X\overline{Y}$
④ $(X + Y)(X + \overline{Y})$

해설
① $X(\overline{X}+Y) = X\overline{X}+XY = 0+XY = XY$
② $X(X+Y) = XX+XY = X+XY$
   $= X(1+Y) = X(1) = X$
③ $XY+X\overline{Y} = X(Y+\overline{Y}) = X(1) = X$
④ $(X+Y)(X+\overline{Y}) = XX+X\overline{Y}+XY+Y\overline{Y}$
   $= X+X\overline{Y}+XY+0$
   $= X+X(\overline{Y}+Y)$
   $= X+X(1) = X$

54 다음의 제어기기에서 압력을 변위로 변환하는 변환요소가 아닌 것은?

① 스프링   ② 벨로우즈
③ 다이어프램   ④ 노즐플래퍼

해설 노즐 플래퍼 : 변위를 압력으로 변환하는 요소

55 PLC(Programmable Logic Controller)에 대한 설명 중 틀린 것은?

① 시퀀스제어 방식과는 함께 사용할 수 없다.
② 무접점 제어방식이다.
③ 산술연산, 비교연산을 처리할 수 있다.
④ 계전기, 타이머, 카운터의 기능까지 쉽게 프로그램 할 수 있다.

해설 PLC제어는 논리연산, 수치연산, 데이터처리기능, 프로그램 제어기능을 조합한 제어이며 시퀀스제어 방식과 함께 사용할 수 있다.

56 산업안전보건법령상 냉동·냉장 창고시설 건설공사에 대한 유해위험방지계획서를 제출해야 하는 대상시설의 연면적 기준은 얼마인가?

① 3천제곱미터 이상
② 4천제곱미터 이상
③ 5천제곱미터 이상
④ 6천제곱미터 이상

해설 산업안전보건법 시행령 제42조 ③
연면적 5천제곱미터 이상인 냉동·냉장창고시설 건설공사의 경우 유해위험방지계획서를 제출해야 한다.

57 다음 중 고압가스 안전관리법령에 따라 500만원 이하의 벌금 기준에 해당되는 경우는?

㉠ 고압가스를 제조하려는 자가 신고를 하지 아니하고 고압가스를 제조한 경우
㉡ 특정고압가스 사용신고자가 특정고압가스의 사용 전에 안전관리자를 선임하지 않은 경우
㉢ 고압가스의 수입을 업(業)으로 하려는 자가 등록을 하지 아니하고 고압가스 수입업을 한 경우
㉣ 고압가스를 운반하려는 자가 등록을 하지 아니하고 고압가스를 운반한 경우

① ㉠   ② ㉠,㉡
③ ㉠,㉡,㉢   ④ ㉠,㉡,㉢,㉣

해설 고압가스 안전관리법 제41조(벌칙) : 500만원 이하 벌금
1. 제4조 제2항 전단에 따른 **신고를 하지 않고 고압가스를 제조한 자**
2. 제15조 제1항부터 제3항까지의 규정에 따른 **안전관리자를 선임하지 아니한 자**

정답 53 ① 54 ④ 55 ① 56 ③ 57 ②

58 제어량에 따른 분류 중 프로세스 제어에 속하지 않는 것은?

① 압력　　② 유량
③ 온도　　④ 속도

해설　프로세스제어는 용어의 의미대로 산업분야의 공정에서 환경을 최적화하는 목적의 제어로서 온도, 습도, 압력, 유량, 액면, 비중, 농도 등을 제어한다.

59 논리식 $X + \overline{X} + Y$를 불대수 정리를 이용하여 간단히 하면?

① Y　　② 1
③ X　　④ $X + Y$

해설　$X + \overline{X} + Y = (X + \overline{X}) + Y = 1 + Y = 1$

60 기계설비법령에 따른 기계설비 시공자의 업무에 해당하지 않는 것은?

① 기계설비 착공 전 확인표 작성
② 기계설비 사용 전 확인표 작성
③ 기계설비 성능확인서 작성
④ 기계설비 착공적합 확인서 작성

해설　④ 기계설비 착공적합 확인서의 작성은 기계설비 감리업무 수행자의 업무사항이다.
기계설비공사를 시작하기 전과 끝낸 경우 기계설비 시공자와 감리업무 수행자가 작성할 사항
(기계설비 기술기준 제19조 관련)
(1) 기계설비 시공자가 작성할 사항
　① 기계설비 착공 전 확인표 작성
　② 기계설비 사용 전 확인표 작성
　③ 기계설비 성능확인서 작성
　④ 기계설비 안전확인서 작성
(2) 감리업무 수행자 작성할 사항
　① 기계설비 착공적합 확인서 작성
　② 기계설비 사용적합 확인서 작성

제4과목　유지보수 공사관리

61 다음 중 증기난방을 응축수환수법에 의하여 분류 시 적절하지 못한 것은?

① 기계 환수식
② 하트포드 환수식
③ 중력 환수식
④ 진공 환수식

해설　하트포드접속법은 환수관 누수시 보일러 수위가 파괴되는 것을 방지하는 환수관 접속법이다.

62 급수급탕설비에서 탱크류에 대한 누수의 유무를 조사하기 위한 시험방법으로 가장 적절한 것은?

① 수압시험
② 만수시험
③ 통수시험
④ 잔류염소의 측정

해설　만수시험 : 물을 기기나 배관에 가득 채운 후 누수 여부를 확인하는 시험

63 증기배관의 수평 환수관에서 관경을 축소할 때 사용하는 이음쇠로 가장 적합한 것은?

① 소켓　　② 부싱
③ 플랜지　④ 편심 리듀서

해설　증기배관의 편심 리듀서 사용

정답　58 ④　59 ②　60 ④　61 ②　62 ②　63 ④

64 통기관 시공 시 배수 횡지관에서 통기관을 이어낼 때 경사도는 얼마 이내로 해야 하는가? (단, 수직 이음인 경우 제외한다.)
① 45°　② 60°
③ 70°　④ 80°

해설
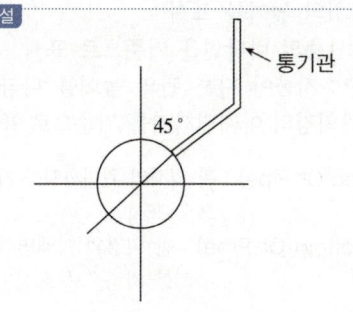

65 온수난방 배관에서 리버스 리턴(reverse return) 방식을 채택하는 주된 이유는?
① 온수의 유량 분배를 균일하게 하기 위하여
② 배관의 길이를 짧게 하기 위하여
③ 배관의 신축을 흡수하기 위하여
④ 온수가 식지 않도록 하기 위하여

해설
리버스 리턴방식은 각 유니트까지 연결되는 공급관 + 환수관의 길이를 같게하여 각유니트에 유량 분배가 균일하게 하기위한 배관방식이다.

66 공조배관 설계 시 유속을 빠르게 설계하였을 때 나타나는 결과로 옳은 것은?
① 소음이 작아진다.
② 펌프 양정이 높아진다.
③ 설비비가 커진다.
④ 운전비가 감소한다.

해설
배관의 유속을 빠르게 하면
① 소음이 커진다.
② 펌프 양정이 높아진다.
③ 설비비(배관 설비비)가 작아진다.
④ 운전비(펌프 운전비)가 증가한다.

67 급탕설비의 설계 및 시공에 관한 설명으로 틀린 것은?
① 중앙식 급탕방식은 개별식 급탕방식 보다 시공비가 많이 든다.
② 온수의 순환이 잘되고 공기가 고이는 것을 방지하기 위해 배관에 구배를 둔다.
③ 게이트 밸브는 공기고임을 만들기 때문에 글로브 밸브를 사용한다.
④ 순환방식은 순환펌프에 의한 강제순환식과 온수의 비중량 차이에 의한 중력식이 있다.

해설
게이트 밸브는 공기고임은 만들지 않으나 구조상 일부만 열리면 유체가 소용돌이쳐서 진동이 발생하므로 온수 유량 조절용으로 글로브 밸브를 사용한다.

68 온수배관에서 배관의 길이팽창을 흡수하기 위해 설치하는 것은?
① 팽창관　② 완충기
③ 신축이음쇠　④ 흡수기

해설
배관의 신축(늘어나고 줄어듬)을 흡수하기위해 신축이음쇠를 설치한다.
벨로즈형, 슬리브형, 루프형이 있다.

69 급수배관 내에 공기실을 설치하는 주된 목적은?
① 공기밸브를 작게 하기 위하여
② 수압시험을 원활하게 하기 위하여
③ 수격작용을 방지하기 위하여
④ 관내 흐름을 원활하게 하기 위하여

해설
수격현상(water hammer)방지 대책
1. 급격한 밸브 폐쇄를 하지 말 것
2. 회전체의 관성모멘트를 크게 할 것
3. 펌프의 양정, 유량의 급격한 변화를 주지 말 것
4. 압력 흡수기(W·H·C)를 배관에 설치한다.
5. 충격을 흡수할 수 있는 공기실(Air Chamber)을 설치한다.

정답　64 ①　65 ①　66 ②　67 ③　68 ③　69 ③

70 다음 중 동관의 이음방법과 가장 거리가 먼 것은?

① 플레어이음 ② 납땜이음
③ 플랜지이음 ④ 소켓이음

해설 소켓이음 : 주철관 이음 방법이며 턱걸이 이음이라고도 한다. 관의 소켓부에 얀(yarn)과 납을 넣어 다져서 접합한다.

71 배관의 하중을 위에서 걸어 당겨 지지하는 행거(hanger)중 상하 방향의 변위가 없는 개소에 사용하는 것은?

① 콘스탄트 행거(constant hanger)
② 리지드 행거(rigid hanger)
③ 베리어블 행거(variable hanger)
④ 스프링 행거(spring hanger)

해설 상하 방향의 변화가 없는 곳에는 리지드행거가 사용된다.
Variable Hanger = Variable Spring Hanger

72 강관의 용접 접합법으로 적합하지 않은 것은?

① 맞대기용접 ② 슬리브용접
③ 플랜지용접 ④ 플라스턴용접

해설 플라스턴 용접은 용융점이 낮은 플라스턴 합금에 의한 접합방법이며 연관 접합방법이다.

73 급수관의 길이가 15m, 내경이 40mm일 때 관내 유수속도가 2m/s라면 이때의 마찰손실 수두는? (단, 마찰손실계수 λ=0.04이다.)

① 1.5m ② 6.08m
③ 6.12m ④ 3.06m

해설 마찰손실 수두 $H_l = \lambda \dfrac{l}{d} \dfrac{v^2}{2g}$
$= 0.04 \times \dfrac{15}{0.04} \times \dfrac{2^2}{2 \times 9.8}$
$= 3.06m$

74 배관 도시기호 치수기입법 중 높이 표시에 관한 설명으로 틀린 것은?

① EL : 배관의 높이를 관의 중심을 기준으로 표시
② GL : 포장된 지표면을 기준으로 하여 배관장치의 높이를 표시
③ FL : 1층의 바닥면을 기준으로 표시
④ TOP : 지름이 다른 관의 높이를 나타낼 때 관외경의 아래면까지를 기준으로 표시

해설 TOP(Top Of Pipe) : 관 외경의 위면까지를 기준으로 표시
BOP(Bottom Of Pipe) : 관 외경의 아래면까지를 기준으로 표시

75 배관용 보온재의 구비 조건에 관한 설명으로 틀린 것은?

① 내열성이 높을수록 좋다.
② 열전도율이 작을수록 좋다.
③ 비중이 작을수록 좋다.
④ 흡수성이 클수록 좋다.

해설 ④ 흡수성이 크면 물(수분)이 쉽게 보온재에 침투하므로 보온성능을 떨어뜨린다. 그러므로 보온재는 흡수성이 작아야 한다.

76 암모니아 냉매를 사용하는 흡수식 냉동기의 배관재료로 가장 좋은 것은?

① 주철관 ② 동관
③ 강관   ④ 동합금관

해설
- 암모니아는 동 및 동합금을 부식시킨다.
- 주철관은 압축강도는 크지만 인장강도가 작고 충격에 약해 냉매배관 재료로 부적합하다.

정답 70 ④ 71 ② 72 ④ 73 ④ 74 ④ 75 ④ 76 ③

77 배관에 사용되는 강관은 1℃ 변화함에 따라 1m당 몇 mm 만큼 팽창하는가? (단, 관의 열팽창계수는 0.00012m/m·℃이다.)

① 0.012　② 0.12
③ 0.022　④ 0.22

해설 관의 열팽창 계수가 0.00012m/m℃이므로 1℃ 변함에 따라 1m당 0.00012m가 팽창한다.
0.00012m=0.12mm

78 냉동장치의 액분리기에서 분리된 액이 압축기로 흡입되지 않도록 하기 위한 액 회수 방법으로 틀린 것은?

① 고압 액관으로 보내는 방법
② 응축기로 재순환시키는 방법
③ 고압 수액기로 보내는 방법
④ 열교환기를 이용하여 증발시키는 방법

해설 액분리기에서 분리된 액은 액 회수장치에 의해 고압수액기, 고압액관으로 보내지거나 열교환기를 이용하여 증발시킨다.

79 급수펌프에서 발생하는 캐비테이션 현상의 방지법으로 가장 거리가 먼 것은?

① 펌프설치 위치를 낮춘다.
② 입형 펌프를 사용한다.
③ 흡입손실수두를 줄인다.
④ 회전수를 올려 흡입속도를 증가시킨다.

해설 ④ 회전수를 줄이고 흡입속도를 낮춘다.

80 배수의 성질에 의한 구분에서 수세식 변기의 대·소변에서 나오는 배수는?

① 오수　② 잡배수
③ 특수배수　④ 우수배수

해설
오수 : 대변기, 소변기의 배수
잡배수(배수) : 세면기, 욕조, 싱크대 등의 배수
특수배수 : 병원, 실험실 등의 병균, 화학약품이 함유된 배수
우수 : 빗물

정답　77 ②　78 ②　79 ④　80 ①

과년도 출제문제(2023년 2회 CBT 복원)

제1과목 | 에너지 관리

01 취출구에서 수평으로 취출된 공기가 일정 거리만큼 진행된 뒤 기류 중심선과 취출구 중심과의 수직거리를 무엇이라고 하는가?
① 강하도
② 도달거리
③ 취출온도차
④ 셔터

해설 도달거리 및 상승, 강하거리
① 벽면에서 공기를 수평으로 취출할 때 취출공기온도가 실내공기온도보다 낮으면 기류가 강하하고, 취출공기온도가 높으면 기류는 상승하게 된다.
② 최소도달거리(L_{min}) : 취출구로부터 기류의 중심속도가 0.5m/s가 되는 곳까지의 거리
③ 최대도달거리(L_{max}) : 취출구로부터 기류의 중심속도가 0.25m/s가 되는 곳까지의 거리
　● 일반적으로 도달거리라 함은 최대도달거리(L_{max})를 의미한다.
④ 수평취출기류의 도달거리
　㉠ 취출공기온도와 실내공기온도가 같을 때

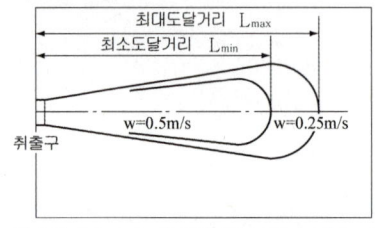

　㉡ 취출공기온도가 실내공기온도보다 낮을 때

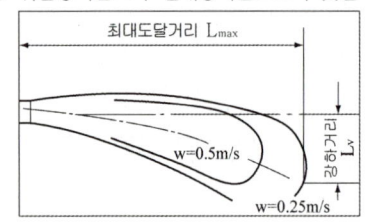

　㉢ 취출공기온도가 실내공기온도보다 높을 때

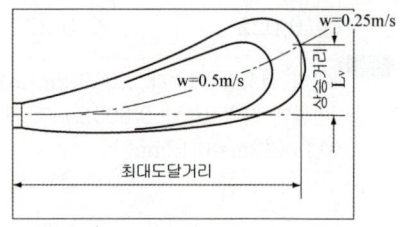

02 지역난방의 특징에 관한 설명으로 틀린 것은?
① 대기 오염물질이 증가한다.
② 도시의 방재수준 향상이 가능하다.
③ 사용자에게는 화재에 대한 우려가 적다.
④ 대규모 열원기기를 이용한 에너지의 효율적 이용이 가능하다.

해설 지역난방은 각 건물에 설치될 소규모 열원기기 대신 대규모 열원기기를 안정적으로 가동하므로 열효율이 높고 대기 오염물질이 감소한다.

03 사각덕트의 단변길이 20cm, 장변길이 60cm일 때 원형덕트로 환산 시 직경의 길이 cm는?
① 11.64
② 18.27
③ 36.53
④ 23.28

해설
$$d_e = 1.3\left[\frac{(a\times b)^5}{(a+b)^2}\right]^{\frac{1}{8}} = 1.3\left[\frac{(20\times 60)^5}{(20+60)^2}\right]^{\frac{1}{8}}$$
$$= 36.53\text{cm}$$

01 ①　02 ①　03 ③　**정답**

04 급수온도 5℃, 급탕온도 60℃, 가열 전 급탕설비의 전수량은 2m³, 급수와 급탕의 압력차는 50kPa일 때, 절대압력 300kPa의 정수두가 걸리는 위치에 설치하는 밀폐식 팽창탱크의 용량(m³)은? (단, 팽창탱크의 초기 봉입 절대 압력은 300kPa이고, 5℃일 때 밀도는 1000kg/m³, 60℃일 때 밀도는 983.1kg/m³이다.)

① 0.83   ② 0.57
③ 0.24   ④ 0.17

해설
팽창량 $\triangle V = (V_2 - V_1) = \left(\dfrac{1}{\rho_2} - \dfrac{1}{\rho_1}\right)m$

$\triangle V = \left(\dfrac{1}{983.1} - \dfrac{1}{1,000}\right) \times 2,000 kg = 0.0344 m^3$

$V_o = \dfrac{\triangle V}{\dfrac{P_0}{P_1} - \dfrac{P_0}{P_2}} = \dfrac{0.0344}{\dfrac{300}{300} - \dfrac{300}{300+50}}$

$= 0.24 m^3$

05 습공기의 가습 방법으로 가장 거리가 먼 것은?

① 순환수를 분무하는 방법
② 온수를 분무하는 방법
③ 수증기를 분무하는 방법
④ 외부공기를 가열하는 방법

해설
④ 외부공기를 가열해도 절대습도는 일정하므로 습공기의 가습방법이 아니다.

06 덕트 설계시 주의사항으로 틀린 것은?

① 장방형 덕트 단면의 종횡비는 가능한 한 6 : 1 이상으로 해야 한다.
② 덕트의 풍속은 15m/s 이하, 정압은 50mmAq 이하의 저속덕트를 이용하여 소음을 줄인다.
③ 덕트의 분기점에는 댐퍼를 설치하여 압력 평형을 유지시킨다.
④ 재료는 아연도금강판, 알루미늄판 등을 이용하여 마찰저항 손실을 줄인다.

해설
장방형 덕트 단면의 종횡비(아스팩트비)는 가능한 4:1 이하로 해야한다.

07 출입의 빈도가 잦아 틈새바람에 의한 손실부하가 비교적 큰 경우 난방방식으로 적용하기에 가장 적합한 것은?

① 증기난방   ② 온풍난방
③ 복사난방   ④ 온수난방

해설
복사난방의 장점
㉠ 실내 상하 온도분포가 균일하다. 복사열을 이용하므로 쾌감도가 좋다.
㉡ 실내의 공기 온도가 낮아도 되므로 열손실이 적다.
㉢ 바닥에 방열기 등을 설치하지 않으므로 바닥의 용도가 높다.
㉣ 적외선 복사난방의 경우 대규모 공장, 벽이 없는 개방공간 등의 난방에 유용하다.

08 습공기의 습도에 대한 설명으로 틀린 것은?

① 절대습도는 습공기 중에 포함된 수증기량을 나타낸다.
② 수증기분압은 절대습도에 반비례 관계가 있다.
③ 상대습도는 습공기의 수증기분압과 포화공기의 수증기분압과의 비로 나타낸다.
④ 비교습도는 습공기의 절대습도와 포화공기의 절대습도와의 비로 나타낸다.

해설
수증기분압은 절대습도에 비례 관계이다.

절대습도 $x = 0.622 \dfrac{P_w}{P_a} = 0.622 \times \dfrac{P_w}{P - P_w}$

P_w : 수증기분압
P_a : 건공기분압
P : 대기압

04 ③   05 ④   06 ①   07 ③   08 ②   **정답**

09 체적이 0.5m³인 탱크에, 분자량이 24kg/kmol인 이상기체 10kg이 들어있다. 이 기체의 온도가 25℃일 때 압력(kPa)은 얼마인가? (단, 일반기체상수는 8.3143kJ/kmol·K 이다.)

① 126 ② 845
③ 2066 ④ 49578

해설
$PV = mRT,\ R = \dfrac{R_u}{M}$

$P = \dfrac{mRT}{V} = \dfrac{mR_uT}{VM}$

$= \dfrac{10 \times 8.3143 \times (25+273)}{0.5 \times 24}$

$= 2064.7\,\text{kPa}$

10 보일러 출력표시에 대한 설명으로 틀린 것은?

① 정격출력 : 연속 운전이 가능한 보일러의 능력으로 난방부하, 급탕부하, 배관부하, 예열부하의 합이다.
② 정미출력 : 난방부하, 급탕부하, 예열부하의 합이다.
③ 상용출력 : 정격출력에서 예열부하를 뺀 값이다.
④ 과부하출력 : 운전초기에 과부하가 발생했을 때는 정격 출력의 10~20% 정도 증가해서 운전할 때의 출력으로 한다.

해설 정미출력 : 순수한 부하인 난방부하와 급탕부하의 합
과부하출력 > 정격출력 > 상용출력 > 정미출력

11 건구온도 30℃, 습구온도 27℃일 때 불쾌지수(DI)는 얼마인가?

① 57 ② 62
③ 77 ④ 82

해설 불쾌지수(DI)=0.72(t+t′)+40.6
DI=0.72×(30+27)+40.6=81.64

12 T.A.B 수행을 위한 계측기기의 측정위치로 가장 적절하지 않은 것은?

① 온도 측정 위치는 증발기 및 응축기의 입·출구에서 최대한 가까운 곳으로 한다.
② 유량 측정 위치는 펌프의 출구에서 가장 가까운 곳으로 한다.
③ 압력 측정 위치는 입·출구에 설치된 압력계용 탭에서 한다.
④ 배기가스 온도 측정 위치는 연소기의 온도계 설치 위치 또는 시료 채취 출구를 이용한다.

해설
• 펌프 유량 측정은 배관의 직관부에서 상류측 및 하류측 길이가 충분히 확보된 지점에서 측정하여 측정오차를 줄여야 한다.
• 초음파 유량계 사용시에는 엘보등 방향전환이나 와류가 생기는 곳으로부터 최소한 배관직경의 15배 이상의 하류 쪽 및 5배 이상의 상류 쪽에 부착하여야 한다. 이것이 불가능할 경우 최대한 와류발생이 적은 위치에서 측정해야 한다.

13 20명의 인원이 각각 1개비의 담배를 동시에 피울 경우 필요한 실내 환기량은? (단, 담배 1개비당 발생하는 배연량은 0.54g/h이고 1m³/h의 환기로 가능한 허용 담배 연소량은 0.017g/h이다.)

① 235m³/h ② 347m³/h
③ 527m³/h ④ 635m³/h

해설 $Q = \dfrac{20 \times 0.54}{0.017} = 635\,\text{m}^3/\text{h}$

정답 09 ③ 10 ② 11 ④ 12 ② 13 ④

14 열역학적 변화와 관련하여 다음 설명 중 옳지 않은 것은?

① 단위 질량당 물질의 온도를 1℃ 올리는 데 필요한 열량을 비열이라 한다.
② 정압과정으로 시스템에 전달된 열량은 엔트로피 변화량과 같다.
③ 내부에너지는 시스템의 질량에 비례하므로 종량적(extensive) 상태량이다.
④ 어떤 고체가 액체로 변화할 때 융해(Melting)라고 하고, 어떤 고체가 기체로 바로 변화할 때 승화(Sublimation)라고 한다.

해설 ② 정압과정의 열량 $q = h_2 - h_1 = C_P(T_2 - T_1)$ 즉, 정압과정의 전달된 열량은 엘탈피 변화량과 같다.

15 온수난방과 비교하여 증기난방에 대한 설명으로 옳은 것은?

① 예열시간이 짧다.
② 실내온도의 조절이 용이하다.
③ 방열기 표면의 온도가 낮아 쾌적한 느낌을 준다.
④ 실내에서 상하 온도차가 작으며, 방열량의 제어가 다른 난방에 비해 쉽다.

해설 증기난방
- 장치 내 보유수량이 적어 열용량이 작으므로 예열시간이 짧고 증기순환이 빠르다.
- 증기의 온도 및 증기의 유량 제어가 어려워 실내온도 조절이 어렵다. 즉 방열량 제어가 어렵다.
- 방열기 표면온도가 높아 화상의 위험이 있으며 실내의 상하 온도차가 커서 쾌적하지 못하다.

16 실린더 안에 0.8kg의 기체를 넣고 이것을 압축하기 위해서는 13kJ의 일이 필요하며, 또 이때 실린더를 냉각하기 위해서 10kJ의 열을 빼앗아야 한다면 이 기체의 내부에너지의 변화량은?

① 3.75kJ/kg의 증가
② 28.8kJ/kg의 증가
③ 3.75kJ/kg의 감소
④ 28.8kJ/kg의 감소

해설 $\delta q = du + \delta w$ 에서
$du = \delta q - \delta w$
$= \dfrac{-10 - (-13)}{0.8} = 3.75 \text{kJ/kg}$ 증가

일을 하면(+) 일을 받으면(−)
열을 받으면(+) 열을 빼앗기면(−)

17 냉각탑에 대한 설명으로 틀린 것은?

① 밀폐식은 개방식 냉각탑에 비해 냉각수가 외기에 의한 오염될 염려가 적다.
② 냉각탑의 성능은 입구공기의 습구온도에 영향을 받는다.
③ 쿨링 레인지(cooling range)는 냉각탑의 냉각수 입·출구 온도의 차이값이다.
④ 쿨링 어프로치(cooling approach)는 냉각탑의 냉각수 입구온도에서 냉각탑 입구공기의 습구온도의 차이 값이다.

해설 쿨링 어프로치는 냉각탑의 냉각수 출구온도와 냉각탑 입구공기의 습구온도와의 차이다.

18 급수배관의 수격현상 방지방법으로 가장 거리가 먼 것은?

① 펌프에 플라이휠을 설치한다.
② 관경을 작게 하고 유속을 매우 빠르게 한다.
③ 에어체임버를 설치한다.
④ 완폐형 체크밸브를 설치한다.

해설 ② 유속을 빠르게 하면 수격현상이 심화된다.

수격현상(water hammer)방지 대책
1. 급격한 밸브 폐쇄를 하지 말 것
2. 회전체의 관성모멘트를 크게 할 것
3. 펌프의 양정, 유량의 급격한 변화를 주지 말 것
4. 압력 흡수기(W·H·C)를 배관에 설치한다.
5. 충격을 흡수할 수 있는 공기실(Air Chamber)을 설치한다.
6. 완폐형 체크밸브를 설치한다.

정답 14 ② 15 ① 16 ① 17 ④ 18 ②

19 냉각관의 열관류율이 500W/m²·℃이고, 대수평균온도차가 10℃일 때, 100kW의 냉동부하를 처리할 수 있는 냉각관의 면적은?

① 5m² ② 15m²
③ 20m² ④ 40m²

해설
$Q = KA\Delta t_m$
$A = \dfrac{Q}{K\Delta t_m} = \dfrac{100 \times 1000}{500 \times 10} = 20\,\text{m}^2$

20 고온 400℃, 저온 50℃의 온도 범위에서 작동하는 Carnot 사이클 열기관의 열효율을 구하면 몇 %인가?

① 37 ② 42
③ 47 ④ 52

해설
$\eta = \dfrac{T_H - T_L}{T_H}$
$= \dfrac{(400+273)-(50+273)}{(400+273)}$
$= 0.52 = 52\%$

제2과목 공조냉동 설계

21 효율이 40%인 열기관에서 유효하게 발생되는 동력이 110kW 라면 주위로 방출되는 총 열량은 약 몇 kW 인가?

① 375 ② 165
③ 135 ④ 85

해설
효율 $\eta = \dfrac{\text{출력}}{\text{입력}} = \dfrac{Q_1 - Q_2}{Q_1}$ 이므로
$0.4 = \dfrac{110}{Q_1}$
$Q_1 = \dfrac{110}{0.4} = 275\,\text{kW}$

$Q_1 - Q_2 = 110\,\text{kW}$이므로
$Q_2 = Q_1 - 110 = 275 - 110$
$\quad = 165\,\text{kJ}$

22 카르노 사이클로 작동되는 열기관이 200KJ의 열을 200℃에서 공급받아 20℃에서 방출한다면 이 기관의 일은 약 얼마인가?

① 38kJ ② 54kJ
③ 63kJ ④ 76kJ

해설
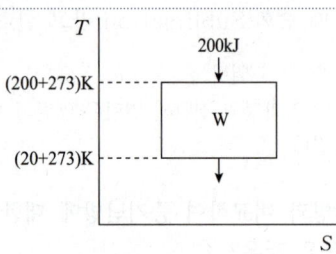

카르노 사이클의 열효율
$\eta = \dfrac{W}{Q_H} = \dfrac{T_H - T_L}{T_H}$
$W = Q_H \times \dfrac{T_H - T_L}{T_H}$
$= 200 \times \dfrac{473 - 293}{473} = 76.1\,\text{kJ}$

23 고열원의 온도가 157℃이고, 저열원의 온도가 27℃인 카르노 냉동기의 성적계수는 약 얼마인가?

① 1.5 ② 1.8
③ 2.3 ④ 3.3

해설
$COP = \dfrac{T_L}{T_H - T_L}$
$= \dfrac{(27+273)}{(157+273)-(27+273)} = 2.3$

정답 19 ③ 20 ④ 21 ② 22 ④ 23 ③

24 클라우지우스(Clausius)부등식을 표현한 것으로 옳은 것은? (단, T는 절대온도, Q는 열량을 표시한다.)

① $\oint \dfrac{\delta Q}{T} \geq 0$ ② $\oint \dfrac{\delta Q}{T} \leq 0$

③ $\oint \delta Q \geq 0$ ④ $\oint \delta Q \leq 0$

해설 클라우시우스의 부등식

가역 사이클일 때 $\oint \dfrac{\delta Q}{T} = 0$

비가역 사이클일 때 $\oint \dfrac{\delta Q}{T} < 0$

25 다음 중 압력 값이 다른 것은?

① 1mAq   ② 73.56mmHg
③ 980.665Pa   ④ 0.98N/cm^2

해설
$73.56\text{mmHg} = \dfrac{73.56}{760} \times 10.332 = 1.0\text{mAq}$

$980.665\text{Pa} = \dfrac{980.665}{101325} \times 10.332 = 0.1\text{mAq}$

$0.98\text{N/cm}^2 = 9800\text{N/m}^2$
$= \dfrac{9800}{101325} \times 10.332 = 1.0\text{mAq}$

26 3kg의 공기가 들어있는 실린더가 있다. 이 공기가 200kPa, 10℃인 상태에서 600kPa이 될 때 까지 공기가 한 일은 약 몇 kJ인가? (단, 이 과정은 폴리트로프 변화로서 폴리트로프 지수는 1.3이다. 또한 공기의 기체상수는 0.287kJ/(kg·K)이다.)

① −285   ② −235
③ 13   ④ 125

해설 폴리트로프 변화의 절대일

$W_a = \dfrac{1}{n-1} mR(T_1 - T_2)$ 에서

$= \dfrac{1}{n-1} mRT_1\left(1 - \dfrac{T_2}{T_1}\right)$

$= \dfrac{mRT_1}{n-1}\left\{1 - \left(\dfrac{P_2}{P_1}\right)^{\frac{n-1}{n}}\right\}$

$= \dfrac{3 \times 0.287 \times (10+273)}{1.3-1}$

$\times \left\{1 - \left(\dfrac{600}{200}\right)^{\frac{1.3-1}{1.3}}\right\} = -234.37\text{kJ}$

(일을 받았으니 −234.37kJ이다)

27 방열기에서 상당방열면적(EDR)은 아래의 식으로 나타낸다. 이 중 Q_o는 무엇을 뜻하는가? (단, 사용단위로 Q는 W, Q_o는 W/m^{2}이다.)

$$EDR(m^2) = \dfrac{Q}{Q_o}$$

① 증발량
② 응축수량
③ 방열기의 전방열량
④ 방열기의 표준방열량

해설 상당방열면적(EDR)

$\text{EDR} = \dfrac{\text{방열기의 총발열량}}{\text{방열기의 표준방열량}} = \dfrac{Q}{Q_o}$

28 두께 1cm, 면적 0.5m^{2}의 석고판의 뒤에 가열 판이 부착되어 1000W의 열을 전달한다. 가열판의 뒤는 완전히 단열되어 열은 앞면으로만 전달된다. 석고판 앞면의 온도는 100℃이다. 석고의 열전도율이 k=0.79W/m·K일 때 가열판에 접하는 석고 면의 온도는 약 몇 ℃ 인가?

① 110   ② 125
③ 150   ④ 212

해설 열전도량 $q = \dfrac{k}{\ell} A(t_2 - t_1)$ 에서

$t_2 = t_1 + \dfrac{q\ell}{kA} = 100 + \dfrac{1000 \times 0.01}{0.79 \times 0.5}$
$= 125.31℃$

24 ②   25 ③   26 ②   27 ④   28 ②   정답

29 흡수식 냉동기의 특징에 대한 설명으로 옳은 것은?

① 자동제어가 어렵고 운전경비가 많이 소요된다.
② 초기 운전 시 정격 성능을 발휘할 때까지 도달 속도가 느려진다.
③ 부분 부하에 대한 대응성이 어렵다.
④ 증기 압축식보다 소음 및 진동이 크다.

해설 ① 용량제어가 쉽고, 전기를 사용하는 압축기가 없으므로 운전경비가 적게 소요된다.
③ 부분 부하에 대한 대응성이 쉽고, 부분부하 효율이 좋다.
④ 압축기가 없기 때문에 소음 및 진동이 작다.

30 빙축열방식에 대한 설명 중 틀린 것은?

① 제빙을 위한 냉동기 운전은 냉수 취출을 위한 운전보다 증발온도가 낮기 때문에 성능계수(COP)가 높아 20~30% 소비동력이 감소한다.
② 냉매의 종류는 후레온 냉매를 직접 제빙부에 공급하는 직접팽창식과 냉동기에서 냉각된 브라인을 제빙부에 공급하는 브라인 방식으로 나눈다.
③ 제빙방식은 축열조 내에서 얼음을 생성시키는 정적제빙방식과 축열조 외부에서 제빙하고 그 얼음을 축열조에 옮겨 축열하는 동적제빙방식으로 나눈다.
④ 빙축열조 축열용량 = 냉동기 능력 × 야간 축열운전시간이 된다. 여기에 제빙온도 등을 고려하여 기기를 선정한다.

해설 증발온도가 낮아지면 성능계수(COP)가 감소하므로 소비동력이 증가한다.

31 어떤 냉장고의 방열벽 면적이 500m², 열통과율이 0.311 W/m²·℃일 때, 이 벽을 통하여 냉장고 내로 침입하는 열량(kW)은? (단, 이 때의 외기온도는 32℃이며, 냉장고 내부 온도는 -15℃ 이다.)

① 7.3 ② 9.1
③ 10.4 ④ 12.6

해설 $q = K \cdot A \cdot \Delta t$
$= \dfrac{0.311 \times 500 \times (32-(-15))}{1000} = 7.308 \text{kW}$

32 냉동창고의 벽체가 두께 15cm, 열전도율 1.6 W/m·℃인 콘크리트와 두께 5cm, 열전도율이 1.4 W/m·℃인 모르타르로 구성되어 있다면 벽체의 열통과율(W/m²·℃)은? (단, 내벽측 표면 열전달률은 9.3 W/m²·℃, 외벽측 표면 열전달률은 23.2W/m²·℃이다.)

① 1.11 ② 2.58
③ 3.57 ④ 5.91

해설

$\dfrac{1}{K} = \dfrac{1}{\alpha_i} + \dfrac{l_1}{\lambda_1} + \dfrac{l_2}{\lambda_2} + \dfrac{1}{\alpha_0}$

$= \dfrac{1}{9.3} + \dfrac{0.15}{1.6} + \dfrac{0.05}{1.4} + \dfrac{1}{23.2} = 0.28$

$\therefore K = \dfrac{1}{0.28} = 3.57 \text{W/m}^2 \cdot \text{℃}$

정답 29 ② 30 ① 31 ① 32 ③

33 CA(Controlled Atmosphere) 냉장고란 무엇을 말하는가?

① 제빙용 냉장고
② 공조용 냉장고
③ 청과물 냉장고
④ 해산물 냉장고

해설 청과물을 저장하는 데 있어 저장성을 높이기 위해 냉장고 내 공기의 산소를 3~5% 감소시키고 대신 이산화탄소를 3~5% 증대시켜 청과물의 호흡작용을 억제시키므로 저장성을 높인 냉장고를 CA냉장고라 한다.

34 증발기에 관한 설명으로 틀린 것은?

① 냉매는 증발기 속에서 습증기가 건포화 증기로 변한다.
② 건식 증발기는 유회수가 용이하다.
③ 만액식 증발기는 액백을 방지하기 위해 액분리기를 설치한다.
④ 액순환식 증발기는 액 펌프나 저압 수액기가 필요없으므로 소형 냉동기에 유리하다.

해설 액순환식 증발기는 액펌프나 저압수액기가 반드시 필요하며 대용량의 냉동시설에 사용된다.

35 2단압축 냉동기에서 냉매의 응축온도가 38℃일 때 수냉식 응축기의 냉각수 입·출구의 온도가 각각 30℃, 35℃이다. 이 때 냉매와 냉각수와의 대수평균온도차(℃)는?

① 2   ② 5
③ 8   ④ 10

해설 대수평균 온도차(LMTD)

$\Delta t_1 = 8$ (38 → 30), $\Delta t_2 = 3$ (38 → 35)

$$LMTD = \frac{\Delta t_1 - \Delta t_2}{\ln \frac{\Delta t_1}{\Delta t_2}} = \frac{8-3}{\ln \frac{8}{3}} = 5℃$$

36 운전 중인 냉동장치의 저압측 진공게이지가 50cmHg을 나타내고 있다. 이때의 진공도는?

① 65.8%   ② 40.8%
③ 26.5%   ④ 3.4%

해설 진공도는 대기압에서 얼마나 진공이 되었는지를 나타낸다.

$$진공도 = \frac{진공계 압력}{대기압력} = \frac{50}{76} \times 100 = 65.8\%$$

37 시간당 2000kg의 30℃ 물을 -10℃의 얼음으로 만드는 능력을 가진 냉동장치가 있다. 조건이 아래와 같을 때, 이 냉동장치 압축기의 소요동력은? (단, 열손실은 무시한다.)

응축기 냉각수	입구온도	32℃
	출구온도	37℃
	유량	60m³/h
물의 비열		4.19kJ/kg·℃
얼음	응고잠열	333.6kJ/kg
	비열	2.1kJ/kg·℃

① 71kw   ② 76kw
③ 78kw   ④ 82kw

해설 ① 냉동부하(증발기)

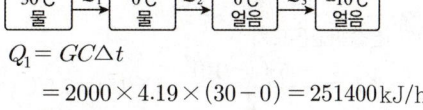

$Q_1 = GC\Delta t$
$= 2000 \times 4.19 \times (30-0) = 251400 \text{kJ/h}$

$Q_2 = G\gamma$
$= 2000 \times 333.6 = 667200 \text{kJ/h}$

정답 33 ③ 34 ④ 35 ② 36 ① 37 ④

$$Q_3 = GC\Delta t$$
$$= 2000 \times 2.1 \times (0-(-10)) = 42000 \,\text{kJ/h}$$

∴ 냉동부하 $Q_e = 251400 + 667200 + 42000$
$$= 960600 \,\text{kJ/h}$$

② 응축열량(응축기)
$$Q_c = GC\Delta t = \rho QC\Delta t$$
$$= 1000 \times 60 \times 4.19 \times (37-32)$$
$$= 1257000 \,\text{kJ/h}$$

③ 압축기의 소요동력(W)
$$W = \frac{Q_c - Q_e}{3600}$$
$$= \frac{1257000 - 960600}{3600} = 82.3 \,\text{kW}$$

38 냉동장치의 운전 준비 작업으로 가장 거리가 먼 것은?

① 윤활상태 및 전류계 확인
② 벨트의 장력상태 확인
③ 압축기 유면 및 냉매량 확인
④ 각종 밸브의 개폐 유·무 확인

해설 윤활상태 및 전류계 확인은 운전 중의 점검 사항이다.

39 냉동부하가 25RT인 브라인 쿨러가 있다. 열전달 계수가 1.53kW/m²·K이고, 브라인 입구온도가 -5℃, 출구온도가 -10℃, 냉매의 증발온도가 -15℃일 때 전열면적(m²)은 얼마인가? (단, 1RT는 3.8kW이고, 산술평균온도차를 이용한다.)

① 16.7　　② 12.1
③ 8.3　　④ 6.5

해설 산술평균온도차
$$\Delta t_m = \frac{-5+(-10)}{2} - (-15) = 7.5℃$$
$Q = K \cdot A \cdot \Delta t_m$ 에서
$$A = \frac{Q}{K \cdot \Delta t_m} = \frac{25 \times 3.8}{1.53 \times 7.5} = 8.27 \,\text{m}^2$$

40 냉동기유의 구비조건으로 틀린 것은?

① 점도가 적당할 것
② 응고점이 높고 인화점이 낮을 것
③ 유성이 좋고 유막을 잘 형성할 수 있을 것
④ 수분 등의 불순물을 포함하지 않을 것

해설 응고점이 높다는 것은 높은 온도에서 응고(결빙)된다는 것이므로 낮은 온도에서는 오히려 쉽게 응고되므로 구비조건으로 맞지 않고, 인화점이 낮다는 것은 낮은 온도에서 인화된다는 것이므로 냉동기유의 온도가 조금만 높아도 인화되므로 윤활유로 사용할 수 없게 된다.
따라서 응고점이 낮고 인화점이 높아야 한다.

제3과목 시운전 및 안전관리

41 다음 중 kVA는 무엇의 단위인가?

① 유효전력　　② 피상전력
③ 효율　　　　④ 무효전력

해설 ① 유효전력 P[kW]
② 피상전력 Pa[kVA]
③ 무효전력 Pr[kVar]

42 피드백 제어계에서 제어요소에 대한 설명 중 옳은 것은?

① 조작부와 검출부로 구성되어 있다.
② 조절부와 검출부로 구성되어 있다.
③ 목표값에 비례하는 신호를 발생하는 요소이다.
④ 동작신호를 조작량으로 변화시키는 요소이다.

해설 제어요소는 동작신호를 조작량으로 변화시켜주는 요소이며 조절부와 조작부로 구성되어 있다.

38 ① 39 ③ 40 ② 41 ② 42 ④ **정답**

43 불평형 3상 전류 $I_a = 18 + j3(\text{A})$, $I_b = -25 - j7(\text{A})$, $I_c = -5 + j10(\text{A})$일 때, 정상분 전류 $I_1(\text{A})$은 약 얼마인가?

① $-12 - j6$
② $15.9 - j5.27$
③ $6 + j6.3$
④ $-4 + j2$

해설 정상분 전류(I_1)

$I_1 = \dfrac{1}{3}(I_a + aI_b + a^2I_c)$

여기서 $a = 1\angle 120° = -\dfrac{1}{2} + j\dfrac{\sqrt{3}}{2}$

$a^2 = 1\angle 240° = -\dfrac{1}{2} - j\dfrac{\sqrt{3}}{2}$

$I_1 = \dfrac{1}{3}\{18 + j3 + (-\dfrac{1}{2} + j\dfrac{\sqrt{3}}{2})(-25 - j7)$
$+ (-\dfrac{1}{2} - j\dfrac{\sqrt{3}}{2})(-5 + j10)\}$

$= \dfrac{1}{3}\{18 + j3 + (12.5 + j3.5 - j12.5\sqrt{3} + 3.5\sqrt{3}) + (2.5 - j5 + j2.5\sqrt{3} + 5\sqrt{3})\}$

$= 15.9 - j5.27$

44 전동기의 회전방향을 알기 위한 법칙은?

① 렌츠의 법칙
② 암페어의 법칙
③ 플레밍의 왼손법칙
④ 플레밍의 오른손 법칙

해설 전동기의 회전방향을 알기 위한 법칙은 플레밍의 왼손법칙이며 발전기의 전류방향을 알기위한 법칙은 플레밍의 오른손 법칙이다.

45 다음 회로에서 사용된 논리기호는?

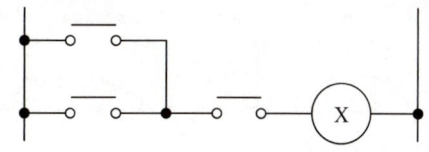

① AND 게이트 그리고 NOT 게이트
② OR 게이트 그리고 NOT 게이트
③ OR 게이트 그리고 AND 게이트
④ AND 게이트 그리고 AND 게이트

해설

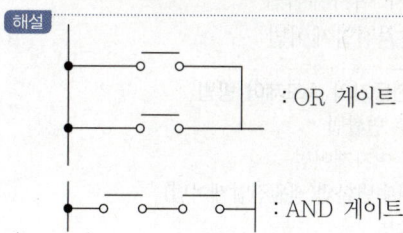

46 서보전동기는 서보기구의 제어계 중 어떤 기능을 담당하는가?

① 조작부
② 검출부
③ 제어부
④ 비교부

해설 서보전동기는 서보기구의 조작부 기능을 담당하는 조작기이다.

47 최대눈금이 100V인 직류전압계가 있다. 이 전압계를 사용하여 150V의 전압을 측정하려면 배율기의 저항(Ω)은? (단, 전압계의 내부 저항은 5000Ω 이다.)

① 1000
② 2500
③ 5000
④ 10000

해설 배율기 식 $\dfrac{V_m}{V} = 1 + \dfrac{R_m}{R}$ 에서

배율기 저항 $R_m = R\left(\dfrac{V_m}{V} - 1\right)$
$= 5000 \times \left(\dfrac{150}{100} - 1\right)$
$= 2500\Omega$

정답 43 ② 44 ③ 45 ③ 46 ① 47 ②

48 유도전동기의 속도제어 방법이 아닌 것은?

① 극수변환법
② 역률제어법
③ 2차 여자제어법
④ 전원전압제어법

해설 유도전동기의 속도제어 방법
- 극수 변환법
- 2차 여자제어법
- 주파수변환법(전원전압제어법)
- 종속법
- 2차저항제어법

49 직류·교류 양용에 만능으로 사용할 수 있는 전동기는?

① 직권 정류자 전동기
② 직류 복권 전동기
③ 유도 전동기
④ 동기 전동기

해설 직권 정류자 전동기 : 직류와 교류에 모두 사용할 수 있는 전동기이며 만능 전동기(universal motor)라고 한다.
계자권선과 전기자권선이 직렬로 접속되어 있으며 직류 전압을 가해줄 때나 교류 전압을 가해줄 때 모두 같은 방향으로 회전한다.

50 역률 0.85, 선전류 50A, 유효전력 28kW인 평형 3상 △ 부하의 전압(V)은 얼마인가?

① 300
② 380
③ 476
④ 660

해설 3상 교류 유효전력 $P = \sqrt{3}\,VI\cos\theta$

$$V = \frac{P}{\sqrt{3}\,I\cos\theta}$$

$$= \frac{28 \times 10^3}{\sqrt{3} \times 50 \times 0.85} = 380.3\text{V}$$

51 교류를 직류로 변환하는 전기기기가 아닌 것은

① 수은정류기   ② 단극발전기
③ 회전변류기   ④ 컨버터

해설 교류를 직류로 변환시키는 기기로 정류기, 변류기, 컨버터가 있으며, 단극발전기는 직류발전기이다.

52 다음 논리기호의 논리식은?

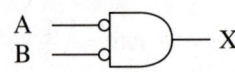

① $X = A + B$ ② $X = \overline{AB}$
③ $X = AB$ ④ $X = \overline{A+B}$

해설 드모르간의 정리
$X = \overline{A} \cdot \overline{B} = \overline{A+B}$

둘다 0이 되어야 신호가 나타나는 회로

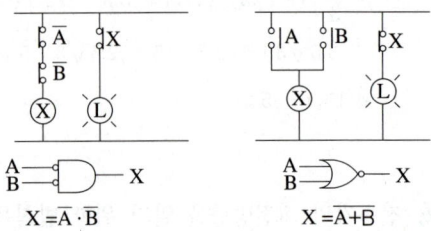

53 입력으로 단위 계단함수 $u(t)$를 가했을 때, 출력이 그림과 같은 조절계의 기본 동작은?

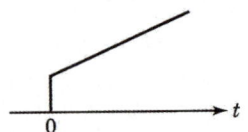

① 비례동작   ② 2위치동작
③ 비례적분동작   ④ 비례미분동작

해설

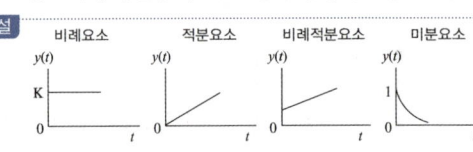

54 오픈루프 제어계와 비교하여 폐루프 제어계를 구성하기 위해 반드시 필요한 장치는?
① 입·출력비교장치
② 안정도를 좋게 하는 장치
③ 응답속도를 빠르게 하는 장치
④ 고주파 발생장치

해설 폐루프 제어계(피드백 제어계)는 입력과 출력을 비교하는 장치가 반드시 필요하다.

55 추종제어에 속하지 않는 제어량은?
① 위치 ② 방위
③ 자세 ④ 유량

해설 〈추종제어〉
목표값이 임의로 변화되는 경우의 제어로서 물체의 범위(위치), 방향, 자세(각도)등을 제어량으로 하는 제어이다. 미사일 추적장치, 추적용 레이더, 선박의 방향제어 등이 있다
〈프로세스 제어〉
화학공업, 반도체 산업 등과 같이 주로 프로세스 산업분야에서 행해지는 제어로서 환경조건을 최적화하는 목적으로 행해지는 제어이며 온도, 습도, 압력, 유량, 액면, 비중, 농도 등과 같은 변화량을 제어한다. 주로 외란 억제를 주 목적으로 한다.

56 고압가스 안전관리법령에서 규정하는 냉동기 제조 등록을 해야 하는 냉동기의 기준은 얼마인가?
① 냉동능력 3톤 이상인 냉동기
② 냉동능력 5톤 이상인 냉동기
③ 냉동능력 8톤 이상인 냉동기
④ 냉동능력 10톤 이상인 냉동기

해설 고압가스 안전관리법 5조 1항, 시행령 5조 ①항 2.
냉동기제조등록 : 냉동능력이 3톤 이상인 냉동기를 제조하는 것

57 기계설비법령에 따라 기계설비성능점검업자는 기계설비성능점검업의 등록한 사항 중 대통령령으로 정하는 사항이 변경된 경우에는 변경등록을 하여야 한다. 만약 변경등록을 정해진 기간 내 못한 경우, 1차 위반 시 받게 되는 행정처분 기준은?
① 등록취소   ② 업무정지 2개월
③ 업무정지 1개월 ④ 시정명령

해설 기계설비법 시행령 별표8. 2. 바.

1차 위반시	2차 위반시	3차 이상 위반시
시정명령	영업정지 1개월	영업정지 2개월

58 다음 중 고압가스 안전관리법령에 따라 500만원 이하의 벌금 기준에 해당되는 경우는?

㉠ 고압가스를 제조하려는 자가 신고를 하지 아니하고 고압가스를 제조한 경우
㉡ 특정고압가스 사용신고자가 특정고압가스의 사용 전에 안전관리자를 선임하지 않은 경우
㉢ 고압가스의 수입을 업(業)으로 하려는 자가 등록을 하지 아니하고 고압가스 수입업을 한 경우
㉣ 고압가스를 운반하려는 자가 등록을 하지 아니하고 고압가스를 운반한 경우

① ㉠
② ㉠,㉡
③ ㉠,㉡,㉢
④ ㉠,㉡,㉢,㉣

해설 고압가스 안전관리법 제41조(벌칙) : 500만원 이하 벌금
1. 제4조 제2항 전단에 따른 **신고를 하지 않고 고압가스를 제조한 자**
2. 제15조 제1항부터 제3항까지의 규정에 따른 **안전관리자를 선임하지 아니한 자**

정답 54 ① 55 ④ 56 ① 57 ④ 58 ②

59 산업안전보건법령상 유해·위험 방지를 위한 방호조치가 필요한 기계·기구에 해당하는 것은?

① 응축기 ② 저장탱크
③ 공기압축기 ④ 냉각기

해설 산업안전보건법 시행령 [별표20]
유해·위험 방지를 위한 방호조치가 필요한 기계·기구(제70조 관련)
1. 예초기
2. 원심기
3. 공기압축기
4. 금속절단기
5. 지게차
6. 포장기계(진공포장기, 래핑기로 한정한다)

60 기계설비법령에 따라 기계설비 발전 기본계획은 몇 년마다 수립·시행하여야 하는가?

① 1 ② 2
③ 3 ④ 5

해설 기계설비법 제5조 ①
국토교통부 장관은 ····기계설비 발전 기본계획을 5년마다 수립·시행하여야 한다.

제4과목 유지보수 공사관리

61 다음 밸브 중에서 유체의 유동 방향이 없는 것은?

① 앵글 밸브 ② 슬루스 밸브
③ 글로브 밸브 ④ 감압 밸브

해설 슬루스 밸브는 게이트 밸브라고도 하며 유체의 흐름을 차단할 목적으로 사용되며, 유체의 유동 방향에 관계 없는 밸브로서 완전히 개방하거나 닫힌 상태로 사용하는 것이 좋다.

62 급수관에서 수평관을 상향구배 주어 시공하려고 할 때 행거로 고정한 지점에서 구배를 자유롭게 조정할 수 있는 지지 금속은?

① 고정 인서트 ② 앵커
③ 롤러 ④ 턴버클

해설 턴버클은 높낮이를 조절할 수 있는 지지물이다.

63 보일러의 경수연화장치의 운전 순서로 옳은 것은?

① 수세 → 침정 → 압출로 물 배출 → 소금물 주입 → 역세
② 수세 → 침정 → 소금물 주입 → 압출로 물 배출 → 역세
③ 역세 → 침정 → 소금물 주입 → 압출로 물 배출 → 수세
④ 역세 → 침정 → 압출로 물 배출 → 소금물 주입 → 수세

해설 경수연화장치 운전순서
역세 → 침정 → 약주(소금물주입) → 압출 → 수세

64 난방 배관 시공을 위해 벽, 바닥 등에 관통 배관 시공을 할 때 슬리브(sleeve)를 사용하는 이유로 가장 거리가 먼 것은?

① 열팽창에 따른 배관 신축에 적응하기 위해
② 후일 관 교체 시 편리하게 하기 위해
③ 고장 시 수리를 편리하게 하기 위해
④ 유체의 압력을 증가시키기 위해

해설 슬리브를 사용하는 이유와 유체의 압력은 아무 관계가 없다.

정답 59 ③ 60 ④ 61 ② 62 ④ 63 ③ 64 ④

65 강관작업에서 아래 그림처럼 15A 나사용 90° 엘보 2개를 사용하여 길이가 200mm가 되도록 연결 작업을 하려고 한다. 이때 실제 15A 강관의 길이는 얼마인가? (단, 나사가 물리는 최소길이(여유치수)는 11mm, 이음쇠의 중심에서 단면까지의 길이는 27mm이다.)

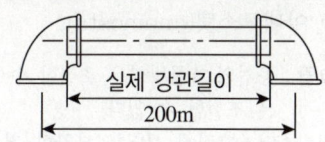

① 142mm ② 158mm
③ 168mm ④ 176mm

해설

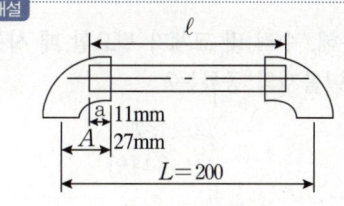

강관의 길이 $l = L - 2A + 2a$
$= 200 - 2 \times 27 + 2 \times 11$
$= 168mm$

66 다음 보온재 중 안전사용(최고)온도가 가장 높은 것은? (단, 동일조건 기준으로 한다.)

① 글라스울 보온판
② 우모펠트
③ 규산칼슘 보온판
④ 석면 보온판

해설

보온재	안전사용(최고)온도
우모 펠트	100℃
글라스울	300℃
석면	550℃
규산칼슘	650℃

67 다음 중 체크밸브를 나타내는 것은?

① ─▷│─   ② ─▷◁─
          ↑
③ ─▷●◁─   ④ ─▷─
          ↑

해설
─▷│─ : 체크밸브
─▷◁─ : 일반밸브
─▷●◁─ : 글로브밸브
─▷─↑ : 앵글밸브

68 동관의 이음에서 기계의 분해, 점검, 보수를 고려하여 사용하는 이음법은?

① 납땜이음
② 플라스턴이음
③ 플레어이음
④ 소켓이음

해설
플레어이음 : 동관 끝부분을 나팔모양으로 넓혀서 볼트, 너트로 이음하는 방법이며 분해, 점검, 보수시 쉽게 탈착할 수 있는 이음이다.

69 관의 부식 방지 방법으로 틀린 것은?

① 전기 절연을 시킨다.
② 아연도금을 한다.
③ 열처리를 한다.
④ 습기의 접촉을 없게 한다.

해설
열처리는 관의 부식방지법이 아니며 오히려 부식을 촉진시킬 수 있다.

정답 65 ③ 66 ③ 67 ① 68 ③ 69 ③

70 증기배관 중 냉각 레그(cooling leg)에 관한 내용으로 옳은 것은?

① 완전한 응축수를 회수하기 위함이다.
② 고온증기의 동파 방지설비이다.
③ 열전도 차단을 위한 보온단열 구간이다.
④ 익스팬션 조인트이다.

해설 증기 주관에서 트랩에 이르는 냉각레그는 완전한 응축수를 트랩에 보내기 위한 것이다. 따라서 보온을 하지 않는다.

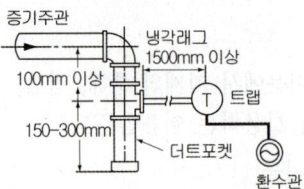

71 전기가 정전되어도 계속하여 급수를 할 수 있으며 급수오염 가능성이 적은 급수방식은?

① 압력탱크 방식
② 수도직결 방식
③ 부스터 방식
④ 고가탱크 방식

해설
1. 수도직결방식
  • 시 상수도 본관의 압력으로 건물에 급수하는 방식이다.
  • 건물의 층수가 적고 소규모 건물에 이용한다.
  • 정전시에도 급수가 가능하다.
  • 물을 저장하기 때문에 생기는 오염을 방지할 수 있다.
2. 고가수조 방식
  • 건물의 옥상에 설치된 고가수조에 물을 받아 저장하고 고가수조에서 하향으로 급수하는 방식이다.
  • 단수시에도 고가수조의 물을 이용할 수 있다.
  • 취급이 용이하고 고장이 적다.
  • 급수압력이 항상 일정하다.

72 공기의 흐름방향을 조절할 수 있으나 풍량은 조절할 수 없고 환기용 흡입구나 배기구로 사용되는 것은?

① 그릴(grilles)
② 디퓨저(diffusers)
③ 레지스터(registers)
④ 아네모스탯(anemostat)

해설
그릴 : 공기의 흐름방향을 조절할 수 있으나 풍량은 조절할 수 없다.
레지스터 : 그릴에 셔터를 부착한 것으로 공기의 방향과 풍량을 조절할 수 있다.

73 배관의 분해, 수리 및 교체가 필요할 때 사용하는 관 이음재의 종류는?

① 부싱 ② 소켓
③ 엘보 ④ 유니언

해설 유니온, 플랜지 : 배관의 분해, 수리, 교체를 위해 사용하는 관이음

74 옥상탱크식 급수법에 관한 설명이 옳은 것은?

① 옥상탱크의 오버플로관(over flow pipe)지름은 일반적으로 양수관의 지름보다 2배 정도 큰 것으로 한다.
② 옥상탱크의 용량은 1일간 무제한 급수할 수 있는 용량(크기)이어야 한다.
③ 펌프에서의 양수관은 옥상탱크의 하부에 연결한다.
④ 급수를 위한 급수관은 탱크의 최저 하부에서 빼낸다.

해설
• 옥상탱크 용량은 1~2시간 사용량으로 한다.
• 양수관은 옥상탱크 상부 또는 상부측면에 연결한다.
• 급수관은 탱크 최저부보다 높은 측면에서 빼낸다.

정답 70 ① 71 ② 72 ① 73 ④ 74 ①

75 급수에 사용되는 물은 탄산칼슘의 함유량에 따라 연수와 경수로 구분된다. 경수 사용 시 발생될 수 있는 현상으로 틀린 것은?
① 보일러 용수로 사용 시 내면에 관석이 많이 발생한다.
② 전열효율이 저하하고 과열 원인이 된다.
③ 보일러의 수명이 단축된다.
④ 비누거품이 많이 발생한다.

해설) 경수는 탄산칼슘의 함유량이 많은 경우이므로 보일러 내면에 관석이 많이 발생하고, 전열효율이 저하되며, 보일러 수명이 단축되고, 비누거품이 잘 발생하지 않는다.

76 증기나 응축수가 트랩이나 감압밸브 등의 기기에 들어가기 전 고형물을 제거하여 고장을 방지하기 위해 설치하는 장치는?
① 스트레이너   ② 레듀서
③ 신축이음   ④ 유니언

해설) 스트레이너(Strainer, 여과기)
• 배관에 설치하여 배관내의 이물질을 걸러내기 위한 장치
• 본체안에 있는 여과망이 이물질을 걸러낸다
• 펌프의 흡입쪽이나 밸브의 입구쪽에 설치한다
• 종류는 Y형, U형, V형이 있다.

77 급수방법 중 압력탱크 방식의 특징으로 틀린 것은?
① 높은 곳에 탱크를 설치할 필요가 없으므로 건축물의 구조를 강화할 필요가 없다.
② 탱크의 설치위치에 제한을 받지 않는다.
③ 조작상 최고, 최저의 압력차가 없으므로 급수압이 일정하다.
④ 옥상탱크에 비해 펌프의 양정이 길어야 하므로 시설비가 많이 든다.

해설) 압력탱크 방식은 최고압력과 최저압력의 차가 크므로 급수압력의 변동이 심하다.

78 다음 방열기 표시에서 "5"의 의미는?

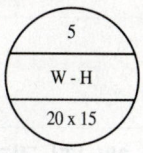

① 방열기의 섹션 수
② 방열기 사용 압력
③ 방열기의 종별과 형
④ 유입관의 관경

해설) 5 : 방열기의 섹션수(절수, 쪽수)

79 증기난방 방식에서 응축수 환수 방법에 따른 분류가 아닌 것은?
① 기계 환수식   ② 응축 환수식
③ 진공 환수식   ④ 중력 환수식

해설) 응축 환수식이라는 환수방법은 없다.

80 Seam 용접의 기호로 옳은 것은?

①    ②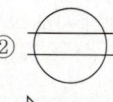
③    ④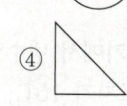

해설)
○ : 스폿(점) 용접
⊖ : 심(Seam) 용접
⌒ : 이면(뒷면) 용접
△ : 필렛 용접

정답 75 ④ 76 ① 77 ③ 78 ① 79 ② 80 ②

과년도 출제문제(2023년 3회 CBT 복원)

제1과목 에너지 관리

01 온수난방과 비교하여 증기난방에 대한 설명으로 옳은 것은?

① 예열시간이 짧다.
② 실내온도의 조절이 용이하다.
③ 방열기 표면의 온도가 낮아 쾌적한 느낌을 준다.
④ 실내에서 상하 온도차가 작으며, 방열량의 제어가 다른 난방에 비해 쉽다.

해설 증기난방
- 장치 내 보유수량이 적어 열용량이 작으므로 예열시간이 짧고 증기순환이 빠르다.
- 증기의 온도 및 증기의 유량 제어가 어려워 실내온도 조절이 어렵다. 즉 방열량 제어가 어렵다.
- 방열기 표면온도가 높아 화상의 위험이 있으며 실내의 상하 온도차가 커서 쾌적하지 못하다.

02 열교환기에서 냉수코일 입구 측의 공기와 물의 온도차가 16℃, 냉수코일 출구 측의 공기와 물의 온도차가 6℃이면 대수평균온도차(℃)는 얼마인가?

① 10.2   ② 9.25
③ 8.37   ④ 8.00

해설 대수평균온도차(LMTD)

$$LMTD = \frac{\Delta t_1 - \Delta t_2}{\ln \frac{\Delta t_1}{\Delta t_2}} \quad \Delta t_1=16, \Delta t_2=6$$

$$= \frac{16-6}{\ln \frac{16}{6}} = 10.19 ≒ 10.2℃$$

03 다음 중 냉방부하의 종류에 해당되지 않는 것은?

① 일사에 의해 실내로 들어오는 열
② 벽이나 지붕을 통해 실내로 들어오는 열
③ 조명이나 인체와 같이 실내에서 발생하는 열
④ 침입 외기를 가습하기 위한 열

해설 침입 외기를 가습하기 위한 열은 난방(가습)부하이다.

04 환기에 따른 공기조화부하의 절감 대책으로 틀린 것은?

① 예냉, 예열 시 외기도입을 차단한다.
② 열 발생원이 집중되어 있는 경우 국소배기를 채용한다.
③ 전열교환기를 채용한다.
④ 실내 정화를 위해 환기횟수를 증가시킨다.

해설 ④ 환기횟수를 증가시키면 실내로 들어오는 외기가 증가되므로 외기부하가 증가되고 따라서 공기조화부하가 증가한다.

05 다음 가습 방법 중 물분무식이 아닌 것은?

① 원심식   ② 초음파식
③ 노즐분무식   ④ 적외선식

해설 수분무식 : 원심식, 초음파식, 노즐분무식
증기발생식 : 적외선식, 전열식, 전극식

정답 01 ① 02 ① 03 ④ 04 ④ 05 ④

06 다음 중 온수난방과 관계없는 장치는 무엇인가?

① 트랩
② 공기빼기밸브
③ 순환펌프
④ 팽창탱크

해설
트랩 : 증기배관이나 증기 사용기기에서 응축된 응축수와 증기를 분리시키는 일종의 자동밸브이다.

07 저온공조방식에 관한 내용으로 가장 거리가 먼 것은?

① 배관지름의 감소
② 팬 동력 감소로 인한 운전비 절감
③ 낮은 습도의 공기 공급으로 인한 쾌적성 향상
④ 저온공기 공급으로 인한 급기 풍량 증가

해설
저온공조방식
① 공조기에서 공급하는 공기의 온도를 일반적인 공조방식보다 낮은 온도로 공급하는 방식
② 일반공조 방식의 급기온도 16℃(급기와 실내공기 온도차 10℃)
③ 저온공조 방식의 급기온도 3~11℃(급기와 실내공기 온도차 15~23℃)

〈장점〉
- 송풍기 및 덕트의 크기를 줄일 수 있고 반송동력을 절감할 수 있다.
- 취출공기의 온도를 낮추면 공기 속의 수분량도 줄어들게 되므로 잠열부하가 큰 건물에서 송풍량을 늘리지 않고서도 실내 온, 습도를 유지할 수 있다.
- 냉방부하가 큰 건물이나 잠열부하가 큰 백화점과 같은 건물에서 송풍량 및 덕트의 크기를 크게 늘리지 않고자 할 때 적합한 방식이다.
- 부하 증대 시에도 기존 덕트를 활용하여 개, 보수가 가능하다.

〈단점〉
- 취출구 및 덕트에서 공기 누설 시 결로가 발생한다.
- 최소 풍량 시 환기량이 부족할 수 있다.
- 1, 2차공기의 혼합이 불충분하면 콜드드래프트를 유발할 수 있다.

08 급수배관의 수격현상 방지방법으로 가장 거리가 먼 것은?

① 펌프에 플라이휠을 설치한다.
② 관경을 작게 하고 유속을 매우 빠르게 한다.
③ 에어체임버를 설치한다.
④ 완폐형 체크밸브를 설치한다.

해설
② 유속을 빠르게 하면 수격현상이 심화된다.

수격현상(water hammer)방지 대책
1. 급격한 밸브 폐쇄를 하지 말 것
2. 회전체의 관성모멘트를 크게 할 것
3. 펌프의 양정, 유량의 급격한 변화를 주지 말 것
4. 압력 흡수기(W·H·C)를 배관에 설치한다.
5. 충격을 흡수할 수 있는 공기실(Air Chamber)을 설치한다.
6. 완폐형 체크밸브를 설치한다.

09 장방형 덕트(장변 a, 단변 b)를 원형 덕트로 바꿀 때 사용하는 계산식은 아래와 같다. 이 식으로 환산된 장방형 덕트와 원형 덕트의 관계는?

$$D_e = 1.3 \left[\frac{(a \times b)^5}{(a+b)^2} \right]^{1/8}$$

① 두 덕트의 풍량과 단위 길이당 마찰손실이 같다.
② 두 덕트의 풍량과 풍속이 같다.
③ 두 덕트의 풍속과 단위 길이당 마찰손실이 같다.
④ 두 덕트의 풍량과 풍속 및 단위 길이당 마찰손실이 모두 같다.

해설
- 장방형 덕트의 원형 덕트 환산식은 두 덕트의 풍량과 단위 길이당 마찰손실이 같을 때의 관계식이다.
- 4각형 덕트 이외 덕트의 원형 덕트 환산식

$$D_e = \frac{4A}{P}$$

D_e : 덕트의 상당지름
A : 덕트의 단면적
P : 덕트의 둘레길이

정답 06 ① 07 ④ 08 ② 09 ①

10 공기조화기의 T.A.B 측정 절차 중 측정 요건으로 틀린 것은?

① 시스템의 검토 공정이 완료되고 시스템 검토 보고서가 완료되어야 한다.
② 설계도면 및 관련 자료를 검토한 내용을 토대로 하여 보고서 양식에 장비규격 등의 기준이 완료되어야 한다.
③ 댐퍼, 말단 유닛, 터미널의 개도는 완전 밀폐되어야 한다.
④ 제작사의 공기조화기 시운전이 완료되어야 한다.

해설 ③ TAB 측정 절차 중 측정 전에 댐퍼, 말단 유닛, 터미널의 개도는 완전 개방되어 있어야 한다.

11 공기의 정압비열(C_p, kJ/(kg·℃))이 다음과 같다고 가정한다. 이때 공기 5kg을 0℃에서 100℃까지 일정한 압력하에서 가열하는데 필요한 열량은 약 몇 kJ인가? (단, 다음 식에서 t는 섭씨온도를 나타낸다.)

$$C_p = 1.0053 + 0.000079 \times t \, [kJ/(kg \cdot ℃)]$$

① 85.5   ② 100.9
③ 312.7   ④ 504.6

해설
$\delta Q = G C_p dt$

$Q = \int_0^{100} 5 \times (1.0053 + 0.000079 \times t) dt$

$= 5 \times \left[1.0053 t + \frac{0.000079}{2} t^2 \right]_0^{100}$

$= 5 \times \left(1.0053 \times 100 + \frac{0.000079}{2} \times 100^2 \right)$

$= 504.6 kJ$

12 두 물체가 각각 제3의 물체와 온도가 같을 때는 두 물체도 역시 서로 온도가 같다는 것을 말하는 법칙으로 온도측정의 기초가 되는 것은?

① 열역학 제0법칙   ② 열역학 제1법칙
③ 열역학 제2법칙   ④ 열역학 제3법칙

해설
① 열역학 제0법칙 : 열(온도)평형 법칙
② 열역학 제1법칙 : 에너지 보존 법칙
③ 열역학 제2법칙 : 열과 일의 변환에 대한 방향성을 제시한 법칙, 엔트로피 법칙
④ 열역학 제3법칙 : 절대온도 법칙

13 온도 150℃, 압력 0.5MPa의 공기 0.2kg이 압력이 일정한 과정에서 원래 체적의 2배로 늘어난다. 이 과정에서의 일은 약 몇 kJ인가? (단, 공기는 기체상수가 0.287kJ/(kg·K)인 이상기체로 가정한다.)

① 12.3kJ   ② 16.5kJ
③ 20.5kJ   ④ 24.3kJ

해설 정압과정이므로 절대일이다

$W = P(V_2 - V_1) = P\left(\frac{V_2}{V_1} - 1\right) V_1$

$= P(2-1)V_1 = PV_1$

$\left(P_1 V_1 = mRT_1 \text{에서 } V_1 = \frac{mRT_1}{P_1} \right)$

$= P \times \frac{mRT_1}{P_1} = mRT_1 \quad (P = P_1 \text{이므로})$

$= 0.2 \times 0.287 \times (150 + 273) = 24.28 kJ$

14 다음 중 비가역 과정으로 볼 수 없는 것은?

① 마찰현상
② 낮은 압력으로의 자유 팽창
③ 등온 열전달
④ 상이한 조성물질의 혼합

해설 등온변화는 가역과정이다.

15 이상기체 공기가 안지름 0.1m인 관을 통하여 0.2m/s로 흐르고 있다. 공기의 온도는 20℃, 압력은 100kPa, 기체상수는 0.287kJ/(kg·K)이라면 질량유량은 약 몇 kg/s인가?

정답 10 ③ 11 ④ 12 ① 13 ④ 14 ③ 15 ①

① 0.0019 ② 0.0099
③ 0.0119 ④ 0.0199

해설 질량 $m = \rho Q = \rho(AV)$에서 밀도를 먼저 구하면
$$Pv = RT \rightarrow \frac{1}{v} = \frac{P}{RT} \quad \left(\rho = \frac{1}{v}\right)$$
$$\rho = \frac{100}{0.287 \times (20+273)} = 1.189 \, \text{kg/m}^3$$
$$\therefore \text{질량} \; m = \rho AV = 1.189 \times \frac{\pi \times 0.1^2}{4} \times 0.2$$
$$= 0.00186 \fallingdotseq 0.0019 \, \text{kg/s}$$

16 T.A.B을 수행하는 순서에 대해 알맞게 고르시오.

(가) 공기 및 물분배의 관련 설비가 설계가 부합되도록 설치되어 있는지 확인
(나) 설계 시방에 맞게 되었는지에 관한 계통의 유량 측정
(다) 수행 결과에 대한 기록 및 보고
(라) 종합보고서 작성

① (나) – (다) – (라) – (가)
② (라) – (가) – (다) – (나)
③ (나) – (가) – (다) – (라)
④ (가) – (나) – (다) – (라)

해설 T.A.B 수행 순서
1. 시스템 검토(설계도서를 통한 문제점 도출)
2. 현장확인(설계와 부합하는지 확인)
3. 각 계통 성능측정
4. 수행결과 기록 및 보고
5. 최종 보고서 작성

17 다음 중 강성적(강도성, intensive) 상태량이 아닌 것은?
① 압력 ② 온도
③ 엔탈피 ④ 비체적

해설
• 강성적(강도성) 상태량 : 물질의 량과 무관한 상태량이다. 온도, 습도, 압력, 밀도, 비체적, 비엔탈피, 비엔트로피, 비중

• 종량적(용량성) 상태량 : 물질의 량에 비례하는 상태량이다. 질량, 체적, 엔탈피, 엔트로피, 무게

18 엔트로피(s) 변화 등과 같은 직접 측정할 수 없는 양들을 압력(P), 비체적(v), 온도(T)와 같은 측정 가능한 상태량으로 나타내는 Maxwell 관계식과 관련하여 다음 중 틀린 것은?

① $\left(\frac{\partial T}{\partial P}\right)_S = \left(\frac{\partial v}{\partial s}\right)_P$ ② $\left(\frac{\partial T}{\partial v}\right)_S = -\left(\frac{\partial P}{\partial s}\right)_v$
③ $\left(\frac{\partial v}{\partial T}\right)_P = -\left(\frac{\partial s}{\partial P}\right)_T$ ④ $\left(\frac{\partial P}{\partial v}\right)_T = \left(\frac{\partial s}{\partial T}\right)_v$

해설 단순 압축성 물질에 대한 Maxwell 관계식
$dh = Tds + vdP$로부터 $\left(\frac{\partial T}{\partial P}\right)_S = \left(\frac{\partial v}{\partial s}\right)_P$
$du = Tds - Pdv$로부터 $\left(\frac{\partial T}{\partial v}\right)_S = -\left(\frac{\partial P}{\partial s}\right)_v$
$dg = -sdT + vdP$로부터 $\left(\frac{\partial v}{\partial T}\right)_P = -\left(\frac{\partial s}{\partial P}\right)_T$
g : 깁스 (자유)에너지 OR 깁스 함수
$da = -sdT - Pdv$로부터 $\left(\frac{\partial s}{\partial v}\right)_T = \left(\frac{\partial P}{\partial T}\right)_v$
a : 헬름홀츠 (자유)에너지 OR 헬름홀츠 함수
④는 $\left(\frac{\partial s}{\partial v}\right)_T = \left(\frac{\partial P}{\partial T}\right)_v$ 이어야 한다.

19 단위질량의 이상기체가 정적과정하에서 온도가 T_1에서 T_2로 변하였고, 압력도 P_1에서 P_2로 변하였다면, 엔트로피 변화량 Δs는? (단, C_v와 C_p는 각각 정적비열과 정압비열이다.)

① $\Delta s = C_v \ln \frac{P_1}{P_2}$ ② $\Delta s = C_p \ln \frac{P_2}{P_1}$
③ $\Delta s = C_v \ln \frac{T_2}{T_1}$ ④ $\Delta s = C_p \ln \frac{T_1}{T_2}$

해설 정적과정 엔트로피식
$$\Delta s = s_2 - s_1 = C_v \ln \frac{T_2}{T_1} = C_v \ln \frac{P_2}{P_1}$$

16 ④ 17 ③ 18 ④ 19 ③ **정답**

20 그림과 같이 다수의 추를 올려놓은 피스톤이 장착된 실린더가 있는데, 실린더 내의 초기압력은 300kPa, 초기 체적은 0.05m³이다. 이 실린더에 열을 가하면서 적절히 추를 제거하여 폴리트로픽 지수가 1.3인 폴리트로픽 변화가 일어나도록 하여 최종적으로 실린더 내의 체적이 0.2m³이 되었다면 가스가 한 일은 약 몇 kJ인가?

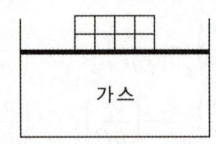

① 17　② 18
③ 19　④ 20

 $P_1V_1^n = P_2V_2^n$ 에서

$P_2 = 300 \times \left(\dfrac{0.05}{0.2}\right)^{1.3} = 49.48 \text{kPa}$

절대일 (폴리트로픽 과정)

$W_a = \dfrac{1}{n-1}(P_1V_1 - P_2V_2)$

$= \dfrac{1}{1.3-1}(300 \times 0.05 - 49.48 \times 0.2) = 17.0 \text{kJ}$

제2과목 공조냉동 설계

21 열역학적 관점에서 다음 장치들에 대한 설명으로 옳은 것은?

① 노즐은 유체를 서서히 낮은 압력으로 팽창하여 속도를 감속시키는 기구이다.
② 디퓨저는 저속의 유체를 가속하는 기구이며 그 결과 유체의 압력이 증가한다.
③ 터빈은 작동유체의 압력을 이용하여 열을 생성하는 회전식 기계이다.
④ 압축기의 목적은 외부에서 유입된 동력을 이용하여 유체의 압력을 높이는 것이다.

 ① 노즐은 속도를 증가시킨다. (압력강하)
② 디퓨저는 유체를 감속시킨다. (압력증가)
③ 터빈은 일을 생성한다.

22 열역학 제2법칙에 대한 설명으로 틀린 것은?

① 효율이 100%인 열기관은 얻을 수 없다.
② 제2종의 영구기관은 작동 물질의 종류에 따라 가능하다.
③ 열은 스스로 저온의 물질에서 고온의 물질로 이동하지 않는다.
④ 열기관에서 작동 물질이 일이 하게 하려면 그보다 더 저온인 물질이 필요하다.

 ② 제2종 영구기관은 작동물질이 어떤 것이든 제작이 불가능하다.

23 복사열을 방사하는 방사율과 면적이 같은 2개의 방열판이 있다. 각각의 온도가 A 방열판은 120℃, B 방열판은 80℃일 때 두 방열판의 복사 열전달량(Q_A/Q_B)의 비는?

① 1.08　② 1.22
③ 1.54　④ 2.42

복사열전달량 $Q = \varepsilon \sigma A T^4$ 이므로

$\dfrac{Q_A}{Q_B} = \left(\dfrac{T_A}{T_B}\right)^4 = \left(\dfrac{120+273}{80+273}\right)^4 = 1.536$

여기서 ε : 방사율 ($0 < \varepsilon < 1$)
σ : 스테판 볼츠만상수
$(5.67 \times 10^{-8} \text{W/m}^2\text{K})$

24 공기압축기에서 입구 공기의 온도와 압력은 각각 27℃, 100kPa이고, 체적유량은 0.01m³/s이다. 출구에서 압력이 400kPa이고, 이 압축기의 등엔트로피 효율이 0.8일 때, 압축기의 소요 동력은 약 몇 kW인가? (단, 공기의 정압비열과 기체상수는 각각 1kJ/(kg·K), 0.287kJ/(kg·K)이고, 비열비는 1.4이다.)

① 0.9　② 1.7
③ 2.1　④ 3.8

정답　20 ①　21 ④　22 ②　23 ③　24 ③

해설 등엔트로피과정은 단열과정, 단열과정 공업일은

질량 $m = \dfrac{P_1 V_1}{R T_1} = \dfrac{100 \times 0.01}{0.287 \times (27+273)} = 0.0116 \text{kg/s}$

$W_t = \dfrac{k}{k-1} mR(T_1 - T_2)$

$= \dfrac{k}{k-1} mRT_1 \left(1 - \dfrac{T_2}{T_1}\right)$

$= \dfrac{k}{k-1} mRT_1 \left[1 - \left(\dfrac{P_2}{P_1}\right)^{\frac{k-1}{k}}\right]$

$= \dfrac{1.4}{1.4-1} \times 0.0116 \times 0.287 \times (27+273)$

$\times \left[1 - \left(\dfrac{400}{100}\right)^{\frac{1.4-1}{1.4}}\right] = -1.6988 \text{kJ/s}$

여기에 압축기의 효율로 나누어 주면 압축기 총 소요동력이 된다.

압축기 소요동력 $L_b = \dfrac{W_t}{\eta}$

$= \dfrac{-1.6988}{0.8}$

$= -2.12 \text{kW}$ (– : 압축일)

여기서, 1kJ/s = 1kW

25 어떤 유체의 밀도가 741kg/m³이다. 이 유체의 비체적은 약 몇 m³/kg인가?

① 0.78×10^{-3} ② 1.35×10^{-3}
③ 2.35×10^{-3} ④ 2.98×10^{-3}

해설 비체적은 밀도의 역수이다.

$v = \dfrac{1}{\rho} = \dfrac{1}{741} = 1.35 \times 10^{-3} \text{m}^3/\text{kg}$

26 클라우지우스(Clausius) 적분 중 비가역 사이클에 대하여 옳은 식은? (단, Q는 시스템에 공급되는 열, T는 절대온도를 나타낸다.)

① $\oint \dfrac{dQ}{T} = 0$ ② $\oint \dfrac{dQ}{T} < 0$
③ $\oint \dfrac{dQ}{T} > 0$ ④ $\oint \dfrac{dQ}{T} \geq 0$

해설 가역사이클 : $\oint \dfrac{dQ}{T} = 0$

비가역사이클 : $\oint \dfrac{dQ}{T} < 0$

27 고온부의 절대온도를 T_1, 저온부의 절대온도를 T_2, 고온부로 방출하는 열량을 Q_1, 저온부로부터 흡수하는 열량을 Q_2라고 할 때, 이 냉동기의 이론 성적계수(COP)를 구하는 식은?

① $\dfrac{Q_1}{Q_1 - Q_2}$ ② $\dfrac{Q_2}{Q_1 - Q_2}$
③ $\dfrac{T_1}{T_1 - T_2}$ ④ $\dfrac{T_1 - T_2}{T_1}$

해설 역카르노 사이클(이상 냉동사이클) 성적계수

$COP = \dfrac{Q_2}{Q_1 - Q_2} = \dfrac{T_2}{T_1 - T_2}$

28 압축기 토출압력 상승 원인으로 가장 거리가 먼 것은?

① 응축온도가 낮을 때
② 냉각수 온도가 높을 때
③ 냉각수 양이 부족할 때
④ 공기가 장치 내에 혼입했을 때

해설 응축온도가 낮으면 압축기 토출압력이 낮아진다.

25 ② 26 ② 27 ② 28 ① **정답**

29 암모니아를 사용하는 2단압축 냉동기에 대한 설명으로 틀린 것은?

① 증발온도가 -30℃ 이하가 되면 일반적으로 2단압축 방식을 사용한다.
② 중간냉각기의 냉각방식에 따라 2단압축 1단팽창과 2단압축 2단팽창으로 구분한다.
③ 2단압축 1단팽창 냉동기에서 저단측 냉매와 고단측 냉매는 서로 같은 종류의 냉매를 사용한다.
④ 2단압축 2단팽창 냉동기에서 저단측 냉매와 고단측 냉매는 서로 다른 종류의 냉매를 사용한다.

해설 2단압축 1단팽창 및 2단압축 2단팽창 냉동사이클은 중간 냉각기에서 저단측 냉매와 중간냉각기 냉매가 혼합되어 고단 압축기로 들어가기 때문에 같은 종류의 냉매를 사용해야 한다.

30 흡수식 냉동기에 사용되는 흡수제의 구비조건으로 틀린 것은?

① 냉매와 비등온도 차이가 작을 것
② 화학적으로 안정하고 부식성이 없을 것
③ 재생에 필요한 열량이 크지 않을 것
④ 점성이 작을 것

해설 흡수제의 구비조건
① 용액의 증기압이 낮을 것
② 농도 변화에 의한 증기압의 변화가 적을 것
③ 증발하지 않거나, 증발할 경우 증발온도가 냉매의 증발온도와 차이가 있을 것
④ 적은 열량으로 재생이 가능할 것
⑤ 점도가 높지 않을 것
⑥ 부식성이 없을 것

[참고] • 용액 : 용매(물) + 용질(예 LiBr)
• 용액의 증기압 : 용액 속에 있는 용매(물)의 증기압(용액의 증기압은 순수 용매(물)의 증기압보다 낮아진다 : 라울의 법칙)

31 증발식 응축기에 관한 설명으로 옳은 것은?

① 외기의 습구온도 영향을 많이 받는다.
② 외부공기가 깨끗한 곳에서는 일리미네이터(eliminator)를 설치할 필요가 없다.
③ 공급수의 양은 물의 증발량과 일리미네이터에서 배제하는 양을 가산한 양으로 충분하다.
④ 냉각작용은 물을 살포하는 것만으로 한다.

해설 ② 엘리미네이터는 물의 비산을 방지하는 장치이다.
③ 공급수의 양은 물의 증발량+비산량+농축을 방지하기 위한 배출량이다.
④ 냉각작용은 물의 증발잠열+물과 공기의 현열 열교환에 의해 이루어진다.

32 흡수식 냉동기의 특징에 대한 설명으로 옳은 것은?

① 자동제어가 어렵고 운전경비가 많이 소요된다.
② 초기 운전 시 정격 성능을 발휘할 때까지 도달 속도가 느려진다.
③ 부분 부하에 대한 대응성이 어렵다.
④ 증기 압축식보다 소음 및 진동이 크다.

해설 ① 용량제어가 쉽고, 전기를 사용하는 압축기가 없으므로 운전경비가 적게 소요된다.
③ 부분 부하에 대한 대응성이 쉽고, 부분부하 효율이 좋다.
④ 압축기가 없기 때문에 소음 및 진동이 작다.

33 제빙장치에서 브라인온도가 -10℃, 결빙시간이 48시간일 때, 얼음의 두께는? (단, 결빙계수는 0.56이다)

① 약 29.3cm ② 약 39.3cm
③ 약 2.93cm ④ 약 3.93cm

해설 결빙시간 $T = \dfrac{c \cdot b^2}{-t_b}$ 에서
$b = \sqrt{\dfrac{-t_b \cdot T}{c}} = \sqrt{\dfrac{-(-10) \times 48}{0.56}} = 29.3 \text{cm}$

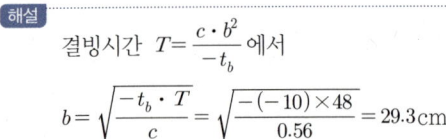

34 다음 그림은 냉동사이클을 압력-엔탈피(P-h) 선도에 나타낸 것이다. 다음 설명 중 옳은 것은?

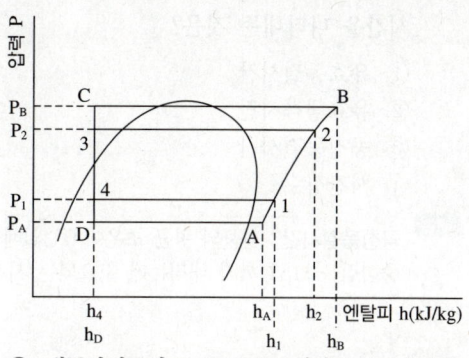

① 냉동사이클이 1-2-3-4-1에서 1-B-C-4-1로 변하는 경우 냉매 1kg당 압축일의 증가는 $(h_B - h_1)$이다.
② 냉동사이클이 1-2-3-4-1에서 1-B-C-4-1로 변하는 경우 성적계수는 $[(h_1-h_4)/(h_2-h_1)]$에서 $[(h_1-h_4)/(h_B-h_1)]$로 된다.
③ 냉동사이클이 1-2-3-4-1에서 A-2-3-D-A로 변하는 경우 증발압력이 P_1에서 P_A로 낮아져 압축비는 (P_2/P_1)에서 (P_1/P_A)로 된다.
④ 냉동사이클이 1-2-3-4-1에서 A-2-3-D-A로 변하는 경우 냉동효과는 (h_1-h_4)에서 (h_A-h_4)로 감소하지만, 압축기 흡입증기의 비체적은 변하지 않는다.

해설
① 냉매 1kg당 압축일의 증가는 (h_B-h_2)이다.
③ 압축비는 (P_2/P_1)에서 (P_2/P_A)로 된다.
④ 흡입증기의 비체적은 $v_1 \to v_A$로 증가한다.

35 다음 중 가장 큰 에너지는?
① 100kW 출력의 엔진이 10시간 동안 한 일
② 발열량 10000kJ/kg의 연료를 100kg 연소시켜 나오는 열량
③ 대기압하에서 10℃의 물 10m³를 90℃로 가열하는 데 필요한 열량(단, 물의 비열은 4.2kJ/kg·K이다.)
④ 시속 100km로 주행하는 총 질량 2000 kg인 자동차의 운동에너지

해설
① $Q_1 = 100 \times 10 \times 3600 = 3,600,000$ kJ
② $Q_2 = 10,000 \times 100 = 1,000,000$ kJ
③ $Q_3 = \rho Q C \Delta t$
   $= 1,000 \times 10 \times 4.2 \times (90-10) = 3,360,000$ kJ
④ $Q_4 = \frac{1}{2}mv^2$
   $= \frac{1}{2} \times 2,000 \times (100 \times 10^3 \div 3,600)^2 \div 1,000$
   $= 771.6$ kJ

36 팽창밸브 중 과열도를 검출하여 냉매유량을 제어하는 것은?
① 정압식 자동팽창밸브
② 수동팽창밸브
③ 온도식 자동팽창밸브
④ 모세관

해설 온도식 자동팽창밸브는 감온통에서 과열도를 검출하며 정해진 과열도보다 크면 밸브가 열리고 작으면 밸브가 닫혀서 냉매유량을 조절한다.

37 냉동장치에서 일원 냉동사이클과 이원 냉동사이클을 구분 짓는 가장 큰 차이점은?
① 증발기의 대수
② 압축기의 대수
③ 사용 냉매 개수
④ 중간냉각기의 유무

해설 이원 냉동사이클
-100℃ 정도의 저온을 얻기 위해 냉동시스템을 저온용과 고온용으로 구성하고 고온냉동사이클의 증발기 증발열로 저온냉동사이클의 응축기 응축열을 냉각시키는 시스템이며 고온측 냉매와 저온측 냉매가 다르다.
고온측 냉매 : R-12, R-22
저온측 냉매 : R-13, R-14, R-503

정답 34 ② 35 ① 36 ③ 37 ③

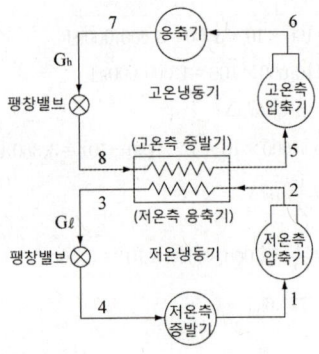

38 냉동기 냉매의 일반적인 구비조건으로서 적합하지 않은 것은?

① 임계 온도가 높고, 응고 온도가 낮을 것
② 증발열이 작고, 증기의 비체적이 클 것
③ 증기 및 액체의 점성(점성계수)이 작을 것
④ 부식성이 없고, 안정성이 있을 것

해설
- 냉매는 증발열이 커야 적은량으로 많은 열을 빼앗을 수 있다.
- 증기의 비체적이 크면 피스톤의 토출량이 많아야 하므로 증기의 비체적은 작아야 한다.

39 고온가스 제상(hot gas defrost) 방식에 대한 설명으로 틀린 것은?

① 압축기의 고온·고압가스를 이용한다.
② 소형 냉동장치에 사용하면 언제라도 정상 운전을 할 수 있다.
③ 비교적 설비하기가 용이하다.
④ 제상 소요시간이 비교적 짧다.

해설
② 고온가스(hot gas) 제상 방식을 소형 냉동장치에 사용하면 장치내 냉매충전량이 적어 제상 시 냉매가 증발기로 들어가면 장치내에 냉매가 부족하여 정상운전이 어렵다.
- hot gas 제상은 압축기에서 나온 고온 고압의 냉매가스를 직접 증발기에 보내어 증발기 표면에 붙어있는 서리를 녹여 제상하는 방식이므로 설비가 비교적 간단하고 제상시간이 짧다.

40 식품의 평균 초온이 0℃일 때 이것을 동결하여 온도중심점을 -15℃까지 내리는데 걸리는 시간을 나타내는 것은?

① 유효동결시간
② 유효냉각시간
③ 공칭동결시간
④ 시간상수

해설
공칭동결시간 : 식품의 평균 초온이 0℃일때 온도 중심점을 -15℃까지 내리는데 소요되는 시간

제3과목 시운전 및 안전관리

41 극수가 4인 유도전동기가 900rpm으로 회전하고 있다. 현재 슬립속도는 20rpm일 때 주파수는 약 몇 Hz인가?

① 7.5
② 28
③ 31
④ 37

해설
$$N_s = \frac{120 \times f}{p}$$ 에서
$$f = \frac{N_s \cdot p}{120} = \frac{(900+20) \times 4}{120}$$
$$= 30.66 ≒ 31\,Hz$$

42 전류의 측정 범위를 확대하기 위하여 사용되는 것은?

① 배율기
② 분류기
③ 저항기
④ 계기용변압기

해설
분류기 : 전류계의 최대눈금 값을 넘는 전류를 측정하기 위해, 즉 전류의 측정범위를 넓히기 위해 사용된다.
배율기 : 전압계의 측정범위를 벗어난 큰 전압을 측정하기 위해 사용된다.

정답 38 ② 39 ② 40 ③ 41 ③ 42 ②

43 승강기나 에스컬레이터 등의 옥내 전선의 절연 저항을 측정하는 데 가장 적당한 측정기기는?

① 메거
② 휘트스톤 브리지
③ 켈빈 더블 브리지
④ 콜라우시 브리지

해설 메거(Megger)는 절연저항계 라고도 하며 전기 기기의 절연저항 및 옥내 전선의 절연저항을 측정할 때 사용된다.

44 직류·교류 양용에 만능으로 사용할 수 있는 전동기는?

① 직권 정류자 전동기
② 직류 복권 전동기
③ 유도 전동기
④ 동기 전동기

해설 직권 정류자 전동기 : 직류와 교류에 모두 사용할 수 있는 전동기이며 만능 전동기(universal motor)라고 한다.
계자권선과 전기자 권선이 직렬로 접속되어 있으며 직류 전압을 가해줄 때나 교류 전압을 가해줄 때 모두 같은 방향으로 회전한다.

45 PI 동작의 전달함수는? (단, K_P는 비례감도이고, T_I는 적분시간이다.)

① K_P
② $K_P s T_I$
③ $K_P(1+sT_I)$
④ $K_P\left(1+\dfrac{1}{sT_I}\right)$

해설 PI 동작 : 비례적분동작

출력 $y(t) = K_P\left(x(t) + \dfrac{1}{T_I}\int x(t)dt\right)$

라플라스 변환하면

$Y(s) = K_P\left(X(s) + \dfrac{1}{T_I}\dfrac{1}{s}X(s)\right)$

$= K_P\left(1+\dfrac{1}{T_I s}\right)X(s)$

전달함수 $G(s) = \dfrac{Y(s)}{X(s)} = K_P\left(1+\dfrac{1}{T_I s}\right)$

46 정현파 전압 $v = 220\sqrt{2}\sin(\omega t + 30°) V$ 보다 위상이 90° 뒤지고 최대값이 20A인 정현파 전류의 순시값은 몇 A인가?

① $20\sin(\omega t - 30°)$
② $20\sin(\omega t - 60°)$
③ $20\sqrt{2}\sin(\omega t + 60°)$
④ $20\sqrt{2}\sin(\omega t - 60°)$

해설 정현파 순시전류 $i = I_m \sin\omega t$이며 정현파 전압 v의 위상 $\sin(\omega t + 30°)$ 보다 위상이 90° 뒤지므로 순시전류 i의 위상은 $\sin(\omega t + 30 - 90)$이 된다. 즉 $\sin(\omega t - 60°)$이다. 또한 최대값이 $20A$이므로 $i = 20\sin(\omega t - 60°)$이다.

47 제어계의 분류에서 엘리베이터에 적용되는 제어 방법은?

① 정치제어
② 추종제어
③ 비율제어
④ 프로그램제어

해설 피드백 제어의 목표값에 의한 분류
① 정치제어 : 목표값이 시간이 변하여도 변하지 않고 일정한 제어, 자동조정, 프로세스제어가 여기에 속한다.
② 추치제어 : 목표값이 시간에 따라서 변하는 제어
　㉠ 추종제어 : 목표값이 임의로 변화되는 경우의 제어
　　(예) 대공포의 포신제어, 미사일 추적장치, 추적레이더)
　㉡ 프로그램제어 : 제어 목표값을 미리 정해진 프로그램에 의해 변화시키는 제어
　　(예) 열처리 노의 온도제어, 무인열차 운전, 엘리베이터, 자판기, 공작기계제어)
　㉢ 비율제어 : 목표값이 다른 량과 일정한 비율관계로 변화되는 제어
　　(예) 보일러 자동 연소장치)

48 대칭 3상 Y부하에서 각 상의 임피던스가 3+j4[Ω]이고 부하 전류가 20[A]일 때 이 부하에서 소비되는 전 전력은?

① 1400   ② 1600
③ 1800   ④ 3600

해설 대칭 3상 Y부하의 소비전력
$P = 3RI^2 = 3 \times 3 \times 20^2 = 3600\,W$

[참고] 임피던스 $3+j4$에서
$3 = R$ $4 = X_L, X_c$ 성분

49 그림과 같은 단자 1, 2 사이의 계전기접점회로 논리식은?

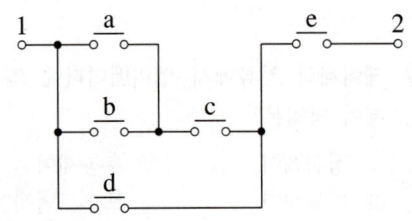

① $\{(a+b)d+c\}e$
② $\{(ab+c)d\}+e$
③ $\{(a+b)c+d\}e$
④ $(ab+d)c+e$

해설

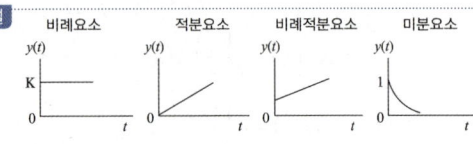

50 교류에서 역률에 관한 설명으로 틀린 것은?

① 역률은 $\sqrt{1-(무효율)^2}$ 로 계산할 수 있다.
② 역률을 이용하여 교류전력의 효율을 알 수 있다.
③ 역률이 클수록 유효전력보다 무효전력이 커진다.
④ 교류회로의 전압과 전류의 위상차에 코사인(cos)을 취한 값이다.

해설
역률 $\cos\theta = \dfrac{유효전력}{피상전력}$

무효율 $\sin\theta = \dfrac{무효전력}{피상전력}$

삼각함수 법칙
$\sin\theta^2 + \cos\theta^2 = 1$에서
$\cos\theta = \sqrt{1-\sin\theta^2}$ 이므로
① 역률 $= \sqrt{1-(무효율)^2}$
② 역률을 이용하여 교류전력의 효율을 알 수 있다.
  유효전력 $=$ 피상전력 $\times$ 역률
③ 역률이 클수록 무효전력보다 유효전력이 커진다.

51 전기자철심을 규소 강판으로 성층하는 주된 이유는?

① 정류자면의 손상이 적다.
② 가공하기 쉽다.
③ 철손을 적게 할 수 있다.
④ 기계손을 적게 할 수 있다.

해설 철손을 적게 하기 위해 히스테리시스손이 적은 규소강판을 사용하고, 와류손을 적게 하기 위해 성층한다.

52 입력으로 단위 계단함수 $u(t)$를 가했을 때, 출력이 그림과 같은 조절계의 기본 동작은?

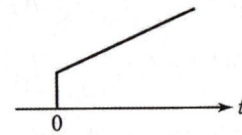

① 비례동작
② 2위치동작
③ 비례적분동작
④ 비례미분동작

해설
| 비례요소 | 적분요소 | 비례적분요소 | 미분요소 |

53 그림과 같은 계전기 접점회로의 논리식은?

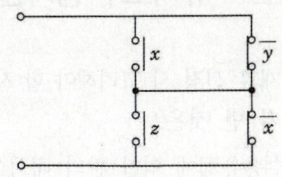

① $xz + \overline{y}\,\overline{x}$ ② $xy + z\overline{x}$
③ $(x+\overline{y})(z+\overline{x})$ ④ $(x+z)(\overline{y}+\overline{x})$

[해설]

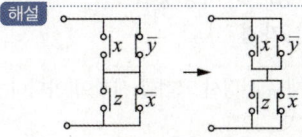

∴ 논리식은 $(x+\overline{y})(z+\overline{x})$

54 R-L-C 직렬회로에서 전압(E)과 전류(I)사이의 관계가 잘못 설명된 것은?

① $X_L > X_C$인 경우 I는 E보다 θ만큼 뒤진다.
② $X_L < X_C$인 경우 I는 E보다 θ만큼 앞선다.
③ $X_L = X_C$인 경우 I는 E와 동상이다.
④ $X_L < (X_C - R)$인 경우 I는 E보다 θ만큼 뒤진다.

[해설] X_C와 R은 90°차가 나므로 R성분은 X_C에 영향을 미치지 못한다.
따라서 $X_L < (X_C - R)$은 $X_L < X_C$와 같은 경우가 된다. 따라서 $X_L < X_C$이면 I는 E보다 θ만큼 앞선다.

55 최대눈금이 100V인 직류전압계가 있다. 이 전압계를 사용하여 150V의 전압을 측정하려면 배율기의 저항(Ω)은? (단, 전압계의 내부 저항은 5000Ω 이다.)

① 1000   ② 2500
③ 5000   ③ 10000

[해설] 배율기 식 $\dfrac{V_m}{V} = 1 + \dfrac{R_m}{R}$ 에서
배율기 저항 $R_m = R\left(\dfrac{V_m}{V} - 1\right)$
$= 5000 \times \left(\dfrac{150}{100} - 1\right)$
$= 2500\,\Omega$

56 그림과 같은 R-L 직렬회로에서 공급전압이 10V일 때 $V_R = 8V$이면 V_L은 몇 V인가?

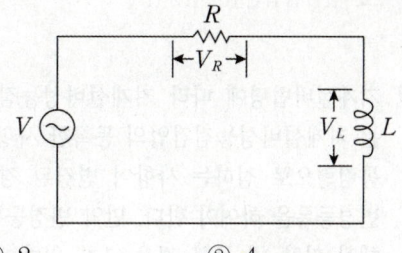

① 2   ② 4
③ 6   ④ 8

[해설] R-L 직렬회로

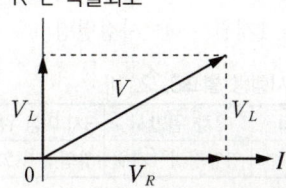

R-L 직렬회로 공급전압 $V = \sqrt{V_R^2 + V_L^2}$ 에서
$V_L = \sqrt{V^2 - V_R^2} = \sqrt{10^2 - 8^2} = 6V$

57 PLC(Programmable Logic Controller)에 대한 설명 중 틀린 것은?

① 시퀀스제어 방식과는 함께 사용할 수 없다.
② 무접점 제어방식이다.
③ 산술연산, 비교연산을 처리할 수 있다.
④ 계전기, 타이머, 카운터의 기능까지 쉽게 프로그램 할 수 있다.

[해설] PLC제어는 논리연산, 수치연산, 데이터처리기능, 프로그램 제어기능을 조합한 제어이며 시퀀스제어 방식과 함께 사용할 수 있다.

| 정답 | 53 ③ | 54 ④ | 55 ② | 56 ③ | 57 ① |

58 고압가스 안전관리법령에 따라 고압가스제조 시설에 대한 정밀안전검진의 실시기관은?

① 한국가스안전공사
② 한국에너지공단
③ 한국산업인력공단
④ 한국가스공사

해설 고압가스 안전관리법 시행령 제14조의 2(정밀안전검진의 실시기관)
1. 한국가스안전공사
2. 한국산업안전보건공단

59 기계설비법령에 따라 기계설비성능점검업자는 기계설비성능점검업의 등록한 사항 중 대통령령으로 정하는 사항이 변경된 경우에는 변경등록을 하여야 한다. 만약 변경등록을 정해진 기간 내 못한 경우, 1차 위반 시 받게 되는 행정처분 기준은?

① 등록취소   ② 업무정지 2개월
③ 업무정지 1개월   ④ 시정명령

해설 기계설비법 시행령 별표8. 2. 바.

1차 위반시	2차 위반시	3차 이상 위반시
시정명령	영업정지 1개월	영업정지 2개월

60 산업안전보건법령상 냉동·냉장 창고시설 건설공사에 대한 유해위험방지계획서를 제출해야 하는 대상시설의 연면적 기준은 얼마인가?

① 3천제곱미터 이상
② 4천제곱미터 이상
③ 5천제곱미터 이상
④ 6천제곱미터 이상

해설 산업안전보건법 시행령 제42조 ③
연면적 5천제곱미터 이상인 냉동·냉장창고시설 건설공사의 경우 유해위험방지계획서를 제출해야 한다.

제4과목 유지보수 공사관리

61 배관재료 선정 시 고려해야 할 사항으로 가장 거리가 먼 것은?

① 수송유체에 의한 관의 내식성
② 유체의 온도변화에 따른 물리적 성질의 변화
③ 사용기간(수명) 및 시공방법
④ 사용시기 및 가격

해설 사용시기는 배관재료 선정시 고려할 사항이 아니다.

62 동관작업용 사이징 툴(sizing tool)공구에 관한 설명으로 옳은 것은?

① 동관의 확관용 공구
② 동관의 끝부분을 원형으로 정형하는 공구
③ 동관의 끝을 나팔형으로 만드는 공구
④ 동관 절단 후 생긴 거스러미를 제거하는 공구

해설 ① 익스팬더   ② 사이징 툴
③ 플레어링 툴   ④ 리머

63 강관 이음쇠 중 분기관을 낼 때 사용되는 것이 아닌 것은?

① 티   ② 크로스
③ 와이   ④ 엘보우

해설 엘보우는 유체의 흐름 방향을 90° 또는 45°로 바꿀 때 사용되는 이음쇠이다.

64 다음은 플랜지 이음에 대한 설명이다. 옳지 않은 것은?

① 배관의 점검이나 보수를 위하여 관을 해체할 필요가 있는 곳에 적용한다.
② 강관인 경우 플랜지 이음은 특별한 규약이 없으며 최소 호칭지름 100A이상에 적용한다.

정답 58 ①   59 ④   60 ③   61 ④   62 ②   63 ④   64 ②

③ 플랜지를 설치하는 위치는 볼트를 체결하기 용이한 곳으로 한다.
④ 여러개가 통과하는 배관에는 플랜지가 서로 어긋나도록 위치시킨다.

해설 강관인 경우 플랜지 이음은 최소 호칭지름 65A 이상에 적용한다.

65 배수배관이 막혔을 때 이것을 점검, 수리하기 위해 청소구를 설치하는데, 다음 중 설치 필요 장소로 적절하지 않은 곳은?
① 배수 수평 주관과 배수 수평 분기관의 분기점에 설치
② 배수관이 45° 이상의 각도로 방향을 전환하는 곳에 설치
③ 길이가 긴 수평 배수관인 경우 관경이 100A 이하일 때 5m마다 설치
④ 배수 수직관의 제일 밑부분에 설치

해설 청소구 설치
배관경 100mm 이하 : 15m 이내 마다
배관경 100mm 초과 : 30m 이내 마다

66 온수배관에서 배관의 길이팽창을 흡수하기 위해 설치하는 것은?
① 팽창관   ② 완충기
③ 신축이음쇠 ④ 흡수기

해설 배관의 신축(늘어나고 줄어듦)을 흡수하기위해 신축이음쇠를 설치한다.
벨로즈형, 슬리브형, 루프형이 있다.

67 지역난방의 특징에 관한 설명으로 틀린 것은?
① 대기 오염물질이 증가한다.
② 도시의 방재수준 향상이 가능하다.
③ 사용자에게는 화재에 대한 우려가 적다.
④ 대규모 열원기기를 이용한 에너지의 효율적 이용이 가능하다.

해설 지역난방은 개별난방에 비해 전체적으로 열효율이 좋아 대기오염물질이 감소한다.

68 배관 도시기호 치수기입법 중 높이 표시에 관한 설명으로 틀린 것은?
① EL : 배관의 높이를 관의 중심을 기준으로 표시
② GL : 포장된 지표면을 기준으로 하여 배관장치의 높이를 표시
③ FL : 1층의 바닥면을 기준으로 표시
④ TOP : 지름이 다른 관의 높이를 나타낼 때 관외경의 아래면까지를 기준으로 표시

해설 TOP(Top Of Pipe) : 관 외경의 위면까지를 기준으로 표시
BOP(Bottom Of Pipe) : 관 외경의 아래면까지를 기준으로 표시

69 저온 열교환기용 강관의 KS기호로 맞는 것은?
① STBH   ② STHA
③ SPLT   ④ STLT

해설 저온 열교환기용 강관 : STLT
Steel Tube Low Temperature

70 파이프 지지의 구조와 위치를 정하는데 꼭 고려해야 할 것은?
① 유속 및 온도   ② 압력 및 유속
③ 배출구   ④ 중량과 지지간격

해설 파이프 지지의 구조와 위치를 정할 때는 중량과 지지간격을 고려하여 정해야 한다.

정답 65 ③ 66 ③ 67 ① 68 ④ 69 ④ 70 ④

71 냉매배관 시공 시 주의사항으로 틀린 것은?
① 배관 길이는 되도록 짧게 한다.
② 온도변화에 의한 신축을 고려한다.
③ 곡률 반지름은 가능한 작게 한다.
④ 수평배관은 냉매흐름 방향으로 하향구배 한다.

해설 냉매배관 시공시 주의사항
① 배관길이는 짧게하여 배관 마찰손실을 적게한다.
② 온도변화에 의한 신축을 고려하여 파손을 방지한다.
③ 곡률 반지름을 가능한 크게하여 마찰손실을 작게한다.
④ 수평배관은 냉매흐름 방향으로 하향구배로 하여 윤활유 및 냉매액이 역류하지 않게한다.
⑤ 흡입관의 입상관이 긴 경우에는 윤활유 회수를 위해 10m마다 U-trap을 설치한다.
⑥ 토출관의 입상관이 10m이상일 때 정지 중 윤활유와 액화된 냉매의 역류를 방지하기 위해 10m마다 U-trap을 설치한다.
⑦ 증발기가 응축기(수액기)보다 8m이상 높은 위치에 설치될 때는 플래쉬가스가 발생하므로 액-가스 열교환기를 설치하여 냉매액의 과냉각도를 크게한다.

72 급탕설비에 관한 설명으로 옳은 것은?
① 급탕배관의 순환방식은 상향순환식, 하향순환식, 상하향혼용순환식으로 구분된다.
② 물에 증기를 직접 분사시켜 가열하는 기수혼합식의 사용증기압은 0.01MPa(0.1kgf/cm²)이하가 적당하다.
③ 가열에 따른 관의 신축을 흡수하기 위하여 팽창탱크를 설치한다.
④ 강제순환식 급탕배관의 구배는 1/200 ~ 1/300 정도로 한다.

해설
① 급탕배관 순환방식 : 상향순환식, 하향순환식
② 기수혼합식 사용증기압 : 0.1~0.4MPa
③ 가열에 따른 급탕(물)의 부피팽창을 흡수하기 위해 팽창탱크를 설치한다.
④ 급탕배관 기울기
　강제순환식 : 1/200　중력순환식 : 1/150

73 다음 중 신축 이음쇠의 종류로 가장 거리가 먼 것은?
① 벨로즈형　② 플랜지형
③ 루프형　　④ 슬리브형

해설 신축이음관 종류 : 벨로즈형, 슬리브형, 루프형

74 급탕배관의 구배에 관한 설명으로 옳은 것은?
① 상향공급식의 경우 급탕관은 올림구배, 반탕관은 내림구배로 한다.
② 상향공급식의 경우 급탕관과 반탕관 모두 내림구배로 한다.
③ 하향공급식의 경우 급탕관은 내림구배, 반탕관은 올림구배로 한다.
④ 하향공급식의 경우 급탕관과 반탕관 모두 올림구배로 한다.

해설
• 상향공급식 : 급탕관은 올림구배, 반탕관은 내림구배
• 하향공급식 : 급탕관과 반탕관 모두 내림구배

75 팬코일 유닛방식의 배관방식 중 공급관이 2개이고 환수관이 1개인 방식은?
① 1관식　② 2관식
③ 3관식　④ 4관식

해설 3관식(Three Pipe)
• 공급관이 2개(온수관, 냉수관)이고 환수관이 1개인 배관 방식이다.
• 개별제어가 가능하다.
• 배관이 복잡하다.
• 환수관이 1개이므로 냉수와 온수의 혼합 손실이 발생한다.

정답 71 ③　72 ④　73 ②　74 ①　75 ③

76 홈이 만들어진 관 또는 이음쇠에 고무링을 삽입하고 그 위에 하우징(housing)을 덮어 볼트와 너트로 죄는 이음방식은?

① 그루브 이음   ② 그립 이음
③ 플레어 이음   ④ 플랜지 이음

해설 그루브(Groove : 홈)이음은 홈이 만들어진 관에 고무링을 삽입하고 그 위에 하우징을 덮고 볼트로 조이는 이음이다.

77 무기질 단열재에 관한 설명으로 틀린 것은?

① 암면은 단열성이 우수하고 아스팔트 가공된 보냉용의 경우 흡수성이 양호하다.
② 유리섬유는 가볍고 유연하여 작업성이 매우 좋으며 칼이나 가위 등으로 쉽게 절단된다.
③ 탄산마그네슘 보온재는 열전도율이 낮으며 300~320℃에서 열분해한다.
④ 규조토 보온재는 비교적 단열효과가 낮으므로 어느 정도 두껍게 시공하는 것이 좋다.

해설 아스팔트 가공된 보냉용 암면은 흡수성이 작다.

78 급수급탕설비에서 탱크류에 대한 누수의 유무를 조사하기 위한 시험방법으로 가장 적절한 것은?

① 수압시험
② 만수시험
③ 통수시험
④ 잔류염소의 측정

해설 만수시험 : 물을 기기나 배관에 가득 채운 후 누수 여부를 확인하는 시험

79 90℃ 온수 2000kg/h을 필요로 하는 간접가열식 급탕탱크에서 가열관의 표면적(m²)은 얼마인가? (단, 급수의 온도는 10℃, 급수의 비열은 4.2kJ/kg·K, 가열관으로 사용할 동관의 전열량은 1.28kW/m²·℃, 증기의 온도는 110℃이며 전열효율은 80%이다.)

① 2.92   ② 3.03
③ 3.72   ④ 4.07

해설
$q = K \cdot A \cdot \Delta t_m \cdot \eta = G \cdot C \cdot \Delta t$
$A = \dfrac{G \cdot C \cdot \Delta t}{K \cdot \Delta t_m \cdot \eta}$
$\Delta t_m = 110 - \dfrac{(90+10)}{2} = 60℃$
$\therefore A = \dfrac{2000 \times 4.2 \times (90-10)}{1.28 \times 60 \times 0.8 \times 3600} = 3.03 m^2$

80 냉동장치에서 압축기의 표시방법으로 틀린 것은?

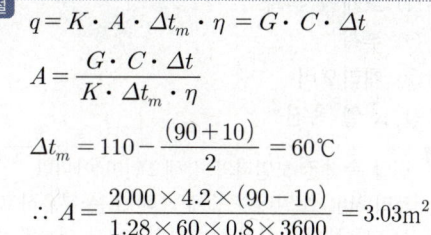

해설 ③번은 다기통 왕복식 압축기 표시방법이며 원심형 압축기는 ▷로 표시한다.

정답 76 ① 77 ① 78 ② 79 ② 80 ③

과년도 출제문제(2024년 1회 CBT 복원)

제1과목 에너지 관리

01 보일러 장해 요인이 아닌 것은?
① 스케일 부착
② 부식
③ 캐리오버
④ 전열 촉진

해설 전열 촉진은 보일러의 장해요인이 아니다.
캐리오버 : 보일러수 중에 용해 또는 부유하고 있는 고형물이나 물방울이 보일러에서 생산된 증기에 혼입되어 보일러 외부로 나가는 현상이다. 증기의 순도(건도)를 저하시켜 증기의 품질을 저하시킨다.

02 어느 방의 냉방부하를 계산하고 결과를 공기선도에 표시하였다. 송풍 공기량이 9800m³/h, 비체적이 0.86m³/kg일 경우 외기도입에 의한 외기부하(kW)는 얼마인가?

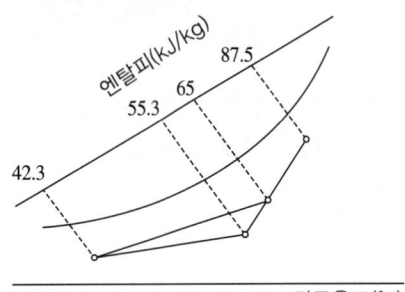

① 28.3
② 36.1
③ 25.4
④ 30.7

해설 외기부하 $q_o = G \cdot \triangle h = \dfrac{Q}{v} \cdot \triangle h$

$= \dfrac{9800}{0.86 \times 3600} \times (65 - 55.3)$

$= 30.7 \text{kW}$

03 공기 중에 떠 다니는 먼지는 물론 가스와 미생물 등의 오염 물질까지도 극소로 만든 설비로서 청정 대상이 주로 먼지인 경우로 정밀측정실이나 반도체 산업, 필름 공업 등에 이용되는 시설을 무엇이라 하는가?
① 클린아웃(CO)
② 칼로리미터
③ HEPA필터
④ 산업용 클린룸(ICR)

해설 산업용 클린룸 : 주로 공기중의 미립자를 제어대상으로 하며 정밀측정실, 반도체공장, 필름공장 등에 이용되는 시설

04 외기에 접하고 있는 벽이나 지붕으로부터의 취득 열량은 건물 내외의 온도차에 의해 전도의 형식으로 전달된다. 그러나 외벽의 온도는 일사에 의한 복사열의 흡수로 외기온도보다 높게 되는데 이 온도를 무엇이라고 하는가?
① 건구온도
② 노점온도
③ 상당외기온도
④ 습구온도

해설 상당외기온도 : 태양 일사의 영향을 고려한 외기온도

정답 01 ④ 02 ④ 03 ④ 04 ③

05 58W의 열량으로 물을 가열하는 열교환기를 설계하고자 한다. 동관의 열통과율이 1.4W/m²K이고, 대수평균온도차를 13℃로 하는 경우, 필요한 전열면적(m²)은 얼마인가?

① 3.2　　　② 10.7
③ 8.6　　　④ 5.3

해설　$q = K \cdot A \cdot \Delta t_m$ 에서

$$A = \frac{q}{K \cdot \Delta t_m}$$

$$= \frac{58}{1.4 \times 13} = 3.18 ≒ 3.2 m^2$$

06 주어진 계통도와 같은 공기조화장치에서 공기의 상태변화를 습공기 선도상에 나타내었다. 계통도의 '5'점은 습공기 선도에서 어느 점인가?

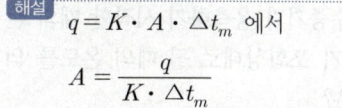

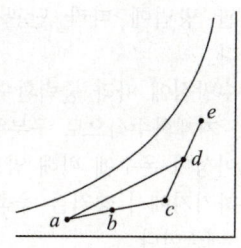

① a　　　② b
③ c　　　④ d

해설　1 → e　2 → c　3 → d　4 → a　5 → b

07 다음 중 코일의 바이패스 팩터(BF)가 작아지는 경우는?

① 코일 통과풍속이 클 때
② 전열면적이 작을 때
③ 코일의 열수가 증가할 때
④ 코일의 간격이 클 때

해설　코일의 열수가 증가하면 공기의 접촉면적이 증가하므로 컨택트 팩터는 커지고 바이패스 팩터는 작아진다.

08 실내의 CO_2 농도기준이 1000ppm 이고, 1인당 CO_2 발생량이 18L/h인 경우, 실내 1인당 필요한 환기량(m³/h)은? (단, 외기 CO_2 농도는 300ppm이다.)

① 22.7　　　② 23.7
③ 25.7　　　④ 26.7

해설　환기량 $Q = \dfrac{M}{C_r - C_o}$

$$= \frac{18 \times 10^{-3}}{(1000 - 300) \times 10^{-6}}$$

$$= 25.7 m^3/h$$

09 사각덕트의 단변길이 20cm, 장변길이 60cm일 때 원형덕트로 환산 시 직경의 길이 cm는?

① 11.64　　　② 18.27
③ 36.53　　　④ 23.28

해설　$d_e = 1.3 \left[\dfrac{(a \times b)^5}{(a+b)^2} \right]^{\frac{1}{8}} = 1.3 \left[\dfrac{(20 \times 60)^5}{(20+60)^2} \right]^{\frac{1}{8}}$

$= 36.53 cm$

05 ①　06 ②　07 ③　08 ③　09 ③

10 습공기의 습도에 대한 설명으로 틀린 것은?

① 절대습도는 습공기 중에 포함된 수증기량을 나타낸다.
② 수증기분압은 절대습도에 반비례 관계가 있다.
③ 상대습도는 습공기의 수증기분압과 포화공기의 수증기분압과의 비로 나타낸다.
④ 비교습도는 습공기의 절대습도와 포화공기의 절대습도와의 비로 나타낸다.

해설 수증기분압은 절대습도에 비례 관계이다.

절대습도 $x = 0.622 \dfrac{P_w}{P_a} = 0.622 \times \dfrac{P_w}{P - P_w}$

P_w : 수증기분압
P_a : 건공기분압
P : 대기압

11 습공기의 가습 방법으로 가장 거리가 먼 것은?

① 순환수를 분무하는 방법
② 온수를 분무하는 방법
③ 수증기를 분무하는 방법
④ 외부공기를 가열하는 방법

해설 ④ 외부공기를 가열해도 절대습도는 일정하므로 습공기의 가습방법이 아니다.

12 공기조화기의 T.A.B 측정 절차 중 측정 요건으로 틀린 것은?

① 시스템의 검토 공정이 완료되고 시스템 검토 보고서가 완료되어야 한다.
② 설계도면 및 관련 자료를 검토한 내용을 토대로 하여 보고서 양식에 장비규격 등의 기준이 완료되어야 한다.
③ 댐퍼, 말단 유닛, 터미널의 개도는 완전 밀폐되어야 한다.
④ 제작사의 공기조화기 시운전이 완료되어야 한다.

해설 ③ TAB 측정 절차 중 측정 전에 댐퍼, 말단 유닛, 터미널의 개도는 완전 개방되어 있어야 한다.

13 공기 중의 수증기가 응축하기 시작할 때의 온도, 즉 공기가 포화상태로 될 때의 온도를 의미하는 것은?

① 건구온도
② 노점온도
③ 습구온도
④ 상당외기온도

해설 노점온도(dew point temperature)
습공기를 계속 냉각시키면 어느 온도에서 공기 중에 포함되어 있던 수분이 응결되어 이슬방울(결로)로 변하는데 이 때의 온도를 노점온도라 한다.

14 증기 난방 방식에 대한 설명으로 틀린 것은?

① 배관 방법에 따라 단관식과 복관식이 있다.
② 환수방식에 따라 중력환수식과 진공환수식, 기계환수식으로 구분한다.
③ 제어성이 온수에 비해 양호하다.
④ 부하기기에서 증기를 응축시켜 응축수만을 배출한다.

해설 증기난방은 방열량(증기의 온도, 유량)제어가 어려워 제어성이 온수에 비해 좋지 않다.

정답 10 ② 11 ④ 12 ③ 13 ② 14 ③

15 송풍기 회전날개의 크기가 일정할 때, 송풍기의 회전속도를 변화시킬 경우 상사법칙에 대한 설명으로 옳은 것은?

① 송풍기 풍량은 회전속도비에 비례하여 변화한다.
② 송풍기 압력은 회전속도비의 3제곱에 비례하여 변화한다.
③ 송풍기 동력은 회전속도비의 제곱에 비례하여 변화한다.
④ 송풍기 풍량, 압력, 동력은 모두 회전속도비의 제곱에 비례하여 변화한다.

해설 송풍기의 상사법칙

$$\frac{Q_2}{Q_1} = \left(\frac{N_2}{N_1}\right)\left(\frac{D_2}{D_1}\right)^3$$

$$\frac{P_2}{P_1} = \left(\frac{N_2}{N_1}\right)^2\left(\frac{D_2}{D_1}\right)^2$$

$$\frac{L_2}{L_1} = \left(\frac{N_2}{N_1}\right)^3\left(\frac{D_2}{D_1}\right)^5$$

16 저온공조방식에 관한 내용으로 가장 거리가 먼 것은?

① 배관지름의 감소
② 팬 동력 감소로 인한 운전비 절감
③ 낮은 습도의 공기 공급으로 인한 쾌적성 향상
④ 저온공기 공급으로 인한 급기 풍량 증가

해설 저온공조방식
① 공조기에서 공급하는 공기의 온도를 일반적인 공조방식보다 낮은 온도로 공급하는 방식
② 일반공조 방식의 급기온도 16℃(급기와 실내공기 온도차 10℃)
③ 저온공조 방식의 급기온도 3~11℃(급기와 실내공기 온도차 15~23℃)

〈장점〉
- 송풍기 및 덕트의 크기를 줄일 수 있고 반송동력을 절감할 수 있다.
- 취출공기의 온도를 낮추면 공기 속의 수분량도 줄어들게 되므로 잠열부하가 큰 건물에서 송풍량을 늘리지 않고서도 실내 온, 습도를 유지할 수 있다.
- 냉방부하가 큰 건물이나 잠열부하가 큰 백화점과 같은 건물에서 송풍량 및 덕트의 크기를 크게 늘리지 않고자 할 때 적합한 방식이다.
- 부하 증대 시에도 기존 덕트를 활용하여 개, 보수가 가능하다.

〈단점〉
- 취출구 및 덕트에서 공기 누설 시 결로가 발생한다.
- 최소 풍량 시 환기량이 부족할 수 있다.
- 1, 2차공기의 혼합이 불충분하면 콜드드래프트를 유발할 수 있다.

17 환기(ventilation)란 A에 있는 공기의 오염을 막기 위하여 B로부터 C를 공급하여, 실내의 D를 실외로 배출하고 실내의 오염 공기를 교환 또는 희석시키는 것을 말한다. 여기서 A, B, C, D로 적절한 것은?

① A-일정 공간, B-실외,
　C-청정한 공기, D-오염된 공기
② A-실외, B-일정 공간,
　C-청정한 공기, D-오염된 공기
③ A-일정공간, B-실외,
　C-오염된 공기, D-청정한 공기
④ A-실외, B-일정 공간,
　C-오염된 공기, D-청정한 공기

정답 15 ① 16 ④ 17 ①

18 다음 중 난방설비의 난방부하를 계산하는 방법 중 현열만을 고려하는 경우는?

① 환기 부하
② 외기 부하
③ 전도에 의한 열 손실
④ 침입 외기에 의한 난방 손실

해설
- 현열부하 : 전도에 의한 열손실
- 현열+잠열부하 : 환기부하, 외기부하, 침입외기에 의한 난방손실

19 다음 중 공기조화설비의 계획 시 조닝을 하는 목적으로 가장 거리가 먼 것은?

① 효과적인 실내 환경의 유지
② 설비비의 경감
③ 운전 가동면에서의 에너지 절약
④ 부하 특성에 대한 대처

해설
조닝(ZONING)분류
- 내부존, 외부존, 방위별, 층별, 용도별, 기능별, 관리별, 부하특성별 조닝이 있다.

조닝(ZONING)목적
- 효과적인 실내환경유지, 에너지 절약
- 부하특성에 대한 효과적인 대처, 관리의 편리성

20 복사난방 방식의 특징에 대한 설명으로 틀린 것은?

① 실내에 방열기를 설치하지 않으므로 바닥이나 벽면을 유용하게 이용할 수 있다.
② 복사열에 의한 난방으로써 쾌감도가 크다.
③ 외기온도가 갑자기 변하여도 열용량이 크므로 방열량의 조정이 용이하다.
④ 실내의 온도 분포가 균일하며, 열이 방의 윗 쪽으로 빠지지 않으므로 경제적이다.

해설
온수코일패널 복사난방의 경우 외기온도가 갑자기 변하였을 때 열용량이 크므로 부하변화에 신속한 대응이 어렵다.(방열량의 조정이 어렵다.)

제2과목 공조냉동설계

21 10kg의 증기가 온도 50℃, 압력 38kPa, 체적 7.5m³일 때 총 내부에너지는 6700kJ이다. 이와 같은 상태의 증기가 가지고 있는 엔탈피는 약 몇 kJ인가?

① 606   ② 1794
③ 3305 ④ 6985

해설
$H = U + PV$
$= 6700 + (38 \times 7.5)$
$= 6985 \text{kJ}$

22 카르노 사이클로 작동되는 열기관이 600K에서 800kJ의 열을 받아 300K에서 방출한다면 일은 약 몇 kJ인가?

① 200   ② 400
③ 500   ④ 900

해설
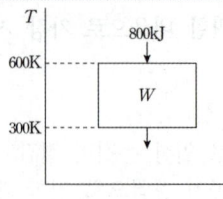

카르노 사이클의 열효율

$\eta = \dfrac{W}{Q_H} = \dfrac{T_H - T_L}{T_H}$

$W = Q_H \times \dfrac{T_H - T_L}{T_H}$

$= 800 \times \dfrac{600 - 300}{600} = 400 \text{kJ}$

정답 18 ③ 19 ② 20 ③ 21 ④ 22 ②

23 열의 종류에 대한 설명으로 옳은 것은?
① 고체에서 기체가 될 때에 필요한 열을 증발열이라 한다.
② 온도의 변화를 일으켜 온도계에 나타나는 열을 잠열이라 한다.
③ 기체에서 액체로 될 때 제거해야 하는 열은 응축열 또는 감열이라 한다.
④ 고체에서 액체로 될 때 필요한 열은 융해열이며 이를 잠열이라 한다.

해설
① 고체에서 기체로 곧바로 증발할 때 필요한 열은 승화열이라 한다.
② 온도의 변화를 일으켜 온도계에 나타나는 열은 현열(또는 감열)이라 한다.
③ 기체에서 액체로 될 때 제거해야 하는 열은 응축열이며 잠열이라 한다.

24 스테판-볼츠만(Stefan-Boltzmann)의 법칙과 관계있는 열 이동 현상은?
① 열 전도   ② 열 대류
③ 열 복사   ④ 열 통과

해설 스테판-볼츠만 법칙
흑체가 단위면적당 단위시간에 방출하는 에너지의 양은 흑체표면의 절대온도의 4승에 비례한다는 법칙으로 열복사의 법칙이다.

$q = \sigma T^4$

q : 복사열량 [W/m²]
σ : 스테판 볼츠만상수
$= 5.67 \times 10^{-8}$ W/m²K⁴
T : 흑체표면의 온도 [K]

25 카르노 사이클의 고온부 1127℃, 저온부 27℃이고, 수열량을 Q_A, 방열량을 Q_B라고 할 때 Q_B/Q_A는 무엇인가?
① 0.315   ② 21.4
③ 0.214   ④ 31.5

해설 카르노 사이클에서 $\dfrac{Q_B}{Q_A} = \dfrac{T_B}{T_A}$ 이므로

$\dfrac{Q_B}{Q_A} = \dfrac{27+273}{1127+273} = 0.214$

26 실린더 내의 공기가 100kPa, 20℃ 상태에서 300kPa이 될 때까지 가역단열 과정으로 압축된다. 이 과정에서 실린더 내의 계에서 엔트로피의 변화(kJ/kg·K)는?
(단, 공기의 비열비(k)는 1.4이다.)
① -1.35   ② 0
③ 1.35   ④ 13.5

해설 가역단열과정은 등엔트로피 과정이다.
따라서 엔트로피 변화는 없다.
$\Delta S = \dfrac{\Delta Q}{T}$ 인데 가역단열과정이므로 $\Delta Q = 0$
따라서 $\Delta S = \dfrac{0}{T} = 0$이 된다.

27 다음 중 가장 큰 에너지는?
① 100kW 출력의 엔진이 10시간 동안 한 일
② 발열량 10000kJ/kg의 연료를 100kg 연소시켜 나오는 열량
③ 대기압하에서 10℃의 물 10m³를 90℃로 가열하는 데 필요한 열량(단, 물의 비열은 4.2kJ/kg·K이다.)
④ 시속 100km로 주행하는 총 질량 2000kg인 자동차의 운동에너지

해설
① $Q_1 = 100 \times 10 \times 3600 = 3{,}600{,}000$ kJ
② $Q_2 = 10{,}000 \times 100 = 1{,}000{,}000$ kJ
③ $Q_3 = \rho Q C \Delta t$
$= 1{,}000 \times 10 \times 4.2 \times (90-10) = 3{,}360{,}000$ kJ
④ $Q_4 = \dfrac{1}{2}mv^2$
$= \dfrac{1}{2} \times 2{,}000 \times (100 \times 10^3 \div 3{,}600)^2 \div 1{,}000$
$= 771.6$ kJ

정답 23 ④ 24 ③ 25 ③ 26 ② 27 ①

28 공기의 정압비열(C_p, kJ/(kg·℃))이 다음과 같다고 가정한다. 이때 공기 5kg을 0℃에서 100℃까지 일정한 압력하에서 가열하는데 필요한 열량은 약 몇 kJ인가? (단, 다음 식에서 t는 섭씨온도를 나타낸다.)

$$C_p = 1.0053 + 0.000079 \times t \, [kJ/(kg·℃)]$$

① 85.5 ② 100.9
③ 312.7 ④ 504.6

해설
$\delta Q = G C_p dt$
$Q = \int_0^{100} 5 \times (1.0053 + 0.000079 \times t) dt$
$= 5 \times \left[1.0053 t + \frac{0.000079}{2} t^2 \right]_0^{100}$
$= 5 \times \left(1.0053 \times 100 + \frac{0.000079}{2} \times 100^2 \right)$
$= 504.6 \, kJ$

29 압축비가 7.5인 오토사이클의 효율(%)은? (단, 기체의 비열비는 1.4이다.)

① 45.3 ② 55.3
③ 71.3 ④ 84.3

해설
$\eta_o = 1 - \left(\frac{1}{\varepsilon} \right)^{k-1} = 1 - \left(\frac{1}{7.5} \right)^{1.4-1}$
$= 0.553 \, (= 55.3\%)$

30 계가 비가역 사이클을 이룰 때 클라우지우스(Clausius)의 적분을 옳게 나타낸 것은? (단, T는 온도, Q는 열량이다.)

① $\oint \frac{\delta Q}{T} < 0$ ② $\oint \frac{\delta Q}{T} > 0$
③ $\oint \frac{\delta Q}{T} \geq 0$ ④ $\oint \frac{\delta Q}{T} \leq 0$

해설 클라우시우스의 폐적분
가역과정(사이클) $\oint \frac{\delta Q}{T} = 0$
비가역과정(사이클) $\oint \frac{\delta Q}{T} < 0$

31 다음 중 증발기 출구와 압축기 흡입관 사이에 설치하는 저압측 부속장치는?

① 액분리기 ② 수액기
③ 건조기 ④ 유분리기

해설 증발기 출구와 압축기 흡입관 사이에 설치하는 저압측 부속장치는 액분리기이다.

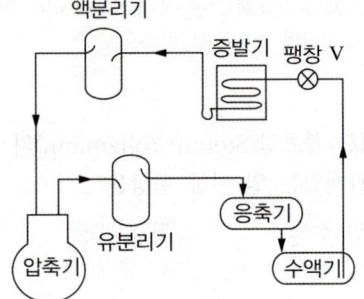

32 수액기에 대한 설명으로 틀린 것은?

① 응축기에서 응축된 고온고압의 냉매액을 일시 저장하는 용기이다.
② 장치 안에 있는 모든 냉매를 응축기와 함께 회수할 정도의 크기를 선택하는 것이 좋다.
③ 소형 냉동기에는 필요로 하지 않다.
④ 어큐뮬레이터라고도 한다.

해설 ③ 소형 냉동기에서는 응축기 하부에 냉매액을 고이게하여 사용하므로 수액기가 필요하지 않다.
④ 어큐뮬레이터(accumulator) : 액분리기이며 흡입가스에 냉매액이 혼입되어 있으면 이것을 분리하여 증기만 압축기에 보내어 액 압축을 방지하고 압축기를 보호하는 역할을 한다.

28 ④ 29 ② 30 ① 31 ① 32 ④

33 다음 중 냉매를 사용하지 않는 냉동장치는?

① 열전 냉동장치
② 흡수식 냉동장치
③ 교축팽창식 냉동장치
④ 증기압축식 냉동장치

해설 전자 냉동법(열전냉동법)
㉠ 서로 다른 금속을 연결하여 직류전류를 흐르게 하면 한쪽의 접점은 고온이 되고 다른 쪽의 접점은 저온이 되는 현상을 펠티어효과(peltier effect)라 하며, 이 원리를 이용하는 냉동법을 전자냉동법 또는 열전냉동법이라 한다.
㉡ 두 개의 반도체 소자로는 Bi + Bi_2Te_3 등이 사용된다.

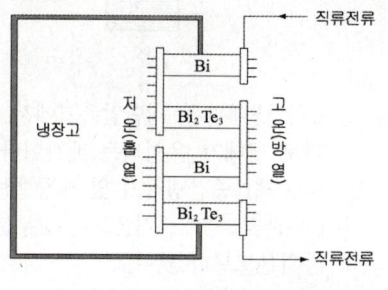

[전자 냉동법]

34 냉동기 냉매의 일반적인 구비조건으로서 적합하지 않은 것은?

① 임계 온도가 높고, 응고 온도가 낮을 것
② 증발열이 작고, 증기의 비체적이 클 것
③ 증기 및 액체의 점성(점성계수)이 작을 것
④ 부식성이 없고, 안정성이 있을 것

해설
• 냉매는 증발열이 커야 적은량으로 많은 열을 빼앗을 수 있다.
• 증기의 비체적이 크면 피스톤의 토출량이 많아야 하므로 증기의 비체적은 작아야 한다.

35 냉동능력이 1 RT인 냉동장치가 1kW의 압축동력을 필요로 할 때, 응축기에서의 방열량 (kW)은?

① 2   ② 3.36
③ 4.86   ④ 6.86

해설 응축열량=냉동능력+압축동력
1RT = 3.86kW이므로
$q_c = 1 \times 3.86 + 1 = 4.86 \text{kW}$

36 1대의 압축기로 증발온도를 −30℃ 이하의 저온도로 만들 경우 일어나는 현상이 아닌 것은?

① 압축기 체적효율의 감소
② 압축기 토출 증기의 온도 상승
③ 압축기 단위흡입체적당 냉동효과 상승
④ 냉동능력당의 소요동력 증대

해설 1대의 압축기로 증발온도를 −30℃이하의 저온도를 만들 경우 압축비가 과도하게 상승하므로 모든 것이 나쁜 방향으로 변한다. 따라서 압축기의 단위 흡입 체적당 냉동효과도 감소한다.

37 다음 압축기 중 압축방식에 의한 분류에 속하지 않는 것은?

① 왕복동식 압축기
② 흡수식 압축기
③ 회전식 압축기
④ 스크류식 압축기

해설 흡수식 냉동기는 압축기가 없다.

정답   33 ①   34 ②   35 ③   36 ③   37 ②

38 축 동력 10kW, 냉매순환량 33kg/min인 냉동기에서 증발기 입구 엔탈피가 406kJ/kg, 증발기 출구 엔탈피가 615kJ/kg, 응축기 입구 엔탈피가 632kJ/kg 이다. ㉠ 실제 성능계수와 ㉡ 이론 성능계수는 각각 얼마인가?

① ㉠ 8.5, ㉡ 12.3
② ㉠ 8.5, ㉡ 9.5
③ ㉠ 11.5, ㉡ 9.5
④ ㉠ 11.5, ㉡ 12.3

> 해설

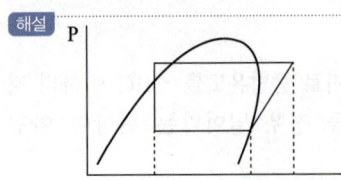

실제성적계수

$$COP = \frac{Q_e}{W} = \frac{(33 \div 60) \times (615 - 406)}{10}$$

$$= 11.49 ≒ 11.5$$

이론성적계수

$$COP = \frac{q_e}{w} = \frac{615 - 406}{632 - 615}$$

$$= 12.29 ≒ 12.3$$

39 프레온 냉동장치에서 가용전에 관한 설명으로 틀린 것은?

① 가용전의 용융온도는 일반적으로 75℃ 이하로 되어 있다.
② 가용전은 Sn(주석), Cd(카드뮴), Bi(비스무트) 등의 합금이다.
③ 온도상승에 따른 이상 고압으로부터 응축기 파손을 방지한다.
④ 가용전의 구경은 안전밸브 최소 구경의 1/2 이하이어야 한다.

> 해설

④ 가용전의 구경은 안전밸브 구경의 $\frac{1}{2}$ 이상으로 한다.

40 다음은 2단압축 1단팽창 냉동장치의 중간냉각기를 나타낸 것이다. 각 부에 대한 설명으로 틀린 것은?

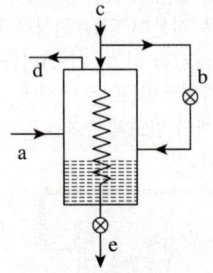

① a의 냉매관은 저단압축기에서 중간냉각기로 냉매가 유입되는 배관이다.
② b는 제1(중간냉각기 앞)팽창밸브이다.
③ d부분의 냉매증기온도는 a부분의 냉매 증기온도보다 낮다.
④ a와 c의 냉매 순환량은 같다.

> 해설

a는 저단측 냉매량이고, c는 고단측 냉매량(전체 냉매량)입니다.
a: 저단측 냉매량
b: 중간냉각 냉매량
c: 고단측 냉매량(전체 냉매량)
d: 고단측 냉매량(전체 냉매량)
e: 저단측 냉매량

38 ④ 39 ④ 40 ④

제3과목 시운전 및 안전관리

41 유도전동기에서 슬립이 "0"이라고 하는 것은?
① 유도전동기가 정지 상태인 것을 나타낸다.
② 유도전동기가 전부하 상태인 것을 나타낸다.
③ 유도전동기가 동기속도로 회전한다는 것이다.
④ 유도전동기가 제동기의 역할을 한다는 것이다.

해설 유도전동기 실제속도(N)
$N = (1-S)N_S = \frac{120f}{P}(1-S)$ 에서
N_S : 동기 속도 S : 슬립

유도 전동기에서 슬립 S = 0이라는 것은 동기속도로 회전한다는 것이다.

42 제어량에 따른 분류 중 프로세스 제어에 속하지 않는 것은?
① 압력   ② 유량
③ 온도   ④ 속도

해설 프로세스제어는 용어의 의미대로 산업분야의 공정에서 환경을 최적화하는 목적의 제어로서 온도, 습도, 압력, 유량, 액면, 비중, 농도 등을 제어한다.

43 제어계의 분류에서 엘리베이터에 적용되는 제어 방법은?
① 정치제어   ② 추종제어
③ 비율제어   ④ 프로그램제어

해설 피드백 제어의 목표값에 의한 분류
① 정치제어 : 목표값이 시간이 변하여도 변하지 않고 일정한 제어, 자동조정, 프로세스제어가 여기에 속한다.

② 추치제어 : 목표값이 시간에 따라서 변하는 제어
㉠ 추종제어 : 목표값이 임의로 변화되는 경우의 제어
(예) 대공포의 포신제어, 미사일 추적장치, 추적레이더)
㉡ 프로그램제어 : 제어 목표값을 미리 정해진 프로그램에 의해 변화시키는 제어
(예) 열처리 노의 온도제어, 무인열차 운전, 엘리베이터, 자판기, 공작기계제어)
㉢ 비율제어 : 목표값이 다른 량과 일정한 비율관계로 변화되는 제어
(예) 보일러 자동 연소장치)

44 배율기의 저항이 50kΩ, 전압계의 내부 저항이 25kΩ이다. 전압계가 100V를 지시하였을 때, 측정한 전압(V)은?
① 10   ② 50
③ 100   ④ 300

해설 배율기가 측정한 전압(V_m)
$\frac{V_m}{V} = 1 + \frac{R_m}{R}$ 에서
$V_m = \left(1 + \frac{R_m}{R}\right) \cdot V$
$= \left(1 + \frac{50}{25}\right) \times 100$
$= 300V$

45 전류의 측정 범위를 확대하기 위하여 사용되는 것은?
① 배율기   ② 분류기
③ 저항기   ④ 계기용변압기

해설
분류기 : 전류계의 최대눈금 값을 넘는 전류를 측정히기 위해, 즉 전류의 측정범위를 넓히기 위해 사용된다.
배율기 : 전압계의 측정범위를 벗어난 큰 전압을 측정하기 위해 사용된다.

정답 41 ③ 42 ④ 43 ④ 44 ④ 45 ②

46 전기자철심을 규소 강판으로 성층하는 주된 이유는?

① 정류자면의 손상이 적다.
② 가공하기 쉽다.
③ 철손을 적게 할 수 있다.
④ 기계손을 적게 할 수 있다.

해설 철손을 적게 하기 위해 히스테리시스손이 적은 규소강판을 사용하고, 와류손을 적게 하기 위해 성층한다.

47 저항에 전류가 흐르면 줄열이 발생하는데 저항에 흐르는 전류 I와 전력 P의 관계는?

① $I \propto P$
② $I \propto P^{0.5}$
③ $I \propto P^{1.5}$
④ $I \propto P^2$

해설 $P = I^2 R$ 에서
$I = (P/R)^{0.5}$ 이므로
$I \propto P^{0.5}$

48 그림과 같은 유접점 논리회로를 간단히 하면?

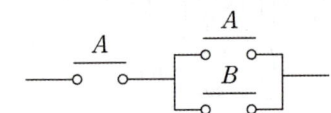

① $\overline{A}$
② A
③ B
④ $\overline{B}$

해설 논리회로 $A \cdot (A+B) = A$ (흡수법칙)

49 정격주파수 60Hz의 농형 유도전동기를 50Hz로 정격전압에서 사용할 때, 감소하는 것은?

① 토크   ② 온도
③ 역률   ④ 여자전류

해설 유도전동기에서 인가전압이 일정할 때 주파수가 감소하면 일어나는 현상
1. 온도가 상승한다.
2. 역률이 감소한다.
3. 동기속도가 감소한다.
4. 토크가 증가한다.
5. 여자전류 및 자속이 증가한다.

50 단상 교류 전력의 무효전력을 나타내는 식은?

① $Q = VI\cos\theta$
② $Q = VI\sin\theta$
③ $Q = VI$
④ $Q = VI\tan\theta$

해설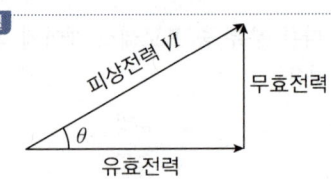

무효전력 $= VI\sin\theta$

51 논리식 $X = AB + \overline{BC}$ 에서 작동 설명이 잘못된 것은?

① $A=1$, $B=0$, $C=1$ 이면 $X=1$ 이다.
② $A=1$, $B=1$, $C=0$ 이면 $X=1$ 이다.
③ $A=0$, $B=0$, $C=0$ 이면 $X=0$ 이다.
④ $A=0$, $B=0$, $C=1$ 이면 $X=1$ 이다.

해설 ③ $A=0$, $B=0$, $C=0$ 이면 $X=1$ 이다.
$X = 0 \cdot 0 + \overline{0 \cdot 0} = 0 + 1 = 1$

정답 46 ③ 47 ② 48 ② 49 ③ 50 ② 51 ③

52 직류 전동기의 규약효율을 구하는 식으로 옳은 것은?

① $\dfrac{손실}{입력} \times 100\%$

② $\dfrac{출력 - 손실}{출력 + 손실} \times 100\%$

③ $\dfrac{출력}{출력 - 손실} \times 100\%$

④ $\dfrac{입력 - 손실}{입력} \times 100\%$

[해설] 규약효율

직류 전동기 : $\dfrac{입력 - 손실}{입력} \times 100[\%]$

직류 발전기 : $\dfrac{출력}{출력 + 손실} \times 100[\%]$

53 $e(t) = 200\sin\omega t(V)$, $i(t) = 4\sin(\omega t - \dfrac{\pi}{3})(A)$일 때 유효전력(W)은?

① 100 ② 200
③ 300 ④ 400

[해설] 유효전력

$P = VI\cos\theta$
$= \dfrac{V_m}{\sqrt{2}} \times \dfrac{I_m}{\sqrt{2}} \times \cos\theta$
$= \dfrac{200}{\sqrt{2}} \times \dfrac{4}{\sqrt{2}} \times \cos\left(\dfrac{\pi}{3}\right)$
$= 400 \times \cos\dfrac{\pi}{3} = 200W$

54 그림에서 3개의 입력단자 모두 1을 입력하면 출력단자 A와 B의 출력은?

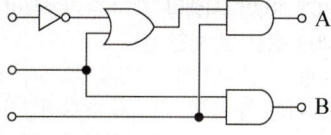

① $A = 0$, $B = 0$
② $A = 0$, $B = 1$
③ $A = 1$, $B = 0$
④ $A = 1$, $B = 1$

[해설]
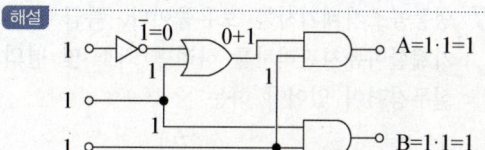

55 2전력계법으로 3상 전력을 측정할 때 전력계의 지시가 $W_1 = 200W$, $W_2 = 200W$이다. 부하전력(W)은?

① 200 ② 400
③ $200\sqrt{3}$ ④ $400\sqrt{3}$

[해설] 3상 전력의 측정 방법으로 2개의 단상 전력계를 그림과 같이 접속하면 3상 전력은 2개 전력계 전력값의 대수합이다. 즉, 3상 전력 $P = W_1 + W_2$이다.
따라서 3상 전력 $P = 200 + 200 = 400W$

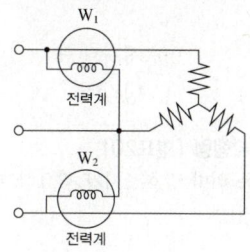

56 기계설비법령에 따른 기계설비의 착공 전 확인과 사용 전 검사의 대상 건축물 또는 시설물에 해당하지 않는 것은?

① 연면적 1만 제곱미터 이상인 건축물
② 목욕장으로 사용되는 바닥면적 합계가 500 제곱미터 이상인 건축물
③ 기숙사로 사용되는 바닥면적 합계가 1천 제곱미터 이상인 건축물
④ 판매시설로 사용되는 바닥면적 합계가 3천제곱미터 이상인 건축물

[해설] 기계설비법 시행령 제11조 별표5
③ 기숙사로 사용되는 바닥면적 합계가 2천제곱미터 이상인 건축물

정답 52 ④ 53 ② 54 ④ 55 ② 56 ③

57 냉동공조기계기사를 보유중이다. 특급 책임기계설비유지관리자를 하려면 최소 몇 년의 실무경력이 있어야 하는가?

① 4년　　　　② 7년
③ 10년　　　④ 13년

> **해설** 기계설비유지관리자의 자격 및 등급(기계설비법 시행령 별표5의2)

구분		보유자격	실무경력
책임기계설비 유지관리자	특급	기사	10년 이상
		산업기사	13년 이상

58 산업안전보건법령상 유해·위험 방지를 위한 방호조치가 필요한 기계·기구에 해당하는 것은?

① 응축기　　　② 저장탱크
③ 공기압축기　④ 냉각기

> **해설** 산업안전보건법 시행령 [별표20]
> 유해·위험 방지를 위한 방호조치가 필요한 기계·기구(제70조 관련)
> 1. 예초기
> 2. 원심기
> 3. 공기압축기
> 4. 금속절단기
> 5. 지게차
> 6. 포장기계(진공포장기, 래핑기로 한정한다)

59 고압가스 안전관리법령에 따라 (   ) 안의 내용으로 옳은 것은?

> "충전용기"란 고압가스의 충전질량 또는 충전압력의 (㉠) 이 충전되어 있는 상태의 용기를 말한다.
> "잔가스용기"란 고압가스의 충전질량 또는 충전압력의 (㉡) 이 충전되어 있는 상태의 용기를 말한다.

① ㉠ 2분의 1 이상, ㉡ 2분의 1 미만
② ㉠ 2분의 1 초과, ㉡ 2분의 1 이하
③ ㉠ 5분의 2 이상, ㉡ 5분의 2 미만
④ ㉠ 5분의 2 초과, ㉡ 5분의 2 이하

> **해설**
> • 고압가스 안전관리법 시행규칙 제2조 14
> 충전용기란 고압가스의 충전질량 또는 충전압력의 $\frac{1}{2}$ 이상이 충전되어 있는 상태의 용기를 말한다.
> • 고압가스 안전관리법 시행규칙 제2조 15
> 잔가스용기란 고압가스의 충전질량 또는 충전압력의 $\frac{1}{2}$ 미만이 충전되어 있는 상태의 용기를 말한다.

60 기계설비법령에 따라 일정 규모 이상의 건축물 등에 설치된 기계설비의 소유자 또는 관리자는 유지관리기준을 준수하기 위하여 기계설비유지관리자를 선임하여야 한다. 아래 내용은 일정 규모 이상의 건축물 중 공동주택에 해당하는 내용이다. (   ) 안의 내용으로 옳은 것은?

> 가. (㉠)세대 이상의 공동주택
> 나. (㉡)세대 이상으로서 중앙집중식 난방방식(지역난방방식을 포함한다)의 공동주택

① ㉠ 100, ㉡ 200
② ㉠ 200, ㉡ 100
③ ㉠ 300, ㉡ 500
④ ㉠ 500, ㉡ 300

> **해설** 기계설비법 시행령 제14조(기계설비 유지관리에 대한 점검 및 확인 등)
> ①항 2. 건축법 제2조제2항제2호에 따른 공동주택 중 다음 각 목의 어느 하나에 해당하는 공동주택
> 가. 500세대 이상의 공동주택
> 나. 300세대 이상으로서 중앙집중식 난방방식(지역난방방식을 포함한다)의 공동주택

정답　57 ③　58 ③　59 ①　60 ④

제4과목 유지보수 공사관리

61 아래 강관 표시방법 중 "S-H"의 의미로 옳은 것은?

$$\text{SPPS-S-H-1965, 11-100A} \times \text{SCH40} \times 6$$

① 강관의 종류   ② 제조회사명
③ 제조방법   ④ 제품표시

해설
SPPS : 강관의 종류(압력배관용 탄소강관)
S-H : 제조방법(열간가공 이음매 없는 관)
1965,11 : 제조년월(1965년 11월)
100A : 관경 (100mm)
SCH40 : 호칭방법 (스케쥴 40번)
6 : 관길이(6m)

62 신축 이음쇠의 종류에 해당되지 않는 것은?

① 벨로스 형   ② 플랜지 형
③ 루프 형   ④ 슬리브 형

해설 플랜지형 신축이음쇠라는 것은 없다.

63 강관 이음쇠 중 분기관을 낼 때 사용되는 것이 아닌 것은?

① 티   ② 크로스
③ 와이   ④ 엘보우

해설 엘보우는 유체의 흐름 방향을 90° 또는 45°로 바꿀 때 사용되는 이음쇠이다.

64 증기 및 물배관 등에서 찌꺼기를 제거하기 위하여 설치하는 부속품으로 옳은 것은?

① 유니온   ② P트랩
③ 체크밸브   ④ 스트레이너

해설
스트레이너(Strainer, 여과기)
• 배관에 설치하여 배관내의 이물질을 걸러내기 위한 장치
• 본체안에 있는 여과망이 이물질을 걸러낸다.
• 펌프의 흡입쪽이나 밸브의 입구쪽에 설치한다.
• 종류는 Y형, U형, V형이 있다.

65 파이프 지지의 구조와 위치를 정하는데 꼭 고려해야 할 것은?

① 유속 및 온도
② 압력 및 유속
③ 배출구
④ 중량과 지지간격

해설 파이프 지지의 구조와 위치를 정할 때는 중량과 지지간격을 고려하여 정해야 한다.

66 지름 20mm 이하의 동관을 이음할 때, 기계의 점검 보수, 기타 관을 분해하기 쉽게하기 위해 이용하는 동관 이음 방법은?

① 슬리브 이음
② 플레어 이음
③ 사이징 이음
④ 플랜지 이음

해설
플레어 이음(Flare, 나팔관식 이음)
• 관의 끝을 나팔모양으로 벌리고 플레어너트를 끼워 상대나사(볼트)에 연결하는 이음
• 20mm 이하의 관 및 보수점검 및 분해가 필요한 곳에 사용된다. (20mm가 넘는 관에서는 플랜지 이음을 하는 것이 좋다)

정답 61 ③ 62 ② 63 ④ 64 ④ 65 ④ 66 ②

67 냉·온수 배관법 중 역환수(reverse return) 방식에 대한 특징이 아닌 것은?

① 배관 스페이스가 많이 필요하다.
② 배관계의 마찰저항이 거의 균등해진다.
③ 유량 밸런스를 잡기 어렵다.
④ 공급관과 환수관의 길이를 거의 같게 하는 배관방식이다.

해설 리버스리턴 방식(역환수 방식)
- 각 유니트마다 온수 공급관에서부터 환수관까지의 총길이를 동일하게 하므로 배관저항이 같게 되어 각 유니트에 유량공급도 균일하다.
- 배관의 길이가 길어지고 공간도 많이 차지하며 설비비가 많이 든다.
- 개방회로·밀폐회로 모두에 사용된다.

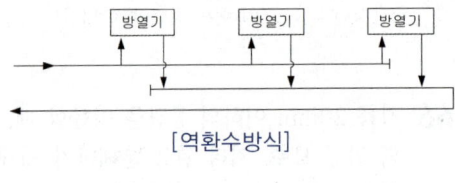

[역환수방식]

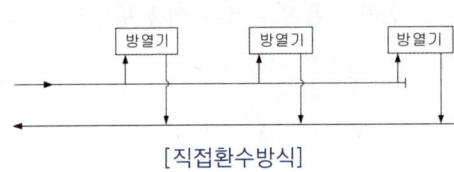

[직접환수방식]

68 도시가스에서 고압이라 함은 얼마 이상의 압력을 뜻하는가?

① 0.1MPa 이상
② 0.2MPa 이상
③ 0.5MPa 이상
④ 1MPa 이상

해설 도시가사사업법 시행규칙 제2조① 6~8
고압 : 1MPa 이상(게이지 압력)
중압 : 0.1MPa 이상 1MPa 미만
저압 : 0.1MPa 미만

69 다음 도시기호의 이음은?

① 나사식 이음 ② 용접식 이음
③ 소켓식 이음 ④ 플랜지식 이음

해설

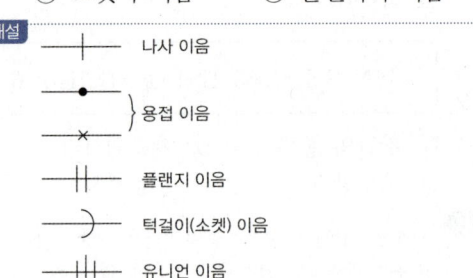

나사 이음
용접 이음
플랜지 이음
턱걸이(소켓) 이음
유니언 이음

70 가스미터를 구조상 직접식(실측식)과 간접식(추정식)으로 분류된다. 다음 중 직접식 가스미터는?

① 습식 ② 터빈식
③ 벤튜리식 ④ 오리피스식

해설 가스미터의 분류
실제측정식 : 습식드럼형, 회전자형, 로터리 피스톤형, 왕복 피스톤형, 다이아프램형
추정식 : 차압식(오리피스형, 노즐식, 벤츄리식), 터빈식, 면적식(플로트형, 피스톤형), 스프링작동가변면적식

71 길이 30m의 강관의 온도 변화가 120℃일 때 강관에 대한 열팽창량은? (단, 강관의 열팽창계수는 11.9×10^{-6} mm/mm·℃이다.)

① 42.8mm ② 42.8cm
③ 42.8m ④ 4.28mm

해설 열팽창량 $\triangle \ell = L \times \alpha (t_2 - t_1)$
$\triangle \ell = (30 \times 10^3) \times 11.9 \times 10^{-6} \times 120$
$= 42.84$mm

67 ③ 68 ④ 69 ③ 70 ① 71 ①

72 스테인리스 강관의 특징에 대한 설명으로 틀린 것은?

① 내식성이 우수하며 내경의 축소, 저항 증대 현상이 없다.
② 위생적이라서 적수, 백수, 청수의 염려가 없다.
③ 저온 충격성이 적고, 한랭지 배관이 가능하다.
④ 나사식, 용접식, 몰코식, 플랜지식 이음법이 있다.

해설 스텐레스 강관은 강도가 높은 것에 비해 두께가 얇아 저온 충격성이 크고 내동파성이 강관보다 떨어진다.

73 관의 부식 방지 방법으로 틀린 것은?

① 전기 절연을 시킨다.
② 아연도금을 한다.
③ 열처리를 한다.
④ 습기의 접촉을 없게 한다.

해설 열처리는 관의 부식방지법의 아니며 오히려 부식을 촉진시킬 수 있다.

74 배관용 보온재의 구비 조건에 관한 설명으로 틀린 것은?

① 내열성이 높을수록 좋다.
② 열전도율이 작을수록 좋다.
③ 비중이 작을수록 좋다.
④ 흡수성이 클수록 좋다.

해설 ④ 흡수성이 크면 물(수분)이 쉽게 보온재에 침투하므로 보온성능을 떨어뜨린다. 그러므로 보온재는 흡수성이 작아야 한다.

75 배관에서 지름이 다른 관을 연결할 때 사용하는 것은?

① 유니언 ② 니플
③ 부싱   ④ 소켓

해설
- 부싱 : 지름이 다른 관을 직선으로 연결할 때 사용한다.
- 유니언 : 관을 자주 분해 수리 또는 교체가 필요한 부분에 사용한다.
- 니플, 소켓 : 지름이 같은 관을 직선으로 연결할 때 사용한다.

76 공기의 흐름방향을 조절할 수 있으나 풍량은 조절할 수 없고 환기용 흡입구나 배기구로 사용되는 것은?

① 그릴(grilles)
② 디퓨저(diffusers)
③ 레지스터(registers)
④ 아네모스탯(anemostat)

해설
그릴 : 공기의 흐름방향을 조절할 수 있으나 풍량은 조절할 수 없다.
레지스터 : 그릴에 셔터를 부착한 것으로 공기의 방향과 풍량을 조절할 수 있다.

77 동관작업용 사이징 툴(sizing tool)공구에 관한 설명으로 옳은 것은?

① 동관의 확관용 공구
② 동관의 끝부분을 원형으로 정형하는 공구
③ 동관의 끝을 나팔형으로 만드는 공구
④ 동관 절단 후 생긴 거스러미를 제거하는 공구

해설 ① 익스팬더 ② 사이징 툴
③ 플레어링 툴 ④ 리머

정답 72 ③ 73 ③ 74 ④ 75 ③ 76 ① 77 ②

78 Seam 용접의 기호로 옳은 것은?

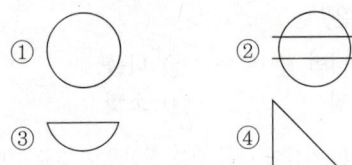

해설
○ : 스폿(점) 용접
⊖ : 심(Seam) 용접
⌒ : 이면(뒷면) 용접
△ : 필렛 용접

79 트랩의 봉수 파괴 원인에 해당하지 않는 것은?
① 자기사이펀 작용
② 모세관 작용
③ 증발 현상
④ 공동 현상

해설 봉수 파괴 원인
• 자기사이폰 작용
• 모세관 현상
• 증발 현상
• 흡출 작용
• 관 내의 기압 변화에 의한 관성

80 LP가스 공급, 소비 설비의 압력손실 요인으로 틀린 것은?
① 배관의 입하에 의한 압력손실
② 엘보우, 티 등에 의한 압력손실
③ 배관의 직관부에서 일어나는 압력손실
④ 가스미터, 콕크, 밸브 등에 의한 압력손실

해설 LP가스(프로판+부탄)는 공기보다 무겁다.
프로판 비중 : 1.52, 부탄비중 : 2.01이다.
따라서 배관의 입하시에는 자중으로 내려가기 때문에 LP가스 공급, 소비 설비의 압력손실 요인이 아니다.

정답 78 ② 79 ④ 80 ①

과년도 출제문제(2024년 2회 CBT 복원)

제1과목 에너지 관리

01 덕트 설계시 주의사항으로 틀린 것은?
① 장방형 덕트 단면의 종횡비는 가능한 한 6 : 1 이상으로 해야 한다.
② 덕트의 풍속은 15m/s 이하, 정압은 50 mmAq 이하의 저속덕트를 이용하여 소음을 줄인다.
③ 덕트의 분기점에는 댐퍼를 설치하여 압력 평형을 유지시킨다.
④ 재료는 아연도금강판, 알루미늄판 등을 이용하여 마찰저항 손실을 줄인다.

<해설> 장방형 덕트 단면의 종횡비(아스팩트비)는 가능한 4:1이하로 해야한다

02 복사난방에 있어서 바닥패널의 온도로 가장 알맞은 것은?
① 95℃ 정도 ② 80℃ 정도
③ 55℃ 정도 ④ 30℃ 정도

<해설>
• 바닥패널온도 : 27~35℃
• 천장패널온도 : 50℃ 이하
• 벽패널온도 : 40~60℃

03 증기 난방배관에서 증기트랩을 사용하는 이유로 옳은 것은?
① 관내의 공기를 배출하기 위하여
② 배관의 신축을 흡수하기 위하여
③ 관내의 압력을 조절하기 위하여
④ 증기관에 발생된 응축수를 제거하기 위하여

<해설> 증기트랩은 증기가 환수관으로 유입되는 것을 방지하여 응축수만 환수관으로 배출되게 하는 장치이다.

04 유효온도(Effective Temperature)의 3요소는?
① 밀도, 온도, 비열
② 온도, 기류, 밀도
③ 온도, 습도, 비열
④ 온도, 습도, 기류

<해설> 유효온도 : 온도, 습도, 기류의 영향을 하나의 온도감각으로 나타낸 것, 감각온도라고도 한다.

05 다음 가습 방법 중 물분무식이 아닌 것은?
① 원심식   ② 초음파식
③ 노즐분무식 ④ 적외선식

<해설>
수분무식 : 원심식, 초음파식, 노즐분무식
증기발생식 : 적외선식, 전열식, 전극식

06 다음 중 고속덕트와 저속덕트를 구분하는 기준이 되는 풍속은?
① 15m/s   ② 20m/s
③ 25m/s   ④ 30m/s

<해설>
저속덕트 : 풍속 15m/s 이하
고속덕트 : 풍속 15m/s 초과

정답 01 ① 02 ④ 03 ④ 04 ④ 05 ④ 06 ①

07 습도가 낮을 때 일어나는 현상이 아닌 것은?

① 정전기가 발생한다.
② 공기 중 인플루엔자 바이러스의 생존률이 높아진다.
③ 곰팡이가 나기 쉽다.
④ 피부가 거칠어진다.

해설 습도가 낮으면 곰팡이가 나기 어렵다.

08 에어와셔 단열 가습시 포화효율(η)은 어떻게 표시하는가? (단, 입구공기의 건구온도 t_1, 출구공기의 건구온도 t_2, 입구공기의 습구온도 t_{w1}, 출구공기의 습구온도 t_{w2}이다.)

① $\eta = \dfrac{(t_1 - t_2)}{(t_2 - t_{w2})}$

② $\eta = \dfrac{(t_1 - t_2)}{(t_1 - t_{w1})}$

③ $\eta = \dfrac{(t_2 - t_1)}{(t_{w2} - t_1)}$

④ $\eta = \dfrac{(t_1 - t_{w1})}{(t_2 - t_1)}$

해설

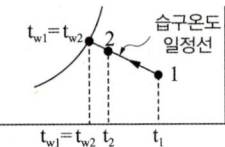

포화효율 : 에어와셔 탱크의 물을 냉각도 가열도 하지않고 순환시키는 경우 단열가습이 되며 그 때의 콘택트 팩터(CF)를 포화효율(η_s)이라한다.

$\eta_s = \dfrac{t_1 - t_2}{t_1 - t_{w2}} = \dfrac{t_1 - t_2}{t_1 - t_{w1}}$

09 장방형 덕트(긴 변 a, 짧은 변 b)의 원형 덕트 지름 환산식으로 옳은 것은?

① $de = 1.3\left[\dfrac{(ab)^2}{a+b}\right]^{1/8}$

② $de = 1.3\left[\dfrac{(ab)^5}{a+b}\right]^{1/6}$

③ $de = 1.3\left[\dfrac{(ab)^5}{(a+b)^2}\right]^{1/8}$

④ $de = 1.3\left[\dfrac{(ab)^2}{(a+b)}\right]^{1/6}$

해설 $de = 1.3\left[\dfrac{(ab)^5}{(a+b)^2}\right]^{1/8}$

10 습공기를 단열 가습하는 경우 열수분비(u)는 얼마인가?

① 0   ② 0.5
③ 1   ④ ∞

해설 열수분비 $u = \dfrac{\text{전열량의 변화량}}{\text{수분의 변화량}} = \dfrac{\Delta h}{\Delta x}$

단열가습은 열이 차단된 상태이므로 전열량의 변화량 $\Delta h = 0$이다.
따라서 열수분비 $u = 0$이다.

11 덕트 내의 풍속이 8m/s이고 정압이 200Pa일 때, 전압은? (단, 공기밀도는 1.2kg/m³이다.)

① 219.3Pa   ② 218.4Pa
③ 239.3Pa   ④ 238.4Pa

해설 전압 = 정압+동압

$P_T = P_S + \dfrac{1}{2}\rho v^2$

$= 200 + \dfrac{1}{2} \times 1.2 \times 8^2$

$= 238.4\text{Pa}$

07 ③　08 ②　09 ③　10 ①　11 ④

12 공조기의 풍량이 3000m³/min이고 코일 통과 풍속을 2.5m/s로 할 때 냉수코일의 유효 전면적(m³)은 얼마인가? (단, 공기의 밀도는 1.2kg/m³이다.)

① 1200 ② 120
③ 20 ④ 0.33

해설 풍량 $Q = A \cdot V$ 에서

유효 전면적 $A = \dfrac{Q}{V}$

$= \dfrac{3000}{2.5 \times 60} = 20\text{m}^2$

13 건구온도(t_1), 습구온도(t_2), 노점온도(t_3)의 관계식으로 옳은 것은?

① $t_1 > t_2 > t_3$
② $t_1 > t_3 > t_2$
③ $t_2 > t_1 > t_3$
④ $t_3 > t_2 > t_1$

해설 건구온도 > 습구온도 > 노점온도
즉, $t_1 > t_2 > t_3$이다.

14 공기의 온도나 습도를 변화시킬 수 없는 것은?

① 공기필터
② 공기재열기
③ 공기예열기
④ 공기가습기

해설 공기필터는 공기 중의 먼지 등 분순물을 제거하는 기능을 한다. 온도나 습도를 변화시킬 수는 없다.

15 어느 건물 서편의 유리면적이 17m²이다. 유리창의 일사량(I_{GR})은 558W/m², 차폐계수(k_S)는 0.75이다. 일사 침입열량(kW)은 얼마인가? (단, 외기는 33℃, 실내는 27℃, 유리는 2중이다.)

① 15.2 ② 7.11
③ 3.6 ④ 1.4

해설 일사 침입열량 $q_{GR} = I_{GR} \cdot A_G \cdot k_S$

$q_{GR} = \dfrac{558 \times 17 \times 0.75}{1000} = 7.11\text{kW}$

16 각형덕트 단변 $a = 250$mm, 장변 $b = 650$ mm일 때 원형덕트 상당장은 얼마인가?

① 0.25m ② 0.33m
③ 0.43m ④ 0.53m

해설
$de = 1.3\left[\dfrac{(a \times b)^5}{(a+b)^2}\right]^{1/8}$

$= 1.3\left[\dfrac{(0.25 \times 0.65)^5}{(0.25 + 0.65)^2}\right]^{1/8} = 0.43\text{m}$

17 덕트의 경로 중 단면적이 확대되었을 경우 압력변화에 대한 설명으로 틀린 것은?

① 전압이 증가한다.
② 동압이 감소한다.
③ 정압이 증가한다.
④ 풍속은 감소한다.

해설 덕트의 단면적이 확대되더라도 전압은 일정하다. 그러나 풍속이 감소되므로 동압이 감소되고, 정압은 증가하게 된다.
즉, 전압은 일정, 동압은 감소, 정압은 증가

정답 12 ③ 13 ① 14 ① 15 ② 16 ③ 17 ①

18 결로현상에 대한 설명 중 옳지 않은 것은?

① 벽체 온도가 공기 노점온도 이하로 냉각될 때 수증기가 응축되어 결로가 발생한다.
② 결로를 방지하려면 다습한 외기를 도입하지 않도록 한다.
③ 결로를 방지하려면 벽체에 단열재를 부착하여 열관류저항을 증가시킨다.
④ 노점온도 이하에서 결로가 발생하면 공기 중의 수증기분압은 상승한다.

해설 결로가 발생하면 공기 중의 수분이 결로로 빠져 나가므로 공기 중의 수증기 분압은 감소한다.

19 이중덕트방식에 설치하는 혼합상자의 구비조건으로 틀린 것은?

① 냉풍·온풍 덕트 내의 정압변동에 의해 송풍량이 예민하게 변화할 것
② 혼합비율 변동에 따른 송풍량의 변동이 완만할 것
③ 냉풍·온풍 댐퍼의 공기누설이 적을 것
④ 자동제어 신뢰도가 높고 소음발생이 적을 것

해설 혼합상자는 냉풍·온풍 덕트 내의 정압 변동에 의해 송풍량이 예민하게 변화하지 않아야 한다.

20 온수난방 배관방식에서 단관식과 비교한 복관식에 대한 설명으로 틀린 것은?

① 설비비가 많이 든다.
② 온도변화가 많다.
③ 온수 순환이 좋다.
④ 안정성이 높다.

해설 온수난방 배관 방식에서 복관식은 단관식에 비하여
① 설비비가 많이든다
② 공급관과 환수관이 분리되므로 온도변화가 적다
③ 온수의 순환이 좋다
④ 온수공급의 안정성이 높다

제2과목 공조냉동 설계

21 클라우지우스(Clausius) 적분 중 비가역 사이클에 대하여 옳은 식은? (단, Q는 시스템에 공급되는 열, T는 절대온도를 나타낸다.)

① $\oint \dfrac{dQ}{T} = 0$　　② $\oint \dfrac{dQ}{T} < 0$
③ $\oint \dfrac{dQ}{T} > 0$　　④ $\oint \dfrac{dQ}{T} \geq 0$

해설
가역사이클 : $\oint \dfrac{dQ}{T} = 0$

비가역사이클 : $\oint \dfrac{dQ}{T} < 0$

22 다음 중 압력 값이 다른 것은?

① 1mAq　　② 73.56mmHg
③ 980.665Pa　　④ 0.98N/cm

해설
$73.56\text{mmHg} = \dfrac{73.56}{760} \times 10.332 = 1.0\text{mAq}$

$980.665\text{Pa} = \dfrac{980.665}{101325} \times 10.332 = 0.1\text{mAq}$

$0.98\text{N/cm}^2 = 9800\text{N/m}^2$
$\qquad = \dfrac{9800}{101325} \times 10.332 = 1.0\text{mAq}$

23 압력이 287kPa일 때, 1m³의 공기 질량이 2kg이었다. 이 때 공기의 온도(℃)는? (단, 공기의 기체상수 R=287J/kg·K이다.)

① 773　　② 500
③ 400　　④ 227

해설 $PV = mRT$에서
$T = \dfrac{PV}{mR} = \dfrac{287 \times 1}{2 \times 287 \times 10^{-3}}$
$\quad = 500\text{K} = 227℃$

24 밀폐용기에 비내부에너지가 200kJ/kg인 기체가 0.5kg 들어있다. 이 기체를 용량이 500W인 전기가열기로 2분 동안 가열한다면 최종 상태에서 기체의 내부에너지는 약 몇 kJ인가? (단, 열량은 기체로만 전달된다고 한다)

① 20kJ ② 100kJ
③ 120kJ ④ 160kJ

해설
$U_2 = U_1 + Pt$ 여기서 시간 t : sec
$= (200 \times 0.5) + (\frac{500}{1000} \times 2분 \times 60초)$
$= 160kJ$

25 다음 중 가장 큰 에너지는?

① 100kW 출력의 엔진이 10시간 동안 한 일
② 발열량 10000kJ/kg의 연료를 100kg 연소시켜 나오는 열량
③ 대기압하에서 10℃의 물 10m³를 90℃로 가열하는 데 필요한 열량(단, 물의 비열은 4.2kJ/kg·K이다.)
④ 시속 100km로 주행하는 총 질량 2000kg인 자동차의 운동에너지

해설
① $Q_1 = 100 \times 10 \times 3600 = 3,600,000 kJ$
② $Q_2 = 10,000 \times 100 = 1,000,000 kJ$
③ $Q_3 = \rho Q C \Delta t$
  $= 1,000 \times 10 \times 4.2 \times (90-10) = 3,360,000 kJ$
④ $Q_4 = \frac{1}{2}mv^2$
  $= \frac{1}{2} \times 2,000 \times (100 \times 10^3 \div 3,600)^2 \div 1,000$
  $= 771.6 kJ$

26 10℃에서 160℃까지 공기의 평균 정적비열은 0.7315kJ/(kg·K)이다. 이 온도 변화에서 공기 1kg의 내부에너지 변화는 약 몇 kJ인가?

① 101.1kJ ② 109.7kJ
③ 120.6kJ ④ 131.7kJ

해설
내부에너지 $du = C_v dT$
$u = 0.7315 \times (160 - 10) = 109.7 kJ$

27 1kg의 공기가 100℃를 유지하면서 가역등온 팽창하여 외부에 500kJ의 일을 하였다. 이때 엔트로피의 변화량은 약 몇 kJ/K인가?

① 1.895 ② 1.665
③ 1.467 ④ 1.340

해설
$\triangle S = \frac{\Delta Q}{T} = \frac{500}{(100+273)} = 1.340 kJ/K$

28 0.24MPa 압력에서 작동되는 냉동기의 포화액 및 건포화증기의 엔탈피는 각각 396kJ/kg, 615kJ/kg이다. 동일압력에서 건도가 0.75인 지점의 습증기의 엔탈피(kJ/kg)는 얼마인가?

① 398.75 ② 481.28
③ 501.49 ④ 560.25

해설
습증기 엔탈피
$h_x = h' + x(h'' - h')$
$= 396 + 0.75 \times (615 - 396) = 560.25$

29 온도 100℃, 압력 200kPa의 이상기체 0.4kg이 가역단열과정으로 압력이 100kPa로 변화하였다면, 기체가 한 일(kJ)은 얼마인가? (단, 기체 비열비 1.4, 정적비열 0.7kJ/kg·K이다.)

① 13.7 ② 18.8
③ 23.6 ④ 29.4

해설
단열변화
$\frac{T_2}{T_1} = \left(\frac{P_2}{P_1}\right)^{\frac{k-1}{k}}$ 에서

$T_2 = T_1 \left(\frac{P_2}{P_1}\right)^{\frac{k-1}{k}}$
$= (100+273) \times \left(\frac{100}{200}\right)^{\frac{1.4-1}{1.4}} = 305.98 K$

$W_a = m \int_1^2 P dv$
$= \frac{1}{k-1} mR(T_1 - T_2), R = (k-1)C_v$
$= mC_v(T_1 - T_2)$
$= 0.4 \times 0.7 \times (373 - 305.98) = 18.76 kJ$

정답: 24 ④ 25 ① 26 ② 27 ④ 28 ④ 29 ②

30 그림에서 $T_1 = 561K$, $T_2 = 1010K$, $T_3 = 690K$, $T_4 = 383K$인 공기를 작동유체로 하는 브레이턴 사이클의 이론 열효율은?

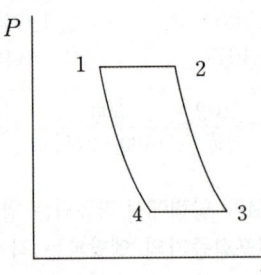

① 0.388 ② 0.465
③ 0.316 ④ 0.412

해설 브레이턴 사이클의 이론 열효율
$$\eta_b = 1 - \frac{T_3 - T_4}{T_2 - T_1}$$
$$= 1 - \frac{690 - 383}{1010 - 561} = 0.316$$

31 식품의 평균 초온이 0℃일 때 이것을 동결하여 온도중심점을 -15℃까지 내리는데 걸리는 시간을 나타내는 것은?

① 유효동결시간
② 유효냉각시간
③ 공칭동결시간
④ 시간상수

해설 공칭동결시간 : 식품의 평균 초온이 0℃일때 온도 중심점을 -15℃까지 내리는데 소요되는 시간

32 실린더 지름 200mm, 행정 200mm, 회전수 400rpm, 기통수 3기통인 냉동기의 냉동능력이 5.72RT이다. 이때 냉동효과(kJ/kg)는? (단, 체적효율은 0.75, 압축기 흡입 시의 비체적은 0.5m³/kg이고, 1RT는 3.8kW이다.)

① 115.3 ② 110.8
③ 89.4   ④ 68.8

해설
• 피스톤 토출량
$$V = \frac{\pi}{4} D^2 \cdot L \cdot n \cdot Z$$
$$= \frac{\pi}{4} \times 0.2^2 \times 0.2 \times 400 \times 3 \div 60$$
$$= 0.12566 \text{m}^3/\text{s}$$

• 실제냉매순환량
$$G = \frac{V}{v} \times \eta_v$$
$$= \frac{0.12566}{0.5} \times 0.75 = 0.18849 \text{kg/s}$$

• 냉동효과
$$q_e = \frac{Q_e}{G} = \frac{5.72 \times 3.8}{0.18849} = 115.3 \text{kJ/kg}$$

33 증발온도 -30℃, 응축온도 45℃에서 작동되는 이상적인 냉동기의 성적계수는?

① 2.2 ② 3.2
③ 4.2 ④ 5.2

해설
$$COP = \frac{T_e}{T_c - T_e}$$
$$= \frac{-30 + 273}{(45 + 273) - (-30 + 273)} = 3.24$$

34 증발온도는 일정하고 응축온도가 상승할 경우 나타나는 현상으로 틀린 것은?

① 냉동능력 증대 ② 체적효율 저하
③ 압축비 증대   ④ 토출가스 온도 상승

해설

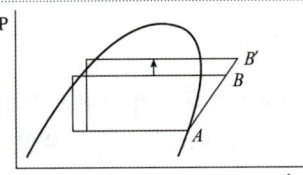

① 냉동능력 감소
② 체적효율 저하
③ 압축비 증대
④ 토출가스 온도 상승
※ 모든 것이 나쁜쪽으로 나타난다.

정답 30 ③ 31 ③ 32 ① 33 ② 34 ①

35 냉매 배관 내에 플래시 가스(flash gas)가 발생했을 때 나타나는 현상으로 틀린 것은?

① 팽창밸브의 능력 부족 현상 발생
② 냉매부족과 같은 현상 발생
③ 액관 중의 기포 발생
④ 팽창밸브에서의 냉매 순환량 증가

해설 플래시 가스(Flash Gas) 발생 방지 대책
증발기 이외의 곳에서 증발한 냉매가스를 flash gas라 하며, 플래시 가스가 액관내에 존재하면 팽창밸브의 능력이 현저히 떨어진다. 따라서 플래시 가스를 최대한 방지해야 한다. 방지대책으로는
① 액관이나 밸브류의 규격을 충분히 크게하여 압력손실을 작게 한다.
② 여과기나 필터의 점검 및 청소를 하여 압력손실을 작게 한다.
③ 액-가스 열교환기를 이용하여 액냉매의 과냉각도를 크게 한다.
④ 액관이 가열되지 않도록 방열시공한다.

36 압축기 토출압력 상승 원인으로 가장 거리가 먼 것은?

① 응축온도가 낮을 때
② 냉각수 온도가 높을 때
③ 냉각수 양이 부족할 때
④ 공기가 장치 내에 혼입했을 때

해설 응축온도가 낮으면 압축기 토출압력이 낮아진다.

37 R-12를 작동 유체로 사용하는 이상적인 증기압축 냉동 사이클이 있다. 여기서 증발기 출구 엔탈피는 229 kJ/kg, 팽창밸브 출구 엔탈피는 81 kJ/kg, 응축기 입구 엔탈피는 255 kJ/kg 일 때 이 냉동기의 성적계수는 약 얼마인가?

① 4.1   ② 4.9
③ 5.7   ④ 6.8

해설

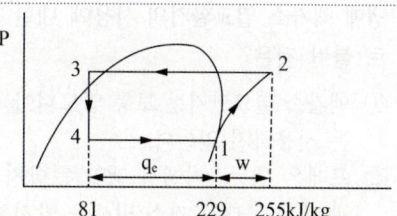

$$COP = \frac{q_e}{w} = \frac{h_1 - h_4}{h_2 - h_1}$$
$$= \frac{229 - 81}{255 - 229} = 5.69$$

38 제빙장치에서 브라인온도가 -10℃, 결빙시간이 48시간일 때, 얼음의 두께는? (단, 결빙계수는 0.56이다)

① 약 29.3cm
② 약 39.3cm
③ 약 2.93cm
④ 약 3.93cm

해설 결빙시간 $T = \frac{c \cdot b^2}{-t_b}$ 에서

$$b = \sqrt{\frac{-t_b \cdot T}{c}} = \sqrt{\frac{-(-10) \times 48}{0.56}} = 29.3 cm$$

39 증기압축식 냉동기의 냉각탑에서 표준냉각능력을 산정하는 일반적 기준으로 틀린 것은?

① 입구수온 37℃
② 출구수온 32℃
③ 순환수량 23L/min
④ 입구공기 습구온도 27℃

해설 냉각탑의 표준냉각능력 기준
- 냉각탑 입구수온 : 37℃
- 냉각탑 출구온도 : 32℃
- 냉각탑 입구공기 습구온도 : 27℃
- 냉각탑 순환수량 : 13L/min

정답 35 ④ 36 ① 37 ③ 38 ① 39 ③

40 냉매 액가스 열교환기의 사용에 대한 설명으로 틀린 것은?

① 액가스 열교환기는 보통 암모니아 장치에는 사용하지 않는다.
② 프레온 냉동장치에서 액압축 방지 및 액관 중의 플래시 가스 발생을 방지하는 데 도움이 된다.
③ 증발기로 들어가는 저온의 냉매 증기와 압축기에서 응축기에 이르는 고온의 냉매액을 열교환시키는 방법을 이용한다.
④ 습압축을 방지하여 냉동효과와 성적계수를 향상시킬 수 있다.

[해설] 액가스 열교환기는 증발기로 들어가는 고온의 냉매액과 압축기로 들어가는 저온의 흡입 가스를 열교환시킨다.

제3과목 시운전 및 안전관리

41 온도, 유량, 압력 등의 상태량을 제어량으로 하는 제어계는?

① 서보기구   ② 정치제어
③ 샘플값제어   ④ 프로세스제어

[해설] 온도, 유량, 압력, 습도, 액면 등을 제어하는 제어계는 프로세스 제어이다.

42 그림의 논리회로에서 A, B, C, D를 입력, Y를 출력이라 할 때 출력 식은?

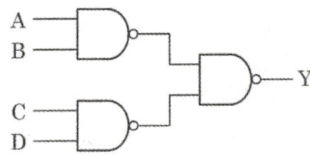

① $A+B+C+D$ ② $(A+B)(C+D)$
③ $AB+CD$ ④ $ABCD$

[해설] $Y=\overline{(\overline{A \cdot B}) \cdot (\overline{C \cdot D})}$ 이므로
드모르간의 정리를 적용하면
$Y=\overline{(\overline{A \cdot B})}+\overline{(\overline{C \cdot D})}=(A \cdot B)+(C \cdot D)$

43 유도전동기의 극상이 일정할 때 동기속도(N_S)와 주파수(f)의 관계는?

① 동기속도는 주파수에 비례한다.
② 동기속도는 주파수에 반비례한다.
③ 동기속도는 주파수의 제곱에 비례한다.
④ 동기속도는 주파수의 제곱에 반비례한다.

[해설]
$N_S = \dfrac{120f}{p}$ p : 극수
따라서 동기속도 N_S는 주파수 f에 비례한다.

44 추종제어에 속하지 않는 제어량은?

① 위치   ② 방위
③ 자세   ④ 유량

[해설] 〈추종제어〉
목표값이 임의로 변화되는 경우의 제어로서 물체의 범위(위치), 방향, 자세(각도)등을 제어량으로 하는 제어이다. 미사일 추적장치, 추적용 레이더, 선박의 방향제어 등이 있다
유량은 프로세스 제어에 속하는 제어량이다.

45 동작신호에 따라 제어 대상을 제어하기 위하여 조작량으로 변환하는 장치는?

① 제어요소
② 외란요소
③ 피드백요소
④ 기준입력요소

[해설] 제어요소는 조절부와 조작부로 구성되어 있으며 동작신호를 조작량으로 변환시키는 요소이다.

정답 40 ③ 41 ④ 42 ③ 43 ① 44 ④ 45 ①

46 90Ω의 저항 3개가 △결선으로 되어 있을 때, 상당(단상) 해석을 위한 등가 Y결선에 대한 각 상의 저항 크기는 몇 Ω 인가?

① 10   ② 30
③ 90   ④ 120

해설
$R_{ab} = R_{bc} = R_{ca} = 90\Omega$ 이므로
$R_a = R_b = R_c = \frac{1}{3}R_{ab} = \frac{1}{3} \times 90 = 30\Omega$

저항의 △ 접속과 Y접속

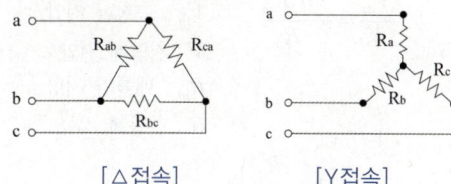

[△접속]   [Y접속]

① △접속을 Y접속으로 등가 변환
$R_a = \frac{R_{ab}R_{ca}}{R_{ab}+R_{bc}+R_{ca}}$

$R_b = \frac{R_{ab}R_{bc}}{R_{ab}+R_{bc}+R_{ca}}$

$R_c = \frac{R_{bc}R_{ca}}{R_{ab}+R_{bc}+R_{ca}}$

* 평형부하 즉, $R_{ab} = R_{bc} = R_{ca}$ 이면
$R_a = R_b = R_c = \frac{1}{3}R_{ab} \left(= \frac{1}{3}R_{bc} = \frac{1}{3}R_{ca}\right)$
가 된다.

47 $\frac{3}{2}\pi$(rad) 단위를 각도(°)단위로 표시하면 얼마인가?

① 120°   ② 240°
③ 270°   ④ 360°

해설
π rad = 180° 이므로
$\frac{3}{2}\pi$ rad $= \frac{3}{2} \times 180 = 270°$

48 입력 A, B, C에 따라 Y를 출력하는 다음의 회로는 무접점 논리회로 중 어떤 회로인가?

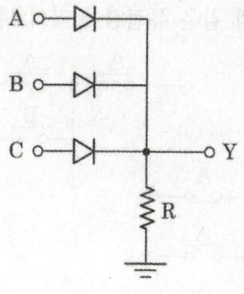

① OR 회로   ② NOR 회로
③ AND 회로   ④ NAND 회로

해설
A, B, C 중 어느 하나만 ON 되어도 출력 Y가 ON 되므로 OR 회로이다.

49 피상전력 100VA, 유효전력 80W일 때 무효전력은?

① 80Var   ② 60Var
③ 50Var   ④ 40Var

해설
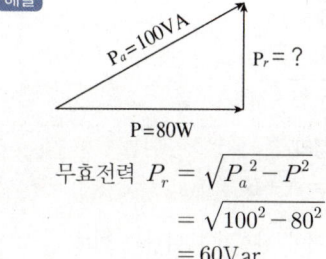

무효전력 $P_r = \sqrt{P_a^2 - P^2}$
$= \sqrt{100^2 - 80^2}$
$= 60\text{Var}$

50 비례적분제어 동작의 특징으로 옳은 것은?

① 간헐현상이 있다.
② 잔류편차가 많이 생긴다.
③ 응답의 안정성이 낮은 편이다.
④ 응답의 진동시간이 매우 길다.

해설
비례적분동작 : 비례동작과 적분동작을 조합시킨 동작
• 잔류편차를 제거하여 정상특성을 개선한 동작
• 적분시간을 짧게하면 잔류편차를 짧은 시간 내에 없앨 수 있지만 사이클링(헌팅, 간헐현상)이 발생한다.
• 적분시간이 길면 잔류편차를 없애는 데 긴 시간이 걸린다.

정답 46 ② 47 ③ 48 ① 49 ② 50 ①

51 그림과 같은 유접점 논리회로를 간단히 하면?

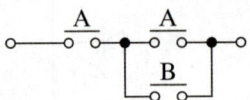

① $\overline{A}$
② A
③ $\overline{B}$
④ B

해설 논리회로 $A \cdot (A+B) = A$(흡수법칙)

52 다음 논리기호의 논리식은?

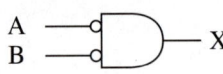

① $X = A + B$
② $X = \overline{AB}$
③ $X = AB$
④ $X = \overline{A+B}$

해설 드모르간의 정리
$X = \overline{A} \cdot \overline{B} = \overline{A+B}$

둘다 0이 되어야 신호가 나타나는 회로

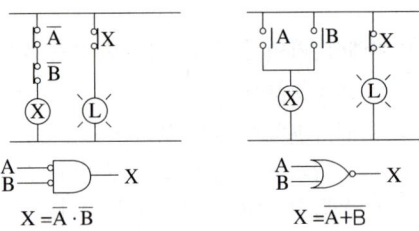

53 회로시험기로 측정할 수 없는 것은?
① 직류전압
② 직류전류
③ 저항
④ 고주파전류

해설 회로시험기로 측정할 수 있는 것은 직류전압, 직류전류, 교류전압, 저항이며 교류전류는 측정이 불가능하다. 고주파전류는 교류전류이다.

54 내부저항이 $15\text{k}\Omega$ 이고 최대눈금이 150V 인 전압계와 내부저항이 $10\text{k}\Omega$ 이고, 최대눈금이 150V 인 전압계를 직렬로 접속하여 측정할 때 최대 몇 V까지 측정할 수 있는가?
① 200
② 250
③ 300
④ 400

해설 $15\text{k}\Omega$의 저항과 $10\text{k}\Omega$의 저항을 직렬로 연결한 것이므로 배율기의 식을 적용한다.

$$\frac{V_m}{V} = \frac{1+R_m}{R}$$

V_m : 측정할 전압
V : 전압계 전압
R_m : 배율기 저항
R : 전압계 저항

$$V_m = \left(1 + \frac{R_m}{R}\right)V$$
$$= \left(1 + \frac{10}{15}\right) \times 150 = 250\text{V}$$

55 PLC(Programmable Logic Controller)에 대한 설명 중 틀린 것은?
① 시퀀스제어 방식과는 함께 사용할 수 없다.
② 무접점 제어방식이다.
③ 산술연산, 비교연산을 처리할 수 있다.
④ 계전기, 타이머, 카운터의 기능까지 쉽게 프로그램 할 수 있다.

해설 PLC제어는 논리연산, 수치연산, 데이터처리기능, 프로그램 제어기능을 조합한 제어이며 시퀀스제어 방식과 함께 사용할 수 있다.

정답 51 ② 52 ④ 53 ④ 54 ② 55 ①

56 기계설비법령상 기계설비 관련 기술자에 해당하지 않는 것은?
① 건축설비기사 ② 소음진동기사
③ 일반기계기사 ④ 산업설비기사

해설 산업설비기사는 기계설비법령상 기계설비 관련 기술자가 아니다.

기계설비 관련 기술자의 범위
(기계설비법 시행령 별표2)

등급	기술·기능 분야
1) 기술사	건축기계설비·기계·건설기계·공조냉동기계·산업기계설비·용접·소음진동
2) 기능장	배관·에너지관리·판금제관·용접
3) 기사	일반기계·건축설비·건설기계설비·공조냉동기계·설비보전·메카트로닉스·용접·소음진동·에너지관리·신재생에너지발전설비(태양광)
4) 산업기사	건축설비·배관·정밀측정·건설기계설비·공조냉동기계·생산자동화·판금제관·용접·소음진동·에너지관리·신재생에너지발전설비(태양광)
5) 기능사	온수온돌·배관·전산응용기계제도·정밀측정·공조냉동기계·설비보전·생산자동화·판금제관·용접·특수용접·에너지관리·신재생에너지발전설비(태양광)

57 기계설비법령에 따라 기계설비 유지관리교육에 관한 업무를 위탁받아 시행하는 기관은?
① 한국기계설비건설협회
② 대한기계설비건설협회
③ 한국공작기계산업협회
④ 한국건설기계산업협회

해설 기계설비법 20조 1항, 시행령 16조 2항
국토교통부고시 제2020-345호(2020.4.18.제정)
위탁기관 : 대한기계설비건설협회

58 기계설비법령에 따라 기계설비 발전 기본계획은 몇 년마다 수립·시행하여야 하는가?
① 1 ② 2
③ 3 ④ 5

해설 기계설비법 제5조 ①
국토교통부 장관은····기계설비 발전 기본계획을 5년마다 수립·시행하여야 한다.

59 고압가스 안전관리법령에 따라 고압가스제조시설에 대한 정밀안전검진의 실시기관은?
① 한국가스안전공사
② 한국에너지공단
③ 한국산업인력공단
④ 한국가스공사

해설 고압가스 안전관리법 시행령 제14조의 2(정밀안전검진의 실시기관)
1. 한국가스안전공사
2. 한국산업안전보건공단

60 산업안전보건법령상 냉동·냉장 창고시설 건설공사에 대한 유해위험방지계획서를 제출해야 하는 대상시설의 연면적 기준은 얼마인가?
① 3천제곱미터 이상
② 4천제곱미터 이상
③ 5천제곱미터 이상
④ 6천제곱미터 이상

해설 산업안전보건법 시행령 제42조 ③
연면적 5천제곱미터 이상인 냉동·냉장창고시설 건설공사의 경우 유해위험방지계획서를 제출해야 한다.

정답 56 ④ 57 ② 58 ④ 59 ① 60 ③

제4과목 유지보수 공사관리

61 증기배관의 수평 환수관에서 관경을 축소할 때 사용하는 이음쇠로 가장 적합한 것은?
① 소켓 ② 부싱
③ 플랜지 ④ 리듀서

해설
② 부싱 : 부싱은 리듀서와 달리 한쪽은 암나사 한쪽은 숫나사로 되어있으며 배관의 부속에 연결하여 관경을 조절하는 배관 부속(이음쇠)이다.
④ 리듀서 : 배관의 관경을 축소하거나 확대할 때 사용되는 이음쇠이다. 증기관의 경우 편심리듀서를 사용하여 하부에 응축수가 고이지 않게 해야 한다.

62 다음 중 방열기나 팬코일 유니트에 가장 적합한 관 이음은?
① 스위블 이음(swivel joint)
② 루프 이음(loop joint)
③ 슬리브 이음(sleeve joint)
④ 벨로즈 이음(bellow joint)

해설
스위블 이음 : 2개 이상의 나사엘보를 사용하여 나사 회전을 이용한 배관의 신축을 흡수하는 이음, 방열기 및 팬코일유니트와 같은 단말기의 연결부에 사용한다.

63 암모니아 냉동장치 배관재료로 사용할 수 없는 것은?
① 이음매 없는 동관
② 배관용 탄소강관
③ 저온배관용 강관
④ 배관용 스테인리스강관

해설
암모니아 증기가 수분을 함유하면 동, 아연, 주석을 부식시키므로 동관을 사용할 수 없다.

64 병원, 연구소 등에서 발생하는 배수로 하수도에 직접 방류할 수 없는 유독한 물질을 함유한 배수를 무엇이라 하는가?
① 오수 ② 우수
③ 잡배수 ④ 특수배수

해설
특수배수(폐수)는 병원, 연구소 등에서 배수 중 기름, 산, 알카리, 방사선물질, 그 외의 유해물질을 포함하고 있는 배수이다.

65 밸브 종류 중 디스크의 형상을 원뿔모양으로 하여 고압 소유량의 유체를 누설 없이 조절할 목적으로 사용하는 밸브는?
① 앵글 밸브 ② 슬루스 밸브
③ 니들 밸브 ④ 버터플라이 밸브

해설
① 앵글밸브 : 밸브의 입구와 출구가 직각으로 되어 있어 유체의 방향을 90°로 바꿀 때 사용한다.
② 슬루스밸브 : 게이트밸브라고도하며 유량조절이 필요없는 배관에서 유체흐름을 차단할 목적으로 사용한다.
③ 니들밸브 : 유량의 미세조정용으로 사용되며, 밸브의 디스크 끝 부분이 원추형(바늘모양)으로 되어있다.
④ 버터플라이밸브 : 밸브 안에 있는 원형 디스크를 회전시켜 유체의 흐름을 조절하는 밸브이며, 차단 및 유량조절이 가능하고 구조 및 조작이 간단하다.

66 급탕배관의 구배에 관한 설명으로 옳은 것은?
① 상향공급식의 경우 급탕관은 올림구배, 반탕관은 내림구배로 한다.
② 상향공급식의 경우 급탕관과 반탕관 모두 내림구배로 한다.
③ 하향공급식의 경우 급탕관은 내림구배, 반탕관은 올림구배로 한다.
④ 하향공급식의 경우 급탕관과 반탕관 모두 올림구배로 한다.

해설
• 상향공급식 : 급탕관은 올림구배, 반탕관은 내림구배
• 하향공급식 : 급탕관과 반탕관 모두 내림구배

정답 61 ④ 62 ① 63 ① 64 ④ 65 ③ 66 ①

67 증기난방 방식에서 응축수 환수 방법에 따른 분류가 아닌 것은?
① 기계 환수식　② 응축 환수식
③ 진공 환수식　④ 중력 환수식

해설　응축 환수식이라는 환수방법은 없다.

68 급수방식 중 대규모의 급수 수요에 대응이 용이하고 단수 시에도 일정량의 급수를 계속할 수 있으며 거의 일정한 압력으로 항상 급수되는 방식은?
① 양수 펌프식　② 수도 직결식
③ 고가 탱크식　④ 압력 탱크식

해설　고가탱크 방식은 단수, 단전 시에도 일정량의 급수를 계속할 수 있으며 거의 일정한 압력으로 급수할 수 있는 방식이다.

69 아래 강관 표시방법 중 "SPP"의 의미로 옳은 것은?

SPP-S-H-100A-2020-6

① KS 규격번호　② 제조회사명
③ 제조방법　　　④ 제품표시

해설　SPP : KS 규격번호
S-H : 제조방법
100A : 관경
2020-6 : 제조년월

70 가스 배관재료 중 내약품성 및 전기 절연성이 우수하며 사용온도가 80℃ 이하인 관은?
① 주철관　② 강관
③ 동관　　④ 폴리에틸렌관

해설　폴리에틸렌관(PE : Poly Ethylene)
• 내식성, 내산성, 내알카리성등 내약품성이 우수하다.
• 전기 절연성이 우수하다.
• 가볍고 유연성이 좋다.
• 내한성(-60℃)이 강하여 한랭지 배관으로 우수하다.
• 불에 약하고 인장강도가 작다.
• 약 90℃에서 연화(軟化)한다.

71 보온재의 구비조건으로 틀린 것은?
① 부피와 비중이 커야 한다.
② 흡수성이 적어야 한다.
③ 안전사용 온도 범위에 적합해야 한다.
④ 열전도율이 낮아야 한다.

해설　보온재의 구비조건
① 열전도율이 작을 것(보온능력이 클 것)
② 흡습성 및 흡수성이 작을 것
③ 화학작용을 일으키지 않고 불연성일 것
④ 사용하는 온도에서 변질이 없을 것
⑤ 경제적이며 중량이 가볍고 시공이 용이할 것

72 배관 용접 작업 중 다음과 같은 결함을 무엇이라고 하는가?

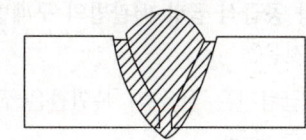

① 용입불량　② 언더컷
③ 오버랩　　④ 피트

해설
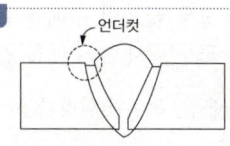

정답　67 ②　68 ③　69 ①　70 ④　71 ①　72 ②

73 통기관을 접속하여도 장시간 위생기기를 사용하지 않을 때 봉수파괴가 될 수 있는 원인으로 가장 적당한 것은?

① 자기사이펀 작용
② 흡인작용
③ 분출작용
④ 증발작용

해설 위생기기를 장시간 사용하지 않으면 트랩에 고여 있던 봉수(물)가 증발하여 없어지므로 봉수가 파괴된다.

74 급수관의 평균 유속이 2m/s이고 유량이 100L/s로 흐르고 있다. 관 내의 마찰손실을 무시할 때 안지름(mm)은 얼마인가?

① 173
② 227
③ 247
④ 252

해설 유량 $Q = A \cdot V = \dfrac{\pi}{4}d^2 \cdot V$ 에서

$$d = \sqrt{\dfrac{4Q}{\pi V}} = \sqrt{\dfrac{4 \times 100 \times 10^{-3}}{\pi \times 2}}$$

$= 0.252\text{m} = 252\text{mm}$

75 상향 공급식 급탕 배관법의 구배방법으로 옳은 것은?

① 급탕관은 끝올림, 복귀관은 끝내림 구배를 준다.
② 급탕관은 끝내림, 복귀관은 끝올림 구배를 준다.
③ 급탕관, 복귀관 모두 끝올림 구배를 준다.
④ 급탕관, 복귀관 모두 끝내림 구배를 준다.

해설 상향식 : 급탕관은 끝올림, 복귀관(환탕관)은 끝내림으로 한다.
하향식 : 급탕관 및 복귀관(환탕관)모두 끝내림으로 한다.

76 동관의 외경 산출공식으로 바르게 표시된 것은?

① 외경=호칭경(인치)+1/8(인치)
② 외경=호칭경(인치)×25.4
③ 외경=호칭경(인치)+1/4(인치)
④ 외경=호칭경(인치)×3/4+1/8(인치)

해설 동관의 외경 = 호칭경(인치) + $\dfrac{1}{8}$(인치)

77 도시가스 배관을 시가지 도로 노면 밑에 매설하는 경우에는 노면으로부터 배관의 외면까지 최소 몇 m 이상을 유지해야 하는가?

① 1.0
② 1.2
③ 1.5
④ 2.0

해설
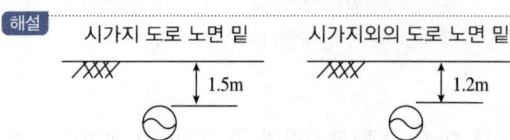

78 관의 결합방식 표시방법 중 용접식의 그림기호로 옳은 것은?

①
②
③
④

해설
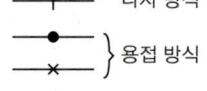

정답 73 ④ 74 ④ 75 ① 76 ① 77 ③ 78 ②

79 고압 배관용 탄소 강관에 대한 설명으로 틀린 것은?

① 9.8MPa 이상에 사용하는 고압용 강관이다.
② KS 규격 기호로 SPPH라고 표시한다.
③ 치수는 호칭지름×호칭두께(Sch No) × 바깥지름으로 표시하며, 림드강을 사용하여 만든다.
④ 350℃ 이하에서 내연기관용 연료분사관, 화학공업의 고압배관용으로 사용된다.

[해설] 고압 배관용 탄소 강관은 킬드강을 사용하여 만든다.

80 온수난방 배관에서 리버스 리턴(Reverse return) 방식을 채택하는 주된 이유는?

① 온수의 유량분배를 균일하게 하기 위하여
② 온수배관의 부식을 방지하기 위하여
③ 배관의 신축을 흡수하기 위하여
④ 배관길이를 짧게 하기 위하여

[해설] 리버스리턴 배관은 각 유니트마다 공급관에서 환수관까지의 총길이를 동일하게 하므로서 배관저항을 같게 하여 각 유니트에 균일한 유량을 공급하려는 배관방식이다.

79 ③ 80 ① 정답

과년도 출제문제(2024년 3회 CBT 복원)

제1과목 에너지 관리

01 공기조화기에 걸리는 열부하 요소 중 가장 거리가 먼 것은?

① 외기부하
② 재열부하
③ 배관계통에서의 열부하
④ 덕트계통에서의 열부하

해설 배관계통에 걸리는 열부하는 냉수를 만드는 냉동기 또는 온수를 만드는 보일러에 걸리는 부하이다.

02 아래의 그림은 공조기에 ① 상태의 외기와 ② 상태의 실내에서 되돌아온 공기가 공조기로 들어와 ⑥ 상태로 실내로 공급되는 과정을 습공기 선도에 표현한 것이다. 공조기 내 과정을 알맞게 나열한 것은?

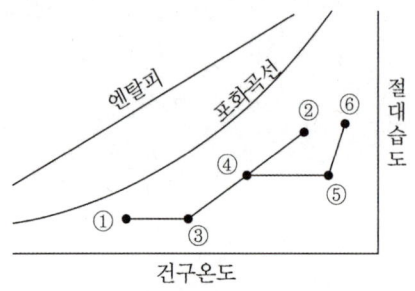

① 예열 – 혼합 – 증기가습 – 가열
② 예열 – 혼합 – 가열 – 증기가습
③ 예열 – 증기가습 – 가열 – 증기가습
④ 혼합 – 제습 – 증기가습 – 가열

해설
① → ③ : 예열
② → ④, ③ → ④ : 혼합
④ → ⑤ : 가열
⑤ → ⑥ : 증기가습

03 가변풍량 방식에 대한 설명으로 틀린 것은?

① 부분 부하 시 송풍기 동력을 절감할 수 없다.
② 시운전 시 토출구의 풍량조정이 간단하다.
③ 부하변동에 따라 송풍량을 조절하므로 에너지 낭비가 적다.
④ 동시 부하율을 고려하여 설비용량을 적게 할 수 있다.

해설 가변풍량방식은 부분부하시 풍량을 감소시켜 송풍기 동력을 절감 할 수 있고, 동시부하율을 고려하여 설비용량을 작게 할 수 있는 장점이 있다.

04 공기조절기의 공기냉각 코일에서 공기와 냉수의 온도변화가 그림과 같았다. 이 코일의 대수평균 온도차(LMTD)는?

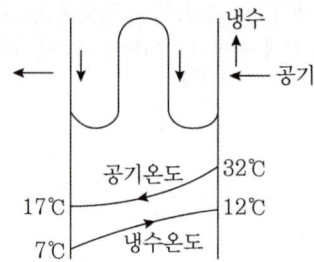

① 9.7℃   ② 12.4℃
③ 14.4℃   ④ 15.6℃

해설
$$LMTD = \frac{\Delta t_1 - \Delta t_2}{\ln \dfrac{\Delta t_1}{\Delta t_2}}$$

$$= \frac{20-10}{\ln \dfrac{20}{10}} = 14.42℃$$

01 ③   02 ②   03 ①   04 ③

05 유인 유닛방식에 관한 설명으로 틀린 것은?
① 각 실 제어를 쉽게 할 수 있다.
② 유닛에는 가동부분이 없이 수명이 길다.
③ 덕트 스페이스를 작게 할 수 있다.
④ 송풍량이 비교적 커 외기냉방 효과가 크다

해설 유인 유닛 방식은 수-공기 방식이며 전공기방식에 비하여 송풍량이 작아 외기냉방 효과가 작다.

06 송풍기의 회전수가 1500rpm인 송풍기의 압력이 300Pa이다. 송풍기 회전수를 2000rpm으로 변경할 경우 송풍기 압력은?
① 423.3Pa ② 533.3Pa
③ 623.5Pa ④ 713.3Pa

해설 송풍기 상사법칙

$$\frac{P_2}{P_1} = \left(\frac{N_2}{N_1}\right)^2 \left(\frac{D_2}{D_1}\right)^2 \text{에서 } D_1 = D_2 \text{이므로}$$

$$P_2 = P_1 \left(\frac{N_2}{N_1}\right)^2$$

$$P_2 = 300 \times \left(\frac{2000}{1500}\right)^2$$

$$= 533.3 Pa$$

07 온수의 물을 에어와셔 내에서 분무시킬 때 공기의 상태 변화는?
① 절대습도 강하 ② 건구온도 상승
③ 건구온도 강하 ④ 습구온도 일정

해설 에어와셔 내에 온수 분무

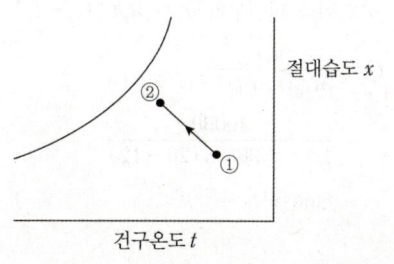

・건구온도 강하
・습구온도 상승
・절대습도 및 상대습도 상승

08 다음은 어느 방식에 대한 설명인가?

・각 실이나 존의 온도를 개별제어하기 쉽다.
・일사량 변화가 심한 페리미터 존에 적합하다.
・실내부하가 적어지면 송풍량이 적어지므로 실내 공기의 오염도가 높다.

① 정풍량 단일덕트방식
② 변풍량 단일덕트방식
③ 패키지방식
④ 유인유닛방식

해설 변풍량 방식은 각 실이나 존의 온도를 개별제어할 수 있으나 실내부하가 적어지면 송풍량도 적어지기 때문에 실내공기의 오염도가 높아진다.

09 습공기의 성질에 대한 설명으로 틀린 것은?
① 상대습도란 어떤 공기의 절대습도와 동일 온도의 포화습공기의 절대습도의 비를 말한다.
② 절대습도는 습공기에 포함된 수증기의 중량을 건공기 1kg에 대하여 나타낸 것이다.
③ 포화공기란 습공기 중의 절대습도, 건구온도 등이 변화하면서 수증기가 포화상태에 이른 공기를 말한다.
④ 무입공기란 포화수증기 이상의 수분을 함유하여 공기중에 미세한 물방울을 함유하는 공기를 말한다.

해설 상대습도 : 어떤 공기의 수증기 분압과 동일온도의 포화공기의 수증기 분압의 비

10 공기 중의 수증기가 응축하기 시작할 때의 온도 즉, 공기가 포화상태로 될 때의 온도를 무엇이라고 하는가?

① 건구온도
② 노점온도
③ 습구온도
④ 상당외기온도

해설 노점온도 : 공기중의 수증기가 응축하기 시작하는 온도

11 보일러 출력표시에 대한 설명으로 틀린 것은?

① 정격출력 : 연속 운전이 가능한 보일러의 능력으로 난방부하, 급탕부하, 배관부하, 예열부하의 합이다.
② 정미출력 : 난방부하, 급탕부하, 예열부하의 합이다.
③ 상용출력 : 정격출력에서 예열부하를 뺀 값이다.
④ 과부하출력 : 운전초기에 과부하가 발생했을 때는 정격 출력의 10~20% 정도 증가해서 운전할 때의 출력으로 한다.

해설 정미출력 : 순수한 부하인 난방부하와 급탕부하의 합
과부하출력 > 정격출력 > 상용출력 > 정미출력

12 건구온도 30°C, 절대습도 0.015kg/kg'인 습공기의 엔탈피(kJ/kg)는? (단, 건공기 정압비열 1.01kJ/kg·K, 수증기 정압비열 1.85kJ/kg·K, 0°C에서 포화수의 증발잠열은 2500kJ/kg이다.)

① 68.63 ② 91.12
③ 103.34 ④ 150.54

해설
$h = h_a + x \cdot h_w$
$= C_p t + x(\gamma + C_w t)$
$= 1.01 \times 30 + 0.015 \times (2500 + 1.85 \times 30)$
$= 68.63 \text{kJ/kg}$

13 냉방부하의 종류 중 현열부하만 취득하는 것은?

① 태양복사열
② 인체에서의 발생열
③ 침입외기에 의한 취득열
④ 틈새 바람에 의한 부하

해설 태양복사열은 현열부하만 있다.

14 다음 조건의 외기와 재순환 공기를 혼합하려고 할 때 혼합공기의 건구온도는?

(1) 외기 34°C DB, 1000m³/h
(2) 재순환공기 26°C DB, 2000m³/h

① 31.3°C ② 28.6°C
③ 18.6°C ④ 10.3°C

해설 $m_1 C_p t_1 + m_2 C_p t_2 = m_3 C_p t_3$ 에서

$t_3 = \dfrac{m_1 t_1 + m_2 t_2}{m_3} = \dfrac{1000 \times 34 + 2000 \times 26}{1000 + 2000}$
$= 28.6°C$

15 어느 실의 냉방장치에서 실내취득 현열부하가 40000kW, 잠열부하가 15000kW인 경우 송풍 공기량은? (단, 실내온도 26°C, 송풍 공기온도 12°C, 외기온도 35°C, 공기밀도 1.2kg/m³, 공기의 정압비열은 1.005kJ/kg·K이다.)

① 1658m³/s ② 2280m³/s
③ 2369m³/s ④ 3258m³/s

해설 실내 취득 현열부하 $q_s = \rho Q C_p (t_2 - t_1)$

$Q = \dfrac{q_s}{\rho C_p (t_2 - t_1)}$
$= \dfrac{40000}{1.2 \times 1.005 \times (26 - 12)}$
$= 2369 \text{m}^3/\text{s}$

정답 10 ② 11 ② 12 ① 13 ① 14 ② 15 ③

16 다음 중 감습(제습)장치의 방식이 아닌 것은?
① 흡수식 ② 감압식
③ 냉각식 ④ 압축식

해설 감습방식 : 냉각식, 압축식, 흡수식, 흡착식

17 냉방부하 계산 결과 실내취득열량은 q_R, 송풍기 및 덕트 취득 열량은 q_F, 외기부하는 q_O, 펌프 및 배관 취득열량은 q_P일 때, 공조기부하를 바르게 나타낸 것은?
① $q_R + q_O + q_P$ ② $q_F + q_O + q_P$
③ $q_R + q_O + q_F$ ④ $q_R + q_P + q_F$

해설 공조기부하 = 실내취득열량 + 외기부하 + 송풍기 및 덕트 취득열량 (즉 $q_R + q_O + q_F$)이다.
펌프 및 배관 취득 열량은 냉동기 부하이다.

18 공기조화방식 중 혼합상자에서 적당한 비율로 냉풍과 온풍을 자동적으로 혼합하여 각 실에 공급하는 방식은?
① 중앙식 ② 2중 덕트 방식
③ 유인유닛 방식 ④ 각층 유닛 방식

해설 2중 덕트방식은 공조기에서 냉풍과 온풍을 만들어 혼합상자에서 적당한 비율로 혼합하여 각 실에 공급하는 방식이다.

19 어느 건물 서편의 유리 면적이 40m²이다. 안쪽에 크림색의 베네시언 블라인드를 설치한 유리면으로부터 오후 4시에 침입하는 열량(kW)은? (단, 외기는 33℃, 실내는 27℃, 유리는 1중이며, 유리의 열통과율(K)은 5.9W/m²·℃, 유리창의 복사량(I_{gr})은 608W/m², 차폐계수(k_s)는 0.56이다.)
① 15 ② 13.6
③ 3.6 ④ 1.4

해설 유리를 통한 열량 $q_G = q_{GR} + q_{GT}$
① 일사에 의한 열량(q_{GR})
$$q_{GR} = I_{gr} \cdot A_g \cdot k_s$$
$$= 608 \times 40 \times 0.56 = 13619.2W$$
② 관류에 의한 열량(q_{GT})
$$q_{GT} = K \cdot A_g \cdot \Delta t$$
$$= 5.9 \times 40 \times (33 - 27) = 1416W$$
∴ $q_G = 13619.2 + 1416 = 15035.2W ≒ 15kW$

20 다음 공기선도 상에서 난방풍량이 25000 m³/h인 경우 가열코일의 열량(kW)은? (단, 1은 외기, 2는 실내 상태점을 나타내며, 공기의 밀도 1.2kg/m³이다.)

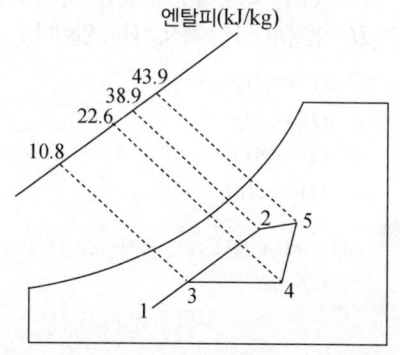

① 98.3 ② 87.1
③ 73.2 ④ 61.4

해설 $q = G \cdot \Delta h = \rho Q \cdot \Delta h$
$$= \frac{1.2 \times 25000 \times (22.6 - 10.8)}{3600}$$
$$= 98.3 kW$$
[참고] 1kJ/s = 1kW

제2과목 공조냉동 설계

21 열역학적 상태량은 일반적으로 강도성 상태량과 용량성 상태량으로 분류할 수 있다. 강도성 상태량에 속하지 않는 것은?

① 압력 ② 온도
③ 밀도 ④ 체적

해설 강도성 상태량은 물질의 량에 따라서 그 값이 변하지 않는 상태량이며 압력, 온도, 비체적, 비엔탈피 밀도 등이 있다.

22 밀폐계의 가역 정적변화에서 다음 중 옳은 것은? (단, U : 내부에너지, Q : 전달된 열, H : 엔탈피, V : 체적, W : 일이다.)

① $dU = dQ$
② $dH = dQ$
③ $dV = dQ$
④ $dW = dQ$

해설 $dQ = dU + PdV$에서 정적변화이므로 $dV = 0$
∴ $dQ = dU$

23 20℃의 공기 5kg이 정압 과정을 거쳐 체적이 2배가 되었다. 공급한 열량은 약 몇 kJ인가? (단, 정압비열은 1kJ/kg·K이다.)

① 1465 ② 2198
③ 2931 ④ 4397

해설 $PV_1 = mRT_1$ $PV_2 = mRT_2$에서
$\dfrac{T_2}{T_1} = \dfrac{V_2}{V_1} = \dfrac{2V_1}{V_1} = 2$
$T_2 = 2T_1 = 2 \times (20 + 273) = 586K$
정압과정이므로
$\delta Q = mC_p dT$
$Q = 5 \times 1 \times (586 - 293) = 1465 \, kJ$

24 오토 사이클의 압축비가 6인 경우 이론 열효율은 약 몇 %인가? (단, 비열비 = 1.4이다.)

① 51 ② 54
③ 59 ④ 62

해설
$\eta_o = 1 - \left(\dfrac{1}{\varepsilon}\right)^{k-1}$
$= 1 - \left(\dfrac{1}{6}\right)^{1.4-1} = 0.511$

25 카르노 사이클로 작동되는 열기관이 600K에서 800kJ의 열을 받아 300K에서 방출한다면 일은 약 몇 kJ인가?

① 200 ② 400
③ 500 ④ 900

해설

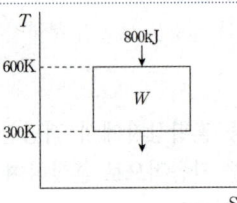

카르노 사이클의 열효율
$\eta = \dfrac{W}{Q_H} = \dfrac{T_H - T_L}{T_H}$
$W = Q_H \times \dfrac{T_H - T_L}{T_H}$
$= 800 \times \dfrac{600 - 300}{600} = 400 \, kJ$

26 압력 200kPa, 체적 0.4m³인 공기가 정압하에서 체적이 0.6m³로 팽창하였다. 이 팽창 중에 내부에너지가 100kJ만큼 증가하였으면 팽창에 필요한 열량은?

① 40kJ ② 60kJ
③ 140kJ ④ 160kJ

해설 $\delta Q = dU + PdV$
$Q = 100 + 200 \times (0.6 - 0.4)$
$= 140 \, kJ$

정답 21 ④ 22 ① 23 ① 24 ① 25 ② 26 ③

27 복사열을 방사하는 방사율과 면적이 같은 2개의 방열판이 있다. 각각의 온도가 A 방열판은 120℃, B 방열판은 80℃일 때 단위면적당 복사 열전달량(Q_A/Q_B)의 비는?

① 1.08 ② 1.22
③ 1.54 ④ 2.42

해설 복사열전달량 $Q = \varepsilon\sigma AT^4$ 이므로
$$\frac{Q_A}{Q_B} = \left(\frac{T_A}{T_B}\right)^4 = \left(\frac{120+273}{80+273}\right)^4 = 1.536$$
여기서 ε : 방사율($0 < \varepsilon < 1$)
σ : 스테판 볼츠만상수
$(5.67 \times 10^{-8} W/m^2 K)$

28 열역학 제1법칙에 관한 설명으로 거리가 먼 것은?

① 열역학적계에 대한 에너지 보존법칙을 나타낸다.
② 외부에 어떠한 영향을 남기지 않고 계가 열원으로부터 받은 열을 모두 일로 바꾸는 것은 불가능하다.
③ 열은 에너지의 한 형태로서 일을 열로 변환하거나 열을 일로 변환하는 것이 가능하다.
④ 열을 일로 변환하거나 일을 열로 변환할 때, 에너지의 총량은 변하지 않고 일정하다.

해설 ②번은 열역학 제2법칙에 대한 설명이다.

29 물 1kg이 포화온도 120℃에서 증발할 때, 증발 잠열은 2203kJ이다. 증발하는 동안 물의 엔트로피 증가량은 약 몇 kJ/K인가?

① 4.3 ② 5.6
③ 6.5 ④ 7.4

해설 $\Delta S = \frac{\Delta Q}{T} = \frac{2203}{120+273} = 5.6 kJ/K$

30 클라우지우스(Clausius) 적분 중 비가역 사이클에 대하여 옳은 식은? (단, Q는 시스템에 공급되는 열, T는 절대온도를 나타낸다.)

① $\oint \frac{dQ}{T} = 0$

② $\oint \frac{dQ}{T} < 0$

③ $\oint \frac{dQ}{T} > 0$

④ $\oint \frac{dQ}{T} \geq 0$

해설
가역사이클 : $\oint \frac{dQ}{T} = 0$

비가역사이클 : $\oint \frac{dQ}{T} < 0$

31 냉각탑에 대한 설명으로 틀린 것은?

① 밀폐식은 개방식 냉각탑에 비해 냉각수가 외기에 의한 오염될 염려가 적다.
② 냉각탑의 성능은 입구공기의 습구온도에 영향을 받는다.
③ 쿨링 레인지(cooling range)는 냉각탑의 냉각수 입·출구 온도의 차이값이다.
④ 쿨링 어프로치(cooling approach)는 냉각탑의 냉각수 입구온도에서 냉각탑 입구공기의 습구온도를 제한 값이다.

해설 쿨링 어프로치는 냉각탑의 냉각수 출구온도와 냉각탑 입구공기의 습구온도와의 차이다.

정답 27 ③ 28 ② 29 ② 30 ② 31 ④

32 성적계수인 COP에 관한 설명으로 틀린 것은?
① 냉동기의 성능을 표시하는 무차원수로서 압축일량과 냉동효과의 비를 말한다.
② 열펌프의 성적계수는 일반적으로 1보다 작다.
③ 실제 냉동기에서는 압축효율도 COP에 영향을 미친다.
④ 냉동사이클에서는 응축온도가 가능한 한 낮고 증발온도가 높을수록 성적계수는 크다.

해설 열펌프 성적계수는 항상 1보다 크다.

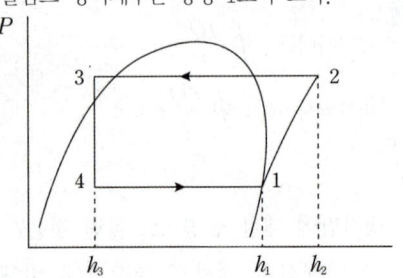

열펌프 $COP_H = \dfrac{h_2 - h_3}{h_2 - h_1}$ 이므로 항상 1보다 크다.

33 다음 중 이중효용 흡수식 냉동기는 단효용 흡수식 냉동기와 비교하여 어떤 장치가 복수개로 설치되는가?
① 흡수기 ② 증발기
③ 응축기 ④ 재생기

해설 이중효용 흡수식 냉동기는 재생기가 2개이므로 이중효용 냉동기이다.

34 냉동장치의 제상에 대한 설명으로 옳은 것은?
① 제상은 증발기의 성능 저하를 막기 위해 행해진다.
② 증발기에 착상이 심해지면 냉매 증발압력은 높아진다.
③ 살수식 제상 장치에 사용되는 일반적인 수온은 약 50~80℃로 한다.
④ 핫가스 제상이라 함은 뜨거운 수증기를 이용하는 것이다.

해설 ② 착상이 심해지면 냉매가 증발하지 못한다.
③ 살수식 제상시 수온은 10~25℃이다.
④ 핫가스(Hot Gas) 제상은 압축기에서 나온 고온의 냉매가스를 증발기에 보내어 제상하는 방법이다.

35 R-22를 사용하는 냉동장치에 R-134a를 사용하려 할 때, 다음 장치의 운전 시 유의사항으로 틀린 것은?
① 냉매의 능력이 변하므로 전동기 용량이 충분한지 확인한다.
② 응축기, 증발기 용량이 충분한지 확인한다.
③ 가스켓, 시일 등의 패킹 선정에 유의해야 한다.
④ 동일 탄화수소계 냉매이므로 그대로 운전할 수 있다.

해설 냉매마다 물리적 특성이 다르므로 사용하는 냉동기, 응축기 등 냉동장치에 적합한지 확인해야 한다.

36 압력-온도선도(듀링선도)를 이용하여 나타내는 냉동사이클은?
① 증기 압축식 냉동기
② 원심식 냉동기
③ 스크롤식 냉동기
④ 흡수식 냉동기

해설 듀링선도는 압력, 온도와 흡수제의 농도를 나타낸 선도로서 흡수식 냉동기 사이클을 해석하기에 적합하다.

정답 32 ② 33 ④ 34 ① 35 ④ 36 ④

37 Carnot 냉동사이클에서 응축기 온도가 50℃, 증발기 온도가 -20℃이면, 냉동기의 성능계수는 얼마인가?

① 5.26 ② 3.61
③ 2.65 ④ 1.26

해설
$$COP = \frac{T_L}{T_H - T_L}$$
$$= \frac{(-20+273)}{(50+273)-(-20+273)}$$
$$= 3.61$$

38 냉각관의 열관류율이 500W/m²·℃이고, 대수평균온도차가 10℃일 때, 100kW의 냉동부하를 처리할 수 있는 냉각관의 면적은?

① 5m² ② 15m²
③ 20m² ④ 40m²

해설
$$Q = KA\Delta t_m$$
$$A = \frac{Q}{K\Delta t_m}$$
$$= \frac{100 \times 1000}{500 \times 10} = 20\,\text{m}^2$$

39 1단 압축 1단 팽창 이론 냉동사이클에서 압축기의 압축과정은?

① 등엔탈피
② 정적변화
③ 등엔트로피변화
④ 등온변화

해설 압축과정 : 등 엔트로피 변화

40 액분리기에 관한 설명으로 옳은 것은?

① 증발기 입구에 설치한다.
② 액압축을 방지하며 압축기를 보호한다.
③ 냉각할 때 침입한 공기와 냉매를 혼합시킨다.
④ 증발기에 공급되는 냉매액을 냉각시킨다.

해설
액분리기는 압축기 입구에 설치하여 압축기에서 액 압축을 방지며 압축기를 보호한다.

제3과목 시운전 및 안전관리

41 4000Ω의 저항기 양단에 100V의 전압을 인가할 경우 흐르는 전류의 크기(mA)는?

① 4 ② 15
③ 25 ④ 40

해설
옴의법칙 $I = \dfrac{V}{R}$
$I = \dfrac{100}{4000} = 0.025\text{A} = 25\text{mA}$

42 다음 중 절연저항을 측정하는 데 사용되는 계측기는?

① 메거
② 저항계
③ 켈빈 브리지
④ 휘트스톤 브리지

해설
① 메거(megger) : 10^5Ω 이상의 높은 저항을 측정하며 절연저항 측정시 사용된다.
③ 켈빈 브리지 : 단자의 접촉 저항이나 리드선의 저항을 무시할 수 있으므로 0.1Ω 이하의 낮은 저항 측정시 사용된다.
④ 휘스톤 브리지 : 0.1~10^5Ω의 중저항 측정에 사용된다.

정답 37 ② 38 ③ 39 ③ 40 ② 41 ③ 42 ①

43 유도전동기에서 슬립이 '0'이란 의미와 같은 것은?

① 유도제동기의 역할을 한다.
② 유도전동기가 정지상태이다.
③ 유도전동기가 전부하 운전상태이다.
④ 유도전동기가 동기속도로 회전한다.

해설 슬립이 "0"이란 의미는 $n = \frac{120f}{P}$ [rpm]인 회전속도(동기속도)로 회전한다는 의미이다.

44 60Hz, 4극, 슬립 6%인 유도전동기를 어느 공장에서 운전하고자 할 때 예상되는 회전수는 약 몇 rpm인가?

① 240   ② 720
③ 1690 ④ 1800

해설
$$N = \frac{120f}{P}(1-S)$$
$$= \frac{120 \times 60}{4} \times (1-0.06)$$
$$= 1692 \text{rpm}$$

45 다음과 같은 회로에서 a, b양 단자 간의 합성 저항은? (단, 그림에서의 저항의 단위는 Ω이다.)

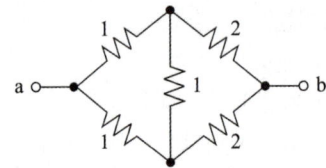

① 1.0Ω   ② 1.5Ω
③ 3.0Ω   ④ 6.0Ω

해설 휘트스톤 브리지이론에 따라 마주 보는 저항끼리의 곱이 같으므로 중앙을 가로지르는 검류계(저항)의 값은 0이다. 따라서 합성 저항(R)은
$$R = \frac{R_1 \times R_2}{R_1 + R_2} = \frac{3 \times 3}{3 + 3} = 1.5\Omega$$

46 선간전압 200V의 3상 교류전원에 화물용 승강기를 접속하고 전력과 전류를 측정하였더니 2.77kW, 10A이었다. 이 화물용 승강기 모터의 역률은 약 얼마인가?

① 0.6   ② 0.7
③ 0.8   ④ 0.9

해설 유효전력 $P = \sqrt{3} VI \cos\theta$에서
역률 $\cos\theta = \frac{P}{\sqrt{3} VI}$
$$= \frac{2.77 \times 10^3}{\sqrt{3} \times 200 \times 10} = 0.8$$

47 정현파 교류의 실효값(V)과 최대값(V_m)의 관계식으로 옳은 것은?

① $V = \sqrt{2} V_m$
② $V = \frac{1}{\sqrt{2}} V_m$
③ $V = \sqrt{3} V_m$
④ $V = \frac{1}{\sqrt{3}} V_m$

해설 정현파 교류의 실효값
교류를 가장 보편적으로 표현한 값이며, 직류가 하는 것과 동등한 일을 하는 교류값이라고 할 수 있다.

- 실효값은 45°($\frac{\pi}{4}$)에서의 값이다.
- 실효전압 $V = \frac{1}{\sqrt{2}} V_m = 0.707 V_m$ [V]
- 실효전류 $I = \frac{1}{\sqrt{2}} I_m = 0.707 I_m$ [A]

정답 43 ④ 44 ③ 45 ② 46 ③ 47 ②

48 그림과 같은 논리회로가 나타내는 식은?

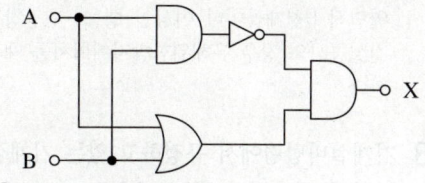

① $X = AB + BA$
② $X = \overline{(A+B)}AB$
③ $X = \overline{AB}(A+B)$
④ $X = AB + (A+B)$

해설

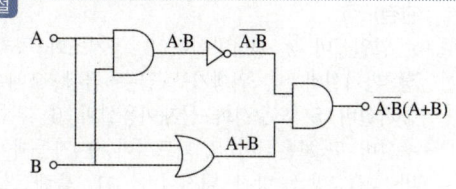

49 물체의 위치, 방위, 자세 등의 기계적 변위를 제어량으로 하여 목표값의 임의의 변화에 항상 추종되도록 구성된 제어장치는?

① 서보기구
② 자동조정
③ 정치 제어
④ 프로세스 제어

해설 서보기구는 미사일 추적장치 등 물체의 위치, 방향, 자세 등이 임의로 변할 때 추종하도록 하는 제어장치이다.

50 추종제어에 속하지 않는 제어량은?

① 위치   ② 방위
③ 자세   ④ 유량

해설 〈추종제어〉
목표값이 임의로 변화되는 경우의 제어로서 물체의 범위(위치), 방향, 자세(각도)등을 제어량으로 하는 제어이다. 미사일 추적장치, 추적용 레이더, 선박의 방향제어 등이 있다

〈프로세스 제어〉
화학공업, 반도체 산업 등과 같이 주로 프로세스 산업분야에서 행해지는 제어로서 환경조건을 최적화하는 목적으로 행해지는 제어이며 온도, 습도, 압력, 유량, 액면, 비중, 농도 등과 같은 변화량을 제어한다. 주로 외란 억제를 주 목적으로 한다.

51 전류의 측정 범위를 확대하기 위하여 사용되는 것은?

① 배율기   ② 분류기
③ 전위차계   ④ 계기용변압기

해설 분류기(shunt, 分流器)
전류계의 최대눈금 값을 넘는 전류를 측정하기 위해 피 측정전류의 일정비율만을 전류계에 흐르도록 하는 분로저항을 병렬로 연결하여 전류의 측정 범위를 넓힌다. 이 병렬저항을 "분류기"라 한다.

52 온도를 임피던스로 변환시키는 요소는?

① 측온 저항체   ② 광전지
③ 광전 다이오드 ④ 전자석

해설 측온저항체 : 도체나 반도체에서 온도가 변하면 저항도 변하는 성질을 이용하여 온도를 측정한다. (온도 → 임피던스(저항))

53 아래 접점회로의 논리식으로 옳은 것은?

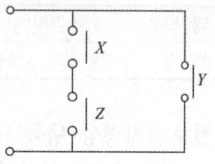

① $X \cdot Y \cdot Z$ ② $(X+Y) \cdot Z$
③ $(X \cdot Z) + Y$ ④ $X + Y + Z$

해설 X와 Z는 AND회로 : $X \cdot Z$
$(X \cdot Z)$와 Y는 OR회로 : $(X \cdot Z) + Y$

48 ③ 49 ① 50 ④ 51 ② 52 ① 53 ③   **정답**

54 시퀀스 제어에 관한 설명으로 틀린 것은?
① 조합논리회로가 사용된다.
② 시간지연요소가 사용된다.
③ 제어용 계전기가 사용된다.
④ 폐회로 제어계로 사용된다.

해설 ④ 폐회로 제어계로 사용되는 제어는 피드백제어이며, 시퀀스제어는 개회로 제어계이다.

55 제어량에 따른 분류 중 프로세스 제어에 속하지 않는 것은?
① 압력   ② 유량
③ 온도   ④ 속도

해설 프로세스제어는 용어의 의미대로 산업분야의 공정에서 환경을 최적화하는 목적의 제어로서 온도, 습도, 압력, 유량, 액면, 비중, 농도 등을 제어한다.

56 기계설비법령에 따라 기계설비성능점검업자는 기계설비성능점검업의 등록한 사항 중 대통령령으로 정하는 사항이 변경된 경우에는 변경등록을 하여야 한다. 만약 변경등록을 정해진 기간 내 못한 경우, 1차 위반 시 받게 되는 행정처분 기준은?
① 등록취소   ② 업무정지 2개월
③ 업무정지 1개월 ④ 시정명령

해설 기계설비법 시행령 별표8. 2. 바.

1차 위반시	2차 위반시	3차 이상 위반시
시정명령	영업정지 1개월	영업정지 2개월

57 산업안전보건법령상 냉동·냉장 창고시설 건설공사에 대한 유해위험방지계획서를 제출해야 하는 대상시설의 연면적 기준은 얼마인가?
① 3천제곱미터 이상
② 4천제곱미터 이상
③ 5천제곱미터 이상
④ 6천제곱미터 이상

해설 산업안전보건법 시행령 제42조 ③
연면적 5천제곱미터 이상인 냉동·냉장창고시설 건설공사의 경우 유해위험방지계획서를 제출해야 한다.

58 기계설비법령에서 규정하고 있는 기계설비의 범위에 해당되지 않는 것은?
① 우수배수설비   ② 플랜트 설비
③ 가스설비   ④ 오수정화 설비

해설 기계설비법 시행령 [별표1] 기계설비의 범위(제2조 관련)
1. 열원설비 2. 냉난방설비 3. 공기조화·공기청정·환기설비 4. 위생기구·급수·급탕·오배수·통기설비 5. 오수정화·물재이용설비 6. 우수배수설비 7. 보온설비 8. 덕트설비 9. 자동제어설비 10. 방음·방진·내진설비 11. 플랜트설비 12. 특수설비

59 기계설비법령에 따른 기계설비 시공자의 업무에 해당하지 않는 것은?
① 기계설비 착공 전 확인표 작성
② 기계설비 사용 전 확인표 작성
③ 기계설비 성능확인서 작성
④ 기계설비 착공적합 확인서 작성

해설 ④ 기계설비 착공적합 확인서의 작성은 기계설비 감리업무 수행자의 업무사항이다.
기계설비공사를 시작하기 전과 끝낸 경우 기계설비 시공자와 감리업무 수행자가 작성할 사항
(기계설비 기술기준 제19조 관련)
(1) 기계설비 시공자가 작성할 사항
① 기계설비 착공 전 확인표 작성
② 기계설비 사용 전 확인표 작성
③ 기계설비 성능확인서 작성
④ 기계설비 안전확인서 작성
(2) 감리업무 수행자 작성할 사항
① 기계설비 착공적합 확인서 작성
② 기계설비 사용적합 확인서 작성

정답 54 ④ 55 ④ 56 ④ 57 ③ 58 ③ 59 ④

60 다음 중 고압가스 안전관리법령에 따라 500만원 이하의 벌금 기준에 해당되는 경우는?

㉠ 고압가스를 제조하려는 자가 신고를 하지 아니하고 고압가스를 제조한 경우
㉡ 특정고압가스 사용신고자가 특정고압가스의 사용 전에 안전관리자를 선임하지 않은 경우
㉢ 고압가스의 수입을 업(業)으로 하려는 자가 등록을 하지 아니하고 고압가스 수입업을 한 경우
㉣ 고압가스를 운반하려는 자가 등록을 하지 아니하고 고압가스를 운반한 경우

① ㉠
② ㉠,㉡
③ ㉠,㉡,㉢
④ ㉠,㉡,㉢,㉣

해설 고압가스 안전관리법 제41조(벌칙) : 500만원 이하 벌금
1. 제4조 제2항 전단에 따른 **신고를 하지 않고 고압가스를 제조한 자**
2. 제15조 제1항부터 제3항까지의 규정에 따른 **안전관리자를 선임하지 아니한 자**

제4과목 유지보수 공사관리

61 배수관은 피복두께를 보통 10mm 정도 표준으로 하여 피복한다. 피복의 주된 목적은?

① 충격방지
② 진동방지
③ 방로 및 방음
④ 부식방지

해설 배수관을 피복하는 목적은 결로방지(방로)와 소음 차단(방음)이다.

62 증기난방 설비의 특징에 대한 설명으로 틀린 것은?

① 증발열을 이용하므로 열의 운반능력이 크다.
② 예열시간이 온수난방에 비해 짧고 증기순환이 빠르다.
③ 방열면적을 온수난방보다 적게 할 수 있다.
④ 실내 상하온도차가 작다.

해설 증기난방 설비의 특징
① 증기의 증발잠열을 이용하므로 열의 운반능력이 크다
② 장치내 보유수량이 적어 열용량이 작으므로 예열시간이 짧고 증기순환이 빠르다
③ 표준방열량이 $756W/m^2$으로 온수난방 표준방열량 $523W/m^2$보다 크므로 방열면적을 온수난방보다 적게 할 수 있다
④ 열매체(증기)의 온도가 높아 실내의 상하온도차가 크다
⑤ 증기는 자체압력으로 이동하므로 순환동력(펌프)이 없어도 된다
⑥ 방열량(증기의 온도, 유량) 제어가 어려워 실내온도 조절이 어렵다
⑦ 방열기 표면온도가 높아 화상의 위험이 있다
⑧ 스팀햄머가 발생할 수 있다
⑨ 환수관 내부에서 부식 발생이 쉽다

63 다음 중 밸브의 역할이 아닌 것은?

① 유체의 밀도 조절
② 유체의 방향 전환
③ 유체의 유량 조절
④ 유체의 흐름 단속

해설 밸브의 역할
• 유체의 방향 전환 : 앵글 밸브
• 유체의 유량 조절 : 글로브 밸브
• 유체의 흐름 단속 : 슬루스(게이트) 밸브

정답 60 ② 61 ③ 62 ④ 63 ①

64 다음 중 열팽창에 의한 관의 신축으로 배관의 이동을 구속 또는 제한하는 장치가 아닌 것은?

① 앵커(anchor) ② 스토퍼(stopper)
③ 가이드(guide) ④ 인서트(insert)

[해설]
- 인서트 : 행거(달대볼트)를 끼우기 위해 미리 콘크리트속에 매립하는 철물
- 배관의 수축팽창에 의한 좌우 상하 이동을 억제하는 배관 고정기구는 앵커, 스토퍼, 가이드

65 통기관의 종류에서 최상부의 배수 수평관이 배수 수직관에 접속된 위치보다도 더욱 위로 배수 수직관을 끌어 올려 대기 중에 개구하여 사용하는 통기관은?

① 각개 통기관 ② 루프 통기관
③ 신정 통기관 ④ 도피 통기관

[해설] 신정통기관 : 최상부의 배수 수직관을 끌어올려 대기 중에 개구하여 사용하는 통기관

66 다음 도시기호의 이음은?

① 나사식 이음 ② 용접식 이음
③ 소켓식 이음 ④ 플랜지식 이음

[해설]
- 나사 이음
- 용접 이음
- 플랜지 이음
- 턱걸이(소켓) 이음
- 유니언 이음

67 온수난방 배관 설치 시 주의 사항으로 틀린 것은?

① 온수 방열기마다 수동식 에어벤트를 설치한다.
② 수평 배관에서 관경을 바꿀 때는 편심 이음을 사용한다.
③ 팽창관에 스톱밸브를 부착하여 긴급상황 시 유체 흐름을 차단하도록 한다.
④ 수리나 난방 휴지 시 배수를 위한 드레인 밸브를 설치한다.

[해설] 팽창관에는 밸브를 부착하면 안된다.

68 고무링과 가단 주철제의 칼라를 죄어서 이음하는 방법은?

① 플랜지 접합 ② 빅토릭 접합
③ 기계적 접합 ④ 동관 접합

[해설] 빅토릭 이음은 고무링과 가단 주철제 칼라를 이용하는 주철관 이음의 한 방식이다.

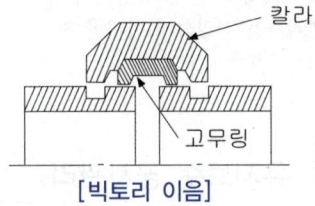

[빅토리 이음]

69 보온재의 구비조건으로 틀린 것은?

① 열전도율이 적을 것
② 균열 신축이 적을 것
③ 내식성 및 내열성이 있을 것
④ 비중이 크고 흡습성이 클 것

[해설] 비중이 작고 흡습성이 작아야 한다.

70 관의 두께별 분류에서 가장 두꺼워 고압배관으로 사용할 수 있는 동관의 종류는?

① K형 동관
② S형 동관
③ L형 동관
④ N형 동관

해설
동관의 분류
K type – 두께가 가장 두껍다
L type – 두께가 두껍다
M type – 두께가 보통이다
N type – 두께가 얇다(KS규격에는 없음)

71 냉동배관 재료 구비조건으로 틀린 것은?

① 가공성이 양호할 것
② 내식성이 좋을 것
③ 냉매와 윤활유가 혼합될 때, 화학적 작용으로 인한 냉매의 성질이 변하지 않을 것
④ 저온에서 기계적 강도 및 압력손실이 적을 것

해설
저온에서도 기계적 강도가 커야 한다.

72 부력에 의해 밸브를 개폐하여 간헐적으로 응축수를 배출하는 구조를 가진 증기 트랩은?

① 열동식 트랩
② 버킷 트랩
③ 플로트 트랩
④ 충격식 트랩

해설
부력을 이용하는 트랩은 버킷트랩과 플로트 트랩이다.
버킷트랩은 버킷의 부력을 이용하여 간헐적으로 응축수를 배출한다.
플로트 트랩은 플로트의 부력을 이용하여 연속적으로 응축수를 배출한다.

73 보온재를 유기질과 무기질로 구분할 때, 다음 중 성질이 다른 하나는?

① 우모펠트
② 규조토
③ 탄산마그네슘
④ 슬래그 섬유

해설
• 유기질 보온재 : 생물 또는 석유화학으로부터 나온 재료로 만들어진 보온재(우모펠트, 양모펠트, 코르크, 폴리에틸렌, 폴리우레탄, 고무발포)
• 무기질 보온재 : 광물로부터 나온 재료로 만들어진 보온재(석면, 암면, 유리섬유, 규조토, 탄산마그네슘, 세라믹화이버, 펄라이트, 규산칼슘, 슬래그 섬유)

74 동일 구경의 관을 직선 연결할 때 사용하는 관 이음재료가 아닌 것은?

① 소켓   ② 플러그
③ 유니언   ④ 플랜지

해설
• 동일 구경의 관을 직선 연결하는 부속은 소켓, 유니언, 플랜지, 니플이 있다.
• 플러그, 캡 : 관 끝을 막을 때 사용하는 부속

75 도시가스 계량기($30m^3/h$ 미만)의 설치 시 바닥으로부터 설치 높이로 가장 적합한 것은? (단, 설치 높이의 제한을 두지 않는 특정 장소는 제외한다.)

① 0.5m 이하
② 0.7m 이상 1m 이내
③ 1.6m 이상 2m 이내
④ 2m 이상 2.5m 이내

해설
도시가스 사업법 시행규칙 별표6(가스계량기 설치기준)
가스계량기($30m^3/hr$ 미만에 한한다)의 설치 높이는 바닥으로부터 1.6m 이상 2m 이내에 수직·수평으로 설치하고 밴드·보호가대 등 고정장치로 고정시킬 것

정답 70 ① 71 ④ 72 ② 73 ① 74 ② 75 ③

76 증기보일러 배관에서 환수관의 일부가 파손된 경우 보일러수의 유출로 안전수위 이하가 되어 보일러수가 빈 상태로 되는 것을 방지하기 위해 하는 접속법은?

① 하트포드 접속법
② 리프트 접속법
③ 스위블 접속법
④ 슬리브 접속법

해설 하트포드(hartford)접속법
증기관과 환수관 사이에 균형관을 설치하여 환수관 누수로 보일러 수위가 파괴되는 것을 방지하는 접속법

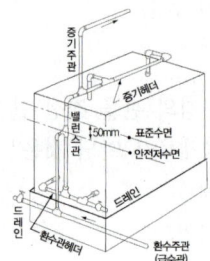

77 스케줄 번호에 의해 관의 두께를 나타내는 강관은?

① 배관용 탄소강관
② 수도용 아연도금강관
③ 압력배관용 탄소강관
④ 내식성 급수용 강관

해설 스케줄번호로 관의 두께를 나타내는 강관은 압력배관용 탄소강관(SPPS), 고압배관용 탄소강관(SPPH)이 있다.

스케줄번호 Sch.No = $\dfrac{P}{S} \times 1000$

여기서, P : 사용압력(MPa)
S : 허용압력(N/mm²)

78 고가 탱크식 급수방법에 대한 설명으로 틀린 것은?

① 고층건물이나 상수도 압력이 부족할 때 사용된다.
② 고가탱크의 용량은 양수펌프의 양수량과 상호 관계가 있다.
③ 건물 내의 밸브나 각 기구에 일정한 압력으로 물을 공급한다.
④ 고가탱크에 펌프로 물을 압송하여 탱크 내에 공기를 압축 가압하여 일정한 압력을 유지한다.

해설 ④ 고가 탱크에 펌프로 물을 압송하여 자연압(중력)으로 물을 공급하는 방식이다.

79 증기 및 물배관 등에서 찌꺼기를 제거하기 위하여 설치하는 부속품은?

① 유니온 ② P트랩
③ 부싱   ④ 스트레이너

해설 스트레이너(Strainer, 여과기)
• 배관에 설치하여 배관내의 이물질을 걸러내기 위한 장치
• 본체안에 있는 여과망이 이물질을 걸러낸다.
• 펌프의 흡입쪽이나 밸브의 입구쪽에 설치한다.
• 종류는 Y형, U형, V형이 있다.

80 지름 20mm 이하의 동관을 이음할 때, 기계의 점검 보수, 기타 관을 분해하기 쉽게하기 위해 이용하는 동관 이음 방법은?

① 슬리브 이음 ② 플레어 이음
③ 사이징 이음 ④ 플랜지 이음

해설 플레어 이음(Flare, 나팔관식 이음)
• 관의 끝을 나팔모양으로 벌리고 플레어너트를 끼워 상대나사(볼트)에 연결하는 이음
• 20mm 이하의 관 및 보수점검 및 분해가 필요한 곳에 사용된다. (20mm가 넘는 관에서는 플랜지 이음을 하는 것이 좋다)

76 ① 77 ③ 78 ④ 79 ④ 80 ② 정답

과년도 출제문제(2025년 1회 CBT 복원)

공조냉동기계기사 필기

제1과목 에너지관리

01 유인유닛 방식의 특징이 아닌 것은?
① 부하변동에 대응하기 쉽다.
② 각실별로 개별제어가 가능하다.
③ 소형이므로 기계실면적 및 덕트면적을 적게 차지한다.
④ 소음이 발생하지 않는다.

해설 고속으로 분출되는 1차공기로 인해 소음이 크다.

02 공기 중의 수증기가 응축하기 시작할 때의 온도, 즉 공기가 포화상태로 될 때의 온도를 의미하는 것은?
① 건구온도
② 노점온도
③ 습구온도
④ 상당외기온도

해설 노점온도(dew point temperature)
습공기를 계속 냉각시키면 어느 온도에서 공기 중에 포함되어 있던 수분이 응결되어 이슬방울(결로)로 변하는데 이 때의 온도를 노점온도라 한다.

03 다음 중 건물의 난방부하 계산결과에 가장 작은 영향을 미치는 것은?
① 외기온도
② 인체부하
③ 벽체로부터의 손실 열량
④ 틈새바람 부하

해설 인체에서 발생하는 열은 난방에 +α가 되므로 난방부하계산에 영향을 미치지 않는다.

04 보일러 장해 요인이 아닌 것은?
① 스케일 부착
② 부식
③ 캐리오버
④ 전열 촉진

해설 전열 촉진은 보일러의 장해요인이 아니다.
캐리오버 : 보일러수 중에 용해 또는 부유하고 있는 고형물이나 물방울이 보일러에서 생산된 증기에 혼입되어 보일러 외부로 나가는 현상이다. 증기의 순도(건도)를 저하시켜 증기의 품질을 저하시킨다.

05 다음 중 코일의 바이패스 팩터(BF)가 작아지는 경우는?
① 코일 통과풍속이 클 때
② 전열면적이 작을 때
③ 코일의 열수가 증가할 때
④ 코일의 간격이 클 때

해설 코일의 열수가 증가하면 공기의 접촉면적이 증가하므로 컨택트 팩터는 커지고 바이패스 팩터는 작아진다.

06 장방형 덕트(긴 변 a, 짧은 변 b)의 원형 덕트 지름 환산식으로 옳은 것은?
① $de = 1.3\left[\dfrac{(ab)^2}{a+b}\right]^{1/8}$
② $de = 1.3\left[\dfrac{(ab)^5}{a+b}\right]^{1/6}$
③ $de = 1.3\left[\dfrac{(ab)^5}{(a+b)^2}\right]^{1/8}$
④ $de = 1.3\left[\dfrac{(ab)^2}{(a+b)}\right]^{1/6}$

해설
$$de = 1.3\left[\dfrac{(ab)^5}{(a+b)^2}\right]^{1/8}$$

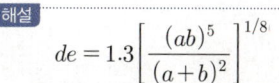

정답 01 ④ 02 ② 03 ② 04 ④ 05 ③ 06 ③

07 공기 중의 수분이 벽이나 천장, 바닥 등에 닿았을 때 응축되어 이슬이 맺히는 경우가 있다. 이와 같은 수분의 응축 결로를 방지하는 방법으로 적절하지 않은 것은?

① 다습한 외기를 도입하지 않도록 한다.
② 벽체인 경우 단열재를 부착한다.
③ 유리창인 경우 2중유리를 사용한다.
④ 공기와 접촉하는 벽면의 온도를 노점온도 이하로 낮춘다.

해설 벽면의 온도가 노점온도 이상이 되어야 결로가 발생하지 않는다.

08 공기조화설비는 공기조화기, 열원장치 등 4대 주요장치로 구성되어 있다. 4대 주요장치의 하나인 공기조화기에 해당되는 것이 아닌 것은?

① 에어필터
② 공기냉각기
③ 공기가열기
④ 왕복동 압축기

해설 공기조화기는 공기냉각기, 공기가열기, 에어필터, 가습기 등으로 구성된다.

09 에어 필터의 종류 중 병원의 수술실, 반도체 공장의 청정구역(clean room)등에 이용되는 고성능 에어 필터는?

① 백 필터
② 롤 필터
③ HEPA 필터
④ 전기 집진기

해설 HEPA 필터 : 고성능 미립자 필터로서 $0.3\mu m$ 입자의 포집효율이 99.97%로 병원의 수술실, 반도체 공장의 클린룸 등에 이용한다.

10 온풍난방의 특징에 관한 설명으로 틀린 것은?

① 예열부하가 거의 없으므로 기동시간이 아주 짧다.
② 취급이 간단하고 취급자격자를 필요로 하지 않는다.
③ 방열기기나 배관 등의 시설이 필요 없어 설비비가 싸다.
④ 취출온도의 차가 적어 온도분포가 고르다.

해설 ④ 온풍난방은 취출온도와 실내온도의 차가 크고 온도분포가 고르지 않아 쾌감도가 좋지 않다.

11 유효온도(Effective Temperature)의 3요소는?

① 밀도, 온도, 비열
② 온도, 기류, 밀도
③ 온도, 습도, 비열
④ 온도, 습도, 기류

해설 유효온도 : 온도, 습도, 기류의 영향을 하나의 온도감각으로 나타낸 것, 감각온도라고도 한다.

12 덕트의 분기점에서 풍량을 조절하기 위하여 설치하는 댐퍼는?

① 방화 댐퍼
② 스플릿 댐퍼
③ 피봇 댐퍼
④ 터닝 베인

해설 덕트의 분기점에 설치하여 풍량을 조절하는 댐퍼는 스플릿(split)댐퍼이다.

13 다음 중 온수난방과 가장 거리가 먼 것은?

① 팽창탱크
② 공기빼기 밸브
③ 관말트랩
④ 순환펌프

해설 관말트랩은 증기난방 설비에서 증기와 응축수를 분리하는 장치이다.

정답 07 ④ 08 ④ 09 ③ 10 ④ 11 ④ 12 ② 13 ③

14 에어와셔 단열 가습시 포화효율은 어떻게 표시하는가? (단, 입구공기의 건구온도 t_1, 출구공기의 건구온도 t_2, 입구공기의 습구온도 t_{w1}, 출구공기의 습구온도 t_{w2}이다.)

① $\eta = \dfrac{(t_1 - t_2)}{(t_2 - t_{w2})}$

② $\eta = \dfrac{(t_1 - t_2)}{(t_1 - t_{w1})}$

③ $\eta = \dfrac{(t_2 - t_1)}{(t_{w2} - t_1)}$

④ $\eta = \dfrac{(t_1 - t_{w1})}{(t_2 - t_1)}$

해설

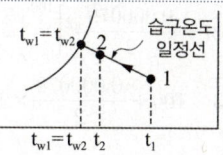

포화효율 : 에어와셔 탱크의 물을 냉각도 가열도 하지 않고 순환시키는 경우 단열가습이 되며 그 때의 콘택트 팩터(CF)를 포화효율(η_s)이라한다.

$\eta_s = \dfrac{t_1 - t_2}{t_1 - t_{w2}} = \dfrac{t_1 - t_2}{t_1 - t_{w1}}$

15 보일러의 스케일 방지방법으로 틀린 것은?

① 슬러지는 적절한 분출로 제거한다.
② 스케일 방지 성분인 칼슘의 생성을 돕기 위해 경도가 높은 물을 보일러수로 활용한다.
③ 경수연화장치를 이용하여 스케일 생성을 방지한다.
④ 인산염을 일정농도가 되도록 투입한다.

해설
② 스케일 성분인 칼슘, 마그네슘을 제거하기 위해 경도가 낮은 연수를 보일러 수로 활용해야 한다.
④ 인산염을 일정농도가 되도록 투입하면 스케일 생성이 방지된다.

16 다음 중 난방설비의 난방부하를 계산하는 방법 중 현열만을 고려하는 경우는?

① 환기 부하
② 외기 부하
③ 전도에 의한 열 손실
④ 침입 외기에 의한 난방 손실

해설
• 현열부하 : 전도에 의한 열손실
• 현열+잠열부하 : 환기부하, 외기부하, 침입외기에 의한 난방손실

17 다음 중 축류 취출구의 종류가 아닌 것은?

① 펑커루버형 취출구
② 그릴형 취출구
③ 라인형 취출구
④ 팬형 취출구

해설
축류취출구 : 펑커루버형, 그릴형, 라인형, 노즐형, 라이트 트로퍼형
복류취출구 : 아네모스탯형, 팬형(pan type)

18 이중덕트방식에 설치하는 혼합상자의 구비조건으로 틀린 것은?

① 냉풍·온풍 덕트 내의 정압변동에 의해 송풍량이 예민하게 변화할 것
② 혼합비율 변동에 따른 송풍량의 변동이 완만할 것
③ 냉풍·온풍 댐퍼의 공기누설이 적을 것
④ 자동제어 신뢰도가 높고 소음발생이 적을 것

해설
혼합상자는 냉풍·온풍 덕트 내의 정압 변동에 의해 송풍량이 예민하게 변화하지 않아야 한다.

정답 14 ② 15 ② 16 ③ 17 ④ 18 ①

19 공조기 내에 엘리미네이터를 설치하는 이유로 가장 적절한 것은?

① 풍량을 줄여 풍속을 낮추기 위해서
② 공조기 내의 기류의 분포를 고르게 하기 위해
③ 결로수가 비산되는 것을 방지하기 위해
④ 먼지 및 이물질을 효율적으로 제거하기 위해

[해설] 엘리미네이터(eliminator)는 결로수가 비산되어 유출되는 것을 방지하기 위해 설치한다.

20 보일러의 부속장치인 과열기가 하는 역할은?

① 연료연소에 쓰이는 공기를 예열시킨다.
② 포화액을 습증기로 만든다.
③ 습증기를 건포화증기로 만든다.
④ 포화증기를 과열증기로 만든다.

[해설] 과열기 : 보일러에서 나온 포화증기를 과열증기로 만드는 역할을 하는 보일러 부속장치이다.

제2과목 공조냉동 설계

21 다음 중 이론적인 카르노 사이클 과정(순서)를 옳게 나타낸 것은? (단, 모든 사이클은 가역 사이클이다.)

① 단열압축 → 정적가열 → 단열팽창 → 정적방열
② 단열압축 → 단열팽창 → 정적가열 → 정적방열
③ 등온팽창 → 등온압축 → 단열팽창 → 단열압축
④ 등온팽창 → 단열팽창 → 등온압축 → 단열압축

[해설] 카르노 사이클 :
등온팽창 → 단열팽창 → 등온압축 → 단열압축

22 공기의 정압비열(C_p, kJ/(kg·℃))이 다음과 같다고 가정한다. 이때 공기 5kg을 0℃에서 100℃까지 일정한 압력하에서 가열하는데 필요한 열량은 약 몇 kJ인가? (단, 다음 식에서 t는 섭씨온도를 나타낸다.)

$$C_p = 1.0053 + 0.000079 \times t \, [\text{kJ}/(\text{kg}\cdot\text{℃})]$$

① 85.5 ② 100.9
③ 312.7 ④ 504.6

[해설]
$\delta Q = G C_p dt$

$Q = \int_0^{100} 5 \times (1.0053 + 0.000079 \times t) dt$

$= 5 \times \left[1.0053 t + \dfrac{0.000079}{2} t^2 \right]_0^{100}$

$= 5 \times \left(1.0053 \times 100 + \dfrac{0.000079}{2} \times 100^2 \right)$

$= 504.6 \text{kJ}$

23 밀폐용기에 내부에너지가 200kJ/kg인 기체가 0.5kg 들어있다. 이 기체를 용량이 500W인 전기가열기로 2분 동안 가열한다면 최종 상태에서 기체의 내부에너지는 약 몇 kJ인가? (단, 열량은 기체로만 전달된다고 한다)

① 20kJ ② 100kJ
③ 120kJ ④ 160kJ

[해설]
$U_2 = U_1 + Pt$ 여기서 시간 t : sec

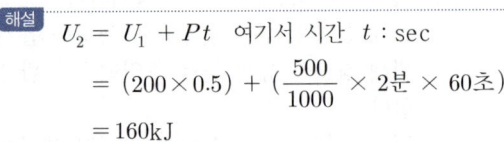

$= 160 \text{kJ}$

24 다음 중 가장 큰 에너지는?
① 100kW 출력의 엔진이 10시간 동안 한 일
② 발열량 10000kJ/kg의 연료를 100kg 연소시켜 나오는 열량
③ 대기압하에서 10℃의 물 10m³를 90℃로 가열하는 데 필요한 열량(단, 물의 비열은 4.2kJ/kg·K이다.)
④ 시속 100km로 주행하는 총 질량 2000 kg인 자동차의 운동에너지

[해설]
① $Q_1 = 100 \times 10 \times 3600 = 3,600,000$kJ
② $Q_2 = 10,000 \times 100 = 1,000,000$kJ
③ $Q_3 = \rho Q C \triangle t$
　　$= 1,000 \times 10 \times 4.2 \times (90-10) = 3,360,000$kJ
④ $Q_4 = \frac{1}{2}mv^2$
　　$= \frac{1}{2} \times 2,000 \times (100 \times 10^3 \div 3,600)^2 \div 1,000$
　　$= 771.6$kJ

25 식품의 평균 초온이 0℃일 때 이것을 동결하여 온도중심점을 -15℃까지 내리는데 걸리는 시간을 나타내는 것은?
① 유효동결시간
② 유효냉각시간
③ 공칭동결시간
④ 시간상수

[해설] 공칭동결시간 : 식품의 평균 초온이 0℃일때 온도 중심점을 -15℃까지 내리는데 소요되는 시간

26 그림에서 $T_1 = 561K$, $T_2 = 1010K$, $T_3 = 690K$, $T_4 = 383K$인 공기를 작동유체로 하는 브레이턴 사이클의 이론 열효율은?

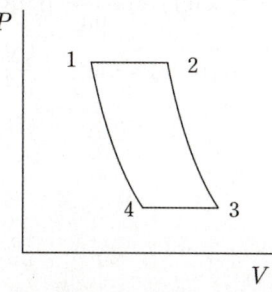

① 0.388　② 0.465
③ 0.316　④ 0.412

[해설] 브레이턴 사이클의 이론 열효율
$$\eta_b = 1 - \frac{T_3 - T_4}{T_2 - T_1}$$
$$= 1 - \frac{690 - 383}{1010 - 561} = 0.316$$

27 제빙장치에서 브라인온도가 -10℃, 결빙시간이 48시간일 때, 얼음의 두께는? (단, 결빙계수는 0.56이다)
① 약 29.3cm
② 약 39.3cm
③ 약 2.93cm
④ 약 3.93cm

[해설] 결빙시간 $T = \frac{c \cdot b^2}{-t_b}$ 에서
$$b = \sqrt{\frac{-t_b \cdot T}{c}} = \sqrt{\frac{-(-10) \times 48}{0.56}} = 29.3 \text{cm}$$

28 냉각탑에 대한 설명으로 틀린 것은?
① 밀폐식은 개방식 냉각탑에 비해 냉각수가 외기에 의한 오염될 염려가 적다.
② 냉각탑의 성능은 입구공기의 습구온도에 영향을 받는다.
③ 쿨링 레인지(cooling range)는 냉각탑의 냉각수 입·출구 온도의 차이값이다.
④ 쿨링 어프로치(cooling approach)는 냉각탑의 냉각수 입구온도에서 냉각탑 입구공기의 습구온도를 제한 값이다.

[해설] 쿨링 어프로치는 냉각탑의 냉각수 출구온도와 냉각탑 입구공기의 습구온도와의 차이다.

정답　24 ①　25 ③　26 ③　27 ①　28 ④

29 다음 중 증발기 내 압력을 일정하게 유지하기 위해 설치하는 팽창장치는?

① 모세관
② 정압식 자동 팽창밸브
③ 플로트식 팽창밸브
④ 수동식 팽창밸브

해설 정압식 자동팽창 밸브
- 벨로즈나 다이아프램의 상부에 스프링이 설치되고 하부에는 증발압력이 작용하게 되어 있다.
- 부하의 변동이 있어도 증발압력을 일정하게 유지하게 되므로 부하가 현저하게 변동하는 장치에는 유량제어가 되지 않아 적합하지 않다.
- 부하가 일정한 소형 냉동장치에 쓰이며 현재는 별로 쓰이지 않는다.

30 이상기체가 등온과정으로 부피가 2배로 팽창할 때 한 일이 W_1이다. 이 이상기체가 같은 초기조건 하에서 폴리트로픽과정(n = 2)으로 부피가 2배로 팽창할 때 W_1 대비 한 일은 얼마인가?

① $\dfrac{1}{2\ln 2} \times W_1$ ② $\dfrac{2}{\ln 2} \times W_1$

③ $\dfrac{\ln 2}{2} \times W_1$ ④ $2\ln 2 \times W_1$

해설 등온과정 절대일

$$W_1 = RT\ln\dfrac{V_2}{V_1} = RT\ln\dfrac{2V_1}{V_1} = RT\ln 2$$

여기서 $RT = \dfrac{1}{\ln 2} W_1$

폴리트로픽과정 절대일

$$W_2 = \dfrac{1}{n-1}R(T_1 - T_2)$$
$$= \dfrac{RT_1}{n-1}(1-\dfrac{T_2}{T_1}) = \dfrac{RT_1}{n-1}\left\{1-\left(\dfrac{V_1}{V_2}\right)^{n-1}\right\}$$

문제에서 지수 n = 2로 주어졌고 초기온도 $T_1 = T$이므로

$$W_2 = \dfrac{RT}{2-1}\left\{1-\left(\dfrac{V_1}{2V_1}\right)^{2-1}\right\}$$
$$= RT\left(1-\dfrac{1}{2}\right) = \dfrac{1}{2}RT$$

위 $RT = \dfrac{1}{\ln 2} W_1$을 대입하면

$$W_2 = \dfrac{1}{2\ln 2} W_1$$

31 비열비가 1.29, 분자량이 44인 이상 기체의 정압비열은 약 몇 kJ/kg·K인가? (단, 일반기체상수는 8.314kJ/kmol·K이다.)

① 0.51 ② 0.69
③ 0.84 ④ 0.91

해설 정압비열 $C_P = \dfrac{k}{k-1}R$

기체상수 $R = \dfrac{Ru}{M}$ 이므로

$$C_P = \dfrac{1.29}{1.29-1} \times \dfrac{8.314}{44} = 0.84 \text{kJ/kg·K}$$

32 이상기체 1kg이 초기에 압력 2kPa, 부피 0.1m³를 차지하고 있다. 가역등온과정에 따라 부피가 0.3m³로 변화했을 때 기체가 한 일은 약 몇 J인가?

① 9540 ② 2200
③ 954 ④ 220

해설 등온과정 일 $W = \int_1^2 PdV = P_1V_1\ln\dfrac{V_2}{V_1}$

$$W = (2 \times 0.1) \times \ln\dfrac{0.3}{0.1} = 0.2197\text{kJ} = 219.7\text{J}$$

W의 단위 : $[\text{kPa·m}^3] = \left[\dfrac{\text{kN}}{\text{m}^2}\cdot\text{m}^3\right]$
$= [\text{kN·m}] = [\text{kJ}]$

29 ② 30 ① 31 ③ 32 ④ **정답**

33 열역학 제2법칙에 관해서는 여러 가지 표현으로 나타낼 수 있는데, 다음 중 열역학 제2법칙과 관계되는 설명으로 볼 수 없는 것은?

① 열을 일로 변환하는 것은 불가능하다.
② 열효율이 100%인 열기관을 만들 수 없다.
③ 열은 저온 물체로부터 고온 물체로 자연적으로 전달되지 않는다.
④ 입력되는 일 없이 작동하는 냉동기를 만들 수 없다.

해설 **열역학 제2법칙**
열역학 제2법칙은 열과 일의 변환에 대한 방향성을 제시한 법칙이다. 즉, 일은 열로 쉽게 변환되지만 열은 일로 쉽게 변환되지 않으므로 열기관이 필요하다.
- 열효율이 100%인 열기관(제2종영구기관)은 만들 수 없다.
- 외부로부터 도움이 없으면 열은 스스로 저온 물체에서 고온 물체로 이동할 수 없다.
- 입력되는 일(에너지)없이 작동하는 냉동기를 만들 수 없다.

[참고] 열을 일로 변환하는 것은 가능하지만 100%일로 변환시킬 수 없다는 것이 열역학 제2법칙이다.

34 밀폐계가 가역정압 변화를 할 때 계가 받은 열량은?

① 계의 엔탈피 변화량과 같다.
② 계의 내부에너지 변화량과 같다.
③ 계의 엔트로피 변화량과 같다.
④ 계가 주위에 대해 한 일과 같다.

해설 $\delta Q = dH - VdP$식에서
정압변화에서 $dP = 0$이므로 $\delta Q = dH$이다.
즉, 정압변화에서 계가 받은 열량 δQ는 계의 엔탈피 변화량 dH와 같다.
[참고] 정적변화에서 계가 받는 열량 δQ는 계의 내부에너지 변화량 dU와 같다
$\delta Q = dU + PdV$에서 $dV = 0$이므로
$\delta Q = dU$와 같다.

35 2단압축 1단팽창 냉동시스템에서 게이지 압력계로 증발압력이 100kPa, 응축압력이 1100 kPa일 때, 중간냉각기의 절대압력은 약 얼마인가?

① 331kPa   ② 491kPa
③ 732kPa   ④ 1010kPa

해설 2단압축 1단팽창 냉동시스템의 중간냉각기의 절대압력은 시스템의 중간 압력이며,
$P_m = \sqrt{P_L \times P_H}$ 이다.
절대압력 = 대기압 + 계기압
대기압 = 101.325 kPa
∴ $P_m = \sqrt{(100+101.3) \times (1100+101.3)}$
   $= 491.7 kPa$

36 냉동장치가 정상적으로 운전되고 있을 때에 관한 설명으로 틀린 것은?

① 팽창밸브 직후의 온도는 직전의 온도보다 낮다.
② 크랭크 케이스 내의 유온은 증발온도보다 높다.
③ 응축기의 냉각수 출구온도는 응축온도보다 높다.
④ 응축온도는 증발온도보다 높다.

해설 응축기의 냉각수 출구온도는 응축온도보다 낮아야 냉매를 응축온도까지 냉각시킬 수 있다.

37 공비혼합물(azeotrope) 냉매의 특성에 관한 설명으로 틀린 것은?

① 서로 다른 할로카본 냉매들을 혼합하여 서로의 결점이 보완되는 냉매를 얻을 수 있다.
② 응축압력과 압축비를 줄일 수 있다.
③ 대표적인 냉매로 R407C와 R410A가 있다.
④ 각각의 냉매를 적당한 비율로 혼합하면 혼합물의 비등점이 일치할 수 있다.

해설 R407C와 R410A는 서로 다른 냉매를 일정비율로 혼합하는 것은 공비혼합냉매와 같으나 한 성분의 냉매인 것처럼 하나의 성질을 갖지 않는 비공비 혼합냉매이다. 혼합된 각 성분의 냉매가 비등점이 서로 다르다.

33 ① 34 ① 35 ② 36 ③ 37 ③   정답

38 역카르노 사이클로 운전하는 이상적인 냉동 사이클에서 응축기 온도가 40℃, 증발기 온도가 -10℃이면 성능계수는?

① 4.26
② 5.26
③ 3.56
④ 6.56

해설 역카르노 사이클 냉동기 성능계수

$$COP_R = \frac{T_L}{T_H - T_L}$$
$$= \frac{(-10+273)}{(40+273)-(-10+273)}$$
$$= 5.26$$

39 흡수식 냉동기의 특징에 대한 설명으로 옳은 것은?

① 자동제어가 어렵고 운전경비가 많이 소요된다.
② 초기 운전 시 정격 성능을 발휘할 때까지의 도달 속도가 느리다.
③ 부분 부하에 대한 대응이 어렵다.
④ 증기 압축식보다 소음 및 진동이 크다.

해설
① 대기압보다 낮은 진공상태에서 운전하므로 취급자의 자격요건이 까다롭지 않고 전기사용이 상대적으로 적어 운전경비가 적게 소요된다.
③ 부하조절이 용이하다. (비교적 낮은 부하까지 제어 가능)
④ 회전부가 없기 때문에 운전시 소음, 진동이 적다.

40 프레온 냉동장치에서 가용전에 관한 설명으로 틀린 것은?

① 가용전의 용융온도는 일반적으로 75℃ 이하로 되어 있다.
② 가용전은 Sn(주석), Cd(카드뮴), Bi(비스무트) 등의 합금이다.
③ 온도상승에 따른 이상 고압으로부터 응축기 파손을 방지한다.
④ 가용전의 구경은 안전밸브 최소 구경의 1/2 이하이어야 한다.

해설 ④ 가용전의 구경은 안전밸브 구경의 $\frac{1}{2}$ 이상으로 한다.

제3과목 시운전 및 안전관리

41 전류의 측정 범위를 확대하기 위하여 사용되는 것은?

① 배율기
② 분류기
③ 저항기
④ 계기용변압기

해설
분류기 : 전류계의 최대눈금 값을 넘는 전류를 측정하기 위해, 즉 전류의 측정범위를 넓히기 위해 사용된다.
배율기 : 전압계의 측정범위를 벗어난 큰 전압을 측정하기 위해 사용된다.

42 입력으로 단위 계단함수 $u(t)$를 가했을 때, 출력이 그림과 같은 조절계의 기본 동작은?

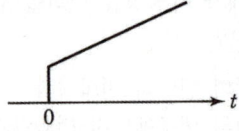

① 비례동작
② 2위치동작
③ 비례적분동작
④ 비례미분동작

해설
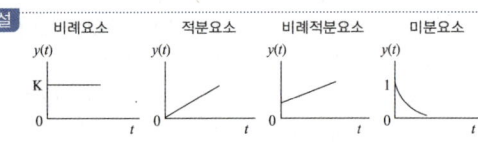

정답 38 ② 39 ② 40 ④ 41 ② 42 ③

43 전압을 V, 전류를 I, 저항을 R, 그리고 도체의 비저항을 ρ 라 할 때 옴의 법칙을 나타낸 식은?

① $V = \dfrac{R}{I}$ ② $V = \dfrac{I}{R}$
③ $V = IR$ ④ $V = IR\rho$

해설 옴의 법칙 : 전류는 전압에 비례하고 저항에 반비례한다.
전류 $I = \dfrac{V}{R}$
전압 $V = IR$
저항 $R = \dfrac{V}{I}$

44 유도전동기에 인가되는 전압과 주파수의 비를 일정하게 제어하여 유도전동기의 속도를 정격 속도 이하로 제어하는 방식은?

① CVCF 제어방식
② VVVF 제어방식
③ 교류 궤환 제어방식
④ 교류 2단 속도 제어방식

해설 VVVF 방식(Variable Voltage Variable Frequency)은 전압과 주파수를 동시에 변환시켜 유도전동기의 속도를 제어하는 방식이다.

45 그림과 같은 계전기 접점회로의 논리식은?

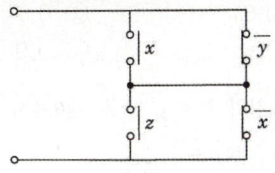

① $xz + \overline{y}\,\overline{x}$ ② $xy + z\overline{x}$
③ $(x+\overline{y})(z+\overline{x})$ ④ $(x+z)(\overline{y}+\overline{x})$

해설
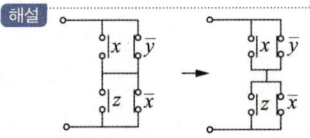

∴ 논리식은 $(x+\overline{y})(z+\overline{x})$

46 무인 커피 판매기는 무슨 제어인가?

① 서보기구
② 자동조정
③ 시퀀스 제어
④ 프로세스 제어

해설 시퀀스 제어 : 자판기, 세탁기, 엘리베이터, 교통신호기 등 미리 정해진 순서에 따라 제어의 각 단계가 진행되는 제어

47 전동기의 회전방향을 알기 위한 법칙은?

① 렌츠의 법칙
② 암페어의 법칙
③ 플레밍의 왼손법칙
④ 플레밍의 오른손 법칙

해설 전동기의 회전방향을 알기 위한 법칙은 플레밍의 왼손법칙이며 발전기의 전류방향을 알기위한 법칙은 플레밍의 오른손 법칙이다.

48 온도 - 전압의 변환장치는?

① 열전대
② 전자석
③ 벨로스
④ 광전다이오드

해설 열전대(열전쌍)은 제벡효과를 이용하여 온도를 전압(기전력)으로 변환시킨다.

49 다음 중 절연저항을 측정하는 데 사용되는 계측기는?

① 메거 ② 저항계
③ 켈빈 브리지 ④ 휘트스톤 브리지

해설
① 메거(megger) : $10^5 \Omega$ 이상의 높은 저항을 측정하며 절연저항 측정시 사용된다.
③ 켈빈 브리지 : 단자의 접촉 저항이나 리드선의 저항을 무시할 수 있으므로 0.1Ω 이하의 낮은 저항 측정시 사용된다.
④ 휘트스톤 브리지 : $0.1 \sim 10^5 \Omega$의 중저항 측정에 사용된다.

정답 43 ③ 44 ② 45 ③ 46 ③ 47 ③ 48 ① 49 ①

50 정현파 교류의 실효값(V)과 최대값(V_m)의 관계식으로 옳은 것은?

① $V = \sqrt{2}\, V_m$
② $V = \dfrac{1}{\sqrt{2}} V_m$
③ $V = \sqrt{3}\, V_m$
④ $V = \dfrac{1}{\sqrt{3}} V_m$

해설 정현파 교류의 실효값
교류를 가장 보편적으로 표현한 값이며, 직류가 하는 것과 동등한 일을 하는 교류값이라고 할 수 있다.

- 실효값은 $45°(\dfrac{\pi}{4})$에서의 값이다.
- 실효전압 $V = \dfrac{1}{\sqrt{2}} V_m = 0.707 V_m [V]$
- 실효전류 $I = \dfrac{1}{\sqrt{2}} I_m = 0.707 I_m [A]$

51 60Hz, 4극, 슬립 6%인 유도전동기를 어느 공장에서 운전하고자 할 때 예상되는 회전수는 약 몇 rpm인가?

① 240 ② 720
③ 1690 ④ 1800

해설
$N = \dfrac{120f}{P}(1-S)$
$= \dfrac{120 \times 60}{4} \times (1-0.06) = 1692\, \text{rpm}$

52 어떤 전지에 5A의 전류가 10분간 흘렀다면 이 전지에서 나온 전기량은 몇 C인가?

① 1000 ② 2000
③ 3000 ④ 4000

해설 전기량(전하량) Q
$Q = I \times t$
$= 5 \times 10 \times 60\text{초}$
$= 3000\text{C}$

53 그림에서 3개의 입력단자 모두 1을 입력하면 출력단자 A와 B의 출력은?

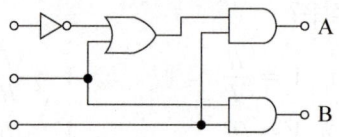

① $A=0,\ B=0$
② $A=0,\ B=1$
③ $A=1,\ B=0$
④ $A=1,\ B=1$

해설

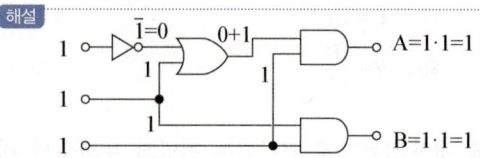

54 논리식 A+BC와 등가인 논리식은?

① AB+AC ② (A+B)(A+C)
③ (A+B)C ④ (A+C)B

해설 불대수의 분배법칙
$A + B \cdot C = (A+B) \cdot (A+C)$

55 선간전압 200V의 3상 교류전원에 화물용 승강기를 접속하고 전력과 전류를 측정하였더니 2.77kW, 10A이었다. 이 화물용 승강기 모터의 역률은 약 얼마인가?

① 0.6 ② 0.7
③ 0.8 ④ 0.9

해설 유효전력 $P = \sqrt{3}\, VI\cos\theta$ 에서
역률 $\cos\theta = \dfrac{P}{\sqrt{3}\, VI}$
$= \dfrac{2.77 \times 10^3}{\sqrt{3} \times 200 \times 10} = 0.8$

정답 50 ② 51 ③ 52 ③ 53 ④ 54 ② 55 ③

56 기계설비법령에 따라 일정 규모 이상의 건축물 등에 설치된 기계설비의 소유자 또는 관리자는 유지관리기준을 준수하기 위하여 기계설비유지관리자를 선임하여야 한다. 아래 내용은 일정 규모 이상의 건축물 중 공동주택에 해당하는 내용이다. ( ) 안의 내용으로 옳은 것은?

> 가. (㉠)세대 이상의 공동주택
> 나. (㉡)세대 이상으로서 중앙집중식 난방방식(지역난방방식을 포함한다)의 공동주택

① ㉠ 100, ㉡ 200
② ㉠ 200, ㉡ 100
③ ㉠ 300, ㉡ 500
④ ㉠ 500, ㉡ 300

해설 기계설비법 시행령 제14조(기계설비 유지관리에 대한 점검 및 확인 등)
①항 2. 건축법 제2조제2항제2호에 따른 공동주택 중 다음 각 목의 어느 하나에 해당하는 공동주택
가. 500세대 이상의 공동주택
나. 300세대 이상으로서 중앙집중식 난방방식(지역난방방식을 포함한다)의 공동주택

57 산업안전보건법령상 냉동·냉장 창고시설 건설공사에 대한 유해위험방지계획서를 제출해야 하는 대상시설의 연면적 기준은 얼마인가?

① 3천제곱미터 이상
② 4천제곱미터 이상
③ 5천제곱미터 이상
④ 6천제곱미터 이상

해설 산업안전보건법 시행령 제42조 ③
연면적 5천제곱미터 이상인 냉동·냉장창고시설 건설공사의 경우 유해위험방지계획서를 제출해야 한다.

58 고압가스 안전관리 법령에 따라 고압가스제조시설에 대한 정밀안전검진의 실시기관은?

① 한국가스안전공사
② 한국에너지공단
③ 한국산업인력공단
④ 한국가스공사

해설 고압가스 안전관리법 시행령 제14조의 2(정밀안전검진의 실시기관)
1. 한국가스안전공사
2. 한국산업안전보건공단

59 기계설비법령에서 규정하고 있는 기계설비의 범위에 해당되지 않는 것은?

① 우수배수설비   ② 플랜트설비
③ 가스설비   ④ 오수정화설비

해설 기계설비법 시행령 [별표1] 기계설비의 범위(제2조 관련)
1. 열원설비 2. 냉난방설비 3. 공기조화·공기청정·환기설비 4. 위생기구·급수·급탕·오배수·통기설비 5. 오수정화·물재이용설비 6. 우수배수설비 7. 보온설비 8. 덕트설비 9. 자동제어설비 10. 방음·방진·내진설비 11. 플랜트설비 12. 특수설비

60 고압가스 안전관리법령에서 규정하는 냉동기 제조 등록을 해야 하는 냉동기의 기준은 얼마인가?

① 냉동능력 3톤 이상인 냉동기
② 냉동능력 5톤 이상인 냉동기
③ 냉동능력 8톤 이상인 냉동기
④ 냉동능력 10톤 이상인 냉동기

해설 고압가스 안전관리법 5조 1항, 시행령 5조 ①항 2.
냉동기제조등록 : 냉동능력이 3톤 이상인 냉동기를 제조하는 것

정답 56 ④ 57 ③ 58 ① 59 ③ 60 ①

제4과목 유지보수 공사관리

61 증기난방과 비교한 온수난방의 특징으로 옳지 않은 것은?

① 열용량이 크다.
② 용량제어가 용이하다.
③ 배관부식의 우려가 작다.
④ 예열부하가 크다.

해설 온수난방은 증기난방에 비해 배관 부식의 우려가 크다.

62 캐비테이션(cavitation)현상의 발생 조건이 아닌 것은?

① 흡입양정이 지나치게 클 경우
② 흡입관의 저항이 증대될 경우
③ 흡입 액체의 온도가 높은 경우
④ 흡입관의 압력이 양압인 경우

해설 캐비테이션은 흡입관의 압력이 음압인 경우로서 그 액체의 그때의 온도에 해당하는 증발압력보다 낮을 때 발생한다.

63 증기나 응축수가 트랩이나 감압밸브 등의 기기에 들어가기 전 고형물을 제거하여 고장을 방지하기 위해 설치하는 장치는?

① 스트레이너 ② 레듀서
③ 신축이음   ④ 유니언

해설 스트레이너(Strainer, 여과기)
• 배관에 설치하여 배관내의 이물질을 걸러내기 위한 장치
• 본체안에 있는 여과망이 이물질을 걸러낸다.
• 펌프의 흡입쪽이나 밸브의 입구쪽에 설치한다.
• 종류는 Y형, U형, V형이 있다.

64 증기배관의 수평 환수관에서 관경을 축소할 때 사용하는 이음쇠로 가장 적합한 것은?

① 소켓   ② 부싱
③ 플랜지 ④ 리듀서

해설
② 부싱 : 부싱은 리듀서와 달리 한쪽은 암나사 한쪽은 숫나사로 되어있으며 배관의 부속에 연결하여 관경을 조절하는 배관 부속(이음쇠)이다.
④ 리듀서 : 배관의 관경을 축소하거나 확대할 때 사용되는 이음쇠이다. 증기관의 경우 편심리듀서를 사용하여 하부에 응축수가 고이지 않게 해야 한다.

65 공기의 흐름방향을 조절할 수 있으나 풍량은 조절할 수 없고 환기용 흡입구나 배기구로 사용되는 것은?

① 그릴(grilles)
② 디퓨저(diffusers)
③ 레지스터(registers)
④ 아네모스탯(anemostat)

해설
그릴 : 공기의 흐름방향은 조절할 수 있으나 풍량은 조절할 수 없다.
레지스터 : 그릴에 셔터를 부착한 것으로 공기의 방향과 풍량을 조절할 수 있다.

66 급수급탕설비에서 탱크류에 대한 누수의 유무를 조사하기 위한 시험방법으로 가장 적절한 것은?

① 수압시험
② 만수시험
③ 통수시험
④ 잔류염소의 측정

해설 만수시험 : 물을 기기나 배관에 가득 채운 후 누수 여부를 확인하는 시험

정답 61 ③ 62 ④ 63 ① 64 ④ 65 ① 66 ②

67 통기관 시공 시 배수 횡지관에서 통기관을 이어낼 때 경사도는 얼마 이내로 해야 하는가? (단, 수직 이음인 경우 제외한다.)
① 45° ② 60°
③ 70° ④ 80°

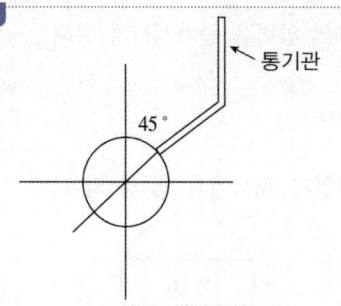

68 온수배관에서 배관의 길이팽창을 흡수하기 위해 설치하는 것은?
① 팽창관 ② 완충기
③ 신축이음쇠 ④ 흡수기

해설) 배관의 신축(늘어나고 줄어듦)을 흡수하기위해 신축이음쇠를 설치한다.
벨로즈형, 슬리브형, 루프형이 있다.

69 아래 강관 표시방법 중 "S - H"의 의미로 옳은 것은?

SPPS-S-H-1965,11-100A×SCH40×6

① 강관의 종류 ② 제조회사명
③ 제조방법 ④ 제품표시

해설) SPPS : 강관의 종류(압력배관용 탄소강관)
S-H : 제조방법(열간가공 이음매 없는 관)
1965,11 : 제조년월(1965년 11월)
100A : 관경 (100mm)
SCH40 : 호칭방법 (스케줄 40번)
6 : 관길이(6m)

70 배관에서 지름이 다른 관을 연결할 때 사용하는 것은?
① 유니언 ② 니플
③ 부싱 ④ 소켓

해설)
• 부싱 : 지름이 다른 관을 직선으로 연결할 때 사용한다.
• 유니언 : 관을 자주 분해 수리 또는 교체가 필요한 부분에 사용한다.
• 니플, 소켓 : 지름이 같은 관을 직선으로 연결할 때 사용한다.

71 다음 중 밸브의 역할이 아닌 것은?
① 유체의 밀도 조절
② 유체의 방향 전환
③ 유체의 유량 조절
④ 유체의 흐름 단속

해설) 밸브의 역할
• 유체의 방향 전환 : 앵글 밸브
• 유체의 유량 조절 : 글로브 밸브
• 유체의 흐름 단속 : 슬루스(게이트) 밸브

72 배관 용접 작업 중 다음과 같은 결함을 무엇이라고 하는가?

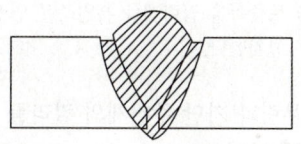

① 용입불량 ② 언더컷
③ 오버랩 ④ 피트

해설)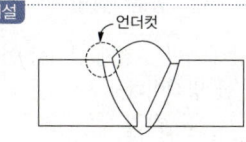

73 폴리에틸렌 배관의 접합방법이 아닌 것은?
① 기볼트 접합 ② 용착 슬리브 접합
③ 인서트 접합 ④ 테이퍼 접합

해설) 기볼트 접합은 석면 시멘트관 접합방법이다.

정답) 67 ① 68 ③ 69 ③ 70 ③ 71 ① 72 ② 73 ①

74 배수의 성질에 의한 구분에서 수세식 변기의 대·소변에서 나오는 배수는?

① 오수 ② 잡배수
③ 특수배수 ④ 우수배수

해설 오수 : 대변기, 소변기의 배수
잡배수(배수) : 세면기, 욕조, 싱크대 등의 배수
특수배수 : 병원, 실험실 등의 병균, 화학약품이 함유된 배수
우수 : 빗물

75 급수 펌프에 대한 배관 시공법 중 옳은 것은?

① 수평관에서 관경을 바꿀 경우 동심 리듀서를 사용한다.
② 흡입관을 되도록 길게 하고 굴곡 부분이 되도록 많게 하여야 한다.
③ 풋 밸브는 동 수위면보다 흡입관경의 2배 이상 물 속에 들어가야 한다.
④ 토출 측은 진공계를, 흡입 측은 압력계를 설치한다.

해설 ① 수평관에서 관경을 바꿀때는 편심리듀서를 사용하여 공기의 체류를 방지한다.
② 흡입관은 되도록 짧게 하고 굴곡부분이 되도록 적게 해야 한다.
④ 토출측은 압력계를 흡입측은 연성계(진공계)를 설치한다.

76 고무링과 가단 주철제의 칼라를 죄어서 이음 하는 방법은?

① 플랜지 접합 ② 빅토릭 접합
③ 기계적 접합 ④ 동관 접합

해설 빅토릭 이음은 고무링과 가단 주철제 칼라를 이용하는 주철관 이음의 한 방식이다.

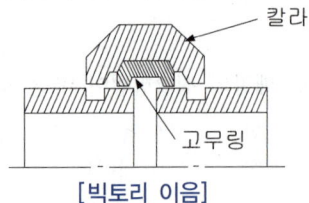
[빅토리 이음]

77 난방 배관 시공을 위해 벽, 바닥 등에 관통 배관 시공을 할 때 슬리브(sleeve)를 사용하는 이유로 가장 거리가 먼 것은?

① 열팽창에 따른 배관 신축에 적응하기 위해
② 후일 관 교체 시 편리하게 하기 위해
③ 고장 시 수리를 편리하게 하기 위해
④ 유체의 압력을 증가시키기 위해

해설 슬리브를 사용하는 이유와 유체의 압력은 아무 관계가 없다.

78 다음 방열기 표시에서 "5"의 의미는?

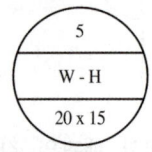

① 방열기의 섹션 수
② 방열기 사용 압력
③ 방열기의 종별과 형
④ 유입관의 관경

해설 5 : 방열기의 섹션수(절수, 쪽수)

79 보온재 선정 시 고려해야 할 조건으로 틀린 것은?

① 부피 및 비중이 작아야 한다.
② 열전도율이 가능한 적어야 한다.
③ 물리적, 화학적 강도가 커야 한다.
④ 흡수성이 크고, 가공이 용이해야 한다.

해설 흡수성이 작아야 한다.

80 급수량 산정에 있어서 시간평균 예상 급수량(Q_h)이 3000L/h였다면, 순간 최대 예상 급수량(Q_p)은?

① 75~100L/min ② 150~200L/min
③ 225~250L/min ④ 275~300L/min

해설
$$Q_p = \frac{(3 \sim 4) Q_h}{60}$$
$$= \frac{(3 \sim 4) \times 3000}{60} = 150 \sim 200 L/min$$

정답 74 ① 75 ③ 76 ② 77 ④ 78 ① 79 ④ 80 ②

과년도 출제문제(2025년 2회 CBT 복원)

제1과목 에너지관리

01 복사난방 방식의 특징에 대한 설명으로 틀린 것은?
① 실내에 방열기를 설치하지 않으므로 바닥이나 벽면을 유용하게 이용할 수 있다.
② 복사열에 의한 난방으로써 쾌감도가 크다.
③ 외기온도가 갑자기 변화하여도 열용량이 크므로 방열량의 조정이 용이하다.
④ 실내의 온도 분포가 균일하며, 열이 방의 윗쪽으로 빠지지 않으므로 경제적이다.

해설) 온수코일패널 복사난방의 경우 외기온도가 갑자기 변하였을 때 열용량이 크므로 부하변화에 신속한 대응이 어렵다.(방열량의 조정이 어렵다.)

02 습공기의 가습 방법으로 가장 거리가 먼 것은?
① 순환수를 분무하는 방법
② 온수를 분무하는 방법
③ 수증기를 분무하는 방법
④ 외부공기를 가열하는 방법

해설) ④ 외부 공기를 가열해도 절대습도는 일정하기 때문에 습공기의 가습방법이 아니다.

03 실내의 CO_2 농도기준이 1000ppm 이고, 1인당 CO_2 발생량이 18L/h인 경우, 실내 1인당 필요한 환기량(m^3/h)은? (단, 외기 CO_2 농도는 300ppm이다.)
① 22.7
② 23.7
③ 25.7
④ 26.7

해설) 환기량 $Q = \dfrac{M}{C_r - C_o}$
$= \dfrac{18 \times 10^{-3}}{(1000-300) \times 10^{-6}}$
$= 25.7 m^3/h$

04 다음 중 코일의 바이패스 팩터(BF)가 작아지는 경우는?
① 코일 통과풍속이 클 때
② 전열면적이 작을 때
③ 코일의 열수가 증가할 때
④ 코일의 간격이 클 때

해설) 코일의 열수가 증가하면 공기의 접촉면적이 증가하므로 컨택트 팩터는 커지고 바이패스 팩터는 작아진다.

05 증기 난방배관에서 증기트랩을 사용하는 이유로 옳은 것은?
① 관내의 공기를 배출하기 위하여
② 배관의 신축을 흡수하기 위하여
③ 관내의 압력을 조절하기 위하여
④ 증기관에 발생된 응축수를 제거하기 위하여

해설) 증기트랩은 증기가 환수관으로 유입되는 것을 방지하여 응축수만 환수관으로 배출되게 하는 장치이다.

06 다음 중 직접 난방방식이 아닌 것은?
① 온풍 난방
② 고온수 난방
③ 저압증기 난방
④ 복사 난방

해설) 온풍난방은 온풍기에서 가열된 공기를 실내에 공급하여 난방한다. 증기나 온수 등의 열매체가 실내에 들어오지 않기 때문에 간접난방 방식으로 분류한다.

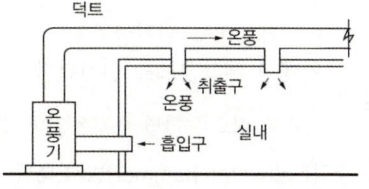

정답) 01 ③ 02 ④ 03 ③ 04 ③ 05 ④ 06 ①

07 공기 중에 떠 다니는 먼지는 물론 가스와 미생물 등의 오염 물질까지도 극소로 만든 설비로서 청정 대상이 주로 먼지인 경우로 정밀측정실이나 반도체 산업, 필름 공업 등에 이용되는 시설을 무엇이라 하는가?

① 클린아웃(CO)
② 칼로리미터
③ HEPA필터
④ 산업용 클린룸(ICR)

해설 산업용 클린룸 : 주로 공기중의 미립자를 제어대상으로 하며 정밀측정실, 반도체공장, 필름공장 등에 이용되는 시설

08 열교환기에서 냉수코일 입구 측의 공기와 물의 온도차가 16℃, 냉수코일 출구 측의 공기와 물의 온도차가 6℃이면 대수평균온도차(℃)는 얼마인가?

① 10.2   ② 9.25
③ 8.37   ④ 8.00

해설 대수평균온도차(LMTD)

$$\text{LMTD} = \frac{\Delta t_1 - \Delta t_2}{\ln \frac{\Delta t_1}{\Delta t_2}} \quad \Delta t_1 = 16, \Delta t_2 = 6$$

$$= \frac{16 - 6}{\ln \frac{16}{6}} = 10.19 ≒ 10.2 ℃$$

09 급수배관의 수격현상 방지방법으로 가장 거리가 먼 것은?

① 펌프에 플라이휠을 설치한다.
② 관경을 작게 하고 유속을 매우 빠르게 한다.
③ 에어체임버를 설치한다.
④ 완폐형 체크밸브를 설치한다.

해설 ② 유속을 빠르게 하면 수격현상이 심화된다.

수격현상(water hammer)방지 대책
1. 급격한 밸브 폐쇄를 하지 말 것
2. 회전체의 관성모멘트를 크게 할 것
3. 펌프의 양정, 유량의 급격한 변화를 주지 말 것
4. 압력 흡수기(W·H·C)를 배관에 설치한다.
5. 충격을 흡수할 수 있는 공기실(Air Chamber)을 설치한다.
6. 완폐형 체크밸브를 설치한다.

10 다음 중 공기조화설비의 계획 시 조닝을 하는 목적으로 가장 거리가 먼 것은?

① 효과적인 실내 환경의 유지
② 설비비의 경감
③ 운전 가동면에서의 에너지 절약
④ 부하 특성에 대한 대처

해설 조닝(ZONING)분류
• 내부존, 외부존, 방위별, 층별, 용도별, 기능별, 관리별, 부하특성별 조닝이 있다.
조닝(ZONING)목적
• 효과적인 실내환경유지, 에너지 절약
• 부하특성에 대한 효과적인 대처, 관리의 편리성

11 공기냉각용 냉수코일의 설계시 주의사항이 아닌 것은?

① 코일을 통과하는 공기의 풍속은 2~3m/s로 한다.
② 물과 공기의 흐름은 역류가 되게 한다.
③ 코일의 설치는 관이 수평으로 놓이게 한다.
④ 코일 내 물의 속도는 5m/s 이상으로 한다.

해설 ④ 코일 내 물의 속도는 1m/s 전후로 한다.

12 공기 중의 수증기가 응축하기 시작할 때의 온도, 즉 공기가 포화상태로 될 때의 온도를 의미하는 것은?

① 건구온도   ② 노점온도
③ 습구온도   ④ 상당외기온도

해설 노점온도(dew point temperature)
습공기를 계속 냉각시키면 어느 온도에서 공기 중에 포함되어 있던 수분이 응결되어 이슬방울(결로)로 변하는데 이 때의 온도를 노점온도라 한다.

정답 07 ④ 08 ① 09 ② 10 ② 11 ④ 12 ②

13 습도가 낮을 때 일어나는 현상이 아닌 것은?
① 정전기가 발생한다.
② 공기 중 인플루엔자 바이러스의 생존률이 높아진다.
③ 곰팡이가 나기 쉽다.
④ 피부가 거칠어진다.

해설 습도가 낮으면 곰팡이가 나기 어렵다.

14 증기난방방식에서 환수주관을 보일러 수면보다 높은 위치에 배관하는 환수배관방식은?
① 습식 환수방법
② 강제 환수방식
③ 건식 환수방식
④ 중력 환수방식

해설
건식 환수방식 : 환수주관이 보일러 수면 보다 높은 경우
습식 환수방식 : 환수주관이 보일러 수면 보다 낮은 경우
강제 환수방식 : 응축수 펌프를 이용하여 강제적으로 환수하는 방식
중력 환수방식 : 응축수를 중력에 의해 자연 환수하는 방식

15 주어진 계통도와 같은 공기조화장치에서 공기의 상태변화를 습공기 선도상에 나타내었다. 계통도의 '5'점은 습공기 선도에서 어느 점인가?

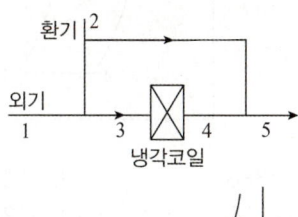

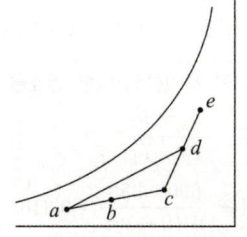

① a   ② b
③ c   ④ d

해설
1→e 2→c 3→d 4→a 5→b

16 환기(ventilation)란 A에 있는 공기의 오염을 막기 위하여 B로부터 C를 공급하여, 실내의 D를 실외로 배출하고 실내의 오염 공기를 교환 또는 희석시키는 것을 말한다. 여기서 A, B, C, D로 적절한 것은?
① A-일정 공간, B-실외,
   C-청정한 공기, D-오염된 공기
② A-실외, B-일정 공간,
   C-청정한 공기, D-오염된 공기
③ A-일정공간, B-실외,
   C-오염된 공기, D-청정한 공기
④ A-실외, B-일정 공간,
   C-오염된 공기, D-청정한 공기

17 공기열원 열펌프를 냉동사이클 또는 난방사이클로 전환하기 위하여 사용하는 밸브는?
① 체크 밸브
② 글로브 밸브
③ 4방 밸브
④ 릴리프 밸브

해설 Heat Pump에서 냉·난방 사이클 전환을 위해 4방밸브를 사용한다.

18 온풍난방의 특징에 대한 설명으로 틀린 것은?
① 예열시간이 짧아 간헐운전이 가능하다.
② 실내 상하의 온도차가 커서 쾌적성이 떨어진다.
③ 소음 발생이 비교적 크다.
④ 방열기, 배관설치로 인해 설비비가 비싸다.

해설 온풍난방은 실내에 방열기 및 배관을 설치하지 않는다.

정답 13 ③ 14 ③ 15 ② 16 ① 17 ③ 18 ④

19 다음 습공기 선도의 공기조화과정을 나타낸 장치도는? (단, ① = 외기, ② = 환기, HC = 가열기, CC = 냉각기이다.)

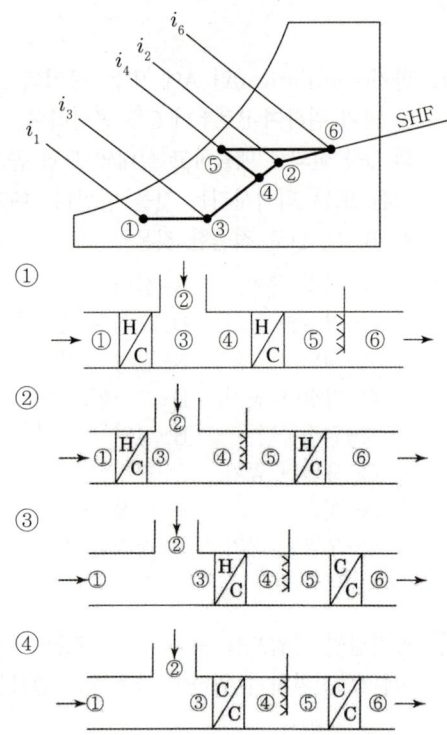

해설 외기 ①을 가열하여 ③이 되고 실내공기 ②와 혼합하여 ④가 되며, 가습하여 ⑤가 된 후 다시 가열하여 ⑥이 되는 과정

20 중앙식 공조방식의 특징에 대한 설명으로 틀린 것은?

① 중앙집중식이므로 운전 및 유지관리가 용이하다.
② 리턴 팬을 설치하면 외기냉방이 가능하게 된다.
③ 대형 건물보다는 소형 건물에 적합한 방식이다.
④ 덕트가 대형이고, 개별식에 비해 설치 공간이 크다.

해설 ③ 중앙식 공조방식은 대형 건물에 적합한 공조방식이다.

제2과목 공조냉동설계

21 이상기체의 가역 폴리트로픽 과정은 다음과 같다. 이에 대한 설명으로 옳은 것은? (단, P는 압력, v는 비체적, C는 상수이다.)

$$Pv^n = C$$

① $n = 0$이면 등온과정
② $n = 1$이면 정적과정
③ $n = \infty$이면 정압과정
④ $n = k$(비열비)이면 단열과정

해설 가역 폴리트로픽 변화
$Pv^n = C$에서
$n = 0$이면 $P = C$ (정압과정)
$n = 1$이면 $Pv = C$ (등온과정)
$n = \infty$이면 $v = C$ (정적과정)
$n = k$(비열비)이면 $Pv^k = C$ (단열과정)

22 그림에서 $T_1 = 561K$, $T_2 = 1010K$, $T_3 = 690K$, $T_4 = 383K$인 공기를 작동유체로 하는 브레이턴 사이클의 이론 열효율은?

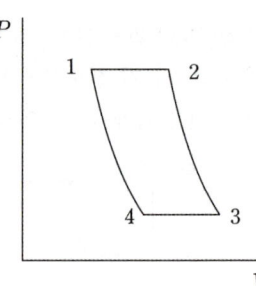

① 0.388
② 0.465
③ 0.316
④ 0.412

해설 브레이턴 사이클의 이론 열효율
$$\eta_b = 1 - \frac{T_3 - T_4}{T_2 - T_1}$$
$$= 1 - \frac{690 - 383}{1010 - 561} = 0.316$$

정답 19 ② 20 ③ 21 ④ 22 ③

23 카르노 사이클로 작동되는 열기관이 600K에서 800kJ의 열을 받아 300K에서 방출한다면 일은 약 몇 kJ인가?

① 200 ② 400
③ 500 ④ 900

해설

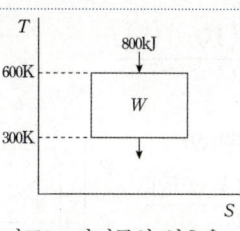

카르노 사이클의 열효율

$$\eta = \frac{W}{Q_H} = \frac{T_H - T_L}{T_H}$$

$$W = Q_H \times \frac{T_H - T_L}{T_H}$$

$$= 800 \times \frac{600 - 300}{600} = 400$$

24 온도 100℃, 압력 200kPa의 이상기체 0.4kg이 가역단열과정으로 압력이 100kPa로 변화하였다면, 기체가 한 일(kJ)은 얼마인가? (단, 기체 비열비 1.4, 정적비열 0.7kJ/kg·K이다.)

① 13.7 ② 18.8
③ 23.6 ④ 29.4

해설 단열변화

$$\frac{T_2}{T_1} = \left(\frac{P_2}{P_1}\right)^{\frac{k-1}{k}} \text{에서}$$

$$T_2 = T_1 \left(\frac{P_2}{P_1}\right)^{\frac{k-1}{k}}$$

$$= (100 + 273) \times \left(\frac{100}{200}\right)^{\frac{1.4-1}{1.4}} = 305.98K$$

$$W_a = m \int_1^2 Pdv$$

$$= \frac{1}{k-1} mR(T_1 - T_2), \ R = (k-1)C_v$$

$$= mC_v(T_1 - T_2)$$

$$= 0.4 \times 0.7 \times (373 - 305.98) = 18.76kJ$$

25 화씨 온도가 86°F일 때 섭씨 온도는 몇 ℃인가?

① 30 ② 45
③ 60 ④ 75

해설

$$℃ = \frac{5}{9}(°F - 32)$$

$$= \frac{5}{9}(86 - 32) = 30℃$$

26 어떤 시스템에서 유체는 외부로부터 19kJ의 일을 받으면서 167kJ의 열을 흡수하였다. 이때 내부에너지의 변화는 어떻게 되는가?

① 148kJ 상승한다.
② 186kJ 상승한다.
③ 148kJ 감소한다.
④ 186kJ 감소한다.

해설
$\delta Q = dU + \delta W$
$dU = \delta Q - \delta W$
$= 167 - (-19)$
$= 186kJ$ 상승한다.
열을 받으면 : +   열을 버리면 : −
일을 받으면 : −(압축일) 일을 하면 : +

27 압축비가 7.5인 오토사이클의 효율(%)은? (단, 기체의 비열비는 1.4이다.)

① 45.3 ② 55.3
③ 71.3 ④ 84.3

해설

$$\eta_o = 1 - \left(\frac{1}{\varepsilon}\right)^{k-1} = 1 - \left(\frac{1}{7.5}\right)^{1.4-1}$$

$$= 0.553 \ (= 55.3\%)$$

정답 23 ② 24 ② 25 ① 26 ② 27 ②

28 공기 10kg이 압력 200kPa, 체적 5m³인 상태에서 압력 400kPa, 온도 300℃인 상태로 변한 경우 최종 체적(m³)은 얼마인가? (단, 공기의 기체상수는 0.287kJ/kg·K이다.)

① 10.7   ② 8.3
③ 6.8   ④ 4.1

해설) 이상기체의 상태방정식 $P_2 V_2 = mRT_2$

$$V_2 = \frac{mRT_2}{P_2}$$
$$= \frac{10 \times 0.287 \times (300 + 273)}{400}$$
$$= 4.1 m^3$$

29 클라우지우스(Clausius)의 부등식을 옳게 나타낸 것은? (단, T는 절대온도, Q는 시스템으로 공급된 전체 열량을 나타낸다.)

① $\oint T\delta Q \leq 0$ ② $\oint T\delta Q \geq 0$
③ $\oint \frac{\delta Q}{T} \leq 0$ ④ $\oint \frac{\delta Q}{T} \geq 0$

해설) 클라우시우스의 폐적분(부등식)

$$\oint \frac{\delta Q}{T} \leq 0$$

가역과정(사이클) $\oint \frac{\delta Q}{T} = 0$

비가역과정(사이클) $\oint \frac{\delta Q}{T} < 0$

30 압력(P)-부피(V) 선도에서 이상기체가 그림과 같은 사이클로 작동한다고 할 때 한 사이클 동안 행한 일은 어떻게 나타내는가?

① $\frac{(P_2+P_1)(V_2+V_1)}{2}$
② $\frac{(P_2-P_1)(V_2+V_1)}{2}$
③ $\frac{(P_2+P_1)(V_2-V_1)}{2}$
④ $\frac{(P_2-P_1)(V_2-V_1)}{2}$

해설) P-V 선도상 일량(W)

$$W = \frac{(P_2-P_1)(V_2-V_1)}{2}$$

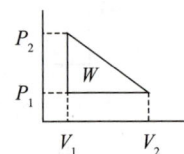

31 CA(Controlled Atmosphere) 냉장고란 무엇을 말하는가?

① 제빙용 냉장고   ② 공조용 냉장고
③ 청과물 냉장고   ④ 해산물 냉장고

해설) 청과물을 저장하는 데 있어 저장성을 높이기 위해 냉장고 내 공기의 산소를 3~5% 감소시키고 대신 이산화탄소를 3~5% 증대시켜 청과물의 호흡작용을 억제시키므로 저장성을 높인 냉장고를 CA냉장고라 한다.

32 2단압축 냉동기에서 냉매의 응축온도가 38℃일 때 수냉식 응축기의 냉각수 입·출구의 온도가 각각 30℃, 35℃이다. 이 때 냉매와 냉각수와의 대수평균온도차(℃)는?

① 2   ② 5
③ 8   ④ 10

해설) 대수평균 온도차(LMTD)

$\Delta t_1 = 8$ (38 → 38) $\Delta t_2 = 3$
          30   35

$$LMTD = \frac{\Delta t_1 - \Delta t_2}{\ln \frac{\Delta t_1}{\Delta t_2}} = \frac{8-3}{\ln \frac{8}{3}} = 5℃$$

정답 28 ④ 29 ③ 30 ④ 31 ③ 32 ②

33 스크류 압축기에 대한 설명으로 틀린 것은?

① 동일 용량의 왕복동 압축기에 비하여 소형경량으로 설치 면적이 작다.
② 장시간 연속운전이 가능하다.
③ 부품수가 적고 수명이 길다.
④ 오일펌프를 설치하지 않는다.

해설 ① 장점
  ㉠ 냉동능력에 비해 소형 경량이며 설치면적이 적다.
  ㉡ 왕복운동이 없고 회전운동을 하므로 진동이 적고 강한 기초가 필요없다.
  ㉢ 10~100%의 무단 용량제어가 가능하다.
  ㉣ 액햄머(liquid hammer), 오일햄머(oil hammer)에 강하다.
  ㉤ 흡, 배기 밸브 및 피스톤이 없어 장기간 연속운전이 가능하다.
  ㉥ 부품수가 적어 압축기 수명이 길다.
② 단점
  ㉠ 냉동기 오일을 다량으로 분사하면서 운전하기 때문에 대용량의 유분리기 및 오일 냉각기가 필요하다.
  ㉡ 오일 펌프를 별도로 설치해야 한다.
  ㉢ 경부하 시에도 동력이 크다.
  ㉣ 고속회전이므로 소음이 비교적 크다.
  ㉤ 경부하(낮은 용량)로 장시간 운전하면 성적계수가 저하된다.
  ㉥ 운전 정지 시 압축기가 역회전하므로 체크밸브를 설치해야 한다.

34 다음 중 불응축 가스를 제거하는 가스퍼저(gas purger)의 설치 위치로 가장 적당한 것은?

① 수액기 상부
② 압축기 흡입부
③ 유분리기 상부
④ 액분리기 상부

해설 불응축가스는 응축기 상부와 수액기 상부에 모여 있으므로 가스퍼저의 설치 위치로 수액기 상부 및 응축기 상부가 적당하다.

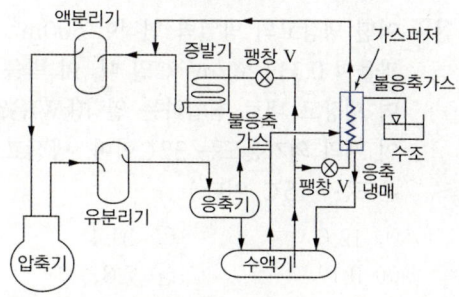

35 펠티어 효과를 이용한 냉동방식은?

① 증기압축식   ② 증기분사식
③ 열전식   ④ 흡수식

해설 열전식은 펠티어 효과 원리를 이용하여 전기에너지를 직접 냉동에 이용하는 냉동방식이다.

36 냉동장치에서 흡입압력 조정밸브는 어떤 경우를 방지하기 위해 설치하는가?

① 흡입압력이 설정 압력 이상으로 상승하는 경우
② 흡입압력이 일정한 경우
③ 고압측 압력이 높은 경우
④ 수액기의 액면이 높은 경우

해설 흡입압력 조정밸브
〈기능과 역할〉
1. 압축기의 흡입압력이 소정압력 이상으로 올라가지 않도록 조절한다.
2. 압축기가 높은 흡입압력으로 기동할 때 압력을 조절하여 과부하를 방지한다.
3. 흡입압력의 과도한 변동을 방지하여 압축기의 운전을 안정시킨다.
4. 높은 흡입압력으로 장시간 운전되는 경우에 과부하를 방지한다.
5. 증발기로부터의 냉매 액백(liquid back)을 방지한다.
〈설치위치 및 종류〉
1. 증발기와 압축기 사이의 흡입관에서 압축기 입구배관에 설치한다.
2. 직동식과 파일러트 작동식(대형장치용)이 있다.

정답 33 ④ 34 ① 35 ③ 36 ①

37 어떤 냉장고의 방열벽 면적이 500m², 열통과율이 0.311 W/m²·℃일 때, 이 벽을 통하여 냉장고 내로 침입하는 열량(kW)은? (단, 이 때의 외기온도는 32℃이며, 냉장고 내부 온도는 -15℃ 이다.)

① 12.6　　② 10.4
③ 9.1　　　④ 7.3

 해설

$q = K \cdot A \cdot \Delta t$

$= \dfrac{0.311 \times 500 \times (32-(-15))}{1000} = 7.308 \, kW$

38 그림과 같은 냉동 사이클로 작동하는 압축기가 있다. 이 압축기의 체적효율이 0.65, 압축효율이 0.8, 기계효율이 0.9라고 한다면 실제 성적계수는?

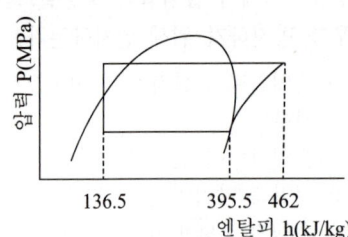

① 3.89　　② 2.81
③ 1.82　　④ 1.42

해설　실제성적계수

$COP = \dfrac{395.5 - 136.5}{462 - 395.5} \times 0.8 \times 0.9$

$= 2.8$

39 냉동기유의 구비 조건으로 틀린 것은?

① 응고점이 높아 저온에서도 유동성이 있을 것
② 냉매나 수분, 공기 등이 쉽게 용해되지 않을 것
③ 쉽게 산화하거나 열화하지 않을 것
④ 적당한 점도를 가질 것

해설　냉동기유의 구비조건
① 응고점이 낮을 것(저온에서 응고되지 않을 것)
② 고온에서 열화되지 않을 것
③ 인화점이 높을 것
④ 점도가 적당할 것
⑤ 전기의 절연내력이 클 것
⑥ 장기간 사용하여도 변질되거나 열화되지 않을 것
⑦ 냉매와 화학적으로 안정할 것
⑧ 냉매에 잘 용해되지 않을 것

40 다음 중 가연성이 있어 조건이 나쁘면 인화, 폭발위험이 가장 큰 냉매는?

① R-717　　② R-744
③ R-718　　④ R-502

해설
① R-717(암모니아) : 독성이 강하고, 가연성이다.
② R-744(이산화탄소) : 부식성이 없고, 연소 및 폭발성이 없다.
③ R-718(물) : 흡수식, 증기분사식 냉동기의 냉매로 사용된다.
④ R-502(공비혼합 프레온 냉매) : 연소 및 폭발성이 없다.

제3과목　시운전 및 안전관리

41 2전력계법으로 3상 전력을 측정할 때 전력계의 지시가 $W_1 = 200W$, $W_2 = 200W$ 이다. 부하전력(W)은?

① 200　　　② 400
③ $200\sqrt{3}$　　④ $400\sqrt{3}$

해설　3상 전력의 측정 방법으로 2개의 단상 전력계를 그림과 같이 접속하면 3상 전력은 2개 전력계 전력값의 대수합이다. 즉, 3상 전력 $P = W_1 + W_2$ 이다.
따라서 3상 전력 $P = 200 + 200 = 400W$

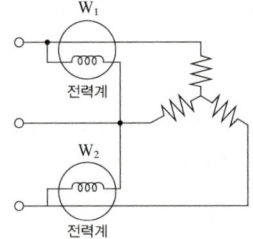

정답　37 ④　38 ②　39 ①　40 ①　41 ②

42 유도전동기에서 슬립이 "0"이라고 하는 것은?
① 유도전동기가 정지 상태인 것을 나타낸다.
② 유도전동기가 전부하 상태인 것을 나타낸다.
③ 유도전동기가 동기속도로 회전한다는 것이다.
④ 유도전동기가 제동기의 역할을 한다는 것이다.

해설 유도전동기 실제속도(N)
$N = (1-S)N_S = \dfrac{120f}{P}(1-S)$ 에서
N_S : 동기 속도 S : 슬립

유도 전동기에서 슬립 S = 0이라는 것은 동기속도로 회전한다는 것이다.

43 입력 A, B, C에 따라 Y를 출력하는 다음의 회로는 무접점 논리회로 중 어떤 회로인가?

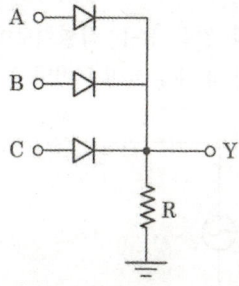

① OR 회로   ② NOR 회로
③ AND 회로   ④ NAND 회로

해설 A, B, C 중 어느 하나만 ON 되어도 출력 Y가 ON 되므로 OR 회로이다.

44 $\dfrac{3}{2}\pi$(rad) 단위를 각도(°)단위로 표시하면 얼마인가?
① 120°   ② 240°
③ 270°   ④ 360°

해설 π rad = 180°이므로
$\dfrac{3}{2}\pi$ rad $= \dfrac{3}{2} \times 180 = 270°$

45 저항에 전류가 흐르면 줄열이 발생하는데 저항에 흐르는 전류 I와 전력 P의 관계는?
① $I \propto P$ ② $I \propto P^{0.5}$
③ $I \propto P^{1.5}$ ④ $I \propto P^2$

해설 $P = I^2 R$ 에서
$I = (P/R)^{0.5}$ 이므로
$I \propto P^{0.5}$

46 전류의 측정 범위를 확대하기 위하여 사용되는 것은?
① 배율기   ② 분류기
③ 전위차계   ④ 계기용변압기

해설 분류기(shunt, 分流器)
전류계의 최대눈금 값을 넘는 전류를 측정하기 위해 피 측정전류의 일정비율만을 전류계에 흐르도록 하는 분로저항을 병렬로 연결하여 전류의 측정 범위를 넓힌다. 이 병렬저항을 "분류기"라 한다.

47 유도전동기에 인가되는 전압과 주파수의 비를 일정하게 제어하여 유도전동기의 속도를 정격 속도 이하로 제어하는 방식은?
① CVCF 제어방식
② VVVF 제어방식
③ 교류 궤환 제어방식
④ 교류 2단 속도 제어방식

해설 VVVF 방식(Variable Voltage Variable Frequency)은 전압과 주파수를 동시에 변환시켜 유도전동기의 속도를 제어하는 방식이다.

48 온도, 유량, 압력 등의 상태량을 제어량으로 하는 제어계는?
① 서보기구   ② 정치제어
③ 샘플값제어 ④ 프로세스제어

해설 온도, 유량, 압력, 습도, 액면 등을 제어하는 제어계는 프로세스 제어이다.

정답 42 ③ 43 ① 44 ③ 45 ② 46 ② 47 ② 48 ④

49 전기기기 및 전로의 누전 여부를 알아보기 위해 사용되는 계측기는?

① 메거　　② 전압계
③ 전류계　　④ 검전기

해설 메거(절연저항계)로 전기기기 및 전로의 절연저항을 측정하여 그 측정회로에 흐르는 누설전류값을 알 수 있다.

50 서보기구에서 주로 사용하는 제어량은?

① 전류　　② 전압
③ 방향　　④ 속도

해설 서보기구는 방향, 변위(위치), 자세(각도)등을 제어량으로 하여 목표치가 임의적으로 변화하는 것에 추종하는 제어이다.

51 전압을 V, 전류를 I, 저항을 R, 그리고 도체의 비저항을 ρ 라 할 때 옴의 법칙을 나타낸 식은?

① $V = \dfrac{R}{I}$　　② $V = \dfrac{I}{R}$

③ $V = IR$　　④ $V = IR\rho$

해설 옴의 법칙 : 전류는 전압에 비례하고 저항에 반비례한다.

전류 $I = \dfrac{V}{R}$

전압 $V = IR$

저항 $R = \dfrac{V}{I}$

52 기계적 제어의 요소로서 변위를 공기압으로 변환하는 요소는?

① 벨로즈　　② 트랜지스터
③ 다이어프램　　④ 노즐 플래퍼

해설 노즐플래퍼 : 플래퍼의 변위에 따라 노즐내에 공기압이 변한다.

53 내부저항이 15kΩ이고 최대눈금이 150V인 전압계와 내부저항이 10kΩ이고, 최대눈금이 150V인 전압계를 직렬로 접속하여 측정할 때 최대 몇 V까지 측정할 수 있는가?

① 200　　② 250
③ 300　　④ 400

해설 15kΩ의 저항과 10kΩ의 저항을 직렬로 연결한 것이므로 배율기의 식을 적용한다.

$\dfrac{V_m}{V} = \dfrac{1 + R_m}{R}$　　V_m : 측정할 전압
　　V : 전압계 전압
　　R_m : 배율기 저항
　　R : 전압계 저항

$V_m = \left(1 + \dfrac{R_m}{R}\right) V$

$= \left(1 + \dfrac{10}{15}\right) \times 150 = 250 \text{V}$

54 그림과 같은 R-L 직렬회로에서 공급전압이 10V일 때 $V_R = 8\,V$이면 V_L은 몇 V인가?

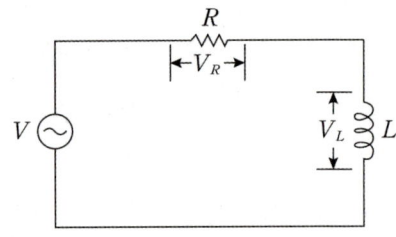

① 2　　② 4
③ 6　　④ 8

해설 R-L 직렬회로

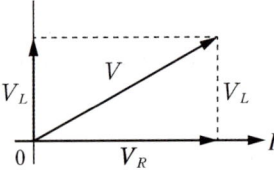

R-L 직렬회로 공급전압 $V = \sqrt{V_R^2 + V_L^2}$ 에서

$V_L = \sqrt{V^2 - V_R^2} = \sqrt{10^2 - 8^2} = 6\text{V}$

정답: 49 ①　50 ③　51 ③　52 ④　53 ②　54 ③

55 아래 접점회로의 논리식으로 옳은 것은?

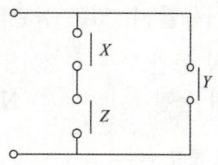

① $X \cdot Y \cdot Z$
② $(X+Y) \cdot Z$
③ $(X \cdot Z)+Y$
④ $X+Y+Z$

해설) X와 Z는 AND회로: $X \cdot Z$
$(X \cdot Z)$와 Y는 OR회로: $(X \cdot Z)+Y$

56 공조냉동기계기사를 보유중이다. 특급 책임 기계설비유지관리자를 하려면 최소 몇년의 실무경력이 있어야 하는가?

① 4년
② 7년
③ 10년
④ 13년

해설) (기계설비법 시행령 별표 5-2)
공조냉동기계기사를 보유하고 실무경력 10년 이상이 있어야 특급책임기계설비유지관리자가 될 수 있다. 산업기사의 경우는 13년 이상의 실무경력이 있어야 한다.

57 고압가스 안전관리법에 따라 정밀안전검진 대상시설물은 산업통상자원부령으로 정하는 종류와 규모에 해당하는 노후시설로서 완성검사 증명서를 받은 날로부터 몇년이 경과한 시설인가?

① 5년
② 10년
③ 15년
④ 20년

해설) (고압가스안전관리법 시행규칙 제33조 정밀안전검진 대상) 산업통상자원부령으로 정하는 종류와 규모에 해당되는 노후시설이란 최초로 완성검사 증명서를 받은 날부터 15년이 경과한 시설

58 기계설비법령에 따라 일정 규모 이상의 건축물 등에 설치된 기계설비의 소유자 또는 관리자는 유지관리기준을 준수하기 위하여 기계설비유지관리자를 선임하여야 한다. 아래 내용은 일정 규모 이상의 건축물 중 공동주택에 해당하는 내용이다. ( ) 안의 내용으로 옳은 것은?

> 가. (㉠)세대 이상의 공동주택
> 나. (㉡)세대 이상으로서 중앙집중식 난방방식(지역난방방식을 포함한다)의 공동주택

① ㉠ 100, ㉡ 200
② ㉠ 200, ㉡ 100
③ ㉠ 300, ㉡ 500
④ ㉠ 500, ㉡ 300

해설) 기계설비법 시행령 제14조(기계설비 유지관리에 대한 점검 및 확인 등)
①항 2. 건축법 제2조제2항제2호에 따른 공동주택 중 다음 각 목의 어느 하나에 해당하는 공동주택
가. 500세대 이상의 공동주택
나. 300세대 이상으로서 중앙집중식 난방방식(지역난방방식을 포함한다)의 공동주택

59 기계설비법령에 따라 기계설비성능점검업자는 기계설비성능점검업의 등록한 사항 중 대통령령으로 정하는 사항이 변경된 경우에는 변경등록을 하여야 한다. 만약 변경등록을 정해진 기간 내 못한 경우, 1차 위반 시 받게 되는 행정처분 기준은?

① 등록취소
② 업무정지 2개월
③ 업무정지 1개월
④ 시정명령

해설) 기계설비법 시행령 별표8. 2. 바.

1차 위반시	2차 위반시	3차 이상 위반시
시정명령	영업정지 1개월	영업정지 2개월

정답 55 ③ 56 ③ 57 ③ 58 ④ 59 ④

60 산업안전보건법령상 유해·위험 방지를 위한 방호조치가 필요한 기계·기구에 해당하는 것은?

① 응축기　　② 저장탱크
③ 공기압축기　④ 냉각기

해설
산업안전보건법 시행령 [별표20]
유해·위험 방지를 위한 방호조치가 필요한 기계·기구(제70조 관련)
1. 예초기
2. 원심기
3. 공기압축기
4. 금속절단기
5. 지게차
6. 포장기계(진공포장기, 래핑기로 한정한다)

제4과목 유지보수 공사관리

61 아래 강관 표시방법 중 "SPP"의 의미로 옳은 것은?

SPP-S-H-100A-2020-6

① KS 규격번호　② 제조회사명
③ 제조방법　　　④ 제품표시

해설
SPP : KS 규격번호
S-H : 제조방법
100A : 관경
2020-6 : 제조년월

62 증기 및 물배관 등에서 찌꺼기를 제거하기 위하여 설치하는 부속품은?

① 유니온　　② P트랩
③ 부싱　　　④ 스트레이너

해설
스트레이너(Strainer, 여과기)
• 배관에 설치하여 배관내의 이물질을 걸러내기 위한 장치
• 본체안에 있는 여과망이 이물질을 걸러낸다.
• 펌프의 흡입쪽이나 밸브의 입구쪽에 설치한다.
• 종류는 Y형, U형, V형이 있다.

63 관의 두께별 분류에서 가장 두꺼워 고압배관으로 사용할 수 있는 동관의 종류는?

① K형 동관　② S형 동관
③ L형 동관　④ N형 동관

해설
동관의 분류
K type - 두께가 가장 두껍다
L type - 두께가 두껍다
M type - 두께가 보통이다
N type - 두께가 얇다(KS규격에는 없음)

64 보온재를 유기질과 무기질로 구분할 때, 다음 중 성질이 다른 하나는?

① 우모펠트
② 규조토
③ 탄산마그네슘
④ 슬래그 섬유

해설
• 유기질 보온재 : 생물 또는 석유화학으로부터 나온 재료로 만들어진 보온재(우모펠트, 양모펠트, 코르크, 폴리에틸렌, 폴리우레탄, 고무발포)
• 무기질 보온재 : 광물로부터 나온 재료로 만들어진 보온재(석면, 암면, 유리섬유, 규조트, 탄산마그네슘, 세라믹화이버, 펄라이트, 규산칼슘, 슬래그 섬유)

65 다음 중 방열기나 팬코일 유니트에 가장 적합한 관 이음은?

① 스위블 이음(swivel joint)
② 루프 이음(loop joint)
③ 슬리브 이음(sleeve joint)
④ 벨로즈 이음(bellow joint)

해설
스위블 이음 : 2개 이상의 나사엘보를 사용하여 나사 회전을 이용한 배관의 신축을 흡수하는 이음, 방열기 및 팬코일유니트와 같은 단말기의 연결부에 사용한다.

정답　60 ③　61 ①　62 ④　63 ①　64 ①　65 ①

66 강관 이음쇠 중 분기관을 낼 때 사용되는 것이 아닌 것은?
① 티 ② 크로스
③ 와이 ④ 엘보우

해설) 엘보우는 유체의 흐름 방향을 90° 또는 45°로 바꿀 때 사용되는 이음쇠이다.

67 다음 도시기호의 이음은?

① 나사식 이음 ② 용접식 이음
③ 소켓식 이음 ④ 플랜지식 이음

해설)
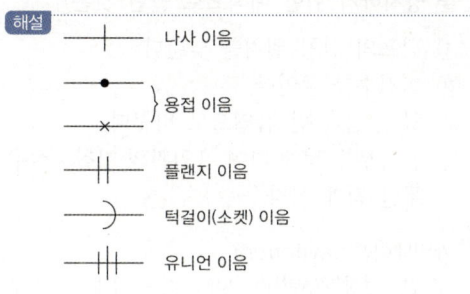

68 파이프 지지의 구조와 위치를 정하는데 꼭 고려해야 할 것은?
① 유속 및 온도 ② 압력 및 유속
③ 배출구 ④ 중량과 지지간격

해설) 파이프 지지의 구조와 위치를 정할 때는 중량과 지지간격을 고려하여 정해야 한다.

69 급수배관에서 크로스 커넥션을 방지하기 위하여 설치하는 기구는?
① 체크밸브
② 워터햄머 어레스터
③ 신축이음
④ 버큠브레이커

해설) 버큠브레이커 : 변기 등에서 오수가 역사이펀 작용에 의해 급수계통으로 역류하는 것을 방지하기 위해 급수관이 진공이 되지 않도록 자동으로 공기를 보충하는 장치

70 배관용 보온재의 구비 조건에 관한 설명으로 틀린 것은?
① 내열성이 높을수록 좋다.
② 열전도율이 작을수록 좋다.
③ 비중이 작을수록 좋다.
④ 흡수성이 클수록 좋다.

해설) ④ 흡수성이 크면 물(수분)이 쉽게 보온재에 침투하므로 보온성능을 떨어뜨린다. 그러므로 보온재는 흡수성이 작아야 한다.

71 강관의 용접 접합법으로 적합하지 않은 것은?
① 맞대기용접 ② 슬리브용접
③ 플랜지용접 ④ 플라스턴용접

해설) 플라스턴 용접은 용융점이 낮은 플라스턴 합금에 의한 접합방법이며 연관 접합방법이다.

72 강관작업에서 아래 그림처럼 15A 나사용 90° 엘보 2개를 사용하여 길이가 200mm가 되도록 연결 작업을 하려고 한다. 이때 실제 15A 강관의 길이는 얼마인가? (단, 나사가 물리는 최소길이(여유치수)는 11mm, 이음쇠의 중심에서 단면까지의 길이는 27mm이다.)

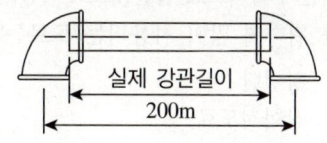

① 142mm ② 158mm
③ 168mm ④ 176mm

해설)
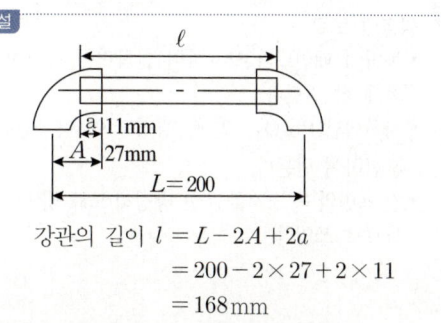

강관의 길이 $l = L - 2A + 2a$
$= 200 - 2 \times 27 + 2 \times 11$
$= 168mm$

정답) 66 ④ 67 ③ 68 ④ 69 ④ 70 ④ 71 ④ 72 ③

73 중·고압 가스배관의 유량(Q)을 구하는 계산식으로 옳은 것은?
(단, P_1 : 처음압력, P_2 : 최종압력, D : 관내경, L : 관 길이, S : 가스비중, K : 유량계수 이다.)

① $Q = K\sqrt{\dfrac{(P_1-P_2)^2 D^5}{S \cdot L}}$

② $Q = K\sqrt{\dfrac{(P_2-P_1)^2 D^4}{S \cdot L}}$

③ $Q = K\sqrt{\dfrac{(P_1^2-P_2^2) D^5}{S \cdot L}}$

④ $Q = K\sqrt{\dfrac{(P_2^2-P_1^2) D^4}{S \cdot L}}$

[해설] 가스배관 유량 계산식

저압배관 : $Q = K\sqrt{\dfrac{HD^5}{SL}}$

중, 고압배관 : $Q = K\sqrt{\dfrac{(P_1^2-P_2^2)D^5}{SL}}$

74 배관의 착색도료 밑칠용으로 사용되며 녹 방지를 위하여 많이 사용되는 도료는?
① 광명단
② 산화철도료
③ 에나밀
④ 조합페인트

[해설] 광명단 도료
- 녹막이 페인트라고도 하며 밀착력이 강하여 풍화에 잘 견딘다.
- 사산화납(Pb_3O_4, 연단, 광명단)에 아마인유를 혼합하여 만든다.
- 철 표면의 녹 방지를 위한 방청제 도료 및 바탕칠 도료로 쓰인다.

75 급수관의 수리 시 물을 배제하기 위한 관의 최소 구배 기준은?
① 1/120 이상
② 1/150 이상
③ 1/200 이상
④ 1/250 이상

[해설] 급수관의 수리시 물을 빼기 위한 관의 최소 구배는 1/250 이상으로 한다.

76 배관계통 중 펌프에서의 공동현상(cavitation)을 방지하기 위한 대책으로 틀린 것은?
① 펌프의 설치 위치를 낮춘다.
② 회전수를 줄인다.
③ 양 흡입을 단 흡입으로 바꾼다.
④ 굴곡부를 적게 하여 흡입관의 마찰손실수두를 작게 한다.

[해설] 캐비테이션(cavitation)
① **공동현상**(空洞現想)이라고 하며 액체가 굴곡부 또는 곡부를 흐를 때 저압부분(空洞)이 생기고 여기서 증기(기포)가 발생하는 현상을 캐비테이션이라 한다.
② 발생된 기포는 펌프의 토출측 고압영역에 이르면 갑자기 파괴되어 물속으로 소멸한다. 기포가 파괴되면서 심한 충격이 일어나 **소음과 진동**을 일으키고 **침식**을 일으킨다.
③ 방지대책
  ㉠ 펌프의 흡입 양정을 작게 한다.
  ㉡ 펌프의 회전수를 낮춘다.
  ㉢ 양흡입 펌프를 사용한다.
  ㉣ 2대 이상의 펌프를 사용한다.
  ㉤ 흡입관 구경을 크게 하여 손실수두를 줄인다.

정답 73 ③ 74 ① 75 ④ 76 ③

77 통기관의 설치 목적으로 가장 거리가 먼 것은?
① 배수의 흐름을 원활하게 하여 배수관의 부식을 방지한다.
② 봉수가 사이펀 작용으로 파괴되는 것을 방지한다.
③ 배수계통 내에 신선한 공기를 유입하기 위해 환기시킨다.
④ 배수계통 내의 배수 및 공기의 흐름을 원활하게 한다.

해설 통기관 설치목적
1. 트랩의 봉수를 보호한다.
2. 배수 관내의 흐름을 원활하게 한다.
3. 배관내에 신선공기를 유입하여 청결을 유지한다.
※ 배관의 부식을 방지하는 역할은 없다.

78 다음 중 안전밸브의 그림 기호로 옳은 것은?

①   ②
③ 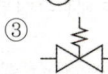 ④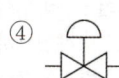

해설
① : 일반밸브
② : 글로브밸브
③ : 안전밸브(스프링식)
④ : 다이아프램밸브

79 증기보일러 배관에서 환수관의 일부가 파손된 경우 보일러수의 유출로 안전수위 이하가 되어 보일러수가 빈 상태로 되는 것을 방지하기 위해 하는 접속법은?
① 하트포드 접속법 ② 리프트 접속법
③ 스위블 접속법   ④ 슬리브 접속법

해설 하트포드(hartford)접속법
증기관과 환수관 사이에 균형관을 설치하여 환수관 누수로 보일러 수위가 파괴되는 것을 방지하는 접속법

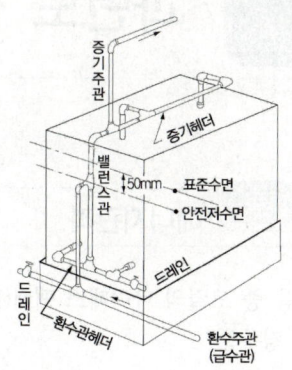

80 개방식 팽창탱크 장치 내 전수량이 20000L이며 수온을 20°C에서 80°C로 상승시킬 경우, 물의 팽창수량은? (단, 밀도는 20°C일 때 0.99823kg/L, 80°C일 때 0.97183kg/L 이다.)
① 54.3L   ② 400L
③ 544L   ④ 5430L

해설
$$\Delta V = m\left(\frac{1}{\rho_2} - \frac{1}{\rho_1}\right)$$
$$= 20000 \times \left(\frac{1}{0.97183} - \frac{1}{0.99823}\right)$$
$$= 544L$$

77 ① 78 ③ 79 ① 80 ③

과년도 출제문제(2025년 3회 CBT 복원)

제1과목 에너지관리

01 다음 중 코일의 바이패스 팩터(BF)가 작아지는 경우는?

① 코일 통과풍속이 클 때
② 전열면적이 작을 때
③ 코일의 열수가 증가할 때
④ 코일의 간격이 클 때

해설 코일의 열수가 증가하면 공기의 접촉면적이 증가하므로 컨텍트 팩터는 커지고 바이패스 팩터는 작아진다.

02 에어 필터의 종류 중 병원의 수술실, 반도체 공장의 청정구역(clean room)등에 이용되는 고성능 에어 필터는?

① 백 필터
② 롤 필터
③ HEPA 필터
④ 전기 집진기

해설 HEPA 필터 : 고성능 미립자 필터로서 $0.3\mu m$ 입자의 포집효율이 99.97%로 병원의 수술실, 반도체 공장의 클린룸 등에 이용한다.

03 복사난방에 있어서 바닥패널의 온도로 가장 알맞은 것은?

① 95℃ 정도
② 80℃ 정도
③ 55℃ 정도
④ 30℃ 정도

해설
- 바닥패널온도 : 27~35℃
- 천장패널온도 : 50℃ 이하
- 벽패널온도 : 40~60℃

04 강제순환식 온수난방에서 개방형 팽창탱크를 설치하려고 할 때, 적당한 온수의 온도는?

① 100℃ 미만
② 130℃ 미만
③ 150℃ 미만
④ 170℃ 미만

해설 개방형 팽창탱크 : 저온수난방 (100℃ 미만)에 사용
밀폐형 팽창 탱크 : 고온수 난방(100℃ 이상)에 사용

05 보일러의 능력을 나타내는 표시방법 중 가장 적은 값을 나타내는 출력은?

① 정격 출력
② 과부하 출력
③ 정미 출력
④ 상용 출력

해설
정미출력 : 난방부하+급탕부하
상용출력 : 난방부하+급탕부하+배관손실부하
정격출력 : 난방부하+급탕부하+배관손실부하+예열부하
과부하출력 : 정격출력에 10~20% 증가

06 습공기를 단열 가습하는 경우 열수분비(u)는 얼마인가?

① 0
② 0.5
③ 1
④ ∞

해설 열수분비 $u = \dfrac{전열량의\ 변화량}{수분의\ 변화량} = \dfrac{\Delta h}{\Delta x}$

단열가습은 열이 차단된 상태이므로 전열량의 변화량 $\Delta h = 0$이다.
따라서 열수분비 $u = 0$이다.

정답 01 ③ 02 ③ 03 ④ 04 ① 05 ③ 06 ①

07 공기조화기의 T.A.B 측정 절차 중 측정 요건으로 틀린 것은?

① 시스템의 검토 공정이 완료되고 시스템 검토 보고서가 완료되어야 한다.
② 설계도면 및 관련 자료를 검토한 내용을 토대로 하여 보고서 양식에 장비규격 등의 기준이 완료되어야 한다.
③ 댐퍼, 말단 유닛, 터미널의 개도는 완전 밀폐되어야 한다.
④ 제작사의 공기조화기 시운전이 완료되어야 한다.

> **해설** ③ TAB 측정 절차 중 측정 전에 댐퍼, 말단 유닛, 터미널의 개도는 완전 개방되어 있어야 한다.

08 건구온도 30℃, 습구온도 27℃일 때 불쾌지수(DI)는 얼마인가?

① 57 ② 62
③ 77 ④ 82

> **해설** 불쾌지수(DI)=0.72(t+t′)+40.6
> DI=0.72×(30+27)+40.6=81.64

09 증기설비에 사용하는 증기 트랩 중 기계식 트랩의 종류로 바르게 조합한 것은?

① 버킷 트랩, 플로트 트랩
② 버킷 트랩, 벨로즈 트랩
③ 바이메탈 트랩, 열동식 트랩
④ 플로트 트랩, 열동식 트랩

> **해설**
> **기계식**: 버킷트랩, 플로트트랩
> **온도조절식**: 열동트랩(벨로즈트랩), 바이메탈트랩
> **열역학식**: 디스크식트랩, 오리피스식트랩

10 온수난방과 비교하여 증기난방에 대한 설명으로 옳은 것은?

① 예열시간이 짧다.
② 실내온도의 조절이 용이하다.
③ 방열기 표면의 온도가 낮아 쾌적한 느낌을 준다.
④ 실내에서 상하 온도차가 작으며, 방열량의 제어가 다른 난방에 비해 쉽다.

> **해설** 증기난방
> • 장치 내 보유수량이 적어 열용량이 작으므로 예열시간이 짧고 증기순환이 빠르다.
> • 증기의 온도 및 증기의 유량 제어가 어려워 실내온도 조절이 어렵다. 즉 방열량 제어가 어렵다.
> • 방열기 표면온도가 높아 화상의 위험이 있으며 실내의 상하 온도차가 커서 쾌적하지 못하다.

11 습공기의 습도에 대한 설명으로 틀린 것은?

① 절대습도는 습공기 중에 포함된 수증기량을 나타낸다.
② 수증기분압은 절대습도에 반비례 관계가 있다.
③ 상대습도는 습공기의 수증기분압과 포화공기의 수증기분압과의 비로 나타낸다.
④ 비교습도는 습공기의 절대습도와 포화공기의 절대습도와의 비로 나타낸다.

> **해설** 수증기분압은 절대습도에 비례 관계이다.
> 절대습도 $x = 0.622 \dfrac{P_w}{P_a} = 0.622 \times \dfrac{P_w}{P-P_w}$
> P_w : 수증기분압
> P_a : 건공기분압
> P : 대기압

정답 07 ③ 08 ④ 09 ① 10 ① 11 ②

12 건구온도 20℃, 절대습도 0.017kg/kg'인 습공기의 엔탈피(kJ/kg)는? (단, 건공기 정압비열 1.01kJ/kg·K, 수증기 정압비열 1.85kJ/kg·K, 0℃에서 포화수의 증발잠열은 2500kJ/kg이다.)

① 56.5 ② 58.4
③ 63.3 ④ 68.6

해설
$h = h_a + x \cdot h_w$
$= C_p t + x(\gamma + C_w t)$
$= 1.01 \times 20 + 0.017 \times (2500 + 1.85 \times 20)$
$= 63.325 \text{kJ/kg}$

13 공기의 온도나 습도를 변화시킬 수 없는 것은?

① 공기필터 ② 공기재열기
③ 공기예열기 ④ 공기가습기

해설
공기필터는 공기 중의 먼지 등 분순물을 제거하는 기능을 한다. 온도나 습도를 변화시킬 수는 없다.

14 급수배관의 수격현상 방지방법으로 가장 거리가 먼 것은?

① 펌프에 플라이휠을 설치한다.
② 관경을 작게 하고 유속을 매우 빠르게 한다.
③ 에어체임버를 설치한다.
④ 완폐형 체크밸브를 설치한다.

해설 ② 유속을 빠르게 하면 수격현상이 심화된다.

수격현상(water hammer)방지 대책
1. 급격한 밸브 폐쇄를 하지 말 것
2. 회전체의 관성모멘트를 크게 할 것
3. 펌프의 양정, 유량의 급격한 변화를 주지 말 것
4. 압력 흡수기(W·H·C)를 배관에 설치한다.
5. 충격을 흡수할 수 있는 공기실(Air Chamber)을 설치한다.
6. 완폐형 체크밸브를 설치한다.

15 건물의 콘크리트 벽체의 실내측에 단열재를 부착하여 실내측 표면에 결로가 생기지 않도록 하려 한다. 외기온도가 0℃, 실내온도가 20℃, 실내공기의 노점온도가 12℃, 콘크리트 두께가 100mm일 때, 결로를 막기 위한 단열재의 최소 두께(mm)는? (단, 콘크리트와 단열재의 접촉부분의 열저항은 무시한다.)

열전도도	콘크리트	1.63W/m K
	단열재	0.17W/m K
대류 열전달계수	외기	23.3W/m² K
	실내공기	9.3W/m² K

① 11.7 ② 10.7
③ 9.7 ④ 8.7

해설

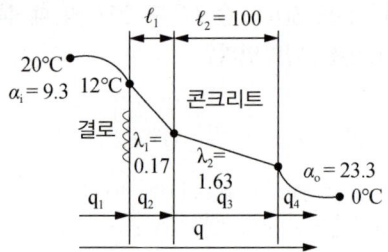

$q_1 = \alpha_i \cdot A \cdot \Delta t$
$= 9.3 \times 1 \times (20 - 12) = 74.4 \text{W}$
$q_1 = q_2 = q_3 = q_4 = q$ 이고
$q = K \cdot A \cdot \Delta t$에서
$K = \dfrac{q}{A \cdot \Delta t} = \dfrac{74.4}{1 \times (20-0)} = 3.72$

$\dfrac{1}{K} = \dfrac{1}{\alpha_i} + \dfrac{\ell_1}{\lambda_1} + \dfrac{\ell_2}{\lambda_2} + \dfrac{1}{\alpha_o}$ 에서

$\dfrac{\ell_1}{\lambda_1} = \dfrac{1}{K} - \dfrac{1}{\alpha_i} - \dfrac{\ell_2}{\lambda_2} - \dfrac{1}{\alpha_o}$

$\ell_1 = \left(\dfrac{1}{K} - \dfrac{1}{\alpha_i} - \dfrac{\ell_2}{\lambda_2} - \dfrac{1}{\alpha_o} \right) \lambda_1$

$= \left(\dfrac{1}{3.72} - \dfrac{1}{9.3} - \dfrac{100 \times 10^{-3}}{1.63} - \dfrac{1}{23.3} \right) \times 0.17$

$= 0.00969 \text{m} = 9.69 \text{mm}$

12 ③ 13 ① 14 ② 15 ③

16 온수난방설계 시 달시-바이스바흐(Darcy-Weisbach)의 수식을 적용한다. 이 식에서 마찰저항계수와 관련이 있는 인자는?

① 누셀수(Nu)와 상대조도
② 프란틀수(Pr)와 절대조도
③ 레이놀즈수(Re)와 상대조도
④ 그라쇼프수(Gr)와 절대조도

해설 $H_l = f \dfrac{l}{d} \cdot \dfrac{V^2}{2g}$ 에서 마찰저항계수 f 는 레이놀즈수와 상대조도의 함수이다.

17 다음 공조방식 중 개별식에 속하는 것은?

① 팬 코일 유닛 방식
② 단일 덕트 방식
③ 2중 덕트 방식
④ 패키지 유닛 방식

해설 개별식 : 냉매배관 방식인 패키지 유닛 방식

18 아래의 특징에 해당하는 보일러는 무엇인가?

> 공조용으로 사용하기 보다는 편리하게 고압의 증기를 발생하는 경우에 사용하며, 드럼이 없이 수관으로 되어 있다. 보유 수량이 적어 가열시간이 짧고 부하변동에 대한 추종성이 좋다.

① 주철제 보일러
② 연관 보일러
③ 수관 보일러
④ 관류 보일러

해설 드럼이 없고 수관으로만 되어 있어서 보유수량이 적고 가열시간이 짧으며 부하변동에 추종성이 좋은 보일러는 **관류보일러**이다.

19 습도가 낮을 때 일어나는 현상이 아닌 것은?

① 정전기가 발생한다.
② 공기 중 인플루엔자 바이러스의 생존률이 높아진다.
③ 곰팡이가 나기 쉽다.
④ 피부가 거칠어진다.

해설 습도가 낮으면 곰팡이가 나기 어렵다.

20 보일러의 스케일이 생성되는 수질의 장해요인은 무엇인가?

① 알카리도
② 경도
③ pH
④ 용존산소

해설 경도가 높은 물은 스케일 성분인 칼슘, 마그네슘이 많이 녹아 있으므로 보일러 수로 적합하지 않다.

제2과목 공조냉동 설계

21 폴리트로픽 과정 $PV^n = C$에서 지수 $n = \infty$인 경우는 어떤 과정인가?

① 등온과정
② 정적과정
③ 정압과정
④ 단열과정

해설 $PV^\infty = C$이면 $V = C$ 가 되어 정적과정이다.

정답 16 ③ 17 ④ 18 ④ 19 ③ 20 ② 21 ②

22 밀폐용기에 비내부에너지가 200kJ/kg인 기체가 0.5kg 들어있다. 이 기체를 용량이 500W인 전기가열기로 2분 동안 가열한다면 최종 상태에서 기체의 내부에너지는 약 몇 kJ인가? (단, 열량은 기체로만 전달된다고 한다.)

① 20kJ ② 100kJ
③ 120kJ ④ 160kJ

해설
$U_2 = U_1 + Pt$ 여기서 시간 t : sec
$= (200 \times 0.5) + (\frac{500}{1000} \times 2분 \times 60초)$
$= 160\,kJ$

23 계가 비가역 사이클을 이룰 때 클라우지우스(Clausius)의 적분을 옳게 나타낸 것은? (단, T는 온도, Q는 열량이다.)

① $\oint \frac{\delta Q}{T} < 0$ ② $\oint \frac{\delta Q}{T} > 0$
③ $\oint \frac{\delta Q}{T} \geq 0$ ④ $\oint \frac{\delta Q}{T} \leq 0$

해설 클라우시우스의 폐적분
가역과정(사이클) $\oint \frac{\delta Q}{T} = 0$
비가역과정(사이클) $\oint \frac{\delta Q}{T} < 0$

24 물 2kg을 20℃에서 60℃가 될 때까지 가열할 경우 엔트로피 변화량은 약 몇 kJ/K인가? (단, 물의 비열은 4.184kJ/kg·K이고, 온도 변화과정에서 체적은 거의 변화가 없다고 가정한다.)

① 0.78 ② 1.07
③ 1.45 ④ 1.96

해설 체적은 거의 변화가 없으므로 정적과정으로 본다.
$\Delta S = m C_v \ln \frac{T_2}{T_1}$
$= 2 \times 4.184 \times \ln \frac{(60+273)}{(20+273)}$
$= 1.07\,kJ/K$

25 다음 냉동 사이클에서 열역학 제1법칙과 제2법칙을 모두 만족하는 Q_1, Q_2, W는?

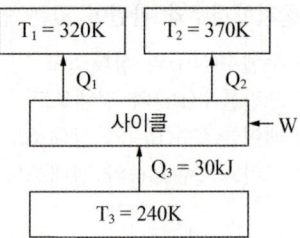

① $Q_1 = 20\,kJ$, $Q_2 = 20\,kJ$, $W = 20\,kJ$
② $Q_1 = 20\,kJ$, $Q_2 = 30\,kJ$, $W = 20\,kJ$
③ $Q_1 = 20\,kJ$, $Q_2 = 20\,kJ$, $W = 10\,kJ$
④ $Q_1 = 20\,kJ$, $Q_2 = 15\,kJ$, $W = 5\,kJ$

해설
열역학 제1법칙 : 에너지보존법칙(열평형관계)
열역학 제2법칙 : 비가역과정(실제사이클)에서 엔트로피 증가의 법칙
전체 엔트로피 $\Delta S = S_2 - S_1 > 0$이어야 한다.
$= \left(\frac{Q_1}{T_1} + \frac{Q_2}{T_2}\right) - \frac{Q_3}{T_3} > 0$

열역학 제1법칙 및 제 2법칙 만족여부 확인

① 1법칙 : $Q_3 + W = Q_1 + Q_2$,
$30 + 20 \neq 20 + 20$이므로 불만족
2법칙 : $\Delta S = \left(\frac{20}{320} + \frac{20}{370}\right) - \frac{30}{240} < 0$
이므로 불만족

② 1법칙 : $30 + 20 = 20 + 30$이므로 만족
2법칙 : $\left(\frac{20}{320} + \frac{30}{370}\right) - \frac{30}{240} > 0$이므로 만족

③ 1법칙 : $30 + 10 = 20 + 20$이므로 만족
2법칙 : $\left(\frac{20}{320} + \frac{20}{370}\right) - \frac{30}{240} < 0$ 불만족

④ 1법칙 : $30 + 5 = 20 + 15$ 만족
2법칙 : $\left(\frac{20}{320} + \frac{15}{370}\right) - \frac{30}{240} < 0$ 불만족

22 ④ 23 ① 24 ② 25 ② **정답**

26 최초압력이 0.2 MPa이고 초기 온도가 120℃인 1kg의 공기를 압축비 18로 가역 단열 압축하는 경우 최종온도는 약 몇 ℃인가? (단, 공기는 비열비가 1.4인 이상기체이다.)

① 676℃ ② 776℃
③ 876℃ ④ 976℃

해설) 단열과정식
$Pv^k = C$ ······ ①
$Tv^{k-1} = C$ ······ ②
$TP^{\frac{1-k}{k}} = C$ ······ ③

②식에서
$T_1 v_1^{k-1} = T_2 v_2^{k-1}$
$T_2 = T_1 \left(\dfrac{v_1}{v_2}\right)^{k-1}$ 압축비$= \dfrac{v_1}{v_2} = 18$이므로

∴ $T_2 = (120+273) \times (18)^{1.4-1}$
$= 1248.8\text{K} = 975.8℃$

[참고] $\dfrac{P_2}{P_1}$: 압력비 $\dfrac{v_1}{v_2}$: 압축비

27 이상적인 오토 사이클에서 단열압축되기 전 공기가 101.3kPa, 21℃이며, 압축비 7로 운전할 때 이 사이클의 효율은 약 몇 %인가? (단, 공기의 비열비는 1.4이다.)

① 62% ② 54%
③ 46% ④ 42%

해설) 오토사이클 열효율
$\eta_0 = 1 - \left(\dfrac{v_2}{v_1}\right)^{k-1} = 1 - \left(\dfrac{1}{\varepsilon}\right)^{k-1}$
$= 1 - \left(\dfrac{1}{7}\right)^{1.4-1} = 0.54 = 54\%$

여기서, 압축비 $\varepsilon = \dfrac{v_1}{v_2}$

28 표준대기압에서 50kPa은 수은주 높이 몇 mmHg인가?

① 155 ② 375
③ 275 ④ 100

해설) 표준대기압 : 101.325kPa = 760mmHg
$\dfrac{50}{101.325} \times 760 = 375.03$mmHg

29 피스톤-실린더 시스템에 100kPa의 압력을 갖는 1kg의 공기가 들어 있다. 초기 체적은 0.5m³이고 이 시스템에 온도가 일정한 상태에서 열을 가하여 부피가 1.0m³이 되었다. 이 과정 중 시스템에 가해진 열량(kJ)은 얼마인가?

① 30.7 ② 34.7
③ 44.8 ④ 50.0

해설)
$Q = W = P_1 V_1 \ln\dfrac{V_2}{V_1}$ (전달된열량=등온변화일량)
$= 100 \times 0.5 \times \ln\dfrac{1.0}{0.5} = 34.7$kJ

30 절대압력 100kPa, 온도 100℃인 상태에 있는 수소의 비체적(m³/kg)은? (단, 수소의 분자량은 2이고, 일반기체상수는 8.3145kJ/(kmol·K)이다.)

① 31.0 ② 15.5
③ 0.428 ④ 0.0321

해설) $Pv = RT$이고 $R = \dfrac{R_u}{M}$이므로
$v = \dfrac{R_u T}{PM} = \dfrac{8.3145 \times (100+273)}{100 \times 2}$
$= 15.5$m³/kg

26 ④ 27 ② 28 ② 29 ② 30 ②   정답

31 고온가스 제상(hot gas defrost) 방식에 대한 설명으로 틀린 것은?

① 압축기의 고온·고압가스를 이용한다.
② 소형 냉동장치에 사용하면 언제라도 정상운전을 할 수 있다.
③ 비교적 설비하기가 용이하다.
④ 제상 소요시간이 비교적 짧다.

[해설] ② 고온가스(hot gas) 제상 방식을 소형 냉동장치에 사용하면 장치내 냉매충전량이 적어 제상시 냉매가 증발기로 들어가면 장치내에 냉매가 부족하여 정상운전이 어렵다.
• hot gas 제상은 압축기에서 나온 고온 고압의 냉매가스를 직접 증발기에 보내어 증발기 표면에 붙어있는 서리를 녹여 제상하는 방식이므로 설비가 비교적 간단하고 제상시간이 짧다.

32 냉동기의 압축기에서 단열압축은 어떤 과정이라고 하는가?

① 정압과정
② 등엔탈피과정
③ 등엔트로피과정
④ 등온과정

[해설] 압축의 압축과정인 단열압축은 등엔트로피과정이다.

33 CA(Controlled Atmosphere) 냉장고란 무엇을 말하는가?

① 제빙용 냉장고
② 공조용 냉장고
③ 청과물 냉장고
④ 해산물 냉장고

[해설] 청과물을 저장하는 데 있어 저장성을 높이기 위해 냉장고 내 공기의 산소를 3~5% 감소시키고 대신 이산화탄소를 3~5% 증대시켜 청과물의 호흡작용을 억제시키므로 저장성을 높인 냉장고를 CA냉장고라 한다.

34 냉각탑에 관한 설명으로 옳은 것은?

① 오염된 공기를 깨끗하게 정화하며 동시에 공기를 냉각하는 장치이다.
② 냉매를 통과시켜 공기를 냉각시키는 장치이다.
③ 찬 우물물을 냉각시켜 공기를 냉각하는 장치이다.
④ 냉동기의 냉각수가 흡수한 열을 외기에 방사하고 온도가 내려간 물을 재순환시키는 장치이다.

[해설] 냉각탑 : 수냉식 응축기에서 온도가 높아진 냉각수를 냉각탑에서 외부공기와 접촉시켜 온도를 내려 다시 응축기로 보내어 재사용하게 된다. 냉각작용은 주로 공기와 접촉한 물의 일부가 증발하면서 나머지 물에서 증발잠열을 얻어가기 때문에 나머지 물의 온도는 낮아진다.

35 냉매 응축온도 38℃, 냉각수 입구온도 30℃, 출구온도 35℃일때 냉매와 냉각수의 대수평균온도차를 구하시오.

① 5℃   ② 2℃
③ 8℃   ④ 10℃

[해설] 대수평균온도차

$$\Delta t_m = \frac{\Delta t_1 - \Delta t_2}{\ln \frac{\Delta t_1}{\Delta t_2}}$$

$$= \frac{8-3}{\ln \frac{8}{3}} = 5.09℃$$

정답 31 ② 32 ③ 33 ③ 34 ④ 35 ①

36 스크류 압축기에 대한 설명으로 틀린 것은?

① 동일 용량의 왕복동 압축기에 비하여 소형경량으로 설치 면적이 작다.
② 장시간 연속운전이 가능하다.
③ 부품수가 적고 수명이 길다.
④ 오일펌프를 설치하지 않는다.

해설
① 장점
 ㉠ 냉동능력에 비해 소형 경량이며 설치면적이 적다.
 ㉡ 왕복운동이 없고 회전운동을 하므로 진동이 적고 강고한 기초가 필요없다.
 ㉢ 10~100%의 무단 용량제어가 가능하다.
 ㉣ 액햄머(liquid hammer), 오일햄머(oil hammer)에 강하다.
 ㉤ 흡, 배기 밸브 및 피스톤이 없어 장기간 연속운전이 가능하다.
 ㉥ 부품수가 적어 압축기 수명이 길다.
② 단점
 ㉠ 냉동기 오일을 다량으로 분사하면서 운전하기 때문에 대용량의 유분리기 및 오일 냉각기가 필요하다.
 ㉡ 오일 펌프를 별도로 설치해야 한다.
 ㉢ 경부하 시에도 동력이 크다.
 ㉣ 고속회전이므로 소음이 비교적 크다.
 ㉤ 경부하(낮은 용량)로 장시간 운전하면 성적계수가 저하된다.
 ㉥ 운전 정지 시 압축기가 역회전하므로 체크밸브를 설치해야 한다.

37 터보 압축기의 특징으로 틀린 것은?

① 회전운동이므로 진동이 적다.
② 냉매의 회수장치가 불필요하다.
③ 부하가 감소하면 서징현상이 일어난다.
④ 응축기에서 가스가 응축되지 않는 경우에도 이상 고압이 되지 않는다.

해설 터보 압축기는 냉동장치의 운전을 장시간 정지시 냉매를 빈용기에 회수할 수 있는 냉매회수장치가 필요하다.

38 1분간에 25℃의 물 100L를 0℃의 물로 냉각시키기 위하여 몇 냉동톤(RT)의 냉동기가 필요한가? (단, 물의 비열= 4.2kJ/kg·K, 1RT는 3.86kW이다.)

① 23.2 ② 35.8
③ 40.1 ④ 45.3

해설
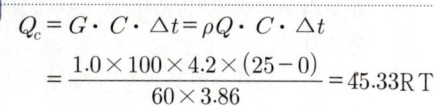

$$Q_c = G \cdot C \cdot \Delta t = \rho Q \cdot C \cdot \Delta t$$
$$= \frac{1.0 \times 100 \times 4.2 \times (25-0)}{60 \times 3.86} = 45.33 RT$$

물의 밀도 $\rho = 1.0$kg/L
1kW=1kJ/s

39 2원 냉동장치에서 냉동기 정지시 초저온 냉매의 증발로 인한 압력상승을 방지할 수 있는 안전장치는?

① 캐스케이드 콘덴서
② 팽창탱크
③ 바이패스 밸브
④ 중간 냉각기

해설 냉동기 정지시 저온측 냉매의 증발로 저온측 증발기 내 압력이 높아져 증발기를 파괴하는 일을 방지하기 위해 저온측 증발기에 팽창탱크를 부착하여 일정압력 이상이 되면 일부의 냉매를 팽창탱크에 저장한다.

정답 36 ④ 37 ② 38 ④ 39 ②

40 흡수식 냉동기의 냉매의 순환 과정으로 옳은 것은?

① 증발기(냉각기) → 흡수기 → 재생기 → 응축기
② 증발기(냉각기) → 재생기 → 흡수기 → 응축기
③ 흡수기 → 증발기(냉각기) → 재생기 → 응축기
④ 흡수기 → 재생기 → 증발기(냉각기) → 응축기

해설 흡수식 냉동기의 냉매순환과정

증발기(냉각기) → 흡수기 → 재생기(발생기) → 응축기

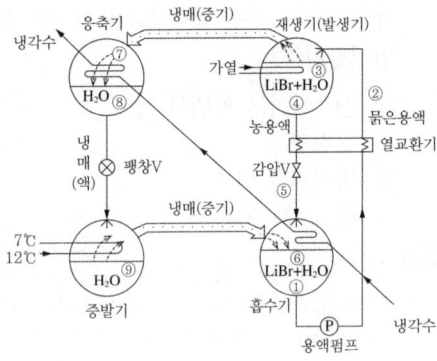

제3과목 시운전 및 안전관리

41 전압, 전류, 주파수 등의 양을 주로 제어하는 것으로 응답속도가 빨라야 하는 것이 특징이며, 정전압장치나 발전기 및 조속기의 제어 등에 활용하는 제어방법은?

① 서보기구
② 비율제어
③ 자동조정
④ 프로세스 제어

해설 자동조정 : 전압, 전류, 주파수, 속도 등과 같은 전기적, 기계적인 값을 일정한 목표치로 계속적으로 유지시키려는 목적의 제어로서 응답속도가 대단히 빨라야 하는 것이 특징이다.

42 교류에서 역률에 관한 설명으로 틀린 것은?

① 역률은 $\sqrt{1-(무효율)^2}$ 로 계산할 수 있다.
② 역률을 이용하여 교류전력의 효율을 알 수 있다.
③ 역률이 클수록 유효전력보다 무효전력이 커진다.
④ 교류회로의 전압과 전류의 위상차에 코사인(cos)을 취한 값이다.

해설

역률 $\cos\theta = \dfrac{유효전력}{피상전력}$

무효율 $\sin\theta = \dfrac{무효전력}{피상전력}$

삼각함수 법칙
$\sin\theta^2 + \cos\theta^2 = 1$ 에서
$\cos\theta = \sqrt{1-\sin\theta^2}$ 이므로
① 역률 $= \sqrt{1-(무효율)^2}$
② 역률을 이용하여 교류전력의 효율을 알 수 있다.
　유효전력 = 피상전력 × 역률
③ 역률이 클수록 무효전력보다 유효전력이 커진다.

정답 40 ① 41 ③ 42 ③

43 정현파 전압 $v = 220\sqrt{2}\sin(\omega t + 30°)\ V$ 보다 위상이 90° 뒤지고 최대값이 20A인 정현파 전류의 순시값은 몇 A인가?

① $20\sin(\omega t - 30°)$
② $20\sin(\omega t - 60°)$
③ $20\sqrt{2}\sin(\omega t + 60°)$
④ $20\sqrt{2}\sin(\omega t - 60°)$

해설 정현파 순시전류 $i = I_m\sin\omega t$이며 정현파 전압 v의 위상 $\sin(\omega t + 30°)$보다 위상이 90° 뒤지므로 순시전류 i의 위상은 $\sin(\omega t + 30 - 90)$이 된다. 즉 $\sin(\omega t - 60°)$이다. 또한 최대값이 $20A$이므로 $i = 20\sin(\omega t - 60°)$이다.

44 내부저항이 $15\text{k}\Omega$이고 최대눈금이 150V인 전압계와 내부저항이 $10\text{k}\Omega$이고, 최대눈금이 150V인 전압계를 직렬로 접속하여 측정할 때 최대 몇 V까지 측정할 수 있는가?

① 200　　② 250
③ 300　　④ 400

해설 $15\text{k}\Omega$의 저항과 $10\text{k}\Omega$의 저항을 직렬로 연결한 것이므로 배율기의 식을 적용한다.

$\dfrac{V_m}{V} = \dfrac{1 + R_m}{R}$　　V_m : 측정할 전압
　　　　　　　　V : 전압계 전압
　　　　　　　　R_m : 배율기 저항
　　　　　　　　R : 전압계 저항

$V_m = \left(1 + \dfrac{R_m}{R}\right)V$
$\quad = \left(1 + \dfrac{10}{15}\right) \times 150 = 250V$

45 피상전력 100VA, 유효전력 80W일 때 무효전력은?

① 80Var　　② 60Var
③ 50Var　　④ 40Var

해설

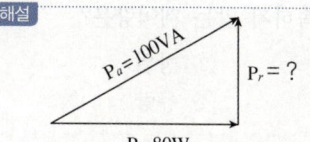

무효전력 $P_r = \sqrt{P_a^2 - P^2}$
$\qquad\qquad = \sqrt{100^2 - 80^2}$
$\qquad\qquad = 60\text{Var}$

46 2전력계법으로 3상 전력을 측정할 때 전력계의 지시가 $W_1 = 200W$, $W_2 = 200W$이다. 부하전력(W)은?

① 200　　② 400
③ $200\sqrt{3}$　　④ $400\sqrt{3}$

해설 3상 전력의 측정 방법으로 2개의 단상 전력계를 그림과 같이 접속하면 3상 전력은 2개 전력계 전력값의 대수합이다. 즉, 3상 전력 $P = W_1 + W_2$이다.
따라서 3상 전력 $P = 200 + 200 = 400W$

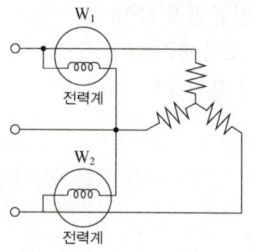

47 $R = 4\Omega$, $X_L = 9\Omega$, $X_C = 6\Omega$인 직렬접속 회로의 어드미턴스(℧)는?

① $4 + j8$　　② $0.16 - j0.12$
③ $4 - j8$　　④ $0.16 + j0.12$

해설
$Y = \dfrac{1}{Z} = \dfrac{1}{R + j(X_L - X_C)}$
$\quad = \dfrac{1}{R + j(X_L - X_C)} \times \dfrac{R - j(X_L - X_C)}{R - j(X_L - X_C)}$
$\quad = \dfrac{R - j(X_L - X_C)}{R^2 + (X_L - X_C)^2}$
$\quad = \dfrac{4 - j(9 - 6)}{4^2 + (9 - 6)^2} = \dfrac{4 - j3}{25} = 0.16 - j0.12$

정답 43 ②　44 ②　45 ②　46 ②　47 ②

48 추종제어에 속하지 않는 제어량은?

① 위치   ② 방위
③ 자세   ④ 유량

해설 〈추종제어〉
목표값이 임의로 변화되는 경우의 제어로서 물체의 범위(위치), 방향, 자세(각도)등을 제어량으로 하는 제어이다. 미사일 추적장치, 추적용 레이더, 선박의 방향제어 등이 있다.

〈프로세스 제어〉
화학공업, 반도체 산업 등과 같이 주로 프로세스 산업분야에서 행해지는 제어로서 환경조건을 최적화하는 목적으로 행해지는 제어이며 온도, 습도, 압력, 유량, 액면, 비중, 농도 등과 같은 변화량을 제어한다. 주로 외란 억제를 주 목적으로 한다.

49 제어기의 설명 중 틀린 것은?

① P 제어기 : 잔류편차 발생
② I 제어기 : 잔류편차 소멸
③ D 제어기 : 오차예측제어
④ PD 제어기 : 응답속도 지연

해설 PD(비례미분) 제어기는 응답속도를 개선하여 제어계의 안정도를 높이기 위한 복합제어이다.

50 R-L-C 직렬회로에서 전압(E)과 전류(I)사이의 관계가 잘못 설명된 것은?

① $X_L > X_C$인 경우 I는 E보다 θ만큼 뒤진다.
② $X_L < X_C$인 경우 I는 E보다 θ만큼 앞선다.
③ $X_L = X_C$인 경우 I는 E와 동상이다.
④ $X_L < (X_C - R)$인 경우 I는 E보다 θ만큼 뒤진다.

해설 X_C와 R은 90°차가 나므로
R성분은 X_C에 영향을 미치지 못한다.
따라서 $X_L < (X_C - R)$은 $X_L < X_C$와 같은 경우가 된다. 따라서 $X_L < X_C$이면 I는 E보다 θ만큼 앞선다.

51 90Ω의 저항 3개가 △결선으로 되어 있을 때, 상당(단상) 해석을 위한 등가 Y결선에 대한 각 상의 저항 크기는 몇 Ω 인가?

① 10   ② 30
③ 90   ④ 120

해설 $R_{ab} = R_{bc} = R_{ca} = 90\Omega$ 이므로
$R_a = R_b = R_c = \frac{1}{3}R_{ab} = \frac{1}{3} \times 90 = 30\Omega$

저항의 △접속과 Y접속

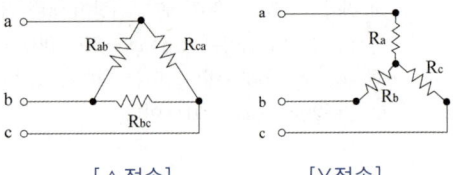

[△접속]　　　　[Y접속]

① △접속을 Y접속으로 등가 변환

$R_a = \dfrac{R_{ab} R_{ca}}{R_{ab} + R_{bc} + R_{ca}}$

$R_b = \dfrac{R_{ab} R_{bc}}{R_{ab} + R_{bc} + R_{ca}}$

$R_c = \dfrac{R_{bc} R_{ca}}{R_{ab} + R_{bc} + R_{ca}}$

* 평형부하 즉, $R_{ab} = R_{bc} = R_{ca}$이면
$R_a = R_b = R_c = \frac{1}{3}R_{ab}\left(= \frac{1}{3}R_{bc} = \frac{1}{3}R_{ca}\right)$
가 된다.

52 피드백 제어계에서 제어요소에 대한 설명 중 옳은 것은?

① 조작부와 검출부로 구성되어 있다.
② 조절부와 검출부로 구성되어 있다.
③ 목표값에 비례하는 신호를 발생하는 요소이다.
④ 동작신호를 조작량으로 변화시키는 요소이다.

해설 제어요소는 동작신호를 조작량으로 변화시켜주는 요소이며 조절부와 조작부로 구성되어 있다.

48 ④　49 ④　50 ④　51 ②　52 ④　**정답**

53 극수가 4인 유도전동기가 900rpm으로 회전하고 있다. 현재 슬립속도는 20rpm일 때 주파수는 약 몇 Hz인가?

① 7.5 ② 28
③ 31 ④ 37

해설
$N_s = \dfrac{120 \times f}{p}$ 에서

$f = \dfrac{N_s \cdot p}{120} = \dfrac{(900+20) \times 4}{120}$

$= 30.66 ≒ 31\,\text{Hz}$

54 논리식 $L = \overline{x} \cdot \overline{y} \cdot z + \overline{x} \cdot y \cdot z + x \cdot \overline{y} \cdot z + x \cdot y \cdot z$를 간단히 한 식은?

① x ② z
③ $x \cdot \overline{y}$ ④ $x \cdot \overline{x}$

해설
$L = \overline{x}\,\overline{y}\,z + \overline{x}\,y\,z + x\,\overline{y}\,z + x\,y\,z$
$= z(\overline{x}\,\overline{y} + \overline{x}\,y + x\,\overline{y} + x\,y)$
$= z(\overline{x}(\overline{y}+y) + x(\overline{y}+y))$
$= z(\overline{x}+x) = z$

55 $\dfrac{3}{2}\pi$(rad) 단위를 각도(°)단위로 표시하면 얼마인가?

① 120° ② 240°
③ 270° ④ 360°

해설
$\pi\,\text{rad} = 180°$이므로
$\dfrac{3}{2}\pi\,\text{rad} = \dfrac{3}{2} \times 180 = 270°$

56 냉동공조기계기사를 보유중이다. 특급 책임기계설비유지관리자를 하려면 최소 몇 년의 실무경력이 있어야 하는가?

① 4년 ② 7년
③ 10년 ④ 13년

해설 기계설비유지관리자의 자격 및 등급(기계설비법 시행령 별표5의2)

구분		보유자격	실무경력
책임기계설비 유지관리자	특급	기사	10년 이상
		산업기사	13년 이상

57 고압가스 안전관리법령에 따라 (   ) 안의 내용으로 옳은 것은?

"충전용기"란 고압가스의 충전질량 또는 충전압력의 (㉠) 이 충전되어 있는 상태의 용기를 말한다.
"잔가스용기"란 고압가스의 충전질량 또는 충전압력의 (㉡) 이 충전되어 있는 상태의 용기를 말한다.

① ㉠ 2분의 1 이상, ㉡ 2분의 1 미만
② ㉠ 2분의 1 초과, ㉡ 2분의 1 이하
③ ㉠ 5분의 2 이상, ㉡ 5분의 2 미만
④ ㉠ 5분의 2 초과, ㉡ 5분의 2 이하

해설
- 고압가스 안전관리법 시행규칙 제2조 14
  충전용기란 고압가스의 충전질량 또는 충전압력의 1/2 이상이 충전되어 있는 상태의 용기를 말한다.
- 고압가스 안전관리법 시행규칙 제2조 15
  잔가스용기란 고압가스의 충전질량 또는 충전압력의 1/2 미만이 충전되어 있는 상태의 용기를 말한다.

58 산업안전보건법령상 냉동·냉장 창고시설 건설공사에 대한 유해위험방지계획서를 제출해야 하는 대상시설의 연면적 기준은 얼마인가?

① 3천제곱미터 이상
② 4천제곱미터 이상
③ 5천제곱미터 이상
④ 6천제곱미터 이상

해설 산업안전보건법 시행령 제42조 ③
연면적 5천제곱미터 이상인 냉동·냉장창고시설 건설공사의 경우 유해위험방지계획서를 제출해야 한다.

정답 53 ③ 54 ② 55 ③ 56 ③ 57 ① 58 ③

59 기계설비법령에서 규정하고 있는 기계설비의 범위에 해당되지 않는 것은?

① 우수배수설비   ② 플랜트 설비
③ 가스설비   ④ 오수정화 설비

해설 기계설비법 시행령 [별표1] 기계설비의 범위(제2조 관련)
1. 열원설비 2. 냉난방설비 3. 공기조화·공기청정·환기설비 4. 위생기구·급수·급탕·오배수·통기설비 5. 오수정화·물재이용설비 6. 우수배수설비 7. 보온설비 8. 덕트설비 9. 자동제어설비 10. 방음·방진·내진설비 11. 플랜트설비 12. 특수설비

60 고압가스 안전관리법상 냉동기 제조등록 기준설비에 해당하지 않는 것은?

① 건조설비   ② 소방설비
③ 프레스설비   ④ 제관설비

해설 고압가스 안전관리법 시행령 제5조 ② 2. 냉동기의 제조등록 기준
냉동기 제조에 필요한 프레스설비, 제관설비, 건조설비, 용접설비 또는 조립설비 등을 갖출 것

제4과목 유지보수 공사관리

61 스케줄 번호에 의해 관의 두께를 나타내는 강관은?

① 배관용 탄소강관
② 수도용 아연도금강관
③ 압력배관용 탄소강관
④ 내식성 급수용 강관

해설 스케줄번호로 관의 두께를 나타내는 강관은 압력배관용 탄소강관(SPPS), 고압배관용 탄소강관(SPPH)이 있다.

스케줄번호 Sch.No = $\dfrac{P}{S} \times 1000$

여기서, P : 사용압력(MPa)
       S : 허용압력(N/mm²)

62 강관작업에서 아래 그림처럼 15A 나사용 90° 엘보 2개를 사용하여 길이가 200mm가 되도록 연결 작업을 하려고 한다. 이때 실제 15A 강관의 길이는 얼마인가? (단, 나사가 물리는 최소길이(여유치수)는 11mm, 이음쇠의 중심에서 단면까지의 길이는 27mm이다.)

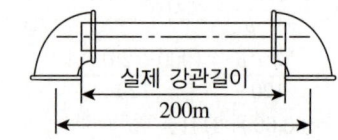

① 142mm   ② 158mm
③ 168mm   ④ 176mm

해설

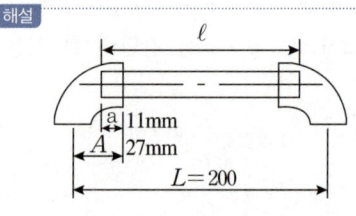

강관의 길이 $l = L - 2A + 2a$
$= 200 - 2 \times 27 + 2 \times 11$
$= 168\,\text{mm}$

63 Seam 용접의 기호로 옳은 것은?

해설

○ : 스폿(점) 용접

⊖ : 심(Seam) 용접

⌒ : 이면(뒷면) 용접

◺ : 필렛 용접

정답 59 ③ 60 ② 61 ③ 62 ③ 63 ②

64 다음 보온재 중 안전사용(최고)온도가 가장 높은 것은? (단, 동일조건 기준으로 한다.)
① 글라스울 보온판
② 우모펠트
③ 규산칼슘 보온판
④ 석면 보온판

해설

보온재	안전사용(최고)온도
우모 펠트	100℃
글라스울	300℃
석면	550℃
규산칼슘	650℃

65 난방 배관 시공을 위해 벽, 바닥 등에 관통 배관 시공을 할 때 슬리브(sleeve)를 사용하는 이유로 가장 거리가 먼 것은?
① 열팽창에 따른 배관 신축에 적응하기 위해
② 후일 관 교체 시 편리하게 하기 위해
③ 고장 시 수리를 편리하게 하기 위해
④ 유체의 압력을 증가시키기 위해

해설 슬리브를 사용하는 이유와 유체의 압력은 아무 관계가 없다.

66 다음 중 체크밸브를 나타내는 것은?

① ② ③ ④

해설
─⋈─ : 체크밸브
─⋈─ : 일반밸브
─●⋈─ : 글로브밸브
─▷ : 앵글밸브

67 강관의 두께를 선정할 때 기준이 되는 것은?
① 곡률반경   ② 내경
③ 외경   ④ 스케줄번호

해설 스케줄 번호 : 관의 두께를 나타내는 번호로서 관의 외경은 같더라도 두께는 차이가 있을 수 있는데 이 관계를 나타내는 것이 스케줄 번호이다. 스케줄 번호가 높을수록 두께가 두껍다.

68 수도 직결식 급수방식에서 건물 내에 급수를 할 경우 수도 본관에서의 최저 필요압력을 구하기 위한 필요 요소가 아닌 것은?
① 수도 본관에서 최고 높이에 해당하는 수전까지의 관 재질에 따른 저항
② 수도 본관에서 최고 높이에 해당하는 수전이나 기구별 소요압력
③ 수도 본관에서 최고 높이에 해당하는 수전까지의 관내 마찰손실수두
④ 수도 본관에서 최고 높이에 해당하는 수전까지의 상당압력

해설 수도본관의 최소압력

$$P \geq P_1 + P_2 + P_3$$

P : 수도 본관의 압력 [kPa]
P_1 : 수도 본관에서 최상층 급수 기구까지의 높이에 상당하는 압력 [kPa]
P_2 : 관의 마찰손실수두에 상당하는 압력 [kPa]
P_3 : 최상층 기구의 최소 소요압력 [kPa]

69 강관의 용접 접합법으로 적합하지 않은 것은?
① 맞대기용접
② 슬리브용접
③ 플랜지용접
④ 플라스턴용접

해설 플라스턴 용접은 융용점이 낮은 플라스턴 합금에 의한 접합방법이며 연관 접합방법이다.

정답 64 ③ 65 ④ 66 ① 67 ④ 68 ① 69 ④

70 급탕배관의 단락현상(short circuit)을 방지할 수 있는 배관 방식은?
① 리버스 리턴 배관방식
② 다이렉트 리턴 배관방식
③ 단관식 배관방식
④ 상향식 배관방식

해설
- 리버스리턴 배관방식(역환수 배관방식)
각 급탕 공급처마다 급탕 공급관에서 환수관까지의 총 길이를 동일하게 하므로 가까운 급탕공급처에 대한 단락현상(short circuit)을 방지할 수 있다.

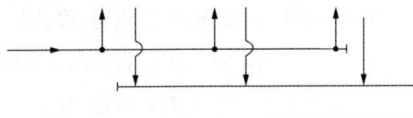

- 다이렉트리턴 배관방식(직접환수 배관방식)
가까운 공급처에 급탕이 먼저 공급되고 먼저 환수되므로 가까운 급탕 공급처의 배관에 단락현상(short circuit)이 발생한다.

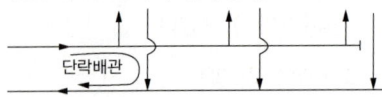

- 단관식 배관방식
급탕의 공급관만 설치하고 환수관이 없는 방식

71 동관작업용 사이징 툴(sizing tool)공구에 관한 설명으로 옳은 것은?
① 동관의 확관용 공구
② 동관의 끝부분을 원형으로 정형하는 공구
③ 동관의 끝을 나팔형으로 만드는 공구
④ 동관 절단 후 생긴 거스러미를 제거하는 공구

해설
① 익스팬더 ② 사이징 툴
③ 플레어링 툴 ④ 리머

72 다음 중 열을 잘 반사하고 확산하여 방열기 표면 등의 도장용으로 사용하기에 가장 적합한 도료는?
① 광명단 ② 산화철
③ 합성수지 ④ 알루미늄

해설
은분이라고도 하는 알미늄 도료는 열을 잘 반사하고 400~500℃의 내열성을 갖고 있어 방열기 표면 도장용으로 사용된다.

73 중·고압 가스배관의 유량(Q)을 구하는 계산식으로 옳은 것은?
(단, P_1 : 처음압력, P_2 : 최종압력, D : 관 내경, L : 관 길이, S : 가스비중, K : 유량계수 이다.)

① $Q = K\sqrt{\dfrac{(P_1 - P_2)^2 D^5}{S \cdot L}}$

② $Q = K\sqrt{\dfrac{(P_2 - P_1)^2 D^4}{S \cdot L}}$

③ $Q = K\sqrt{\dfrac{(P_1^2 - P_2^2) D^5}{S \cdot L}}$

④ $Q = K\sqrt{\dfrac{(P_2^2 - P_1^2) D^4}{S \cdot L}}$

해설 가스배관 유량 계산식

저압배관 : $Q = K\sqrt{\dfrac{HD^5}{SL}}$

중, 고압배관 : $Q = K\sqrt{\dfrac{(P_1^2 - P_2^2)D^5}{SL}}$

74 보온재의 구비조건으로 틀린 것은?
① 열전도율이 적을 것
② 균열 신축이 적을 것
③ 내식성 및 내열성이 있을 것
④ 비중이 크고 흡습성이 클 것

해설 비중이 작고 흡습성이 작아야 한다.

정답 70 ① 71 ② 72 ④ 73 ③ 74 ④

75 배관 도시기호 치수기입법 중 높이 표시에 관한 설명으로 틀린 것은?
① EL : 배관의 높이를 관의 중심을 기준으로 표시
② GL : 포장된 지표면을 기준으로 하여 배관장치의 높이를 표시
③ FL : 1층의 바닥면을 기준으로 표시
④ TOP : 지름이 다른 관의 높이를 나타낼 때 관외경의 아래면까지를 기준으로 표시

해설) TOP(Top Of Pipe) : 관 외경의 위면까지를 기준으로 표시
BOP(Bottom Of Pipe) : 관 외경의 아래면까지를 기준으로 표시

76 대변기의 급수방식을 탱크식과 세정밸브식으로 구분할 때 그 중 세정밸브식을 적용하기 위한 급수관경은 최소 얼마 이상이어야 하는가?
① DN 40 ② DN 25
③ DN 32 ④ DN 15

해설) 세정밸브식 대변기 연결급수관 관경은 25mm 이상이어야 한다.
※ DN : Diameter Nominal (호칭경 : mm)

77 일반적으로 프레온 냉매 배관용으로 사용하기 가장 적절한 배관 재료는?
① 아연도금 탄소강 강관
② 배관용 탄소강 강관
③ 동관
④ 스테인리스 강관

해설) 프레온 냉매 배관 : 동관이 적합
암모니아 냉매 배관 : 강관이 적합(흑강관)

78 증기배관의 수평 환수관에서 관경을 축소할 때 사용하는 이음쇠로 가장 적합한 것은?
① 소켓 ② 부싱
③ 플랜지 ④ 편심 리듀서

해설) 증기배관의 편심 리듀서 사용

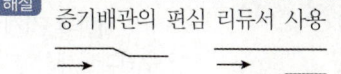

79 증기난방용 방열기를 열손실이 가장 많은 창문 쪽의 벽면에 설치할 때 가장 적절한 벽면과의 거리는?
① 5~6cm ② 10~11cm
③ 19~20cm ④ 25~26cm

해설) 방열기와 벽면과의 거리 : 5~6cm

80 다음 중 온수난방과 관계없는 장치는 무엇인가?
① 트랩
② 공기빼기밸브
③ 순환펌프
④ 팽창탱크

해설) 트랩 : 증기배관이나 증기 사용기기에서 응축된 응축수와 증기를 분리시키는 일종의 자동밸브이다.

정답 75 ④ 76 ② 77 ③ 78 ④ 79 ① 80 ①

[저자경력]

■ 임재기

약력
- 중앙대학교 기계공학과 학사
- 중앙대학교 기계공학과 석사
- 수원과학대학 기계과 겸임교수 역임
- 한국설비기술협회 CM 기술 전문위원 역임
- ㈜삼우씨엠건축사사무소 전무
- 공조냉동기계기사 자격증 취득
- 공조냉동기계기술사 자격증 취득

저서
- 2025 이패스 공조냉동기계기사 필기
- 2025 이패스 공조냉동기계기사 실기

2026 공조냉동기계기사 [필기] 기출문제편

개정 11판 1쇄 인쇄 / 2025년 10월 14일
개정 11판 1쇄 발행 / 2025년 10월 27일

지 은 이	임 재 기
발 행 인	이 재 남
발 행 처	이패스코리아
	서울시 영등포구 경인로 775472 에이스하이테크시티 2동 10층
	전 화 1600-0522
	팩 스 02-6345-6701
	홈페이지 www.epasskorea.com
	이 메 일 book@epasskorea.com
등 록 번 호	제318-2003-000119호(2003년 10월 15일)

※ 잘못된 책은 교환해드립니다.

이패스코리아와 함께 하시면 공부는 쉬워지고 합격은 빨라집니다.

합격을 위한 모든것

이패스코리아 국가기술
BEST SELLER

공조냉동기계기사 (저자 임재기)
- 이패스 공조냉동기계기사 필기
- 이패스 공조냉동기계기사 실기

정보통신기사 (저자 권병철)
- 이패스 정보통신기사 필기
- 이패스 정보통신기사 실기

실내건축 기사/산업기사 (저자 강혜진, 한석우, 김태민)
- 이패스 실내건축기사 필기
- 이패스 실내건축기사 실기 시공실무
- 이패스 실내건축산업기사 필기
- 이패스 실내건축산업기사 실기 시공실무
- 이패스 실내건축기사(산업기사) 실기 작업형

용접기능사 (저자 최부길)
- 이패스 용접기능사 필기

소방설비기사 전기/기계분야 (저자 김진수, 이재훈)
- 이패스 소방설비기사 필기
- 이패스 소방설비기사 실기

식물보호 기사/산업기사 (저자 김소정)
- 이패스 식물보호기사(산업기사) 필기
- 이패스 식물보호기사(산업기사) 실기

산업위생관리기사 (저자 이혜영)
- 이패스 산업위생관리기사 필기
- 이패스 산업위생관리기사 실기

2026 이패스
임재기의 공조냉동 기계기사
필기 기출문제편

이 책의 특징

☑ 무거운책 No!!
 이론편, 기출문제편의 분권화

☑ 믿고 따라만오세요!!
 개정사항 완벽 반영

☑ 기출문제는 반드시 출제된다는 사실!!
 총 24회차 과년도 기출문제 & 해설 수록

☑ 모르는 문제는 바로 물어보세요!!
 임재기 저자의 365일 1:1 질의응답 가능

국가 기술자격증 합격하기! 네이버 카페
cafe.naver.com/techlicense

개별가 없음(세트로만 판매)

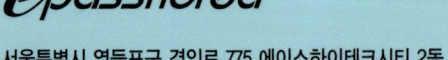
epasskorea
서울특별시 영등포구 경인로 775 에이스하이테크시티 2동 10층
1600-0522 www.epasskorea.com

ISBN 979-11-7209-296-2
ISBN 979-11-7209-294-8 (세트)